国家出版基金项目
NATIONAL PUBLICATION FOUNDATION

地层 "金钉子"

地 球 演 化 历 史 的 关 键 节 点

STRATIGRAPHICAL "GOLDEN SPIKES"

CRITICAL POINTS IN THE EVOLUTION OF THE EARTH

主 编　詹仁斌

张元动

江苏凤凰科学技术出版社 · 南京

图书在版编目（CIP）数据

地层"金钉子"：地球演化历史的关键节点 / 詹仁斌，张元动主编 . — 南京 : 江苏凤凰科学技术出版社，2022.1

ISBN 978-7-5713-2431-5

Ⅰ . ①地… Ⅱ . ①詹… ②张… Ⅲ . ①地层学 Ⅳ . ① P53

中国版本图书馆 CIP 数据核字（2021）第 202301 号

地层"金钉子"：地球演化历史的关键节点

主　　　编	詹仁斌　张元动
策　　　划	傅　梅　郁宝平
责 任 编 辑	陈卫春　蔡晨露　吴　杨
特 约 编 辑	陈修花　王　静
责 任 校 对	仲　敏
责 任 监 制	刘　钧

出 版 发 行	江苏凤凰科学技术出版社
出版社地址	南京市湖南路 1 号 A 楼，邮编：210009
出版社网址	http://www.pspress.cn
照　　　排	江苏凤凰制版有限公司
印　　　刷	南京新世纪联盟印务有限公司

开　　　本	890 mm × 1 240 mm　1/16
印　　　张	46
插　　　页	5
字　　　数	900 000
版　　　次	2022 年 1 月第 1 版
印　　　次	2022 年 1 月第 1 次印刷
标 准 书 号	ISBN 978-7-5713-2431-5
审 图 号	GS（2021）6701 号
定　　　价	600.00 元（精）

图书如有印装质量问题，可随时向我社印务部调换。

致读者

社会主义的根本任务是发展生产力，而社会生产力的发展必须依靠科学技术。当今世界已进入新科技革命的时代，科学技术的进步已成为经济发展、社会进步和国家富强的决定因素，也是实现我国社会主义现代化的关键。

科技出版工作肩负着促进科技进步、推动科学技术转化为生产力的历史使命。为了更好地贯彻党中央提出的"把经济建设转到依靠科技进步和提高劳动者素质的轨道上来"的战略决策，进一步落实中共江苏省委、江苏省人民政府作出的"科教兴省"的决定，江苏凤凰科学技术出版社有限公司（原江苏科学技术出版社）于1988年倡议筹建江苏省科技著作出版基金。在江苏省人民政府、江苏省委宣传部、江苏省科学技术厅（原江苏省科学技术委员会）、江苏省新闻出版局和有关单位的大力支持下，经江苏省人民政府批准，由江苏省科学技术厅（原江苏省科学技术委员会）、凤凰出版传媒集团（原江苏省出版总社）和江苏凤凰科学技术出版社有限公司（原江苏科学技术出版社）共同筹集，于1990年正式建立了"江苏省金陵科技著作出版基金"，用于资助自然科学范围内符合条件的优秀科技著作的出版。

我们希望江苏省金陵科技著作出版基金的持续运作，能为优秀科技著作在江苏省及时出版创造条件，并通过出版工作这一平台，落实"科教兴省"战略，充分发挥科学技术作为第一生产力的作用，为建设更高水平的全面小康社会、为江苏的"两个率先"宏伟目标早日实现，促进科技出版事业的发展，促进经济社会的进步与繁荣做出贡献。建立出版基金是社会主义出版工作在改革发展中新的发展机制和新的模式，期待得到各方面的热情扶持，更希望通过多种途径不断扩大。我们也将在实践中不断总结经验，使基金工作逐步完善，让更多优秀科技著作的出版能得到基金的支持和帮助。

这批获得江苏省金陵科技著作出版基金资助的科技著作，还得到了参加项目评审工作的专家、学者的大力支持。对他们的辛勤工作，在此一并表示衷心感谢！

江苏省金陵科技著作出版基金管理委员会

引 言

我们生活的地球已有 46 亿年历史。在这漫长的地球历史演变过程中，发生了许多鲜为人知的故事，有的精彩纷呈，有的恐怖惊悚。这些故事的内容细节和演绎进程的信息大多保存在各个不同时代的地层中。我们可以通过各种科学方法对地层这部"天书"进行研究和解读，从而再现地球历史变迁。

地层通常是指层状、板状的岩层。一套地层一般具有某种特定的岩石学、古生物学和沉积学特征或时间、环境等属性，而与相邻的其他地层相区别。相邻地层之间可以有明显的突变界面，也可以是渐变过渡的。地球在演变过程中通过沉积作用形成了大量不同时代和特征属性的地层，分布在世界各地，其中蕴含着各地独具特色的地质历史演变信息。如何精确地提取和解读这些地层中的信息，并进行全球对比，以完整演绎地球的历史进程，需要在数十亿年里沉积的地层记录中寻找和设置一些关键的年代地层节点——"金钉子"，从而构建一个全球统一的年代地层参照系（图 1）。

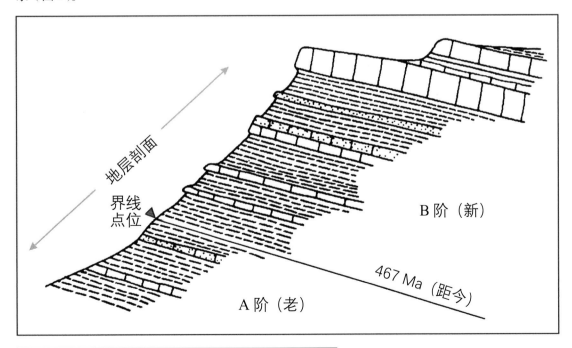

图 1 全球界线层型剖面和点位（GSSP）——"金钉子"在地层中的示意图

金钉子，顾名思义，就是用金制成的钉子，英文称"Golden Spike"。金子，是一种贵金属，用金子做成的物件，价值昂贵，拥有它，是财富的象征，而且常常被赋予特殊的意义。1869年5月10日，美国东西向铁路建设贯通，美国中央太平洋铁路公司（负责从西向东修建）和联合太平洋铁路公司（负责从东向西修建）为了纪念这一历史性时刻，专门用18K黄金打造了一颗铁路道钉，并在数千人的见证下，在合拢地——美国犹他州的突顶峰隆重地、象征性地将该钉子铆入连接大西洋和太平洋、横穿北美大陆的铁轨的最后一条枕木中（图2）。仪式之后，这个特殊的金钉子就被私人收藏，并最终于1892年被捐献给斯坦福大学博物馆永久保存，得以向公众展示。

图2 油画《最后的道钉》（Thomas Hill，1881年），纪念连接大西洋和太平洋的铁路于1869年贯通合拢的这一重要历史时间节点。中间手持铁锤站立者为Leland Stanford，时任中央太平洋铁路公司总裁，后来创办了斯坦福大学

地层"金钉子"，是国际地层委员会借用金钉子的珍贵价值和特殊含义，来喻指地质记录中特殊的节点及其重要的科学价值。地球历史，特别是距今5.4亿年以来（即寒武纪以来），发生过一系列重大事件，有全球性的气候事件、大规模的地质构造运动事件、火山喷发事件、对地球产生影响的地外事件、生态系统重大转换事件、重要生物类群的起源演化事件，等等，这些全都被不同程度地记录在各特定时间或时间段的地层中。随着地质学的兴起和发展，为了更加深刻地认识事物的本质，也为了能比较顺利地进行相互交流，人们将地球历史划分为若干个断代，而每一个断代，在全球各地都具有相似或迥异的地质记录。因此，为了更好、更精确地探讨地球历史，人们需要一个全球统一的时间框架和年代地层框架。也就是说，每一个特定的时间段，我们需要在地球上一个特定的地方确立一个标准，以便在其他任何地方讨论这一特定时间段的地质事件及相关科学问题时，有一个可供参考的标准，这就是全球年代地层界线层型剖面和点位（Global Stratotype Section and Point，缩写为GSSP）。这个"点位"就是一条特定的界线，一旦确立，全

球独一无二，是全球对比的标准。因该界线具有公认的权威性，是国际地学界深入探讨相关科学问题时必须遵循的共同标准，国际地层委员会将其喻称为"金钉子"。因此，地层"金钉子"就是"全球年代地层界线层型剖面和点位"的俗称，二者是同一个概念，具有相同的内涵，前者更加通俗易懂。

地层"金钉子"的确立，由国际地层委员会主导，由其下设的各个地层分会负责相关"金钉子"的具体确立。具体操作程序大致是这样的：针对某一个特定的界线（即需要确立的"金钉子"），国际地层委员会相关分会讨论成立一个专门的"界线工作组"；工作组在广泛调研、充分讨论的基础上，提出确定这一界线的标准，即该界线的定义；标准确立并向世界公布之后，各相关国家的地质学家们，在规定时间内提出该界线的候选层型剖面和点位；工作组对这些方案进行实地考察、调研，并进行充分、认真的研讨，形成初步共识后，进行记名或无记名投票表决，选择确定这一界线的国际"金钉子"，然后提交相关地层分会进行讨论并确定。地层分会通过全体选举委员投票表决，获得 60% 赞成票即为通过。分会通过后需要上报国际地层委员会（International Commission on Stratigraphy，缩写为 ICS），国际地层委员会的全委会对各地层分会提交的这些方案，不定期地进行研讨并投票表决，必要时还会进行专题调研或召开专题现场会，表决中获得 50%+1 赞成票的界线即为通过。国际地层委员会将及时把获得通过的这些界线方案上报国际地质科学联合会（International Union of Geological Sciences，简称国际地科联，缩写为 IUGS），国际地质科学联合会履行程序并批准后，由秘书长签发一份正式的批准文件并正式通知国际地层委员会，国际地层委员会主席再通知相关地层分会和相关提案人。至此，该界线的"金钉子"正式确立，所在地区和国家的相关机构开始推进"金钉子"剖面和点位的宣传和保护工作（图 3）。

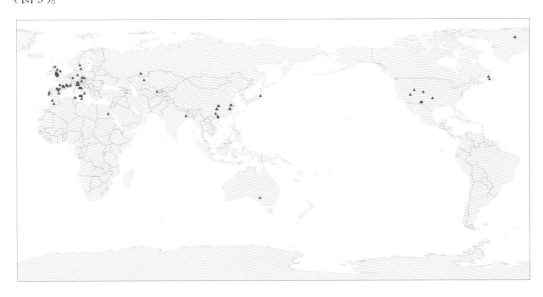

图 3　在 1972—2021 年期间确立的 77 个地层"金钉子"的大致地理位置

地层"金钉子"的确立工作始于20世纪70年代初。1972年，第一个国际"金钉子"被确立在捷克布拉格市的西郊，是泥盆系底界的"金钉子"。自那之后，国际地层委员会的下属各分会把遴选、确立各个断代内的地层"金钉子"作为工作重点，在全世界掀起了轰轰烈烈的"金钉子"热潮。因为是"国际标准"，各国地学工作者都希望把这样的标准建立在自己国家，都千方百计地抢占这一科技制高点。"金钉子"的确立，是一个国家综合实力和地质学总体研究水平的体现，常被视为国家荣誉，因此存在着异常激烈的国际竞争。地层"金钉子"也被喻为国际地学领域的"金牌"。

从20世纪70年代末，也就是改革开放之初，我国的地学工作者就积极投身国际地层"金钉子"这项工作，并充分利用我国得天独厚的地层古生物资源优势，积极参与地层"金钉子"的国际竞争。但是当时我国的地学研究领域与国际存在一定的脱节，加上部分西方学者固有的偏见，我国的地层"金钉子"研究迟迟不能形成突破。一直到1997年，我国才在浙江常山黄泥塘实现了地层"金钉子"零的突破，建立了我国第一个国际地层"金钉子"——全球奥陶系达瑞威尔阶底界层型（当时，国际上正式确立的地层"金钉子"已经超过了50个）。从那之后，越来越多的国际地学工作者认识到中国具有得天独厚的地层古生物资源优势，中国学者通过勤奋努力所取得的一系列原创性成果也逐步被国际同行认可，随后陆续有更多的国际地层"金钉子"被确立在中国。到2015年，有10个地层"金钉子"确立在中国，中国成为国际上拥有地层"金钉子"最多的国家。2018年，中国学者又获得一个国际地层"金钉子"。目前，中国与意大利并列，是国际上拥有地层"金钉子"最多的两个国家，都是11个地层"金钉子"（图4、图5）。

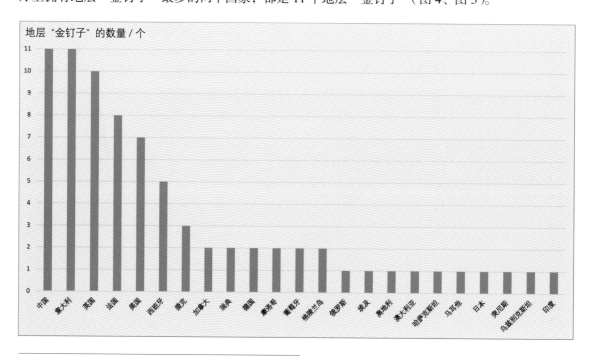

图4 各国或地区确立的地层"金钉子"数量（截至2021年5月）

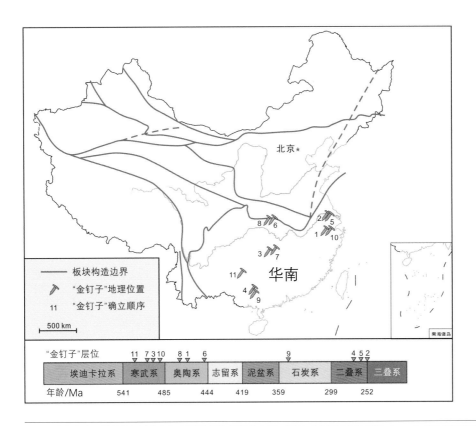

图5 确立在中国的地层"金钉子"地理位置和层位分布图，图上"金钉子"的编号（1~11）代表确立时间的先后顺序

确立一个地层"金钉子"，需要满足多方面的条件：

（1）交通便利，便于到达。一个地层"金钉子"确立之后，就是这个特定时间段和点位的国际标准，世界各国相关地学工作者和广大感兴趣的公众都会络绎不绝地去参观，并在符合规定的范围内开展一定的科学研究。方便到达，是一个"金钉子"剖面的前提条件。

（2）地层发育完整，没有重大岩性、岩相变化，且出露连续，不存在明显的、严重的后期改造、破坏，如断层的切割、褶皱的挤压、地幔热液的改造，等等。地层发育连续，说明此地在当时处于一个相对稳定的环境下，没有重大岩相转换，比如海相和陆相的转换，或者是滨浅海相与深海相的转换，等等。

（3）地层中产有比较丰富的、可进行区域和洲际对比的多门类化石。建立地层"金钉子"的目的，是要为这个特定的地质历史时期建立一个国际标准。建立之后，国际上任何地方，但凡讨论到与这个特定时间段有关的任何科学问题，都要以该"金钉子"剖面为标准进行对比。然而，对比需要一些标志，地层中具有区域乃至洲际对比潜力的主要门类化石，就是国际上广泛认可的对比标志或标准。

（4）这些化石要经过详细研究并公开发表，要得到国际间的广泛认同。同时，相关地层也经过全方位多学科的研究，比如，高精度的生物地层、年代地层划分，沉积学、地球化学、旋回地层、磁性地层、化学地层等多学科综合研究，为国际上任何其他相关剖面提供尽可能多的、可靠的对比标准。有些剖面不一定产出可资对比的化石，但是，可以通过研究得出非常完整的地球化学曲线，"金钉子"剖面也要能够为这样的地区和剖面提供对比和参照依据。

（5）相关地区不存在明显冲突和安全风险，要求社会稳定。作为国际标准，应随时欢迎和允许世界各地的同行和广大感兴趣的公众到访参观。如果剖面位于一个冲突地区，随时具有安全风险，就失去了它应有的意义。同时，作为国际标准，"金钉子"剖面还应该保证国际同行在不破坏剖面和获得许可的情况下，能够对剖面开展适当的后续研究，甚至是验证性研究。

上述"条件"，只是竞争一个地层"金钉子"的基本条件，就某一个特定的地层界线而言，工作组经常会收到两个甚至更多候选剖面和点位的提议，这是因为：① 就某一个特定的地质历史时期而言，全球往往在多个块体上都发育有较好的地质记录，而且都基本符合上述条件；② 各国学者，但凡有一点可能性，都希望把"金钉子"建立在自己的国家。出现这样的情况，激烈的国际竞争在所难免。因此，作为一个"人为"的国际标准，地层"金钉子"的确立还存在诸多的非学术的因素。我们在尊重国际规则的同时，应尽最大努力，把我们自身的优势呈现给国际同行，以争取最好的结果。

除了对地层剖面的各项严格要求外，每个地层"金钉子"都要有一个清晰的、可遵循的定义标志，以供世界各地的地层工作者进行参照和遵循。例如，我国的第一个"金钉子"——位于浙江常山黄泥塘的奥陶系达瑞威尔阶的底界，就是以一种细小的古生物化石——澳洲齿状波曲笔石（种）的首次出现点位作为标志；位于浙江长兴煤山的二叠系－三叠系界线的"金钉子"，是以一种微细的牙形刺（已灭绝的、海生游泳的牙形动物的咀嚼器官）——微小欣德刺（种）的首次出现点位作为标志。世界上其他国家或地区只要找到这些相应的化石，就可以参照着划定这条界线，从而建立起所在地区的标准化的年代地层序列。

要作为全球可参照的定义标准，多数化石类型和种类是达不到要求的，例如许多海洋底栖固着的古生物种类就因为迁移扩散缓慢而存在地区间的"穿时"现象，大多不适合用来定义"金钉子"。从目前已建立的"金钉子"来看，浮游和游泳的生物门类占了多数，如笔石（浮游）、有孔虫（浮游）、菊石（游泳）、牙形刺（游泳）、三叶虫（游泳类型）等，它们迁移扩散迅速，一经诞生"迅即"达到全球广布，因此是比较理想的定义化石。但是，近年来也出现了利用一些非生物标志的趋势，如古地磁极性反转面、气候突变事件、同位素含量变化乃至特定碳酸盐岩的出现等，也可作为"金钉子"的定义标志（图6）。

地层"金钉子"的数量 / 个

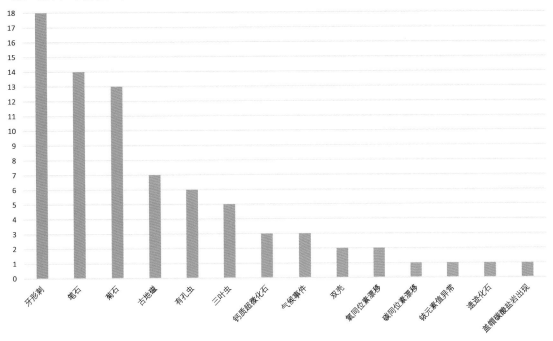

图6 定义地层"金钉子"的古生物化石门类和非生物标志

根据国际地层委员会的规定，只为国际年代地层表中的"阶""统""系"和"界"建立国际地层"金钉子"，对于亚阶及其下更低级别的划分单元，还不要求建立国际统一的划分对比标准。在最新版的国际年代地层表上（即2021版），新元古代以来总共有107个地层"金钉子"需要确立，涉及显生宇的12个"系"、38个"统"、103个"阶"级的年代地层单元，及新元古界的4个。显生宙有2个"统"没有细分为"阶"，分别是志留系的普利多利统和第四系的全新统。因此，显生宙总共有100余条界线的"金钉子"需要确立，迄今已经正式确立了77个。（图7）如果按最近10年来1.5个 / 年的平均速度，全部建完"金钉子"还需25年左右。最近在2021年2月，侏罗系的第十阶——钦莫利阶的底界"金钉子"刚刚被确立在英国苏格兰西北部的斯凯岛斯塔芬湾的Flodigarry剖面，是用菊石来定义的。

前寒武系跨度很长，从地球形成一直到距今5.4亿年的寒武纪，被分为冥古宇（距今46亿—40亿年）、太古宇（40亿—25亿年）和元古宇（25亿—5.4亿年）。冥古宇未再细分。太古宇被细分为始太古界（40亿—36亿年）、古太古界（36亿—32亿年）、中太古界（32亿—28亿年）和新太古界（28亿—25亿年）。元古宇被进一步划分为古元古界（25亿—16亿年）、中元古界（16亿—10亿年）和新元古界（10亿—5.4亿年）。元古宇的各个"界"又分别被进一步划分为

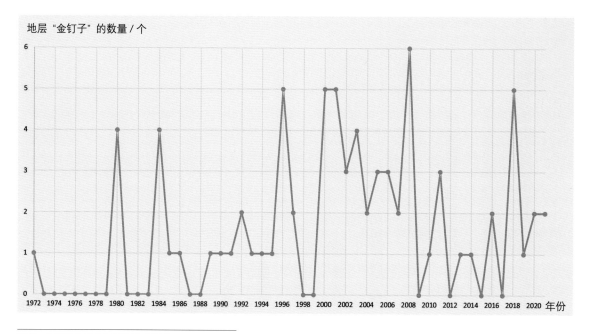

地层"金钉子"的数量 / 个

图7 全球地层"金钉子"确立进度（1972—2021）

若干个"系"，自下而上分别是：

①古元古界：成铁系、层侵系、造山系、固结系；

②中元古界：盖层系、延展系、狭带系；

③新元古界：拉伸系、成冰系、埃迪卡拉系。

根据国际地层委员会的决定，元古宇的这10个系将分别确立"系"级界线的"金钉子"或全球标准地层年龄（GSSA）。目前已经确立的是埃迪卡拉系底界的"金钉子"（详见本书第一章）。

本书的初衷就是，向广大国内公众，专业的和非专业的，系统介绍国际地层委员会已经正式确立的77个地层"金钉子"，内容不仅涉及这些"金钉子"的科学内涵，还尽可能地介绍与每一个"金钉子"诞生有关的学术的和非学术的故事。对那些正在研究中、尚未确立的地层界线，相关章节也给予了简单介绍。在介绍每一个"金钉子"的确立过程中，还比较详细地谈到了我国相关地质记录的情况，以及争取相关"金钉子"的历程，其中既有成功的经验，也有失败的教训！

地层"金钉子"的研究，专业性很强，其地质历史时期的时限性很明显，即使是资深地层古生物工作者，也只能是对某一个特定时间段有所了解。因此，对每一个"系"，我们邀请了一位国际知名的、对相关断代地层"金钉子"比较熟悉或直接参与的专家牵头执笔（即每一章的第一作者），由他（她）再去邀请多位国内外专家一起，共同完成该章节的撰写。本书的定位是"高级科普"，因此我们要求各位专家在语言表达方面，既要注重科学性，也要兼顾通俗性，要言简意赅、图文并茂，要尽可能地使用普通大众都能轻松读懂的语言，介绍关于每一个"金钉子"的全部内容。在全书统一的前提下，每一章单独署名，独立成文；在每一章的最后都附有本章涉及的主要参考文献，供读者需要时查阅和考证。

最后，我们谨代表本书作者，感谢陈旭院士、戎嘉余院士、汪啸风研究员以及一大批地层古生物专家的大力支持和热忱鼓励。美国 Christopher R. Scotese 教授为本书提供各个地层断代的高清古地理图底图，武学进帮忙统计相关"金钉子"数据并绘制图解。每个章节在撰写过程中，还得到一大批国内外相关专家的大力支持，包括口述研究历史情节、提供原始高清图片、审阅初稿等，已在各章节分别致谢，不复赘述。感谢国家自然科学基金（42030510、41972011、41772005）、中国科学院战略性先导科技专项（B 类）（XDB26000000）、现代古生物学和地层学国家重点实验室、江苏省金陵科技著作出版基金的联合资助。

詹仁斌、张元动

2021 年 8 月于南京

相关知识点

阿瓦隆尼亚地体：Avalonia，是早古生代存在过的一个狭长的小型块体，范围包括现在的英格兰、威尔士、爱尔兰岛（南部）、北美东海岸。它在寒武纪时期从冈瓦纳大陆北缘开始向北漂移，穿过古大西洋（Iapetus Ocean），于奥陶纪晚期 – 志留纪早期与波罗的板块碰撞拼合，之后二者一起继续漂移，并于志留纪晚期 – 泥盆纪早期与劳伦板块东部碰撞拼合（欧洲加里东运动、北美阿卡迪运动），导致古大西洋闭合，形成欧美板块。与北美连为一体后的阿瓦隆尼亚地体在石炭纪又与漂来的阿莫利卡地体（Amorica）拼贴（海西运动）。在二叠纪 – 三叠纪泛大陆时期，阿瓦隆尼亚位于泛大陆内部。在白垩纪，现今的大西洋开始张裂，劳亚大陆分裂成北美大陆和欧亚大陆两个部分，阿瓦隆尼亚地体也随之被大西洋分隔为两个部分。

斑脱岩：Bentonite，又称膨润土，是由喷发的火山灰在海水中沉积成岩，并经蚀变而成的岩石类型，是一种以蒙脱石、伊利石为主要矿物的粘土岩。自然界最常见的斑脱岩类型主要是钾质斑脱岩，其中除粘土矿物外，还含有锆石、透长石、石英、黑云母、角闪石、磷灰石、独居石等非粘土矿物斑晶。这些斑晶记录了火山喷发和火山灰沉积的时间，因此常用于地层定年，如斑晶矿物锆石被广泛用于 U–Pb（铀 – 铅）定年，黑云母斑晶用于 K–Ar（钾 – 氩）和 Ar–Ar（氩 – 氩）定年。通过斑脱岩中的岩浆锆石进行定年是目前最有效和最成熟的地层测年手段之一。

笔石：Graptolites，是一种已灭绝的海生群体动物，属于半索动物门（图8A）。笔石体形态非常多样，有树形、圆锥形、音叉形、圆柱形、针形、镰刀形、弓形、网兜形等。笔石体的大小差异较大，大的长度可达 2 m，小的仅约 1 m。笔石营浮游或底栖固着生活，生活在海洋表层到大陆斜坡之间的各个水层，具有深度分带现象。它起源于寒武纪中期，灭绝于早石炭世，我们在地层中发现的笔石化石主要是笔石动物的硬体部分，称为笔石体，是由胶原蛋白质组成的。笔石在奥陶纪和志留纪高度繁盛、演化迅速、全球广布，是该时期地层划分对比最重要的标志化石，许多地层"金钉子"就是以某些特定的笔石种的首次出现作为标志的。

层型：Stratotype，已命名的成层地层单位或地层界线的参考标准，可以是命名时指定，也可以后来指定。层型是特定岩层序列中的一个特定层段或一个特定点，是该地层单位或地层界线的标准。层型可以是不同范围的，如果一个层型被作为全球标准（通常是地层界线），那就是全球层型，如"金钉子"。

带化石：Zonal fossil，特定地质历史时期形成的地质记录，其中含有特定的生物化石，从下至上可以识别出不同生物组合面貌的生物带，用来划分这些生物带的标志化石就是带化石。通常，特定的生物带就用带化石来命名，带化石通常是某个特定化石属或种。

地层"金钉子"：Stratigraphical Golden Spike，国际地层委员会借用"金钉子"一词，喻指地质历史时期某个特定岩层序列中的一个特定点位，被选作定义和识别该地层界线的全球标准，供世界各国和地区相关科学家研究相关科学问题时参照和对比。在地层学上，精确表述为"全球年代地层界线层型剖面和点位"（Global Stratotype Section and Point，缩写为 GSSP）。

地层"银钉子"：Stratigraphical Silver Spike，就某一个特定的地质历史时期而言，世界不同地区往往保存有不同内容的地质记录，而且通常没有任何一处地质记录是完美无缺的，即便被确立为地层"金钉子"的剖面和点位也是如此。因此，国际地层委员会授权下属各断代分会，根据所确立的地层"金钉子"的具体情况，可以为每一个正式确立的地层"金钉子"在其他板块或地区遴选 1~2 个能够实质性弥补现有"金钉子"不足的剖面和点位，这些辅助性的剖面和点位就被称为"全球辅助界线层型剖面和点位"（Auxiliary Stratotype Section and Point，缩写为 ASSP），俗称地层"银钉子"。每一个地层"金钉子"是否需要确立其相应的地层"银钉子"，以及相关地层"银钉子"的数量及其遴选，均由各地层分会决定，不需要向国际地层委员会和国际地质科学联合会报批。

滇缅马地体：Sibumasu（Si– 中国和泰国，古时梵文称中国为震旦—Sina，泰国古称暹罗—Siam；bu– 缅甸；ma– 马来半岛；su– 苏门答腊岛），又称掸泰地体，是古生代期间位于冈瓦纳大陆东北缘的一个狭长、条带状的地体，东部以昌宁—孟连断裂—清迈断裂—Chanthaburi 断裂—Benton–Raub 断裂为界，西部以缅甸掸邦西断裂、苏门答腊中部断裂为界，范围包括我国云南保山—潞西一带、缅甸掸邦、泰国大部、马来半岛和苏门答腊岛西部，长约 4 000 km。滇缅马地体在三叠纪末与印支地体碰撞拼合，成为欧亚板块的组成部分。

泛大陆：Pangea，又称作"盘古大陆"。地球上曾经出现过的一种地质现象，即各个陆块经板块运动而聚合在一起，构成一个超级规模的陆块。围绕"泛大陆"四周的地球其他部分全部为大洋，叫"泛大洋"（Panthalassic Ocean）。现已知，在前寒武纪出现过这样的超级大陆（supercontinent），在前寒武纪末期裂解，后来在石炭纪—二叠纪期间再次出现，进入中生代之后裂解。

冈瓦纳大陆：Gondwana 或 Gondwanaland，是新元古代至侏罗纪期间处于地球南方的一个超大陆，因印度中部的冈瓦纳地方而得名。在大约距今 7 亿年前，地球陆块全部合并而成的罗迪尼亚超大陆（Rodinia Supercontinent）开始分解成两部分，即南方的冈瓦纳大陆和北方的劳亚大陆（Laurasia）。在古生代，我国华南等块体陆续从冈瓦纳大陆东北部裂离出来，向北漂移，因此我国地质历史演化与冈瓦纳大陆存在密切关联。

古大西洋：Iapetus Ocean（名称来源于古希腊神话人物），在新元古代晚期—早古生代期间（距今4亿—6亿年）存在于劳伦板块与波罗的板块和西伯利亚板块之间的一片海洋，可能代表一个大洋板块。在奥陶纪晚期，随着北美塔康运动的推进，该大洋板块向劳伦板块发生俯冲，许多岛弧火山沉积被刮挤到劳伦板块东部。在志留纪晚期—泥盆纪早期，随着阿瓦隆尼亚地体与劳伦板块的碰撞拼合，古大西洋闭合。古大西洋的沉积地层分布于现在北美东部、爱尔兰岛中部、英格兰—苏格兰交界地带、挪威西部等。

极性带：Polarity Zone，根据地层中记录的地磁极性的变化而建立的地层单位。在地球历史上，地磁场的极性经常发生反转，并记录在岩石和地层中，被用于地层划分和对比。一段记录地磁正向极性的地层可以称为"××正向极性带"（××通常是地名），反之，记录反向极性的地层可称为"××反向极性带"；地磁极性反转过程如果很快，所在的界线称为"极性反转面"。"极性反转面"是地层划分对比的重要界线。

阶：Stage，年代地层学的基本单元。年代地层学根据地层的年代属性把地层划分为宇、界、系、统、阶等不同等级的年代地层单位，"阶"是其中级别低于"统"的一个年代地层单位，代表在相对较短的时间里形成的地层。"阶"是地层实体，它所对应的地质年代单位是"期"（age），一个"阶""期"通常代表数百万年，但在不同的地质历史时期，其时限是不相等的。

菊石：Ammonites，是一种海生软体动物，属于头足纲（图8D）。菊石因其壳体表面通常具有类似菊花的线纹而得名。菊石的壳体是一个锥形管，主要成分为碳酸钙。壳管的始端细小，通常呈球形或桶形，称为胎壳。壳面光滑或饰有纹、肋、瘤、刺等。绝大多数菊石的壳体以胎壳为中心，在一个平面内旋卷，少数壳体呈直壳、螺卷或其他不规则形状。菊石是由鹦鹉螺（寒武纪即已出现，现在仍然存活在深海中）演化而来的，最早出现于泥盆纪，是晚古生代和中生代海相地层中非常重要的标志化石。菊石与恐龙一起在白垩纪末灭绝。

三叶虫：Trilobites，是一类已经灭绝的海生节肢动物，生活在寒武纪至二叠纪的海洋中。（图8C）三叶虫化石保存的通常是三叶虫的背壳。背壳纵向分成三部分：轴部和两侧的肋部；横向又分为三部分：头部、胸部和尾部。头部被一对面线分切成中间的头盖和两侧的活动颊。头盖又分为中间凸起的轴区和两侧的固定颊。胸部由许多可以自由弯曲的体节所组成，体节数目2~40节不等，胸部的每一胸节是由位于中间的轴环节和在其两侧的肋节所组成。尾部是由背壳愈合而成的单一硬板。据研究，三叶虫既有在海底游移的，也有在海水中浮游的，甚至还有在海底掘穴生活的，不同生活方式的三叶虫具有不同的食性，有捕食其他动物的，有滤食海水中悬浮有机质的，还有食泥的。三叶虫是寒武纪最重要的古生物化石，也是整个古生代地层中的常见化石，于二叠纪末灭绝。

生物带：Biozone，"生物地层带"的简称，又称化石带，是根据地层中所含特定化石对地层进行划分的一种地层单位。例如，根据所含笔石内容而建立的生物带，称为"××笔石带"。生物带的建立可以根据1个化石物种，也可以根据多个化石物种的组合。

首现面和末现面：首现面，First Appearance Datum，缩写为FAD，指一个古生物类群（一般指某个特定的物种）在全球或某个特定地区甚至特定剖面中的首次出现层位；末现面，Last Appearance Datum，缩写为LAD，指一个古生物类群在全球或某个特定地区甚至特定剖面的最末出现层位。首现面常被用来定义一个生物地层单位或年代地层单位的底界。

特提斯洋：Tethys Ocean，名称来自希腊神话故事的海神忒堤斯。又称古地中海，是中生代时期位于地球北方的劳亚大陆和南方的冈瓦纳大陆之间的一片海洋，大致呈向东南方向开口的三角形。后来，一些专家认为这个大洋在古生代中晚期就已存在，因此把古生代时期的特提斯洋称为古特提斯洋（后来因基默里板块的向北漂移至拼合而闭合），而把中生代的特提斯洋称为新特提斯洋（由于基默里板块的向北漂移而张开）。在白垩纪晚期，非洲板块和印度板块开始向北漂移，并最终与欧亚板块拼合在一起，导致新特提斯洋闭合。

相：Facies，指反映沉积环境的原生岩性和生物群的综合特征。根据沉积环境，相可以分为海相、陆相两大类型，前者代表海洋沉积，后者代表陆地沉积。二者各自又可以进一步划分出多种相，如海相可分为滨海相、陆棚相、斜坡相等，陆相可分为河流相、湖泊相、沼泽相等。根据岩性和生物群特征，可分为岩相、生物相。根据沉积地层中化石的综合面貌，相又可以区分为壳相、笔石相等。一种相或几种相在横向上的延伸分布可以构成"相带"或"共相带"。

牙形刺：Conodonts，是一类早已灭绝了的海相微体化石，也常被称为牙形石或牙形类等，据推测是一种形态类似于鳗鱼的海洋游泳动物——牙形虫的牙齿（图8B）。它们个体一般在0.2~2 mm之间，极个别可达20 mm；由磷灰石组成；形态可分为单锥型、复合型和齿台型等。这类化石个体小，种类繁多，分布广，特征明显，演化迅速，在古生代具有非常重要的生物地层意义，是奥陶系、石炭系、二叠系、三叠系许多地层"金钉子"的标志化石。牙形刺专家都认为牙形虫两侧对称，具有良好的视力，能像鳗类一样在水中快速游泳，并能积极捕食和适应不同的生活环境，属最早期的脊椎动物。它广泛分布于寒武纪至三叠纪的海相地层中，于三叠纪末灭绝。

最大海泛面：Maximum Flooding Surface，缩写为MFS，层序地层学术语，指海侵达到最高峰时所形成的沉积界面，即海侵体系域的顶界面，它标志着从界面之下的海侵趋势转变为界面之上的海退趋势。该界面及上下地层通常表现为一套泥岩，属于凝缩段（condensed section，即沉积速率很慢、厚度较薄、富含有机质、沉积颗粒较细、缺乏陆源物质的半深海和深海沉积物），该段地层通常代表了较长一段地质时期。

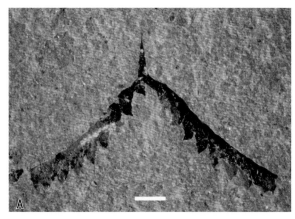

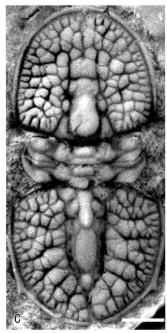

图 8 几种常用于定义地层"金钉子"的化石门类。A. 笔石，奥陶纪，比例尺为 1 mm；B. 牙形刺，比例尺为 2 mm；C. 三叶虫（球接子类），寒武纪，比例尺为 1 mm；D. 菊石，白垩纪，白色箭头指示菊花线纹状的缝合线，图中硬币直径是 2 cm。图 A 据张元动等（2020），图 B 据 Liu 等（2017），图 C 据彭善池等（2016），图 D 由张元动提供

参考文献

彭善池，侯鸿飞，汪啸风 . 2016. 中国的全球层型 . 上海：上海科学技术出版社，1-359.

张元动，詹仁斌，王志浩，袁文伟，方翔，梁艳，燕夔，王玉净，梁昆，张俊鹏，陈挺恩，周志强，陈清，全肯完，马譞，李文杰，武学进，魏鑫 . 2020. 中国奥陶纪地层及标志化石图集 . 杭州：浙江大学出版社，1-575.

Cohen, K.M., Finney, S.C., Gibbard, P.L., & Fan, J. X. (2013; updated 2021.5). The ICS International Chronostratigraphic Chart. Episodes 36: 199-204.

Liu, H.B., Bergström, S.M., Witzke, B.J., Briggs, D.E.G., McKay, R.M., Ferretti, A. 2017. Exceptionally preserved conodont apparatuses with giant elements from the Middle Ordovician Winneshiek Konservat-Lagerstätte, Iowa, USA. Journal of Paleontology, 91(3): 493–511.

目 录

第三章　奥陶系"金钉子"　099

（张元动／詹仁斌／王传尚／方　翔）

第四章 志留系"金钉子"   163

（詹仁斌 / 张元动 / 王光旭 / Mike Melchin / Petr Štorch）

第五章 泥盆系"金钉子"   223

（郄文昆 / 郭 文 / 宋俊俊 / 梁 昆 / 卢建峰 / 黄 璞）

第六章 石炭系"金钉子" 279

（祁玉平／王秋来／黄玉泽／胡科毅／王志浩／盛青怡／林　巍／要　乐／陈吉涛／王向东）

第七章　二叠系"金钉子"　**327**

（王　玥／黄　兴／袁东勋／郑全锋／田雪松／吴赫嫔／汪泽坤）

第八章　三叠系"金钉子"　**393**

（季　承）

第九章　侏罗系"金钉子"　451

（王永栋 / 鲁　宁 / 李丽琴 / 安鹏程 / 张　立 / 许媛媛 / 朱衍宾 / 黄转丽）

第十章　白垩系"金钉子"　509

（李　罡 /滕　晓 /Stéphane Reboulet/ 程金辉 /李　鑫 /牟　林 /李　莎 /房亚男 /

Clementine Peggy Anne-Marie Colpaert/ 李　婷 /罗慈航）

第十三章　第四系"金钉子"　　653

（唐自华／段武辉／郭利成／王永达／熊尚发／杨石岭）

第一章
埃迪卡拉系"金钉子"

埃迪卡拉系底界"金钉子"位于澳大利亚南部弗林德斯山脉伊诺拉马沟剖面埃拉蒂娜组杂砾岩之上、那卡林纳组盖帽碳酸盐岩的底部，底界年龄约为 635 Ma。作为百余年来新建的唯一的系一级年代地层单位，埃迪卡拉系以产出著名的埃迪卡拉生物群而得名。埃迪卡拉纪是连接新元古代全球性冰期和寒武纪生命大爆发的关键阶段，期间发生的地球表层环境变化和海洋生物圈快速演替为我们认识地球生命与环境协同演化关系提供了实证材料。近年来，中外科学家在华南埃迪卡拉系同位素地质年代学、古生物学、综合地层学，以及古海洋环境演变等方面的研究取得了一系列重要成果，湖北宜昌三峡地区埃迪卡拉系剖面已经成为国际相关领域研究的经典地区和代表性剖面。

本章编写人员　周传明

篇章页图　澳大利亚南部弗林德斯山脉地区的埃迪卡拉化石——狄更逊虫（*Dickinsonia*）

第一节
埃迪卡拉纪的地球

在中元古代晚期，格林威尔期造山运动造成地球上的主要大陆发生聚合，并在新元古代早期（约9亿年前）形成罗迪尼亚超大陆（Rodinia Supercontinent）（Li et al.，2008）。在超级地幔柱的作用下，罗迪尼亚超大陆在约8.5亿—7.5亿年前开始裂解。其中，除了劳伦（Laurentia）、波罗的（Baltica）和西伯利亚（Siberia）等板块，澳大利亚（Australia）、大印度（Great India）、东南极洲（East Antarctica）、西非（West Africa）、刚果（Congo）、亚马孙（Amazonia）等主要板块在约6亿年前的埃迪卡拉纪早期开始汇聚（图1-1-1），并最终在寒武纪早期（约5.3亿年前）聚合形成冈瓦纳超大陆（Gondwanaland）（Li et al.，2008）。

罗迪尼亚超大陆裂解后，各个板块主要集中在地球的中低纬度地区，该地区由于温度高、湿度大，因而化学风化作用非常强烈。化学风化作用大量消耗了大气中的温室气体二氧化碳，从而使地表温度的下降，进而导致在地球的南北极地区形成冰川，并最终形成全球冰封的雪球地球。雪球地球事件是地质历史上最极端的古气候事件，它对地球海洋和大气的物理化学环境，以及之后埃迪卡拉纪真核生物的辐射，特别是后生动物的早期演化产生了巨大影响（Hoffman & Schrag，2002）。

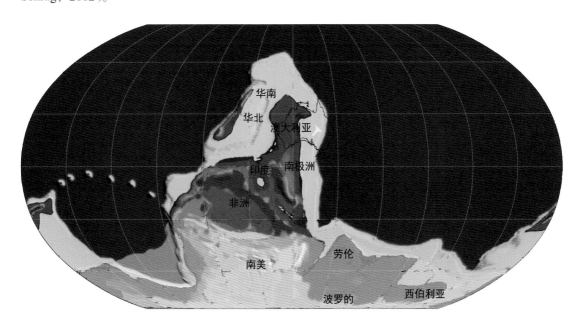

图 1-1-1 埃迪卡拉纪全球古地理图（约 600 Ma），黄色钉子表示埃迪卡拉系"金钉子"剖面位置（据 Scotese，2021 修改）

埃迪卡拉纪（约6.35亿—5.39亿年前）发生了大气和海洋氧化事件，古海洋环境也发生了剧烈波动，是见证新元古代全球性冰期结束之后海洋生物圈面貌的快速更替，并最终发生寒武纪生命大爆发的关键转折时期（周传明等，2019）。从全球范围来看，埃迪卡拉纪早期海洋生物圈以大型带刺疑源类为代表的微体真核生物占主导地位，晚期则以埃迪卡拉宏体生物群统治海洋生物圈为显著特点，而在埃迪卡拉纪末期，海洋中出现了能够产生复杂行为的宏体后生动物（Chen et al.，2018；Chen et al.，2019）（图1-1-2）。埃迪卡拉纪可能发生了多次区域性冰期事件，其中在约5.8亿年前的噶斯奇厄斯冰期（Gaskiers glaciation）前后，海洋生物群面貌发生了显著变化，但局部冰期事件与海洋生物演化是否存在内在联系尚有待探讨。

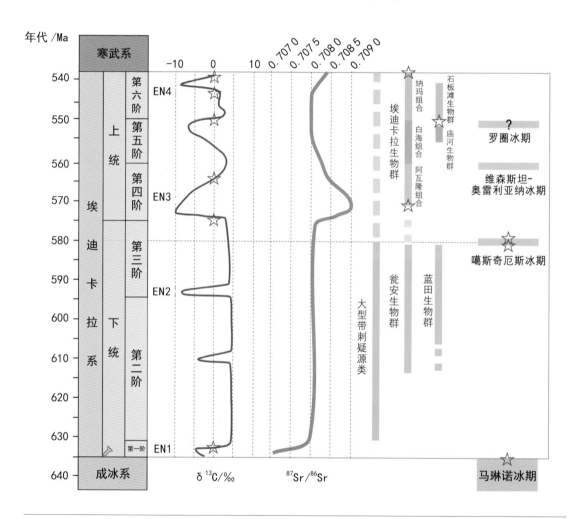

图1-1-2 埃迪卡拉纪碳、锶同位素变化、冰期发育及生物演化特征。锶同位素曲线改自Xiao和Narbonne（2020）；EN，埃迪卡拉系碳同位素负漂移；星号代表该层位有可靠的同位素年龄控制，问号表示时代存疑，数据来源参见正文

第二节
埃迪卡拉纪的地质记录

一、世界各地埃迪卡拉纪地层

在成冰纪晚期全球性冰期沉积之上，埃迪卡拉纪地层在地球上大多数板块发育良好（图1-2-1）。澳大利亚南部弗林德斯山脉地区，在埃拉蒂娜组（Elatina Formation）冰碛岩之上（图1-2-2），埃迪卡拉纪维尔培纳群（Wilpena Group）地层厚达3 000余米，底部发育典型的盖帽白云岩（图1-2-3），中下部地层以及在澳大利亚中部盆地钻井岩芯出露的相当地层中产出丰富的大型带刺疑源类（图1-2-4）（Grey，2005），上部庞德亚群（Pound Subgroup）砂岩地层中产出

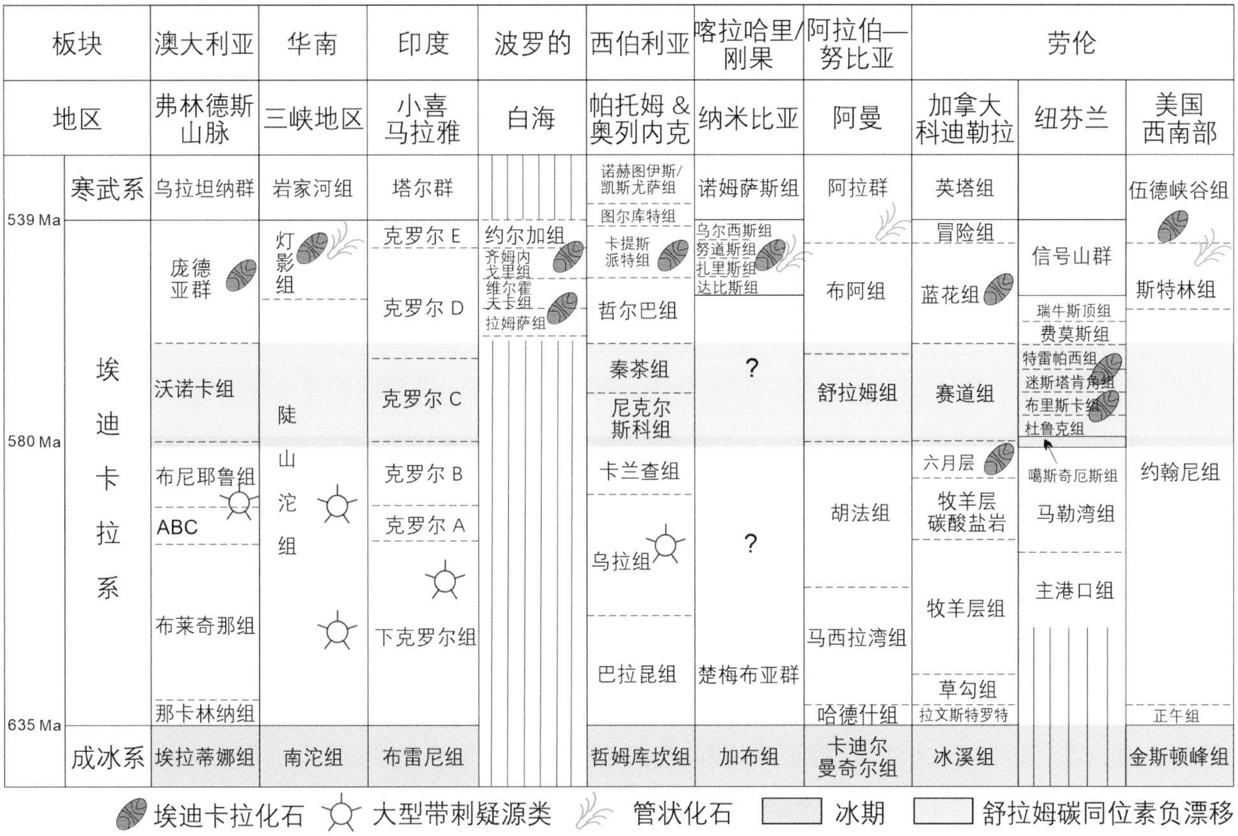

板块		澳大利亚	华南	印度	波罗的	西伯利亚	喀拉哈里/刚果	阿拉伯—努比亚	劳伦		
地区		弗林德斯山脉	三峡地区	小喜马拉雅	白海	帕托姆&奥列内克	纳米比亚	阿曼	加拿大科迪勒拉	纽芬兰	美国西南部
寒武系		乌拉坦纳群	岩家河组	塔尔群		诺赫图伊斯/凯斯尤萨组 图尔库特组	诺姆萨斯组	阿拉群	英塔组		伍德峡谷组
539 Ma		庞德亚群	灯影组	克罗尔 E 克罗尔 D	约尔加组 齐姆内戈里组 维尔霍夫卡组 拉姆萨组	卡提斯派特组 哲尔巴组	乌尔西斯组 努道斯组 扎里斯组 达比斯组	布阿组	冒险组 蓝花组	信号山群 瑞牛斯顶组 费莫斯组	斯特林组
580 Ma	埃迪卡拉系	沃诺卡组	陡山沱组	克罗尔 C		秦茶组 尼克尔斯科组	?	舒拉姆组	赛道组	特雷帕西组 迷斯塔肯南组 布里斯卡组 杜鲁克组	约翰尼组
		布尼耶鲁组 ABC		克罗尔 B 克罗尔 A		卡兰查组 乌拉组	?	胡法组	六月层 牧羊层碳酸盐岩	噶斯奇厄斯组 马勒湾组	
		布莱奇那组		下克罗尔组		巴拉昆组	楚梅布亚群	马西拉湾组	牧羊层 草勾组	主港口组	
635 Ma		那卡林纳组						哈德什组	拉文斯特罗特		正午组
成冰系		埃拉蒂娜组	南沱组	布雷尼组		哲姆库坎组	加布组	卡迪尔曼奇尔组	冰溪组		金斯顿峰组

埃迪卡拉化石 　大型带刺疑源类 　管状化石 　□ 冰期 　□ 舒拉姆碳同位素负漂移

图1-2-1 埃迪卡拉系代表性剖面地层序列及化石产出简况。岩石地层单位之间虚线段代表其界线年龄未定

形态类型多样的宏体埃迪卡拉化石生物群（图1-2-5、图1-2-6）（Gehling & Droser，2012），沃诺卡组（Wonoka Formation）记录了地质历史时期最显著的碳同位素负漂移事件——舒拉姆漂移（Shuram Excursion）。中国埃迪卡拉纪（也称震旦纪）地层（包括陡山沱组和灯影组，或相当地层）在华南和塔里木地区广泛分布，尤其是在华南扬子区，在成冰系南沱组冰碛岩之上，盖帽白云岩广泛发育，埃迪卡拉纪地层不仅记录了海洋无机碳同位素组成的多次显著变化，同时产出包括瓮安生物群、蓝田生物群、庙河生物群、石板滩埃迪卡拉生物群和陡山沱组硅化大型带刺疑源类组合等多个特异埋藏化石库，为认识埃迪卡拉纪的古海洋环境变化和生物演化过程提供了宝贵资料（周传明等，2019）。

印度小喜马拉雅地区布雷尼组（Blaini Formation）冰碛岩之上，埃迪卡拉系下克罗尔组（Infra Krol Formation）和克罗尔群（Krol Group）地层序列与中国华南扬子区非常相似（Jiang et al.，2003），其中产出典型的陡山沱型带刺疑源类化石（Joshi & Tiwari，2016）。俄罗斯白海地区（White Sea）和乌克兰波多利亚（Podolia）地区文德系（Vendian）地层发育，产出埃迪卡拉宏体化石，其中尤其以白海地区埃迪卡拉生物群化石类型多样，数量丰富（Fedonkin et al.，2007）。西伯利亚埃迪卡拉系发育齐全，在帕托姆隆起（Patom Uplift）地区埃迪卡拉系碳同位素曲线与华南及世界其他地区可以进行很好的对比（Pokrovskii et al.，2006），其中达尔尼亚泰加群（Dalniaya Taiga Group）乌拉组（Ura Formation）中产出丰富的陡山沱型带刺疑源类化石（Sergeev et al.，2011）。在西伯利亚奥列内克隆起（Olenek Uplift）地区，埃迪卡拉系卡提斯派特组（Khatyspyt Formation）产出典型的宏体埃迪卡拉化石（Grazhdankin et al.，2008）。

在纳米比亚北部（刚果地块南部），加布组（Ghaub Formation）冰碛岩之上（图1-2-7），发育埃迪卡拉纪早期梅伯格组（Maieberg Formation）盖帽碳酸盐岩（图1-2-8）和埃兰德肖克组（Elandshoek Formation）碳酸盐岩（Hoffman et al.，1998）。而在纳米比亚南部（喀拉哈里地块）发育埃迪卡拉纪晚期沃特弗莱群（Witvlei Group）和纳玛群（Nama Group）（Saylor et al.，1998），其中纳玛群产出丰富的埃迪卡拉型宏体化石（图1-2-9、图1-2-10）、早期矿化骨骼动物化石（图1-2-11）和形态复杂多样的遗迹化石，生动展示了从埃迪卡拉纪晚期到寒武纪早期后生动物演化的完整画卷（Darroch et al.，2021；Linnemann et al.，2019）。在阿曼，卡迪尔曼奇尔组（Ghadir Manqil Formation）冰碛岩沉积之上（图1-2-12），埃迪卡拉纪纳芬群（Nafun Group）和阿拉群（Ara Group）下部地层发育，该套地层不仅发育典型的盖帽白云岩（图1-2-13），而且还保存了舒拉姆碳同位素负漂移事件，在阿拉群地层中发现了埃迪卡拉纪晚期广泛分布的具矿化骨骼管状动物化石克劳德管（Cloudina）（Bowring et al.，2007）。

在加拿大纽芬兰阿瓦隆半岛，在噶斯奇厄斯冰期（约580 Ma）沉积之上，埃迪卡拉纪晚期康塞普申群（Conception Group）、圣约翰群（St John's Group）和信号山群（Signal Hill Group）

地层厚度超过 3 000 m，其中在康塞普申群和圣约翰群中发现了超过 30 种形态类型的埃迪卡拉型宏体化石（图 1-2-14~图 1-2-16）（Narbonne & Gehling，2003），代表了埃迪卡拉生物群最早期的组合面貌。加拿大西北部埃迪卡拉纪［温德米尔超群（Windermere Supergroup）上部地层］发育，并在不同相区保存了不同的埃迪卡拉型化石和遗迹化石组合（Narbonne et al.，2014）。在美国西南部死谷（Death Valley）等地，埃迪卡拉纪地层发育连续，底部出现盖帽白云岩（图 1-2-17、图 1-2-18），中部保存了舒拉姆碳同位素负漂移事件，上部地层中还产出埃迪卡拉纪晚期典型的埃迪卡拉化石组合（Smith et al.，2017；Verdel et al.，2011）。

图 1-2-2　澳大利亚南部弗林德斯山脉伊诺拉马沟剖面的埃拉蒂娜组冰碛岩

上图 图 1-2-3 中国科学家考察澳大利亚南部弗林德斯山脉伊诺拉马沟的埃迪卡拉系底界"金钉子"剖面（2016 年）

下图 图 1-2-4 埃迪卡拉纪早期刺饰疑源类塔纳藻（*Tanarium*），球体大小约 100 μm，澳大利亚 Officer 盆地塔纳纳组（Tanana Formation）（K. Grey 提供）

地层"金钉子"：地球演化历史的关键节点

上图 图1-2-5 澳大利亚南部弗林德斯山脉埃迪卡拉化石保护区化石发掘现场

下图 图1-2-6 埃迪卡拉纪晚期宏体化石狄更逊虫（*Dickinsonia*），澳大利亚

上图　图 1-2-7　纳米比亚北部成冰系加布组（Ghaub Formation）冰碛岩

下图　图 1-2-8　纳米比亚北部埃迪卡拉系底部梅伯格组（Maieberg Formation）盖帽白云岩

　　　　地层"金钉子"：地球演化历史的关键节点

上图　图 1-2-9　中外科学家考察纳米比亚南部埃迪卡拉化石产地（2008 年）

下图　图 1-2-10　埃迪卡拉纪晚期宏体化石蕨叶虫（*Pteridinium*），纳米比亚

上图 图1-2-11 埃迪卡拉纪末期管状动物化石——克劳德管（*Cloudina*），纳米比亚

下图 图1-2-12 阿曼成冰系冰碛岩及上覆盖帽白云岩

盖帽白云

冰碛岩

上图　图1-2-13　阿曼成冰系冰碛岩及上覆盖帽白云岩

下图　图1-2-14　加拿大纽芬兰迷斯塔肯角（Mistaken Point）埃迪卡拉化石保护区（2012年拍摄）

上图 图1-2-15 周传明研究员在加拿大纽芬兰迷斯塔肯角（Mistaken Point）埃迪卡拉化石保护区观察化石（2012 年）

下图 图1-2-16 埃迪卡拉纪晚期宏体化石——分形纺锭虫（*Fractofusus*），加拿大纽芬兰

上图　图1-2-17　埃迪卡拉系正午组（Noonday Formation）盖帽白云岩，美国西南部死谷金斯顿峰（Kingston Range，Death Valley）

下图　图1-2-18　正午组盖帽白云岩中管状构造

二、埃迪卡拉纪化石库

在中元古代或更早的地质历史时期，地球上已经出现了简单的多细胞生物，但直到新元古代全球性冰期事件之后的埃迪卡拉纪，复杂多细胞真核生物才出现了辐射式发展。

埃迪卡拉纪早期海洋生物圈以陡山沱-珀塔塔塔卡型（Doushantuo–Pertatataka–type）大型带刺疑源类（个体大小为50~1 000 μm）为代表的微体真核生物占主导地位（图1-1-2、图1-2-4、图1-2-19）（Zhou et al.，2007）。成冰纪之前零星出现的带刺疑源类个体大小也可以达到数百微米，与之相比，埃迪卡拉纪的疑源类不仅在属种组成上显著不同，刺饰类型也明显更加丰富。而寒武纪出现的带刺疑源类一般个体较小（小于50 μm）。埃迪卡拉纪大型带刺疑源类一般被认为是藻类的繁殖囊胞，也有部分化石被解释为动物胚胎滞育阶段的囊胞（图1-2-19）（Yin et al.，2007）。目前，埃迪卡拉纪大型带刺疑源类已经在华南、澳大利亚、西伯利亚、印度、斯瓦尔巴德和波罗的等地的泥页岩、硅质岩和磷块岩中发现和报道，描述的形态种已经超过200个，显示了它们在埃迪卡拉纪地层划分和对比中具有很大的潜力（Xiao & Narbonne，2020）。

瓮安生物群是埃迪卡拉纪早期微体化石生物群的代表（图1-1-2），以磷酸盐化三维立体形式保存在贵州瓮安陡山沱组磷块岩中（图1-2-20、图1-2-21），为研究埃迪卡拉纪多细胞生物的辐射以及后生动物的起源和演化提供了重要的化石材料。瓮安生物群的化石分子主要包括大型带刺疑源类（图1-2-21）、多细胞藻类、管状和球形化石等，以细胞或亚细胞级生物结构的精美保存为显著特征。球形化石生物属性的解释引起学界的广泛关注，大球藻（*Megasphaera*）曾经被解释为硫氧化细菌、单细胞原生生物、中生黏菌虫类、团藻类绿藻、干群动物和冠群

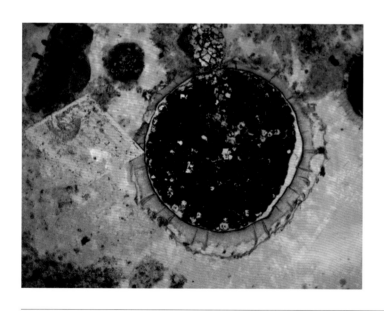

图1-2-19　埃迪卡拉纪早期刺饰疑源类——天柱山球（*Tianzhushania*），球体大小约600 μm，湖北宜昌陡山沱组

　　　　　　　　　　　　地层"金钉子"：地球演化历史的关键节点

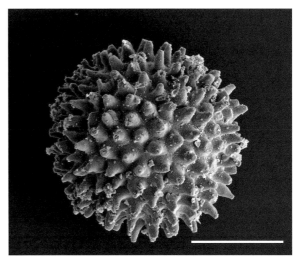

图1-2-20 埃迪卡拉纪早期微体生物化石——螺旋虫（*Helicoforamina*），贵州瓮安陡山沱组，比例尺为 100 μm

图1-2-21 孟莪球藻（*Mengeosphaera*），贵州瓮安陡山沱组，比例尺为 100 μm

动物（Xiao et al.，2014）。一些动物成体或胚胎化石的解释，例如两侧对称动物胚胎、管状刺胞动物和两侧对称动物小春虫（*Vernanimalcula*）等，在学界更是引起了争议和深度讨论（见 Cunningham et al.，2017 及文中参考文献）。

蓝田生物群产于皖南蓝田埃迪卡拉系蓝田组黑色页岩中，以保存形态复杂、类型多样的厘米级碳质压膜化石为特征。其中大部分类型为确切的藻类化石，部分类型被解释为可能的动物化石。蓝田生物群显示了在新元古代"雪球地球"事件结束后不久，形态多样化的宏体真核生物就发生了快速的辐射，为研究宏体真核生物的早期演化提供了最古老的化石证据（图 1-2-2）（Yuan et al.，2011）。

埃迪卡拉纪晚期出现的宏体化石组合代表了地球历史中首次出现的数量丰富、个体巨大、结构复杂的生物群落。目前对埃迪卡拉型宏体化石的生物属性还存在不同认识，一些形态类型，例如兰吉型（rangeomorphs）、阿伯瑞型（arboreomorphs）和埃尔尼托型（erniettomorphs），在显生宙及现代都没有可对比的物种，而诸如狄更逊虫（图 1-2-6）、金伯拉虫（*Kimberella*）、夷陵虫和尤吉亚虫（*Yorgia*）等保存了运动或觅食遗迹的化石可能代表了某些干群类型的动物（Chen et al.，2019）。目前，埃迪卡拉型化石已经在全球超过 30 个地区的埃迪卡拉系上部地层被发现和报道（Laflamme et al.，2013）。

按出现时间的先后顺序，埃迪卡拉生物群被划分为阿瓦隆、白海和纳玛三个组合（Waggoner，2003）。阿瓦隆组合（Avalon assemblage，约 570—560 Ma）产出于深水相沉积中，代表性产地包括加拿大组芬兰、麦肯齐山脉地区以及英格兰中部，主要由营底栖固着生活的兰吉型化石组成（如恰尼虫）。同时期浅水沉积中未发现埃迪卡拉型化石，表明这些形态复杂的大型生物可能起源于深海环境（Narbonne et al., 2014）。白海组合（White Sea assemblage, 约560—550 Ma）产出于浅水相沉积环境，它在三个埃迪卡拉生物群化石组合中物种分异度最高（Shen et al., 2008），代表性产地包括俄罗斯白海和澳大利亚弗林德斯山脉地区。白海组合的化石类型主要包括阿瓦隆组合残存的部分兰吉型、其他的叶状体类型（如阿伯瑞虫 Arborea）、埃尔尼托型（如蕨叶虫），以及其他身体分节的类型（如狄更逊虫、金伯拉虫）。同时，白海组合还包括大量的生物钻孔遗迹（如漫游迹 Planolites）（Fedonkin et al., 2007）。纳玛组合（Nama assemblage, 约550—539 Ma）产出于浅水环境沉积中，代表性产地包括纳米比亚南部、美国内华达、加拿大西北部、巴西、西伯利亚北部，以及中国华南扬子区。纳玛组合的化石类型主要包括兰吉型和埃尔尼托型埃迪卡拉型化石、具生物矿化骨骼的管状化石，以及形态复杂的遗迹化石（图1-2-22、图1-2-23）。纳玛组合见证了埃迪卡拉型生物的衰落和最终消亡，而早期具骨骼动物化石，例如克劳德管（图1-2-11、图1-2-22）、震旦管（Sinotubulites）和纳玛果篮虫（Namacalathus）的出现代表了后生动物早期演化的关键阶段。这些骨骼化石在世界范围内广泛分布，在一些地区它们延伸进入了寒武纪早期（Yang et al., 2016；Zhu et al., 2017）。同时，纳玛组合遗迹化石的详细研究揭示了在埃迪卡拉纪—寒武纪过渡时期浅海区域的动物行为由简单到复杂的转变（Darroch et al., 2021），表明在寒武纪"生命大爆发"之前，后生动物的演化经历了晚前寒武纪的过渡或者序幕阶段。

图1-2-22 埃迪卡拉纪末期管状动物化石——克劳德管（Cloudina），陕西宁强，比例尺为1 mm（陈哲提供）

图 1-2-23 埃迪卡拉纪末期管状动物化石。锥管虫（*Conotubus*）（左），下部化石长约 5 cm，陕西宁强；陕西迹（*Shaanxilithes*）（右），化石宽约 0.4 cm，贵州清镇（陈哲提供）

三、华南扬子区埃迪卡拉纪石板滩生物群

湖北宜昌三峡地区埃迪卡拉系（震旦系）宏体后生动物化石的研究始于 20 世纪 80 年代，中国古生物学家先后在灯影组中发现了管状化石和似埃迪卡拉型化石，但直到 2011 年，经典类型的埃迪卡拉型化石才在灯影组石板滩段灰岩中被发现和报道（图 1-2-24）（Chen et al.，2014）。经过多年的化石发掘和研究，目前石板滩生物群已发现约 20 个形态类型，它们以底栖生物为主，主要包括埃迪卡拉型宏体化石类型阿伯瑞虫、盾盘虫（*Aspidella*）、恰尼虫（图 1-2-25）、狄更逊虫、冬衣虫（*Hiemalora*）、蕨叶虫、兰吉虫（*Rangea*），以及具有运动能力、身体分节的两侧对称动物夷陵虫、软躯体管状化石雾河管（*Wutubus*）和具矿化骨骼的管状化石（Chen et al.，2019；Xiao et al.，2020）。

与其他埃迪卡拉生物群相比，石板滩生物群的一个显著特征是产出丰富的遗迹化石（图 1-2-26），它们展示了后生动物对浅海微生物席的依存关系及其复杂的生活行为。例如一些遗迹化石包含了水平潜穴、表面行迹和垂直钻孔，它们可能分别代表了动物在藻席中觅食、在藻席层表面运动，以及短暂居住或停息的行为（Chen et al.，2013）。另外一些未命名的遗迹化石由规则排列的"足迹"和潜穴组成，推测造迹者是具有成对附肢的两侧对称后生动物，它们时而钻入藻席层下进行取食和获取氧气，时而钻出藻席层在沉积物表面爬行（Chen et al.，2018）。

夷陵虫是目前已发现的石板滩生物群中最重要的化石之一，它长条状的身体呈三叶形，两侧对称，具有明显的身体分节，也具有了前后和背腹的区别。更为重要的是，部分标本中动物实体与它的遗迹同时保存在一起（图 1-2-27），再现了一条行进中动物的"最后时刻"。大部分埃迪卡拉型生物被认为是身体没有真正分节、缺乏运动能力的生物类群，因此，夷陵虫的发现为两侧对称动物身体分节特征出现在寒武纪大爆发之前提供了直接的化石证据，也为探索该时期众多遗迹化石的造迹者提供了重要线索（Chen et al.，2019）。

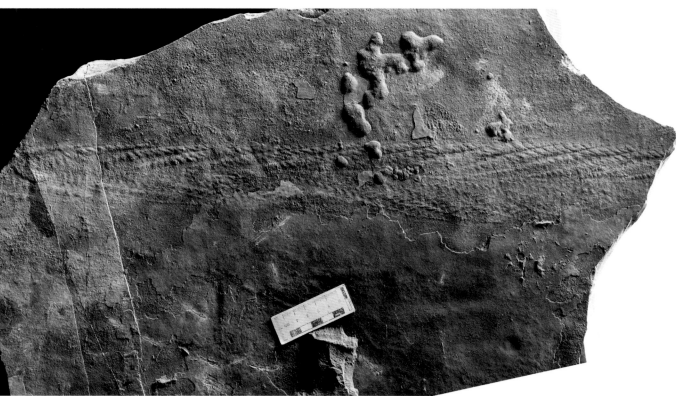

上图　图1-2-24　南京地质古生物研究所周传明、孙卫国、陈哲在石板滩生物群化石发掘现场（2019年）

下图　图1-2-25　埃迪卡拉纪晚期宏体化石——恰尼虫（*Charnia*），湖北宜昌

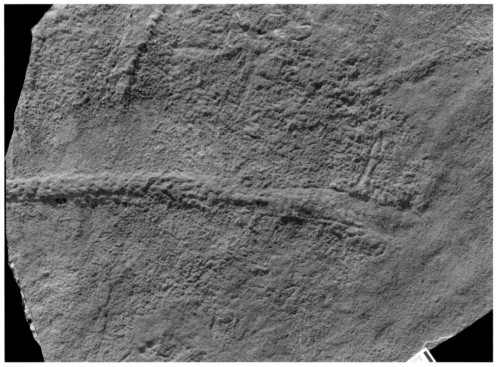

上图　图1-2-26　埃迪卡拉纪晚期遗迹化石，湖北宜昌

下图　图1-2-27　埃迪卡拉纪晚期宏体化石——夷陵虫（*Yilingia*），湖北宜昌

石板滩生物群的年龄约为551—543 Ma，其化石组合特征，尤其是遗迹化石的多样性和丰富度，表明它与纳米比亚纳玛群的纳玛组合可以进行对比，记录了埃迪卡拉生物群演化最晚期阶段的面貌特征。与大多数埃迪卡拉型宏体化石保存在碎屑岩中不同，石板滩生物群保存在浅海相灰岩中，它为探讨前寒武纪—寒武纪过渡时期的生物演化过程提供了一个独特的窗口。

四、埃迪卡拉纪地层学研究进展

埃迪卡拉纪地层研究在过去几十年中取得了很大进展，在生物地层学、同位素化学地层学、事件地层学和同位素地质年代学等方面成果丰硕，为埃迪卡拉系的内部划分和对比打下了坚实的基础。

1. 生物地层

如前所述，埃迪卡拉纪产出典型的陡山沱—珀塔塔塔卡型大型带刺疑源类，它们保存在泥页岩、硅质岩和磷块岩中，在世界很多地区广泛分布，因此具有重要的生物地层学意义（图 1-1-2）（Zhou et al., 2007）。在华南、澳大利亚和西伯利亚，大型带刺疑源类出现在埃迪卡拉纪中期舒拉姆碳同位素剧烈负漂移之前的沉积地层；在挪威南部，它们出现在大约 580 Ma 的莫埃尔夫（Moelv）冰期沉积之前。近年来，大型带刺疑源类在蒙古和西伯利亚等少数地区的埃迪卡拉纪晚期地层中也有发现（Anderson et al., 2017；Grazhdankin et al., 2020）。

Grey（2005）在澳大利亚埃迪卡拉纪地层中建立了 5 个疑源类组合带：*Leiosphaeridia jacutica-Leiosphaeridia crassa* 组合带、*Appendisphaera tabifica-Alicesphaeridium medusoidum-Gyalosphaeridium pulchra* 组合带、*Tanarium conoideum-Schizofusa risoria-Variomargosphaeridium litoschum* 组合带、*Tanarium irregulare-Ceratosphaeridium glaberosum-Multifronsphaeridium pelorium* 组合带和 *Ceratosphaeridium mirabile-Distosphaera australica-Apodastoides verobturatus* 组合带。其中第一个组合带以球体表面光滑无装饰的光球疑源类为特征，之上为 4 个大型带刺疑源类的组合带，这些化石组合带在澳大利亚南部和中部地区埃迪卡拉纪地层的划分和对比中得到很好的应用，而在澳大利亚之外却遇到了很大的挑战。与澳大利亚不同，在我国华南埃迪卡拉系下部不存在以光球疑源类为主的地层，大型带刺疑源类在陡山沱组底部盖帽白云岩之上地层出现并迅速繁盛（Ouyang et al., 2021）。Liu 等（2013）在湖北三峡地区陡山沱组下部建立了 2 个疑源类生物带：*Tianzhushania spinosa* 带和 *Tanarium conoideum-Hocosphaeridium scaberfacium-Hocosphaeridium anozos* 带。Liu 和 Moczydłowska（2019）建立 4 个疑源类生物带：*Appendisphaera grandis-Weissiella grandistella-T. spinosa* 带、*Tanarium tuberosum-Schizofusa zangwenlongii* 带、*T. conoideum-*

Cavaspina basiconica 带和 *Tanarium pycnacanthum-C. glaberosum* 带。上述陡山沱组疑源类生物带的有效性和实用性都有待在将来的工作中进行验证。

埃迪卡拉纪晚期（小于 580 Ma）地层以产出埃迪卡拉型宏体生物化石（图 1-2-6、图 1-2-10、图 1-2-16、图 1-2-25、图 1-2-27）、遗迹化石（图 1-2-26）和管状化石（图 1-2-11、图 1-2-22、图 1-2-23）为特征。埃迪卡拉型化石和遗迹化石在浅水和深水相碎屑岩和碳酸盐岩中都有产出，埃迪卡拉生物群的 3 个代表性组合：阿瓦隆组合、白海组合和纳玛组合，在埃迪卡拉纪晚期阶一级年代地层的划分对比中将起到关键作用。管状化石（如克劳德管、锥管虫和陕西迹）（图 1-2-22、图 1-2-23）在包括纳米比亚、西班牙、中国、西伯利亚、加拿大、美国、墨西哥和巴西等国家和地区在内的世界范围内埃迪卡拉纪末期地层广泛分布，因此具有作为建立埃迪卡拉系末阶（Terminal Ediacaran Stage）标志化石的潜力。

2. 冰期事件

与成冰纪全球性冰期事件不同，埃迪卡拉纪发生了多次区域性冰川事件（图 1-1-2）。目前在全球 8 个板块的 13 个地区发现了埃迪卡拉纪冰川沉积记录（Hoffman & Li，2009），其中以阿瓦隆板块纽芬兰地区的噶斯奇厄斯组（Gaskiers Formation）冰碛杂砾岩沉积为代表，发生在约 580 Ma 的噶斯奇厄斯冰期研究较为深入（Pu et al.，2016）。另外，埃迪卡拉纪的冰川沉积记录还包括阿瓦隆板块波士顿盆地的斯冈特姆组（Squantum Formation）、澳大利亚板块塔斯马尼亚岛的克罗尔山组（Croles Hill Formation）、波罗的板块挪威南部莫埃尔夫组、亚马孙板块巴西巴拉圭带的塞拉阿苏尔组（Serra Azul Formation），以及我国塔里木板块新疆库鲁克塔格的汉格尔乔克组、柴达木板块青海全吉山的红铁沟组、华北板块周缘的罗圈组和正目关组等（Hoffman & Li，2009）。不少学者倾向于将上述冰川沉积划归为噶斯奇厄斯冰期的沉积，但由于缺少精确的生物地层学、化学地层学和同位素年代地层学证据，上述冰碛岩沉积与噶斯奇厄斯冰期的对应关系并未确定。而非洲板块的维森斯坦—奥雷利亚纳冰期（Weesenstein–Orellana glaciation）沉积发生在约 565 Ma，明显晚于噶斯奇厄斯冰期（图 1-1-2）（Linnemann et al.，2018）。

青海全吉山红铁沟组之上的皱节山组、宁夏贺兰山地区的正目观组之上的兔儿坑组，以及河南、陕西等地罗圈组之上的东坡组地层中产出陕西迹等埃迪卡拉纪末期特征的宏体化石，显示其下伏冰碛岩地层代表了埃迪卡拉纪末期的冰期沉积，在时间上可能晚于阿瓦隆板块的噶斯奇厄斯冰期。华南埃迪卡拉纪地层中没有发现冰川事件的直接沉积记录。湖北宜昌地区陡山沱组发现的硅化钙芒硝状方解石（glendonite），被解释为是同沉积期形成的六水方解石（ikaite）假晶，代表了接近冰点的寒冷气候环境的沉积，指示了华南在埃迪卡拉纪早期可能存在区域性寒冷事件（Wang et al.，2017）。

3. 碳、锶同位素化学地层

自 20 世纪 80 年代后期以来，埃迪卡拉纪碳同位素化学地层学研究取得了重要进展。来自全球不同板块的大量的数据显示，埃迪卡拉纪地层记录了三次全球性的海洋碳同位素组成负漂移事件，它们分别发生在埃迪卡拉系底部、中部和顶部（图 1-1-2）。其中埃迪卡拉系底部的碳同位素负漂移事件（EN1）保存在盖帽白云岩中，δ¹³C 值在 -5‰左右，反映了新元古代最后一次全球性冰期——马琳诺冰期（Marinoan glaciation）对全球海洋碳同位素组成的扰动（Hoffman et al., 1998）。埃迪卡拉系中部的碳同位素负漂移事件目前一般被称为舒拉姆负漂移，它是地球历史中变化幅度最大的一次碳同位素负漂移事件（漂移幅度可达 15‰），在包括阿曼、华南、澳大利亚南部、西伯利亚、美国西部等地都有记录（Grotzinger et al., 2011）。关于舒拉姆负漂移的原因众说纷纭，部分学者甚至认为它是成岩作用的产物，并不能反映海水碳同位素组成的变化，但目前学术界的主流观点认为它记录了埃迪卡拉纪海洋中一次显著的碳循环波动。一般认为埃迪卡拉纪时期海洋存在一个巨大的溶解有机碳库，该碳库的氧化导致了此次碳同位素的显著负漂移事件，因此舒拉姆负漂移也反映了埃迪卡拉纪时期大气和海洋的一次显著氧化事件（McFadden et al., 2008；Shields et al., 2019）。埃迪卡拉纪末期碳同位素负漂移（EN4）也被称为寒武纪底部碳同位素负漂移（BACE, Basal Cambrian Carbon Isotope Excursion, Zhu et al., 2006），关于其成因同样莫衷一是。朱茂炎等（2019）将其作为建立寒武系底界的备选标准之一。

在三次强烈碳同位素负漂移之间，埃迪卡拉系碳酸盐岩碳同位素表现为正值。在埃迪卡拉系下部，碳同位素值可达 5‰~10‰，而在上部，碳同位素值一般在 2‰左右（Xiao & Narbonne, 2020）。我国华南扬子区浅水相埃迪卡拉系碳酸盐岩连续发育，记录了较为完整的碳同位素变化曲线（Zhou & Xiao, 2007）。华南埃迪卡拉系碳同位素曲线显示，在埃迪卡拉系下部碳同位素显著正值区间内，还存在一次具有区域对比意义的碳同位素负漂移事件（EN 2），而在舒拉姆负漂移（华南称之为 EN3 或 DOUNCE）和埃迪卡拉系 - 寒武系界线附近碳同位素负漂移（EN4）之间，还存在一次显著的碳同位素负漂移事件（图 1-1-2）（Zhou et al., 2017）。上述两次碳同位素负漂移事件是否反映了埃迪卡拉纪海洋碳同位素组成的全球性变化，尚需要来自其他板块更多的数据来证实。而埃迪卡拉系底部（EN1）、中部（EN3/SE）和顶部（EN4/BACE）三次显著的碳同位素负漂移事件，可以作为埃迪卡拉纪划分和洲际对比的良好指标，并已经得到了很好的应用（Xiao & Narbonne, 2020）。

海水锶同位素组成（⁸⁷Sr/⁸⁶Sr）变化具有显著的时代特征，因此在限定地层时代方面具有重要作用。但由于锶同位素组成易于受到成岩作用（如白云岩化）等方面的影响，并且由于碳酸盐岩样品中少量陆源碎屑对锶同位素分析产生较大影响，因此样品实验室处理过程要求严苛，获取原始海水碳同位素的组成存在较大困难。近年来，随着实验室分步萃取等分析技术的不断改进，以及分析数据的大量增加，埃迪卡拉纪锶同位素演变特征已经较为清晰。综合前人研究成果，埃迪卡拉系底部盖帽白云岩的 $^{87}Sr/^{86}Sr$ 值约为 0.707，此后伴随着碳同位素迅速恢复到正值，$^{87}Sr/^{86}Sr$ 值也升高到约 0.708。埃迪卡拉纪最显著的锶同位素变化发生在舒拉姆碳同位素强烈负漂移时期，伴随着碳同位素负漂移，$^{87}Sr/^{86}Sr$ 值升高到约 0.709，并在之后逐步降低，至埃迪卡拉纪末期为 0.708 5（图 1-1-2）（Xiao & Narbonne，2020）。

4. 放射性同位素年龄

近年来，随着一批高精度火山灰锆石化学剥蚀同位素稀释热电离质谱法（CA-ID-TIMS）铀-铅（U-Pb）同位素年龄以及碎屑岩铼-锇法（Re-Os）同位素年龄的获得，埃迪卡拉系的底界、顶界，以及内部一些重要地质和生物事件发生的时间得到很好的约束，为埃迪卡拉系内部的划分对比提供了地质年代框架（Xiao & Narbonne，2020）。限制埃迪卡拉系底界的火山灰锆石 U-Pb 年龄数据包括纳米比亚成冰系加布组上部 635.21 ± 0.59 Ma（Prave et al.，2016）、澳大利亚塔斯马尼亚岛成冰系 Cottons Breccia 组 636.41 ± 0.45 Ma（Calver et al.，2013）、华南南沱组顶部 634.57 ± 0.88 Ma（Zhou et al.，2019），以及华南埃迪卡拉系盖帽白云岩顶部 635.2 ± 0.6 Ma（Condon et al.，2005）。以往限制埃迪卡拉系顶界的火山灰锆石 U-Pb 年龄数据来自阿曼阿拉群上部 BACE 碳同位素事件层位上下的 542.33 ± 0.12 Ma 和 541.00 ± 0.13 Ma（Bowring et al.，2007），而 Linnemann 等（2019）将纳米比亚埃迪卡拉系-寒武系界线年龄进一步限定在 538.99 ± 0.21 Ma 和 538.58 ± 0.19 Ma 之间。上述年代地层学数据将埃迪卡拉系限定在约 635—539 Ma 之间（图 1-1-2）。

近年来，埃迪卡拉纪内部冰期和显著碳同位素扰动事件得到精确的放射性同位素年龄控制（Xiao & Narbonne，2020）。阿瓦隆板块加拿大纽芬兰地区噶斯奇厄斯冰期发生的时间被精确限定在 580.90 ± 0.40 Ma 和 579.88 ± 0.44 Ma 之间（Pu et al.，2016），而发生在埃迪卡拉纪中期的地质历史中最大碳同位素负漂移事件——舒拉姆负漂移发生的时间被限定在 574.0 ± 4.7 Ma 和 567.3 ± 3.0 Ma 之间（Re-Os 年龄，Rooney et al.，2020）（图 1-1-2）。舒拉姆负漂移具有成为埃迪卡拉系内部统一级划分和对比标志的潜力。埃迪卡拉纪晚期埃迪卡拉生物群化石 3 个典型的化石组合（阿瓦隆组合、白海组合和纳玛组合），尤其是管状骨骼化石时限的限定，为埃迪卡拉纪晚期地层的划分对比提供了时间框架。

第三节
埃迪卡拉系"金钉子"

一、研究历史

埃迪卡拉纪（系）于 2004 年正式建立，在此之前，国内外地质古生物学家对相关地层已经开展了较长时间的研究。1924 年，李四光等将湖北三峡地区寒武系之下、黄陵花岗岩之上未变质的地层称为震旦系（Lee & Chao，1924）。Sokolov（1952）依据乌拉尔山脉和俄罗斯地台寒武系之下的碎屑岩地层，提出"文德系"（Vendian System）的概念，随后将其范围扩大至包括拉普兰德（Laplandian）冰碛层。之后，随着前寒武纪冰川沉积和埃迪卡拉化石在世界各地的发现，Harland（1964）提出在寒武系之下建立始寒武系（Infra–Cambrian）或瓦兰吉系（Varangian System），其底界放在挪威最老冰碛沉积的底部。Cloud 和 Glaessner（1982）提出埃迪卡拉系（Ediacarian System）的概念，其底界放在澳大利亚南部马琳诺冰碛岩之上盖帽碳酸盐岩的底部，而 Jenkins（1981）提出将埃迪卡拉系底界放在埃迪卡拉化石首次出现的层位。Harland 等（1990）提出在晚前寒武纪建立震旦代（界）（Sinian Era/Erathem），划分为斯图特系（Sturtian System）和文德系，其中文德系又划分为瓦兰吉统（Varanger Series）和埃迪卡拉统（Ediacara Series）。国际地层委员会于 1989 年批准将元古宙划分为古元古代、中元古代和新元古代，并进一步划分了一系列的系级地层单元，其中新元古界包括拉伸系、成冰系和新元古界Ⅲ系（Neoproterozoic Ⅲ）。国际地层委员会末元古系分会于 2003 年投票确定末元古系的全球层型剖面和点位（"金钉子"），并将末元古纪 / 系正式命名为埃迪卡拉纪 / 系（Ediacaran Period/System）（Knoll et al.，2006）。

二、埃迪卡拉系底界"金钉子"

1. 研究历程

埃迪卡拉系底界"金钉子"被置于澳大利亚南部弗林德斯山脉伊诺拉马沟剖面（Enorama Creek section）埃拉蒂娜组（Elatina Formation）杂砾岩之上、那卡林纳组（Nuccaleena Formation）盖帽碳酸盐岩的底部（南纬 31°19′53″，东经 138°38′00″）（图 1-3-1~图 1-3-3）。埃迪卡拉纪（系）以其产出著名的埃迪卡拉生物群而得名（Knoll et al.，2006）。埃迪卡拉系底界年龄约为 635 Ma。

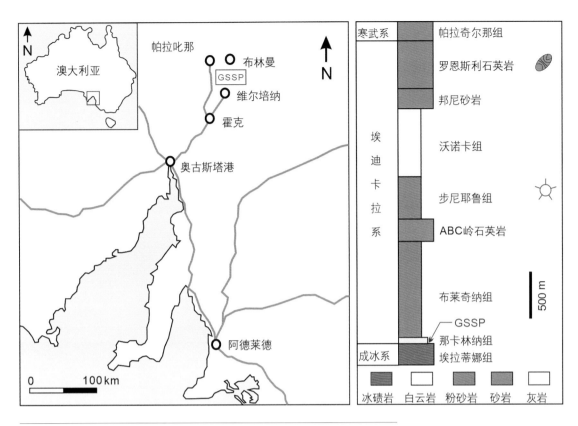

图1-3-1 埃迪卡拉系"金钉子"剖面位置、埃迪卡拉系地层柱状图和"金钉子"层位

图1-3-2 埃迪卡拉系"金钉子"标牌

那卡林纳组

盖帽白云岩

埃拉蒂娜组

图1-3-3 埃迪卡拉系"金钉子"剖面

国际地层委员会末元古纪（Terminal Proterozoic Period）工作组成立于1989年，成员来自五大洲的10个国家。工作组（后来改为分会）先后考察了乌克兰（1990）、中国华南扬子区（1992）、澳大利亚南部弗林德斯山脉地区（1993、1998）、澳大利亚中部（1993）、挪威芬马克（1994）、印度小喜马拉雅地区（1994）、纳米比亚（1995）、加拿大纽芬兰（2001）等地区的新元古代末期地层，部分成员还对俄罗斯白海地区（1995）和乌拉尔山区（1996）剖面进行了考察。在此期间，国际地质对比计划320项目——"新元古代事件与资源"（IGCP Project 320：Neoproterozoic Events and Resources，负责人：Christie-Blick N.、Fedonkin M.A. 和 Semikhatov M.A.）协助开展了野外考察和相关研究。另外，尽管加拿大西北部的麦肯齐山脉地区和西伯利亚的奥列内克隆起地区的新元古代晚期地层出露完好，但由于它们地理位置偏僻、不易到达而被排除在候选剖面之外。

在日本京都（1992）和中国北京（1996）召开的国际地质大会上，工作组／分会分别召开了正式会议。1995年，工作组在《前寒武纪研究》（*Precambrian Research*）出版专辑（A.H. Knoll 和 M. Walter 编辑），对重要剖面和相关研究等进行总结；2000年，《前寒武纪研究》出版了关于澳大利亚新元古代地层的专辑（M. Walter 编辑）。期间工作组／分会还向150余位选举委员和通讯委员分发了 17 期关于野外考察地层信息和总结报告的简讯。

通过十余年间对世界范围内埃迪卡拉系重点（地区）剖面的野外考察和讨论，依据国际地层委员会规章，末元古系分会进行了三轮投票。第一轮投票（2000 年 12 月）评估末元古系底界的放置层位。在全部四个选项中，"瓦兰格 / 马琳诺冰碛层之上盖帽碳酸盐岩底部或内部某个层位"获得了 80% 的支持率。该轮投票之后，分会共收到四份关于"金钉子"剖面的正式建议报告，其中两份关于澳大利亚弗林德斯山脉地区，一份关于中国湖北三峡地区，一份关于印度小喜马拉雅地区。四份报告均在分会第 15 期简讯上发表。在 2003 年 3 月举行的第二轮投票中，澳大利亚南部弗林德斯山脉地区的伊诺拉马沟剖面获得了 63% 的投票支持率。2003 年 9 月，末元古系分会就是否同意将伊诺拉马沟剖面的那卡林纳组底部作为末元古系底界"金钉子"，以及末元古纪的正式名称进行第三轮投票，其中，"以澳大利亚南部弗林德斯山脉地区伊诺拉马沟剖面埃拉蒂娜组冰碛岩之上、那卡林纳组盖帽碳酸盐岩底部作为末元古系底界'金钉子'"的提议获得 89% 投票支持率，而埃迪卡拉纪（系）作为末元古纪（系）的正式名称获得 79% 的投票支持率。2004 年 2 月，国际地层委员会以 88% 的投票支持率通过了末元古系分会的建议，随后，埃迪卡拉系底界"金钉子"于 2004 年 3 月获得国际地质科学联合会执委会的正式批准（以上关于埃迪卡拉系"金钉子"研究过程的记录主要参考 Knoll et al.，2006）。

2. 科学内涵

澳大利亚南部弗林德斯山脉地区元古代晚期乌姆巴塔纳群（Umberatana Group）和维尔培纳群地层发育，从成冰系斯图特冰期的冰碛沉积到寒武系底部厚达 8 000 m 的地层沿向西倾斜的单斜构造展布。该地区伊诺拉马沟"金钉子"剖面位于弗林德斯山脉国家公园，其主要特点是：生物地层、岩石地层和化学地层框架清晰，地层厚度大，区域构造简单，出露完好，研究历史悠久，易于到达（图 1-3-1）。而该剖面的主要不足是缺少精确的放射性同位素年龄。

近年来，应用"金钉子"来定义显生宙的纪（系）和其他级别的年代地层单位取得了重要进展。显生宙年代地层单位的界线一般采用某种动物化石的首现层位来定义。同时，越来越多的研究表明，一些化学地层学标志，例如碳同位素变化，也可以成为地层对比和界线划分的重要补充手段。在晚前寒武纪，尽管一些典型的化石生物群在地层划分对比中具有重要作用，例如大型带刺疑源类是新元古代雪球地球事件结束后全球广布的海洋微体真核生物，埃迪卡拉生物群是晚前寒武纪晚期最具代表性的化石组合，但是，它们尚不能为晚前寒武纪年代地层界线提供精确的生物地层学标志。因此，末元古系界线"金钉子"的确立需要依靠重大地质事件的物理和化学记录。

澳大利亚南部弗林德斯山脉地区埃拉蒂娜组冰碛杂砾岩是成冰纪晚期马琳诺全球性冰期的沉积，上覆地层是那卡林纳组盖帽碳酸盐岩。该套冰碛岩和盖帽碳酸盐岩沉积组合在世界范围内广泛分布（Hoffman & Schrag，2002），具有全球对比意义。选择那卡林纳组盖帽碳酸盐岩底部界面作为埃迪卡拉系底界"金钉子"主要有以下原因：① 该界面层位清晰、易于识别；② 盖帽碳酸盐岩典型的沉积现象，如层状裂隙、似帐篷状构造，以及碳同位素低负值特征等具有全球对比性；③ 盖帽碳酸盐沉积代表了一次全球性的海洋化学事件。因此，那卡林纳组盖帽碳酸盐岩底部是具有全球对比意义的沉积界线。关于埃迪卡拉系底界最大的疑虑是该界面可能代表了一个沉积间断面，而如果将"金钉子"视为代表了盖帽碳酸盐岩沉积的开始，无疑将避开有关不整合面的问题。而近年来的研究发现，盖帽碳酸盐岩下部含有大量与冰碛岩砾石组成类似的碎屑和砾石，显示盖帽碳酸盐岩与其下伏的冰碛岩实际上更可能是连续沉积的。埃迪卡拉系底界"金钉子"不仅在全球范围内可以广泛对比，它更代表了新元古代全球性冰期结束，后生生物开始迅速辐射和演替的关键阶段的开始。

3. 我国该界线的情况

中国是较早开展晚前寒武纪地层研究的国家和地区之一。20 世纪 20 年代，李四光等（Lee & Chao，1924）将湖北三峡地区寒武系之下、黄陵花岗岩之上未变质的地层称为震旦系，实际上包括了新元古代拉伸纪、成冰纪和埃迪卡拉纪地层。之后，震旦系的概念几经改变，2000 年第三届全国地层会议决定将中国新元古界自下而上划分为青白口系、南华系和震旦系 3 个系级年代地层单位。其中，新修订的震旦系只包括南沱组冰碛岩之上、寒武系之下的陡山沱组和灯影组，与埃迪卡拉系含义相同（周传明等，2019）。

我国地层古生物学家积极参与了国际末元古系"金钉子"的遴选工作，并于 1992 年组织了末元古系分会在华南扬子区新元古代晚期地层的野外考察。2000 年，中国科学院南京地质古生物研究所孙卫国研究员代表中国工作组向末元古系分会提交了题目为"*A candidate stratotype for the Terminal Proterozoic System in the eastern Yangtze Gorges region of China*"的建议报告。该报告建议将湖北宜昌三峡地区震旦系陡山沱组—灯影组剖面作为末元古系"金钉子"的候选剖面，将末元古系底部界线置于陡山沱组底部与下伏南沱组冰碛岩的接触界面，并提议用西陵纪（系）（Xilingian）作为末元古纪（系）的正式名称。尽管该建议未能获得末元古系分会的支持，但可以看出，三峡地区震旦系底界与最终确定的埃迪卡拉系"金钉子"的定义几乎是完全一致的。

三峡地区埃迪卡拉系以九龙湾及附近剖面为代表，该剖面成冰系南沱组冰碛岩和埃迪卡拉系陡山沱组底部盖帽白云岩发育完整，出露连续（图 1-3-4、图 1-3-5）。此外，新元古代晚期地层在华南扬子区广泛分布，以盖帽碳酸盐岩为标志的埃迪卡拉系底部界线一般都出露完好，易于识别。特别需要指出的是，经过近年来国内外学者的共同努力，三峡地区埃迪卡拉系在同位素地质年代学、古生物学、综合地层学，以及古海洋环境演变等方面的研究取得了一系列举世瞩目的重要成果（Xiao & Narbonne，2020；周传明等，2019），湖北宜昌三峡地区埃迪卡拉系剖面已经成为国际相关领域研究的经典地区和代表性剖面。

图 1-3-4 湖北宜昌三峡地区九龙湾剖面埃迪卡拉系底界

图 1-3-5 湖北宜昌三峡地区南沱组冰碛杂砾岩

4. 问题与展望

埃迪卡拉系底界"金钉子"确立以后，其内部分统建阶的工作成为国际地层委员会埃迪卡拉系分会的主要任务。目前，埃迪卡拉系分会已经先后成立了"埃迪卡拉系第二阶工作组""埃迪卡拉系末阶工作组"和"埃迪卡拉系上统工作组"，分别针对埃迪卡拉系下部和上部建阶，以及埃迪卡拉系的"统"一级划分开展工作。

尽管受到岩相和保存条件的限制，埃迪卡拉系内部产出的大型带刺疑源类和宏体埃迪卡拉型化石、碳酸盐相记录的碳、锶海水同位素组成变化、部分板块上发育的区域性冰川事件，以及近年来获得的一系列高精度同位素年龄数据，都为埃迪卡拉系的内部划分提供了有效手段。如前所述，在约 580 Ma 的噶斯奇厄斯冰期之前，海洋生物圈以微体真核生物占主体，而在其后，宏体的埃迪卡拉生物占据了统治地位。部分学者提出将噶斯奇厄斯冰期事件作为埃迪卡拉系内部统一级的界线，但由于确切的噶斯奇厄斯冰期沉积目前仅在阿瓦隆板块发育，因此其作为国际地层对比标准的作用非常有限。埃迪卡拉纪中期发生的地质历史时期幅度最大的碳同位素负漂移事件——舒拉姆负漂移在多个板块的代表性剖面都有记录，因此被普遍认为可以作为埃迪卡拉系划分的标志。之前由于缺少精确的放射性同位素年龄控制其发生时间，它与约 580 Ma 的噶斯奇厄斯冰期的先后关系也不明确，因此导致了不同的埃迪卡拉系内部划分方案（Xiao & Narbonne，2020）。Rooney 等（2020）报道了舒拉姆负漂移的起止年龄为 574.0 ± 4.7 Ma 和 567.3 ± 3.0 Ma，表明其起始时间可能仅稍晚于噶斯奇厄斯冰期。在加拿大纽芬兰地区，埃迪卡拉生物群阿瓦隆组合的化石首现层位的年龄为 570.9 ± 0.4 Ma（Pu et al.，2016），晚于舒拉姆负漂移的起始时间。因此，结合舒拉姆负漂移前后生物组合面貌的显著不同，将舒拉姆负漂移起始层位作为埃迪卡拉系内部统一级界线标志是切实可行的（图 1-1-2）。

舒拉姆负漂移之上，埃迪卡拉生物群化石的 3 个典型化石组合（阿瓦隆组合、白海组合和纳玛组合）为埃迪卡拉系上统的"阶"一级的划分提供了基本框架。尤其是在世界范围内管状骨骼动物化石（克劳德管、震旦管、纳玛果篮虫等）和非矿化的管状化石（锥管虫、陕西迹等）的大量出现，为限定埃迪卡拉系末阶的底界提供了具有全球对比意义的生物标志。由于埃迪卡拉纪早期大型带刺疑源类生物带的划分仍处于深入研究和探索阶段，舒拉姆负漂移之下的埃迪卡拉系下统的"阶"一级的划分目前存在较大的不确定性。目前来看，埃迪卡拉系底部碳、锶同位素的显著正漂移，以及大型带刺疑源类的首现层位，都具有成为埃迪卡拉系第二阶底界建立标准的潜力。

第四节
新元古界拉伸系和成冰系研究进展

1990 年，国际地质科学联合会正式批准国际地层委员会将元古宙（宇）划分为古元古代（界）、中元古代（界）和新元古代（界）的建议方案，其底界年龄分别为 2 500 Ma、1 600 Ma 和 1 000 Ma。新元古代（界）被进一步划分为拉伸纪（系）、成冰纪（系）和新元古界Ⅲ纪（系），其底界年龄分别置于 1 000 Ma、850 Ma 和 650 Ma（Plumb，1991）。上述底界均为国际标准地层年龄（GSSA，Global Standard Stratigraphic Age）限定。随着替代新元古界Ⅲ系的埃迪卡拉系"金钉子"的正式确立（Knoll et al.，2006），拉伸系和成冰系的建系工作也已展开。

中元古代最晚期至新元古代早期出现了可以与现今真核生物相类比的真核生物化石记录，其中一些有机质壁形式保存的微体化石被认为是该时期的标准化石。艾米卡粗面刺球藻（*Trachyhystrichosphaera aimika*）在世界范围内超过 20 个剖面被发现和报道，地层时限为 1 150—720 Ma（Pang et al.，2020）。球形脑纹球藻（*Cerebrosphaera globosa*）出现在拉伸纪中上部，地层时限为 800—740 Ma（Riedman & Sadler，2018）。瓶状微体化石（VSMs，vase-shaped microfossils）在世界范围内的 14 个地层剖面中被发现和报道，它们均出现在斯图特冰碛沉积之下的地层中，时间跨度为 760—730 Ma（Riedman et al.，2018）。因此，瓶状微体化石的末现层位具有界定成冰系底界的潜力。成冰纪间冰期阶段的化石记录非常稀少，除了一些形态简单的光球疑源类和丝状蓝菌，大部分已报道化石的可靠性具有很大的争议（图 1-4-1）。

拉伸纪的名称来源于"*Tonas*"，英文译为"stretch"（拉伸），指罗迪尼亚超级大陆的裂解。目前一般认为，罗迪尼亚超级大陆的裂解始于约 850 Ma 或更晚，并且由于成冰系底界的上移，目前拉伸纪时间跨度（1 000—720 Ma）接近 3 亿年。因此，将来有可能将拉伸纪的底界上推至约 850 Ma，而之下的新元古代早期（1 000—850 Ma）地层另建一个新的系一级年代地层单位。

近年来，由于"雪球地球"假说的提出，关于新元古代全球性冰期事件的研究得到了地质学界的极大关注并取得了一系列重要进展（参见 Hoffman et al.，2017）。目前一般认为成冰纪时期发生了两次全球性冰期，即斯图特冰期和马琳诺冰期。它们的起始和结束时间得到精确的放射性同位素年龄控制：斯图特冰期的时限为 717—660 Ma，马琳诺冰期的时限为 650—635 Ma（Macdonald et al.，2010；Zhou et al.，2019）。通过国际地层委员会成冰系分会组织开展的一系列野外考察和会议讨论，学界对成冰系的含义已经逐渐达成共识，认为其应该包括新元古代全球性冰期时期的沉积地层。目前，根据北美和华南等地获得的斯图特冰期沉积地层底界年龄数据（约

717 Ma），成冰系地层分会已经将成冰系底界年龄从原先的 850 Ma 上移到 720 Ma（图 1-4-1），并认为将来成冰系底界"金钉子"应该置于广泛分布的冰期沉积之下具有全球对比意义的层位（Shields-Zhou et al.，2016）。

　　冰碛地层之下缺少具有广泛对比意义的沉积学标志，而化石记录同样缺乏，少量已知的化石属种又具有较长的地层延限，因此地层对比作用有限。碳、锶同位素变化特征在拉伸纪 – 成冰纪过渡地层具有很好的对比潜力，但是由于冰期时海平面的显著下降，保存碳、锶同位素变化的浅水碳酸盐岩地层不可避免地遭受到暴露侵蚀，造成拉伸纪 – 成冰纪过渡地层记录的不连续。

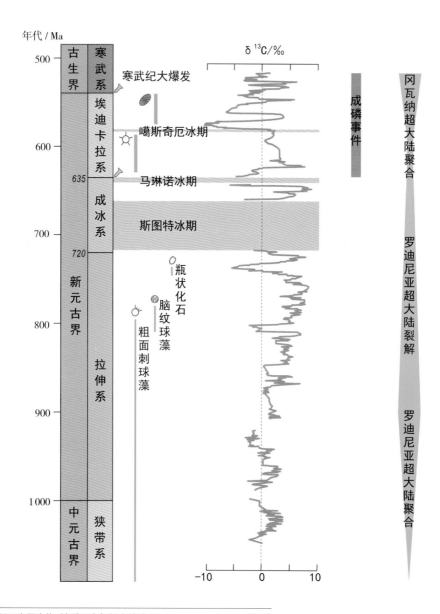

图 1-4-1　新元古界生物、地质和古气候事件（据 Halverson et al.，2020 修改）

Shields 等（2018）列举了世界各地的拉伸系 – 成冰系代表性剖面，对它们满足成为"金钉子"剖面各要素的条件进行了分析。其中，加拿大麦肯齐山、加拿大育空、加拿大努纳武特、埃塞俄比亚北部、格陵兰岛和斯瓦尔巴德等地区的剖面由于难以到达（以及剖面发育状况等）而不具备成为成冰系"金钉子"剖面的可能性。澳大利亚南部、苏格兰西南部和美国加州等地区剖面由于存在沉积间断或潜在的沉积间断，其成为成冰系"金钉子"剖面的可能性较低。中国华南贵州东南部地区剖面，由于地处盆地深水相区，拉伸纪丹洲群碎屑岩地层与上覆成冰系长安组冰碛杂砾岩连续沉积，过渡地层发育冰碛地层特有的落石构造（图 1-4-2），具有成为成冰系"金钉子"剖面的潜力。但是，由于该地区地层以碎屑岩沉积为主，不具备进行碳、锶同位素地层研究的条件，同时由于遭受了浅变质作用，到目前为止这套地层尚没有化石产出的报道，因此其进行地层对比的综合条件相对有限。到目前为止，对定义成冰系底界的标准以及代表性剖面的选择，国际地层委员会成冰系地层分会尚没有达成共识。

图 1-4-2 拉伸系丹洲群拱洞组顶部"落石"构造，贵州肇兴

致谢：

  感谢主编张元动研究员提出宝贵的修改意见。感谢课题组孙卫国研究员、陈哲研究员、袁训来研究员等在本文写作中提供的帮助。本文工作得到中国科学院战略性先导科技专项（B 类）（XDB18000000, XDB26000000）、国家重点研发计划项目（2017YFC0603101）和国家自然科学基金（41672017，41921002）共同资助。

参考文献

周传明，袁训来，肖书海，陈哲，华洪. 2019. 中国埃迪卡拉纪综合地层和时间框架. 中国科学：地球科学，49(1): 7-25.

朱茂炎，杨爱华，袁金良，李国祥，张俊明，赵方臣，Ahn, S.Y., 苗兰云. 2019. 中国寒武纪综合地层和时间框架. 中国科学：地球科学，49(1): 26-65.

Anderson, R.P., Macdonald, F.A., Jones, D.S., McMahon, S., Briggs, D.E.G. 2017. Doushantuo-type microfossils from latest Ediacaran phosphorites of northern Mongolia. Geology, 45(12): 1079-1082.

Bowring, S.A., Grotzinger, J.P., Condon, D.J., Ramezani, J., Newall, M.J., Allen, P.A. 2007. Geochronologic constraints on the chronostratigraphic framework of the Neoproterozoic Huqf Supergroup, Sultanate of Oman. American Journal of Science, 307(10): 1097-1145.

Calver, C.R., Crowley, J.L., Wingate, M.T.D., Evans, D.A.D., Raub, T.D., Schmitz, M.D. 2013. Globally synchronous Marinoan deglaciation indicated by U-Pb geochronology of the Cottons Breccia, Tasmania, Australia. Geology, 41(10): 1127-1130.

Chen, Z., Zhou, C.M., Meyer, M., Xiang, K., Schiffbauer, J.D., Yuan, X.L., Xiao, S.H. 2013. Trace fossil evidence for Ediacaran bilaterian animals with complex behaviors. Precambrian Research, 224: 690-701.

Chen, Z., Zhou, C.M., Xiao, S.H., Wang, W., Guan, C.G., Hua, H., Yuan, X.L. 2014. New Ediacara fossils preserved in marine limestone and their ecological implications. Scientific Reports, 4: 4180.

Chen, Z., Chen, X., Zhou, C.M., Yuan, X.L., Xiao, S.H. 2018. Late Ediacaran trackways produced by bilaterian animals with paired appendages. Science Advances, 4(6): eaao6691.

Chen, Z., Zhou, C.M., Yuan, X.L., Xiao, S.H. 2019. Death march of a segmented and trilobate bilaterian elucidates early animal evolution. Nature, 573(7774): 412-415.

Cloud, P., Glaessner, M.F. 1982. The Ediacarian Period and Syste: Metazoa Inherit the Earth. Science, 217(4562): 783-792.

Condon, D., Zhu, M.Y., Bowring, S., Wang, W., Yang, A.H., Jin, Y.G. 2005. U-Pb ages from the Neoproterozoic Doushantuo Formation, China. Science, 308(5718): 95-98.

Cunningham, J.A., Vargas, K., Yin, Z.J., Bengtson, S., Donoghue, P.C.J. 2017. The Weng'an Biota (Doushantuo Formation): an Ediacaran window on soft-bodied and multicellular microorganisms. Journal of the Geological Society, 174(5): 793-802.

Darroch, S.A.F., Cribb, A.T., Buatois, L.A., Germs, G.J.B.,

Kenchington, C.G., Smith, E.F., Mocke, H., O'Neil, G.R., Schiffbauer, J.D., Maloney, K.M., Racicot, R.A., Turk, K.A., Gibson, B.M., Almond, J., Koester, B., Boag, T.H., Tweedt, S.M., Laflamme, M. 2021. The trace fossil record of the Nama Group, Namibia: Exploring the terminal Ediacaran roots of the Cambrian explosion. Earth-Science Reviews, 212: 103435.

Fedonkin, M.A., Gehling, J.G., Grey, K., Narbonne, G.M., Vickers-Rich, P. 2007. The rise of animals: evolution and diversification of the Kingdom animalia. The Johns Hopkins University Press, Baltimore.

Gehling, J.G., Droser, M.L. 2012. Ediacaran stratigraphy and the biota of the Adelaide Geosyncline, South Australia. Episodes, 35(1): 236-246.

Grazhdankin, D.V., Balthasar, U., Nagovitsin, K.E., Kochnev, B.B. 2008. Carbonate-hosted Avalon-type fossils in arctic Siberia. Geology, 36(10): 803-806.

Grazhdankin, D., Nagovitsin, K., Golubkova, E., Karlova, G., Kochnev, B., Rogov, V., Marusin, V. 2020. Doushantuo-Pertatataka–type acanthomorphs and Ediacaran ecosystem stability. Geology, 48(7): 708-712.

Grey, K. 2005. Ediacaran palynology of Australia. Memoirs of the Association of Australasian Palaeontologists, 31: 1-439.

Grotzinger, J.P., Fike, D.A., Fischer, W.W. 2011. Enigmatic origin of the largest-known carbon isotope excursion in Earth's history. Nature Geoscience, 4(5): 285-292.

Halverson, G., Porter, S., Shields, G. 2020. The Tonian and Cryogenian Periods//Gradstein, F.M., Ogg, J.G., Schmitz, M.D., Ogg, G.M. (eds.). Geologic Time Scale 2020. Elsevier, 494-519.

Harland, W.B. 1964. Critical evidence for a great infra-Cambrian glaciation. Geologische Rundschau, 54(1): 45-61.

Harland, W.B., Armstrong, R.L., Cox, A.V., Craig, L.E., Smith, A.G., Smith, D.G. 1990. A Geologic Time Scale 1989. Cambridge University Press, Cambridge.

Hoffman, P.F., Li, Z.X. 2009. A palaeogeographic context for Neoproterozoic glaciation. Palaeogeography, Palaeoclimatology, Palaeoecology, 277(3-4): 158-172.

Hoffman, P.F., Schrag, D.P. 2002. The snowball Earth hypothesis: Testing the limits of global change. Terra Nova, 14(3): 129-155.

Hoffman, P.F., Kaufman, A.J., Halverson, G.P., Schrag, D.P. 1998. A Neoproterozoic snowball Earth. Science, 281(5381): 1342-1346.

Hoffman, P.F., Abbot, D.S., Ashkenazy, Y., Benn, D.I., Brocks, J.J., Cohen, P.A., Cox, G.M., Creveling, J.R., Donnadieu, Y., Erwin, D.H., Fairchild, I.J., Ferreira, D., Goodman, J.C., Halverson, G.P.,

Jansen, M.F., Le Hir, G., Love, G.D., Macdonald, F.A., Maloof, A.C., Partin, C.A., Ramstein, G., Rose, B.E.J., Rose, C.V., Sadler, P.M., Tziperman, E., Voigt, A., Warren, S.G. 2017. Snowball Earth climate dynamics and Cryogenian geology-geobiology. Science Advances, 3(11): e1600983.

Jenkins, R.J.F. 1981. The concept of an "Ediacaran Period" and its stratigraphic significance in Australia. Transactions of the Royal Society of South Australia, 105: 179-194.

Jiang, G.Q., Sohl, L.E., Christie-Blick, N. 2003. Neoproterozoic stratigraphic comparison of the Lesser Himalaya (India) and Yangtze block (South China): Paleogeographic implications. Geology, 31(10): 917-920.

Joshi, H., Tiwari, M. 2016. *Tianzhushania spinosa* and other large acanthomorphic acritarchs of Ediacaran Period from the Infrakrol Formation, Lesser Himalaya, India. Precambrian Research, 286: 325-336.

Knoll, A.H., Walter, M.R., Narbonne, G.M., Christie-Blick, N. 2006. The Ediacaran Period: a new addition to the geologic time scale. Lethaia, 39(1): 13-30.

Laflamme, M., Darroch, S.A.F., Tweedt, S.M., Peterson, K.J., Erwin, D.H. 2013. The end of the Ediacara biota: Extinction, biotic replacement, or Cheshire Cat? Gondwana Research, 23(2): 558-573.

Lee, J.S., Chao, Y.T. 1924. Geology of the Gorge district of the Yangtze (from Ichang to Tzekhui) with special reference to the development of the Gorges. Bulletin Geological Society of China, 3(3-4): 351-391.

Li, Z.X., Bogdanova, S.V., Collins, A.S., Davidson, A., De Waele, B.D., Ernst, R.E., Fitzsimons, I.C.W., Fuck, R.A., Gladkochub, D.P., Jacobs, J., Karlstrom, K.E., Lu, S., Natapov, L.M., Pease, V., Pisarevsky, S.A., Thrane, K., Vernikovsky, V. 2008. Assembly, configuration, and break-up history of Rodinia: A synthesis. Precambrian Research, 160(1-2): 179-210.

Linnemann, U., Pidal, A.P., Hofmann, M., Drost, K., Quesada, C., Gerdes, A., Marko, L., Gärtner, A., Zieger, J., Ulrich, J., Krause, R., Vickers-Rich, P., Horak, J. 2018. A ~565 Ma old glaciation in the Ediacaran of peri-Gondwanan West Africa. International Journal of Earth Sciences, 107(3): 885-911.

Linnemann, U., Ovtcharova, M., Schaltegger, U., Gärtner, A., Hautmann, M., Geyer, G., Vickers-Rich, P., Rich, T., Plessen, B., Hofmann, M., Zieger, J., Krause, R., Kriesfeld, L., Smith, J. 2019. New high-resolution age data from the Ediacaran–Cambrian boundary indicate rapid, ecologically driven onset of the Cambrian explosion. Terra Nova, 31(1): 49-58.

Liu, P.J., Yin, C.Y., Chen, S.M., Tang, F., Gao, L.Z. 2013. The biostratigraphic succession of acanthomorphic acritarchs of the Ediacaran Doushantuo Formation in the Yangtze Gorges area, South China and its biostratigraphic correlation with Australia. Precambrian Research, 225: 29-43.

Macdonald, F.A., Schmitz, M.D., Crowley, J.L., Roots, C.F., Jones, D.S., Maloof, A.C., Strauss, J.V., Cohen, P.A., Johnston, D.T., Schrag, D.P. 2010. Calibrating the Cryogenian. Science, 327(5970): 1241-1243.

McFadden, K.A., Huang, J., Chu, X.L., Jiang, G.Q., Kaufman, A.J., Zhou, C.M., Yuan, X.L., Xiao, S.H. 2008. Pulsed oxidation and biological evolution in the Ediacaran Doushantuo Formation. Proceedings of the National Academy of Sciences, 105(9): 3197-3202.

Narbonne, G.M., Gehling, J.G. 2003. Life after snowball: The oldest complex Ediacaran fossils. Geology, 31(1): 27-30.

Narbonne, G.M., Laflamme, M., Trusler, P.W., Dalrymple, R.W., Greentree, C. 2014. Deep-Water Ediacaran Fossils from Northwestern Canada: Taphonomy, Ecology, and Evolution. Journal of Paleontology, 88(2): 207-223.

Ouyang, Q., Zhou, C.M., Xiao, S.H., Guan, C.G., Chen, Z., Yuan, X.L., Sun, Y.P. 2021. Distribution of Ediacaran acanthomorphic acritarchs in the lower Doushantuo Formation of the Yangtze Gorges area, South China: Evolutionary and stratigraphic implications. Precambrian Research, 353: 106005.

Pang, K., Tang, Q., Wan, B., Yuan, X.L. 2020. New insights on the palaeobiology and biostratigraphy of the acritarch *Trachyhystrichosphaera aimika*: A potential late Mesoproterozoic to Tonian index fossil. Palaeoworld, 29(3): 476-489.

Plumb, K.A. 1991. New Precambrian time scale. Episodes, 14(2): 139-140.

Pokrovskii, B.G., Melezhik, V.A., Bujakaite, M.I. 2006. Carbon, oxygen, strontium, and sulfur isotopic compositions in late Precambrian rocks of the Patom Complex, Central Siberia: communication 1. Results, isotope stratigraphy, and dating problems. Lithology and Mineral Resources, 41(5): 450-474.

Prave, A.R., Condon, D.J., Hoffmann, K.H., Tapster, S., Fallick, A.E. 2016. Duration and nature of the end-Cryogenian (Marinoan) glaciation. Geology, 44(8): 631-634.

Pu, J.P., Bowring, S.A., Ramezani, J., Myrow, P., Raub, T.D., Landing, E., Mills, A., Hodgin, E., Macdonald, F.A. 2016. Dodging snowballs: Geochronology of the Gaskiers glaciation and the first appearance of the Ediacaran biota. Geology, 44(11): 955-958.

Riedman, L.A., Porter, S.M., Calver, C.R. 2018. Vase-shaped microfossil biostratigraphy with new data from Tasmania, Svalbard, Greenland, Sweden and the Yukon. Precambrian Research, 319: 19-36.

Riedman, L.A., Sadler, P.M. 2018. Global species richness record and biostratigraphic potential of early to middle Neoproterozoic eukaryote fossils. Precambrian Research, 319: 6-18.

Rooney, A.D., Cantine, M.D., Bergmann, K.D., Gomez-Perez, I., Al Baloushi, B.A., Boag, T.H., Busch, J.F., Sperling, E.A., Strauss, J.V. 2020. Calibrating the coevolution of Ediacaran life and environment. Proceedings of the National Academy of Sciences of the United States of America, 117(29): 16824-16830.

Saylor, B.Z., Kaufman, A.J., Grotzinger, J.P., Urban, F. 1998. A composite reference section for terminal Proterozoic strata of southern Namibia. Journal of Sedimentary Research, Section B: Stratigraphy and Global Studies, 68(6): 1223-1235.

Scotese, C.R. 2021. An atlas of Phanerozoc paleogeographic maps: The seas come in and the seas go out. Annual Reviews of Earth & Planetary Sciences, 49: 679-782.

Sergeev, V.N., Knoll, A.H., Vorob'Eva, N.G. 2011. Ediacaran Microfossils from the Ura Formation, Baikal-Patom Uplift, Siberia: Taxonomy and Biostratigraphic Significance. Journal of Paleontology, 85(5): 987-1011.

Shen, B., Dong, L., Xiao, S.H., Kowalewski, M. 2008. The Avalon explosion: Evolution of Ediacara morphospace. Science, 319(5859): 81-84.

Shields, G.A., Porter, S., Halverson, G.P. 2016. A new rock-based definition for the Cryogenian Period (circa 720 – 635 Ma). Episodes, 39(1): 3-8.

Shields, G.A., Halverson, G.P., Porter, S.M. 2018. Descent into the Cryogenian. Precambrian Research, 319: 1-5.

Shields, G.A., Mills, B.J.W., Zhu, M.Y., Raub, T.D., Daines, S.J., Lenton, T.M. 2019. Unique Neoproterozoic carbon isotope excursions sustained by coupled evaporite dissolution and pyrite burial. Nature Geoscience, 12(10): 823-827.

Smith, E.F., Nelson, L.L., Tweedt, S.M., Zeng, H., Workman, J.B. 2017. A cosmopolitan late Ediacaran biotic assemblage: new fossils from Nevada and Namibia support a global biostratigraphic link. Proceedings of the Royal Society B: Biological Sciences, 284(1858): 20170934.

Sokolov, B.S. 1952. On the age of the old sedimentary cover of the Russian Platform. Izvestiya Akademii Nauk SSSR, 5: 21-31.

Verdel, C., Wernicke, B.P., Bowring, S.A. 2011. The Shuram and subsequent Ediacaran carbon isotope excursions from southwest Laurentia, and implications for environmental stability during the metazoan radiation. Geological Society of America Bulletin, 123(7-8): 1539-1559.

Waggoner, B. 2003. The Ediacaran biotas in space and time. Integrative and Comparative Biology, 43(1): 104-113.

Wang, Z., Wang, J.S., Suess, E., Wang, G.Z., Chen, C., Xiao, S.H. 2017. Silicified glendonites in the Ediacaran Doushantuo Formation (South China) and their potential paleoclimatic implications. Geology, 45(2): 115-118.

Xiao, S.H., Narbonne, G.M. 2020. The Ediacaran Period//Gradstein, F.M., Ogg, J.G., Schmitz, M.D., Ogg, G.M. (eds.). Geologic Time Scale 2020. Elsevier, 521-561.

Xiao, S.H., Muscente, A.D., Chen, L., Zhou, C.M., Schiffbauer, J.D., Wood, A.D., Polys, N.F., Yuan, X.L. 2014. The Weng'an biota and the Ediacaran radiation of multicellular eukaryotes. National Science Review, 1: 498-520.

Xiao, S.H., Chen, Z., Pang, K., Zhou, C.M., Yuan, X.L. 2020. The Shibantan Lagerstätte: insights into the Proterozoic–Phanerozoic transition. Journal of the Geological Society, 178: 1-12.

Yang, B., Steiner, M., Zhu, M.Y., Li, G.X., Liu, J.N., Liu, P.J. 2016. Transitional Ediacaran–Cambrian small skeletal fossil assemblages from South China and Kazakhstan: Implications for chronostratigraphy and metazoan evolution. Precambrian Research, 285: 202-215.

Yin, L.M., Zhu, M.Y., Knoll, A.H., Yuan, X.L., Zhang, J.M., Hu, J. 2007. Doushantuo embryos preserved inside diapause egg cysts. Nature, 446(7136): 661-663.

Yuan, X.L., Chen, Z., Xiao, S.H., Zhou, C.M., Hua, H. 2011. An early Ediacaran assemblage of macroscopic and morphologically differentiated eukaryotes. Nature, 470(7334): 390-393.

Zhou, C.M., Xiao, S.H. 2007. Ediacaran ^{13}C chemostratigraphy of South China. Chemical Geology, 237(1-2): 89-108.

Zhou, C.M., Xie, G.W., McFadden, K., Xiao, S.H., Yuan, X.L. 2007. The diversification and extinction of Doushantuo-Pertatataka acritarchs in South China: causes and biostratigraphic significance. Geological Journal, 42(3-4): 229-262.

Zhou, C.M., Xiao, S.H., Wang, W., Guan, C.G., Ouyang, Q., Chen, Z. 2017. The stratigraphic complexity of the middle Ediacaran carbon isotopic record in the Yangtze Gorges area, South China, and its implications for the age and chemostratigraphic significance of the Shuram excursion. Precambrian Research, 288: 23-38.

Zhou, C.M, Huyskens, M.H., Lang, X.G., Xiao, S.H., Yin, Q.Z. 2019.

Calibrating the terminations of Cryogenian global glaciations. Geology, 47(3): 251-254.

Zhu, M.Y., Babcock, L.E., Peng, S.C. 2006. Advances in Cambrian stratigraphy and paleontology: Integrating correlation techniques, paleobiology, taphonomy and paleoenvironmental reconstruction. Palaeoworld, 15(3-4): 217-222.

Zhu, M.Y., Zhuravlev, A.Y., Wood, R.A., Zhao, F.C., Sukhov, S.S. 2017. A deep root for the Cambrian explosion: Implications of new bio- and chemostratigraphy from the Siberian Platform. Geology, 45(5): 459-462.

第一章著者名单

周传明 现代古生物学和地层学国家重点实验室（中国科学院南京地质古生物研究所）；
中国科学院生物演化与环境卓越创新中心。
cmzhou@nigpas.ac.cn

第二章
寒武系"金钉子"

寒武纪是显生宙的第一个纪，指距今约 538.8—485.4 Ma 的一段地球演化历史，持续约 5 340 万年。寒武系的内部划分在国际上长期以来没有统一的方案，给跨区域间的地层对比带来诸多不便。2005 年，国际地层委员会采纳了 2004 年寒武系分会批准的"四统十阶的划分方案"，自下而上分别为：纽芬兰统（幸运阶和第二阶）、第二统（第三阶和第四阶）、苗岭统（乌溜阶、鼓山阶和古丈阶）和芙蓉统（排碧阶、江山阶和第十阶）。目前已经建立了 6 个阶的底界"金钉子"，其中寒武系、纽芬兰统和幸运阶的共同底界"金钉子"建在加拿大，鼓山阶的底界"金钉子"建在美国；其余 4 个已建阶的底界"金钉子"位于中国，包括：苗岭统乌溜阶和古丈阶的底界、芙蓉统排碧阶和江山阶的底界。除了幸运阶的底界以遗迹化石种的首现定义外，其余 5 个已确定阶的底界均以三叶虫物种的首现来定义。这些"金钉子"的确立为人类认识寒武纪地球的演化提供了全球统一的时间标尺。

本章编写人员 张兴亮／彭善池／杨宇宁

篇章页图 开腔骨化石 *Chancelloria* cf. *eros*，产于中国陕西省陇县寒武系第二统辛集组，化石直径约为 0.5 mm

寒武纪（Cambrian Period）是显生宙和古生代的第一个纪，指距今约538.8—485.4 Ma的一段地球演化历史，持续约5 340万年，由英国地质学家Adam Sedgwick以威尔士（Wales，威尔士语"Cymru"）的拉丁化名称"Cambria"命名（Sedgwick & Murchison，1835），中文名称源自旧时日语中用汉字音译的专业术语"寒武纪"。寒武纪初期，地球上发生了划时代意义的寒武纪大爆发这一重大生命演化事件，绝大多数动物门类在很短的地质历史时期相继出现，同时动物在形态和生态多样性方面快速分化，导致了以动物为主导的海洋生态系统初次建立，地球从此踏上了显生宙和古生代的演化征程（张兴亮和舒德干，2014；张兴亮，2021）。

寒武纪形成的地层称为寒武系（Cambrian System），记录了当时地球上发生过的地质、气候、环境和生命演化等事件。研究寒武纪的地球，首先要建立全球统一的时间标尺。但是长期以来，国际上没有统一的寒武系内部划分方案，为寒武系的国际对比带来严重的困难。为了更好地研究寒武纪的地球，学术界依据国际通用的年代地层单位划分标准和寒武系研究进展，将寒武系再分为4个统和10个阶（Peng et al.,2012a），自下而上依次为纽芬兰统（幸运阶和第二阶）、第二统（第三阶和第四阶）、苗岭统（乌溜阶、鼓山阶和古丈阶）和芙蓉统（排碧阶、江山阶和第十阶）。因此，寒武系共需要建立10个"金钉子"。目前已经建立了6个，其中寒武系、纽芬兰统和幸运阶的共同底界在加拿大纽芬兰岛东南部的幸运角，鼓山阶的底界在美国犹他州的鼓山；其余4个"金钉子"分别建在中国贵州省的剑河县（苗岭统暨乌溜阶的共同底界）、湖南省的古丈县（古丈阶的底界）、花垣县（芙蓉统暨排碧阶的共同底界）和浙江省的江山市（江山阶的底界）。目前，第二统暨第三阶的共同底界，以及第二、第四和第十阶的底界还在确定中（图2-0-1）。

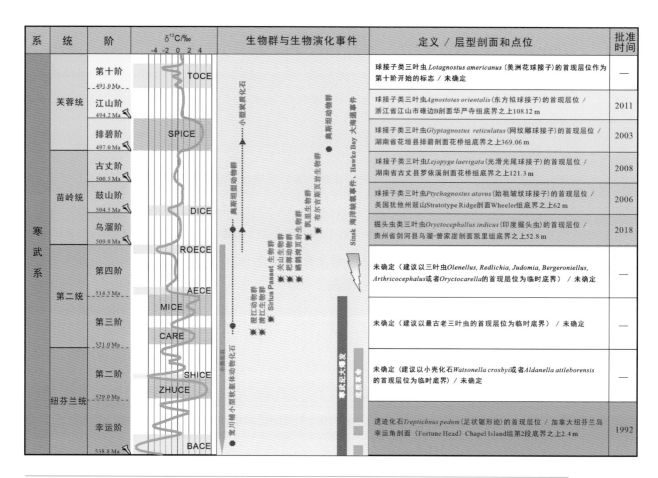

图 2-0-1 寒武纪年代地层划分与"金钉子"（GSSP）、寒武纪重要生物群产出层位、重要地质和生物事件的发生时间（碳同位素曲线据 Zhu et al., 2006 修改）；寒武系底界年龄，国际地层表沿用以往数据 541±0.1 Ma，本书采纳最新估算年龄 538.8±0.6 Ma（Peng et al., 2020；GTS2020）

系	统	阶	δ¹³C/‰	生物群与生物演化事件	定义 / 层型剖面和点位	批准时间
寒武系	芙蓉统	第十阶 491.9 Ma	TOCE		球接子类三叶虫 *Lotagnostus americanus*（美洲花球接子）的首现层位作为第十阶开始的标志 / 未确定	—
		江山阶 494.2 Ma			球接子类三叶虫 *Agnostotes orientalis*（东方拟球接子）的首现层位 / 浙江省江山市碓边B剖面华严寺组底界之上108.12 m	2011
		排碧阶 497.0 Ma	SPICE		球接子类三叶虫 *Glyptagnostus reticulatus*（网纹雕球接子）的首现层位 / 湖南省花垣县排碧剖面花桥组底界之上369.06 m	2003
	苗岭统	古丈阶 500.5 Ma			球接子类三叶虫 *Lejopyge laevigata*（光滑光尾球接子）的首现层位 / 湖南省古丈县罗依溪剖面花桥组底界之上121.3 m	2008
		鼓山阶 504.5 Ma	DICE		球接子类三叶虫 *Ptychagnostus atavus*（始祖皱纹球接子）的首现层位 / 美国犹他州鼓山Stratotype Ridge剖面Wheeler组底界之上62 m	2006
		乌溜阶 509.0 Ma			掘头虫类三叶虫 *Oryctocephallus indicus*（印度掘头虫）的首现层位 / 贵州省剑河县乌溜-曾家崖剖面凯里组底界之上52.8 m	2018
	第二统	第四阶 514.5 Ma	ROECE AECE		未确定（建议以三叶虫 *Olenellus, Redlichia, Judomia, Bergeroniellus, Arthricocephalus*或者*Oryctocarella*的首现层位为临时底界）/ 未确定	—
		第三阶 521.0 Ma	MICE CARE		未确定（建议以最古老三叶虫的首现层位为临时底界）/ 未确定	—
	纽芬兰统	第二阶 529.0 Ma	SHICE ZHUCE		未确定（建议以小壳化石 *Watsonella crosbyi*或者*Aldanella attleborensis*的首现层位为临时底界）/ 未确定	—
		幸运阶 538.8 Ma	BACE		遗迹化石 *Treptichnus pedum*（足状锯形迹）的首现层位 / 加拿大纽芬兰岛幸运角剖面（Fortune Head）Chapel Island组第2段底界之上2.4 m	1992

第一节
寒武纪的地球

寒武纪地球上的海陆分布和海洋生态系统与埃迪卡拉纪相比发生了重大变化，与现今地球的格局也有很大不同。这主要体现在：大陆板块重组形成冈瓦纳超大陆，寒武纪大爆发导致以动物为主导的显生宙式海洋生态系统形成。

一、海陆分布

寒武纪的海陆分布格局与现今的地球完全不同，地球表面大部分区域被海洋覆盖，主要大陆板块的边缘和内部很大一部分面积也淹没在水下，真正露出海平面的陆地面积非常之小。寒武纪最大的大陆板块是冈瓦纳大陆（也是整个古生代最大的大陆板块），从赤道附近中低纬度区向南跨越直到当时地球的南极，由现今的非洲、南美洲、南极洲、印度、澳大利亚、阿拉伯半岛以及周边一系列小板块构成，相当于现在地球陆地面积的64%。其他大陆板块包括分布在南半球中低纬度区的劳伦板块（北美洲）、西伯利亚板块、华北板块、华南板块、塔里木板块等，以及分布在高纬度区的波罗的板块、阿瓦隆板块等。寒武纪时整个北半球几乎全被一个超级大的泛大洋（Panthalassic Ocean）所覆盖，其他大洋包括位于劳伦大陆以东、冈瓦纳大陆以北、波罗的大陆之西北、西伯利亚大陆之西南的古大西洋（Iapetus），位于波罗的和西伯利亚大陆之间的埃吉尔洋（Ægir），以及波罗的和冈瓦纳大陆之间的澜洋（Ran）或者原特提斯洋（Proto-Tethys）（图2–1–1）。古大西洋可能非常宽广，劳伦大陆距离波罗的大陆约2 000 km，距离西冈瓦纳约6 500 km（Torsvik & Cock，2017）。

二、构造运动

寒武纪时期地球深部可能存在着剧烈活动的地幔柱，例如图佐（Tuzo）和嘉森（Jason）两个巨型地幔柱（Torsvik & Cocks，2017），驱动着地球上的构造运动。最为显著的构造运动就是距今5.70亿—5.10亿年期间，从埃迪卡拉纪晚期开始并持续到寒武纪中期的泛非造山带、东非造山带和库尔加造山带的相继形成，导致冈瓦纳大陆的聚合并发生旋转运动。造山运动的同时，潘

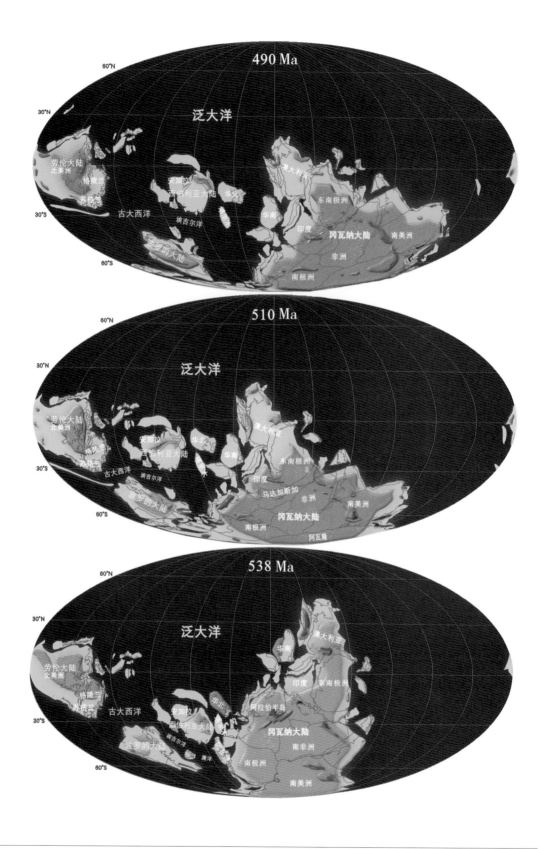

图 2-1-1 寒武纪主要大陆的地理位置与海陆分布变化，深蓝区域代表深海，浅蓝区域代表浅海，土黄色区域代表陆地 （据 Torsvik & Cocks，2017 修改）

诺西亚大陆（Pannotia）在埃迪卡拉纪晚期开始裂解，古大西洋逐步拉开，并在整个寒武纪持续扩张。澜洋于寒武纪早期拉开后，很快与奥陶纪拉开的瑞克洋（Rheic）融合而消失（Torsvik & Cocks，2017）。冈瓦纳超大陆的聚合，形成几条绵延数千公里（公里即千米）的巨型造山带，古大西洋的扩张形成数千公里甚至上万公里长的大洋中脊。这些造山带的隆升和洋中脊的活动无疑会深刻地影响地球表层系统（大气圈、水圈、生物圈和岩石圈）的物质组成与物质循环，以及地表的气候条件和环境变化，因此必然会影响到生命过程。强烈的风化剥蚀作用不仅对海水的组成和全球的气候格局产生深刻影响，同时将营养物质（例如磷）带入海洋，促使生物量快速增长和有机碳快速埋藏，从而导致大气氧含量升高，促进生物演化（张兴亮和舒德干，2014）。

三、气候与环境

学术界对寒武纪的气候认识非常有限。目前，在全球范围内还没有发现确切的寒武纪冰川沉积地层，古气候模拟研究显示寒武纪第二世晚期属于温室气候，南半球高纬度区的表层海水温度可达 20~25℃（Hearing et al.，2018）。寒武纪早期全球气候梯度相对较低，中晚期增加到中等程度，南半球高纬度区可能出现凉温带（Boucot et al.，2009）。寒武纪早期全球范围内广泛海侵，海平面上升，再加上强烈的风化作用，使钙、磷等元素输入海洋，形成大量含磷地层，其中产有丰富的多门类小壳动物化石。钙、磷等物质的输入为生物的繁盛、矿化骨骼的形成以及小壳化石的保存提供了必要的物质条件。寒武纪第二世晚期全球海平面下降，气候更加干热；苗岭世开始再次海侵，到芙蓉世排碧期达最大海泛期，在芙蓉世末期发生全球范围的海退事件。寒武纪不仅是地球上重要的成磷时期，也是大气氧含量和海洋氧化还原条件发生快速变化的时期。寒武纪早期海洋分层现象明显，表层海水氧化，底层水缺氧甚至硫化，因此在深水区域缺乏底栖生物。从第二世晚期开始，海洋氧化海底的面积逐步扩大，底栖生物随之向深水区扩散。

四、生命演化事件

化石记录表明，动物门类在埃迪卡拉纪晚期至寒武纪早期相对较短的地质时间内（5.6 亿—5.2 亿年）经过三个爆发式演化阶段（即三幕式爆发）后在地球上大量出现，并于纽芬兰世发生快速的生态领域扩张，形成以后生动物为主导的海洋生态系统（图 2-1-2）。同时，还伴随着动物体型增大、属种多样性增长、形态复杂化和躯体骨骼化等演化过程。这一史无前例、绝无仅有的重大生物演化事件就是寒武纪大爆发。寒武纪大爆发的过程具有连续性和阶段性的特点，三幕式大爆发是承前启后的三个阶段，历时约四千万年，导致了基础动物亚界、原口动物亚界和后口动物亚界依次辐射，形成完整的动物树，以及寒武纪大爆发的结束（Shu，2008；张兴亮和舒德干，2014）。在不到地球历史 1% 的时间，诞生了绝大多数动物门类，这曾令达尔文困惑不已。事实上，在达尔文之前，英国地质学家 William Buckland（1835）就已经认识到动物门类在寒武纪突然出现的现象，1948 年美国古生物学家 Preston E. Cloud 将之定性为"爆发式演化事件"（Cloud，1948），直到今天，寒武纪大爆发仍然是自然科学领域的前沿课题。为什么动物门类在这个时候大规模爆发式出现？寒武纪大爆发的原因到底是什么？2015 年英国《经济学人》杂志（*Economist*）发表重大科学难题系列文章，将寒武纪大爆发与生命起源、多重宇宙、暗物质和暗能量、时光流逝、意识本质一起列为六大自然科学难题。可见，寒武纪大爆发是重大科学难题，需要科学家们长期探索。

寒武纪不仅发生了动物门类的爆发式出现事件，而且在大爆发结束后发生过两次重要的生物灭绝事件，如在西伯利亚发现的 Sinsk 海洋缺氧事件、Hawke Bay 全球大海退事件（图 2-0-1），导致了托模特壳动物群、古杯动物、莱德利基虫目三叶虫等动物门类的快速衰退和灭绝（Zhuravlev & Wood，1996）。

图 2-1-2　寒武纪大爆发极盛时期的清江生物群复原图，距今约 5.18 亿年

第二节
寒武纪的地质记录

寒武纪地层分布十分广泛。在全球各个大陆板块上，第二世、苗岭世和芙蓉世地层普遍发育齐全，但完整的纽芬兰世地层剖面相对较少，仅在华南、西伯利亚、阿瓦隆等几个大陆板块的局部地区发育完整连续的埃迪卡拉纪－寒武纪过渡时期的地层。自1835年命名以来，寒武纪长期被认为是三叶虫的时代。随着加拿大布尔吉斯页岩生物群（图2-2-1）和中国澄江动物群等一系列特异埋藏的软躯体生物群的发现，人们认识到，寒武纪的海洋与现在的海洋相似，不仅生活着许多类型的具有矿化骨骼的生物，而且还有更多没有矿化骨骼的软躯体生物。另外，在三叶虫出现之前的纽芬兰世地层中发现了丰富多样的小壳动物化石和遗迹化石。由此可见，三叶虫是寒武纪很重要的化石，但不能将寒武纪简单地概括为"三叶虫的时代"。

一、地层记录

寒武纪地层广泛分布于全球各个大陆板块，沉积岩石类型多样，化石丰富。最显著的特色是含磷地层和布尔吉斯页岩型化石库。下面简述主要大陆寒武纪地层的发育情况。

图 2-2-1　布尔吉斯页岩生物群代表化石——曳鳃动物 *Ottoia prolifica*（张兴亮拍摄）

1. 中国的寒武系

中国的寒武系主要分布在华北、华南和塔里木等几个主要的大陆板块上，它们当时位于冈瓦纳大陆周边的中低纬度区，属于 Redlichiid 三叶虫古地理大区。其中，唯有华南寒武系四个统发育齐全，既有台地相沉积，也有斜坡相和深水盆地相沉积，化石丰富，是我国寒武系建阶分带的标准地区，也是全球寒武系划分对比的核心地区（项礼文等，1999）。目前，寒武系已确定的6个"金钉子"中，有4个由我国科学家主导的研究团队经过激烈的国际竞争建立在华南斜坡相寒武纪地层中。另外，我国科学家还在华南地区紧锣密鼓地研究第二阶、第四阶和第十阶底界的"金钉子"，希望在不久的将来有新的突破。华南寒武系产出丰富的小壳化石和10余个布尔吉斯页岩型生物群，是全球寒武纪研究的热点地层。华北的寒武系主要是台地相沉积，普遍缺失纽芬兰统，第二统下部不全，苗岭统和芙蓉统发育完整，化石丰富，主要是台地相碳酸盐岩。塔里木的寒武系主要是碳酸盐岩沉积，纽芬兰统发育不完整，区域变化较大；第二统及之上的地层序列完整，西部阿克苏地区为台地相碳酸盐岩地层，东部库鲁克塔格地区发育斜坡相碳酸盐岩地层。

2. 劳伦大陆的寒武系

劳伦大陆在寒武纪时位于赤道低纬度区，边缘海广泛覆盖现在北美大部分区域，仅现今的北美东北部和格陵兰岛大部露出海面。寒武纪时期的海平面总体波动幅度不是很大，但海平面波动频繁，导致许多海侵和海退沉积旋回与生物群组成面貌的变化，为地层的划分和对比提供了便利条件。纽芬兰世地层主要为粗碎屑岩，除了遗迹化石之外，其他生物类型化石不发育，全部归入"Begadean"统，没有进行进一步的年代地层划分。其上的深水或浅水地层化石颇为丰富，生物地层学研究基础较好，可以进行区域或跨区域间对比。苗岭统鼓山阶底界的"金钉子"就建立在美国犹他州的鼓山剖面。劳伦大陆的寒武纪地层产很有特色的 Olenellus 三叶虫动物群，属于 Olenellid 三叶虫古地理大区。另外，在劳伦大陆边缘较深水的海相地层中发现了一系列的特异埋藏软躯体化石生物群，包括布尔吉斯页岩生物群、格陵兰岛 Sirius Passet 生物群，以及近些年发现的布尔吉斯页岩生物群新产地 Marble Canyon 等（Gaines，2014）。

3. 西伯利亚的寒武系

与劳伦大陆相似，西伯利亚大陆在寒武纪位于低纬度地区，但两者相距甚远。浅海陆棚广泛覆盖在西伯利亚的大部分地区，仅当时的北部有陆地露出海面。西伯利亚寒武系发育连续齐全，生物群丰富，研究基础较好，是从事寒武纪多学科研究的理想区域。寒武纪地层主要以台地相碳酸盐岩为主，可分为两个沉积相区，厚度皆为 1500~2000 m。在现今的西伯利亚东南部主要是白云岩夹蒸发岩，仅有少量的灰岩、生物礁和陆源碎屑岩；西北部开阔海相灰岩和泥灰岩非常发育，在寒武纪早期叠层石、古杯礁非常繁盛。西伯利亚寒武纪生物群的主要特色是小壳化石丰富，演化序列完整，是寒武纪纽芬兰统和第二统内部划分和国际地层对比的主要化石依据。西伯利亚同时也是全球古杯动物化石最丰富的地区，礁体发育，演化快速，据此在该地区建立了一系列高精度的古杯化石带，是进行台地内部地层对比非常有效的手段。西伯利亚台地相的三叶虫动物群独具特色，自成一体，构成西伯利亚三叶虫古地理大区；仅深水相的少部分属种可与西冈瓦纳的摩洛哥地区的三叶虫对比。

4. 波罗的大陆的寒武系

波罗的大陆在寒武纪时期位于南半球高纬度区，Sarmatia 和 Fennoscandia 南北两个区域露出海面，其余广大区域淹没在海平面之下。寒武纪地层覆盖在前寒武纪变质基底之上，因此是海进沉积序列，既有浅海陆棚相，也发育有深水陆棚沉积。近陆浅海相地层以砾岩和海绿石砂岩为主，远岸深水相地层以灰岩为主，横向延伸远，产全球分布的三叶虫和腕足动物群。寒武纪沉积厚度不大，横向上岩相稳定，延伸很远，粗碎屑岩不太发育，表明海底和陆地地貌较平坦，沉积物供应不充足。芙蓉世地层产 Olenid 三叶虫动物群，与劳伦大陆和西伯利亚大陆的同时期三叶虫动物群组成相似。Olenid 三叶虫动物群常产于深水盆地相地层，而在波罗的大陆上并没有发现在寒武纪时发育深水盆地的构造地质学证据。因此，Olenid 三叶虫动物群在波罗的大陆的出现可能是对低氧条件的适应。在同时期地层中，有铰类腕足动物不发育，分布局限，也表明当时处于相对局限的环境和较高的纬度。值得一提的是，在瑞典古丈期至排碧期地层 Alum Shale 中产磷酸盐化保存的小型软躯体动物化石，以节肢动物为主，即著名的奥斯坦型动物群（Orsten-type fauna）。

5. 阿瓦隆大陆的寒武系

阿瓦隆大陆（又称阿瓦隆尼亚，是在早古生代从冈瓦纳大陆分裂出来，但后来经俯冲和碰撞后拼合到其他块体的一个微板块）由现今加拿大东部的纽芬兰岛东部、新斯科舍省局部地区、新不伦瑞克省南部、美国麻省等地区，以及英国的英格兰和威尔士等区域构成，分别位于北美洲和欧洲两个大陆上。在寒武纪时阿瓦隆是较小的大陆板块，位于南半球高纬度区，与波罗的大陆纬度相当，紧邻西冈瓦纳的高纬度区（西非边缘），早奥陶世晚期开始远离冈瓦纳大陆。阿瓦隆的寒武系主要由深水相碎屑岩建造，动物群与波罗的大陆的斯堪的纳维亚地区相似，因在寒武纪时期它们所处纬度相似，距离较近。值得一提的是，显生宇、古生界、寒武系、纽芬兰统和幸运阶的共同底界"金钉子"就确定在属于阿瓦隆板块的纽芬兰岛地区的 Burin 半岛，该地区寒武纪早期地层以砂岩为主，发育非常完整，出露良好，遗迹化石很丰富，记录了动物形态和行为的复杂化演化过程。

6. 冈瓦纳大陆的寒武系

冈瓦纳大陆是寒武纪时面积最大的大陆板块，位于南半球，现在的北非在寒武纪时就位于南极地区。大陆板块边缘仅局部零星地区露出海面，绝大部分区域被广袤的浅海覆盖，接受海相沉积；其核心区域包括非洲东南大部、南美东北部、南极大部、印度大部和西澳等，是接受剥蚀的陆地。西冈瓦纳的摩洛哥和利比里亚半岛，东冈瓦纳的南澳和南极，寒武系发育较好，研究程度较高，已建立了化石带和区域性年代地层框架，为全球寒武纪地层的对比奠定了基础，因此是重点研究区域。冈瓦纳大陆的海相地层中产丰富的三叶虫动物群，东冈瓦纳位于低纬度区（澳大利亚和南极），属于 Redlichiid 三叶虫古地理大区；西冈瓦纳（摩洛哥和利比里亚）位于高纬度区，属于 Bigotinid 三叶虫古地理大区。

二、化石记录

寒武纪常见的动物骨骼化石包括三叶虫、腕足动物、软舌螺、软体动物与古杯等，其中古杯是寒武纪特有的动物门类。此外，寒武纪还有最具特色的布尔吉斯页岩型生物群、奥斯坦型动物群、小壳化石以及小型炭质化石，是研究动物门类起源和寒武纪大爆发的重要材料。

1. 布尔吉斯页岩型生物群

布尔吉斯页岩型生物群（Burgess Shale-type biota）是指在泥岩或页岩中发现的、以碳质压膜形式保存的、以软躯体动物为主的特异埋藏生物群（Zhang et al., 2008）。这类生物群最初发现于加拿大的布尔吉斯页岩中，因此称为布尔吉斯页岩型生物群（图 2-2-1）。1909 年，美国古生物学家 Charles D. Walcott 在加拿大不列颠哥伦比亚省境内的落基山脉地区进行野外地质考察时，很意外地在寒武系斯蒂芬组布尔吉斯页岩段（属于苗岭统乌溜阶）中发现了软躯体化石马瑞拉虫（*Marrella*）。其后 110 余年的化石采集和研究发现，布尔吉斯页岩中不仅含有三叶虫、腕足动物、软舌螺等常见的动物壳体化石，而且还保存了这些带壳动物的软体组织和器官（如表皮组织、眼睛、消化腺等），更重要的是还产出丰富多样的、根本没有矿化骨骼的动物类群（如水母、海葵、半索动物、脊索动物等）和一些已经灭绝了的、奇形怪状的动物化石［如头上长有象鼻状器官和五只眼睛的欧巴宾海蝎（*Opabinia*）］（Briggs et al., 1994）。

目前，在全球寒武纪地层中已发现 50 余个布尔吉斯页岩型生物群，分布在世界各地，其中尤以华南和北美数量最多。仅在华南就发现 15 个这样的特异埋藏生物群，包括澄江生物群（图 2-2-2）、清江生物群和凯里生物群等（赵元龙，2011；Hou et al., 2017；Fu et al., 2019）。布尔吉斯页岩型生物群的显著特点是物种多样性高，化石保真度好，壳体化石和软躯体化石并存，能够较全面地反映寒武纪海洋生物群落的组成，因此是研究寒武纪大爆发和动物门类起源最理想的化石宝库。Gaines（2014）依据化石保真度、多样性和软躯体动物化石所占比例三项指标，将寒武纪的布尔吉斯页岩型生物群划分为三个等级，只有加拿大布尔吉斯页岩生物群和中国澄江生物群达到最好一级，分别于 1984 年和 2012 年入选《世界遗产名录》。

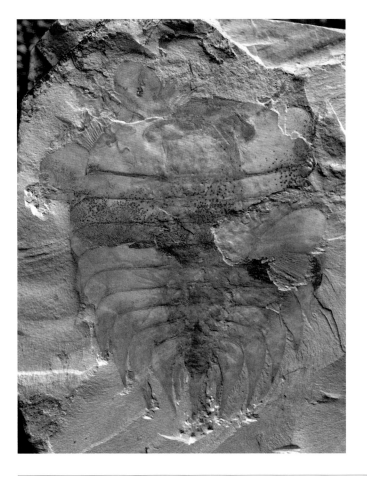

图 2-2-2 澄江生物群的节肢动物代表化石——*Kwuanyinaspis maotianshanensis*，虫体最大宽度约 5 cm（张兴亮拍摄）

值得一提的是，到目前为止，澄江生物群是亚洲地区唯一的化石产地世界自然遗产。最近，在我国湖北省长阳土家族自治县境内寒武系水井沱组（或称牛蹄塘组）中发现了清江生物群（图 2-1-2），其中的化石保真度、软躯体化石的比例和物种相对多样性等指标，皆不亚于布尔吉斯页岩生物群和澄江生物群，体现了非常好的研究前景（Fu et al., 2019；汪啸风和姚华舟，2019）。

2. 奥斯坦型动物群

奥斯坦型动物群（Orsten-type fauna）是指在富含有机质的黑色页岩中的灰岩结核内部发现的、以磷酸盐化形式保存的小型软躯体动物化石（毫米级大小）。1975 年，德国古生物学家 Klaus J. Müller 用酸处理的方法，从瑞典寒武系 Alum 页岩中的灰岩结核（当地称 Orsten）内寻找牙形刺和其他化石时，在其中意外地发现了大量磷酸盐化、三维立体保存的小型节肢动物化石，主要是节肢动物的表皮，以及很少见的体内的软体组织和器官（Müller，1979）。后来，这类化石在波兰、澳大利亚、加拿大、中国华南等地区寒武纪的地层中相继被发现，代表了一类重要的化石保存类型，所以称为奥斯坦型动物群。在一些寒武纪的含磷地层中（如华南的宽川铺组）不仅产小壳化石，而且还产磷酸盐化的小型软躯体动物化石。如果含化石地层并非富含有机质的黑色页岩与灰岩结核或透镜体的组合，那么其中的化石不属于典型的奥斯坦型化石。

3. 小壳动物化石

小壳化石（Small Shelly Fossils，缩写为 SSFs），泛指寒武纪含磷地层特有的、磷酸盐化保存的、个体较小的（通常为毫米级大小）多门类无脊椎动物骨骼化石。其中，既有较小动物完整的

骨骼化石，也含有较大动物的骨骼肢解或破碎形成的残片化石。常见的小壳化石有管状或锥形的阿纳巴管类、软舌螺类、似软舌螺类、锥石类等，刺形的海绵骨针、开腔骨类（图 2-2-3）、原牙形刺类等，贝壳形的腹足类、双壳类、单板类、多板类、喙壳类和腕足动物等，钉壳形的哈氏壳类、寒武钉类、织金钉类等，以及托莫特壳类。小壳化石广泛发现于世界各地的寒武纪纽芬兰世和第二世的含磷地层中，是研究寒武纪大爆发很重要的化石材料，也是全球寒武系纽芬兰统和第二统划分和对比的主要生

图 2-2-3 开腔骨类化石 *Chancelloria* cf. *C.eros*，产于我国陕西陇县寒武系第二统辛集组，化石直径约为 0.5 mm

物地层学依据。近些年还在小壳化石中发现了一些磷酸盐化保存软躯体动物化石，例如在我国陕西宁强和西乡地区的寒武纪幸运期地层中发现了磷酸盐化保存的动物胚胎，以及刺细胞动物和翻吻动物的幼小个体等（Bengtson & Yue，1997）。

4. 小型炭质化石

小型炭质化石（Small Carbonaceous Fossils，缩写为 SCFs）是指借用常规的疑源类化石处理方法，利用低浓度的氢氟酸腐蚀那些没有经过高温成岩改造的细碎屑岩（主要是泥岩），从不溶物中浮选出来的、炭质保存的小型软躯体动物化石，或者是动物软体组织和器官的残片化石（Butterfield & Harvey，2012）。化石通常是动物表皮和附肢的碎片等，而更容易腐烂分解的其他软体组织结构很少见。

第三节
寒武系"金钉子"

长期以来，三叶虫的首次出现被视为寒武纪开始的标志。传统上将寒武系划分为下、中、上三个统。随着寒武系底界研究的深入开展，认识的不断深入，界线因定义的变化不断下移，造成传统的"下寒武统"不仅包含了三叶虫首次出现这一重要的生命演化事件，而且持续时间超过了中、上寒武统的总和。根据这些情况，彭善池于 2004 年在韩国太白市召开的第九届国际寒武系再划分工作组会议上提议将"下寒武统"一分为二，并提出全球寒武系"四统十阶"的划分方案（Peng，2004）。该方案当年就被国际地层委员会寒武系分会批准，次年被国际地层委员会采纳，编写入 2005 版的《国际年代地层表》。寒武系的 4 个统和 10 个阶自下而上依次为：纽芬兰统（幸运阶和第二阶）、第二统（第三阶和第四阶）、苗岭统（乌溜阶、鼓山阶和古丈阶）和芙蓉统（排碧阶、江山阶和第十阶）。因此，寒武系共需要建立 10 个"金钉子"。目前已经建立了 6 个，其中寒武系、纽芬兰统暨幸运阶的共同底界"金钉子"在加拿大纽芬兰岛，鼓山阶的底界"金钉子"在美国的鼓山；其余 4 个已确立的"金钉子"为：建在中国贵州省剑河县的苗岭统暨乌溜阶的共同底界、湖南省古丈县的古丈阶底界、湖南花垣县的芙蓉统暨排碧阶的底界、浙江省江山市的江山阶底界（图 2-0-1）。下面将按照从老到新的顺序，逐一介绍寒武系的这 6 个已经确立的"金钉子"。

一、纽芬兰统底界（暨幸运阶底界）"金钉子"

1. 定义

幸运阶是显生宇、古生界、寒武系、纽芬兰统的第一个阶，距今 538.8—529.0 Ma，底界以遗迹化石 *Treptichnus pedum*（足状锯形迹）的首现层位来定义，全球界线层型剖面和点位（"金钉子"）位于加拿大纽芬兰岛东南部 Burin 半岛的幸运角（Fortune Head）剖面，界线点位位于 Chapel Island 组第二段底界之上 2.4 m 处（北纬 47° 04′ 34″，西经 55° 49′ 52″，海拔高程为 5 m）（图 2-3-1）。幸运阶底界"金钉子"是由英国牛津大学古生物学家与地层学家 Martin Brasier 领导的国际团队研究完成，1992 年 8 月经国际地层委员会和地质科学联合会批准正式确立（Brasier et al., 1994），2007 年 12 月正式命名纽芬兰统和幸运阶（Landing et al.，2007）。

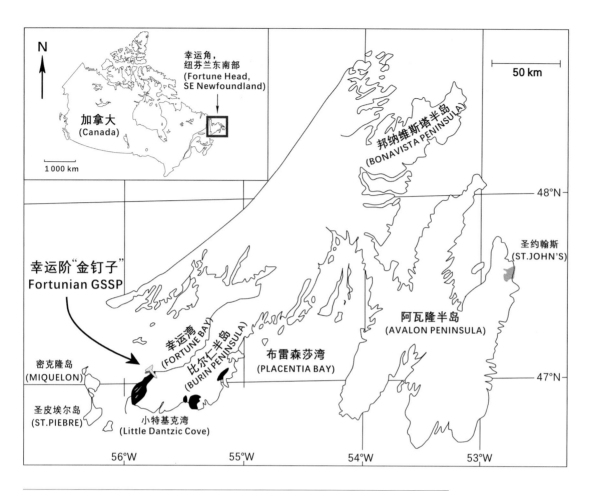

图 2-3-1 幸运阶底界"金钉子"地理位置图，位于加拿大纽芬兰岛西南的幸运角（Fortune Head）

2. 研究历程

前寒武系 - 寒武系的界线划分（"前寒武系"是早期对寒武系之下地层的总称，过去 20 多年来对这一大套时限长达数十亿年的地层已进行了细分，目前寒武系之下是埃迪卡拉系。因此，过去的前寒武系 - 寒武系界线就等同于现在的埃迪卡拉系 - 寒武系界线）对国际年代地层表的整体框架具有重大影响，因此是地质学领域的国际研究热点。中国科学家在竞争寒武系底界"金钉子"的过程中曾经进行过艰苦卓绝的努力，并做出了重大的贡献。1972 年，国际前寒武系 - 寒武系界线研究正式成立工作组。1977 年冬，以云南省地质科学研究所罗惠麟研究员和中国地质科学院邢裕盛研究员为首的研究团队，在前人研究的基础上，对云南昆明附近的晋宁梅树村剖面前寒武系 - 寒武系界线地层进行了多学科研究。1978 年 10 月和 1982 年秋，国际前寒武系 - 寒武系界线工作组和国际地质对比计划的前寒武系 - 寒武系界线项目（IGCP29）成员先后两次到中国现场考察梅树村剖面，高度评价了梅树村剖面的地质条件和研究成果，至此，梅树村剖面跻身前寒武系－寒武系界线的全球层型剖面的讨论之列。

  1983 年 5 月，界线工作组讨论了三条全球前寒武系－寒武系界线层型候选剖面，包括梅树村剖面、苏联的乌拉汉—苏鲁古尔（Ulakhan-Sulugur）剖面和加拿大纽芬兰南部 Burin 半岛的备选剖面（当时无具体剖面）（Brasier et al.，1994）。乌拉汉—苏鲁古尔剖面在此次讨论中被否决了，而纽芬兰 Burin 半岛的候选剖面研究者直至 1983 年 12 月仍未指定具体剖面，于是工作组决定对中国梅树村剖面进行通讯投票表决。梅树村剖面在两轮投票中均得到多数赞成的结果。1984 年 5 月，工作组组长（IGCP29 项目负责人）J. W. Cowie 教授通报了表决结果，并决定当年 6 月份提交梅树村剖面竞争"金钉子"的提案报告，以便在 8 月份举办的第 27 届国际地质大会上进行讨论，然后交由国际地层委员会表决，并计划在 1985 年提交国际地质科学联合会批准。因此，梅树村剖面当时是前寒武系－寒武系界线的唯一候选层型剖面。

  在此关键时刻，纽芬兰剖面的研究者开始在学术界发出反对梅树村剖面的声音，包括质疑小壳化石的可靠性、剖面的连续性、洲际对比的适用性、地质年龄的准确性等。同时，他们提出了在 Fortune Head 剖面（图 2-3-2）以遗迹化石定义寒武系底界的方案。于是，1984 年 8 月国际地层委员会做出了推迟表决梅树村剖面提案的决定。6 年之后，在 Fortune Head 剖面完成全面研究并提出用遗迹化石 *Trichophychus pedum*（也称 *Treptichnus pedum*，图 2-3-3）的首现来定义寒武系底界之后，界线工作组于 1990 年 10 月要求中国梅树村剖面、俄罗斯 Ulakhan-Sulugur 剖面和加拿大 Fortune Head 剖面的研究团队分别重新提交竞争"金钉子"剖面的提案报告。1991 年 1

图 2-3-2 幸运阶底界"金钉子"幸运角层型剖面，埃迪卡拉系与寒武系界线位于 Guy M. Narbonne 手指的位置（刘伟拍摄）

图 2-3-3 幸运阶底界标志化石 *Treptichnus pedum*（足状锯形迹）（杨宇宁拍摄）

月，工作组 23 个选举委员经投票表决，Fortune Head 剖面、梅树村剖面和 Ulakhan-Sulugur 剖面分别得到 52%、32% 和 13% 的赞成票。就这样，中国梅树村剖面和俄罗斯的 Ulakhan-Sulugur 剖面被淘汰，与"金钉子"失之交臂。

1991 年夏，纽芬兰的 Fortune Head 剖面在第 2 轮表决中以 61% 的赞成票获得通过（略高于法定得票率 60%）。1992 年 8 月在第 29 届国际地质大会上，Fortune Head 剖面在经国际地层委员会表决通过的同时，得到国际地质科学联合会的批准，确立为"金钉子"。从 1972 年成立前寒武系 – 寒武系界线工作组到 1992 年"金钉子"落户加拿大纽芬兰，历时整整 20 年之久。值得注意的是，直到 2007 年 12 月才正式命名纽芬兰统和幸运阶（Landing et al., 2007）。

3. 地质地理概况

Fortune Head 剖面位于加拿大纽芬兰岛东南部 Burin 半岛的幸运湾（Fortune Bay）西南岸（图 2-3-1），地层沿着海岸悬崖出露。剖面的界线之上发育一些小断层，但幸运阶底界所在的层段可以进行横向追踪对比。剖面地层的岩性均一，仅在一些薄层砂岩的底部见到很小的沉积间断。

Fortune Head 剖面的寒武纪地层以埃迪卡拉纪晚期 Avalonian 造山运动形成的岩浆岩和碎屑岩为基底。剖面下部是一套向上粒度变细、厚 2 750 m 的红色砂岩，上部的 Chapel Island 组是厚达 1 000 m 的陆棚相硅质碎屑岩。Chapel Island 组可分为 4 个岩性段，第 1 段主要为潮缘带砂岩和页岩，第 2A 段为受风暴影响的泥质砂岩和泥岩，第 2B 段和第 3 段是形成于浪基面之下的薄层层状具纹层粉砂岩，第 4 段为沉积于内陆棚至潮缘环境的泥岩夹薄层灰岩。

Chapel Island 组的第 1 段厚约 180 m，是前寒武系最上部的地层，属于 *Haralaniella podolica* 遗迹化石带。*H. podolica* 一直延续到第 2 段，在界线之下 0.2 m 处消失。纽芬兰统和幸运阶的共同底界位于 Chapel Island 组第 2 段底部之上 2.4 m 处一层砂岩的层面之上，以遗迹化石 *Treptichnus pedum* 的首现作为标志。*T. pedum* 和 *H. podolica* 的延限范围在剖面上是连续过渡，二者之间没有重叠，反映了界线附近地层中遗迹化石序列的过渡演替（图 2-3-4）。

4. 科学内涵

幸运阶是寒武系的第一个阶，它的底界同时也是纽芬兰统、寒武系、古生界和显生宇四个更高一级年代地层单位的底界，因此在所有年代地层单位中具有特殊的意义。幸运阶也是唯一一个用遗迹化石来定义底界的年代地层单位。定义底界的标志化石 *Treptichnus pedum*（也称 *Phycodes*

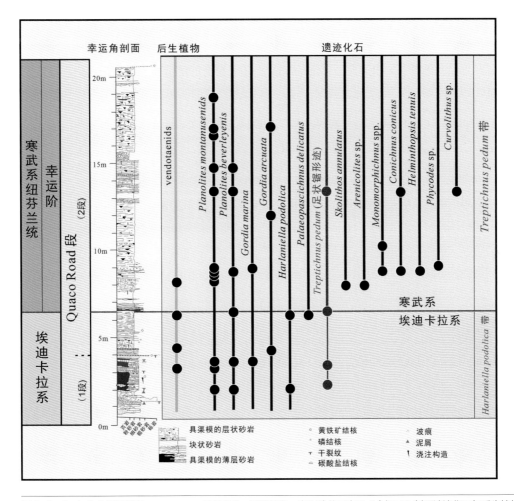

图 2-3-4 加拿大纽芬兰岛 Fortune Head 寒武系、纽芬兰统、幸运阶共同底界"金钉子"剖面遗迹化石与后生植物化石地层延限（据 Brasier et al., 1994 修改）

pedum 或 *Trichophychus pedum* ）常常出现在砂岩底面上，为一系列连续侧分枝的脊。在 Fortune Head 标准剖面，*T. pedum* 的出现严格受沉积相控制，因此横向和纵向上都无法跨相区追索。底界之上 400 m 处开始出现壳体化石，1 400 m 之上开始出现三叶虫化石（Brasier et al.，1994）。*Treptichnus* 是延续时间很长的遗迹属，可能是动物穿越沉积物的潜穴痕迹或者是在藻席之下潜穴的痕迹，目前还不能精确地确定是哪一类动物的遗迹。

Brasier 等（1994）用 *P. pedum* 的首现层位来定义幸运阶的底界。可是，Ed Landing 在同年发表的文章中称："国际寒武系分会和国际地层委员会在 1992 年的国际地质大会上投票批准以 *Phycodes pedum* 带的底界作为寒武系的底界"。这个表述不符合事实，因为国际地层委员会仅对 *Phycodes pedum* 的首现层位做过表决，没有对 *Phycodes pedum* 带的底界做过任何表决。在 1992 年"金钉子"确立之后来，Landing 等（2013）又用遗迹化石 *T. pedum* 组合带的底界重新定义寒武系底界。需要指出的是，Landing 等（2013）对寒武系底界定义的修改不符合国际地层委员会的规则，因此是无效的（Babcock et al.，2014）。

5. 国内外对比

幸运阶底界的标志化石——遗迹化石 *Treptichnus pedum* 在全球的分布比较广泛，但在不同地区，它的首现层位差别很大。*T. pedum* 的首现层位，在阿曼与碳同位素的 BACE 漂移事件的开始基本一致，在阿瓦隆大陆与 Placentian 统底界一致，在西冈瓦纳与 Cordubian 统底界基本一致。在华南和西伯利亚，*T. pedum* 的最低层位高于小壳化石的最早层位，在滇东的梅树村剖面位于中谊村段的下磷矿层顶部。在纳米比亚，*T. pedum* 却与典型埃迪卡拉纪化石共生。在格陵兰和瑞典地区，*T. pedum* 首现层位之下存在沉积间断，与下伏地层呈不整合接触关系，无法进行对比分析。

图 2-3-5 位于 Fortune Town 的幸运阶底界层型剖面保护标志牌，由国际地质对比计划加拿大委员会、加拿大纽芬兰与拉布拉多省政府在幸运镇镇政府的帮助下共同建立（杨宇宁拍摄）

6. 界碑标志和保护状况

加拿大有关地方政府永久保护和管理幸运阶"金钉子"剖面，禁止人为破坏行为。纽芬兰 Burin 半岛的幸运镇（Fortune town）有一个关于 Fortune Head 界线层型剖面的小型博物馆，在标准剖面附近建立了保护标志（图 2-3-5）。乘车从幸运镇可到 Fortune Head 剖面附近，交通比较方便，也没有属地或地理上的阻碍。幸运阶"金钉子"剖面对外开放，可自由参观和考察。

二、苗岭统底界（暨乌溜阶底界）"金钉子"

1. 定义

乌溜阶是苗岭统最下部的阶（寒武系的第 5 个阶），距今 509.0—504.5 Ma，以三叶虫 *Oryctocephalus indicus*（印度掘头虫）在全球的首现来定义，全球标准层型剖面和点位（"金钉子"）确定在贵州剑河的乌溜—曾家岩剖面凯里组底界之上 52.8 m 处，位于一层钙质粉砂质泥岩中（北纬 26° 44′ 51″，东经 108° 24′ 50″，海拔高程约为 795 m）（图 2-3-6）。乌溜—曾家岩剖面位于贵州省黔东南苗族侗族自治州剑河县革东镇八郎村北面的山脊上，在乌溜坡和曾家岩之间连续展布。苗岭统暨乌溜阶共同底界"金钉子"由贵州大学赵元龙教授领导的国内外团队联合研究，2018 年 6 月经国际地层委员会和地质科学联合会批准正式确立（Zhao et al.，2019）。

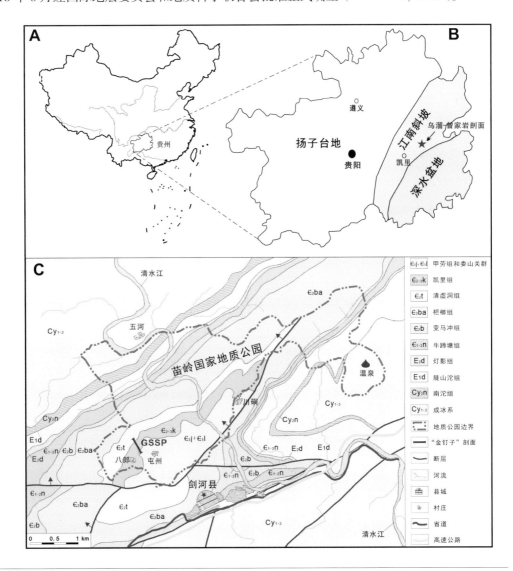

图 2-3-6 苗岭统暨乌溜阶底界"金钉子"的地理位置图和周边地区地质简图，层型剖面位于苗岭国家地质公园保护区内

2. 研究历程

乌溜阶的研究与凯里生物群研究工作同步。早在 1982 年，贵州工学院（后并入贵州大学）赵元龙教授及其团队在剑河八郎地区（原属台江县）开展了细致的古生物学与地层学研究工作，不仅发现了凯里生物群，而且还发现凯里组下部与中上部三叶虫面貌差异很大，因此提出在过渡相区确定我国下 – 中寒武统界线的构想（赵元龙等，1992）。随后，袁金良等（1997）建议用 *Oryctocephalus indicus* 作为定义界线的标志化石。在寒武系"四统十阶"划分的方案确定后，国际地层委员会寒武系分会相继成立了第五阶工作组，工作组于 2005 年选定掘头虫类三叶虫 *Oryctocephalus indicus* 的首现层位作为第五阶开始的标志。于是，赵元龙等对乌溜—曾家岩剖面开展了系统的多学科研究，精准地确定了 *Oryctocephalus indicus* 的首现层位。此后，俄罗斯学者提出用首现层位较低的三叶虫 *Ovatoryctocara granulata* 作为第五阶的标志化石，并建议西伯利亚的 Molodo 河剖面为层型剖面。

为了检验 *Oryctocephalus indicus* 在乌溜—曾家岩剖面首现层位的准确性，时任第五阶工作组副组长的 Frederick A. Sundberg 博士在原剖面旁边又新开出一条工作剖面（图 2-3-7），进行系统化石采集和研究工作，结果与赵元龙等确定的首现层位完全一致（Sundberg et al., 2011）。2015 年 7 月，工作组通过投票表决，以 55% 的支持率再次选择 *O. indicus* 作为定义第五阶底界的标志化石（12 票赞成 *O. indicus*，8 票赞成 *O. granulata*，2 票赞成 *Paradoxides* s.l.，2 人未投票）。2016 年 7 月，赵元龙等正式向国际寒武系分会提交了第五阶底界"金钉子"提案报告。2017 年 9 月，在国际寒武系分会第一轮通讯投票表决中，乌溜—曾家岩剖面获得 59% 的支持率，淘汰了美国的 Split 山剖面，但是没有达到 60% 支持率的最低要求。于是，寒武系分会于 2017 年 11 月进行了第二轮通讯投票表决，乌溜—曾家岩剖面获得了 78% 的支持率。2018 年 6 月 8 日，国际地层委员会全票通过了乌溜—曾家岩剖面作为"金钉子"的提案，6 月 21 日国际地质科学联合会批准了苗岭统暨乌溜阶底界"金钉子"，以及新建的全球年代地层单位：苗岭统和乌溜阶。

3. 地质地理概况

乌溜—曾家岩剖面位于贵州黔东南地区剑河县八郎村北面的山脊上，与剑河县城所在地革东镇直线距离仅为 4 km 左右（图 2-3-7）。剖面沿乌溜坡与曾家岩之间的山脊展布，地层出露良好，自下而上出露有寒武系清虚洞组、凯里组和甲劳组。乌溜阶底界位于凯里组底界之上 52.8 m 处的泥岩内。

凯里组沉积于寒武纪时期扬子台地与江南海盆之间的过渡带，属大陆斜坡陆棚相沉积区。乌溜—曾家岩剖面的凯里组出露非常完整，总厚 214.2 m，主要岩性为粉砂质泥岩、页岩，底部和顶部有灰岩发育。乌溜阶底界的层型点位于含钙质粉砂质泥岩的单一岩相层段中（图 2-3-7），界线附近见少量灰岩透镜体。

曾家岩

甲劳组

凯里组

乌溜坡

乌溜阶

GSSP 第四阶

清虚洞组

Oryctocephalus indicus 的首现层位

验证剖面

"金钉子"剖面

图 2-3-7 A. 乌溜阶底界"金钉子"乌溜—曾家岩层型剖面全貌，展示凯里组顶底界线与乌溜阶的底界；B. 乌溜阶底界"金钉子"乌溜—曾家岩层型剖面（右）与验证剖面（左）

综合研究表明，乌溜—曾家岩剖面在乌溜阶底界层段的地层为连续沉积，不存在沉积时发生的或由构造引起的扰动，三叶虫生物地层序列连续。剖面上的部分岩层偶有轻微的层面滑动，但未见地层缺失和重复，也无发生变质作用或成岩蚀变的迹象。乌溜阶底界之上的岩性段即是凯里生物群的产出层位。

4. 科学内涵

在乌溜—曾家岩剖面，凯里组三叶虫非常丰富多样，自下而上可分为两个多节类三叶虫带：*Bathynotus kueichouensis–Ovatoryctocara sinensis* 组合带和 *Oryctocephalus indicus* 带，以及一个球接子类三叶虫带——*Peronopsis taijiangensis* 带。乌溜阶底界以原始类型的印度掘头虫（*O. indicus*）的首现为标志（图 2-3-8），位于凯里组中下部的粉砂质泥岩层段中，距凯里组底界之上 52.8 m。原始类型的 *O. indicus* 其尾甲只有一对边缘刺，该种后期可以演化成尾甲具有 3 对边缘刺的进化类型（Zhao et al., 2019）。

在乌溜—曾家岩剖面，*Oryctocephalus indicus* 首现层位之下 0.2 m 处是三叶虫 *Redlichia*（莱德利基虫）灭绝层位，大致相当于北美的 *Olenellus*（小油栉虫）的灭绝层位。另外，*O. indicus* 首现层位之下 1.2 m 则是 *Bathynotus*（宽背虫）的灭绝层位（Zhao et al., 2019）。*Redlichia*、*Olenellus* 和 *Bathynotus* 作为寒武纪具有重要地层意义的广布型三叶虫，它们与 *O. indicus* 的层位关系可以作为乌溜阶底界在全球范围内的辅助对比标志（图 2-3-9）。总之，在乌溜阶底界上下，三叶虫动物群的组成、疑源类的组合面貌等发生了重要的变化（Zhao et al., 2019）。

5. 国内外对比

掘头虫类三叶虫 *Oryctocephalus indicus* 在全球分布比较广泛，是解决该界线全球对比困难的重要标志化石。除了华南地区，该种还出现于印度北部（小喜马拉雅）、美国西部、格陵兰北部、朝鲜和西伯利亚等地。目前，在波罗的、西冈瓦纳和阿瓦隆等地区还没有发现 *O. indicus*，但可以通过与其共生的其他三叶虫化石解决对比问题。另外，全球性的碳同位素 ROECE 负异常事件出现在 *O. indicus* 的首现点之下，与莱德利基虫类和小油栉虫类三叶虫的灭绝时间非常接近，可以作为乌溜阶底界的辅助对比标志。

6. 界碑标志和保护状况

剑河县人民政府负责永久保护和管理乌溜阶"金钉子"剖面，禁止任何形式的人为破坏行为。目前，贵州省各级政府正在推进和落实保护和开发乌溜阶底界"金钉子"的"八个一工程"，即"编好一个规划，护好一片山，守好一坝田，树好一座碑，扩好一个馆，建好一个区，修好一条路以及打造好一个科普基地"。乌溜阶"金钉子"剖面位于苗岭国家地质公园的核心区，紧邻少数民族文化浓郁的苗族自然村落八郎村和屯州村，离剑河县城约为 4 km，交通十分便利，车辆可直达八郎村或屯州村停车场。从停车场沿石板步道上行约 30 min 便到达"金钉子"剖面。乌溜阶"金钉子"常年对外开放，此处经常开展科学考察和旅游参观活动（图 2-3-10）。

图2-3-8 乌溜阶底界标志化石——*Oryctocephalus indicus*（印度掘头虫），比例尺为3 mm（张兴亮拍摄）

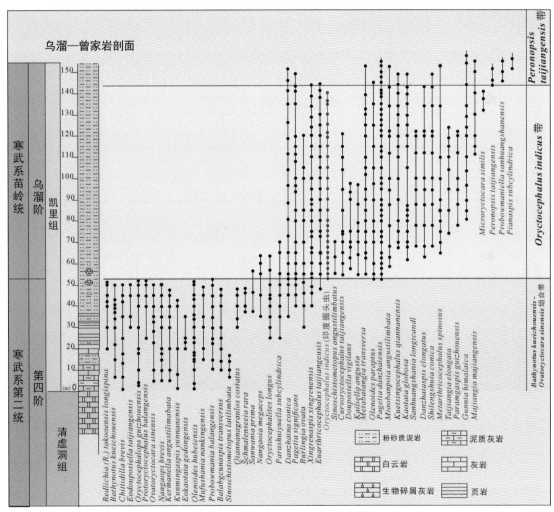

图2-3-9 乌溜阶底界"金钉子"——乌溜—曾家岩层型剖面三叶虫化石分带和属种地层延限（据 Zhao et al., 2019 修改）

图 2-3-10　国际埃迪卡拉系与寒武系科学大会（2018 年）与会代表考察凯里生物群和乌溜—曾家岩层型剖面（杨宇宁提供）

三、鼓山阶底界"金钉子"

1. 定义

鼓山阶是寒武系的第六个阶，也是苗岭统的第二个阶，距今 504.5—500.5 Ma。该阶底界以球接子类三叶虫 *Ptychagnostus atavus*（始祖褶纹球接子）的首现层位来定义，"金钉子"剖面是位于美国犹他州鼓山（Drum Mountains）地区的层型脊剖面（Stratotype Ridge section），点位在 Wheeler 组底界之上 62 m 处的粉砂屑灰岩内（北纬 39°30′42″，西经 112°59′29″，海拔高程为 1 797 m）。鼓山阶底界"金钉子"由美国俄亥俄州立大学 Loren E. Babcock 教授领导的国际团队主持研究，于 2006 年经国际地层委员会和国际地质科学联合会批准正式确立（Babcock et al., 2007）。

2. 地质地理概况

Stratotype Ridge 剖面位于美国犹他州西部 Millard 县鼓山地区，在德尔塔市（Delta）西北方向约 39 km 处（图 2-3-11）。剖面沿山脊展布，地层出露良好，部分岩性段穿过半山腰（图 2-3-12）。层型脊剖面主要由厚约 70 m 的 Swasey 灰岩及其上覆的 Wheeler 组（厚度大于 100 m）组成，鼓山阶底界位于 Wheeler 组底界之上 62 m 处（Babcock et al., 2007）。

鼓山地区处于由一系列北倾正断层控制的山系和盆地之中，这些山系和盆地自泥盆纪以来经历了多期次的挤压构造运动。比较幸运的是，鼓山地区处于受地质作用改造比较小的区域内。层

　　　　　　　　　　　　　　　地层"金钉子"：地球演化历史的关键节点

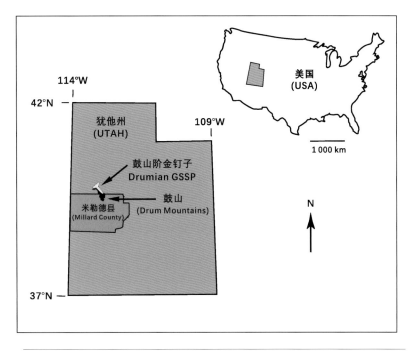

图 2-3-11 鼓山阶底界"金钉子"地理位置图，位于美国犹他州 Millard 县境内鼓山地区

图 2-3-12 鼓山阶底界"金钉子"Stratotype Ridge 层型剖面，显示 Wheeler 组底界与标志化石 *Ptychagnostus atavus*（始祖褶纹球接子）的首现层位

型脊剖面的 Swasey 灰岩属于碳酸盐台地环境的沉积序列，而其上的 Wheeler 组主要是一套厚度很大的深灰色薄层粉砂屑灰岩，其间夹暗色钙质粉砂屑灰岩，属于外陆棚浪基面之下的斜坡至盆地环境的沉积序列。

综合研究表明，层型脊剖面的鼓山阶底部地层为连续沉积，三叶虫和腕足动物的演化序列完整。局部岩层有轻微层面滑动，但未造成地层缺失和重复，剖面的生物地层序列也未因此受到影响，也没有发现变质作用和成岩蚀变的证据（Babcock et al.，2007）。

3. 科学内涵

在层型脊剖面，鼓山阶底界以全球分布的球接子类三叶虫 *Ptychagnostus atavus*（图 2-3-12）的首现点为标志。*P. atavus* 是 Wheeler 组上部很常见的球接子类三叶虫，首现层位在一层粉砂屑细粒灰岩的底部，该种在剖面上垂向延限短，横向延展较远，是较理想的标志化石。

另一个广布型的球接子类三叶虫——*Ptychagnostus gibbus* 的首现点在 Wheeler 组的底部，远低于 *P. atavus* 的首现点；*P. gibbus* 的末现点位很稳定，略高于 *P. atavus* 的首现点。可见，尽管 *P. gibbus* 的地理分布明显受岩相控制，不适合作为严格意义上的标志化石，但可以作为鼓山阶的间接对比工具（图 2-3-13）。此外，在层型脊剖面出现的碳同位素负漂移（DICE 事件）、$^{87}Sr/^{86}Sr$ 同位素比值稳定变化期的开始点和一个海平面上升起始点，可以作为鼓山阶底界的辅助对比标志（Babcock et al.，2007）。

4. 国内外对比

球接子类三叶虫 *Ptychagnostus atavus* 是寒武纪地理分布最为广泛的三叶虫之一（图 2-3-12），它的首现层位很容易在全球范围内识别。*P. atavus* 在世界各地都有发现，产于澳大利亚（昆士兰和南澳）、中国（湖南、贵州、四川、新疆、浙江）、越南、朝鲜半岛、俄罗斯（西伯利亚）、哈萨克斯坦（小卡拉套）、瑞典、丹麦、挪威、英格兰、格陵兰岛、加拿大（纽芬兰西部和东南部）、墨西哥（Sonora 州）以及美国（内华达州、犹他州和阿拉斯加州）等地区的寒武纪地层中。该种在澳大利亚、华南、哈萨克斯坦和劳伦大陆被用作重要的带化石。在西伯利亚和波罗的大陆地区，一些与 *P. atavus* 共生的三叶虫也可以进行精确对比。在阿瓦隆大陆，*P. atavus* 的首现层位与 *Hydrocephalus hicksi* 带的底界接近（Babcock et al.，2007）。此外，一些多节类三叶虫、牙形刺、地球化学指标和层序地层界面也可以作为鼓山阶底界的辅助对比标志。在我国，王村阶的底界与全球鼓山阶的底界一致。

5. 界碑标志和保护状况

鼓山阶"金钉子"剖面的地层出露良好，交通条件比较便利，越野车可直接开到层型剖面的山脚下，便于对剖面开展研究工作和考察参观活动。鼓山阶"金钉子"目前没有界碑标志。

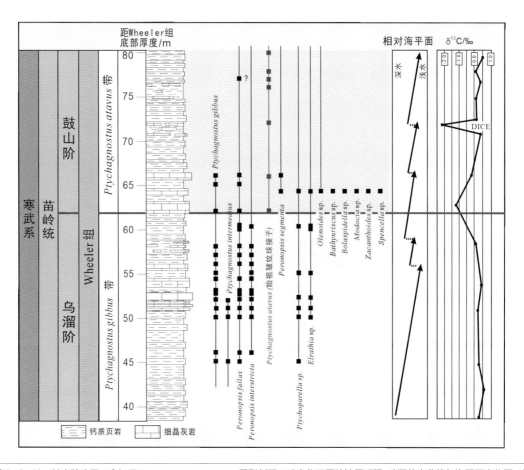

图2-3-13 鼓山阶底界"金钉子"——Stratotype Ridge 层型剖面三叶虫化石属种地层延限、碳同位素曲线与海平面变化图（据 Babcock et al., 2019 修改）

四、古丈阶底界"金钉子"

1. 定义

古丈阶是寒武系苗岭统最上部的阶（寒武系的第7个阶），距今500.5—497.0 Ma，底界以三叶虫 *Lejopyge laevigata*（光滑光尾球接子）在全球的首现来定义。该阶底界"金钉子"确定在湖南古丈县罗依溪剖面的花桥组底界之上121.3 m处，对应于一层粉砂屑灰岩的底部（北纬28° 43′ 12″，东经109° 57′ 53″，海拔高程约为216 m）（图2-3-14）。罗依溪剖面位于湖南省西北部古丈县罗依溪镇西北4 km酉水西南岸的公路开凿面露头。古丈阶底界"金钉子"由中国科学院南京地质古生物研究所彭善池研究员领导的国际团队主持研究，于2008年3月经国际地层委员会和国际地质科学联合会批准正式确立（Peng et al., 2009）。

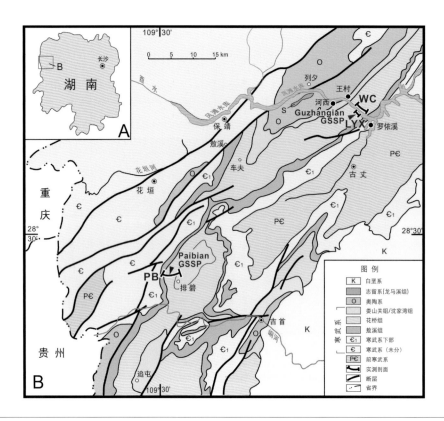

图 2-3-14　湘西北武陵山区吉首、花垣、保靖、古丈及永顺一带地质简图，展示古丈阶底界"金钉子"——罗依溪剖面（LYX）与排碧阶底界"金钉子"——排碧剖面（PB）地理位置

2. 研究历程

从 1990 年起，彭善池领衔的国际研究团队对湖南省永顺县酉水岸边的王村剖面做了十余年的系统研究。2003 年张家界至吉首的公路建成后，研究团队开始对与王村剖面隔江相望的古丈县罗依溪剖面进行多学科系统研究。2004 年 9 月，在韩国举行的第九届国际寒武系再划分会议上，彭善池正式提出采用全球分布的球接子三叶虫 Lejopyge laevigata 的首现定义寒武系第 7 阶（古丈阶）底界的方案。2004 年 12 月，经国际地层委员会寒武系分会全体选举委员投票表决，上述方案以 100% 的支持率获得通过。2006 年 11 月，彭善池研究团队向国际寒武系第 7 阶工作组提交了建立古丈阶底界"金钉子"的提案报告，2007 年 2 月工作组对涉及该界线的两个提案报告进行了通讯投票表决，罗依溪剖面以 90% 的支持率淘汰了哈萨克斯坦的 Kyrshabakty 剖面。2007 年 7 月和 8 月，国际寒武系分会和国际地层委员会均全票通过了罗依溪剖面的提案。2008 年 3 月，国际地质科学联合会批准了古丈阶"金钉子"和新建的全球年代地层单位：古丈阶。

3. 地质地理概况

罗依溪剖面位于湖南西北部武陵山区的古丈县罗依溪镇西北 4 km 的酉水河（凤滩水库）西南岸，与永顺县历史名镇王村的距离也约为 4 km（图 2-3-14）。剖面是一个沿河岸边 S229 省道展布的公路开凿面，地层出露极好，由寒武系敖溪组的顶部和厚度大于 300 m 的花桥组组成（图 2-3-15）。

图 2-3-15　古丈阶底界"金钉子"罗依溪层型剖面全貌，界线位于花桥组底界之上 121.3 m 处（彭善池拍摄）

古丈阶底界"金钉子"点位在罗依溪剖面的下部，位于花桥组底界之上 121.3 m 处（北纬 28°43′20″，东经 109°57′88″，海拔高程约为 216 m）。罗依溪剖面曾经被称为王村南剖面，其地层序列与河对岸的永顺县王村剖面完全相同。

古丈阶底界"金钉子"与下文所述的排碧阶底界"金钉子"同处于武陵山区，二者水平直线距离约为 53 km，两者都在寒武系花桥组内。罗依溪剖面位于武陵山区的列夕—追屯向斜的东南翼。花桥组是在江南斜坡带外侧沉积的一套比较厚的碳酸盐岩地层。罗依溪剖面的花桥组由暗色薄层状的纹层灰岩、泥质灰岩、含化石的灰岩透镜体组成，间夹浅色条带灰岩。在罗依溪至王村一带，花桥组为细粒的碳酸盐浊积岩和原地沉积的细粒石灰岩，属于外陆坡裙环境下（slop apron）的沉积组合。

综合地层学研究表明，罗依溪剖面古丈阶的底部地层为连续沉积，不存在沉积时发生的或由构造引起的扰动，三叶虫和牙形刺的物种演替序列是连续的。剖面上的部分岩层有轻微层面滑动，但未造成地层厚度的任何缺失和重复，剖面的生物地层序列也未因此受到影响。剖面中有远源的浊积岩层，但是微弱的浊流并未破坏层型剖面中化石属种正常的地层分布。地层没有发生变质作用和成岩蚀变作用。

4. 科学内涵

在罗依溪剖面，古丈阶底界以球接子类三叶虫 *Lejopyge laevigata* 的首现为标志（图 2-3-16），位于花桥组内的深灰色钙质泥岩或钙质微晶灰岩、粉砂屑灰岩中，界线层段岩相单一，在细粒泥质灰岩中夹有富含化石的透镜状粉砂屑灰岩。*L. laevigata* 首现点位位于一层厚 0.82 m 的深灰色具纹层粉砂屑灰岩底部，距离花桥组底 121.3 m。古丈阶底界附近没有发现明显的化学地层标志。

罗依溪剖面处于一套完整的地层系列之中，从鼓山阶上部开始，包含一系列演化上有联系的褶纹球接子类三叶虫的组合。从 *Goniagnostus nathorsti* 的出现开始，向上相继出现：*Lejopyge armata* 的首现、*L. laevigata* 的首现及 *Proagnostus bulbus* 的首现。罗依溪剖面的 *L. laevigata*、*Proagnostus bulbus*、*Linguagnostus reconditus* 和 *Glyptagnostus stolidotus* 四个化石带发育完整，是非常理想的"金钉子"剖面（图 2-3-17）。

除 *L. laevigata* 之外，还有一系列有重要洲际对比意义的其他标准球接子化石可以帮助控制古丈阶底界的位置。这些化石标志包括：*Utagnostus neglectus* 的首现与 *L. laevigata* 基本一致；*L. calva* 和 *G. nathorsti* 的末现层位低于 *L. laevigata* 的首现；*Clavagnostus trispinus*、*Linguagnostus kjerulfi* 和 *Ptychagnostus aculeatus* 的首现略低于 *L. laevigata* 带的底界；*Ptychagnostus atavus* 的地层分布由鼓山阶底界可上延到 *L. laevigata* 带下部。其他有助于区域范围地层对比的化石还有多节类三叶虫和牙形刺：中华平壤虫三叶虫带的带化石——*Pianaspis sinensis*，及带内的 *Fuchouia*

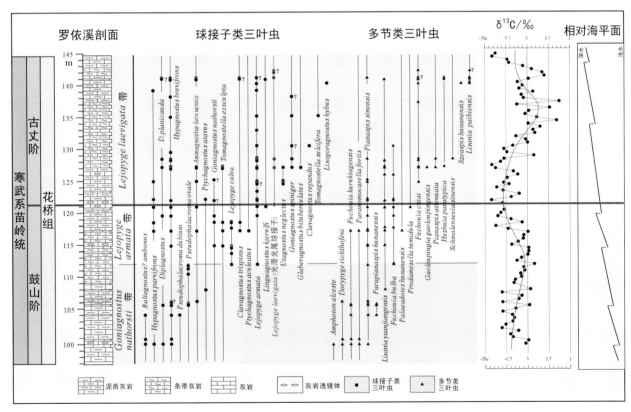

上图　**图 2-3-16**　古丈阶底界标志化石——*Lejopyge laevigata*（光滑光尾球接子）和首现点位

下图　**图 2-3-17**　古丈阶底界"金钉子"——罗依溪剖面的三叶虫分带、属种延限、碳同位素曲线以及相对海平面变化（据 Peng et al., 2020 修改）

chiai、*Lisania yuanjiangensis*、*Lisania paratungjenensis*、*Amphoton alceste* 和 *Prodamesella tumidula* 等，都在 *L. laevigata* 首现之前消失；而 *Fuchouia bulba* 和 *Qiandongaspis convexa* 末现发生在 *L. laevigata* 带的最下部；原始山东刺带的带化石——*Shandongodus priscus* 出现在 *L. laevigata* 带的下部（图 2-3-17）。

5. 国内外对比

球接子类三叶虫 *Lejopyge laevigata* 是寒武纪地理分布最为广泛的三叶虫之一（图 2-3-16），它的首现层位很容易在全球范围内识别。*L. laevigata* 在世界各地都有发现，产于阿根廷、澳大利亚（昆士兰东部和塔斯马尼亚）、中国（贵州、湖南、四川、新疆和浙江）、丹麦（Bornholm）、英格兰、德国（漂砾）、格陵兰北部、印度（Ladakh）、哈萨克斯坦（小卡拉套）、吉尔吉斯斯坦、挪威、波兰北部、俄罗斯（西伯利亚台地南部和东北部）、瑞典、乌兹别克斯坦、美国（内华达州和阿拉斯加州）的寒武系岩层中。该种在波罗的、冈瓦纳、哈萨克斯坦、西伯利亚、劳亚大陆和东阿瓦隆大陆被用作带化石。在西阿瓦隆大陆，*Lejopyge laevigata* 的首现层位与弗氏奇异虫（*Paradoxides forchhammeri*）带的底界接近。

6. 界碑标志和保护状况

古丈县政府永久保护和管理古丈阶"金钉子"剖面，禁止任何形式的破坏行为，并在剖面附近特别修建了古丈阶"金钉子"的界碑标志（图 2-3-18、图 2-3-19），湘西世界地质公园管理处专门成立了"金钉子"保护站。罗依溪剖面位于公有土地上，在通往湘西世界地质公园红石林景区、凤滩水库、历史名镇芙蓉镇（王村）等旅游热点地区的公路旁，普通的车辆可直达剖面，并可停靠在"金钉子"界碑附近的停车场。古丈阶"金钉子"一年四季对外开放，可以进行科学研究、科普教育和旅游参观活动。

图 2-3-18 古丈阶底界"金钉子"标志组碑（童光辉拍摄）

图 2-3-19 古丈阶底界"金钉子"揭牌仪式（2010 年 10 月 18 日），前排右起第 4 人为国际地层委员会寒武系分会前主席、时任秘书长、美国俄亥俄州立大学 Loren E. Babcock 教授，第 5 人为全国地层委员会常务副主任、时任秘书长王泽九，第 6 人为国际地层委员会前副主席、时任寒武系分会主席、中国科学院南京地质古生物研究所彭善池研究员，第 8 人为中国科学院已故院士、中国科学院地质与地球物理研究所孙枢研究员，第 9 人为中国科学院院士、中国科学院南京地质古生物研究所陈旭研究员（雷澍拍摄）

五、芙蓉统底界（暨排碧阶底界）"金钉子"

1. 定义

排碧阶是芙蓉统最下部的阶，为寒武系第 8 阶，距今 497.0—494.2 Ma。因此，排碧阶的底界也就是芙蓉统的底界，以球接子类三叶虫 *Glyptagnostus reticulatus*（网纹雕球接子）在全球的首现层位来定义，"金钉子"确定在排碧剖面花桥组底界之上 369.06 m 处的灰岩中。排碧剖面位于湖南省花垣县排碧乡四新村 319 国道的北侧（北纬 28° 23′ 22″，东经 109° 31′ 32″，海拔高程约为 774 m）。芙蓉统和排碧阶的共同底界"金钉子"由中国科学院南京地质古生物研究所彭善池研究员领导国际团队主持研究，于 2003 年 8 月经国际地层委员会和国际地质科学联合会批准正式建立（Peng et al.，2004）。

2. 研究历程

排碧阶和芙蓉统是寒武系内部最早建立的两个全球年代地层单位。排碧剖面的研究，从 1982 年彭善池等开始研究其中的三叶虫算起，至 2003 年"金钉子"获得国际地质科学联合会批准，历时 21 年之久。从 1990 年起，中、美科学家联合组队对湖南西部的包括排碧剖面在内的诸多剖面的寒武纪晚期地层进行全球层型研究，2000 年提出以网纹雕球接子（*Glyptagnostus reticulatus*）在地层中的首现为新的定界标志，并被国际地层委员会寒武系分会接受。2001 年夏，在湘西、黔东举行的"国际寒武系再划分现场会议"上，排碧剖面被寒武系分会确定为当时的中－上寒武统界线的候选层型剖面。同时，以彭善池为首的国际研究团队决定用芙蓉统取代传统的"上寒武统"一名，并将该统最下面的阶命名为排碧阶。2002 年 3 月，该提案经国际寒武系分会选举委员通讯投票表决，以 82.4% 的支持率获得通过，6 月获得国际地层委员会全票通过，并于 2003 年 8 月被国际地质科学联合会正式批准。至此，寒武系内的首个"金钉子"在中国确立，并以中国地名命名，"排碧阶"和"芙蓉统"也正式成为全球年代地层单位（Peng et al.，2004）。

3. 地质地理概况

寒武纪时期，湘西地区处在浅水台地和深水盆地之间的斜坡环境，称江南斜坡带。具有洲际地层对比意义的球接子类三叶虫与冈瓦纳陆架来源的、泛热带以及地理分布广泛的多节类三叶虫在江南斜坡带混生，使江南斜坡带成为建立"金钉子"剖面的理想地区。

排碧剖面所在的武陵山区位于中国湘西北、黔东和渝东南交界地区，由泥盆纪以来挤压构造运动形成的一系列褶皱和断块组成。排碧剖面位于武陵山区的列夕—追屯向斜的北西翼（图2-3-14），处于湘西北花垣县排碧乡四新村的地界内，在319国道的北侧，南距花垣县城约28 km。剖面由公路开采面和山坡自然露头组成，长约1.7 km，包含从寒武系苗岭统至下奥陶统的地层，排碧阶底界层段位于剖面的上部。"金钉子"所在的花桥组是在江南斜坡带外侧沉积的一套厚度很大（大于400 m）的单一岩相碳酸盐岩，主要为深灰至黑色薄层状富含泥质的粉砂屑灰岩和泥屑石灰岩（图2-3-20）。

综合地层学研究表明，排碧阶的底界处在一套基本为单一岩相的深灰至黑色、薄层状泥屑灰岩层之中，沉积序列连续，底界的层型点未见到与沉积同期的或构造引起的扰动。界线之下的泥屑灰岩层中夹有五层8~66 cm厚度不等、侧向延伸不连续、基质支撑的砾屑灰岩层。

4. 科学内涵

球接子三叶虫 *Glyptagnostus reticulatus* 是寒武纪地理分布最广的三叶虫之一（图2-3-21），其首现层位是定义全球寒武系"阶"一级年代地层单位底界的最佳层位。该界线不仅具有在全球范围内易于识别的优势，而且还能解决不同地区对比标准相互冲突的难题。在排碧剖面，

图2-3-20　排碧阶底界"金钉子"——花垣排碧剖面全貌，界线点（GSSP）位于花桥组底界之上369.06 m处（彭善池拍摄）

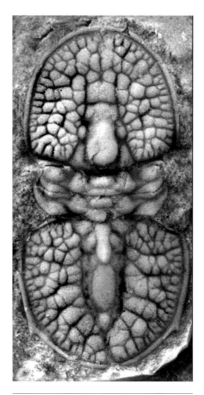

图2-3-21 排碧阶底界标志化石——
Glyptagnostus reticulatus（网纹雕球接子），
化石长约5 mm（彭善池拍摄）

G. reticulatus 的首现层位位于花桥组底界之上 369 .06 m 的一层泥屑石灰岩中。球接子三叶虫生物地层学研究结果显示，排碧剖面 *G. reticulatus* 的首现点总是续接 *G. stolidotus* 的末现点，能很好地满足国际地层委员会寒武系分会关于"金钉子"最佳点位应选在 *G. stolidotus* 带至 *G. reticulatus* 带的完整地层系列中的构想（图2-3-22）。

Glyptagnostus 头甲和尾甲装饰的结网程度随时间推移不断变得密集，根据现有放射状、不结网装饰特征的 *G. stolidotus* 与结网的 *G. reticulatus* 在剖面上的上下层位关系，推断 *G. stolidotus* 应该是 *G. reticulatus* 的祖先种。从全球角度看，*Glyptagnostus* 的地理分布广泛但时限相对狭窄，选择 *G. reticulatus* 的首现作为芙蓉统暨排碧阶的共同底界，在全球范围内能确保这条界线被严格限制在含 *Glyptagnostus* 的地层之中。由此可见，排碧剖面"金钉子"点位处在 *Glyptagnostus* 的连续演化序列内：在 *G. stolidotus* 之后，颊部和肋部装饰微弱结网的原始形态类型 *G. reticulatus angelini* 亚种先出现，然后才是颊部和肋部装饰强烈结网的衍生形态类型 *G. reticulatus reticulatus* 亚种，这两个形态亚种后来被归并。*G. reticulatus* 在排碧剖面的首现以微弱结网的原始类型的最低层位为基准。另外，全球性碳同位素 SPICE 正漂移事件的起始位置与 *G. reticulatus* 在排碧剖面的首现层位接近，因此是很重要的辅助对比依据。

芙蓉统和排碧阶是寒武系内部最早建立的两个全球年代地层单位，并以中国地名命名。芙蓉统的底界高于传统的中–上寒武统界线（以瑞典的 *Agnostus pisiformis* 带的底界为标志），是缩小了的"上寒武统"，它的正式命名取代了传统的"上寒武统"，但在概念和内涵上有显著区别，这也标志着寒武系由传统的"三分方案"向现今的"四分方案"的重大变革迈出了重要的一步。

5. 国内外对比

球接子三叶虫 *Glyptagnostus reticulatus*（图2-3-21）在全世界广泛分布，产于中国（湘西北、黔东、皖南、甘肃西北、新疆和浙西）、澳大利亚（昆士兰西部和塔斯马尼亚）、南极（Ellsworth 山）、哈萨克斯坦（小卡拉套）、俄罗斯（西伯利亚地台西北部和西伯利亚地台东北部）、韩国、瑞典、丹麦、挪威、英国、美国（亚拉巴马州、阿拉斯加州、内华达州、田纳西州和得克萨斯州）、加拿大（不列颠哥伦比亚和西北地区）、阿根廷等地的寒武纪地层中。在华南（江南斜坡相

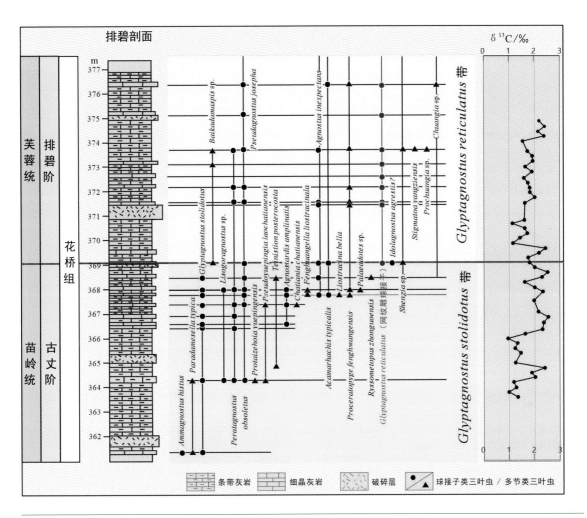

图2-3-22 排碧阶底界"金钉子"——排碧层型剖面三叶虫化石分带、属种地层延限与碳同位素曲线（据Peng et al., 2020 修改）

区）、澳大利亚、哈萨克斯坦、西伯利亚和劳伦大陆，该种还被用作建带的标志化石。通过它与其他三叶虫的共生组合，还可以与阿瓦隆大陆 Homagnostus obesus 带、阿根廷 Aphelaspis 带下部和 G. reticulatus 带下部相当的地层进行对比（Peng et al., 2004）。

　　G. reticulatus 的首现与以往华南瓦尔岗阶和湖南统的共同底界部位的多节类三叶虫动物群的更替相符，与华北长山阶的底界、澳大利亚和塔斯马尼亚的依达姆阶（Idamean）的底界、哈萨克斯坦的萨克阶（Sackian）的底界、西伯利亚库戈尔阶和库突古阶（Kugorian/Kutugunian）的底界一致。排碧阶的底界也相当于劳伦大陆的米拉德统（Millardan）暨斯特普妥阶（Steptoean）的共同底界（Peng et al., 2004）。

6. 界碑标志和保护状况

寒武系芙蓉统和排碧阶共同底界的"金钉子"位于湘西世界地质公园十八洞园区，当地政府对剖面进行重点保护，专门修建了排碧阶"金钉子"的标志碑（图2-3-23）和配套设施。2020年7月，排碧阶"金钉子"作为湘西地质公园十八洞园区的标志性地质遗迹，与矮寨、天星山、芙蓉镇、红石林、吕洞山、洛塔等其他6个园区一起被联合国教科文组织正式列入世界地质公园名录。排碧剖面位于花垣县双龙镇四新村地界内的319国道北侧，交通极为方便，车辆可直接到达四新村319国道的剖面起点。剖面对从事科学研究和旅游参观的人员全年开放。

图2-3-23 排碧阶底界"金钉子"永久性标志碑（童光辉拍摄）

六、江山阶底界"金钉子"

1. 定义

江山阶是寒武系芙蓉统的第二个阶，距今494.2—491.0 Ma，其底界以球接子类三叶虫 *Agnostotes orientalis*（东方拟球接子）在全球的首次出现层位来定义。该"金钉子"确定在浙江江山碓边B剖面华严寺组底界之上108.12 m处的一层灰岩之底（北纬28°48′59″，东经118°36′53″，海拔高程约为125 m）。碓边B剖面位于江山市以北约10 km的碓边村西北侧的大豆山脚下（图2-3-24），隶属于习称的"三山地区"（浙江省常山、江山和江西省玉山）。江山阶

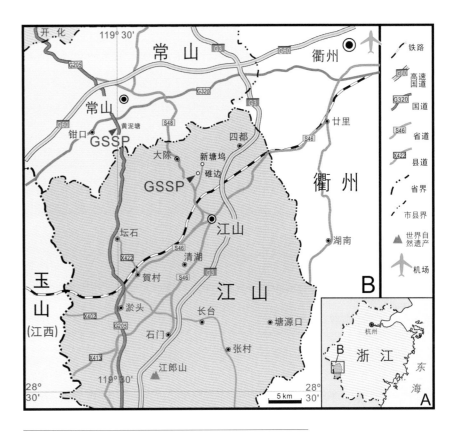

图 2-3-24　江山阶底界"金钉子"——碰边 B 剖面的地理位置图

底界"金钉子"由中国科学院南京地质古生物研究所彭善池研究员领导的国际团队主持研究，于 2011 年 8 月经国际地层委员会和国际地质科学联合会批准正式确立（Peng et al., 2012b）。江山阶底界设有辅助层型剖面和点位（"银钉子"），位于哈萨克斯坦小卡拉套地区。

2. 研究历程

1979—1984 年间，南京地质古生物研究所卢衍豪、林焕令等在江山碰边详细测制了碰边 A 剖面，并作为寒武系 – 奥陶系界线有潜力的界线层型剖面进行了系统研究。1983 年，在南京召开的国际寒武系 – 奥陶系和奥陶系 – 志留系界线讨论会上，碰边 A 剖面被推荐为全球寒武系 – 奥陶系界线候选层型剖面，会后国际地层委员会的寒武系 – 奥陶系界线工作组考察了该剖面。在碰边 A 剖面，寒武系 – 奥陶系界线之下产有接子类三叶虫 *Agnostotes orientalis*，该种的首现层位有定义寒武系内全球阶的潜力。经过数年的研究，彭善池在 2004 年 9 月提议采用球接子类三叶虫 *Agnostotes orientalis* 的首现层位定义寒武系第 9 阶的底界，获得国际寒武系分会高票通过。不幸的是，碰边 A 剖面含 *Agnostotes orientalis* 首现的层段被人为破坏。彭善池研究团队通过重新考察，选择相距不远的碰边 B 剖面作为寒武系第 9 阶底界的候选界线层型剖面（图 2-3-25~

图 2-3-25　江山阶底界"金钉子"——江山碓边 B 剖面（彭善池拍摄）

图 2-3-26　江山阶底界"金钉子"——江山碓边 B 剖面局部（彭善池拍摄）

图 2-3-27　江山阶底界"金钉子"标志化石——东方拟球接子（*Agnostotes orientalis*）首现位置（彭善池拍摄）

图 2-3-27），并开展多学科综合研究。2007 年 11 月，研究团队向寒武系第 9 阶界线工作组提交了江山阶"金钉子"的提案报告，同时哈萨克斯坦和俄罗斯也分别向工作组提交了提案。在工作组的首轮表决中，9 名成员只有 7 人投票（达到超过 60% 的有效投票人数要求），碓边 B 剖面获 6 票支持（86%），从而淘汰了哈萨克斯坦和俄罗斯的提案，成为唯一候选层型剖面。在 2010 年 6 月的国际寒武系分会投票表决中，碓边 B 剖面以 85% 的支持率获得通过。2011 年 4 月，碓边 B 剖面提案获得国际地层委员会全票通过，并于当年 8 月正式获得国际地质科学联合会的批准。

3. 地质地理概况

江山阶底界的"金钉子"位于碓边 B 剖面的华严寺组上部的灰岩层段中，剖面北侧约 200 m 即碓边 A 剖面（图 2-3-25），后者曾作为全球寒武系 – 奥陶系界线候选层型剖面。江山阶底界"金钉子"所在的华严寺组是一套厚度较大的碳酸盐岩，沉积于江南斜坡带最外侧的较深水环境。碓边 A、B 两个剖面均位于同一个小向斜的东翼。碓边 B 剖面仅包括华严寺组的上部，主要由一套厚约 50 m 的暗色薄层泥晶灰岩组成，间夹薄层页岩和浅色条带灰岩（图 2-3-26）。江山阶底界"金钉子"位于碓边 B 剖面华严寺组上部深色细晶灰岩的单一岩相中，层理发育。华严寺组在碓边 A 剖面出露比较完整，总厚 141.95 m，上部岩性与碓边 B 剖面大致相同，中、下部主要为沉积于深水斜坡环境的灰岩。

综合地层学研究表明，江山阶底部地层在碓边 A、B 剖面均为连续沉积，其中的三叶虫和牙形刺生物演替序列完整。江山阶"金钉子"所在的岩性段偶有因沉积作用和后期构造扰动导致的轻微层面滑动，但属于正常的地质现象，无地层缺失或重复。在剖面上未见任何变质作用或成岩蚀变的证据（Peng et al., 2012b）。

4. 科学内涵

东方拟球接子（*Agnostotes orientalis*）是寒武纪晚期的标志化石（图 2-3-28），因此它的首现层位是芙蓉统再划分的最佳层位之一。在碓边 B 剖面，江山阶底界以 *A. orientalis* 的首现层位作为基准，位于华严寺组底界之上 108.12 m 处，处在一层厚 8 cm 的深灰色层理发育的泥灰岩内。*A. orientalis* 在界线附近的丰度不高，属于该类三叶虫最早的原始型，而在界线之上的更高层位中该种的数量则较为丰富。在形态上，*A. orientalis* 最明显的微演化表现在其头鞍前叶顶端所发育的前槽上：原始型的前槽是一条短槽，后期出现的形态更为进化的类型中，前槽就变为一条长的竖沟，沿轴线穿越前叶（图 2-3-28）。与此同时，前槽还向后逐渐加宽并与横沟相交，从而把前叶分成一对卵形的小叶。这些显著的形态变化，可以作为判断世界各地产出不同 *A. orientalis* 标本的相对层位的重要依据。

生物地层学研究表明，*A. orientalis* 的首现层位在碓

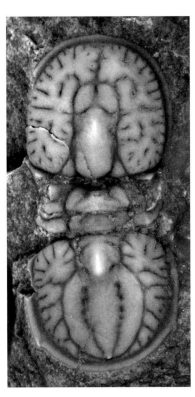

图 2-3-28 江山阶底界标志化石 —— *Agnostotes orientalis*（东方拟球接子），化石约长 6 mm（朱学剑拍摄）

边 B 剖面比较稳定，沿岩层走向可延伸追索。在碓边 B 剖面北侧约 200 m 的碓边 A 剖面，原始型的 *A. orientalis* 的首现层位在距华严寺组底部之上 108.12 m 处，而进化型的 *A. orientalis* 开始出现于华严寺组底界之上 116.6 m 处，这表明它们是一个连续的生物演化谱系。值得一提的是，芙蓉世一些洲际性分布的多节类三叶虫也同样有较精细的地层分辨率，许多地区的 *A. orientalis* 和多节类三叶虫 *Irvingella* 共生。在碓边 A、B 剖面，原始型的 *A. orientalis* 的首现层位与多节类三叶虫 *Irvingella angustilimbata*（窄边小伊尔文虫）的首现是一致的（图 2-3-29）。因此，*I. angustilimbata* 也可作为指示江山阶底界的可靠辅助标志之一。此外，*A. orientalis* 与 *I. angustilimbata* 在碓边 B 剖面的首现层位正好靠近碳同位素 SPICE 正漂移事件的终点。碓边 B 剖面在江山阶底界附近具有上述三个特征性的识别标志，使其成为全球范围内最容易识别的寒武系层位之一（Peng et al.，2012b）。

5. 国内外对比

球接子三叶虫是寒武系上部最精确的洲际对比工具之一，*Agnostotes orientalis* 是寒武纪晚期地理分布最广泛的化石之一，它延限短，首现层位在全球范围内有很好的识别度（图 2-3-28）。

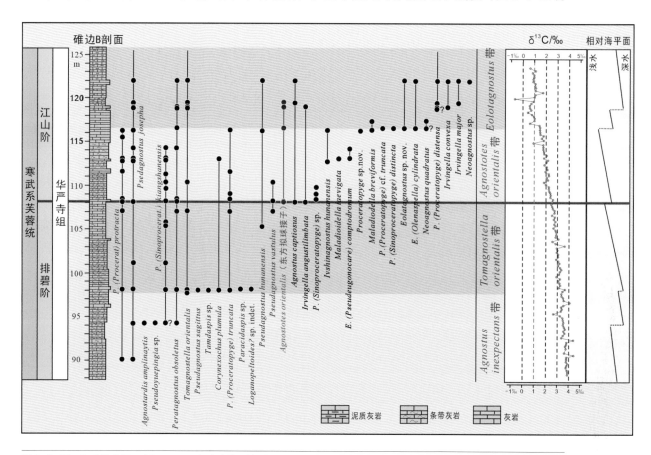

图 2-3-29 江山阶底界"金钉子"——江山碓边 B 剖面的三叶虫化石属种延限、碳同位素曲线与海平面变化（据 Peng et al.，2020 修改）

在华南之外，*A. orientalis* 在冈瓦纳大陆、波罗的大陆、哈萨克斯坦、劳伦大陆和阿瓦隆大陆等地的岩层中都有分布，可进行直接对比。根据 *A. orientalis* 及与其共生的多节类三叶虫 *Irvingella angustilimbata*，并参照碳同位素 SPICE 正漂移事件的终结点与 *A. orientalis* 首现层位的耦合关系，可以实现江山阶底界在全球范围内的精准对比。

6. 界碑标志和保护状况

鉴于碓边 A 剖面和碓边 B 在地质学上的重要性，浙江省政府自 1983 年开始对剖面进行了有效的保护（图 2-3-30）。江山阶"金钉子"正式确立后，当地政府树立了永久标志界碑（图 2-3-31），并于 2015 年 5 月批准建立了省级自然保护区，充分发挥江山阶"金钉子"的科研教学和城郊休闲旅游的功能效益。江山阶"金钉子"剖面位于公有土地上，常年对从事科学研究和旅游参观的人员全面开放。前往"金钉子"剖面的交通非常便利，车辆可直接开到碓边 B 剖面旁边停靠，非常便于对层型剖面进行参观考察和研究工作。

7. 江山阶底界的辅助层型剖面和点位

江山阶底界的辅助层型剖面和点位（"银钉子"）为位于哈萨克斯坦卡拉套山脉地区的 Kyrshabakty 剖面（北纬 43° 32′ 08″，东经 69° 57′ 33″；图 2-3-32），界线位于该剖面 Zhumabai 组（也称 Bestogai 组）第 8 岩性段薄层灰岩底部之上 61.2 m 处，以 *Agnostotes orientalis*（东方拟球接子）的首现层位为标志。该辅助层型剖面由哈萨克斯坦古生物学家 Gappar Kh. Ergaliev 领导的国际团队主持研究，于 2012 年 8 月经国际地层委员会寒武系分会批准正式确立（Ergaliev et al., 2014）。

图 2-3-30 浙江省政府于 1983 年在江山碓边大豆山设置了寒武系 - 奥陶系界线剖面保护碑。图为中国科学院院士、中国科学院南京地质古生物研究所卢衍豪研究员（右，1913—2000），与他当时的博士生、中国科学院南京地质古生物研究所彭善池研究员（左）在保护碑前合影（王铁成拍摄）

上图　图2-3-31　江山阶底界"金钉子"标志碑（朱学剑拍摄）

下图　图2-3-32　江山阶底界的辅助层型剖面和点位（"银钉子"）——哈萨克斯坦卡拉套山脉地区 Kyrshabakty 剖面，标志化石 *Agnostotes orientalis*（东方拟球接子）首现层位距 Zhumabai 组第 8 岩性段薄层灰岩底之上 61.2 m（张兴亮拍摄）

第四节
寒武系内待定界线层型研究

寒武系第二统暨第三阶的共同底界，以及第二、第四和第十阶的底界还在确定中（图2-0-1）。本节简要介绍这四个尚未建立的"金钉子"的研究进展。

一、第二阶底界

三叶虫出现之前的寒武纪持续时间约1 780万年，约占整个寒武纪34.3%的时间。这段时期的主要特征是：小壳化石非常丰富多样，古杯动物首次在地球上出现，建造了最早的以后生动物为骨架的生物礁，海底发生了革命性的变化，由藻席覆盖的海底底质转变为生物扰动的混合底质。这段地质历史持续时间较长，发生了重大的生物演化事件，因此有再划分的必要和基础。西伯利亚大陆的这段地层以古杯动物的出现为标志，划分为Nemakit–Daldynian和Tommotian两个阶（Rozanov et al.，1969；Missarzhevsky，1989）。在我国华南，这段地层长期被归入梅树村阶（钱逸，1977），后来以 *Paragloborilus subglobosus* 的首现为界线将原来的梅树村阶分为下部的晋宁阶和上部的梅树村阶（彭善池，2000，2008；Peng，2003）。

在寒武系"四统十阶"的划分方案中，就包括将三叶虫出现之前的寒武系纽芬兰统再划分为两个阶，并建议将纽芬兰统上部的阶临时称为第二阶（Peng，2004）。在这一工作方案确定以来，寒武系分会成立了相应工作组，积极地推进第二阶的研究。目前，如何定义第二阶底界还没有进入工作组表决程序，但是已经取得了一些研究进展。综合起来，可以归纳为生物地层学和化学地层学两类方案、四种建议。生物地层学方案包括三种建议：① 小壳化石中的微型软体动物 *Watsonella crosbyi*（克氏沃森螺）的首现可以作为第二阶开始的标志，理由是 *W. crosbyi* 在西伯利亚、华南、加拿大纽芬兰、蒙古西部、法国和澳大利亚南部等国家和地区均有分布，首现层位还与全球性碳同位素正异常事件（ZHUCE）的底部非常接近，可以作为辅助对比标准（Li et al.，2011）；② 以小壳化石中的另外一种微型软体动物 *Aldanella attleborensis*（阿特来宝阿尔丹螺）的首现层位为标志（Parkhaev et al.，2011），*A. attleborensis* 和 *W. crosbyi* 的首现层位很接近，均在529.0 Ma的层位附近，古地理分布范围亦基本上相同（图2-4-1）；③ 以疑源类 *Skiagia ornata* 的首现层位为标志（Moczydłowska & Yin，2012）。在纽芬兰统内部已经建立两个疑源类化石组合带，即下部的 *Asteridium tornatum-Comasphaeridium velvetum* 组合带和上部的 *Skiagia-Fimbriaglomerella membranacea* 组合带。上带中的典型分子 *Skiagia ornata* 在华南、澳大利亚南部、纽芬兰、欧洲西南部和波罗的等广大地区均有发现，但是延限很长，在各地的首现层位差别很大（Landing et al.，2013；Zhang et al.，2017）。

化学地层学方案建议用云南会泽县老林剖面朱家箐组大海段下部的碳同位素正异常（ZHUCE）尖峰作为第二阶开始的标志，并指定老林剖面为层型剖面，命名"老林阶"替代第二阶（Landing et al.，2013）。需要强调的是，用化学地层学标志定义年代地层单位的底界虽然已有先例（例如古近系始新统的底界），但是在没有向第二阶工作组和国际寒武系分会正式提交建议，也未经过工作组表决的前提下，指定层型剖面和点位并命名新的年代地层单位，不符合国际地层委员会关于建立"金钉子"的程序和规则。因此，"老林阶"不是任何意义上的区域性或者全球的年代地层单位，属于无效名称，不建议使用。

由此可见，第二阶底界的研究工作已有一定的进展，有可供候选的定义底界的标志化石。如果将来选择小壳化石 *W. crosbyi* 或者 *A. attleborensis* 的首现层位作为第二阶的开始，ZHUCE 正异常曲线峰作为辅助标准，那么我国滇东地区和俄罗斯西伯利亚都有较好的地层剖面可供候选。在滇东地区，*W. crosbyi* 的首现层位和碳同位素正异常事件（ZHUCE）位于朱家箐组大海段的底部，在会泽县和永善县境内有良好的该段地层剖面（朱茂炎等，2019）。

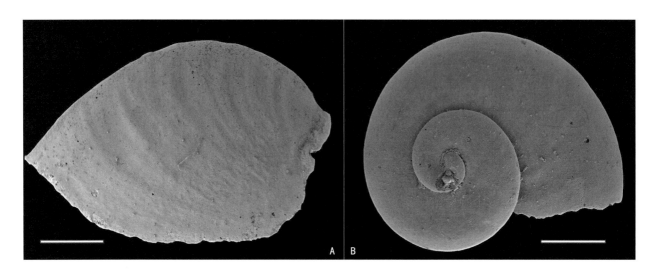

图 2-4-1 定义第二阶底界的候选标志化石（郭俊峰提供），产自湖北省秭归县岩家河剖面岩家河组。A. *Watsonella crosbyi*（克氏沃森螺），比例尺为 1 mm；B. *Aldanella attleborensis*（阿特来宝阿尔丹螺），比例尺为 500 μm

二、第二统底界（暨第三阶底界）

在寒武系"四统十阶"的划分方案中，寒武系分会建议将三叶虫在全球的首现层位作为寒武系第二统暨第三阶的共同临时底界，指定第二统和第三阶作为临时通用的年代地层单位（Babcock et al.，2005），并于2009年成立了工作组。不可否认，三叶虫的出现是很重要的生物演化事件，这一建议有一定的合理性。可是，早期的三叶虫地域特色十分显著，各古地理大区的三叶虫动物群组成差别很大，大区之间鲜有共同的属种，各大陆的三叶虫的首现层位往往在沉积间断面上，等时性很难确定（Landing et al.，2013；Zhang et al，2017）。目前来看，西伯利亚的 *Profallotaspis jakutensis* 和 *P. tyusserica*（图2-4-2A），摩洛哥的 *Eofallotaspis tioutensis*（图2-4-2B）和 *Hupetina antiqua*，美国西部的 *Fritzaspis generalis* 和 *Profallotaspis? sp.*，这些三叶虫物种的首现层位相当，比其他地区的最早三叶虫出现层位要低。但是，这些较早的三叶虫属于不同的属，甚至不同的科级分类单元，无法进行相同物种层面上的跨区域地层对比，因此不满足定义任何一级年代地层单位底界的基本条件。

在这种情况下，从事寒武系研究的国内外科学家积极地探索三叶虫之外的其他可能的标志，包括小壳化石、疑源类和化学地层标志。其中被建议的小壳化石包括：*Pelagiella subangulata*、*Microdictyon effusum*、*Amphigeisina danica*、*Rhombocorniculum cancellatum* 和 *Mobergella radiolata* 等（Steiner et al.，2011；Rozanov et al.，2011）。这些小壳化石物种的优势是分布较广，可以进行相同物种层面上的洲际地层对比。例如，*P. subangulata* 在华南、西伯利亚、纽芬

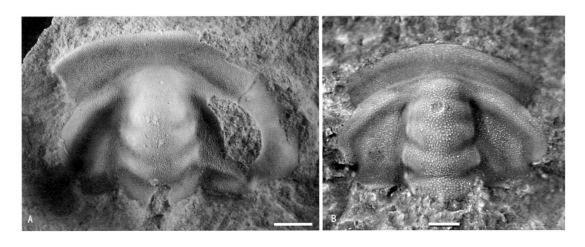

图2-4-2　全球出现较早的三叶虫。 A. 为西伯利亚最早的三叶虫 *Profallotaspis tyusserica* ，比例尺为2 mm（Tatyana Pegel 和 Evgeniy Bushuev 提供）；B. 摩洛哥最早的三叶虫 *Hupetina antiqua* ，比例尺为1 mm（Gerd Geyer 提供）

兰、澳大利亚南部等板块均有发现。但不足之处也十分明显，延限较长，往往跨越两个甚至更多的三叶虫带，在各大陆的首现层位差别也很大（Zhang et al.，2017）。Rozanov 等（2011）用 *Mobergella radiolata* 的首现层位重新定义西伯利亚 Atdabanian 阶的底界，并建议作为第二阶的底界，同时命名"Yakutian"统替代第二统。上文已提到，疑源类 *Skiagia ornata* 被建议用来定义第二阶（Moczydłowska & Yin，2012），也曾被建议用来确定第三阶的底界（Moczydłowska，2011）。与小壳化石物种相比较，疑源类物种的延限更长，首现层位的等时性更难确定（Zhang et al.，2017）。

另外，Landing 等（2013）提出用西伯利亚板块 Atdabanian 阶下部的、位于第二个三叶虫带内部的碳同位素正异常事件 IV 的峰，作为第二统暨第三阶共同底界的标志，并建议将西伯利亚地方性年代地层单位 Atdabanian 阶的层型剖面作为第三阶的全球界线层型剖面，还命名了"Lenaldanian"统和"Zhurinskyan"阶，分别作为全球寒武系第二统和第三阶的名称（Landing et al.，2013）。需要指出的是，Atdabanian 阶不论如何定义，仍然是西伯利亚地方性年代地层单位，"Yakutian""Lenaldanian"和"Zhurinskyan"也是在没有向第三阶工作组和国际寒武系分会正式提交建议，未经过工作组表决的前提下命名的，因此是无效的名称，不属于全球性年代地层单位。

目前看来，建立寒武系第二统暨第三阶的共同底界"金钉子"这一任务还任重道远。虽然目前有几个底界定义标志的建议，但均不十分理想。要确定第三阶底界的标志，需要考虑以下三点：① 底界尽可能靠近三叶虫首现层位；② 主要标志要在全球范围内容易识别，还需要与辅助标志相结合使用；③ 不排除使用生物地层学之外的其他地层标志。在底界正式确定之前，建议使用国际寒武系分会推荐的临时标志和临时年代地层单位名称，即以最老的三叶虫物种首现层位为标志，以"第二统"和"第三阶"作为通用的临时年代地层单位名称。

三、第四阶底界

寒武系第四阶底界的确定实际上就是如何对寒武系第二统进行再划分的问题。寒武系"四统十阶"的划分方案建议，将三叶虫 *Redlichia*（莱德利基虫）或 *Olenellus*（小油栉虫）的首现层位作为定义第四阶底界的参考标准（Babcock et al，2005）。*Redlichia* 和 *Olenellus* 是两大三叶虫古地理大区的代表性分子，首现层位相当，接近第二统的中部，略高于西伯利亚 Botoman 阶的底界（*Bergeroniellus* 首现层位）。二者在第四阶顶部灭绝，因此也是第四阶特有的三叶虫属种。但是，这些三叶虫属于典型的浅水底栖生活型地方性属种，跨区域对比潜力有限。Korovnikov（2012）提出，用浮游生活的古盘虫类三叶虫 *Triangulaspis annio* 或 *Hebediscus attleborensis* 的首现层位来定义第四阶的底界。事实上，这两个古盘虫的首现层位在西伯利亚 Botoman 阶底部，古地理分布也比较局限，也无法实现洲际地层对比。因此，寻找在海洋深水区生活的、全球性分布的三叶虫或其他物种是解决第四阶底界问题的必然趋势。掘头虫类三叶虫 *Oryctocarella duyunensis*（同 *Arthricocephalus duyunensis*）的首现层位被用来定义华南斜坡相区都匀阶的底界（彭善池，2000；Peng，2003；彭善池，2021），常常与第四阶的临时底界相对比（Peng et al.，2012，2020）。另外，*Oryctocarella duyunensis* 在格陵兰岛北部的寒武纪地层中也有发现（Peng et al.，2017）。由此可见，在三叶虫中有可能发现较理想的标志化石，以定义第四阶的底界。

寒武纪第二世是寒武纪大爆发的鼎盛时期，在三叶虫出现的同时，绝大多数现生动物门类以及许多后来绝灭了的门类在第二世早期已经出现。之后不久，在第二世晚期又发生了一系列的生物事件和环境事件，可以为第二统的再划分提供重要的参考标准。例如，发生在第二世中期的 Sinsk 缺氧事件可能是导致古杯动物大量灭绝的原因，在此附近还有一次 AECE 碳同位素负异常事件；第二世末期的 Hawke Bay 大海退事件或许是导致莱德利基虫类和小油栉虫类三叶虫大灭绝的主要原因。因此，朱茂炎等建议将 Sinsk 事件（古杯动物灭绝事件）的开始或者 AECE 碳同位素负异常事件作为划分第二统的参考依据（Zhu et al.，2008；朱茂炎等，2019）。

虽然定义第四阶底界的标准目前还没有确定，但是我国华南的贵州和湖南等地发育有完整的斜坡相寒武纪第二世地层，生物化石丰富，含有多个古地理分布较广、延限较短的化石物种，是第二统再划分研究的较理想区域。目前，贵州大学等单位正在贵州省剑河县交榜地区开展深入细致的研究工作（图 2-4-3），希望不久的将来再有新的进展。

四、第十阶底界

第十阶是寒武系最顶部的一个年代地层单位，底界的定义经过第十阶工作组和国际寒武系分会的多次反复讨论和表决，全球标准层型剖面和点位还没有确定。

在寒武纪晚期，除了三叶虫之外，牙形刺化石在地层划分和对比方面的作用也非常重要。Geyer 和 Shergold（2000）曾讨论过牙形刺 *Cordylodus proavus* 带底界的国际对比潜力和作为一个标志来划分寒武系的可能性。事实上，*C. proavus* 带的底界和 *C. andresi* 的首现层位距奥陶系底界很近，并不适合作为定义第十阶的标志化石（Babcock et al.，2005）。可是，Miller 等（2005）仍然提出用牙形刺 *C. andresi* 的首现定义第十阶，并建议美国犹他州西部的 Lawson Cove 剖面作为候选界线层型剖面。鉴于球接子类三叶虫在寒武系国际对比中的优势，彭善池和 Loren E. Babcock 提出，用 *Lotagnostus americanus*（美洲花球接子）（图 2-4-4）的首现定义第十阶，并于 2004 年获得了寒武系分会的认可（Babcock et al.，2005）。鉴于之前的 *C. andresi* 方案没有获得通过，Miller 等（2015）又提出用另一个牙形刺分子——*Eoconodontus notchpeakensis* 的首现

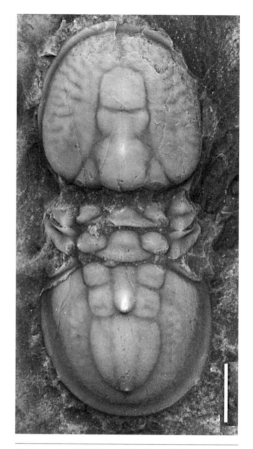

图 2-4-3 2018 年 8 月，国际埃迪卡拉系与寒武系科学大会参会代表考察贵州省剑河县交榜剖面，*Oryctocarella duyunensis*（都匀掘头虫）的首现层位距离杷榔组底 85.8 m

图 2-4-4 定义第十阶底界的标志化石 *Lotagnostus americanus*（美洲花球接子），比例尺为 2 mm（彭善池拍摄）

作为第十阶底界的标志，并建议将位于美国犹他州西部 House 山脉的 Steamboat Pass 剖面作为候选层型剖面，层型点位位于 Notch Peak 组 Red Tops 段底之上 1.3 m 处。同时，他们认为 *E. notchpeakensis* 的首现点之上的碳同位素负异常事件（HERB）可作为辅助对比标志。从牙形刺生物地层对比来看，*E. notchpeakensis* 的首现层位明显高于 *L. americanus* 的首现，中间还间隔一个 *Proconodontus muelleri* 牙形刺带。由此可见，*E. notchpeakensis* 的首现层位较高，与 *C. andresi* 的首现存在同样的问题，距奥陶系底界很近。该种还有延限较长的问题，可以上延到奥陶系的下部。

经过 20 年的科学研究和学术争论，第十阶工作组于 2020 年 11 月再次对建立该阶底界的标志化石进行投票表决，结果是 72% 的大多数工作组成员支持用 *Lotagnostus trisectus*（同 *L. americanus*）（三分花球接子，或美洲花球接子）的首现层位作为第十阶开始的标志（图 2-4-4），与 2004 年的选择结果完全一致。同时，工作组建议用 *E. notchpeakensis* 的首现层位作为将第十阶划分为两个亚阶的标志。这次表决后，关于第十阶开始的标志在国际寒武系分会内部又开始了新一轮的讨论。

　　位于我国湘西北桃源县境内的瓦尔岗剖面有数十年的研究基础，地层发育连续，出露良好，交通便利，*L. americanus* 首现层位距沈家湾组底界之上 29.65 m 处。这一层位可以进行广泛的国际地层对比，在加拿大、美国、英国、瑞典、阿根廷、俄罗斯（西伯利亚）、哈萨克斯坦和澳大利亚等国家和地区均可识别。另外，瓦尔岗剖面的多重地层划分对比研究取得了重要进展，多节类三叶虫 *Hedinaspis regalis* 和 *Charchaqia norini* 的首现、牙形刺 *Posterocostatus posterocostatus* 带的底界与 *L. americanus* 首现层位基本一致，紧接着 *L. americanus* 首现点之上还有一个碳同位素负漂移可作为辅助对比标志。层序地层学研究表明，该剖面 *L. americanus* 首现点位于三级层序界面之上 8 m 处，不在层序界面上（Peng et al., 2019）。由此可见，瓦尔岗剖面是非常有竞争力的第十阶"金钉子"候选剖面。

第五节
问题与展望

在已确立的 6 个寒武系年代地层单位的底界“金钉子”中，乌溜阶、鼓山阶、古丈阶、排碧阶和江山阶的底界可以在全球范围内识别（图 2-5-1），区域和洲际对比效果良好（Peng et al., 2012b；彭善池等，2016），未来的研究主要是进一步完善和提高对比的准确性。幸运阶的底界在纽芬兰“金钉子”剖面以外的其他地区不易识别，尤其是在冈瓦纳、西伯利亚和华南等板块的寒武系底界附近没有找到 *T. pedum*。关于寒武系底界，突出问题表现在：① 标志化石 *T. pedum* 的首现层位严重不等时，在华南、西伯利亚和格陵兰等地的首现层位远高于在标准剖面的首现层位；② *T. pedum* 的延限过长，至少可以延续到早泥盆世（Neto de Carvalho，2008）；③ 遗迹化石 *T. pedum* 的分布受沉积相的控制，因此限制了跨相区之间的地层对比；④ 层型剖面的地层遭

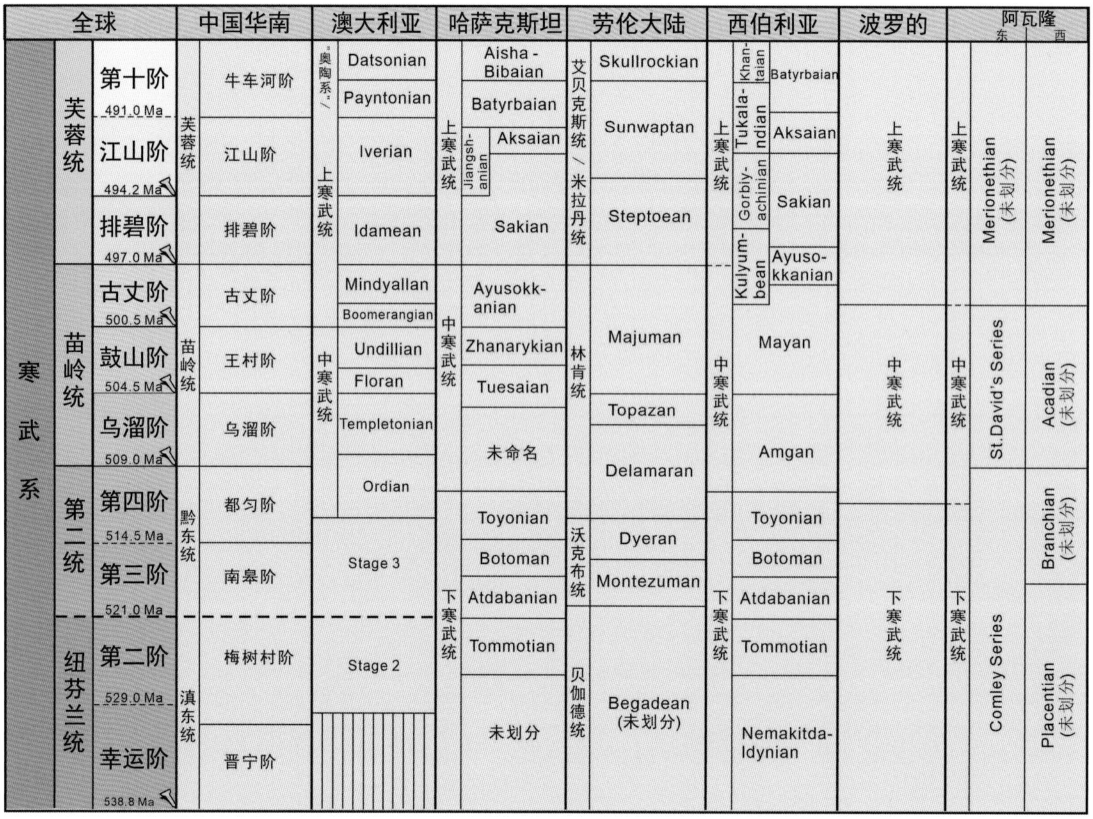

全球
中国华南
澳大利亚
哈萨克斯坦
劳伦大陆
西伯利亚
波罗的
阿瓦隆
东
西
寒武系
芙蓉统
苗岭统
第二统
纽芬兰统
第十阶
491.0 Ma
江山阶
494.2 Ma
排碧阶
497.0 Ma
古丈阶
500.5 Ma
鼓山阶
504.5 Ma
乌溜阶
509.0 Ma
第四阶
514.5 Ma
第三阶
521.0 Ma
第二阶
529.0 Ma
幸运阶
538.8 Ma
芙蓉统
苗岭统
黔东统
滇东统
牛车河阶
江山阶
排碧阶
古丈阶
王村阶
乌溜阶
都匀阶
南皋阶
梅树村阶
晋宁阶
“奥陶系”
上寒武统
中寒武统
Datsonian
Payntonian
Iverian
Idamean
Mindyallan
Boomerangian
Undillian
Floran
Templetonian
Ordian
Stage 3
Stage 2
上寒武统
中寒武统
下寒武统
Aisha-Bibaian
Batyrbaian
Aksaian
Jiangshanian
Sakian
Ayusokkanian
Zhanarykian
Tuesaian
未命名
Toyonian
Botoman
Atdabanian
Tommotian
未划分
艾贝克斯统/米拉丹统
林肯统
沃克布统
贝伽德统
Skullrockian
Sunwaptan
Steptoean
Majuman
Topazan
Delamaran
Dyeran
Montezuman
Begadean (未划分)
上寒武统
中寒武统
下寒武统
Tukala-Khantaian
Batyrbaian
Aksaian
Gorbiyachinian
Sakian
Kulyumbean
Ayusokkanian
Mayan
Amgan
Toyonian
Botoman
Atdabanian
Tommotian
Nemakitda-ldynian
上寒武统
中寒武统
下寒武统
上寒武统
中寒武统
下寒武统
Merionethian (未划分)
Merionethian (未划分)
St.David's Series
Acadian (未划分)
Branchian (未划分)
Comley Series
Placentian (未划分)

图 2-5-1 寒武系全球年代地层单位和区域性阶级年代地层单位对比（据 Peng et al.，2012b，2020；彭善池等，2016 修改）

受了变质作用，无有效的化学地层、磁性地层等非生物地层学手段可以用来作为辅助对比标志；⑤ 在 Fortune Head 剖面"金钉子"点位之下 4.41 m 处发现了 *T. pedum* 化石（Gehling et al., 2001；Babcock et al.，2014；朱茂炎等，2019）；⑥ 遗迹化石有"一虫多迹、多虫一迹"的现象，无法保证不同产地的 *T. pedum* 是来自同一种造迹动物，因此无法保证 *T. pedum* 在不同区域的首现代表同一生物演化事件。

为此，国际地层委员会寒武系分会新成立了幸运阶工作组，提出以下 5 种工作方案（Babcock et al.，2014）：① 维持现在的定义，不做任何调整；② 指定辅助层型剖面和点位，扩大洲际对比范围，提高对比精度；③ 维持现在的定义，在原来的层型剖面上将现在的底界下移到 *T. pedum* 的首现层位处；④ 用生物地层学标志重新定义幸运阶的底界，据此重新建立"金钉子"；⑤ 用非生物地层学标志重新定义幸运阶的底界，结合与生物演化事件的时间关系，重新建立"金钉子"。

在还未确定的 4 个阶的底界中，第十阶底界的定义已经经过多年的研究和讨论，很可能会以 *Lotagnostus trisectus*（也称为 *L. americanus*）（三分花球接子，或美洲花球接子）的首现层位为标志；第二阶已经有较为理想的定义底界的候选标志化石，即以小壳化石 *Watsonella crosbyi* 或者是 *Aldanella attleborensis* 的首现层位为标志。相比之下，第三阶和第四阶底界的研究还任重道远，定义底界的标志化石还在探索研究中。

此外，为了提高寒武纪地层国际对比精度，国际寒武系分会积极探索研究在现有的四统十阶内划分若干亚阶的可行性，提出了很有价值的工作方案（Babcock, et al.，2019）。第十阶工作组于近期讨论用牙形刺化石 *Eoconodontus notchpeakensis* 的首现层位作为将第十阶划分为两个亚阶的标准。

致谢：

中国科学院南京地质古生物研究所李国祥研究员审阅全稿，主编张元动、詹仁斌提出了宝贵的修改意见，西北大学郝舒笛、乔昱衡、崔琳浩、刘聪、王铭坤，贵州大学王冬梅、彭庭祖、池祥日同学绘制图件和校对文字，特此感谢。

参考文献

彭善池 . 2000. 斜坡相寒武系 // 中国科学院南京地质古生物研究所（编著）. 中国地层研究二十年 (1979-1999). 第二章 . 北京：中国科技技术出版社，23-38.

彭善池 . 2008. 华南寒武系年代地层系统的修订及相关问题 . 地层学杂志，32: 239-245.

彭善池 . 2013. 艰难的历程 卓越的贡献—回顾中国的年代地层研究 // 中国科学院南京地质古生物研究所（主编）. 中国"金钉子"—全球标准层型剖面和点位研究 . 杭州：浙江大学出版社，1-42.

彭善池 . 2021. 中国寒武纪地层及标志化石图册：三叶虫分册 . 杭州：浙江大学出版社 .

彭善池，侯鸿飞，汪啸风 . 2016. 中国的全球层型 . 上海：上海科学技术出版社 .

钱逸 . 1977. 华中西南区早寒武世梅树村阶的软舌螺纲及其他化石 . 古生物学报，16: 255-278.

汪啸风，姚华舟 . 2019. 中国扬子海盆—世界上罕见寒武纪生命大爆发和辐射进化的化石库 . 华中师范大学学报（自然科学版），53（6）：821-833.

项礼文，朱兆玲，李善姬，周志强 . 1999. 中国地层典—寒武系 . 北京：地质出版社 .

袁金良，赵元龙，王宗哲，周震，陈笑媛 . 1997. 贵州台江八郎下、中寒武统界线及三叶虫动物群 . 古生物学报，36(4): 494-524.

张兴亮 . 2021. 寒武纪大爆发的过去现在与未来 . 古生物学报，60: 10-24.

张兴亮，舒德干 . 2014. 寒武纪大爆发的因果关系 . 中国科学 - 地球科学，44: 1155-1170.

赵元龙，黄友庄，毛家仁，沈志达，谢宏 . 1992. 华南地区中、下寒武统界线划分的几点建议 . 贵州地质，3: 41-45.

赵元龙 . 2011. 凯里生物群—5.08 亿年前的海洋生物 . 贵阳：贵州科技出版社 .

朱茂炎，杨爱华，袁金良，李国祥，张俊明，赵方臣，Ahn, S.Y.，苗兰云 . 2019. 中国寒武纪综合地层和时间框架 . 中国科学 - 地球科学，49: 26-65.

Babcock, L.E., Peng, S.C., Geyer, G., Shergold, J.H. 2005. Changing perspectives on Cambrian chronostratigraphy and progress toward subdivision of the Cambrian System. Geoscience Journal, 9: 101-106.

Babcock, L.E., Robison, R.A., Rees, M.N., Peng, S.C., Saltzman, M.R. 2007. The global boundary stratotype section and point (GSSP) of the Drumian Stage (Cambrian) in the Drum Mountains, Utah, USA. Episodes, 30(2): 85-95.

Babcock, L.E., Peng, S.C., Zhu, M.Y., Xiao, S.H., Ahlberg, P. 2014. Proposed reassessment of the Cambrian GSSP. Journal of African Earth Science, 98: 3-10.

Babcock, L.E., Peng, S.C., Ahlberg, P., Zhang, X.L., Zhu, M.Y., Parkhaev, P.Y. 2019. A model for subdividing Cambrian stages into substages. 3rd International Congress on Stratigraphy, abstract book: 142. Roma: Società Geologica Italiana.

Bengtson, S., Yue, Z. 1997. Fossilized metazoan embryos from the earliest Cambrian. Science, 277 (5332): 1645-1648.

Boucot, A.J., 陈旭，Scotese, C.R., 樊隽轩 . 2009. 显生宙全球古气候重建 . 北京：科学出版社 .

Brasier, M.D., Cowie, J., Tavlor M. 1994. Decision on the Precambrian-Cambrian boundary stratotype. Episodes, 17(1, 2): 3-8.

Briggs, D.E.G., Erwin, D.H., Collier, F.J. 1994. The fossils of the Burgess Shale. Washington: Smithsonian Institution Press, 238.

Buckland, W. 1935. Geology and mineralogy considered with reference to natural theology. Bridgewater Treatise IV, 2 volumes. London: Pickering.

Butterfield, N.J., Harvey, T.H.P. 2012. Small carbonaceous fossils (SCFs): A new measure of early Paleozoic paleobiology. Geology, 40 (1): 71-74.

Cloud, P. E. Jr. 1948. Some problems and patterns of evolution exemplified by fossil invertebrates. Evolution, 2: 322-350.

Ergaliev, G. Kh., Zhemchuzhnikov, V.G., Popov, L.E., Bassett, M.G. Ergaliev, F.G. 2014. The Auxiliary boundary Stratotype Section and Point (ASSP) of the Jiangshanian Stage (Cambrian: Furongian Series) in the Kyrshabakty section, Kazakhstan. Episodes, 37(1): 41-47.

Fu, D.J., Tong, G.H., Dai, T., Liu, W., Yang, Y.N., Zhang, Y., Cui, L.H., Li, L.Y., Yun, H., Wu., Y., Sun, A., Liu, C., Pei, W.R., Gaines, R.R., Zhang, X.L. 2019. The Qingjiang biota—A Burgess Shale-type fossil Lagerstätte from the early Cambrian of South China. Science, 363: 1338-1342.

Gaines, R.R. 2014. Burgess Shale-type preservation and its distribution in space and time//Laflamme, M., Schiffbauer, J.D., Simon, A.F., Darroch, A.F. (eds.). Reading and Writing of the Fossil Record: Preservational Pathways to Exceptional Fossilization. Paleontological Society Papers, 20: 123-146.

Gehling, J.G., Jensen, S., Droser, M.L., Myrow, P.M., Narbonne, G.M., 2001, Burrowing below the basal Cambrian GSSP, Fortune Head, Newfoundland. Geological Magazine, 138: 213-218.

Geyer. G. Shergold J. 2000. The quest for internationally recognized divisions of Cambrian time. Episodes, 23: 188-195.

Hearing, T.W., Harvey, T.H.P., Williams, M., Leng, M.J., Lamb, A.L., Wilby, P.R., Gabbott, S.E., Pohl, A., Donnadieu, Y. 2018. An early Cambrian greenhouse climate. Science Advance, 4: eaar5690.

Hou, X.G., Siveter, Da.J., Siveter, De.J., Aldridge, R.J., Cong, P.Y., Gabbott, S.E., Ma, X.Y., Purnell, M.A., Williams, M. 2017. The Cambrian fossils of the Chengjiang, China: The flowering of early animal life (2nd ed.). Oxford: Wiley Blackwell, 316.

Korovnikov, I.V. 2012. Correlation potential FADs of the *Triangulaspis annio* and *Hebediscus attleborensis* on the Siberian platform (a possible GSSP for the lower boundary of the Cambrian Stage 4). Journal of Guizhou University, 29: 169-170.

Landing, E. 1994. Precambrian-Cambrian boundary global stratotype ratified and a new perspective of Cambrian time. Geology, 22: 179-182.

Landing, E., Peng, S.C., Babcock, L.E., Geyer, G., Moczydłowska-Vidal, M. 2007. Global standard names for the Lowermost Cambrian Series and Stage. Episodes, 30(4): 287-299.

Landing, E., Geyer, G., Brasier, M.D., Bowring, S.A. 2013. Cambrian evolutionary radiation: Context, correlation, and chronostratigraphy—Overcoming deficiencies of the first appearance datum (FAD) concept. Earth-Science Reviews, 123: 133-172.

Li, G.X., Zhao X, Gubanov, A, Zhu, M.Y., Na, L. 2011. Early Cambrian mollusc *Watsonella crosbyi*: A potential GSSP index fossil for the base of the Cambrian Stage 2. Acta Geologica Sinica, 85: 309-319.

Moczydłowska, M. 2011. The early Cambrian phytoplankton radiation: acritarch evidence from the Lükati Formation, Estonia. Palynology, 35: 103-145.

Moczydłowska, M., Yin, L.M. 2012. Phytoplanktic microfossil record in the lower Cambrian and their contribution to stage chronostratigraphy//Zhao, Y.L., Zhu, M.Y., Peng, J., Gaines, R.R., Parsley, R.L. (eds.). Cryogenian-Ediacaran to Cambrian Stratigraphy and Paleontology of Guizhou, China. Journal of Guizhou University (Natural Sciences), 29: 49-58.

Miller, J.F., Evans, K.R., Ethington, R.L., Holmer, L.E., Loch, J.D., Popov, L.E., Ripperdan, R.L. 2005. GSSP candidate for the base of the highest Cambrian stage at Lawson Cove, Utah, USA//Peng S.C., Zhu M.Y., Li, G.X., Van Iten, H. (eds.). Abstract and Short Papers of 4th International Conference of Cambrian System. Acta Micropalaeontologica Sinica, 22(Supplement): 115-116.

Miller, J.F., Ripperdan, R.L., Loch, J.D., Freeman, R.L., Evans, K.R., Taylor, J.F, Tolbart, Z.C. 2015. Proposed GSSP for the base of Cambrian Stage 10 at the lowest occurrence of *Eoconodontus notchpeakensis* in the House Range, Utah, USA. Annales de Paléontologie, 101: 199-211.

Missarzhevsky, V.V. 1989. The earliest skeletal fossils and stratigraphy of the Precambrian-Cambrian Boundary Beds. Tr Geol Inst Akad Nauk SSSR, 443: 1-237.

Müller, K.J. 1979. Phosphatocopine ostracode with preserved appendages from the Upper Cambrian of Sweden. Lethaia, 12(1): 1-27.

Neto De Carvalho, C. 2008. Mais recente e mais profundo: *Treptichnus (Phycodes) pedum* (Seilacher) no Devónico Inferior de Barrancos, Zona de Ossa Morena (Portugal). Comunicações Geológicas, 95: 167-171.

Parkhaev, P.Yu., Karlova, G.A., Rozanov, A.Yu. 2011. Taxonomy, stratigraphy and biogeography of *Aldanella attleborensis*—a possible candidate for defining the base of Cambrian Stage 2. Museum of Northern Arizona Bulletin, 67: 298-300.

Peng, S.C. 2003. Chronostratigraphic subdivision of the Cambrian of China. Geologica Acta, 1: 135-144.

Peng, S.C. 2004. Suggested global subdivision of Cambrian System and two potential GSSPs in Hunan, China for defining Cambrian stages//Chio, D.K. (ed.). Ninth International Conference of the Cambrian Stage Subdivision Working group, Abstract with program. Taebaek, Souel: The Paleontological Society of Korea, 25.

Peng, S.C., Babcock, L.E. 2005. Two Cambrian agnostoid trilobites, *Agnostotes orientalis* (Kobayashi, 1935) and *Lotagnostus americanus* (Billings, 1860): key species for defining global stages of the Cambrian System. Geoscience Journal, 9(2): 107-115.

Peng, S.C., Babcock, L.E., Robison, R.A., Lin, H.L., Ress, M.N., Saltzman, M.R. 2004. Global standard stratotype-section and point (GSSP) of the Furongian Series and Paibian Stage (Cambrian). Lethaia, 37(4): 365-379.

Peng, S.C., Babcock, L.E., Zuo, J.X., Lin, H.L., Zhu, X.J., Yang, X.F., Robison, R.A., Qi, Y.P., Bagnoli, G., Chen, Y. 2009. The global boundary stratotype section and point of the Guzhangian Stage (Cambrian) in the Wuling Mountains, northwestern Hunan, China. Episodes, 32(1): 41-55.

Peng, S.C., Babcock, L.E., Cooper, R. A. 2012a. The Cambrian Period//Gradstein, F.M., Ogg, J.G., Schmitz, M.D., Ogg, G.M. (eds.). The geologic time scale 2012. Amsterdam: Elsevier, 437-488.

Peng S.C., Babcock, L.E., Zuo, J.X., Zhu, X.J., Lin, H.L., Yang, X.F., Qi, Y.P., Bagnoli, G., Wang, L.W. 2012b. Global standard stratotype-section and point (GSSP) for the base of the Jiangshanian Stage (Cambrian: Furongian) at Duibian, Jiangshan, Zhejiang, Southeast China. Episodes, 35(4): 462-477.

Peng, S.C., Babcock, L.E., Zhu, X.J., Lei, Q.P., Dai, T. 2017. Revision of the oryctocephalid trilobite genera *Arthricocephalus* Bergeron and *Oryctocarella* Tomashpolskaya and Karpinski (Cambrian) from South China and Siberia. Journal of Paleontology, 91: 933-959.

Peng, S.C., Babcock, L.E., Bagnoli, G., Shen, Y.A., Mei, M.X., Zhu,

X.J., Li, D., Zhang, X., Wang, L. 2019. Proposed GSSP for Cambrian Stage 10 with multiple stratigraphic markers for global correlation. 3rd international Congress on Stratigraphy, abstract book: 157. Roma: Società Geologica Italiana.

Peng, S.C., Babcock, L.E., Ahlberg, R., 2020. The Cambrian Period//Gradstein, F.M., Ogg, J.G., Schmitz, M.D., Ogg, G.M. (eds.). Geologic time scale 2020. Amsterdam: Elsevier, 565-629.

Rozanov, A.Yu., Missarzhevsky, V.V., Volkova, N.A., Voronova, L.G., Krylov, I.N., Keller, B.M., Korolyuk, I.K., Lenozion, K., Mikhnyak, R., Pykhova, N.G., Sidorov, A.D. 1969. The Tommotian Stage and the Cambrian lower boundary problem. Geol Inst Akad Nauk SSSR, 206: 1-379.

Rozanov, A.Yu., Parkhaev, P.Yu., Demidenko, Yu.E., Skorlotova, N.A. 2011. *Mobergella radiolata*—a possible candidate for defining the base of Cambrian Series 2 and Stage 3. Museum of North Arizona Bulletin, 67: 304-306.

Sedgwick, A., Murchison, R. I. 1835. On the Silurian and Cambrian Systems, exhibiting the order in which the older sedimentary strata succeed each other in England and Wales. The London and Edinburgh Philosophical Magazine and Journal of Science, 7: 483-485.

Shu, D.G. 2008. Cambrian explosion: birth of animal tree. Gondwana Research, 14: 219-240.

Steiner, M., Li, G., Ergaliev, G. 2011. Toward a subdivision of the traditional 'Lower Cambrian'. Mus. North. Ariz. Bull. 67, 306-308.

Sundberg, F.A., Zhao, Y.L., Yuan, J.L., Lin, J.P. 2011. Detailed trilobite biostratigraphy across the proposed GSSP for Stage 5 ("Middle Cambrian" boundary) at the Wuliu-Zengjiayan section, Guizhou, China. Bulletin of Geosciences, 86(3): 423-464.

Torsvik, T.H., Cock, L.R.M. 2017. Earth history and palaeogeography. Cambridge: Cambridge University Press.

Yuan, J.L., Zhu, X.J., Lin, J.P., Zhu, M.Y. 2011. Tentative correlation of Cambrian Series 2 between South China and other continents. Bulletin of Geoscience, 86: 397-404.

Zhang, X.L., Liu, W., Zhao, Y.L. 2008. Cambrian Burgess Shale-type Lagerstätten in South China: distribution and significance. Gondwana Research, 14(1-2): 255-262.

Zhang, X.L., Ahlberg, P., Babcock, L.E., Choi, D.K., Geyer, G., Gozalo, R., Hollingsworth, J.S., Li, G.X., Naimark, E.B., Pegel, T., Steiner, M., Wotte, T., Zhang, Z.F. 2017. Challenges in defining the base of Cambrian Series 2 and Stage 3. Earth-Science Reviews, 172: 124-139.

Zhao, Y.L., Yuan, J.L., Babcock, L.E., Guo, Q.J., Peng J., Yin, L.M., Yang, X.L., Peng, S.C., Wang, C.J., Gaines, R.R., Esteve, J., Tai, T.S., Yang, R.D., Wang, Y., Sun, H.J., Yang, Y.N. 2019. Global Standard Stratotype-Section and Point (GSSP) for the conterminous base of the Miaolingian Series and Wuliuan Stage (Cambrian) at Balang, Jianhe, Guizhou, China. Episodes, 42(2): 165-184.

Zhuravlev, A. Yu., Wood, R. A. 1996. Anoxia as the cause of the mid-Early Cambrian (Botomian) extinction event. Geology, 24 (4): 311-314.

Zhu, M.Y., Babcock, L.E., Peng, S.C. 2006. Advances in Cambrian stratigraphy and paleontology: Integrating correlation techniques, paleobiology, taphonomy and paleoenvironmental reconstruction. Palaeoworld, 15: 217-222.

Zhu, M.Y., Yang, A.H., Li, G.X., Yuan, J.M. 2008. A working model for subdivision of the lower half Cambrian//Voronin, T.A. (ed.). 13th International Field Conference of the Cambrian Stage Subdivision Working Group. The Siberian Platform, Western Yakutia. Sniiggims, Novosibirsk, 88-90.

第二章著者名单

张兴亮 早期生命与环境陕西省重点实验室；大陆动力学国家重点实验室；西北大学地质学系。

xzhang69@nwu.edu.cn

彭善池 现代古生物学和地层学国家重点实验室（中国科学院南京地质古生物研究所）；中国科学院生物演化与环境卓越创新中心。

scpeng@nigpas.ac.cn

杨宇宁 贵州大学资源与环境工程学院；喀斯特地质资源与环境教育部重点实验室。

ynyang333@163.com

第三章
奥陶系"金钉子"

在 1997—2008 年期间，国际地层委员会奥陶系分会确立了奥陶系"三统七阶"的划分方案，并陆续建立了 7 个阶的底界"金钉子"：下奥陶统（特马豆克阶、弗洛阶）、中奥陶统（大坪阶、达瑞威尔阶）、上奥陶统（桑比阶、凯迪阶、赫南特阶）。其中特马豆克阶和大坪阶的底界是以特定牙形刺属种的首现来定义的，其余 5 个阶的底界均由特定笔石属种的首现来定义。在 7 个"金钉子"剖面中，有 3 个位于我国（浙江常山黄泥塘剖面、湖北宜昌黄花场剖面和宜昌王家湾北剖面），2 个位于瑞典（斯科讷省、西哥特兰省），1 个位于美国俄克拉何马州，1 个在加拿大纽芬兰岛。这些"金钉子"的确立，为奥陶纪重大生物事件、大规模区域地质构造运动、火山活动、重要矿产资源形成与富集、重大气候突变事件等研究提供了迄今为止最新的、全球统一的高精度时间标尺。

本章编写人员　张元动／詹仁斌／王传尚／方　翔

篇章页图　珠穆朗玛峰的峰顶为中奥陶世地层（距今 4.6 亿年），中间的金黄色"黄带层"之下为寒武纪地层。正是因为有地层"金钉子"，我们才得以知道珠峰之巅的年龄，以及建立地球数十亿年演化历史的档案记录

第一节
奥陶纪的地球

奥陶纪距今 485.4—443.8 Ma，历时 4 160 万年。奥陶纪是个地质事件多发时期，但也是生物圈演化精彩纷呈、承前启后的关键转折时期。

奥陶纪时的陆块大多集中在南半球，而北半球则基本上是一片汪洋——古大洋（图 3-1-1）。根据古地理重建，在奥陶纪的不同时期，各主要块体的地理位置有一些变化（少数块体变化较大），但总体上变化不大。其中，冈瓦纳大陆（包括南美洲、北非、中东、南极洲和澳大利亚等块体）从古南极一直延伸到赤道低纬度地带，是奥陶纪最大的大陆（图 3-1-1）。北美（劳伦板块）、西伯利亚板块、华南板块、华北板块和澳大利亚板块均位于中低纬度区域，波罗的板块则位于南半球中纬度地带。

在劳伦板块和波罗的板块之间是逐渐闭合的古大西洋（Iapetus Ocean，也有人称之为"巨神海"），两个块体越来越靠近，并于奥陶纪末发生碰撞，致使古大西洋闭合。阿瓦隆尼亚地体（或微古陆）从冈瓦纳大陆裂离，快速向北漂移，也在奥陶纪末与北美东部发生碰撞，导致美国东部隆升形成绵延山脉。

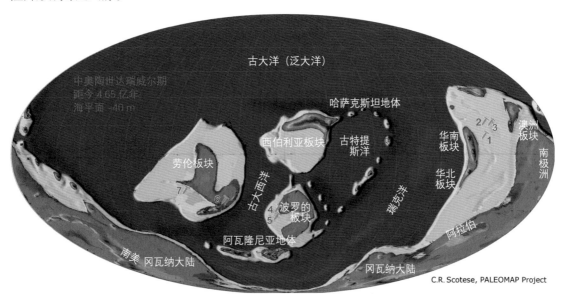

图 3-1-1　中奥陶世达瑞威尔期的全球古地理再造（底图由美国 Christofer Scotese 教授提供）。各阶底界"金钉子"的地理位置：1. 达瑞威尔阶——中国浙江常山县黄泥塘剖面（华南板块）；2. 大坪阶——中国湖北宜昌市黄花场剖面（华南板块）；3. 赫南特阶——中国湖北宜昌王家湾北剖面（华南板块）；4. 弗洛阶——瑞典西哥特兰省 Diabasbrottet 采石场（波罗的板块）；5. 桑比阶——瑞典斯科讷省 Fågelsång 剖面（波罗的板块）；6. 特马豆克阶——加拿大纽芬兰岛 Green Point 剖面（劳伦板块）；7. 凯迪阶——美国俄克拉何马州 Black Knob Ridge 剖面（劳伦板块）

华南、华北、塔里木三个独立的块体均位于中低纬度地带，并与澳大利亚邻近，总体位于冈瓦纳大陆的东北边缘。在华南板块、华北板块与波罗的板块和西伯利亚板块之间存在一个大洋——瑞克洋。华北板块的古地理位置在学界存在较大争议，有专家认为奥陶纪时期华北位于北半球，或者在西伯利亚与华南板块之间的赤道区域，而不在南半球。

奥陶纪的海洋生物丰富多彩，面貌独具特色。寒武纪生物大爆发以大量"门""纲"级生物的起源为特征，形成了许多迥异的生物构型（body-plan），但是，这些生物类型中的绝大部分都只是昙花一现，只有少数延续下来。寒武纪晚期的生物化石记录总体表现是贫乏、单调的，特别是在芙蓉世，因此有人称之为"芙蓉世间断"事件。奥陶纪开启了海洋生物"大辐射"的历程，表现为"目""科""属"级生物类群的爆发，以及对部分原有生物类群的演替。其中开始大量出现许多寒武纪尚不多见的笔石、牙形刺、腕足动物、鹦鹉螺和棘皮动物等，新出现了珊瑚、层孔虫、几丁虫、苔藓虫等（图3-1-2），无颌类（鱼）、放射虫和疑源类也有新的发展，三叶虫则实现了"白石型"动物群（Whiterock Fauna）对寒武纪的特征性"埃贝克斯型"动物群（Ibex

图 3-1-2　奥陶纪台地浅海的海底生物景观复原图（470 Ma，据 Lamb & Sington，1998）

Fauna）的成功替代，实现了史无前例的自我革新（张元动等，2009）。

奥陶纪的海洋生物把生态域从近海底域扩展到深海海底以及广阔的远洋水域，占领了整个水体，产生了海底内栖、海底表栖（固着、游移）、游泳和浮游等所有现代海洋生态类型，并形成高度复杂、稳定的食物网结构（张元动等，2009）。鹦鹉螺是奥陶纪海洋世界的顶级捕食者，不过当时的鹦鹉螺无论形态还是食性都与现代海洋中的鹦鹉螺（属）不同，是一种凶猛的捕食动物。奥陶纪形成的海洋生物群落是"古生代演化动物群"的典型代表，这一结构一直延续到二叠纪末生物大灭绝来临。

第二节
奥陶纪的地质记录

奥陶纪数千万年中经历了显生宙最高海平面、奥陶纪生物大辐射、表层海水大幅度降温达18℃、页岩气物质沉积埋藏，此外还有多次大区域构造运动（库尔加运动、怀远运动、广西运动等）、密集的陨石雨撞击、多期次火山喷发、奥陶纪末冰期和生物大灭绝等事件（图 3-2-1）。这些事件构成了奥陶纪独特的地质历史面貌，重塑了寒武纪形成的构造古地理格局，并形成了具有崭新面貌和复杂结构的海洋生物群落。

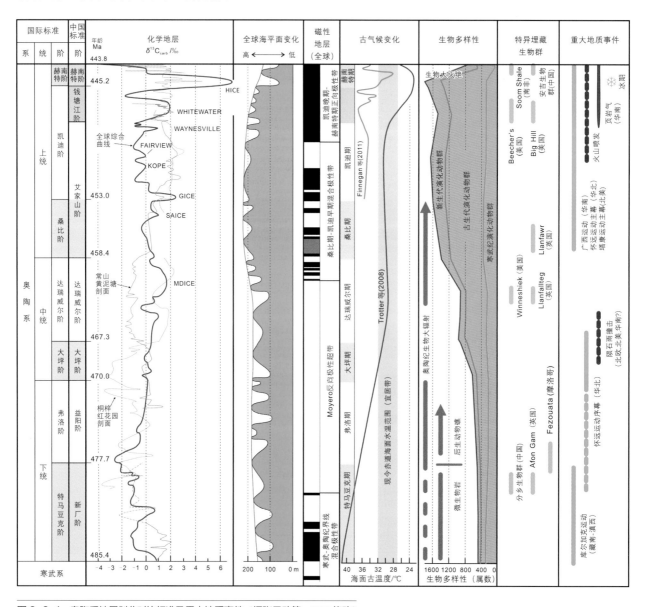

图 3-2-1　奥陶系地层划分对比标准及重大地质事件（据张元动等，2020 修改）

奥陶纪时期在全球多地发育有较为完整的、连续的地质记录。在古南极地带，当时那里属于冈瓦纳大陆范围，由于冰雪覆盖而缺失奥陶纪沉积。在中高纬度地区，奥陶纪地层以碎屑岩沉积为特征，并具有冷水—凉水型的海洋生物群。在中低纬度地区，包括劳伦板块、波罗的板块、西伯利亚板块、澳洲板块以及华南、华北和塔里木等块体，奥陶纪地层总体上以碳酸盐岩和碎屑岩交互沉积为特征，发育热带和暖水型的海洋生物群。

一、特异埋藏生物群

迄今为止，在全球范围内已发现一些奥陶纪的特异埋藏生物群，为全面认识奥陶纪的海洋生物世界提供了重要窗口（图 3-2-1）。在摩洛哥发现的早奥陶世 Fezouata 特异埋藏生物群含有丰富的棘皮动物、海绵、蠕虫、三叶虫、三叶形虫、叶足类、奇虾类和笔石等，许多化石是"未发生生物矿物化"（软躯体）的生物类型（Van Roy et al.，2010；Lefebvre et al.，2016；图 3-2-2）。其中最近报道的双神经类化石则可能是现代软体动物的祖先类型（Vinther et al.，2017）。

近年来，在美国艾奥瓦州东北部的达瑞威尔期地层中发现一个以牙形刺多种分子原态位保存的特异埋藏生物群——文尼希克生物群（Whinneshiek Lagerstätte）。该生物群除含有丰富的原态位的牙形刺化石外，还含有无颌类、有螯肢类、叶虾类、磷质壳腕足动物、介形类、腹足类等，保存在 Decorah 撞击坑内的细粒碎屑岩沉积——文尼希克页岩中（Liu et al.，2017）。由于文尼希克页岩直接覆盖在 Decorah 撞击坑内快速沉积的角砾岩层之上，因此对该特异埋藏生物群和撞击事件的时代引发了巨大关注和争议（Bergström et al.，2018；Lindskog & Young，2019）。这次陨石撞击事件与北欧瑞典、北美其他地方、华南等地的达瑞威尔期陨石雨属于同一批次，之前有专家认为陨石雨撞击触发了奥陶纪生物大辐射（Schmitz et al.，2008）。

近年来，南京地质古生物研究所张元动等在浙江安吉发现了一个奥陶纪末的特异埋藏动物群——安吉动物群。该动物群以底栖固着的海绵动物占绝对优势，其中海绵保存软躯体形态和结构，属种异常丰富（大于 100 种），另含节肢动物（板足鲎类、三叶虫等）、棘皮动物、腕足动物，以及死后沉落海底并一起埋藏的笔石、头足类、几丁虫等浮游和游泳动物，另有一些疑似奇虾类和一些未知门类的化石，代表奥陶纪末冰期和生物大灭绝之后的残存期的特异埋藏动物群（Botting et al.，2017；图 3-2-3）。

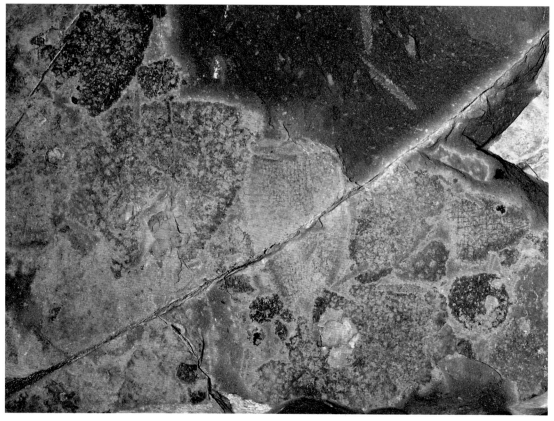

上图　图3-2-2　摩洛哥奥陶纪 Fezouata 生物群中的三叶形虫化石（据 Van Roy et al., 2010）

下图　图3-2-3　安吉生物群的海绵和笔石保存在黑色页岩中（据 Botting et al., 2017）。图的下方显示了5种以上的海绵化
　　　　　　　　石呈软躯体、原生态位保存，右上方显示保存在一起的笔石

二、长周期变化

奥陶纪的海平面可能是整个显生宙期间最高的（图 3-2-1）。奥陶纪早—中期，海平面持续上升，到晚奥陶世凯迪早期达到最高海平面时，已比寒武纪初期高出 300 多米（Haq & Schutter，2008）。驱动如此大规模海平面上升的动力机制尚不明确。

奥陶纪的海水温度总体上是一个持续降温的过程，尽管中间可能存在停顿或短期变暖。基于牙形刺和腕足动物化石壳体的氧同位素分析结果显示，从奥陶纪开始到中奥陶世，奥陶纪表层海水温度从大约 42℃ 持续下降到 27~32℃ 的生物宜居区间，从而促发了海洋生物多样性的爆发（Trotter et al.，2008）。晚奥陶世晚期，海水温度再度急剧下降，可能低到平均 23℃，引发了著名的赫南特冰期事件。

奥陶纪是海洋生物大辐射时期。晚奥陶世的生物多样性是寒武纪时的三倍多，几乎所有门类都得到了快速发展，不仅体现在生物单元和群落多样性上，而且体现在生态域的扩展和生境的多样化。

磁性地层研究则显示，从特马豆克晚期至达瑞威尔晚期，地球长期处于 Moyero 反向极性超带（图 3-2-1），稳定且没有发生极性反转，直到达瑞威尔晚期开始进入正、反向交替。这种地球磁场的变化是否是生物多样性的驱动因素，还需要进一步研究。

三、短周期地质事件

奥陶纪还发生了许多短周期的地质事件（图 3-2-1）。寒武纪晚期 – 早奥陶世特马豆克期，在现在的西藏南部（喜马拉雅和拉萨地体）、印度和巴基斯坦北部、不丹等地发生了库尔加克运动（Kurgiakh Orogeny），造成该地区广泛缺失寒武纪晚期 – 早奥陶世地层（Myrow et al.，2016）。云南保山地体也缺失该段地层，可能与该构造运动有关。华北南部也有类似的地层缺失现象，应该是怀远运动的序幕（Zhen et al.，2016）。从晚奥陶世开始，华南开启了广西运动，导致华夏古陆由东南向西北方向快速推进；华北则开启怀远运动的主幕，造成从那以后长达 1 亿多年的地层记录缺失；北美发生了塔康运动主幕，导致东部阿巴拉契亚山脉的隆升。

在中奥陶世达瑞威尔中期，北欧瑞典等地遭受了大规模的陨石雨撞击。这次小行星爆裂发生在距今 4.7 亿年左右，可能是地球过去数十亿年中记录的最大规模小行星爆裂事件，来自该小行星的大量 L 型球粒陨石（图 3-2-4）至今仍持续不断地掉落到地球上（Heck et al.，2004；Korochantseva et al.，2007）。在湖北宜昌普溪河的牯牛潭组也有铬铁矿和铱元素富集现象，表明该地区也可能受到了撞击（Schmitz et al.，2008）。有专家认为，这次小行星爆裂产生的陨石雨撞击地球，触发了地震和斜坡沉积物失稳，从而形成了许多大型角砾岩沉积。最近，瑞典专家Schmitz 等（2019）认为当时陨石雨的撞击以及带来的大量尘埃导致地球表面降温，并触发了晚奥陶世的冰室气候。

从凯迪中期开始，北美、北欧及华南开始进入火山活动期。北美东部发生了"Millbrig"火山喷发事件（Mitchell et al.，2004），在波罗的块体上发生了"大斑脱岩"火山事件；二者形成的斑脱岩厚达 1 m 以上，有可能是同一次特大火山喷发所致。华南从凯迪中晚期也开始进入频繁的火山喷发，记录了多达数十层厚度不等的斑脱岩层，最厚达 12 cm（Su et al.，2009；汪隆武等，2015）。

在华南扬子区稍晚的地层中，开始出现广布的五峰组和龙马溪组黑色页岩沉积，其中富含页岩气，已成为我国南方页岩气勘探的主力目的层（郭旭升等，2016）。这些页岩的形成和页岩气母质的富集是否与晚奥陶世发生的区域构造运动及密集的火山喷发有关，还需要深入研究。

在奥陶纪赫南特期，发生了奥陶纪末生物大灭绝、赫南特冰期及全球海平面骤降事件。此次生物大灭绝导致当时海洋生态系统中 85% 的物种灭绝（当时陆地生态系统尚未形成），多样性剧减，生物群落结构瓦解，海洋生态系统遭受重创（Hallam & Wignall，1997；Harper et al.，2014）。地层记录显示，当时冈瓦纳大陆冰盖急速扩增，整个非洲、南美洲和阿拉伯地体大部、

图 3-2-4 距今 4.7 亿年的 L 型陨石与中奥陶世的鹦鹉螺化石——直角石 *Orthoceras*（标本保存在美国芝加哥的菲尔德博物馆，图片据 Heck，2020）

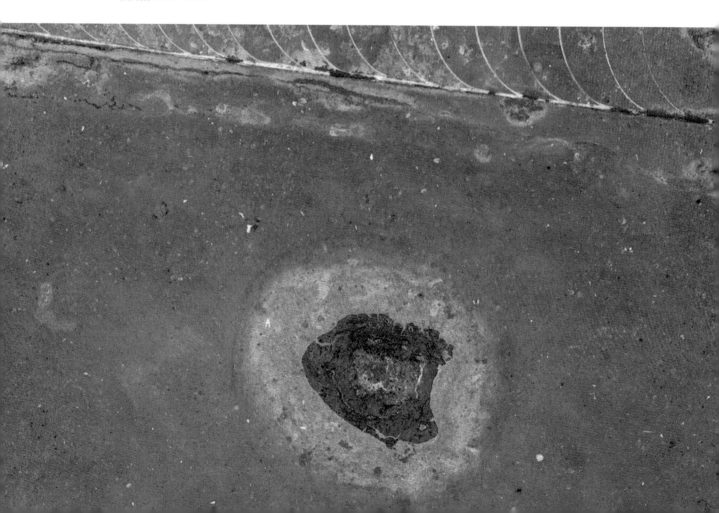

西南欧部分被冰雪覆盖（当时古南极位于现在非洲北部，在摩洛哥附近），导致全球海平面下降了80 m左右（Le Heron & Dowdeswell，2009）。在现在的中东地区（约旦、沙特等）、北非（利比亚）、西南欧（西班牙）、南美（阿根廷）广泛发育冰碛岩或混积岩（前者是冰川运移时携带的泥、粉砂、砂和砾等沉积成岩，后者泛指泥质基质中散布着无分选的砂或砾的碎屑岩），显示当时大冰盖边界之广（图3-2-5）。最近，在奥陶纪时属于波罗的块体的波兰发现了冰川漂砾沉积，显示当时由冰山将沉积物带到南纬30°的低纬度地区，足见此次冰期事件影响范围之广（Porębski et al.，2019）。

图 3-2-5　与奥陶纪赫南特冰期事件相似的南美洲现代冰川——阿根廷西部的加拉帕戈斯群岛中的 Santa Cruz 岛的 Upsala 冰川（图片由 David 摄于 2008 年 2 月，Common Creatives 提供）

第三节
奥陶系"金钉子"

一、奥陶纪年代地层概述

自从英国地质学家 Lapworth（1879）建立"奥陶系"到 20 世纪 80 年代的 100 年里，英国的年代地层划分体系是世界各国遵循参照的样板和标准（图 3-3-1）。当时的奥陶系自下而上包括阿伦尼克统、兰维恩统、卡拉道克统、阿什极尔统，而并未包括底部的特马豆克统。直到 20 世纪 80 年代，随着各国专家陆续正式将特马豆克统作为奥陶系的一部分，英国专家也最终接受了这一更改（Fortey et al.，1991、1995）。

进入 20 世纪 90 年代后，国际奥陶系被划分为三统六阶，即下、中、上三个统，每个统进一步分为两个阶，但由于上奥陶统两个阶的划分无法找到合适的界线，最终在 2003 年阿根廷圣胡安市召开的第九届国际奥陶系大会上，国际奥陶系分会决定把上奥陶统分成三个阶，这样，整个

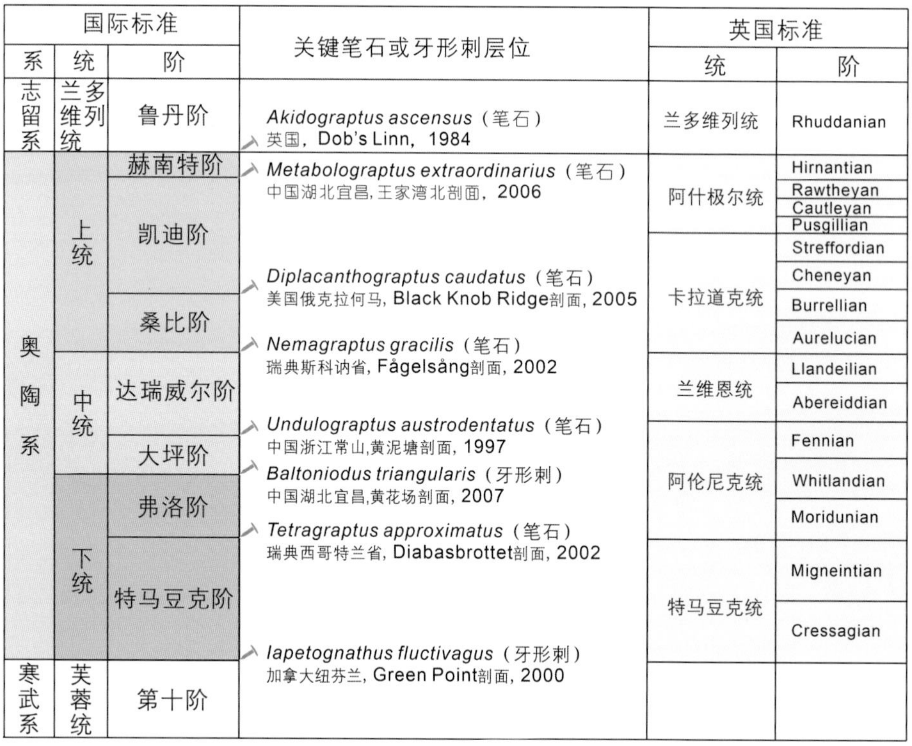

国际标准			关键笔石或牙形刺层位	英国标准	
系	统	阶		统	阶
志留系	兰多维列统	鲁丹阶	*Akidograptus ascensus*（笔石） 英国，Dob's Linn，1984	兰多维列统	Rhuddanian
奥陶系	上统	赫南特阶	*Metabolograptus extraordinarius*（笔石） 中国湖北宜昌，王家湾北剖面，2006	阿什极尔统	Hirnantian
					Rawtheyan
					Cautleyan
		凯迪阶			Pusgillian
				卡拉道克统	Streffordian
			Diplacanthograptus caudatus（笔石） 美国俄克拉何马，Black Knob Ridge 剖面，2005		Cheneyan
		桑比阶			Burrellian
			Nemagraptus gracilis（笔石） 瑞典斯科讷省，Fågelsång 剖面，2002		Aurelucian
	中统	达瑞威尔阶		兰维恩统	Llandeilian
					Abereiddian
		大坪阶	*Undulograptus austrodentatus*（笔石） 中国浙江常山，黄泥塘剖面，1997	阿伦尼克统	Fennian
	下统	弗洛阶	*Baltoniodus triangularis*（牙形刺） 中国湖北宜昌，黄花场剖面，2007		Whitlandian
			Tetragraptus approximatus（笔石） 瑞典西哥特兰省，Diabasbrottet 剖面，2002		Moridunian
		特马豆克阶		特马豆克统	Migneintian
					Cressagian
			Iapetognathus fluctivagus（牙形刺） 加拿大纽芬兰，Green Point 剖面，2000		
寒武系	芙蓉统	第十阶			

图 3-3-1 国际奥陶系划分标准及与英国传统划分的对照

奥陶系就按"三统七阶"的方案进行划分。这一方案除了比中国的传统划分多一个阶外，对每条界线的位置也有相当大的调整。比如过去的下奥陶统包括笔石 *Nemagraptus gracilis* 带之下的所有地层，在扬子区相当于从南津关组一直到牯牛潭组（穆恩之等，1979），这段地层包括了现在的下奥陶统和中奥陶统。因此，整个划分框架有相当大的调整（图 3-3-2）。

在 1997—2008 年期间，奥陶系内的 7 个"金钉子"剖面陆续全部确立（图 3-3-1），以笔石和牙形刺为定义界线的主导化石门类，分别确立在中国（3 个）、瑞典（2 个）、美国（1 个）、加拿大（1 个）。按建立时间顺序，列举如下：

1997 年，奥陶系第一个"金钉子"（也是我国第一个"金钉子"）——达瑞威尔阶全球界线层型剖面和点，确立在中国浙江常山黄泥塘剖面。

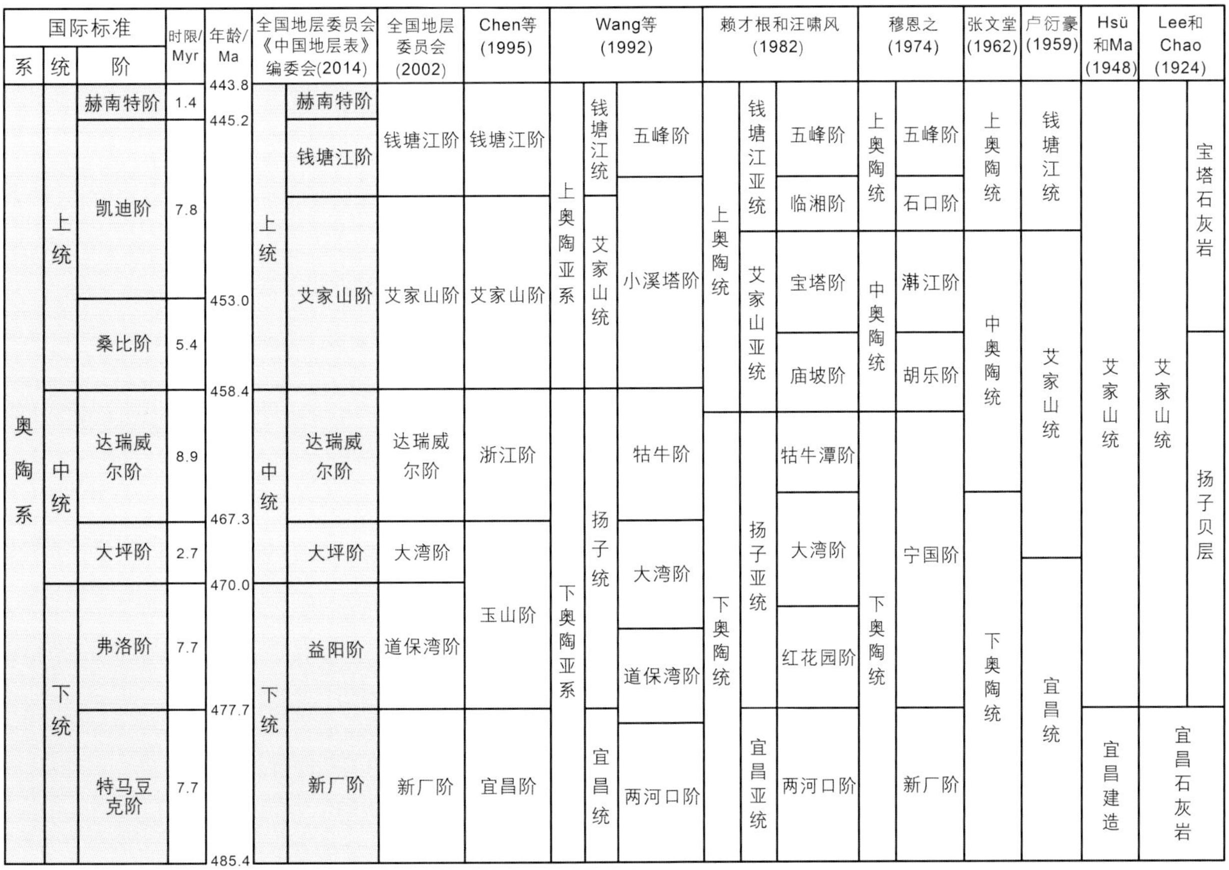

国际标准 系	统	阶	时限/Myr	年龄/Ma	全国地层委员会《中国地层表》编委会(2014)	全国地层委员会(2002)	Chen等(1995)	Wang等(1992)	赖才根和汪啸风(1982)	穆恩之(1974)	张文堂(1962)	卢衍豪(1959)	Hsü和Ma(1948)	Lee和Chao(1924)
奥陶系	上统	赫南特阶	1.4	443.8–445.2	上统·赫南特阶	钱塘江阶	钱塘江阶	上奥陶亚系·钱塘江阶·五峰阶	上奥陶统·钱塘江亚统·五峰阶	上奥陶统·五峰阶	上奥陶统	钱塘江统	艾家山统	宝塔石灰岩
奥陶系	上统	凯迪阶	7.8	445.2–453.0	上统·钱塘江阶	钱塘江阶	钱塘江阶	上奥陶亚系·钱塘江阶·五峰阶	上奥陶统·钱塘江亚统·临湘阶	上奥陶统·石口阶	上奥陶统	钱塘江统	艾家山统	宝塔石灰岩
奥陶系	上统	桑比阶	5.4	453.0–458.4	上统·艾家山阶	艾家山阶	艾家山阶	上奥陶亚系·艾家山统·小溪塔阶	上奥陶统·艾家山亚统·宝塔阶／庙坡阶	中奥陶统·涧江阶	中奥陶统	艾家山统	艾家山统	扬子贝层（艾家山统）
奥陶系	中统	达瑞威尔阶	8.9	458.4–467.3	中统·达瑞威尔阶	达瑞威尔阶	浙江阶	下奥陶亚系·扬子统·牯牛阶	下奥陶统·扬子亚统·牯牛潭阶	中奥陶统·胡乐阶	中奥陶统	艾家山统	艾家山统	扬子贝层
奥陶系	中统	大坪阶	2.7	467.3–470.0	中统·大坪阶	大湾阶	玉山阶	下奥陶亚系·扬子统·大湾阶	下奥陶统·扬子亚统·大湾阶	下奥陶统·宁国阶	下奥陶统	艾家山统	艾家山统	扬子贝层
奥陶系	下统	弗洛阶	7.7	470.0–477.7	下统·益阳阶	道保湾阶	玉山阶	下奥陶亚系·扬子统·道保湾阶	下奥陶统·扬子亚统·红花园阶	下奥陶统·宁国阶	下奥陶统	宜昌统	宜昌建造	宜昌石灰岩
奥陶系	下统	特马豆克阶	7.7	477.7–485.4	下统·新厂阶	新厂阶	宜昌阶	下奥陶亚系·宜昌统·两河口阶	下奥陶统·宜昌亚统·两河口阶	下奥陶统·新厂阶	下奥陶统	宜昌统	宜昌建造	宜昌石灰岩

图 3-3-2 中国奥陶纪年代地层划分沿革（据张元动等，2021）

2000 年：特马豆克阶——加拿大纽芬兰岛西海岸的 Green Point 剖面。

2002 年：弗洛阶——瑞典西哥特兰省的 Diabasbrottet 剖面。

2002 年：桑比阶——瑞典斯科讷省的 Fågelsång 剖面。

2005 年：凯迪阶——美国俄克拉何马州 Black Knob Ridge 剖面。

2006 年：赫南特阶——中国湖北宜昌王家湾北剖面。

2008 年：大坪阶——湖北宜昌黄花场剖面。

二、特马豆克阶底界"金钉子"

1. 研究历程

国际奥陶系底界，即下奥陶统和特马豆克阶底界，有 1 个"金钉子"和 2 条辅助层型剖面。该界线的"金钉子"于 2000 年确立在加拿大纽芬兰岛西海岸的绿岬剖面（Green Point），后来又选出 2 条辅助层型剖面：美国犹他州的罗森湾剖面（Lawson Cove）确立于 2016 年，我国吉林白山的大阳岔剖面确立于 2019 年。

这一全球界线层型剖面最终确立在加拿大，可以说是一波三折，本来是极有可能确立在我国吉林白山（原浑江）大阳岔剖面的，却由于种种原因，未能如愿。特马豆克阶底界的国际工作组成立于 1974 年，但直到 20 世纪 80 年代才开始取得进展。早期的全球界线层型工作理念是对候选界线和候选剖面同时加以考虑，不像后来是先在全球地层剖面普查基础上提出定义界线，然后根据定义的界线在全球范围内遴选最佳地层剖面，最后由分会全体选举委员进行投票表决，获得三分之二及以上赞成票方为通过。

1982 年，以加拿大 Brian Norford 教授为主席的工作组表决通过，认为"该界线应确立在，或靠近特马豆克统的底界"。1985 年，在加拿大卡尔加里市召开工作组全体会议，会后进行通讯投票表决，认为界线"应以牙形刺为主要门类，位于漂浮笔石首次出现层位之下不远处"。当时，可供选择的界线有两条：① 牙形刺 *Cordylodus lindstromi* 带的底界；② 牙形刺 *Cordylodus proavus* 带之底。对于这两条界线，比较理想的候选剖面有两个：① 中国吉林的大阳岔剖面；② 加拿大纽芬兰岛的绿岬剖面。1990 年在苏联新西伯利亚市召开讨论会，会后于 1991 年对两个候选剖面进行投票表决，结果中国吉林大阳岔剖面获得了 63% 的多数赞成票，成为唯一候选剖面。

1991 年，在澳大利亚悉尼召开第六届国际奥陶系大会，会上提出奥陶系内 9 条最具全球对比潜力的"金钉子"候选界线，供详细研究，并敦促寒武系 - 奥陶系界线工作组尽快对底界定义（同时涉及特马豆克统的归属，因为过去英国的传统划分将特马豆克统归入寒武系顶部）和剖面做出决定（Williams，1992）。1992 年 4 月，国际工作组再度考察了吉林大阳岔剖面。5 月，

Brian Norford 领导的界线工作组针对"将奥陶系底界确立在中国大阳岔剖面牙形刺 *Cordylodus lindstromi*（狭义）的首现层位，该界线位于漂浮笔石 *Rhabdinopora*（杆孔笔石）动物群首现层位之下 2.23 m 处"的议案进行投票表决，仅得到 56.25% 赞成票，未超过 60% 的通过线。

1993 年，成立以新西兰 Roger Cooper 教授为首的新的奥陶系底界国际工作组，他们认为牙形刺 *Cordylodus lindstromi* 存在许多分类学和地层学疑难问题，建议用牙形刺 *Iapetognathus* 的某个种来定义界线。在 1995 年美国拉斯维加斯州第七届国际奥陶系大会上，界线工作组提出 3 条候选剖面，分别代表不同的沉积相：美国犹他州的罗森湾剖面（浅水碳酸岩相）、加拿大纽芬兰的绿岬剖面（下斜坡的深水页岩夹碳酸盐岩相）、中国吉林的大阳岔剖面（外陆棚—上斜坡）。在大会论文集中，Nowlan 和 Nicoll（1995）介绍了关于 1992 年再度考察大阳岔剖面的初步结果：*Cordylodus lindstromi* 的首现层位在最老漂浮笔石之上 0.8 m 处，并认为 *Cordylodus* 有多达 7 种形态分子，结构比之前的认识更为复杂，存在分类不确定性，因此建议改用雅佩特颚刺（*Iapetognathus*）的一个种的首现层位来定义奥陶系底界。

1999 年 1 月，奥陶系底界国际工作组表决通过了以加拿大绿岬剖面的牙形刺化石——随波雅佩特颚刺（*Iapetognathus fluctivagus*）的首次出现层位（FAD）为全球奥陶系底界的决议，该界线位于最早的漂浮笔石——杆孔笔石（*Rhabdinopora*）首现层位之下 4.8 m 处（Nicoll et al.，1999；Cooper et al.，2001）。这一提案于同年 9 月、11 月和 2000 年 1 月依次在奥陶系分会、国际地层委员会和国际地质科学联合会获得通过（图 3-3-3~图 3-3-7）。

2001 年 6 月，该"金钉子"揭碑仪式在绿岬剖面举行，来自美国、中国和加拿大等国共 30 多位专家和代表参加典礼。该"金钉子"标志碑嵌在一块花岗岩原石上，碑文如下："在 2000 年，寒武系 - 奥陶系界线的全球层型由国际地层委员会指定在这里——绿岬。该界线位于第 23 层的页岩和灰岩内，暴露在西南倾向的海岸陡崖和滨岸台地上。该层位以牙形刺化石随波雅佩特颚刺（*Iapetognathus fluctivagus*）的首现层位为标志，位于迄今所知的最古老漂浮笔石层位之下 4.8 m 处。该地点位于格罗斯莫纳国家公园内，未经允许不得进行采集和科学研究活动——国际奥陶系分会及加拿大国家公园管理局"。

2. 科学内涵

奥陶系底界"金钉子"界线以绿岬剖面牙形刺 *Iapetognathus fluctivagus*（随波雅佩特颚刺）的首现层位（FAD）为标志，位于剖面分层的第 23 层内，并位于最早的漂浮笔石首现层位之下 4.8 m 处（张元动等，2019）。该地层剖面以页岩夹灰岩为主，地层倒转，含有牙形刺、笔石及少量其他门类化石（例如疑源类、几丁虫等），代表大陆斜坡下部的深水相地层序列。

该地层剖面牙形刺研究显示，与 *Iapetognathus fluctivagus* 同时出现的还有 *Cordylodus lindstromi* s.l.，可供世界其他地区在缺乏 *I. fluctivagus* 情况下的对比提供参照。在界线之下不远

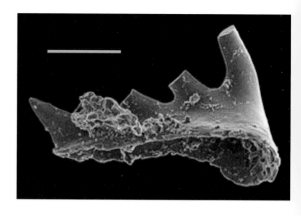

图 3-3-3 奥陶系暨特马豆克阶底界"金钉子"剖面——加拿大纽芬兰岛西海岸的绿岬剖面"金钉子"揭碑仪式（2001 年 6 月），左 1 至左 3 为绿岬村的最早原住民家庭代表，左 4 为 Henry Williams（笔石专家，纽芬兰纪念大学），左 5 为 Brian Norfold（20 世纪 80 年代任界线工作组主席，加拿大卡尔加里大学），右 1 为 Chris Barnes（牙形刺专家，加拿大维多利亚大学），右 2 为 Godfred Nowlan（牙形刺专家，加拿大地调所），右 3 为 Stanley Finney（时任国际奥陶系分会主席，美国加州州立大学长滩分校）

图 3-3-4 定义奥陶系底界的牙形刺 *Iapetognathus fluctivagus*（随波雅佩特颚刺）（Cooper et al., 2001），后视 Sc 分子标本，产自绿岬剖面第 23 层，比例尺为 100 μm（Barnes, 1988 的 No.34 样品）

奥陶系　　　　寒武

地层"金钉子"：地球演化历史的关键节点

图 3-3-5　奥陶系暨特马豆克阶底界"金钉子"标志牌（英、法文对照）

图 3-3-6　绿岬剖面的地理位置图

图 3-3-7　奥陶系暨特马豆克阶底界"金钉子"界线地层剖面（地层倒转）（照片据 Miall，拍摄于 2015 年）

处可见到牙形刺 *Cordylodus prion*、*Cordylodus andresi* 首次出现，界线之上不远处首次出现的牙形刺有 *Hirsutodontus simplex*、*Utahconus utahensis*、*Monocostodus sevierensis* 等。*Cordylodus proavus* 的 FAD 则位于 *I. fluctivagus* 首现层位之下约 7 m 的更低层位（第 19 层砾石层之下）。

在该剖面上，最早的漂浮笔石 *Rhabdinopora praeparabola* 和 *Staurograptus dichotomus* 同时出现在"金钉子"界线之上 4.8 m 处的第 25 层近底部，漂浮笔石 *Rhabdinopora flabelliformis parabola* 则出现在第 26 层的底部（图 3-3-8）。在界线上下尚有多层树形笔石出现（Cooper et al.，2001）。此外，剖面尚有疑源类、几丁虫、多毛类、腕足动物和放射虫等，但其地层意义仍待确定（Barnes，1988；Cooper et al.，2001）。

绿岬剖面虽然有一些天然优势，如地层序列清楚、化石丰富且保存较好、剖面出露极佳等，但是它也存在一些缺陷，主要包括：① GSSP 之下牙形刺的分异度太低（图 3-3-8）；② 牙形刺化石可能存在再沉积现象；③ 属于中—下斜坡深水沉积环境，浅水相化石较少，等等。此外，定义界线的牙形刺 *Iapetognathus fluctivagus* 虽然具有全球性地理分布，迄今为止见于美国（Nicoll et al.，1999；Miller et al.，2014，2015）、加拿大（Cooper et al.，2001）、哈萨克斯坦（Nicoll et al.，1999）、中国（Nicoll et al.，1999；武桂春等，2005；Dong & Zhang，2017）、澳大利亚（Zhen et al.，2017），但产出剖面和层位均较局限，化石标本数量少，限制了它在"金钉子"剖面外的精确对比。

目前，奥陶纪牙形刺研究专家对绿岬剖面的牙形刺化石鉴定和分类仍存在较大分歧，导致不同专家认定的 *Iapetognathus fluctivagus* 的首现层位相差达数米之多（Cooper et al.，2001；Terfelt et al.，2012）。这既反映了该"金钉子"剖面的牙形刺化石存在保存状态上的缺陷，也反映了国际奥陶纪牙形刺专家群体之间缺乏充分的沟通和交流，是将来需要考虑和妥善处理的首要问题。目前，国际奥陶系分会尚未启动对该"金钉子"进行重新评价的程序，但不反对各国地层古生物专家自行开展相关研究。

3. 特马豆克阶底界的全球辅助界线层型（1）——美国犹他州罗森湾剖面

鉴于"金钉子"剖面通常都不是十全十美的，会存在不同程度的缺陷，因此国际地层委员会允许在"金钉子"剖面以外，选择一条或若干条全球辅助界线层型剖面（Auxiliary Stratotype Section and Point，缩写 ASSP），以作为"金钉子"的补充，在中国通常称之为"银钉子"。"银钉子"不是必须的，是否需要建立要根据相应界线"金钉子"剖面的地层发育情况而定，因此即便建立也是在"金钉子"之后。"银钉子"只需要在所在断代（系）的国际地层分会表决通过即可，无须国际地层委员会和国际地质科学联合会的批准通过。奥陶系底界的"金钉子"于 2000 年确立于加拿大纽芬兰岛的 Green Point 剖面，由于代表深水斜坡下部的沉积序列，缺少斜坡上部和浅水台地相的化石，因此国际地层委员会奥陶系分会于 2016 年、2019 年分别选择美国犹他

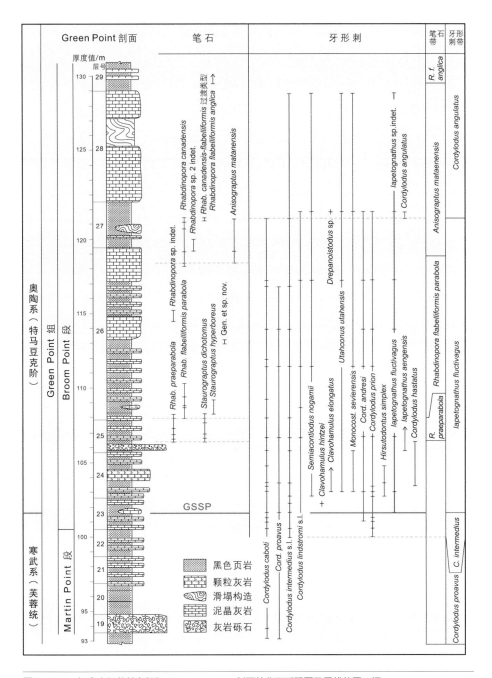

图 3-3-8 加拿大纽芬兰岛绿岬（Green Point）剖面的化石延限图及界线位置（据 Cooper et al., 2001）

州罗森湾剖面、我国吉林大阳岔剖面作为奥陶系底界的"银钉子"。

2016 年，美国犹他州的罗森湾剖面（Lawson Cove）被选为奥陶系底界的全球辅助层型剖面（ASSP），代表台地相地层序列。该剖面含丰富牙形刺化石，但未见笔石；界线以 *Iapetognathus fluctivagus* 的 FAD 为标志，并与牙形刺化石 *Iapetognathus* 带的底界一致（Miller et al., 2015）。

罗森湾剖面位于美国西部的犹他州的米拉德县（Millard County）的 Ibex 地区（图 3-3-9）。

该地区的奥陶系过去认为是壳相或笔石相，具体属于哪种生物相取决于所处的盆地位置和所含化石类群。总体来看，犹他州西部的寒武系和奥陶系是一套被动大陆边缘环境的热带碳酸盐岩台地沉积。罗森湾剖面含有腕足动物、三叶虫、牙形刺、软体动物和叠层石等，属于典型的壳相地层（Miller et al.，2003，2015）。

罗森湾剖面的奥陶系底界位于 Pogonip 群 House 灰岩组底部的 Barn Canyon 段内，在厚度值 160.6 m 处（图 3-3-10、图 3-3-11）。Barn Canyon 段由含硅质的生屑和内碎屑颗粒灰岩、扁平砾石（flat-pebble）砾岩、泥灰岩及少量叠层石组成，厚度 84.4 m，自下而上代表 2 个海侵—海退旋回。奥陶系底界位于第二次海侵序列中（图 3-3-9）。该 Barn Canyon 段的下部 11 m 含有多达 50% 的硅质岩，富含砂屑，代表非常浅水的海洋环境（Miller et al.，2015）。

该剖面奥陶系底界以牙形刺 *Iapetognathus fluctivagus* 的首现层位为标志，同时首次出现的有 *Iapetonudus ibexensis* Nicoll 等，该界线正好与 *Iapetognathus* 带底界一致，代表了 *Iapetognathus* 属的首现。在界线之下 6.4 m 处，牙形刺 *Cordylodus lindstromi* 首次出现，在 10.3 m 处则首次出现 *Cordylodus prolindstromi*，这段 10 m 左右的地层属于 *Cordylodus lindstromi* 带。在界线之上 5.1 m 处首次出现 *Cordylodus angulatus*，指示了 *C. angulatus* 带的底界（图 3-3-12）。*Iapetognathus fluctivagus* 在该剖面上延到 *C. angulatus* 带的下部。

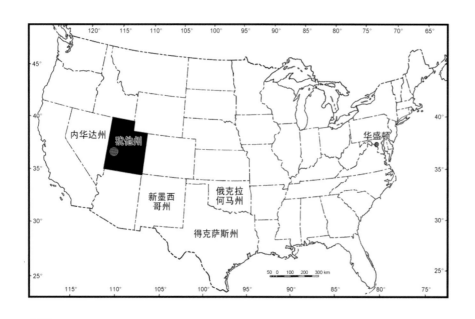

上图　图 3-3-9　美国犹他州罗森湾剖面（Lawson Cove）地理位置（红色圆点，据 Miller et al.，2015）

右上图　图 3-3-10　美国犹他州罗森湾剖面（Lawson Cove）地层露头及"银钉子"点位（图中 J. Miller 的脚尖位置；据 Miller et al.，2015。J. Miller 提供）

右下图　图 3-3-11　美国犹他州罗森湾剖面（Lawson Cove）地层序列（据 Miller et al.，2015；J. Miller 提供）

Jujuyaspis bed

Eurytreta bed

Iapetognathus fluctivagus
牙形刺首现

δ ^{13}C 峰值

上部

"银钉子"点位

on 段

中部

下部

Notch Peak 组

Lava Dam 段

Red Tops 段

Hellnmaria 段

通行道路

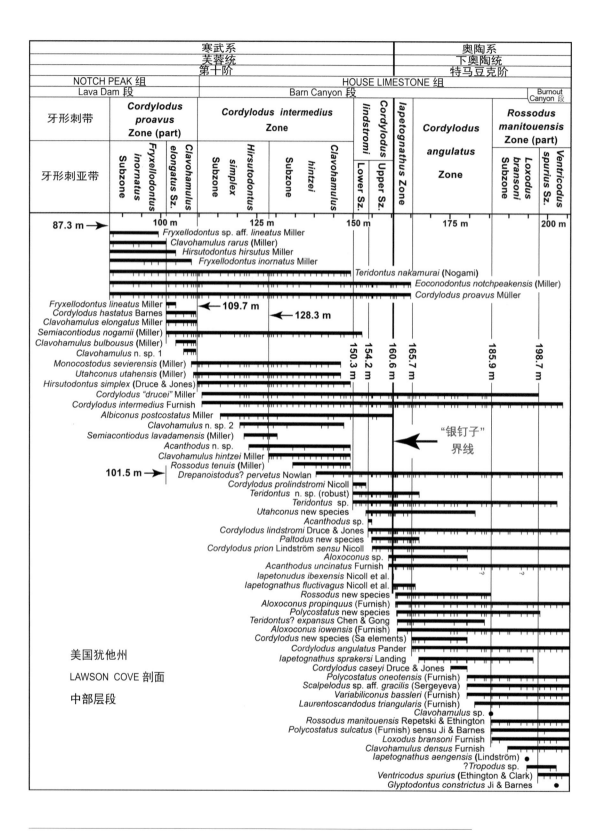

图 3-3-12　美国犹他州罗森湾（Lawson Cove）剖面的牙形刺延限图及化石带（据 Miller et al., 2015）

　　　　　地层"金钉子"：地球演化历史的关键节点

罗森湾剖面的 Barn Canyon 段还含有腕足动物和三叶虫，其中腕足动物以磷质壳化石为主，包 括 *Lingulella? incurvata*、*Eurytreta sublata*、*Wahwahlingula* sp.、*Schizambon typicalis*、*Conotreta milardensis* 等，另含钙质壳的 *Apheoorthis oklahomensis*、*A. ornata*、*A.* cf. *melita*，属于 *Apheoorthis* 带；三叶虫包括 *Symphysurina straatmanae*、*S. ethingtoni*、*Milardicurus milardensis*、*Clelandia texana*、*Geragnostus subobesus*、*Jujuyaspis borealis*、*Chasbellus milleri* 等，属于 *Symphysurina* 带（Miller et al.，2015）。在罗森湾剖面上未见笔石，但在 Lava Dam 北剖面的 Barn Canyon 段内 8 cm 厚的粘土质泥岩中发现漂浮笔石 *Anisograptus matanensis*，位于剖面厚度值 61.9 m 处（属于牙形刺 *Iapetognathus* 带），该层位在 *Iapetognathus fluctivagus* 首现层位之上 2.4 m，位于 *Cordylodus angulatus* 首现层位之下 1.8 m（Miller et al.，2015）。

4. 特马豆克阶底界的全球辅助界线层型（2）——中国吉林白山大阳岔剖面

2019 年，中国吉林大阳岔剖面被国际奥陶系分会选为奥陶系底界的全球辅助层型剖面，代表台地边缘—斜坡上部的地层序列（图 3-3-13）。大阳岔剖面（也称作小阳桥剖面、小羊桥剖面、小洋桥剖面）位于吉林白山（过去称浑江）大阳岔镇东北约 2.5 km 的小阳桥附近（北纬 42°03′24″，东经 126°42′21″），沿小溪的西岸展布（图 3-3-14）。剖面自下而上可见凤山组、

图 3-3-13 大阳岔剖面寒武系－奥陶系界线保护碑（张元动拍摄于 2019 年 8 月）

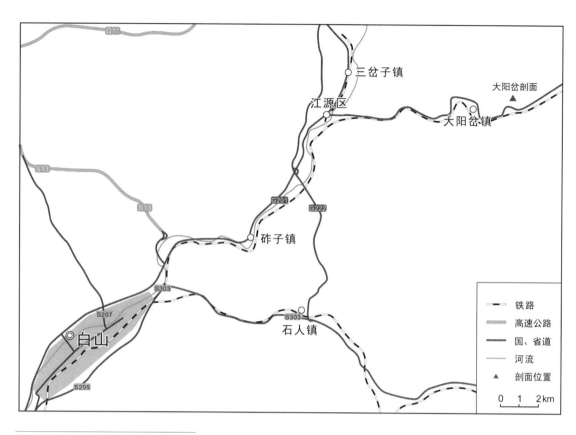

图 3-3-14 大阳岔剖面交通地理位置图

冶里组。其中凤山组厚度大于 83.5 m，主要为灰色薄层虫孔泥晶灰岩夹薄层灰色钙质页岩及少量紫红色页岩，顶部为厚层藻叠层石粘结岩。冶里组厚度 286 m，分为三段：下段厚 14.8 m，下部为灰色中薄层虫孔、生屑微晶灰岩，中部为灰色薄层含骨针虫孔泥晶灰岩与黄绿色钙质页岩互层，上部为紫色页岩夹薄层泥晶灰岩和紫褐色钙质粉砂岩；中段为灰绿色含粉砂质海绿石微晶灰岩、风暴砾屑灰岩、钙质页岩，厚 142.5 m；上段为深灰色钙质页岩夹中薄层微晶灰岩，厚 130 m（张俊明等，1999）。奥陶系底界位于冶里组中段下部（图 3-3-15）。

大阳岔剖面自郭鸿俊等（1982）报道以来，我国的地层古生物工作者和国外部分专家开展了大量的研究工作（Chen et al.，1983，1988；赵祥麟等，1988；Zhang & Erdtmann，2004；Wang et al.，2019），可以说这里是中国最负盛名、研究程度最高的特马豆克阶地层剖面之一，特别是在 20 世纪 90 年代初曾一度被选为全球寒武系 – 奥陶系界线层型的唯一候选剖面，更是为世界各国的奥陶系工作者所熟知。

大阳岔剖面的冶里组含丰富笔石，但牙形刺相对较为单调，迄今未见奥陶系底界定义化石 *Iapetognathus fluctivagus*。冶里组从上至下可以识别出 5 个笔石带：*Aorograptus victoriae* 带、*Psigraptus jacksoni* 带、*Anisograptus matanensis* 带、*Rhabdinopora flabelliformis parabola* 带、*Rhabdinopora flabelliformis proparabola* 带（张元动等，2005；Wang et al.，2019）。

图 3-3-15　大阳岔剖面全景（阎春波拍摄）

大阳岔剖面的奥陶系底界最早定在牙形刺 *Cordylodus intermedius* 的首现层位（Chen et al.，1988 建议），或稍高一点的 *Cordylodus lindstromi* 首现层位（HDA13A，漂浮笔石首现之下 2.08 m，张俊明等，1999）。后来，在奥陶系底界改用 *Iapetognathus* 定义后，又在该剖面将界线改为牙形刺 *Iapetognathus jilinensis* 的首现层位，但经对比研究发现，该种的首现层位明显高于 *I. fluctivagus*（图 3-3-16）。近年来，汪啸风和丹麦 Svend Stouge 等（Wang et al.，2019）经过对

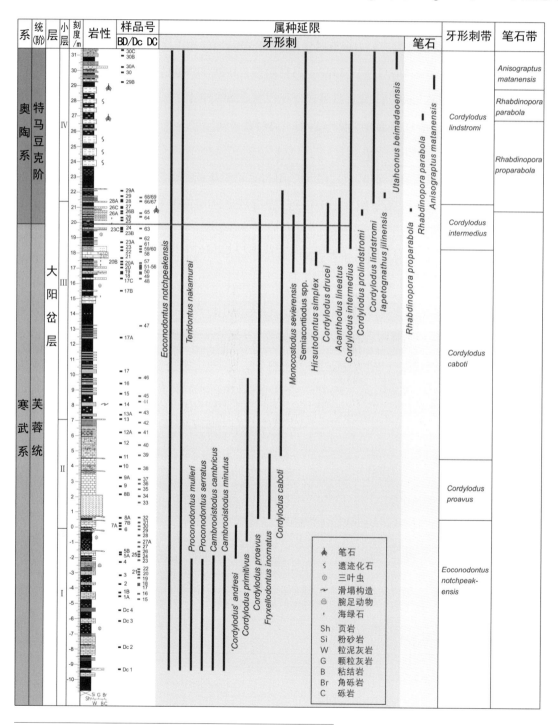

图 3-3-16 大阳岔剖面牙形刺化石和笔石延限图（据 Wang et al.，2019）

地层"金钉子"：地球演化历史的关键节点

该剖面的古生物学、地层学和地球化学重新研究，将奥陶系底界定在剖面"大阳岔层"19.9 m处（化石层 BD24—BD25 之间，"大阳岔层"相当于过去冶里组下部的第 8—20 层，底部以厚层叠层石粘结岩为标志），位于牙形刺 *Cordylodus intermedius* 带上部，且位于最早的漂浮笔石（*Rhabdinopora proparabola*）出现层位（20.9 m）之下 1 m 处（图 3-3-16、图 3-3-17）。该界线并不与任何特定牙形刺种的首现层位一致，而是通过与加拿大 Green Point 剖面对比建立的，并以稀土元素异常作为标志（Wang et al., 2019）。

该界线略高于 *Cordylodus intermedius* 的首次出现层位，略低于 *Cordylodus prolindstromi*、*Cordylodus lindstromi* 和 *Iapetognathus jilinensis* 的首现层位，距离上覆的 *Cordylodus lindstromi* 带底界 1.5 m（Wang et al., 2019）。从笔石层位来看，这个新的奥陶系底界比过去竞争"金钉子"时划定的界线略高了一些（过去界线划在漂浮笔石最早出现层位之下 2.23 m，图 3-3-18）（张元动等，2019）。

图 3-3-17 大阳岔剖面的奥陶系底界——BD24（阎春波拍摄）

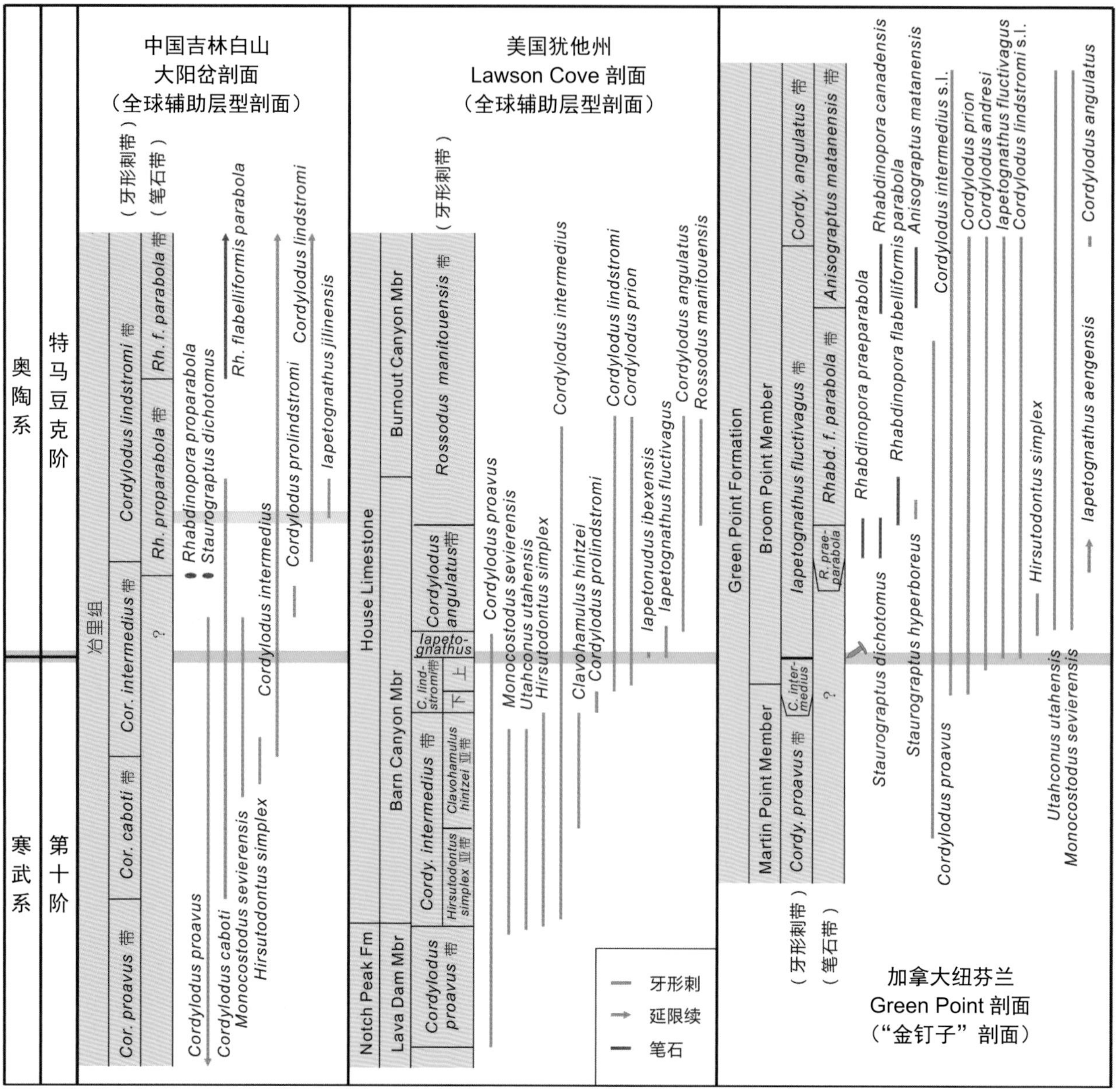

图3-3-18 奥陶系底界"金钉子"剖面与两个辅助界线层型("银钉子")剖面的对比。资料来源：Green Point 剖面，据 Cooper et al., 2001；Lawson Cove 剖面，据 Miller et al., 2015；大阳岔剖面，据 Wang et al., 2019

图 3-3-19　瑞典 Hunneberg 山北麓的 Diabasbrottet 采石场（已废弃）

三、弗洛阶底界"金钉子"

弗洛阶底界的全球界线层型剖面于 2000 年确立在瑞典南部 Vänern 湖南岸 Hunneberg 山的 Diabasbrottet 废弃采石场（图 3-3-19），界线以笔石 *Tetragraptus approximatus*（近似四笔石）的首次出现为标志。笔者（张元动）于 2001 年 8 月野外考察该剖面，并采集到一些笔石标本（保存在南京地质古生物研究所）。这实际上并不是一个非常理想的层型剖面。

1. 研究历程

在 1991 年悉尼的国际奥陶系大会后，奥陶系分会的选举委员在 1992 年以绝对多数通过了"以笔石 *Tetragraptus approximatus* 的首次出现来定义奥陶系内第二个单元（阶）底界"的提议。该界线上下地层序列较好的剖面主要集中在加拿大纽芬兰岛西部和斯堪的纳维亚半岛南部这两个地区，我国湖南和江西等地也有该界线的连续地层，并含有 *T. approximatus* 及其他笔石。1994 年，加拿大纽芬兰纪念大学的 Henry Williams 率先提议，在纽芬兰岛 Cow Head 半岛的 Ledge 剖面确立该界线的全球层型（Williams et al., 1994）。但该剖面在界线之下有一段 2 m 厚的白云岩和白云质页岩，没有化石；而且界线上下均含有多套砾岩层，一些专家根据该剖面的笔石序列认为该界线之下存在一个明显的地层间断，有地层缺失现象。后来，笔者 2001 年 5 月考察该剖面时，也特别注意到这一现象，发现该剖面确实存在地层间断。

这一问题成为该剖面在 1994 年末的一次投票表决中未能获得多数赞成票的主要原因。在 1995 年美国拉斯维加斯市召开的第七届国际奥陶系大会上，Maletz 等（1995）正式提议，以瑞典的 Diabasbrottet 剖面作为该界线的"金钉子"剖面，但遭到 Williams 等人的强烈反对，意见主要有三条：① Diabasbrottet 剖面在 *T. approximatus* 的首现层位之下没有发现笔石，所以实际上无法确定该层位是否真正代表了 *T. approximatus* 的 FAD；② 在该剖面发现并被鉴定为 *T. approximatus* 的标本很可能不是 *T. approximatus*，而是层位相对较高的另一个种——*T. acclinans*，这说明剖面可能存在地层间断；③ 在沉积连续性方面，界线上下代表一次海退高峰（Williams et al., 1996；Williams & Barnes, 1996）。

尽管如此，Maletz 等（1996）发表了 Diabasbrottet 剖面的详细生物地层数据和研究结果。在之后几年里，及在 1999 年捷克布拉格市举行的第八届国际奥陶系大会上，专家们对瑞典该剖面和加拿大 Ledge 剖面进行了激烈的争论（Bergström et al., 1997；Maletz, 1999）。最终，在 2000 年 6 月进行的关于下奥陶统弗洛阶底界"金钉子"的投票中，Diabasbrottet 剖面以较大优势胜出，成为唯一候选剖面；在同年 8 月的奥陶系分会表决中，获得了 95% 的赞成票。该层型剖面最终于 2002 年获得国际地层委员会和国际地质科学联合会的批准，并于 2003 年 5 月举行了揭牌典礼（图 3-3-20）。

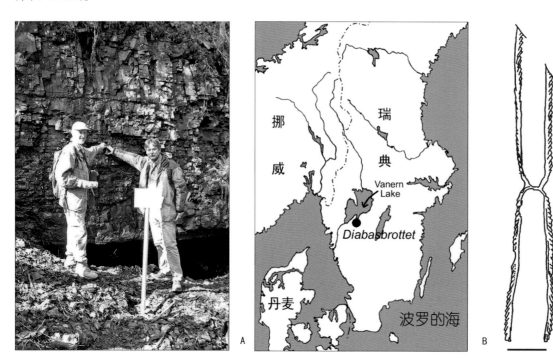

图 3-3-20　弗洛阶底界"金钉子"——瑞典 Diabasbrottet 剖面。A. 剖面地层露头及"金钉子"点位（专家手指位置，摄于 2003 年），左为 Felix Gradstein 教授，时任国际地层委员会主席，右为 Stanley Finney 教授，时任国际地层委员会副主席；B. 剖面的地理位置；C. 定义该界线的呈"工"字形的笔石——*Tetragraptus approximatus*（近似四笔石），采自该剖面寒武系 - 奥陶系界线上 3.4~3.5 m 处，比例尺为 1 cm

2. 科学内涵

该"金钉子"界线位于 Diabasbrottet 剖面下奥陶统 Tøyen 组的近底部。在界线之上，笔石 *T. approximatus* 与 *T. phyllograptoides* 同时出现，后者在北欧的许多剖面（如挪威奥斯陆的 Rortunet 剖面）均较常见，并据以识别 *T. phyllograptoides* 带。在稍高一点的层位上，笔石 *Cymatograptus undulatus* 和 *Tetragraptus amii* 首次出现；在更高的层位上，笔石 *Azygograptus validus*、*Didymograptus rigoletto* 和 *D. protobalticus* 等开始出现。在界线之下的地层中未发现笔石，而且就在界线之下很近的一个层位有一水平岩脉（粗玄岩）侵入，岩脉之下是废弃的矿洞，矿洞里的上部地层为 Bjørkåsholmen 组（原来称为 *Ceratopyge* 灰岩和 Latorp 灰岩），下部为 Alum 页岩（图 3-3-21）。该剖面弗洛阶底界上下地层中牙形刺化石较为丰富，但没有发现正好在界线上开始出现的类型，牙形刺生物地层研究表明，界线位于 *Paroistodus proteus* 带内，比其中 *Oelandodus elongatus-Acodus deltatus deltatus* 亚带的底界稍高一点。此外，剖面还产有一些三叶虫等，可建立 *Megistaspis*（*P.*）*planilimbata* 三叶虫带，其底界与"金钉子"界线大体一致（Maletz et al., 1996；图 3-3-21）。

该剖面的优点是笔石和牙形刺均较丰富，出露好，代表外陆棚沉积环境，不存在沉积间断，等等。但是它的缺点也很明显：① 最大的问题是在 *T. approximatus* 的 FAD 之下没有发现笔石，而在挪威等地的相应地层中则有 *Hunnegraptus* 和 *Araneograptus* 等（据报道，在 Hunneberg 山南

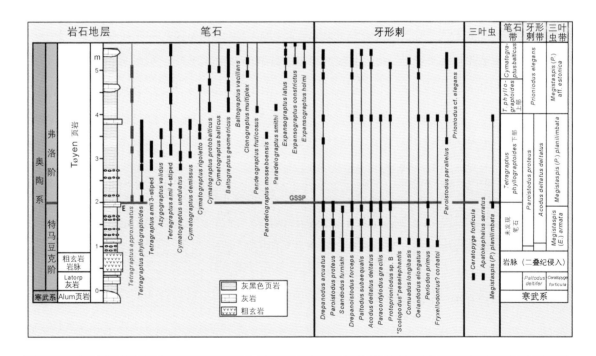

图 3-3-21 瑞典 Diabasbrottet 剖面弗洛阶底界上下笔石和牙形刺化石的延限图（据 Maletz et al., 1996；张元动等，2020）。剖面含有多层稳定的灰岩层，"金钉子"界线位于 E 层之上，以笔石 *T. approximatus* 的首现为标志，与 *T. phyllograptoides* 带的底界一致或非常接近（在该剖面 *T. approximatus* 与 *T. phyllograptoides* 的首现层位是一致的）

面的 Storeklev 剖面上就有 *Hunnegraptus*）；② 剖面上 *T. approximatus* 非常稀少（笔者在剖面的界线附近花两个半天采集标本，均未能采到该种），这一定程度上说明该界线在这条剖面上并不能得到很好的控制；③ 剖面位于一个相当高的陡崖之下（顶为二叠纪玄武岩），常有石块坠落，考察剖面时存在较大安全隐患；④ 采石场为私人拥有，在可到达性（accessibility）方面难以保障。因此，就像其他一些已确立的"金钉子"剖面一样，弗洛阶底界"金钉子"剖面也并不完美。

3. 我国该界线的情况

我国弗洛阶的底界地层还是比较发育的。在华南板块的江南斜坡带、珠江盆地及扬子台地北缘，均有连续地层剖面产出定义该界线的笔石 *T. approximatus* 及其他笔石。在湖南益阳南坝剖面，宁国组底部的黄绿色泥岩记录了跨越该界线的连续笔石演化序列（李丽霞等，2009），可惜缺少灰岩层而未能建立牙形刺序列。在江西玉山的宁国组底部的 *T. approximatus* 带中，还发现有压扁的牙形刺 *Paracordylodus gracilis*，可以帮助识别界线。不过遗憾的是，在扬子台地内，这段地层通常是一套中—厚层生物碎屑灰岩——红花园组，未见笔石，需要通过牙形刺 *Serratognathus diversus* 的首次出现来加以确定（Zhen et al.，2009）。

整个华北板块都没有发现 *T. approximatus* 带笔石。如果借助牙形刺的话，那么弗洛阶底界也可以大致识别出来。华北亮甲山组（豹皮状灰岩）下部的 *Serratognathus bilobatus* 牙形刺带含有 *Paroistodus proteus*，因此该带的底通常对比到北欧 *P. proteus* 带之底（安太庠等，1983；安太庠和郑昭昌，1990），根据"金钉子"剖面上的特马豆克阶顶界高于 *P. proteus* 带之底的情况，界线应位于 *S. bilobatus* 带内，或大致接近其上的 *Serratognathus extensus* 带之底（Wang et al.，2018）。在河北唐山赵各庄剖面，*S. bilobatus* 带的底界位于亮甲山组底界之上大约 83 m 的一套灰色厚层白云岩中（Zhou et al.，1984）。

四、大坪阶底界"金钉子"

1. 研究历程

1988 年，在美国华盛顿市举行的第 27 届国际地质大会上，国际奥陶系分会决定把建立全球统一的奥陶系年代地层系统作为分会今后相当长一段时间内的主要任务。1995 年在美国举行的第七届国际奥陶系大会上，专家们就全球奥陶系划分为下、中、上三个统和六个阶的方案达成一致。中奥陶统底界的研究随之展开，当时关于定义该界线存在两种意见：① 以牙形刺 *Tripodus leavis* 带或笔石 *Isograptus v. lunatus* 带的底界为标志；② 以牙形刺 *Baltoniotus triangularis* 或 *Tripodus leavis* 带的底界为标志。1995 年 10—12 月，国际奥陶系分会通过通讯投票，确立了奥陶系"三统六阶"的年代地层划分方案，同时，牙形刺 *T. laevis* 也被确定为中奥陶统底界的定义化石。

随后，美国内华达莫尼特山（Monitor Range）的白石峡剖面（Whiterock Narrows section）首先被推荐成为候选剖面，其底界为 *Tripodus laevis* 的首现面，位于 Ninemile 组顶界之下 3 m 的位置（Finney & Ethington，2000）。但是，命运与白石峡剖面开了一个玩笑：笔石专家米契尔（C.E. Mitchell）在 2001 年考察该剖面时，在建议的"金钉子"界线之上 1.5 m 处采得笔石化石，意外地发现其时代大大年轻于预期的地层时代，同时指出了牙形刺 *Tripodus laevis* 的穿时性。因此，白石峡剖面不宜再作为全球中奥陶统底界的标准，从而开启了新一轮候选剖面的竞争。

当时有 3 条地层剖面可供选择：① 阿根廷 Niquivil 剖面；② 湖北宜昌黄花场剖面；③ 加拿大纽芬兰牛头剖面。时任奥陶系分会秘书长、阿根廷的阿巴内斯博士（Dr. Albanesi）等建议以阿根廷产出的另外一种牙形刺——*Protoprioniodus aranda* 取代 *Tripodus laevis*，并推荐阿根廷 Niquivil 剖面作为该界线的"金钉子"。与此同时，以汪啸风研究员为首的武汉地质调查中心（原宜昌地质矿产研究所）奥陶系研究团队，建议以 *Baltoniodus triangularis*（三角波罗的刺）的首次出现作为界线标志，以湖北宜昌黄花场剖面为"金钉子"剖面。该团队与丹麦哥本哈根大学 Stouge 博士、柏林工业大学 Erdtmann 教授，以及西安地质调查中心周志强研究员等专家合作，在前期工作基础上，对黄花场剖面以及相距不远的宜昌陈家河剖面和兴山建阳坪剖面的中奥陶统底界地层，系统采集了牙形刺、笔石、几丁虫、三叶虫、腕足动物和疑源类等多门类化石，并进行了深入细致的综合研究（图 3-3-22）。

在 2006 年国际奥陶系分会的剖面遴选投票表决中，黄花场剖面以 75% 的多数票淘汰了阿根廷的 Niquivil 剖面，而加拿大纽芬兰 Cow Head 剖面因存在沉积间断而先期退出，因此黄花场剖面成为唯一候选剖面。随后，国际奥陶系分会（2006 年 11 月）、国际地层委员会（2007 年 4 月）和国际地质科学联合会（2008 年 3 月）分别通过和批准了黄花场剖面作为中奥陶统大坪阶底界的"金钉子"（Wang et al.，2009）。

2. 科学内涵

大坪阶底界"金钉子"于 2008 年正式确立于我国湖北宜昌黄花场剖面（图 3-3-23），以牙形刺 *Baltoniodus triangularis* 的首次出现层位为标志，点位在大湾组下段内部，位于该组底界之上 10.57 m 的层位，同时位于牙形刺 *Microzarkodina flabellum* 首次出现层位之下 0.2 m（Wang et al.，2009；图 3-3-24、图 3-3-25）。在剖面上，牙形刺具有较好的 *Baltoniodus* cf. *triangularis*–*B. triangularis*–*B. navis* 谱系演化记录。界线上下数米内产有少量笔石，属于 *Azygograptus suecicus* 带，可分为上、下两部分，"金钉子"点位与该两者之间的界线基本一致，下部有 *Azygograptus suecicus*、*A. eivionicus* 和 *Phyllograptus anna*；上部包括 *Azygograptus ellesi*、*A. suecicus*、*Xiphograptus svalbardensis*、*Pseudotrigonograptus* sp. 和 *Tetragraptus* sp.（Wang et al.，2009；Cooper &

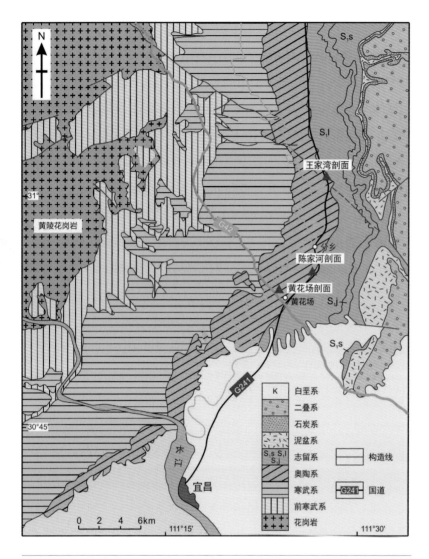

图 3-3-22　中奥陶统大坪阶"金钉子"剖面——湖北宜昌黄花场剖面的地质和地理位置图

Sadler，2012 ）。"金钉子"点位与几丁虫 *Belonechitina henryi* 带的底界基本一致。

　　宜昌黄花场剖面的奥陶系自下而上包括：西陵峡组、南津关组、分乡组、红花园组、大湾组、牯牛潭组、庙坡组、宝塔组、临湘组和五峰组。其中，大湾组岩性为页岩夹灰岩，分为下、中、上三段，富含牙形刺、腕足动物、笔石、几丁虫和疑源类等化石。大湾组下段为灰绿色薄—中厚层瘤状灰岩夹少许页岩，厚 12.97 m；中段为紫红色中层泥晶灰岩，厚 13 m；上段为黄绿色页岩夹薄—中层瘤状灰岩，厚 28 m。大坪阶底界"金钉子"位于大湾组下段的近顶部（图 3-3-25、图 3-3-26 ）。

图 3-3-23 中奥陶统大坪阶"金钉子"——湖北宜昌黄花场剖面

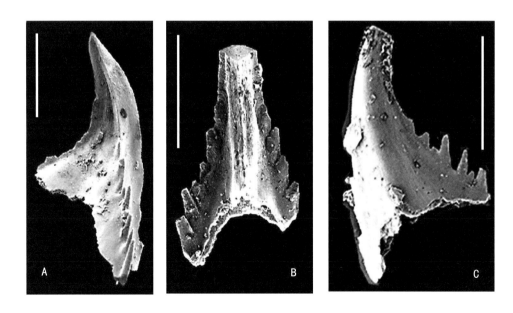

图 3-3-24 定义大坪阶底界界线的牙形刺 *Baltoniodus triangularis*（三角波罗的刺），比例尺为 100 μm

图 3-3-25　奥陶系大坪阶"金钉子"——湖北宜昌黄花场剖面，大坪阶底界"金钉子"具体层位，位于大湾组下段近顶部，在大湾组底界之上 10.57 m 处

　　黄花场中奥陶统大坪阶底界"金钉子"剖面具有以下优点：① 交通便利，剖面距宜昌中心城区 22 km，位于宜昌—兴山公路边，便于科学研究、考察、保护和科普（图 3-3-27）；② 位于黄陵隆起的东翼，地层产状平缓，结构简单，无后期构造运动破坏；③ 地层厚度发育适中，界线位于含灰岩透镜体的黄绿色页岩中，为单相连续沉积，无沉积间断；④ 包含牙形刺、笔石、几丁虫、三叶虫、腕足动物、疑源类等多门类化石，相互之间的对比关系明确；⑤ 定义界线的第一门类化石——牙形刺化石丰富，且分异度高，可建立穿越界线的连续演化谱系。

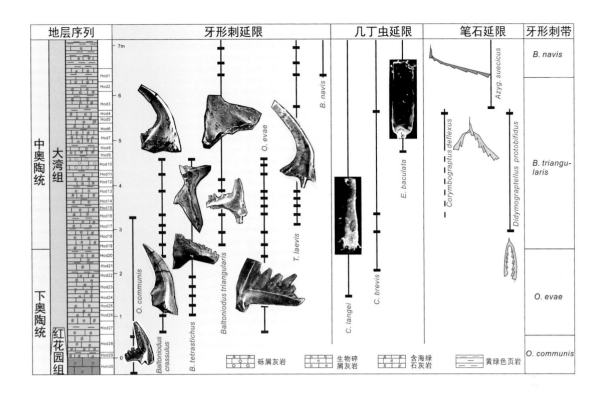

图 3-3-26 黄花场剖面的大坪阶暨中奥陶统底界"金钉子"地层的多门类化石延限（据 Wang et al.，2009 简化）。"金钉子"界线位于牙形刺 *Baltoniodus triangularis*（三角波罗的刺）在剖面中的首次出现层位

图 3-3-27 宜昌黄花场中奥陶统大坪阶底界"金钉子"研究团队主要成员（左起：李志宏、张淼、陈辉明、王传尚、陈孝红、汪啸风、Svend Stouge 及黄花场镇两位政府干部，身后为"金钉子"标志碑）

五、达瑞威尔阶底界"金钉子"

中奥陶统达瑞威尔阶底界"金钉子"于 1997 年确立在浙江常山县黄泥塘剖面，界线以笔石 *Undulograptus austrodentatus*（澳洲齿状波曲笔石）的首现为标志，位于宁国组第四段的下部，距宁国组底界之上 30.43 m 处。

1. 研究历程

达瑞威尔阶底界"金钉子"的研究始于 20 世纪 90 年代初。1991 年在澳大利亚悉尼召开的第六届国际奥陶系大会上，专家们对奥陶系内的划分方案进行了热烈讨论，共提出了 9 条"统"或"阶"级别的候选界线，其中包括一条以笔石 *U. austrodentatus* 或 *Didymograptus artus* 的首现来定义的界线。会后，我国组建了一个以南京地质古生物所陈旭研究员为首的国际工作组，专门研究和论证在我国浙赣交界的"三山"地区（江山—常山—玉山）以 *U. austrodentatus* 的首现来定义该全球界线层型的可行性。

浙赣"三山"地区的奥陶系研究历史悠久，最早可以追溯到 20 世纪 20 年代（朱庭祜和孙海寰，1924；朱庭祜等，1930；刘季辰和赵亚曾，1927）。1949 年以后，我国专家对该地区开展了一系列深入研究，基本确立了该地区的岩石地层和生物地层序列。在此基础上，南京古生物所的专家团队于 20 世纪 90 年代初在该地区开展旨在建立"金钉子"的古生物学、地层学和沉积学等多学科综合研究，形成了关于该地区达瑞威尔阶及其上下地层的系统性研究成果（Chen & Bergström，1995）。

1994 年夏，南京古生物所组织了一次对"三山"地区奥陶系的国际联合野外考察，国际工作组达成了以笔石 *U. austrodentatus* 的首次出现定义该界线、以浙江常山黄泥塘剖面为候选层型剖面的一致意见，并向国际奥陶系分会提交了议案。1996 年 7 月，国际奥陶系分会以 94% 的多数赞成票通过了国际工作组的提案。同年 11 月，该提案在国际地层委员会以 65% 赞成票获得通过。1997 年 1 月国际地质科学联合会正式通过并批准了这一提案，达瑞威尔阶底界的"金钉子"正式确立在浙江常山黄泥塘剖面（图 3-3-28），以笔石 *U. austrodentatus* 的首次出现为标志（陈旭等，1997、1998）。

"达瑞威尔"是澳大利亚维多利亚州格兰特县的一个教区（parish）名称，当地发育有中奥陶统达瑞威尔阶，但缺少连续完整的地层剖面。"达瑞威尔阶"名称源于澳大利亚的"达瑞威尔统"，后者是 Hall（1899）根据澳大利亚维多利亚州的含笔石地层建立的一个地方性年代地层单位。但是，在澳大利亚和新西兰实际上并没有该阶的连续完整的地层剖面，而且底界上下也没有牙形刺和其他壳相化石，因此不适合作为全球标准，不适合作为"金钉子"。

常山达瑞威尔阶底界"金钉子"确立后，20 多年来又开展了一系列"后层型"研究，包括

图 3-3-28　A. 中奥陶统达瑞威尔阶底界"金钉子"的标志碑；B. 以"金钉子"剖面为核心建立的常山国家地质公园的标志

笔石、疑源类、几丁虫、牙形刺等门类的古生物学和生物地层学进一步研究（陈旭等，2005；Fortey et al.，2005；Chen et al.，2006a；图 3-3-29），以及碳氧同位素化学地层学、沉积学等研究（Munnecke et al.，2011）。

2. 科学内涵

达瑞威尔阶底界"金钉子"于 1997 年确立于我国浙江常山黄泥塘剖面（图 3-3-30、图 3-3-31），以笔石 *Undulograptus austrodentatus* 的首次出现层位（即 *U. austrodentatus* 带的底界）为标志，位于宁国组的第 4 段内，该组底界之上 30.43 m，与岩层 12 层之底及化石层 AEP184 之底一致（陈旭等，1997、1998；张元动等，2008；图 3-3-32）。黄泥塘剖面宁国组从下而上可以识别出连续的笔石序列：*Baltograptus deflexus* 带、*Azygograptus suecicus* 带、*Isograptus caduceus imitatus* 带、*Exigraptus clavus* 带、*Undulograptus austrodentatus* 带、*Acrograptus ellesae* 带、*Nicholsonograptus fasciculatus* 带、*Pterograptus elegans* 带、*Hustedograptus teretiusculus* 带、*Nemagraptus gracilis* 带（Chen et al.，2006a；Zhang et al.，2007；图 3-3-33）。

在界线上同时出现的笔石还有 *Arienigraptus zhejiangensis* 和 *Cardiograptus giganteus*，前者被用来定义 *U. austrodentatus* 带的下部亚带。在该界线之下附近首次出现的还有笔石 *Cardiograptus amplus*、*C. ordovicicus*、*Procardiograptus uniformis* 和 *Undulograptus sinodentatus* 等，在该界线之上附近首次出现的有笔石 *Glossograptus acanthus*、*Undulograptus formosus*、*Undulograptus* sp.2 和 *Arienigraptus jiangxiensis* 等（张元动等，2008）。

图 3-3-29　常山黄泥塘剖面的中奥陶统达瑞威尔阶底界"金钉子"研究工作组主要成员 [从左向右：Florentin Paris（法）、Barry Webby（澳）、陈旭、张元动]。1998 年拍摄于揭牌典礼

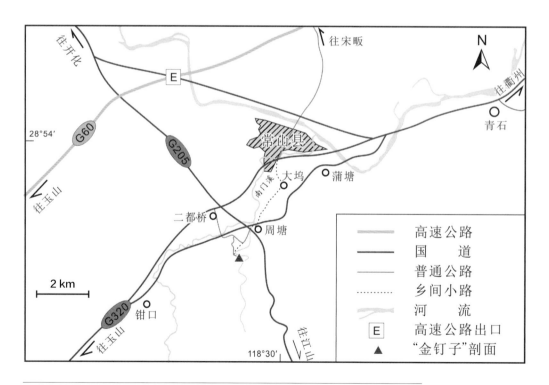

图 3-3-30　浙江常山黄泥塘剖面的交通位置图（据张元动等，2013）

图 3-3-31 浙江常山黄泥塘剖面全景图。地层沿南门溪河边小路展布，从右向左（由老到新）依次为印渚埠组、宁国组、胡乐组、砚瓦山组（张元动拍摄于 1998 年）

图 3-3-32 中奥陶统达瑞威尔阶底界"金钉子"剖面。"金钉子"界线位于宁国组第四段内，距离宁国组底界之上 30.43 m，以笔石种 *Undulograptus austrodentatus*（澳洲齿状波曲笔石）的首现为标志，与 *U. austrodentatus* 带的底界一致。左下化石即为澳洲齿状波曲笔石，比例尺为 1 mm

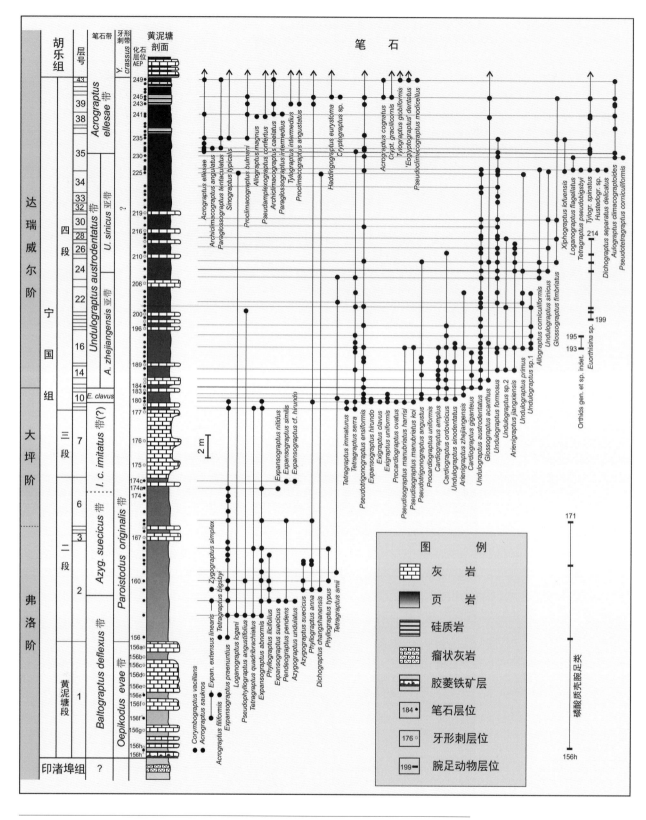

图 3-3-33 浙江常山黄泥塘中奥陶统达瑞威尔阶底界 "金钉子" 剖面综合柱状图（据张元动等，2008）

宁国组的牙形刺化石主要来自厚度不等的灰岩夹层，自下而上可识别两个牙形刺带：*Oepikodus evae* 带和 *Paroistodus originalis* 带（上部可能部分相当于北欧的 *Microzarkodina parva* 带）。达瑞威尔阶的底界对比到 *P. originalis* 带内。黄泥塘剖面的几丁虫和疑源类研究至今做得很少，已发现的化石，其地层意义也有待阐明（尹磊明和 Playford，2003）；腕足动物化石则更少，主要包括 *Euorthisina* 和一些磷质壳类型，尚不足以建立序列（张元动等，2008）。

黄泥塘剖面的宁国组为黑色页岩夹层状或透镜状灰岩，底部与下伏印渚埠组呈假整合接触，时代为弗洛期至达瑞威尔中期，厚 56.32 m。根据岩性变化，宁国组自下而上可分为四段（图 3-3-34）。

最下部为黄泥塘段，为深灰色含生物碎屑泥晶灰岩夹黄绿色页岩，厚 9.5 m，其底部含一层 2~5 cm 厚的起伏不平的胶菱铁矿层。在该段可识别出 *Baltograptus deflexus* 笔石带和 *Oepikodus evae* 牙形刺带，时代为早奥陶世弗洛期。

第二段为黄绿色页岩夹薄—中层灰岩，厚 11.75 m，可识别出两个笔石带：*Azygograptus suecicus* 带和 *Isograptus caduceus imitatus* 带，牙形刺带则为 *Paroistodus originalis* 带，时代为弗洛期至大坪期。

第三段为深灰色透镜状灰岩，厚 6.73 m，可识别出两个笔石带：*I. caduceus imitatus* 带（上

图 3-3-34　常山黄泥塘中奥陶统达瑞威尔阶底界"金钉子"剖面的保护长廊。地层剖面在长廊里侧连续出露（张元动拍摄于 2019 年）

部）和 *Exigraptus clavus* 带，时代为大坪期。

第四段为黑色页岩与深灰色泥质灰岩、内碎屑亮晶灰岩互层，厚 28.34 m。该段富含笔石，自下而上可识别出 *E. clavus* 带（上部）、*Undulograptus austrodentatus* 带和 *Acrograptus ellesae* 带，时代为大坪晚期至达瑞威尔中期。*U. austrodentatus* 带还可进一步识别为两个亚带：*Arienigraptus zhejiangensis* 亚带（下）和 *Undulograptus sinicus* 亚带（上）。

六、桑比阶底界"金钉子"

上奥陶统桑比阶底界"金钉子"于 2002 年确立在瑞典南部斯科讷省的 Fågelsång 剖面，以笔石 *Nemagraptus gracilis* Hall（纤细丝笔石）的首次出现为标志（Bergström et al.，2000；图 3-3-35）。该界线对应于 *Pygodus anserinus* 牙形刺带的中部和 *Laufeldochitina stentor* 几丁虫带的中部。

1. 研究历程

桑比阶底界（暨上奥陶统底界）的"金钉子"具有特别重要的意义，是因为过去很长时间里在世界不同的地区和国家，对"上奥陶统"底界的认识非常不一致，例如在北美、澳大利亚、北欧和中国等地就差异很大；甚至在一个地区内，不同专家或研究单位都有不同观点。如何确定一条全球统一的"上奥陶统"底界？ 20 世纪 90 年代初就倾向于采用全球广布的、特征明显而容易识别、时限短的 *Nemagraptus gracilis*（纤细丝笔石）来定义该界线（Webby，1998；图 3-3-35）。

尽管该笔石种具有全球广布的特点，而且其通常所在地层——一套黑色页岩代表着一次全球性的海侵事件，但全球范围内具有该段地层连续记录的剖面并不多。有的剖面有很好的 *Nemagraptus gracilis*，但不能确定它的首现层位，因此也不适用。全球剖面遴选下来，有 4 条主要候选剖面：① 瑞典南部的 Fågelsång 剖面；② 中国新疆柯坪大湾沟剖面；③ 中国甘肃平凉官

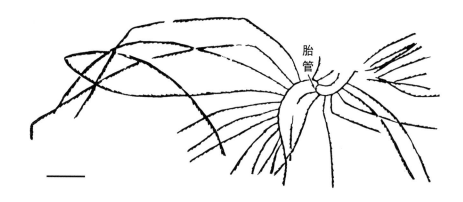

胎管

图 3-3-35 定义桑比阶底界的笔石种——*Nemagraptus gracilis* Hall（纤细丝笔石）线描图，比例尺为 1cm（据 Bulman，1970）

庄剖面；④ 美国亚拉巴马州的 Calera 剖面（Bergström et al., 2000；Chen et al., 2006a）。国际界线工作组在 20 世纪 90 年代对这几条剖面先后进行了实地考察，并开展了相关研究，发现官庄剖面的 *Nemagraptus gracilis* 层位未见底，即看不到从下伏地层到桑比阶的连续化石记录；大湾沟剖面位于偏远无人区，不易到达；Calera 剖面的 *N. gracilis* 首现层位之下是一套灰岩，因此不太能确定该种的首现层位。最后，工作组选择了瑞典南部的 Fågelsång 剖面，于 2000 年向国际奥陶系分会提交议案，并最终于 2002 年获国际地层委员会（ICS）和国际地质科学联合会（IUGS）批准通过。

"桑比阶"于 2006 年才正式命名（Bergström et al., 2006），名称来自瑞典南部斯科讷省（县）隆德市以东 30 km 的一个社区名字——Södra Sandby，该社区位于"金钉子"剖面附近。

2. 科学内涵

桑比阶底界"金钉子"位于瑞典南部斯科讷省的 Fågelsång 剖面（北纬 55°42′57″，东经 13°19′04″；图 3-3-36），以全球性广布的笔石种 *Nemagraptus gracilis* 的首次出现层位（暨 *Nemagraptus gracilis* 带底界）为标志。Fågelsång 剖面位于瑞典隆德市以东约 8 km 的 Fågelsång（属于 Birdsong Valley 自然保护区），"金钉子"点位处在一套称为"*Dicellograptus* Shale"的页岩地层内，点位位于其中"Fågelsång 磷矿层"之下 1.4 m 处（Bergström et al., 2000；图 3-3-37）。

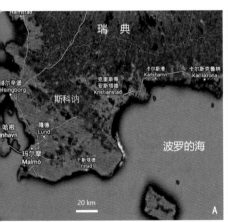

图 3-3-36 上奥陶统桑比阶底界"金钉子"——瑞典南部斯科讷省 Fågelsång 剖面的地理位置和露头。A. 地理位置；B."金钉子"界线点位——中间钢钎位置：上为桑比阶，下为达瑞威尔阶（揭牌仪式，拍摄于 2001 年，左边站立者为 Stanley Finney，右边为 Stig Bergström，两位均为该"金钉子"的主要研究专家）；C. 部分国际奥陶系专家前往 Fågelsång 剖面考察（2004 年）；D. 该"金钉子"剖面在夏季洪水期经常被淹没

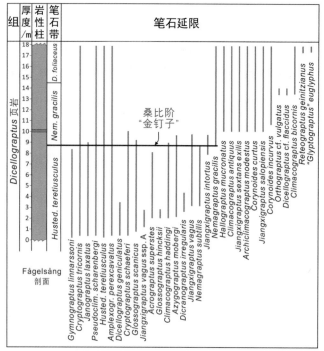
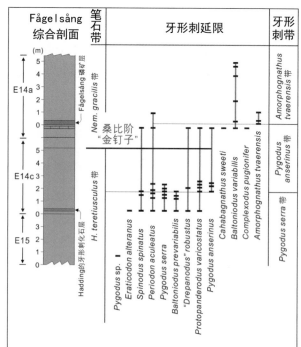

图 3-3-37 瑞典南部斯科讷省 Fågelsång 剖面的笔石和牙形刺延限及"金钉子"层位（据 Bergström et al., 2000）

界线之下不远处可见笔石 *Jiangxigraptus vagus*、*J. intortus*、*Dicellograptus geniculatus*、*Dicranograptus irregualris*、*Nemagraptus subtilis* 等种的首次出现，在界线附近还有 *Jiangxigraptus sextans*、*J. exilis*、*Hallograptus mucronatus*、*Crynoides curtus* 等重要笔石属种首次出现。因此，通过 *N. gracilis* 或界线附近其他特征笔石种的首次出现，可以将该界线较精确地对比到全球各地，比如华南宜昌地区（Chen et al., 2010）、浙赣交界的"三山"地区（Chen et al., 2006a）、华北鄂尔多斯和塔里木西北部（Chen et al., 2016）、美国阿巴拉契亚地区（Finney et al., 1996）、南美洲前科迪勒拉地体等（Ortega et al., 2008）。

近年来，Bergström（2007）对该剖面界线上下地层的牙形刺进行了研究，自下而上识别出牙形刺 *Pygodus serra* 带（*Eoplacognathus lindstroemi* 亚带）、*Pygodus anserinus* 带（顶部含 *Amorphognathus inaequalis* 亚带）和 *Amorphognathus tvaerensis* 带（*Baltoniodus variabilis* 亚带），并明确指出桑比阶的底界位于 *P. anserinus* 带的中部，非常靠近 *Amorphognathus inaequalis* 亚带的底界。根据界线上下的牙形刺序列，并结合笔石序列，在我国华南（Chen et al., 2010）、华北西缘（Wang et al., 2013；Bergström et al., 2016）和塔里木（Zhen et al., 2011）等地，就可以较精确地识别出该界线。

在该"金钉子"研究过程中，也有地层古生物专家指出 Fågelsång 剖面的缺陷：① *Nemagraptus gracilis* 在界线附近非常稀少，不能代表该种的首现层位；② 界线附近存在地层小间断（hiatus）；③ 剖面受季节性洪水的影响，在洪水期难以接近（图3-3-34）；④ 跨大陆和跨地区地层对比显示，不同地区的 *Nemagraptus gracilis* 的首次出现可能是穿时的，在美国比在英国和北欧更早（Bettley et al., 2001）。对上述问题，特别是地层间断和穿时问题，奥陶系专家之间存在较大争议，目前仍在评价和研讨中。

3. "银钉子"——中国新疆柯坪大湾沟剖面

桑比阶底界有2个全球辅助界线层型剖面，一个位于我国新疆柯坪大湾沟剖面（图3-3-38），另一个位于美国亚拉巴马州的 Calera 剖面（Bergström et al., 2000）。

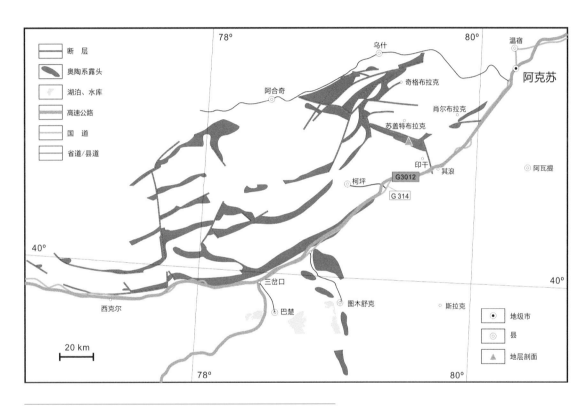

图 3-3-38　新疆柯坪大湾沟奥陶系剖面地理位置（据张元动等，2020）

大湾沟剖面的奥陶系自下而上包括大湾沟组、萨尔干组、坎岭组、其浪组、印干组和铁热克阿瓦提组（图3-3-39）。桑比阶底界位于萨尔干组的近顶部。萨尔干组主要岩性为黑色页岩夹灰黑色薄层或透镜状泥灰岩，分布在柯坪—阿克苏一带，呈狭长条带状出露，在大湾沟剖面厚13.04 m。萨尔干组富含化石，其中笔石尤为丰富，三叶虫、牙形刺较为常见，另含腕足动物、几丁虫、疑源类、腹足类和双壳类等。萨尔干组跨越了中奥陶统–上奥陶统界线，上奥陶统的底界（暨桑比阶的底界）位于萨尔干组顶之下 2.51 m 处（张元动等，2020；图3-3-40）。

上图　图3-3-39　新疆柯坪大湾沟剖面——奥陶系桑比阶底界"银钉子"。剖面地层由近而远为大湾沟组（灰岩）、萨尔干组（黑色页岩）、坎岭组（灰岩，呈"下灰上红"）、其浪组（远处）（张元动拍摄于2018年）

下图　图3-3-40　新疆柯坪大湾沟剖面的桑比阶（暨上奥陶统）界线地层。桑比阶底界位于萨尔干组（黑色页岩）的近顶部——陈旭院士右脚尖（2002年）

　　　　　　　　　　　　　　　　　　　　地层"金钉子"：地球演化历史的关键节点

陈旭等（2017）对萨尔干组的笔石进行了详细古生物学研究，并对笔石生物地层进行了厘定，自下而上包括：*Pterograptus elegans* 带、*Didymograptus murchisoni* 带、*Jiangxigraptus vagus* 带、*Nemagraptus gracilis* 带。其中，*Nemagraptus gracilis* 带的底界以带化石的首现为标志，指示了桑比阶的底界位置。

Zhen 等（2011）对大湾沟剖面的大湾沟组和坎岭组的牙形刺化石名单和牙形刺生物地层序列做了最新厘定，自下而上识别出 *Pygodus serra* 带和 *Pygodus anserinus* 带，二者界线大致与笔石 *Jiangxigraptus vagus* 带底界一致。桑比阶底界位于 *Pygodus anserinus* 带内。

七、凯迪阶底界"金钉子"

凯迪阶底界的"金钉子"于 2006 年确立在美国俄克拉何马州的 Black Knob Ridge 剖面，以笔石 *Diplacanthograptus caudatus*（具尾双刺笔石）的首现作为标志。

1. 研究历程

凯迪阶底界问题是从 2003 年开始出现的。2003 年之前的国际奥陶系划分是采用"三统六阶"方案，上奥陶统分为 2 个阶（大体以英国的卡拉道克统和阿什极尔统为基本格架），此前一直在寻找这两个阶之间的合适界线和层型剖面，但是一直没有找到理想的剖面。英国阿什极尔统是作为单位层型建立的，但底界附近的地层不发育，界线不清楚，世界其他地方的一些剖面也存在不同程度的缺陷。因此，国际奥陶系分会转变思路，在 2003 年阿根廷圣胡安市召开的第九届国际奥陶系大会上，提出将上奥陶统改为三分，以避开这一条界线难题。这样凯迪阶（当时尚未命名）作为上奥陶统的第二个阶，分会就开始讨论其底界定义问题，并着手在全球范围内遴选合适的"金钉子"剖面。

美国代顿大学的 Goldman 等（2003）提出，美国俄克拉何马州东南部的上奥陶统地层发育，富含笔石，以含笔石页岩为主，夹含深水灰岩和硅质岩。他们提议以该地区的 Black Knob Ridge 剖面（位于 Ouachita 山脉西头）的笔石 *Diplacanthograptus caudatus*（具尾双刺笔石）的首次出现为标志，定义凯迪阶的底界。该提议于 2006 年先后被国际奥陶系分会、国际地层委员会和国际地质科学联合会执委会表决通过，凯迪阶"金钉子"由此确立（Goldman et al.，2007）。

2. 科学内涵

凯迪阶底界的"金钉子"位于美国俄克拉何马州东南部 Atoka 县 Atoka 镇以北 5 km 的 Black Knob Ridge 剖面（北纬 34°25′39″，西经 96°04′04″），界线以笔石 *Diplacanthograptus caudatus* 的首现作为标志（图 3-3-41）。

该界线位于 Black Knob Ridge 剖面的 Bigfork Chert 组底界之上 4 m 处，Bigfork Chert 组以瘤状

图3-3-41 上奥陶统凯迪阶底界"金钉子"——美国俄克拉何马州 Black Knob Ridge 剖面。A. 第 12 届国际奥陶系大会考察路线（马譞拍摄于 2015 年），摆拍者从左到右：Daniel Goldman、Stephen Leslie、Stanley Finney 和 Juan Carlos Gutiérrez-Marco；B. "金钉子"剖面露头，虚线 1 指示 Bigfork Chert 组底界，下伏地层为 Womble Shale 组；虚线 2 指示"金钉子"界线层位（Daniel Goldman 提供）

和层状硅质岩夹黑色页岩和硅质灰岩为特征，含有笔石、牙形刺和几丁虫（Goldman et al., 2007；图 3-3-42）。Bigfork 组之下为整合接触的 Womble Shale 组，以松软的、棕褐色页岩夹层状硅质岩为特征，含有笔石、牙形刺、几丁虫、海绵骨针和无铰纲腕足动物化石，顶部产 *Amorphognatus tvaerensis* 带 *Baltoniodus alobatus* 亚带的牙形刺。"金钉子"界线位于牙形刺 *Baltoniodus alobatus* 亚带内。在"金钉子"界线之上 2 m 处，笔石 *Crynoides americanus*（美洲棒笔石）首现，在 9.8 m 处笔石 *Diplacanthograptus spiniferus*（具刺双刺笔石）首现，在 52.5 m 处笔石 *Climacograptus tubuliferus* 首现，这些都是凯迪阶的主要标准化石（Goldman et al., 2007）。

具尾双刺笔石（*Diplacanthograptus caudatus*）是一个特征明显、容易识别、全球广布的笔石种，它的首次出现与其他一些关联种，如 *Diplacanthograptus lanceolatus*、*Corynoides americanus*、*Orthograptus pageanus*、*O. quadrimucronatus*、*Dicranograptus hians* 和 *Neurograptus margaritatus* 大体同时。这个笔石动物群的出现很好地替代了突然衰落的桑比期 *Climacograptus bicornis* 带的笔石动物群，因此在全球范围内提供了一个较易识别的古生物学标志（图 3-3-43）。该界线还与一些大区域的、全球性的地质事件一致，比如，它位于北美东部和北欧地区广泛识别的、横跨大西洋分布的"Millbrig"和"Kinnekulle"K 型斑脱岩层之上，为该大型火山喷发事件提供了精确年代约束，也与古登伯格碳同位素正漂移事件（GICE）的起始时间基本一致（Goldman et al., 2007）。

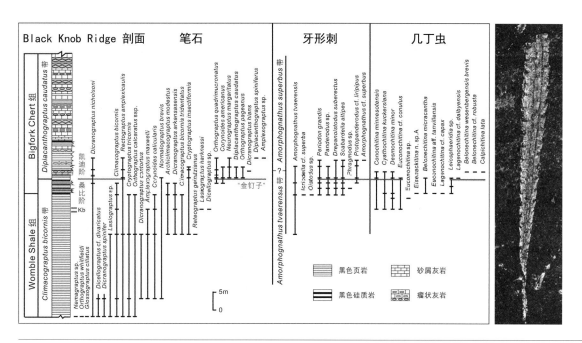

图3-3-42　上奥陶统凯迪阶底界"金钉子"点位（左图）及定义界线的笔石——具尾双刺笔石（*Diplacanthograptus caudatus*，右图）

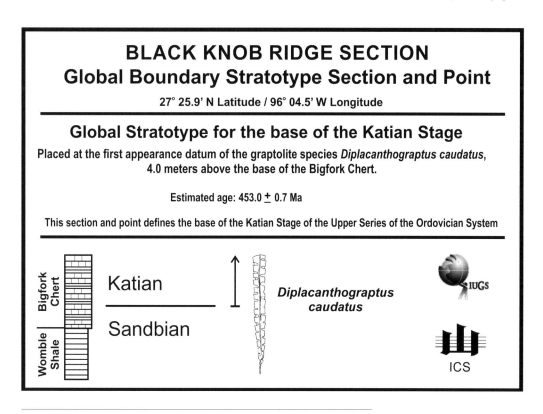

图3-3-43　上奥陶统凯迪阶底界"金钉子"的标志牌匾（Daniel Goldman 提供）

3. 我国该界线的情况

该界线在我国不易精确识别。迄今为止，中国可准确识别该界线的地区和剖面仅有三处：①陕西陇县龙门洞剖面（Chen et al., 2016）；② 湖南祁东双家口剖面（刘义仁和傅汉英，1989a, b）；③ 新疆柯坪大湾沟剖面（Chen et al., 2000；Zhang & Munnecke，2016）。在陇县龙门洞剖面的龙门洞组近顶部（顶界之下约 5 m 处），笔石 *Diplacanthograptus caudatus*（Lapworth）与 *Dicellograptus angulatus* Elles & Wood、*D. pumilus* Lapworth 等同期出现，指示了凯迪阶底界的层位（图 3-3-44）。在该界线之下数十米见有笔石 *Orthograptus apiculatus* 首现，在界线之上数米处见 *Amplexograptus praetypicalis* Riva。这一界线可与美国"金钉子"剖面的界线精确对比。

在华南台地相和斜坡相地层中，该界线位于一套碳酸盐岩（宝塔组或砚瓦山组）下部，因为缺少笔石生物地层的约束，主要靠牙形刺序列加以限定和识别。界线位于牙形刺 *Baltoniodus alobatus* 带上部或之上的 *Amorphognathus superbus* 带底部（Zhen et al., 2009；Chen et al., 2011；Bergström et al., 2016）。

图 3-3-44 陕西陇县龙门洞剖面的龙门洞组（页岩夹灰岩，图下部）与背锅山组（灰岩，图上部），凯迪阶底界大致位于后一位地质人员所在层位（张元动拍摄于 2005 年）

八、赫南特阶底界"金钉子"

赫南特阶"金钉子"于 2006 年确立在我国湖北宜昌分乡镇的王家湾北剖面，以 *Metabolograptus extraordinarius*（异形中间笔石）在该剖面的首次出现为界线标志。

1. 研究历程

赫南特阶代表着奥陶纪末期形成的一段特殊的地质记录。该段地层记录了奥陶纪末生物大灭绝、大冰期、全球海平面骤降、碳同位素正漂移（HICE）等重大地质事件。上奥陶统赫南特阶底界"金钉子"也是随着 2003 年奥陶系的上统由"二分"变为"三分"而最终变成了现实。

2003 年以前，南京地质古生物研究所陈旭、戎嘉余等专家意识到奥陶纪末的这段时期是地质历史上的一个具有重大意义的关键时期，因此应该有更为详细的、更高精度的地层划分对比标准。在 20 世纪 90 年代，他们在华南开展了大量的针对性研究工作，建立了世界上最详细的、连续的生物地层序列，特别是笔石带序列（Chen et al., 2000）。但是，当时上奥陶统还是"二分"方案，所在层段属于厘定中的"阿什极尔阶"，因此南京地质古生物研究所专家提出，在该阶的上部建立"赫南特亚阶"。有趣的是，在 2003 年上奥陶统"三分"后，"赫南特亚阶"就自然而然地变成了"赫南特阶"，也因此需要通过一个"金钉子"来加以确立和限定。

在湖北宜昌王家湾剖面建立赫南特阶底界"金钉子"的提案报告，于 2004 年 10 月被国际奥陶系分会表决通过；提案经补充完善后，于 2006 年 2 月被国际地层委员会通过，同年 5 月由国际地质科学联合会正式批准（陈旭等，2006）。

"赫南特"名称源自英国威尔士北部 Bala 地区的赫南特社区（Hirnant），那里的赫南特阶以产腕足动物和三叶虫 *Hirnantia*（赫南特贝）-*Dalmanitina*（达尔曼虫）动物群为特征（Temple，1965）。赫南特贝 – 达尔曼虫动物群是一个凉水动物群，在奥陶纪晚期随着南半球极区冰盖扩增，该动物群在很短的时间内就扩散到全球（Rong & Harper，1988）。

2. 科学内涵

赫南特阶"金钉子"剖面——湖北宜昌王家湾北剖面，位于宜昌市分乡镇以北约 8 km 的王家湾村附近，剖面沿国道 G241 内侧出露（图 3-3-45）。"金钉子"界线以笔石 *Metabolograptus extraordinarius* 的首次出现（暨 *Metabolograptus extraordinarius* 带的底界）为标志，位于该剖面的五峰组黑色页岩顶界之下 0.39 m 处（Chen et al., 2006b；陈旭等，2006）。*Metabolograptus extraordinarius* 带之下为 *Paraorthograptus pacificus* 笔石带的 *Diceratograptus mirus* 亚带，之上为 *Metabolograptus persculptus* 笔石带。在"金钉子"界线上，与 *M. extraordinarius* 同时首次出现的笔石有 *Normalograptus mirneyensis* 等，在界线之下附近首次出现的有 *Normalograptus laciniosus*、*N. miserabilis*、*N. ojsuensis*、*Paraorthograptus tenuis* 和 *Appendispinograptus fibratus* 等种，在界线之上首次出现的笔石仅有 *Paraorthograptus uniformis* 等（Chen et al., 2006b）。该"金钉子"界线对揭示赫南特期发生的冈瓦纳大陆冰盖扩增、全球性降温和海平面骤降事件的发生时间、过程和演变细节具有重要的时间标尺意义。

由于该界线与赫南特冰期事件及其相关的凉水型的赫南特贝动物群具有密切联系，因此在划界线时常用赫南特贝动物群的出现作为辅助标志来加以确定。赫南特贝动物群含有常见的 *Hirnantia*（赫南特贝）、*Hindella*、*Eostropheodonta*、*Paromalomena*、*Kinnella*、*Aegiromena*、

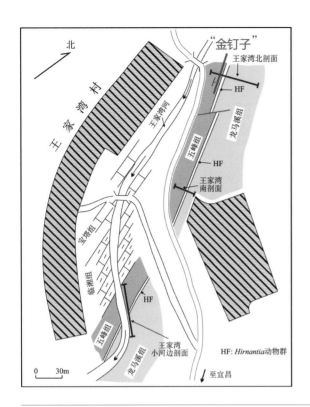

图 3-3-45 上奥陶统赫南特阶底界"金钉子"剖面——湖北宜昌王家湾北剖面的地理交通位置

Leptaena、*Plectothyrella* 等属种，以及共生的三叶虫 *Mucronaspis*（*Songxites*）（过去普遍定为 *Dalmanitina*，参见 Zhou et al., 2011）等，常见于湖北、贵州等浅水台地相地层（Rong et al., 2002；图 3-3-46）。此外，在相对深水区域，如浙江余杭等地，也发育一套同时期或略晚（赫南特末期）的 *Leangella–Mucronaspis*（*Songxites*）动物群组合，包括 *Leangella*、*Aegiromena*、*Aegiromenella*、*Skenidioides*、*Dolerorthis*、*Paracraniops* 和三叶虫 *Mucronaspis*（*Songxites*）（Rong et al., 2008）。王家湾北剖面的赫南特贝动物群见于五峰组观音桥层，该层厚约 20 cm（图 3-3-46）。

王家湾北剖面的奥陶系 - 志留系界线附近的地质记录连续完整，地层出露好，笔石和壳相动物化石丰富并保存良好，因此被选为上奥陶统赫南特阶底界的"金钉子"剖面。除此之外，在附近百米内还有王家湾南剖面和王家湾小河边剖面，也都出露良好、化石丰富，并具有广泛对比的潜力，其中王家湾小河边剖面露头新鲜，尤其适合进行化学地层学研究和同位素年龄的测定。该"金钉子"剖面位于黄陵隆起（也称黄陵背斜）的东翼，地层产状平缓，地质构造简单，岩石未经历较强的构造变质作用。

近年来对王家湾北剖面和小河边剖面的地球化学研究显示，这段地层较为完整地记录了碳同位素变化历史。已有多位学者开展王家湾北剖面赫南特阶的无机碳同位素记录研究，识别出 4‰

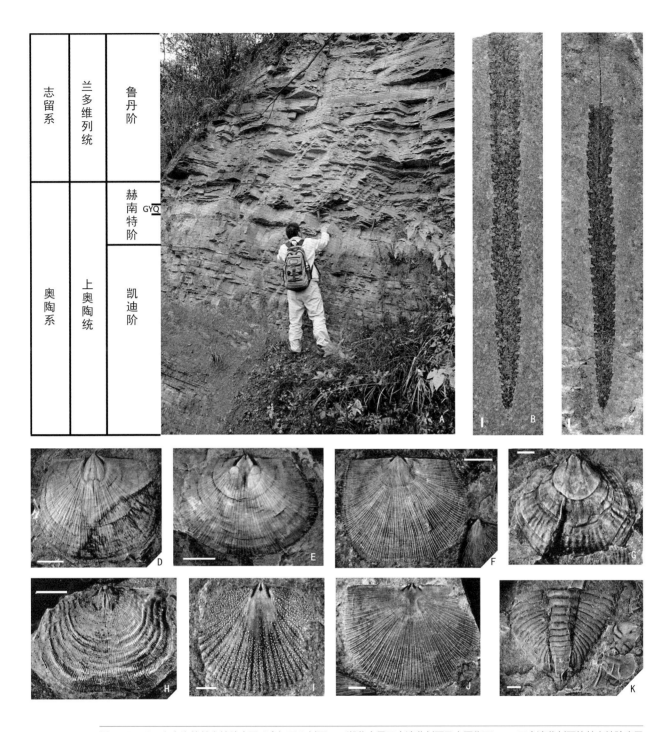

图 3-3-46 上奥陶统赫南特阶底界"金钉子"剖面——湖北宜昌王家湾北剖面及主要化石。A. 王家湾北剖面的赫南特阶底界
"金钉子"及顶界；B、C. 定义赫南特阶底界的笔石——*Metabolograptus extraordinarius*（异形中间笔石），比例尺
均为 1 mm；D、E. *Hirnantia sagittifera*（箭形赫南特贝），比例尺均为 5 mm；F、J. *Eostropheodonta parvicostellata*
（疏线始齿扭贝），F 中比例尺为 5 mm，J 中比例尺为 1 mm；G. *Cliftonia oxoplecioides*（似锐重贝克利夫通贝），比
例尺为 1 mm；H. *Leptaena trifidum*（三分薄皱贝），比例尺为 5 mm；I. *Dalmanella testudinaria*（龟形德姆贝），比
例尺为 1 mm；K. 三叶虫 *Mucronaspis* (*Songxites*) sp.（宋溪虫未定种），比例尺为 1 mm。笔石、腕足动物、三叶
虫标本据 Chen 等（2006b），笔石产于赫南特阶底部，腕足动物和三叶虫产于观音桥层（GYQ），露头剖面照片拍
摄于 2003 年

的赫南特阶碳同位素正漂移（HICE）（Wang et al.，1997；Yan et al.，2009）。但是，由于王家湾北剖面风化程度较高，因此一些学者寻求在露头新鲜的王家湾小河边剖面（位于王家湾北剖面以南约 200 m）开展同位素地球化学研究。Fan 等（2009）对王家湾小河边剖面开展了有机碳同位素分析，识别出 1.8‰的正漂移（−30.3‰～−29.5‰）。Gorjan 等（2012）对该王家湾小河边剖面进行了系统采样，得到了较好的无机碳同位素数据，并识别出了 HICE 正漂移事件，对应于笔石 *Paraorthograptus pacificus* 带上部至 *Metabolograptus persculptus* 带下部，正漂移幅度高达 6‰。

涂珅等（2012）则根据小河边剖面的同位素地球化学研究，揭示在 HICE 正漂移事件之后存在一次大规模的无机碳负漂移，极值达到 −12.8‰，认为这是由于赫南特中期南极冰盖的迅速扩张，扬子地区海平面大幅下降，导致陆架边缘海底的甲烷水合物由于静水压力降低而失稳，从而释放出大量甲烷气体进入沉积物和水柱中，导致了较多轻碳物质的埋藏。

宜昌王家湾一带的奥陶系－志留系界线地层虽然较为凝缩，但较完整地记录了全球最完整的赫南特期笔石演化序列、生物大灭绝事件、全球性冰期事件的关键证据——凉水型的赫南特贝腕足动物群、碳同位素正漂移事件（HICE），以及大灭绝过后生物群的残存和复苏过程，对生物宏演化和全球性灾变研究具有重要意义。

在华南扬子区、江南区和滇西地区，赫南特阶底界均可直接通过笔石和共存的腕足动物群来识别，在珠江区由于缺少腕足动物化石，需要根据笔石组合加以识别。在华北板块和塔里木板块，该段地层普遍不发育或缺失（陈旭等，2014；Zhang & Munnecke，2016）。

宜昌王家湾上奥陶统赫南特阶底界"金钉子"剖面具有以下优点：

（1）沉积序列和生物地层序列的连续性。王家湾北剖面从赫南特阶向上穿越奥陶系－志留系界线的地层都是连续沉积的，并且生物带序列完整，尽管这段地层是一个凝缩序列，但是穿越这段地层的笔石序列是全球发育最好的。

（2）地层出露的完整性。王家湾北剖面的地层出露很好，而且沿公路顺层延伸达 100 余米；除了该剖面外，宜昌地区的赫南特阶地层剖面还有许多，相互之间可以很好对比，为系统性研究提供了丰富材料和极大便利。

（3）笔石和壳相动物化石丰富并保存良好。王家湾北剖面的黑色页岩和硅质岩中笔石特别丰富，且保存完好，观音桥层泥质灰岩中含有极为丰富的赫南特贝动物群。此外，该剖面还含三叶虫、头足类和其他微体化石等（图 3-3-47）。

（4）具备合适的岩相、生物相以及广泛对比的潜力。

（5）位于黄陵背斜的东翼，产状平缓，受构造扰动少，地质构造简单。

（6）未遭受较强的区域变质作用和其他热变质作用。

（7）交通便利，易于到达。

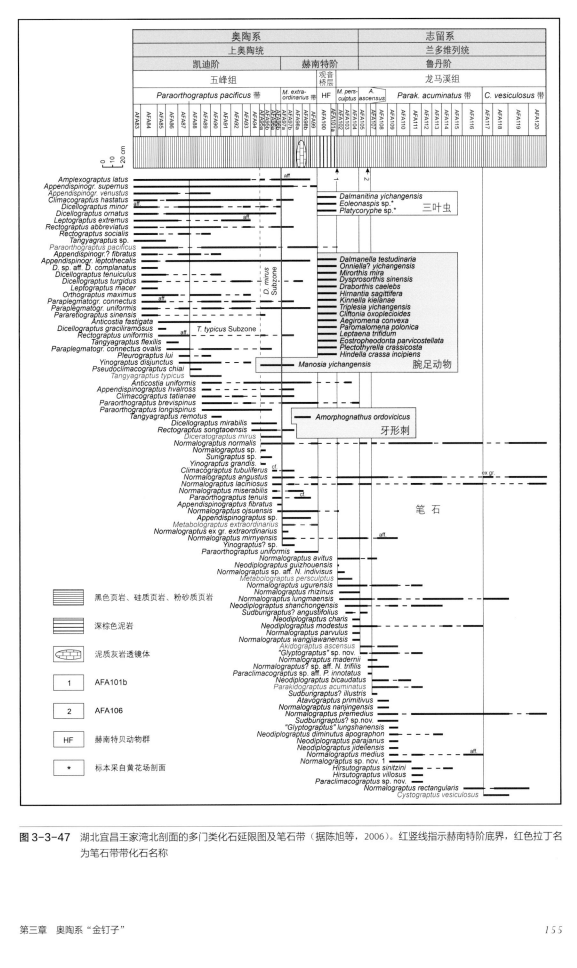

图 3-3-47 湖北宜昌王家湾北剖面的多门类化石延限图及笔石带（据陈旭等，2006）。红竖线指示赫南特阶底界，红色拉丁名为笔石带带化石名称

致谢：

陈旭院士审阅文稿并提出宝贵意见，美国 C.R. Scotese 教授提供奥陶纪古地理底图，美国 P.R. Heck 博士提供陨石与化石照片，美国 J. Miller 教授提供罗森湾"银钉子"剖面照片，德国 J. Maletz 博士提供瑞典 Diabasbrottet 剖面照片，德国 B.-D. Erdtmann 教授提供瑞典 Fågelsång 剖面部分照片，武汉地调中心阎春波博士提供大阳岔剖面照片，江苏凤凰科学技术出版社马譔博士和美国代顿大学 D. Goldman 教授提供美国 Black Knob Ridge 剖面照片，武学进帮助绘制部分图件，在此一并致谢。感谢国家自然科学基金（42030510，41972011）、中国科学院 B 类先导专项（XDB26000000）、现代古生物学和地层学国家重点实验室（20201104）共同资助。

参考文献

安太庠，郑昭昌．1990. 鄂尔多斯盆地周缘的牙形石．北京：科学出版社，1-201.

安太庠，张放，向维达，张又秋，徐文豪，张慧娟，姜德标，杨长生，蔺连第，崔占堂，杨新昌．1983. 华北及邻区牙形石．北京：科学出版社，1-223.

陈旭，Mitchell, C.E.，张元动，王志浩，Bergström, S.M., Winston, D., Paris, F. 1997. 中奥陶统达瑞威尔阶及其全球层型剖面点 (GSSP) 在中国的确立．古生物学报，36(4): 423-431.

陈旭，王志浩，张元动．1998. 中国第一个"金钉子"剖面的建立．地层学杂志，22(1): 1-9.

陈旭，张元动，许红根，俞国华，汪隆武，齐岩辛．2005. 浙江常山黄泥塘奥陶系达瑞威尔阶研究的新进展．地层古生物论文集，28: 29-39.

陈旭，戎嘉余，樊隽轩，詹仁斌，Mitchell, C.E., Harper, D.A.T., Melchin, M.J.，彭平安，Finney, S.C.，汪啸风．2006. 奥陶系上统赫南特阶全球层型剖面和点位的建立．地层学杂志，30(4): 289-305.

陈旭，Bergström, S.M.，张元动，王志浩．2014. 中国三大块体晚奥陶世凯迪早期区域构造事件．科学通报，59(1): 59-65.

郭鸿俊，段吉业，安素兰．1982. 中国华北地台区寒武系与奥陶系的分界并简述有关三叶虫．长春地质学院学报，12(3): 9-28.

郭旭升，胡东风，李宇平，魏祥峰，刘若冰，刘珠江，燕继红，王庆波．2016. 海相和湖相页岩气富集机理分析与思考：以四川盆地龙马溪组和自流井组大安寨段为例．地学前缘，23(2): 18-28.

李丽霞，冯洪真，李明，彭进，季鑫鑫，王文卉．2009. 湖南益阳下奥陶统弗洛阶的笔石分带．地层学杂志，33（2）: 123-137.

刘季辰，赵亚曾．1927. 浙江西部地质．中央地质调查所地质汇报，9: 11-28.

刘义仁，傅汉英．1989a. 中国奥陶系赣江阶、石口阶的候选层型剖面——湖南祁东双家口剖面（Ⅰ）．地层学杂志，13(3): 161-192.

刘义仁，傅汉英．1989b. 中国奥陶系赣江阶、石口阶的候选层型剖面——湖南祁东双家口剖面（Ⅱ）．地层学杂志，13(4): 235-254.

穆恩之，朱兆玲，陈均远，戎嘉余．1979. 西南地区的奥陶系 // 中国科学院南京地质古生物研究所．西南地区碳酸盐生物地层．北京：科学出版社，108-154.

涂坤，王舟，王家生．2012. 宜昌王家湾奥陶系－志留系界线地层高分辨率碳、氧稳定同位素记录及其成因．地球科学，37(S2): 165-174.

汪隆武，张建芳，陈津华，张元动，陈小友，朱朝晖，刘健，胡艳华，马譞．2015. 浙江安吉上奥陶统钾质斑脱岩特征．地层学杂志，39(2): 155-168.

武桂春，姚建新，纪占胜，刘书才．2005. 山东省青州地区寒武－奥陶系界线研究的新进展．古生物学报，44(1): 106-116.

尹磊明，Playford, G. 2003. 浙江常山黄泥塘全球层型剖面的中奥陶世疑源类．古生物学报，42(1): 89-103.

张俊明，王海峰，李国祥．1999. 吉林大阳岔上寒武统凤山组－下奥陶统治里组层序地层和化学地层研究．地层学杂志，23(2): 81-88.

张元动，陈旭，王志浩．2008. 奥陶系达瑞威尔阶全球界线层型综合研究报告．第三届全国地层委员会：中国主要断代地层建阶研究报告 (2001-2005)．北京：地质出版社，436-454.

张元动，詹仁斌，樊隽轩，成俊峰，刘晓．2009. 奥陶纪生物大辐射研究的关键科学问题．中国科学 D 辑：地球科学，39(2): 129-143.

张元动，曹长群，俞国华．2013. "三山地区"古生代地层剖面 // 陈旭，袁训来．地层学与古生物学研究生华南野外实习指南．合肥：中国科学技术大学出版社，84-119.

张元动，詹仁斌，甄勇毅，王志浩，袁文伟，方翔，马譞，张俊鹏．2019. 中国奥陶纪综合地层和时间框架．中国科学：地球科学，49(1): 66-92.

张元动，詹仁斌，甄勇毅，方翔，张俊鹏．2020. 中国奥陶系研究的若干问题．地层学杂志，44(4): 339-348.

张元动，詹仁斌，王志浩，袁文伟，方翔，梁艳，燕夔，王玉净，梁昆，张俊鹏，陈挺恩，周志强，陈清，全肖勇，马譞，李文杰，武学进，魏鑫．2020. 中国奥陶纪地层及标志化石图集．杭州：浙江大学出版社，1-575.

赵祥麟，林尧坤，张舜新．1988. 吉林浑江地区奥陶纪新厂阶笔石序列——兼论寒武－奥陶系界线．古生物学报，27(2): 188-204.

朱庭祜，孙海寰．1924. 浙江地质调查所简报，第一，二，三号．

朱庭祜，徐瑞麟，王镇屏．1930. 浙江西北部地质．两广地质调查所年报，第三卷，上册：1-30.

Barnes, C.R. 1988. The proposed Cambrian-Ordovician global boundary stratotype and point (GSSP) in western Newfoundland, Canada. Geological Magazine, 125(4): 381-414.

Bergström, S.M. 2007. Middle and Upper Ordovician conodonts from the Fågelsång GSSP, Scania, southern Sweden. GFF, 129(2): 77-82.

Bergström, S.M., Huff, W.D., Kolata, D.R., Yost, D.A., Hart, C. 1997. A unique Middle Ordovician K-bentonite bed succession at Röstånga, Sweden: GFF, 119(3): 231-244.

Bergström, S.M., Finney, S.C., Chen, X., Pålsson, C., Wang, Z.H., Grahn, Y. 2000. A proposed global boundary stratotype for the base of the Upper Series of the Ordovician System: The Fågelsång section, Scania, southern Sweden. Episodes, 23(2): 102-109.

Bergström, S.M., Finney, S.C., Chen, X., Goldman, D., Leslie, S.A. 2006. Three new Ordovician global stage names. Lethaia, 39(4): 287-288.

Bergström, S.M., Wang, Z.H., Goldman, D. 2016. Relations between Darriwilian and Sandbian conodont and graptolite biozones//Chen, X, Zhang, Y.D., Goldman, D., Bergström, S.M., Fan, J.X., Wang, Z.H., Finney, S.C., Chen, Q., Ma, X. (eds.). Darriwilian to Katian (Ordovician) Graptolites from Northwest China. Hangzhou: Zhejiang University Press, 39-78.

Bergström, S.M., Schmitz, B., Liu, H.P., Terfelt, F., McKay, R.M. 2018. High-resolution $\delta^{13}C_{org}$ chemostratigraphy links the Decorah impact structure and Winneshiek Konservat-Lagerstätte to the Darriwilian (Middle Ordovician) global peak influx of meteorites. Lethaia, 51(4): 504-512.

Bettley, R.M., Fortey, R.A., Siveter, D.J. 2001. High-resolution correlation of Anglo-Welsh Middle to Upper Ordovician sequences and its relevance to international chronostratigraphy. Journal of the Geological Society, 158(6): 937-952.

Botting, J.P., Muir, L.A., Zhang, Y.D., Ma, X., Ma, J.Y., Wang, L.W., Zhang, J.F., Song, Y.Y., Fang, X. 2017. Flourishing Sponge-Based Ecosystems after the End-Ordovician Mass Extinction. Current Biology, 27(4): 556-562.

Bulman, O.M.B. 1970. Graptolithina with sections on Enteropneusta and Pterobranchia//Teichert, C. (ed.). Treatise on Invertebrate Paleontology V (2nd edition), xxxii, 1-149, 158-163.

Chen, J.Y., Teichert C., Zhou, Z.Y., Lin, Y.K., Wang, Z.H., Xu, J.T. 1983. Faunal sequence across the Cambrian-Ordovician Boundary in Northern China and its international correlation. Geologica et Palaeontologica, 17: 1-15.

Chen, J.Y., Qian, Y.Y., Zhang, J.M., Lin, Y.K., Yin, L.M., Wang, Z.H., Wang, Z.Z., Yang, J.D., Wang, Y.X. 1988. The recommended Cambrian–Ordovician global boundary stratotype of the Xiaoyangqiao section (Dayangcha, Jilin Province). Geological Magazine, 125: 415-444.

Chen, X., Bergström, S.M. 1995. The base of the *austrodentatus* Zone as a level for global subdivision of the Ordovician System, Palaeoworld (Special Issue). Nanjing: Nanjing University Press, 1-117.

Chen, X., Rong, J.Y., Mitchell, C.E., Harper, D.A.T., Fan, J.X., Zhan, R.B., Zhang, Y.D., Li, R.Y., Wang, Y. 2000. Late Ordovician to earliest Silurian graptolite and brachiopod biozonation from the Yangtze region, South China with a global correlation. Geological Magazine, 137(6): 623-650.

Chen, X., Zhang, Y.D., Bergström, S.M., Xu, H.G. 2006a. Upper Darriwilian graptolite and conodont zonation in the global stratotype section of the Darriwilian stage (Ordovician) at Huangnitang, Changshan, Zhejiang, China. Palaeoworld, 15(2): 150-170.

Chen, X., Rong, J.Y., Fan, J.X., Zhan, R.B., Mitchell, C.E., Harper, D.A.T., Melchin, M.J., Peng P.A., Finney, S.C., Wang, X.F. 2006b. The Global boundary Stratotype Section and Point (GSSP) for the base of the Hirnantian Stage (the uppermost of the Ordovician System). Episodes, 29(3): 183-196.

Chen, X., Bergström, S.M., Zhang, Y.D., Goldman, D., Chen, Q. 2010. Upper Ordovician (Sandbian–Katian) graptolite and conodont zonation in the Yangtze region, China. Earth and Environmental Science Transactions of the Royal Society of Edinburgh, 101(2): 111-134.

Chen, X., Zhang, Y.D., Goldman, D., Bergström, S.M., Fan, J.X., Wang, Z.H., Finney, S.C., Chen, Q., Ma, X. 2016. Darriwilian to Katian (Ordovician) graptolites from Northwest China. Hangzhou: Zhejiang University Press, 1-354.

Cooper, R.A., Nowlan, G.S., Williams, S.H. 2001. Global stratotype section and point for base of the Ordovician System. Episodes, 24(1): 19-28.

Cooper, R.A., Sadler, P.M. 2012. The Ordovician Period//Gradstein, F., Ogg, J., Schmitz, M., Ogg, G. (eds.). The Geological Time Scale. Amsterdam: Elsevier, 489-522.

Dong, X.P., Zhang, H.Q. 2017. Middle Cambrian through lowermost Ordovician conodonts from Hunan, South China. Journal of Paleontology, 91 (Mem 73): 1-89.

Fan, J.X., Peng, P.A., Melchin, M.J. 2009. Carbon isotopes and event stratigraphy near the Ordovician–Silurian boundary, Yichang, South China. Palaeogeography, Palaeoclimatology, Palaeoecology, 276: 160-169.

Finney, S.C., Ethington, R.L. 2000. Global Ordovician Series boundaries and global event horizons, Monitor Range and Roberts Mountains, Nevada//Legeson, D.R., Peters, S.G., Lahern, M.M. (eds.). Great Basin and Sierra Nevada. Boulder, Cororado, Geological Society of America Field Guide 2: 301-318.

Finney, S.C., Grubb, B.J., Hatcher, R.D. Jr. 1996. Graphic correlation of Middle Ordovician graptolite shale, southern Appalachians: An approach for examining the subsidence and migration of a Taconic foreland basin. Geological Society of America Bulletin, 108(3): 355-371.

Fortey, R.A., Bassett, M.G., Harper, D.A.T., Hughes, R.A., Ingham, J.K., Molyneux, A.W., Owen, A.W., Owens, R.M., Rushton, A.W.A., Sheldon, P.R. 1991. Progress and problems in the selection of stratotypes for the bases of series in the Ordovician System of the historical type area in the U.K.//Barnes, C.R., Williams, S.H. (eds.). Advances in Ordovician Geology. Geological Survey of Canada Paper, 90(9): 5-25.

Fortey, R.A., Harper, D.A.T., Ingham, J.K., Owen, A.W., Rushton, A.W.A. 1995. A revision of Ordovician series and stages from the historical type area. Geological Magazine, 132(1): 15-30.

Fortey, R.A., Zhang, Y.D., Mellish, C. 2005. The relationships of biserial graptolites. Palaeontology, 48(6): 1241-1272.

Goldman, D., Leslie, S.A., Nõlvak, J. 2003. The Black Knob Ridge Section, Southeastern Oklahoma, USA: A Candidate Global Stratotype-Section and Point (GSSP) for the Base of the Middle Stage of the Upper Ordovician Series. 1-25.

Goldman, D., Leslie, S.A., Nõlvak, J., Young, S., Bergström, S.M., Huff, W.D. 2007. The global stratotype section and point (GSSP) for the base of the Katian Stage of the Upper Ordovician Series at Black Knob Ridge, southeastern Oklahoma, USA. Episodes, 30: 258-270.

Goldman, D., Sadlaer P.M., Leslie, S.A. 2020. Chapter 20 - The Ordovician Period//Gradstein, F.M., Ogg, J.G., Schmitz, M.D., Ogg, G.M. (eds.). Geologic Time Scale 2020. Amsterdam: Elsevier. 631-694.

Gorjan, P., Kaiho, K., Fike, D.A., Chen, X. 2012. Carbon- and sulfur-isotope geochemistry of the Hirnantian (Late Ordovician) Wangjiawan (Riverside) section, South China: Global correlation and environmental event interpretation. Palaeogeography, Palaeoclimatology, Palaeoecology, 337-338: 14-22.

Hall, T.S. 1899. Report on the graptolites of the Dart River and Cravensville district. Monthly Progress Report of the Geological Survey of Victoria, 6 (6/7): 13-14.

Haq, B.U., Schutter, S.R. 2008. A Chronology of Paleozoic Sea-Level Changes. Science, 322(5898): 64-68.

Hallam, A., Wignall, P.B. 1997. Mass Extinctions and Their Aftermath. Oxford: Oxford University Press, 1-328.

Harper, D.A.T., Hammarlund, E.U., Rasmussen, C.M.Ø. 2014. End Ordovician extinctions: a coincidence of causes. Gondwana Research, 25(4): 1294-1307.

Heck, P.R. 2020. Circular of the 2021 Annual Meeting of the Meteoritical Society, August 15-21, 2021, Chicago. The Meteoritical Society Newsletter, Supplement to Meteoritics & Planetary Science, 55(11): 4-6.

Heck, P.R., Schmitz, B., Baur, H., Halliday, A.N., Wieler, R. 2004. Fast delivery of meteorites to Earth after a major asteroid collision. Nature, 430: 323–325.

Hsü, S.C., Ma, C.T. 1948. The I-chang Formation and the Ichangian Fauna. Contributions of National Research Institute of Geology, Academia Sinica, No. 8: 1-51.

Korochantseva, E.V., Trieloff, M., Lorenz, C.A., Buykin, A.I., Ivanova, M.A., Schwarz, W.H., Hopp, J., Jessberger, E.K. 2007. L-chondrite asteroid breakup tied to Ordovician meteorite shower by multiple isochron 40Ar-39Ar dating. Meteoritics & Planetary Science, 42(1): 113-130.

Lamb, S., Sington, D. 1998. Earth Story: The Shaping of Our World. New York: Columbia University Press, 1-240.

Lapworth, C. 1879. On the tripartite classification of the Lower Palaeozoic rocks. Geological Magazine, 6(1): 1-15.

Le Heron, D.P., Dowdeswell, J. A. 2009. Calculating ice volumes and ice flux to constrain the dimensions of a 440 Ma North African ice sheet. Journal of the Geological Society, 166(2): 277-281.

Lee, J.S., Chao, Y.T. 1924. Geology of the Gorge district of the Yangtze (from Ichang to Tzegui) with special reference to the development of the Gorges. Bulletin of Geological Society of China, 3: 351-392.

Lefebvre, B., El Hariri, K., Lerosey-Aubril, R., Servais, T., Van Roy, P. 2016. The Fezouata Shale (Lower Ordovician, Anti-Atlas, Morocco): A historical review. Palaeogeography, Palaeoclimatology, Palaeoecology, 460: 7-23.

Lindskog, A., Young, S.A. 2019. Dating of sedimentary rock intervals using visual comparison of carbon isotope records: a comment on the recent paper by Bergström et al. concerning the age of the Winneshiek Shale. Lethaia, 52(3): 299-303.

Liu, P.H., Bergström, S.M., Witzke, B.J., Briggs, D.E.G., McKay, R.M., Ferretti, A. 2017. Exceptionally preserved conodont apparatuses with giant elements from the Middle Ordovician Winneshiek Konservat-Lagerstätte, Iowa, USA. Journal of Paleontology, 91(3): 493-511.

Maletz, J. 1999. Late Tremadoc graptolites and the base of the *Tetragraptus approximatus* zone. Acta Universitatis Carolinae - Geologica, 43(1): 25-28.

Maletz, J., Löfgren, A., Bergström, S.M. 1995. The Diabasbrottet section at Mt. Hunneberg, Province of Västergötland, Sweden: A proposed candidate for a Global Stratotype and Point (GSSP) for the base of the Second Series of the Ordovician System//Coopper, J.D., Droser, M.L., Finney, S.C. (eds.). Ordovician Odyssey—Short papers for the seventh International Symposium on the Ordovician System. Pacific Section of the Society of Sedimentary Geology (SEPM), 77: 139-142.

Maletz, J., Löfgren, A., Bergström, S.M. 1996. The base of the *Tetragraptus approximatus* Zone at Mt. Hunneberg, S.W. Sweden: A proposed Global Stratotype for the Base of the Second Series of the Ordovician System. Newsletters on Stratigraphy, 34(3): 129-159.

Miller, J.F., Evans, K.R., Loch, J.D., Ethington, R.L., Stitt, J.H., Holmer, L.E., Popov, L.E. 2003. Stratigraphy of the Sauk III interval (Cambrian–Ordovician) in the Ibex area, western Millard County, Utah and central Texas. Brigham Young University Geology Studies, 47: 23-118.

Miller, J.F., Repetski, J.E., Nicoll, R.S., Nowlan, G., Ethington, R.L. 2014. The conodont *Iapetognathus* and its value for defining the base of the Ordovician System. GFF, 136(1): 185-188.

Miller, J.F., Evans, K.R., Ethington, R.L., Freeman, R.L., Loch, J.D., Repetski, J.E., Ripperdan, R.L., Taylor, J.F. 2015. Proposed auxiliary boundary stratigraphic section and point (ASSP) for the base of the Ordovician System at Lawson Cove, Utah, USA. Stratigraphy, 12: 219-236.

Mitchell, C.E., Adhya, S., Bergström, S.M., Joy, M.P., Delano, J.W. 2004. Discovery of the Ordovician Millbrig K-bentonite Bed in the Trenton Group of New York State: implications for regional correlation and sequence stratigraphy in eastern North America. Palaeogeography, Palaeoclimatology, Palaeoecology, 210(2-4): 331-346.

Munnecke, A., Zhang, Y.D., Liu, X., Cheng, J.F. 2011. Stable carbon isotope stratigraphy in the Ordovician of South China. Palaeogeography, Palaeoclimatology, Palaeoecology, 307(1-4): 17-43.

Myrow, P.M., Hughes, N.C., McKenzie, N.R., Pelgay, P., Thomson, T.J., Haddad, E.E., Fanning, C.M. 2016. Cambrian–Ordovician orogenesis in Himalayan equatorial Gondwana. Geological Society of America Bulletin, 128(11): 1679-1695.

Nicoll, R.S., Miller, J.F., Nowlan, G.S., Repetski, J.E., Ethington, R.L. 1999. *Iapetonudus* (N. gen.) and *Iapetognathus* Landing, unusual earliest Ordovician multielement conodont taxa and their utility for biostratigraphy. Brigham Young University Geology Studies, 44: 27-101.

Nowlan, G.S., Nicoll, R.S. 1995. Re-examination of the conodont biostratigraphy at the Cambrian-Ordovician Xiangyangqiao section, Dayangcha, Jilin Province, China//Cooper, J.D., Droser, M.L., Finney, S.C. (eds.). Ordovician Odyssey: Short papers for the

Seventh International Symposium on the Ordovician System. SEPM, 77: 113-116.

Ortega, G., Albanesi, G.L., Banchig, A.L., Peralta, G.L. 2008. High resolution conodont-graptolite biostratigraphy in the Middle–Upper Ordovician of the Sierra de La Invernada Formation (Central Precordillera, Argentina). Geologica Acta, 6: 227-235.

Porębski, S.J., Anczkiewicz, R., Paszkowski, M., Skompski, S., Kędzior, A., Mazur, S., Szczepański, J., Buniak, A., Mikołajewski, Z. 2019. Hirnantian icebergs in the subtropical shelf of Baltica: Evidence from sedimentology and detrital zircon provenance. Geology, 47(3): 284-288.

Rong, J.Y., Harper, D.A.T. 1988. A global synthesis of the latest Ordovician Hirnantian brachiopod faunas. Transactions of the Royal Society of Edinburgh Earth Science, 79(4): 383-402.

Rong, J.Y., Chen, X., Harper, D.A.T. 2002. The latest Ordovician *Hirnantia* Fauna (Brachiopoda) in time and space. Lethaia, 35(3): 231-249.

Rong, J.Y., Huang, B., Zhan, R.B., Harper, D.A.T. 2008. Latest Ordovician brachiopod and trilobite assemblage from Yuhang, northern Zhejiang, East China: a window on Hirnantian deep-water benthos. Historical Biology, 20(2): 137-148.

Schmitz, B., Harper, D.A.T., Peucker-Ehrenbrink, B., Stouge, S., Alwmark, C., Cronholm, A., Bergström, S.M., Tassinari, M., Wang, X.F. 2008. Asteroid breakup linked to the Great Ordovician Biodiversification Event. Nature Geoscience, 1(1): 49-53.

Schmitz, B., Farley, K.A., Goderis, S., Heck, P.R., Bergström, S.M., Boschi, S., Claeys, P., Debaille, V., Dronov, A., Van Ginneken, M., Harper, D.A.T., Iqbal, F., Friberg, J., Liao, S.Y., Martin, E., Meier, M.M.M., Peucker-Ehrenbrink, B., Soens, B., Wieler, R., Terfelt, F. 2019. An extraterrestrial trigger for the mid-Ordovician ice age: Dust from the breakup of the L-chondrite parent body. Science Advances, 5(9): eaax4184.

Su, W.B., Huff, W.D., Ettensohn, F.R., Liu, X.M., Zhang, J.E., Li, Z.M. 2009. K-bentonite, black-shale and flysch successions at the Ordovician–Silurian transition, South China: possible sedimentary responses to the accretion of Cathaysia to the Yangtze Block and its implications for the evolution of Gondwana. Gondwana Research, 15(1): 111-130.

Temple, J.T. 1965. Upper Ordovician brachiopods from Poland and Britain. Acta Palaeontologica Polonica, 10: 379-450.

Terfelt, F., Bagnoli, G., Stouge, S. 2012. Re-evaluation of the conodont *Iapetognathus* and implications for the base of the Ordovician System GSSP. Lethaia, 45(2): 227-237.

Trotter, J.A., Williams, I.S., Barnes, C.R., Lécuyer, C., Nicoll, R.S. 2008. Did Cooling Oceans Trigger Ordovician Biodiversification? Evidence from Conodont Thermometry. Science, 321(5888): 550-554.

Van Roy, P., Orr, P.J., Botting, J.P., Muir, L.A., Vinther, J., Lefebvre, B., Hariri, K.el, Briggs, D.E.G. 2010. Ordovician faunas of Burgess Shale type. Nature, 465(7295): 215-218.

Vinther, J., Parry, L., Briggs, D.E.G., Van Roy, P. 2017. Ancestral morphology of crown-group molluscs revealed by a new Ordovician stem aculiferan. Nature, 542(7642): 471-474.

Wang, K., Chatterton, B.D.E., Wang, Y. 1997. An organic carbon isotope record of Late Ordovician to Early Silurian marine sedimentary rocks, Yangtze Sea, South China: Implications for CO_2 changes during the Hirnantian glaciation. Palaeogeography, Palaeoclimatology, Palaeoecology 132(1-4): 147-158.

Wang, X.F., Stouge, S., Chen, X.H., Li, Z.H., Wang, C.S., Finney, S.C., Zeng, Q.L., Zhou, Z.Q., Chen, H.M., Erdtmann, B.D. 2009. The Global Stratotype Section and Point for the base of the Middle Ordovician Series and the Third Stage (Dapingian). Episodes, 32(2): 96-113.

Wang, X.F., Stouge, S., Maletz, J., Bagnoli, G., Qi, Y.P., Raevskaya, E.G., Wang, C.S., Yan, C.B. 2019. Correlating the global Cambrian–Ordovician boundary: Precise comparison of the Xiaoyangqiao section, Dayangcha, North China with the Green Point GSSP section, Newfoundland, Canada. Palaeoworld, 28(3): 243-275.

Wang, Z.H., Bergström, S.M., Zhen, Y.Y., Chen, X., Zhang, Y.D. 2013. On the integration of Ordovician conodont and graptolite biostratigraphy: New examples from Gansu and Inner Mongolia in China. Alcheringa, 37(4): 510-528.

Wang, Z.H., Zhen, Y.Y., Bergström, S.M., Zhang Y.D., Wu, R.C. 2018. Ordovician conodont biozonation and biostratigraphy of North China. Australasian Palaeontological Memoirs, 51: 65–79.

Webby, B.D. 1998. Steps toward a global standard for Ordovician stratigraphy. Newsletters on Stratigraphy, 36(1): 1-33.

Williams, S.H. 1992. Annual Report of the Ordovician Subcommission. Ordovician News, No. 9: 2-6.

Williams, S.H., Barnes, C.R. 1996. Discussion of the Ledge section, Western Newfoundland, as a suitable GSSP section for an Early Ordovician Stage/Subseries boundary. Ordovician News, No. 13: 47-53.

Williams, S.H., Barnes, C.R., O'Berien, F.H.C., Boyce, D. 1994. A proposed global stratotype for the second series of the Ordovician system: Cow Head Peninsula, Western Newfoundland. Bulletin of Canadian Petroleum Geology, 42: 219-231.

Williams, S.H., Harper, D.A.T., Neuman, R.B., Boyce, W.D., Mac Niocaill, C. 1996. Lower Paleozoic fossils from Newfoundland and their importance in understanding the history of the Iapetus Ocean//Hibbard, J.P, van Staal, C.R., Cawood, P.A. (eds.). Current perspectives in the Appalachian-Caledonian Orogen. Geological Association of Canada, Special Paper, 41: 115-126.

Yan, D.T., Chen, D.Z., Wang, Q.C., Wang, J.G., Wang, Z.Z. 2009. Carbon and sulfur isotopic anomalies across the Ordovician-Silurian boundary on the Yangtze platform, South China. Palaeogeography, Palaeoclimatology, Palaeoecology, 274(1-2): 32-39.

Zhang, Y.D., Erdtmann, B.D. 2004. Astogenetic aspects of the dendroid graptolite *Airograptus* (Late Cambrian–Early Ordovician) and their phylogenetic implications. Lethaia, 37(4): 457-465.

Zhang, Y.D., Munnecke, A. 2016. Ordovician stable carbon isotope stratigraphy in the Tarim Basin, NW China. Palaeogeography, Palaeoclimatology, Palaeoecology, 458: 154-175.

Zhang, Y.D., Chen, X., Yu, G.H., Goldman, D., Liu, X. 2007. Ordovician and Silurian Rocks of Northwest Zhejiang and Northeast Jiangxi Provinces, SE China. Hefei: University of Science and Technology of China Press, 1-189.

Zhen, Y.Y., Zhang, Y.D., Percival, I.G. 2009. Early Ordovician (Floian) Serratognathidae fam. nov. (Conodonta) from Eastern Gondwana: phylogeny, biogeography and biostratigraphic applications. Memoirs of the Association of Australasian Palaeontologists, 37: 669-686.

Zhen, Y.Y., Wang, Z.H., Zhang, Y.D., Bergström, S.M., Percival, I.G., Cheng, J.F. 2011. Middle to Late Ordovician (Darriwilian-Sandbian) conodonts from the Dawangou Section , Kalpin area of the Tarim Basin, northwestern China. Records of the Australian Museum, 63(3): 203-266.

Zhen, Y.Y., Zhang, Y.D., Wang, Z.H., Percival, I.G. 2016. Huaiyuan Epeirogeny —Shaping Ordovician stratigraphy and sedimentation on the North China Platform. Palaeogeography, Palaeoclimatology, Palaeoecology, 448: 363-370.

Zhen, Y.Y., Percival, I.G., Webby, B.D. 2017. Discovery of *Iapetognathus* fauna from far western New South Wales: towards a more precisely defined Cambrian-Ordovician boundary in Australia. Australian Journal of Earth Sciences, 64(4): 487-496.

Zhou, Z.Q., Zhou, Z.Y., Yuan, W.W. 2011. Late Ordovician (Hirnantian) *Mucronaspis* (*Songxites*)-dominant trilobite fauna from northwestern Zhejiang, China. Memoirs of the Association of Australasian Palaeontologists, 42: 75-92.

Zhou, Z.Y., Wang, Z.H., Zhang, J.M., Lin, Y.K., Zhang, J.L. 1984. Cambrian-Ordovician Boundary Sections and the Proposed Candidates for Stratotype in North and Northeast China//Nanjing Institute of Geology and Palaeontology (ed.). Stratigraphy and palaeontology of systematic boundaries in China—Cambrian-Ordovician Boundary (2). Hefei: Anhui Science and Technology Publishing House. 1-57.

第三章著者名单

张元动 现代古生物学和地层学国家重点实验室（中国科学院南京地质古生物研究所）；
中国科学院生物演化与环境卓越创新中心；中国科学院大学地球与行星科学学院。
ydzhang@nigpas.ac.cn

詹仁斌 现代古生物学和地层学国家重点实验室（中国科学院南京地质古生物研究所）；
中国科学院生物演化与环境卓越创新中心；中国科学院大学地球与行星科学学院。
rbzhan@nigpas.ac.cn

王传尚 中国地质调查局武汉地质调查中心。
wangchuanshang@163.com

方　翔 现代古生物学和地层学国家重点实验室（中国科学院南京地质古生物研究所）；
中国科学院生物演化与环境卓越创新中心。
xfang@nigpas.ac.cn

第四章
志留系"金钉子"

志留纪是显生宙以来时间跨度最短的一个纪，延续约 2 500 万年，期间形成的地质记录——志留系，早在 1835 年就被识别并命名。志留纪期间，地球板块运动处于一个活跃期，大规模的区域地质构造运动几乎贯穿始终，直接控制了全球各地志留系的发育和重大环境与生物事件的进程。志留系被进一步划分为 4 个统、7 个阶，总共有 8 条界线"金钉子"需要确立。国际志留系分会用了不到 10 年时间，在 1985 年底前全部完成以上工作，是国际地层委员会全面率先完成地层"金钉子"工作的第一个分会。8 条界线的"金钉子"，除最上部的普里道利统底界确立在捷克外，其余的全部确立在志留系的命名地——英国。但这并非因为英国的志留系全球最好，而是由于历史的原因。明显仓促确立的这些地层"金钉子"，在后来的实践中，暴露出越来越多的学术和非学术的问题，需要进行全面的再研究。这便是最近 20 年以及今后一段时间内国际志留系分会的中心工作。

本章编写人员　詹仁斌／张元动／王光旭／Mike Melchin／Petr Štorch

篇章页图　强壮弓笔石（*Cyrtograptus robustus* Fu，1986），陕西紫阳瓦房店红鼻子湾，兰多维列世特列奇期（王健提供）

"志留系"一名是由英文"Silurian"翻译而来，而"Silurian"最早是由英国学者莫奇森命名的（Murchison，1835，1839），命名地点在英国威尔士—英格兰边境地区一个叫"志留（Silures）"的部落。因当时定为"志留系"的地层与差不多同时命名的寒武系（Cambrian）有部分重叠，引起了长时间的争论。最终解决方案是，将重叠的部分称作奥陶系（Lapworth，1879），其下为寒武系，其上为志留系。当然，这三个系并不是等分的，划分的依据主要是地质记录的差异、岩石特征的不同，以及地层中赋存的化石的差异。

"Silurian"可翻译成"志留纪"或"志留系"，前者指的是地质年代，在最新版的国际地质年表上，"志留纪"指的是距今4.44亿—4.19亿年这一段地质历史时期。在这个时间段内，全球各地形成的地层（主要是沉积地层）就叫"志留系"，因此，"志留系"是一个年代地层单位。从已经划分确定的各个断代看，志留纪是显生宙以来时间跨度最短的一个"纪"，只延续了大约25 Ma，仅大致相当于显生宙以来时间跨度最长的纪——白垩纪的三分之一。

第一节
志留纪的地球

　　尽管志留纪延续时间短，但是该时期的地球一点都不平凡（图4-1-1）。在此前的奥陶纪（距今4.85亿—4.44亿年）末期，全球发生了一次相当大规模且持续时间很短的冰川事件（Ling et al., 2019），冰川事件持续发生约20万年。然而，当时地球两极只有南极（即今天的北非地区）发育了冰盖，也就是说，当时的地球只单极有冰。但是，这个南极冰盖的规模却相当大，是现今地球南极和北极冰盖总和的六倍多（Torsvik & Cocks，2013）。巨大冰盖在相对短暂的时间内凝聚形成，导致全球海平面骤降，海洋生物发生了大规模的集群灭绝事件（当时的地球尚未形成陆地生态系统）。冰川高潮过后的奥陶纪最末期和志留纪初，随着全球转暖，冰盖快速消融，全球海平面在一个相对短暂的时间间隔内大幅度回升。关于上升的幅度，有的学者认为有数十米，有的学者认为有150 m甚至更多，但大多数学者认为，上升幅度在100 m左右。海平面大幅度快速上升，导致全球多数板块在志留纪初期海域面积大规模增加，海水加深，底域大范围缺氧，从而广泛发育了黑色页岩沉积。全球志留系底部广泛发育的黑色页岩蕴含着丰富的油气资源，如现在的北非、中东等地的油田、我国南方的页岩气田等，成为志留纪地质历史的一大特色。

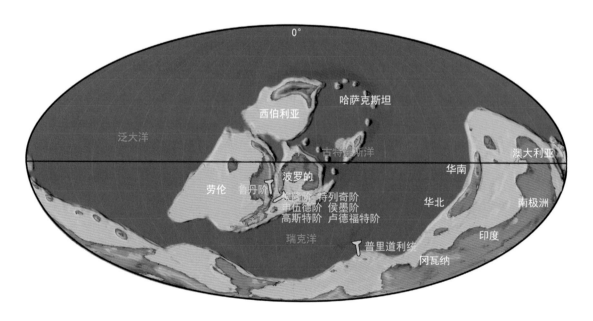

图4-1-1　志留纪时期的地球，显示：①各块体与大洋的分布格局；②志留系总共8个地层"金钉子"的大致分布情况（据 Chirstopher Scotese 底图修改）

从奥陶纪晚期开始，全球新一轮的区域地质构造运动，即板块运动（或造山运动）进入了活跃期，进入志留纪后越发加剧。这些区域性、大区域性的构造运动，如北美劳伦板块的塔康运动（Taconian Orogeny）、我国华南板块的广西运动（Kwangsian Orogeny）、欧洲的加里东运动（Caledonian Orogeny）（Chen et al., 2014）。它们或与全球气候变化的影响相互叠加，或与之相互抵消（就海平面变化而言如果构造抬升与海平面上升幅度等量的话，相对海平面就没有变化），决定着特定板块、特定区域的古地理格局，进而直接影响全球各地的地层和海洋生物群的发育与保存，影响着全球各地的地质记录。这些造山运动的影响，在有些时候或有些地区甚至大于全球气候的影响，造成志留纪早期许多地方的海平面不升反降的现象。如华南板块的多个地点就是这种情况。特别是在一些接近古陆的近岸地区，受广西运动的影响，局部地区（地点）海水不但没有加深反而变浅。另一种情况是，全球海平面上升与造山运动、地壳抬升相互"抵消"而使局部海平面变化不大，海水底域适宜底栖生物生存繁衍，发育了丰富多样的底栖壳相生物群，如华南志留纪初繁盛的华夏正形贝动物群（*Cathaysiorthis* Fauna，Rong et al., 2013）。

上述地质构造运动一直延续到泥盆纪早期，也就是说，整个志留纪都是地壳运动相对活跃的时期。志留纪气候相对稳定，在志留纪初转暖之后，大部分时间里都保持在一个较暖的状态，期间只出现过短暂的波动。世界各地的古地理格局，主要受区域地质构造运动的影响。但是，志留纪期间，海水的化学性质发生过数次重大变化，特别是海水碳同位素的变化，曾经出现过一次显生宙以来最大幅度的正漂移事件，即罗德洛世的"劳事件"（Lau Event，见 Melchin et al., 2012），另外还有几次幅度稍小，但也都是全球规模的，在世界各地多个板块上都可识别（吴荣昌等，2018）。受这些环境事件的影响，特别是板块运动、古气候变化、海水化学性质的变化等影响的相互叠加，志留纪期间一些重要生物群发生重大更替甚至灭绝（图 4-1-2）。

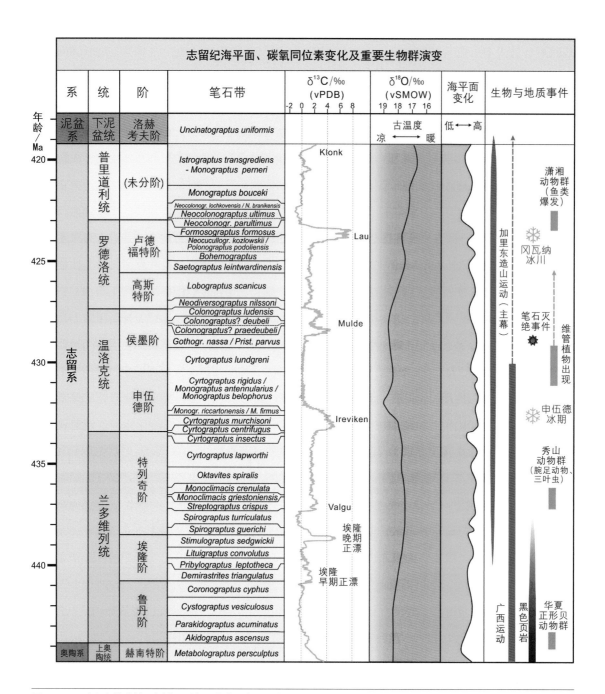

图4-1-2 志留纪综合地层划分、碳氧同位素和海平面变化，以及重大生物与地质事件。数据来源：笔石带（据 Melchin et al.，2012，2020）；碳同位素曲线（据 Cramer et al.，2011），Cramer & Jarvis，2020）；氧同位素及古海水温度曲线（据 Trotter et al.，2016）；海平面变化曲线（据 Hag & Schutter，2008）。生物与地质事件：维管植物（据 Edwards & Wellman，2001）；华夏正形贝动物群（据戎嘉余等，2008）；秀山动物群（据戎嘉余等，2012）；笔石灭绝事件（据 Lenz，1993）；申伍德冰期（据 Lehnert et al.，2010）；卢德福特中期冈瓦纳冰川（据 Fryda et al.，2021）；潇湘动物群（据 Zhao & Zhu，2015）

第二节
志留纪的地质记录

现已知，全球志留纪地质记录发育比较全、出露比较好、研究程度也比较高的块体主要有我国华南、塔里木和云南保山地区（属滇缅马块体），北美安迪考斯蒂岛（Anticosti Island，位于加拿大东部），英国以及欧洲部分地区（图 4-2-1）。受气候变化和区域地质构造运动的双重影响，全球志留系以碎屑沉积为主，发育碳酸盐地层的块体或以碳酸盐地层为主的板块和地区相对较少。

志留纪是地球海洋生态系统演化发展的一个重要时期。占据地球海洋生态系统统治地位长达 2.9 亿年之久的"古生代演化动物群"在奥陶纪起源并早期演化，在奥陶纪末遭受了第一次大规模的集群灭绝。志留纪时，"古生代演化动物群"在经历短暂的残存之后开始复苏，并进入新一轮的辐射发展阶段，先后发育了多个有代表性的、区域乃至更广范围分布的海洋动物群，如志留纪早期的腕足动物华夏正形贝动物群（戎嘉余等，2008）（图 4-1-2、图 4-2-2）和笔石动

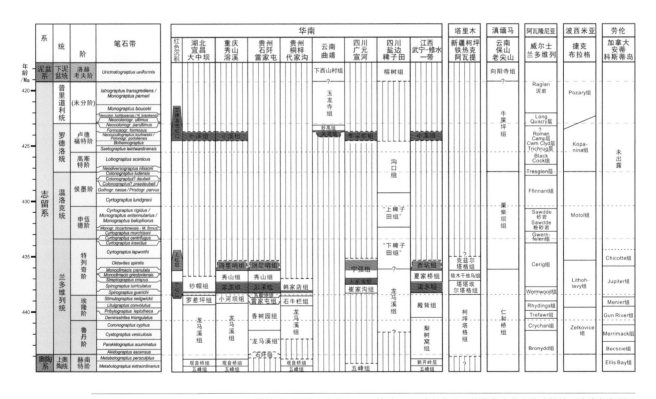

图 4-2-1 全球主要块体的志留系发育情况（据戎嘉余等，2019 修改）。图中红色显示的是华南发育的独特的三套海相红层：下红层、上红层和志留纪晚期红层

物正常笔石动物群（*Normalograptus* Fauna，陈旭等，2004），早志留晚期在华南广泛发育的秀山动物群（戎嘉余和杨学长，1981）（图4-2-3）和欧美等地的五房贝动物群（*Pentamerus* Fauna），志留纪晚期在亚澳地区广泛发育的腕足动物小莱采贝动物群（*Retziella* Fauna）和图瓦贝动物群（*Tuvaella* Fauna）（Rong et al.，1994），同期在华南局部繁盛的、以丰富鱼类为特征的潇湘动物群（Zhao et al.，2019）（图4-2-4），等等。正是因为这些著名海洋生物群的发育和被发现与深入研究，科学家们将志留纪时的海洋生物划分为两个生物地理域：北方志留纪域（North Silurian Realm）和马尔维诺—非洲南部域（Malvino-Kaffric Realm），前者代表气候温暖、开阔的海域，生物群丰富多样，后者代表寒冷且局限的海域，生物群单调贫乏。前者还可进一步区分为两个大区：乌拉尔—科迪勒拉大区（Uralian-Cordilleran Region）和北大西洋大区（North Atlantic Region），前者包括亚欧和美洲西部相当宽广的地区，后者包括欧洲环北大西洋地区、北美中东部、南美北部以及加拿大北极部分地区（Boucot & Johnson，1973；Boucot，1975）。上面列举的动物群均属于北方志留纪域。

图4-2-2 志留纪早期华夏正形贝动物群的代表分子。A. 文昌雕正形贝；B. 皱纹薄皱贝；C. 兰多维列兰婉贝；D、E. 玉山华夏正形贝。全部化石均产自江西玉山岩瑞镇上坞剖面的志留系兰多维列统鲁丹阶仕阳组，全部化石照片均由黄冰研究员提供，图中线段比例尺均为 2 mm

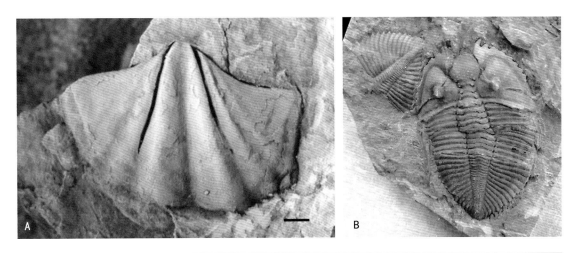

图4-2-3　志留纪早期发育在华南扬子区的秀山动物群代表性化石。A. 条纹石燕（腕足动物）；B. 王冠虫（三叶虫）。产自重庆秀山县志留系兰多维列统特列奇阶秀山组（腕足动物化石图片由陈迪提供）。图中线段比例尺为2 mm

图4-2-4　华南志留纪晚期潇湘动物群的代表分子。A. 钝齿宏颌鱼；B. 长吻麒麟鱼；C. 丁氏甲鳞鱼，比例尺为10 mm；D. 梦幻鬼鱼，比例尺为10 mm；E. 初始全颌鱼。全部化石均产自云南曲靖潇湘水库剖面的关底组（志留系罗德洛统上部），照片由赵文金提供

一、华南的志留系

　　华南是我国志留系研究的经典地区。这里，志留纪地层、特别是志留纪早期的地层发育比较完整，分布广泛。但是，与其他地层断代相比，华南志留系研究经历的波折是最多的，争论至今没有平息，甚至还愈发激烈。争论的焦点主要集中在：华南的志留系序列是否完整？如果有缺失，缺失的量有多少？

戎嘉余和陈旭（1990）曾经将华南的志留系研究按照时间顺序划分为四个阶段。

①启蒙阶段（1882—1923），以德国人李希霍芬的《中国》（Richthofen，1882）一书为代表。

②开创阶段（1924—1948），以李四光和赵亚曾（1924）、谢家荣和赵亚曾（1925）的工作为起点，有近20位中国本土学者做了大量奠基性的工作。就是在这个阶段，中国的志留系研究，以及中国与世界其他地区的志留系对比在不同学者之间出现了严重分歧。20世纪20年代，谢家荣和赵亚曾提出，华南的志留系全部属于下统，缺失志留系中、上部。但在20世纪40年代，以孙云铸（1943）为代表的一批学者认为，华南的志留系是完整的，下部、中部和上部连续发育且出露完好。对同一地区甚至同一剖面的划分（如湖北宜昌分乡一带的大中坝志留系剖面），一部分学者认为只有志留系下部，另一部分学者认为志留系下部、中部和上部是连续的、完整的。这样的争论一直持续了数十年，对华南乃至我国的志留系研究以及与国际对比、对区域地质填图和矿产资源勘查等生产实践造成了影响。

③初步总结阶段（1949—1966），该阶段以尹赞勋（1949）、穆恩之（1962）和尹赞勋（Yin，1966）三篇成果为标志，但是对于华南志留系的争论仍在继续，没有定论。

④国际接轨阶段（1967—1990），随着国内基础地层古生物工作的不断积累和深入（葛治州等，1979；林宝玉等，1984；Mu et al.，1986），加上20世纪80年代以来国际志留系研究对我国产生了越来越大的影响，以戎嘉余和陈旭（1990）的工作为代表，标志着中国的志留系研究开始与国际全面接轨，不断深化的各主要门类系统古生物学以及与之相关的生物地层学研究，特别是新兴的牙形刺化石及其生物地层划分对比，也促进全国志留系工作者基本达成共识：华南大部发育的志留系多属于志留系兰多维列统，即志留系下部。

从20世纪90年代至今，华南的志留系研究一直处在"全面深化阶段"，在"华南板块大部只发育志留系下部"的共识之下，不断有新的发现，报道华南板块在局部发育有志留纪中期（温洛克世）、晚期（罗德洛世）甚至是末期（普里道利世）的沉积，而且多为海相地层（王怿等，2012、2011、2016、2018；黄冰等，2011）。现在，人们基本摸清了华南板块在志留纪时的地质记录：志留纪早期（兰多维列世），华南大部接受了海相沉积（在海水覆盖之下），但是，随着区域地质构造运动——广西运动的发展，华南越来越多的地区抬升为陆地，海区面积越来越小，到志留纪兰多维列世之末，华南板块的主体部分已经抬升为陆地，受到风化剥蚀，但在一些边缘地区还有狭长海湾存在，形成了分布局限的志留纪中期和晚期地层。强烈的造山运动和快速风化作用的双重影响，使得华南的志留系绝大部分是巨厚的碎屑岩相沉积。比较典型且研究相对详细的有：湖北宜昌地区的龙马溪组、罗惹坪组、纱帽组（主要属于志留系下部的兰多维列统）；贵州北部的龙马溪组、石牛栏组、韩家店组（全部属于志留系下部的兰多维列统）；陕西紫阳一带的大贵坪组、梅子垭组、竹溪组（全部归于兰多维列统，但不排除进入温洛克统的可能）；云南曲靖一带的关底组、妙高组、玉龙寺组（全部属于志留系上部）（图4-2-1、图4-2-5）。

图4-2-5　华南多地志留系剖面野外照片。A. 湖北宜昌大中坝志留系－二叠系剖面；B. 湖北宜昌大中坝剖面的志留系兰多维列统龙马溪组上部；C. 贵州桐梓代家沟志留系剖面的石牛栏组（下部灰岩）、韩家店组（上部页岩）界线地层；D. 湖北竹溪志留系竹溪群；E. 云南曲靖志留系关底组；F、G. 云南曲靖志留系妙高组；H. 云南曲靖志留系玉龙寺组

经历了一个多世纪，特别是 20 世纪 50 年代以来，华南志留系研究一直在曲折中前行。多数地层剖面厚度巨大，化石相对较少，研究难度大，但是，中国学者的坚韧和对科学真谛的执着追求，使得华南志留系研究不断取得新的突破，为国际志留系划分对比，也为志留纪重大地质和生物事件的深入探索，做出了独特贡献，年代地层"金钉子"的研究就是一个典型例证。

二、塔里木的志留系

塔里木盆地的志留系主要分布在盆地的西缘和北缘，由巨厚的杂色碎屑岩（砂岩、粉砂岩、泥岩、页岩等）和少量火山岩及灰岩组成。不同剖面的志留系厚度一般差别较大，厚度通常在 2~3 km 之间甚至更厚，超常的沉积速率对海洋生物的生活、繁衍以及保存产生了不利影响。因此，在塔里木志留系中发现化石的难度很大，仅个别层位产有少量宏体化石，如腕足动物、笔石、棘皮动物等，微体化石也很难保存，且难以被分析出来。这就直接导致塔里木志留纪化石类群的系统古生物学和相关的生物地层、年代地层研究一直没有形成大的突破，进展缓慢，研究程度较低。具有代表性的、发育较好的志留系发育地区包括新疆和静县巴音布鲁克—托克逊县米什沟一带和新疆阿克苏地区的柯坪一带。

在米什沟，自下而上分别是米什沟组、塔勒布拉克组、巴音布鲁克组（时代大致包括整个志留纪，但需要深入研究）。

米什沟组是一套近千米厚的灰褐色、灰绿色薄至厚层状砂岩、粉砂岩、粉砂质板岩，板岩中可见少量笔石化石，指示其时代大致为志留纪兰多维列世，典型剖面在新疆托克逊县城西南方向的博斯坦乡米什沟（陈旭等，1990），其分布范围就在托克逊的米什沟—乌苏通沟一带。

塔勒布拉克组是一套千余米厚的泥质砂岩、粉砂岩和板岩，个别层位产出极少量的腕足动物五房贝（*Pentamerus*）和始石燕（*Eospirifer*）等，指示其时代为志留纪早中期，但更精确的时代难以确定。其典型剖面及大致分布范围同米什沟组。

巴音布鲁克组是一套厚度超过 2 km 的凝灰岩、凝灰质砂岩、砂岩和粉砂岩等，据岩性可以分为上、下两部分：下部以碎屑岩为主，厚 900 多米；上部以凝灰岩、火山角砾岩为主，厚 1 500 多米，顶部以一层鲕状灰岩为标志，鲕状灰岩中产有较丰富的珊瑚（如日射珊瑚 *Heliolites*、蜂巢珊瑚 *Favosites* 等）和极个别的三叶虫化石（如 *Encrinurus*），指示其时代大致相当于志留纪中晚期。典型剖面在新疆和静县巴音布鲁克东北那拉特山一带。

在阿克苏地区，以柯坪县的大湾沟剖面为代表，志留系从下至上包括柯坪塔格组、塔塔埃尔塔格组、依木干他乌组、克兹尔塔格组（精细划分和精确时代仍存争议，需要更多、更深入的古生物学和地层学，特别是生物地层学研究）。

柯坪塔格组命名剖面在柯坪县城西北约 10 km 处，柯坪大湾沟剖面是其典型剖面（周志毅、陈丕基，1990），主要分布在新疆柯坪及其周边一带。依据目前一般使用的含义［相当于原柯坪塔格组的中段和上段，下段被单独命名为铁热克阿瓦提组，时代为晚奥陶世（邓胜徽等，2008）］，该组是一套厚百余米至数百米的碎屑岩，主要为杂色细砂岩、粉砂岩、泥质粉砂岩、泥岩、粉砂质泥岩等，砂岩、粉砂岩地层中交错层理发育，泥岩、粉砂质泥岩中个别层位产有相对丰富的化石，主要是腕足动物、苔藓动物、棘皮动物、三叶虫、软体动物双壳类和腹足类等，还有少量笔石化石，时代大致相当于志留纪兰多维列世早 – 中期（图 4-2-6）。

图 4-2-6 新疆塔里木西北缘志留系野外照片。A. 大湾沟剖面志留系依木干他乌组：紫红色泥岩、粉砂质泥岩；B. 大湾沟剖面志留系塔塔埃尔塔格组：紫红色砂岩、泥岩，砂岩中交错层理发育；C. 大湾沟剖面志留系柯坪塔格组，底部为一套十余米厚的灰黑色、黑色泥岩，含笔石

塔塔埃尔塔格组是一套厚度在 150~300 m 的紫红色条纹状泥质粉砂岩和粉砂质页岩，个别层位产少量软体动物腹足类化石，几丁虫化石也有零星报道，时代大致为志留纪兰多维列世埃隆中晚期。命名剖面是新疆柯坪大湾沟剖面（图 4-2-6）。塔塔埃尔塔格组的时代一直存有争议，有些学者曾经认为其为志留纪中晚期的罗德洛世和普里道利世，但是，因为其下部个别层位发现了华南扬子区兰多维列世广泛发育的秀山动物群的部分特征性化石，如中华棘鱼（*Sinocanthus*），有些学者就认为其包含了部分志留纪早期的沉积（林宝玉等，1998）。近期，戎嘉余等（2019）根据区域以及更广范围的对比，结合地层中发现的一些关键化石，认为塔塔埃尔塔格组的时代应限定在兰多维列世埃隆期的中晚期。

依木干他乌组是一套紫红、暗红色泥岩、粉砂岩、细砂岩夹凝灰质砂岩等，地层中常见交错层理、波纹和泥裂等沉积构造，厚度在 75~580 m 之间，最厚可达 2 km 以上，在命名剖面——新疆柯坪县印干山中部，其厚度大于 500 m（图 4-2-6）。依木干他乌组在其分布范围内，岩相比较稳定，但是，只有个别层位产出少量腕足动物、双壳类、鱼类化石，在野外很难寻觅。该组与其上覆地层克兹尔塔格组以及下伏地层塔塔埃尔塔格组均为整合接触。自从建组开始（新疆区测大队，1967），依木干他乌组一直被作为泥盆纪早期的地层，但是，后来越来越多的资料（包括微体生物和鱼类化石）表明其时代很可能在志留纪兰多维列世的特列奇早期（戎嘉余等，2019）。

克兹尔塔格组是一套砖红色砂岩夹不稳定细砾岩及粉砂岩地层，发育大型槽状交错层理及冲刷构造，与其下伏依木干他乌组整合接触，但与其上覆地层不整合或假整合（即平行不整合）接触。克兹尔塔格组厚度变化较大，通常在 200~600 m 之间，最厚可达 1 100 余米。该组命名剖面在柯坪县通古兹布隆克兹尔塔格地区。自命名以来，该组长期被作为志留纪晚期至泥盆纪早期的沉积，最近也有人提出其时代为特列奇晚期的可能性。但因为一直没有发现任何具有明确时代指示意义的化石，该组的时代问题仍未得到很好的解决。戎嘉余等（2019）依据其与下伏地层呈连续沉积，而被归于志留纪兰多维列世特列奇中晚期。

三、云南保山的志留系

云南，地处"要害"地带，从地质构造角度，至少包括四个板块：中东部与北部属于华南板块，中南部局部地区属于印支块体的北延部分，西南部属于滇缅马块体的北延部分，西北部可能属于西藏拉萨块体的东延部分。云南保山地区的志留系广泛发育，出露好，部分层段的化石相对较为丰富多样，因此，长期以来倍受地学界关注，研究程度较高。

总体而言，保山一带的志留系可分为上、下两部分：下部以碎屑岩为主，上部以碳酸盐岩沉积为主。根据岩性特征，该地区志留系大致可识别为三个岩石地层单元，自下而上分别是仁和桥组、栗柴坝组、牛屎坪组，大致代表了保山地区完整的志留系地层序列（Zhang et al.，2014）（图 4-2-1）。

仁和桥组是一套几十至数百米厚的页岩、粉砂质页岩，底部还发育一些硅质页岩，下部的页岩中产出丰富多样的笔石化石，表明其时代大致为志留纪兰多维列世。因为其底部某些层位还产出有奥陶系顶部笔石带（*Metabolograptus extraordinarius* 带和 *Metabolograptus persculptus* 带）的典型分子，证明云南保山地区的奥陶系 – 志留系界线位于仁和桥组底部的某个特定层位（Zhang et al.，2014）。在 1937 年尹赞勋、路兆洽命名"仁和桥统（Jenhochiao Series）"之后，孙云铸和司徒穗卿（1947）根据岩性差异将它进一步划分为"下仁和桥统"和"上仁和桥统"，主要是因为原先的仁和桥统上部，除笔石页岩外，还夹了不少产有介壳化石的钙质页岩和泥质灰岩。这一意见被后来的研究者广泛采纳。云南省地质矿产局（1990）将下仁和桥统、上仁和桥统分别改称为下仁和桥组和上仁和桥组。张远志（1996）进一步梳理这一地区的志留纪地层序列，将下仁和桥组改称为仁和桥组，而将上仁和桥组并入其上覆的栗柴坝组，因为他认为二者的岩性特征没有本质区别。仁和桥组的命名地点在云南施甸县城西北 7 km 的仁和桥西，在保山一带属于滇缅马块体的范围内，仁和桥组广泛分布，保山老尖山剖面是其典型剖面之一。

栗柴坝组（包括原归上仁和桥组的地层）是一套 200 多到 500 多米厚的中—厚层瘤状灰岩、微晶灰岩，夹有少量灰绿、紫红色页岩和钙质页岩（图 4-2-7），命名地点在保山西北约 35 km 的栗柴坝村。灰岩地层的部分层位产有较多的壳相化石，如珊瑚、头足类、牙形刺、腕足动物等，页岩地层中可见少量笔石化石，指示其时代为志留纪兰多维列世晚期至温洛克世，甚至罗德洛世早期（Zhang et al.，2014）。巨厚的大型瘤状灰岩与页岩交互出现，说明这一时期的保山一带海洋水体相对较深、环境相对平静，但是气候较为温暖、陆源供应较为充足。

图 4-2-7 云南保山老尖山志留系剖面。A. 栗柴坝组剖面图；B. 局部近照，显示栗柴坝组中—薄层灰岩（张元动拍摄于 2010 年）

牛屎坪组系谭雪春等（1982）命名于云南施甸县向阳寺，是一套数十米至两百多米厚的泥质、粉砂质大型瘤状灰岩夹含少量钙质粉砂岩，灰岩中产有丰富的牙形刺化石，以及少量腕足动物和软体动物头足类、腹足类化石，个别层位还产有笔石，时代为志留纪晚期的罗德洛世和普里道利世（Zhang et al.，2014）。该组的另一个重要特点就是，在其顶部有大约 20 m 厚的钙质泥岩和瘤状泥质灰岩，产出丰富的海百合 Scyphocrinites 的固着器化石（过去称为"多房海林擒""Camarocrinus"）（图 4-2-8），风化后散落在层面上，俯拾皆是。该组在保山一带广泛分布，厚度变化明显，在标准剖面上厚 179 m。

图 4-2-8　云南保山老尖山剖面志留系牛屎坪组野外露头及典型化石。A~F. 海百合 Scyphocrinites 的浮胞固着器在岩层层面上的散落分布和单体形态（图 B 中硬币直径为 2 cm），E 为切开的光面，显示固着器内具有若干腔室（据 Zhang et al.，2014），F 的比例尺为 1 mm；C、D. 美国蒙大拿州早泥盆世 Scyphocrinites 化石复原，显示其冠部和浮胞固着器（据 Moore et al.，1978）

四、英国的志留系

英国在志留纪时期并不是一个独立的板块构造单位。英格兰、威尔士、爱尔兰东南部，连同北美东部及部分西欧地区，共同组成阿瓦隆尼亚块体（Avalonia）；而苏格兰及爱尔兰西北部则属劳伦板块的一部分（Torsvik & Cocks，2017）。阿瓦隆尼亚块体大约在寒武纪从冈瓦纳大陆裂离，并向北快速漂移，于奥陶纪末－志留纪初与波罗的板块碰撞，并在志留纪晚期与劳伦板块碰撞，形成"欧美大陆"。志留系最早命名于英国，因此英国的志留系研究程度相对较高，历史较为悠久。志留系的 8 个"金钉子"中，确立在英国境内的达 7 个之多。英国的志留系全球瞩目。

阿瓦隆尼亚块体的英国部分，志留系主要出露在威尔士南部及英格兰西部，岩相变化大（Cocks et al.，2003）。总体而言，在兰多维列世的大部分时间里，区域内形成的几乎是碎屑沉积。比如，在威尔士的兰多维列（Llandovery），即兰多维列统的埃隆阶和特列奇阶"金钉子"所在地，2 个"金钉子"分别位于区域内广泛发育的 Trefawr 组的砂质泥岩、Wormwood 组的薄层砂岩、泥岩之中（详细情况请参见后面的相关"金钉子"介绍；图 4-2-1）。

在温洛克世中晚期，区域内出现了较多的碳酸盐沉积；至罗德洛世，又以碎屑沉积为主，碳酸盐沉积仅局部发育；到了普里道利世至泥盆纪早期，大部分地区已抬升为陆地，形成了一套非海相的"老红砂岩"沉积（Cocks et al.，2003）。以英格兰西部的温洛克—拉德洛地区为例，这是志留系发育的经典地区，包括了温洛克统和罗德洛统全部的 4 个"金钉子"。在温洛克统下部，Buildwas 组为一套碎屑岩，该组底界对应申伍德阶底界的"金钉子"；之上的 Coalbrookdale 组碳酸盐岩成分渐增，但仍以碎屑岩为主，侯墨阶底界的"金钉子"位于其内。碳酸盐岩的大规模出现主要见于温洛克统上部的 Much Wenlock 组，其上变化为以碎屑岩为主的 Lower Elton 组，再往上又被以瘤状灰岩为特色的 Upper Bringwood 组和 Lower Leintwadine 组所覆。高斯特阶和卢德福特阶的底界"金钉子"分别位于 Lower Elton 组和 Lower Leintwadine 组的底部。

劳伦板块的英国部分，志留系出露于苏格兰的中部谷地（Cocks & Toghill，1973；Folyd & Williams，2003）和南部高地（Folyd，2001）。在中部谷地，以格文地区（Girvan）的志留系最具代表性，被统称为格文群。其岩性主要是砂岩、粉砂岩、泥岩和砾岩，总厚约 2 800 m，时间跨度为兰多维列世早期至温洛克世早期。南部高地实际上是奥陶纪－志留纪时期的一个增生地块，其志留系部分由巨厚的碎屑沉积组成，伴随少量的火山沉积，时代为兰多维列世最早期至温洛克世。其下部的凝缩序列称作 Birkhill Shale，由黑色、灰色页岩组成，富含笔石，鲁丹阶底界的"金钉子"即位于其中。

五、捷克布拉格盆地的志留系

捷克大部及波兰西南部地区共同构成波希米亚块体（Bohemia）。在早古生代（早泥盆世之前），波希米亚一直是冈瓦纳超级大陆的一个组成部分，位于较高纬度地区（Copper & Jin，2015；Torsvik & Cocks，2017）。

捷克中部的布拉格盆地是整个波希米亚志留系研究的经典地区，早古生代地层非常发育，化石特别丰富。志留系下部（兰多维列统和温洛克统）由 Zelkovice 组、Lithohlavy 组和 Motol 组 3 个地层单元组成（Kříž et al.，2003；Štorch et al.，2018）（图 4-2-1）。Zelkovice 组为一套厚 8~12 m 的黑色页岩，笔石丰富，但壳相化石稀少。往上，Lithohlavy 组为绿色钙质页岩和粘土质灰岩，时代为埃隆晚期至特列奇中期；Motol 组的岩性则以钙质页岩为主，时代为特列奇晚期至温洛克世。作为埃隆阶底界"金钉子"再研究工作组的负责人，捷克古生物学家 Petr Štorch 教授及他的合作者最近提议，将布拉格盆地 Hlasna Treban 剖面的距 Zelkovice 组底之上 1.38 m 的层位（即笔石种 *Demirastrites triangulatus* 的首现）作为埃隆阶底界的候选层型，以替代目前位于英国的"金钉子"（Štorch et al.，2018）。目前，相关多学科综合研究仍在继续，不久将提交国际志留系地层分会进行表决（Štorch，2021）。

布拉格盆地的志留系上部包括 Kopanina 组和 Pozary 组 2 个岩石地层单元（Kříž et al.，2003；Aubrechtov，2019）。前者岩性变化较大，为火山岩、凝灰质灰岩、灰岩或钙质泥岩，厚度变化亦大，50~150 m，时代为罗德洛世—普里道利世初。Pozary 组为一套灰岩沉积，厚度变化大，在 5~90 m，其底界穿时明显，时代为罗德洛世晚期至普里道利世早期。志留系普里道利统底界的"金钉子"位于布拉格盆地 Reporyje 附近的 Pozary 采石场，层位在 Pozary 组的第 96 层之内，与笔石 *Neocolonograptus parultimus* 带的底界一致。

六、加拿大安蒂科斯蒂岛的志留系

安蒂科斯蒂岛（Anticosti Island）是加拿大东南部圣劳伦斯海湾内的一个小岛，构造上位于劳伦板块东缘，以完好出露晚奥陶世晚期至志留纪兰多维列世地层而闻名（Torsvik & Cocks，2017）。

在志留纪，该岛地处热带地区，形成了一套碳酸盐沉积为主的地层，自下而上包括 Becscie 组、Merrimack 组、Gun River 组、Menier 组、Jupiter 组和 Chicotte 组等 6 个岩石地层单元，相互之间全部为整合接触，时间跨度从兰多维列世鲁丹早期至特列奇中期（或可到晚期）（Copper & Jin，2012、2014、2015；图 4-2-1）。

Becscie 组是一套厚 80~85 m 的浅灰色灰岩，时代为兰多维列世鲁丹早 – 中期。上覆的 Merrimack 组为页岩和泥质灰岩浅水碳酸盐沉积，时代为鲁丹晚期。两者均产出丰富多样的腕足动物、珊瑚等壳相化石，代表了奥陶纪末大灭绝后的生物复苏阶段。

Gun River 组主要由浅灰色泥晶灰岩组成，厚 85~100 m，其下—中部（鲁丹阶上部至埃隆阶下部）的腕足动物和珊瑚多样性低，至上部（埃隆阶中部）明显增加，面貌亦有所差别，代表鲁丹期动物群和埃隆中期动物群的转换阶段。Menier 组下段为灰绿色钙质页岩，上段为一套礁灰岩，总厚约 65 m，时代为兰多维列世埃隆中 – 晚期。其上部所发育的生物礁为该区志留纪最早记录，见证了奥陶纪末大灭绝后生物礁的复苏。再往上，Jupiter 组为一套 105~115 m 厚的碳酸盐岩和页岩沉积，顶部发育点礁，时代在埃隆晚期至特列奇中期。Chicotte 组主要为一套亮晶颗粒灰岩，出露厚度约 80 m，富含化石，个别层段形成生物礁，时代属特列奇中期（图 4-2-1）。

第三节
志留系"金钉子"

一、志留纪年代地层研究概述

志留纪形成的地层称为志留系。志留系研究关系到人们对志留纪重大地质事件的认识，关系到全世界与志留系有关的矿产资源的勘探与开发。国际地层委员会志留系分会的主要任务就是建立全球志留纪年代地层序列，确立全世界统一的志留系划分方案，并促进各板块、各大区域或各区域之间志留系的精确划分与对比。从 1965 年国际志留系分会成立至今，世界各国（地区）的志留系工作者始终秉持这一宗旨，朝着上述目标正在付出艰苦努力，并已取得了重要进展。

志留系最早命名于英国，因此世界各国在早期大多采用英国的划分方案。20 世纪 80 年代之前，国际上普遍将志留系分成三个统（Series），由下至上分别是兰多维列统、温洛克统、罗德洛统，当时把产出鱼化石的唐顿砂岩置于罗德洛统的近顶部。后来，鱼类专家通过对鱼化石的深入研究，认为这套唐顿砂岩应归于泥盆系，但这一观点遭到多数学者反对。到 20 世纪 80 年代，苏联波多黎地区和捷克波希米亚地区又分别发现了产出类似化石的地层，分别叫 Skala 层和 Pridoli 层，而且，相关学者都坚持这一套地层应为志留纪最晚期的沉积。经过长期争论（如 Holland et al.，1959；Bassett et al.，1982；Abushik et al.，1985），并经国际志留系分会投票表决，确定将志留系分为四个统，且最上一个统采用捷克的 Pridoli 这一名称，即普里道利统。

志留系四个统的进一步划分是在 20 世纪 70 年代至 80 年代初完成的（自下至上）：兰多维列统被划分成三个阶，即鲁丹阶（Rhuddanian）、埃隆阶（Aeronian）、特列奇阶（Telychian）；温洛克统包括两个阶，即申伍德阶（Sheinwoodian）和侯墨阶（Homerian）；罗德洛统由高斯特阶（Gorstian）和卢德福特阶（Ludfordian）组成（Cocks et al.，1970；Bassett et al.，1975；Bassett，1985；Cocks，1985）（图 4-3-1）；普里道利统没有进一步划分，暂不分阶。也就是在这个时间段，特别是 20 世纪 70 年代末和 80 年代前五年，国际志留系分会几乎将全部精力都集中在一项工作上：为上述 7 个阶和 1 个统（即普里道利统）的底界选择、确立年代地层界线层型剖面和点位，即"金钉子"。到 1985 年，志留系分会全面完成了 8 个"金钉子"的确立并获得国际地质科学联合会的批准，成为国际地层委员会第一个全面完成年代地层"金钉子"工作的地层分会（图 4-3-1）。除普里道利统的底界"金钉子"位于捷克以外，志留系其他 7 个阶的底界"金钉子"全部确立在了英国。

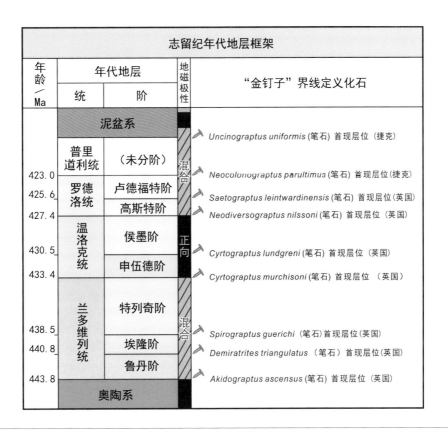

志留纪年代地层框架				
年龄／Ma	年代地层		地磁极性	"金钉子"界线定义化石
	统	阶		
	泥盆系			*Uncinograptus uniformis*（笔石）首现层位（捷克）
423.0	普里道利统	（未分阶）	混合	*Neocolonograptus parultimus*（笔石）首现层位（捷克）
425.6	罗德洛统	卢德福特阶		*Saetograptus leintwardinensis*（笔石）首现层位（英国）
427.4		高斯特阶		*Neodiversograptus nilssoni*（笔石）首现层位（英国）
430.5	温洛克统	侯墨阶	正向	*Cyrtograptus lundgreni*（笔石）首现层位（英国）
433.4		申伍德阶		*Cyrtograptus murchisoni*（笔石）首现层位（英国）
438.5	兰多维列统	特列奇阶	混合	*Spirograptus guerichi*（笔石）首现层位（英国）
440.8		埃隆阶		*Demiratrites triangulatus*（笔石）首现层位（英国）
443.8		鲁丹阶		*Akidograptus ascensus*（笔石）首现层位（英国）
	奥陶系			

图 4-3-1 志留纪年代地层框架及各阶底界"金钉子"的定义和所在国家。资料源于 Melchin et al., 2020。"鲁丹阶"底界的定义是经过再研究之后的方案,已经得到国际志留系分会和国际地层委员会的批准;"埃隆阶"底界的定义目前正在开展再研究,尚未最终确定;"温洛克统"暨"申伍德阶"底界的定义,目前尚存较大争议,表中所列只是一个临时方案,因为"金钉子"剖面上没有发现可对比的笔石化石

　　还在确立的过程当中,有些"金钉子"的权威性就出现了巨大争议。迄今,将近 40 年的"后层型"时代,国际志留系工作者在国际志留系分会的带领下,一直坚持不懈地对已经确立的这些"金钉子"剖面进行再研究,对世界多地相关地层剖面进行继续深入研究,对各主要地区－区域－板块的志留系序列以及它们的精确划分和对比进行了深入探讨。在此基础上,对志留系各阶的底界定义和"金钉子"剖面进行了重新梳理,对其中部分存在严重缺陷的"金钉子"剖面进行界线定义的厘定,并着手寻找替代地层剖面。国际志留系研究,特别是年代地层"金钉子"研究一直在稳步发展(Melchin et al., 2020)。

二、志留系底界（暨鲁丹阶底界）"金钉子"

　　鲁丹阶(Rhuddanian Stage)是兰多维列统的第一个阶,同时也是志留系的第一个阶。因此,鲁丹阶底界"金钉子"的确立还涉及奥陶系－志留系的界线,意义特殊!

1. 研究历程

一个"金钉子"的确立，标准的选择相当关键。因为，相近时间段在全球各地多个板块或块体上都会有不同程度的地质记录，各地的地层发育和化石产出都会存在或多或少的差异，所以在讨论"标准"的时候，实际上也在同时选择具体的剖面和点位。"标准"的确定存在激烈的国际竞争，这是一个艰难的过程。鲁丹阶底界"金钉子"的定义就有过长时间的争论，争论的点如下：①全球广泛发育的赫南特贝动物群（*Hirnantia* Fauna）属于奥陶纪还是志留纪？②奥陶系－志留系界线附近笔石生物地层分带和牙形刺生物地层分带之间的精确对比？③笔石 *Metabolograptus persculptus* 带与赫南特贝动物群在层位上的关系？④ *Metabolograptus persculptus* 笔石带属于奥陶纪还是志留纪？

从 20 世纪 70 年代初，相关学者就开始对志留系底界进行讨论（如 Berry & Boucot，1970，1973；穆恩之和戎嘉余，1983）。一直到 1984 年，国际志留系分会才通过投票的方式确定了一个方案，即以笔石 *Parakidograptus acuminatus* 带的首次出现作为鲁丹阶的开始，即兰多维列统和志留系的起点。同年，国际地层委员会最终批准了这一方案（Holland，1985；Cocks，1985）。

2. 科学内涵

根据上述定义，国际志留系分会于 1984 年将鲁丹阶底界的"金钉子"确定在英国苏格兰格文地区 Dob's Linn 剖面（图 4-3-2、图 4-3-3）。该剖面下部发育以灰色泥岩为主的 Hartfell 页岩，上部为黑色笔石页岩，叫波克山页岩组（Birkhill Shale Formation），夹有一些厚薄不等的斑脱岩层。鲁丹阶底界的"金钉子"就在波克山页岩组底界之上 1.6 m 处（Cocks，1985）（图4-3-4）。

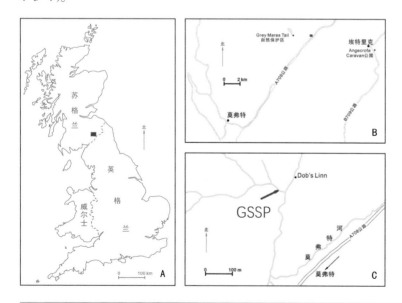

图 4-3-2 志留系兰多维列统鲁丹阶底界"金钉子"所在地的交通位置。A、B. 显示"金钉子"位于苏格兰东南边缘莫弗特东北方向不远处的公路旁；C. 显示"金钉子"的具体位置

图 4-3-3 苏格兰莫弗特 Dob's Linn 志留系兰多维列统鲁丹阶底界的"金钉子"剖面，地层倒转

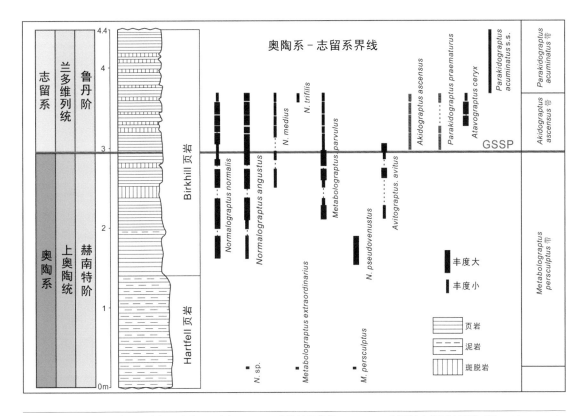

图 4-3-4 志留系兰多维列统鲁丹阶底界"金钉子"——苏格兰莫弗特 Dob's Linn 剖面综合地层柱状图（据 Melchin et al.，2020）

在该"金钉子"的论证和确立过程中，国际上就存在多种不同的声音。作为"金钉子"剖面，Dob's Linn 剖面确实存在多方面的不足：①在 Dob's Linn 一带，地质构造复杂，地层发育不均，相邻的不同地点之间差异很大；②地层中化石稀少，且只有分异度不高的笔石，许多层位中根本就不产化石，是真正的"哑地层"；③剖面中并不产有奥陶纪-志留纪过渡期全球广布的赫南特贝腕足动物群（*Hirnantia* Fauna）；④该剖面笔石的研究在确立"金钉子"时仍不够精细，在系统分类学方面存在一些争议，等等。但是，当时的国际志留系地层分会中，西方学者在人数上占据绝对优势，特别是英国，除分会的主席、秘书长外，还占有两个席位的选举委员，在分会里具有较重的话语权。英国是志留系的命名地，与世界其他各国相比，研究程度相对较高，这也是导致该"金钉子"在英国确立的一个因素。在论证的过程中，国际志留系分会急于求成，在还没有充分研讨、各国专家未达成基本共识的情况下就付诸表决，结果留下遗憾。

正因为 Dob's Linn 剖面存在诸多不足，不适合作为全球界线层型剖面和点位，因此在其确立过程中以及正式确立之后，国际同行（包括中国学者）就没有停止过对志留系底界及该剖面"金钉子"地位的质疑（如 Lespérance et al.，1987；Berry，1987）。后来，这方面的声音越来越强烈，直接导致国际志留系地层分会在 2000 年于澳大利亚 Orange 市召开的现场研讨会上做出决定：成立专门工作组，由来自世界多地的长期从事这项工作的近十位专家组成，对全球志留系底界以及 Dob's Linn "金钉子"剖面进行再研究。分会邀请加拿大笔石专家 Mike Melchin 教授担任这个工作组的组长。

对地层"金钉子"的再研究，是"后层型研究"的重要内容。国际志留系分会从一开始就特别谨慎，没有一哄而上，追求全面开花，而是根据迫切程度、相关问题的严重程度、相关地层国际研究进展情况以及相关人员队伍等因素进行综合分析研判，先选择了志留系底界（也是兰多维列统底界和鲁丹阶底界）和温洛克统底界这两个"金钉子"开展工作。开展地层"金钉子"再研究的基本步骤是（见戎嘉余、陈旭等，2004；Rong et al.，2008）：①相关国际地层分会讨论成立专门的再研究工作组；②梳理已确立"金钉子"存在的不足，特别是严重的、无法弥补的问题；③梳理世界各地相关时段地层发育情况，摸清可能作为大区域乃至洲际对比标准的剖面；④根据已确立"金钉子"以及最新工作进展，讨论确立该特定界线"金钉子"的定义（如果需要重新确立的话）；⑤根据新确立的界线"金钉子"的定义，在全球范围内选择最合适的剖面和点位。工作组形成一致意见后，向分会提交正式报告，分会在进行充分研讨之后进行表决，获得三分之二及以上赞成的即为通过，并上报国际地层委员会进行审批。工作组的意见一般有三种情况：①经过上述全过程之后仍认为现有"金钉子"是最合适的；②现有"金钉子"剖面是合适的，但界线的定义需要修订；③现有"金钉子"不能再作为全球对比的标准，需要重新选择，并提出方案。

志留系底界"金钉子"再研究工作组自 2000 年 7 月成立之后，开展了大量调研，特别是对

Dob's Linn "金钉子" 剖面进行了重新测量和逐层化石采集工作，对其中的笔石化石进行更加深入细致地系统古生物学研究，发现原先定义为志留系第一个笔石带的 *Parakidograptus acuminatus* 带可以进一步划分为 *Akidograptus ascensus* 带（下）和 *Parakidograptus acuminatus* 带（上）。我国学者根据华南扬子区的奥陶纪 - 志留纪过渡期的完整地层记录，及其与德国、捷克、哈萨克斯坦等国同期地层的对比，指出在 *Metabolograptus persculptus* 带和 *Parakidograptus acuminatus* 带之间可以普遍识别出另一个笔石带——*Akidograptus ascensus* 带，并指出 Dob's Linn 剖面的 *A. ascensus* 和 *P. acuminatus* 的首现层位也是不一致的（陈旭等，2000）。

重新研究显示，"金钉子"界线实际位于笔石 *Akidograptus ascensus* 的首次出现层位，而 *Parakidograptus acuminatus* 这个笔石种的首现层位比该界线高了 1.5 m 左右，底部的这段地层应归于 *Akidograptus ascensus* 带（Melchin & Williams，2000）（图 4-3-4）。因此，工作组建议将志留系底界的定义修订为"以 *Akidograptus ascensus* 的首次出现为标志"，这一意见很快得到了国际志留系分会的同意和国际地层委员会的批准。工作组还建议，继续使用 Dob's Linn 剖面作为志留系底界的"金钉子"剖面（Rong et al.，2008）。至此，国际上关于志留系底界"金钉子"的争论，尘埃落定！

尽管关于志留系底界"金钉子"的争论暂时告一段落，但是，世界各地相关专家对于奥陶系 - 志留系界线地层的精细划分与精确对比一直没有停止。这不仅因为奥陶纪 - 志留纪过渡期全球发生了重大地质事件——地质历史上特大规模的冰川事件、显生宙以来地球海洋生物的第一次大规模集群灭绝事件，而且还因为这一时期是世界重要的油气生成阶段。比如，我国西南地区的页岩气，其"目标层"（又称"甜点层"）就是在该时期形成的，中东和北非的丰富油气资源也形成于该时期。因此，深入研究这一时期的岩石地层、生物地层、生态地层以及年代地层具有重要的科学意义和应用价值。

3. 我国该界线的情况

中国，特别是华南板块的奥陶系 - 志留系界线地层，发育连续，出露好，连续剖面多，研究历史长。从下至上涉及三个岩石地层单元：五峰组（上部）、观音桥组、龙马溪组（下部）。观音桥组为深灰色钙质泥岩和泥质灰岩，产有极其丰富的赫南特贝动物群，其上（龙马溪组）、下（五峰组）都是黑色页岩，产有丰富多样的笔石化石（图 4-3-5、图 4-3-6）。中国学者对于奥陶系 - 志留系界线的研究，在 20 世纪 70 年代后期和 80 年代前期达到一个高潮。起初，多数学者把奥陶系 - 志留系界线放在龙马溪组与观音桥组之间，即笔石 *Metabolograptus persculptus* 带之底，而这个笔石带之上才是 *Akidograptus ascensus* 带，也就是说，中国学者坚持的志留系底界比英国学者和其他国际同行提出的界线要低至少一个笔石带。

志留系
兰多维列统
鲁丹阶
P. acuminatus带
A. ascensus带
奥陶系
上奥陶统
赫南特阶
M. perscul-ptus带
M. extraordi-narius带
凯迪阶
P. pacificus带
D. mirus 亚带
T. typicus 亚带
下部亚带
D. complexus带
D. compla-natus带
Plegmatograptus
Neurograptus
Nymphograptus
Orthoretiograptus
Sinoretiograptus
Pseudoclimacograptus
Pleurograptus
Leptograptus
Pseudoreteograptus
Tangyagraptus
Pararetiograptus
Yangzigraptus
Arachniograptus
Sunigraptus
Yinograptus
Diceratograptus
Orthograptus
Climacograptus
Dicellograptus
Amplexograptus
Appendispinograptus
Paraplegmatograptus
Rectograptus
Anticostia
Paraorthograptus
Normalograptus
Neodiplograptus
Sudburigraptus
Akidograptus
DDO笔石动物群
N动物群
Ⅰ
Ⅱ

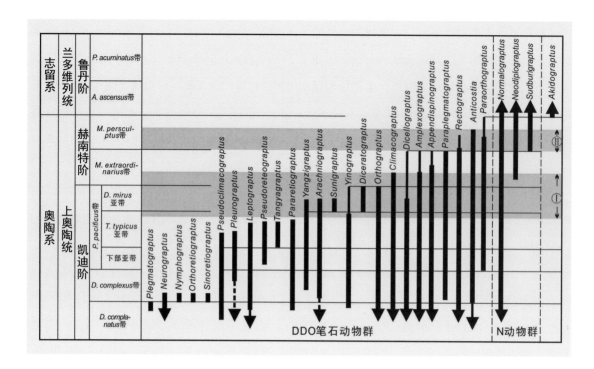

图 4-3-5 华南扬子区奥陶系－志留系界线附近笔石的地层延限（据陈旭等，2004）。图中“Ⅰ”和“Ⅱ”分别表示奥陶纪末大灭绝的第一幕和第二幕（据戎嘉余等，2004）

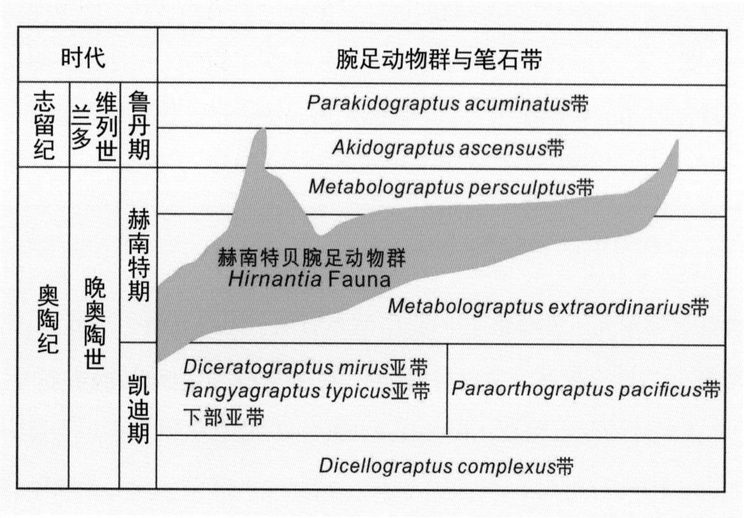

时代
腕足动物群与笔石带
志留纪
兰多维列世
鲁丹期
Parakidograptus acuminatus带
Akidograptus ascensus带
奥陶纪
晚奥陶世
赫南特期
Metabolograptus persculptus带
赫南特贝腕足动物群
Hirnantia Fauna
Metabolograptus extraordinarius带
凯迪期
Diceratograptus mirus亚带
Tangyagraptus typicus亚带
下部亚带
Paraorthograptus pacificus带
Dicellograptus complexus带

图 4-3-6 华南扬子区奥陶纪末期赫南特贝动物群在各地的不等时发育（据戎嘉余等，2004）

改革开放之初，在很多问题的认识和处理上，中国与国际不接轨，"不在一个频道上"。国内当时有不少学者坚持认为，将奥陶系 – 志留系的界线置于在岩性上具有明显差异的观音桥组和龙马溪组之间是最方便、最合理的，当然也是最好的选择。这是中国失去竞争志留系底界"金钉子"机会的原因之一。再者，改革开放之前，中国曾经被西方学者视作"未知地域（terraie in cognittae）"，未能得到西方学者的充分信任，因此，在选择地层"金钉子"这件事情上，西方学者一般不会把目光转向中国。改革开放之初，虽然我国一些有识之士很努力，但仍然没有取得明显效果。

1983 年，经过努力，以中国科学院南京地质古生物研究所为牵头单位，在我国宜昌地区组织了一次旨在争取国际奥陶系 – 志留系界线"金钉子"的国际学术研讨会。宜昌地区发育有连续、完整的奥陶系 – 志留系界线地层，在经过了数十年的研究之后，发现比较符合确立一个"金钉子"所必备的各项要求。20 余位国际奥陶系 – 志留系专家应邀参加，其中就包括多位国际志留系分会的选举委员。可是，令人意外的是，在他们来中国参加这次会议之前不久，国际志留系分会通过通讯投票的方式对志留系底界的标准（以牙形刺化石还是以笔石化石为标准）以及具体的"金钉子"剖面进行了表决，结果是英国苏格兰 Dob's Linn 剖面以刚好三分之二的赞成票勉强通过。在宜昌国际学术研讨会开会前，外方并未将该项议程和结果通知我方。这是我国在争取"金钉子"的道路上付出的一笔学费。

华南板块的奥陶系 – 志留系界线剖面，在扬子台地上数量很多，出露也很好，正式报道的就超过百条，其中有些剖面要比 Dob's Linn "金钉子"剖面和国外其他剖面更有优势：序列完整，出露好，各主要生物类群（笔石、腕足动物、三叶虫、珊瑚等）的化石丰富多样。中国学者及部分国际合作伙伴经过对这些剖面的长期努力研究，为国际地学界深刻认识奥陶纪末的生物大灭绝及其后残存、复苏和再辐射做出了一系列原创性的重要贡献，产生了广泛的国际影响（Rong & Harper，1999；Chen et al.，2000）。比如，最著名的就是我国湖北宜昌分乡王家湾剖面（图 4-3-7；图 4-3-8）。

除华南板块外，中国境内其他块体上奥陶系 – 志留系界线剖面发育好、研究程度较高的还有云南西部保山地区的老尖山剖面（Zhang et al.，2014）。其中，属于滇缅马块体的北延部分，奥陶系 – 志留系界线位于仁和桥组下部笔石页岩中（图 4-3-8），奥陶系上部 – 志留系下部的地层序列与华南板块的具有一定的相似性，有些地点（如保山西南的潞西）也产有丰富多样的赫南特贝动物群，且与华南板块可以进行对比（Huang et al.，2020）。结合其他地层古生物方面的工作，说明华南和滇缅马两个块体在奥陶纪 – 志留纪时期、特别是奥陶纪 – 志留纪过渡期联系紧密。

图 4-3-7　华南扬子区奥陶系－志留系界线剖面。A. 湖北宜昌王家湾北剖面，箭头所指是观音桥组；B. 湖北宜昌王家湾南剖面，箭头所指是观音桥组——泥质灰岩，厚约 20 cm；C. 贵州桐梓红花园剖面，箭头指向观音桥组与龙马溪组的界线，图中地质锤长 26 cm

图 4-3-8　云南保山老尖山剖面仁和桥组下部黑色页岩和硅质页岩，红色线标识的是奥陶系－志留系界线，图中地质锤的长度为 26 cm

　　　　地层"金钉子"：地球演化历史的关键节点

三、兰多维列统埃隆阶底界"金钉子"

1. 研究历程

埃隆阶（Aeronian Stage）由英国学者 Robin Cocks 及其合作者提出（Cocks et al.，1984）。他们建议埃隆阶的底界由笔石 *Monograptus triangulatus* 带的底界来定义，并以英国兰多维列地区的 Trefawr 剖面为"金钉子"候选剖面。这一方案一经提出，很快便得到国际志留系地层分会和国际地层委员会的批准通过（Holland，1985）。

2. 科学内涵

埃隆阶"金钉子"剖面位于英国威尔士中南部兰多维列地区 Cwm-coed-Aeron 农场之北的 Trefawr 林间小路旁，界线点位在这条剖面上向南 500 m 处的探槽-h 的 72 号化石点之底（图 4-3-9）。在建立埃隆阶并讨论其底界标准时，Cocks 博士等提出了两种选择，一种就是定在 *Monograptus triangulatus* 笔石带之底，位于 Trefawr 组内；另一种是位于 166 号化石点之底的 *Diplograptus magnus* 笔石带之底，位于 Coldbrook 组内。因为 *triangulatus* 带具有更好的洲际对比潜力，且与 *Coronograptus gregarius* 笔石带的底更接近，他们建议使用 *Monograptus triangulatus* 笔石带的底来定义埃隆阶的底界，界线位于一套连续沉积的黄绿色泥岩地层——Trefawr 组中，距离该组底界之上 91 m（图 4-3-10、图 4-3-11）。

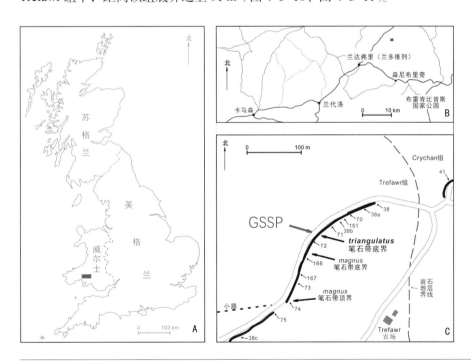

图 4-3-9 威尔士南部兰多维列附近的志留系兰多维列统埃隆阶底界"金钉子"的交通位置（据 Melchin et al.，2020 修改）

图4-3-10 志留系兰多维列统埃隆阶底界"金钉子"——威尔士 Trefawr 剖面（据 Geological Society of London 网站）。B~D 三张照片中的箭头指示界线位置，图 C 讲解者为英国学者 Robin Cocks 博士

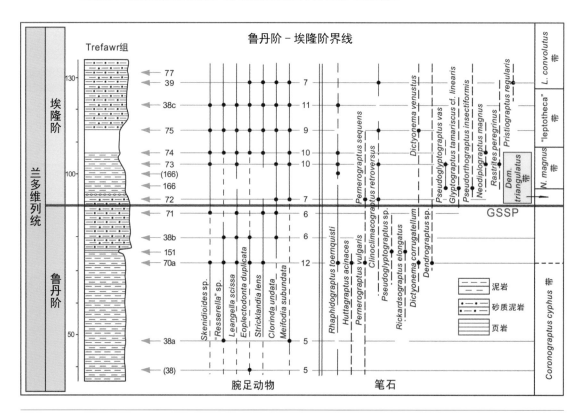

图4-3-11 志留系兰多维列统埃隆阶底界"金钉子"——威尔士 Trefawr 剖面综合地层柱状图。图中分别是腕足动物和笔石化石的地层延限（据 Cocks et al., 1984；Melchin et al., 2020）。笔石 *Pernerograptus vulgaris* 和 *P. sequens* 过去分别为 *Monograptus austerus vulgaris* 和 *M. austerus sequens*，是同一个种的两个亚种，形态接近，为连续过渡谱系

　地层"金钉子"：地球演化历史的关键节点

还是在建立该年代地层单元时，Robin Cocks 等专家就指出，笔石 *Monograptus triangulatus*（后来被归入 *Demirastrites* 属）本身并未见于"金钉子"剖面，整个界线剖面以产出多种壳相化石为特色，比如腕足动物、软体动物双壳类、腹足类和头足类、三叶虫、珊瑚、苔藓虫、棘皮动物海林檎、竹节石等，特别是腕足动物化石比较丰富，但共同产出的笔石化石很少，只有 *Monograptus austerus sequens*（即 *Pernerograptus sequens*），这意味着该段地层应该属于 *Monograptus triangulatus* 带。在"金钉子"剖面上没有发现定义界线的标准化石，这为该"金钉子"随后所遭受的广泛质疑埋下了伏笔。

该"金钉子"剖面的另一个重大缺陷是：其下伏地层（鲁丹阶）的最高笔石带——*Coronograptus cyphus* 带的顶界位于该剖面埃隆阶底界之下的 18 m 处，也就是说，该剖面埃隆阶底界很可能是在 *Monograptus triangulatus* 带的中部，而不是带化石的首现层位。如果要继续将 *Monograptus triangulatus* 带作为埃隆阶的底，势必就要重新寻找一个真正发育 *triangulatus* 带底界的新剖面来取代位于威尔士的这个"金钉子"剖面，换句话说，需要对埃隆阶的底界及其"金钉子"进行重新定义和确立。

从 2011 年开始，国际地层委员会志留系分会决定成立一个工作组，由捷克古生物学家 Petr Štorch 教授牵头，专门对世界各地的、发育较好的鲁丹阶 – 埃隆阶界线地层进行研究。经过几年的努力，工作组基本锁定了来自三个地区的四条剖面：捷克布拉格地区的 Hlasna Treban 剖面、英国威尔士的 Rheidol Gorge 剖面、中国湖北神农架地区的八角庙剖面（也称铁炉沟剖面）和四川长宁的双河剖面。前两条剖面分别由 Petr Štorch 教授和加拿大 Mike Melchin 教授带领各自的团队，开展了大量的野外考察和室内研究；中国的铁炉沟剖面的笔石生物地层研究结果已于 2021 年发表（Maletz et al., 2021）；长宁双河剖面于数年前进行了重新测制和系统性化石采集，但是迄今还没有完成以笔石为主的系统古生物和生物地层研究工作。捷克的 Hlasna Treban 剖面，在完成了系统古生物学、沉积学和地球化学等多学科综合研究后，已经正式提出了建立埃隆阶底界"金钉子"的方案（Štorch et al., 2018）。但国际志留系分会尚未对这个"金钉子"进行表决，工作仍在继续。英国威尔士的 Rheidol Gorge 剖面离原"金钉子"剖面不远，初步研究结果已经显示，它也可以作为埃隆阶底界"金钉子"的候选剖面（Melchin et al., 2018；De Weirdt et al., 2020）。

3. 我国该界线的情况

埃隆阶在我国广泛发育，特别是华南板块、塔里木板块和滇西地区（属于滇缅马块体北部），其中又以华南的埃隆阶发育最好，分布广，出露好。在扬子台地上，这段地层就是龙马溪组下部及其相当地层，岩性以碎屑岩为主，特别是黑色笔石页岩。

自国际志留系分会正式开展埃隆阶底界"金钉子"再研究以来，我国学者积极参与，联合相关国际同行开展针对性研究。志留系分会前任主席 Mike Melchin 教授和现任主席 Petr Štorch 教授等也给予大力支持，并亲自参与中国剖面的野外工作和室内研究，先后对我国湖北西北部神农架地区八角庙剖面和四川长宁双河剖面进行了深入细致的、符合"金钉子"工作要求的地层古生物学、沉积学、地球化学和地质年代学研究。目前，已经取得了一些重要进展（Maletz et al.，2021）并仍在继续，最终研究报告即将完成，并向国际志留系分会正式提出建立埃隆阶底界"金钉子"的提案。最近，邵铁全等研究了陕西南郑梁山的大南沟兰多维列统剖面，提出该剖面可以作为候选的埃隆阶底界界线层型剖面（"金钉子"）（Shao et al.，2018），但是，他们鉴定的界线标志化石——*Demirastrites triangulatus* 未得到西方权威学者的认可（Štorch & Melchin，2018）。相关系统古生物学研究还需要进一步深入，并需要同时开展沉积学、地球化学等多学科的交叉研究，否则中国的剖面仍难获得竞争机会。

四、兰多维列统特列奇阶底界"金钉子"

1. 研究历程

特列奇阶（Telychian Stage）是志留系兰多维列统的最上一个阶，命名于英国威尔士的 Pen-lan-Telych 农场，它的底界是这样定义的：紧贴着腕足动物 *Eocoelia intermedia* 末现层位之上和 *Eocoelia curtisi* 首现层位之下。这一方案是 Robin Cocks 博士及其合作者在研究英国威尔士兰多维列地区的志留系时提出来的（Cocks et al.，1984）。一经提出，就迅速得到了国际志留系分会的同意，并于次年（1985 年）先后获得了国际地层委员会和国际地质科学联合会的批准（Holland，1985）。

2. 科学内涵

特列奇阶底界的"金钉子"剖面是英国威尔士兰多维列地区的 Cefn Cerig 公路剖面（图 4-3-12），具体界线层位和点位在剖面上一个废弃采石坑内的 162 号化石点处（图 4-3-13、图 4-3-14）。界线地层属于 Wormwood 组，界线位于该组顶界之下 31 m 处。该组岩性主要为粉砂岩，间夹一些钙质粉砂岩和泥质粉砂岩，代表开放海环境，地层中生物扰动发育，没有浊积岩。地层中产出壳相化石，有些层位的化石丰富多样，但是尚未发现笔石化石。从该剖面附近的另两个地点发现的笔石来看，特列奇阶的底界原本定在 *Spirograptus turriculatus* 笔石带的底，但该化石带后来被专家厘定，从其下部又进一步区分出 *Spirograptus guerichi* 笔石带（Loydell et al.，1993）。因此，目前普遍认为特列奇阶最底部的是 *Spirograptus guerichi* 笔石带（Melchin et al.，2020）。

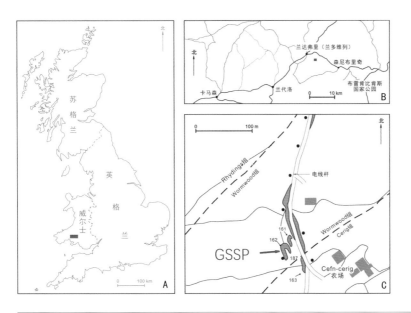

图 4-3-12 志留系兰多维列统特列奇阶底界"金钉子"——威尔士南部兰达弗里附近 Cefn Cerig 公路剖面的交通位置（据 Melchin et al.，2020 修改）

图 4-3-13 志留系兰多维列统特列奇阶底界"金钉子"——威尔士南部 Cefn Cerig 公路剖面野外露头。B~D 中箭头所指,就是"金钉子"界线的位置

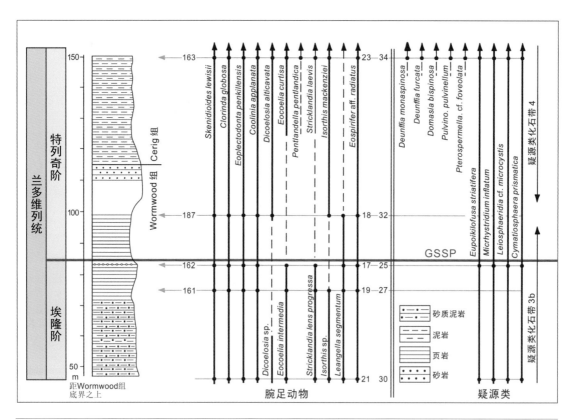

图 4-3-14 志留系兰多维列统特列奇阶底界"金钉子"——威尔士南部 Cefn Cerig 农场剖面综合地层柱状图,右侧显示的是界线上下典型化石的地层延限(据 Melchin et al.,2020)

  全球特列奇阶的底界是由笔石定义的,但是在该阶的"金钉子"剖面却根本没有笔石,这种情况确实非常罕见。以底栖生态的腕足动物化石来指示一个年代地层单位底界的标准存在先天不足,因为底栖生物的区域和全球对比意义相对局限。尽管 Robin Cocks 等在提出这一方案时,强调腕足动物 *Eocoelia intermedia* 具有较好的区域乃至全球对比潜力,但事实并非如此。该种至今都很难在全球多个主要块体上发现,而且即使发现了可靠的该种化石,也很难判定它们在不同产地的出现是等时的或大致等时的,因为底栖壳相生物迁移较慢,在大区域之间具有很强的穿时性。比如,作为标准化石的腕足动物 *Eocoelia intermedia* 就曾被发现其末现层位不在 *Spirograptus guerichi* 带,而是在该化石带之下的 *Stimulograptus sedgwickii* 带里面。更为严重的是,过去几年的"后层型"研究显示,在特列奇阶"金钉子"剖面附近的地层中,*Eocoelia intermedia* 末现层位和 *Eocoelia curtisi* 首现层位之间的地层遭受过后期改造、破坏,其中产出的笔石和几丁虫化石显示出具有温洛克统申伍德阶中部的特征(Davies et al.,2011)。也就是说,这一"金钉子"剖面,从埃隆阶上部到特列奇阶下部这段地层,实际上相当于一套"混杂堆积"。这完全不符合建立"金钉子"的基本要求:"金钉子"剖面必须选择在连续沉积、未经后期改造破坏、出露良好、化石丰富并具有广泛对比潜力。

2011 年，国际志留系分会正式成立了一个"特列奇阶底界'金钉子'再研究工作组"，由时任分会主席 Mike Melchin 教授担任工作组组长。工作组明确提出，特列奇阶底界的定义为笔石 *Spirograptus guerichi* 带之底。根据这一定义，国际间相关同行在几个主要板块上开展了大量研究，遴选有潜力的"金钉子"候选替代剖面，比如，西班牙 El Pintado 地区的一条剖面就被正式提名为特列奇阶底界"金钉子"候选替代剖面（Loydell et al.，2015）。目前世界各地的相关工作仍在进行，国际志留系分会尚未将这条界线的"金钉子"修订工作推进到审议和表决阶段。

3. 我国该界线的情况

中国特列奇阶发育完整的地区（相区）主要有华南板块的珠江区、西秦岭、小兴安岭、西准噶尔、北天山、西藏和滇西（属滇缅马块体），但这些地区的研究程度都比较低。在华南扬子区、塔里木等地，只发育了特列奇阶的中下部，而缺失特列奇阶之上的地层（因区域地质构造运动的影响），对出露的这些特列奇阶中下部地层研究程度相对较高。扬子区从东到西数千公里、从南到北近千公里，广泛发育埃隆阶上部和特列奇阶下部，是全世界研究埃隆阶–特列奇阶界线最好的地区之一（图 4-2-1）。在国际志留系分会正式启动对特列奇阶底界的全球界线层型重新研究之后，我国学者积极参与，与相关国际同行合作，在湖北神农架地区（图 4-3-15）和四川珙县分别测制地层剖面，目前正在开展这两条剖面相关层段的笔石化石系统古生物学、生物地层学、沉积学、地球化学和地质年代学研究，争取尽快提出相关提案供国际同行审议、论证（Maletz et al.，2021）。

图 4-3-15　湖北神农架地区的八角庙剖面（又称铁炉沟剖面）龙马溪组，特列奇阶底界位于该剖面的龙马溪组上部（张元动拍摄于 2014 年）

五、温洛克统申伍德阶底界"金钉子"

1. 研究历程

申伍德阶（Shinwoodian Stage）是温洛克统的第一个阶，因此，它的底界也是温洛克统的底界。该"金钉子"界线的原始定义是笔石 *Cyrtograptus centrifugus* 的首现层位，"金钉子"剖面位于英国施罗普郡 Leasows 农场附近的 Hughley Brook 剖面。该方案由英国学者于 1980 年提出，很快就得到了国际志留系分会、国际地层委员会和国际地质科学联合会的批准确认（Martinsson et al.，1981；Holland，1982）。但这是一条有严重缺陷的"金钉子"剖面，因为剖面的界线上根本就没有发现笔石。后来研究显示，"金钉子"界线位于牙形刺 *Pterospathodus amorphognathoides amorphognathoides* 末现层位与疑源类第 5 生物带的底之间（Mabillard & Aldridge，1985；Jeppsson，1997）。这一界线对应于 Jeppson 等人的 Upper *Pseudooneotodus bicornis* 牙形刺带的底部，或 Ireviken 事件（碳同位素正漂移）的第 2 层位，如果对比到爱沙尼亚和拉脱维亚的话，这条界线位于 *Cyrtograptus murchisoni* 笔石带（紧接在 *Cyrtograptus centrifugus* 带之上的笔石带）的近底部或甚至上部，也与原始定义不符（Loydell，2011）。

2. 科学内涵

温洛克统暨申伍德阶底界"金钉子"剖面位于英国英格兰施罗普郡休鲁斯伯里（Shrewsbury）附近的 Leasows 农场东南的 Hughley 河剖面（图 4-3-16）。剖面涉及两个岩石地层单位：下部的 Purple Shales 组和上部的 Buildwas 组（图 4-3-17、图 4-3-18），前者以砂岩、粉砂岩和粉砂质泥岩为主，后者则是颗粒很细的页岩和泥岩，温洛克统及申伍德阶的底界就确定在两个组之间。尽管界线是由疑源类和牙形刺等微体化石来确定的，但地层中较丰富的化石是腕足动物以及其他一些壳相生物。在剖面的 Purple Shales 组内和 Buildwas 组下部产有少量笔石化石，分别属于 *Monoclimacis crenulata* 带和 *Cyrtograptus centrifugus* 带。因此，有学者建议，用 *crenulata* 带和 *centrifugus* 带之间的界线来定义申伍德阶的底界。但是，后来研究表明，在这两个笔石带之间，还可以识别出另外三个笔石带（Zalasiewicz et al.，2009），这就使得问题变得更加复杂。

笔者之一（詹仁斌）于 2011 年 7 月对申伍德阶"金钉子"剖面进行了实地考察，发现这条 Hughley 河剖面实际上并不存在连续完整的地层序列。剖面在一条溪流旁，出露不好，不能识别两个岩石地层单元，也不能识别"金钉子"界线的具体位置（图 4-3-17）。关于这一缺点，在 20 世纪 80 年代，英国学者自己就已经发现并指出来了（Bassett，1989）。从定义的角度，将两个岩石地层单元的界线（即 Purple Shales 组与 Buildwas 组界线）作为年代地层单位的界线，这在国际"金钉子"研究中实属罕见，因为岩石地层界线通常代表岩相的突变，甚至是地层间断。更加"致命"的是，剖面仅有的零星露头，破碎程度很高，很难找寻可资确定地层时代的标准化石，可以用来进行广泛对比的笔石化石更是难以寻觅。在"金钉子"剖面上，不仅没有发现英国学者提出的标准笔石化石——*Cyrtograptus centrifugus*，也几乎没有其他笔石化石，只在Buildwas组近底部几米的地层中发现了几块没有确切地层意义的笔石化石，如 *Monoclimacis* aff. *vomerina*、*Pristiograptus watneyyae* 等。更有甚者，被作为标准化石的几丁虫化石 *Margachitina margaratina* 在笔石 *Cyrtograptus centrifugus* 带底界之上才开始出现，而没有出现在已经确立的温洛克统底界的"金钉子"点位上（Mullins，2000）。

针对上述问题，国际志留系分会在2000年就成立了一个专门工作组，对申伍德阶底界"金钉子"进行再研究，该工作组由国际知名笔石专家——英国朴次茅斯大学的David Loydell教授负责。工作组首先对"金钉子"剖面进行了重新发掘和研究，发现界线位于牙形刺 *Pseudooneotodus bicornis* 带底部几厘米范围内，而这个层位正好对应于 *Cyrtograptus centrifugus* 带 之 上 的 *Cyrtograptus murchisoni* 笔 石 带 的 底 界（Jeppsson，1997；Loydell et al.，1998；Loydell，2011）。对"金钉子"剖面上几丁虫的再研究也显示，申伍德阶底界的位置可以与笔石 *Cyrtograptus murchisoni* 带的底对比（Mullins & Aldridge，2004）。然而，另有一些学者的研究证实，牙形刺 *Pseudooneotodus bicornis* 带的底应对比到笔石 *Cyrtograptus murchisoni* 带内部，而不是它的底界（Männik et al.，2015）。

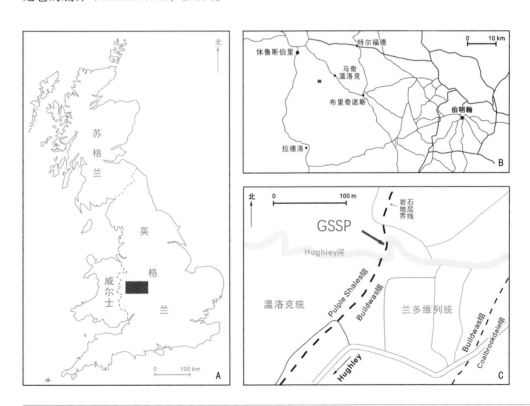

图4-3-16 志留系温洛克统申伍德阶底界"金钉子"——英格兰中西部 Hughley 河剖面交通位置（据 Melchin et al.，2020 修改）

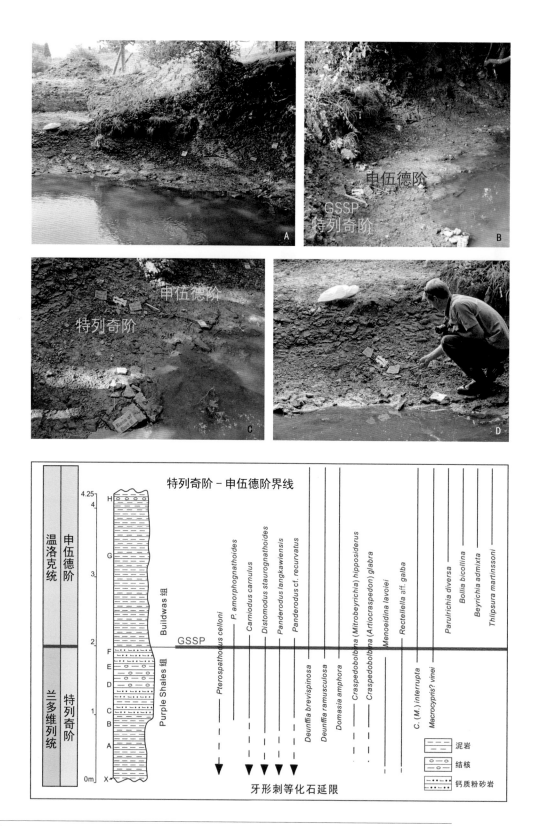

上图　**图 4-3-17**　志留系温洛克统申伍德阶底界"金钉子"——英格兰中西部 Hughley 河剖面野外露头

下图　**图 4-3-18**　志留系温洛克统申伍德阶底界"金钉子"——英格兰中西部 Hughley 河剖面综合柱状图，右侧显示穿越界线的牙形刺等化石的地层延限（据 Melchin et al., 2020）

　　　　　　　　　　　　　　　　　　　　　　　　地层"金钉子"：地球演化历史的关键节点

更广范围的综合研究，特别是生物地层和化学地层研究证实，无论是上述牙形刺带之底还是笔石带之底，都出现在温洛克统底部大约 20 万年的地质记录内。目前，国际上针对这条界线已经达成的共识是：①温洛克统底界（即申伍德阶底界）肯定不能对应笔石 *Cyrtograptus centrifugus* 带的底；②在确立新的申伍德阶底界"金钉子"之前，暂时以笔石 *Cyrtograptus murchisoni* 带之底来定义申伍德阶暨温洛克统的底界（Loydell，2012；Melchin et al.，2020）。对于没有笔石的碳酸盐岩相地层，其界线只能以牙形刺 *Pseudooneotodus bicornis* 带的底来界定，而这个界线明显高于笔石 *Cyrtograptus murchisoni* 带的底，这是一个新的问题。因此，在 2020 年编写最新国际地质年表时，Mike Melchin 及其合作者建议，"仍然使用现行的温洛克统国际'金钉子'，因为至少该界线非常接近牙形刺 *Pseudooneotodus bicornis* 带的底，并位于笔石 *Cyrtograptus murchisoni* 带的底之上，*murchisoni* 带的底还对应了一次全球性的碳同位素正漂移事件，即"Ireviken Event"（Melchin et al.，2020）。相关研究仍在继续。

3. 我国该界线的情况

我国的温洛克统主要分布在一些边远地区，比如华南板块的珠江区、西藏、滇西（属滇缅马块体的北部）、西准噶尔、小兴安岭等，研究程度总体不高。最近十余年，我国学者在前人长期区域地质调查的基础上，在我国陕西南部紫阳—岚皋一带发现了两条发育非常好的特列奇阶–申伍德阶界线剖面——紫阳芭蕉口 A 剖面和岚皋桥西剖面，两者在古地理上均属于扬子台地北缘较深水区域（Tang et al.，2015）。在该两条剖面，界线地层涉及的是五峡河组，全部由粉砂岩、粉砂质泥岩、泥质粉砂岩、泥岩等碎屑岩组成（图 4-3-19）。令人惊喜的是，经过深入细致的野外考察和室内样品分析，科研人员不仅从中发现了丰富多样且保存精美的笔石化石，而且发现了数量不多但具有重要地层对比意义的牙形刺、几丁虫和虫牙（属多毛类）化石。牙形刺化石通常只在碳酸盐岩地层中可以分析出来，在碎屑岩中分析到牙形刺化石确属罕见。笔石和牙形刺化石在同剖面甚至同层位产出在世界各地都极为少见，这不仅大大提高该地层的划分对比精度，还有效解决了碎屑岩相地层和碳酸盐岩相地层之间的对比问题。因此，唐鹏等科研人员的发现和相关研究成果（Tang et al.，2015）使得紫阳—岚皋地区成为温洛克统底界"金钉子"再研究的非常独特的地区，芭蕉口 A 和桥西剖面成为竞争申伍德阶底界（也即温洛克统底界）"金钉子"的重要候选剖面。然而，芭蕉口 A 剖面和桥西剖面中发现的笔石化石，至今缺乏可靠的系统古生物学研究，化石虽然相当精美，但研究没有跟上，特别是作为对比标准的带化石 *Cyrtograptus centrifugus* 和 *Cyrtograptus murchisoni* 还没有得到国际同行的广泛认同。再者，剖面中牙形刺化石的数量和种类均较少，作为全球对比标准，仍需要更多更精美的材料。深入研究亟待加强。

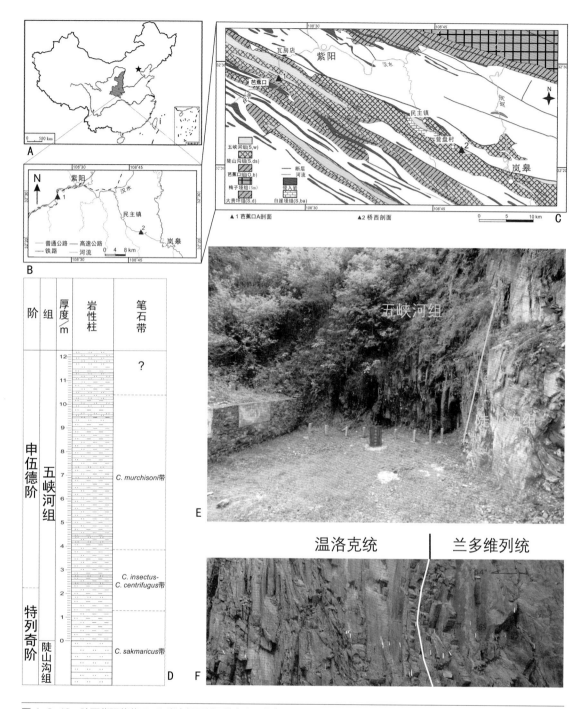

图 4-3-19 陕西紫阳芭蕉口 A 和岚皋桥西剖面的志留系兰多维列统–温洛克统界线地层。A、B. 芭蕉口 A 和桥西剖面的交通位置；c. 紫阳—岚皋一带地质简图，显示志留系在这一带的分布情况；D. 芭蕉口 A 剖面陡山沟组近顶部—五峡河组中下部岩性柱状图；E. 紫阳芭蕉口 A 剖面野外露头；F. 紫阳芭蕉口 A 剖面的五峡河组局部露头情况，显示兰多维列统—温洛克统界线（全部基础资料均由唐鹏提供）

六、温洛克统侯墨阶底界"金钉子"

1. 研究历程

侯墨阶（Homerian Stage）是温洛克统的第二个阶，仍属于志留系中部。其底界的定义是笔石 *Cyrtograptus lundgreni* 带的底，即 *Cyrtograptus lundgreni* 在"金钉子"剖面上的首现层位，代表志留系温洛克统侯墨阶的开始。这一方案由国际志留系分会于 1980 年 7 月在法国巴黎召开的第 26 届国际地质大会上讨论通过，并向国际地层委员会正式提出，国际地层委员会在 1980 年 10 月通过通讯投票的方式进行了表决，获得通过，并随后得到国际地科联批准（Martinsson et al.，1981）。

2. 科学内涵

侯墨阶底界的"金钉子"剖面位于英国英格兰西南部施罗普郡侯墨附近的 Whitwell Coppice 的小灌木林中的一条小溪（申顿溪，Sheinton Brook）旁（图 4-3-20、图 4-3-21）。"金钉子"界线位于 Coalbrookdale 组 Apedale 段中，以一个含有 *Cyrtograptus lundgreni* 的笔石动物群的首现为标志，其下伏地层中产出的笔石属于 *Cyrtograptus ellesae* 带（Bassett et al.，1975）。然而，最新研究显示，在威尔士的其他一些剖面中，*Cyrtograptus lundgreni* 的首现层位要低于笔石 *Cyrtograptus ellesae* 的首现层位（Williams & Zalasiewicz，2004）。有些学者甚至认为，*Cyrtograptus lundgreni* 和 *Cyrtograptus ellesae* 这两个种可能属于同一个种（Loydell，2011）。

无论是否真是这样，现有资料均表明，该"金钉子"剖面上带化石的延限是不完整的。该"金钉子"界线很可能在 *Cyrtograptus lundgreni* 带的中间，而不是其底界。然而，重新研究并不容易，需要考虑以下因素：①对于存在问题的"金钉子"的再研究，特别是要推翻原有"金钉子"、重新确立新的"金钉子"，有大量的工作要做，复杂程度比最初确立一个"金钉子"可能还要高，相关科学家、专门工作组、国际志留系分会等需要面对多方面的巨大压力；②志留系存在问题的"金钉子"很多，需要逐个解决。所以，国际志留系分会至今还没有专门针对侯墨阶底界"金钉子"成立一个再研究工作组。如果其他界线的工作组进展顺利，有可能在不远的将来会针对侯墨阶底界开展专门的再研究。

3. 我国该界线的情况

我国的侯墨阶主要发育在西秦岭、小兴安岭、西准噶尔、西藏、滇西（滇缅马块体北部）、滇中南（印支块体北部）和华南板块的珠江区。在华南板块的大片地区，特别是扬子区均不发育侯墨阶。除一些岩石地层的报道外，关于这一时期的地层学研究不多，程度较低。即便将来国际志留系分会启动对侯墨阶底界"金钉子"的再研究工作，我国也不具备竞争侯墨阶底界"金钉子"的基础和条件。

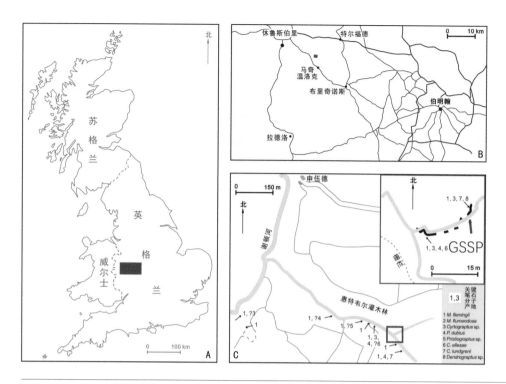

图 4-3-20 志留系温洛克统侯墨阶底界"金钉子"——英格兰中西部的申顿溪剖面交通位置（据 Melchin et al., 2020 修改）

图 4-3-21 志留系温洛克统侯墨阶底界"金钉子"——英格兰中西部的申顿溪剖面野外露头

七、罗德洛统高斯特阶底界"金钉子"

1. 研究历程

罗德洛统包括两个阶：高斯特阶（下，Gorstian Stage）和卢德福特阶（上，Ludfordian Stage）（Holland et al., 1980）。因此，高斯特阶的底界也是罗德洛统的底界，同时也是其下伏地层——温洛克统的顶界。高斯特阶底界定义为笔石 *Neodiversograptus nilssoni* 带之底，这一方案最早由英国学者于1979年提出，于1980年内先后得到国际志留系分会和国际地层委员会批准（Martinsson et al., 1981）。

2. 科学内涵

高斯特阶底界的"金钉子"剖面位于英国英格兰中西部施罗普郡拉德洛镇西南 4.5 km 处的一个废弃的小采石场内——Pitch Coppice 剖面（图 4-3-22），剖面涉及两个岩性组：Much Wenlock 组（下）和 Lower Elton 组（上），前者以灰岩、钙质泥岩为主，夹少量页岩，后者以页岩为主，夹一些灰岩透镜体（Holland et al., 1963）（图 4-3-23、图 4-3-24）。"金钉子"界线与两个组的界线一致，主要是由于在 Lower Elton 组底界附近产出了少量笔石，如 *Neodiversograptus nilssoni* 和 *Saetograptus varians*，而这些笔石可归于 *N. nilssoni* 带。

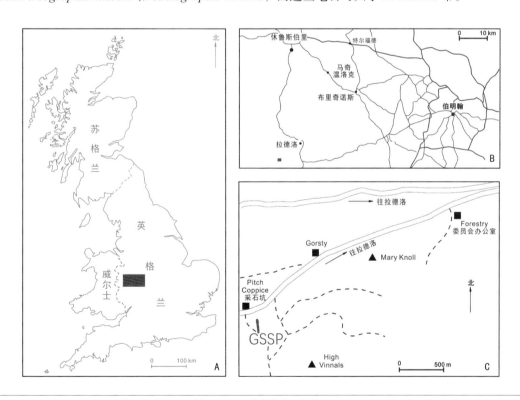

图 4-3-22 志留系罗德洛统高斯特阶底界"金钉子"——英格兰中西部的 Pitch Coppice 剖面交通位置（据 Melchin et al., 2020 修改）

图 4-3-23　志留系罗德洛统高斯特阶底界"金钉子"——英格兰中西部 Pitch Coppice 剖面野外露头。图 B 铁锤的长度约 30 cm，锤头及箭头指示"金钉子"界线层位，图 D 指示者为 David Loydell 教授

　　这是一个以岩石地层界线作为年代地层底界"金钉子"的例证，而且又是一个"仓促"确立的"金钉子"：从国际志留系分会开始研究这条界线，到最终批准确立"金钉子"，不足一年时间。当时只有英国学者提出了候选剖面，国际志留系分会的选举委员也主要是欧美学者，世界其他国家和地区还没有开展深入细致的工作，更不用说提出"金钉子"候选剖面了。投票时，不仅其区域、洲际对比潜力没有得到充分论证，而且即便是对这个"金钉子"剖面，在正式投票前也没有经过深入研讨。侯墨阶－高斯特阶界线地层除了上述少量笔石外，其他层位没有发现笔石，

　　　　　　　　　　　　　　　　　　　　　　　　地层"金钉子"：地球演化历史的关键节点

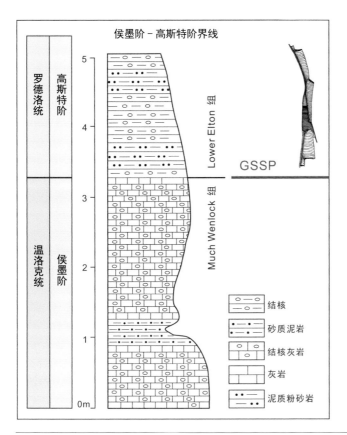

图 4-3-24 志留系罗德洛统高斯特阶底界"金钉子"——英格兰中西部 Pitch Coppice 剖面界线附近岩性柱状图（据 Melchin et al.，2020）。右上角的化石就是定义该界线的笔石——尼氏新反向笔石 *Neodiversograptus nilssoni*（Lapworth，1876）

使"金钉子"的位置与化石带的底界无法进行精确对比。而剖面中的牙形刺化石和其他壳相化石也难以提供精确的生物地层划分与对比依据（Lawson & White，1989；Aldridge et al.，2000）。曾经有研究者建议，将牙形刺 *Kockelella crassa* 的首现层位作为高斯特阶底界的标志，但近期的相关资料又显示该牙形刺的首现层位在"金钉子"界线之下（McAdams et al.，2019）。很显然，高斯特阶"金钉子"需要进行重新研究，甚至重新确立。

国际志留系分会经过讨论认为，志留系的多数"金钉子"都存在不足，需要进行再研究。然而，鉴于研究力量有限，"金钉子"再研究这项工作宜分步走，有序推进。先集中力量，针对那些问题突出、条件成熟、研究力量充分的界线，成立专门工作组开展工作。而高斯特阶底界"金钉子"，开展再研究的条件尚不成熟，目前国际志留系分会尚未成立专门的工作组来进行这项工作。

3. 我国该界线的情况

与温洛克统相似，中国的罗德洛统主要发育在西秦岭、小兴安岭、西准噶尔、西藏以及滇西（滇缅马块体北部）、滇中南（印支块体北部）等地区。在华南大部分地区不发育罗德洛统，只在属于珠江区的广西部分地区发育并出露罗德洛统，如防城组。

我国发育罗德洛统的上述地区，研究程度普遍较低，化石稀少，地层厚度较大。滇西保山地区的罗德洛统研究相对较为深入，以老尖山剖面为例，罗德洛统大致相当于牛屎坪组的中下部，是一套紫红、灰绿色的泥质或粉砂质网状灰岩，夹少量钙质粉砂岩，产出较多的棘皮动物、软体动物头足类和牙形刺等化石（Zhang et al., 2014）（图 4-3-25）。但是高精度的生物地层划分尚未完成，从前期工作结果看，可能不具备深入开展高精度年代地层研究的潜力。

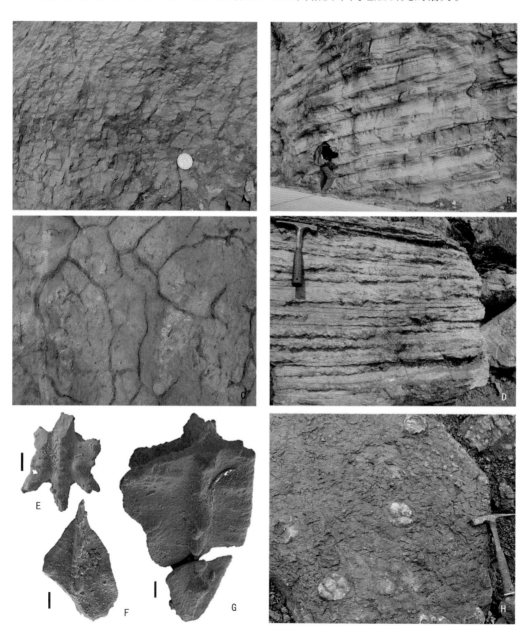

图 4-3-25 云南保山老尖山剖面志留系牛屎坪组露头及主要化石。A~D. 牛屎坪组露头、小瘤状泥灰岩及网纹结构；E. 牙形刺化石 *Kokellela variabilis* Walliser；F、G. 牙形刺化石 *Polygnathoides siluricus* Walliser；H. 海百合 *Scyphocrinites* 的球形固着器，过去曾被鉴定为"多房海林擒"（*Camarocrinus*），照片中地质锤长度为 26 cm

八、罗德洛统卢德福特阶底界"金钉子"

1. 研究历程

卢德福特阶（Ludfordian Stage）是罗德洛统上部的一个阶，其底界"金钉子"的定义对应于 *Saetograptus leintwardinensis* 笔石带的底。这一方案最早是由爱尔兰学者 Charlse Holland（1980）提出的，当年 10 月国际志留系分会就批准了这一方案及其相关的"金钉子"剖面（Martinsson et al.，1981）。

2. 科学内涵

卢德福特阶底界"金钉子"剖面位于英国英格兰西南部施罗普郡拉德洛镇西南约 2.5 km 处的阳光山采石场（Sunnyhill Quarry）（图 4-3-26），"金钉子"层位对应于剖面地层 C 单元的底界处，也正好是 Upper Bringewood 组（下）和 Lower Leintwardine 组（上）的界线处（图 4-3-27、图 4-3-28）。这是一套以碳酸盐岩为主的地层序列，下部的 Upper Bringewood 组全部都是瘤状灰岩，上面的 Lower Leintwardine 组除了瘤状灰岩外，还夹了少量钙质粉砂岩，定义界线的笔石 *Saetograptus leintwardinensis* 就产自 Lower Leintwardine 组底部的这些钙质粉砂岩夹层中，且存在往上化石数量越来越多的趋势。下部的 Upper Bringewood 组缺乏可鉴定的笔石，但也确实产有少量保存较差的笔石，而且指示属于 *Pristograptus tumescens*（同 *Saetograptus incipiens*）带，这就是将卢德福特阶底界置于笔石 *Saetograptus leintwardinensis* 带之底的原因（Lawson & White，1989）。另有一个笔石种 *Saetograptus fritschi linearis* 也经常被用来定义卢德福特阶的底。

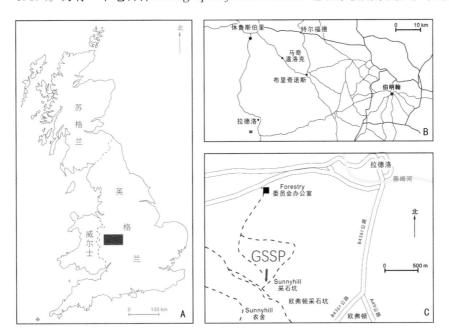

图 4-3-26　志留系罗德洛统卢德福特阶底界"金钉子"——英格兰中西部的阳关山采石场（Sunnyhill Quarry）剖面交通位置（据 Melchin et al.，2020 修改）

图 4-3-27 志留系罗德洛统卢德福特阶底界"金钉子"——英格兰中西部阳光山剖面野外露头。A. 詹仁斌研究员在"金钉子"剖面上指示卢德福特阶界界；B."金钉子"剖面近景，显示界线位于连续沉积的地层内；C. 英国 David Loydell 教授用手指着"金钉子"剖面的另一处界线位置；D."金钉子"剖面全景

　　英国学者在研究该"金钉子"剖面时，还提出卢德福德阶的底界还可以由一些典型腕足动物化石的消失以及另一些化石丰富度急速下降等来标定（Lawson & White，1989）。另外，该剖面的碳同位素分析显示，在"金钉子"界线之下约 0.5 m 处有一次微弱的正漂移（约 1‰），这次正漂移在世界多个块体上都可以识别出来。有些学者认为，这次正漂移对应了一次规模不大的生物灭绝事件，即 Linde 灭绝事件（Cramer et al.，2011）。

　　综上，英国学者先将卢德福德阶的底界划在两个岩石地层单位之间，然后再根据上一个岩石地层组里产出的笔石，提出以笔石 *Saetograptus leintwardinensis* 带的首现作为卢德福特阶的底界。该"金钉子"的主要问题有：①虽然是碳酸盐岩地层，但并没有标志性的牙形刺化石可以用来标定界线；②界线层及其上、下地层也不存在疑源类、几丁虫等其他微体化石的有意义的谱系变化

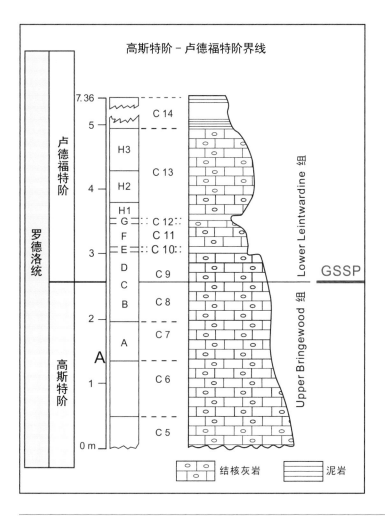

图 4-3-28 志留系罗德洛统卢德福特阶底界"金钉子"——英格兰中西部阳光山剖面岩性柱状图（据 Melchin et al., 2020）

（Lawson & White, 1989）。因此，该"金钉子"剖面也迫切需要进行再研究，甚至是重新确立。但是，国际志留系分会当前的工作中心依然是志留系下、中部的那些"金钉子"的再研究，还没有就卢德福德阶底界"金钉子"修订成立专门的再研究工作组。

3. 我国该界线的情况

我国的卢德福德阶，过去认为主要发育在西秦岭（庙沟组中部）、华北板块的北缘（巴特敖包组上部）、小兴安岭（卧都河组中部）、西准噶尔（沙尔布提山组近顶部）、西藏（嘎祥组中部）和滇西（滇缅马块体北部，牛屎坪组下部），以及云南墨江（印支块体）。华南板块，曾经认为除了曲靖地区（关底组、妙高组）外大都不发育卢德福德阶，只在珠江区等较深水相区局部发育（如防城组下部）。然而，最近十余年，经过王怿等的大量工作，在贵州东北部和西北部、重庆、湖北、湖南、江西、安徽等多个地点都发现了罗德洛统上部 - 普里道利统下部剖面（王怿等，2010，2011，2016；黄冰等，2011）。再加上 20 世纪 90 年代金淳泰等在川北发现 *Retziella* 动物群和牙形刺 *crispa* 等（金淳泰等，1997），说明在华南广大地区，志留纪晚期地层特别是卢德福德阶和普里道利统是广泛存在的。总体而言，我国的卢德福德阶厚度普遍较大，以碎屑岩为主（牛屎坪组除外），化石较少且单调，总体研究程度不高，需要进一步加强工作。云南墨江有高斯特阶至卢德福德阶的含笔石连续地层，为均一的细碎屑岩相，可识别出连续的笔石序列，但受构造扰动影响明显，也缺少其他门类化石（张元动和 Lenz，1999）。总体来看，我国目前尚不具备争取卢德福德阶界线全球层型的条件。云南保山的牛屎坪组，如果在多门类系统古生物学工作的基础上开展深入细致的岩石地层、生物地层研究，有可能揭示其区域甚至洲际对比的潜力。

九、普里道利统底界"金钉子"

1. 研究历程

这是志留系最上部的一个统，其底界"金钉子"以笔石 *Neocolonograptus parultimus* 的首现层位来定义，该方案是国际志留系分会经过详细比较、认真研究三个候选剖面之后确定的（Holland，1985）。当时，三个候选剖面分别位于英国威尔士边界地带的 Downton 地区、乌克兰 Podolia 地区和捷克 Barrand 地区。

威尔士—英格兰边界地带 Downton 地区的普里道利统发育比较好，且基本连续（Bassett et al.，1982）。国际志留系地层分会部分选举委员在 1979 年专门考察了这条剖面，发现该剖面的 Ludlow Bone Bed 的底界大致相当于普里道利统底界。虽然该剖面在欧洲及其周边地区具有一定的对比潜力，但是，它以浅海至河流相沉积为主，岩相分布局限，很难作为国际标准。

乌克兰 Podolia 地区的志留纪 – 泥盆纪过渡期地层发育完整，不少剖面几乎未经后期构造运动的破坏，而且富产化石（Abushik et al.，1985）。国际志留系地层分会于 1983 年 5 月在这一地区专门召开了一次野外现场会议，与会代表针对志留系第一统和第四统在 Podolia 地区的发育状况及其对比潜力展开了热烈讨论。遗憾的是，在即将付诸最后表决之际，有学者提出，Skala 统（相当于普里道利统的地层在 Podolia 地区称作 Skala 统）的底界之上只产出介形虫化石，而没有分布更广、对比潜力更大的笔石或牙形刺化石，作为区域乃至国际标准，其对比潜力严重受限。

在排除了上述两个候选之后，国际志留系地层分会就决定在捷克 Barrand 地区建立志留系第四统——普里道利统的国际标准，当时投票的结果是，15 位选举委员，12 人赞成 3 人反对，顺利通过，并很快得到国际地层委员会和国际地质科学联合会的批准（Holland，1982，1985）。

2. 科学内涵

普里道利统（Pridoli Series）底界的"金钉子"位于捷克布拉格市以西的雷波里耶（Reporyjie）

附近的 Daleje 山谷中，称为 Požáry 剖面（图 4-3-29）。具体的"金钉子"点位，即普里道利统底界，位于 Požáry 组底界之上约 2 m 处（第 96 层），以笔石 *Neocolonograptus parultimus* 的首次出现层位为标志（图 4-3-30、图 4-3-31）。该剖面由捷克学者 Kříz 及其团队开展了大量的、深入细致的工作，包括多门类化石的系统古生物学研究及岩石地层、生物地层和年代地层研究等。

然而，最新调查发现，该"金钉子"也存在一些不足。首先，在界线层之下的地层中缺失笔石化石，这就很难排除 *Neocolonograptus parultimus* 的首次出现可能实际上位于"金钉子"点位之下的某个层位。其次，虽然在"金钉子"剖面上发现了多个化石门类，但是，迄今只有几丁虫化石被证实可能具有一定的生物地层对比潜力。而且，遗憾的是，几丁虫 *Fungochitina kosovensis* 带的底并不与"金钉子"点位一致，而是在其上大约 20 cm 处。再者，国际间通常都将牙形刺 *Ozarkodina crispa* 带的消失作为罗德洛统的结束及普里道利统的开始，但是牙形刺 *Ozarkodina crispa* 带并没有与笔石 *Neocolonograptus parultimus* 带"完美衔接"，后者在前者消失之前就已经出现了，也就是说，牙形刺 *Ozarkodina crispa* 延伸到了普里道利统的下部或最底部（Corradini et al.，2015；Melchin et al.，2020）。

因此，国际志留系地层分会负责的最高的一条界线——普里道利统底界的"金钉子"也需要进一步深入研究。一方面是需要进一步明确和确立 Požáry 剖面作为国际标准的地位，另一方面是要切实解决普里道利统在区域乃至洲际对比中存在的一系列问题。迄今为止，国际志留系地层分会还没有专门针对这一问题进行讨论，也没有成立相关的国际工作组。或许，与志留系的其他"金钉子"相比，普里道利统底界"金钉子"存在的问题并不突出，再研究的愿望和客观需求并不迫切。

3. 我国该界线的情况

进入志留纪晚期，云南曲靖及其周边地区开始接受沉积，发育了连续完整的罗德洛统上部和普里道利统，包括关底组、妙高组、玉龙寺组、下西山村组等，这些地层有多个层位产出丰富的化石，特别是腕足动物化石，在风化程度适宜的钙质泥岩露头上，经常呈现出"俯拾皆是"的壮观美景（戎嘉余，1986；王雪，1995）（图 4-3-32）。在这套剖面序列中，罗德洛统 - 普里道利统界线大致在妙高组上部。然而，对这套巨厚的、以碎屑岩为主的志留纪晚期的地质记录，数十年来除了一些基础的地层报道和零星的古生物门类研究之外，迄今尚未开展过专门的年代地层学研究。这套地层作为华南志留纪晚期的标准序列已经成为共识，但是其区域乃至洲际的对比潜力尚未充分揭示，还需要更多工作，特别是要开展古生物学、地层学、沉积学、地球化学，甚至是地质年代学等多学科交叉研究，并进行有效融合。

我国的普里道利统还发育在华南板块的珠江区（防城组中上部）、西秦岭（羊路沟组）、华北板块北缘（查干合布组）、小兴安岭（古兰河组）、西准噶尔（乌叶布拉克组）、西藏（帕卓组）

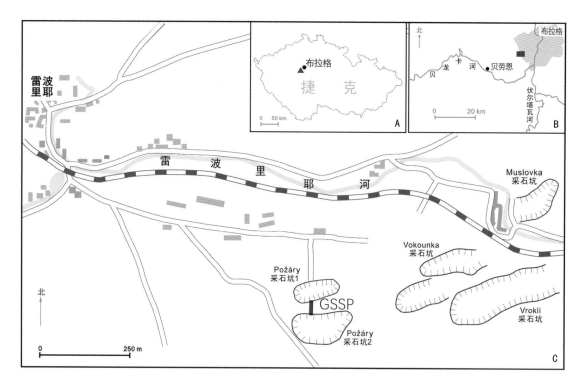

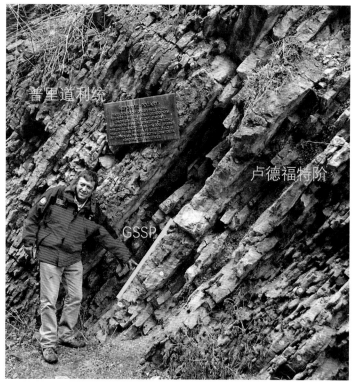

上图　图4-3-29　志留系普里道利统底界"金钉子"——捷克布拉格地区 Daleje 山谷的 Požáry 剖面交通位置（据 Melchin et al.，2020 修改）

下图　图4-3-30　志留系普里道利统底界"金钉子"——捷克布拉格地区 Daleje 山谷 Požáry 剖面野外露头（据 Melchin et al.，2020 修改）。手指界线者是西班牙地层古生物专家 Juan Carlos Gutiérrez-Marco（Michael Melchin 拍摄）

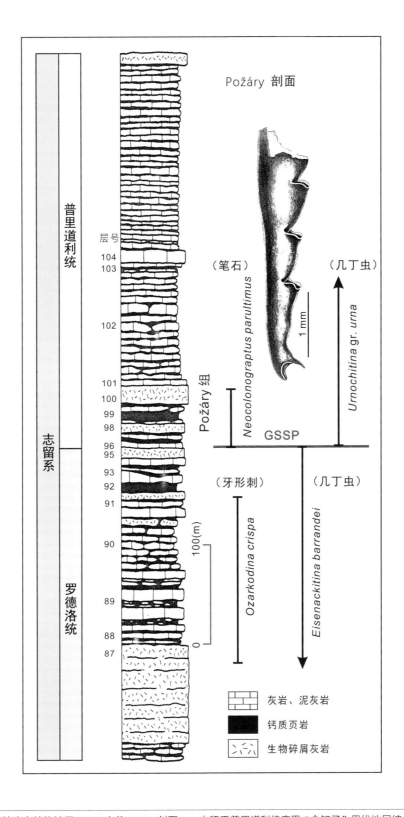

图 4-3-31　捷克布拉格地区 Daleje 山谷 Požáry 剖面——志留系普里道利统底界"金钉子"界线地层综合柱状图（据 Kříz，1989；Melchin et al.，2020）

图 4-3-32 云南曲靖潇湘水库剖面的志留系罗德洛统上部关底组野外地层露头,显示地层层面上"俯拾皆是"的腕足动物化石。图 A 化石主要是云南条纹石燕(*Striispirifer yunnanensis*),图 B 化石主要是单褶小菜采贝(*Retziella uniplicata*)

和滇西(滇缅马块体北部,牛屎坪组上部)。在这些地区,普里道利统发育较为连续,地层厚度大,但化石较少甚至很少,研究程度普遍较低。从已经发表的一些零星报道看,主要是壳相生物化石,对比潜力有限。

关于普里道利统底界在我国的识别,不少学者曾做出努力进行探寻,特别是牙形刺的研究,王成源等(王成源,2013;王成源和王志浩,2016)在华南、内蒙古、新疆、云南东部和西部等地投入了大量时间和精力,但尚未找到一条合适的剖面或者合适的带化石,仍需继续努力,方能形成突破。

十、结语

正如本文一开始介绍的，国际志留系分会是国际地层委员会第一个完成全部地层"金钉子"确立工作的分会，全部 8 个底界"金钉子"有 7 个都建立在了英国，这些地层"金钉子"，大多建立比较仓促，有的是将岩石地层单位直接转变成年代地层单位，用岩石地层单位的界线替代年代地层单位的界线，而岩石地层单位界线强调的是岩性、岩相的明显变化，甚至是截然变化，这就使"金钉子"作为区域、全球对比标准的权威性受到很大影响。这种情况，在 20 世纪八九十年代甚至是 21 世纪初，在许多国家都出现过。也有的"金钉子"剖面，本身并没有发现，甚至没有发育用来定义界线的标准化石，仅人为指定一条"界线"，使得"金钉子"作为对比依据和对比标准没有"立足之地"。正是因为这些问题，而且也因为国际上除英国外的多个地区，志留系广泛而深入的研究，产生了进行区域乃至洲际对比的迫切需求，国际志留系分会在经过多次研讨之后，终于在 2000 年率先启动了已经确立的地层"金钉子"的再研究程序，这不仅开了国际志留系研究之先河，还开了国际地层委员会年代地层研究的先河。

当前，对现有地层"金钉子"进行再研究，依然是国际志留系分会的中心工作，相信在不久的将来，会有相关地层"金钉子"在经过广泛而深入细致的再研究之后被重新确立，成为全世界志留系工作者"口服心服"的大区域乃至洲际对比的标准。

致谢：

在撰写本章稿件的过程中，作者得到了多位国内外同行的帮助，他们是戎嘉余、陈旭、王怿、黄冰、唐鹏、乔丽、梁艳、Thomas Servais、靳吉锁、栾晓聪、陈迪等，他们或提供文献资料，或提供相关照片和化石图片，有些还进行了非常有益的讨论并提供特别重要的建议，谨此致以真挚的谢意！本项工作得到国家基金委（41972011）、中国科学院（XDB26000000）和现代古生物学和地层学国家重点实验室的经费支持。本章内容是国际地球科学计划项目（IGCP653）的阶段成果。

参考文献

陈旭，方宗杰，耿良玉，王宗哲，廖卫华，夏凤生，乔新东．1990．志留系 // 周志毅，陈丕基（主编）．塔里木生物地层和地质演化．北京：科学出版社，131-175.

陈旭，樊隽轩，Melchin, M.J., Mitchell, C.E. 2004．华南奥陶纪末笔石灭绝及幸存的进程与机制 // 戎嘉余，方宗杰（主编）．生物大灭绝余复苏——来自华南古生代和三叠纪的证据．合肥：中国科学技术出版社，9(54): 1037-1038.

葛治洲，戎嘉余，杨学长，刘耕武，倪寓南，董得源，伍鸿基．1979．西南地区的志留系 // 中国科学院南京地质古生物研究所（主编）．西南地区碳酸盐地层．北京：科学出版社，1-336.

黄冰，戎嘉余，王怿．2011．黔西赫章志留纪晚期小莱采贝动物群的发现及其古地理意义．古地理学报，13(1): 30-36.

金淳泰，万正权，陈继荣．1997．上扬子地区西北部志留系研究新进展．特提斯地质，21: 142-181.

林宝玉，郭殿珩，汪啸风．1984．志留系．北京：地质出版社，1-24.

林宝玉，苏养正，朱秀芳，戎嘉余．1998．中国地层典 - 志留系．北京：地质出版社．1-104.

穆恩之．1962．中国的志留系．全国地层会议学术报告汇编．北京：科学出版社．

穆恩之，戎嘉余．1983．论国际奥陶 - 志留系的分界．地层学杂志，7(2): 81-91.

戎嘉余．1986．生态地层学的基础 - 群落生态的研究 // 中国古生物学会（主编）．中国古生物学会第十三、十四届学术年会论文集．合肥：安徽科学技术出版社，1-24.

戎嘉余，陈旭．1990．中国志留系研究之今昔．古生物学报，29(4): 385-401.

戎嘉余，杨学长．1981．西南地区早志留世中、晚期腕足动物群．中国科学院南京地质古生物研究所集刊，13: 163-278.

戎嘉余，陈旭，樊隽轩，詹仁斌．2004．志留系全球界线层型的"再研究"——志留系底界与温洛克统底界．地层古生物论文集，28: 41-60.

戎嘉余，黄冰，詹仁斌，Harper, D.A.T. 2008．华东志留纪最早期的华夏正形贝动物群及其宏演化意义．古生物学报，47(2): 141-167.

戎嘉余，王怿，张小乐．2012．追踪地质时期的浅海红层——以上扬子区志留系下红层为例．中国科学：地球科学，42(6): 862-878.

戎嘉余，王怿，詹仁斌，樊隽轩，黄冰，唐鹏，李越，张小乐，吴荣昌，王光旭，魏鑫．2019．中国志留纪综合地层和时间框架．中国科学地球科学，49(1): 93-114.

孙云铸．1943．就中国古生代地层论划分地史时代之原则．中国地质学会志，23(1-2): 35-56.

孙云铸，司徒穗卿．1947．云南保山地质概要．北京大学地质系研究录，32 号，1-15.

谭雪春，董致中，秦德厚．1982．滇西保山地区下泥盆统兼论志留泥盆系的分界．地层学杂志，6(3): 199-208.

王健，孟勇，王欣，黄洪平，傅力浦，张欣．2011．关于强壮弓笔石（*Cyrtograptus robustus*）的补充研究．地质通报，30(8): 1233-1237.

王雪．1995．滇东曲靖上志留统关底组若干腕足动物居群的生态特征．古生物学报，34(6): 742-754.

王怿，戎嘉余，徐洪河，王成源，王根贤．2010．湖南张家界地区志留纪晚期地层新见兼论小溪组的时代．地层学杂志，34(2): 113-126.

王怿，张小乐，徐洪河，蒋青，唐鹏．2011．重庆秀山志留纪晚期小溪组的发现与迴星哨组的厘定．地层学杂志，35(2): 113-121.

王怿，戎嘉余，唐鹏，王光旭，张小乐．2016．四川盐边稗子田剖面志留系新认识．地层学杂志，40(3): 225-233.

王怿，唐鹏，张小乐，张雨晨，黄冰，戎嘉余．2018．志留纪晚期小溪组在湖北宜昌纱帽山的发现．地层学杂志，42(4): 371-380.

王成源．2013．中国志留纪牙形刺．合肥：中国科学技术大学出版社，1-235.

王成源，王志浩．2016．中国牙形刺生物地层．杭州：浙江大学出版社，1-379.

汪啸风，倪世钊，周天梅，徐光洪，项礼文，曾庆銮，赖才根，李志宏．1987．志留系．143-197// 汪啸风，倪世钊，曾庆銮，徐光洪，周天梅，李志宏，项礼文，赖才根（主编）．长江三峡地区生物地层学（2）早古生代分册．北京：地质出版社，1-641.

吴荣昌，黄冰，王光旭，魏鑫，詹仁斌，唐鹏，栾晓聪，张雨晨．2018．鄂西北竹溪地区志留系竹溪组．地层学杂志，42(3): 243-256.

谢家荣，赵亚曾．1925．湖北西部罗惹坪志留系的研究．中国地质学会志，4: 39-44.

新疆区测大队．1967．西昆仑 - 木吉 - 塔什库尔干 1:100 万区域地质调查报告．

许杰．1934．长江下游之笔石化石．国立中央研究院地质研究所专刊，甲种第 4 号，1-23.

尹赞勋．1949．中国南部志留纪地层之分类与对比．中国地质学会志，29: 1-61.

尹赞勋，路兆洽．1937．云南施甸之奥陶纪与志留纪地层．中国地质学会志，16: 41-56.

云南省地质矿产局．1990．云南省区域地质志．中华人民共和国地质专报 21 号．北京：地质出版社，728.

张元动，A.C. Lenz. 1999．云南墨江志留纪地层及其笔石序列．地层学杂志，23(3): 161-169.

张远志．1996．云南的岩石地层．中国多重地层划分与对比（53）．北京：中国地质大学出版社，366.

周志毅，陈丕基．1990．塔里木生物地层和地质演化．北京：科学出版社，366.

Abushik, A.F., Berger, A.Ya., Koren', T.N., Modzalevskaya, T.L., Nikiforova, O.I., Predtechensky, N.N. 1985. The fourth series of the Silurian System in Podolia. Lethaia, 18:125-146.

Aldridge, R.J., Siveter, D.J., Siveter Derek, J., Lane, P.D., Palmer, D., Woodcock, N.H. 2000. British Silurian Stratigraphy. Peterborough: Geological Conservation Review Series, Joint Nature Conservation Committee, 542.

Aubrechtová, M. 2019. Review of ascocerid cephalopods from the upper Silurian of the Prague Basin (Central Bohemia) - history of research and palaeobiogeographic relationships. Fossil Imprint, 75: 14-24.

Bassett, M.G. 1985. Towards a "common language" in stratigraphy. Episodes, 8: 87-92.

Bassett, M.G. 1989. The Wenlock Series in the type area//Holland, C.H., Bassett, M.G. (eds.). A Global Standard for the Silurian System. National Museum of Wales (Geological Series), 9: 51-73.

Bassett, M.G., Cocks, L.R.M., Holland, C.H., Rickards, R.B., Warren,

P.T. 1975. The type Wenlock Series. Report of Institute of Geological Society London, 75(13): 1-19.

Bassett, M.G., Lawson, J.D., White, D.E. 1982. The Downton Series as the fourth series of the Silurian System. Lethaia, 15(1): 1-24.

Berry, W.B.N. 1987. The Ordovician-Silurian boundary: new data, new concerns. Lethaia, 20: 209-219.

Berry, W.B.N., Boucot, A.J. 1970. Correlation of the North American Silurian rocks. Special Papers of Geological Society of America, 102: 1-289.

Berry, W.B.N., Boucot, A.J. 1973. Glacio-Eustatic Control of Late Ordovician Early Silurian Platform Sedimentation and Faunal Changes. Geological Society of America Bulletin, 84(1): 275-284.

Boucot, A.J. 1975. Evolution and Extinction Rate Controls. Developments in Palaeontology and Stratigraphy. New York, Amsterdam: Elsevier, 1-427.

Boucot, A.J., Johnson, J.G. 1973. Silurian brachiopod zoogeography// Holland, A. (ed.). Atlas of Paleobiogeography. Amsterdam: Elsevier, 59-66.

Chen, X., Rong, J.Y., Mitchell, C.E., Harper, D.A.T., Fan, J.X., Zhan, R.B., Zhang, Y.D., Li, R.Y., Wang, Y. 2000. Late Ordovician to earliest Silurian graptolite and brachiopod zonation from Yangtze Region, South China with a global correlation. Geological Magazine, 137(6): 623-650.

Chen, X., Fan, J.X., Chen, Q., Tang, L., Hou, X.D. 2014. Toward a stepwise Kwangsian Orogeny. Science China Earth Sciences, 57(3): 379-387.

Cocks, L.R.M. 1985. The Ordovician-Silurian boundary. Episodes, 8: 98-100.

Cocks, L.R.M. Toghill, P. 1973. The biostratigraphy of the Silurian rocks of the Girvan District, Scotland. Journal of the Geological Society London, 129: 209-243.

Cocks, L.R.M., Toghill, P., Ziegler, A. 1970. Stage names within the Llandovery Series. Geological Magazine, 107(01): 79-87.

Cocks, L.R.M., Woodcock, N.H., Rickards, R.B., Temple, J.T., Lane, P.D. 1984. The Llandovery Series of the type area. Bulletin of the British Museum Natural History (Geology), 38: 131-182.

Cocks, L.R.M., McKerrow, W.S., Verniers, J. 2003. The Silurian of Avalonia. New York State Museum Bulletin, 493: 35-51.

Copper, P., Jin, J.S. 2012. Early Silurian (Aeronian) East Point coral patch reefs of Antocosti Island, eastern Canada: first reef recovery from the Ordovician/Silurian mass extinction in eastern Laurentia. Geosciences, 2(4): 64-89.

Copper, P., Jin, J.S. 2014. The revised Lower Silurian (Rhuddanian) Becscie Formation, Anticosti Island, eastern Canada records the tropical marine faunal recovery from the end-Ordovician Mass Extinction. Newsletters on Stratigraphy, 47(1): 61-83.

Copper, P., Jin, J.S. 2015. Tracking the early Silurian post-extinction faunal recovery in the Jupiter Formation of Anticosti Island, eastern Canada: A stratigraphic revision. Newsletters on Stratigraphy, 48(2): 221-240.

Corradini, C., Corriga, M.G., Männik, P., Schönlaub, H.P. 2015. Revised conodont stratigraphy of the Cellon section (Silurian, Carnic Alps). Lethaia, 48: 56-71.

Cramer, B.D., Brett, C.E., Melchin, M.J., Männik, P., Kleffner, M.A., McLaughlin, P.I. 2011. Revised chronostratigraphic correlation of the Silurian System of North America with global and regional chronostratigraphic units and $\delta^{13}C_{carb}$ chemostratigraphy. Lethaia, 44: 185-202.

Davies, J.R., Molyneux, S.G., Vandenbroucke, T.R.A., Verniers, J., Waters, R.A., Williams, M., Zalasiewicz, J.A. 2011. Pre-conference field trip to the Type Llandovery area//Ray, D.C. (ed.). Siluria Revisited: A Field Guide. International Subcommission on Silurian Stratigraphy, Field Meeting 2011, 29-72.

De Weirdt, J., Vandenbroucke, T.R.A., Cocq, J., Russell, C., Davies, J.R., Melchin, M.J. 2020. Chitinozoan biostratigraphy of the Rheidol Gorge section, central Wales, UK: a GSSP replacement candidate section for the Rhuddanian-Aeronian boundary. Papers in Palaeontology, 6(2): 173-192.

Edwards, D., Wellman, C. 2001. Embryophytes on Land: The Ordovician to Lochkovian (Lower Devonian) Record//Gansel, P.G., Edwards, D. (eds.).Plants Invade the Land: Evolutionary and Environmental Perspectives. New York: Columbia University Press, 3-28.

Floyd, J.D. 2001. The Southern Uplands Terrane: a stratigraphical review. Earth & Environmental Science Transactions of the Royal Society of Edinburgh, 91(3-4): 349-362.

Floyd, J.D., Williams, M. 2003. A revised correlation of Silurian rocks in the Girvan district, SW Scotland. Earth & Environmental Science Transactions of the Royal Society of Edinburgh, 93(4): 383-392.

Frýda, J., Lehnert, O., Joachimski, M.M., Männik, P., Kubajko, M., Mergl, M., Farkaš, J., Frýdová, B. 2021. The Mid-Ludfordian (late Silurian) Glaciation: A link with global changes in ocean chemistry and ecosystem overturns. Earth-Science Reviews, 220: 103652.

Holland, C.H. 1980. Silurian series and stages: decisions concerning chronostratigraphy. Lethaia, 13: 238.

Holland, C.H. 1982. The state of Silurian stratigraphy. Episodes, (3): 21-23.

Holland, C.H. 1985. Series and stages of the Silurian System. Episodes, 8: 101-103.

Holland, C.H., Lawson, J.D., Walmsley, V.G. 1959. A revised classification of the Ludlovian succession at Ludlow. Nature, 184: 1037-1039.

Holland, C.H., Lawson, J.D., Walmsley, V.G. 1963. The Silurian rocks of the Ludlow district, Shropshire. Bulletin of the British Museum (Natural History) Series Geology, 8: 93-171.

Holland, C.H., Lawson, J.D., Walmsley, V.G., White, D.E. 1980. Ludlow stages. Lethaia, 13: 268.

Huang, B., Zhou, H.H., Harper, D.A.T., Zhan, R.B., Zhang, X.L., Chen, D., Rong, J.Y. 2020. A latest Ordovician Hirnantia brachiopod fauna from western Yunnan, Southwest China and its paleobiogeographic significance. Palaeoworld, 29: 31-46.

Jeppsson, L. 1997. A new latest Telychian, Sheinwoodian and early Homerian (early Silurian) standard conodont zonation. Transactions of the Royal Society of Edinburgh Earth Science, 88: 91-114.

Kříž, J. 1989. The Přídolí Series in the Prague Basin (Barrandian area, Bohemia)//Holland, C.H., Bassett, M.G. (eds.). A Global Standard for the Silurian System. National Museum of Wales.9 (Geological Series), 90-100.

Kříž, J., Degardin, J.M., Ferretti, A., Hansch, W., Gutiérrez-Marco, J., Paris, F., Piçarra, J., Robardet, M., Schönlaub, H., Serpagli, E.

2003. Silurian stratigraphy and paleogeography of north Gondwanan and Perunican Europe. New York State Museum Bulletin, 493: 105-178.Lapworth, C. 1879. On the tripartite classification of the Lower Palaeozoic rocks. Geological Magazine, New Series, 6: 1-15.

Lawson, J.D., White, D.E. 1989. The Ludlow Series in the type area// Holland, C.H., Bassett, M.G. (eds.). A Global Standard for the Silurian System. National Museum of Wales, 9: 1-15.

Lehnert, O., Männik, P., Joachimski, M.M., Calner, M., Frýda, J. 2010. Palaeoclimate perturbations before the Sheinwoodian glaciation: A trigger for extinctions during the 'Ireviken Event'. Palaeogeography, Palaeoclimatology, Palaeoecology, 296: 320-331.

Lenz, A.C. 1993. Late Wenlock - Ludlow (Silurian) graptolite extinction, evolution, and biostratigraphy: perspectives from Arctic Canada. Canadian Journal of Earth Sciences, 30(3): 491-498.

Lespérance, P.J., Barnes, C.R., Berry, W.B.N., Boucot, A.J., Mu, E.Z. 1987. The Ordovician-Silurian boundary stratotype: consequences of its approval by the IUGS. Lethaia, 20: 217-222.

Ling, M.X., Zhan, R.B., Wang, G.X., Wang, Y., Amelin, Y., Tang, P., Liu, J.B., Jin, J.S., Huang, B., Wu, R.C., Xue, S., Fu, B., Bennett, V.C., Wei, X., Luan, X.C., Finnegan, S., Harper, D.A.T., Rong, J.Y. 2019. An extremely brief end Ordovician mass extinction linked to abrupt onset of glaciation. Solid Earth Sciences, 4(4): 190-198.

Loydell, D.K. 2011. The GSSP for the base of the Wenlock Series, Hughley Brook//Ray, D.C. (ed.). Siluria Revisited: A Field Guide. International Subcommission on Silurian Stratigraphy, Field Meeting 2011, 91-99.

Loydell, D.K. 2012. Graptolite biozone correlation charts. Geological Magazine, 149: 124-132.

Loydell, D.K., Štorch, P., Melchin, M.J. 1993. Taxonomy, evolution and biostratigraphical importance of the Llandovery graptolite *Spirograptus*. Palaeontology, 36: 909-926.

Loydell, D.K., Frýda, J., Gutiérrez-Marco, J.C. 2015. The Aeronian-Telychian (Llandovery, Silurian) boundary, with particular reference to sections around the El Pintado reservoir, Seville Province, Spain. Bulletin of Geosciences, 90: 743-794.

Loydell, D.K., Kaljo, D., Männik, P. 1998. Integrated biostratigraphy of the lower Silurian of the Ohesaare core, Saaremaa, Estonia. Geological Magazine, 135: 769-783.

Mabillard, J.E., Aldridge, R.J. 1985. Microfossil distribution across the base of the Wenlock Series in the type area. Palaeontology, 28: 89-100.

Maletz, J., Wang, C.S., Kai, W., Wang, X.F. 2021. Upper Ordovician (Hirnantian) to lower Silurian (Telychian, Llandovery) graptolite biostratigraphy of the Tielugou section, Shennongjia anticline, Hubei Province, China. Paläontologische Zeitschrift, 95: 453-481.

Männik, P., Loydell, D.K., Nestor, V., Nolvak, J. 2015. Integrated Upper Ordovician-lower Silurian biostratigraphy of the Grotlingbo-1 core section, Sweden. GFF, 137: 226-244.

Martinsson, A., Bassett, M.G., Holland, C.H. 1981. Ratification of standard chronostratigraphical divisions and stratotypes for the Silurian System. Episodes, 2: 36.

McAdams, N.E.B., Cramer, B.D., Bancroft, A.M., Melchin, M.J., Devera, J.A., Day, J.E. 2019. Integrated $\delta^{13}C_{carb}$, conodont, and graptolite biochemostratigraphy of the Silurian from the Illinois Basin and stratigraphic revision of the Bainbridge Group. Geological Society of America Bulletin, 131: 335-352.

Melchin, M.J., Williams, S.H. 2000. A restudy of the akidograptine graptolites from Dob's Linn and a proposed redefined zonation of the Silurian stratotype. Palaeontology 2000, Geological Society of Australia, 61: 63.

Melchin, M.J., Sadler, P.M., Cramer, B.D. 2012. The Silurian Period// Gradstein, F.M., Ogg, J.G., Schmitz, M., Ogg, G. (eds.). The Geological Time Scale. Amsterdam: Elsevier, 525-558.

Melchin, M.J., Davies, J.R., De Weirdt, J., Russell, C., Vandenbroucke, T.R.A., Zalasiewicz, J.A. 2018. Integrated stratigraphic study of the Rhuddanian-Aeronian (Llandovery, Silurian) boundary succession at Rheidol Gorge, Wales: A preliminary report. Nottingham: British Geological Survey 16.

Melchin, M.J., Sadler, P.M., Cramer, B.D. 2020. The Silurian Period// Gradstein, F.M., Ogg, J.G., Schmitz, M., Ogg, G. (eds.). The Geological Time Scale. Amsterdam: Elsevier, 695-732.

Moore, R.C., Rasmussen, H.W., Lane, N.G., Ubaghs, G., Strimple, H.L., Peck, R.E., Sprinkle, J., Fay, R.O., Sieverts-Doreck, H. 1978. Treatise on Invertebrate Paleontology, Part T: Echinodermata 2: Crinoidea, Vol. 2. Lawrence, Kansas: Geological Society of America & University of Kansas Press. T403-T1027.

Mu, E.Z., Boucot, A.J., Chen, X., Rong, J.Y. 1986. Correlation of the Silurian Rocks of China. Geological Society of America, Special Paper, 202: 1-88.

Mullins, G.L. 2000. A chitinozoan morphological lineage and its importance in lower Silurian stratigraphy. Palaeontology, 43: 359-373.

Mullins, G.L., Aldridge, R.J. 2004. Chitinozoan biostratigraphy of the basal Wenlock Series (Silurian) global stratotype section and point. Palaeontology, 47: 745-773.

Murchison, R.I. 1835. VII. On the Silurian System of Rocks. The London, Edinburgh, and Dublin Philosophical Magazine and Journal of Science, 7(37): 46-52.

Murchison, R.I. 1839. The Silurian System. Founded on Geological Researches in the Counties of Salop, Hereford, Radnor, Montgomery, Caermarthen, Brecon, Pembroke, Monmouth, Gloucester, Worcester and Stafford; with Descriptions of the Coal-Fields and Overlying Formations. London: John Murray, 768.

Richthofen, F.F.V. 1882. China. Ergebnisse eigener Reisen und darauf gegründeter Studien, Band 2. Beilin: Dietrich Reimer, 792.

Rong, J.Y., Harper, D.A.T. 1999. Brachiopod survival and recovery from latest Ordovician mass extinction in South China. Geological Journal, 34: 321-348.

Rong, J.Y., Boucot, A.J., Su, Y.Z., Strusz, D.L. 1995. Biogeographical analysis of late Silurian brachiopod faunas, chiefly from Asia and Australia. Lethaia, 28: 39-60.

Rong, J.Y., Melchin, M.J., Williams, S.H., Koren, T.N., Verniers, J. 2008. Report of the restudy of the defined global stratotype of the base of the Silurian System. Episodes, 31: 315-318.

Rong, J.Y., Huang, B., Zhan, R.B., Harper, D.A.T. 2013. Latest Ordovician and earliest Silurian brachiopods succeeding the *Hirnantia* Fauna in Southeast China. Special Papers in Palaeontology, 90: 1-142.

Shao, T.Q., Jia, C.H., Liu, Y.H., Fu, L.P., Zhang, Y.N., Qin, J.C., Jiang, K.T., Tang, H.H., Wang, Q., Hu, B. 2018. The Llandovery graptolite zonation of the Danangou section in Nanzheng, Shaanxi Province, central China, and comparisons with those of other regions. Geological Journal, 53: 414-428.

Sorgenfrei, T. 1964. Report of the 21st International Geological Congress, Copenhagen, Norden, 1960, part 28. General Proceedings, 277.

Štorch, P. 2021. Chairman's Corner. Silurian Times 28 for 2020, 3-4.

Štorch, P., Melchin, M.J. 2018. Lower Aeronian triangulate monograptids of the genus Demirastrites Eisel, 1912: biostratigraphy, Palaeobiogeography, anagenetic changes and speciation. Bulletin of Geosciences, 93: 513-537.

Štorch, P., Manda, S., Tasáryová, Z., Frýda, J., Chadimová, L., Melchin, M.J. 2018. A proposed new global statotype for Aeronian Stage of the Silurian System: Hlásná Třebaň section, Czech Republic. Lethaia, 51: 357-388.

Tang, P., Wang, J., Wang, C.Y., Wu, R.C., Yan, K., Liang, Y., Wang X. 2015. Microfossils across the Llandovery-Wenlock boundary in Ziyang-Langao region, Shaanxi, NW China. Palaeoworld, 24: 221-230.

Torsvik, T.H., Cocks, L.R.M. 2013. New global palaeogeographical reconstructions for the Early Palaeozoic and their generation// Harper, D.A.T., Servais, T. (eds.). Early Palaeozoic Biogeography and Palaeogeography. Memoirs of the Geological Society London, 38: 5-24.

Torsvik, T.H., Cocks, L.R.M. 2017. Earth History and Palaeogeography. Cambridge: Cambridge University Press, 1–317.

Williams, M., Zalasiewicz, J.A. 2004. The Wenlock Cyrtograptus species of the Builth Wells district, central Wales. Palaeontology, 47: 223-263.

Yin, T.H. 1966. China in the Silurian period. Journal of the Geological Society of Australia, 13(1): 277-297.

Zalasiewicz, J.A., Taylor, L., Rushton, A.W.A., Loydell, D.K., Rickards, R.B., Williams, M. 2009. Graptolites in British stratigraphy. Geological Magazine, 146: 785-850.

Zhang, Y.D., Wang, Y., Zhan, R.B., Fan, J.X., Zhou, Z.Q., Fang, X. 2014. Ordovician and Silurian stratigraphy and palaeontology of Yunnan, southwest China. A guide to the field excursion across the South China, Indochina and Sibumasu. Beijing, Science Press, 138.

Zhao, W.J., Zhu, M. 2015. A review of Silurian fishes from Yunnan, China and related biostratigraphy. Palaeoworld, 24: 243-250.

Zhao, W.J., Zhu, M., Gai, Z.K., Jia, L.T., Pan, Z.H., Cai, J.C. 2019. Diversity and faunal succession of Silurian vertebrates from South China. Ichthyolith Issues, Special Publication, 14: 84-86.

第四章著者名单

詹仁斌　现代古生物学和地层学国家重点实验室（中国科学院南京地质古生物研究所）；中国科学院生物演化与环境卓越创新中心；中国科学院大学地球与行星科学学院。rbzhan@nigpas.ac.cn

张元动　现代古生物学和地层学国家重点实验室（中国科学院南京地质古生物研究所）；中国科学院生物演化与环境卓越创新中心；中国科学院大学地球与行星科学学院。ydzhang@nigpas.ac.cn

王光旭　现代古生物学和地层学国家重点实验室（中国科学院南京地质古生物研究所）；中国科学院生物演化与环境卓越创新中心。
gxwang@nigpas.ac.cn

Mike Melchin　加拿大圣·弗兰西斯·夏维尔大学地球科学系。
mmelchin@stfx.ca

Petr Štorch　捷克科学院地质研究所。
storch@gli.cas.cz

第五章
泥盆系"金钉子"

泥盆纪是晚古生代的第一个纪，以笔石 *Uncinatograptus uniformis* 的首次出现作为开始标志，记录着地球历史上最大规模的后生动物生物礁系统、两次大规模的生物集群灭绝事件和陆地生态系统的首次建立。现行的国际泥盆纪标准年代地层系统于 1985 年得以正式确认，包括三统七阶，自下而上为：下泥盆统洛赫考夫阶、布拉格阶和埃姆斯阶，中泥盆统艾菲尔阶和吉维特阶，上泥盆统弗拉阶和法门阶。至 1996 年，泥盆系的"金钉子"已经全部确立，除泥盆系底界以笔石作为界线定义外，其他界线均以重要牙形刺分子的首次出现作为标志。其中，泥盆系底界"金钉子"是国际地层委员会建立的全球第一个地层"金钉子"。

本章编写人员　郄文昆／郭　文／宋俊俊／梁　昆／卢建峰／黄　璞

篇章页图　Seewarte 山峰和 Wolayer 湖，位于奥地利与意大利边界附近的阿尔卑斯山巅，海拔 2 595 m。该剖面主要出露下泥盆统灰岩沉积，自下而上包括 Rauchkopfel 组、Hohe Warte 组、Seewarte 组和 Lambertenghi 组，富含头足类、腹足类、珊瑚、腕足动物和牙形刺化石，是欧洲阿尔卑斯山脉地区典型的泥盆系剖面之一泥盆纪（Devonian Period）（419.2—358.9 Ma）是晚古生代的第一个纪，以笔石 *Uncinatograptus uniformis*（均一钩笔石）的首次出现作为开始标志，持续大约 6 000 万年，这一时期所形成的地层称为泥盆系（Devonian System）。年代地层单位"泥盆系"一词源自英格兰西南部的德文郡（Devon），最早由 Sedgwick 和 Murchison（1839）提出，用以指代该郡广泛分布的一套与"老红砂岩"（Old Red Sandstone）同期的地层单元，介于志留系与石炭系之间，确定为一新系。

泥盆纪的地球系统发生了重大转变，伴随着板块运动，盘古大陆（Pangea，又称泛大陆）开始其汇聚进程，陆地维管束植物大量繁盛，大气 CO_2 浓度自地球诞生以来首次迅速降低至近现代水平，全球逐渐从志留纪的"温室地球"转变为石炭纪 – 二叠纪的"冰室地球"（Joachimski et al.，2009）。泥盆纪复杂多变的气候受到多种时间尺度的作用力的控制，最终导致两次大规模的生物灭绝事件，即晚泥盆世弗拉期 – 法门期之交（F–F）和泥盆纪末（D–C）的大灭绝事件，对海洋和陆地生态系统的演化产生了重要影响。

国际地层委员会（ICS）主要工作目标是精确定义全球地层单位，形成地质科学界的"共同语言"，全力推动建立年代地层的全球界线层型剖面和点位（GSSP）。1972 年，泥盆系底界"金钉子"获得了国际地质科学联合会批准，正式成为国际地层委员会建立的全球第一个地层"金钉子"（Chlupáč & Kukal，1977）。1985 年，国际泥盆系标准年代地层系统得以正式确立并沿用至今，包括三统七阶。其中，下泥盆统包括洛赫考夫阶、布拉格阶和埃姆斯阶，中泥盆统包括艾菲尔阶和吉维特阶，而上泥盆统则由弗拉阶和法门阶组成（Ziegler & Klapper，1985）。至 1996 年，泥盆系的"金钉子"以及泥盆系 – 石炭系界线"金钉子"已经全部确立，除泥盆系底界以笔石作为界线定义外，其他界线均以重要牙形刺分子的首次出现作为标志。需要指出的是，"金钉子"确立之后并非一成不变的，随着科学认识的不断加深，需要进行相应的完善和调整。目前，泥盆系埃姆斯阶底界和泥盆系 – 石炭系界线的"金钉子"由于界线定义和界线层型存在问题，正在进行重新研究（图 5-0-1）。

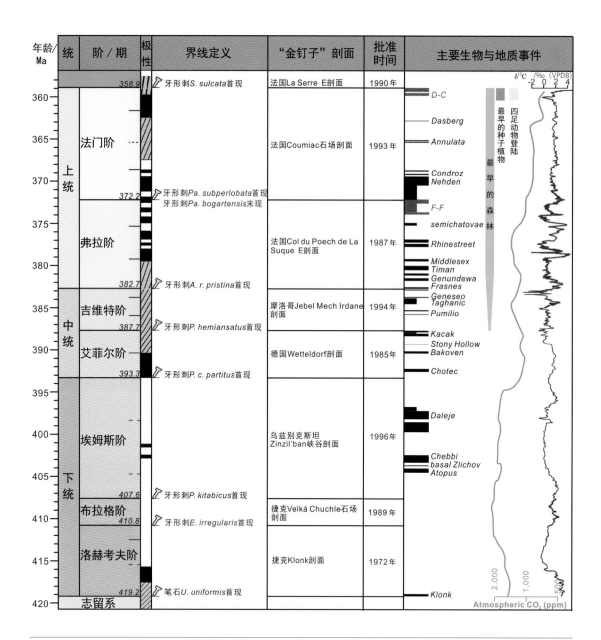

图 5-0-1　国际泥盆纪年代地层划分和主要生物与地质事件（据 Becker et al.，2020 和国际地层委员会官网数据修改。界线定义栏中蓝色代表"金钉子"界线定义在国际年代地层表 GTS 中有修订，但有待正式批准）

第一节
泥盆纪的地球

　　泥盆纪的海陆古地理格局、板块运动和陆地植物群演化是影响地球表层系统中气候和环境变化的最重要因素，最终控制着地球生命的演化进程（Algeo et al., 1995；Godderis et al., 2004）。泥盆纪海洋以极高的生物多样性为特征，发育了地球历史上最大规模的后生动物生物礁系统，并有两次大规模的生物集群灭绝事件；陆地上，维管植物迅速繁盛，早期森林开始出现，至泥盆纪晚期两栖类得以登陆，开启了动物征服陆地的伟大征程。随着维管植物在陆地上的不断拓殖，地球表层岩石圈、水圈和大气圈的地质过程发生了显著变化，陆地上化学风化作用增强，地表径流中营养元素通量明显增加，大气中二氧化碳被大量消耗，这些因素的综合作用深刻地影响着海洋生态系统，特别是近岸生态系统的演变，揭示出泥盆纪海－陆－气相互作用的复杂过程。

一、泥盆纪古地理格局

　　泥盆纪全球古地理的基本格局主要由南方冈瓦纳大陆（Gondwana）、赤道附近的劳俄大陆（Laurussia，又称欧美大陆、老红砂岩大陆）、西伯利亚板块、华南板块、华北板块及其间的泛大洋（Panthalassic Ocean）、索伦克尔洋（Solonker Ocean）和古特提斯洋（Paleotethys Ocean）组成（图5-1-1）。冈瓦纳大陆是泥盆纪最完整、最大的古陆，围绕当时的南极地区分布，主要由现今的南美洲、非洲、阿拉伯半岛、印度、澳大利亚、南极、南欧、土耳其、阿富汗、伊朗和中国西藏喜马拉雅地区组成。劳俄大陆由劳伦大陆和波罗的大陆碰撞合并而形成，主要包括北美、苏格兰、爱尔兰的一部分以及乌拉尔以西的俄罗斯地台、芬兰和斯堪的纳维亚半岛。

　　劳俄大陆以北和以东主要包括西伯利亚、哈萨克斯坦、华北、华南和一些分散的小型－微板块。泥盆纪时，地球表面大部分被泛大洋覆盖，此外还包括位于哈萨克斯坦板块南缘的索伦克尔洋，华南、华北板块与冈瓦纳大陆东北缘之间的古特提斯洋，以及不同板块之间的海洋和陆表海，海水的覆盖面积可达地球表面的85%。古特提斯洋初始开裂于奥陶纪晚期，至志留纪末－泥盆纪初，华北和华南分别自冈瓦纳大陆北缘向北移动，使得古特提斯洋的范围进一步扩大。

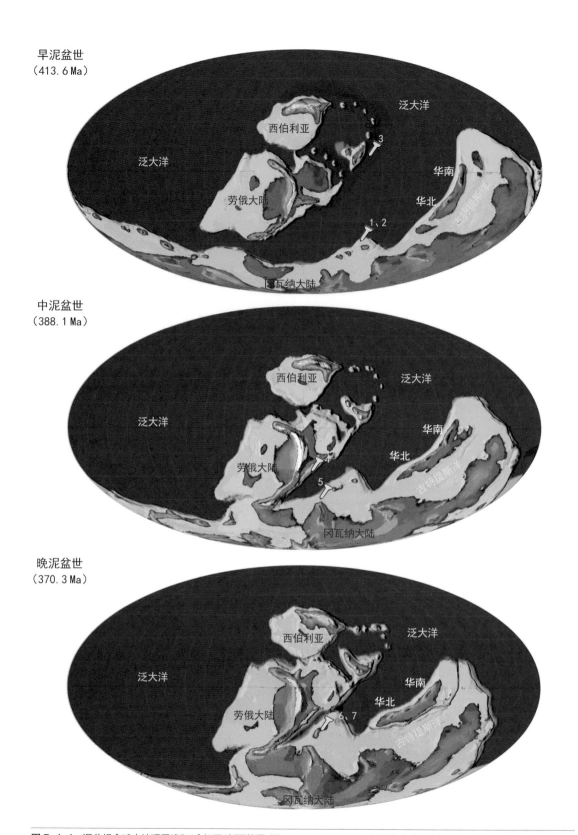

早泥盆世
（413.6 Ma）

中泥盆世
（388.1 Ma）

晚泥盆世
（370.3 Ma）

图 5-1-1 泥盆纪全球古地理重建和"金钉子"剖面位置（据 Scotese，2014）。1、2. 洛赫考夫阶和布拉格阶底界"金钉子"所在地——
捷克布拉格地区；3. 埃姆斯阶底界"金钉子"所在地——乌兹别克斯坦 Zinzil'ban 峡谷；4. 艾菲尔阶底界"金钉子"
所在地——德国艾菲尔山地区；5. 吉维特阶底界"金钉子"所在地——北非摩洛哥 Jebel Mech Irdane 地区；6、7.
弗拉阶和法门阶底界"金钉子"所在地——法国 Montagne Noire 地区

　　　　　　　　　　　　　　　　　　　　　　　　　　地层"金钉子"：地球演化历史的关键节点

二、泥盆纪时的构造运动

泥盆纪板块构造活动相对稳定，泛大陆开始其汇聚进程，古特提斯洋快速扩张。劳俄大陆的位置相对比较固定，大部分区域长期位于南半球低纬度地区，古纬度位置几乎保持不变（图5-1-1）。另一方面，南方冈瓦纳大陆位置发生显著位移。古地磁研究结果表明，奥陶纪时南极点位于今天的北非地区，志留纪时位于南美智利的西部地区，而泥盆纪时则移至阿根廷中部。与中－晚泥盆世强烈的火山活动相对应，全球范围内主要发育劳俄大陆南缘的阿卡迪亚（Acadian）造山带、北极的埃尔斯米尔（Ellesmerian）造山带、欧洲始华力西（Eovariscan）造山带、中亚岩浆弧和南乌拉尔造山带等（Qie et al., 2019）。其中，泥盆纪早期发生的阿卡迪亚造山运动持续了约5 000万年，导致北美中东部形成高地，并影响阿巴拉契亚地区北段，包括如今的美国纽约至加拿大纽芬兰一带。阿卡迪亚造山运动由阿瓦隆尼亚地体（Avalonia）楔入劳伦大陆引发，最终导致了古大西洋（Iapetus Ocean）的部分闭合。

泥盆纪中、晚期，劳俄古陆的北缘和西缘在福兰克林和科迪勒带内发生的埃尔斯米尔和安特勒（Antler）造山运动，几乎影响整个北极全区。与此同时，大洋中脊的快速扩张导致中－晚泥盆世全球海平面持续上升，从而形成广泛分布的陆内盆地、陆缘盆地和克拉通盆地。构造运动和全球海平面变化控制着泥盆纪海洋中宜居生境的时空分布和演化，决定了海洋生物的生存、繁衍和消亡。但是，全球板块的古地理位置、板块碰撞或裂解的时间、过程、性质及其伴生的火山岩浆活动，还需要进一步精确限定。

三、气候与环境

通过泥盆纪牙形刺化石磷酸盐和腕足动物壳体方解石的氧同位素地球化学分析，可以重建低纬度地区海水表层温度（SST）的变化趋势（Joachimski et al., 2009）。志留纪末期－早泥盆世洛赫考夫期，海水表层温度超过35℃，至埃姆斯晚期快速降至约28℃；中泥盆世艾菲尔期至吉维特早中期，海水表层温度稳定在26~28℃之间，之后温度开始快速上升，在晚泥盆世F–F之交（Frasnian–Famennian）可能上升至35℃以上；晚泥盆世法门期，海水温度逐步降低。总的来看，泥盆纪海水温度的变化与泥盆纪生物礁总体演化趋势相对应。中泥盆世长期稳定的温暖环境（26~28℃）提供了造礁生物，如层孔虫、珊瑚和苔藓虫所需的适宜生境，促进了后生动物礁的繁盛，而晚泥盆世的突然升温和长期持续高温引发了后生动物礁的衰落，这与现代珊瑚礁在表层海水温度28.1~34.9℃范围出现退化现象十分相似。

泥盆纪全球海平面频繁波动，发育两个主要的海进—海退旋回（Johnson et al.，1985）。布拉格期至埃姆斯早中期，海平面较为稳定，在埃姆斯早期的大海退之后，开始发生持续的海侵，并延续至艾菲尔期。吉维特早中期海平面相对稳定，此时大规模碳酸盐岩台地开始形成。吉维特中晚期的 Taghanic 大海侵发生后，全球范围内大量生物礁消失。弗拉期延续了海平面上升的局面，弗拉晚期下 Kellwasser 事件中海平面快速上升，造成底栖生物群落大量消失，其后出现的海退及 F–F 之交的上 Kellwasser 事件，导致残存的后生动物礁消亡。

进入晚泥盆世法门期，全球温度逐步下降，海平面频繁波动，而海水碳同位素记录和海洋碳循环过程比较稳定。泥盆纪 – 石炭纪之交，南方冈瓦纳大陆上开始发育少量的高山冰川，正式标志着泥盆纪"温室地球"时代的结束。

四、生命演化

1. 鱼类时代

志留纪晚期 – 泥盆纪早期，鱼类进入了飞跃发展时期，无颌类和有颌类在泥盆纪海洋中的近岸浅水环境中开始快速分异，数量和种类迅猛增加（图 5-1-2）。泥盆纪早期，有颌类的"四大家族"——盾皮鱼类、软骨鱼类、棘鱼类和硬骨鱼类均已出现。庞大的鱼类家族在海洋中迅速辐射扩散，种类日益繁盛，成为泥盆纪海洋中最为常见的生物类群，许多种类一直延续至今，因此泥盆纪又被称为"鱼类时代"。我国云南曲靖地区富产早期鱼类化石，发育志留纪晚期潇湘脊椎动物群和早泥盆世西屯脊椎动物群，迄今为止曲靖地区发现了共计约 64 属 82 种鱼类化石材料，几乎涵盖了当今世界上已发现的大部分古生物鱼类，是全世界独一无二的化石宝库。在泥盆系底部发现的肺鱼形类杨氏鱼（*Youngoleps*），被认为是扇鳍鱼类冠群及肉鳍鱼类冠群最古老的代表，而扇鳍鱼类冠群则主要包括肺鱼类和四足动物（赵文金等，2021）。至泥盆纪晚期，伴随着陆地生态系统的建立，四足动物最终"走"上陆地，迈出了生命演化史上"从鱼到人"的关键一步。

2. 陆地生态系统

陆地植物起源的曙光可以追溯到早古生代（Strother & Foster，2021），但早期的陆地植物如黑夜中的星星之火，沉寂在荒凉的大地上，静静地等待一次飞跃。终于，在志留纪晚期陆地开始广泛出现了拟莱尼蕨类植物、石松类及工蕨类植物。这些植物个体矮小，结构简单，甚至绝大多数植物缺少根系和叶片等结构。至早泥盆世，这些陆生植物已呈燎原之势，遍布全球，同时复杂程度骤然增高，逐渐演化出了根系、异孢习性和次生生长等结构和习性，这一过程被认为是陆生维管植物的"辐射演化事件"（Hao & Xue，2013）。

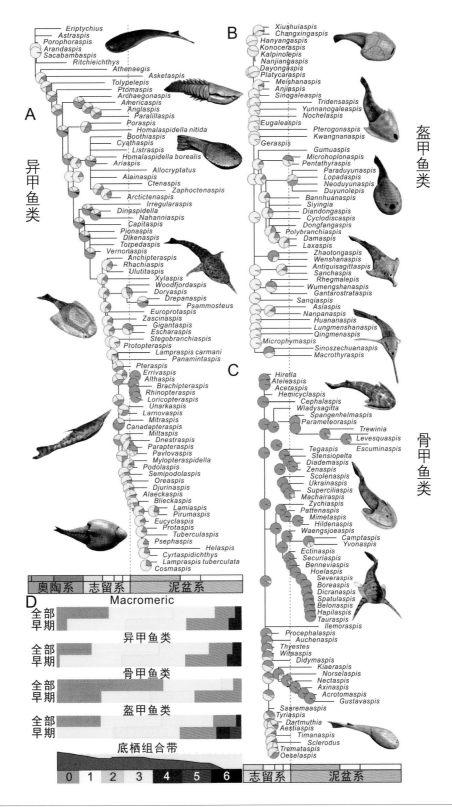

图 5-1-2 志留纪晚期 – 泥盆纪早期近岸浅水生境中无颌类的快速分异演化（据 Sallan et al., 2018）。图 D 底部的 0~6 及背景颜色代表从近岸浅水到斜坡深水的海洋底栖生物群落（Benthic Assemblage，缩写为 BA），揭示出无颌类在早期和全部时段中的生境分布特征：BA0——淡水环境；BA1——潮间带，浪基面之上；BA2——浅潮下带或潟湖；BA3——深潮下带，常见珊瑚——层孔虫礁；BA4-BA5——中—外陆棚；BA6——陆棚边缘—半深海。图 A、B、C 中的分支节点的颜色代表该分支鱼类所处的生境（BA）

有学者认为，这一时期除被子植物之外，其他现生植物主要支系的祖先类群业已出现，奠定了现代维管植物谱系蓝图，这一过程可比拟于"寒武纪生命大爆发"（Hao & Xue，2013）。而来自华南下泥盆统的丰富化石材料则见证了这一期间植物的蓬勃发展，其中研究最为详细的是云南坡松冲植物群，已报道有 28 属 36 种，物种多样性远超同期其他板块（Hao & Xue，2013）。

由于这一时期大气中高 CO_2 浓度抑制着叶片的演化，绝大多数陆生植物尚未演化出叶片结构，但坡松冲植物群中不少植物却演化出了叶性器官（枝叶复合体），例如 *Eophyllophyton*，同时也演化出了复杂各异的繁殖结构，如 *Celatheca* 和 *Polythecophyton* 等。随着植物逐渐占领陆地，地球表层土壤开始广泛出现，沉积物中泥质成分随之增加，陆地生态系统逐渐复杂化，部分陆生节肢动物以植物为食，开始了一场漫长而持久的"军备竞赛"。位于苏格兰的莱尼燧石层（Rhynie chert）如同时光胶囊，记录了陆地生态系统的精彩瞬间，让我们得以了解这一时期真菌、植物和动物之间的复杂关系。

经过漫长的等待与演化，中泥盆世的植物开始了森林化的征程，这一期间摆脱地球重力、长成参天大树是陆生维管植物最重要的演化主题。来自美国纽约州的原位化石让人们有机会一瞥世界上最早的森林的模样，高度可达 8 m 以上的似真蕨类植物与前裸子植物、石松植物共同构成了这个并不简单的森林系统（Stein et al.，2012）。进一步演化不仅仅是植物高度的变化，同时也向着高地出发。高地比低地的环境条件更加不稳定，也更干旱一些。要克服这些困难，种子习性或许是一条途径。相比于孢子植物，种子习性更能摆脱对水分的依赖，并在中泥盆世晚期演化出了种子的先驱——*Runcaria*（Gerrienne et al.，2004）。陆地生态系统也因此变得更加复杂，动物与植物之间关系愈加紧密，多种取食方式可以在中泥盆世中的苔藓上找到踪影（Labandeira et al.，2014）。

在晚泥盆世，陆地植物迅速演化，各个类群得以长足发展，其中我国长江中下游地区成了这一时期植物多样性的中心之一。森林系统开始广泛出现，陆地碳库总量进一步增加，华南五通组记录了这一时期面积最大的森林系统（图 5-1-3）。同时，复杂的根系系统使得陆地风化作用逐步加强，大气中二氧化碳浓度快速降低。由于这一阈值的降低，使得包括似真蕨类、楔叶类、前裸子植物和种子植物在内的各个支系中迅速独立演化出了叶片。另一方面，强大的根系也重塑着地球的面貌。由于受到根系固堤作用的影响，河流的面貌不再只是辫状河，曲流河地貌从那时起就广泛出现在我们这个星球上了（Gibling & Davies，2012）。

3. F–F 之交生物大灭绝

晚泥盆世弗拉期 – 法门期之交（F–F）和泥盆纪末（D–C 界线）生物大灭绝，属于显生宙以来的两次大规模集群灭绝事件。这两次事件导致泥盆纪典型生物的大量消亡和生物群落的明显更替，最终影响了地球生命的演化进程。其中，F–F 之交的生物灭绝事件是国际公认的显生宙以

图 5-1-3 华南上泥盆统五通组的石松——广德木（*Guangdedendron*）森林（据 Wang et al., 2019）

来地球生态系统遭受重创的五大灭绝事件之一，亦称 Kellwasser 事件。这次事件导致泥盆纪海洋生态系统中至少 80% 的物种灭绝和显生宙最大规模的后生动物礁的消亡。F–F 事件持续大约 1 Myr，可划分出下、上 Kellwasser 两幕（图 5-0-1），持续时间分别为 20 万年和 15 万年，两幕之间间隔约 60 万年（De Vleeschouwer et al., 2017）。

　　F–F 生物事件的灭绝模式复杂。它并非以短时间内极高的生物灭绝率为主要特征，而是总体上表现出一种循序渐进的灭绝过程，以低新生率为特征，并具有多期性、"瞬间性"、差异性和关联性等四个基本特征。这次事件主要影响中低纬度地区浅海生态系统中的底栖生物群落与浅层水体中的浮游和游泳生物，而对较深水盆地中的底栖生物则影响较弱。

　　F–F 事件伴随着剧烈的全球性气候环境变化，其中海平面升降、海洋缺氧和温度变化被认为是引发 F–F 生物大灭绝的最主要直接因素，其他因素还包括海水富营养化、海洋酸化和大气 CO_2 分压变化等。地球系统内部不同时间尺度作用力（如板块运动、火山作用和天文年代旋回等）互相叠加影响，可能是引起 F–F 气候环境变化和生物大灭绝的原因。吉维特期晚期 – 弗拉期晚期，海水温度逐渐升高至 35℃ 以上，导致珊瑚、层孔虫等后生动物礁系统逐步崩溃，生物多样性热点逐渐消失，浅海生态系统中以喜热或耐热生物为主，而 F–F 之交连续发生两次持续时间为 10 万~20 万年的快速变冷事件及缺氧事件，导致海洋生物出现略高的生物灭绝率和较低的新生率，最终表现为 F–F 事件复杂的灭绝模式。

近年来，越来越多的证据表明，晚泥盆世发生的陨石撞击事件并未导致 F–F 生物灭绝，而大规模的火山作用可能是造成地球气候环境剧变的最终触发机制，同时，陆地植物演化和全球构造活动在百万至千万年时间尺度上的反馈机制亦起重要作用。中 – 晚泥盆世，深根系、复杂根系以及种子植物的出现不仅开拓了一个新的碳库，导致大气 CO_2 分压下降和 O_2 浓度升高，而且极大地促进了地表成土作用和硅酸盐岩的风化作用，消耗大气中大量 CO_2 并使得丰富的陆源营养物质进入海洋系统，造成陆表盆地和陆缘盆地中频繁地出现海水富营养化和海洋缺氧事件。

4. D–C 之交生物大灭绝

泥盆纪 – 石炭纪（D–C）之交的生物灭绝事件亦称"Hangenberg 事件"，发生在泥盆纪末的牙形刺中 *Siphonodella praesulcata* 带 – 上 *Siphonodella praesulcata* 带期间，持续 10 万~30 万年。最近研究表明，这次事件对海洋生态系统的影响至少与晚泥盆世 F–F 之交的生物大灭绝相当（McGhee et al., 2013）。Hangenberg 事件命名源自德国莱茵河地块的 Hangenberg 黑色页岩沉积，在黑色页岩底部，晚泥盆世曾经盛行一时的海神石、镜眼虫、牙形刺的掌鳞刺类及盾皮鱼类突然全部消亡。黑色页岩之上为一套过渡层沉积，自下而上包括 Hangenberg 页岩、Hangenberg 砂岩和 Stockum 灰岩，以发育少量幸存种和新生种为特征。灭绝事件之后，菊石、牙形刺、介形类、珊瑚、腕足动物等无脊椎生物类群和脊椎动物均发生新的辐射，标志着石炭纪的开始。这次事件被认为是天然的泥盆纪 – 石炭纪界线标志。

D–C 之交的生物灭绝事件具有幕式特征。灭绝主幕始于 Hangenberg 黑色页岩底部，对应于全球碳酸盐工厂（carbonate factory）的突然"停工"和黑色页岩的广泛出现。在深水相区，这次事件主要影响牙形刺、菊石和介形类，灭绝率分别可达 40%、85% 和 50%；在浅水相区，这次事件导致了层孔虫（古生代重要造礁生物）、介形类豆石介目的完全灭绝和泥盆纪珊瑚的大量消亡，打断了 F–F 事件之后的海洋生物复苏进程。

在 Hangenberg 黑色页岩沉积之上，深水相区表现出向上变浅的沉积序列，浅水相区则往往表现为岩性突变和沉积间断，反映出全球性海平面下降，即发生了海退，并伴随着海洋中的碳、氮同位素异常。这次海退事件对应于南方冈瓦纳大陆上的晚古生代最早的冰川记录（Qie et al., 2019）。部分学者认为，成冰事件及全球海平面下降引起的生境锐减，是这次生物大灭绝的重要原因。

Hangenberg 生物大灭绝事件的第二幕发生在牙形刺上 *Siphonodella praesulcata* 带内部，对应于冰期结束之后的海侵沉积和碳酸盐工厂的"复工"，表现为幸存物种的最终消亡和陆地植物群的更替。这第二幕事件还导致了海洋中几丁虫、盾皮鱼的最终灭绝以及疑源类、有孔虫和脊椎动物多样性的明显降低，深刻地改变了海洋和陆地生态系统的结构和功能。

第二节
泥盆纪的地质记录

泥盆纪地层分布十分广泛，在全球主要的大陆板块及其周缘均有分布。泥盆系中统与上统普遍发育齐全，但下泥盆统底部不甚发育，只有少数连续完整的志留纪－泥盆纪过渡期地层，主要集中在冈瓦纳大陆北缘（捷克和摩洛哥）、劳俄大陆西南缘和东缘、哈萨克斯坦板块多岛洋体系和我国华南地区钦防海槽中（McMillan et al., 1988）。泥盆纪的沉积物总量比古生代其他各系都大，在被动大陆边缘海环境中，单个岩石地层单位（组）的厚度通常为几百米至上千米，而活动大陆边缘的单个岩石地层单位的厚度可达 7 000 m 以上。泥盆纪海洋和陆地上化石类型丰富，数量众多，浅水底栖生物以腕足动物、珊瑚和层孔虫为主，浮游相区常见牙形刺、介形类、竹节石和菊石，海陆过渡相区和陆相地层中常见鱼类、古植物和孢粉化石。泥盆纪丰富的化石记录和生物的快速演化为高精度生物－年代综合地层格架的建立，以及不同板块和沉积相区地层的精确划分和对比，提供了可靠的依据。

一、泥盆纪地层记录

1. 劳俄大陆

泥盆纪时，劳俄大陆位于赤道低纬度地区，中部为老红砂岩分布区，主要发育陆相和海陆过渡相的碎屑岩沉积（Ziegler, 1988）。由于加里东运动的影响，许多地区泥盆系不整合覆盖于志留系之上。劳俄大陆周缘广泛发育陆表海和边缘海盆地，中－晚泥盆世由于构造作用增强，形成了少量弧后盆地。不同盆地中沉积模式各异。德国—比利时地区是国际泥盆系研究的经典地区，泥盆纪国际标准年代地层单位中 5 个阶的命名地点均位于这一区域，其中下泥盆统主要以近滨和前滨碎屑岩相为特征，而中、上泥盆统则沉积相分异明显，发育陆棚碎屑岩相、台地碳酸盐岩相、盆地泥质岩相和水下隆起碳酸盐岩相。北美东部下－中泥盆统以浅水碳酸盐岩为特征，而上泥盆统以细粒碎屑岩为主，主要发育局限环境下形成的富有机质黑色页岩以及三角洲相砂岩沉积。

2. 冈瓦纳大陆

冈瓦纳大陆在泥盆纪时位于南半球中高纬度地区，气温相对较低。其中，南美东部主要为碎屑岩，缺失碳酸盐岩和陆相沉积，化石以双壳类为主，分异度较低，基本未见珊瑚、层孔虫等低纬度地区常见的生物类群。泥盆纪末期，巴西 Parnaíba、Amazon 和 Paraná 等盆地中发现冰碛岩和季候纹层泥，代表了高山冰川沉积记录（Caputo et al., 2008）。我国西藏喜马拉雅山一带位于冈瓦纳大陆北缘，主体属于被动大陆边缘浅水陆棚区，以陆源碎屑岩和碳酸盐岩沉积为主，见竹节石、菊石、牙形刺和孢粉化石。

3. 西伯利亚板块

西伯利亚板块在泥盆纪时地处北半球中低纬度地区。该块体西部的泥盆纪地层主要为陆源碎屑岩、灰岩、白云岩、泥灰岩等，产大量的有孔虫、棘皮动物、苔藓虫和腕足动物化石，代表了一套稳定环境下的混积台地沉积（Zapivalov & Trofimuk，1988）。我国北方的阿尔泰地区和兴安地区位于西伯利亚板块南缘，隶属于活动陆缘和被动陆缘构造环境，主要发育巨厚的陆相碎屑岩、浅海陆源碎屑岩、碳酸盐岩，半深海复理石和火山沉积建造，岩性变化强烈。生物化石以底栖生物为主，见腕足动物、三叶虫、双壳类和苔藓虫等，生物群落组合类型与西伯利亚和哈萨克斯坦的相近。

4. 华南板块

华南泥盆系分布广泛，沉积类型多样，在扬子和华夏古陆多为被动陆缘近岸碎屑岩台地沉积和远岸碳酸盐岩台地沉积，时有裂谷盆地切割，形成台 – 沟交错格局。早泥盆世早、中期，华南普遍沉积了一套巨厚的海陆交互相地层，往往不整合超覆于奥陶系、志留系或更老的地层之上（郄文昆等，2019）。布拉格晚期，华南开始广泛接受海侵，自西南向东北逐渐加深，沉积相分异显著，可划分出曲靖型（近岸相）、象州型（底栖相）、过渡型和南丹型（浮游相）等四种沉积类型。华南地区泥盆系的基础地质、岩石地层、生物地层、化学地层、事件地层、同位素地质年代学的研究程度高，其生物地层序列可与劳俄地区进行高精度对比。中国的泥盆纪区域年代地层单位均建立于华南浅水相区。此外，广西钦州—防城一带为志留纪末的残余海盆，泥盆系三统发育齐全，以深水盆地相的灰黑色、黑色泥岩、粉砂岩和硅质岩为主，产 *Uncinatograptus uniformis*、*U. yukonensis* 等泥盆纪初的笔石生物群，发育我国为数不多的、连续的志留系 – 泥盆系界线地层。

二、泥盆纪生物礁

生物礁是海洋中最为复杂多样的生态系统，也是地球生命演化中最为重要的基因宝库之一，拥有最高级别的物种多样性、生境多样性、群落结构和功能多样性。泥盆纪是地球历史上生物礁极为发育的一个重要阶段，在中泥盆世吉维特期，全球范围内存在 5 条长度超过 2 000 km 的生物礁带，为显生宙以来最大分布规模；从吉维特中晚期开始，后生动物礁迅速减少，至弗拉期末，受 F-F 之交生物灭绝事件的影响，后生动物生物礁生态系统彻底崩溃。

泥盆纪早期，受区域性隆升和全球性低海平面的影响，大量的陆源碎屑物质涌入海洋，限制了生物礁的生长环境和生存空间，同时海水表层温度也较高，生物礁群落的发育普遍受挫。至早泥盆世埃姆斯期，伴随着全球海平面上升，生物礁规模明显扩大，造礁生物以珊瑚和层孔虫为主，菌藻类次之（图 5-2-1、图 5-2-2），厚度可达上百米，位于北纬 60°—南纬 45°。早泥盆世生物礁主要分布在中低纬度的劳俄大陆周缘、南欧、西伯利亚、蒙古、华南和澳大利亚等板块。

中泥盆世，全球海平面持续稳定上升，全球碳酸盐岩台地大规模出现，生物礁迅速繁盛。Copper 和 Scotese（2003）识别出长度超过 1 500 km 的生物礁带共 13 条，包括加拿大西部稳定台地（约 3 100 km）、乌拉尔岛弧带（约 3 000 km）、俄罗斯台地（约 2 600 km）、劳俄大陆东南部的"老红大陆"（英国—波兰，约 1 800 km）、华南板块（越南东北部—中国云南—中国广西—中国贵州—中国湖南，约 1 700 km）、欧洲南部（西班牙—捷克，约 1 600 km）和西伯利亚中部及南部（约 1 500 km）等。伴随着生物礁规模达到顶峰，泥盆纪主要的造礁生物，即珊瑚和层孔虫的属种多样性也达到高峰，层孔虫约有 50 个属，横板珊瑚约 90 个属，四射珊瑚约 150 个属。从吉维特中晚期开始，受气候环境恶化的影响，海洋生境遭到破坏，造礁生物的多样性快速降低。其中，珊瑚锐减了约 50%，层孔虫减少了约 16%，生物礁的规模也迅速萎缩。

图 5-2-1　泥盆纪吉维特期海洋中主要造礁和附礁生物群落示意图（谭超绘制）

图 5-2-2　摩洛哥下泥盆统埃姆斯阶的 Kess-Kess 丘（Sven Hartenfels 提供）

　　晚泥盆世弗拉早期的生物礁发育受到明显的限制，随着海侵的进一步扩展，弗拉中期生物礁实现了一定程度复苏，但由于受到海水表层温度升高和造礁生物多样性较低等方面因素的影响，其规模与吉维特期相比还是有所减少。在弗拉期末，即 F–F 之交生物灭绝事件期间，后生动物礁遭受致命打击，开始进入了长达 3 000 万年的萧条期。

第三节
泥盆系"金钉子"

"泥盆系"的建立源自 1834—1840 年期间 Roderick Murchison 与 Henry Dela Beche 之间的一场关于英国德文郡一套未知地层时代属性的大辩论（"The Great Devonian Controversy"）。由于命名地区——德文郡的泥盆纪地层构造复杂，层序不清且局部变质，传统上一直以西欧莱茵地区和阿登地区的地层剖面作为国际泥盆系的标准。Dumont（1848）在比利时迪南地区建立吉丁阶（Gedinnian），用以代表泥盆系最下部，国际地质科学联合会在 1972 年亦正式认可这一观点。在国际地层表中（1982 年版），泥盆纪年代地层包括三统七阶，自下而上为下泥盆统吉丁阶、西根阶和埃姆斯阶，中泥盆统艾菲尔阶和吉维特阶，上泥盆统弗拉阶和法门阶。然而，随着志留系 – 泥盆系界线"金钉子"于 1972 年在捷克 Klonk 剖面的正式确立，及捷克区域年代地层单位——洛赫考夫阶和布拉格阶的广泛应用，国际泥盆系分会最终修改了传统泥盆系划分方案，将吉丁阶和西根阶，分别替换为捷克地区的洛赫考夫阶和布拉格阶。

现行的国际泥盆纪标准年代地层系统包括 3 个统和 7 个阶，因此，泥盆系共有 7 个界线"金钉子"。1996 年，随着国际地质科学联合会批准了下泥盆统埃姆斯阶"金钉子"，至此所有泥盆系"金钉子"均已确立。目前，泥盆系埃姆斯阶底界和泥盆系 – 石炭系界线的"金钉子"由于界线定义和界线层型存在问题，正在修订中。同时，国际泥盆系分会对布拉格阶、弗拉阶和法门阶底界的界线定义也作了一定程度的修订和完善。以下将按照从老到新顺序，对泥盆系的 7 个界线"金钉子"进行逐一介绍。

一、泥盆系底界（暨洛赫考夫阶底界）"金钉子"

1. 研究历程

洛赫考夫阶（Lochkovian Stage）底界的"金钉子"，即泥盆系暨下泥盆统底界的"金钉子"，在 1972 获得国际地科联批准，界线层型剖面为克伦（Klonk）剖面（北纬 49° 54′ 03″，东经 14° 03′ 40″），位于捷克巴兰德地区（Barrandian）西南部的 Suchomasty 村庄附近，距离布拉格市约 35 km（图 5-3-1）。洛赫考夫阶底界的"金钉子"点位位于该剖面第 20 层灰岩上部，以笔石 *Monograptus uniformis*（后来该种被厘定为 *Uncinatograptus uniformis*，即均一钩笔石）的首次出现作为标志（Chlupáč & Kukal, 1977）。此外，笔石 *Monograptus transgrediens* 的末现位于"金钉子"之下 1.6 m 处，三叶虫 *Warburgella rugulosa rugosa* 的首现位于"金钉子"之上的第 21 层，

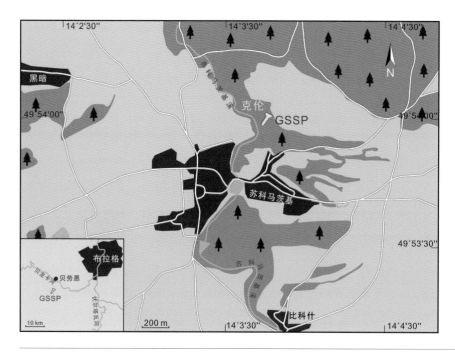

图 5-3-1 下泥盆统洛赫考夫阶底界"金钉子"——捷克 Klonk 剖面地理位置图（据 Becker et al.，2012 修改）

可以作为志留系－泥盆系界线良好的辅助识别标志。

洛赫考夫阶是泥盆系的第一阶，代表了 419.2—410.8 Ma 期间形成的地层，下伏地层为志留系普里道利统，上覆地层是下泥盆统布拉格阶。洛赫考夫阶的名称源自捷克波希米亚地区的洛赫考夫组。这一标准年代地层单位的确立与全球志留系－泥盆系界线"金钉子"研究密切相关。回溯历史，从各地区的区域性泥盆系研究，到洛赫考夫阶这一概念的提出及其科学内涵的逐渐明确，到最终确立国际统一的泥盆系底界标志，经过了漫长的研究与论证过程，这也是当时对如何确立一个"金钉子"的首次尝试与探索。

由于下泥盆统沉积类型和生物组合存在显著差异，早期研究过程中仅在西欧地区就存在四套年代地层划分方案。传统上，一般将比利时的迪南盆地南部建立的吉丁阶底部作为海相泥盆系的底界，然而，如何将欧洲不同沉积相区志留系－泥盆系界线进行准确的识别和对比，在很长一段时间内都没有得到很好的解决。

"洛赫考夫阶"于 1958 年在布拉格召开志留系－泥盆系学术会议期间创立。当时，依据洛赫考夫组中所含海百合 *Scyphocrinites* 层与笔石 *Monograptus hercynicus* 生物带，将该阶时代定为志留纪晚期。1960 年，在波恩和布鲁塞尔召开的志留系－泥盆系学术研讨会期间，根据新发现的笔石证据，其时代被修订为泥盆纪早期，对应于吉丁阶和部分西根阶。另外，在这次会议中还讨论了四种定义志留系 – 泥盆系界线的潜在标准：*Monograptus hercynicus* 笔石带上界、*M. ultimus* 笔石上界、*M. leintwardinensis* 笔石带上界和 *M. leintwardinensis* 笔石带下界。

1960 年，在丹麦哥本哈根举行的第 21 届国际地质大会上，"志留系 – 泥盆系界线及下、中泥盆统工作组"成立，由 15 个国家的 32 名成员组成，作为国际地层委员会的下属组织。1964—1966 年间，笔石 *Monograptus uniformis* 生物带在波希米亚地区、德国、比利时、摩洛哥等地得到识别，且据推测亦存在于英国威尔士边境的当唐阶中，一些研究者据此提出了第五种志留系 – 泥盆系界线的潜在标准，即 *Monograptus uniformis* 笔石的首现（Bouček et al., 1966）。

经过 7 年的研究积累，在 1967 年加拿大卡尔加里市召开的"国际泥盆系会议"上，参会学者对志留系 – 泥盆系界线的界定标准进行了初步投票，*Monograptus uniformis* 笔石带的底界获得了 32 张选票中的 25 张。次年，在布拉格召开的第 22 届国际地质大会上，工作组成员正式向 ICS 提出了两项提案：①以 *Monograptus uniformis* 笔石带底界作为志留系 – 泥盆系界线标志；②根据提案 1 选择合适的层型剖面。要知道，当时国际上还没有统一的地质年代划分标准的先例，无论采用哪种标准都不可能完全符合每个地区的传统定义与认知，此外是否有必要选取一个具体的层型剖面作为地质年代划分的"模板"同样存在争议，因此会议对这两条提案进行了热烈的讨论。最终，第 1 条提案得到了 31 张选票中的 28 张支持票，而选择一个合适的层型剖面及相应层位作为志留系 – 泥盆系界线的"模板"也成为工作组的下一步工作重点。

在随后的三年间，工作组向全世界的地质工作者广泛征集志留系 – 泥盆系界线层型的候选剖面资料，并为候选剖面制定了严格标准：①候选层型剖面应为连续的海相沉积序列，不存在显著的沉积相变化；②具有一定的时间跨度，至少涵盖两个阶；③存在生物化石以作为潜在的界线标志；④有一定的前期研究基础和后续研究计划；⑤方便各国研究者近期及之后的考察和采样。最终，有 16 份志留系 – 泥盆系界线层型候选剖面的资料提交到了工作组。

1970—1971 年间，工作组成员组织了数次针对候选层型剖面的野外考察，包括美国内华达、捷克巴兰德地区以及摩洛哥南部等。1971 年，在摩洛哥野外考察结束之后，工作组以通讯方式开展正式投票，最终捷克巴兰德地区的 Klonk 剖面获得了绝大多数选举委员的支持，志留系 – 泥盆系界线位于该剖面第 20 层内部，以笔石 *Uncinatograptus uniformis* 首现为标志。1972 年，在加拿大蒙特利尔市举办的国际地质大会上，工作组向国际地层委员会汇报了上述关于志留系 – 泥盆系界线的研究结果。国际地层委员会认可这一结果，并将其提交给国际地质科学联合会。最终在 1972 年 8 月 26 号，国际地质科学联合会通过了决议。由此，洛赫考夫阶的底界，同时也是泥盆系暨上古生界的底界，有了明确的定义以及具体的层型剖面作为全球标准，世界上第一个地层"金钉子"诞生了（图 5-3-2）。

图5-3-2　下泥盆统洛赫考夫阶底界"金钉子"——Klonk 剖面和界线位置。A. 泥盆系洛赫考夫阶底界"金钉子"标志碑和
Klonk 剖面远景照（据 wikipedia）；B. Klonk 剖面第 20 层——洛赫考夫阶底界（白色挡板保护，梁昆拍摄）

2. 科学内涵

　　洛赫考夫阶是泥盆系的第一阶，它的底界同时也是下泥盆统、泥盆系暨上古生界三个更高级
年代地层单位的底界。洛赫考夫阶也是泥盆系内唯一一个用笔石化石来定义底界的年代地层单
位。该阶底界"金钉子"——捷克 Klonk 剖面沿 34 m 高的陡崖展布，出露志留系 Přídolí 组以及
下泥盆统 Lochkov 组，地层连续，以灰黑色板状微晶灰岩与钙质页岩互层为特征，代表了浪基
面之下的开阔海环境。定义底界的标准化石 *Uncinatograptus uniformis*（均一钩笔石）首现于第
20 层灰岩内部（图 5-3-3）。

　　Klonk 剖面的 Přídolí 组上部含有丰富的志留纪笔石 *Monograptus transgrediens*，以及板足
鲎 *Pterygotus*（*Acutiramus*）*bohemicus*、叶虾类 *Ceratiocaris bohemica*、三叶虫 *Otarion*（*Otarion*）
novaki 和 *Prinopeltis striatustroilus*、介形类 *Bouciaornatis sima*、头足类 *Parakionoceras originale*
等，瓣鳃类、腹足类、腕足动物、牙形刺和海百合等化石亦十分丰富。笔石 *Monograptus
transgrediens* 在第 1~13 层内大量产出，而在志留系 – 泥盆系界线之下 160~170 cm 地层内缺失，
其最晚出现面是志留系 – 泥盆系界线的辅助识别标志。在志留系 – 泥盆系界线所在的第 20 层
内，笔石 *Uncinatograptus uniformis* 的两个亚种 *U. uniformis uniformis* 和 *U. uniformis angustidens*

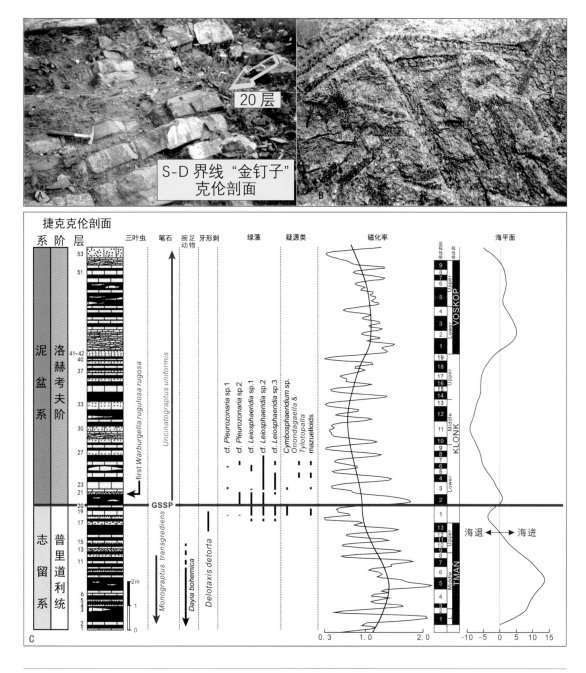

图 5-3-3　捷克布拉格 Klonk 剖面志留系 – 泥盆系界线层、界线标志和综合柱状图。A. 洛赫考夫阶底界地层露头；B. 第 20 层中的笔石 *U. uniformis*（均一钩笔石）；C. Klonk 剖面岩石地层、年代地层、磁性地层、事件地层对比图和重要生物延限（据 Crick et al., 2001；Becker et al., 2012 修改；照片由 Thomas Becker 教授提供）

同时出现且数量非常丰富（图 5-3-3），标志着泥盆纪的开始，并伴生有少量其他笔石，如 *Monograptus microdon microdon* 等。界线之上的第 21 层则可见洛赫考夫阶代表性的三叶虫 *Warburgella rugulosa rugosa*。

在确立志留系 – 泥盆系界线"金钉子"的过程中，共有四条来自全球不同地区的候选剖面进入了最后评选。除 Klonk 剖面所在的捷克巴兰德地区外，还包括美国的内华达、乌克兰的波多里亚以及北非的摩洛哥。Klonk 剖面的优势在于交通便利、前期研究程度高、化石门类丰富且地层记录完整等。此外，周边地区沉积相丰富多样，方便进行不同相区间的精确对比，能够很好地与世界其他地区的海相沉积进行横向对比。

在洛赫考夫阶底界"金钉子"确立之后，Klonk 剖面系统的沉积学、生物地层学研究仍在继续。Carls 等（2007）对志留系 – 泥盆系界线附近的牙形刺进行了厘定，认为之前报道于泥盆系底界之下约 2 m 的牙形刺 *Icriodus woschmidti* 不适合用以辅助识别界线，该物种的出现层位要高于泥盆系底界，建议改以牙形刺 *Icriodus hesperius* 的首现作为辅助识别标志。Crick 等（2001）对 Klonk 剖面的磁性地层学进行研究，在界线附近自下而上识别出了 Tman、Klonk、Voskop 等三个极性带，泥盆系底界与 Klonk 极性带的第 2 亚极性带相吻合。Manda 和 Frýda（2010）认为巴兰德地区头足类的生物多样性与碳同位素曲线存在关联，志留系顶部的碳酸盐岩碳同位素峰值意味着海洋初级生产力的增加。

3. 我国该界线的情况

在我国，洛赫考夫阶底界的标志化石 *Uncinatograptus uniformis* 迄今仅见于广西钦州、玉林地区以及滇西地区。汪啸风（1978）报道广西钦州和防城地区的下泥盆统钦州组下部存在 *U. uniformis uniformis*、*U. uniformis sinensis* 和 *U.* cf. *uniformis*，据此在该地区建立了 *U. uniformis* 笔石带。穆恩之等（1983）将钦州—玉林一带的洛赫考夫阶底部的第一个笔石带改称 *M.* cf. *uniformis-M. aequabilis* 带。Chen 等（2015）对钦州—玉林地区钦州组的笔石进行了全面厘定，识别出 3 属 14 种，其中 *Uncinatograptus* cf. *uniformis* 可见于埠围剖面，根据笔石的地层分布自下而上划分出 *U. uniformis* 带、*U. praehercynicus* 带、*Neomonograptus falcarius* 带和 *U. yukonensis* 带（图 5-3-4）。滇西施甸和西盟地区的洛赫考夫阶底部为笔石 *U. uniformis* 带，该带的底界对应于华南地区泥盆系底界（汪啸风，1988；Chen & Quan，1992；Zhang & Lenz，1998）。最初被用来辅助识别泥盆系底界的牙形刺分子 *Icriodus woschmidti*，广泛见于四川若尔盖的下普通沟组、盐边秤子田的榕树组、云南丽江的山江组和内蒙古巴特敖包地区的阿鲁共组和苏尼特左旗的泥鳅河组（王成源等，2009；郄文昆等，2019）。但最新研究表明，*Icriodus woschmidti* 出现层位远高于泥盆系底界，国内的上述地层是否存在志留系 – 泥盆系界线有待进一步研究。

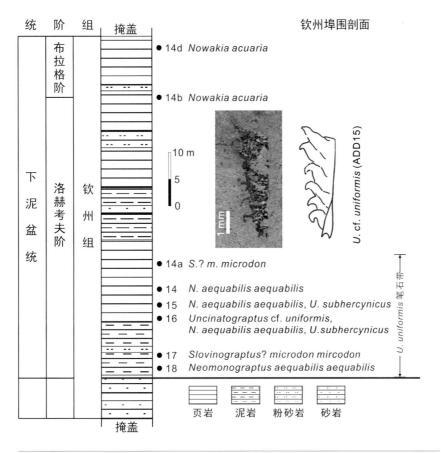

图 5-3-4 广西钦州埠围剖面泥盆系底界附近的笔石和竹节石地层记录（据Chen et al., 2015修改）

二、布拉格阶底界"金钉子"

1. 研究历程

布拉格阶（Pragian Stage）是泥盆系的第二个阶，布拉格阶底界"金钉子"于1989年获得国际地质科学联合会批准，界线层型剖面为维尔卡丘克勒（Velká Chuchle）剖面（北纬50° 00′ 53″，东经14° 22′ 21″），位于捷克布拉格市中心西南8 km处（图5-3-5）。布拉格阶底界的层型点位定于该剖面第12层底部，确立之初以牙形刺 *Eognathodus sulcatus sulcatus*（槽始颚齿刺槽亚种）的出现为标志（Chlupáč & Oliver，1989）。在 Velká Chuchle 剖面，界线之下发育竹节石 *Paranowakia intermedia* 带，界线附近为 *Nowakia sororcula* 带，而全球广布的 *Nowakia acuaria* s.s. 的首现位于界线之上仅60 cm位置，均是布拉格阶底界良好的辅助识别标志。

在20世纪中期以前，欧洲的地层古生物工作者多采用西根阶（Siegenian）来代表下泥盆统中部地层。"西根阶"最早由 Kayser（1881）在德国西根地区建立，大致相当于 Dumont（1848）

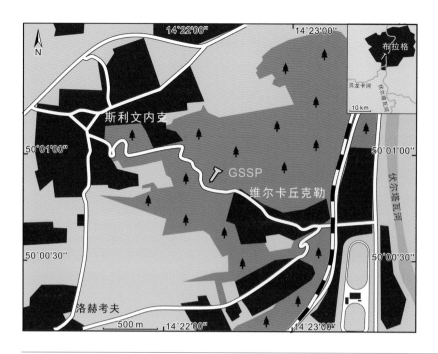

图 5-3-5 下泥盆统布拉格阶底界"金钉子"——Velká Chuchle 剖面地理位置图（据 Becker et al.，2012 修改）

建立的 Coblentzian 阶和 Gosselet（1880）的 Coblenzian 阶下部，主要依靠底栖生物化石（如腕足动物）进行识别和划分。然而，由于底栖生物的分布范围相对局限，难以满足远距离地层对比的要求。"布拉格阶"创名于 1958 年在布拉格召开的志留系–泥盆系学术会议期间，创名之初，其底界以竹节石 Nowakia acuaria 的出现为标志。由于 Nowakia 竹节石为一种浮游生物，分布广泛，因而"布拉格阶"在下泥盆统中部地层的识别和对比方面表现出极大的优势。1981 年在纽约召开的国际泥盆系分会会议提议，将下泥盆统划分为三个阶：洛赫考夫阶、布拉格阶和埃姆斯阶，这一划分方案最终在 1985 年得到确认（Bassett，1985）。

1980—1984 年间，捷克地质调查局对布拉格地区的洛赫考夫阶–布拉格阶界线剖面组织了大量考察工作。Chlupáč 等（1985）详细报道了其中六条出露良好、未受构造运动明显改造的界线剖面，分别为 Kosoř、Třebotov–Solopysky、Velká Chuchle、Cikánka、Hvíždalka 和 Oujezdce 剖面。这几条剖面涉及不同的沉积相，保存有丰富的竹节石、牙形刺、几丁虫、三叶虫、腕足动物、笔石等，以及相对较少的头足类、腹足类、双壳类和海百合等化石。早期研究中，奥地利科学院的 Schönlaub 专家提出，以牙形刺 Icriodus 演化谱系中 Icriodus steinachensis 的 eta 形态种的出现，或者 Ozakonida pandora 的出现作为识别布拉格阶的标志，两种方案在 Cikánka 剖面位于同一层位，比较接近传统定义的布拉格阶底界。此外，三叶虫 Odontochile、Platyscutellum、Poroscutellum、Metascutellum、Pragoproetus 和 Dicranurus 等的出现以及 Lochkovella misera、Spiniscutellum? plasi 的消失，可辅助识别这一界线。

1986 年，国际泥盆系分会组织了一次对布拉格地区的野外考察。Weddige（1987）对巴兰德地区的牙形刺生物地层进行了重新研究，建议以首现层位略低于传统布拉格阶底界、分布广泛而易识别的 *Eognathodus sulcatus* 来作为布拉格阶底界标志，并推荐将 Velká Chuchle 作为布拉格阶的候选层型剖面。1988 年，Chlupáč、Lukes 和 Weddige 等正式向国际地层委员会泥盆系分会递交关于布拉格阶底界"金钉子"的提案，其中列举了 Kosoř、Velká Chuchle、Cikánka 等三条候选剖面。从沉积学和古生物学角度来看，Velká Chuchle 为过渡相沉积，同时保存了浮游相的牙形刺化石以及底栖类宏体化石，因而国际泥盆系分会和国际地层委员会最终选择了 Velká Chuchle（图 5-3-6）作为布拉格阶的底界"金钉子"（Chlupáč & Oliver，1989）。

图 5-3-6 下泥盆统布拉格阶底界"金钉子"——Velká Chuchle 剖面和界线位置（第 12 层底部）（梁昆拍摄）

2. 科学内涵

布拉格阶代表 410.8—407.6 Ma 期间形成的地层，与洛赫考夫阶、埃姆斯阶共同组成下泥盆统。布拉格阶的名称源自捷克共和国波希米亚地区的布拉格组，在 1958 年首次提出，至 1983 年被国际地层委员会泥盆系分会所采用，并于 1985 年获国际地质科学联合会批准，正式成为国际标准年代地层单位。（图 5-3-7）

Velká Chuchle 是捷克布拉格西南部的一个废旧采石场，这里有悠久的泥盆纪地层研究历史，始于 19 世纪早期。维尔卡丘克勒周边地区发育向斜构造，洛赫考夫阶分布在两翼，布拉格阶位于核部，洛赫考夫阶 – 布拉格阶界线在东西两翼均有出露。布拉格阶底界"金钉子"位于向斜西翼，出露的地层形成若干小型的褶皱。在"金钉子"剖面上，洛赫考夫阶上部为板状灰岩夹深色页岩，最顶部为浅灰色含燧石的亮晶灰岩，含较多生物碎屑。布拉格阶最底部同样为浅灰色生物碎屑灰岩，界线之上 2~3 m 转变为瘤状生物碎屑泥晶灰岩（Chlupáč et al.，1985；Chlupáč & Oliver，1989）。

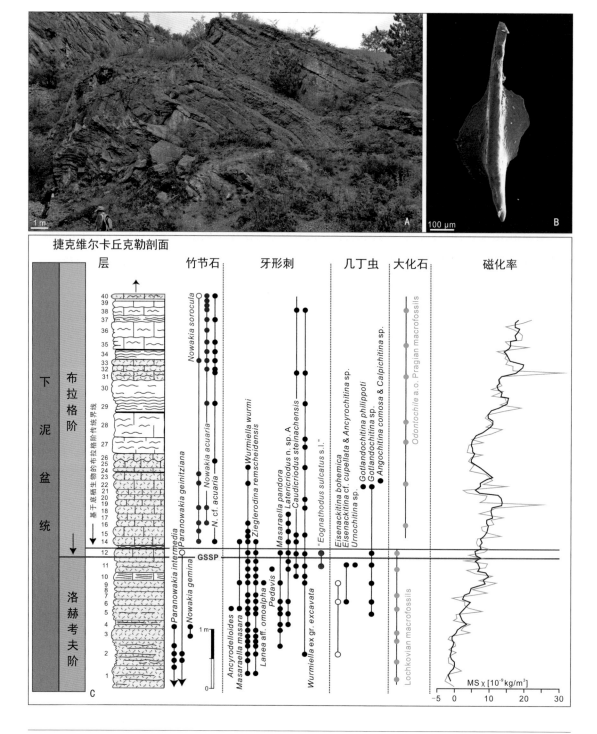

图5-3-7 布拉格阶底界"金钉子"——捷克 Velká Chuchle 剖面综合柱状图。A. 维尔卡丘克勒剖面远景（梁昆拍摄）；B. 界线层附近的牙形刺"*Eoganthodus sulcatus*"（广义）分子（Thomas Becker 教授提供）；C. 维尔卡丘克勒剖面综合地层对比图和重要生物延限（据 Vacek，2011；Becker et al.，2012 修改）

Velká Chuchle 剖面发育较多的牙形刺分子，洛赫考夫阶中见 *Ozarkodina masara*、*O. remscheidensis*、*O. pandora* 等，而布拉格阶以 *Eognathodus sulcatus*、*Latericriodus steinachensis*、*O. steinhornensis* 等为特征（Weddige，1987）。洛赫考夫阶 – 布拉格阶界线之下发育笔石 *Monograptus hercynicus* 带和竹节石 *Paranowakia intermedia* 带，界线之上 60 cm 处产布拉格阶的标准竹节石分子 *Nowakia acuaria*（Chlupáč & Oliver，1989）。几丁虫是一种生活在奥陶纪 – 泥盆纪海洋中的微小动物，在海相陆源碎屑岩地层的划分和对比中起重要作用。维尔卡丘克勒剖面剖面"金钉子"位于几丁虫 *Angochitina comosa* 首现之下，接近 *Gotlandochitina philippoti* 的首现以及 *Eisenackitina bohemica* 的末现（Chlupáč et al.，1985）。

在布拉格阶底界"金钉子"确立之后，仍有专家对层型剖面上的牙形刺化石进行了系统分类和生物地层的再研究，结果表明先前确立的"金钉子"存在问题（Slavík & Hladil，2004）。在巴兰德地区最早的 *Eognathodus* 实为 *E. irregularis*，位于当前界线层位之下 10 多厘米的位置，最初作为布拉格阶底界标志的"*Eognathodus sulcatus*"应被归入 *Gondwania juliae*，而标准的 *E. sulcatus* 分子出现于布拉格阶中部，事实上已不再适合作为布拉格阶底界标志（Becker et al.，2012）。

迄今为止，对布拉格阶底界"金钉子"的点位尚未做修改。Velká Chuchle 剖面第 12 层底界依旧介于牙形刺 *Caudicriodus steinachensis* 的 beta 形态种的首现层位与竹节石 *Nowakia acuaria* 首现层位之间；界线附近，Slavík 和 Hladil（2020）命名了"*irregularis* 事件"，用于指代牙形刺 spathognathotid 类演变过程中齿槽的出现，即牙形刺 eognathodontid 类的开始出现（图 5–3–7）。

Vacek（2011）年对巴兰德地区包括 Velká Chuchle 在内的洛赫考夫阶 – 布拉格阶界线剖面进行了磁化率测定，并用伽马射线能谱仪测定了铀、钍等元素含量。结果显示，磁化率整体呈上升趋势（图 5–3–7），钍 / 铀比值在界线附近存在明显的升高。碳酸盐岩无机碳同位素记录从洛赫考夫晚期至布拉格初期持续升高，可能受控于海洋生产力上升或有机碳埋藏增加（Hladíková et al.，1997）。在 Velká Chuchle 及周边剖面，腕足动物氧同位素以及牙形刺氧同位素数值逐渐升高，表明洛赫考夫期至布拉格期可能存在海水温度下降的过程（Weinerová et al.，2020）。

3. 我国该界线的情况

我国布拉格期的碳酸盐岩沉积不太发育，对布拉格阶的牙形刺研究仅有零星报道。早期研究显示，广西六景剖面的那高岭组中部存在 *Eognathodus sulcatus*（Wang & Ziegler，1983；邝国敦等，1989），经厘定实为 *E. kuangi* 和 *E. nagaolingensis*，六景剖面尚未见到布拉格早期的牙形刺分子（Lu et al.，2016）。王成源等（2016）对广西南宁大沙田剖面那高岭组牙形刺动物群进行研究，识别出牙形刺 *E. irregularis*、*E. nagaolingensis*、*E. sulcatus* 的 mu 形态种和 *Masaraella pandora*，时代为布拉格早期，对应于北美的 *E. irregularis-Gondwania profunda* 带和欧洲的

E. sulcatus 带。此外，云南丽江阿冷初剖面的山江组产出牙形刺 *Icriodus steinachensis* 的 eta 形态种和 *Gondwania irregularis*（等同于 *E. irregularis*）等，表明洛赫考夫阶 – 布拉格阶界线位于山江组第 18 层底部附近（图 5-3-8；王环环等，2018）。

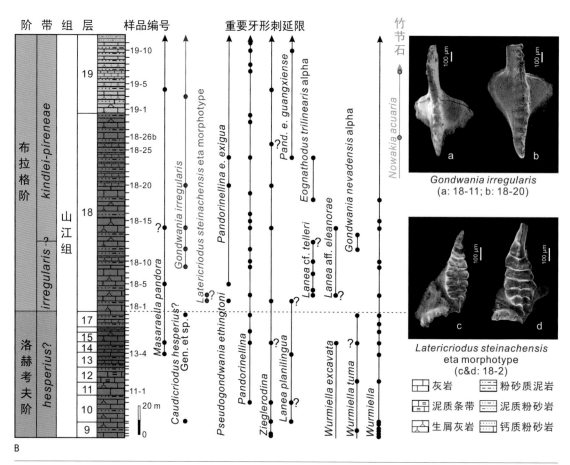

图 5-3-8　云南丽江阿冷初剖面与布拉格阶底界标志（据王环环等，2018 修改）。A. 云南丽江阿冷初剖面，右侧为金沙江，红框内越野车约 4.8 m 长；B. 山江组牙形刺生物地层和重要分子延限

三、埃姆斯阶底界"金钉子"

1. 研究历程

埃姆斯阶（Emsian）是泥盆系的第三阶，在1996年获得国际地质科学联合会批准，"金钉子"剖面为乌兹别克斯坦基塔布（Kitab）地质公园的辛齐尔班（Zinzil'ban）峡谷剖面（北纬39°12′00″，东经67°18′20″），位于撒马尔罕（Samarkand）东南约170 km（图5-3-9）。埃姆斯阶底界的点位定于该剖面Khodzha Khurgan组第9/5层底部，以牙形刺分子 *Polygnathus kitabicus*（基塔普多颚刺）的出现为标志（Yolkin ct al., 1997）（图5-3-10）。由于"金钉子"剖面上 *P. kitabicus* 的出现层位过低，导致传统意义上的布拉格阶被压缩了近三分之二。埃姆斯阶底界"金钉子"目前正在进行再研究，牙形刺 *P. excavatus* ssp.114 的首现是最有可能的新界线定义标志。（图5-3-11）

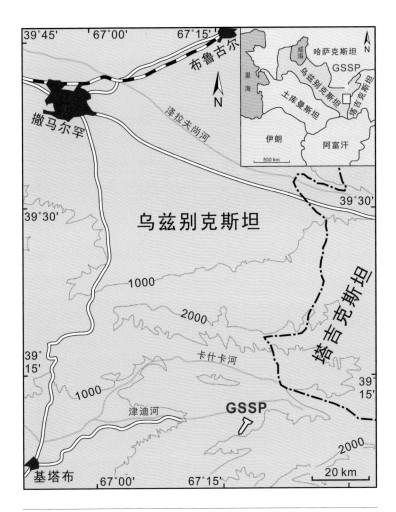

图 5-3-9 下泥盆统埃姆斯阶底界"金钉子"——Zinzil'ban 峡谷剖面位置图（据 Becker et al.，2012 修改）

图 5-3-10 下泥盆统埃姆斯阶底界"金钉子"——乌兹别克斯坦 Zinzil'ban 峡谷剖面（Thomas Becker 教授提供，红框处为"金钉子"位置，高约 1.7 m）

　　"埃姆斯阶"名称最早由 Dorlodot（1900）提出，源自 Ems-Quarzite，用以指代德国莱茵地区下泥盆统上部的一套沉积。该阶传统意义上以腕足动物石燕类 *Acrospirifer primaevus*、*Hysterolites hystericus*、穿孔贝 *Rhenorensselaeria crassicosta*、*R. strigiceps* 的消失以及石燕类 *Arduspirifer arduennensis antecedens* 和三叶虫 *Phacops ferdinandi* 的出现为标志（Ziegler，1979）。1981 年，在纽约召开的国际泥盆系分会会议提议，将下泥盆统划分为三个阶：洛赫考夫阶、布拉格阶和埃姆斯阶。埃姆斯阶之上为中泥盆统的艾菲尔阶，艾菲尔阶底界"金钉子"在 1985 年确立（Ziegler & Klapper，1985），也即确定了埃姆斯阶的顶界，自此，如何定义埃姆斯阶的底界得到了广泛关注。

　　　　　　　　　　　　　　　　　　　　　　　地层"金钉子"：地球演化历史的关键节点

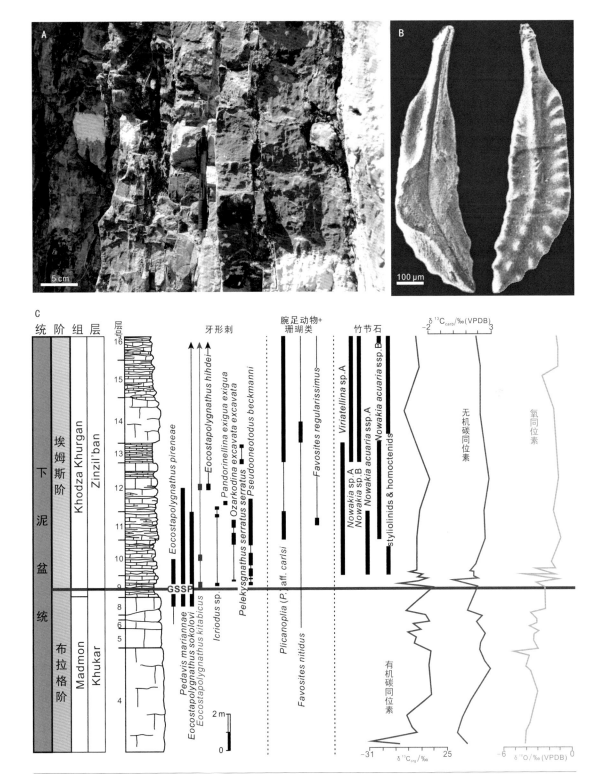

图 5-3-11 下泥盆统埃姆斯阶底界 "金钉子" ——乌兹别克斯坦 Zinzil'ban 峡谷剖面（A）、界线标志（B）及综合对比图（C）（照片由 Thomas Becker 教授提供，图 C 据 Yolkin et al.，1997；Becker et al.，2012；Izokh et al.，2018 修改）

1987 年，在加拿大卡尔加里召开的国际泥盆系分会会议建议，埃姆斯阶的底界应置于牙形刺 *Polygnathus pireneae* 和 *P. dehiscens* 地层延限的重合区间内，接近 *P. dehiscens* 牙形刺生物带的底部。尽管埃姆斯阶的传统研究地区在德国，但其在该地区的识别标志多为底栖生物化石，地理分布相对局限，不利于区域间的地层对比，因而在讨论埃姆斯阶底界标志以及层型剖面时，传统的德国莱茵地区并不具备优势，反而是兼具底栖生物以及浮游生物的其他一些地区受到更多的关注。

1989 年，Yolkin 等报道了乌兹别克斯坦的 Zinzil'ban 峡谷剖面的牙形刺生物地层序列。在该剖面上，*Polygnathus dehiscens* 的早期分子出现于第 9/5 层，*P. pireneae* 的末现则在第 10 段，两者的地层分布存在重合，符合泥盆系地层分会的要求，从而被推荐为埃姆斯阶的候选层型剖面。1989 年，国际泥盆系分会采纳这一方案，并准备推荐至国际地层委员会以及国际地质科学联合会。但 Yolkin 等（1994）通过后续研究认为，先前采自 Zinzil'ban 峡谷剖面的、被认定为 *P. dehiscens* 的标本与典型的 *P. dehiscens* 并不一致，不能作为埃姆斯阶底界的定义化石。

Polygnathus dehiscens 最初是 Philip 和 Jackson（1967）根据澳大利亚下泥盆统化石标本建立的一个亚种（*P. linguiformis dehiscens*），其正模标本具有较平坦的基腔边缘和舌部连续的横脊，且舌部明显弯折，代表较为进步的演化特征，而其他地区的 *P. dehiscens* 标本与模式标本存在明显差异。Yolkin 等（1994）将产自 Zinzil'ban 峡谷剖面的、口面后部平坦、横脊不发育、近脊沟浅的，原定为 *P. dehiscens* 的标本重新命名为 *P. kitabicus*。至此，*P. kitabicus* 取代 *P. dehiscens* 成为 *P. pireneae* 的演化后裔，原先以 *P. dehiscens* 首现作为埃姆斯阶底界的方案，自然也随之改变为以 *P. kitabicus* 的首现作为标志。1996 年，国际地质科学联合会正式批准了这一方案（Yolkin et al.，1997）。

2．科学内涵

埃姆斯阶底界"金钉子"在确立之后随即引发了巨大争议，主要原因是该剖面上 *Polygnathus kitabicus* 的层位太低了。2005 年，在俄罗斯新西伯利亚市召开的国际泥盆系分会工作会议上，围绕埃姆斯阶的底界展开了热烈讨论（Becker，2007），Valenzuela-Ríos 等专家表示，"金钉子"所定义的埃姆斯阶底界过低导致下伏的布拉格阶的时限太短，应当将界线向上提高约 120 m。但会议最后认为修改埃姆斯阶底界的时机尚不成熟，Zinzil'ban 峡谷剖面将继续作为"金钉子"剖面。Carls 等（2008）表示，埃姆斯阶的底界"金钉子"导致下伏的波希米亚相区传统意义的布拉格阶被压缩了近三分之二，已经很难称得上一个阶。

2008 年，泥盆系地层分会投票决定：修改埃姆斯阶底界的位置，拟在"金钉子"剖面上将界线上移至 *Polygnathus excavatus* 的首现层位附近，即埃姆斯阶第二个牙形刺带底部附近，以尽可能接近传统意义上埃姆斯阶的定义（Becker，2009）。其中 Carls 和 Valenzuela-Ríos（2002）命

名的亚种 *P. excavatus* ssp. 114 是可能的选择之一，而 *P. kitabicus* 或将作为布拉格阶的一个亚阶的标志分子。反对的声音同样存在，Kim 等（2012）明确指出，如果将埃姆斯阶底界"金钉子"上移至 *P. excavatus* 带底部附近，将导致捷克地区兹利霍夫阶的竹节石被归入布拉格阶上部，这与传统的布拉格阶含义也是相悖的。泥盆系地层分会于 2008 年和 2015 年两次对 Zinzil'ban 峡谷剖面进行了重新采样，均未获得理想的结果。因此，是否有必要将"金钉子"剖面保留在 Zinzil'ban 峡谷也被提到议事日程上来（Slavík，2017）。

乌兹别克斯坦 Zinzil'ban 峡谷剖面包括 Madmon 组和 Khodzha Khurgan 组。"金钉子"界线位于 Khodzha Khurgan 组底部第 9 段第 5 层，岩性为暗色泥晶灰岩，并以牙形刺 *P. kitabicus* 的首次出现为标志。界线之下的第 8—9 段中见 *P. pireneae*，界线附近的 polygnathids 类牙形刺也比较丰富，且大多为世界广布类型，这为识别和对比埃姆斯阶的底界提供了较大便利（Yolkin et al.，1997）。除牙形刺外，浮游相生物化石还包括竹节石、笔石等。埃姆斯阶底界位于竹节石 *Nowakia acuaria* 带内，而界线之上的单笔石（*Monograptus*）则可能代表着这类笔石的最晚的地层记录。Zinzil'ban 峡谷剖面的腕足动物化石在埃姆斯阶底界之上出现，包括 *Gorgostrophia*、*Plicanoplia*、*Devonochonetes* 等，蜂巢珊瑚（*Favosites*）也可在界线附近发现。

Izokh 等（2018）对 Zinzil'ban 峡谷剖面的稳定同位素记录开展研究，结果表明埃姆斯阶的氧同位素值较布拉格期有所上升，而有机和无机碳同位素记录在埃姆斯阶底部 *P. kitabicus* 带附近均有一次明显的负漂移（图 5-3-11）。

3. 我国该界线的情况

在 Yolkin 等（1994）提出以 *Polygnathus kitabicus* 作为埃姆斯阶底界标志之前，学者多以 *P. dehicens* 的出现来界定埃姆斯阶。我国对于 *P. dehicens* 的早期报道集中于华南，包括广西六景地区的郁江组石洲段灰岩夹层、广西那艺郁江组石洲段、广西那坡三叉河郁江组下部、广西大乐落脉组灰岩、云南施甸王家村组顶部、云南文山芭蕉菁组灰岩、四川龙门山区白柳坪组顶部（Bai et al.，1994；金善燏等，2005）等。根据对 *P. dehiscens* 的最新认识，我国上述报道的 *P. dehiscens* 大部分应为 *P. excavatus*。

迄今为止，埃姆斯阶底界的标志化石——*Polygnathus kitabicus* 在我国仅有三个产地，分别为新疆乌恰县的下泥盆统（王成源等，2000）、云南丽江的阿冷初组（王环环等，2018），以及广西六景附近大村 1 剖面的郁江组石洲段（图 5-3-12）。对于 *P. kitabicus* 之上的 *P. excavatus*，从目前研究来看，华南地区 *P. excavatus* 的最低层位常位于岩性突变界面附近，为识别 polygnathids 早期分子演化序列造成了较大的障碍（如 Lu et al.，2016；Guo et al.，2018）。因此，埃姆斯阶底界在我国的准确识别仍需开展更多工作。

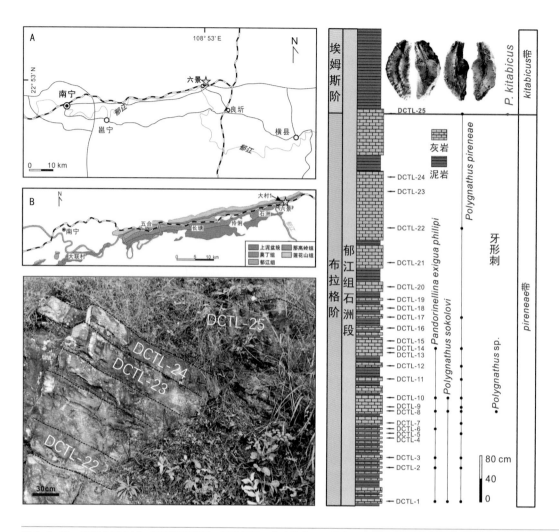

图 5-3-12　广西六景大村 1 剖面地理位置、野外露头、综合柱状图及埃姆斯阶底界标志化石——*P. kitabicus*（据 Lu et al., 2019 修改）

四、艾菲尔阶底界"金钉子"

1. 研究历程

艾菲尔阶（Eifelian Stage）底界，即中泥盆统底界的"金钉子"于 1985 年获得国际地质科学联合会批准，位于德国西部艾菲尔山区 Wetteldorf 剖面的 21.25 m 处（北纬 50°08′59″，东经 6°28′16″）（图 5-3-13），以牙形刺 *Polygnathus costatus patulus* → *P. c. partitus* → *P. c. costatus* 演化谱系中的 *P. c. partitus*（肋脊多颚刺新分亚种）的首次出现为界线标志。牙形刺 *Icriodus corniger retrodepressus* 的首现多位于 *P. c. partitus* 带内部，是该界线良好的辅助识别标志。

自 1972 年泥盆系底界"金钉子"建立之后，泥盆系内部关键界线"金钉子"的确立工作被

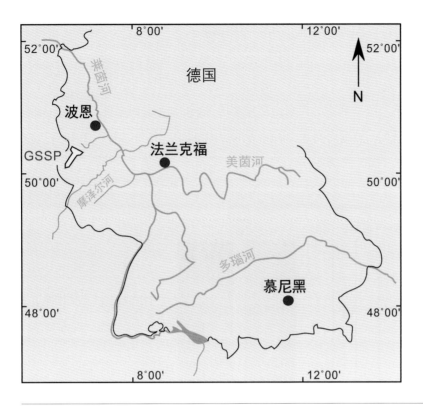

图 5-3-13　中泥盆统艾菲尔阶底界"金钉子"——Wetteldorf 剖面地理位置（据 Becker et al., 2012 修改）

提上日程。1973 年，国际泥盆系分会会议在德国马尔堡召开，重点讨论了下、中、上泥盆统的界线地层划分和对比问题。1975 年，国际泥盆系分会在摩洛哥召开了专题会议并提出界线划分的指导方针。1974—1981 年期间，国际泥盆系分会成员考察了世界范围内许多重要的下 – 中泥盆统界线剖面，包括欧洲中部的莱茵和阿登山脉、摩洛哥的亚特拉斯山脉、澳大利亚东部地区、捷克巴兰德地区、德国阿多夫地区、乌兹别克斯坦的泽拉夫尚山脉、西班牙的坎塔布连山和卡斯特罗山和美国纽约州等地。

　　在捷克巴兰德和欧洲中部的莱茵—阿登等地区，还开展了系统的牙形刺生物地层划分和对比工作（Klapper & Johnson，1975；Weddige et al.，1979）。Klapper 等（1978）报道了艾菲尔阶底界附近的重要牙形刺化石——*Polygnathus costatus* 的演化谱系，包括 *Polygnathus costatus patulus*、*P. c. partitus* 和 *P. c. costatus* 等亚种，并认为 *P. c. partitus* 的首现层位接近德国传统的下 – 中泥盆统界线，位于 Heisdorf 组与 Lauch 组界线之下 1.9 m 处。1978 年底，国际泥盆系分会提出了下 – 中泥盆统界线的四个候选标志，均为泥盆纪早中期重要牙形刺分子的首现，包括 *Polygnathus dehiscens*、*P. costatus patulus*、*P. c. partitus* 和 *P. c. costatus*。

　　1979 年，在西班牙 Seqüenza 召开的国际泥盆系会议中，参会学者对下 – 中泥盆统界线的界定化石进行了初步投票表决，*P. c. partitus* 占优。1980 年的邮寄式投票中，*P. c. partitus* 获得了 15 张选票中的 11 张。1982 年，*P. c. partitus* 成为国际下 – 中泥盆统界线的定义化石。

1981 年，在美国纽约召开的国际泥盆系分会会议上，德国和捷克泥盆纪地层研究小组分别提交了艾菲尔阶底界"金钉子"层型剖面的提案，结果德国 Wetteldorf 剖面赢得了大多数选票（9 票赞成，4 票反对，2 票弃权），被选为艾菲尔阶底界的层型剖面。（图 5-3-14）1984 年，在俄罗斯召开的国际地质大会上，国际泥盆系分会向国际地层委员会汇报了下 – 中泥盆统界线的研究结果，国际地层委员会认可这一结果并将其提交给国际地质科学联合会。1985 年 2 月的伦

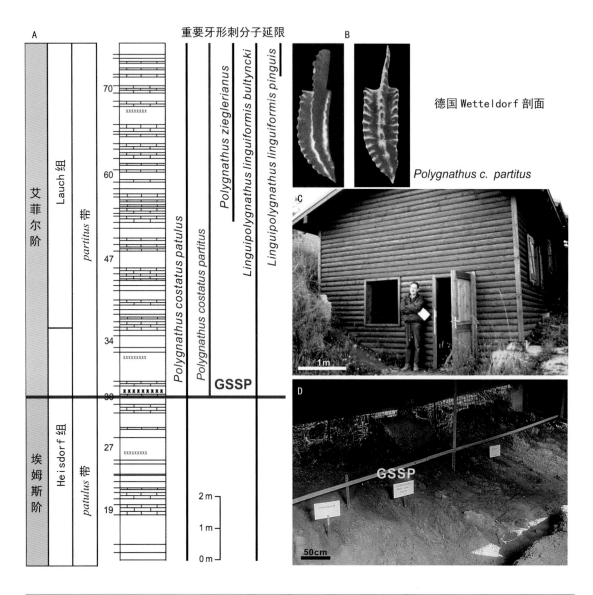

图 5-3-14 艾菲尔阶底界的"金钉子"——德国艾菲尔山 Wetteldorf 剖面、界线标志和综合柱状图。A. 剖面岩石地层、年代地层、生物地层对比图和重要古生物化石延限；B. 艾菲尔阶底界的古生物标志——牙形刺 *P. costatus partitus*；C. 保护性建筑 Wetteldorf-Happelhütte 小屋；D. Wetteldorf 剖面露头（据 Becker et al., 2012 修改, 照片均由 Thomas Becker 提供）

敦会议上，国际地质科学联合会正式确认了艾菲尔阶底界的"金钉子"。此外，捷克布拉格附近的 Prastav 石场被选定为艾菲尔阶底界的副层型剖面，牙形刺 *P. c. partitus* 的首现位于该剖面 Trebotov 灰岩顶界之下 2.8 m 处。

2. 科学内涵

艾菲尔阶是中泥盆统的第一个阶，命名源自德国西部艾菲尔山，最早由 Dumont（1848）提出，用以指代莱茵地区的一套以灰岩为主的地层（相当于现今埃姆斯阶上部至弗拉阶中部）。后经多次修订，直至 1937 年该阶定义才与现今含义基本一致，相关工作由德国 Senckenberg 博物馆的 Rudolf Richter 带队在艾菲尔山区 Wetteldorf 剖面完成。1982 年，为了确定传统的埃姆斯阶 – 艾菲尔阶界线和寻找合适的"金钉子"点位，研究人员重新挖掘了探槽，并系统开展了岩石地层、生物地层和年代地层综合研究。艾菲尔阶底界"金钉子"界线位置最终确定在这个探槽的 21.25 m 处，位于灰岩层 WP30 的底部。为保护"金钉子"剖面免受后期风化的影响，Senckenberg 研究院和当地政府于 1990 年建造了保护性建筑——Wetteldorf–Happelhütte 小屋（图 5–3–14）。

Wetteldorf 剖面自下而上包括 Wilt 组、Heisdorf 组和 Lauch 组，"金钉子"位于 Heisdorf 组近顶部。"金钉子"界线附近为灰绿色灰岩和泥灰岩的互层，其中夹有三层斑脱岩，可供开展地质测年研究。该剖面产丰富的三叶虫、腕足动物、腹足类、双壳类、珊瑚、竹节石、介形类和有孔虫等，此外还包括一些植物化石碎片和孢子。由沉积特征和化石组合来看，Wetteldorf 剖面形成于开阔的陆棚海或陆棚边缘海环境，水深处于浪基面以下，较少受到风暴的影响。艾菲尔阶底界附近全球范围内记录着一次显著的海平面上升和海洋缺氧、贫氧事件，称作 Choteč 事件，以有机质的大量埋藏和海洋中主要生物类群的明显更替为特征（Walliser，1996）。

3. 我国该界线的情况

中国艾菲尔阶研究程度较高。艾菲尔阶下部的牙形刺化石广泛见于华南广西那艺、大乐、巴荷和都安等剖面。其中，广西都安剖面已发现完整的艾菲尔阶牙形刺生物地层序列，包括 *partitus* 带、*costatus* 带、*australis* 带、*kockelianus* 带和 *ensensis* 带，可与德国标准的艾菲尔阶进行对比（王成源和殷保安，1985）。在浮游相区，下 – 中泥盆统界线附近的牙形刺 *Polygnathus c. patulus* 和 *Polygnathus c. partitus* 生物带在华南许多地区发育连续（侯鸿飞和马学平，2005）；在深水泥岩、硅质岩相区，牙形刺化石稀少，则以竹节石为准，中泥盆统底界划在 *Nowakia s. sulcata* 带之底，*Nowakia s. antiqua* 带之顶；浅水相区，我国区域年代地层单位应堂阶大致相当于艾菲尔阶，以腕足动物组合 *Xenospirifer fongi-Eospiriferina lachrymosa-Yingtangella sulcatilis* 的出现作为底界开始标志，稍高于国际艾菲尔阶底界（郄文昆等，2019）。

五、吉维特阶底界"金钉子"

1. 研究历程

吉维特阶（Givetian Stage）底界"金钉子"于 1994 年获得国际地质科学联合会批准（Walliser et al.，1995），界线层型剖面为 Jebel Mech Irdane 剖面，位于摩洛哥 Anti–Atlas 地区的塔菲拉勒特（Tafilalt）一带，里萨尼（Rissani）西南 12 km 处（图 5-3-15）。吉维特阶底界的点位定于该剖面第 123 层之底，以牙形刺 *Polygnathus pseudofoliatus*——*P. hemiansatus* 演化谱系中 *P. hemiansatus*（半柄多颚刺）的首现为标志。艾菲尔阶 – 吉维特阶界线之下记录着一次全球性的生物演替和环境事件，即 Kačák 事件，以富含有机质的黑色页岩、灰岩沉积和 maenioceratid 菊石类的出现为特征。在浅水相区，吉维特阶底界对应于牙形刺 *Icriodus obliguimarginatus* 带底界，腕足动物 *Stringocephalus* 和孢粉 *Geminospora lemurata* 首现亦位于界线附近，均是艾菲尔阶 – 吉维特阶界线良好的辅助识别标志。

图 5-3-15 吉维特阶底界"金钉子"——摩洛哥 Jebel Mech Irdane 剖面地理位置图

吉维特阶名称源自法国北部 Calcaire de Givet 城镇，最早由 Gosselet（1879）提出，底界的初始定义为腕足动物化石 *Stringocephalus burtini* 的首现。由于 Givet 镇附近的吉维特阶以浅水相沉积和底栖生物群落为主，其界线标志在深水相区或其他地区难以准确识别。19 世纪晚期，菊石标准生物地层序列开始建立，并广泛用于吉维特阶的远距离对比，其中标准分子 *Maenioceras undulatum* 的首现十分接近现今定义的吉维特阶底界。

自 20 世纪 50 年代末开始，中泥盆统牙形刺生物地层序列逐步建立并完善，为全球吉维特阶的精细划分和对比奠定了基础。Bultynck（1987）在摩洛哥的 Bou Tcharafine 剖面发现，牙形刺 *Polygnathus hemiansatus* 与 *Icriodus obliquimarginatus* 共生，后者见于法国吉维特镇的吉维特阶底界附近。与此同时，*P. hemiansatus* 还广泛见于摩洛哥、西班牙、法国、德国、澳大利亚和华南等地。因此，在 1988 年法国雷恩召开的国际泥盆系分会会议上，牙形刺 *P. hemiansatus* 被全体工作组成员选定为吉维特阶底界的定义化石。

吉维特阶底界"金钉子"定义化石选定之后，界线工作组成员开始寻找合适的"金钉子"剖面。在经过三年的研究讨论后，界线工作组最终向国际泥盆系分会提交了三条正式的候选层型，分别是位于摩洛哥的 Ou Driss 剖面、Bou Tchrafine 剖面和 Jebel Mech Irdane 剖面。1991 年 12 月，国际泥盆系分会成员考察了这三条剖面，随后有关 Ou Driss 和 Bou Tchrafine 候选层型剖面的提案被撤回。与 Ou Driss 剖面相比，Jebel Mech Irdane 剖面形成于更深水的环境，富含具有生物地层意义的菊石动物群；与 Bou Tchrafine 剖面相比，Jebel Mech Irdane 剖面在 *otomari* 页岩（*otomari* 是指竹节石 *Nowakia otomari*）的上部层位发育更多的钙质层，富含牙形刺化石，因此在界线附近可建立更加完整的牙形刺演化序列。作为唯一的"金钉子"候选层型，Jebel Mech Irdane 剖面在国际泥盆系分会界线工作会议及通讯投票中，获得了 20 票赞成、1 票反对的结果，成功获选为吉维特阶底界"金钉子"。国际地质科学联合会于 1994 年正式批准了这一方案。

2. 科学内涵

吉维特阶是中泥盆统的第二个阶，位于艾菲尔阶之上、上泥盆统弗拉阶之下，代表 387.7—382.7 Ma 期间形成的地层。由于吉维特阶的典型地区以浅水相地层和底栖生物群落为主，吉维特阶底界"金钉子"最终确立在北非摩洛哥浮游相区的 Jebel Mech Irdane 剖面，点位定于该剖面第 123 层之底。Jebel Mech Irdane 译为"小耗子山"，山脊长 4 km，出露连续的埃姆斯阶 – 弗拉阶地层，富含浮游相化石（牙形刺、菊石、竹节石、介形类、三叶虫等），形成于沉积速率较低的较深水环境（图 5-3-16）。Jebel Mech Irdane 层型剖面位于圆丘西侧缓坡，所有层位完全出露，艾菲尔阶和吉维特阶在横向上延伸较远，可以得到很好的追溯。界线附近主要发育泥灰岩、瘤状灰岩和微晶灰岩，界线之下的 *P. ensensis* 带下部可见 Kačák 事件层的 *otomari* 黑色页岩（图 5-3-17）。

图 5-3-16 中泥盆统吉维特阶底界 "金钉子" ——摩洛哥 Jebel Mech Irdane 剖面

艾菲尔阶 – 吉维特阶界线之下发生 Kačák 事件，亦称为 otomari 事件。该事件代表了一次全球性的黑色页岩沉积事件，反映了全球海平面的上升、有机碳的大量埋藏和海洋缺氧，主要影响游泳和浮游生物，如牙形刺、头足类和珠胚类竹节石等。Jebel Mech Irdane 剖面的 otomari 页岩底部牙形刺发生明显更替事件，Tortodus kockelianus、P. angustipennatus 和 P. robusticostatus 在 116 层顶部消失，而菊石 Maenioceras cf. koeneni、Paradiceras sp. 等在 119 层顶部消亡（图 5-3-17）。

在华南的南丹型深水相区（广西南丹等地），Kačák 事件以竹节石 N. otomari 的出现为标志；在过渡型相区（广西横县等地），该事件以那叫组白云岩和民塘组底部的白云质灰岩向上转变为富含薄壳型竹节石的薄板状灰岩为特征，竹节石 N. otomari 和腕足动物 Stringocephalus（鸮头贝）几乎同时出现；在浅水台地相区的四川龙门山剖面，$\delta^{13}C$ 值在艾菲尔阶 – 吉维特阶界线附近升高了 2‰ 左右，均是 Kačák 事件良好的识别标志（郄文昆等，2019）。

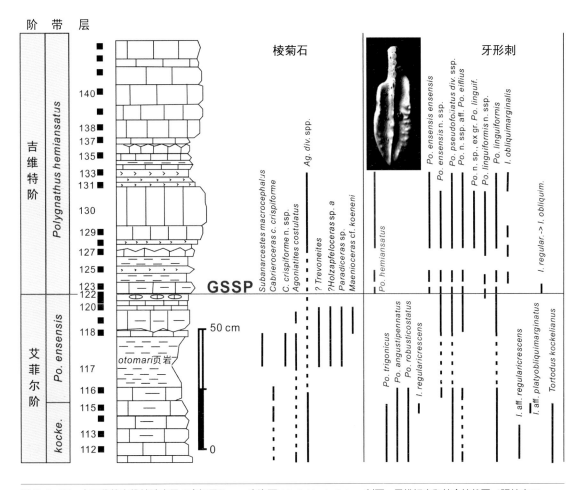

图 5-3-17 中泥盆统吉维特阶底界 "金钉子" ——摩洛哥 Jebel Mech Irdane 剖面、界线标志和综合柱状图（照片由 Thomas Becker 教授提供，据 Becker et al., 2012 修改）

3. 我国该界线的情况

吉维特阶底界的标准化石 *Polygnathus hemiansatus* 在广西横县六景、德保都安四红山和崇左那艺剖面均有报道。横县六景剖面是我国研究吉维特阶底界的重要参考剖面，吉维特阶的 3 个标准化石——牙形刺 *P. hemiansatus*、竹节石 *Nowakia otomari* 和腕足动物 *Stringocephalus*，在该剖面几乎同期出现，不过三者的相互对比关系至今未能彻底查明。在德保都安四红山剖面，*P. hemiansatus* 在早期研究中被错误地鉴定为 *P.* aff. *eiflius*，实际产出层位位于分水岭组中部 *P. ensensis* 带底部，因此吉维特阶底界的精确位置尚需进一步确认。在崇左那艺剖面，在平恩组顶部自下而上见艾菲尔阶牙形刺 *Tortodus k. kocklianus*、菊石 *Foordites platypleura* 和 *Werneroceras* sp.，以及吉维特阶底界标准化石——牙形刺 *Polyganthus hemiansatus* 等，吉维特阶底界位于该剖面平恩组顶界之下 6.6 m 处。

我国与国际吉维特阶相对应的年代地层单位是东岗岭阶。东岗岭阶最早由王钰和俞昌民于 1959 年建立于广西象州大乐至罗秀公路南侧军田村附近马鞍山（北纬 24° 02′ 27″，东经 109° 57′ 09″）。东岗岭阶层型剖面自下而上包括东岗岭组和巴漆组。东岗岭组以灰色、深灰色中层灰岩、泥灰岩和泥岩为主，局部夹白云质灰岩，厚达 200 m。东岗岭组化石极为丰富，以腕足动物 *Stringocephalus* 的发育为特征，分异度高，一直延续至巴漆组 *Klapperina disparilis* 带。该组内四射珊瑚以 *Temnophyllum*、*Endophyllum*、*Sunophyllum* 和 *Stringophyllum* 最丰富，可识别出 *Endophyllum-Sunophyllum* 组合带。我国东岗岭阶以腕足动物 *Stringocephalus-Acrothyris kwangsiensis-Emanuella takwanensis* 组合、珊瑚 *Endophyllum-Sunophyllum* 组合的发育为特征，以竹节石 *Nowakia otomari* 的首现为底界。从定义上来看，我国的东岗岭阶底界略低于国际吉维特阶底界。

六、弗拉阶底界"金钉子"

1. 研究历程

弗拉阶（Frasnian Stage）底界，即中 – 上泥盆统界线"金钉子"于 1987 年获得国际地科联批准，确立在法国黑山（Montagne Noire）南部（图 5–3–18）的 Col du Puech de la Suque 剖面，界线点位位于 42a' 层底部，以牙形刺 *Ancyrodella rotundiloba*（圆叶锚刺）早期分子——*Ancyrodella rotundiloba pristina* 的首次出现为标志（Klapper et al.，1987）。该界线比黑山地区传统的下 *asymmetricus* 带底界略低一些，对应于华南和摩洛哥等地的 *Mesotaxis guanwushanensis* 带或 *M. falsiovalis* 带的下部（Ziegler & Sandberg，1990；Aboussalam & Becker，2007）。菊石 *Probeloceras* 和 *Petteroceras feisti* 的首现位于"金钉子"剖面的界线点位附近，是弗拉阶底界良好的辅助识别标志。

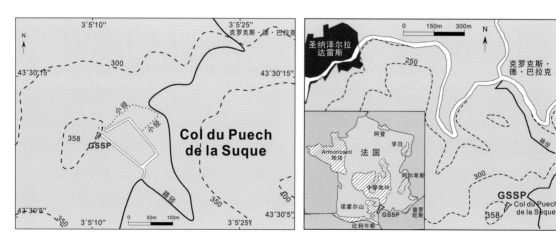

图 5-3-18　上泥盆统弗拉阶底界"金钉子"——法国黑山 Col du Puech de la Suque 剖面位置图

"弗拉阶"名称源自比利时库万附近的 Frasnes 城镇，最早由 Gosselet（1879）提出，其底界对应于吉维特群 – 弗拉群界线，并以腕足动物 *Spirifer orbelianus* 的出现为标志。稍后，Gosselet（1884）将界线下移至吉维特群 Fromelennes 组的底部，对应于瘤状泥岩的出现，这一观点一直沿用至 20 世纪 70 年代初。随着牙形刺等泥盆纪重要生物类群的研究进展，Coen（1973）提出 Fromelennes 组应归为吉维特阶，弗拉阶应限定在含牙形刺 *Ancyrodella* 的地层中，而 Frasnes 地区牙形刺 *Ancyrodella* 的首现位于弗拉群底界附近。这就又回到了弗拉阶的原始界线。1979 年，在西班牙锡古恩萨市召开的国际泥盆系分会会议上，提出了 3 个可能的弗拉阶底界标志：菊石 *Pharciceras amplexum* 首现、牙形刺 *Palmatolepis disparilis* 首现和 Lower *asymmetricus* 带底界。

经历近 3 年的激烈讨论，国际泥盆系分会于 1982 年正式提议：中 – 上泥盆统界线对应于牙形刺 Lower *asymmetricus* 带底界，以牙形刺 *Ancyrodella rotundiloba* 的首现为标志，而且界线层型应确立在浮游相区的地层序列中。比利时阿登地区的弗拉阶以浅水相沉积序列和底栖生物组合为特征，可作为弗拉阶底界辅助层型的候选剖面。

1983 年和 1985 年召开的国际泥盆系会议详细论证了法国黑山地区和摩洛哥南部的多条候选层型剖面。来自摩洛哥的吉维特阶 – 弗拉阶地层剖面出露条件好，且富含大量菊石，可惜的是在关键的 Lower *asymmetricus* 带底界附近牙形刺和菊石相对匮乏。最终，法国黑山南部的 Col du Puech de la Suque 剖面在国际泥盆系分会投票中，获得了 21 张选票中的 16 张支持票，得以通过。国际地层委员会最终以 19 票通过、1 票反对和 2 票弃权的结果成功通过这一提案，国际地质科学联合会执行委员会于 1987 年正式批准了这一方案，弗拉阶底界"金钉子"落户法国黑山。（图 5-3-19）

2. 科学内涵

弗拉阶是国际泥盆系标准年代地层单位上泥盆统的第一个阶，位于中泥盆统吉维特阶之上、上泥盆统法门阶之下，代表了 382.7—372.2 Ma 期间形成的地层。Col du Puech de la Suque "金钉

图 5-3-19 上泥盆统弗拉阶底界"金钉子"——法国黑山 Col du Puech de la Suque 剖面（Thomas Becker 教授提供）

子"剖面位于法国黑山地区 358 山的东部斜坡，距离山顶约 50 m，起初为自然露头，较为局限，但在"金钉子"研究过程中经历不断挖掘，得以逐步扩大。

由于构造运动的影响，Col du Puech de la Suque 剖面发生了地层倒转。界线地层岩性以灰红色、灰色泥灰岩为主，常见菊石和牙形刺生物化石组合，硬底构造发育，但界线所在的 42a'层底界附近未见明显的沉积间断。Feist 和 Klapper（1985）在 Col du Puech de la Suque 剖面的吉维特阶 – 弗拉阶界线附近划分出 2 个牙形刺生物带：Lowermost *asymmetricus* 带和 Lower *asymmetricus* 带。弗拉阶底界对应于 42a'层 Lower *asymmetricus* 带底部（图 5-3-20），以牙形刺 *Ancyrodella rotundiloba pristina* 的出现作为标志。

虽然该"金钉子"已确立，但对于定义弗拉阶底界的牙形刺分子的分类学研究仍存在广

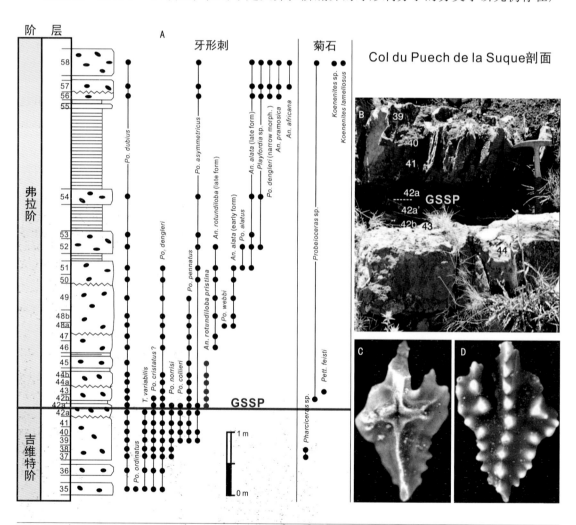

图 5-3-20　上泥盆统弗拉阶底界"金钉子"——法国黑山 Col du Puech de la Suque 剖面（据 Becker et al.，2012 修改）。A. 剖面综合柱状图；B. 界线地层露头，锤子长度为 33 cm；C、D. 界线标志化石——牙形刺 *Ancyrodella rotundiloba pristina*

泛的争议。对弗拉阶底界地层的生物地层划分，也存在多种不同方案，包括 Montagne Noire 1（MN1）带底界（Klapper，1989）、*Ancyrodella soluta* 带底界（Iudina，1995）、Lower *falsiovalis* 带下部（Ziegler & Sandberg，1990）、Lower *guanwushanensis* 带下部（Becker et al.，2012）和 *Ancyrodella rotundiloba pristina* 带底界（Becker et al.，2020）等。在 Col du Puech de la Suque 剖面的弗拉阶底界附近，产出菊石 *Probeloceras*、*Petteroceras* 和 *Acanthoclymenia* 等。依据区域上菊石动物群对比，弗拉阶底界大致对应于菊石 *Pseudoprobeloceras pernai* 生物带与 *Petteroceras feisti* 生物带之间的界线。Col du Puech de la Suque 剖面缺少腕足动物和孢粉化石记录，无法提供与浅水相和陆相地层精确对比的依据。

3. 我国该界线的情况

弗拉阶底界的牙形刺化石 *Ancyrodella rotundiloba* 广泛见于我国广西象州、永福、横县六景、宜州拉利和四川龙门山等地（Bai et al.，1994；Ji et al.，1992）。江大勇等（2000）重新研究了广西横县六景剖面民塘组和谷闭组的牙形刺动物群，识别出 *Mesotaxis falsiovalis*、*An. rotundiloba* 等弗拉阶底界附近的常见分子，显示该剖面是我国目前最好的中－上泥盆统界线参考剖面之一。六景剖面的民塘组主要为灰色、暗灰色薄板状灰岩、生物碎屑灰岩与角砾状灰岩，厚度约 90 m；上覆谷闭组下部为薄－中层含泥质条带粉晶灰岩，上部为灰色薄层扁豆状生物碎屑泥晶灰岩，总厚度约为 80 m。在该剖面，江大勇等（2000）自下而上建立了 12 个牙形刺带：下 *Polygnathus varcus* 带、中 *Polygnathus varcus* 带、上 *Polygnathus varcus* 带、下 *Schmidtognathus hermanni-Polygnathus cristatus* 带、上 *Schmidtognathus hermanni-Polygnathus cristatus* 带、*Klapperina disparilis* 带、下 *Mesotaxis falsiovalis* 带、上 *Mesotaxis falsiovalis* 带、*Palmatolepis transitans* 带、*Palmatolepis punctata* 带、*Palmatolepis hassi* 带 和 *Palmatolepis jamieae* 带，并识别出了 *Ancyrodella binodosa*→*An. rotundiloba* 早期类型（即后来厘定的 *An. rotundiloba pristina*）→ *An. rotundiloba* 晚期类型的演化序列，据此将弗拉阶底界置于谷闭组底界之上 1.8 m 处。

我国与国际弗拉阶大致对应的年代地层单位是佘田桥阶。佘田桥阶命名剖面位于湖南邵东县佘田桥镇东北约 5 km 处（北纬 27°08′39″，东经 112°01′24″），代表了晚泥盆世早期的、以含 *Cyrtospirifer*、*Manticoceras* 动物群为特征的年代地层单位。田奇㻞（1938）称该套地层为"佘田桥系"，王钰和俞昌民于 1959 年正式建立佘田桥阶，作为中国泥盆纪年代地层单位。马学平等（2004）对命名剖面的地层、沉积和生物群开展了详细研究，将该阶下界划在含竹节石 *Homoctenus tenuicinctus*、*H. krestovnikovi* 的"榴江组"硅质岩之底。根据牙形刺动物群特征，佘田桥阶大部相当于国际弗拉阶内的 *Palmatolepis hassi-Palmatolepis rhenana* 带，但其下、上部的时代尚未得到精确控制。

七、法门阶底界"金钉子"

1. 研究历程

法门阶（Famennian Stage）底界（即弗拉阶－法门阶界线）的"金钉子"，于1993年获得国际地科学联合会批准，位于法国南部埃罗省（Hérault）赛赛农市（Cessenon）黑山东南的上库米亚克采石场（Upper Coumiac Quarry）（北纬43°28′01″，东经3°03′40″）。该剖面周边交通便利，从赛赛农市区沿至圣纳泽尔－德拉达雷斯方向的D136公路可达"金钉子"附近（图5-3-21）。

法门阶底界的点位位于该剖面的32a层底部，对应于牙形刺 *Palmatolepis triangularis*（三角掌鳞刺）生物带的底界，以 *Pa. ultima* 的大量繁盛为标志（图5-3-22）。法门阶底界还对应于棱菊石 *Crickites holzapfeli* 带与 *Phoenixites frechi* 带之间的界线，*Crickites holzapfeli* 在31g层最终消失，而 *Phoenixites frechi* 在F-F界线之上的32a层首现（图5-3-23）。界线之下为晚泥盆世F-F生物大灭绝的"Kellwasser事件"层，在该事件中牙形刺 *Ancyrodella* 和 *Ozarkodina* 消失殆尽，*Palmatolepis*、*Polygnathus* 和 *Ancyrognathus* 除少数种幸存外，大部分种灭绝；棱菊石的Gephuroceratidae 和 Beloceratidae 两科灭绝（Becker et al., 2012）。

20世纪早期，比利时和德国是全球范围内上泥盆统研究的经典区域，彼时F-F界线的确定是以棱菊石 *Cheiloceras* 为标准。进入20世纪下半叶，随着牙形刺系统分类和生物地层研究的深入，对弗拉阶－法门阶界线附近的地层标准也进行了重新定义。最初法门阶底界定于牙形刺 Lower *Palmatolepis triangularis* 带底部和 *Palmatolepis crepida* 带底部之间，更加精确的F-F界线位置在很长一段时间里未能确定。

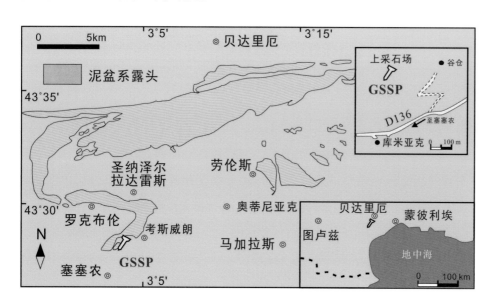

图5-3-21 上泥盆统法门阶底界"金钉子"——上库米亚克采石场剖面位置图

图 5-3-22 上泥盆统法门阶底界"金钉子"——上库米亚克采石场剖面和现今界线标志。A. 剖面露头,"金钉子"点位位于 32a 层底部;B、C. 法门阶底界附近的牙形刺化石——*Palmatolepis ultima*(Thomas Becker 教授提供)

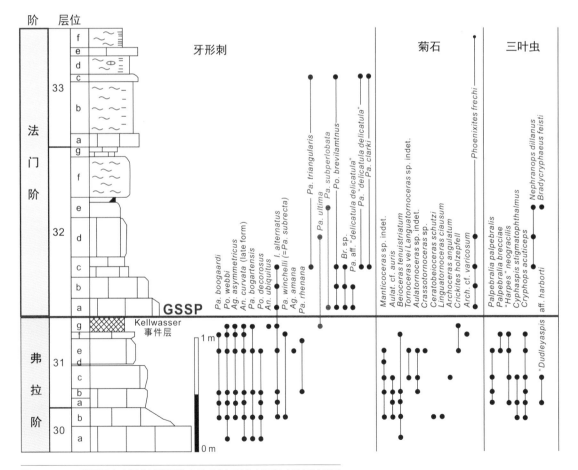

图 5-3-23 法国黑山上泥盆统法门阶底界"金钉子"剖面综合地层柱状图

1989 年，国际泥盆系分会在华盛顿会议上最终决定，将法门阶底界确定在牙形刺 Lower *Pa. triangularis* 带底部，并启动该界线"金钉子"的寻找和确定工作。经过近四年的研究和讨论，工作小组集中对两个候选剖面进行抉择，一个是位于德国 Rhenish Slate 山脉的 Steinbruch Schmidt 剖面（Sandberg et al., 1990；Schindler, 1990），另一个是位于法国南部黑山地区的 Upper Coumiac 剖面（Feist, 1990）。由于后者产出的化石种类更丰富且保存更好，最终脱颖而出，成为"金钉子"（Klapper et al., 1993）。1993 年 1 月，国际地层委员会和国际地质科学联合会先后正式通过和批准法国南部的上库米亚克剖面成为法门阶底界的"金钉子"。

2. 科学内涵

"法门阶"名称源自比利时南部 Famenne 地区，拉丁文原义指"贫瘠的土壤"。该阶最初由 Dumont（1855）提出，用以指代弗拉阶和杜内阶之间的一套厚度达 600 余米的浅水陆棚相的陆源碎屑沉积。法门阶底界"金钉子"——上库米亚克剖面连续出露从弗拉中期至法门晚期的地层，其间无断层或其他构造问题，层面近乎垂直。剖面上的岩石仅经历低级变质作用，热成熟度低，包含连续的微晶灰岩层序，鲜见泥质成分或泥质夹层（图 5-3-22）。当前，"金钉子"剖面所在地属于当地水源地的重要部分，被当地政府列为保护区，但允许科学家们进行科考活动（House et al., 2000）。

自从国际地层委员会将下 *Pa. triangularis* 带的底界确定为国际法门阶底界以来，其界线定义备受议论。问题的焦点主要在于 *Pa. triangularis* 首现分子的确定。一直以来，下 *Pa. triangularis* 带的底界都是以牙形刺 *Pa. triangularis* 的首现或大量出现为标志，但 Klapper（2007）认为，真正意义上的 *Pa. triangularis* 是在下 *Pa. triangularis* 带的上部才真正开始出现，原先认为的 *Pa. triangularis* 实际上是 *Pa. ultima*，并建议以 *Pa. subperlobata* 的首现或 *Pa. ultima* 的大量出现来定义下 *Pa. triangularis* 带的底界，并作为法门期开始的标志。需要指出的是，Klapper 等提出的这种新定义事实上并没有改变法门阶底界"金钉子"的位置，而且也适用于目前已发表的 F–F 界线剖面的地层对比。因此，该定义已被国际年代地层表（2020）所采用（Becker et al., 2020）。与旧定义相比，新定义更强调牙形刺种群的变化，而且也更容易识别 F–F 界线（黄程, 2015）。

上库米亚克剖面的 31 g 层由深灰色泥灰岩向上过渡到砂屑灰岩，可与德国的上 Kellwasser 灰岩相对应。在该层的顶部可见特征显著的生物灭绝界线。该剖面化石丰富，目前已经建立起完整的生物化石序列，尤其是具有时代意义的牙形刺、菊石、三叶虫、竹节石、介形类等（Feist, 1990；House et al., 2000）。同时，F–F 生物灭绝事件、地球化学（Grandjean et al., 1989）、地磁学（Crick & Ellwood, 1997）等相关研究工作已在该剖面展开，并发表了一系列相关成果。例如，

Lethiers 和 Casier（1994）对该剖面的介形类进行研究，发现 48 种介形类仅有 11 种越过 F–F 界线，种一级的灭绝率大于 75%。根据该研究结论，并结合北美、比利时等几个典型剖面的研究结果，Casier 等（1996）认为对于古生代介形类而言，至少在低纬度地区，F–F 灭绝事件是一个突发性、全球性事件。

近年来，法门阶生物地层的研究有了新进展。例如，Streel（2009）更新了法门期孢子生物地层序列，Becker 和 House（2009）完善和修订了法门期菊石生物带及其与国际标准牙形刺生物带的对比。目前，对于法门阶的研究已经聚焦到亚阶的划分。国际泥盆系分会经过长时间讨论，于 2003 年正式决定将法门阶划分为四个亚阶，但是直到现在各个亚阶的精确位置仍没有定论。有研究者提议，将法门阶最顶部的亚阶置于牙形刺 Upper *Palmatolepis gracilis expansa* 带底部，如此就可以与在欧洲广泛使用但尚未得到正式认可的"Strunian"进行对比（Streel et al.，2006）。迄今为止，牙形刺 *Pa. gracilis gonioclymeniae*、*Bispathodus ultimus* 和 *Pseudopolygnathus trigonicus* 被认为是法门阶亚阶划分的主要标准化石，根据它们可准确识别各个亚阶界线（Becker et al.，2012）。

3. 我国该界线的情况

我国华南法门阶底界的研究和识别工作已有较多成果。其中，深水相区的 F–F 界线与国际标准一致，即以牙形刺 Lower *Palmatolepis triangularis* 带的底界为标志。华南深水相区 F–F 界线研究比较成熟的剖面主要集中于广西，通常被置于香田组顶部或五指山组内部，如杨堤剖面、南峒剖面和拉利剖面等（Huang & Gong，2016；张欣松，2019）。其中，广西桂林的杨堤剖面研究程度最高，系统的岩石地层、生物地层、年代地层、碳同位素地层和事件地层研究揭示出 F–F 界线位于香田组顶部，以牙形刺 *Pa. subperlobata* 的首现为标志，并对应着"上 Kellwasser 事件层"顶界以及碳、氧同位素记录的同时正漂移（图 5–3–24、图 5–3–25）。

在浅水相区，我国区域年代地层单位佘田桥阶–锡矿山阶界线对应于国际法门阶底界，以 F–F 生物大灭绝作为界线标志，并以岩相–岩石地层转变、生物组合更替和腕足动物 *Yunnanellina-Sinospirifer* 组合带的出现为特征。在广西桂林等地的浅水台地相区，弗拉阶顶界常对应于富含枝状层孔虫的桂林组的结束（Chen et al.，2001）。在湖南地区，则常以无洞贝类和弗拉期珊瑚的消失及 *Yunnanellina-Sinospirifer* 腕足动物群的出现为标志，弗拉阶–法门阶界线对应于长龙界组及相当层位之底（马学平，2004；Ma et al.，2016）。此外，在湘中地区的冷水江锡矿山剖面、祁阳黎家坪剖面，在 F–F 界线附近均发育一套黑色碳质页岩沉积，其在世界范围内普遍分布，反映了一次全球海洋缺氧事件，也是 F–F 界线重要的辅助识别标志（马学平，2004）。

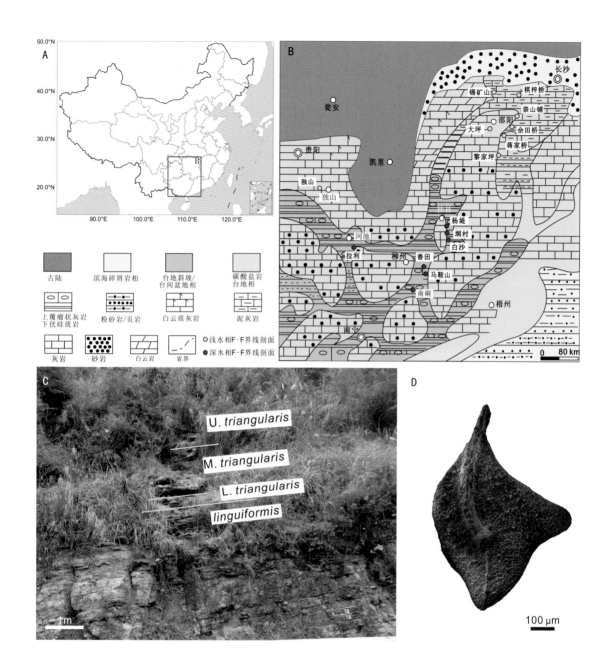

图 5-3-24　华南上泥盆统弗拉阶 - 法门阶界线的主要地层剖面和界线标志。A. 华南弗拉阶 - 法门阶界线剖面的主要研究区域；B. 泥盆纪华南古地理图和主要地层剖面位置（据马学平，2004；Ma et al.，2016）；C. 深水斜坡相的广西桂林杨堤 F–F 界线剖面（据黄程，2016）；D. 杨堤剖面 F–F 界线的标准牙形刺化石 *Pa. subperlobata*，首现位于 Lower *Palmatolepis triangularis* 带的底界附近

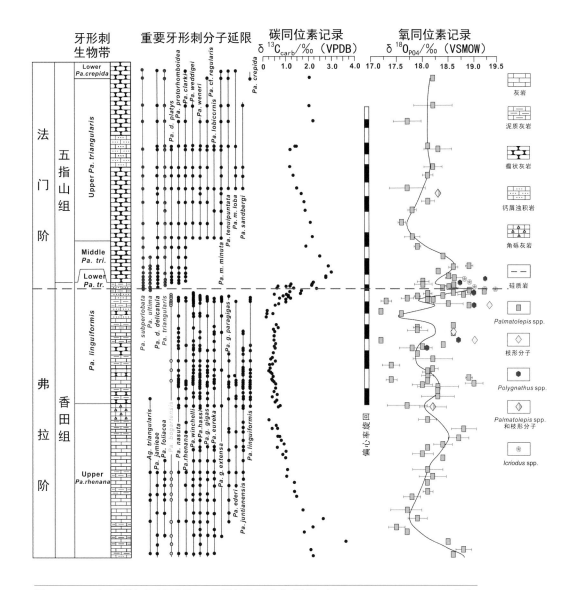

图 5-3-25 广西桂林杨堤上泥盆统 F-F 界线地层剖面综合对比图（据 Huang et al., 2016, 2018 修改）

致谢：

本章完成过程中，得到了国内外同行的大力支持，赵文金研究员和王德明教授提供了相关资料和图片，谭超绘制了中泥盆世海洋生物群落复原图，德国 Thomas Becker 教授和 Sven Hartenfels 博士提供了"金钉子"和泥盆纪生物礁照片，在此一并致谢。

参考文献

侯鸿飞，马学平．2005．国际泥盆系 GSSP 与华南泥盆系划分．地层学杂志，2: 154-159.

黄程．2015．华南泥盆纪 F-F 事件的特征与致因：来自高分辨率牙形石生物地层及化学地层的证据．中国地质大学（武汉）: 1-159.

江大勇，丁干，白顺良．2000．广西六景泥盆纪吉维特 - 弗拉斯阶界线层牙形石生物地层．地层学杂志，24: 195-200.

金善燏，沈安江，陈子烨，陆俊明，魏敏，王元青，谢飞．2005．云南文山混合型泥盆纪生物地层．石油工业出版社，北京: 1-195.

邝国敦，赵明特，陶业斌．1989．中国海相泥盆系标准剖面 广西六景泥盆系剖面．中国地质大学出版社，武汉: 1-154.

马学平．2004．华南泥盆纪弗拉期 - 法门期之交的生物灭绝及相关沉积 - 地化事件 // 戎嘉余，方宗杰（主编）．生物大灭绝与复苏—来自华南古生代和三叠纪的证据．中国科学技术大学出版社，合肥: 409-436.

马学平，孙元林，白志强，王尚启．2004．湘中佘田桥剖面上泥盆统弗拉斯阶地层研究新进展．地层学杂志 28: 369-374+394.

穆恩之，陈旭，倪寓南，穆道成，袁金良，韦仁彦，姚肇贵，殷保安，施文蛟，张军达．1983．广西钦州、玉林一带志留纪及泥盆纪地层的新观察．7(1): 60-63.

郄文昆，马学平，徐洪河，乔丽，梁昆，郭文，宋俊俊，陈波，卢建峰．2019．中国泥盆纪综合地层和时间框架．中国科学：地球科学，49: 115-138.

田奇瑀．1938．中国之泥盆纪．地质论评，(4): 355-404+469.

汪啸风．1978．广西钦州、防城一带晚志留世—早泥盆世地层和笔石群的初步研究 // 中国地质科学院地质矿产研究所（编）．华南泥盆系会议论文集．地质出版社，北京: 280-291.

汪啸风．1988．笔石动物群．见：侯鸿飞，王士涛等（主编）：中国的泥盆系，中国地层 7．地质出版社，北京: 236-239.

王成源，殷保安．1985．论华南艾菲尔期 (Eifelian) 地层．地层学杂志，9: 131-135.

王成源，王平，杨光华，谢伟．2009．四川盐边稗子田志留系牙形刺生物地层的再研究．地层学杂志，33(3): 302-317.

王成源，陈波，邝国敦．2016．广西南宁大沙田下泥盆统那高岭组的牙形刺．微体古生物学报，33(4): 420-435.

王成源，周铭魁，颜仰基，吴应林，赵玉光，钱泳臻．2000．新疆乌恰县萨瓦亚尔顿金矿区早泥盆世牙形刺．微体古生物学报，17(3): 255-264.

王环环，马学平，Slavík, L.，魏凡，张美琼，吕丹．2018．云南西部阿冷初剖面下泥盆统牙形类生物地层．地层学杂志，42(3): 288-300.

张欣松．2019．华南与西准噶尔晚泥盆世牙形石生物地层、事件地层和化学地层．中国地质大学（武汉）: 1-441.

赵文金，张晓林，贾国东，沈延安，朱敏．2021．滇东志留系 - 泥盆系界线与肺鱼 - 四足动物分歧点的最小时间约束．中国科学：地球科学，51(10): 1773-1787.

Algeo, T.J., Berner, R.A., Maynard, J.B., Scheckler, S.E. 1995. Late Devonian oceanic anoxic events and biotic crises: "rooted" in the evolution of vascular land plants. GSA today 5: 63-66.

Bai, S.L., Bai, Z.Q., Ma, X.P., Wang, D.R., Sun, Y.L. 1994. Devonian events and biostratigraphy of South China. Peking University Press, Beijing: 1-303.

Bassett, M.G. 1985. Towards a "common language" in stratigraphy. Episodes, 8(2): 87-92.

Becker, R.T. 2007. Subcommission on Devonian Stratigraphy, Newsletter, 22: 1-109.

Becker, R.T. 2009. Minutes of the SDS business meeting (Kitab State Geological Reserve, Uzbekistan). Subcommission on Devonian Stratigraphy, Newsletter, 24: 12-15.

Becker, R.T., House, M.R. 2009. Devonian ammonoid biostratigraphy of the Canning Basin. Geological Survey of Western Australia, 145: 415-439.

Becker, R.T., Gradstein, F.M., Hammer, O. 2012. The Devonian Period//Gradstein, F.M., Ogg, J.G., Schmitz, M.D., Ogg, G.M. (eds.). The Geologic Time Scale 2012, Volume 2. Amsterdam: Elsevier: 559-601.

Becker, R.T., Marshall, J.E.A., Da Silva, A.C. 2020. The Devonian Period//Gradstein, F.M., Ogg, J.G., Schmitz, M.D., Ogg, G.M. (eds.). Geologic Time Scale 2020, Volume 2. Elsevier, Amsterdam: 733-810.

Bouček, B., Horný, R., Chlupáč, I. 1966. Silurian versus Devonian: Acta Musei Nationalis Pragae, 22B (2): 49-66.

Bultynck, P. 1987. Pelalgic and neritic conodont successions from the Givetian of pre-Sahara Morocco and the Ardennes: Bulletin de l'Institut Royal des Sciences Naturelles de Belgique, Sciences de li Terre, 57: 149-181.

Caputo, M.V., Melo, J.H.G., Streel, M., Isbell, J.L. 2008. Late Devonian and early Carboniferous glacial records of South America. Geological Society of America Special Papers, 441: 161-173.

Casier, J.G., Lethiers, F., Claeys, P. 1996. Ostracod evidence for an abrupt mass extinction at the Frasnian/Famennian boundary (Devils Gate, Nevada, USA). Comptes rendus de l'Académie des Sciences de Paris, 322: 415-422.

Carls, P., Valenzuela-Ríos, J.I. 2002. Early Emsian conodonts and associated shelly faunas of the Mariposas Fm (Iberian Chains, Aragon, Spain)//García-López, S. and Bastida F. (eds.). Palaeozoic conodonts from northern Spain. Cuadernos del Museo Geominero, 1: 315-333.

Carls, P., Slavík, L., Valenzuela-Ríos, J.I. 2007. Revisions of conodont biostratigraphy across the Silurian-Devonian boundary. Bulletin of Geosciences, 82 (2): 145-164.

Carls, P., Slavík, L., Valenzuela-Ríos, J.I. 2008. Comments on the GSSP for the basal Emsian stage boundary: the need for its redefinition. Bulletin of Geosciences, 83(4): 383-390.

Chen, D.Z., Tucker, M.E., Jiang, M.S., Zhu, J.Q. 2001. Long-distance correlation between tectonic-controlled, isolated carbonate platforms by cyclostratigraphy and sequence stratigraphy in the Devonian of South China. Sedimentology, 48(1): 57-78.

Chen, X., Quan, Q.Q. 1992. Earliest Devonian graptolites from Ximeng, southwestern Yunnan, China. Alcheringa, 16(3): 181-187.

Chen, X., Ni, Y.N., Lenz, A.C., Zhang, L.N., Chen, Z.Y., Tang, L. 2015. Early Devonian graptolites from the Qinzhou-Yulin region, southeast Guangxi, China. Canadian Journal of Earth Sciences, 52: 1000-1013.

Chlupáč, I., Kukal, Z. 1977. The boundary stratotype at Klonk//Martinsson, A. (ed.). The Silurian-Devonian Boundary, International Union of Geological Sciences, Series A, No.5: 96-109.

Chlupáč, I., Oliver, Jr., A.O. 1989. Decision on the Lochkovian-Pragian Boundary Stratotype (Lower Devonian). Episodes, 12(2): 109-113.

Chlupáč, I., Lukeš, P., Paris, F., Schönlaub, H.P. 1985. The Lochkovian-Pragian boundary in the Lower Devonian of the Barrandian area (Czechoslovakia). Jahrbuch der Geologischen Bundesanstalt 128: 9-41.

Coen, M. 1973. Faciès, Conodontes et stratigraphie du Frasnien de l'Est de la Belgique pour servir à une revision de l'étage. Annales de la Société Géologique de Belgique, 95: 239-253.

Copper, P., Scotese, C.R. 2003. Megareefs in Middle Devonian supergreenhouse climate//Chan, M.A., Archer, A.W. (eds.). Extreme Depositional Environments: Mega End Members in Geologic Time. GSA Special Publication, 370: 209-230.

Crick, R.E., Ellwood, B. 1997. Frasnian/Famennian Boundary and Upper Kellwasser Event. Subcommission on Devonian Stratigraphy, Newsletter, 14: 43-45.

Crick, R.E., Ellwood, B.B., Hladil, J., El Hassani, A., Hrouda, F., Chlupáč, I. 2001. Magnetostratigraphy susceptibility of the Přídolian-Lochkovian (Silurian-Devonian) GSSP (Klonk, Czech Republic) and a coeval sequence in Anti-Atlas Morocco. Palaeogeography, Palaeoclimatology, Palaeoecology, 167(1-2): 73-100.

De Vleeschouwer, D., Da Silva, A.C., Sinnesael, M., Chen, D.Z., Day, J.E., Whalen, M.T., Guo, Z.H., Claeys, P. 2017. Timing and pacing of the Late Devonian mass extinction event regulated by eccentricity and obliquity. Nature Communication 8: 2268.

Dorlodot, H.D. 1900. Compte rendu des excursions sur les deux flances de la crete du Condros. Bulletin De La Société Belge De Géologie, 14: 157-160.

Dumont, A.H. 1848. Mémoire sur les terrains ardennais et rhénan de l'Ardenne, du Rhin, du Brabant et du Condros. Memoires de l'Académie royale de Belgique, Seconde partie: 221-451.

Dumont, A.H. 1855. Carte géologique de l' Europe, Ed E. Noblet, Paris, Liège.

Feist, R. 1990. The Frasnian/Famennian boundary and adjacent strata of the eastern Montague Noire, France. IUGS Subcommission on Devonian Stratigraphy, Guide Book: 1-69.

Feist, R., Klapper, G. 1985. Stratigraphy and Conodonts in Pelagic Sequences across the Middle-Upper Devonian Boundary, Montagne Noire, France. Palaeontographica, Abteilung A, 188: 1-18.

Gerrienne, P., Meyer-Berthaud, B., Fairon-Demaret, M., Streel, M., Steemans, P. 2004. *Runcaria*, a Middle Devonian seed plant precursor. Science, 306: 856-858.

Gibling, M.R., Davies, N.S. 2012. Palaeozoic landscapes shaped by plant evolution. Nature Geoscience, 5(2): 99-105.

Goddéris, Y., Joachimski, M.M. 2004. Global change in the Late Devonian: modelling the Frasnian-Famennian short-term carbon isotope excursions. Palaeogeography Palaeoclimatology Palaeoecology, 202: 309-329.

Gosselet, J. 1879. Description géologique du Canton de Maubeuge. Annales de la Société géologique du Nord, 6: 129-211.

Gosselet, J. 1880. Esquisse géologique du Nord de la France. 3 volumes: 1-342.

Gosselet, J. 1884. Classification du terrain devonien de l'Ardenne. Bulletin De La Société Géologie de France, 3e serie 11: 682-684.

Grandjean, P., Albarede, F., Feist, R. 1989. REE variations across the Frasnian-Famennian boundary. Terra Abstracts, 1: 184.

Guo, W., Nie, T., Sun, Y.L. 2018. Lower Emsian (Lower Devonian) Conodont Succession in Nandan County, Guangxi Province, South China. Neues Jahrbuch für Geologie und Paläontologie-Abhandlungen, 289(1): 1-16.

Hao, S.G., Xue, J.Z. 2013. The Early Devonian Posongchong flora of Yunnan—a contribution to an understanding of the evolution and early diversification of vascular plants. Science Press.

Hladíková, J., Hladil, J., Křibek, B. 1997. Carbon and oxygen isotope record across Pridoli to Givetian stage boundaries in the Barrandian basin (Czech Republic). Palaeogeography, Palaeoclimatology, Palaeoecology, 132(1-4): 225-241.

House, M.R., Becker, R.T., Feist, R., Flajs, G., Girard, C., Klapper, G. 2000. The Frasnian/Famennian boundary GSSP at Coumiac, southern France. Courier Forschungsinstitut Senckenberg, 225: 59-75.

Huang, C., Gong, Y.M. 2016. Timing and patterns of the Frasnian-Famennian event: evidences from high-resolution conodont biostratigraphy and event stratigraphy at the Yangdi section, Guangxi, South China. Palaeogeography, Palaeoclimatology, Palaeoecology, 448: 317-338.

Huang, C., Joachimski, M.M., Gong, Y.M. 2018. Did climate changes trigger the Late Devonian Kellwasser Crisis? Evidence from a high-resolution conodont $\delta^{18}O_{PO4}$ record from South China. Earth and Planetary Science Letters, 495: 174-184.

Iudina, A.B. 1995. Genus *Ancyrodella* succession in earliest Frasnian(?) of the northern Chernyshev Swell. Geolines 3: 17-20.

Izokh, N., Izokh, O., Erina, M., Kim, A., Obut, O., Rakhmonov, U. 2018. Carbon and Oxygen Isotope Composition and Conodont Data on the Zinzilban Gorge, Emsian GSSP//Becker, R.T. (ed.). Subcommission on Devonian Stratigraphy, Newsletter, 33: 34-37.

Ji, Q., Ziegler, W., Dong, X.P. 1992. Middle and Late Devonian conodonts from the Licun section, Yongfu, Guangxi, South China. Courier Forschungsinstitut Senckenberg, 154: 85-106.

Joachimski, M.M., Breisig, S., Buggisch, W., Talent, J.A., Mawson, R., Gereke, M., Morrow, J.R., Day, J., Weddige, K. 2009. Devonian climate and reef evolution: Insights from oxygen isotopes in apatite. Earth and Planetary Science Letters, 284: 599-609.

Johnson, J., Klapper, G., Sandberg, C.A. 1985. Devonian eustatic fluctuations in Euramerica. Geological Society of America Bulletin, 96: 567-587.

Kayser, E. 1881. Ueber einige neue devonische Brachiopoden. Zeitschrift Der Deutschen Geologischen Gesellschaft, 33: 331-337.

Kim, A.I., Erina M.V., Kim, I.A., Salimova, F.A., Meshchankina, N.A., Rakhmonov, U.D. 2012. The Pragian-Emsian Event and subdivision of the Emsian in the Zinzilban and Khodzha-Kurgan section. Subcommission on Devonian Stratigraphy, Newsletter, 27: 38-41.

Klapper, G. 1989. The Montagne Noire Frasnian (Upper Devonian) conodont succession//McMillan, N.J., Embry, A.F., Glass, D.J. (eds.). Devonian of the World. Canadian Society of Petroleum Geologists, Calgary: 449-468.

Klapper, G. 2007. Conodont taxonomy and the recognition of the Frasnian/Famennian (Upper Devonian) stage boundary. Stratigraphy, 4(1): 67-76.

Klapper, G., Johnson, D.B. 1975. Sequence in conodont genus

Polygnathus in Lower Devonian at Lone Mountain, Nevada. Geologica et Palaeontologica, 9: 65-83.

Klapper, G., Ziegler, W., Mashkova, T.V. 1978. Conodonts and correlatlon of Lower/Middle-Devonian boundary beds in the Barrandlan Area of Czechoslovakia. Oeologica et Paleontologica, 12: 103-115.

Klapper, G., Feist, R., House, M.R. 1987. Decision on the Boundary Stratotype for the Middle/Upper Devonian Series Boundary. Episodes, 10: 97-101.

Klapper, G., Feist, R. Becker, R.T., House, M.R. 1993. Definition of the Frasnian/Famennian Stage boundary. Episodes, 16/4: 433-441.

Labandeira, C.C, Tremblay S.L., Bartowski, K.E., Hernick, L.V. 2014. Middle Devonian liverwort herbivory and antiherbivore defence. New Phytologist, 202: 247-258.

Lethiers, F., Casier, J.G. 1994. The uppermost Frasnian (Upper Kellwasser) ostracodes from Coumiac (Montagne Noire, France). Revue de Micropaléontologie, 38: 65-79.

Lu, J.F., Qie, W.K., Chen, X.Q. 2016. Pragian and lower Emsian (Lower Devonian) conodonts from Liujing, Guangxi, South China. Alcheringa, 40(2): 275-296.

Lu, J.F., Valenzuela-Ríos, J.I., Liao, J.C., Wang, Y. 2019. Polygnathids (Conodonta) around the Pragian/Emsian boundary from the Dacun-1 section (central Guangxi, South China). Journal of Paleontology, 93(6): 1210-1220.

Ma, X.P., Gong, Y.M., Chen, D.Z., Racki, G., Chen, X.Q., Liao, W.H. 2016. The Late Devonian Frasnian-Famennian event in South China—patterns and causes of extinctions, sea level changes, and isotope variations. Palaeogeography, Palaeoclimatology, Palaeoecology, 448: 224-244.

Manda, S., Frýda, J. 2010. Silurian-Devonian boundary events and their influence on cephalopod evolution: Evolutionary significance of cephalopod egg size during mass extinction. Bulletin of Geosciences, 85(3): 513-540.

McGhee Jr, G.R., Clapham, M.E., Sheehan, P.M., Bottjer, D.J., Droser, M.L. 2013. A new ecological-severity ranking of major Phanerozoic biodiversity crises. Palaeogeography, Palaeoclimatology, Palaeoecology, 370: 260-270.

McMillan, N.J., Embry, A., Glass, D.J. 1988. Devonian of the World, Volume I: Regional Syntheses. Canadian Society of Petroleum Geologists, Calgary. 1-795.

Philip, G.M., Jackson, J.H. 1967. Lower Devonian subspecies of the conodont Polygnathus linguiformis Hinde from southeastern Australia. Journal of Paleontology, 41(5): 1262-1266.

Přibyl, A. 1940. Graptolitová fauna ceského stredního Ludlow (svrchni eβ). Vestnik státniho geologického Ústavu, 16: 63-73.

Qie, W.K., Algeo, T.J., Luo, G.M., Herrmann, A. 2019. Global events of the Late Paleozoic (Early Devonian to Middle Permian): A review. Palaeogeography, Palaeoclimatology, Palaeoecology, 531: 109259.

Sallan, L., Friedman, M., Sansom, R.S., Bird, C.M., Sansom, I.J. 2018. The nearshore cradle of early vertebrate diversification. Science, 362: 460-464.

Sandberg, C.A., Schindler, E. Walliser. O.H., Ziegler, W. 1990. Proposal for the Frasnian/Famennian at Steinbruch Schmidt (Ense area, Kellerwald, Rhein. Schictergchirge, Germany) and material for the corresponding field trip on September 18, 1990. Document

(Unpublished) submitted to the Subcommission on Devonian Stratigraphy (ICS, IUGS), Frankfurt/M, 18 pp.

Schindler, E. 1990. Die Kellwasser-Krise (hohe Frasne-Stufe, Ober-Devon). Göttinger Arbeiten zur Geologie und Paläontologie, 46: 1-115.

Sedgwick, A., Murchison, R.I. 1839. Stratification of the older stratified deposits of Devonshire and Cornwall. Philosophical Magazine and Journal of Science, 3: 241-260.

Slavík, L. 2017. Minutes of the annual SDS business meeting. Subcommission on Devonian Stratigraphy, Newsletter, 32: 7-11.

Slavík, L., Hladil, J. 2004. Lochkovian/Pragian GSSP revisited: Evidence about conodont taxa and their stratigraphic distribution. Newsletters on Stratigraphy, 40 (3): 137-153.

Slavík, L., Hladil, J. 2020. Early Devonian (Lochkovian-early Emsian) bioevents and conodont response in the Prague Synform (Czech Republic). Palaeogeography, palaeoclimatology, palaeoecology, 549: 109148.

Stein, W.E., Berry, C.M., Hernick, L.V., Mannolini, F. 2012. Surprisingly complex community discovered in the mid-Devonian fossil forest at Gilboa. Nature, 483(79): 78-81.

Streel, M. 2009. Upper Devonian miospore and conodont zone correlation in western Europe//Königshof, P. (ed.). Devonian Change: Case Studies in Palaeogeography and Palaeoecology. Geological Society Special Publication, 314: 163-176.

Streel, M., Brice, D., Mistiaen, B. 2006. Strunian. Geologica Belgica, 9 (1/2): 105-109.

Strother, P.K., Foster, C. 2021. A fossil record of land plant origins from charophyte algae. Science, 373: 792-796.

Vacek, F. 2011. Palaeoclimatic event at the Lochkovian-Pragian boundary recorded in magnetic susceptibility and gamma-ray spectrometry (Prague Synclinorium, Czech Republic). Bulletin of Geosciences, 86(2): 259-268.

Valenzuela-Ríos, J.I., Carls, P. 2010. Brief comments on the Future Pragian Subdivision and Revision of the Emsian base. Subcommission on Devonian Stratigraphy, Newsletter, 25: 19.

Walliser O.H. 1996. Global events in the Devonian and Carboniferous// Walliser, O.H., (ed.). Global Events and Event Stratigraphy in the Phanerozoic. Berlin: Springer-Verlag. 225-250.

Walliser, O.H. Bultynck, P., Weddige, K., Becker, R.T., House, M.R. 1995. Definition of the Eifelian-Givetian Stage boundary. Episodes, 18: 107-115.

Wang, C.Y., Ziegler, W. 1983. Devonian conodont biostratigraphy of Guangxi, South China, and the correlation with Europe. Geologica et Palaeontologica, 17: 75-107.

Wang, D.M., Qin, M., Liu, L., Liu, L., Zhou, Y.Y., Zhang, Y., Huang, P., Xue, J.Z., Zhang, S.H., Meng, M.C. 2019. The Most Extensive Devonian Fossil Forest with Small Lycopsid Trees Bearing the Earliest Stigmarian Roots. Current Biology, 29: 2604-2615.

Weddige, K. 1987. The lower Pragian boundary (Lower Devonian) based on the conodont species Eognathodus sulcatus. Senckenbergiana Lethaea, 67(5-6): 479-487.

Weddige, K., Werner, R., Ziegler, W. 1979. The Emsian-Eifelian Boundary — An attempt at correlation between the Eifel and Ardennes Regions. Newsletters on Stratigraphy, 8: 159-169

Weinerová, H., Bábek, O., Slavík, L., Vonhof, H., Joachimski, M.M.,

Hladil, J. 2020. Oxygen and carbon stable isotope records of the Lochkovian-Pragian boundary interval from the Prague Basin (Lower Devonian, Czech Republic). Palaeogeography, Palaeoclimatology, Palaeoecology, 560: 110036.

Yolkin, E.A., Apekina, L.S., Erina, M.V., Izokh, N.G., Kim, A.I., Talent, J.A., Walliser, O.H., Weddige, K., Werner, R., Ziegler, W. 1989. Polygnathid lineages across the Pragian-Emsian boundary, Zinzilban Gorge, Zerafshan, USSR. Courier Forschungsinstitut Senckenberg, 110: 237-246.

Yolkin, E.A., Weddige, K., Izokh, N.G., Erina, M. 1994. New Emsian conodont zonation (Lower Devonian). Courier Forschungsinstitut Senckenberg, 168: 139-157.

Yolkin, E.A., Kim, A.I., Weddige, K. 1997. Definition of the Pragian/ Emsian Stage boundary. Episodes, 20(4): 235-240.

Zapivalov, N.P., Trofimuk, A.A. 1988. Distribution of oil and gas in Devonian rocks of West Siberia//McMillan, N.J., Embry, A., Glass, D.J. (eds.). Devonian of the World, Volume I: Regional Syntheses. Canadian Society of Petroleum Geologists, Calgary: 553-567.

Zhang, Y.D., Lenz, A.C. 1998. Early Devonian graptolites from Southwest Yunnan, China. Journal of Paleontology, 72(2): 353-360.

Ziegler, P.A. 1988. Laurussia-The Old Red Continent//McMillan, N.J., Embry, A., Glass, D.J. (eds). Devonian of the World, Volume I: Regional Syntheses. Canadian Society of Petroleum Geologists, Calgary: 15-48.

Ziegler, W. 1979. Historical subdivisions of the Devonian//House, M.R., Scrutton, C.T., Bassett, M.G. (eds.). The Devonian System. Special Papers in Palaeontology, 23: 23-47.

Ziegler, W., Klapper, G. 1985. Stages of the Devonian System. Episode, 8(2): 104-109.

Ziegler, W., Sandberg, C.A. 1990. The Late Devonian Standard Conodont Zonation. Courier Forschungsinstitut Senckenberg, 121: 1-115.

第五章著者名单

郄文昆　现代古生物学和地层学国家重点实验室（中国科学院南京地质古生物研究所）；
中国科学院生物演化与环境卓越创新中心。

wkqie@nigpas.ac.cn

郭　文　现代古生物学和地层学国家重点实验室（中国科学院南京地质古生物研究所）；
中国科学院生物演化与环境卓越创新中心。

wenguo@nigpas.ac.cn

宋俊俊　现代古生物学和地层学国家重点实验室（中国科学院南京地质古生物研究所）；
中国科学院生物演化与环境卓越创新中心。

jjsong@nigpas.ac.cn

梁　昆　现代古生物学和地层学国家重点实验室（中国科学院南京地质古生物研究所）；
中国科学院生物演化与环境卓越创新中心。

kliang@nigpas.ac.cn

卢建峰　现代古生物学和地层学国家重点实验室（中国科学院南京地质古生物研究所）；
中国科学院生物演化与环境卓越创新中心。

jflu@nigpas.ac.cn

黄　璞　现代古生物学和地层学国家重点实验室（中国科学院南京地质古生物研究所）；
中国科学院生物演化与环境卓越创新中心。

puhuang@nigpas.ac.cn

第六章
石炭系 "金钉子"

石炭系，顾名思义与"炭"有关，它是地质历史上重要的成煤期。除此以外，石炭纪的地球上还发生了两大标志性事件：一是南方的冈瓦纳大陆与北方的劳俄大陆发生碰撞，开始形成泛大陆；二是晚古生代大冰期的形成。这两大事件对石炭纪的岩石圈和生物圈产生了重大影响。

本章编写人员　祁玉平／王秋来／黄玉泽／胡科毅／王志浩／盛青怡／林　巍／
　　　　　　　　要　乐／陈吉涛／王向东

篇章页图　内蒙古乌达煤田石炭系含煤地层，由中国科学院南京地质古生物研究所王军提供

第一节
石炭纪的地球

石炭纪（358.9—298.9 Ma）持续了约 6000 万年，是地质历史上主要的成煤期之一。石炭纪（Carboniferous）一名即来源于拉丁语"carbo"（木炭）和"ferronus"（含），或意大利语"Carbonarium"（木炭生产者）。西欧广泛发育的石炭纪煤系地层曾为各国工业发展提供了最重要的燃料能源，促成了 18 世纪后期第一次工业革命的产生和广泛传播，对整个人类社会以及地球生态环境产生了深远影响。

石炭纪时，深部岩石圈和地表圈层发生了重大变化，改变了全球古地理格局（图 6-1-1），促进了生物（图 6-1-2、图 6-1-3）与环境之间的协同演化，这段历史也常常被提到并同现今的全球变化进行比较。在这一时期，全球板块构造活动愈发激烈，在泛大陆（Pangea，又称盘古大陆）形成的过程中，南方的冈瓦纳大陆（Gondwana）与北方的劳俄大陆（Laurussia）靠拢并发生碰撞，在西欧和北美等地形成了莱茵—海西和阿巴拉契亚等山脉。这次广泛的造山运动被称为海西运动（Hercynian orogeny），或称华力西运动（Variscan orogeny），导致部分地区地势抬升，加剧了大陆风化作用，亦形成了大量较为动荡的浅海和过渡相环境。最终连接泛大洋（Panthalassa Ocean）与古特提斯洋（Palaeotethys Ocean）的通道——瑞克洋（Rheic Ocean）消失，彻底改变了全球的洋流循环。全球气候也发生了重大变化，显生宙以来规模最大的冰期——晚古生代大冰

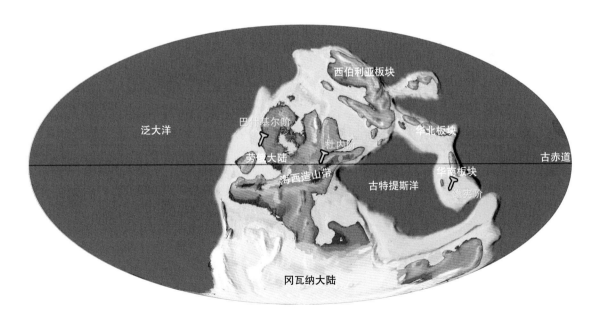

图 6-1-1 石炭纪晚期（305.3 Ma）的全球古地理概况（显示"金钉子"位置；据 Scotese，2014 修改）

图6-1-2　距今3.6亿—3亿年的石炭纪沼泽面貌复原图。①一类原始的两栖动物；②节胸类（现代马陆的祖先类群）；③巨脉蜻蜓；
④鳞木，属于石松类植物，乔木状，是石炭纪重要的成煤植物，左侧所示的为幼年的个体，右侧远处的为成年个体；
⑤科达类植物；⑥芦木类植物（Richard Bizley 绘制）

期（Late Paleozoic Ice Age，LPIA）被广泛分布的大陆冰川、沉积间断，以及氧同位素、二氧化碳浓度等指标直接或间接证实，而其与全球性构造活动在时间上的耦合表明两者之间可能存在某种关联（Montanez & Poulsen，2013）。石炭纪早期的气候较为湿润，随着陆地面积的扩大，陆生植物进一步发展和繁盛。植物通过光合作用消耗了大量的二氧化碳，使得大气氧浓度快速上升，接近地质历史峰值，巨型节肢动物得以在热带雨林中大量繁衍。沼泽地带生长的乔木死后在缺乏有效分解作用的情况下，最终作为有机碳被埋藏起来并形成了煤炭。石炭纪晚期，随着冰室效应的愈发强烈，湿润气候逐渐向干旱气候过渡，雨林系统崩溃，但同时又进一步促进了陆生动物，如更适应干旱环境的四足动物的演化。此外，海洋生物在经历了泥盆纪末的大灭绝之后缓慢复苏，一些适合浅海生存环境的生物如蜓类有孔虫等则得到了迅速发展。

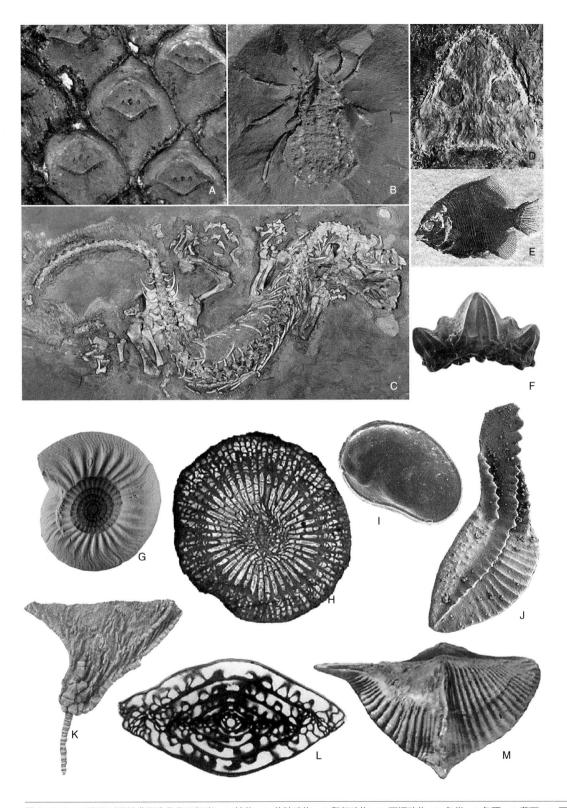

图6-1-3 石炭纪时期的典型生物化石门类。A. 植物；B. 节肢动物；C. 爬行动物；D. 两栖动物；E. 鱼类；F. 鱼牙；G. 菊石；H. 四射珊瑚；I. 介形类；J. 牙形刺；K. 棘皮动物；L. 螳类有孔虫；M. 腕足动物。（据王向东等，2020；Ausich & Kammer，2006；Ivanov & Lucas，2011；Milner & Sequiera，2003；Modesto et al.，2015；Richard，2000；Slater，2011；Taylor et al.，2009；Williams et al.，2005）

第二节
石炭纪的地质记录

石炭纪发生的一系列事件被记录在相应地层里，即使经过了数亿年不同程度的后期改造，地质学家们依然可以利用各种研究方法和技术手段从中找寻到有用信息来重建这段历史（图6-2-1）。

全球范围内石炭系具有明显的两分性：下部主要以海相沉积为主，北美称为密西西比亚系，欧洲称为迪南亚系或统（Dinantian），中国称为丰宁亚系或统；上部在北美和欧洲主要以海陆交互相沉积为主，含丰富的煤层，北美称为宾夕法尼亚亚系，欧洲称为西里西亚亚系或统（Silesian），在中国的南方仍以海相沉积为主，称为壶天亚系或统。尽管西欧和北美的石炭系研究历史较长，程度较高，但两地均缺少宾夕法尼亚亚纪的连续海相地层，为建立可供全球对比的年代地层框架带来了困难。而俄罗斯地台、南乌拉尔、西班牙北部和华南地区，发育有几乎完整的石炭纪碳酸盐岩沉积，成为全球石炭纪年代地层研究的理想区域（王向东等，2019）。

石炭纪是生物快速发展的时期，以牙形刺、有孔虫、菊石、四射珊瑚、腕足动物、苔藓虫、棘皮动物、放射虫等为主的海洋生物非常繁盛，演化迅速的有孔虫和牙形刺分别是浅水相和深水相地层划分和对比的重要标志化石。由于全球海洋在密西西比亚纪时是贯通的，海洋生物的分区性不太明显；但到了宾夕法尼亚亚纪，分隔北方劳俄大陆和南方冈瓦纳大陆的东西向的瑞克洋逐渐封闭，使得生物地理分区性变得十分明显（Walliser，1995；Montanez & Poulsen，2013），不利于生物地层的全球性对比，因而造成了石炭纪年代地层研究的相对滞后。迄今为止，石炭系仅确立了3个阶的"金钉子"，尚有4个阶的"金钉子"有待确立。

相比生物地层，化学地层可以提供更为连续的记录或识别出某些特别的异常，反演地球化学循环过程以及推测背后的作用机制。例如，可以利用海相碳酸盐岩或化石骨骼（如腕足动物壳体、牙形刺等）获得的碳、氧、锶等同位素曲线来推测初级生产力、古海水温度以及大陆风化作用等的变化趋势，并进一步辅助地层对比。

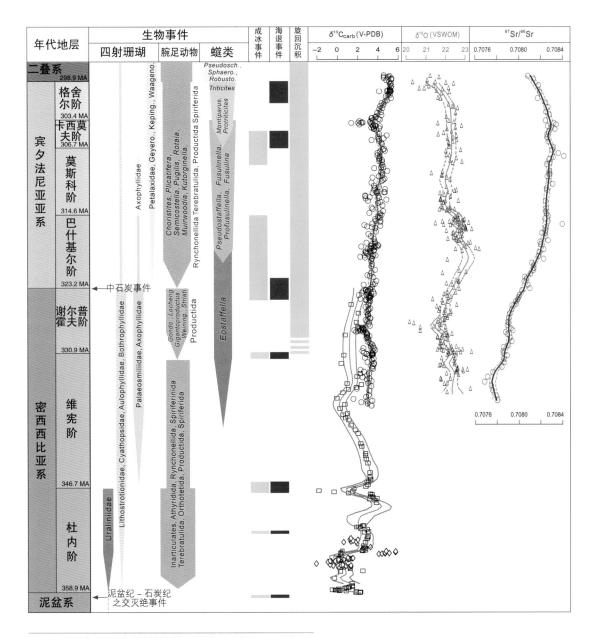

图6-2-1　我国石炭纪主要的地质记录（据王向东等，2019 修改）

第三节
石炭系"金钉子"

一、石炭纪年代地层研究概述

西欧的石炭系受海西运动影响较大,在各地形成了不同的沉积序列和多样的生物组合,因而各地的地层划分存在一定差异(廖卓庭,1999;Lucas,2021)。Conybeare 和 Phillips(1822)最早正式采用"Carboniferous"这个称谓,并将英国的"石炭系"(Carboniferous Order)三分,自下而上包括 Carboniferous Limestone(石炭系灰岩)、Millstone Grit(磨石粗砂岩)和 Coal Measures(煤系)(原在底部建立的老红砂岩现属泥盆系,故未统计在内)。这个划分方案后来被其他来自欧洲、北美以及俄国的专家采用。但是,随着各地区地层研究的不断深入,越来越多的新地层名称以及更为实用的地方性划分方案陆续出炉。为了进一步完善欧洲煤系地层之间的对比,各国地质学家于 1927 年在荷兰海伦(Heerlen)召开了首届国际石炭纪地层会议,并就西欧地区采用统一的石炭系再划分方案的可行性进行了研究和讨论,提议将石炭系两分为上统和下统,并以维宪阶和 Namurian 阶的界线作为分界。

该会议后来陆续在海伦又举办过三届,并成了每 4 年召开的系列性国际会议。其中的第三届会议(1951 年)讨论了全球对比方案的可行性,建议石炭系采用两分亚系的方案。由于当时人们对于欧洲上、下石炭统界线与北美密西西比系和宾夕法尼亚系界线是否一致并未达成共识,故各地依然继续沿用各自的称谓。各国专家被建议继续开展工作,并申明不放弃三分方案的可能性。会议临时委员会经过整合成立了石炭纪地质大会组织委员会,与国际地质科学联合会以及国际地层委员会旗下石炭系地层分会(Subcommission on Carboniferous Stratigraphy,S.C.C.S)紧密合作。石炭系分会考虑的问题也不限于西欧,而是扩展到了全球。该组织定期组织包括国际石炭纪大会在内的会议和野外活动,其中一项重要的任务就是建立起一套全球统一的石炭纪年代地层单位。

1975 年,在苏联莫斯科召开的第八届国际石炭纪地层和地质大会上,根据之前北美密西西比—宾夕法尼亚系工作组关于界线对比的意见,石炭系分会成员提出了一种三分与两分并存的折中方案,即在亚系之下再划分统,并提议以西欧的杜内阶、维宪阶,东欧和苏联的谢尔普霍夫阶、巴什基尔阶、莫斯科阶、卡西莫夫阶以及格舍尔阶作为国际通用阶名(Bouroz et al.,1977)(图 6-3-1)。可能是由于条件不够成熟,该提案当时并没有接受表决,但是这个设想对于后来石炭系的再划分工作产生了深远影响。

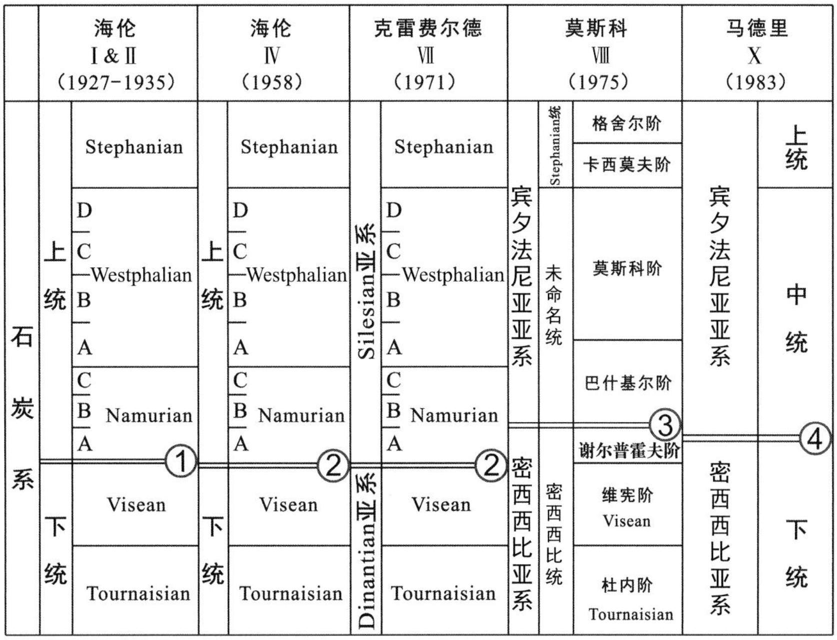
海伦
Ⅰ&Ⅱ
（1927-1935）
海伦
Ⅳ
（1958）
克雷费尔德
Ⅶ
（1971）
莫斯科
Ⅷ
（1975）
马德里
Ⅹ
（1983）
石炭系
上统
下统
Stephanian
D
C
Westphalian
B
A
C
B
Namurian
A
Visean
Tournaisian
Silesian亚系
Dinantian亚系
宾夕法尼亚亚系
密西西比亚系
Stephanian统
未命名统
密西西比统
格舍尔阶
卡西莫夫阶
莫斯科阶
巴什基尔阶
谢尔普霍夫阶
维宪阶
Visean
杜内阶
Tournaisian
中统
①
②
③
④

图 6-3-1 历届石炭纪地层会议提议的石炭系再划分方案以及中间界线层位。①菊石 *Goniatites granosus* 的消失和 *Eumorphoceras pseudobilingue* 的首现；②菊石 *Cravenoceras leion* 的首现；③菊石 *Reticuloceras* 的首现；④菊石 *Eumorphoceras* 带到 *Homoceras* 带的过渡，相当于牙形刺 *Declinognathodus noduliferus* 的首现。（据杨敬之和徐珊红，1986 修改）

接下来的 20 年里，石炭系再划分方案经历了数次变动。1988—1989 年间，石炭系两分为亚系的方案被批准实施，但是在十年之后差一点被否决掉，最后在一次有瑕疵的投票中得以保留（Metcalfe，2000）。阶是全球年代地层单位中最基本的分类单元，而国际地层委员会提议的“金钉子”正是针对阶这一级年代地层单位的。由于国际地质科学联合会敦促国际地层委员会在 2008 年之前完成所有“金钉子”的确立工作（Work，2001）。经过讨论，前述 1975 年提出的石炭系再划分方案被再次提及，此时人们已整体接受了采用总体数量较少的阶的方案（类似泥盆系和二叠系的再划分方案），并最终于 2003 年投票确立了现行的石炭系包括两个亚系六统七阶的划分方案（图 6-3-2）。整体上，该方案与 1975 年的提案稍有不同，而且其中的统并没有采用特定名称，如果将来有必要进行更细的划分，那么大部分阶可以直接提升为统（Heckel & Villa，1999；Work，2001、2004）。截至目前，石炭系尚有 4 个阶的“金钉子”没有确立，包括密西西比亚系的谢尔普霍夫阶，宾夕法尼亚亚系的莫斯科阶、卡西莫夫阶以及格舍尔阶（图 6-3-2）。

在我国，地方性年代地层主要基于岩石地层单位演变而来，命名地多位于浅水台地相地区，界线标志以珊瑚、有孔虫（含蜓类）为主。随着石炭系内更多“金钉子”的确立，目前也有与国际接轨的趋势（图 6-3-3）。

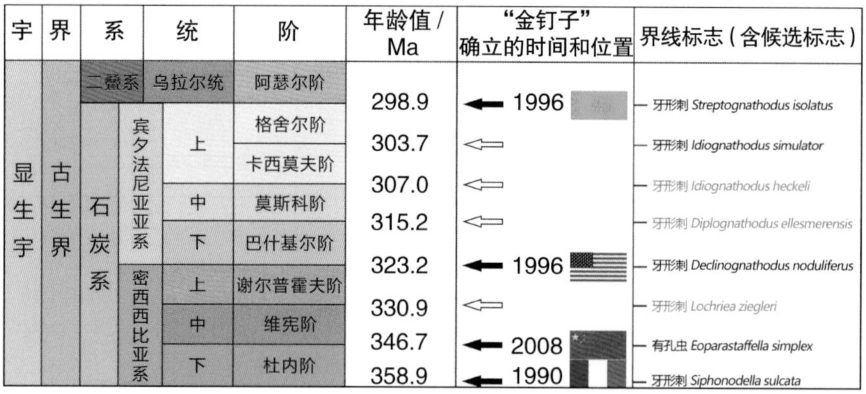

图6-3-2　全球石炭纪年代地层划分方案（实心箭头：界线"金钉子"已确立；空心箭头："金钉子"待定；黑色字体为已确定的界线标志，灰色字体为可能的界线候选标志）

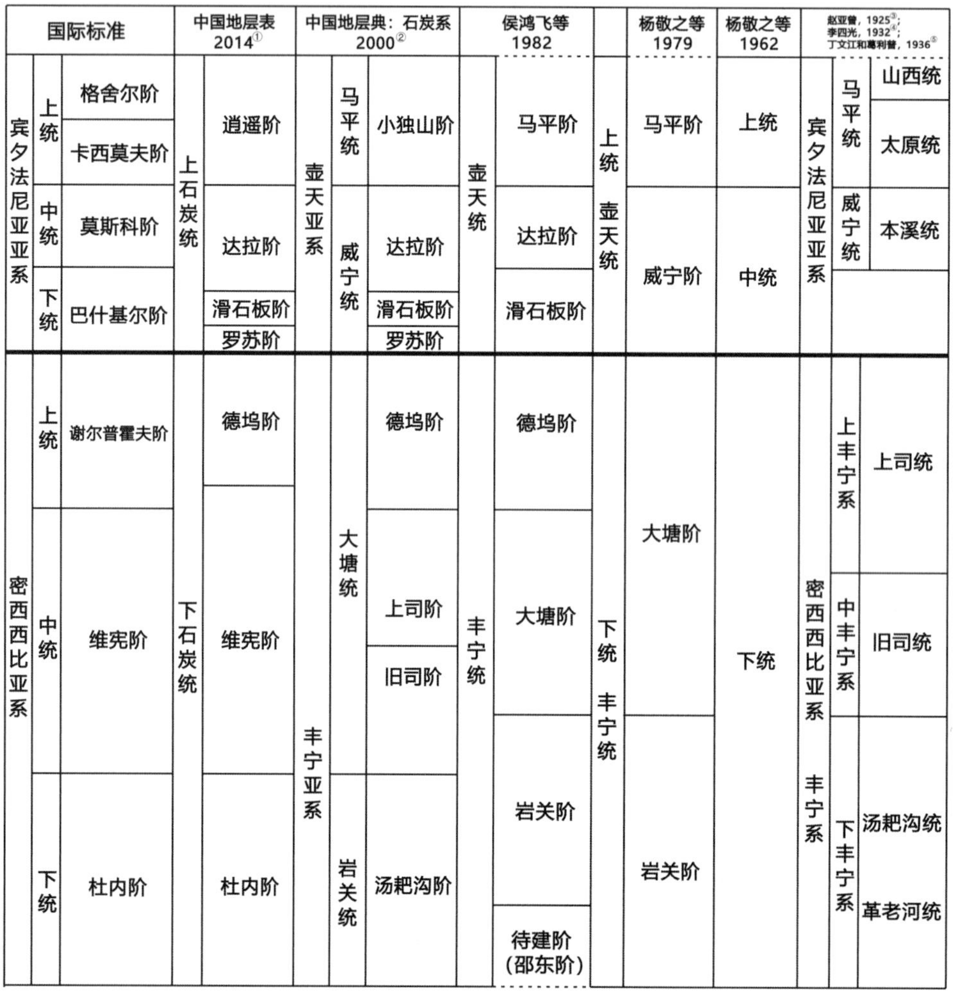

宇	界	系	统	阶	年龄值/Ma	"金钉子"确立的时间和位置	界线标志（含候选标志）
显生宇	古生界	二叠系 乌拉尔统		阿瑟尔阶	298.9	←1996	牙形刺 *Streptognathodus isolatus*
		石炭系 宾夕法尼亚亚系	上	格舍尔阶	303.7	⇐	牙形刺 *Idiognathodus simulator*
				卡西莫夫阶	307.0	⇐	牙形刺 *Idiognathodus heckeli*
			中	莫斯科阶	315.2	⇐	牙形刺 *Diplognathodus ellesmerensis*
			下	巴什基尔阶	323.2	←1996	牙形刺 *Declinognathodus noduliferus*
		密西西比亚系	上	谢尔普霍夫阶	330.9	⇐	牙形刺 *Lochriea ziegleri*
			中	维宪阶	346.7	←2008	有孔虫 *Eoparastaffella simplex*
			下	杜内阶	358.9	←1990	牙形刺 *Siphonodella sulcata*

国际标准			中国地层表 2014①	中国地层典：石炭系 2000②		侯鸿飞等 1982	杨敬之等 1979	杨敬之等 1962	赵亚曾，1925③；李四光，1932④；丁文江和葛利普，1936⑤	
宾夕法尼亚亚系	上统	格舍尔阶	上石炭统 逍遥阶	马平统	小独山阶	壶天统 马平阶	上统 马平阶	上统	宾夕法尼亚亚系 马平统	山西统
		卡西莫夫阶								太原统
	中统	莫斯科阶	达拉阶	壶天亚系 威宁统	达拉阶	达拉阶	壶天统 达拉阶	中统 威宁阶	威宁统	本溪统
	下统	巴什基尔阶	滑石板阶		滑石板阶	滑石板阶				
			罗苏阶		罗苏阶	罗苏阶				
密西西比亚系	上统	谢尔普霍夫阶	下石炭统 德坞阶	大塘统	德坞阶	德坞阶	大塘阶	下统 丰宁统	密西西比亚系 上丰宁系	上司统
	中统	维宪阶	维宪阶	丰宁亚系	上司阶	大塘阶	大塘阶		中丰宁系	旧司统
					旧司阶				丰宁系 下丰宁系	汤耙沟统
	下统	杜内阶	杜内阶	岩关统	汤耙沟阶	岩关阶	岩关阶			革老河统
						待建阶（邵东阶）				

图6-3-3　我国石炭纪地方性年代地层单位沿革。① 全国地层委员会《中国地层表》编委会，2014；② 金玉玕等，2000；③ Chao，1925；④ Lee，1932；⑤ Ting & Grabau，1936

二、石炭系底界（暨杜内阶底界）"金钉子"

石炭系底界（暨杜内阶底界）的"金钉子"，于1990年被确立在法国南部黑山地区（Montagne Noire）的 La Serre E' 剖面，以牙形刺 *Siphonodella sulcata*（槽管刺）的演化首现事件作为标志。

1. 研究历程

杜内阶（Tournaisian）是石炭系的第一个阶，也是密西西比亚系的第一个阶。这一名称最早起源于比利时西南部的图尔奈（Tournai），一个坐落在斯海尔德河畔、具有悠久历史的城市。而杜内阶的底界，即整个石炭系的底界，也是整个石炭系内部最早被讨论的界线之一，其界线定义经过了一系列的调整，至今仍存在争议（图6-3-4）。早在1935年的第二届海伦会议（Heerlen Congress，国际石炭系地质大会的前身），就已经决定用 *Gattendorfia*（加登道夫菊石）的首次出现层位作为石炭系开始的标志（Paproth et al.，1980）。菊石作为一类游泳的大型海生无脊椎动物化石，偶尔也能够在海陆交互相的沉积物中出现，因此从第一届海伦会议开始，就被认为是详细划分石炭系地层的有力工具之一。此外，珊瑚和腕足动物也是早期划分和对比石炭系地层的有效工具。但随着研究的进一步深入，人们逐渐认识到它们的时空分布容易受到构造运动和古地理环境变化的影响，产生一定的古地理分异，即同时期全球各个区域的珊瑚和腕足动物群的面貌可能存在一定的差异，而这对于区域间地层的精确对比是不利的。20世纪60年代开始，随着微体古生物学的发展，牙形刺和底栖有孔虫逐渐成为划分和对比石炭纪地层的重要手段。

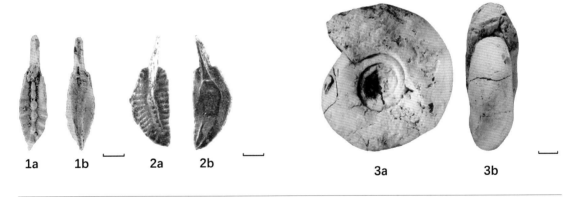

图6-3-4 泥盆系 – 石炭系界线附近重要化石。1. *Siphonodella praesulcata*（a. 口视，b. 反口视，比例尺为 100 μm，据 Kaiser，2009）；2. *Siphonodella sulcata*（a. 口视，b. 反口视，比例尺为 100 μm，据 Ji，1987）；3. *Gattendorfia subinvoluta*（a. 侧视，b. 腹面视，比例尺为 1 cm，据 Korn，1994）

泥盆系 – 石炭系界线工作组于1976年的国际地层学大会（International Commission on Stratigraphy，ICS）确立，并于1978年和1979年分别在欧洲西北部和北美举行了两次野外现场会议（Paproth et al.，1991）。会后，大部分界线工作组成员们取得了以下共识：建议将牙形刺

Siphonodella praesulcata（先槽管刺）→ *Si. sulcata*（槽管刺）演化谱系中，*Si. sulcata* 的首次出现作为泥盆系－石炭系界线的标准。这一标准基本与欧洲的迪南统（Dinantian）和北美的肯德胡克群（Kinderhookian）的底界一致，也接近菊石 *Gattendorfia* 的首次出现层位，并且位置略高于 Hangenberg 灭绝事件层，能够很好地体现泥盆纪末大灭绝事件前后的生物演变。这一提议随后由 R. Lane、C. Sandberg 和 W. Ziegler 等提交，并于 1979 年在华盛顿会议上被界线工作组通过。

在随后的时间里，各国科学家积极开展工作，试图寻找到一条完美契合界线定义的连续地层剖面。我国的地层古生物学家也纷纷响应号召，在华南的多个省寻找合适的剖面并深入开展研究工作。

1981 年，熊剑飞与吴祥和分别在贵州省长顺县睦化乡附近进行研究，获得了丰富的牙形刺标本，并在 1984 与季强、侯鸿飞等合作识别出了 Upper *praesulcata* 带、*sulcata* 带及 *Si. praesulcata*→*Si. sulcata* 的演化谱系。随后，他们共同将睦化剖面推荐给国际界线工作组，作为国际泥盆系－石炭系界线层型候选剖面（Hou et al., 1985）。但在此后一段时间，国内许多科研院所的学者们纷纷考察该剖面，大量采集牙形刺样品，使睦化剖面遭到了毁灭性的破坏。1985 年，界线工作组来我国进行考察，充分肯定了睦化剖面的研究工作，但也遗憾地指出，该剖面出露有限且保存状况不佳，竞争潜力有限。韦炜烈和李镇梁则在 20 世纪 80 年代初，于广西桂林附近发现了南边村剖面，联合俞昌民、王成源等进行了详细研究，并在 1988 年发表了相关成果，也将该剖面推荐为石炭系底界的界线层型候选剖面（Yu et al., 1988）。之后，季强等又在贵州长顺地区，在原来睦化剖面附近发现了一条新的连续剖面——大坡上剖面，并在 1989 年发表了专著，也将其推荐为候选剖面（Ji et al., 1989）。此外，国内学者还在广西武宣、鹿寨、宜州等地发现了若干条各具特色的泥盆系－石炭系界线剖面，建立了华南不同相区间界线层的划分和对比框架（宁宗善等，1984；王成源和殷保安，1984；季强等，1987；苏一保等，1988）。

在此期间，国际泥盆系－石炭系界线工作组也在不断努力，争取早日确定这个"金钉子"的归属。1983 年，德国的 Hasselbachtal 剖面，苏联的 Kija 剖面、Berchogur 剖面以及我国的睦化剖面，均被确认为界线层型候选剖面。随后，苏联的两条剖面由于各种问题很快被放弃。在 1988 年 5 月的爱尔兰会议前，又有五条剖面被列为候选层型，分别是法国的 La Serre E' 剖面、德国的 Drewer 剖面、奥地利的 Grüne Schneid 剖面以及我国的南边村剖面和大坡上剖面。但这些候选剖面中，只有德国的 Hasselbachtal 剖面、法国的 La Serre E' 剖面以及我国的睦化剖面和南边村剖面公开发表了内容翔实完整的文献资料，或以其他方式引起了工作组的注意。Hasselbachtal 剖面位于莱茵河畔，德国北莱茵—威斯特法伦州哈根市 Hagen-Hohenlimburg 区的北部（图 6-3-5）。目前该剖面附近已建成"Henkhauser und Hasselbachtal"自然保护区，但是剖面位置已经不能到达。该剖面最底部为一套瘤状灰岩，称为 *Wocklumeria* 灰岩，可以和国内的五指山组灰岩对比；中部为一套钙质泥岩，相当于 Hangenberg 页岩的层位；上部则是一套生物碎屑灰岩、瘤状

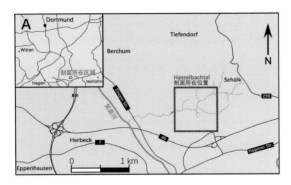

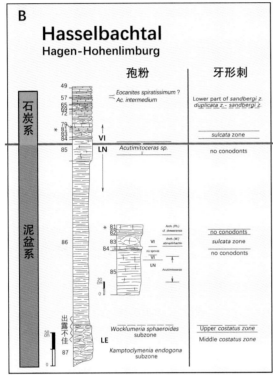

图 6-3-5 　德国 Hasselbachtal 剖面。A. 该剖面所在地理位置；B. 该剖面的岩性特征以及牙形刺、孢粉化石分布及延限（据 Becker & Paproth，1992 修改）

灰岩夹泥页岩，称为 *Gattendorfia* 灰岩，与国内的睦化组或鹿寨组下部层位相当。该剖面自下而上可以识别出孢粉组合带 LE 带、LN 带和 VI 带，泥盆系 - 石炭系界线就位于 85 层和 84 层界线之下 14 cm 处，即 LN 带和 VI 带之间。除了孢粉以外，该剖面还发育植物大化石、牙形刺、菊石、有孔虫、腕足动物、腹足类、介形类等。对于竞争"金钉子"，该剖面的优势在于孢粉地层的研究精度高，方便与陆相或海陆交互相的沉积序列进行对比。同时，剖面中的火山凝灰层可以为这一界线提供精确的绝对年龄。但是，在 Hasselbachtal 剖面的 85 层顶部并没有发现足够的牙形刺化石，体现不了这一界线的定义。法国的 La Serre E' 剖面与我国的南边村剖面将在后文进行详细的介绍，其他剖面或多或少存在一些问题，在此由于篇幅有限，不做展开介绍。

尽管 1988 年 5 月的爱尔兰会议参会的专家数量不足，但是依然把 La Serre E' 剖面作为层型剖面，Hasselbachtal 剖面和南边村剖面作为辅助层型剖面（ASSP）"打包"进行了投票表决，因为他们认为 La Serre E' 剖面是唯一一个真正符合界线定义的剖面。随后，界线工作组成员通过邮寄投票的方式于 1988 年 9 月 1 日通过了这项决议，国际地层委员会于 1989 年 7 月投票通过了此界线，国际地质科学联合会则在 1990 年 2 月接受了这个方案。经过十数年国内外同行们的潜心研究，泥盆系 - 石炭系全球标准界线层型剖面和点算是尘埃落定，宣布这一"金钉子"确立在法国黑山地区 La Serre E' 剖面的 89 层的底，界线定义为牙形刺 *Si. praesulcata* → *Si. sulcata* 演化谱系中 *Si. sulcata* 的首次出现（Paproth et al.，1991）。

故事还没有结束。这一"金钉子"在确立之初就饱受争议，甚至被认为掺杂了"非科学因素"。Ziegler、Sandberg 和季强在 1988 年研究了 La Serre E' 剖面的原始牙形刺材料，认为其鉴定存在失误，*Si. sulcata* 在 85 层的底就已经出现了。Kaiser（2009）的研究也得到了类似的结果，*Si. sulcata* 在第 85 层，即原定界线之下 0.45 m 处就已经开始出现。而 85 层之下是一层泥质岩层（该岩相通常很少保存牙形刺），因此这一界线层型剖面的可靠性遭到了极大的质疑。此外，对于界线定义也存在着争议。*Si. praesulcata* 和 *Si. sulcata* 之间存在着较多的过渡类型分子，对于这些分子的鉴定容易受到主观因素的干扰。Kaiser 和 Corradini（2011）还认为这两者间的谱系缺乏证据，即形态上的差异可能不能客观地决定它们属于不同的两个种。近年来，也有学者提议采用其他的牙形刺作为界线标志种（Corradini et al., 2011；Kaiser et al., 2019），或者采用岩性变化界面等作为界线位置（Kaiser et al., 2016）。为解决上述问题，新的泥盆系 – 石炭系界线联合工作组于 2008 年建立，力求"运用多学科综合的手段，在尽量尊重各地原有地层划分体系的前提下，建立不同相区剖面均能对比的新标准"。Aretz 和 Corradini（2019）提出了新的界线提议，即界线应同时满足以下条件：①在泥盆纪末大灭绝后；②石炭纪生物复苏前；③位于 Hangenberg 大海退事件的顶部；④牙形刺 *Protognathodus kockeli* 带的底附近。但截至目前，杜内阶的全球标准界线层型剖面和点，依旧位于法国 La Serre E' 剖面第 89 层的底。

2. 法国 La Serre E' 剖面

杜内阶底界"金钉子"——La Serre E' 剖面，位于法国南部黑山地区 La Serre 山南坡（图 6-3-6，北纬 43° 33′ 20″，东经 3° 21′ 26″），距东北方向的 Lieuran-Cabrières 约 2.5 km，距西南方向的 Fontes 和 Neffiès 分别约 2.5 km 和 7 km。整个 La Serre 山和周边地区都属于所谓的"Cabrières 孤残层"的一部分，地层为正序产出，不存在其他变质作用或构造作用的改造。

该地区主要为地中海气候类型，夏季炎热干燥，冬季温和多雨。当地植被为典型的地中海干旱植被，包括硬叶常青树和荆棘丛，不适合作为耕地使用。这片土地的拥有者，即 La Rouquette 农场的主人 M. René Roux，同意将此地用于科学研究并进行保护，当地政府也愿意对"金钉子"的设立提供力所能及的帮助。

剖面所在区域交通便利，通过城镇公路可以便利地到达周围城市。距离剖面约 40 km 的蒙彼利埃市拥有四通八达的铁路和国际机场通往其他国家和地区。La Serre 剖面的地层情况如图 6-3-6 所示，69—80 层厚约 2.5 m，主要以灰岩为主，层位相当于德国的 *Wocklumeria* 灰岩以及国内的五指山组灰岩。81—84 层则以页岩为主，厚约 2 m，相当于德国的 Hangenberg 页岩和国内的"格董关页岩"。上部的 85—101 层则是以灰岩为主，厚约 6 m，与德国的 *Gattendorfia* 灰岩以及国内的睦化组灰岩或鹿寨组灰岩大致相当。泥盆系 – 石炭系界线位于第 89 层的底，但 Kaiser（2009）在原界线之下也发现了 *Si. sulcata*，所以目前界线工作组正在考虑是否要重新确定一个新的界线标准或新的界线层型剖面。该剖面除了牙形刺外，也发育了较为丰富的有孔虫、三叶虫、珊瑚、腕足动物、藻类等。

虽然 La Serre E' 剖面是当时被界线工作组确认的唯一符合界线定义的剖面，但它并不是一个完美的"金钉子"剖面。除了后续工作在原有界线之下发现了界线分子，该剖面还存在以下问题：① 不同色变指标（CAI）的牙形刺标本共生，且底栖动物（如腕足动物、三叶虫等）与游泳动物（牙形刺、头足类）化石混生，指示这些化石可能是搬运再沉积的产物；② 头足类化石偏少，孢粉化石缺失，不能很好地与海陆交互相和陆相的剖面进行对比；③ 火山灰层匮乏，无法提供精确的同位素绝对年龄。为了弥补上述问题，德国的 Hasselbachtal 剖面以及我国的南边村

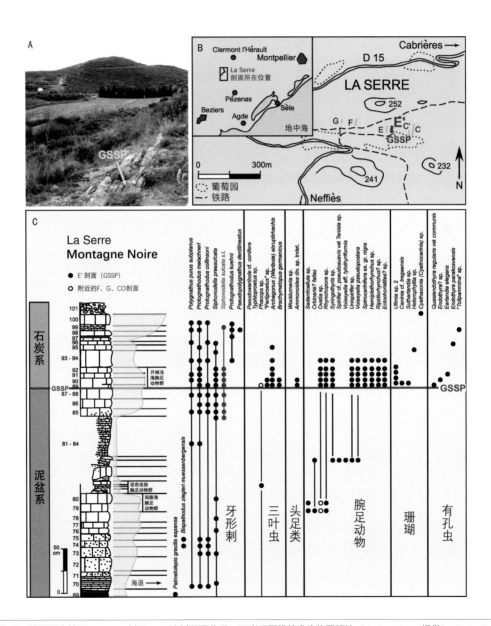

图 6-3-6 法国黑山地区 La Serre 剖面。A. 该剖面泥盆系 – 石炭系界线的准确位置照片（Markus Aretz 提供）；B. La Serre E' 剖面以及邻近的 F、G、CO 等剖面的地理位置；C. 剖面的岩性特征以及各门类化石中关键属种的层位分布及延限（据 Paproth et al., 1991 修改）

剖面被同时列为界线辅助层型剖面，前者中的孢粉生物地层研究十分详细，后者则发育丰富的不同化石门类，便于进行全球的地层对比。

3. 我国该界线的情况

我国对于泥盆系－石炭系界线层型地层的研究主要集中在华南的贵州、广西和云南等地，除此之外，在广东、四川、湖南和陕西南部也有零星报道。华南石炭纪杜内期的古地理基本上延续了晚泥盆世的格局，扬子古陆和华夏古陆位于东侧和北侧，西南方向的贵州、广西、云南等地则是以"海内有台，台内有盆"的复杂格局为主（冯增昭等，1999），发育有不同沉积相且相对连续的剖面，是研究泥盆系－石炭系界线的理想地区。

南边村国际泥盆系－石炭系界线辅助层型剖面是第一条确立在我国的辅助层型剖面（图6-3-7）。它位于广西壮族自治区桂林市灵川县定江镇南边村门前山南坡。20 世纪 70 年代，南边村一带的桃花江连年发生内涝，严重影响村民的正常生产和生活。为了治理内涝，当地政府组织民工开山筑渠，便在开采出来的石块上发现了大量化石。村民觉得好奇，便上报到上级政府以及相关地质部门。后续经过国内科研工作者们的研究，该地层最终被确立为国际泥盆系－石炭系界线辅助层型剖面。该项研究成果被国际泥盆系－石炭系界线工作组主席誉为研究程度高、学科全、水平高、速度快的典范，为提高我国在国际地球科学界的地位、声誉和影响做出了重要的积极贡献，也因此于 1990 年荣获中国科学院自然科学奖一等奖。

南边村剖面位于桂林市的西北侧，现已建成省级地质遗迹保护区。它距离桂林市中心约 6.6 km，交通便利，可以通过简易的乡镇公路到达。通过桂林的两江国际机场和高速铁路站、火车站，也可以便捷地抵达国内外其他城市。

南边村附近一共有三条剖面。这些剖面在泥盆纪－石炭纪之交均位于碳酸盐台地边缘，保存良好，未受到后期构造作用和变质作用的强烈改造。其中 1 号剖面位于山坳，最早由韦炜烈描述，但 1985 年界线工作组成员访华参观时表示该剖面出露有限。2 号和 3 号剖面由李镇梁等于 1987 年报道。3 号剖面位于山脚，产出菊石较多，但牙形刺产出不佳，且部分地层在雨季会被淹没。2 号剖面则位于山坡的位置，出露良好，不仅识别出了牙形刺 *Si. praesulcata-Si. sulcata* 演化谱系，也发育了其他较为齐全的化石门类。

2 号剖面的地层岩性以灰岩夹少量页岩为主。底部为融县组的生物碎屑灰岩，厚约 62.6 m；中间为南边村组，为生物碎屑灰岩夹钙质泥岩、碳质泥岩，厚约 2.2 m；上部为船埠头组，以生物碎屑灰岩、内碎屑灰岩和硅质灰岩为主，厚约 82.3 m。泥盆系－石炭系界线位于南边村组中 56 层的底部，以牙形刺 *Si. sulcata* 的首次出现层位为标志。

南边村剖面竞争"金钉子"的优势在于其丰富的化石门类，不仅有深水相的牙形刺、菊石等，还有浅水相的珊瑚、腕足动物和有孔虫等，这对于各个区域间不同沉积相剖面的对比起到

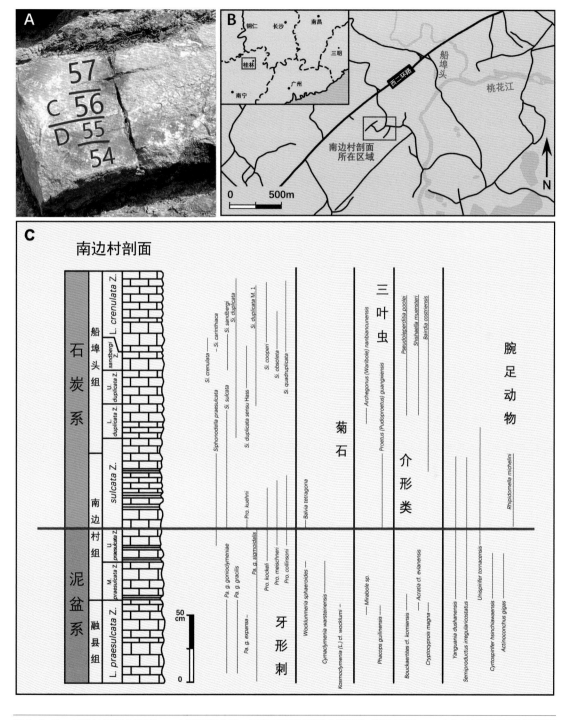

图 6-3-7 广西桂林南边村剖面。A. 该剖面泥盆系–石炭系界线的准确位置照片（要乐提供）；B. 南边村剖面所在区域的详细地理位置；C. 该剖面的岩性特征以及各门类化石中关键属种的分布及延限（据 Yu et al., 1988 修改）

了非常关键的作用。但是，也有学者认为，界线所在层位附近（54—57 层）为一介壳灰岩层，其中的腕足动物和菊石大小混杂，定向无序，可能是搬运再沉积的产物，并不能说明牙形刺 *Si. sulcata* 真正的首现层位就是在 56 层的底。但不论如何，南边村剖面都是一个研究程度高、地层发育好的优秀剖面。

在华南，斜坡、盆地相剖面广泛发育有牙形刺，可以和全球的剖面进行较好对比，相比之下，浅水相剖面中牙形刺匮乏，泥盆系 – 石炭系界线的位置一直难以准确划定。传统上，四射珊瑚化石带被广泛用于这段地层的划分和对比。俞建章（1931）建立了泡沫内沟珊瑚 *Cystophrentis* 带和假乌拉珊瑚 *Pseudouralina* 带，并将前者的底作为泥盆系 – 石炭系的界线。而后续其他门类化石的研究将其时代修订为泥盆纪最晚期（王成源，1987；季强，1987；王向东和金玉玕，2000），浅水相区泥盆系 – 石炭系界线近来也调整为 *Cystophrentis-Uralinia tangpakouensis* 间隔带的下部（王向东等，2019）。从牙形刺的角度来看，由于 *Si. sulcata* 在浅水相区较为少见，也有学者在华南选用其他分子作为泥盆系 – 石炭系界线标志。Ji 和 Ziegler（1992）系统研究了浅水相区的 *Siphonodella* 分子，提出将 *Si. simplex*（后改为 *Si. homosimplex*）作为泥盆系 – 石炭系界线的标准分子；张宇波等（2011）参考欧洲的材料，将 *Clydagnathus cavusformis* 带作为杜内阶的第一个带；Qie 等（2014，2016）则是将 *Polygnathus spicatus* 的首现作为这一界线的标准。目前，对于用何种牙形刺来标定华南浅水相区泥盆系 – 石炭系的界线，学界尚未达成共识。

三、维宪阶底界"金钉子"

石炭系维宪阶底界的"金钉子"，于 2008 年被确立在我国广西桂林的碰冲剖面，以有孔虫 *Eoparastaffella simplex*（简单始拟史塔夫䗴）的演化首现事件作为标志。

1. 研究历程

维宪阶（Viséan）是石炭系的第二个阶。"维宪阶"一名来源于比利时东部默兹河东岸的小城 Visé。1967 年在英国舍费尔德召开的第 6 届国际石炭系会议通过决议，维宪阶底界定义在比利时迪南盆地 Bastion 剖面 Leffe 组第一层黑灰岩（141 层）出现的位置（图 6-3-8）。生物地层上，这一界线位置和有孔虫 *Eoparastaffella* 的首次出现相吻合（Conil et al.，1969）。但后续研究表明，*Eoparastaffella* 的出现受沉积相的控制，在不同地区存在穿时现象（Conil et al.，1989）。*Eoparastaffella* 属开始出现于杜内阶的上部（侯鸿飞等，2013）。然而，按照现代地层界线划分的原则，根据一个属的首现来定义一个阶的底界是不科学的，在实践上也是不可行的。因此，关于维宪阶底界的定义长期处于争论之中。Lane 等（1980）根据西欧和北美的牙形刺材料，提出了杜内晚期至维宪早期的一个全球性牙形刺分带方案，由下而上包括 3 个牙形刺带：*Gnathodus*

图 6-3-8 比利时迪南盆地的杜内阶 – 维宪阶传统界线。岩石地层单位从老到新依次为 HAS：Hastière 组，PDA：Pont d'Arcole 组，LAN：Landelies 组，MAU：Maurenne 组，BAY：Bayard 组，LEF：Leffe 组，MOL：Molignée 组。信手剖面据 Groessens，1975 修改；剖面照片由王秋来拍摄于 2019 年 7 月

typicus 带、*Scaliognathus anchoralis-Doliognathus lautus* 带和 *Gnathodus texanus* 带，并建议用 *G. texanus* 带的底界作为维宪阶的底界。但由于该牙形刺分带方案是一个综合性的分带方案，在当时缺乏一个系统性剖面的连续地层记录加以验证，加之 *G. texanus* 种的概念及其演化谱系在当时均不很明确，因此，以 *G. texanus* 的出现作为维宪阶的底界标志未被采纳。

1989 年，国际石炭系分会成立了专门的下石炭统界线工作组，其下分设了 3 个项目组，杜内阶 – 维宪阶（T/V）界线就是其中之一。1995 年，在波兰举行的第 13 届国际石炭系和二叠系大会期间，新的杜内阶 – 维宪阶界线工作组成立（Paproth，1996）。其后，在比利时、爱尔兰和中国学者对华南剖面 *Eoparastaffella* 属的系统研究（Hance，1997；Hance et al.，1997）后，提出了新的界线定义，即"在有孔虫 *Eoparastaffella ovalis* 种群——*E. simplex* 演化谱系中，以 *E. simplex* 的首次出现作为杜内阶 – 维宪阶之界线"（Sevastopulo et al.，2002）。经石炭系分会投票表决，该方案最终以 19 票赞成、2 票弃权的结果于 2001 年正式获得通过（Work，2002）。

界线定义正式通过后，我国广西柳州的碰冲剖面被提议为全球维宪阶底界层型（GSSP，即

"金钉子")的唯一候选剖面（Devuyst et al.，2003），当时没有其他竞争剖面。2003 年，在荷兰举行的第十五届国际石炭系和二叠系大会期间，界线工作组通过了上述提案，同意将维宪阶底界界线层型建立在广西柳州碰冲剖面，层型点位于鹿寨组碰冲段第 85 层灰岩之底。2007 年，Devusyt 等根据新的研究结果提出了修正，把界线点位从 85 层下移至 83 层之底，并向石炭系分会提交了正式提案。2007 年底，石炭系分会经过投票表决，该提案获得全票（21 票）通过。2008 年 2 月底，国际地层委员会以 16 票赞成，2 票弃权，通过了上述提案。3 月，国际地质科学联合会在摩洛哥召开第 58 届执委会，正式予以批准，中国广西柳州碰冲剖面被确立为石炭系维宪阶的"金钉子"（Aretz et al.，2020）。在国际地层委员会投票表决时，有 2 票弃权。根据国际地层委员会向国际地质科学联合会递交的申请批准函，"弃权"的两位委员是赞成该层型剖面的选择，但要求最后的正式文件更明确地解释，为什么比利时"典型地区"不适宜作为全球标准层型。另有两位投票委员建议，由于可能存在再沉积，希望在论文正式发表时对沉积相方面予以述及。作为"金钉子"候选剖面，碰冲剖面曾出版过详细描述（Devusyt et al.，2003；侯鸿飞和 Devusyt，2004）。国际地质科学联合会批准通过后，侯鸿飞和周怀玲（2008）补充描述了邻近层型点位的岩石特征和区域上的对比，并指出比利时和其他国家相关剖面存在的问题（侯鸿飞等，2013）。

2. 广西柳州碰冲剖面

该剖面位于广西柳州市东北 15 km 的柳北区长塘乡梳庄村碰冲屯（图 6-3-9；北纬 24° 26′ 00″，东经 109° 27′ 00″）。剖面出露于屯南的一个北东—南西向冲沟内，沟内自南向北长年流水不断，但露头完全暴露，仅剖面下部第 40 层以下露头伏于人工槽内。剖面南端有北环高速公路东西向穿过（里程碑 19 km 处）。剖面交通极为便利，汽车可直达剖面附近。从柳州市至洛埠镇公路经北岸站，由北岸折向北经母鸡岭有一水泥路，与高速公路上高架桥相接，汽车穿过此桥可直达剖面（侯鸿飞等，2013）。

杜内阶 – 维宪阶界线层型（即"金钉子"）所在的碰冲段为鹿寨组中的一个特殊岩性段，厚 108.5 m，由厚度不等（15~180 cm）的暗灰色灰岩夹薄层（小于 10 cm）的泥灰岩或黑色钙质泥岩组成，常见燧石条带、团块和薄层（图 6-3-10）。剖面下部灰岩较多且厚，最大单层厚度可达 180 cm。上部中—薄层灰岩、钙质页岩和硅质岩增多。该段下伏与上覆地层为薄层含海绵骨针和放射虫硅质岩和黑色页岩互层。根据岩性特征，碰冲段自下而上划分为 192 个自然层。"金钉子"点位位于第 83 层之底，以有孔虫 *Eoparastaffella simplex* 的首次出现为标志。第 83 层底部 *E. simplex* 的首次出现，代表欧洲有孔虫生物带 MFZ9 带即 *E. simplex* 带的底界，标志着维宪阶的开始。共生的有孔虫有 *E. fundata*。碰冲剖面含有高丰度和高分异度的 *Eoparastaffella* 属群，从剖面底部出现并一直延续至第 187 层，为该属的演化谱系研究提供了十分有利的条件。*E. simplex*

是由 *E. ovalis* M2 演化而来的（Devuyst，2006）。第 83 层底部首现的 *E. simplex* 为原始类型，个体很小，与 *E. ovalis* M2 大小接近（侯鸿飞等，2013）。

除界线标志化石有孔虫外，牙形刺也是重要的辅助生物门类。在碰冲剖面，第 86 层开始出现 *Pseudognathodus homopunctatus*，距 83 层之底约 5 m，该牙形刺的出现是维宪阶底界的重要辅助对比标志。

鹿寨组总体上以深水盆地相的硅质岩和泥岩沉积为主，但杜内阶 – 维宪阶界线所在的碰冲段则处于过渡相区的上斜坡环境，岩性上以灰岩为主。碰冲剖面出露地层跨越上杜内阶至中维宪阶，沉积厚度大且连续，无明显构造变动。富含有孔虫和少量牙形刺，具有很好的区域和全球对比潜

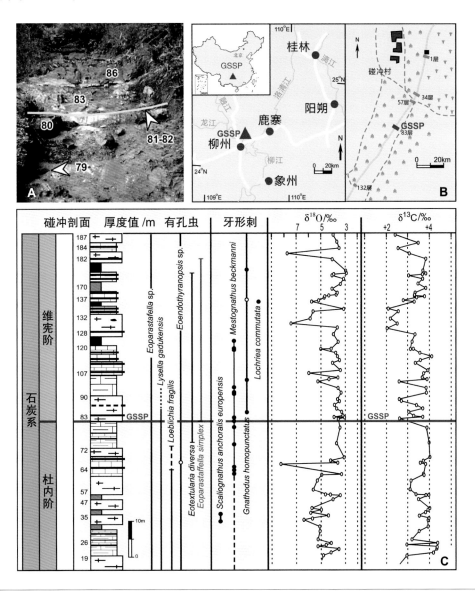

图 6-3-9 广西柳州碰冲剖面。A. 该剖面杜内阶 – 维宪阶界线的准确位置；B. 碰冲剖面所在区域的详细地理位置；C. 该剖面的岩性特征、各门类化石中关键属种的分布及延限以及碳、氧同位素（据 Aretz et al.，2020 修改）

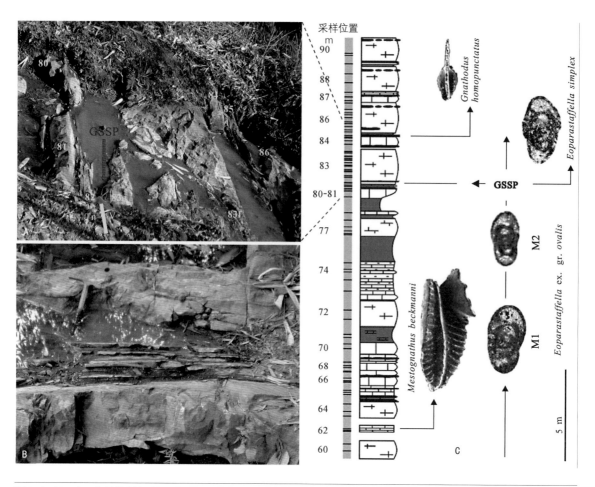

图6-3-10 广西柳州碰冲剖面杜内阶 – 维宪阶界线层的露头（A、B）及重要化石的地层分布（C）（据侯鸿飞和周怀玲，2008 修改）

力。该剖面交通便利，易于接近，露头保护已得到保证，与之相关的融旅游、观光、科研、教育为一体的国家级地质遗迹保护区正在紧张建设之中（图6-3-11）。

3. 我国其他相区该界线的情况

上述广西柳州碰冲剖面地处盆地相区，没有受到任何间断和白云岩化的影响，保存了全球少有的这一界线层连续的含有孔虫沉积，并以牙形刺作为辅助对比标志。但在我国其他地区，很少能找到生物地层如此连续的剖面。在局限台地相区，维宪阶底部附近常发育有白云岩，甚至出现类似古喀斯特的不整合面，化石整体保存较差，往往缺失了作为界线标志的有孔虫带，难以准确划定界线层位；而在开阔台地相区，以整体发育较好的柳江拉堡龙殿山剖面为例，虽然受后期成岩作用影响，有孔虫保存的不好，但在界线层上下相距 7.5 m 范围的地层中，发现了杜内末期的牙形刺 *Scaliognathus anchoralis* 以及维宪早期的 *Gnathodus homopunctatus*，因此可以大致判定维宪阶底界位于两者之间，接近当地都安组底部（侯鸿飞和周怀玲，2008）。

图6-3-11 广西柳州碰冲维宪阶"金钉子"地质遗迹保护区。A. 刚刚落成的"金钉子"纪念碑（广西壮族自治区地质环境监测总站赵允辉提供）；B. 建设中的保护区鸟瞰图（柳州市自然资源和规划局杨志忠提供）

四、石炭系中间界线（暨巴什基尔阶底界）"金钉子"

石炭系中间界线（暨巴什基尔阶底界）的"金钉子"，于1996年被确立在美国内华达州拉斯维加斯市东北约75 km的Arrow Canyon（箭头峡谷）剖面，以牙形刺 *Declinognathodus noduliferus*（具节斜颚齿刺）的演化首现事件作为标志。

1. 研究历程

巴什基尔阶（Bashkirian）是国际年代地层表中石炭系的第四个阶，也是宾夕法尼亚亚系最底部的一个阶。因此，巴什基尔阶底界更多时候被称为"石炭系中间界线（Mid–Carboniferous Boundary）"。中间界线是石炭系内最为重要的一条界线，很早便被提议讨论。确立这条界线的初衷便是为了反映石炭系明显的两分特征，因此界线对应的层位和标志历经了较大的变化。早期，受岩石和生物地层研究的影响，在西欧一般将该界线置于 Namurian 阶底部，即菊石 E 带底部（Bisat，1924）。1975 年，在苏联莫斯科召开的第八届国际石炭纪地层和地质大会上，在综合考虑北美、欧洲等地地层划分的基础上，石炭系分会成员提出石炭系中间界线可定在西欧 Kinderscoutian 阶（Namurian B 下部）的菊石 R1 带底部，大致对应北美密西西比亚系及宾夕法尼亚亚系界线和东欧、苏联等地三分方案中的下、中统界线，其他备选方案还包括 Chokierian 阶（Namurian A 上部）的菊石 H1 带底部或者 Langsettian（Westphalian A）阶的菊石 G1 带底部。经过数年针对石炭系中间界线主要生物门类延限的研究，界线委员会于 1983 年在马德里召开的第十届国际石炭纪大会上提出了一个综合菊石、牙形刺以及有孔虫等多个生物类型来确定石炭系中间界线的方案（Lane & Manger，1985），该方案经过投票获得通过（17 票赞成，3 票反对，3 票弃权，6 票未投）。方案如下：

（1）中间界线大致对应菊石 *Eumorphoceras* 动物群向 *Homoceras* 动物群演替的时间段。但是由于标志性的菊石 *Homoceras*（似腹菊石）的分布较为局限（主要为欧洲），并不适合作为全球界线的识别标志。

（2）相比而言，这一时期广泛分布的微体化石类型牙形刺更适合作为石炭系中间界线的标志。牙形刺 *Gnathodus girtyi simplex* 到 *Declinognathodus noduliferus* 的演化谱系（Dunn，1970）可以在很多地区被识别，因此推荐以后者的演化首现事件作为中间界线的标志。

（3）其他的辅助事件还包括有孔虫 *Globivalvulina* n. sp.、*Millerella pressa*、*Millerella marblensis*，以及牙形刺 *Adetognathus lautus*、*Rhachistognathus primus*、*Rhachistognathus minutus* 的演化首现；这些生物的首现均可用于缺乏 *Declinognathodus noduliferus* 分子地层的辅助对比。

此后，这条界线的工作组成立，负责在全球范围内寻找合适的中间界线层型剖面。中间界线标志确定之后的十年间，各国专家陆续检视了遴选自各国的十余条潜在的候选层型剖面。根据层型剖面的选择要求（Cowie et al.，1986），大部分剖面由于各种原因（如地层缺失、化石混杂、出露条件差、难以到达等）被陆续淘汰。但是，似乎大部分研究人员都迫切希望可以早日确定这个石炭系内部"金钉子"的归属，因此投票设定了一个向分会提交最后方案的时间节点。当时，剩下的三个候选剖面分别为：① 美国内华达州的 Arrow Canyon 剖面（Lane & Manger，1985）；② 乌兹别克斯坦的 Aksu-1 剖面（Nigmadganov & Nemirovskaya，1992）；③ 英国的 Stonehead Beck 剖面（Riley et al.，1987）。这其中不乏研究较为初步的剖面。1994 年 1 月，中间界线工作组对上述三个候选层型剖面进行了投票（该次投票需要获得超过 50%+1 的票数才可通过），Arrow Canyon 和 Stonehead Beck 剖面均获得 8 票，而 Aksu-1 剖面仅获得 3 票而出局。2 月对打成平手的 Arrow Canyon 和 Stonehead Beck 剖面进行再次投票，最终 Arrow Canyon 得到 11 票并获得通过。当年 11 月，由于新近研究对 Arrow Canyon 剖面具体的界线层位进行了微小的修订，界线工作组对 Arrow Canyon 剖面进行了单独投票，亦获得通过（13 票赞成，5 票反对，1 票弃权），并将此决议作为最终方案上报石炭系分会进行表决。石炭系分会遵循国际地层委员会 60% 通过的原则，于 1995 年 2 月通过了这项提案（18 票赞成，4 票反对）。1996 年 1 月，经国际地层委员会的投票和国际地质科学联合会批准，石炭系中间界线的"金钉子"终于尘埃落定。

2. 美国 Arrow Canyon 剖面

巴什基尔阶"金钉子"剖面——Arrow Canyon 剖面，位于美国内华达州拉斯维加斯市东北约 75 km 的 Arrow Canyon 峡谷（箭头峡谷）（图 6-3-12、图 6-3-13；北纬 36°44′00″，西经 114°46′40″；海拔高度约 600 m）。可乘汽车经 168 号公路再由小路和冲沟进入峡谷，直达剖面所在的峡口。目前这一区域受美国联邦政府的管理和保护。

图 6-3-12 美国 Arrow Canyon 剖面周边地层出露情况（谷歌地球）

图 6-3-13 美国 Arrow Canyon 剖面"金钉子"点位。A. 自下而上：近处为 Battleship Wash 组，远方斜坡处为风化后呈土状的 Indian Springs 组，陡坎处为"金钉子"所在的 Bird Spring 组；B. Bird Spring 组的巴什基尔底界界线层近景；C. 巴什基尔阶底界"金钉子"点位（祁玉平拍摄于 2016 年 10 月）

研究区 Arrow Canyon 位于美国西南部的 Great Basin（大盆地）荒漠地区，这一地区广泛分布着大量平行分布的断块山和山间盆地。"金钉子"层型剖面位于陡坎边缘，出露良好，构造简单，加之当地干旱少雨，难以被破坏或覆盖，在横向上沿断块山向南—北方向数千米均有良好露头。广泛而良好的出露条件非常便于将之与邻区其他不同沉积环境的剖面进行对比，为详细研究界线层生物演化序列、生物相以及将来尝试可能的其他新技术手段提供了丰富的材料支持。

石炭纪时，Arrow Canyon 位于古赤道附近大陆边缘的一条海道内。这条海道从美国加利福尼亚州贯穿加拿大一直到阿拉斯加州。石炭纪早期，这一地区位于大陆与前陆盆地的转折带中。从密西西比亚纪末期开始，"金钉子"点位所在的 Bird Spring 组沉积于 Antler 造山带附近的前陆盆地边缘。随着冈瓦纳大陆与劳亚大陆的碰撞，在 Ouachita/Marathon 造山运动（相当于海西运动）中，古落基山脉抬升，沿线形成了若干断陷盆地，整体沉积环境往东南方向逐渐变浅，常存在沉积间断和再沉积现象（图 6-3-14、图 6-3-15；Kluth & Coney，1981；Speed & Sleep，1982；Budnick，1986；Ross，1991；Brand & Brenckle，2001；Richards et al.，2002）。

研究区内包含晚泥盆世至二叠纪的地层，早期的石炭系研究主要由伊利诺伊大学厄巴纳—香槟分校的 Langenheim 教授和他的学生所完成（Langenheim et al.，1962）。"金钉子"界线层主要包括两个岩石地层单位，自下而上分别为 Indian Springs 组和 Bird Spring 组。其中，界线所在的 Bird Spring 组主要包括谢尔普霍夫末期到二叠纪早期沉积的含燧石灰岩，与其下谢尔普霍夫期以硅质碎屑岩为主的 Indian Springs 组为整合接触；而 Indian Springs 组与之下的 Battleship Wash 组灰岩则呈不整合接触（Webster et al.，1984；Richards et al.，2002）。

Arrow Canyon 范围甚广，地层序列相似的剖面也很多，但是目前 Arrow Canyon 剖面仅指"金钉子"所在的实测剖面。该剖面最早由堪萨斯州立大学的 R. West 以及阿莫科公司（Amoco）的地质学家 J. Baesemann、P. Brenckle、H. Lane 以及 G. Sanderson 于 1977 年测制，剖面起点位于 Battleship Wash 组和 Indian Springs 组的界线，实测厚度为 91 m 并固定有永久性铜质标记（即间距为 1.5 m 的 Amoco tags，也是文献中最常用的 A 标记；此外，该剖面还有 G. Webster 等的油漆标记）。B. C. Richards 等于 1989 年、1999 年分别对 Bird Spring 组和 Indian Springs 组被覆盖的部分层段进行了重新发掘，新的数据与 1977 年的相比存在很小的误差，本文后面关于这一段地层的描述主要引自 Lane 等（1999）和 Richards 等（2002）（图 6-3-16）。

剖面起点的 Battleship Wash 组与 Indian Springs 组之间是一平行不整合面，在研究区北部过渡为瘤状的古土壤。Battleship Wash 组顶部为砂质颗粒灰岩，含有海百合及腕足动物碎片，偶见珊瑚；代表了维宪晚期至谢尔普霍夫早期地表暴露前海退最后阶段的高能近岸浅滩或潟湖沉积。之上的 Indian Springs 组呈杂色（黑、绿、黄、红、橙色等），以页岩为主，韵律性地夹杂着一些古土壤、砂岩和海相生屑灰岩等；最底部保存有石松类植物的根茎以及树桩，整个下部以页岩为

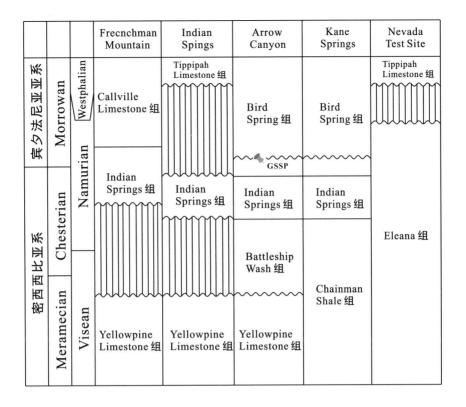

		Frecnchman Mountain	Indian Spings	Arrow Canyon	Kane Springs	Nevada Test Site
宾夕法尼亚亚系	Morrowan（Westphalian）	Callville Limestone 组	Tippipah Limestone 组	Bird Spring 组	Bird Spring 组	Tippipah Limestone 组
	Namurian	Indian Springs 组	Indian Springs 组	GSSP		
密西西比亚系	Chesterian		Indian Springs 组	Indian Springs 组	Indian Springs 组	Eleana 组
				Battleship Wash 组	Chainman Shale 组	
	Meramecian（Visean）	Yellowpine Limestone 组	Yellowpine Limestone 组	Yellowpine Limestone 组		

图6-3-14 内华达州南部 Arrow Canyon 周边沉积地层序列（波浪线示不整合面；据 Webster et al.，1984）

图6-3-15 石炭纪中期 Arrow Canyon 地区的沉积古地理位置及"金钉子"（GSSP）剖面位置（据 Brand & Brenckle，2001；Brand et al.，2007）

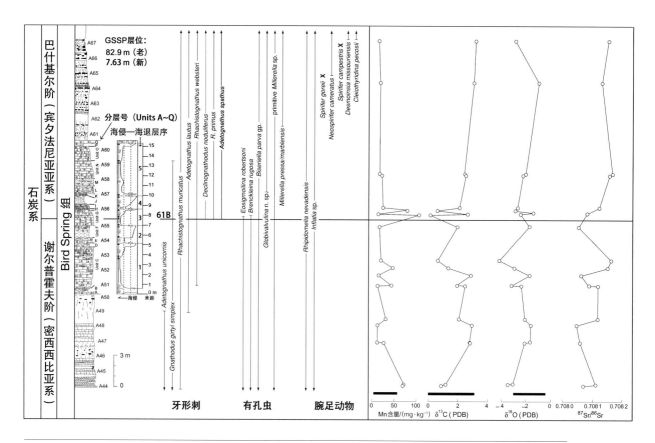

图 6-3-16　Arrow Canyon 剖面石炭系中间界线附近的岩性、重要古生物门类及地球化学指标（据 Brand & Brenckle，2001；Richards et al.，2002 修改）

主，向上则灰岩层位逐渐增多。Indian Springs 组与其上的 Bird Springs 组的整合界线位于整个剖面的 63.71 m（Amoco tags：A42—A43）。

Bird Spring 组下部碳酸盐岩与少量碎屑岩互层，可能代表了谢尔普霍夫期冰川消长和海平面波动逐渐增强背景下的高阶层序（Bishop et al.，2009，2010）。界线层附近（Amoco tags：A50—A61）约 15 m 的范围内，发育了 5 个海侵—海退（T—R）层序。经过对这一小段地层进行重新测量（新米距）和详细观察后，将其细分为 Unit A 到 Unit Q，共 17 层（图 6-3-16）。

牙形刺是确立巴什基尔阶"金钉子"的主导生物门类。当 Declinognathodus noduliferus 在马德里会议被正式确定为石炭系中间界线标志的时候，是一个广义的概念。De. noduliferus sensu lato（广义，s. l.）包括了 De. n. noduliferus、De. n. inaequalis、De. n. japonicus 以及 De. lateralis 等形态类型（Higgins，1975、1982）。之后，陆续还有一些新的类型加入，扩大了该种广义的范畴，进而使 Declinognathodus noduliferus 带接近成为一个属带（图 6-3-17，目前普遍将各亚种提升为种）。

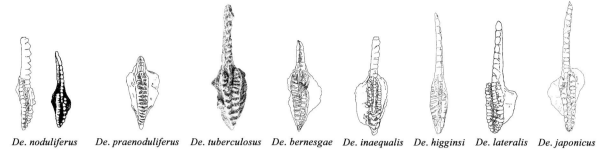

De. noduliferus　De. praenoduliferus　De. tuberculosus　De. bernesgae　De. inaequalis　De. higginsi　De. lateralis　De. japonicus

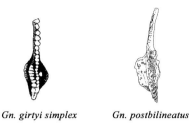

Gn. girtyi simplex　　Gn. postbilineatus

图6-3-17　*Declinognathodus noduliferus* s. l.（上）及其可能的祖先分子 *Gn. g. simplex* 和 *Gn. postbilineatus*（下）（Dunn，1970；Sanz-Lopez & Blanco-Ferrera，2013；Hu et al.，2019）

　　Arrow Canyon 所在的内华达南部地区，是牙形刺 *Gnathodus girtyi simplex* 的模式标本产地。在 Arrow Canyon 剖面，谢尔普霍夫阶上部的 *Gn. bilineatus* 类型消失后，发育了一个较为独特的牙形刺动物群，主要包括 *Rhachistognathus* 属、*Adetognathus* 属以及 *Gnathodus* 属的 *Gn. g. simplex* 和 *Gn. defectus* 等。由于 *Gn. g. simplex* 到 *Declinognathodus noduliferus* 的过渡标本较多，可以很直观地从 P1 分子形态及出现层位上推断两者的演化关系。在 Arrow Canyon 剖面界线层的 Bird Spring 组中，自下而上包括谢尔普霍夫晚期的 *Ad. unicornis* 带、下 *Rh. muricatus* 带、上 *Rh. muricatus* 带，以及巴什基尔早期的 *De. noduliferus-Rh. primus* 带、*Idiognathoides sinuatus-Rh. minutus* 带、*Neognathodus symmetricus* 带等。

　　有孔虫是重要的辅助门类，石炭系内另一个"金钉子"（即维宪阶底界层型）便是以有孔虫的演化首现确定的。在巴什基尔阶界线之下，古盘虫类（archaediscacean）有孔虫较为丰富，以 *Eosigmoilina robertsoni* 和 *Brenckleina rugosa* 为主，通常被认为是谢尔普霍夫末期的标志分子，消失在界线之下。但是在 Arrow Canyon 剖面，它们则消失于界线之上。*Globivalvulina bulloides* 演化自 *Biseriella parva* 类型，在 Arrow Canyon 剖面首现于界线之上，但是在其他很多地区却是在界线之下。*Millerella pressa* 和 *M. marblensis* 首现于界线之上，但是该属的一些早期分子则出现在界线之下。总而言之，若以牙形刺 *Declinognathodus noduliferus* 的首现作为界线和参照，这些有孔虫的首现一致性并不是太好，仅仅可以用作大致对比。

菊石是早期石炭系划分最重要的生物门类，遗憾的是并没有在 Arrow Canyon 剖面界线层发现任何具有地层划分意义的菊石。

腕足动物比较局限，但是对于辅助界线对比也是非常有意义的。Gordon 等（1982）考察了美国四个地区的腕足动物序列，在这条界线上下均发现存在一些演化事件。*Rhipidomella nevadensis* 带顶界曾经被美国地质调查局作为这一地区石炭系中间界线的标志。

3. 落选层型剖面——英国 Stonehead Beck 剖面

Stonehead Beck 剖面位于英国北约克郡，一条名叫 Stone Head Beck 的小溪岸边，汽车可直达剖面附近，距离附近村镇 Cowling 约 2 km（北纬 53°53′08″，西经 2°04′54″；海拔高度约 260 m）。剖面为西欧地方性阶 Arnsbergian 与 Chokierian 的界线层型剖面，也是菊石 H1 带标志 *Isohomoceras subglobosum* 的模式标本产地，出露良好，由政府进行维护。该剖面的岩性基本为泥岩和粘土岩，被认为是半深海的沉积，产丰富的菊石、双壳类、牙形刺、孢粉等。该剖面具有 Namurian 中期一套完整的菊石序列，但可惜的是菊石呈离散分布。此外，对该剖面采用了各种新技术手段进行研究，包括锶同位素（菊石 E–H 带~0.708 190）和锆石测年（SHRIMP U–Pb；菊石 E2 带—314 Ma）等。但是在牙形刺生物地层中，*Gnathodus girtyi simplex* 未见，界线标志 *Declinognathodus noduliferus* s. l.（最低层位为 *De. inaequalis*）与其上高两个带的 *Neognathodus symmetricus* 的首现层位近乎相当，接近或位于菊石 H1a2 带中（Riley et al.，1987，1993/1994；Varker et al.，1990/1991；Varker，1993/1994）。该剖面的主要优点为多门类生物发育，具有高分辨率的菊石地层，并有孢粉资料，还具有测年和地球化学数据，并保存有罕见的牙形刺齿串。缺点是既定界线标志 *De. noduliferus* 与其上高两个带的带化石 *Ne. symmetricus* 的首现层位非常接近，被认为可能存在大量地层缺失。

4. 落选层型剖面——乌兹别克斯坦 Aksu-1 剖面

Aksu-1 剖面位于乌兹别克斯坦南部南天山的 Gissar 山脉，Aksu 河与 Vakhshyvar 河的分水岭上，距离附近城市 Denau 约 30km（北纬 38°20′24″，东经 67°33′36″；海拔高度约 2 300 m）。剖面以灰岩与碎屑岩为主，夹多层厚度不一的灰岩，部分层段覆盖。发育较多的菊石和牙形刺。菊石 H1 带的 *Isohomoceras* 属分子与 E 带的 *Eumorphoceras* 属分子伴生，但 E 带末期分子如 *Nuculoceras* 等属未见。谢尔普霍夫末期的牙形刺 *Gnathodus bilineatus* 类型依然很发育，终端分子 *Gn. postbilineatus* 可能经过渡分子——原始的 *Declinognathodus* 属分子 *De. praenoduliferus* 演化到巴什基尔阶底界标志 *De. noduliferus*。牙形刺 *Idiognathoides* 属及 *Neognathodus* 属分子出现层位较低，均位于 H1 带 *Isohomoceras* 属分子的延限范围内。总体而言，未见典型的 *Rhachistognathus* 动物群及 *Gn. girtyi* 到 *De. noduliferus* 的演化谱系。不同时期菊石的混杂、牙形刺和菊石出现的先后关系与其他地区不一致，被解释为地层的连续以及生物相的控制

（Nigmadganov & Nemirovskaya，1992；Nemirovskaya & Nigmadganov，1994；Nikolaeva，1995）。该剖面的主要优点为牙形刺和菊石都发育，缺点是当时研究较为初步，仅有的牙形刺和菊石生物地层存在很多疑问。此外，还存在部分层段覆盖、山区难以到达以及当时政局不稳定等不利因素。但是不可否认的是，该剖面提供的牙形刺演化序列对于全球石炭系中间界线研究是有价值的。

5. 我国该界线的情况

在 20 世纪 80—90 年代，我国学者对于石炭纪中间界线也提出了一些自己的意见和潜在候选剖面（杨敬之和徐珊红，1986；沈光隆和李克定，1990）。对于石炭系再划分方案以及界线可能的生物定义，杨敬之等（1979）做过简要总结，支持石炭系的"两分性"，并认为以菊石作为参考的界线以 H 带开始为宜。

（1）甘肃靖远（现白银市平川区）磁窑榆树梁剖面：海陆过渡相，碎屑岩夹薄层灰岩或结核。该剖面盛产各类化石，生物门类繁多，包括头足类、牙形刺、蜓类、珊瑚、腕足动物、植物和孢粉等（李星学等，1993）。1987 年，在北京召开的第十一届国际石炭纪地层和地质大会期间，该剖面曾被提议作为石炭系中间界线的候选层型剖面，并作为会前野外的考察剖面。该剖面界线层的菊石 H 带缺失，牙形刺 *Neognathodus symmetricus* 的首现层位很低，与界线标志 *De. noduliferus* 同层，缺乏足够的有孔虫资料，Namurian 早期的植物与西欧 Namurian 晚期才出现的 *Linopteris*（网羊齿）共生，该植物首现的穿时现象后被解释为脉羊齿类植物自中国经西欧向北美的迁徙（李星学等，1992）。总之，该剖面具有植物和孢粉等门类，出露条件也较好，石炭系分会的专家们建议对该剖面进行更深入的研究（Lane，1988）。但遗憾的是，最终并没有在该剖面找到 H 带的菊石，而牙形刺的证据也不能完全否认存在间断的可能性。

（2）广西南丹七圩剖面：台地相，灰岩为主。自下而上，建立有菊石 *Eumorphoceras plummeri-Dombarites falcatoides* 带、*Homoceras nudum* 带、*Retites carinatus* 带以及 *Branneroceras branneri* 带；腕足动物 *Gigantoproductus* cf. *moderatus* 带、*Marginifera fenuistriata-Goniophoria carinata* 组合带以及 *Alexania gratiodentalis-Nantanella mapingensis-Choristites latum* 组合带；牙形刺 *Declinognathodus noduliferus* 与菊石 *Homoceras* 共生（阮亦萍，1981；Li，1987；Wang et al.，1987）。不足的是，该剖面非连续沉积剖面，菊石采样点分散，数量大但集中保存在个别的灰岩团块中，多样性高但分辨率较低，未见完整的牙形刺生物地层序列。

（3）广西南丹巴平剖面：斜坡—台地相，灰岩为主。该剖面界线层自下而上，建立有牙形刺 *Gnathodus bilineatus* Morphotype β-*Paragnathodus commutatus* 带、*Gn. b.* Morphotype ε-*Adetognathus unicornis* 带、*Ad. lautus* 带、*Declinognathodus noduliferus noduliferus* 带 以及 *De. n. japonicus-Idiognathoides sinuatus* 带；有孔虫组合Ⅰ（*Biseriella parva*、*Neoarchaediscus postrugosus*、*Bradyina rotula*、*Janischewskina typica*、*Howchinia declivis*、*Monotaxinoides transitorius*、*Omphalotis samarica* 等）、有孔虫组合 Ⅱ（*Bi. parva*、*Asteroarchaediscus gregorii*、*As. gregorii* 等，以 *Asteroarchaediscus* 占主导）以及有孔虫组合 Ⅲ（*Globivalvulina moderata*、*Br. nautiliformis*、*Quasiarchaediscus* sp. 2 等）（Xu et al.，1987；罗辉，1987；周志澄，1995）。该剖面以牙形刺 *De. n. noduliferus* 和有孔虫 *Globivalvulina moderata* 的首现作为界线标志，但作为"金钉子"的候选层型剖面，缺乏更加细致的研究。

（4）贵州罗甸纳庆剖面（曾称作纳水剖面、罗苏剖面）：斜坡相，灰岩为主。该剖面是我国石炭纪牙形刺生物地层研究的基干剖面，其中间界线吸引了很多学者的关注（详见胡科毅，2016）。熊剑飞和翟志强（1985）对该剖面牙形刺和蟓类进行了研究，共建立起 22 个牙形刺带，以 *Declinognathodus lateralis*［杨敬之和徐珊红（1986）认为该标本为 *De. noduliferus*］的首现作为中间界线标志。1987 年北京会议时，芮琳等（1987，另见 Rui et al.，1987）报道了该剖面界线层的牙形刺和有孔虫（含蟓类），并推荐以新建立的年代地层单位罗苏阶（Luosuan）的底界作为国际上石炭统最低层位标准，同时纳庆剖面被推荐为中间界线候选层型剖面。通过该剖面牙形刺序列与华北、北美、英国剖面的对比，Wang 等（1987）认为该剖面与北美最为相似，而华北板块则与英国更类似，并指出华北板块（磁窑榆树梁）*De. noduliferus* 的最低位置可能并非对应该种真正的演化首现。纳庆剖面最终并没有入围正式的候选剖面，可能与菊石不发育以及界线标志演化谱系不清晰（缺乏高层位的 *Gn. girtyi simplex*）有关。

6. 巴什基尔阶底界"金钉子"存在的问题及后层型研究

对于巴什基尔阶"金钉子"在美国 Arrow Canyon 剖面的确立，是存在一些明确的反对声音的（如 Riley，1998）。有的问题在后续的研究中得到了更合理的解释，而有的问题似乎无法妥协，但总体上这些争议问题都不足以撼动 Arrow Canyon 这个"金钉子"的地位。这主要包括两个方面：界线点位和层型剖面。

（1）界线点位。

①以单一生物类型的演化首现作为界线标志，易受生物相控制，为全球各地区的识别和对比带来了困难。作为全球界线层型，除了标志化石类群外还必须有其他生物类群作为参照，作为跨相的辅助对比标志。目前，最实际的办法是通过对牙形刺的更精细研究，采用一个狭义的种来识别这条界线，同时开展其他地层学的研究，如化学地层学、事件地层学等，作为辅助标志推荐使用。

②界线标志种相关 *Gnathodus girtyi simplex* 到 *Declinognathodus noduliferus* s. l. 的演化谱系存疑（图 6-3-17）。与北美相比，在欧亚地区很多剖面，*De. noduliferus* 首现面之下并不发育以 *Rhachistognathus* 属为代表的浅水动物群，*Gn. g. simplex* 少见或数量稀少，而 *Gn. bilineatus* 类

型的一些晚期分子（*Gn. postbilineatus*）才是从形态和层位上最接近 *De. noduliferus* 的，可能才是 *De. noduliferus* 真正的祖先类型（Grayson et al.，1990；Nemirovskaya & Nigmadganov，1994；Sanz–Lopez & Blanco–Ferrera，2013）。此外，也有将 *Declinoganthodus* 属作为多系群的，包括齿垣装饰为瘤和脊的两个人类，分别演化自 *Gn. postbilineatus* 和 *Gn. g. simplex*（Hu et al.，2019）。

③对辅助标志的进一步研究。牙形刺方面，进一步修订了 Arrow Canyon 剖面的牙形刺序列，识别出了可能作为辅助标志的 *Cavusgnathus-Adetognathus* 谱系和 *Rhachistognathus* 谱系（Lane et al.，2019）。菊石和有孔虫方面，则在位于 Arrow Canyon 剖面以西 100 余千米的内华达测试场（Nevada Test Site）的剖面中发现了 H 带的菊石 *Isohomoceras subglobosum* 以及其他几种 *Homoceras* 属分子，其中 *Iso. subglobosum*（H1 带标志分子）首现于该剖面牙形刺上 *Rh. muricatus* 带中，可能低于 Arrow Canyon 剖面 *Declinognathodus noduliferus* 的首现（Titus，2000；Titus & Manger，2001）；此外，若以菊石和牙形刺生物地层作为参照，有孔虫 *Eosigmoilina robertsoni* 和 *Brenckleina rugosa* 的末现层位在各个地区是不一致的，但可作为地方性浅水相对比标志（Lane & Brenckle，2005；Brenckle et al.，2019）。

地球化学和地球物理方法的运用也为地层对比提供了更多的途径（图 6–3–16）。在 Arrow Canyon 剖面界线层，全岩及腕足动物壳体记录到无机碳、氧同位素存在一个较为显著的正偏移，虽然在全球不同地区的变化幅度有一定差异，但是总体趋势是一致的（Mii et al.，1999；Brand & Brenckle，2001；Saltzman et al.，2003；Brand et al.，2012）。全球锶同位素值与地质时间存在一定对应关系，腕足动物壳体的锶同位素也被用于远近地层的对比，锶同位素值在界线层由负偏移变为正偏移，界线处约为 0.708 056（Brand & Brenckle，2001；Brand et al.，2007）。同时，结合生物地层资料可对比英国的候选层型 Stonehead Beck 剖面以及俄罗斯乌拉尔地区巴什基尔阶（地方性阶）的次层型（hypostratotype）——Askyn 剖面，识别出了后者界线层的间断（Brand et al.，2012）。

在包括 Arrow Canyon "金钉子"剖面在内的数个剖面，识别出了磁化率与沉积岩性的共同变化以及约 0.4 Ma 的天文周期，并由此推测出 Arrow Canyon Two 剖面（位于 Arrow Canyon 剖面以南约 200 m）界线层的沉积速率约为 0.7 cm/ka（Ellwood et al.，2007）。可惜的是，没有在 Arrow Canyon 剖面获得同位素年龄，目前界线所使用的绝对值年龄（323.2 Ma）的主要依据是英国 Stonehead Beck 剖面中间界线之下锆石的测年资料（CA–ID–TIMS U–Pb；菊石 E2b2（ii）带约 324.54 Ma）（Pointon et al.，2012）。

（2）层型剖面。

Arrow Canyon 剖面界线层存在明显间断，不符合界线层型选择要求。整条 Arrow Canyon 剖面存在多层古土壤的情况是毋庸置疑的，尤其是在 Bird Spring 组下部，界线之上不到 1 m

的 范 围 内 出 现 的 暴 露 面 （Unit H 与 Unit I 之 间 ；Lane et al.，1999 ；Richards et al.，2002 ；Barnett & Wright，2008 ）。关于在这个暴露面上到底缺失了多少地层，各方的认识却是大相径庭的（图 6-3-18 ）。该剖面的支持者认为可能仅缺失很短时间的地层，因为并没有牙形刺带的缺失（Richards et al.，2002 ），而反对者基于 Arrow Canyon 剖面其他发表的牙形刺资料（如 *Idiognathoides sinuatus* 首现于 A58 之下，仅高于界线不到 4 m ；Webster et al.，1984 ），并对比美国西部和英国等地的菊石带和沉积旋回，认为可能缺失了很长一段时间的地层（大于等于1 Ma ；Riley，1998 ；Barnett & Wright，2008 ）。类似这样不同的解释，很大程度上源于双方关注的侧重点不同。现在看来，在当时界线定义受到质疑的情况下，仍然继续推动对层型剖面的投票是造成争议出现的重要原因。确立"金钉子"的工作是漫长的，人为控制时间节点的方法并不可取。

西欧菊石带	北美菊石带	北美牙形刺带	西欧牙形刺带
G1（*Cancelloceras*）	*Cancelloceras*	*Ne. symmetricus*	*De. noduliferus*
R2（*Bilinguites*） R1（*Reticuloceras*） H2（*Hudsonoceras*）		*Id. sinuatus* -*Rh. minutus*	*Rh. minutus*
H1b（*Homoceras*）	*Ho. c. coronatum*	*De. noduliferus* - *Rh. primus*	（巴什基尔阶）
H1a（*Isohomoceras*）	*Is. subglobosum*	上*Rh. muricatus*	（谢尔普霍夫阶）
E2c （*Nuculoceras*）	*Delepinoceras* *thalassoides*	下*Rh. muricatus*	
E2b （*Cravenoceratoides*）	*Cravenoceratoides* *nititoides*	*Ad. unicornis*	*Gn. b. bollandensis*

图 6-3-18 北美与西欧谢尔普霍夫阶 – 巴什基尔阶界线上下的菊石和牙形刺带对比（灰色表示可能的缺失；据 Lane & Manger，1985 ；Ramsbottom & Saunders，1985 ）

第四节
石炭系内待定界线层型研究

　　我国贵州的罗甸纳庆剖面保存有连续的深水斜坡相沉积，发育丰富的牙形刺并保存了很多牙形刺属种的演化谱系，具有进行精细地层划分和全球对比的潜力。目前，我国与石炭纪待定"金钉子"相关的进展主要来自该剖面，也是石炭系 4 个未定"金钉子"的候选剖面（图 6-4-1、图 6-4-2）。

图 6-4-1　贵州罗甸纳庆剖面。A. 纳庆剖面远景；四条界线的候选层型及点位；B. 维宪阶 – 谢尔普霍夫阶界线；C. 巴什基尔阶 – 莫斯科阶界线；D. 莫斯科阶 – 卡西莫夫阶界线；E. 卡西莫夫阶 – 格舍尔阶界线。A图照片由祁玉平拍摄于 2012 年 10 月；B~E 图照片据王向东等（2020）

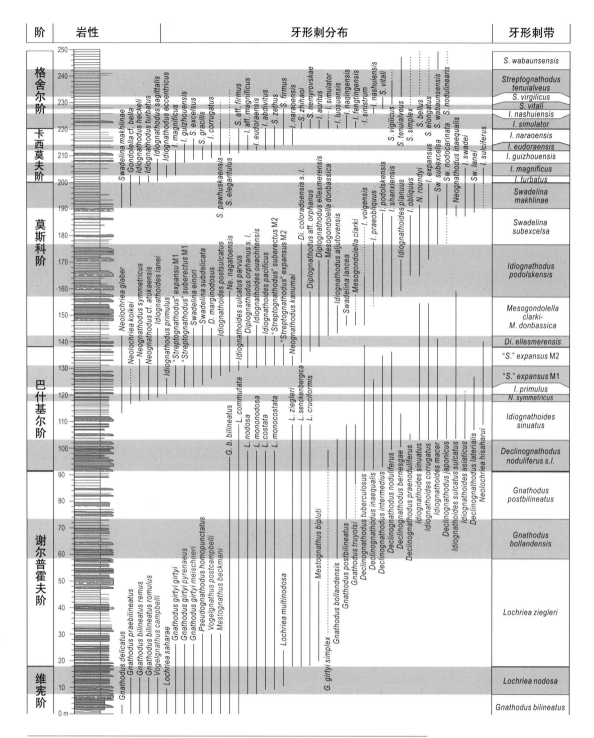

图 6-4-2　贵州罗甸纳庆剖面的牙形刺生物地层（据 Hu et al.，2020；Qi et al.，2020 修改）

一、谢尔普霍夫阶底界

谢尔普霍夫阶（Serpukhovian）底界，即维宪阶－谢尔普霍夫阶（V/S）界线的标志种尚未得到石炭系分会的正式确认，但该界线工作组的多数成员倾向于用牙形刺 *Lochriea ziegleri*（齐格勒洛奇里刺）的演化首现作为谢尔普霍夫阶的底界标志（Richards & Task Group，2005）。该牙形刺种以及 *Lochriea nodosa*→*L. ziegleri* 演化谱系在欧亚地区被广为报道（Nemirovskaya et al.，1994；Skompski et al.，1995；Wang & Qi，2003；Pazukhin et al.，2010）。

除牙形刺外，有孔虫和菊石是全球 V/S 界线划分对比的重要辅助类群。通过研究界线层牙形刺与有孔虫的对比关系，将有效解决深水相剖面与浅水相剖面的对比问题。据俄罗斯和北美的资料，有孔虫 *Asteroarchaediscus postrugosus*、*Janischewskina delicata*、*Eolasiodiscus donbassicus* 和 *Plectomillerella tortula* 等种的出现标志着谢尔普霍夫期的开始（Groves et al.，2012；Cózar et al.，2019；Gibshman et al.，2020；Nikolaeva et al.，2020）。菊石是西欧密西西比亚纪晚期地层分带建阶的主要依据（Korn，1996、2010），但全球 V/S 界线层的菊石地方性色彩过于强烈，因而不适合作为区域和洲际对比的工具。

国际 V/S 界线工作组成立于 2002 年。自该工作组成立以来，V/S 界线的层型研究取得了不小的进展。目前看来，俄罗斯南乌拉尔地区的 Verkhnyaya Kardailovka 剖面（Nikolaeva et al.，2009）和我国华南的纳庆剖面（Wang & Qi，2003；Qi & Wang，2005；Qi et al.，2010，2014，2018）为该界线"金钉子"的两个主要候选层型剖面。前者的主要优势是含牙形刺、有孔虫、菊石和介形类等多门类化石，缺点是作为潜在标志的牙形刺 *Lochriea* 属种不够丰富，演化谱系不够清晰，因而很难准确确定 *L. ziegleri* 的首现点位和界线位置。纳庆剖面的优势是发育连续的碳酸盐岩沉积，含有十分丰富的牙形刺，*Lochriea* 属内各主要种之间的演化谱系发育完整（图 6-4-3），但缺点是除牙形刺和少量有孔虫外，不发育菊石等其他大化石门类。最近，在纳庆剖面及附近的纳饶剖面 V/S 界线之上约 2 m 的层位找到了谢尔普霍夫阶底界的标志性有孔虫 *Janischewskina delicata*（盛青怡，2016；盛青怡等，2020），从而为该界线层牙形刺与有孔虫的对比提供了重要依据，同时为全球深水相与浅水相剖面的 V/S 界线划分与对比提供了重要的桥梁作用。

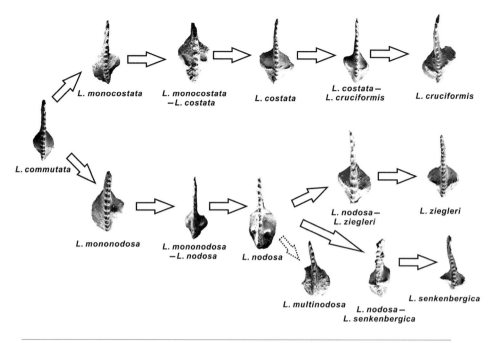

图 6-4-3 贵州罗甸纳庆剖面 V/S 界线层牙形刺 *Lochriea* 属内各种的演化关系（据 Qi et al.，2018）

二、莫斯科阶底界

莫斯科阶（Moscovian）的底界，即巴什基尔阶－莫斯科阶（B/M）界线，工作组曾先后提出过多种建议方案，包括牙形刺 *Declinognathodus donetzianus* 的首现、牙形刺 *Diplognathodus ellesmerensis*（艾利思姆双颚齿刺）的首现、牙形刺 *"Stretognathodus" expansus* 的首现、䗴类 *Profusulinella* 演化序列中某进步种的首现以及䗴类 *Eofusulina* 的首现等。牙形刺 *De. donetzianus* 的首现层位最接近传统的莫斯科阶的底界，但分布较为局限，主要发现于俄罗斯和乌克兰等地，在我国及北美中大陆等地区还没有发现。*Di. ellesmerensis* 的首现层位也较接近传统的莫斯科阶的底界，它的分布广泛，特征明显，易于识别，具有较强的全球对比潜力（Qi et al.，2016）。由于䗴类的区域性明显，因而要寻找在全球各地区都有分布的䗴类种比较困难。目前的候选层型剖面包括俄罗斯南乌拉尔的 Basu 剖面和贵州罗甸纳庆剖面。Basu 剖面保存有 *Declinognathodus marginodosus-De. donetzianus* 的连续演化序列，以及䗴类 *Depratina prisca*；纳庆剖面没有发现 *De. donetzianus*，但有非常丰富的标志此界线的牙形刺 *Di. ellesmerensis*，也含有䗴类 *Profusulinella* 等（Wang et al.，2011）。不仅如此，最新的研究结果表明，长期困扰该界线工作组的关于 *Di. ellesmerensis* 的演化谱系问题已在纳庆剖面得以解决（图 6-4-4；Hu et al.，2020）。因此，*Di. ellesmerensis* 是目前此界线的最佳潜在标志种。

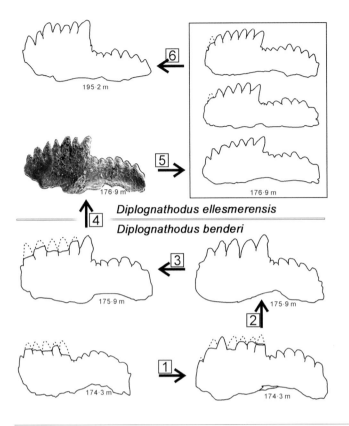

图 6-4-4 纳庆剖面莫斯科阶底界潜在标志牙形刺 *Diplognathodus ellesmerensis* 的演化谱系（据 Hu et al., 2020 修改）

三、卡西莫夫阶底界

卡西莫夫阶（Kasimovian）的底界，即莫斯科阶 – 卡西莫夫阶（M/K）界线划分的主导门类化石也是牙形刺，*Idiognathodus turbatus*（管状异颚刺）和 *I. sagittalis* 最具有潜力，二者的首现层位接近，比传统的卡西莫夫阶底界要高约一个亚阶（Villa & Task Group，2008）。但最近，Rosscoe 和 Barrick（2013）建立了新种 *I. heckeli*，认为它是 *I. turbatus* 的直接祖先种。该种首现层位较其后裔种 *I. turbatus* 另一潜在标志种 *I. sagittalis* 更接近于初始海泛面，也更接近于传统的卡西莫夫阶底界（Ueno & Task Group，2014），因而更适合作为界线标志种。俄罗斯学者最近还建议以 *Swadelina subexcelsa* 的首现作为卡西莫夫阶底界标志，该种最接近传统的卡西莫夫阶底界。在浅水相区，䗴类如 *Protriticites* 和 *Montiparus* 等的首现可以作为辅助标志化石。目前候选层型剖面包括：俄罗斯乌拉尔的 Usolka 剖面，发育有牙形刺 *I. sagittalis* 及䗴类化石，但此剖面非单一岩相，为泥岩和灰岩互层；俄罗斯莫斯科盆地 Afanasievo 剖面，发育有丰富的包括 *Montiparus* 在内的䗴类化石及牙形刺 *I. sagittalis* 和 *Sw. subexcelsa*，但为典型的浅水相剖面，具有多个代表暴露面的古土壤层及沉积间断（Goreva et al.，2009）；贵州罗甸纳庆剖面，发育有牙形刺 *I. swadei-I. heckeli-I. turbatus* 的演化谱系和牙形刺 *Sw. subexcelsa*（图 6-4-5；祁玉平等，2012；Hu & Qi，2017；Hu et al.，2021），还见有少量的蜓类化石。

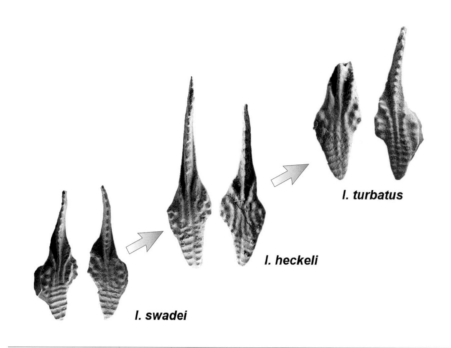

图 6-4-5 纳庆剖面卡西莫夫阶底界潜在标志种 *Idiognathodus heckeli* 及其演化谱系（据祁玉平等，2012 修改）

四、格舍尔阶底界

格舍尔阶（Gzhelian）的底界，即卡西莫夫阶 – 格舍尔阶（K/G）界线是以牙形刺 *Idiognathodus simulator*（偏向异颚刺）的首现作为标志（Heckel et al.，2008），但其演化谱系，即其直接的祖先种并不清楚。近十多年来，界线工作组的各国学者对此展开了大量研究，提出了多种可能性方案，但均因缺乏足够证据而一一被否。近年来，中国科学院南京地质古生物研究所石炭纪研究小组与美国学者开展了多次国际合作研究，在华南纳庆剖面和纳饶剖面确认了 *Idiognathodus abdivitus* 种在华南剖面的存在，同时识别出了 *I. abdivitus* 与 *I. simulator* 之间的过渡型分子，进一步提出，*I. simulator* 就是由 *I. abdivitus* 演化而来，后者即为前者的直接祖先种。这一结论得到了形态计量学研究的验证，说明华南的 *I. simulator* 比北美的同种类型出现更早，更接近于其真正的首现面（图 6-4-6；祁玉平等，2019；Qi et al.，2020）。目前候选层型剖面有三个：①俄罗斯乌拉尔的 Usolka 剖面，出现了 *I. simulator*，并产有丰富的蜓类 *Rauserites*，但界线附近是泥岩和灰岩互层的非单一岩相；②俄罗斯莫斯科盆地的 Gzhel 剖面，为格舍尔阶的命名剖面，产界线标志分子的牙形刺 *I. simulator* 及可能作为辅助界线标志的䗴类 *Rauserites rossicus*，但此为典型的浅水相剖面，在 *I. simulator* 开始出现层位之下 1 m 存在一个大的沉积间断面；③中国贵州罗甸纳庆剖面，发现了 *I. simulator* 以及从 *I. abdivitus* 到 *I. simulator* 的连续演化序列，但䗴类化石不甚丰富。

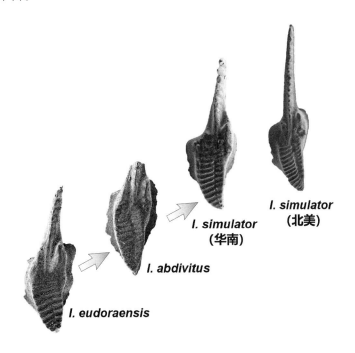

图 6-4-6　纳庆剖面格舍尔阶底界标志 *Idiognathodus simulator* 的演化谱系（模式标本产自北美，据 Heckel et al.，2008；其他标本据 Qi et al.，2020）

致谢：

　　本文撰写得到国家自然科学基金（41630101，41902030）和中国科学院战略性先导科技专项 B 类（XDB18000000，XDB26000000）以及中国科学院南京地质古生物研究所的资助。

参考文献

冯增昭，杨玉卿，鲍志东．1999．中国南方石炭纪岩相古地理．古地理学报，1(1): 75-86.

侯鸿飞，德维伊斯特．2004．杜内阶—维宪阶界线候选层型——柳州碰冲剖面介绍．地层古生物论文集，28: 125-134.

侯鸿飞，周怀玲．2008．石炭纪维宪阶界线剖面和点位补遗．地球学报，29(3): 318-327.

侯鸿飞，吴祥和，周怀玲 Hance, L., Devuyst, F.X., Sevastopulo, G．2013．石炭系密西西比亚系中统维宪阶全球标准层型剖面和点位 // 中国科学院南京地质古生物研究所（编）. 中国"金钉子". 杭州：浙江大学出版社，216-239.

胡科毅．2016．华南宾夕法尼亚亚纪早-中期的牙形刺序列及全球对比．博士学位论文．北京，中国科学院大学，1-289.

季强．1987．从牙形类研究看中国浅水相泥盆系与石炭系分界．地质学报，1: 12-104.

季强，张振贤，陈宣忠，王桂斌．1987．广西鹿寨寨沙泥盆-石炭系界线研究．地层学杂志，11(3): 213-217.

李星学，沈光隆，吴秀元．1992．偶脉羊齿类的始现时间和迁移扩散问题．古生物学报，31(1): 1-16.

李星学，吴秀元，沈光隆，梁希洛，朱怀诚，佟再三，李兰．1993．北祁连山东段纳缪尔期地层和生物群．济南：山东科技大学出版社，1-592.

廖卓庭．1999．中国与西欧石炭系的对比．地层学杂志，23(1): 1-9, 41.

刘志才，郑昭昌，杨逢清，张泓，沈光隆．1983．宁夏中卫校育川的纳缪尔期地层剖面．地层学杂志，7(2): 130-134.

罗辉．1987．广西南丹巴平石炭系中间界线地层的有孔虫．微体古生物学报，4(3): 265-279.

宁宗善，白顺良，金善燏．1984．广西武宣泥盆系与石炭系界线剖面并论珊瑚与牙形石共生关系．南方国土资源，1: 36-44.

祁玉平，胡科毅，Barrick, J.E., 王秋来，林巍．2012．牙形刺 *Idiognathodus swadei-I. turbatus* 演化谱系在华南的发现及意义．地层学杂志，36(3): 551-557.

祁玉平，James, E.B., Nicholas, J.H., 胡科毅，王秋来．2019．牙形刺 *Idiognathodus simulator* 的演化谱系研究进展及意义．微体古生物学报，36(4): 370-377.

全国地层委员会《中国地层表》编委会．2014．中国地层表．北京：地质出版社．

阮亦萍．1981．广西南丹七圩石炭纪菊石．中国科学院南京地质古生物研究所集刊，15: 153-232.

阮亦萍，周祖仁．1987．宁夏石炭纪头足类．宁夏纳缪尔期地层和古生物，南京：南京大学出版社，55-177.

芮琳，王志浩，张遴信．1987．罗苏阶——上石炭统底部一个新的年代地层单位．地层学杂志，11(2): 103-116.

沈光隆，李克定．1990．中国石炭系中间界线生物地层研究新进展．地球科学进展，2(4): 1-8.

盛青怡．2016．华南密西西比亚纪有孔虫．博士学位论文．北京，中国科学院大学，1-285.

盛青怡，王秋来，祁玉平，廖卓庭．2020．贵州罗甸纳饶剖面石炭系维宪阶-谢尔普霍夫阶界线附近的有孔虫．地层学杂志，45(1): 1-10.

苏一保，韦仁彦，邝国敦，季强．1988．广西宜山拉利多灵山泥盆-石炭系界线层牙形刺的发现及其意义．微体古生物学报，5(2):

王成源．1987．论 *Cystophrentis* 带的时代．地层学杂志，11(2): 46-51.

王成源，殷保安．1984．华南浮游相区早石炭世早期牙形刺分带和泥盆系、石炭系的分界．古生物学报，23(2): 92-146.

王向东，金玉玕．2000．石炭纪年代地层学研究概况．地层学杂志，24(2): 90-98.

王向东，胡科毅，郄文昆，盛青怡，陈波，林巍，要乐，王秋来，祁玉平，陈吉涛，廖卓庭，宋俊俊．2019．中国石炭纪综合地层和时间框架．中国科学：地球科学，49(1): 139-159.

王向东，胡科毅，黄兴，乔丽，王秋来，沈阳，盛青怡，李小铭，林巍，史宇坤．2020．中国石炭纪地层及标志化石图集．杭州：浙江大学出版社．1-464.

吴秀元，李星学，沈光隆，梁希洛，张遴信，王志浩，朱怀诚，佟再三，武安斌，李兰．1987．甘肃靖远石炭系研究新进展．地层学杂志，11(3): 163-179.

熊剑飞，翟志强．1985．贵州黑区（望谟如牙-罗甸纳水）石炭系（牙形类、蜓类）生物地层研究．贵州地质，3: 269-287.

杨逢清．1978．贵州西部下、中石炭统及菊石动物群．中国地质科学院地层古生物论文集，5, 143-200.

杨敬之，徐珊红．1986．石炭系上、下统分界研究概况与展望．地层学杂志，10(4): 304-310.

杨敬之，盛金章，吴望始，陆麟黄．1962．中国的石炭系．全国地层会议学术报告汇编．北京：科学出版社，1-108.

杨敬之，吴望始，张遴信，廖卓庭，阮亦萍．1979．我国石炭系分统的再认识．地层学杂志，3(3): 173, 188-192.

杨式溥，田树刚，郑昭昌．1988．宁夏中卫校育川纳缪尔期牙形石．地层古生物论文集，22, 23-34.

俞建章．1931．丰宁系（中国下石炭统）之时代及其珊瑚化石分带（英文）．中国地质学会志，10: 1-30.

张遴信，王志浩，周建平．2004．中国上石炭统滑石板阶．地层学杂志，28(1): 18-34.

张字波，孙元林，马学平．2011．贵州独山地区浅水相区泥盆-石炭纪界线生物地层学综合研究．中国古生物学会学术年会．

《中国地层典》编委会．2000．中国地层典（石炭系）．北京：地质出版社．

周志澄．1995．广西南丹巴平石炭系中间界线剖面的碳酸盐微相特征及其沉积环境．微体古生物学报，12(1): 23-30.

Aretz, M., Corradini, C. 2019. The redefinition of the Devonian/Carboniferous Boundary: state of the art. 19th International Congress on the Carboniferous and Permian.

Aretz, M., Herbig, H.G., Wang, X.D. 2020. The Carboniferous Period// Gradstein, F.M. et al. (eds). Geologic Time Scale 2020. Amsterdam: Elsevier BV, 811-874.

Ausich, W.I., Kammer, T.W. 2006. Stratigraphical and geographical distribution of Mississippian (Lower Carboniferous) Crinoidea from England and Wales. Proceedings of the Yorkshire Geological Society, 56(2): 91-109.

Barnett, A.J., Wright, V.P. 2008. A sedimentological and cyclostratigraphic evaluation of the completeness of the Mississippian-Pennsylvanian (Mid-Carboniferous) Global Stratotype Section and Point, Arrow Canyon, Nevada, USA. Journal of the Geological Society London, 165: 859-873.

Becker, R.T., Paproth, E. 1992. Auxiliary stratotype sections for the Global Stratotype Section and Point (GSSP) for the Devonian-

Carboniferous boundary: Hasselbachtal. Annales de la Société géologique de Belgique, 115(2): 703-706.

Bisat, W.S. 1924. The Carboniferous goniatites of the North of England and their zones. Proceedings of the Yorkshire Geological Society, 2: 40-124.

Bishop, J.W., Montañez, I.P., Gulbranson, E.L., Brenckle, P.L. 2009. The onset of mid- Carboniferous glacioeustasy: Sedimentologic and diagenetic constraints, Arrow Canyon, Navada. Palaeogeography, Palaeoclimatology, Palaeoecology, 276(1-4): 217-243.

Bishop, J.W., Montanez, I.P., Osleger, D.A. 2010. Dynamic Carboniferous climate change, Arrow Canyon, Nevada. Geosphere, 6(1): 1-34.

Bouroz, A., Wagner, R.H., Einor, O.L., Gordon, M., Meyen, S.V. 1977. Proposals for an International Chronostratigraphic Classification of the Carboniferous. Izvestiya Akademiya nauk SSSR, Seriya geologicheskaya, Moscow, 2: 5-24.

Brand, U., Brenckle, P.L. 2001. Chemostratigraphy of the Mid-Carboniferous boundary global stratotype section and point (GSSP), Bird Spring Formation, Arrow Canyon, Nevada, USA. Palaeogeography, Palaeoclimatology, Palaeoecology, 165(3-4): 321-347.

Brand, U., Webster, G.D., Azmy, K., Logan, A. 2007. Bathymetry and productivity of the southern Great Basin seaway, Nevada, USA: An evaluation of isotope and trace element chemistry in mid-Carboniferous and modern brachiopods. Palaeogeography, Palaeoclimatology, Palaeoecology, 256(3-4): 273-297.

Brand, U., Jiang, G.Q., Azmy, K., Bishop, J., Montanez, I.P. 2012. Diagenetic evaluation of a Pennsylvanian carbonate succession (Bird Spring Formation, Arrow Canyon, Nevada, U.S.A.) — 1: Brachiopod and whole rock comparison. Chemical Geology, 308: 26-39.

Brenckle, P.L., Baesemann, J.F., Lane, H.R., West, R.R., Webster, G.D., Langenheim, R.L., Brand, U., Richards, B.C. 1997. Arrow Canyon, the Mid-Carboniferous Boundary Stratotype//Podemski, M. (ed.). Proceedings of the Thirteenth International Congress on the Carboniferous and Permian. 149-164.

Brenckle, P.L., Manger, W.L., Titus, A.L., Nemyrovska, T.I. 2019. Late Serpukhovian foraminifers near the Mississippian-Pennsylvanian boundary at south syncline ridge, Southern Nevada, USA: implications for correlation. Journal of Foraminiferal Research, 49(2): 229-240,

Budnick, R.T. 1986. Left-lateral intraplate deformation along the Ancestral Rocky Mountains: implications for late Paleozoic plate motions. Tectonophysics, 132: 195-214.

Chao, Y.T. 1925. On the age of the Taiyuan Series of North China. Bulletin of the Geological Society of China, 4: 221-249.

Conil, R., Austin, R.L., Lys, M., Rhodes, F.H.T. 1969. La limite des etages Tournaisien et Viséen au stratotype de l'assise de Dinant. Bulletin de la Société beige de Géologie, 77: 39-74.

Conil, R., Groessens, E., Laloux, M., Poty, E. 1989. La limite Tournaisien-Viseen dans la region-type. Annales de la Société Géologique de Belgique, 112: 177-189.

Conil, R., Groessens, E., Laloux, M., Poty, E., Tourneur, F. 1990. Carboniferous guide foraminifers, corals and conodonts in the Franco-Belgian and Campine Basins. Courier Forschungsinstitut Senckenberg, 130: 15-30.

Conybeare, W.D., Phillips, W. 1822. Outlines of the geology of England and Wales, With an Introduction Compendium of the General Principles of That Science, and Comparative Views of the Structure of Foreign Countries. Part 1. London: William Phillips, 1-470.

Corradini, C., Kaiser, S.I., Perri, M.C., Spalletta, C. 2011. *Protognathodus* (Conodonta) and its potential as a tool for defining the Devonian/Carboniferous boundary. Rivista Italiana di Paleontologia e Stratigrafia (Research in Paleontology and Stratigraphy), 117(1): 15-28.

Cowie, J.W., Ziegler, W., Boucot, A.J., Bassett, M.G., Remane, J. 1986. Guideline and Statutes of the International Commission on Stratigraphy (ICS). Courier Forschungsinstitut Senckenberg, 83: 1-14.

Cózar P., Vachard D., Aretz M., Somerville I.D. 2019. Foraminifers of the Viséan-Serpukhovian boundary interval in Western Palaeotethys: a review. Lethaia, 52(2): 260-284.

Devuyst, F.X. 2006. The Tournaisian-Viséan boundary in Eurasia: definition, biostratigraphy, sedimentology and early evolution of the genus *Eoparastaffella* (Foraminifer). Ph.D Dissertation, Universite Catholique de Louvain, 1-430.

Devuyst, F.X., Hance, L., Hou, H., Wu, X., Tian, S., Coen, M., Sevastopulo, G. 2003. A proposed Global Stratotype Section and Point for the base of the Viséan Stage (Carboniferous): the Pengchong section, Guangxi, South China. Episodes, 26(2): 105-115.

Dunn, D.L. 1970. Conodont zonation near the Mississippian - Pennsylvanian boundary in western United States. Geological Society of America Bulletin, 81: 2959-2974.

Ellwood, B.B., Tomkin, J.H., Richards, B.C., Benoist, S.L., Lambert, L.L. 2007. MSEC data sets record glacially driven cyclicity: Examples from the Arrow Canyon Mississippian-Pennsylvanian GSSP and associated sections. Palaeogeography, Palaeoclimatology, Palaeoecology, 255(3-4): 377-390.

Embry, A.F. 1993. Transgressive-regressive (T-R) sequence analysis of the Jurassic succession of the Sverdrup Basin. Canadian Arctic Archipelago. Canadian Journal of Earth Science, 30, 301-320.

Gibshman, N.B., Vevel, Y.A., Zaytseva, E.L., Stepanova, T.I. 2020. Foraminifers of the Genus *Janischewskina* Mikhailov from the Upper Viséan-Serpukhovian (Mississippian) of Eurasia. Paleontological Journal, 54(2): 91-110.

Gordon, J.M., Henry, T.W., Sutherland, P.K. 1982. Brachiopod Zones Delineating the Mississippian-Pennsylvanian Boundary in the United States. Biostratigraphic Data for a Mid-Carboniferous Boundary: ICS Subcommission on Carboniferous Stratigraphy Biennial Meeting. 69-76.

Goreva, N., Alekseev, A., Isakova, T., Kossovaya, O. 2009. Biostratigraphical analysis of the Moscovian-Kasimovian transition at the neostratotype of Kasimovian Stage (Afanasievo section, Moscow Basin, Russia). Palaeoworld, 18(2-3): 102-113.

Grayson, R.C.J., Merrill, G.K., Lambert, L.L. 1990. Carboniferous gnathodid conodont apparatuses: evidence of dual origin for Pennsylvanian taxa. Courier Forschungsinstitut Senckenberg, 118: 353-390.

Groessens, E. 1975. Preliminary range chart of conodont biozonation in the Belgian Dinantian//Bouckaert, J., Streel, M. (eds.). International Symposium on Belgian Micropaleontological limits from Emsian to Viséan, Namur 1974, 193.

Groves, J.R., Wang, Y., Qi, Y.P., Richards, B.C., Ueno, K., Wang, X.D. 2012. Foraminiferal biostratigraphy of the Viséan-Serpukhovian (Mississippian) boundary interval at slope and platform sections in southern Guizhou (South China). Journal of Paleontology, 86(5): 753-774.

Hance, L. 1997. *Eoparastaffella*, its evolutionary pattern and biostratigrsphic potential//Ross, C.A. et al. (eds.). Late Paleozoic Foraminifera, their biostatigraphy, evolution and paleoecology, and the Mid-Carboniferous Boundary. Cushman Foundation for Foraminiferal Research, Special Publication, 38: 59-62.

Hance, L., Muchez, P. 1995. Study of the Tournaisian-Viséan Transitional Strata in South China (Guangxi) (abs.). XIII International Congress on Carboniferous-Permian. 51.

Hance, L., Muchez, P., Hou, H.F., Wu, X.H. 1997. Biostratigraphy, sedimentology and sequence stratigraphy of the Tournaisian-Viséan transitional strata in South China (Guangxi). Geological Journal, 32(4): 337-357.

Hance, L., Hou, H.F., Vachard, D. 2011. Upper Famennian to Viséan foraminiferas and some carbonate Microproblematica from South China——Hunan, Guangxi and Guizhou. Beijing: Geological Publishing House, 1-359.

Heckel, P.H., Villa, E. 1999. Proposals toward a consensus on a scientifically reasonable and internationally acceptable classification and nomenclature for the Carboniferous System. Newsletter on Carboniferous Stratigraphy, 17: 8-11.

Heckel, P.H., Alekseev, A.S., Barrick, J.E., Boardman, D.R., Goreva, N.V., Isakova, T.N., Nemyrovska, T.I., Ueno K., Villa, E., Work, D.M. 2008. Choice of conodont *Idiognathodus simulator* (sensu stricto) as the event marker for the base of the global Gzhelian Stage (Upper Pennsylvanian Series, Carboniferous System). Episodes, 31: 319-325

Higgins, A.C. 1975. Conodont zonation of the late Viséan-early Westphalian strata of the south and central Pennines of northern England. Bulletin of the Geological Survey of Great Britain, 53: 1-127.

Higgins, A.C. 1982. A Mid-Carboniferous Boundary in the Western Europe Conodont Sequence. Biostratigraphic Data for a Mid-Carboniferous Boundary: ICS Subcommission on Carboniferous Stratigraphy Biennial Meeting, 13-14.

Hou, H.F., Ji Q., Wu, X.H., Xiong, J.F., Wang, S.T., Gao, L.D., Sheng, H.B., Wei, J.Y., Turner, S. 1985. Muhua sections of Devonian-Carboniferous boundary beds. Beijing: Geological Publishing House.

Hou, H.F., Wu, X.H., Yin, B.A. 2011. Correlation of the Tournaisian-Viséan boundary beds. Acta Geologica Sinica (English Edition), 85(2): 354-365.

Hu, K.Y., Qi, Y.P. 2017. The Moscovian (Pennsylvanian) conodont genus *Swadelina* from Luodian, southern Guizhou, South China. Stratigraphy, 14: 197-215.

Hu, K.Y, Qi, Y.P., Nemyrovska, T.I. 2019. Mid-Carboniferous conodonts and their evolution: new evidence from Guizhou, South China. Journal of Systematic Palaeontology, 17(6): 451-489.

Hu, K.Y., Nicholas J.H., Lance L.L., Qi Y.P. and Chen J.T. 2020. Evolution of the conodont *Diplognathodus ellesmerensis* from

D. Benderi sp. nov. at the Bashkirian-Moscovian (lower-middle Pennsylvanian) boundary in South China. Papers in Palaeontology, 6(4): 627-649.

Hu, K.Y., Qi, Y.P., Wang, X.D. 2021. Middle-Late Pennsylvanian conodonts from South China: Implications for the Global Moscovian-Kasimovian boundary and faunal provincialism. Palaeogeography, Palaeoclimatology, Palaeoecology, 577: 110-565.

Isbell, J.L., Henry, L.C., Gulbranson, E.L., Limarino, C.O., Fraiser, M.L., Koch, Z.J., Ciccioli, P.L., Dineen, A.A. 2012. Glacial paradoxes during the late Paleozoic ice age: evaluating the equilibrium line altitude as a control on glaciation. Gondwana Research, 22(1): 1-19.

Ivanov, A., Lucas, S.G. 2011. Fish fossils from the Paleozoic Sly Gap Formation of Southern New Mexico, USA. Fossil Record, 3: 52-69.

Ji, Q. 1987. New results from Devonian-Carboniferous boundary beds in South China. Newsletters on Stratigraphy, 17 (3): 155-167.

Ji, Q., Ziegler, W. 1992. Phylogeny, speciation and zonation of *Siphonodella* of shallow water facies (Conodonta, Early Carboniferous). Courier Forschungsinstitut Senckenberg, 154: 223-251.

Ji, Q., Wei, J.Y., Wang, Z.J., Wang, S.T., Sheng, H.B., Wang, H.D., Hou, J.P., Xiang, L.W., Feng, R.L., Fu, G.M. 1989. The Daposhang Section, an excellent section for Devonian-Carboniferous boundary stratotype in China. Beijing: Science Press. 1-265.

Kaiser, S.I. 2009. The Devonian/Carboniferous boundary stratotype section (La Serre, France) revisited. Newsletters on Stratigraphy, 43(2): 195-205.

Kaiser, S.I., Corradini, C. 2011. The early siphonodellids (Conodonta, Late Devonian-Early Carboniferous): overview and taxonomic state. Neues Jahrbuch für Geologie und Paläontologie-Abhandlungen, 261(1): 19-35.

Kaiser, S.I., Aretz, M., Becker, R.T. 2016. The global Hangenberg Crisis (Devonian-Carboniferous transition): review of a first-order mass extinction. Geological Society of London, Special Publications, 423(1): 387-437.

Kaiser, S.I., Rasser, M.W., Schönlaub, H.P., Hubmann, B., Sandberg, C.A., Streel, M., Bahrami, A., Yazdi, M., Paproth, E., Kumpan, T. 2019. The Hangenberg Crisis at the Devonian-Carboniferous Boundary (DCB) - a "bottleneck" for conodonts. 19th International Congress on the Carboniferous and Permian.

Kluth, C.F., Coney, P.J. 1981. Plate tectonics of the ancestral Rocky Mountains. Geology, 9(1): 10-15.

Korn, D. 1994. Devonische und karbonische Prionoceraten (Cephalopoda, Ammonoidea) ausdem Rheinischen Schiefergebirge. Geologie und Paläontologie in Westfalen, 30: 1-85.

Korn, D. 1996. Revision of the Rhenish Late Viséan goniatite stratigraphy. Annales de la Société Géologique de Belgique, 117: 129-136.

Korn, D. 2010. Lithostratigraphy and biostratigraphy of the Kulm succession in the Rhenish Mountains. Zeitschrift der Deutschen Gesellschaft für Geowissenschaften, 161: 431-453.

Kullmann, J., Nikolaeva, S.V. 1999. Ammonoid turnover at the Mid-Carboniferous boundary and the biostratigraphy of the early Upper Carboniferous. Iskopaemye tsefalopody: noveishie dostizheniia v ikh izuchenii: 169-194.

Lane, H.R. 1988. Working group on the Mid-Carboniferous boundary. Newsletter on Carboniferous Stratigraphy, 6: 18-19.

Lane, H.R., Brenckle, P.L. 2005. Type Mississippian subdivisions and biostratigraphic succession//Heckle, P.H. (ed). Stratigraphy and biostratigraphy of the Mississippian subsystem (carboniferous system) in its type region, the Mississippi River Valley of Illinois, Missouri and Iowa. Illinois State Geological Survey, Guidebook 34: 76-98.

Lane, H.R., Manger, W.L. 1985. Toward a boundary in the middle of the Carboniferous. Courier Forschungsinstitut Senckenberg, 74: 15-34.

Lane, H.R., Sandberg, C.A., Ziegler, W. 1980. Taxonomy and phylogeny of some Lower Carboniferous conodonts and preliminary standard post-Siphonodella zonation. Geologica et Palaeontologica, 14: 117-164.

Lane, H.R., Brenckle, P.L., Baesemann, J.F., Richards, B. 1999. The IUGS boundary in the middle of the Carboniferous: Arrow Canyon, Nevada, USA. Episodes, 22(4): 272-283.

Lane, H.R., Qi, Y.P., Wang, Z.H., Nemyrovska, T.I, Richards, B.C., Hu, K.Y. 2019. Conodonts from the mid-Carboniferous boundary GSSP at Arrow Canyon, Nevada, USA. Micropaleontology, 65(2): 77-104.

Langenheim, J.R.L., Carss, B.W., Kennerly, J.B., McCutcheon, V.A., Waines, R.H. 1962. Paleozoic section in Arrow Canyon Range, Clark County, Nevada. American Association of Petroleum Geologists Bulletin, 46(5): 592-609.

Lee, J.S. 1932. Variskian or Hercynian movement in South-eastern China. Bulletin of the Geological Society of China, 11(2): 209-217.

Li, S.J. 1987. Late early Carboniferous to early Late Carboniferous Brachiopods from Qixu, Nandan, Guangxi and their palaeoecological significance//Wang, C.Y. (ed). Carboniferous Boundaries in China. Beijing: Science Press, 132-150.

Li, X.X., Shen, G.L., Wu, X.Y., Tong, Z.S. 1987. A proposed boundary stratotype in Jingyuan, Eastern Gansu for the Upper and Lower Carboniferous of China//Wang C.Y. (ed). Carboniferous Boundaries in China. Beijing, Science Press, 69-88.

Lucas, S.G. 2018. The GSSP method of chronostratigraphy: A critical review. Frontiers in Earth Science, 6: 191.

Lucas, S.G. 2021. Rethinking the Carboniferous Chronostratigraphic scale. Newsletters on Stratigraphy, 54 (3): 257-274.

McGhee, G.R., Sheehan, P.M., Bottjer, D.J., Droser, M.L. 2012. Ecological ranking of Phanerozoic biodiversity crises: the Serpukhovian (early Carboniferous) crisis had a greater ecological impact than the end-Ordovician. Geology, 40(2): 147-150.

Metcalfe, I. 2000. Chairman's Column. Newsletter on Carboniferous Stratigraphy, 18: 1-3.

Mii, H.S., Grossman, E.L., Yancey, T.E. 1999. Carboniferous isotope stratigraphies of North America: implications for Carboniferous paleoceanography and Mississippian glaciation. Geological Society of America Bulletin, 111(7): 960-973.

Milner, A., Sequiera, S.E.K. 2003. On a small *Cochleosaurus* described as a large *Limnogyrinus* (Amphibia, Temnospondyli) from the Upper Carboniferous of the Czech Republic. Acta Palaeontologica Polonica, 48(1): 143-147.

Modesto, S.P., Scott, D.M., MacDougall, M.J., Sues, H.-D., Evans, D.C., Reisz, R.R. 2015. The oldest parareptile and the early diversification of reptiles. Proceedings of the Royal Society B: Biological Sciences, 282: 20141912.

Montancz, I. P., Poulsen, C. J. 2013. The Late Palcozoic Ice Age: An evolving paradigm. Annual Review of Earth and Planetary Sciences, 41: 629-656.

Nemirovskaya, T.I., Nigmadganov, I.M. 1994, The Mid-Carboniferous Conodont Event. Courier Forschungsinstitut Senckenberg, 168: 247-272.

Nemyrovska, T.I., Samankassou, E. 2005. Late Viséan/early Serpukhovian conodont succession from the Triollo section, Palencia (Cantabrian Mountains, Spain). Scripta Geologica, 129: 13-89.

Nigmadganov, I.M., Nemirovskaya, T.I. 1992. Mid-Carboniferous boundary conodonts from the Gissar Ridge, south Tienshan, middle Asia. Courier Forschungsinstitut Senckenberg, 154: 253-275.

Nikolaeva, S.V. 1995. Ammonoid biostratigraphy for the proposed mid-Carboniferous boundary stratotype, Aksu River, South Tien-Shan, Central Asia. Annales de la Société géologique de Belgique, 116: 265-73.

Nikolaeva, S.V., Kulagina, E.I., Pazukhin, V.N., Kochetova, N.N., Konovalova, V.A. 2009. Paleontology and microfacies of the Serpukhovian in the Verkhnyaya Kaidailovka section, South Urals, Russia, potential candidate for the GSSP for the Viséan-Serpukhovian boundary. Newsletters on Stratigraphy, 43: 165-193.

Nikolaeva, S.V., Alekseev, A.S., Kulagina, E.I., Gatovsky, Y.A., Ponomareva, G.Y., Gibshman, N.B. 2020. An evaluation of biostratigraphic markers across multiple geological sections in the search for the GSSP of the base of the Serpukhovian Stage (Mississippian). Palaeoworld, 29: 270-302.

Paproth, E. 1996. Minutes of the SCCS meeting, Krakow, 1995. Newsletter of International Subcommission on Carboniferous Stratigraphy, 14: 6.

Paproth, E., Reitlinger, E.A., Streel, M. 1980. Note concerning the definition of the Devonian-Carboniferous boundary. Newsletter on Carboniferous Stratigraphy, 1: 15.

Paproth, E., Feist, R., Flajs, G. 1991. Decision on the Devonian-Carboniferoius boundary stratotype. Episodes, 14(4): 331-336.

Pazukhin, V.N., Kulagina, E.I., Nikolaeva, S.V., Kochetova, N.N., Konovalova, V.A. 2010. The Serpukhovian Stage in the Verkhnyaya Kardailovka Section, South Urals. Stratigraphy and Geological Correlation, 18: 269-289.

Pointon, M.A., Chew, D.M., Ovtcharova, M., Sevastopulo, G.D., Crowley, Q.G. 2012. New high-precision U-Pb dates from western European Carboniferous tuffs: implications for time scale calibration, the periodicity of late Carboniferous cycles and stratigraphical correlation. Journal of the Geological Society, 169: 713-721.

Qi, Y.P., Wang, Z.H. 2005. Serpukhovian conodont sequence and the Viséan-Serpukhovian boundary in South China. Rivista Italiana di Paleontologia e Stratigrafia, 111: 3-10.

Qi, Y.P., Wang, X.D., Wang, Z.H., Lane, H.R., Richards, B.C., Ueno, K., Groves, J.R. 2009. Conodont biostratigraphy of the Naqing (Nashui) section in South China: candidate GSSPs for both the Serpukhovian and Moscovian Stages. Permophiles, 53: 39-40.

Qi, Y.P., Wang, X.D., Richards, B.C., Groves, J.R., Ueno, K., Wang, Z.H., Wu, X.H., Hu, K.Y. 2010. Recent progress on conodonts and foraminifers from the candidate GSSP of the Carboniferous

Viséan-Serpukhovian boundary in the Naqing (Nashui) section of south China//Wang, X.D., Qi, Y.P., Groves, J.R., Barrick, J.E., Nemirovskaya, T.I., Ueno, K., Wang, Y. (eds.). Carboniferous Carbonate Succession from Shallow Marine to Slope in Southern Guizhou. Field Excursion Guidebook for the SCCS Workshop on GSSPs of the Carboniferous System: Nanjing Institute of Geology and Palaeontology (Chinese Academy of Sciences), 35-64.

Qi, Y.P., Wang, X.D., Lambert, L.L., Barrick, J.E., Wang, Z.H., Hu, K.Y., Wang, Q.L. 2011. Three potential levels for the Bashkirian and Moscovian boundary in the Naqing section based on conodonts. Newsletter on Carboniferous Stratigraphy, 29: 61-64.

Qi, Y.P., Nemyrovska, T.I., Wang, X.D., Chen, J.T., Wang, Z.H., Lane, H.R., Richards, B.C., Hu, K.Y., Wang, Q.L. 2014. Late Viséan-Early Serpukhovian conodont succession at the Naqing (Nashui) section in Guizhou, south China. Geological Magazine, 151: 254-268.

Qi, Y.P., Lambert, L.L., Nemyrovska, T.I., Wang, X.D., Hu, K.Y., Wang, Q.L. 2016. Late Bashkirian and early Moscovian conodonts from the Naqing section, Luodian, Guizhou, South China. Palaeoworld, 25: 170-187

Qi, Y.P., Tamara, N., Wang, Q.L., Hu, K.Y., Wang, X.D., Richard, L. 2018. Conodonts of the genus *Lochriea* near the Viséan-Serpukhovian boundary (Mississippian) at the Naqing section, Guizhou Province, South China. Palaeoworld, 27: 423-437.

Qi, Y.P., Barrick, J.E., Hogancamp, N.J., Chen, J.T., Hu K.Y., Wang, Q.L., Wang, X.D. 2020. Conodont faunas across the Kasimovian-Gzhelian boundary (Late Pennsylvanian) in South China and implications for the selection of the stratotype for the base of the global Gzhelian Stage. Papers in Palaeontology, 6(3): 439-484.

Qie, W.K., Zhang, X.H., Du, Y.S., Yang, B., Ji, W.T., Luo, G.M. 2014. Conodont biostratigraphy of Tournaisian shallow-water carbonates in central Guangxi, South China. Geobios, 47(6): 389-401.

Qie, W.K., Wang, X.D., Zhang, X.H., Ji, W.T., Grossman, E.L., Huang X., Liu, J.S., Luo, G.M. 2016. Latest Devonian to earliest Carboniferous conodont and carbon isotope stratigraphy of a shallow-water sequence in South China. Geological Journal, 51(6): 915-935.

Ramsbottom, W.H.C. 1987. Letter to SCCS members sent by the chairman, February 1987. Newsletter on Carboniferous Stratigraphy, 6: 4.

Ramsbottom, W.H.C., Saunders, W.B. 1985. Evolution and evolutionary biostratigraphy of Carboniferous ammonoids. Journal of Paleontology, 59: 123-139.

Raymond, A., Kelley, P.H., Lutken, C.B. 1989. Polar glaciers and life at the equator: The history of Dinantian and Namurian (Carboinferous) climate. Geology, 17(5): 408-411.

Richard, L. 2000. The new actinopterygian order Guildayichthyiformes from the Lower Carboniferous of Montana (USA). Geodiversitas, 22(2): 171-206.

Richards, B.C., Task Group. 2003. Progress report from the Task Group to establish a GSSP close to the existing Viséan-Serpukhovian boundary. Newsletter on Carboniferous Stratigraphy, 21: 6-10.

Richards, B.C., Task Group. 2005. The Viséan-Serpukhovian boundary: a summaryof progressmade on research goals established at the XV ICCP Carboniferous Workshop in Utrecht. Newsletter on Carboniferous Stratigraphy, 23: 7-8.

Richards, B.C., Lane, H.R., Brenckle, P.L. 2002. The IUGS Mid-Carboniferous (Mississippian-Pennsylvanian) Global Boundary Stratotype Section and Point at Arrow Canyon, Nevada, USA. Carboniferous and Permian of the World: XIV ICCP Proceedings. Canadian Society of Petroleum Geologists Memoir, 19: 802-831.

Riley, N.J. 1988. Comment on global nomenclature of the Carboniferous Subsystems and the Mid-Carboniferous Boundary GSSP. Newsletter on Carboniferous Stratigraphy, 16: 26-28.

Riley, N.J., Varker, W. J., Owens, B.O., Higgins, A.C., Ramsbottom, W.H.C. 1987. Stonehead Beck a British proposal for the Mid-Carboniferous Boundary Stratotype. Courier Forschungsinstitut Senckenberg, 98: 159-177.

Riley, N.J., Claoué-Long, J.C., Higgins, A.C., Owens, B., Spears, A., Taylor, L., Varker, W. J. 1993/1994. Geochronometry and geochemistry of the European mid-Carboniferous boundary global stratotype proposal, Stonehead Beck, North Yorkshire, UK. Annales de la Société géologique de Belgique, 116: 275-289.

Ross, C.A. 1991. Pennsylvanian paleogeography of the western United States//Cooper, J.D., Stevens, C.H. (eds.). Paleozoic paleogeography of the Western United States-II. Pacific Section. Society or Economic Paleontologist and Mineralogists, 1: 137-148.

Rossoce, S.J., Barrick, J.E. 2013. North American species of the conodont genus *Idiognathodus* from the Moscovian-Kasimovian boundary composite sequence and correlation of the Moscovian-Kasimovian Stage boundary//Lucas, S.G., Dimichele, W.A., Barrick, J.E., Schneider, J.W., Spielmann, J.A. (eds.). The Carboniferous-Permian Transition. New Mexico Mus Nat Hist Sci Bull, 60: 354-371.

Rui, L., Wang, Z.H., Zhang, L.X. 1987. Luosuan-a new chronostratigraphic unit at the base of the Upper Carboniferous, with reference to the Mid-Carboniferous boundary in south China//Wang C.Y. (ed.). Carboniferous Boundaries in China. Beijing, Science Press, 107-121.

Saltzman, M.R. 2003. Late Paleozoic ice age: Oceanic gateway or pCO$_2$? Geology, 31(2): 151-154.

Sanz-Lopez, J., Blanco-Ferrera, S. 2013. Early evolution of *Declinognathodus* close to the Mid-Carboniferous Boundary interval in the Barcaliente type section (Spain). Palaeontology, 56(5): 927-946.

Sanz-Lopez, J., Blanco-Ferrera, S., Sanchez de Posada, L.C. 2013. Conodont chronostratigraphical resolution and *Declinognathodus* evolution close to the Mid-Carboniferous Boundary in the Barcaliente Formation type section, NW Spain. Lethaia, 46(4): 438-453.

Saunders, W.B., Ramsbottom, W.H.C. 1986. The mid-Carboniferous eustatic event. Geology, 14(3): 208-212.

Scotese, C R. 2014. Atlas of Permo-Carboniferous Paleogeographic Maps (Mollweide Projection), Maps 53-64, Volumes 4, The Late Paleozoic, PALEOMAP Atlas for ArcGIS, PALEOMAP Project, Evanston, IL.

Sevastopulo, G., Devuyst, F.X., Hance, L., Hou, H.F., Coen, M., Clayton, G., Tian, S., Wu, X.H. 2002. Progress report of the Working Group to establish a boundary close to the existing Tournaisian-Viséan boundary within the Lower Carboniferous. Newsletter of Carboniferous Stratigraphy, 20: 6-7.

Skompski, S., Alekseev, A., Meischner, D., Nemirovskaya, T., Perret, M.F., Varker, W. J., 1995. Conodont distribution across the Viséan/ Namurian boundary. Courier Forschungsinstitut Senckenberg, 188: 177-209.

Slater, B. 2011. Fossil focus: coal swamps. Palaeontology, 1: 1-9.

Speed, R.C., Sleep, N.H. 1982. Antler orogeny and foreland basin: A model. Geological Society of America Bulletin, 93(9): 815-828.

Taylor, E.L., Taylor, T.N., Krings, M. 2009. Paleobotany: the biology and evolution of fossil plants. Burlington: Academic Press of Elsevier, 1-1199.

Ting, V.K., Grabau, A.W. 1936. The Carboniferous of China and its bearing on the classification of the Mississippian and Pennsylvanian. 16th International Geological Congress, 1: 555-571.

Titus, A.L. 2000. Late Mississippian (Arnsbergian Stage-E2 chronozone) ammonoid paleontology and biostratigraphy of the Antler foreland basin, California, Nevada, Utah. Utah Geological Survey Bulletin, 131: 1-120.

Titus, A.L., Manger, W.L. 2001. Mid-carboniferous ammonoid biostratigraphy, southern Nye County, Nevada: implications of the first North American Homoceras. Journal of Paleontology, 75(S55): 1-31.

Ueno, K., Task Group. 2014. Report of the task group to establish the Moscovian-Kasimovian and Kasimovian-Gzhelian boundaries. Newsletter on Carboniferous Stratigraphy, 31: 36-40.

Varker, W.J. 1993/1994. Multielement conodont faunas from the proposed Mid-Carboniferous boundary stratotype locality at Stonehead Beck, Cowling, North Yorkshire, England. Annales de la Société géologique de Belgique, 116: 301-321.

Varker, W.J., Owens, B., Riley, N.J. 1990/1991. Integrated biostratigraphy for the proposed mid-Carboniferous boundary stratotype, Stonehead Beck, Cowling, North Yorkshire, England. Courier Forschungsinstitut Senckenberg, 130: 221-235.

Villa, E., Task Group. 2008. Progress report of the Task Group to establish the Moscovian-Kasimovian and Kasimovian-Gzhelian boundaries. Newsletter on Carboniferous Stratigraphy, 26: 12–13.

Walliser, O.H. 1995. Global events in the Devonian and Carboniferous// Walliser, O.H. (ed.). Global events and event stratigraphy in the Phanerozoic. Berlin: Springer, 225-250.

Wang, X.D., Qi, Y. P., Lambert, L., Wang, Z.H., Wang, Y., Hu, K.Y. Lin, W., Chen, B. 2011. A potential Global Standard Stratotype-Section and Point of the Moscovian Stage (Carboniferous). Acta Geologica Sinica, 85: 366-372.

Wang, Z.H., Qi, Y.P. 2003. Report on the Upper Viséan-Serpukhovian conodont zonation in South China. Newsletter on Carboniferous Stratigraphy, 21: 22-24.

Wang, Z.H., Lane, H.R., Manger, W.L. 1987. Conodont sequence across the mid-Carboniferous in China and its correlation with England and North America//Wang, C.Y. (ed.). Carboniferous Boundaries in China. Beijing: Science Press, 89-106.

Webster, G.D., Brenckle, P., Gordon, J.M., Lane, H., Langenheim J.R., Sanderson, G., Tidwell, W. 1984. The Mississippian-Pennsylvanian boundary in the eastern Great Basin. Neuvieme Congrès International de Stratigraphie et de Géologie du Carbonifère 1979, Comptes Rendu, 2: 406-418.

Williams, M., Stephenson, M., Wilkinson, I.P., Leng, M.J., Miller, C.G. 2005. Early Carboniferous (Late Tournaisian–Early Viséan) ostracods from the Ballagan Formation, central Scotland, UK. Journal of Micropalaeontology, 24(1): 77-94.

Work, D.M. 2001. Chairman's Column. Newsletter on Carboniferous Stratigraphy, 19: 1-3.

Work, D.M. 2002. Secretary/Editor's Report 2001-2002. Newsletter of Carboniferous Stratigraphy, 20: 3.

Work, D.M. 2004. Chairman's Column. Newsletter on Carboniferous Stratigraphy, 22: 1-3.

Xu, S.H., Yin, B.A., Huang, Z.X. 1987. Mid-Carboniferous conodont zones and Mid-Carboniferous boundary of Nandan, Guangxi//Wang, C.Y. (ed.). Carboniferous Boundaries in China. Beijing: Science Press, 122-131.

Yu, C.M., Wang, C.Y., Ruan, Y.P., Wang, S.Q., Zhu, Z.L., Mu, X.N., Wang, K.L., Xu, J.T., Pan, H.Z., Hu, Z.X., Wang, Z.Z., Yin, B.A., Li, Z.L., Li, Y.K., Guo, S.Y., He, G.Y., Zhang, Y.E., Lu, H.J., Huang, Z.C., Zhu, S.Z., Yang, J.D., Wang, Y.X., Ye, S.J., Xu, T.C. 1988. Devonian-Carboniferous boundary in Nanbiancun, Guilin, China-Aspects and Records. Beijing: Science Press, 1-379.

第六章著者名单

祁玉平　现代古生物学和地层学国家重点实验室（中国科学院南京地质古生物研究所）；
中国科学院生物演化与环境卓越创新中心。
ypqi@nigpas.ac.cn

王秋来　现代古生物学和地层学国家重点实验室（中国科学院南京地质古生物研究所）；
中国科学院生物演化与环境卓越创新中心。
qlwang@nigpas.ac.cn

黄玉泽　中国科学院南京地质古生物研究所；中国科学院大学。
yzhuang@nigpas.ac.cn

胡科毅　南京大学地球科学与工程学院；南京大学生物演化与环境科教融合中心。
kyhu@nju.edu.cn

王志浩　中国科学院南京地质古生物研究所。
zhwang@nigpas.ac.cn

盛青怡　现代古生物学和地层学国家重点实验室（中国科学院南京地质古生物研究所）；
中国科学院生物演化与环境卓越创新中心。
qysheng@nigpas.ac.cn

林　巍　现代古生物学和地层学国家重点实验室（中国科学院南京地质古生物研究所）；
中国科学院生物演化与环境卓越创新中心。
wlin@nigpas.ac.cn

要　乐　现代古生物学和地层学国家重点实验室（中国科学院南京地质古生物研究所）；
中国科学院生物演化与环境卓越创新中心。
lyao@nigpas.ac.cn

陈吉涛　现代古生物学和地层学国家重点实验室（中国科学院南京地质古生物研究所）；
中国科学院生物演化与环境卓越创新中心。
jtchen@nigpas.ac.cn

王向东　南京大学地球科学与工程学院；南京大学生物演化与环境科教融合中心。
xdwang@nju.edu.cn

第七章
二叠系"金钉子"

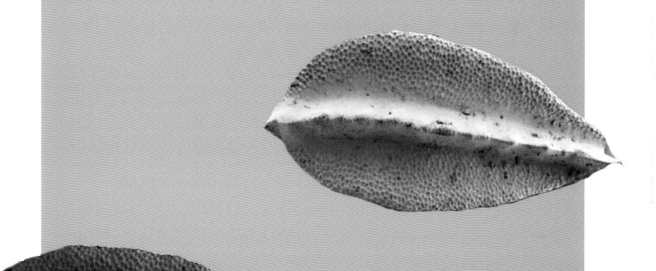

二叠纪是古生代最后一个纪，承载了古生代以来高分异度的海洋和陆生生物群。在历经晚古生代大冰期的巅峰、冰室 – 温室气候转换、二叠纪末极热事件、板块聚合形成贯穿南北两极的超级大陆——泛大陆等一系列全球性古气候和古地理格局的巨大转变之后，古生代生物群于 2.5 亿年前的二叠纪末期发生灾难性大灭绝，其后新兴发展的是中生代生物群。二叠纪末的生物大灭绝成为古生代与中生代的界碑和生物演化的转折点。生物在二叠纪历经繁盛、灭绝、复苏、辐射及至大灭绝，跌宕起伏的生物演化与环境变迁究竟存在怎样的关联成为学术界研究的热点，"金钉子"的建立为解开这一地质之谜提供了全球统一的时间格架。

本章编写人员　王　玥／黄　兴／袁东勋／郑全锋／田雪松／吴赫嫔／汪泽坤

篇章页图　王氏克拉克刺（*Clarkina wangi*）——二叠系长兴阶底界"金钉子"的标志化石，标本产自浙江长兴煤山，长度约 600 μm

第一节
二叠纪的地球

二叠纪（Permian Period）是地质历史发展的一个特殊阶段，既延续了显生宙以来的生物群面貌和构造格局，也开启了古、中生代之交生物及环境演化的重大转折。

一、全球古地理概貌

二叠纪早期的全球古地理与石炭纪宾夕法尼亚亚纪相似。根据 Scotese 和 Wright（2018）的全球古地理重建图，由南美、非洲、马达加斯加、印度、南极和澳大利亚等板块组成的冈瓦纳（Gondwana）大陆板块位于南半球高纬度地区，该板块在向北漂移的同时呈顺时针旋转，从石炭纪密西西比亚纪开始以先东后西的顺序与劳俄大陆（Laurussia，又称劳伦西亚大陆、欧美大陆）板块碰撞，至二叠纪乌拉尔世两个大陆板块完全拼合，成为超级泛大陆的一部分，并继续向北漂移。在北半球高纬度区，西伯利亚和哈萨克斯坦板块从寒武纪开始持续向北漂移，在石炭纪 – 二叠纪过渡期与波罗的（Baltica）板块碰撞聚合。该时期的大陆板块在二叠纪总体上呈聚合的趋势，并最终在二叠纪末、三叠纪初形成贯通南北两极的超级泛大陆（Pangea）（图 7-1-1）。

泛大陆的形成将其东西两侧的洋盆分隔开来，西侧为泛大洋（Panthalassic Ocean），东侧为半封闭的古特提斯洋（Paleo–Tethys Ocean）。在古特提斯洋中分布着一些小地块，其中土耳其、伊朗、阿富汗、羌塘、拉萨、滇缅马等地块组成基默里（Cimmerian）地块，呈长条状分布在冈瓦纳大陆板块北缘，并在石炭纪宾夕法尼亚亚纪至二叠纪乌拉尔世陆续从印度—澳大利亚边缘裂解，新特提斯洋随着基默里地块的裂解、向北漂移而打开。华南板块位于古特提斯洋东侧低纬度地带，华北板块则分布于北半球中低纬度带。这些地块在二叠纪向北漂移，在晚三叠世沿着西伯利亚板块南缘碰撞、拼接。

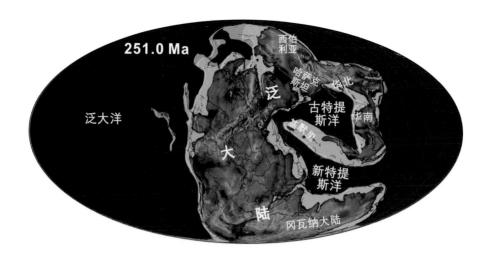

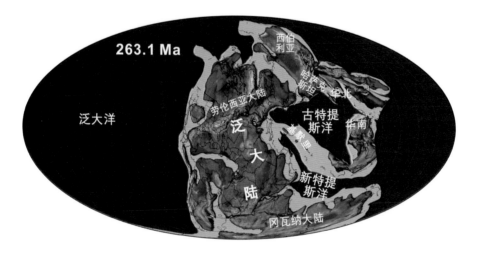

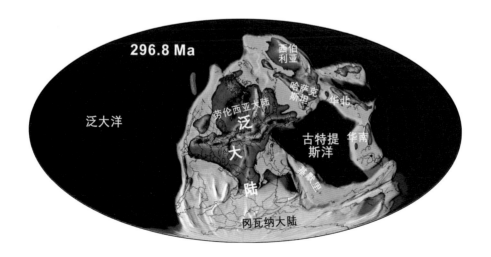

图 7-1-1 二叠纪全球古地理图（据 Scotese & Wright，2018 修改）

二、古气候与环境

二叠纪以极寒的大冰期开始，以极热的温室气候结束，经历了急剧的气候变化。晚古生代大冰期是整个显生宙最大的一次冰期，其规模与人类历史的第四纪大冰期最为接近（Montañez et al., 2007）。石炭纪宾夕法尼亚亚纪 – 二叠纪乌拉尔世是冰川演化的巅峰时期，冰川面积几乎覆盖了整个南半球，在非洲、南极洲、澳大利亚、南美洲、印度、巴基斯坦等地均发现二叠纪早期的冰川沉积。其后，全球的气候开始由冰室向温室转变。华南牙形刺化石的氧同位素分析表明，冰川的消融发生在乌拉尔世空谷期（Chen et al., 2013），这一气候的转折在地层沉积岩特征、沉积旋回、生物分异度和同位素曲线等方面在全球范围内都有显著反应，在冈瓦纳冰川作用最强盛的澳大利亚和新西兰等地呈现密切的相关性（Mii et al., 2012；Waterhouse & Shi, 2013）。

在瓜德鲁普世 – 乐平世之交，全球气温存在较大幅度的波动。来自华南的牙形刺氧同位素数据表明，这一时期发生了明显的升温和紧随其后的快速降温，峨眉山玄武岩的喷发是气候变化的触发机制（Chen et al., 2013）。到长兴期早期，气候再次变冷，根据浙江长兴煤山剖面和四川广元上寺剖面牙形刺氧同位素和同位素绝对年龄的综合分析，在大约20万年间温度下降幅度达8°C，是一次强降温事件（Chen et al., 2015)。在二叠纪末期，受西伯利亚火山喷发影响，全球气温急剧上升，低纬度地区表层海水的温度快速提高了8°C，这一变化就发生在二叠纪末生物大灭绝之前，是当时海洋及陆地生态系统崩溃的主要原因之一（Joachimski et al., 2012）。诚然，气候的影响是全球性的，但对于气候变化的认识还有待更广泛且深入的研究。

三、生物事件

地质历史上曾经发生过五次生物大灭绝事件，二叠纪末生物大灭绝是规模最大、影响最为深远的一次，自寒武纪以来建立的古生代生物群被中生代生物群所取代。在20世纪90年代之前，国际古生物学界认为二叠纪末的生物大灭绝是一次长期缓慢的过程，从瓜德鲁普世卡匹敦期开始至二叠纪末结束，灭绝的机制比较单一，是全球性的海平面缓慢下降所造成（Sepkoski et al., 1981）。基于华南的化石资料，金玉玕等提出二叠纪末生物大灭绝由两幕组成（Jin et al., 1994）：第一幕发生在瓜德鲁普世末期（大约2.6亿年前），被称为前乐平世灭绝事件或瓜德鲁普世末生物灭绝事件；第二幕发生在二叠纪最末期（大约2.52亿年前），是大灭绝的高峰期（图7-1-2）。当前多数文献中所述的二叠纪末生物大灭绝事件是指发生在二叠纪 – 三叠纪之交的生物灭绝事件。

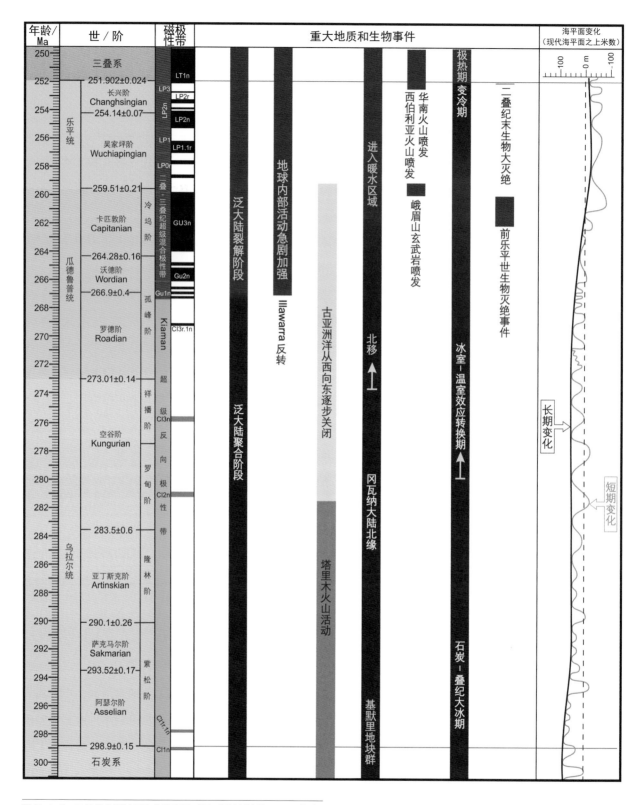

图 7-1-2 二叠纪主要地质和生物事件时间（据沈树忠等，2019 修改）

前乐平世灭绝事件对应的全球性环境突变事件是大幅度的海平面下降和地球磁场的极性反转，即伊拉瓦拉极性反转（Illawarra Reversal）。在华南地区，这一时期发生了峨嵋山玄武岩喷发及与之相关的地壳隆升，又称东吴运动，使得瓜德鲁普统顶部地层普遍缺失。全球性海退造成冈瓦纳、北美、北方大区广阔陆棚海水变浅，海底出露，海洋生物栖居地丧失，从而导致地方性类群和远洋浮游生物的灭绝，珊瑚、蜓、放射虫、棘皮动物等发生大规模集群灭绝，苔藓虫、腕足动物、牙形刺和菊石也发生明显更替（Jin et al., 1994）。尽管如此，海洋生物多样性在瓜德鲁普统－乐平统界线附近并没有明显的下降 (Fan et al., 2020)。因此，前乐平世灭绝事件是否存在，其规模及影响如何，还有待深入研究。

二叠纪最末期发生的生物大灭绝事件在规模、幅度和速率上均远远超过前乐平世事件，几乎所有生物门类都遭到重创，大量高级类别的生物群整体消亡。其中，古生代海洋中非常繁盛的三叶虫、四射珊瑚、横板珊瑚、蜓、腕足动物中的长身贝类、直形贝类等许多门类从此销声匿迹；陆地上超过三分之二的两栖动物、蜥形纲、兽孔目的科消失，原本占优势的真蕨、种子蕨、石松类和科达类被裸子植物取代。生物界从此进入一个全新的时代——中生代。

我国浙江长兴煤山剖面是二叠系－三叠系界线层型剖面，是研究二叠纪末大灭绝的经典剖面。研究表明，大灭绝发生在煤山剖面的第 25 层上下，是一次突发的灾难性事件（Jin et al., 2000），其持续时间非常短暂——短于 20 万年（Shen et al., 2011；Burgess et al., 2014）；也有观点认为这次事件可能由 2~3 幕组成，延续时间较长（Yin et al., 2007；Song et al., 2012）。这次大灭绝并非由单一机制造成，而是多种因素共同作用的结果（Erwin, 1993），可能的原因包括：西伯利亚超级玄武岩喷发、全球气温急剧上升、从长兴期最晚期开始的大规模海进、世界范围内的海洋缺氧或硫化氢毒化环境的广泛存在等。

第二节
二叠纪的地质记录

二叠纪沉积物的分布主要受纬度和气候的影响。特提斯域（如华南、印支和基默里地块群等）和劳俄大陆周缘（如北美西部、格陵兰、波罗的海、西伯利亚北部等地区）以碳酸盐岩沉积为主，冈瓦纳大陆则以陆相、河湖相碎屑岩沉积为主。由于泛大陆的聚合形成，二叠纪的古生物地理分区十分明显，发育多个区系，造成二叠纪生物地层对比的困难。即使二叠系国际地层表中多数阶的底界层型已经确立，区域性地层表与国际标准之间的对比关系仍具有不确定性。

一、俄罗斯地区

二叠系是 Murchison（1841）根据俄罗斯乌拉尔一带的地层所建立的，包括空谷阶（Kungurian）、乌菲姆阶（Ufimian）、卡赞阶（Kazanian）和鞑靼阶（Tatarian）。随着对乌拉尔南部地区菊石化石研究的不断深入，空谷阶之下的原上石炭统地层自上而下逐步被建立为：亚丁斯克阶（Artinskian）（Karpinsky，1889）、萨克马尔阶（Sakmarian）（Ruzhencev，1936）和阿瑟尔阶（Asselian）（Ruzhencev，1954），二叠系的底界下移至阿瑟尔阶之底。阿瑟尔阶至亚丁斯克阶海相沉积发育，含丰富的菊石、𧏾和牙形刺等化石。空谷阶以蒸发岩沉积为主，下部萨朗宁层（Saraninian Horizon）具有海相化石，有望建立空谷阶底界的全球对比标志。空谷阶之上的乌非姆阶、卡赞阶和鞑靼阶早年曾被作为上二叠统国际标准，由于以陆相、边缘海相和蒸发岩相沉积为主，缺少可以用作全球对比的化石，不再作为国际标准，但仍然是东欧地区普遍采用的年代地层单位。

乌拉尔统及其下的各阶为国际二叠纪地层表所采用，其中 2 个阶的界线层型已经确立。阿瑟尔阶底界层型建立在哈萨克斯坦北部的阿德尔拉希沟（Aidaralash Creek）剖面，以牙形刺 *Streptognathodus wabaunsensis* → *S. isolatus* → *S. cristellaris* 演化谱系中 *S. isolatus* 的首现为底界标志（Davydov et al.，1998）。萨克马尔阶底界层型位于俄罗斯乌索卡（Usolka）剖面，以牙形刺 *Mesogondolella uralensis* → *M. monstra* → *M. manifesta* 演化序列中 *M. monstra* 的首现为底界标志（Chernykh et al.，2020 a）。亚丁斯克阶和空谷阶的底界层型尚未确定，其中亚丁斯克阶的候选层型剖面为俄罗斯 Dal'ny Tulkas 剖面，底界以牙形刺 *Sweetognathus binodosus* → *Sw. anceps* → *Sw. asymmetricus* 演化谱系中 *Sw. asymmetricus* 的首现来定义。*Sw. asymmetricus*

即 *Sw. asymmetrica*，后者是依据广西来宾铁桥剖面牙形刺化石建立的一个种（Sun et al., 2017），Henderson（2021）从拉丁名命名的角度将其改为 *Sw. asymmetricus*。空谷阶的候选层型剖面有两条，一条为南乌拉尔 Yuryuzan 河畔 Mechetlino Quarry 剖面，另一条为位于美国内华达州的 Rockland 剖面，拟以 *Neostreptognathodus pequopensis* → *N.pnevi* 演化序列中 *N. pnevi* 的首现作为标志（Chernykh et al.，2012b；Henderson et al.，2012a）。

二、特提斯地区

特提斯地区的年代地层划分主要依据帕米尔塔吉克斯坦蜓类化石的演化，分为 9 阶（Leven，2003），由下而上依次为阿瑟尔阶、萨克马尔阶、雅克塔什阶（Yaktashian）、波罗尔阶（Bolorian）、库勃尔甘德阶（Kubergandian）、穆尔加布阶（Murgabian）、米甸阶（Midian）、朱尔法阶（Dzhulfian）和多腊沙姆阶（Dorashamian）。其中，阿瑟尔阶和萨克马尔阶的蜓类组合相似，以球希瓦格蜓（*Sphaeroschwagerina*）、假希瓦格蜓（*Pseudoschwagerina*）和壮希瓦格蜓（*Robustoschwagerina*）等膨胀型的蜓为特征。帕米尔蜓（*Pamirina*）的出现是雅克塔什阶的重要特征，并在波罗尔阶演化为米斯蜓（*Misellina*）。随后，米斯蜓演化为格子蜓（*Cancellina*），后者出现于库勃尔甘德阶。穆尔加布阶和米甸阶分别对应 *Neoschwagerina* 带和 *Yabeina‐Lepidolina* 带。

由于蜓化石带与牙形刺化石带的对比存在诸多疑问，特提斯地区的区域地层划分与国际二叠系地层划分之间的对比关系尚有不确定性（图 7-2-1）。阿瑟尔阶、萨克马尔阶、雅克塔什阶、波罗尔阶和库勃尔甘德阶相当于国际地层表中的乌拉尔统，穆尔加布阶和米甸阶大致对应瓜德鲁普统，朱尔法阶和多腊沙姆阶对应乐平统（Henderson & Shen，2020）。

三、华南地区

我国二叠纪地层划分主要依据华南的地层资料。黄汲清（1932）建立二叠系 3 个统，由下而上依次为船山统、阳新统和乐平统。船山统一度被划归石炭系，二叠系底界位于阳新统栖霞组之下（盛金章，1962）。新的国际二叠纪年代地层表建立后，金玉玕等（1999a）重新厘定中国二叠纪年代地层系统，将二叠系底界下移，并与国际接轨。二叠系被分为三统八阶，即船山统、阳新统、乐平统。其中，船山统包括紫松阶和隆林阶，大致对应国际地层表中的阿瑟尔阶—亚丁斯克阶；阳新统包括罗甸阶、祥播阶、孤峰阶和冷坞阶，大致对应空谷阶—卡匹敦阶；乐平统包括吴家坪阶和长兴阶，为国际地层表所采纳。值得一提的是，我国二叠纪年代地层系统以蜓类的演化阶段为基础，虽然牙形刺生物地层近年来得到深入研究，但与国际地层表的对比还有待进一步完善。

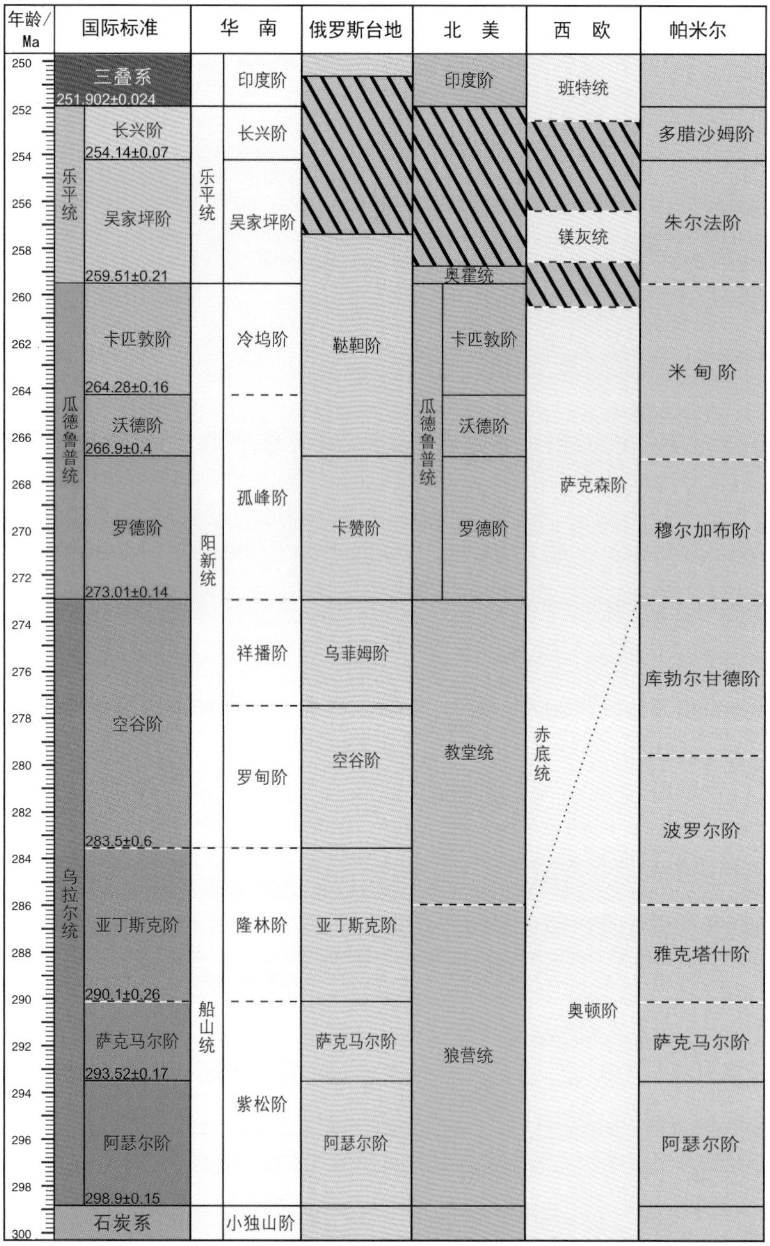

年龄/Ma	国际标准		华南		俄罗斯台地	北美		西欧	帕米尔
250	三叠系 251.902±0.024		印度阶			印度阶		班特统	多腊沙姆阶
252									
254	长兴阶 254.14±0.07	乐平统	长兴阶	乐平统					朱尔法阶
256	吴家坪阶		吴家坪阶					镁灰统	
258	259.51±0.21					奥霍统			
260	卡匹敦阶		冷坞阶		鞑靼阶	卡匹敦阶		米甸阶	
262	264.28±0.16								
264	沃德阶 266.9±0.4				卡赞阶	沃德阶			
266	罗德阶	瓜德鲁普统	孤峰阶	阳新统		罗德阶	瓜德鲁普统	萨克森阶	穆尔加布阶
268									
270	273.01±0.14								
272									
274	空谷阶		祥播阶		乌菲姆阶			库勒尔甘德阶	
276									
278					空谷阶	教堂统	赤底统	波罗尔阶	
280			罗甸阶						
282	283.5±0.6								
284	乌拉尔统								
286	亚丁斯克阶		隆林阶	船山统	亚丁斯克阶			雅克塔什阶	
288									
290	290.1±0.26					狼营统	奥顿阶		
292	萨克马尔阶 293.52±0.17				萨克马尔阶			萨克马尔阶	
294			紫松阶						
296	阿瑟尔阶				阿瑟尔阶			阿瑟尔阶	
298	298.9±0.15								
300	石炭系		小独山阶						

图 7-2-1　二叠纪区域年代地层划分及对比（据 Henderson & Shen，2020 修改）

　　与乐平统相当的地层曾被称为朱尔法统、外高加索统（Transcaucasian Series）等，但以乐平统命名最早。受东吴运动影响，华南乐平统与下伏地层之间普遍存在沉积间断。金玉玕等在广西来宾蓬莱滩剖面建立牙形刺 *Jinogondolella granti* → *Clarkina postbitteri hongshuiensis* → *C. postbitteri postbitteri* 演化序列（Jin et al.，2006a），证明来宾地区发育自瓜德鲁普统卡匹敦阶至乐平统吴家坪阶的连续海相地层，并建立乐平统底界的"金钉子"，以 *C. postbitteri postbitteri*

的首现为乐平统底界标志。长兴阶底界的全球界线层型建立在浙江长兴煤山 D 剖面，以牙形刺 *Clarkina longicuspidata* → *C. wangi* 演化序列中 *C. wangi* 的首现为长兴阶底界标志（Jin et al.，2006b）。

四、北美地区

北美地区二叠纪年代地层系统是根据美国得克萨斯州的地层建立的，二叠系分为四统，由下而上依次为狼营统（Wolfcampian）、教堂统（Leonardian）、瓜德鲁普统（Guadalupian）和奥霍统（Ochoan）。狼营统为三角洲相砾岩、砂岩和粉砂岩沉积，含较多沉积间断，牙形刺化石分布零星，下部报道的牙形刺化石有 *Streptognathodus isolatus* 和 *S. barskovi*，地层时代相当于阿瑟尔阶；上部有 *Sweetognathus asymmetrica*（aff. *whitei*），为亚丁斯克阶的标志性化石。教堂统根据䗴类化石来定义和划分，大致相当于亚丁斯克阶上部和空谷阶。其底部标志性化石为䗴 *Schwagerina crassitectoria*，相应的深水沉积中产亚丁斯克阶上部的牙形刺化石 *Neostreptognathodus pequopensis* 和 *N. exsculptus*，因此，教堂统的底对应于亚丁斯克阶上部。瓜德鲁普统分为三个阶，由下而上为罗德阶（Roadian）、沃德阶（Wordian）和卡匹敦阶（Capitanian），是当前中二叠统的国际标准。三个阶界皆以牙形刺化石来定义，详见后文叙述。然而，瓜德鲁普统在北美地区是不完整的，与乐平统底界层型剖面，即我国广西来宾蓬莱滩剖面的牙形刺带相比，卡匹敦阶上部缺失 *Jinogondolella granti* 和 *Clarkina postbitteri hongshuiensis* 两个牙形刺带（Shen et al.，2020）。奥霍统以巨厚的蒸发岩为主，由于化石极少或不具有地层意义，在地层对比上存在问题。目前已报道的牙形刺只有 *Sweetina* 的一个种，说明这套蒸发岩的时限不足一个牙形刺带（Henderson & Shen，2020）。

五、欧洲西部地区

欧洲西部地区的二叠系以日耳曼盆地非海相地层序列为代表，分为三个阶，由下而上为奥顿阶（Autunian）、萨克森阶（Saxonian）和图林根阶（Thuringian）。这些年代地层单位得到欧洲古植物学家的青睐，但是难以与海相地层对比。近年来，德国二分的地层系统又被重新启用（Menning et al.，2006），下部为红层，称为赤底统（Rotliegend）；上部为含铜矿的黑色蒸发岩沉积，称为镁灰统（Zechstein）。伊拉瓦拉极性反转位于赤底统的上部，对应时代为瓜德鲁普世沃德期。镁灰统的底界位于吴家坪阶中下部，其下部含丰富的牙形刺化石，属于吴家坪期；上部属于长兴期，二叠系 – 三叠系界线位于其最顶部（Schneider et al.，2020）

第三节
二叠系"金钉子"

一、二叠系年代地层概述

二叠纪开始于 2.99 亿年前，结束于 2.52 亿年前，持续时间长达 4 700 万年。这一时期形成的地层称为二叠系（Permian System），是由默奇森（Murchison）于 1841 年根据俄罗斯乌拉尔一带出露的地层提出，并以彼尔姆（Perm）的地点命名。与此相当的地层在欧洲呈现明显的二分性，即下部为红色陆相沉积，上部为含铜矿的、以黑色蒸发岩为主的海相沉积，二叠系中文是德文 Dyas（二元）的意译。随着对古生物演化的深入认识，二叠系底界向下延至原石炭系的上部，二叠系被三分。当前国际二叠纪年代地层表采用金玉玕等（1997）提出的方案，将二叠系划分为三统九阶，自下而上依次为乌拉尔统（阿瑟尔阶、萨克马尔阶、亚丁斯克阶和空谷阶），瓜德鲁普统（罗德阶、沃德阶和卡匹敦阶）和乐平统（吴家坪阶和长兴阶）（图 7-3-1）。

二叠系记录了晚古生代大冰期由全盛期向温室期转变的气候、环境及生物演化等地质过程。在二叠纪末期，全球发生了地质历史上规模最大、影响最为深远的生物大灭绝，造成古生代生物群的大规模消亡，为中生代生物群的崛起提供了广阔的生态空间。研究全球性的地质事件依赖

系	统	阶	定义/层型剖面和点位	地理坐标	批准时间
二叠系	乐平统	长兴阶 254.14 Ma	牙形刺 *Clarkina wangi* 的首现层位/ 浙江省长兴县煤山 D 剖面长兴组底界之上 88 cm	北纬31°04′55″ 东经119°42′23″	2005年
		吴家坪阶 259.51 Ma	牙形刺 *Clarkina postbitteri postbitteri* 的首现层位/ 广西省来宾市蓬莱滩剖面6k层底	北纬23°41′43″ 东经109°19′16″	2004年
	瓜德鲁普统	卡匹敦阶 264.28 Ma	牙形刺 *Jinogondolella postserrata* 的首现层位/ 美国德克萨斯州 Bell Canyon 组底界之上4.5 m	北纬31°54′33″ 西经104°47′21″	2001年
		沃德阶 266.9 Ma	牙形刺 *Jinogondolella aserrata* 的首现层位/ 美国德克萨斯州 Getaway Ledge 露头底界之上7.6 m	北纬31°51′57″ 西经104°49′58″	2001年
		罗德阶 273.0 Ma	牙形刺 *Jinogondolella nankingensis* 的首现层位/ 美国德克萨斯州 Cutoff 组底界之上42.7 m	北纬31°52′36″ 西经104°52′37″	2001年
	乌拉尔统	空谷阶 283.5 Ma	未确定	—	—
		亚丁斯克阶 290.10 Ma	未确定	—	—
		萨克马尔阶 293.52 Ma	牙形刺 *Mesogondolella monstra* 的首现层位/ 俄罗斯乌拉尔山脉南部 Usolka 剖面26/3层	北纬53°55′29″ 东经56°31′43″	2018年
		阿瑟尔阶 298.90 Ma	牙形刺 *Streptognathodus isolatus* 的首现层位/ 哈萨克斯坦 Aidaralash Creek 剖面19层底界之上27 m	北纬50°14′45″ 东经57°53′29″	1996年

图 7-3-1 二叠纪年代地层划分与全球界线层型剖面和点位（据 Henderson & Shen, 2020 修改）

于统一的年代地层格架。二叠系现已建立的"金钉子"有7个，其中二叠系底界（即阿瑟尔阶底界）层型位于哈萨克斯坦北部，萨克马尔阶底界层型在俄罗斯乌拉尔山脉南部乌索卡河畔，罗德阶、沃德阶和卡匹敦阶的底界层型皆位于美国得克萨斯州与新墨西哥州交界的瓜德鲁普山，吴家坪阶的底界层型位于我国广西来宾市蓬莱滩岛，长兴阶底界层型位于浙江省长兴市煤山镇西北郊。亚丁斯克阶和空谷阶的底界层型尚未确定（图7-3-1）。

二、二叠系底界（暨阿瑟尔阶底界）"金钉子"

1. 研究历程

阿瑟尔阶（Asselian）在乌拉尔地区建立之初属于萨克马尔阶的下部，被称为"阿瑟尔层"（Asselian Horizon），后升格为阶一级单位（Ruzhencev，1954）。随着下二叠统地层的进一步细分，二叠系底界几度下移，从最初的空谷阶之底移至亚丁斯克阶底部，再到萨克马尔阶底部，最终被置于阿瑟尔阶底部。

20世纪70年代末至80年代，俄罗斯学者提议哈萨克斯坦的阿德尔拉希沟（Aidaralash Creek）剖面为界线层型，二叠系底界定于菊石 *Shumardites-Vidrioceras* 带 和 *Juresanites-Svetlanoceras* 带之间（Popov & Davydov，1987）。1991年，在俄罗斯彼尔姆（Perm）国际二叠系大会召开之际，Davydov等提议阿德尔拉希沟剖面为石炭系 – 二叠系界线层型剖面，并将界线划在第19和20层之间，即 *Sphaeroschwagerina vulgaris-S. fusiformis* 蜓带之底（图7-3-2）。然

图7-3-2 阿德尔拉希沟剖面石炭系 - 二叠系界线附近野外露头，从右向左地层由老到新（据 Henderson & Shen，2020 修改）

而，鉴于多方原因：①牙形刺研究薄弱；②阿德尔拉希沟剖面不易到达；③界线附近地层的出露条件不好；④地层可能存在再沉积现象，对建立精细的生物地层序列有影响等，该提议没有通过。因此，Boris Chuvashov 和 Valery Chernykh 推荐盆地相的乌索卡（Usolka）剖面作为辅助层型，该剖面拥有丰富的牙形刺化石，但菊石和螆化石较少，且沉积高度凝缩。

1993 年，Davydov 等组成了一个由俄罗斯、美国、哈萨克斯坦等国专家组成的联合工作小组，重点解决阿德尔拉希沟剖面的牙形刺演化序列和地层沉积序列问题。研究结果认为，在石炭系－二叠系界线附近没有显著的再沉积现象。牙形刺生物地层研究取得突破，Chernykh 和 Ritter（1994）推荐二叠系底界以出现孤立瘤饰的 streptognathodids 的首现来定义，该种化石即是后来建立的新种 *Streptognathodus isolatus*（Chernykh & Ritter，1997）。

1995 年，Davydov 等正式提议将阿德尔拉希沟剖面作为全球二叠系底界暨阿瑟尔阶底界的 GSSP，国际地层委员会二叠系分会通过投票表决，以 15 票赞成、1 票弃权通过了该提案，之后依次经国际地层委员会、国际地质科学联合会通过并正式批准。

2. 科学内涵

（1）层型剖面位置。

阿德尔拉希沟剖面（北纬 50° 14′ 45″，东经 57° 53′ 29″）沿着哈萨克斯坦北部阿克托比市（Atobe）东南约 50 km 处的阿德尔拉希沟分布（图 7-3-3）。阿瑟尔阶底界即二叠系底界划在剖面第 19 层之底向上 27 m 处，以牙形刺 *Streptognathodus wabaunsensis* → *S. isolatus* → *S. cristellaris* 演化序列中 *S. isolatus* 的首现为标志。以传统的螆带划分的界线位于该界线之上 6.3 m 处，位于剖面第 19 ～ 6 层底部；以传统的菊石划分的界线在该界线之上 26.8 m 处，位于剖面第 20 层底部。

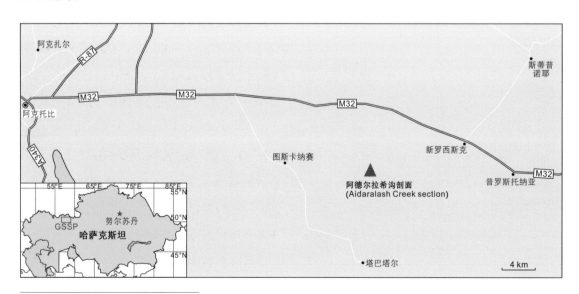

图 7-3-3 阿德尔拉希沟剖面地理位置图

（2）地层序列及沉积特征。

阿德尔拉希沟剖面出露格舍尔阶至萨克马尔阶，总厚度 988 m，岩性以泥灰岩—泥岩为主，夹砂岩、砾质砂岩和砾岩层（图 7-3-4）。沉积环境总体上是一个狭窄的浅海陆棚，但在剖面所在地区东北部广泛发育一套河流—三角洲相的混杂碎屑物沉积，这些碎屑物周期性地向本地区输入，形成陆棚至河流—三角洲相的沉积旋回。具体来说，持续海侵使得沉积物从河流—三角洲相过渡至浅海相，直至达到最大海泛面，显示出砾岩 - 砂岩序列转变为泥灰岩、泥岩的序列。菊石、牙形刺、鲢和放射虫等一般都出现在最大海泛面上下的泥灰岩、泥岩中。接着海侵转变为海退，表现为滨外相至近滨相，再至三角洲前缘相，最终被代表层序界面的砾岩层超覆。GSSP 被定义在最大海泛面的层段，此阶段沉积连续，无间断。

（3）化石序列。

①牙形刺。

阿德尔拉希沟剖面石炭系 - 二叠系界线附近的牙形刺化石丰富，其中 *Streptognathodus wabaunsensis* → *S. isolatus* → *S. cristellaris* 演化序列特征显著，易于识别，表现为孤立的瘤齿从无到有，之后瘤齿退化并逐渐消失的演化过程（Chernykh & Ritter，1997）。在此序列中，以发育孤立瘤齿的 *S. isolatus* 首现为标志来定义阿瑟尔阶的底界，该界线位于剖面的 19 层底部之上 27 m 处（图 7-3-5）。相同的演化序列和特征在乌拉尔地区其他剖面、北美的同期地层中都能识别出来。此外，许多地区牙形刺分子 *S. invaginatus* 和 *S. nodulinearis* 的首现与 *S. isolatus* 的首现几乎是同时的，因此它们也可以作为识别界线的辅助标志。

②鲢。

自 20 世纪 50 年代，阿德尔拉希沟剖面的鲢便开始被详细研究，鲢带划分也越来越精细，在石炭系 - 二叠系界线附近自下而上共有 4 个鲢带：*Daixina sokensis* 带、*Ultradaixina bosbytauensis-Schwagerina robusta* 带、*Sphaeroschwagerina vulgaris-S. fusiformis* 带和 *Sphaeroschwagerina moelleri-Schwagerina fecunda* 带（Davydov，1993）。鲢的组成从 *S. vulgaris-S. fusiformis* 带开始发生重大变化，下部石炭纪化石 *Ultradaixina* 消失、*Schellwienia* 变少，取而代之出现了以内圈包卷紧、外圈迅速放松为特征的希瓦格鲢科化石。

Sphaeroschwagerina 和 *Pseudoschwagerina* 是希瓦格鲢科最常见的两个属，由于特征显著，易于识别，且在欧亚大陆、北美等地区广泛分布，如斯匹次卑尔根岛、俄罗斯地台、乌拉尔、中亚、中国及日本等国家和地区，是传统的二叠系底界的标志性化石。但由于鲢是底栖生物，其地理分布受到生物区系的制约，在全球范围内开展精细的鲢类生物地层对比还存在一定困难。在阿德尔拉希沟剖面上，*Sphaeroschwagerina* 首次出现于第 19.6 层，即 *S. vulgaris-S. fusiformis* 带之底，比牙形刺定义的标准界线高出 6.3 m（图 7-3-4）。

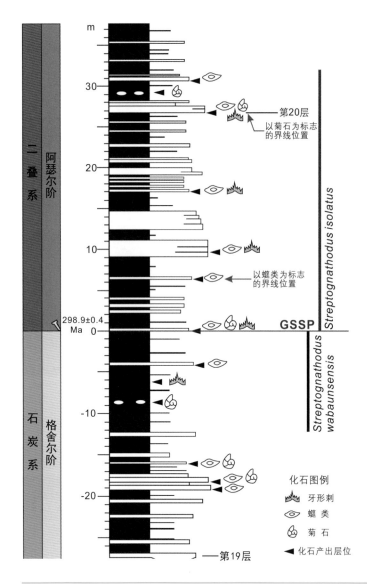

图 7-3-4　阿德尔拉希沟剖面石炭系 – 二叠系界线地层柱状图（据 Henderson & Shen, 2020 修改）

③菊石。

对阿德尔拉希沟剖面的菊石研究可以追溯至 20 世纪 50 年代，Bogoslovskaya 等（1995）曾对此进行过详细的总结。该剖面石炭系 – 二叠系界线附近自下而上包括两个菊石带：*Shumardites-Vidrioceras* 带和 *Juresanites-Svetlanoceras* 带，以剖面 20 层之底为界，两个带之间存在明显的化石属种更替。具体来说，石炭纪晚期的 *Uddenites* 和 *Prouddenites* 动物群在界线之下消失，新生的二叠纪分子在界线之上出现，其中就有典型分子 *Svetlanoceras primore* 和 *Prostacheoceras principale* 等。菊石动物群的变化和䗴发生更替的层位接近，这在早期讨论乌拉尔地区石炭系 – 二叠系线位置时是重要的参考依据。

图 7-3-5 二叠系底界的标志化石——牙形刺 *Streptognathodus isolatus*（孤立曲颚齿刺；左侧第一个标本为模式标本，长 1.2 mm；据 Chernykh & Ritter，1997 修改）

然而，阿德尔拉希沟剖面的菊石分子多为地方性属种，不利于全球对比。另外，在剖面第 19 和 20 层之间存在一段厚 27.5 m 不产菊石化石的地层，因此仅凭菊石还无法精确确定二叠系的底界。这些不利因素一定程度上弱化了菊石化石在确定阿瑟尔阶（即二叠系）底界 GSSP 中的作用。

④孢粉。

除了牙形刺、𧅞和菊石等三类重要的海相化石外，阿德尔拉希沟剖面还产出孢粉化石。Dunn（2001）在剖面石炭系 – 二叠系界线层附近报道了相关化石组合，该组合以丰富的 *Vittatina* 和具肋纹的双气囊花粉属为特征，含少量的单沟型花粉、无缝花粉等。区域上，它可以和加拿大以及欧洲一些地区同时期的陆相地层中产出的孢粉组合大致对比。不过，研究也表明，要想借孢粉组合来确定二叠系底界位置还存在极大困难。

（4）磁性地层。

石炭系 – 二叠系界线处于基亚曼（Kiaman）反极性超带。该反极性超带以具有长期稳定的反极性带、间隔短暂的正极性带为特征，因此将磁性地层学用于这一时期的地层对比相对较困难。然而，在阿德尔拉希沟剖面的石炭系顶部发现一个短暂的正极性带（Hounslow & Balabanov，2018），而𧅞类 *Ultradaxina bosbytauensis- Schwagerina robusta* 带的大部分正好处于此正极性带中。类似的现象在乌拉尔南部、高加索北部、顿涅茨盆地等地区的相应地层中都有报道（Davydov et al.，1998），这使得石炭系 – 二叠系界线之下的正极性带在地层对比上具有一定意义。

（5）年代地层。

阿德尔拉希沟剖面的石炭系－二叠系界线附近层位未发现火山灰沉积，但与之对比的乌拉尔地区南部盆地相的乌索卡剖面发育多层火山灰。后者是 Davydov 等推荐的石炭系－二叠系界线 GSSP 辅助层型。Ramezani 等（2007）在乌索卡剖面牙形刺 *Streptognathodus isolatus* 首现层位上下的 4 个火山灰层中获得高精度锆石 U–Pb 定年结果：①界线之上 4.55 m，298.05 ± 0.44（0.54）Ma；②界线之上 0.95 m，298.43 + 0.18/ − 0.15 Ma；③界线之下 0.65 m，299.22 ± 0.13（0.34）Ma；④界线之下 1.95 m，298.89 + 0.55/ − 1.1 Ma。在此基础上，通过内插法，石炭系－二叠系界线年龄被标定在 298.9 ± 0.4 Ma（Henderson & Shen，2020）。

（6）阿瑟尔阶底界"金钉子"的问题。

阿瑟尔阶底界，即二叠系底界 GSSP 确立多年后，随着研究的深入，一些问题也随之产生，主要集中在界线的标志性化石和剖面自身情况两个方面（Lucas，2013）。前者的问题包括：①基于俄罗斯和北美的资料，界线识别标志 *Streptognathodus isolatus* 的分类学和演化存在争议；② *S. isolatus* 的祖先种可能在北美，并由此扩散至欧亚地区，所以这个分子的首现可能是穿时的；③ *S. isolatus* 的古地理分布有待进一步研究。对于阿德尔拉希沟剖面而言：①该剖面在石炭系－二叠系界线附近的露头不够好；②石炭系宾夕法尼亚亚系－下二叠统的浊流沉积可能对牙形刺化石产生改造和再沉积作用，对建立的生物地层序列有影响；③自"金钉子"确立以来，该剖面再无开展关于界线的研究工作。这些问题对当前已确立的阿瑟尔阶底界（二叠系底界）GSSP 提出了一定挑战，今后如何进一步开展相关工作以解答上述疑问，并更好地开发利用阿德尔拉希沟剖面，使其在探索石炭纪－二叠纪之交全球变化的科学问题中发挥更大作用，抑或是选择更合适的化石标志和层型剖面，是各领域有关专家需要考虑的问题。

3. 我国该界线的情况

我国二叠系研究始于 19 世纪 80 年代，但二叠系划分的方案直到 20 世纪 20 年代才逐渐形成。黄汲清（1932）首先提出"三分"方案：船山统、阳新统和乐平统，二叠系底界以蜓类化石 *Pseudoschwagerina* 的出现为标志。在第一届全国地层会议之后，盛金章（1962）提出"二分"方案：阳新统和乐平统，将船山统划归石炭系，二叠系的底界置于栖霞组底部。直到 20 世纪 80 年代才逐渐有学者提出恢复"三分"的观点。为了与国际年代地层系统一致，新的二叠纪年代地层系统统一了我国二叠系的划分，二叠系分为三统八阶，船山统再次归于二叠系，并分为紫松阶和隆林阶（Sheng & Jin，1994）。

紫松阶为张正华等（1988）以贵州紫云羊场剖面为层型创建，代表二叠系最底部的地层，以 *Pseudoschwagerina uddeni- P. texana* 蜓带的开始为其底界。这一界线与国际上用蜓类划分的传统的二叠系底界基本一致。该剖面的牙形刺化石带由下而上包括 *Streptognathodus wabaunsensis*

带、*S. barskovi* 带和 *Mesogondolells bisselli* 带，未见二叠系底界的标准化石 *Streptognathodus isolatus*。王志浩和祁玉平（2002）在研究贵州罗甸纳水和紫云羊场剖面上石炭系 – 二叠系界线牙形刺后，提出 4 个牙形刺带，由下而上为 *Streptognathodus wabaunsensis* 带、*S. isolatus* 带、*S. constrictus* 带和 *S. barskovi* 带，并且在纳庆剖面上，*S. isolatus* 的首现与䗴 *Pseudoschwagerina* ex gr. *fusiformis* 和 *P.* ex gr. *beedei* 的首现层位大致接近。由此，我国华南石炭系 – 二叠系界线地层的牙形刺化石序列与"金钉子"剖面可以对比，这条界线也与传统的、以䗴 *Pseudoschwagerina* 所定义的界线相近。

三、萨克马尔阶底界"金钉子"

1. 研究历程

萨克马尔阶（Sakmarian）源自"萨克马尔灰岩"（Sakmarian Limestone），最初属于亚丁斯克阶（Karpinsky，1874）。Ruzhencev（1936）依据菊石、䗴类化石以及沉积特征，将这套灰岩从亚丁斯克阶中分离出来，单独建立萨克马尔阶。不过，当时该阶包括了现今的石炭系顶部至亚丁斯克阶中部的地层，在经过数次细分和修订后才正式成为现在的萨克马尔阶（Ruzhencev，1954）。

萨克马尔阶的典型剖面——孔杜洛夫卡（Kondurovka）剖面位于俄罗斯奥伦堡的南部小城孔杜洛夫卡。在该剖面，阿瑟尔阶 – 萨克马尔阶界线附近䗴类动物群发生明显变化：*Sphaeroschwagerina* 属消失，*Schwagerina moelleri*（当时命名为 *Pseudofusulina moelleri*）出现（Rauser–Chernousova，1965），后者的首现成为萨克马尔阶底界的标志。在 1991 年举办的国际二叠系大会之后，阿瑟尔阶 – 萨克马尔阶界线工作组成立，随即对孔杜洛夫卡剖面和另一条剖面——乌索卡（Usolka）剖面开展详细的研究工作，建立了牙形刺演化序列，同时也发现 *S. moelleri* 可以出现在更老的地层中，因而认为该䗴类分子不适合作为界线标志。

经过深入研究和对比，人们发现乌索卡剖面较孔杜洛夫卡剖面有更多的优势。首先，乌索卡剖面的地层沉积很少受到后期再沉积作用的干扰，而孔杜洛夫卡剖面的部分层位因受到风暴作用的影响而出现再沉积改造的现象（Lucas & Shen，2018）。其次，乌索卡剖面含多层火山灰，为年代地层学研究提供了难得的材料。因此，Chernykh 等（2013）提议将乌索卡剖面作为萨克马尔阶底界的候选层型剖面，孔杜洛夫卡剖面作为辅助层型剖面，并以牙形刺 *Mesogondolella pseudostriata*→*M. arcuata*→*M. uralensis*→*M. monstra* 演化序列中 *M. uralensis* 的首现为古生物标志，以及牙形刺 *Sweetognathus merrilli* 的首现为辅助识别标志。不过，由于 *M. uralensis* 产于事件层的底部，可能受到再沉积作用的改造，且在乌拉尔地区之外报道很少，牙形刺专家后来改用产于更高层位的 *M. monstra* 和 *Sweetognathus binodosus* 的首现来定义萨克马尔阶底界（Chernykh，

2017；Henderson，2017；Yuan et al.，2017）。

在乌索卡剖面，其他非生物地层学的研究，包括年代地层学、碳同位素、锶同位素等已陆续开展并完成（Schmitz et al.，2009；Schmitz & Davydov，2012；Zeng et al.，2012）。最终，以乌索卡剖面作为萨克马尔阶底界"金钉子"的方案获得了国际地层委员会二叠系分会全票通过，并于 2018 年 7 月由国际地质科学联合会正式批准。

2. 科学内涵

（1）层型剖面位置。

乌索卡剖面位于俄罗斯联邦巴什科尔托斯坦共和国克拉斯诺乌索利斯基北东约 5 km 处（北纬 53°55′28″，东经 56°31′43″），出露在乌索卡河的右岸，沿着公路分布，交通十分便利（图 7-3-6）。该剖面也被提议为石炭系 – 二叠系界线暨阿瑟尔阶底界 GSSP 的辅助层型剖面，此次确立的阿瑟尔阶 – 萨克马尔阶的界线划在剖面第 26/3 层（距剖面底 55.4 m 处），以牙形刺 *Mesogondolella uralensis*→*M. monstra*→*M. manifesta* 演化序列中 *M. monstra* 的首现作为标志，以 *Sweetognathus* aff. *merrilli*→*Sw. binodosus* 演化序列中 *Sw. binodosus* 的首现作为辅助标志。

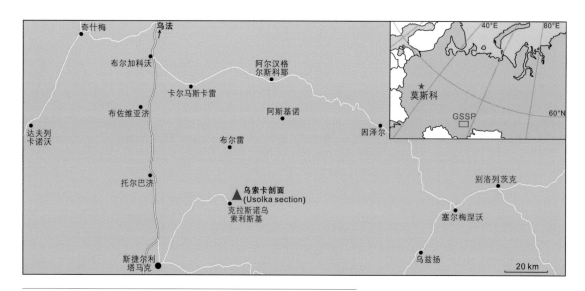

图 7-3-6 萨克马尔阶底界"金钉子"——乌索卡（Usolka）剖面地理位置图

（2）地层及沉积特征。

乌索卡剖面出露石炭系宾夕法尼亚亚系卡西莫夫阶、格舍尔阶、二叠系乌拉尔统阿瑟尔阶、萨克马尔阶和亚丁斯克阶等，总体沉积厚度不大，70 余米，表现出凝缩沉积的特征（图 7-3-7）。岩性上，阿瑟尔阶和萨克马尔阶以钙质灰泥岩为主，泥岩和灰岩互层，夹风暴成因的浊流沉积及瘤状灰岩等，其沉积环境为陆架或斜坡至盆地相，比典型剖面——孔杜洛夫卡剖面所处的古地理位置水深要深一些（Schiappa & Snyder，1998）。地层学和沉积学的研究结果表明，阿瑟尔阶 – 萨克马尔阶界线附近的沉积是连续的（Chernykh，2005）。在古生物化石方面，牙形刺化石在阿瑟尔阶十分丰富，在萨克马尔阶丰度不高，部分层位（如泥岩、硅化的灰岩）甚至未见化石。研究表明，阿瑟尔阶 – 萨克马尔阶界线附近牙形刺演化序列是连续的，且没有受到再沉积的影响（Chernykh et al.，2013）。

图 7-3-7 萨克马尔阶底界"金钉子"——乌索卡剖面露头及界线点位（改编自 Chernykh et al.，2020a）

（3）化石序列。

①牙形刺化石。

乌索卡剖面阿瑟尔阶 – 萨克马尔阶界线附近的牙形刺化石保存良好，化石中富含 *Mesogondolella*。在该属内可以识别出 *Mesogondolella uralensis*→*M. monstra*→*M. manifesta* 的演化序列（图 7-3-8），其中 *M. monstra* 的鉴定特征比 *M. uralensis* 更明显，分布也更广，是定义萨克马尔阶底界"金钉子"的首选化石标志。在与 *Mesogondolella* 共生的 *Sweetognathus* 分子中，*Sw. binodosus* 首现的层位与 *M. monstra* 非常接近，被选为辅助识别标志（图 7-3-9）（Chernykh et al.，2020a）。

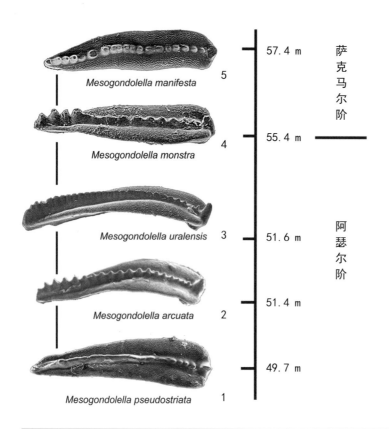

图 7-3-8 阿瑟尔阶 – 萨克马尔阶界线层的牙形刺化石 *Mesogondolella* 的演化序列（据 Chernykh et al., 2020a 修改）

②䗴类化石。

乌索卡剖面阿瑟尔阶和萨克马尔阶的䗴类产出记录不连续，间隔很大（Chernykh et al., 2020a）。在界线附近，䗴类仅见于 3 层灰岩中，其中 2 层产自阿瑟尔阶上部 Shikhanian 层，1 层产自萨克马尔阶下部 Tastubskian 层，以 *Pseudofusulina* 和 *Rugosofusulina* 为主，少量 *Sphaeroschwagerina sphaerica* 仅见于 Shikhanian 层中。该䗴类动物群中没有发现包括 *Schwagerina moelleri* 在内的 *Schwagerina* 属的分子，不过在 Tastubskian 层识别出了萨克马尔阶的典型分子 *Pseudofusulina verneuili*。

③其他化石。

为了探讨和建立与陆相地层序列的对比关系，界线工作组成员在乌索卡剖面阿瑟尔阶 – 萨克马尔阶界线附近共采集了 14 个样品用于孢粉学研究（Stephenson, 2017）。经过处理，这些样品中获得了较多有机质残余，包括孢粉、碳屑、无定型有机质等。其中在界线之下有 3 个样品处理出较多双囊粉，以 *Vittatina* spp. 常见为特征，总体上缺乏典型分子，且化石保存一般，对萨克马尔阶底界 GSSP 的海、陆相地层序列的对比作用非常有限。

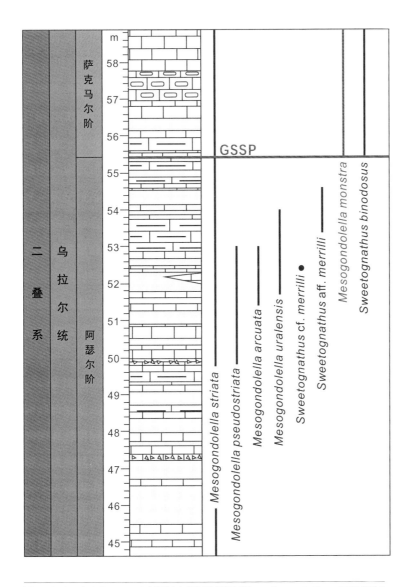

图 7-3-9 乌索卡（Usolka）剖面综合地层柱状图（据 Henderson & Shen，2020 修改）

（4）化学地层。

①碳同位素（δ¹³C）。

    乌拉尔南部地区有 3 条分别涉及二叠系乌拉尔统阿瑟尔阶、萨克马尔阶和亚丁斯克阶界线层型研究的剖面：乌索卡剖面、孔杜洛夫卡剖面以及达尔尼图尔卡斯（Dal'ny Tulkas）剖面。在高精度地层格架基础上，Zeng 等（2012）对这三条剖面进行了详细的碳酸盐岩全岩碳同位素研究。其中在乌索卡剖面，自阿瑟尔阶至萨克马尔阶下部，碳同位素比值（δ¹³C）逐渐升高，时间上对应晚古生代冰期的 P1 期（石炭纪末至萨克马尔期早期）；在阿瑟尔阶 – 萨克马尔阶界线附近，碳同位素出现两次负漂移，其中第二次负漂移大致对应牙形刺 *Mesogondolella monstra* 的首现，该特征是否可以用于大陆之间的化学地层对比，还需要通过更多的工作来验证。

②锶同位素（^{87}Sr/^{86}Sr）。

Schmitz 等（2009）对乌索卡和达尔尼图尔卡斯剖面的牙形刺进行了锶同位素测定，获得了宾夕法尼亚亚纪晚期至乌拉尔世的变化趋势，其中萨克马尔阶底界的 ^{87}Sr/^{86}Sr 值约为 0.707 87。Wang 等（2018）在华南地区通过分析碳酸盐岩的锶同位素，内插拟合获得的萨克马尔阶底界 ^{87}Sr/^{86}Sr 值为 0.707 88，与乌索卡剖面的比值接近。这表明锶同位素比值可以作为不同地区间的地层对比依据。

（5）年代地层。

乌索卡剖面自石炭系格舍尔阶至二叠系萨克马尔阶含多层火山灰，Schmitz 和 Davydov（2012）通过 ID–TIMS 锆石 U–Pb 年龄测试，在上下分别距阿瑟尔阶 – 萨克马尔阶界线约 14.15 m 和 10.8 m 处获得两组高精度年龄值：296.69 ± 0.12 Ma、291.10 ± 0.12 Ma，在此基础上通过外推得到界线处的年龄值为 293.52 ± 0.17 Ma。

（6）萨克马尔阶底界"金钉子"存在的问题。

乌索卡剖面作为萨克马尔阶底界的界线层型主要存在两个不足之处（Chernykh et al.，2020a）：① 传统的萨克马尔阶底界主要根据䗴和菊石化石确定，但乌索卡剖面除了牙形刺外，䗴类和菊石化石丰度不高，菊石仅在阿瑟尔阶中发现，造成牙形刺、䗴、菊石等不同生物地层间精确对比关系的困难；②高度凝缩的沉积序列在一定程度上会影响对牙形刺演化序列的恢复。除此之外，对乌索卡剖面化学地层学的研究仍需要加强，尤其是与欧亚其他地区的对比研究。

3. 我国该界线的情况

萨克马尔阶底界标志性化石，即牙形刺 *Mesogondolella monstra* 在我国华南地区的报道仅见于贵州罗甸的纳水剖面（陈军，2011），但其首现层位还有疑问，因而界线层位尚不能精准确定。传统的萨克马尔阶的底界以䗴 *Schwagerina molleri* 的出现、*Sphaeroschwagerina* 的消失为划分依据，但是后来研究发现 *Sphaeroschwagerina* 能够延续到萨克马尔阶，且与 *Schwagerina moelleri* 相似的分子（*Schwagerina* sp. 2）在萨克马尔阶底界之下 42 m 的地层中就已经出现，因此难以根据䗴类化石进行萨克马尔阶底界的识别。金玉玕等（1999a）认为华南船山统紫松阶大致对应阿舍尔阶和萨克马尔阶，相当于䗴类 *Pseudoschwagerina uddeni- P. texana* 带和 *Sphaeroschwagerina* 延限带，但是阿瑟尔阶与萨克马尔阶界线无法用䗴类化石标定。

四、瓜德鲁普统底界（暨罗德阶底界）"金钉子"

1. 研究历程

罗德阶（Roadian）底界"金钉子"位于美国得克萨斯州和新墨西哥州交界处的瓜德鲁普山国家公园内的 Stratotype Canyon 剖面，界线点位以牙形刺化石 *Jinogondolella nankingensis* 的首现为标志（图 7-3-10A、B）。罗德阶的阶名来源于罗德组，最初属于沃德组最底部的一个层段，后建立罗德组（Cooper & Grant，1964），归于瓜德鲁普统之下的地层。Furnish（1973）在提议全球二叠系标准地层框架时首次引入了罗德阶的概念，Waterhouse（1982）在提议国际二叠系"三分"标准时才将罗德阶划为瓜德鲁普统最下部的阶，这样，罗德阶的底界就代表瓜德鲁普统的底界。

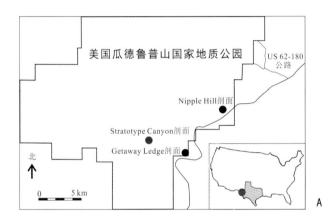

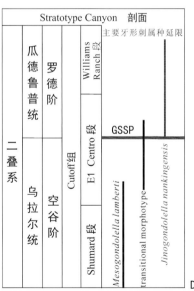

图 7-3-10　A. 罗德阶底界"金钉子"——美国得克萨斯州 Stratotype Canyon 剖面地理位置图，图中 Getaway Ledge 剖面是沃德阶"金钉子"剖面（详见后文沃德阶部分），Nipple Hill 剖面是卡匹敦阶"金钉子"剖面（详见后文卡匹敦阶部分）；B. 界线标志化石 *Jinogondolella nankingensis*（图示标本长约 0.9 mm）；C. "金钉子"层位永久标志物；D. 罗德阶底界"金钉子"点位及主要牙形刺化石延限（据 Henderson et al.，2012b 修改）

2. 科学内涵

Stratotype Canyon 剖面位于美国瓜德鲁普山西南坡的一处小峡谷内，从瓜德鲁普山国家公园游客中心出发，沿着新的 US 62/180 公路向西南方向前行大约 15 km，然后向右转入具有历史气息的乡村土路。这条土路可以绕着瓜德鲁普山的西缘一直向北行驶，路边每隔一段距离就会有一个路标，路标上刻着一台老式两轮马车的图案代表着这条路曾经的历史。据说这条土路在一个世纪以前是该区域主要的战备公路，但是现在作为公园内的一条巡视路线，只有获得许可才能进入。因为年久失修、缺乏养护，这条路的路况堪忧，即使是好天气，也只有越野车才能行驶，雨雪天气是绝对禁止进入的。沿着土路向北行驶，遇到第一个比较深的横沟时，就接近 Stratotype Canyon 剖面了。沿着沟向山的方向前行大约 1 km 就到了小峡谷的入口，找到连续出露的岩层就是剖面起点，整个剖面顺着峡谷出露。

Stratotype Canyon 剖面由下至上划分为 Bone Spring 组、Cutoff 组和 Brushy Canyon 组，其中罗德阶底界"金钉子"所在的 Cutoff 组又分为 Shumard 段、El Central 段和 Williams Ranch 段。"金钉子"点位就位于 El Central 段中部，距离 Cutoff 组的底界约 42.7 m（图 7–3–10C、D）。

20 世纪 70 年代提出的罗德阶单位层型位于美国得克萨斯州的 Glass Mountains 区域，大致对应的是目前罗德阶或者罗德阶加上部分空谷阶的地层（Furnish，1973；Waterhouse，1982），主要依据菊石、腕足动物、䗴和牙形刺的综合面貌来识别这段地层，准确的罗德阶底界无法确定。20 世纪 90 年代以后，罗德阶的定义才与当前应用的标准基本一致（Glenister et al.，1992）。但是以 Brian Glenister 为首的界线工作组在建立该"金钉子"时却遇到了一个难题，科学家们前几十年的生物地层数据积累主要来自 Glass Mountains 区域，罗德阶的阶名也来自该地区，然而由于 Glass Mountains 区域的研究剖面多数位于私人土地上，后期未能获得土地拥有者的许可以进行持续的研究工作。"金钉子"建立依据的国际章程要求所有"金钉子"必须对外开放，允许科学家随时对"金钉子"剖面开展研究工作，这使得 Glass Mountains 区域不再适合建立罗德阶底界的"金钉子"。界线工作组最终选定了位于美国瓜德鲁普山国家公园内的 Stratotype Canyon 剖面作为罗德阶底界"金钉子"候选剖面，主要依据是该剖面连续出露了罗德阶底界附近的地层，并可以与 Glass Mountains 区域的地层进行较好的对比，而且剖面位于美国国家公园内，可以随时申请获得研究许可。

对于罗德阶的底界，Furnish（1973）建议用菊石 *Texoceras* 和 *Paraceltites* 的组合来识别，随后 Glenister 和 Furnish（1987）又将菊石 *Demarezites* 指定为识别罗德阶底界的标准。Wilde（1990）经过一系列的研究后提出了罗德组䗴类的识别标准，建立了 *Parafusulina boesi-Skinnerina* 带。Clark 和 Ethington（1962）最早研究了瓜德鲁普山地区罗德阶的牙形刺化石，并将发育横脊的一类舟形分子命名为 *Gondolella serrata*。当时认为 *G. serrata* 生物群指示了罗德阶（同原沃德阶的下部）（Behnken，1975）。在对 *Mesogondolella serrata*（同 *Gondolella serrata*）延限进行详细研究后，Glenister 等（1992）提议将 *Mesogondolella serrata* 在 Cutoff 组 El Central 段中的首现作为罗德阶暨瓜德鲁普统的底界。Mei 和 Wardlaw（1994）建立了 *Jinogondolella* 一属，并将 *Mesogondolella serrata* 归为 *Jinogondolella serrata*，又因为 *J. serrata* 被认为是 *J. nankingensis* 的同义名，所以 Glenister 等（1999）正式提议将 *Mesogondolella idahoensis* → *Jinogondolella nankingensis* 演化序列中 *J. nankingensis* 在 Stratotype Canyon 剖面 Cutoff 组 El Central 段中的首现，作为罗德阶暨瓜德鲁普统的底界（图 7-3-10）。1999 年，国际地层委员会二叠系分会对这一提议进行了表决并通过，该提议最终在 2001 年获得国际地层委员会通过和国际地质科学联合会的批准。

3. 存在的问题

罗德阶的主要研究是根据 Glass Mountains 区域的地层剖面，而“金钉子”剖面——Stratotype Canyon 剖面却位于瓜德鲁普山地区，两地距离约 240 km，生物群不能精确对比。而且瓜德鲁普山地区罗德阶的很多研究材料并非来自 Stratotype Canyon 剖面，由 Stratotype Canyon 剖面直接提供的地层对比信息很少。支撑 Stratotype Canyon 剖面作为“金钉子”剖面的所有研究结果至今也仍未按照国际地层委员会的要求正式发表，导致目前 Stratotype Canyon 剖面能提供的唯一信息就是罗德阶底界“金钉子”的点位。作为最初罗德阶底界标志的菊石化石，在全球范围内仅能大致对比，很难满足“金钉子”的条件要求。受泛大陆聚合所造成的地理隔离的影响，瓜德鲁普山地区和古特提斯区域的䗴类对比也有困难。因此，牙形刺化石 *Jinogondolella nankingensis* 是当前罗德阶底界“金钉子”全球对比参考的唯一标准。除了生物地层识别标志外，Stratotype Canyon 剖面目前尚无正式的绝对年龄、磁性地层学、旋回地层学和同位素地球化学等方面的研究结果报道，这制约了罗德阶综合地层框架的建立。

4. 我国该界线的情况

罗德阶并不是我国传统的年代地层单位，Sheng 和 Jin（1994）将罗德阶大致对应于我国阳新统孤峰阶的下部。孤峰阶（或茅口阶）的层型剖面是贵州紫云猴场剖面，孤峰阶的底界依据䗴类化石 *Neoschwagerina craticulifera* 的首现划定（金玉玕等，1999a），该剖面尚未开展详细的牙形刺生物地层研究，所以牙形刺化石 *Jinogondolella nankingensis* 在该剖面的首现以及和䗴类化石 *N. craticulifera* 首现的对比关系尚不清楚。

牙形刺 *Jinogondolella nankingensis* 一种最初建立于我国南京龙潭正盘山剖面孤峰组底部（金玉玕，1960）（图 7-3-11），在美国得克萨斯州提议作为罗德阶底界标志种的 *J. serrata* 后来被认为是 *J. nankingensis* 的同义名（Glenister et al.，1992）。但是 *J. nankingensis* 在我国的首现层位至今仍然不能精确划定。我国华南地区的孤峰组和茅口组被认为是同期异相的岩石地层单位，目

前国内报道的 *J. nankingensis* 大部分都来自于孤峰组和茅口组或者少量层位相当的地层中。王成源和董振常（1991）在湖南慈利索溪峪剖面栖霞组顶部报道了一个 *J. nankingensis* 化石（图 7-3-11）。梅仕龙等在贵州罗甸纳水剖面发现 *J. nankingensis* 首现于四大寨组冲头段的中部，冲头段大致相当于栖霞组和茅口组（Mei et al., 2002），但是 Henderson（2018）基于其他标志推断，纳水剖面 *J. nankingensis* 首现位置已经相当于罗德阶的顶部了，因此不宜作为华南地区罗德阶的底界标志。孙亚东等在广西来宾铁桥剖面报道的 *J. nankingensis* 首现位置也位于茅口组的下部（Sun et al., 2017）。沈树忠等（2019）将罗德阶底界大致对应于我国的孤峰组或茅口组的底界位置。

最近，在安徽巢湖平顶山剖面孤峰组底部获得了三组 U–Pb 同位素年龄，其中 272.95 ± 0.11 Ma

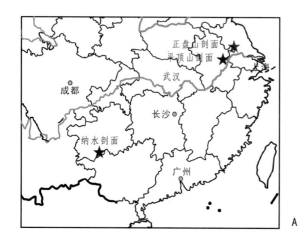

图 7-3-11　南京龙潭正盘山剖面。A. 正盘山剖面地理位置图；B. 作为罗德阶底界定义标志的牙形刺 *Jinogondolella nankingensis*（标本 1 长约 1.3 mm；2、3 为同一标本的两个不同视图，长约 1.0 mm）（金玉玕，1960；王成源，1995）；C. 正盘山剖面罗德阶底界地层露头（据 Shen et al., 2020）

被推荐为罗德阶底界的年龄（Wu et al.，2017）。沈树忠等通过对 *J. nankingensis* 的命名剖面——南京龙潭正盘山剖面的研究，将这一年龄更新为 273.01 ± 0.14 Ma，并提议这一年龄也可以作为国际罗德阶底界的识别标准（Shen et al.，2020）（图 7-3-11）。

五、沃德阶底界"金钉子"

1. 研究历程

沃德阶（Wordian）底界"金钉子"确立在美国的瓜德鲁普山国家公园内的 Getaway Ledge 剖面，界线位于 Cherry Canyon 组 Getaway 段内，以牙形刺化石 *Jinogondolella aserrata* 的首现为标志（图 7-3-12）。沃德阶这一名字来源于沃德组，沃德组命名于 Glass Mountains 地区，是美国二叠纪中期地层中研究历史最为悠久的地层单位之一。广义的沃德组包含现在的沃德组和罗德组。沃德组最早由 Udden 等（1916）命名，后来经过一系列厘定（King，1931；Cooper & Grant，1964），目前该组仅包含 China Tank 段、Willis Ranch 段和 Apple Ranch 段（Rathjen et al.，2000）。Glenister 和 Furnish（1961）首次引入沃德阶的概念，并将它作为瓜德鲁普统下部的年代地层单位，这一划分后来一直被用于各种不同的二叠系国际标准划分方案中。

2. 科学内涵

Getaway Ledge 剖面位于美国瓜德鲁普山南缘的一处山坡上，距离瓜德鲁普山国家公园游客中心仅 5 km 左右，从游客中心出发，沿着 US 62/180 公路向西南方向前行到一个山谷口处，谷口处的左侧山上竖立着几座高大的信号塔，右侧不远处有一段废弃公路的入口，沿着这段废弃公路向里继续前行便可到达 Getaway Ledge 剖面所在的山脚下。废弃公路的入口有栅栏围挡，只允许步行进入。进入栅栏门，沿着左手方向一直前行可以到达一处游客观光处，站在观光处鸟瞰整个 Salt Basin，宛如 2 亿多年前的海底地貌原封不动地展示在面前。沿着右手方向走是 Getaway Ledge 剖面方向，与路面等高的岩层大致为 Cherry Canyon 组底界，可以作为剖面的起点，剖面与对面山顶的信号塔隔着 US 62/180 公路相望（图 7-3-12）。

Getaway Ledge 剖面周边出露 Brushy Canyon 组和 Cherry Canyon 组的地层，Cherry Canyon 组由下至上依次再划分为 sub-Getaway 段、Getaway 段、South Wells 段和 Manzanita 段。"金钉子"点位位于 Getaway 段内部，距离 Getaway 段底界大约 7.6 m（图 7-3-13）。

Glenister 和 Furnish（1961）最初提出的沃德阶也是基于 Glass Mountains 区域沃德组的生物面貌特征，认为菊石和䗴类的组合特征有别于下伏的伦纳德阶和上覆的卡匹敦阶。Furnish（1973）基于菊石研究重新定义沃德阶后，沃德阶才被限定为罗德阶和卡匹敦阶之间的一个年代地层单位，其含义与目前大致相当。由于沃德组的经典剖面也是在 Glass Mountains 区域的私人土地内，在明确无法获得土地拥有者的进入许可后，界线工作组的重心转向了瓜德鲁普山地区的 Brushy Canyon 组和 Cherry Canyon 组，最后选定了位于公园内的 Getaway Ledge 剖面作为"金钉子"候选剖面。

传统的沃德阶底界以菊石化石 *Waagenoceras* 的出现作为识别标志，但是广义的 *Waagenoceras* 从罗德组及其相当地层的下部就开始出现了，狭义的 *Waagenoceras* 也是从 Brushy Canyon 组底部的 Pipeline 段开始出现（Lambert et al.，2000），而 Pipeline 段含有典型且丰富的罗德阶底界标志牙形刺化石——*Jinogondolella nankingensis*。因此，由菊石定义的传统沃德阶界线与罗德阶底界靠得太近。蜓类化石序列与上述菊石情况类似，且这两类化石的识别标志还都与牙形刺化石序列有冲突。

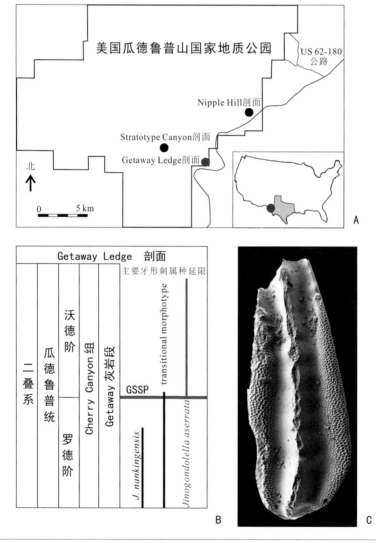

图 7-3-12 沃德阶底界"金钉子"——美国得克萨斯州 Getaway Ledge 剖面及标志化石。A. Getaway Ledge 剖面地理位置；B. Getaway Ledge 剖面沃德阶底界及主要牙形刺化石延限（据 Henderson et al.，2012b 修改）；C. 沃德阶底界的标志化石——*Jinogondolella aserrata*（图示标本长约 0.85 mm）

图 7-3-13 沃德阶"金钉子"——美国得克萨斯州 Getaway Ledge 剖面。A. 剖面远景，GW 和 GWB 是实测的两条剖面；B. 沃德阶底界位置（箭头所示），位于 Getaway 段内。后期研究发现，沃德阶底界标志性化石 *Jinogondolella aserrata* 的首现层位远远低于目前"金钉子"的层位，"金钉子"存在重大缺陷（据 Yuan et al., 2021）

　　Glenister 等提议（1999），以 Getaway Ledge 剖面 *Jinogondolella nankingensis*→*J. aserrata* 演化序列中 *J. aserrata* 的首现作为沃德阶的底界标志，该界线位于 Cherry Canyon 组的 Getaway 段内。沃德阶底界"金钉子"提案是与罗德阶提案同时提交到国际地层委员会二叠系分会投票表决的，两者皆获得了赞成票 10 票，反对票 3 票，弃权票 3 票，赞成票的比例超过 60%，得到通过。沃德阶"金钉子"提案于 2001 年获得国际地层委员会通过，并得到国际地质科学联合会的批准。

3. 存在的问题

沃德阶作为美国得克萨斯地区传统的地层单位之一，区域内整体上的研究和地层对比工作都有很好的基础，但是"金钉子"剖面的选取却不太理想。沃德阶的命名剖面和一些经典剖面均位于私人领地内，很难得到准入许可，所以无法对先前的研究工作进行验证和开展进一步研究。为此，界线工作组只能在瓜德鲁普山国家公园内选取剖面，这就给研究工作带来了很大的局限性，导致最终选取的剖面并不是最完整的剖面，也不能涵盖最优秀的研究成果。目前，直接来自 Getaway Ledge 剖面的研究数据只有界线附近的牙形刺演化序列，而且这些数据尚未公开发表。在 Getaway Ledge 剖面附近的其他一些剖面曾报道过丰富的菊石、蟠和腕足动物化石等，但一方面这些数据很难直接对应到"金钉子"剖面，另一方面这些化石也因为受到泛大陆阻隔的影响，难以与东部特提斯地区的生物类群进行精确对比。

Getaway Ledge 剖面除了二十多米以灰岩为主的 Getaway 段外，其余上百米的地层均为砂岩和粉砂岩，缺少地层对比标志。最近，袁东勋等对 Getaway Ledge 剖面进行了详细的采样和综合地层学研究，发现 Getaway 段受后期成岩作用等改造，许多同位素地球化学指标不能反映其原始信息，不能用于辅助地层对比；研究还发现，*Jinogondolella aserrata* 的首现层位远远低于目前"金钉子"的层位，这给沃德阶底界的全球对比带来了很大问题（Yuan et al., 2021）。近年来，中国科学院南京地质古生物研究所团队和加拿大卡尔加里大学团队分别在"金钉子"层位采了几十千克的牙形刺化石样品，并分别在 2 个实验室进行处理，均未获得牙形刺化石标本，只获得丰富的海绵骨针，显示沃德阶"金钉子"剖面的界线层位牙形刺化石十分稀少，甚至可能不含定义该界线的标志性化石。这一研究结果表明，Getaway Ledge 剖面作为沃德阶底界的"金钉子"存在重大缺陷。

4. 我国该界线的情况

盛金章和金玉玕将我国阳新统孤峰阶的上部大致对应于国际标准的沃德阶，孤峰阶上部为 *Guiyangoceras* 菊石带及 *Neoschwagerina margaritae* 蟠带，但是具体的界线位置不清楚（Sheng & Jin，1994）。沈树忠等（2019）详细总结了华南地区沃德阶的生物地层序列，其对应的菊石带为 *Waagenoceras* 带和 *Guiyangoceras* 带，蟠带为 *Neoschwagerina craticulifera* 带上部和 *N. margaritae-Afghanella schencki* 带，放射虫带为 *Folliculullus monacanthus* 带和 *F. porectus* 带，珊瑚带为 *Wentzelellites liuzhiensis* 带的上部，由于牙形刺化石 *Jinogondolella aserrata* 的首现层位不清楚，沃德阶底界大致放在茅口组或孤峰组的中下部。

基于各种因素，沃德阶底界和沃德阶代表的地层厚度在华南地区差异很大，就算对同一条剖面沃德阶底界的识别也存在不同意见：Sun 等（2008）将四川广元上寺剖面沃德阶底界放在了茅口组最下部，整个沃德阶厚约 50 m；房强等（2012）将该剖面沃德阶底界放在了茅口组中部，整个沃德阶厚约 15 m。到目前为止，我国仍缺乏对单一剖面进行沃德阶底界的综合地层研究工作。

六、卡匹敦阶底界"金钉子"

1. 研究历程

卡匹敦阶（Capitanian）底界"金钉子"以牙形刺化石 *Jinogondolella postserrata* 在美国瓜德鲁普山国家公园内 Nipple Hill 剖面的首现为标志，界线位于 Bell Canyon 组 Pinery 段内。卡匹敦阶的阶名来源于卡匹敦灰岩，又名卡匹敦组。Richardson（1904）最早命名了卡匹敦灰岩，卡匹敦一词取自于瓜德鲁普山内一个小山峰的名字 El Capitan（图 7-3-14）。与罗德阶和沃德阶不同，卡匹敦阶的命名地和层型剖面一直都位于瓜德鲁普山地区，和当前卡匹敦阶底界"金钉子"剖面的距离相对较近。卡匹敦灰岩在瓜德鲁普山和 Glass Mountains 地区均发育，但可能在延续的时间跨度上有所差异。卡匹敦灰岩主要是巨厚层灰岩或礁灰岩，瓜德鲁普山国家公园内的卡匹敦礁灰岩是世界著名的三大礁灰岩之一，有相当长的研究历史。从 Glenister 和 Furnish（1961）首次提议国际二叠系划分标准以来，卡匹敦阶作为瓜德鲁普统一部分的划分一直被广泛接受，且绝大多数划分方案都是把卡匹敦阶作为瓜德鲁普统顶部的一个阶。

2. 科学内涵

Nipple Hill 剖面位于瓜德鲁普山南向盆地内一个孤立的山包上，距离瓜德鲁普山国家公园游客中心不到 5 km 的位置，由游客中心沿着 US 62/180 公路向东北方向前行，左侧会看到一个孤

图 7-3-14　美国得克萨斯州瓜德鲁普山国家公园远景图。远处耸立的"酋长岩"（El Capitan）就是二叠纪的卡匹敦礁灰岩。该地区大约在白垩纪晚期开始抬升暴露，遭受风化剥蚀。Nipple Hill 剖面在"酋长岩"东北方向约 7 km 处。该"酋长岩"与被奉为攀岩圣地的加州"酋长岩"不是同一个地点，后者在加州中东部，位于优山美地国家公园（Yosemite National Park）内，由白垩纪花岗岩组成

零零的小山丘，这个小山丘的名字就叫 Nipple Hill。靠近小山丘的一侧有一段废弃的公路，这段公路与 US 62/180 公路平行，相距仅有十几米，因为没有路通向 Nipple Hill，所以只有把车停到这段废弃的公路上，进入国家公园的保护区，步行走向 Nipple Hill。Nipple Hill 距离公路的直线距离不到 1 km，由于处于保护区内，一般很少有人进入这片区域，所以这里没有任何道路，到处都是比人还高的灌木丛，只能凭感觉向前走，而且地形具有一定的坡度，如果背着岩石样品没有跟上整个队伍就很容易走丢。这里经常有各类野生动物出没，考察途中一定要小心，最好提前制造一些声响来提醒野生动物。特别需要注意的是这里的野生植物是禁止采摘的。

Nipple Hill 剖面周边出露了 Cheery Canyon 组上部和 Bell Canyon 组下部的地层，这里的岩层基本上都是水平展布的。Nipple Hill 剖面沿着山底向山顶测量，总的厚度在 100 m 左右，只有山顶处 5 m 左右的 Pinery 段含有丰富的化石（图 7-3-15）。

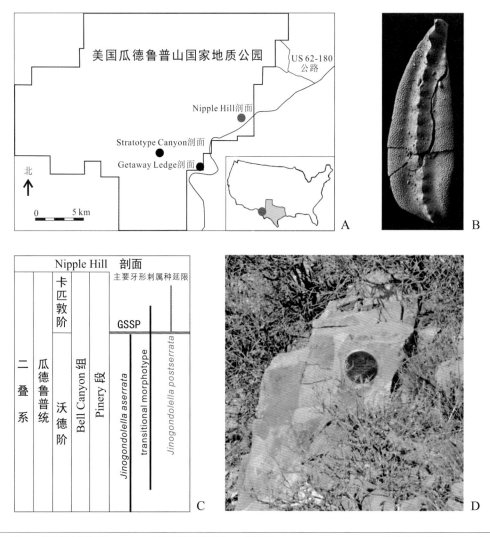

图 7-3-15 A. 美国得克萨斯州 Nipple Hill 剖面地理位置图；B. 标志种 *Jinogondolella postserrata*（图示标本长约 1.0 mm）；C. 卡匹敦阶底界"金钉子"界线及主要牙形刺化石延限（据 Henderson *et al.*，2012b 修改）；D. "金钉子"点位永久标志物

卡匹敦灰岩主要是礁相，有关生物地层的研究较少，与它时间大致相同的灰岩相 Altuda 组和砂岩夹灰岩相的 Bell Canyon 组研究程度较高。菊石组合 *Waagenoceras* 和 *Timorites* 的共同出现，以及蜓类化石 *Polydiexodina* 的出现过去一直被作为卡匹敦阶的识别标志（Adams et al.，1939）。Glenister 和 Furnish（1961）最初提出的卡匹敦阶也是基于这些化石组合。但是这些化石组合的首现基本上与 Bell Canyon 组等岩石地层单位的底界一致，所以有可能受沉积相的控制比较明显。为了满足界线层型的定义，Glenister 等（1992、1999）选定了牙形刺化石 *Jinogondolella postserrata* 的首现作为卡匹敦阶的底界，并选定 Nipple Hill 剖面作为卡匹敦阶底界"金钉子"的唯一候选剖面。

卡匹敦阶在得克萨斯地区横向上的岩相变化很明显，受沉积相控制的生物群在不同相区的剖面之间很难精确对比，在建立大区域或者洲际对比标准时最初选取了游泳型的菊石类化石 *Waagenoceras* 和 *Timorites* 组合，以及区域内大致可对比的蜓类化石 *Polydiexodina*。但在该区域，这些菊石化石在局部层段很丰富，而在其他层位却很稀少，所以很难确定它们的首现位置以满足全球界线层型的要求。蜓类化石 *Polydiexodina* 在特提斯地区缺失，也不适合作为国际对比标准。

界线工作组一直倾向于将卡匹敦阶底界建立在可能代表较深水相的 Bell Canyon 组内，一方面 Bell Canyon 组包含的灰岩段含有极丰富的牙形刺化石，且该区域内的牙形刺化石具有很好的研究基础（如 Behnken，1975），另一方面牙形刺化石在界线层型的研究中逐渐被多数人接受和采纳，所以 Glenister 等（1992）提议采用牙形刺的首现作为卡匹敦阶底界的标准。Glenister 等（1999）提议将 *Jinogondolella aserrata*→*J. postserrata* 演化序列中 *J. postserrata* 在 Nipple Hill 剖面 Bell Canyon 组 Pinery 段中的首现作为卡匹敦阶的底界。该提案在二叠系分会的投票决议中，以超过 60% 的赞成票获得通过，并于 2001 年获得了国际地层委员会通过和国际地质科学联合会的批准。

3. 存在的问题

Nipple Hill 剖面仅有山顶处 5 m 左右厚的灰岩含有丰富的化石，整个剖面绝大多数层位化石罕见。卡匹敦阶底界"金钉子"的层位就位于山顶处，这造成卡匹敦阶的地层在该剖面出露最多也就 0.5 m 厚，严重阻碍了后续化石序列演化、同位素化学地层学和旋回地层学等方面的研究，所以有些二叠系专家戏称这是个"位于天空中的金钉子"。

二叠系的专家也一直在寻找一个合适的参考剖面。虽然该"金钉子"所在的 Bell Canyon 组在瓜德鲁普山国家公园内出露比较广泛，但是由于卡匹敦阶层位比较高，所以连续的露头一般都出露于仅次于山顶卡匹敦礁的位置，不易到达和进行采样，零星的露头经常可以在 US 62/180 公路两侧发现。吴琼等（Wu et al.，2020）报道了在 Nipple Hill 剖面附近的峡谷内发现 Frijole 剖面，其中含有较为完整的 Bell Canyon 组地层，并在其 Pinery 段和附近的 Monolith Canyon 剖面 South

Wells 段等测得多个火山灰 U–Pb 年龄，再结合 Nipple Hill 剖面原有的年龄数据（见 Ramezani &
Bowring，2018），可以很好地限定卡匹敦阶底界"金钉子"的绝对年龄。另外，卡匹敦阶也记录
了多个全球性地质事件，如古生代最大的海退事件、前乐平世生物灭绝事件和古生代锶同位素最
低值等，这些事件虽然不能直接帮助限定"金钉子"层位，但是可以辅助识别卡匹敦阶的地层。

4. 我国该界线的情况

与沃德阶相似，卡匹敦阶也不是我国传统使用的二叠系年代地层单位。盛金章和金玉玕等
（1994）认为，我国阳新统冷坞阶大致对应于国际标准的卡匹敦阶，并提议广西来宾蓬莱滩剖面
和铁桥剖面可作为我国冷坞阶的对比标准（金玉玕等，1999a）。冷坞阶的命名地位于浙江西部
地区，最初的识别标志是腕足动物。Sheng 和 Jin（1994）修改了冷坞阶的定义，划定其相当于
蟠类化石 *Yabeina* 延限带，包含两个蟠带：*Yabeina gublei* 带和 *Metadoliolina multivoluta* 带，二
者对应的菊石带为 *Shangraceras* 带和 *Shouchangoceras* 带。因为 *Yabeina* 的首现和 *Jinogondolella
postserrata* 的首现关系不能确定，所以我国卡匹敦阶底界的位置也不能精确划定。

梅仕龙等通过对四川宣汉和广西来宾地区的二叠纪地层研究，建立了我国卡匹敦阶的牙
形刺演化序列 *Jinogondolella postserrata*→*J. shannoni*→*J. altudaensis*→*J. prexuanhanensis*→*J.
xuanhanensis*→*J. granti*，并与美国得克萨斯地区进行了详细的地层对比（Mei et al.，1994，
1998）。沈树忠等（2019）将我国华南地区卡匹敦阶的底界大致放在茅口组和孤峰组的中上
部，这样卡匹敦阶在我国对应于菊石 *Roadoceras-Doulingoceras* 带，蟠类 *Yabeina gublei* 带、
Metadoliolina multivoluta 带和 *Lantschichites minima* 带，放射虫 *Follicucullus scholasticcus* 带和 *F.
charveti* 带。值得注意的是，周祖仁基于我国贵州南部晒瓦组的菊石化石认为，我国的吴家坪阶
大致相当于美国得克萨斯等地的卡匹敦阶（Zhou，2017）。但是，目前来自同一剖面的牙形刺化
石研究（Wang et al.，2016），及华南地区其他卡匹敦阶、吴家坪阶剖面和美国得克萨斯地区卡匹
敦阶的牙形刺化石研究结果，均不支持这一观点。华南和美国得克萨斯等地区的卡匹敦阶牙形刺
化石均是以 *Jinogondolella* 为特征的，华南和伊朗等地区的吴家坪阶牙形刺化石均是以 *Clarkina*
为特征的，两者的牙形刺化石面貌明显不同。

七、吴家坪阶底界（暨乐平统底界）"金钉子"

1. 研究历程

20 世纪 80 年代末的一天，一辆老式的绿皮火车在暖暖的冬日阳光下驶过广西来宾县境内红
水河上的铁路桥（图 7-3-16），刚刚结束野外工作的廖卓庭研究员坐在列车窗边，欣赏着旖旎的
河面风光。渐渐地，沿河两岸绵延的岩层映入了眼帘，廖卓庭精神一振。多年的地质工作早已在

他的脑海中嵌入了一幅随时随地可以调用的地质图，他立刻意识到这里河岸边的地层应当是以二叠系为主，可能就有课题组要找的地层。

当时国际二叠纪地层工作者们正在各处寻找一条中二叠统－上二叠统连续的海相地层剖面，却因该时期全球性海退造成华南地区广泛的地层缺失而不得。红水河在来宾县蜿蜒流淌，两岸出露的地层绵延不断，或许在这里可以找到理想的层位。想到这里，廖卓庭已经按捺不住心中的喜悦，立刻将这一发现分享给工作组的同事。很快，中国科学院南京地质古生物研究所二叠系工作组来到了广西来宾县红水河边，开启了乐平统底界"金钉子"的漫长研究之旅。

在传统的国际二叠纪年代地层系统中，二叠系最顶部的一个年代地层单位采用俄罗斯乌拉尔地区的鞑靼阶。然而，鞑靼阶为一套陆相地层，具有强烈的地区性色彩，无法将其作为全球对比的标准。与鞑靼阶大致相当的海相地层在我国被称为乐平统，在外高加索地区被称为朱尔法阶，其中以乐平统提名最早，且含有丰富多样的生物群，研究程度高。

金玉玕在1989—1996年担任两届国际二叠纪地层分会主席时，积极推动二叠纪划分新方案的建立，于1997年联合各个大区的专家提出新的"三分"的二叠纪年代地层划分框架。这个新框架包括了俄罗斯的乌拉尔统、美国的瓜德鲁普统和中国的乐平统，得到了全球各国二叠纪研究专家的普遍认同，很快被国际地层委员会、世界地质图委员会和联合国教科文组织纳入新的国际地层表。至此，中国的乐平统及其下的吴家坪阶和长兴阶正式成为二叠纪国际标准年代地层单位，在国际地质年代表中率先占得一席，为高精度地开展二叠纪晚期地层学和二叠纪末生物大灭

图7-3-16 广西来宾县境内的铁桥剖面，近处是行驶火车的老铁桥，远处是新铁桥。铁桥之下出露的地层为栖霞组，沿着河岸向上依次出露茅口组、合山组、大隆组和三叠系罗楼组

绝研究提供了重要基础。

瓜德鲁普统 – 乐平统的界线是对当时发生的全球性大海退、海洋生物灭绝和大规模火山喷发事件的精确标定，因此尤为重要。但是，因为界线位于全球性海退的界面上下，很难找到完整连续的地层记录。大量的调查研究表明，只有少数地区具有瓜德鲁普统 – 乐平统界线地层层序，如伊朗的阿巴德（Abadeh）和朱尔法（Julfa）、美国西南部以及巴基斯坦盐岭（Salt Range）地区，而含有远洋动物群的地层层序则更少。在这个界面附近发生了一次重要的底栖生物灭绝事件，称为前乐平统海洋动物灾变事件或瓜德鲁普世末灭绝事件（Jin，1993）。在此期间，珊瑚、蜓类、棘皮动物和放射虫发生大量灭绝，苔藓虫、腕足动物和菊石也出现明显更替。

在比较研究了华南几十条剖面之后，金玉玗领导的二叠系工作组提出扬子陆棚海的东缘和华南陆棚海的西缘在茅口晚期至乐平世以斜坡和盆地相沉积为主，受当时全球性海退的影响小，最有潜力找到具有这个时期完整的地层记录，其中包括四川渡口、南江、广西蓬莱滩和凤山等剖面，也包括湖南小元冲剖面（Jin，1994）。在通过建立精细生物化石序列，开展沉积岩石学、同位素地球化学和高精度同位素年龄研究后，工作组确认广西来宾蓬莱滩和铁桥两个剖面拥有完整的瓜德鲁普统 – 乐平统界线地层。

其后十多年，工作组的工作重点就落在蓬莱滩和铁桥两个剖面上，开展了大量生物地层

学、沉积岩石学、地球化学研究，先后建立了乐平统及其底界附近的牙形刺、蜓、腕足动物、珊瑚和菊石等多门类化石序列，系统阐明了来宾蓬莱滩剖面牙形刺从 *Jinogondolella* 到 *Clarkina* 的快速演化过程，而 *Clarkina* 的首现恰好与 Absaroka 超级层序的内部界线一致，这是在野外和室内工作中都容易识别的界线。2003 年，工作组向二叠系地层分会提交了以蓬莱滩剖面牙形刺 *Clarkina postbitteri postbitteri* 的首现为乐平统底界"金钉子"的建议书，获得通过。该提案在获得国际地层委员会通过后，于 2005 年 9 月得到国际地质科学联合会的正式批准：中国广西来宾蓬莱滩剖面成为乐平统底界（暨吴家坪阶底界）的全球界线层型剖面——"金钉子"，铁桥剖面作为辅助层型剖面——"银钉子"（Jin et al.，2006a）（图 7-3-17）。

图 7-3-17 位于蓬莱滩岸边的乐平统暨吴家坪阶底界"金钉子"纪念碑。蓬莱滩剖面与铁桥剖面分别位于来宾向斜的东、西两翼，二者地层序列高度相似，相距约 15 km，且都位于红水河岸边，铁桥在上游，蓬莱滩在下游

2. 科学内涵

（1）层型剖面位置。

来宾市位于广西壮族自治区中部，素有"桂中腹地"之称（图7-3-18）。蓬莱滩是红水河中一个河心滩的名字，在来宾市以东约20 km处。蓬莱滩剖面（北纬23°41′43″，东经109°19′16″）在这个岩石小洲上沿着红水河南岸分布，出露瓜德鲁普统到乐平统的地层（图7-3-19）。构造上，蓬莱滩剖面位于来宾向斜的东翼，铁桥剖面位于来宾向斜西翼，后者出露在来宾县城以南约2 km的红水河北岸，为吴家坪阶底界的辅助层型剖面。

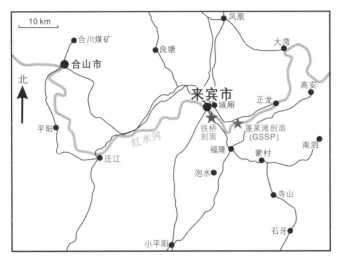

左图 图7-3-18 华南广西来宾地区铁桥剖面和蓬莱滩剖面地理位置交通图

下图 图7-3-19 乐平统暨吴家坪阶底界的"金钉子"——广西来宾蓬莱滩剖面

（2）地层序列及沉积特征。

红水河两岸出露的岩层在地质学者的眼中是特别漂亮的。以石灰岩为主的石炭纪、二叠纪和三叠纪地层顺沿着河岸绵延数千米，几乎没有明显的构造扰动。在每年冬季低水位期，沿着小路就可以轻松走到河边。

从来宾县城出来下到河边，在铁桥剖面看到的最老的二叠纪地层是马平组，向上依次是栖霞组、茅口组、合山组和大隆组。根据沙庆安等（1990）的描述，茅口组厚 302 m，按照岩性由下而上分为五段：①半远洋浊积岩相的钙质粉砂岩和砂岩；②盆地相的放射虫燧石岩和钙质泥岩互层；③块状碳酸盐岩碎屑流沉积；④相间出现的放射虫燧石岩、燧石质钙质泥岩和砂岩；⑤远源风暴沉积相的块状灰岩，即"来宾灰岩"，厚 11 m。吴家坪阶暨乐平统的底界"金钉子"就位于第五段——"来宾灰岩"的近顶部。茅口组上覆地层为合山组，该组下部为盆地相的黑色燧石质灰岩，上部为海绵礁相的白色生物碎屑碳酸盐岩，厚 150 m。

在蓬莱滩剖面，上述岩石地层单位变化不大，依次可识别。瓜德鲁普统–乐平统界线对应一次全球性海退事件，来宾灰岩代表了斜坡相低水位体系域沉积，是该段时期难得的地层记录；这段地层在华南其他陆棚相剖面上常常缺失，表现为不整合。

（3）化石序列。

①牙形刺。

以 *Jinogondolella*（金氏舟形刺）及 *Clarkina*（克拉克刺）的种间演化和地层分布为基础，铁桥和蓬莱滩剖面的瓜德鲁普统–乐平统界线地层可识别出三个牙形刺化石带，由下而上依次为：*Jinogondolella granti* 带；*Clarkina postbitteri*（广义）带，在蓬莱滩剖面该带又被划分为下部 *C. postbitteri hongshuiensis* 亚带和上部 *C. postbitteri postbitteri* 亚带；*C. dukouensis* 带。

C. postbitteri hongshuiensis 是 *Jinogondolella granti* 和 *C. postbitteri postbitteri* 之间的过渡类型，它具有较紧密且常常融合的齿片，而 *C. postbitteri postbitteri* 的锯齿间距较大，互相分离，齿台前缘迅速变窄（图 7-3-20）。

②䗴。

来宾地区瓜德鲁普统–乐平统界线地层内含有丰富的䗴类化石。在铁桥剖面，"来宾灰岩"的下部属于 *Metadoliolina* 带，其上为 *Lantschichites minima* 顶峰带，后者很薄，仅 2 m 厚。瓜德鲁普统–乐平统界线之上的合山组中含有单调的 *Codonofusiella* 和 *Reichelina*，属于 *Codonofusiella kueichowensis* 带。

在蓬莱滩剖面合山组下部，即乐平统底界之上 8~20 m 的透镜状生物碎屑灰岩中报道有䗴 *Palaeofusulina* 的多个形态种（Jin et al.，1998）。由于 *Palaeofusulina* 是长兴期的标志性化石，而该层位产出的牙形刺化石指示为吴家坪期早期，两个化石门类所指示的地层时代存在矛盾。后经重新采样及分类学研究，鉴定出蜓类 2 属 3 种，即 *Laibinella tobensis*，*Laibinella ellipsoidalis* 和 *Lantschichites minima*，原先报道的 *Palaeofusulina* 化石种划归为新建立的属 *Laibinella*，后者与长兴期的 *Palaeofusulina* 在形态上相似，但属于不同演化支系，且代表不同的地层时代（Wang et al.，2020）（图 7-3-21）。

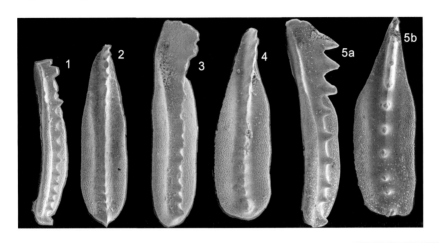

图 7-3-20 铁桥和蓬莱滩剖面吴家坪阶暨乐平统底界附近的主要牙形刺化石。所有标本均为相同放大倍数（4 号标本为 1 mm 长），字母 a 和 b 代表同一标本的两个不同的视图。1、2. *Jinogondolella granti*；3、4. *Clarkina postbitteri hongshuiensis*；5. *Clarkina postbitteri postbitteri*（据 Jin et al.，2006a 修改）

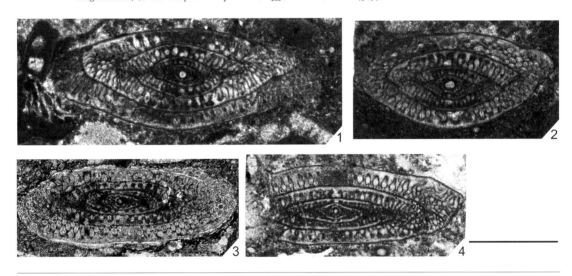

图 7-3-21 蓬莱滩剖面合山组底部的蜓。1、2. *Laibinella tobensis*；3. *Laibinella ellipsoidalis*；4. *Lantschichites minima*。比例尺均为 1mm（据 Wang et al.，2020 修改）

（4）其他化石及地层学特征。

在蓬莱滩剖面茅口组的最上部（"来宾灰岩"）发现有菊石 *Shengoceras*（周祖仁等，2000），该菊石以往常被鉴定为 *Waagenoceras*，后又被鉴定为 *Kefengoceras*（Ehiro & Shen，2008）。这与湖南南部的情况一样，表明茅口期的菊石向上可延伸到 *Clarkina postbitteri*（广义）带内。腕足动物化石在蓬莱滩剖面"来宾灰岩"下部十分丰富，以乐平统常见分子为主，也有瓜德鲁普统的典型分子，存在混生现象（Shen & Shi，2009）。珊瑚化石在铁桥剖面和蓬莱滩剖面瓜德鲁普统上部全部为单体珊瑚（Wang & Sugiyama，2001），复体珊瑚诸如 *Ipciphyllum* 和 *Paracaninia* 等产出层位较低，一般超过茅口组第三段。

对界线附近碳酸盐岩的碳同位素研究表明，δ¹³C 值在瓜德鲁普统顶部上升，在 *Jinogondolella granti* 带与 *Clarkina postbitteri* 带之间达到峰值，并从 *C. postbitteri* 带开始逐渐降低，在 *C. postbitteri* 带中上部出现 2‰~3.5‰ 的大幅度快速下降，代表一次负异常（Wang et al.，2004）。

据推算结果，瓜德鲁普统–乐平统的界线年龄为 259.55 Ma（Henderson & Shen，2020）。

（5）乐平统底界"金钉子"面临的挑战。

广西来宾蓬莱滩剖面和铁桥剖面皆位于红水河两岸，瓜德鲁普统–乐平统界线地层只有在每年 9 月至次年 5 月低水位期才出露，其余时期则淹没在水下。对于"金钉子"剖面而言，这样的条件已属不利。然而，随着大藤峡水利枢纽的开工建设，蓬莱滩和铁桥剖面所在区域将被长期淹没。为此，中国科学院南京地质古生物研究所于 2019 年对"金钉子"剖面界线地层进行岩石切割，当地政府亦拟在蓬莱洲选址建一座博物馆，保存切割下来的岩石样品，原样展示"金钉子"剖面的界线地层。与此同时，由沈树忠院士带领的国际界线工作组在华南地区开展工作，寻找瓜德鲁普统–乐平统连续海相地层，并初步拟定以广西柳州凤山剖面作为"金钉子"替代剖面。

3. 吴家坪阶底界的全球对比

Clarkina postbitteri postbitteri 是乐平统底界的标准化石。*Clarkina postbitteri*（广义）在西特提斯地区有零星报道，如阿曼（Kozur，2003）和美国特拉华盆地（Jin et al.，2006a）。在华南和特提斯其他地区的台地相地层中，这一界线往往为一不整合界面，界面以上为更高层位的牙形刺化石带，例如，在四川渡口为 *Clarkina dukouensis* 带（Mei et al.，1994）。除牙形刺外，这一界面也可以通过䗴、珊瑚、菊石类等动物群的变更进行识别，如茅口期常见的新希瓦格䗴类和费伯克䗴类的灭绝，以及吴家坪阶底部 *Codonofusiella* 和 *Reichelina* 的大量繁盛等。

在泛大陆西部和西北部，用牙形刺生物带很难识别出界线位置，需通过其他途径来解决。例如，来宾地区乐平统底界附近识别出的 δ¹³C 负异常（Wang et al.，2004），可作为对比的辅助依据。这一负异常在巴基斯坦盐岭（Baud et al.，1995）、伊朗中部阿巴丹地区（Wang et al.，2004）以及浙江长兴煤山、广西合山、四川宣汉渡口、广元上寺等剖面（Shen et al.，2013）的瓜德鲁普统顶部都有发现。磁性地层标志对于识别界线也十分重要，乐平统底界附近正好为磁极性从正常极性带向反向极性带转变时期，如在四川武隆吴家坪阶下部以及巴基斯坦盐岭地区瓦格尔组上部皆出现反向极性带，成为全球对比的依据。

八、长兴阶底界"金钉子"

1. 研究历程

长兴阶底界的"金钉子"剖面位于浙江省长兴县煤山镇，地处苏浙皖三省交通要冲（图7-3-22）。早在1923年，时任北京大学教授的德裔美国地质学家葛利普（Grabau）将这一地区产 *Oldhamina* 腕足动物群的地层命名为"长兴石灰岩"。1932年，黄汲清确定"长兴石灰岩"为华南上二叠统上部的一个地层单位。盛金章（1955）研究煤山剖面的䗴类化石，提出"长兴石灰岩"中保存了中国乃至世界上最高的 *Palaeofusulina* 䗴带，且长兴地区二叠系–三叠系之间可能并不存在沉积间断（盛金章和张遴信，1958）。"长兴石灰岩"自此成为二叠纪地层研究的重点。第一届全国地层会议后，"长兴石灰岩"改称为长兴组（盛金章，1962）。1966年，《地层规范草案及地层规范草案说明书》中建立了长兴阶。Furnish（1973）提出在制定国际二叠纪年代地层划分方案时将长兴阶列入其中。

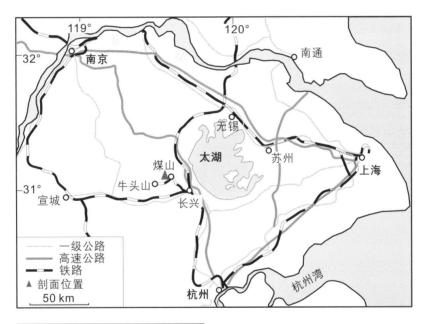

图7-3-22 浙江长兴煤山剖面交通位置图

1977年，中国科学院南京地质古生物研究所组织了我国第一个华南二叠系–三叠系界线工作组，对浙江长兴等地区进行考察。盛金章等（1984）对煤山地区出露的多个采石坑由西向东依次命名为A、B、C、D、E、Z剖面（图7-3-23）。在研究了长兴阶的生物组合、三叠系底部的生物混生层、岩性变化和地层接触关系等多方面之后，赵金科等（1981）提出煤山二叠系长兴组的层位高于伊朗的多腊沙姆阶，为国际二叠系的最高层位，并提议将煤山D剖面作为长兴阶的

图7-3-23 浙江长兴煤山地区二叠系剖面，由左至右依次命名为煤山 A、B、C、D、E、Z 剖面（据 Sheng et al., 1984）

"金钉子"候选剖面。当时，长兴阶的底界划在第2层的底部，即牙形刺 *Clarkina orientalis* 带和 *Clarkina subcarinata* 带之间，并以较为进化的古鱨以及大巴山菊石和假提罗菊石的出现为特征。

煤山剖面界线层型的研究得到当地政府的大力支持。1982年4月，浙江省人民政府在长兴县煤山镇长兴水泥厂召开"长兴灰岩"标准剖面保护区划界、立标会议，建立了"长兴灰岩"标准剖面保护区，并请南京地质古生物研究所二叠系－三叠系界线研究组的代表介绍了关于长兴阶和二叠系－三叠系界线的研究概况。

此后二十多年，煤山 D 剖面在生物地层、岩石地层、磁极性地层、同位素年龄和化学地层等方面都开展了全面深入的研究，该剖面的牙形刺、菊石、鱨类、放射虫、介形类、腕足动物和鱼类等的系统分类和地层分布都经过详细研究，可谓是世界上研究程度最高的长兴期地层剖面。2000年，殷鸿福领导的三叠系底界工作组在煤山 D 剖面建立了三叠系（暨印度阶）底界"金钉子"（Yin et al., 2001），成为煤山 D 剖面上确立的第一个"金钉子"（该剖面稍后又建立了长兴阶"金钉子"，成为全球罕见的两个"双金剖面"之一，另一个"双金剖面"是西班牙苏马亚剖面——古近系塞兰特阶和坦尼特阶的"金钉子"）。长兴煤山"金钉子"国家地质公园也由此而建立起来了（图7-3-24）。

与此同时，金玉玕领导国际二叠纪分会工作，建立了二叠纪地层划分新方案，中国的乐平统、吴家坪阶和长兴阶正式成为二叠纪国际标准年代地层单位。国际地学界有一个不成文的规定，即界线层型通常在对应的年代地层单位所在的区域选定，煤山剖面也因此成为不二的候选层型剖面。

在赵金科等（1981）提出的界线上下，动物群面貌发生了较明显的改变，在"长兴灰岩"之下是否存在一个不整合面尚存在争论，因此国内外专家曾尝试从稍高的层位寻找合适的界线。Wardlaw 和梅仕龙（2000）提出以 *Clarkina subcarinata* 的首现面作为长兴阶底界的标志，此层位较传统的以鱨、菊石确定的长兴阶底界高一些。此后，梅仕龙等根据重新采集的化石样品，

将 *Clarkina subcarinata*（广义）划分为了 *C. wangi* 和 *C. subcarinata*（狭义），建立了 *Clarkina longicuspidata*→*C. wangi* 演化序列，提议以 *Clarkina wangi* 的首现作为长兴阶底界的标志，该点位在 D 剖面第 4 层底部（Mei et al., 2001）。然而，王成源等提出煤山剖面不适合作为长兴阶底界层型，理由是"长兴灰岩"下部不含菊石和放射虫，是浅水相沉积，而且"长兴灰岩"与下伏的龙潭组之间存在沉积间断，不能解决牙形刺的演化序列问题（Wang et al., 2001）。对此，王玥等从 2002 年开始研究煤山 D 剖面西侧的煤山 C 剖面，论证了龙潭组与长兴组的整合接触关系，也证实了牙形刺的演化序列，提出牙形刺、菊石和䗴确定的界线基本吻合（Wang et al., 2006）。在 2003 年 10 月，国际界线工作组对煤山 D 与 C 两个剖面进行了考察（图 7-3-25），在随后的投票中，15 位界线工作组成员一致赞同在此建立全球界线层型，即"金钉子"。

2004 年，金玉玕等综合了煤山 D 剖面和 C 剖面古生物、岩石地层、层序地层、磁性地层、同位素地层和年代地层等方面的研究资料，正式提议以浙江长兴煤山 D 剖面作为长兴阶底界"金钉子"（Jin et al., 2004）。这一提案于 2004 年 11 月由国际地层委员会二叠系分会以 94% 赞成票正式通过，2005 年在国际地层委员会投票通过，于 2005 年底得到国际地质科学联合会正式批准。自此，煤山 D 剖面成为拥有 2 个"金钉子"的剖面，是研究古生代向中生代转折时期生物演化与环境变化的"打卡"地。

图 7-3-24 长兴煤山"金钉子"国家地质公园

图 7-3-25 2003 年 10 月在煤山剖面举行的野外现场会议，金玉玗与国际界线工作组成员在煤山 C 剖面现场交流

2. 科学内涵

（1）层型剖面位置。

浙江长兴煤山 D 剖面（北纬 31°04′55″，东经 119°42′23″）介于南京至上海之间，交通方便。该剖面位于煤山背斜的西翼，出露吴家坪阶龙潭组顶部至三叠系殷坑组底部的连续地层（图 7-3-26）。长兴阶底界标定在煤山 D 剖面第 4 层下部（层 4a-2 底部），位于"长兴灰岩"底界之上 88 cm 处（图 7-3-27），以牙形刺演化序列 Clarkina. longicuspidata→C. wangi 中 C. wangi 的首现为标志（Jin et al.，2006b）。煤山 C 剖面位于 D 剖面向西 300 m，出露十多米龙潭组上段，龙潭组 – 长兴组界线清晰、连续，被确定为辅助层型剖面（图 7-3-28）。

（2）煤山剖面龙潭组与长兴组的接触关系。

华南地区的龙潭组为海陆交互相为主、含大羽羊齿植物群的含煤地层，含大量的腕足动物化石，上覆的长兴组代表含煤地层之上的海相碳酸盐岩地层。在龙潭组和长兴组的接触带，长兴组底部的生物屑泥灰岩与龙潭组顶部的含钙质泥质粉砂岩之间接触面平整，水平纹层发育，没有截然的间断现象。煤山 C 剖面上腕足动物化石由龙潭组高分异度、个体较大的组合向长兴组较低分异度、个体较小、壳体变薄的组合渐变，显示出水体逐渐加深的过程。岩性特征和化石组合面貌的渐变过渡都表明龙潭组与长兴组之间为整合接触（Wang et al.，2006）（图 7-3-28）。

图 7-3-26 浙江长兴煤山 D 剖面龙潭组至殷坑组全貌，显示 2 个"金钉子"所在位置。右侧石碑上为三叠系底界"金钉子"标志性化石，即牙形刺 *Hindeodus parvus* 模型

图 7-3-27 浙江长兴煤山 D 剖面长兴阶底界"金钉子"点位

图 7-3-28 浙江长兴煤山 C 剖面龙潭组与长兴组的整合接触界线

（3）化石序列。

①牙形刺。

牙形刺化石 *Clarkina*（克拉克刺）在吴家坪阶至长兴阶上部具有很高的分异度，并且形态特征明显，演化速度较快，成种事件易于识别和对比。在吴家坪阶至长兴阶界线层段，出现从 *Clarkina longicuspidata* 向 *C. wangi* 的演化序列，牙形刺的细齿和主齿由分离状态演变为最终融合（图 7-3-29）。长兴阶的底界定义在该演化序列中 *C. wangi* 的首现面，点位位于煤山 D 剖面层 4a-2 之底。这一演化序列在煤山 C 剖面和 D 剖面都能够清晰地识别出来。

②鏣。

特提斯区长兴期的鏣类以 *Palaeofusulina*（古纺锤鏣）为主导分子，其他的一些鏣类化石属种，如 *Reichelina changhsingensis* 和 *R. pulchra*，也是华南长兴期的特征分子。在煤山 D 剖面，*Palaeofusulina* 出现的最低层位恰位于界线层之上，更为进化的分子，如 *Palaeofusulina sinensis*，则在较高的层位（第 17 层）才出现；*Reichelina changhsingensis* 和 *R. pulchra* 在 4a 层首次出现。在煤山 C 剖面的 *Clarkina wangi* 首现面上，除较原始的 *Palaeofusulina* 分子之外，还出现了一些

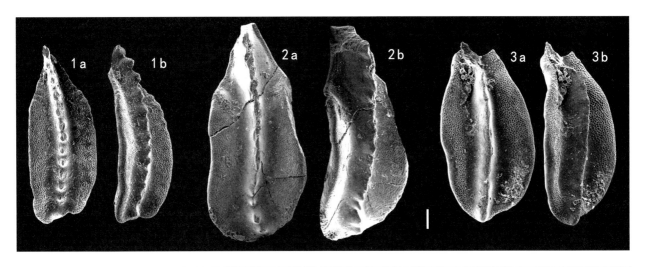

图7-3-29 煤山剖面吴家坪阶-长兴阶界线地层的标志性牙形刺化石。比例尺为100 μm，字母a和b代表同一标本的两个不同的视图。1. *Clarkina longicuspidata*；2. *C. longicuspidata* 向 *C. wangi* 演化的过渡类型；3. *Clarkina wangi*（据 Wang et al.，2006 修改）

与 *Palaeofusulina sinensis* 接近的较为进化的分子，该层位也与菊石 *Tapashanites* 的首现面相一致（Wang et al.，2006）。

③菊石。

煤山地区龙潭组上部产菊石化石 *Pseudogastrioceras*、*Jinjiangoceras* 和 *Konglingites*，而在长兴组开始出现 *Tapashanites* 和 *Pseudotirolites*，代表菊石动物群系统演化的一个转折点。长兴期早期的菊石动物群在煤山 D 剖面的长兴阶底界之上 4 m 处大量出现。大巴山类菊石 *Sinoceltites* 在煤山 C 剖面出现的最低层位与长兴阶底界的标志化石——牙形刺 *Clarkina wangi* 的首现面一致，*Tapashanites*（大巴山菊石）出现于界线之上 42 cm 处，二者都可用于辅助指示界线层位。

除牙形刺、蜓和菊石化石以外，煤山剖面还含有丰富的腕足动物、非蜓有孔虫、放射虫、介形类等化石，展现了古生代末期高分异度的化石面貌。

（4）地层学特征。

碳同位素比值（$\delta^{13}C$）在煤山 D 剖面的吴家坪阶-长兴阶界线附近呈现为低值（李玉成，1998）。类似现象在四川上寺剖面（李子舜等，1989）和广西合山马滩剖面（Shao et al.，2000）的吴家坪阶-长兴阶界线附近也都存在，表明了界线层与生物进化相一致的海洋化学环境的变化。

煤山地区的长兴阶发育多层火山灰，先后测得多组同位素年龄数据（Bowring et al.，1998；Shen et al.，2011）。目前，国际地层委员会二叠系分会采用 254.14 ± 0.07 Ma 作为长兴阶底界的年龄（Shen et al.，2018）。

3. 长兴阶底界的全球对比

长兴阶底界"金钉子"的确立为全球地层对比提供了生物地层的依据。在特提斯区长兴期的地层中普遍含蜓、菊石、腕足动物、放射虫和牙形刺等化石，与华南的生物地层序列序相近。例如伊朗中部 Ali Bashi 组与煤山地区的长兴组含有相同的牙形刺序列（Sweet & Mei，1999）。在日本南部、菲律宾、云南西部和美国俄勒冈等环太平洋国家和地区，长兴阶硅质岩中含高分异度的放射虫生物群，可与蜓类 *Palaeofusulina sinensis* 带对比（尚庆华等，2001）。在冈瓦纳大陆边缘的陆棚区，如我国藏南色龙剖面，发现有长兴阶顶部的牙形刺化石（Jin et al.，1996）。在加拿大北极地区的斯维德鲁帕（Sverdrup）盆地，Blindfiord 组底部含长兴期最晚期的牙形刺化石（Henderson & Baud，1997）。

在缺乏海相地层的区域，可根据磁极性地层和同位素年龄等特征来确定长兴阶的底界。伊拉瓦拉极性反转在美国瓜德鲁普山位于瓜德鲁普统顶部，吴家坪阶底部为反极性带，吴家坪阶上部为一个正极性带；长兴阶中下部为混合极性带，上部为正极性带，顶部为反极性带，三叠系最底部为正极性带（金玉玕等，1999b）。据此可以推断，德国北部镁灰统（Zechstein）盆地中的镁灰统上部主要是正极性层，相当于长兴阶的正极性带。在泛大陆内陆盆地中，俄罗斯乌拉尔地区鞑靼阶维雅茨克层（Vyatsk）以正极性层为主，间夹 2 个短的反极性层，相当于吴家坪阶上部至长兴阶中下部正极性带。在华北，伊拉瓦拉极性反转的层位在上石盒子组的下部（Embleton et al.，1996）；上石盒子组上部主要为反极性层，相当于吴家坪阶反极性带。上石盒子组最上部和孙家沟组表现出普遍的正极性（Menning & Jin，1998），与吴家坪阶顶部和长兴阶磁极层序一致。

第四节
二叠系内待定界线层型研究

一、亚丁斯克阶底界

1. 研究现状

亚丁斯克阶（Artinskian）的命名地点位于乌拉尔山的西坡——乌法河（Ufa）边的亚丁村附近，沿河岸边出露的地层富含菊石化石。Karpinsky（1874）从演化的角度认为这里的菊石化石明显要比萨克马尔阶的更为进化，于1890年根据菊石化石定义了该阶。

亚丁斯克阶底界的界线层型尚未确定，候选剖面主要有三条，都在乌拉尔地区（Chuvashov et al.，1990、2002）：Dal'ny Tulkas 剖面、Kondurovsky 剖面和 Usolka 剖面（图 7-4-1）。相比较而言，Dal'ny Tulkas 剖面发育最好，界线层为连续海相沉积，没有明显的沉积相变化，且保存了丰富的多门类化石。

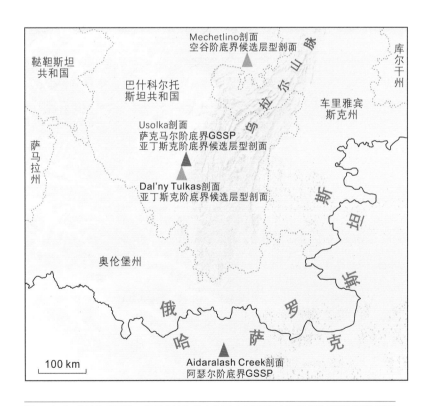

图 7-4-1 乌拉尔地区的二叠系乌拉尔统内若干"金钉子"剖面及候选层型剖面位置图

2. Dal'ny Tulkas 剖面

Dal'ny Tulkas 剖面位于俄罗斯巴什科尔托斯坦共和国 Krasnousol′sky 村东郊的 Toratau 地质公园内,沿 Dal'ny Tulkas 河岸分布,构造上位于 Usolka 背斜的南端。虽然剖面上部地层出露好,但萨克马尔阶 – 亚丁斯克阶界线出露不佳。2003 年,经过推土机清理,挖出探槽(图 7-4-2),出露的多数岩层中牙形刺化石都很丰富,生物屑灰岩夹层中含具有一定分选性的𧊛和菊石化石。

图 7-4-2 俄罗斯 Dal'ny Tulkas 剖面。A. 剖面和探槽全貌;B. 萨克马尔阶 - 亚丁斯克阶界线层(据 Chernykh et al., 2021 修改)

近年来,通过对 Dal'ny Tulkas 剖面探槽的研究,建立了牙形刺 *Sweetognathus binodosus* → *Sw. anceps* → *Sw. asymmetricus* 演化谱系(Henderson & Chernykh, 2021)。其中,*Sw. asymmetricus* 的首现被选为亚丁斯克阶底界的标志(图 7-4-3)。

Dal'ny Tulkas 剖面含丰富的菊石、𧊛、放射虫、孢粉等化石。菊石化石主要有 *Daraelites*、*Aktubinskia*、*Eothinites* 和 *Popanoceras* 等,代表典型的亚丁斯克期早期的化石组合,具有重要的地层指示意义。在挖掘出来的探槽剖面中,𧊛和小有孔虫化石较为丰富,𧊛类主要化石属有 *Boultonia*、*Schubertella*、*Pseudofusulina*、*Fusiella*、*Mesoschubertella* 等。剖面产出的孢粉化石虽然比较丰富,但是缺少可以对比的标志性化石。放射虫化石在探槽剖面中数量众多,有待进一步研究。

萨克马尔阶 – 亚丁斯克阶界线地层的全岩碳氧同位素是以 Dal'ny Tulkas 剖面为主开展的(Zeng et al., 2012)。研究结果表明,碳氧同位素的变化趋势总体上一致,在萨克马尔阶 – 亚丁斯克阶界线处有一个快速且明显的下降,在亚丁斯克期呈长期的下降趋势。Chuvashov 等(2013)认为,碳同位素变化曲线可以作为潜在的对比依据。在锶同位素方面,Chernykh 等(2012)测

阿瑟尔阶	萨克马尔阶			亚丁斯克阶
牙形刺化石带				
expansus	aff.*merrilli*	*binodosus*	*anceps*	*asymmetricus*

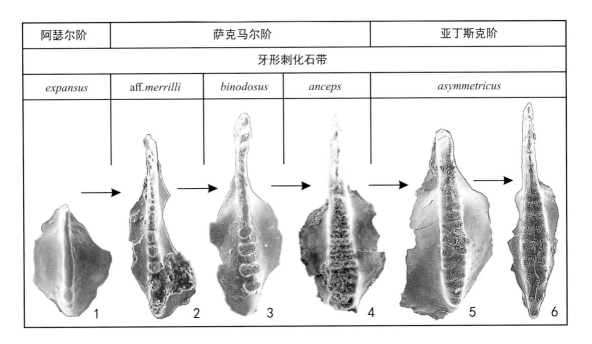

图 7-4-3 乌拉尔地区牙形刺演化序列。 1. *Sweetognathus expansus*，Usolka 剖面；2. *Sw.* aff. *merrilli*，Usolka 剖面；3. *Sw. binodosus*，Usolka 剖面；4. *Sw.anceps*，Dal'ny Tulkas 剖面，层 4a；5. 从 *Sw. anceps* 至 *Sw. asymmetricus* 的过渡类型，Dal'ny Tulkas 剖面，层 4b；6. *Sw. asymmetricus*，Dal'ny Tulkas 剖面，层 4b（据 Chernykh et al.，2021 修改）

算出的亚丁斯克阶底界的海水锶同位素值为 0.707 67。

Dal'ny Tulkas 剖面上有多层火山灰层，Schmitz 和 Davydov（2012）采集了该剖面三个层位的火山灰层：层 2 上部、层 7 上部、层 9 底部。测试的结果为：在层 2 获得 8 颗锆石，其中 6 颗的 $^{206}Pb/^{238}U$ 加权平均值为 290.81 ± 0.09 Ma；层 7 有 8 颗锆石，7 颗的 $^{206}Pb/^{238}U$ 加权平均值为 288.36 ± 0.10 Ma；层 9 火山灰中的 8 颗锆石的 $^{206}Pb/^{238}U$ 加权平均值为 288.21 ± 0.06 Ma。通过火山灰年龄值的外插计算，获得两个亚丁斯克阶底界的年龄值，290.1 ± 0.2 Ma（Schmitz & Davydov，2012）和 290.5 ± 0.4 Ma（Henderson & Shen，2020）。

3. 我国该界线的情况

我国乌拉尔世的牙形刺生物地层在黔南地区发育比较好，得到比较详细的研究。牙形刺化石种 *Sweetognathus whitei* 在很长一段时期内被作为亚丁斯克阶底界的标志化石。王志浩（Wang，1994）在贵州罗甸纳庆剖面发现 *Sw. whitei*，建立了 *Sw. whitei* 牙形刺带（图 7-4-4）。陈军（2011）研究了贵州紫云羊场和纳庆剖面，建立 *Sweetognathus whitei-Mesogondolella bisselli* 带。Sheng 和 Jin（1994）认为䗴类 *Pamirina-Darvasites ordinatus* 带与牙形刺 *Sw. whitei* 带相当，从而认为我国隆林阶相当于乌拉尔地区亚丁斯克阶。然而，由于最近国际上对 *Sw. whitei* 的分类学有了新的认识（Henderson & Chernykh，2021），我国相应地层中的牙形刺序列有待重新鉴别。

图 7-4-4 贵州罗甸纳庆剖面

二、空谷阶底界

1. 空谷阶底界候选层型剖面

空谷阶底界的地层对比是一个长期困扰二叠系地层工作者的难题，因为该界线层段对应一个全球低水位期，包括乌拉尔地区在内的北方大区由碳酸盐岩沉积转为陆相沉积，生物地层序列缺少充分的论证来建立全球对比的标准。空谷阶底界的"金钉子"尚未确立，先后有三条剖面被列为候选，分别是俄罗斯 Mechetlino 剖面、美国 Rockland 剖面和俄罗斯 Mechetlino Quarry 剖面。

（1）俄罗斯 Mechetlino 剖面。

空谷阶由 Stuckenberg（1890）命名，但是在建立之时并没有明确的定义，于是，沿着俄罗斯空谷城 Sylva 河岸出露的剖面就顺理成章地成为空谷阶的层型剖面。然而这条剖面上的古生物化石并不理想，达不到作为全球界线层型的要求。之后，位于 Mechetlino 城附近的亚丁斯克阶 – 空谷阶界线地层剖面被选为空谷阶底界的候选层型，并对其进行了详细地研究（Chuvashov et al., 1990；Chuvashov & Chernykh, 2000）（图 7-4-5A）。

2007 年，由中国、俄罗斯、美国、加拿大四国学者组成的野外工作组在俄罗斯学者的组织带领下，对乌拉尔地区 4 条重要的剖面，即 Kondurovsky、Dal'ny Tulkas、Mechetlino 和 Usolka 剖面进行了考察，并采集了各类化石样品。样品处理的结果于 2009 年在加拿大卡尔加里召开的国际牙形刺大会上进行了通报与交流。对 Mechetlino 剖面空谷阶界线附近所采集的牙形刺样品，在中国科学院南京地质古生物研究所和卡尔加里大学分别处理之后，皆未获得任何有地层指示意义的化石标本。此外，该剖面上的"火山灰"层中仅发现碎屑锆石，不能提供确切的绝对年龄值；剖面上岩石风化严重，无法获得可靠的碳同位素数据。据此，国际地层委员会二叠系分会建议放弃 Mechetlino 剖面作为空谷阶层型剖面，但仍将牙形刺 *Neostreptognathodus pnevi* 的首现作为空谷阶底界的标志化石。同年，位于美国 Pequop 山的 Rockland 剖面被推举为空谷阶底界的候选层型（Henderson & Kotlyar, 2009）。

（2）美国 Rockland 剖面。

Rockland 剖面（北纬 40° 46′ 45″，西经 114° 36′ 23″）位于内华达州威尔斯附近的 Pequop 山脉内，对该剖面的研究历史悠久，它是美国西部二叠系的经典剖面。牙形刺 *Neostreptognathodus pequopensis* → *N. pnevi* 演化序列中的 *N. pequopensis* 最早就是命名于内华达（Behnken, 1975）。自 1997 年起，Bruce Wardlaw、Charles Henderson、Vladimir Davydov 等二叠系专家先后对这个剖面的牙形刺进行了三方独立分析，将 *N. pnevi* 首现的误差范围缩小至 40 cm。不仅如此，在根据牙形刺确定的空谷阶底界之上 28.5 m 处发现了特提斯区的典型化石——帕米尔蟆（*Pamirina*），这是该化石属在北美地区的首次发现，为开展生物地层对比提供了重要依据。2012 年，空谷阶界线工作组就美国 Rockland 和俄罗斯 Mechetlino 两条剖面进行投票，最终选定 Rockland 剖面上 *N. pnevi* 的首现（FAD）为空谷阶底界层型的初步方案，Mechetlino 剖面则为备选剖面。

与 Mechetlino 剖面相比，Rockland 剖面沉积相单一，以碳酸岩沉积为主，极少有碎屑岩沉积（图 7-4-5B）。界线地层中牙形刺化石丰富，也包括具有地层指示意义、可以与特提斯地区进行对比的蟆类化石，因此在区域性地层对比上具有优势。但不足之处在于，Rockland 剖面上牙形刺的蚀变指数较高，CAI 值为 5，甚至更高，不适宜开展牙形刺地球化学研究；而 Mechetlino 剖面上牙形刺的保存状况则较好，CAI 值为 1.5 或更低（图 7-4-6）。

图 7-4-5 　Mechetlino（MS）剖面与 Rockland 剖面地层出露状况对比。A. Mechetlino（MS）剖面，箭头所指为提议的空谷阶底界，界线处存在强烈风化作用，界线地层仅出露于探槽中；B. Rockland 剖面，空谷阶底界地层为碳酸盐岩，出露较好（据 Henderson et al.，2012a 修改）

Rockland 剖面的牙形刺

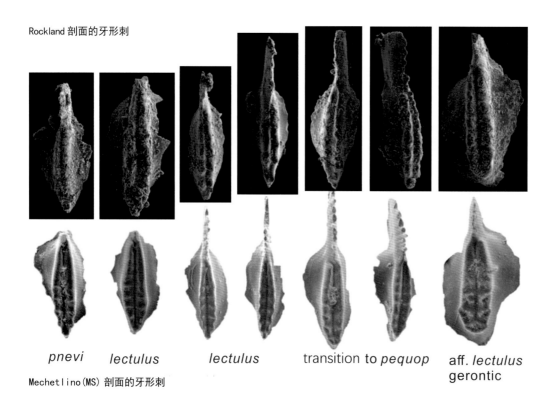

pnevi　lectulus　　　lectulus　　　transition to pequop　　aff. lectulus
geronstic

Mechetlino(MS) 剖面的牙形刺

图 7-4-6 　Mechetlino（MS）剖面与 Rockland 剖面的牙形刺化石 N. pnevi。根据形态的相似性，Henderson 和 Wardlaw 认为所有的标本都属于 N. pnevi（据 Henderson et al.，2012a 修改）

（3）俄罗斯 Mechetlino Quarry 剖面。

虽然 Mechetlino 剖面未能成为首选剖面，但俄罗斯专家并不放弃，转而提出以 Mechetlino 剖面以东 600 m 处的 Mechetlino Quarry（简称 MQ 剖面）剖面为层型的方案。

Mechetlino Quarry 剖面随后得到了全面的清理、研究和保护，在 2017 年成为俄罗斯地质公园的一部分，公路直接通达剖面，原先仅出露于人工挖掘的探槽中的亚丁斯克阶上部地层也全面展现出来（图 7-4-7）。专家们对牙形刺、菊石、有孔虫等多门类化石、碳氧同位素地层和磁性地层等多方面开展了详细的工作。2020 年，Chernykh 等再次提出以该剖面为空谷阶底界层型的提案（Chernykh et al.，2020b）。目前，Roakland 剖面和 Mechetlino Quarry 剖面成为两条最具竞争力的空谷阶底界"金钉子"的候选剖面。

图 7-4-7 Mechetlino Quarry 剖面地层及出露状况（据 Chernykh et al.，2020b 修改）

据最新的研究报道（Chernykh，2020b），牙形刺演化序列 *Neostreptognathodus pequopensis* → *N. pnevi* 在 MQ 剖面上得到验证，亚丁斯克阶 – 空谷阶的界线定于上述牙形刺演化序列中 *N. pnevi* 的首现（图 7-4-8）。除此之外，在界线层还识别出 *Neostreptognathodus ruzhencevi* → *N. lectulus* 牙形刺演化序列，因为 *N. lectulus* 的首现与 *N. pnevi* 的首现层位一致，所以也被当作空谷阶底界的识别标志之一。

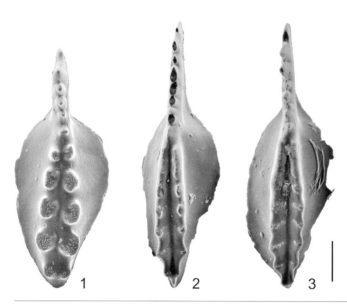

图 7-4-8 Mechetlino Quarry 剖面牙形刺的演化序列。1. *Neostreptognathodus pequopensis*；2. *N. pequopensis-N. pnevi* 的过渡类型；3. *N. pnevi*。比例尺均为 0.25 mm（据 Chernykh et al.，2020b 修改）

除了含有丰富的菊石、有孔虫化石以外，MQ 剖面还有腕足动物、鱼类和三叶虫等，专家们对此都已经分别开展了研究。此外，在地球化学、沉积学以及磁性地层学等方面也开展了一系列研究。碳同位素比值在空谷阶底界存在一次明显的正漂，牙形刺锶同位素比值在亚丁斯克阶 – 空谷阶界线处为 0.707 43 ~ 0.707 39，通过计算得到的空谷阶底界年龄值为 283.52 ± 0.6 Ma。

2. 我国该界线的情况

尽管空谷阶底界层型尚未确立，但是将牙形刺 *Neostreptognathodus pnevi* 的首现作为空谷阶底界的标志性化石已经得到二叠系地层委员会的认可。在华南，牙形刺 *N. pequopensis*→*N. pnevi* 演化序列不完整。张正华（1988）、Wang（1994）在黔南地区仅识别出 *N. pequopensis* 带，并将其归于栖霞阶最下部的一个化石带。Henderson 和 Mei（2003）在对纳水剖面的牙形刺研究之后，建立 *N. exsculptus-N. pequopensis* 带。据陈军博士论文（2011），在贵州紫云羊场火烘冲剖面第 33 层顶部的中薄层灰岩中，出现形态特征介于 *N. pequopensis* 与 *N. pnevi* 之间的牙形刺标本，但 *N. pnevi* 的首现层位尚不能确定；贵州罗甸纳水剖面上没有发现典型的 *N. pequopensis*，推测华南的 *N.*

pnevi 可能是从其他地区迁移而来，但是 *N. pequopensis* 的出现至少表明其层位接近空谷阶底界。

另外值得关注的是，纳水剖面发现的 *N. pnevi* 与乌拉尔地区的牙形刺分子不完全一致，还需要进一步开展牙形刺分类学研究。由此，以 *N. pnevi* 来确定华南空谷阶底界尚不确切。Sheng 和 Jin（1994）认为空谷阶大致相当于我国罗甸阶和祥播阶。显然，更为精确的生物地层对比还有待于更详细的牙形刺、蟆等高精度生物地层研究。

致谢：

感谢沈树忠院士对本文提出的建设性意见和建议，感谢国家自然科学基金（41830323）、中国科学院先导 B 项目（XDB26000000）和地质调查项目（DD20190009）的资助。

参考文献

陈军．2011．贵州南部下二叠统（乌拉尔统）牙形刺生物地层与全球对比．博士学位论文．南京：中国科学院研究生院／南京地质古生物研究所博士学位论文．1-225.

房强，景秀春，邓胜徽，王训练．2012．川北上寺剖面罗德阶-吴家坪阶牙形石生物地层．地层学杂志，36(4): 692-699.

黄汲清．1932．中国南部之二叠系地层．地质专报，甲种第 10 号：11-16.

金玉玕．1960．南京龙潭孤峰组牙形类化石．古生物学报，8(3): 230-248.

金玉玕，王向东，尚庆华，王玥，盛金章．1999a．中国二叠纪年代地层划分和对比．地质学报，73(2): 97-108.

金玉玕，尚庆华，曹长群．1999b．晚二叠世磁性地层及国际对比意义．科学通报，44(8): 800-806.

李玉成．1998．华南二叠系长兴阶层型剖面碳酸盐岩碳、氧同位素地层．地层学杂志，22(1): 34-36.

李子舜，詹立培，戴进业，金若谷，朱秀芳，张景华，黄恒铨．1989．川北陕南二叠－三叠纪生物地层及事件地层学研究．北京：地质出版社，1-437.

梅仕龙，金玉玕，Wardlaw, B.R．1994．川东北二叠纪吴家坪期牙形石（刺）序列及其世界对比．微体古生物学报，11(2): 121-139.

沙庆安，吴望始，傅家谟．1990．黔桂地区二叠系综合研究—兼论含油气性．北京：科学出版社，1-207.

尚庆华，Caridroit, M.，王玉净．2001．广西南部二叠纪长兴期放射虫动物群．微体古生物学报，18(3): 229-240.

沈树忠，张华，张以春，袁东勋，陈波，何卫红，牟林，林巍，王文倩，陈军，吴琼，曹长群，王玥，王向东．2019．中国二叠纪综合地层和时间框架．中国科学-地球科学，49(1): 160-193.

盛金章．1955．长兴灰岩中的蜓科化石．古生物学报，3(4): 287-308.

盛金章．1962．中国的二叠系 // 全国地层会议学术报告（主编）．北京：科学出版社，1-95.

盛金章，张遴信．1958．浙江长兴长兴灰岩中的蜓科化石．古生物学报，6(2): 205-214.

王成源．1995．孤峰组最底部的牙形刺动物群．微体古生物学报，12(3): 293-297.

王成源，董振常．1991．湖南慈利索溪峪二叠系牙形刺．微体古生物学报，8(1): 41-56.

王志浩，祁玉平．2002．黔南石炭-二叠系界线牙形刺序列的再研究．微体古生物学报，19(3): 228-236.

张正华，王治华，李昌全．1988．黔南二叠纪地层．贵阳：贵州人民出版社，1-113.

赵金科，盛金章，姚兆奇，梁希洛，陈楚震，芮琳，廖卓庭．1981．中国南部的长兴阶和二叠系与三叠系之间的界线．中国科学院南京地质古生物研究所丛刊，2: 1-131.

周祖仁，Glenister, B.F., Furnish, W.M．2000．二叠纪菊石属 *Shengoceras* 的特大型标本在广西的发现．古生物学报，39(1): 76-80.

Adams, J.E., Cheney, M.F., Deford, R.K., Dickey, R.I., Dunbar, C.A., Hills, J.M., King, R.E., Lloyd, R.E., Miller, A.K., Needham, C.E. 1939. Standard Permian section of North American. Bulletin of the American Association of Petroleum Geologists, 23: 1673-1681.

Baud, A., Atudorei, V., Zachary, S. 1995. The Upper Permian of the Salt Range area revisited: New stable isotope data. Permophiles, 29: 39-42.

Behnken, F.H. 1975. Leonardian and Guadalupain (Permian) conodont biostratigraphy in Western and Southwestern United States. Journal of Paleontology, 49(2): 284-315.

Bogoslovskaya, M.F., Leonova, T.B., Shkolin, A.A. 1995. The Carboniferous-Permian boundary and ammonoids from the Aidaralash section, southern Urals. Journal of Paleontology, 69(2): 288-301.

Bowring, S.A., Erwin, D.H., Jin, Y.G., Martin, M.W., Davidek, K., Wang, W. 1998. U/Pb zircon geochronology and tempo of the end-Permian mass extinction. Science, 280: 1039-1045.

Burgess, S.D., Bowring, S.A., Shen, S.Z. 2014. High-precision timeline for Earth's most severe extinction. Proceedings of the National Academy of Sciences, 111(9): 3316-3321.

Chen, B., Joachimski, M.M., Shen, S.Z., Lambert, L.L., Lai, X.L., Wang, X.D., Chen, J., Yuan, D.X. 2013. Permian ice volume and palaeoclimate history: oxygen isotope proxies revisited. Gondwana Research, 24(1): 77-89.

Chen, J., Shen, S.Z., Li, X.H., Xu, Y.G., Joachimski, M.M., Bowring, S.A., Erwin, D.H., Yuan, D.X., Chen, B., Zhang, H., Wang, Y., Cao, C.Q., Zheng, Q.F., Mu, L. 2015. High-resolution SIMS oxygen isotope analysis on conodont apatite from South China and implications for the end-Permian mass extinction. Palaeogeography, Palaeoclimatology, Palaeoecology, 448: 26-38.

Chernykh, V.V. 2005. Zonal method in biostratigraphy, zonal conodont scale of the Lower Permian in the Urals. Institute of Geology and Geophysics, Uralian Division, Russian Academy of Science, Ekaterinburg, 217.

Chernykh, V.V. 2017. Discussion on the updated version of the Sakmarian-base GSSP proposal published in Permophiles 63 (October, 2016). Permophiles, 64: 8.

Chernykh, V.V., Ritter, S.M. 1994. Preliminary biostratigraphic assessment of conodonts from the proposed Carboniferous-Permian boundary stratotype, Aidaralash Creek, northern Kazakhstan. Permophiles, a Newsletter of SCPS, 25: 4-6.

Chernykh, V.V., Ritter, S.M. 1997. *Streptognathodus* (Conodonta) succession at the proposed Carboniferous-Permian boundary Stratotype Section, Aidaralash Creek, northern Kazakhstan. Journal of Paleontology, 71(3): 459-474.

Chernykh, V.V., Chuvashov, B.I., Davydov, V.I., Schmitz, M.D. 2012. Mechetlino Section: A candidate for the Global Stratotype and Point (GSSP) of the Kungurian Stage (Cisuralian, Lower Permian). Permophiles, 56: 21-34.

Chernykh, V.V., Chuvashov, B.I., Shen, S.Z., Henderson, C.M. 2013.

Proposal for the Global Stratotype Section and Point (GSSP) for the base-Sakmarian Stage (Lower Permian). Permophiles, 58: 16-26.

Chernykh, V.V., Chuvashov, B.I., Shen, S.Z., Henderson, C.M., Yuan, D.X., Stephenson, M.H. 2020a. The Global Stratotype Section and Point (GSSP) for the base-Sakmarian Stage (Cisuralian, Lower Permian). Episodes, 43(4): 961-979.

Chernykh, V.V., Kotlyar, G.V., Chuvashov, B.I., Kutygin, R.V., Filimonova, T.V., Sungatullina, G.M., Mizens, G.A., Sungatullin, R.Kh., Isakova, T.N., Boiko, M.S., Ivanov, A.O., Nurgalieva, N.G., Balabanov, Y.P., Mychko, E.V., Gareev, B.I., Batalin, G.A. 2020b. Multidisciplinary study of the Mechetlino Quarry section (Southern Urals, Russia) — The GSSP candidate for the base of the Kungurian Stage (Lower Permian). Palaeoworld, 29: 325-352.

Chernykh, V.V., Henderson, C.M., Kutygin, R.V., Shen, S.Z. 2021. Proposal for the Global Stratotype Section and Point (GSSP) for the base-Artinskian Stage (Lower Permian). Permophiles, 71: 45-72.

Chuvashov, B.I., Chernykh, V.V. 2000. The Kungurian Stage in the general stratigraphic scale of the Permian System. Doklady Earth Sciences, 375A(9): 1345-1349.

Chuvashov, B.I., Dyupina, G.V., Mizens, G.A., Chernykh, V.V. 1990. Reference sections of the Upper Carboniferous and Lower Permian of western flank Urals and Preurals. Academy of Sciences, USSR, 369.

Chuvashov, B.I., Chernykh, V.V., Leven, E.Y., Davydov, V.I., Bowring, S., Ramezani, J., Glenister, B.F., Henderson, C.M., Schiappa, T.A., Northrup, C.J., Snyder, W.S., Spinosa, C., Wardlaw, B.R. 2002. Progress report on the base of the Artinskian and base of the Kungurian by the Cisuralian Working Group. Permophiles, 4: 13-16.

Chuvashov, B.I., Chernykh, V.V., Shen, S.Z., Henderson, C.M. 2013. Proposal for the Global Stratotype Section and Point (GSSP) for the base-Artinskian Stage (Lower Permian). Permophiles, 58: 11-34.

Clark, D.L., Ethington, F.H. 1962. Survey of Permian conodonts in Western North America. Brigham Young University Geology Studies, 9: 102-114.

Cooper, G.A., Grant, R.E. 1964. New Permian stratigraphic units in Glass Mountains, West Texas. Bulletin of the American Association of Petroleum Geologists, 48: 1581-1588.

Davydov, V.I. 1993. The Carboniferous/Permian boundary in Russia and its position in the Aidaralasch type-section of the Urals (a reply to the article by B.I. Chuvashet et al. in "Permophiles", No. 22, June 1993). Permophiles, a Newsletter of SCPS, 23: 5-8.

Davydov, V.I., Glenister, B.F., Spinosa, C., Ritter, S.M., Chemykh, V.V., Wardlaw, B.R., Snyder, W.S. 1998. Proposal of Aidaralash as global stratotype section and point (GSSP) for base of the Permian System. Episodes, 21: 11-18.

Dunn, M.T. 2001. Palynology of the Carboniferous-Permian boundary stratotype, Aidaralash Creek, Kazakhstan. Review of Palaeobotany and Palynology, 116(3-4): 175-194.

Ehiro, M., Shen, S.Z. 2008. Permian ammonoid *Kufengoceras* from the uppermost Maokou Formation (earliest Wuchiapingian) at Penglaitan, Laibin Area, Guangxi Autonomous Region, South China. Paleontological Research, 12(3): 255-259.

Embleton, B.J.J., McElhinny, M.W., Ma, X.H., Zhang, Z.K., Li, Z.X. 1996. Permo-Triassic magnetostratigraphy in China: the type section near Taiyuan, Shanxi Province, North China. Geophysical Journal International, 126: 382-388.

Erwin, D.H. 1993. The Great Paleozoic Crisis: Life and death in the Permian. New York: Columbia University Press, 327.

Fan, J.X., Shen, S.Z., Erwin, D.G., Sadler, P.M., Macleod, N., Cheng, Q.M., Hou, X.D., Yang, J., Wang, X.D., Wang, Y., Zhang, H., Chen, X., Li, G.X., Zhang, Y.C., Shi, Y.K., Yuan, D.X., Chen, Q., Zhang, L.N., Li, C., Zhao, Y.Y. 2020. A high-resolution summary of Cambrian to Early Triassic marine invertebrate biodiversity. Science, 367(6475): 272-277.

Furnish, W.M. 1973. Permian stage names//Logan, A., Hills, L.V. (eds.). The Permian and Triassic Systems and their mutual boundary. Canadian Society of Petroleum Geologist, Memoir 2: 522-548.

Glenister, B.F., Furnish, W.M. 1961. The Permian Ammonoids of Australia. Journal of Paleontology, 35: 673-736.

Glenister, B.F., Furnish, W.M. 1987. New Permian representatives of Ammonoid superfamilies Marathonitaceae and Cyclolobaceae. Journal of Paleontology, 61: 982-998.

Glenister, B.F., Boyd, D.W., Furnish, W.M., Grant, R.E., Harris, M.T., Kozur, H., Lambert, L.L., Nassichuk, W.W., Newell, N.D., Pray, L.C., Spinosa, C., Wardlaw, B.R., Wilde, G.L., Yancey, T.E. 1992. The Guadalupian: proposed International Standard for a Middle Permian Series. International Geology Review, 34(9): 857-888.

Glenister, B.F., Wardlaw, B.R., Lambert, L.L., Spinosa, C., Bowring, S.A., Erwin, D.H., Menning, M., Wilde, G.L. 1999. Proposal of Guadalupian and Component Roadian, Wordian and Capitanian Stages as International Standards for the Middle Permian Series. Permophiles, 34: 3-11.

Grabau, A.W. 1923. Stratigraphy of China. Pt. 1, Palaeozoic and Older. Geologcial Survey of China, 1-528.

Henderson, C.M. 2017. Discussion on the updated version of the Sakmarian-base GSSP proposal published in Permophiles 63 (October, 2016). Permophiles, 64: 5-6.

Henderson, C.M. 2018. Permian conodont biostratigraphy. Geological Society London, Special Publications, 450: 119-142.

Henderson, C.M., Baud, A. 1997. Correlation between Permian-Triassic boundary Arctic Canada and Meishan Section of China//Remane, J., Wang, N.W. (eds.). The Proceedings of the 30th International Geological Congress, 11. Stratigraphy. Netherlands: VSP Publisher, 143-152.

Henderson, C.M., Kotlyar, G.V. 2009. Communication. Permophiles, 54: 3-7.

Henderson, C.M., Mei, S.L. 2003. Stratigraphic versus environmental significance of Permian serrated conodonts around the Cisuralian-Guadalupian boundary: new evidence from Oman. Palaeogeography, Palaeoclimatology, Palaeoecology, 191: 301-328.

Henderson, C.M., Chernykh, V.V. 2021. To be or not to be *Sweetognathus asymmetricus*? Permophiles, 70: 10-13.

Henderson, C.M., Shen, S.Z. 2020. The Permian Period// Gradstein, F.M., Ogg, J.G., Ogg, G.M. (eds.). Geologic Time Scale. 875-902.

Henderson, C.M., Wardlaw, B.R., Davydov, V.I., Schmitz, M.D., Schiappa, T.A., Tierney, K.E., Shen, S.Z. 2012a. Proposal for the base-Kungurian GSSP. Permophiles, 56: 8-21.

Henderson, C.M., Davydov, V.I., Wardlaw, B.R. 2012b. The Permian Period//Gradstein, F.M., Ogg, J.G., Schmitz, M.D., Ogg, G.M. (eds.). the Geologic Time Scale 2012. Amsterdam: Elsevier BV, 653-680.

Hounslow, M.W., Balabanov, Y.P. 2018. A geomagnetic polarity timescale for the Permian, calibrated to stage boundaries//Lucas, S.G., Shen, S.Z. (eds.). The Permian Timescale. Geological Society, London, Special Publications, 450: 61-103.

Jin, Y.G. 1993. Pre-Lopingian benthos crisis, Comptes Rendus XII ICC-P, Volume 2: Buenos Aires, 269-278.

Jin, Y.G. 1994. Report on the Lopingian Series by the Chinese Working Group. Permophiles, 25: 8-9.

Jin, Y.G., Zhang, J., Shang, Q.H. 1994. Two Phases of the End-Permian Mass Extinction. Pangea: global environments and resources. Canadian Society of Petroleum Geologists. Canadian Socitey of Petroleum Geologists Memoir, 17: 813-822.

Jin, Y.G., Shen, S.Z., Zhu, Z.L., Mei, S.L. 1996. The Selong Section, the candidate of the Global Stratotype Section and Point of the Permian-Triassic boundary//Yin, H.F. (ed.). The Palaeozoic-Mesozoic Boundary, Candidates of the Global Stratotype Section and Point of the Permian-Triassic Boundary. Wuhan: China University of Geosciences Press, 127-137.

Jin, Y.G., Wardlaw, B.R., Glenister, B.F., Kotlyar, G.V. 1997. Permian chronostratigraphic subdivisions. Episodes, 20(1): 10-15.

Jin, Y.G., Mei, S.l., Wang, W., Wang, X.D., Shen, S.Z., Shang, Q.H., Chen, Z.Q. 1998. On the Lopingian Series of the Permian System. Palaeoworld, 9: 1-18.

Jin, Y.G., Wang, Y., Wang, W., Shang, Q.H., Cao, C.Q., Erwin, D.H. 2000. Pattern of marine mass extinction near the Permian-Triassic boundary in South China. Science, 289: 432-436.

Jin, Y.G., Henderson, C.M., Wardlaw, B.R., Shen, S.Z. Wang, X.D., Wang, Y., Cao, C.Q., Chen, L.D. 2004. Proposal for the global Stratotype Section and Point (GSSP) for the Wuchiapingian-Changhsingian Stage boundary (Upper Permian Lopingian Series). Permofile, 43: 8-23.

Jin, Y.G., Shen, S.Z., Henderson, C.M., Wang, X.D., Wang, W., Wang, Y., Cao, C.Q., 2006a. The Global Stratotype Section and Point (GSSP) for the base-Wuchiapingian Stage and base-Lopingian (Upper Permian) Series. Episodes, 29(4): 253-262

Jin, Y.G., Wang, Y., Henderson, C.M., Wardlaw, B.R., Shen, S.Z., Cao, C.Q. 2006b. The Global Stratotype Section and Point (GSSP) for the base-Changhsingian Stage (Upper Permian). Episodes, 29(3): 175-182.

Joachimski, M.M., Lai, X.L., Shen, S.Z., Jiang, H.S., Luo, G.M., Chen, B., Chen, J., Sun, Y.D. 2012. Climate warming in the latest Permian and the Permian-Triassic mass extinction. Geology, 40(3): 195-198.

Karpinsky, A.P. 1874. Geological investigation of the Orenburg area. Zapiski Imperatorskargo S. Peterburgskago Mineralogicheskoe Obshchestvo, 2(9): 212-310.

Karpinsky, A.P. 1889. Über die Ammoneen der Artinsk-Stufe und einige mit denselben verwandte carbonische Forman. Memoir of the Imperial Academy of Science St. Petersburg, series 7, 37(2): 104.

Karpinsky, A.P. 1890, Ammonoids of Artinskian stage and some similar Carboniferous forms: Transaction of Geological Committee of Russia, Sankt-Petersburg, 192pp.

King, P.B. 1931. The Geology of the Glass Mountains, Texas, Part I: Descriptive Geology. University of Texas Bulletin, 3018, 167 pp.

Kozur, H.W. 2003. Integrated Permian ammonoid, conodont, fusulinid, marine ostracod and radiolarian biostratigraphy. Permophiles, 42: 24-33.

Krassilov, V.A., Afonian, S.A., Lozovsky, V.R. 1999. Floristic evidence of transitional Permian - Triassic deposits of Volga-Dvina region. Permophiles, 34:12-14.

Lambert, L.L., Wardlaw, B.R. 2006. Conodont apparatuses from the *Mesogondolella-Jinogondolella* transition, Cisuralian-Guadalupian (Permian) of West Texas. Proceedings of the International Conodont Symposium (ICOS 06), Abstract with Programme, Leicester, 51.

Lambert, L.L., Lehrmann, D.J., Harris, M.T. 2000. Correlation of the Road Canyon and Cutoff formations, West Texas, and its relevance to establishing an International Middle Permian (Guadalupian) Series// Wardlaw, B.R., Grant, R.E., Rohr, D.M. (eds.). The Guadalupian Symposium. Washington D.C.: Smithsonian Institution Press, 153-183.

Lambert, L.L., Wardlaw, B.R., Henderson, C.M. 2007. *Mesogondolella* and *Jinogondolella* (Conodonta): Multielement definition of the taxa that bracket the basal Guadalupian (Middle Permian Series) GSSP. Palaeoworld, 16: 208-221.

Leven, E.Y. 2003. The Permian stratigraphy and fusulinids of Tethys. The Rivista Italiana di Paleontologia e Stratigrafia, 101: 267-280.

Liu, X.C., Wang, W., Shen, S.Z., Gorgij, M.N., Ye, F.C., Zhang, Y.C., Furuyama, S., Kano, A., Chen, X.Z. 2013. Late Guadalupian to Lopingian (Permian) carbon and strontium isotopic chemostratigraphy in the Abadeh section, central Iran. Gondwana Research, 24: 222-232.

Lucas, S.G. 2013. We need a new GSSP for the base of the Permian. Permophiles, 58: 8-12.

Lucas, S.G. 2017. Identification and age of the beginning of the Permian-Triassic Illawarra Superchron. Permophiles, 65: 11-14.

Lucas, S.G., Shen, S.Z. 2018. The Permian chronostratigraphic scale: history, status and prospectus. Geological Society of London Special Publications, 450(1): 21-50.

Mei, S.L., Henderson, C.M. 2002. Conodont definition of the Kungurian (Cisuralian) and Roadian (Guadalupian) boundary//Hills, L.V., Henderson, C.M., Bamber, E.W. (eds.). Carboniferous and

Permian of the World. Canadian Society of Petroleum Geologists, Memoir, 19: 529-551.

Mei, S.L., Wardlaw, B.R. 1994. Jinogondolella: A new genus of Permian Gondolellids. International Symposium on Permian Stratigraphy, Environments and Resources, Abstracts, Guiyang, China, 20-21.

Mei, S.L., Jin, Y.G., Wardlaw, B.R. 1994. Zonation of conodonts from the Maokouan-Lopingian boundary strata, South China. Palaeoworld, 4: 225-233.

Mei, S.L., Jin, Y.G., Wardlaw, B.R. 1998. Conodont succession of the Guadalupian-Lopingian boundary strata in Laibin of Guangxi, China and West Texas, USA. Palaeoworld, 9: 53-76.

Mei, S.L., Henderson, C.M., Cao, C.Q. 2001. Update on the definition for the base of the Changhsingian Stage, Lopingian Series. Permophiles, 39:8.

Mei, S.L., Henderson, C.M., Wardlaw, B.R. 2002. Evolution and distribution of the conodont Sweetognathus and Iranognathus and related genera during Permian, and their implication for climate change. Palaeogeography, Palaeoclimatology, Palaeoecology, 180: 57-91.

Menning, M., Jin, Y.G. 1998. Comment on "Permo-Triassic magnetostratigraphy in China: the type section near Taiyuan, Shanxi Province, North China" by B.J.J. Embleton, M.W. McElhinny, X.H. Ma, Z.K. Zhang and Z.X. Li. Geophysical Journal International, 133(1): 213-216.

Menning, M., Aleseev, A.S., Chuvashov, B.I., Davydov, V.I., Devuyst, F.X., Forke, H.C., Grunt, T.A., Hance, L., Heckel, P.H., Izokh, N.G., Jin, Y.G., Jones, P.J., Kotlyar, G.V., Kozur, H.W., Nemyrovska, T.I., Schneider, J.W., Wang, X.D., Weddige, K., Weyer, D., Work, D.M. 2006. Global Time Scale and regional stratigraphic reference scales of central and west Europe, east Europe, Tethys, south China, and North America as used in the Devonian-Carboniferous-Permian correlation chart 2003 (DCP 2003). Palaeogeography, Palaeoclimatology, Palaeoecology, 240: 318-372.

Mii, H.S., Shi, G.R., Cheng, C.J., Chen, Y.Y. 2012. Permian Gondwanaland paleoenvironment inferred from carbon and oxygen isotope records of brachiopod fossils from Sydney Basin, southeast Australia. Chemical Geology, 291: 87-103.

Montañez, I.P., Tabor, N.J., Niemeier, D., DiMichele, W.A., Frank, T.D., Fielding, C.R., Isbell, J.L., Birgenheier, L.P., Rygel, M.C. 2007. CO_2-forced climate and vegetation instability during Late Paleozoic deglaciation. Science, 315: 87-91.

Murchison, R.I. 1841. First sketch of the principal results of a second geological survey of Russia. Philosophical Magazine, 3(19): 1-422.

Popov, A.V., Davydov, V.I. 1987. Carboniferous and Permian boundary according to magneto- and biostratigraphic criteria. Abstracts of papers 11th ICC, Beijing, Vol. II, 316-518.

Ramezani, J., Bowring, S.A. 2018. Advances in numerical calibration of the Permian timescale based on radioisotopic geochronology. Geological Society of London, Special Publications, 450: 51-60.

Ramezani, J., Schmitz, M.D., Davydov, V.I., Bowring, S.A., Snyder, W.S., Northrup, C.J. 2007. High-precision U-Pb zircon age constraints on the Carboniferous-Permian boundary in the southern Urals stratotype. Earth and Planetary Science Letters, 256: 244-257.

Rathjen, J.D., Wardlaw, B.R., Rohr, D.M., Grant, R.E. 2000. Carbonate deposition of the Permian Word Formation, Glass Mountains, West Texas//Wardlaw, B.R., Grant, R.E., Rohr, D.M. (eds.). The Guadalupian Symposium. Washington D.C.: Smithsonian Institution Press, 261-290.

Rauser-Chernousova, D.M. 1965. Foraminifers in the stratotype section of the Sakmarian Stage (Sakmara River, Southern Ural). Transactions of Geological Institute of Academy of Sciences of USSR, 135: 80 (in Russian).

Remane, J., Faure-Muret, A., Odin, G.S. 2000. The International Stratigraphic Chart: The Division of Earth Sciences. UNESCO, 5: 1-14.

Renne, P.R., Zhang, Z.C., Richards, M.A., Black, M.T., Basu, A.R. 1995. Synchrony and causal relations between Permian-Triassic boundary crises and Siberian flood volcanism. Science, 269: 1413-1416.

Richardson, G.B. 1904. Report of a reconnaissance in Trans-Pecos, north of the Texas and Pacific Railway. Texas University Mineral Survey Bulletin, 23: 1-119.

Ross, C.A. 1963. Fusulinids from the Word Formation (Permian), Glass Mountains, Texas. Contributions from the Cushman Foundation for Foraminiferal Research, 14: 17-31.

Rui, L., Sheng, J.Z. 1981. On the genus Palaeofusulina. Geological Society of America, Special Paper, 187:33-37.

Ruzhencev, V.E. 1936. Upper Carboniferous and Lower Permian stratigraphy in Orenburgian area. Bulletin of Moscow Society of Natural History, Geological Series, 14(3): 187-214.

Ruzhencev, V.E. 1954. Asselian Stage of the Permian System. Doklady Akademiya Nauk USSR, Seriya Geologicheskaya, 99(6): 1079-1082.

Schiappa, T.A. 1999. Lower Permian (Asselian-Sakmarian) stratigraphy and biostratigraphy (ammonoid and conodont) of Novogafarovo and Kondurovsky, southern Ural Mountains, Russia. University of Idaho: 200.

Schiappa, T.A., Snyder, W.S. 1998. Stratigraphy and sequence stratigraphy of Kondurovka and Novogafarovo, the potential Sakmarian boundary stratotype, Southern Ural Mountains, Russia. Permophiles, 32: 2-6.

Schmitz, M.D., Davydov, V.I. 2012. Quantitative radiometric and biostratigraphic calibration of the Pennsylvanian-Early Permian (Cisuralian) time scale and pan-Euramerican chronostratigraphic correlation. GSA Bulletin, 124(3/4): 549-577.

Schmitz, M.D., Davydov, V.I., Snyder, W.S. 2009. Permo-Carboniferous conodonts and tuffs: high precision marine Sr isotope geochronology. Permophiles, Supplement 1(53): 48.

Schneider, J.W., Lucas, S.G., Scholze, F., Voigt, S., Marchetti, L., Klein, H., Opluštil, S., Werneburg, R., Golubev, V.K., Barrick, J.E.,

Nemyrovska, T., Ronchi, A., Day, M.O., Silantiev, V.V., Rößler, R., Saber, H., Linnemann, U., Zharinova, V., Shen, S.Z. 2020. Late Paleozoic–early Mesozoic continental biostratigraphy — Links to the Standard Global Chronostratigraphic Scale. Palaeoworld, 29(2): 186-238.

Scotese, C.R., Wright, N. 2018. PALEOMAP Paleodigital Elevation Models (PaleoDEMS) for the Phanerozoic PALEOMAP Project, https://www.earthbyte.org/paleodem-resource-scotese-and-wright-2018/

Sepkoski, J.J., Jr., Bambach, R.K., Raup, D.M., Valentine, J.W. 1981. Phanerozoic marine diversity and the fossil record. Nature, 293(5832): 435-437.

Shao, L.Y., Zhang, P.F., Dou, J.W., Shen, S.Z. 2000. Carbon isotope compositions of the Late Permian carbonate rocks in southern China; their variations between the Wuchiaping and Changxing formations. Palaeogeography, Palaeoclimatology, Palaeoecology, 161(1-2): 179-192.

Shen, S.Z., Shi, G.R. 2009. Latest Guadalupian brachiopods from the Guadalupian/Lopingian boundary GSSP section at Penglaitan in Laibin, Guangxi, South China and implications for the timing of the pre-Lopingian crisis. Palaeoworld, 18: 152-161.

Shen, S.Z., Crowley, J.L., Wang, Y., Bowring, S.A., Erwin, D.H., Sadler, P.M., Cao, C.Q., Rothman, D.H., Henderson, C.M., Ramezani, J., Zhang, H., Shen, Y.N., Wang, X.D., Wang, W., Mu, L., Li, W.Z., Tang, Y.G., Liu, X.L., Liu, L.J., Zeng, Y., Jiang, Y.F., Jin, Y.G. 2011. Calibrating the end-Permian mass extinction. Science, 334(6061): 1367-1372.

Shen, S.Z., Cao, C.Q., Zhang, H., Bowring, S.A., Henderson, C.M., Payne, J.L., Davydov, V.I., Chen, B., Yuan, D.X., Zhang, Y.C., Wang, W., Zheng, Q.F. 2013. High-resolution $\delta^{13}C$carb chemostratigraphy from latest Guadalupian through earliest Triassic in South China and Iran. Earth and Planetary Science Letters, 375, 156-165.

Shen, S.Z., Zhang, H., Zhang, Y.C., Yuan, D.X., Chen, B., He, W.H., Mu, L., Lin, W., Wang, W.Q., Chen, J., Wu, Q., Cao, C.Q., Wang, Y., Wang, X.D. 2018. Permian integrative stratigraphy and timescale of China. Science China: Earth Sciences, 61: 1-35.

Shen, S.Z., Yuan, D.X., Henderson, C.M., Wu, Q., Zhang, Y.C., Zhang, H., Mu, L., Ramezani, J., Wang, X.D., Lambert, L.L., Erwin, D.H., Hearst, J.M., Xiang, L., Chen, B., Fan, J.X., Wang, Y., Wang, W.Q., Qi, Y.P., Chen, J., Qie, W.K., Wang, T.T. 2020. Progresses, problems and prospects: An overview of the Guadalupian Series of South China and North America. Earth-Science Reviews, 211: 103412.

Sheng, J.Z., Jin, Y.G. 1994. Correlation of Permian deposits in China. Palaeoworld, 4: 14-113.

Sheng, J.Z., Chen, C.Z., Wang, Y.G., Rui, L., Liao, Z.T., Bando, Y., Ishii K., Nakazawa, K., Nakamura, K. 1984. Permian-Triassic boundary in middle and eastern Tethys. Journal of the Faculty of Science, Hokkaido University, Series 4: Geology and Mineralogy, 21(1): 133-181.

Song, H.J., Wignall, P.B., Tong, J.N., Bond, D.P.G., Song, H.Y., Lai, X.L., Zhang, K.X., Wang, H.M., Chen, Y.L. 2012. Geochemical evidence from bio-apatite for multiple oceanic anoxic events during Permian–Triassic transition and the link with end-Permian extinction and recovery. Earth and Planetary Science Letters, 353-354: 12-21.

Stephenson, M.H. 2017. Preliminary results of palynological study of the Usolka section, location of the proposed basal Sakmarian GSSP. Permophiles, 65: 7-11.

Stuckenberg, A.A. 1890. Geological map of Russia: sheet 138, geological studies in the northwestern part of sheet 138. Trudy Geologicheskogo Komiteta, 4: 1-115.

Sun, Y.D., Lai, X.L., Jiang, H.S., Luo, G.M., Sun, S., Yan, C.B., Wignall, P.B. 2008. Guadalupian (Middle Permian) conodont faunas at Shangsi section, Northeast Sichuan Province. Journal of China University of Geosciences, 19(5): 451-460.

Sun, Y.D., Liu, X.T., Yan, J.X., Li, B., Chen, B., Bond, D.P.G., Joachimski, M.M., Wignall, P.B., Wang, X., Lai, X.L. 2017. Permian (Artinskian to Wuchapingian) conodont biostratigraphy in the Tieqiao section, Laibin area, South China. Palaeogeography, Palaeoclimatology, Palaeoecology, 465: 42-63.

Sweet, W.C., Mei, S.L. 1999. The Permian Lopingian and basal Triassic Sequence in Northwest Iran. Permophiles, 33: 14-18.

Udden, J.A., Baker, C.L., Böse, E. 1916. Review of the Geology of Texas. University of Texas Bulletin, 44: 1-178.

Wang, C.Y., Chen, L.D., Tian, S.G. 2001. A recommendation: A desirable area and sections for the GSSP of the Changhsingian lower boundary. Permophiles, 39: 9-11.

Wang, D.C., Jiang, H.S., Gu, S.Z., Yan, J.X. 2016. Cisuralian-Guadalupian conodont sequence from the Shaiwa section, Ziyun, Guizhou, South China. Palaeogeography, Palaeoclimatology, Palaeoecology, 457: 1-22.

Wang, W., Cao, C.Q., Wang, Y. 2004. Carbon isotope excursion on the GSSP candidate section of Lopingian- Guadalupian boundary. Earth and Planetary Science Letters, 220: 57-67.

Wang, W.Q., Garbelli, C., Zheng, Q.F., Chen, J., Liu, X.C., Wang, W., Shen, S.Z. 2018. Permian $^{87}Sr/^{86}Sr$ chemostratigraphy from carbonate sequences in South China. Palaeogeography, Palaeoclimatology, Palaeoecology, 500: 84-94.

Wang, X.D., Sugiyama, T. 2001. Middle Permian rugose corals from Laibin, Guangxi, South China. Journal of Paleontology, 75(4): 758-782.

Wang, Y., Shen, S.Z., Cao, C.Q., Wang, W., Henderson, C.M., Jin, Y.G. 2006. The Wuchiapingian-Changhsingian boundary (Upper Permian) at Meishan of Changxing County, South China. Journal of Asian Earth Science, 26(6): 575-583.

Wang, Y., Zhang, Y.C., Zheng, Q.F., Tian, X.S., Huang, X., Luo, M. 2020. The Early Wuchiapingian (Late Permian) Fusuline Fauna from Penglaitan Section, South China. Papers in Palaeontology, 6(3): 485-499.

Wang, Z.H. 1994. Early Permian Conodonts from the Nashui Section, Luodian of Guizhou. Palaeoworld, 4: 203-220.

Wardlaw, B.R., Mei, S.L. 2000. Conodont definition for the basal boundary of the Changhsingian Stage//Jin, Y.G. (ed.). Conodont Definition on the Basal Boundary of Lopingian Stages: A Report from the International Working Group on the Lopingian Series. Permophiles, 36: 39-40.

Waterhouse, J.B. 1982. An early Djulfian (Permian) brachiopod faunule from Upper Shyok Valley, Karakorum Range, and the implications for dating of allied faunas from Iran and Pakistan. Contribution to Himalayas Geology, 2: 188-233.

Waterhouse, J.B., Shi, G.R. 2013. Climatic implications from the sequential changes in diversity and biogeographic affinities for brachiopods and bivalves in the Permian of eastern Australia and New Zealand. Gondwana Research, 24(1): 139-147.

Wilde, G.L. 1990. Practical fusulinid zonation: the species concept; with Permian basin emphasis. West Texas Geological Society Bulletin, 27: 5-34.

Wu, Q., Ramezani, J., Zhang, H., Wang, T.T., Yuan, D.X., Mu, L., Zhang, Y.C., Li, X.H., Shen, S.Z. 2017. Calibrating the Guadalupian Series (Middle Permian) of South China. Palaeogeography, Palaeoclimatology, Palaeoecology, 466: 361-372.

Wu, Q., Ramezani J., Zhang, H., Yuan, D.X., Erwin, D., Henderson, C.M., Lambert, L.L., Zhang, Y.C., Shen, S.Z. 2020. High-precision U-Pb zircon age constraints on the Guadalupian in West Texas, USA.

Palaeogeography, Palaeoclimatology, Palaeoecology, 548: 109668.

Yin, H.F., Zhang, K.X., Tong, J.N., Yang, Z.Y., Wu, S.B. 2001. The Global Stratotype Section and Point (GSSP) of the Permian-Triassic Boundary. Episodes, 24(2): 102-114.

Yin, H.F., Feng, Q.L., Baud, A., Lai, X.L. 2007. The protracted Permo-Triassic crisis and the multi-act mass extinction around the Permian-Triassic boundary. Global and Planetary Change, 55(1-3): 1-20.

Yuan, D.X., Shen, S.Z., Henderson, C.M. 2017. Base-Sakmarian GSSP: additional points supporting a proposal to use the FAD of *Mesogondolella monstra*. Permophiles, 64: 8-9.

Yuan, D.X., Shen, S.Z., Henderson, C.M., Lambert, L.L., Hearst, J.M., Zhang, Y.C., Chen, J., Qie, W.K., Zhang, H., Wang, X.D., Qi, Y.P., Wu, Q. 2021. Reinvestigation of the Wordian-base GSSP section, West Texas, USA. Newsletters on Stratigraphy, 54(3): 301-315.

Zeng, J., Cao, C.Q., Davydov, V.I., Shen, S.Z. 2012. Carbon isotope chemostratigraphy and implications of paleoclimatic changes during the Cisuralian (Early Permian) in the southern Urals, Russia. Gondwana Research, 2(1): 601-610.

Zhou, Z.R. 2017. Permian basinal ammonoid sequence in Nanpanjiang area of South China-possible overlap between basinal Guadalupian and platform-based Lopingian. Journal of Paleontology, 91(S74): 1-95.

第七章著者名单

王　玥　现代古生物学和地层学国家重点实验室（中国科学院南京地质古生物研究所）；
　　　中国科学院生物演化与环境卓越创新中心；中国科学院大学地球与行星科学学院。
　　　yuewang@nigpas.ac.cn

黄　兴　现代古生物学和地层学国家重点实验室（中国科学院南京地质古生物研究所）。
　　　xhuang@nigpas.ac.cn

袁东勋　中国矿业大学资源与地球科学学院；中国科学院生物演化与环境卓越创新中心。
　　　dxyuan@cumt.edu.cn

郑全锋　现代古生物学和地层学国家重点实验室（中国科学院南京地质古生物研究所）；
　　　中国科学院生物演化与环境卓越创新中心。
　　　qfzheng@nigpas.ac.cn

田雪松　现代古生物学和地层学国家重点实验室（中国科学院南京地质古生物研究所）。
　　　xstian@nigpas.ac.cn

吴赫嫔　现代古生物学和地层学国家重点实验室（中国科学院南京地质古生物研究所）。
　　　hpwu@nigpas.ac.cn

汪泽坤　中国科学院南京地质古生物研究所。
　　　zkwang@nigpas.ac.cn

第八章
三叠系"金钉子"

三叠纪是中生代的第一个纪，时代为距今 251.9—201.3 Ma。三叠纪时期地球板块拼合形成泛大陆，且没有冰盖发育，三叠纪中－晚期泛大陆逐渐裂解。二叠纪－三叠纪之交和三叠纪末均发生了地球历史上大规模的生物集群灭绝事件，其中前者的规模和惨烈程度居地球历史上五次生物大灭绝之首，地球生物面貌因此发生了根本转变。自三叠纪起，古生代生物群被以软体动物和四足动物为主导的现代演化生物群所取代，恐龙、哺乳动物等开始出现，许多古生代的代表生物类群，如四射珊瑚、三叶虫、腕足动物等，遭受灭绝或大幅衰退。三叠系共分为三统七阶，其中三个阶"金钉子"已经建立，其余四阶的"金钉子"研究工作仍在进行中。

本章编写人员　季　承

篇章页图　微小欣德刺（*Hindeodus parvus*）——定义二叠系-三叠系界线的牙形刺化石，照片由张克信教
　　　　　授提供

三叠纪（Triassic）是中生代的第一个纪，也是中生代延续时间最短的一个纪，时代为距今 251.9—201.3 Ma（Cohen et al.，2013），持续约 5 000 万年。"Triassic"这一名称最初由德国学者冯·阿尔伯特（von Alberti）于 1834 年命名，意指在德国和欧洲西北部广泛分布的一套可明显三分的地层组合（tri– 意为"三"）：下部为彩色砂岩（Buntsandstein），中部为蚌壳灰岩（Muschelkalk），上部为非海相红层（Keuper）。以往，欧洲学者曾用这三个名字来分别指代三叠纪的三个时期，而如今国际地层委员会采用统一的地层划分单元和标准，这三个名字仅作为岩石地层单元。

　　三叠纪的开始和结束均伴有大规模的生物集群灭绝事件，即二叠纪－三叠纪之交和三叠纪－侏罗纪之交的大灭绝事件。这两次事件对海洋和陆生生物的演替造成了重大影响。一方面，许多在古生代非常繁盛的生物类群在二叠纪－三叠纪之交的大灭绝事件中完全消失，如四射珊瑚、三叶虫等；另外一些类群虽然在三叠纪仍有残存但不再占据主导地位，如腕足动物。另一方面，以软体动物和四足动物为代表的许多生物类群则迎来新的快速发展，开始成为地球生态系统新的

图 8-0-1　意大利北部阿尔卑斯山区的多洛米蒂山（Dolomites Mt.），卡尼阶"金钉子"所在地区（Andrea Tintori 提供）

主宰。由此，古生代生态系统被现代生态系统所取代，地球生命的演化开始了新的篇章。

　　三叠系共分为三统七阶，其中下三叠统包括印度阶和奥伦尼克阶，中三叠统包括安尼阶和拉丁阶，上三叠统包括卡尼阶、诺利阶和瑞替阶。迄今为止，三叠系已经建立了3个"金钉子"，即下三叠统印度阶（三叠系底界）、中三叠统拉丁阶和上三叠统卡尼阶。印度阶"金钉子"于2001年建立在我国浙江长兴煤山 D 剖面 27c 层之底，以牙形刺化石微小欣德刺（*Hindeodus parvus*）首现为标志（Yin et al., 2001）；拉丁阶"金钉子"于2005年建立于意大利北部伦巴第（Lombardy）地区 Bagolino B 剖面的 Buchenstein 组底界之上 5 m 处，以库氏始原粗菊石（*Eoprotrachyceras curionii*）首现为标志（Brack et al., 2005）；卡尼阶"金钉子"于2012年建立于意大利北部（图 8-0-1）威尼托（Veneto）地区 Prati di Stuores（德语为：Stuores Wiesen）剖面第 SW4 层底部，距离 San Cassiano 组底界 45 m 处，以加拿大达科萨特菊石（*Daxatina canadensis*）首现为标志（Mietto et al., 2012）。其余四个阶的"金钉子"暂未确立，目前各有 2~3 个候选剖面（图 8-0-2）。

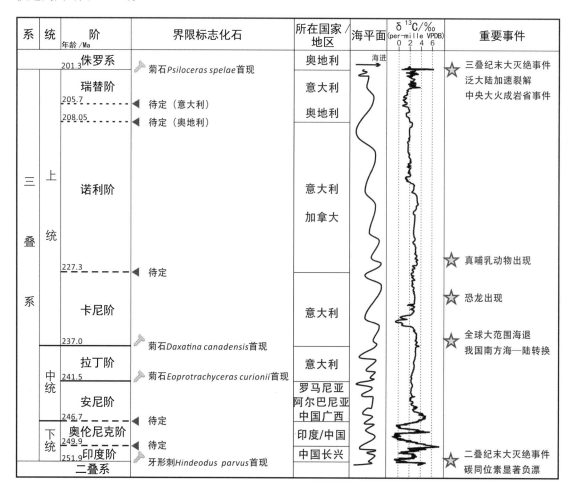

图 8-0-2　三叠纪年代地层划分及"金钉子"层型剖面（含候选剖面）（海平面和碳同位素曲线据 Gradstein et al., 2020 修改）

第一节
三叠纪的地球

一、三叠纪的全球古地理格局

在三叠纪时期，地球上的所有板块已拼合成一个超级大陆（图8-1-1），即泛大陆（Pangea，又称盘古大陆，源自希腊语，意为"all the earth"）（Wegener，1915）。这是距今最近的一次联合超大陆，也是地质学家们认识到的第一个联合超大陆。泛大陆以赤道为中线几乎对称分布，可延伸至北纬85°至南纬90°之间。随着板块的漂移和连接，在欧洲、非洲、澳大利亚以及华南、华北等大陆（块）中间形成一个新的大洋——特提斯洋（图8-1-1）。围绕泛大陆的则是一个巨型海洋，即泛大洋（Panthalassa，希腊语意为所有的海洋）。泛大洋大约占据地球表面70%的面积，其西部延伸至泛大陆中间，与特提斯洋相连接。特提斯洋主要集中在南纬30°至北纬30°之间，属热带和亚热带区。进入三叠纪以来，泛大陆缓慢地逆时针旋转，并逐渐向北漂移，至中 – 晚三叠世开始逐渐裂解，南部逐渐裂解为南美洲板块、非洲板块、印度板块、南极洲板块和澳大利亚板块，北部逐步裂解为北美洲板块和欧亚大陆板块。随着新特提斯洋的逐步扩张，特提斯洋中部的基默里板块（Cimmeria）、加里曼丹板块（Kalimantan）等自欧亚大陆南部逐渐向北漂移，直至与华北和欧洲板块拼合，古特提斯洋逐渐缩小直至闭合。华北、朝鲜与西伯利亚之间的古亚洲洋随着这些板块的向北飘移逐渐收缩关闭，中 – 晚三叠世华南板块与华北板块发生碰撞拼合，海水从华南大部退去，此后华南不再发育海相沉积，而以大面积的陆相沉积为主。

二、二叠纪 – 三叠纪之交的生物大灭绝事件及其后的复苏和辐射

在二叠纪与三叠纪之交发生了地球历史上最大规模的一次生物大灭绝事件。在这次事件中，海洋生态系统中超过90%的生物物种灭绝，古生代占主导地位的很多生物门类遭受重创甚至完全消失，如腕足动物、三叶虫、四射珊瑚和横板珊瑚，等等。而一些原本并不占据主导地位的类群在这次事件后快速崛起，占据海洋中主要的生态空间，如软体动物双壳类和腹足类、节肢动物甲壳纲中的软甲亚纲、六射珊瑚等。脊椎动物同样发生了显著的面貌更替，恐龙类取代了早期的低等四足动物，成为陆地上的霸主；龟鳖类、鳄类、早期哺乳类以及硬骨鱼中的新鳍鱼类等现代生态系统中的代表类型均迎来了大发展。

在二叠纪末生物大灭绝事件之后，早三叠世地球环境变化频繁：缺氧事件频发，地球温度多次显著升高，碳、硫、铀等同位素曲线大幅波动，大陆风化作用增强等，使得生物复苏过程进展

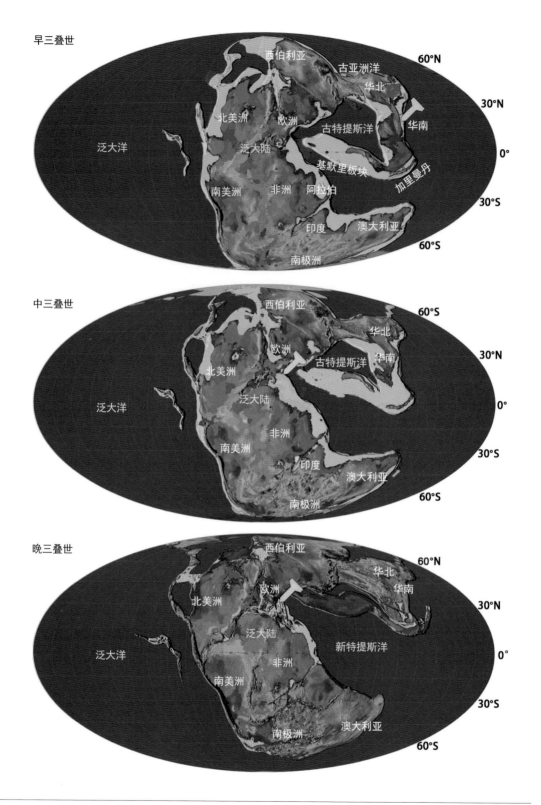

图 8-1-1 三叠纪的全球古地理演变（据 Scotese，2014 修改）。图中黄色钉子自上而下分别为：印度阶底界"金钉子"所在地——
我国浙江长兴煤山剖面，拉丁阶底界"金钉子"所在地——意大利伦巴第 Bagolino 剖面，卡尼阶底界"金钉子"所
在地——意大利威尼托 Prati di Stuores/Stuores Wiesen 剖面

地层"金钉子"：地球演化历史的关键节点

缓慢，不同生物类群的复苏进程存在明显差异（Chen & Benton，2012；Sun et al.，2012；Zhang et al.，2018）。基于碳、氮等同位素的研究表明，斯密斯亚期（Smithian）之前海洋环境广泛缺氧、循环不畅，至斯帕斯亚期（Spathian）大幅好转并逐渐稳定，海洋微生物群落由真核藻类主导（Du et al.，2021）。在这样的环境背景下，菊石、牙形刺、有孔虫等游泳和浮游生物仅经历了1—2 Myr 的短暂平静期，之后即快速辐射并恢复到灭绝前的多样性水平（Brayard et al.，2009；Stanley，2009；Song et al.，2011）。而其他一些类群，如放射虫等则经历了长达 5—9 Myr 的时间，直至斯帕斯亚期和中三叠世才全面恢复，并建立完整的海洋生物的食物网（Hu et al.，2011）。六射珊瑚的发育则相对滞后，因而直至中三叠世才开始发育大规模的珊瑚礁（Flügel & Stanley，1984）。

自斯帕斯亚期开始海洋环境逐渐稳定，在斯密斯亚期 – 斯帕斯亚期之交（斯密斯亚期 – 斯帕斯亚期之交）同样发生了一次显著的古环境变化和生物演替事件。斯密斯晚期发生了快速升温事件后，在 SSB 发生了一次快速的降温事件，造成了有机碳同位素和硫同位素曲线的同步正漂，全球范围内有机碳埋藏增加，海底缺氧程度加剧（Song et al.，2019）。在这次事件中，菊石等门类遭到重创，地方性类型大部分消失，纬度分异显著减弱（Brayard et al.，2006）。

三、三叠纪末期的生物大灭绝事件

三叠纪末期发生的生物大灭绝事件是显生宙五大灭绝事件之一，发生在距今约 2 亿年前。这次灭绝事件在一些门类中非常显著，如软体动物门中的双壳类和菊石类、牙形刺、腕足动物、珊瑚、放射虫、介形虫、有孔虫，以及陆生植物和一些四足动物等，都发生了大规模灭绝或演替；而一些海生动物，如腹足类和多数脊椎动物等，则没有明显的多样性变化。其中，三叠纪占主导地位的齿菊石类全部灭绝，双壳类中近半数的属和大部分种在这次事件中消失（Hallam，1981）；古生代和三叠纪重要的地层标志分子——牙形刺在这次事件中全部灭绝；珊瑚中约 96% 的属级分类单元消失，从而对生物礁生态系统造成重创（Stanley et al.，2018）。

由于这次大灭绝事件在不同门类中的影响有很大差异，有关这次灭绝事件的原因有很多假说，其中，与大灭绝事件同期发生的中央大西洋火成岩省释放的大量温室气体（如 CO_2）使全球温度快速上升，同时喷发造成了海水酸化，可能是主要原因。模型分析表明，这一时期火山喷发事件释放的 CO_2 含量可能与 21 世纪人类活动排放量相当（Capriolo et al.，2020）。这使得三叠纪末期全球气候环境发生了剧变，晚三叠世早期主要为温暖湿润气候，至三叠纪末期则转变为炎热干燥（Li et al.，2020）。三叠纪末期全球多地发现较大规模的有机质含量较高的黑色页岩沉积，表明发生了大规模的海洋缺氧事件（Hallam & Wignall，2000）。这次事件同时伴随着一次显著的碳同位素负漂移，在世界同期多个地点均可以对比（Todaro et al.，2018）。

第二节
三叠纪的地质记录

一、三叠纪主要板块的发育情况

三叠纪时期，全球板块格局可以简要概括为"一陆和一洋"，"陆"就是指超级泛大陆，"洋"就是指贯穿整个三叠纪的泛大洋。因此，海相沉积主要沿泛大陆边缘发育，在泛大洋和特提斯洋之间的岛链上也有发育，大陆内部主体则发育陆相沉积。自二叠纪晚期冰川逐渐消失，三叠纪气候变暖，海平面逐渐上升，没有冰川记录。早三叠世海侵范围相对不大，进入中三叠世开始逐渐增大，海水入侵到大陆架形成陆表海、滨海潟湖等。在中－晚三叠世大海退之后，全球普遍发育海陆交互相沉积，出现大量煤系地层。

北美地区在三叠纪时期地处泛大洋东岸、泛大陆西部，在加拿大、美国和墨西哥等国的西部地区发育连续的海相三叠系海相沉积。这些地区在三叠纪时期处于低－中纬度区，在其中多个地点保存了丰富的三叠纪海生动物化石，包括海生爬行动物、菊石、双壳类等，以及牙形刺、有孔虫等微体化石。其中，加拿大广大地区在三叠纪总体沉积相变化不大，构造活动相对较弱，其下三叠统海相沉积在加拿大北部的伊丽莎白女王群岛（Queen Elizabeth Islands）发育最好，与下伏的二叠纪乐平世地层之间存在不整合。中三叠统至上三叠统沉积在不列颠哥伦比亚地区（British Columbia）东北部的洛基山脉发育较好，而三叠纪最晚期沉积仅在加拿大不列颠哥伦比亚西部发育（Tozer，1994）。

特提斯地区，特别是西特提斯区，即今天的德国、意大利、奥地利等地，发育经典的三叠系海相地层，三叠系（Trias）及内部多个阶（安尼阶、拉丁阶、卡尼阶、诺利阶、瑞替阶）皆命名于此。在德国盆地，三叠系根据岩相可明显分为三段，是三叠纪名称"Trias"名字的由来。阿尔卑斯山地区则发育富含菊石的海相碳酸盐岩沉积，是三叠系内两个"金钉子"和另外两条界线的候选剖面所在地。在南阿尔卑斯山地区，早三叠世广泛发育一套浅水碳酸盐岩和陆源碎屑的混合沉积，到中三叠世转为碳酸盐台地，其中局部地区逐渐抬升，发育蒸发岩，之后随着海平面上升，发育较深水的盆地相沉积（图8-2-1）。拉丁期由于区域构造活动，整个南阿尔卑斯发育一套火山玄武岩沉积（Bosellini et al.，2003）。

南半球的冈瓦纳区包括南美洲、非洲、南极洲、澳大利亚、印度、阿拉伯等块体，在三叠纪早、中期主体仍连接在一起，并与劳亚大陆连接形成联合超大陆，即泛大陆。冈瓦纳地区主体发

图 8-2-1 南阿尔卑斯山地区的富含菊石的中三叠世海相碳酸盐岩沉积（Andrea Tintori 提供）

育陆相沉积，有大量红色砂岩和泥岩。在晚三叠世，冈瓦纳大陆开始逐步裂解，印度、阿拉伯、西藏等块体逐渐开始向北漂移。印度和巴基斯坦北部早三叠世海相地层发育较好，保存了丰富的菊石、牙形刺等化石，是奥伦尼克阶"金钉子"候选剖面所在地（Krystyn，2007a）。

　　三叠纪是中国构造古地理的重大转折时期，受印支运动影响，不同地区沉积相差异较大，总体呈现"南海北陆"（南方主体为海相沉积，北方主体为陆相沉积）"下海上陆"（下部为海相沉积，上部为陆相沉积）的时空格局。中国在三叠纪开始时并不是如今天一样是一个完整的块体，主要板块如华北、华南、西藏等并没有完全拼合。自二叠纪晚期起，华北板块和塔里木板块已与西伯利亚板块拼合形成欧亚板块，整个三叠纪普遍为陆相沉积，在多个内陆河湖盆地如鄂尔多斯盆地、准噶尔盆地等保留了较好的地质记录。其中，鄂尔多斯盆地发育完整的陆相三叠系且保存了丰富的多门类化石记录，是我国北方陆相三叠系的标准剖面。

华南板块除中部古陆外，普遍为"下海上陆"的沉积，且由于构造运动影响，不同区域海陆相发生转变的时间不同。在三叠纪早期，华南板块大部分地区仍有海水覆盖，发育了海相地层和赋存在其中的海洋生物群。然而由于全球海平面变化和区域地质构造运动的影响，从中三叠世后期开始，越来越多的地区逐渐抬升为陆地，并迅速被各种动植物占领，建立纷繁复杂、生机勃勃的陆地生态系统。大型爬行动物开始出现，大量沼泽出现，这就是为什么我们今天能够发现大范围的煤系沉积的原因。晚三叠世，华南板块与欧亚板块拼合，导致欧亚大陆进一步扩张。位于我国西南部的青藏高原地区，在三叠纪时并不是高原，其主体与印度板块相连，位于冈瓦纳大陆北部，三叠系整体为连续的海相沉积。三叠纪时期，华南板块等逐渐向北漂移并与以华北板块、塔里木板块为主体的北方大陆拼合，形成古中国大陆，标志着古特提斯洋的最终闭合，以及新特提斯洋的形成与扩张。

二、三叠纪地层划分和对比

国际地层委员会三叠系分会（STS）于1991年表决通过了三叠系"三统七阶"的年代地层划分方案，随后被国际学者广泛采用。虽然海相三叠系研究历史悠久，然而由于世界不同地区地层沉积差异较大，各个阶的"金钉子"（GSSP）研究进展缓慢，并且长期存在是以菊石还是牙形刺作为划分标准的争论。由于世界不同地区的三叠纪地层结构差异非常大，有些地区较难与标准剖面建立直接的对比关系，比如日本、新西兰以及我国等均各自建立了一套区域性的划分方案。

我国三叠系研究始于19世纪末，但主要是西方人在中国开展的工作。1949年以后，我国地质调查工作的蓬勃开展，大大推动了三叠纪地层古生物的相关研究。由于我国三叠纪同时有海、陆相沉积，且"南海北陆"分区明显，全国地层委员会在2002年提出了兼顾海陆相地层、与国际标准相对应的年代地层划分和建阶方案（图8-2-2）。中国的海相三叠系采用"三统六阶"的划分方案，其中佩枯错阶（又称土隆阶）大体对应于国际地层划分方案中最上部的诺利阶和瑞替阶，其他各阶大体分别与国际通用阶逐一对应。陆相三叠系采用"三统七阶"的划分方案，大致分别与国际采用的7个阶对应。除印度阶底界"金钉子"本就建立在中国，拉丁阶和卡尼阶的底界"金钉子"标准在我国较难使用，目前仍未在我国发现其界线标志分子。

三、三叠纪的主要化石类群

在二叠纪–三叠纪之交的生物大灭绝事件中，古生代演化动物群大量灭绝，以软体动物和四足动物为主导的现代演化生物群开始大量繁衍（图8-2-3）。三叠纪脊椎动物以海生爬行动物

国际年代地层			中国年代地层	
系	统	阶	海相阶	陆相阶
侏罗系		赫塘阶		永丰阶
三叠系	上统	瑞替阶	佩枯错阶	子长阶
		诺利阶		延川阶
		卡尼阶	亚智梁阶	漆水河阶
	中统	拉丁阶	新铺阶	金锁关阶
		安尼阶	关刀阶	吴堡阶
	下统	奥伦尼克阶	巢湖阶	府谷阶
		印度阶	印度阶	吉木萨尔阶
二叠系		长兴阶	长兴阶	

图 8-2-2 三叠系划分方案

的繁盛为特征，出现多门类的海生爬行动物（如鱼龙、海龙、鳍龙等），陆生爬行动（如恐龙）在晚三叠世开始大量出现。软骨鱼类大幅度衰退，硬骨鱼中一些分支如辐鳍鱼类则开始辐射，种类繁多，形态多样，并出现特化的类型，如可以跃出海水表面滑行的飞鱼（图 8-2-3E）。三叠纪出现了最原始的哺乳动物——似哺乳爬行动物，如水龙兽等，而真正的哺乳动物如摩根尖齿兽等到三叠纪晚期才出现。海生无脊椎动物中，菊石类在三叠纪成为海洋中的主导无脊椎动物门类，甚至在三叠纪末出现了异形菊石。软体动物门中的双壳类在三叠纪也非常丰富，取代了腕足动物的生态位，在整个三叠纪海相地层中均有分布。腕足动物中仅残存小嘴贝类、穿孔贝类和石燕类的少数类型，而六射珊瑚完全取代了四射珊瑚和横板珊瑚。棘皮动物中的海百合、海胆等继续发展，其中假浮游型海百合非常繁盛（图 8-2-3D）。牙形刺在三叠纪经历了最后的辉煌，于三叠纪末期灭绝。

三叠纪陆生植物以裸子植物中的松柏、苏铁、银杏类及蕨类中真蕨类最为繁盛，并具有重要的地层学和气候学意义。古生代高大的石松类仅剩下矮小的类型，早三叠世著名的肋木（*Pleuromeia*）在世界各地广泛分布，是重要的标准化石。早三叠世最早期陆生植物的多样性总体较低，且主要的化石产地均位于古特提斯洋地区。中三叠世气候逐渐变得湿润，植物总体多样性逐步升高，安尼早期主要为草本的松柏类、木贼类、真蕨类和银杏类等。在三叠纪早期的近一千万年时间里，世界各地陆相地层普遍缺少煤系沉积，这段时期也被称为"煤层缺失期"（Coal Gap）。三叠纪大规模成煤事件自拉丁期开始，在卡尼期全球范围内沉积了大范围的煤系，主要

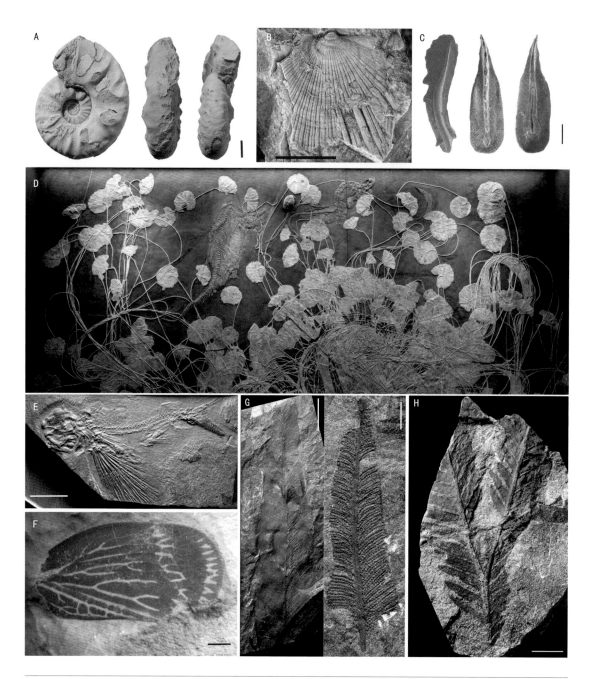

图 8-2-3　三叠纪主要化石类群的部分代表分子。A. 菊石 *Anagymnotoceras varium*，产自加拿大不列颠哥伦比亚，中三叠世安尼期，
比例尺为 2 cm；B. 双壳类奥地利海浪蛤（*Halobia austriaca*），诺利阶底界候选标志分子之一，产自加拿大不列颠哥
伦比亚，晚三叠世（Christopher McRoberts 提供）；C. 牙形刺 *Paragondelella polygnathiformis* s.s.，贵州兴义，晚三叠世，
卡尼阶底界辅助标志分子，比例尺为 100 μm（孙作玉提供）；D. 许氏创孔海百合（*Traumatocrinus tsui*）和共同保存的
海生爬行动物，贵州关岭，晚三叠世卡尼期，标本展于南京古生物博物馆；E. 乌沙飞鱼（*Thoracopterus wushaensis*），
贵州兴义，中三叠世拉丁期，比例尺为 5 cm（Andrea Tintori 提供）；F. 蜡蝉，产自陕西黄龙县，晚三叠世，比例尺
为 1 mm（王博供图）；G. 蕨类植物 *Danaeopsis fecunda* 营养叶（左）与生殖叶（右），产自云南一平浪煤矿，晚三叠
世诺利期，是晚三叠世北方 *Danaeopsis–Symopteris*（*Bernoullia*）植物群的代表分子，比例尺为 1 cm（王永栋提供）；H. 中
华叉羽叶（*Ptilozamites chinensis*），种子蕨类，产自广州炭步镇，晚三叠世瑞替期，比例尺为 1 cm（王永栋提供）

图 8-2-4 贵州鱼龙复原图（杨定华绘制）

成煤植物包括本内苏铁、科达类，其余还有木贼类和蕨类植物等。北半球瑞替期植物群在全球范围内有广泛分布，且多样性组成非常相似。在南半球可明确识别出由于气候变化（温度、湿度差异）而形成的植物古地理分区。

爬行动物自三叠纪起逐步成为地球生态系统的统治者，并向海洋、内陆、天空呈辐射式发展。与恐龙类在晚三叠世开始大量出现相比，海生爬行动物更早开始辐射式演化，并在三叠纪晚期达到了鼎盛（图 8-2-4）。例如，在晚三叠世早期，已经出现了体长最大、具有远洋巡游能力的鱼龙——肖尼鱼龙。因此，中生代的海洋生态系统比陆地生态系统更早、更快地完成了大灭绝事件后的快速复苏，并在晚三叠世建立起了稳定平衡的全球体系。位于意大利和瑞士交界地带的圣乔治山是三叠纪海生爬行动物研究的发源地之一，研究历史逾 200 年，是三叠纪最有名的海生脊椎动物化石库。我国海生脊椎动物研究起步较晚，但近 20 年来在我国南方新发现一系列海生脊椎动物化石群落，吸引了全世界学者的关注，对于揭开三叠纪海生爬行动物起源与演化、重现海洋生态系统的复苏和辐射过程具有重要意义。

1. 意大利 – 瑞士圣乔治山生物群

圣乔治山（Monte San Giorgio）位于瑞士和意大利交界处，毗邻卢加诺湖（Lugano Lake），自然风光秀丽，是旅游度假的圣地。这个地区是世界著名的六大化石宝库之一（principal Lagerstätten），因产出中三叠世海生脊椎动物化石群落（245—230 Ma）而成为意大利的自然保护区（Area di rilevanza ambientale LR 86/1983，ANNEX 04.11）。2003 年，圣乔治山地区的瑞士境内部分入选联合国教科文组织的世界遗产名录；2010 年，补录了圣乔治山意大利境内的部分。

这里发育近完整的海相中三叠统至下侏罗统地层，其中，中三叠统至少有六个层位保存了世界同期所罕见的多样性极高的脊椎动物群演化序列，相关研究最早可追溯至 19 世纪中叶，是很多中三叠世海生脊椎动物研究的发源地。目前已经报道了多种海生爬行动物化石，如鱼龙、鳍龙、原龙类等，以及伴生的鱼类、无脊椎动物（如菊石、双壳类、棘皮动物、节肢动物）和植物化石；此外，在一些层位还有特异埋藏的具有软躯体和有机质的化石，如爬行动物的胚胎和胃容物、昆虫等节肢动物等。圣乔治山生物群（图 8-2-5）代表了典型的特提斯洋生物区面貌，为研究中三叠世海洋生态系统的组成及其快速辐射分异过程提供了关键证据。近 20 年来，该生物群中的主要类型分子均已在我国华南地区陆续发现，表明两地之间具有重要的古地理联系，对于重建三叠纪生物古地理具有重要意义。

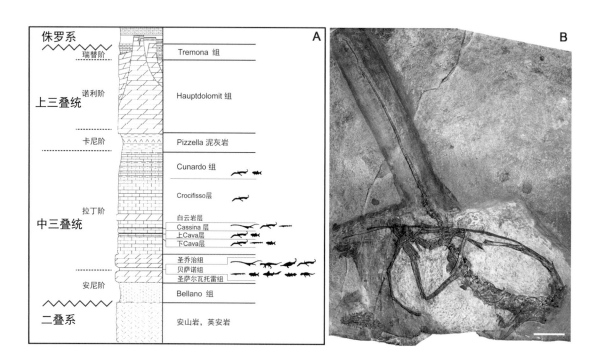

图 8-2-5　圣乔治山生物群的地层分布及代表化石。A. 化石产出层位；B. 伦巴第长颈龙（*Tanystropheus longobardicus*），颈长是躯干长度的两倍以上，代表了一种新的海洋生态类型，化石保存于意大利米兰自然博物馆，比例尺为 5 cm

2. 我国三叠纪海生脊椎动物群

与西特提斯区和北美地区相比，我国三叠纪海生爬行动物的研究起步较晚。1997 年起，在贵州关岭地区发现了大批保存精美的卡尼期海生爬行动物，以及大型海百合集群（图 8-2-3D），吸引了国内外科学家的关注。随后的 20 年里，在我国安徽、湖北、贵州、云南等地发现了早三叠世奥伦尼克期至晚三叠世卡尼期的系列海生爬行动物群落，其化石保存之精美、种类之繁多，堪称三叠纪化石宝库（图 8-2-6）。此外，还保存了与爬行动物伴生的丰富的鱼类、软体动物（菊石、双壳类、腹足类）、牙形刺、节肢动物、棘皮动物等，再现了整个三叠纪海洋生态系统的繁盛景象（图 8-2-7）。这些海生爬行动物和鱼类等绝大多数是在东特提斯地区首次发现，可与西特提斯区进行精细对比。此外，还保存了一些特殊的生态瞬间，例如，正在产子瞬间的巢湖鱼龙母亲和胚胎，为爬行动物卵胎生生殖方式的陆生起源提供了有力证据（Motani et al., 2014；图 8-2-3B）。我国三叠纪系列海生脊椎动物群落为我们深入认识二叠纪末生物大灭绝之后海洋生态系统的复苏—辐射过程提供了重要证据，同时对于探讨海生爬行动物等中生代主导类群在三叠纪的演化、古地理迁移等关键科学问题具有重要意义。

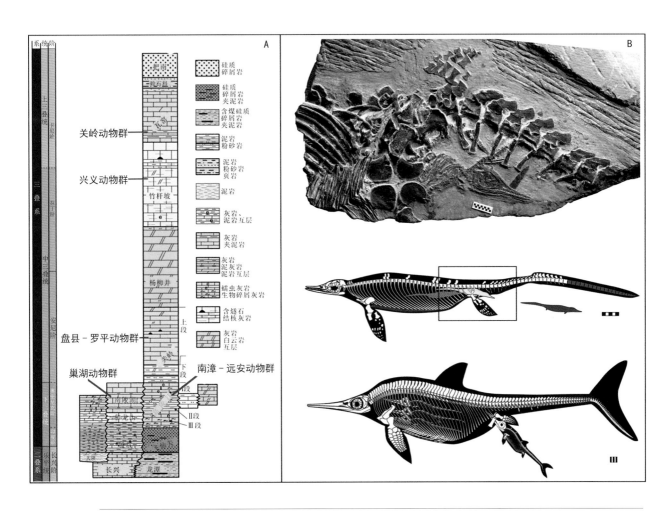

图 8-2-6　我国南方三叠纪海生脊椎动物群落。A. 主要动物群的地层分布；B. 早三叠世巢湖鱼龙产子化石（上）、复原图（中）及侏罗纪狭翼鱼龙产子复原图（下）；这件化石表明，鱼龙在下水之后的早期，其幼崽仍然延续陆生祖先头先娩出的出生方式，而后转变为适应水生的尾先娩出的方式。图片据 Benton 等（2013）和 Motani 等（2014）修改

图 8-2-7　中国贵州晚三叠世关岭动物群生态复原图（Brian Choo 提供）。1. 梁氏关岭鱼龙（*Guanlingsaurus liangae*）；2. 周氏黔鱼龙（*Qianichthyosaurus zhoui*）；3. 短吻贫齿龙（*Miodentosaurus brevis*）；4. 巴毛林新铺龙（*Xinpusaurus bamaolinensis*）；5. 多板砾甲龟龙（*Psephochelys polyosteoderma*）；6. 半甲齿龟（*Odontochelys semitestacea*）；7. 许氏创孔海百合（*Traumatocrinus hsui*）；8. 多瘤粗菊石（*Trachyceras multituberculatum*）；9. 弓鲛鲨鱼（hybodont shark）；10. 比耶鱼（*Birgeria* sp.）

第三节
三叠系"金钉子"

一、三叠系年代地层研究概述

2001年，三叠系第一个"金钉子"，即三叠系底界（暨印度阶和下三叠统底界）的全球界线层型剖面和点位，确立在我国浙江长兴煤山剖面（Yin et al.，2001），以牙形刺 *Hindeodus parvus* 的首现为标志。随后，拉丁阶和卡尼阶的"金钉子"也相继确定，均在欧洲阿尔卑斯山地区，分别以菊石 *Eoprotrachyceras curionii* 和 *Daxatina canadensis* 的首现为标志（Brack et al.，2005；Mietto et al.，2012）。其余四阶仍未确立，相关研究仍在推进中，目前每个阶均有两个或两个以上的候选剖面。

二、三叠系底界（暨印度阶底界）"金钉子"

1. 研究历程

印度阶是三叠系第一个阶，同时是中生代的第一个阶，时间为距今 251.9—249.9Ma，持续约 2 Myr。印度阶的命名地位于巴基斯坦盐岭地区的印度河流域（Indus River），这里有连续的二叠纪–三叠纪海相沉积序列，并保存了丰富的化石类群，如菊石、腕足动物等。1981年，国际地层委员会成立了二叠系–三叠系界线（PTB）工作组，由加拿大地质调查局的 E.T. Tozer 任组长，开展界线相关研究工作。在 1984 年以前相当长的时间里，传统学者多以耳菊石（*Otoceras*）作为定义二叠系–三叠系界线的标志化石。然而在我国除西藏地区外，耳菊石（*Otoceras*）分子发现的极少，较难据此进行区域间的地层对比。殷鸿福等（1988）认为，*Otoceras* 带下部与二叠系顶部菊石 *Pseudotirolites* 带或 *Paratirolites* 带存在重叠，并且 *Otoceras* 作为二叠纪末期代表性类型延伸至三叠纪初期的孑遗分子，不适宜作为三叠纪开始的标志；此外，*Otoceras* 呈现明显的两极化地理分布，即在温带地区较常见，而在低纬度地区分布较少，不如地理分布更广泛的牙形刺分子。

自 1978 年以来，中国地质大学杨遵义教授、殷鸿福院士等发现浙江长兴地区发育有完整的二叠纪–三叠纪海相地层，并保存了多门类的丰富化石记录。1986年，殷鸿福等提出以牙形刺中的微小欣德刺（*Hindeodus parvus*）取代耳菊石作为三叠系底界的标志分子，并得到了界线工作组多数成员的赞同。1993年，殷鸿福院士当选为二叠系–三叠系界线工作组组长，在其主持的界线工作会议上确立了全球共四个 PTB 候选层型剖面，即中国浙江长兴煤山 D 剖面、中国四川广元的上寺剖面、中国西藏色龙的西山剖面和克什米尔 Guryul Ravine 剖面。后续研究发现，中国四川上寺剖面界线地层的高精度牙型刺带和关键分子演化序列的研究程度仍不足（Lai et al. 1996）；中国西藏色龙剖面在 P–T 界线之下有显著的地层缺失，长兴阶可能不完整（Jin et al., 1996；Orchard et al., 1994）；而克什米尔地区的不稳定政治因素使得相应工作难以进一步开展。

1995 年，二叠系 – 三叠系界线工作组通过了煤山 D 剖面作为 PTB"金钉子"唯一候选剖面的决定。1996 年，殷鸿福等正式推荐煤山 D 剖面为印度阶底界同时也是三叠系底界的全球层型剖面，以第 27c 层内的微小欣德刺（Hindeodus parvus）首现作为二叠系 – 三叠系界线。2000 年 1 月，界线工作组投票通过了该提案，同年该提案在三叠系分会和国际地层委员会获得投票表决通过，最终于 2001 年 3 月被国际地质科学联合会执行委员会正式确认。这是三叠系确立的首个"金钉子"，也是我国建立的第 2 个"金钉子"（图 8-3-1）。

图 8-3-1　印度阶底界"金钉子"——浙江长兴煤山剖面。A. 印度阶底界"金钉子"纪念碑；B. 煤山 D 剖面照片（郑全锋提供）；C. 界线标志化石——微小欣德刺 Hindeodus parvus（袁东勋提供）

2. 科学内涵

长兴县位于杭州市西北方向约 110 km 的太湖西南岸。这里高速公路和高速铁路均很发达，自上海和杭州出发可分别于 3 h 和 1 h 内到达。印度阶暨三叠系底界"金钉子"剖面位于长兴县煤山镇至新槐乡葆青村公路北侧的北坡上（北纬 31°04′50″，东经 119°42′22″），自长兴县城有公路直达剖面。2001 年 8 月，为更好地开展保护和宣传工作，当地政府在此建立了一座 9 m 高的标志纪念碑，其顶部标志即为界线标志化石分子——微小欣德刺的模型（图 8-3-1A），同时还建立了一座博物馆和一个国家地质公园。

煤山 D 剖面出露二叠系乐平统至下三叠统的地层，自下而上依次为：乐平统龙潭组（仅顶部出露）、长兴组、殷坑组（跨越界线），下三叠统和龙山组、南陵湖组（仅下部出露）（见张克信等，2014）。殷坑组厚约 14.1 m，底部第 25—26 层均为伊利石—蒙脱石粘土岩，其中第 25 层厚约 5 cm，风化呈浅黄白色，俗称"白粘土层"；第 26 层厚约 5 cm，灰黑色，俗称"黑粘土层"（杨遵义等，1991）。第 27 层厚约 16 cm，岩性为浅黄灰色中层状含泥质、粉砂质泥晶灰岩。由于在 D 剖面 27 层中部首次发现 *Hindeodus parvus* 分子，将该层细分为 a—d 四个小层（张克信等，1995）。第 28 层是与第 25 层岩性相近的一套灰黄色伊利石—蒙脱石粘土层，其矿物成分分析表明煤山剖面及华南其他剖面的二叠系 – 三叠系界线粘土层均为火山爆发成因（Yin et al.，1989）。整个殷坑组产出丰富的牙形刺、孢粉、双壳类和菊石类化石，底部含有孔虫、腕足动物和鱼牙化石。

印度阶底界位于第 27c 层之底（图 8-3-2），与牙形刺 *Hindeodus parvus* 带之底一致（Yin et al.，2001）。在第 27 层之上的第 28 层，可识别牙形刺 *Isarcicella isarcica* 带。二叠纪末生物大灭绝事件和碳同位素负漂移事件位于该剖面第 25 层底部（Jin et al.，2000）。

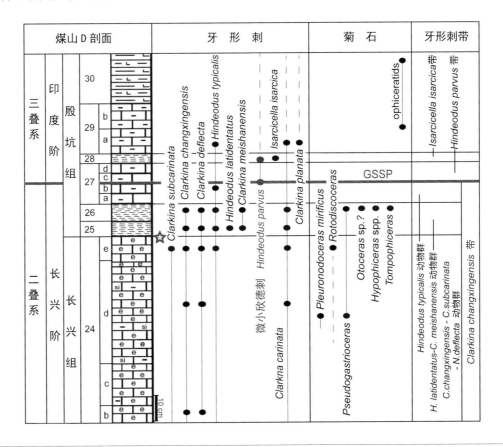

图 8-3-2 煤山 D 剖面综合柱状图（据 Gradstein et al.，2020 修改；牙形刺据 Yin et al.，2001 和 Chen et al.，2015）。星号位置为二叠纪末大灭绝层位（25 层底）

煤山地区乐平统至下三叠统发育有多层火山粘土岩层，Bowring 等（1998）通过火山灰中锆石测年得出二叠系 - 三叠系界线年龄值为 251 Ma；Shen 等（2011）采用 TIMS 测年方法，得到第 28 层年龄为 252.10 ± 0.06 Ma，因而得到二叠系 - 三叠系界线年龄为 252.17 Ma。Burgess 等（2014）采用 ID-TIMS 方法得到第 25 层年龄为 251.941 ± 0.037 Ma，第 28 层年龄为 251.880 ± 0.031 Ma，从而计算得到界线年龄第 27c 层即 *Hindeodus parvus* 首现年龄为 251.902 ± 0.024 Ma，这也是目前国际地层委员会所采用的界线年龄值。值得一提的是，由于界线层上部（第 28 层粘土）和下部（第 25 层粘土）均为火山灰沉积，煤山剖面也成为全球所有"金钉子"剖面中罕见的具有高精度地质年龄的层型剖面。

近年来的研究揭示这个时期的地球海洋环境条件为：CO_2 浓度显著升高（Retallack，2001），海洋酸化（Payne et al.，2004、2010），全球温度和表层海水温度有约 9℃ 的迅速升高（Joachimski et al.，2012；Sun et al.，2012），海水缺氧程度进一步提高（Grice et al.，2005）。在这个过渡时期内，剖面碳同位素有两次明显的负漂，其中一次在第 25—26 层，即在界线之下，而在第 27 层并未呈现明显的负漂（Burgess et al.，2014）。有机氮同位素在第 27 层有个剧烈的负漂，与海洋环境的剧烈变化一致（Luo et al.，2011）。硫同位素在转折期出现多次大幅度波动，显示当时海水中硫酸盐浓度极低，不及现代海水的 15%，导致甲烷释放通量显著增加，加剧气候变暖程度，使得之后的早三叠世海洋总体处于缺氧硫化状态（Luo et al.，2010；Song et al.，2012）。

3. 我国其他地区的该界线的情况

由于三叠系底界标志化石 *H. parvus* 分布较广且容易识别，界线的辅助标志分子也很多，因此该界线在我国南方大部分海相地层中都能较准确地识别。此外，通过"过渡层"的化石群以及碳同位素等古环境因子可以与陆相地层进行对比（童金南等，2019）。

以四川广元上寺剖面（北纬 32°07′00″，东经 105°30′00″）为例，这个剖面曾是印度阶底界的候选层型剖面之一，具有非常好的研究基础（图 8-3-3）。广元地区地处龙门山褶皱带的东北缘，界线地层剖面自北向南连续出露二叠系吴家坪组和大隆组，以及三叠系飞仙关组。与"金钉子"剖面不同的是，该剖面发育连续的深水盆地相沉积，其中大隆组上部为黄绿色至深灰色薄—中层硅质灰岩夹泥岩，顶部有至少五层火山灰粘土层；飞仙关组最下部为黄绿色薄层含伊利石和蒙脱石粘土岩和薄层微晶灰岩的韵律层。二叠系 - 三叠系界线上下已经建立了高精度的牙形刺生物带格架，并可与煤山"金钉子"剖面和世界同期地层剖面进行对比。其中，印度阶底界——牙形刺 *Hindeodus parvus* 首现位于第 28b 层（飞仙关组底部）下部 6 cm 内（Yuan et al.，2019）。该界线之下为菊石 *Hypophiceras* 动物群（第 28a—28b 层），其中包括 *Pseudotirolites*、*Tompophiceras* 等二叠纪晚期代表分子。界线之上为蛇菊石 *Ophiceras* 带，可以与我国南方同期很多地层剖面对比（Lai et al.，1996）。

图 8-3-3 四川广元上寺长江沟二叠系 – 三叠系界线剖面（郑全锋提供）。层号据李子舜等（1986）

三、拉丁阶底界"金钉子"

1．研究历程

奥地利地质学家 Bittner（1892）将阿尔卑斯山南部的三叠系 Buchenstein 组和 Wengen 组地层命名为"Ladinisch"（Ladinian），名称源于意大利多洛米蒂山（Dolomites）地区的一个古老民族"Ladini"。自 20 世纪 60 年代开始，该地区中三叠统建立了整个西特提斯区的菊石带格架，并在多个地点识别了安尼阶 – 拉丁阶界线地层序列，对于界线也有多个定义（Brack & Rieber，1994）。与此同时，北美地区中三叠统海相地层建立了另一套划分体系和标准（Silberling & Tozer，1968；Tozer，1984）。1993 年，三叠系分会在阿尔卑斯南部和匈牙利举行野外现场会，对拉丁阶底界提出两个候选剖面（意大利 Bagolino 和匈牙利 Felsöörs）和三个候选界线层位（① 菊石 *Reitziites reitzi* 带底界；② 菊石 *Aplococeras avisianum* 带底界；③ 菊石 *Eoprotrachyceras curionii* 带底界）。第三个层位和标志分子由于具有更大的区域对比性，并且建立于拉丁阶的命名地——阿尔卑斯南部地区，最终得到了学者们的认同。

2005 年，国际地层委员会三叠系分会表决通过了以意大利 Bagolino 剖面作为拉丁阶"金钉子"剖面的方案，并于同年通过了国际地层委员会投票，最终得到国际地质科学联合会的批准（Brack et al.，2005）（图 8-3-4）。Bagolino 剖面位于意大利北部 Brescia 省 Bagolino 村南边（北纬 45°49′10″，东经 10°28′15″），"金钉子"界线定于 Bagolino B 剖面 Buchenstein 组底界之上 5 m 的一层 15~20 cm 厚的薄层灰岩层底部，以菊石 *Eoprotrachyceras curionii* 首现为标志（图 8-3-5）。辅助标志化石包括牙形刺 *Neogondolella praehungarica* 的首现，以及在系列辅助剖面上建立的一个地磁正向序列。目前采用的拉丁阶底界的年龄值为 241.5 Ma（Wotzlaw et al.，2018）。

图 8-3-4 意大利 Bagolino 拉丁阶底界"金钉子"剖面。A. 剖面地理位置；B. 拉丁阶底界标志化石——库氏始原粗菊石 *Eoprotrachyceras curionii*，比例尺为 1 cm；C. 金色钉子指示"金钉子"界线的具体层位（B、C 由 Peter Brack 提供）

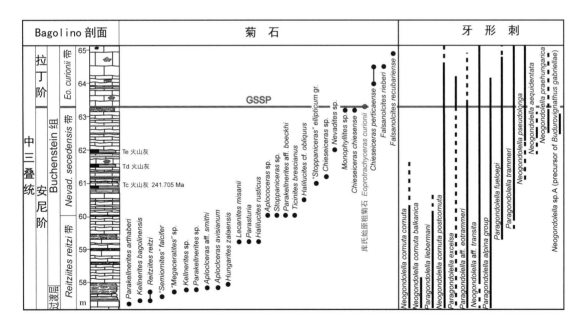

图 8-3-5 意大利 Bagolino 拉丁阶底界的综合地层柱状图，底部"过渡层"为 Prezzo 灰岩顶部〔据 Gradstein 等（2020）修改，火山灰测年据 Wotzlaw 等（2018）〕

2. 科学内涵

Bagolino 地区位于意大利北部伦巴第东部（图 8-3-4、图 8-3-6），这里出露下三叠统至上三叠统的完整地层序列，其中中三叠统自下而上依次为 Prezzo 灰岩、Buchenstein 组和 Wengen 组，这个序列在 Bagolino 地区内的 Romanterra 等多个地点可见，相同的序列在 Romanterra 东北 3 km 沿 Rio Ricomassimo 峡谷也可见（图 8-3-7）。其中 Prezzo 灰岩下部主要为灰岩和页岩旋回夹结核和风暴层，上部为稳定的厚层灰岩和页岩。在 Prezzo 灰岩顶部有一套过渡层，开始出现火山碎屑沉积夹硅质灰岩和页岩。Buchenstein 组主要为硅质瘤状灰岩和几厘米厚的火山碎屑层，沉积速率较慢，在区域内可实现较好对比。Buchenstein 组之上是 Wengen 组，为风暴沉积，主要为硅质碎屑灰岩，沉积速率较快。基于过渡层和火山碎屑层，这一套地层序列在整个 Bagolino 地区 100 km 以上范围可以对比，且沉积连续，没有间断或凝缩段。

图 8-3-6　意大利北部 Bagolino 地区远景。黄色圆圈为拉丁阶"金钉子"剖面的具体位置，红色虚线为特罗比亚构造带（Val Trompia），左下角为伊德罗湖（Idro Lake，意大利语为 Lago d'Idro），旁边为 Ponte Caffaro 镇，是一个滑翔伞运动圣地（照片由 Peter Brack 提供）

Prezzo 灰岩和 Buchenstein 组内菊石化石非常丰富，拥有整个西特提斯区晚安尼期丰度和多样性最高的菊石记录（Balini et al.，1993；Balini，1998）。在整个研究区，库氏始原粗菊石（*Eoprotrachyceras curionii*）仅在界线层内出现，且是始原粗菊石属乃至粗菊石科（Trachyceratidae）最早出现的分子，很容易鉴定和识别。在界线上下，已经建立完整精细的安尼阶 Pelsonian 亚阶至拉丁阶 Longobardian 亚阶下段菊石带序列，其中 Prezzo 灰岩顶部至 Buchenstein 组下部依次为：*Paraceratites trinodosus* 带、*Reitziites reitzi* 带、*Nevadites secedensis* 带、*E. curionii* 带。

图 8-3-7 意大利 Bagolino 剖面的拉丁阶底界"金钉子"照片（Peter Brack 提供）。A. 剖面俯拍，黄色虚线为安尼阶 - 拉丁阶界线，黄色圆圈为"金钉子"雕塑，年龄值来自 Wotzlaw 等（2018）；B. 界线之下的 Buchenstein 组瘤状灰岩（剖面 62.5 m 处）；C. 界线之上的含钙质结核灰岩（剖面 72 m 处）

作为界线的辅助标志分子，层型剖面的牙形刺带也可与菊石带进行对比。在界线之下，牙形刺 *Neogondolella comuta postcornuta* 和 *Paragondolella alpine* 首现位置紧邻菊石 *R. reitzi* 带底界，在菊石 *R. reitzi* 带上部，出现 *P. fueloepii* 和 *P. rammeri*。在菊石带 *N. secedensis* 上部，出现牙形刺 *N. praehungarica* 和 *Budurovignathus gabriellae* 的祖先类型 *Neogondolella* sp.。在"金钉子"界线之上，牙形刺 *B. truempyi* 和 *B. hungaricus* 首现于剖面 66 m 处。此外，在 *N. secedensis* 带最上部 Te 火山灰层之下发现了双壳类 *Daonella fascicostata*，这是安尼期最晚期的双壳类演化序列（*D. serpinaensis*→*D. angulata*→*D. caudata*→*D. elongata*→*D. airaghii*）的重要分子，该序列在阿尔卑斯南部地区可以广泛对比。

Bagolino 剖面由于重磁化作用无法获取古地磁信息，但多洛米蒂山（Dolomites）地区多个相邻剖面（如 Seceda 剖面）均保留了 Buchenstein 组详细的古地磁信息（Muttoni et al.，2004a）。菊石 *E. curionii* 首现层位对应于 Seceda 剖面 14.5 m 处的一层标志灰岩层底部，该层位紧邻地磁倒转带 SC2r.2r 的底界，因此也可以作为拉丁阶底界的非生物辅助标志。

在 Bagolino B 剖面上，Prezzo 灰岩、过渡层和 Buchenstein 组有多层厚度不等（厘米至分米级）的火山凝灰岩和火山灰沉积（Brack & Rieber，1993；Brack & Muttoni，2000）。高精度的年代地层学研究在界线层位上下四个层位获得了绝对年龄，其中界线之下 *N. secedensis* 菊石带中测得年龄为 241.2+0.8/−0.6 Ma，界线之上约 57 m 处测得年龄为 238.8+0.5/−0.2 Ma。Wotzlaw 等（2018）基于旋回地层学研究和系列火山灰中锆石的 U/Pb 年龄，推测出拉丁阶底界年龄为 241.464 ± 0.064/0.097/0.28 Ma，也是现在国际地层委员会采用的最新年龄值（Ogg et al.，2020）。

3. 我国该界线的情况

我国南方拉丁期广泛发育台地相沉积。由于印支运动影响，拉丁期为构造抬升—海退期，因此完整沉积序列和生物带较少，特别是菊石化石记录较少。目前在我国南方尚未发现拉丁阶"金钉子"界线标志化石——菊石 *Eoprotrachyceras curionii* 和牙形刺 *Aplococeras avisianum*，因而无法精确识别出该界线，也难以与世界同期地层建立精细对比。目前已报道的较完整的拉丁期地层序列是在我国广西右江地区的南盘江盆地，另外在西藏南部、川西、滇西—滇南、西秦岭、喀喇昆仑山地区也有部分序列。

我国地方性阶——新铺阶可大体对应于拉丁阶，层型剖面为贵州罗甸关刀剖面。在关刀剖面上发育一套早 – 中三叠世碳酸盐岩沉积，研究程度较高，为研究该时期生物与环境的演化提供了重要信息（Lehrmann et al.，2015）。此前王义刚（1983）认为，菊石 *Xenoprotrachyceras primum* 带应与层型剖面安尼阶最上部的 *Reitziites reitzi* 带对比，而 *Nevadites secedensis* 带和 *E. curionii* 带仍未能找到。王红梅等（2005）在关刀剖面建立了牙形刺带序列，其中 *Budurovisgnathus truempyi* 带、*B. hungaricus* 和 *B. mungoensis* 带可基本与北美拉丁阶牙形刺带对比（Lucas，2010）。与 Bagolino "金钉子" 剖面相比，关刀剖面的牙形刺 *Paragondolella excelsa* 的首现与菊石 *R. reitzi* 带一致，牙形刺 *B. hungaricus* 和 *B. truempyi* 可对应在 "金钉子" 剖面的 *E. curionii* 带中部。

四、卡尼阶底界 "金钉子"

1. 研究历程

卡尼阶是上三叠统的第一个阶，时代距今 237—227 Ma。Mojsisovics（1969）用卡尼阶（Carnian）指代阿尔卑斯山地区产出菊石 *Trachyceras aonoides* 的地层。有关卡尼阶（Carnian）名字由来有两种不同的解释：一是奥地利南部的 Carinthia 省名（Tozer，1967），一是意大利东北 – 奥地利南部的 Carnian Alps 山脉（Gaetani，1995）。

传统研究多以粗菊石 *Trachyceras* 的出现作为卡尼阶开始的标志，并以 *T. aon* 带（当时认为 *T. aon* 是 *Trachyceras* 属最早出现的分子）作为卡尼阶的第一个菊石带，这个定义在特提斯地区得到广泛应用。在北美，*T. aon* 的首现位于菊石 *Desatoyense* 带内部（Tozer，1967）。然而随着研究推进，基于意大利多洛米蒂山地区的 Prati di Stuores（德语为：Stuores Wiesen）层型剖面的菊石研究发现，粗菊石属的另一个分子 *T. muensteri* 的首现时间较 *T. aon* 更早（Mietto & Manfrin，1995a、b）。这表明如果以粗菊石首现作为卡尼阶底界，*T. aon* 不应再作为标志分子，而与 *T. muensteri* 出现在同一个化石带的加拿大达科萨特菊石（*Daxatina canadensis*）可作为新的标志分子，这个方案也与牙形刺和孢粉化石记录一致。据此，专家提出以意大利多洛米蒂山地区的 Prati di Stueres 剖面作为卡尼阶底界层型候选剖面，以菊石 *D. canadensis* 首现作为卡尼阶底界的标志（Mietto et al.，2007）。这个定义使得传统的卡尼阶底界下移。

2007 年 5 月，在美国新墨西哥州 Albuquerque 市举行的国际三叠系大会上，学者们充分讨论了卡尼期不同古地理区系以及卡尼阶候选剖面之间的菊石和牙形刺带的对比，并一致认为菊石带比牙形刺带更具优势，因而一致同意推荐意大利 Prati di Stuores 剖面为卡尼阶 "金钉子" 剖面，以菊石 *D. canadensis* 首现为底界的标志。同年 12 月，这一讨论结果通过了界线工作组的正式投票表决。2008 年 1 月和 4 月，这一提案先后通过了三叠纪分会和国际地层委员会投票表决，并于同年 6 月得到国际地质科学联合会的正式批准。

2. 科学内涵

卡尼阶 "金钉子" 已于 2008 年定于意大利东北部威尼托（Veneto）地区 Belluno 省 Pralongià 镇东部 Prati di Stuores（Prati 在意大利语中意为草原）剖面的第 SW4 层底部，San

Cassiano 组底界之上 45 m 处（图 8-3-8）。层型剖面地处阿尔卑斯山南部多洛米蒂山地区的 Cordevole 山谷北面，Badia/Abtei 和 Cordevole 之间山脊的南坡（北纬 46°31′37″，东经 11°55′49″），距离附近的小镇 San Cassiano 约 4.7 km，海拔 1 980~2 150 m。卡尼阶底界地层剖面处于这个地区海拔较高的位置，因而免受滑坡等灾害影响，层型剖面保护难度大大降低。Prati di Stuores 剖面位于联合国世界遗产多洛米蒂山（Dolomites）自然保护区内，同时还受自然景观资产保护条例的保护（Law Decreen n. 42，2004）。这里同时属于 Col di Lana – Settsass – Cherz 保护区（ZPS IT3230086），当地政府为剖面的保护和宣传做出了大量工作。

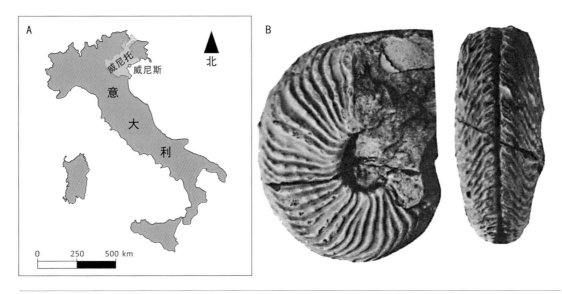

图 8-3-8　意大利 Prati di Stuores 卡尼阶底界"金钉子"。A. 剖面位置；B. 卡尼阶底界标志化石——加拿大达科萨特菊石（*Daxatina canadensis*），图片据 Tozer（1970）

多洛米蒂山地区保存了完整的特斯提区二叠系至古近系渐新统海相地层，其中三叠纪海相地层为特提斯区标准序列（Bosellina et al.，2003）。Prati di Stuores 剖面代表风暴浪基面以下的沉积环境，沉积相类型包括半深海和浊流沉积，因而沉积速率较快且差异较大。剖面自下而上总体为一个连续的海退沉积序列，没有凝缩段或沉积缺失。剖面厚度约 200 m，下部 Wengen 组为一套深水的火山碎屑角砾岩和砂页岩，上部 San Cassiano 组的硅质碎屑输入显著减少，岩性以碳酸盐沉积为主。这套由深水火山碎屑沉积向浅水碳酸盐台地沉积过渡的序列在整个 Prati di Stuores 地区都可见。

本剖面已经识别出三个完整的菊石带序列：拉丁期最后一个菊石带，以及卡尼期的前两个菊石带（Mietto et al.，2012）。界线标志分子——加拿大达科萨特菊石（*Daxatina canadensis*）的首现位于剖面第 SW4 层底部（图 8-3-9）。菊石属 *Daxatina* 的化石在北美、阿尔卑斯地区、波

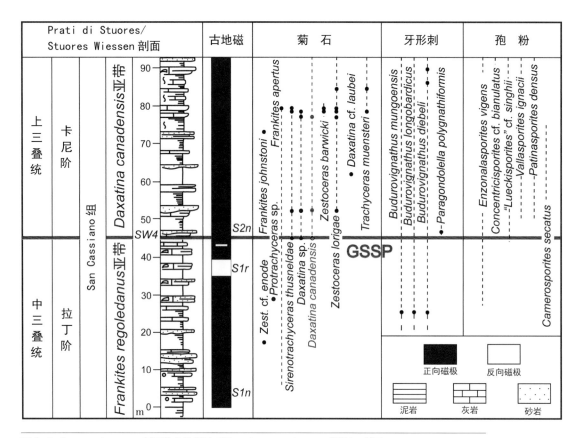

图 8-3-9 Prati di Stuores 剖面综合柱状图（据 Gradstein et al.，2020 修改）。缩写：*Zest.=Zestoceras*

罗的海地区、喜马拉雅山等多个古地理区域均有大量发现，因而可以实现泛大洋周围地区间的精细对比，同时开展不同古纬度区之间的对比（Tozer，1994；Krysten et al.，2004）。相对于传统定义的卡尼阶界线，新的卡尼阶底界下移至原来的拉丁阶最上部，位于原来的菊石 *Frankites regoledanus* 带内。*D. canadensis* 带可与加拿大 *sutherlandi* 亚带 2 和美国内华达地区 *desatoyense* 带对比（Tozer，1994；Balini et al.，2007）。

Prati di Stuores 剖面的牙形刺多为延限较长的分子，如 *Gladigondolella malayensis malayensis* 和 *G. tethydis*，均从拉丁晚期一直延续到卡尼早期。在印度北部的斯皮提（Spiti）剖面，牙形刺 *Paragondolella polygnathiformis* 首现位于 *D. canadensis* 首现层位之下仅几米，而在 Prati di Stuores 剖面，*P. polygnathiformis* 首现于 SW4c 层，位于 *D. canadensis* 首现层位之上约 70 cm，因此可作为卡尼阶底界的辅助标志分子（图 8-3-9）。层型剖面还保存了丰富的孢粉化石，记录了拉丁期－卡尼期过渡时期陆相和海相孢粉植物群的转变，孢粉组合 *Vallasporites ignacii* 和 *Patinasporites densus* 也可作为层型的参考标志分子（Mietto et al.，2007）。

Prati di Stuores 剖面的拉丁阶－卡尼阶稳定碳氧同位素分析表明，在界线附近其总体受成岩作用影响显著，表现为氧同位素值总体偏低，而碳同位素值非常分散。其中，δ¹³C 多数数据集中在 +1‰ ~+2‰，δ¹⁸O 位于 –5‰ ~–6‰（Preto et al.，2009），波动较小，与奥地利的 Weissenbach 剖面相似（Richoz et al.，2007）。由于没有明显的漂移变化，无法作为卡尼阶底界的地层对比标志。卡尼阶底界恰好位于古地磁正极性段之内（Maron et al.，2019）。界线之下为一个三级层序的最大海泛面（Hardenbol et al.，1998；Haq，2018）。

在 Prati di Stuores 剖面，卡尼阶底界附近并没有较好的火山粘土层可供测年，因此卡尼阶底界年龄是通过拉丁阶上部年龄和剖面沉积速率等推算出来的，目前统一采用 237 Ma 作为卡尼阶底界的年龄值（Mietto et al.，2012）。

3. 我国该界线的情况

我国上三叠统海相地层主要分布在贵州西南部、云南中西部和东南部、四川西部（龙门山以南）、秦岭西部、青海南部以及西藏、喀喇昆仑山地区，地层单元为法郎组瓦窑段和赖石科组等。在云贵地区该段地层为碎屑岩夹煤线地层，仅在藏南等地仍有海相沉积。由于至今未发现界线标志分子——菊石 *Daxatina canadensis*，而以辅助标志分子——牙形刺 *Paragondolella polygnathiformis*（图 8-2-3C）的首现层位划定的卡尼阶底界与传统的基于菊石识别的卡尼阶底界之间存在较大差异，因而未能实现卡尼阶底界的精确识别（江海水等，2018）。

我国的地方性阶——亚智梁阶大体对应于卡尼阶，命名于西藏南部聂拉木县土隆地区，以牙形刺 *Paragondolella polygnathiformis* 的首现作为底界标志，该种化石在我国南方很多剖面都有记录。Mietto 等（2012）曾指出，*P. polygnathiformis* 在不同剖面首现位置并不相同，在一些剖面可以下延到菊石 *D. canadensis* 首现的位置，因而可以作为卡尼阶底界的重要标志分子。此外，虽然没能找到 *D. canadensis*，但此前在我国已经发现菊石 *Trachyceras multituberculatum* 带，可以与"金钉子"界线之上第二个菊石带对比（杨守仁等，1999；Zou et al.，2015）。因此，目前我国海相卡尼阶主要以多瘤粗菊石（*T. multituberculatum*）和牙形刺 *P. polygnathiformis* 作为底界的标志分子，但后者在世界不同剖面之间具有一定的穿时性（Krystyn et al.，2004）。

贵州兴义乌沙的泥麦古剖面出露连续的中三叠统拉丁阶–上三叠统卡尼阶下部海相沉积，且保存了丰富的拉丁晚期多门类海生脊椎和无脊椎动物化石（图 8-3-10）。近年来，大量兴义动物群中的海生爬行动物的发现引起了国内外同行的关注，如最古老的飞鱼（图 8-2-3E）、三叠纪的顶级捕食者——大型鱼龙等（图 8-2-4）（Tintori et al.，2012；Jiang et al.，2020）。剖面下段为杨柳井组（拉丁期）厚层白云岩，代表浅水碳酸盐岩沉积；向上转变为法郎组竹杆坡段（拉丁晚期–卡尼早期）的一套深水瘤状灰岩、泥质灰岩夹泥岩，之上则转为法郎组瓦窑段（卡尼早–中期）黑色页岩和泥质灰岩。在乌沙泥麦古剖面，法郎组竹杆坡段上段已识别出粗菊石属的分子，层位低于此前发现的多瘤粗菊石（*Trachyceras multituberculatum*），之下没有发现其他典型的卡尼期菊石分子。这些粗菊石壳面瘤饰相对简单，与特提斯区卡尼期第一个菊石带内的粗菊石分子相近，但由于仍缺少关键性的标志分子，目前可将卡尼阶底界暂划在竹杆坡段上部第152层至第197层之间（Zou et al., 2015）。

图 8-3-10 贵州兴义泥麦古剖面三叠纪拉丁晚期 - 卡尼早期的地层序列

第四节
三叠系内待定界线层型研究

一、奥伦尼克阶底界

1. 研究现状

奥伦尼克阶是三叠系七个阶中唯一命名于北方大区高纬度地区的地层单元，其与低纬度地区的精确对比一直是个难题，奥伦尼克阶底界层型的确立也被认为是三叠系各阶里难度最大的一个。1956 年，Kiparisova 和 Popov 首次命名奥伦尼克阶，命名剖面位于西伯利亚奥伦尼克河沿岸。后来研究发现该剖面只包含奥伦尼克阶上段（菊石 *Olenikites spiniplicatus* 带），而下伏印度阶为潟湖相沉积，没有发现界线附近的菊石和牙形刺。苏联和俄罗斯学者曾提出以菊石 *Hedenstroemia hedenstroemi*、*H. bosphorensis* 等作为定义标志（Zakharov，1994，2000）。然而，这个属主要分布在高纬度地区，在低纬度地区较少发现，因此较难用于全球对比。

随着生物地层研究的推进，牙形刺因其较广的地理分布并可实现高、低纬度间的对比，得到越来越多学者的青睐（Orchard，2010）。2003 年，童金南等提议将地处特提斯区的巢湖平顶山西剖面作为奥伦尼克阶底界的候选层型剖面，以牙形刺 *Neospathodus waageni* 首现作为标志（Tong et al.，2003）。2005 年，Krystyn 等提议地处冈瓦纳大陆北缘的印度北部的斯皮提地区的 Mud 剖面为候选层型剖面，同样以牙形刺 *N. waageni* 首现为标志。2008 年，工作组表决通过了 Mud 剖面作为奥伦尼克阶的底界层型剖面，以牙形刺 *N. waageni* s.l. 的首现作为界线标志。然而后续研究发现，*N. waageni* 在 Mud 剖面原界线层之下 1 m 处已出现，此前的界线层位并非其首现；在候选界线层位之下约 1 m 处发生了菊石面貌的显著更替（Brühwiler et al.，2010）。因此，相关研究仍待深入开展。

Ware 等（2011）提出以巴基斯坦北部盐岭地区的 Nammal Nala 剖面作为奥伦尼克阶底界的新的候选层型剖面，以菊石 *Flemingites bhargavai* 首现为标志。2017 年，国际地层委员会三叠系分会成立了新的印度阶 – 奥伦尼克阶界线工作组，提出三个候选层位并确认了三个候选层型剖面：印度斯皮提地区的 Mud 剖面、我国安徽巢湖平顶山西剖面和巴基斯坦盐岭地区的 Nammal Nala 剖面。

2. 候选层型剖面简介

（1）安徽巢湖平顶山剖面。

巢湖位于安徽省合肥市东南约 50 km 处，交通便捷，由合肥市乘高铁仅需 21 min 即可到达

（图 8-4-1）。这里地处华南板块下扬子地区北缘，早三叠世处于下扬子碳酸盐岩缓坡较深水区域，发育一套泥质碎屑岩和碳酸盐岩的组合。巢湖地区的下三叠统地层记录完整，化石种类丰富，是我国乃至全球下三叠统海相地层研究的经典地区之一。

图 8-4-1　奥伦尼克阶底界的候选层型剖面——安徽巢湖平顶山剖面；A. 交通位置图；B. 平顶山西剖面远观；C. 候选的界线标志化石（牙形刺）：1. *Neospathodus waageni eowaageni*；2. *N. posterolongatus*；3. *N. waageni waageni*；D. 平顶山西剖面印度阶 - 奥伦尼克阶界线层位。照片 B、C、D 由童金南提供

　　Tong 等（2003）首次提出以平顶山西剖面（北纬 31° 36′ 00″，东经 117° 48′ 00″）作为奥伦尼克阶底界的候选层型剖面，以牙形刺 *Neospathodus waageni* 的首现为标志，以菊石 *Flemingites*

的首现作为辅助标志（图 8-4-2）。Zhao 等（2004，2007）随后将 *N. waageni* 进一步细分为多个亚种，候选界线标志即为该种最早出现的亚种——第 24 层 16 亚层的 *N. waageni eowaageni*（*N. waageni* s.l.）。菊石多为压扁保存，奥伦尼克早期标志性分子 *Flemingites* 和 *Euflemingites* 首现于第 24 层 21 亚层（童金南等，2004）。在候选界线层位之上约 2.5 m 处发生了一次磁极由反向转为正向，δ¹³C 在第 25 层第 24 亚层发生正漂事件，均可作为辅助的非生物标志（Tong et al.，2007；Sun et al.，2009）。Li 等（2016）通过对浙江煤山和安徽巢湖剖面的天文旋回研究，得到奥伦尼克阶底界年龄为 249.9 ± 0.1 Ma。

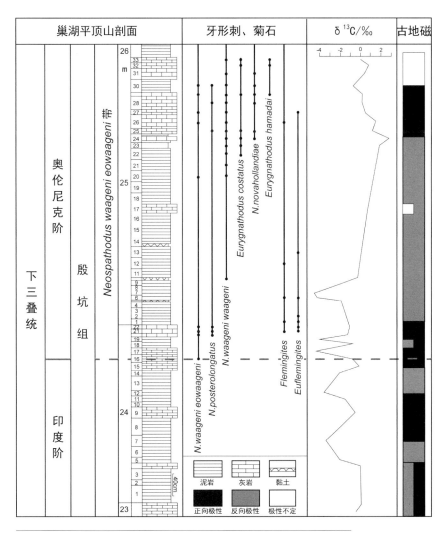

图 8-4-2　安徽巢湖平顶山西剖面综合地层柱状图（据童金南等，2018 修改）

总体来说，巢湖地区下三叠统奥伦尼克阶底界的生物标志和非生物标志均可明确识别，并且可以在我国华南和世界同期多个剖面进行对比，虽平顶山西剖面的菊石化石纪录不够理想，依然是目前比较有潜力的候选层型剖面。

（2）印度斯皮提地区 Mud 剖面。

Mud（早期文献中也拼作 Muth）剖面位于印度北部喜马偕尔邦的斯皮提河谷（Spiti），该地区海拔在 3 900~4 100 m，目前是一个国家级高海拔野生动物保护区（图 8-4-3）。这里交通便利，由新德里乘飞机至 Kullu 后转乘汽车，最快一天内可到达。这里每年 6—9 月气候适宜，是最佳旅游季节，10 月之后开始有降雪。

斯皮提地区在三叠纪时期处于冈瓦纳大陆北缘，由于当时大部分位于热带地区，常被作为环冈瓦纳特提斯（Peri–Gondwana Tethyan）的典型地区（Matsuda，1985）。Krystyn 等（2005，2007a）提出以 Mud 04 剖面（北纬 31°57′56″，东经 78°01′29″）作为奥伦尼克阶底界的候选层型剖面，以牙形刺 Neospathodus waageni s.l. 首现（第 13A 层）为标志，距离菊石 Flemingites 层底界 60 cm（图 8-4-4）。然而后续研究发现，牙形刺 N. waageni 的首现位置并不在第 13 层，在更低的第 10 层仍有发现（Goudemand，2014）。菊石研究也表明（Brühwiler et al. 2010），菊石类同样在候选界线层位之下约 1 m 处发生了显著更替：在第 10 层已经出现典型的奥伦尼克期菊石分子，如 Flemingites bhargavai 等，并由此建议将候选层位下移至第 10 层。因此，Mud 剖面的牙形刺和菊石地层分布仍亟待进一步深入研究。此外，由于这里处于喜马拉雅造山带，原始地磁学信息已被后来造山运动重新磁化覆盖而无法获取。

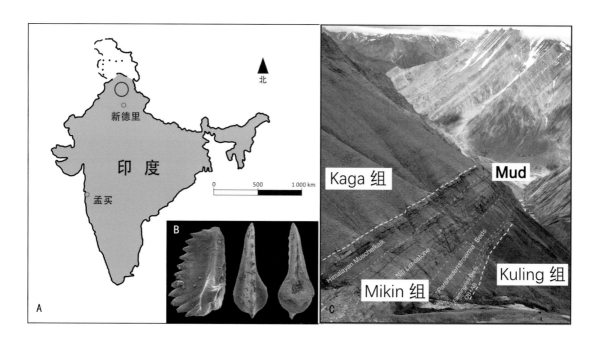

图 8-4-3　奥伦尼克阶底界的候选层型剖面——印度斯皮提 Mud 剖面。A. 剖面位置；B. 奥伦尼克阶底界的候选标志化石——牙形刺 N. waageni M1（据 Orchard & Krystyn，2007 修改）；C. Mud 剖面照片（Brühwiler 提供）

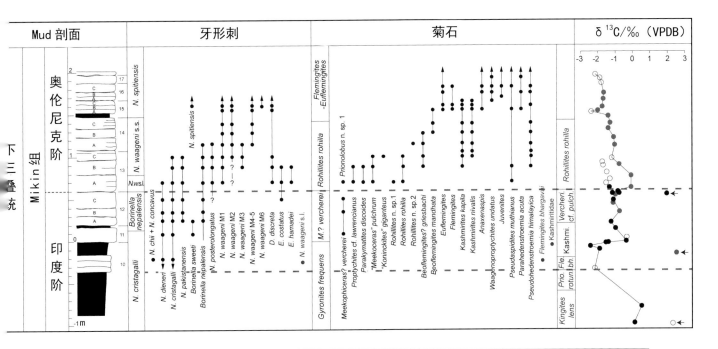

图 8-4-4 Mud 剖面综合地层图，其中部分化石分布（红色标注者）和右侧菊石带据 Brühwiler 等（2010）修改，其他据 Krystyn 等（2007a）修改

（3）巴基斯坦盐岭 Nammal Nala 剖面。

在 2011 年瑞士地学年会上，Ware 等提出以巴基斯坦盐岭地区 Nammal Nala 剖面作为奥伦尼克阶底界新的候选层型剖面，以菊石 *Flemingites bhargavai* 首现作为奥伦尼克阶底界的标志。盐岭地区的下三叠统海相地层发育较好，是世界同期地层中菊石化石记录最完整的地区之一（图 8-4-5）。在该剖面可以识别出菊石类在印度期 – 奥伦尼克期发生的一次显著的面貌演替事件，因此首选以菊石 Flemingitidae 科分子的首现为标志（Ware et al.，2011）。辅助标志是牙形刺 *Neospathodus* 的首现。该界线还伴随一次有机碳同位素的显著正漂（6‰），以及一次植物孢粉相的转变（Hermann et al.，2011），其中碳同位素变化趋势与特提斯洋的结果一致，因此很可能代表了全球范围的变化趋势。

Nammal Nala 剖面同样可以与印度北部斯皮提地区的 Mud 剖面对比。从菊石来看，Nammal Nala 剖面奥伦尼克阶底界的层位对应于 Mud 剖面界线（第 13A 层）之下约 1 m 处（第 10 层）。目前，有关 Nammal Nala 剖面的生物地层学综合研究暂未正式发表。

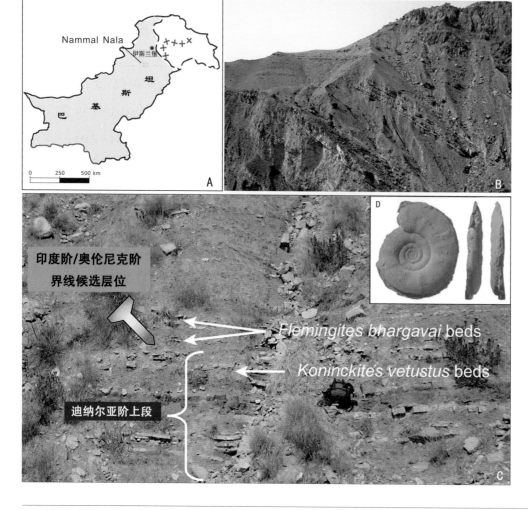

图 8-4-5 奥伦尼克阶候选层型剖面——巴基斯坦盐岭 Nammal Nala 剖面。A. 地理位置；B. 候选剖面远观；C. 印度阶 - 奥伦尼克阶界线地层及标志化石产出层位；D. 候选界线标志化石——菊石 *Flemingites bhargavai*（照片 B ～ D 由 David Ware 提供）

3. 我国该界线的情况

我国华南和青藏地区均发育较好的下三叠统海相地层，除下扬子分区的安徽巢湖平顶山是奥伦尼克阶底界的候选层型剖面外，在贵州、广西、四川等多地均可见较完整的印度阶 – 奥伦尼克阶界线地层序列。目前的候选标志化石——牙形刺 *Neospathodus waageni* 分子在许多剖面均已发现，其中贵州罗甸关刀剖面奥伦尼克阶已建立 4 个连续的牙形刺带：*N. pakistanensis* 带、*N. waageni-Parachirognathus* 带、*N. crassatus* 带、*N. symmetricus- N. homeri* 带，序列比较接近于北美地区（王红梅等，2005）。这个时期我国的菊石面貌具有地方特色，此前常以菊石 *Flemingites-Euflemingites* 带作为奥伦尼克期的开始，在我国贵州、广西、安徽等地均可识别（Tong et al., 2004；Balini，2010）。

二、安尼阶底界

1. 研究现状

安尼阶名称源自奥地利阿尔卑斯山地区 Grossreifling 市附近的安尼河（Enns River，拉丁语为 Anisus River）。安尼阶命名层型剖面位于奥地利，然而该剖面却没有定义该阶底界的菊石化石（Waagen and Diener，1895）。由于安尼阶命名剖面地处特提斯区，而下伏奥伦尼克阶命名剖面地处北方大区，学者们对于采取何种化石作为定义安尼阶的标志分子有很多争议，尤其对于不同纬度、不同古地理区之间的对比难以达成一致意见。研究发现，安尼阶底界附近的生物（如菊石和牙形刺）均存在不同程度的生物混生过渡现象。最初在特提斯地区主要以一些菊石如 *Aegeiceras*、*Japonites*、*Paracrochordiceras* 等的出现作为安尼阶的开始，Orchard 和 Tozer（1997）等提出以牙形刺 *Chiosella timorensis* 的首现作为安尼阶底界的标志，这样在北美和亚洲地区可以很好对比。然而，据 Goudemand 等（2012）研究，*C. timorensis* 带与传统的特提斯区奥伦尼克晚期的菊石 *Neopopanoceras haugi* 带有一定的重叠，不宜作为安尼阶底界的标志分子。一些学者认为这个重叠的时间很短，不影响 *N. haugi* 作为安尼阶底界的标志化石（如 Ogg et al.，2020）。Hounslow 和 Muttoni（2010）提出：以界线附近的一次地磁极的反向—正向倒转界面作为下 – 中三叠统界线的标志。可见，有关安尼阶底界标志分子的选择目前仍有争议。

国际地层委员会三叠系分会自 1991 年开始推动安尼阶底界"金钉子"的研究工作，目前的候选层型剖面至少有三个，包括罗马尼亚 Deşli Caira 剖面、我国广西幼平湾头剖面和阿尔巴尼亚 Kçira 剖面，均以牙形刺 *Chiosella timorensis* 的首现为界线标志。Brayard（2019）提出以美国内华达的一个剖面作为新的候选层型剖面，然而暂未有详细的地层学研究正式发表。

2. 候选层型剖面简介

（1）罗马尼亚 Deşli Caira 剖面。

Deşli Caira 山位于罗马尼亚 Dobrogea 省北部多瑙河三角洲南侧，属于图尔恰（Tulcea）群的一部分，海拔 175 m（图 8-4-6）。Deşli Caira 山的名字源自土耳其语，意为"巨石"。该地区西部为盆地相，发育厚层泥岩旋回，中部—东部主要为碳酸盐岩台地（Grădinaru，1995，2000）。在候选剖面——Deşli Caira 剖面（北纬 45° 04′ 27″，东经 28° 48′ 08″），牙形刺 *Chiosella timorensis* 首现位于哈尔斯塔特（Hallstatt）灰岩层中，这段地层产出丰富、连续分布的菊石、鹦鹉螺等大化石，是特提斯区同期地层中这两类化石记录最完整的剖面之一（Grădinaru & Sovolev，2006）。值得注意的是，哈尔斯塔特灰岩在不同地点存在明显的穿时性。在 Deşli Caira 剖面，安尼早期菊石 *Paracrochordiceras-Japonites* 层（剖面第 204/821 层）的位置略高于牙形刺 *Chiosella timorensis*

的首现层位（图 8-4-7）。此外，提议界线上下的鹦鹉螺类和箭石类面貌发生了显著转变，主要表现为同属内不同种的演替（Grădinaru et al., 2007）。剖面还保存了古地磁和碳同位素等信息，可以与附近其他剖面和印度 Spiti、阿尔巴尼亚 Kçira 剖面、我国华南以及加拿大 British Columbia 地区进行对比。

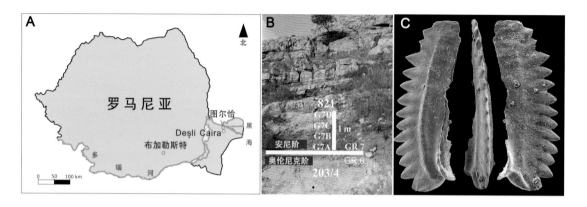

图 8-4-6 安尼阶底界的候选层型剖面之一——罗马尼亚 Deşli Caira 剖面。A. 地理位置；B.Deşli Caira 剖面（改自 Grădinaru et al., 2007）；C. 安尼阶底界的候选标志化石——牙形刺 Chiosella timorensis（据 Orchard et al., 2007a 修改）

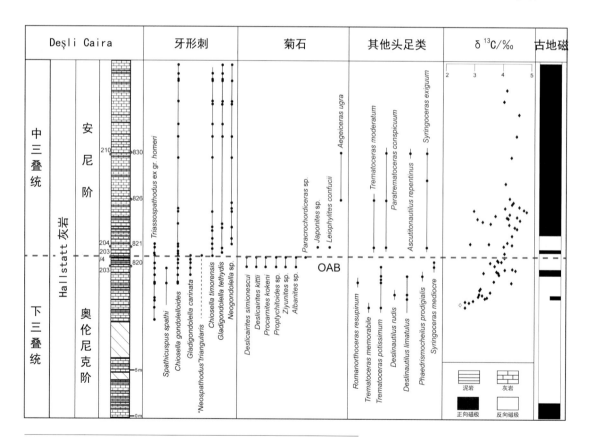

图 8-4-7 Deşli Caira 剖面综合地层柱状图（据 Grădinaru et al., 2007 修改）

（2）阿尔巴尼亚 Kçira 剖面。

Kçira 剖面位于阿尔巴尼亚北部，距离首都地拉那市约 130 km（图 8-4-8）。该地区的下–中三叠统主要发育灰岩、火山岩和放射虫硅质岩的组合。Kçira 剖面包括相距不远的若干条剖面，其中 A 剖面为主要候选剖面（北纬 42°01′27″，东经 19°48′19″），B、C 等为辅助剖面。Kçira 剖面保存了较好的牙形刺、菊石、底栖有孔虫等古生物以及古地磁等记录，暂未有详细的碳氧同位素研究结果正式发表（Muttoni et al.，2019）。安尼阶底界的候选标志化石——牙形刺 *Chiosella timorensis* 的首现位于 Kçira 组第三段下部，距剖面底部约 22.4 m（图 8-4-9）。界线之下可见奥伦尼克晚期的典型菊石化石，如 *Subcolumbites* 和 *Albanites*；但界线之上主要为延限较长的化石如 *Leiophyllites* 和 *Eophyllites*，缺少奥伦尼克阶–安尼阶界线标志化石（Germani，1997）。剖面下段底栖有孔虫种类较少，在剖面 28.1~34.2 m，其多样性显著提高（Muttoni et al.，1996）。Kçira A 剖面的磁极变化序列（Muttoni et al.，1996），可与我国贵州关刀剖面、罗马尼亚 Deşli Caira 剖面和希腊希俄斯岛对比（Maron et al.，2019）。古地磁 Kc1r.1n 带的底界紧邻牙形刺 *Chiosella timorensis* 首现位置（22.4 m），可以作为安尼阶底界的辅助非生物标志。

（3）广西凤山金牙湾头剖面。

广西凤山湾头剖面（北纬 24°35′29″，东经 106°51′45″）地处南盘江盆地，该地区在早–中三叠世位于赤道附近，发育一套浅水碳酸盐岩台地沉积（图 8-4-10）。广西湾头剖面不发育泥石流沉积，沉积连续，表明其沉积水体较深；剖面化石丰富，兼有古地磁、同位素地球化学和年代数据记录，作为候选层型剖面具有显著优势，唯一不足是菊石化石不够丰富（Galfetti et al.，2008）。

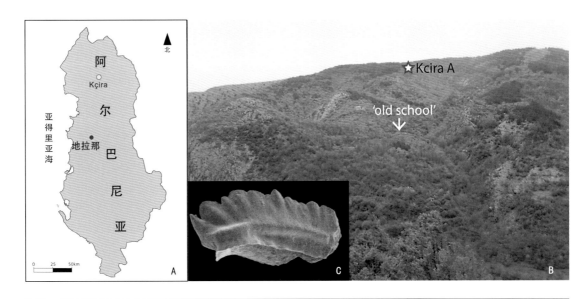

图 8-4-8 安尼阶底界候选层型剖面之二——阿尔巴尼亚 Kçira 剖面。A. 地理位置；B. Kçira 剖面远景；C. 安尼阶底界的候选标志化石——牙形刺 *Chiosella timorensis*。（B、C 据 Muttoni et al.，2019 修改）

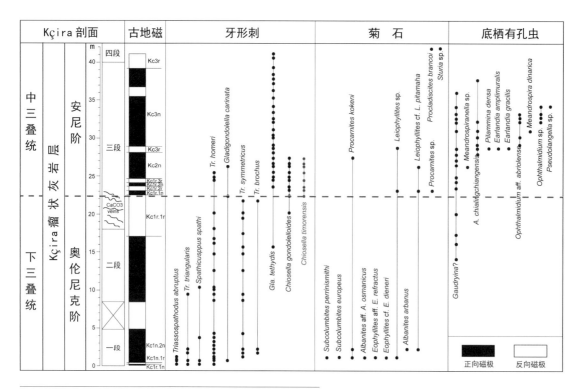

图 8-4-9 Kçira 剖面综合地层柱状图（据 Muttoni et al., 2019 修改）

图 8-4-10 安尼阶底界候选剖面之三——广西湾头剖面。A. 地理位置；B. 湾头剖面的界线地层露头；C. 候选界线的标志化石——
Chiosella timorensis s.s.（B、C 由陈軧提供）

　　湾头剖面的牙形刺地层记录连续，且可与古地磁带进行对比（图 8-4-11）。对比发现，广义
的 *Chiosella timorensis* 分在不同古地理区的首现时间可能存在一定差异，而狭义的 *C. timorensis*
的首现层位则与古地磁和碳同位素有更好的对应关系，因此应作为下 – 中三叠统界线的标志分
子。界线上下的碳同位素曲线均可识别出一次显著的正漂，可作为早 – 中三叠世界线的辅助标志

（Chen et al.，2020）。目前在湾头剖面发现的菊石化石仍非常有限，仅识别出奥伦尼克期最上部的菊石带——*Neopopanoceras haugi* 带，其顶界位于牙形刺 *C. timorensis* 首现层位之下 1.3 m 处（Galfetti et al.，2008）。Ovtcharova 等（2015）通过火山灰锆石测年，得到湾头剖面 *C. timorensis* 首现层位的年龄为 247.305 ± 0.040 Ma，而 Li 等（2018）基于天文旋回研究得到 *C. timorensis* 首现年龄为 246.8 ± 0.1 Ma。Chen 等（2020）通过识别广西湾头剖面和贵州关刀剖面的天文旋回耦合，得到 *C. timorensis* 首现年龄为 246.7 Ma。

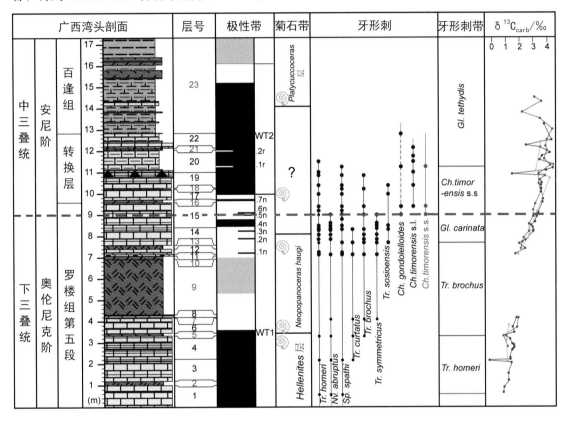

图 8-4-11 湾头剖面综合地层柱状图（陈龑提供）

（4）美国内华达 Immigrant Canyon 剖面。

Brayard 等（2019）在欧洲地层学年会（Strati 2019 Milano）上提出，以美国内华达州 Immigrant Canyon 剖面作为安尼阶底界的候选层型剖面。据 Brayard 介绍（个人通讯），候选剖面位于内华达东北部的 Immigrant 峡谷地区，该地区发育有下三叠统至中三叠统的连续海相地层，化石记录丰富，且没有沉积间断和凝缩段，因而非常有潜力建立具有高精度综合地层格架的早–中三叠世界线。目前相关研究仍较初步，已经识别出疑似早三叠世奥伦尼克末期的菊石 *Neopopanoceras haugi* 带和中三叠世最早期的菊石 achrocordiceratids 类化石，有望在未来识别出界线分子。该剖面牙形刺化石保存较好，在一个未发表的硕士学位论文中有奥伦尼克阶顶部至安尼阶下部牙形刺序列的详细讨论（S. Lucas，个人通讯）。

然而剖面所在土地为私人所有，且并不完全对公众免费开放，因而恐怕并不符合"金钉子"剖面的规定。由于 2020 年全球疫情影响，原计划的进一步野外工作仍处于停滞状态。

3. 我国该界线的情况

安尼阶海相沉积在我国贵州、广西、青海、西藏等地发育较好，其中一层"绿豆岩"（火山凝灰岩）在西南地区广泛发育并可进行对比，常被用作我国西南地区下 – 中三叠统界线的标志（童金南等，2019）。贵阳青岩剖面化石丰富，是我国安尼期地方性阶——"青岩阶"的层型剖面，但是由于该剖面后来被破坏，层型剖面被改为贵州罗甸的关刀剖面，并将阶名改为关刀阶。关刀剖面研究基础较好，保存了较好的牙形刺、有孔虫、碳同位素和地磁记录，可以与广西湾头、罗马尼亚 Deşli Caira 和阿尔巴尼亚 Kçira 剖面进行对比，是研究二叠纪末生物大灭绝和其后海洋生态系统复苏辐射过程的经典剖面之一。关刀剖面位于南盘江盆地北缘，主要为一套深水沉积，其中主要为远洋浮游生物化石，其中部分浊流沉积中保存了浅水底栖型生物化石。该剖面自下而上出露有二叠系吴家坪组直至上三叠统边阳组的连续地层。因为该剖面的化石记录特别是牙形刺地层记录完整，也曾被作为安尼阶"金钉子"的参考剖面（Orchard et al.，2007b）。目前国际地层年表中安尼阶底界的年龄值 247.2 Ma 即来自该剖面的测年数据，Lehrmann 等（2015）将这个数据矫正为 247.28 ± 0.12 Ma。

三、诺利阶底界

1. 研究现状

诺利阶（Norian）源于奥地利 Noria 地区。作为年代地层名称，诺利阶有一段扭曲的、有趣的研究历史。1869 年，奥地利地层古生物学家 Mojsisovics 根据奥地利萨尔茨堡附近的地层同时命名了卡尼阶和诺利阶，前者指代含有菊石 *Ammonites aonoides*（哈尔斯塔特（Hallstatt）灰岩，后者指代含有菊石 *Ammonites metrernichi* 的部分哈尔斯塔特灰岩和下伏的 Zlambach 泥灰岩。当时因为诺利阶的这套灰岩和泥灰岩在地貌上较低，因此认为其时代是老于卡尼阶的，即诺利阶在下，卡尼阶在上。但是，后来研究发现，Zlambach 泥灰岩的时代其实比 Hallstatt 灰岩更晚，Mojsisovics 自己也意识到已建立的年代地层序列搞错了。Bittner（1892）等建议保留 Norian 名称，用以指代这套原本认为老于卡尼阶的地层，而提出一个新名——"拉丁阶"（Ladinian）来指代卡尼阶之下的地层。诺利阶是三叠系最长的一个阶，时代为 227—208 Ma，延限近 20 Myr。

Silberling 和 Tozer（1968）基于北美的化石记录将菊石 *Stikinoceras kerri* 带底界作为诺利阶的开始，这个层位可对应于特提斯地区 *Anatropites* 带和 *Guembelites jandianus* 带之间（Krystyn，

1980；Jenks et al.，2015）。而近 20 年来的研究表明，卡尼期晚期至诺利期早期的牙形刺动物群演替迅速，特别是在界线上下可以识别出高精度的生物带序列并进行全球对比，具有更高的对比精度。其中，*Metapolygnathus parvus* 带可大体与菊石 *S. kerri* 带和双壳类 *Halobia austriaca* 带（奥地利海燕蛤）相对应（Mazza et al.，2018；Orchard，2019）。2011 年，Krystyn 推荐以双壳类 *H. austriaca* 的首现作为诺利阶底界的候选标志化石。目前，诺利阶底界的候选标志生物化石主要为牙形刺 *M. parvus* 和双壳类 *H. austriaca* 的首现。

目前诺利阶底界"金钉子"有两个候选剖面，分别是意大利西西里岛的 Pizzo Mondello（PM）剖面和加拿大不列颠哥伦比亚的 Black Bear Ridge（BBR）剖面。两个剖面均已建立高精度的牙形刺和双壳类生物带格架，可进行全球对比；其中 PM 剖面还有古地磁证据，具有与陆相地层对比的潜力（McRoberts & Krystyn，2011；Mazza et al.，2018；Orchard，2019）。然而，两个剖面的菊石化石记录内容和精度都远不及牙形刺和双壳类，仅可作为辅助的参考标志（Balini et al.，2012）。晚三叠世时期，PM 剖面位于新特提斯洋西部，古纬度约为北纬 22°（15°～29°），属于深海沉积相；而 BBR 位于古太平洋东岸，古纬度约为北纬 45°，属较高纬度地区，主要为深水斜坡相和盆地相（Mazza et al.，2018）。2018 年，国际地层委员会三叠系分会成立了新的诺利阶界线工作组，有望在 2021 年取得突破性进展。

2. 候选层型剖面简介

（1）意大利西西里岛 Pizzo Mondello（PM）剖面。

PM 剖面位于意大利南部西西里岛西部的西卡尼（Sicani）山脉，在索西奥河谷（Sosio Valley）自然保护区西南约 4 km 处（图 8-4-12）。PM 剖面出露晚三叠世至新生代的深海相灰泥沉积，夹杂中侏罗世的放射虫硅质岩和枕状熔岩，候选的诺利阶底界位于 Scillato 组（又称 Cherty Limestone、海燕蛤灰岩）下部第二段内（Nicora et al.，2007）（图 8-4-13）。

PM 剖面的卡尼晚期至诺利早期牙形刺记录保存较好，并可见三次重大演替事件（Mazza et al.，2018；Orchard，2019）。其中，T2（Turnover 2）界面——牙形刺 *Metapolygnathus parvus* 的首现在两个候选剖面及其他地区可直接对比，并邻近其他化石和碳同位素正漂等非生物标志，是目前诺利阶底界的候选层位之一。T3 位置附近的双壳类 *Halobia austriaca* 首现位置，是另一候选界线层位。这个层位最接近传统的诺利阶底界层位，且在特提斯区、北美地区、波罗的海地区等分布广泛。值得注意的是，PM 剖面牙形刺 *M. parvus* 首现层位位于双壳类 *H. austriaca* 首现之下约 10 m；而在 BBR 剖面，两者之间仅 30 cm（McRoberts & Krystyn，2011）。在 PM 剖面距 Scillato 组底之上约 82 m 处可见一次碳同位素小幅正漂，其层位紧邻牙形刺 *Metapolygnathus parvus* 首现层位（T2），且在世界同期多个剖面可识别（Mazza et al.，2010）；古地磁 PM4n 带顶界距牙形刺 *M. parvus* 首现层位（T2）之上约 3.2 m，也可作为诺利阶底界的辅助识别标志（Muttoni et al.，2004b；Mazza et al.，2018）。

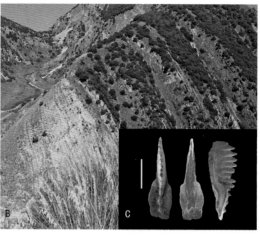

图 8-4-12　诺利阶底界候选剖面之一——意大利西西里岛 Pizzo Mondello 剖面。A. 地理位置；B. Pizzo Mondello 剖面地层露头；C. 候选标志化石——牙形刺 *Metapolygnathus parvus*（alpha）（Rigo Manuel 提供）

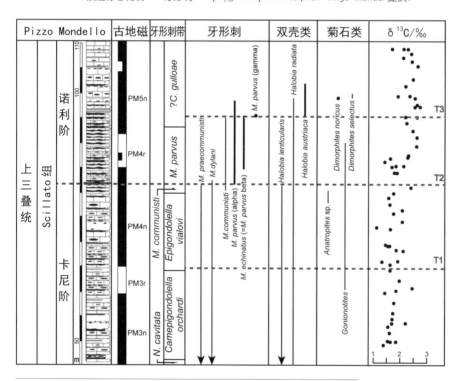

图 8-4-13　Pizzo Mondello 剖面综合地层柱状图（据 Mazza et al.，2018 修改）

（2）加拿大 Black Bear Ridge（BBR）剖面。

BBR 剖面（北纬 56°05′08″，西经 123°02′23″）位于加拿大不列颠哥伦比亚省北部 Williston 湖北岸。该地区出露连续的卡尼晚期至早侏罗世的深水斜坡—盆地相沉积，其中 Ludington 组为卡尼晚期，Pardonet 组主体为诺利期。诺利阶底界位置位于 Pardonet 组下部（Gibson & Edwards，1995），也有学者认为界线位于两个组之间的过渡层（Orchard et al.，2001）（图 8-4-14）。

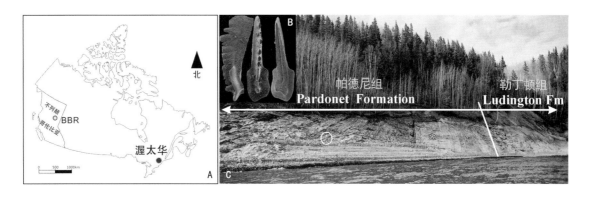

图 8-4-14 诺利阶底界候选剖面之二——加拿大不列颠哥伦比亚 Black Bear Ridge 剖面。A. 地理位置；B. 候选标志化石——牙形刺 *Metapolygnathus parvus*（alpha）；C. 地层露头（B、C 由 Michael Orchard 供图）

  BBR 剖面的卡尼晚期至诺利早期牙形刺化石丰富，同样识别出了三次牙形刺面貌演替事件，并可与 PM 剖面进一步对比（图 8-4-15），因此可能代表全球性的生物演化事件（Orchard，2014，2019）。在 BBR 剖面的卡尼阶 – 诺利阶界线附近，可识别出双壳类 *Halobia* 多个种的出现序列，其中作为候选标志化石的双壳类 *H. austriaca*（图 8-2-3B）的首现层位位于牙形刺 *M. parvus* 首现层位之上约 30 cm（Krystyn，2011；McRoberts & Krystyn，2011）。北美的传统观点

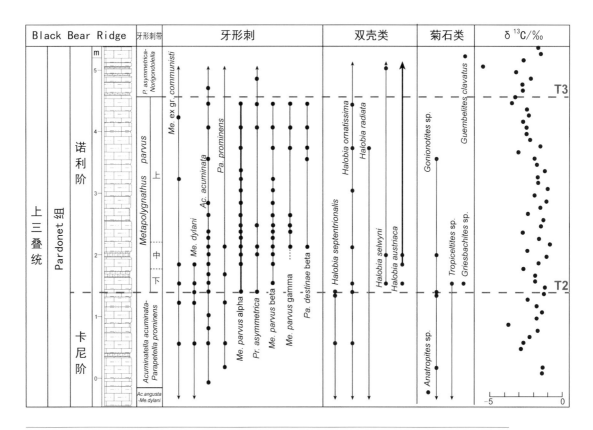

图 8-4-15 Black Bear Ridge 剖面综合地层柱状图。化石带据 Orchard（2019）修改，碳同位素据 Lei 等（2021）

是以菊石 *Stikinoceras kerri* 带作为北美地区诺利期的开始（如 Tozer，1967），并建立了一套菊石带格架；当以牙形刺 *M. parvus* 首现作为诺利阶底界时，过去属于卡尼晚期的菊石带（如 *K. macrolobatus*）就会上延进入诺利期。BBR 剖面的有机碳和全岩碳同位素分析结果存在显著差异（Williford et al.，2007；Onoue et al.，2016），可能反映了该地区的区域性碳循环特征，与界线上下动物群面貌的更替有关，因而暂不能作为全球性的界线识别标志化石（Lei et al.，2021）。

3. 我国该界线的情况

印支运动后，我国南方大部分地区转变为陆地，海域仅分布于西部地区，包括喀喇昆仑山、西藏、滇南—滇西、巴颜喀拉山、四川西部、龙门山—龙泉山带等地。此外，在我国东北的一些地区也发育部分诺利阶海相沉积，如黑龙江宝清等，但这个地区属外来地块。与华南下 – 中三叠统相比，我国诺利阶相关研究相对滞后，目前无法与"金钉子"候选剖面等建立精确的地层对比。在藏南聂拉木土隆地区，已经识别出诺利期的菊石、牙形刺和双壳类等化石，但目前仍未见报道诺利阶底界的标志化石。该地区的菊石 *Nodotibetites nodosus* 带可能大体对应于北美地区的 *S. kerri* 带。在西藏和云南保山等地，已识别出诺利中 – 晚期的牙形刺序列：*Epigondolella abneptis* 带、*E. postera* 带、*E. bidentata* 带、*Misikella hernsteini* 带（童金南等，2019）。纪占胜等（2003）在西藏拉萨达孜区的麦龙岗组地层中识别出牙形刺序列：*E. pimitia* 带、*E. spiculata* 带、*E. tozeri* 带等，其中 *E. pimitia* 带或可与加拿大过去采用的卡尼期 – 诺利期界线附近的 *E. primitia* 带对比。

四、瑞替阶底界

1. 研究现状

瑞替阶是三叠系各阶中第一个命名建立的阶。von Gümbel（1861）用 Rhätische Gebilde 来指代西特提斯区浅水相地层中含双壳类化石 *Rhäetavicula contorta* 的层段，其名字可能源自当时罗马帝国时期的 Raetia 省，也可能源自阿尔卑斯地区的 Rhätische Alpen。虽然在命名当时并未指定命名层型剖面，但 Gümbel 明确提到这段地层的标志为这种独特的双壳类。在随后的三叠系地层划分体系中，将瑞替阶作为三叠系的最后一个阶，并用于指代双壳类 *Rhaetavicula contorta* 层（Mojsisovics et al.，1895）。而后基于菊石等不同方面的研究结果，对于瑞替阶是否应归入其上覆侏罗系或者下伏诺利阶甚至取消这个阶，有较长时间的争议。直至 1991 年，国际地层委员会才正式确认瑞替阶的有效性，但仍未明确瑞替阶底界的标志化石。在三叠系的年代地层研究中，瑞替阶的界线层型研究工作起步相对较晚。

2010 年，瑞替阶底界界线工作组对候选剖面之一的奥地利 Steinbergkogel 剖面的两个候选界线标志——牙形刺 *Misikella posthernsteini* 或 *M. hernsteini* 进行投票表决，同意前者的占61%（Krystyn，2010）。2016年，Rigo等提出了一个新的候选剖面——意大利Pignola–Abriola剖面，并提出以有机碳同位素的一次显著负漂（约6‰幅度）作为新的界线参考标志。在这两条候选剖面中，前者有两个候选界线层位，分别以牙形刺 *M. hernsteini* 和 *M. posthernsteini* 的首现为标志（Krystyn et al.，2007b、c）；后者也有两个候选界线层位，分别以牙形刺 *M. posthernsteini* 首现和在其下50 cm的有机碳同位素负漂作为标志。2019年，Krystyn在STRATI会议上提出 *M. posthernsteini* 可进一步细分为早期（A）和晚期（B）两种类型，确定Steinbergkogel剖面的候选界线标志为 *M. posthernsteini* B，而Pignola–Abriola剖面的候选界线标志为 *M. posthernsteini* A。此外，关于瑞替阶底界还有一些辅助标志分子，并具有一定的跨区域对比潜力，包括放射虫 *Propavicingula moniliformis* 首现、牙形刺 *Mockina mosheri* 形态种首现、菊石 *Metasibirites* 末现、菊石 *Paracochloceras suessi* 首现、双壳类 *Monotis* 标准个体消失等，以及磁极反转面（由UT23n转为UT23r）。

2. 候选层型剖面简介

（1）奥地利Steinbergkogel剖面。

奥地利Steinbergkogel（简称STK）剖面位于奥地利中部的萨尔茨堡东南方向约60 km处（图8-4-16）。这里海拔1 100 m，交通便利，由Echern山谷步行约7 km可到达，或由哈尔施塔特（Hallstatt）乘缆车再转步行抵达。候选剖面位于一个废弃的盐矿矿坑中（北纬40°33′50″，东经13°37′34″）。诺利阶底界候选标志化石——牙形刺 *M. posthernsteini* B首现层（第111层）位于Hallstatt型灰岩Hangendgraukalk段的下部（图8-4-17）。

STK剖面瑞替阶底界上下发育连续的牙形刺带，依次为 *Epigondolella bidentata-Misikella hernsteini* 带（第109—110层）和 *E. bidentata-M. posthernsteini* 带（第111层以上）。菊石化石也建立了大致的演化序列，其中第109层发现的 *Gabboceras* 可以与美国内华达Gabbs组底部的

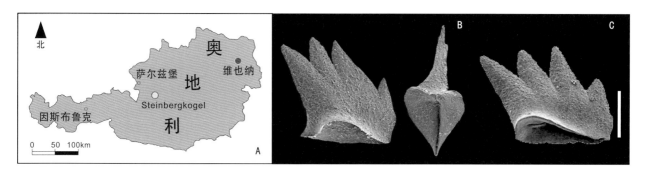

图8-4-16 瑞替阶底界候选剖面之一——奥地利Steinbergkogel剖面。A.地理位置；B.界线候选标志分子*Misikella posthernsteini*（据Krystyn et al.，2007c修改）；C. *M. hernsteini*（据Krystyn et al.，2007b修改）。B、C比例尺为100 μm

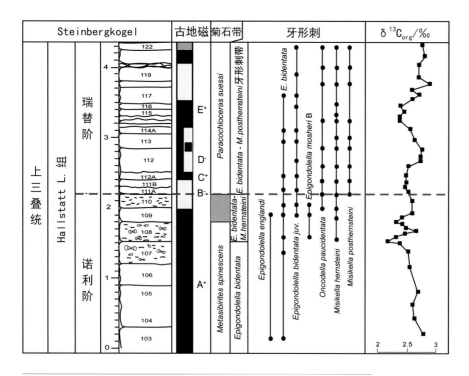

图 8-4-17 Steinbergkogel 剖面综合地层柱状图（据 Krystyn et al.，2007b 修改）

同属分子相对比（Krystyn et al.，2007b）。STK 剖面的碳同位素记录波动相对较小。天文旋回研究表明牙形刺 *M. posthernsteini* 首现的年龄应不晚于 208.05 Ma（Galbrun et al. 2020），这个年龄值与此前一些学者在秘鲁 Levanto 剖面得到的锆石 U–Pb 年龄（205.5 ± 0.35 Ma）差异较大，不过后者是以双壳类 *Monotis subcircularis* 首现作为瑞替阶底界的标志（Wotzlaw et al.，2014）。

（2）意大利 Pignola–Abriola 剖面。

Pignola–Abriola 剖面位于意大利亚平宁山脉南部的拉戈内格罗盆地（Lagonegro Basin），在 Pignola 村和 Abriola 村之间的 SP5 路边（北纬 40° 33′ 23″，东经 15° 47′ 02″），交通便利，可以开车抵达。该剖面总体处于 Appennino Lucano Val d′ Agri Lagonegrese 公园保护区内（图 8-4-18）。拉戈内格罗盆地在三叠纪晚期位于特提斯洋西南部，主要发育深海和半深海沉积。瑞替阶底界候选标志化石——牙形刺 *Misikella posthernsteini* s.s.（即 *M. posthernsteini* A）首现于 Calcari con Selce 组上部，在剖面底部之上约 44.9 m 处（Rigo et al.，2016）。

在 Pignola–Abriola 剖面上可以识别出 6 个牙形刺事件层位，候选标志化石——牙形刺 *M. posthernsteini* s.s. 已经在该地区多个剖面识别（Giordano et al.，2010）。候选界线上下还识别出两个放射虫 UA（Unitary Association）组合带，并可与北美地区菊石带对比（Tozer，1979；Carter，1993），因此可作为辅助对比标志。有机碳同位素在瑞替阶底界之下呈现一次显著负漂（6‰幅

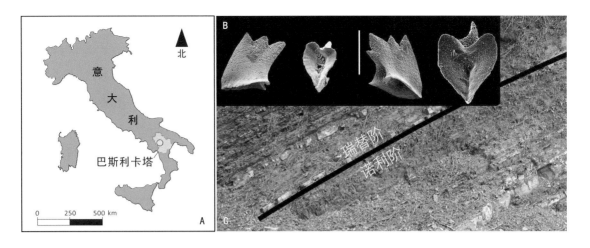

图 8-4-18 瑞替阶底界候选剖面之二——意大利 Pignola-Abriola 剖面。A. 地理位置；B. 候选界线标志化石——牙形刺 *Misikella posthernsteini*；C. 界线地层露头照片。图 B、C 由 Manuel Rigo 提供，比例尺为 100 μm

度），峰值位于牙形刺 *M. posthernsteini* s.s. 首现位置之下仅 0.5 m（距剖面底部 44.4 m），位于放射虫 *Proparvicingula moniliformis* 带底界之上约 4 m，可作为瑞替阶底界的候选标志（Rigo et al., 2016）。古地磁和年代学研究表明，瑞替阶底界对应于古地磁 MPA-5r 带的底部；此外，牙形刺 *M. hernsteini* 首现层位年龄为 210.8 Ma，放射虫 *P. moniliformis* 带底部年龄为 206.2 Ma，$\delta^{13}C$ 负漂位置的年龄为 205.7 Ma（Maron et al., 2015）（图 8-4-19）。

3. 我国该界线的情况

我国瑞替期海相化石主要发现于两个地区，一个是黑龙江东北部那丹哈达岭地区，另一个是藏南聂拉木之北的格米格地区。王成源（1991）描述了那丹哈达岭地区的两个牙形刺带：*Misikella hernsteini* 带和 *M. posthernsteini* 带，可以与国际同期地层进行对比。但由于那丹哈达岭地区属于外来地体，生物地层对比意义有限。藏南格米格地区仅产出瑞替晚期菊石化石，如 *Choristoceras marshi* 和 *Eopsiloceras* cf. *E. planorboides* 等，可与西特提斯区 *C. marshi* 带对比（阴家润和 Fürsich，2009）。此外，诺利期最顶部的牙形刺带——*Epigondolella bidentata* 带在我国西藏拉萨地区、云南保山等地已有发现（王志浩和董致中，1985；纪占胜等，2003）。

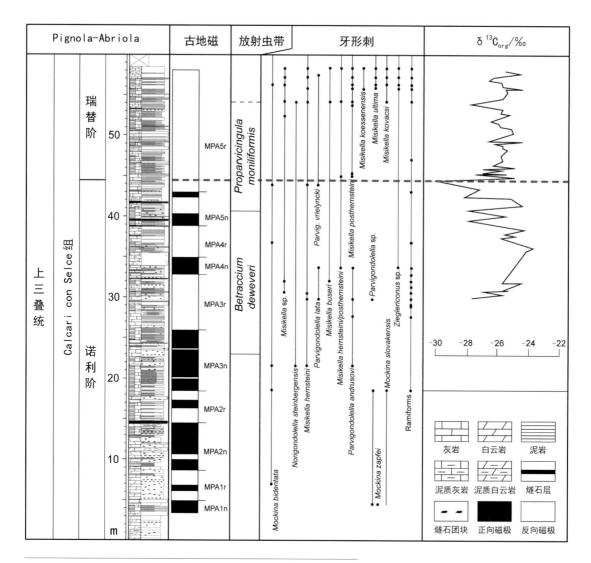

图 8-4-19 Pignola-Abriola 剖面综合地层柱状图（据 Rigo et al.，2016 修改）

致谢：

　　本章节成文过程中，得到了国内外同行提供的宝贵资料和大力支持。感谢主编詹仁斌和张元动以及评审人金小赤提供的宝贵意见，感谢童金南、张克信、陈蒉、王永栋、孙作玉、张华、郑全锋、袁东勋、胡世学、H. Bucher、C.A. McRoberts、M. Orchard、T. Brühwiler、D. Ware、M. Rigo、B. Choo 提供照片和资料，感谢 A.Tintori、P. Brack、M. Rigo、S. Lucas、A. Brayard、M. Hounslow 在写作中提供宝贵建议和分享此前未发表的图片资料。文中很多图由朱明丽帮助绘制。

参考文献

纪占胜，姚建新，杨欣德，臧文栓，武桂春．2003．西藏拉萨地区三叠系诺利阶牙形石分带及其国际对比．古生物学报，42(3)：382-392.

江海水，陈龑，刘芬．2018．贵州海相拉丁阶-卡尼阶界线研究展望．地球科学，43(11)：3947-3954.

李子舜，詹立培，朱秀芳，张景华，金若谷，刘桂芳，盛怀斌，沈桂梅，戴进业，黄恒铨，谢隆春，严正．1986．古生代—中生代之交的生物绝灭和地质事件——四川广元上寺二叠系—三叠系界线和事件的初步研究．地质学报，60(1)：1-15.

童金南，Zakharov, Y.D.，吴顺宝．2004．安徽巢湖地区早三叠世菊石序列．古生物学报，43(2)：192-204.

童金南，楚道亮，梁蕾，舒文超，宋海军，宋婷，宋虎跃，吴玉样．2019．中国三叠纪综合地层和时间框架．中国科学：地球科学，49(1)：194-226.

王红梅，王兴理，李荣西，魏家庸．2005．贵州罗甸边阳镇关刀剖面三叠纪牙形石序列及阶的划分．古生物学报，44(4)：611-626.

王成源．1991．中国三叠纪牙形刺生物地层．地层学杂志，15(4)：311-312.

王义刚．1983．黔西南法郎组(Ladinian-E.Carnian)菊石．古生物学报，22(2)：153-162.

王志浩，董致中．1985．云南西部保山地区晚三叠世 Epigondolella 动物群的发现，微体古生物学报，2(2)：125-131.

杨守仁，郝维城，王新平．1999．中国三叠纪不同相区的牙形石序列 // 八尾昭，江崎洋一，郝维城，王新平 (eds.)．中国古特提斯生物及地质变迁．北京：北京大学出版社，97-112.

殷鸿福，张克信，杨逢清．1988．海相二叠系、三叠系生物地层界线划分的新方案．地球科学，13(5)：511-519.

张克信．1987．浙江长兴地区二叠纪与三叠纪之交牙形石动物群及地层意义．地球科学，12(2)：193-200.

张克信，赖旭龙，丁梅华，吴顺宝，刘金华．1995．浙江长兴煤山二叠－三叠系界线层牙形石序列及其全球对比．地球科学，20(6)：669-676.

张克信，殷鸿福，童金南，江海水，罗根明．2014．三叠系下三叠统印度阶全球标准层型剖面和点位 // 中国科学院南京地质古生物研究所 (ed.)．中国"金钉子"——全球标准层型剖面和点位研究．杭州：浙江大学出版社，1-325.

杨遵仪，吴顺宝，殷鸿福，张克信，徐桂荣．1991．华南二叠—三叠纪过渡期地质事件．北京：地质出版社，1-183.

阴家润，Fürsich, F.T．2009．西藏喜马拉雅地区三叠系－侏罗系界线动物群扩散事件及古环境．中国科学：D辑：地球科学，39(9)：1232-1238.

Balini, M. 1998. Taxonomy,stratigraphy and phylogeny of the new genus *Lanceoptychites* (Ammonoidea, Anisian). Rivista Italiana di Paleontologia e Stratigrafia, 104(3): 143-166.

Balini, M., Jenks, J.F. 2007. The Trachyceratidae from South Canyon (Central Nevada): record, taxonomic problems and stratigraphic significance for the definition of the Ladinian-Carnian boundary. New Mexico Museum of Natural History and Science Bulletin, 41, 14-22.

Balini, M., Gaetani, M., Nicora, A. 1993. Excursion Day 2//Gaetani, M. (ed.). Anisian/Ladinian boundary field workshop Southern Alps - Balaton Highlands, 27 June - 4 July 1993; Field-guide book. I.U.G.S.

Subcommission of Triassic Stratigraphy, 43-54.

Balini, M., Lucas, S.G., Jenks, J.F., Spielmann, J.A. 2010. Triassic ammonoid biostratigraphy: an overview//Lucas, S.G. (ed.). The Triassic Timescale. The Geological Society of London Special Publications, 334(1): 221-262.

Balini, M., Krystyn, L., Levera, M., Tripodo, A. 2012. Late Carnian-early Norian ammonoids from the GSSP candidate section Pizzo Mondello (Sicani Mountains,Sicily). Rivista Italiana di Paleontologia e Stratigrafia, 118(1): 47-84.

Benton, M.J., Zhang, Q.Y., Hu, S.X., Chen, Z.Q., Wen, W., Liu, J., Huang, J.Y., Zhou, C.Y., Xie, T., Tong, J.N., Choo, B. 2013. Exceptional vertebrate biotas from the Triassic of China, and the expansion of marine ecosystems after the Permo-Triassic mass extinction. Earth-Science Reviews, 125: 199-243.

Bosellini, A., Gianolla, P., Stefani, M. 2003. Geology of the Dolomites. Episodes, 26(3): 181-185.

Bowring, S.A., Erwin, D.H., Jin, Y., Martin, M.W., Davidek, K., Wang, W. 1998. U/Pb zircon geochronology and tempo of the end-Permian mass extinction. Science, 280(5366): 1039-1045.

Brack, P., Muttoni, G. 2000. High-resolution magnetostratigraphic and lithostratigraphic correlations in Middle Triassic pelagic carbonates from the Dolomites (northern Italy). Palaeogeography, Palaeoclimatology, Palaeoecology, 161(3-4): 361-380.

Brack, P., Rieber, H. 1994. The Anisian/Ladinian boundary: retrospective and new constraints. Albertiana, 13: 25-36.

Brack, P., Rieber, H., Nicora, A., Mundil, R. 2005. The Global boundary Stratotype Section and Point (GSSP) of the Ladinian Stage (Middle Triassic) at Bagolino (Southern Alps, Northern Italy) and its implications for the Triassic time scale. Episodes, 28(4): 233-244.

Brayard, A., Bucher, H., Escarguel, G., Fluteau, F., Bourquin, S., Galfetti, T. 2006. The Early Triassic ammonoid recovery: Paleoclimatic significance of diversity gradients. Palaeogeography, Palaeoclimatology, Palaeoecology, 239(3-4): 374-395.

Brayard, A., Escarguel, G., Bucher, H., Monnet, C., Brühwiler, T., Goudemand, N., Galfetti, T., Guex, J. 2009. Good Genes and Good Luck: Ammonoid Diversity and the End-Permian Mass Extinction. Science, 325(5944): 1118-1121.

Brühwiler, T., Ware, D., Bucher, H., Krystyn, L., Goudemand, N. 2010. New Early Triassic ammonoid faunas from the Dienerian/Smithian boundary beds at the Induan/Olenekian GSSP candidate at Mud (Spiti, Northern India). Journal of Asian Earth Sciences, 39(6): 724-739.

Burgess, S.D., Bowring, S., Shen, S.Z. 2014. High-precision timeline for Earth's most severe extinction. Proceedings of the National Academy of Sciences of the United States of America, 111(9): 3316-3321.

Capriolo, M., Marzoli, A., Aradi, L.E., Callegaro, S., Dal Corso, J., Newton, R.J., Mills, B.J.W., Wignall, P.B., Bartoli, O., Baker, D.R., Youbi, N., Remusat, L., Spiess, R., Szabó, C. 2020. Deep CO_2 in the end-Triassic Central Atlantic Magmatic Province. Nature Communications, 11(1): 1670.

Carter, E.S. 1993. Biochronology and paleontology of uppermost Triassic (Rhaetian) radiolarians, Queen Charlotte Islands, British Columbia, Canada. Mémoires de Géologie (Lousanne), 11: 175.

Chen, Y., Jiang, H.S., Ogg, J.G., Zhang, Y., Gong, Y.F., Yan, C.B. 2020.

Early-Middle Triassic boundary interval: Integrated chemo-bio-magneto-stratigraphy of potential GSSPs for the base of the Anisian Stage in South China. Earth and Planetary Science Letters, 530: 115-863.

Chen, Z.Q., Benton, M.J. 2012. The timing and pattern of biotic recovery following the end-Permian mass extinction. Nature Geoscience, 5(6): 375-383.

Chen, Z.Q., Yang, H., Luo, M., Benton, M.J., Kaiho, K., Zhao, L.S., Huang, Y.G., Zhang,K.X., Fang, Y.H., Jiang, H.S., Qiu, H., Li, Y., Tu, C.Y., Shi, L., Zhang, L., Feng, X.Q., Chen, L. 2015. Complete biotic and sedimentary records of the Permian-Triassic transition from Meishan section, South China: ecologically assessing mass extinction and its aftermath. Earth-Science Reviews, 149: 67-107.

Cohen, K.M., Finney, S.C., Gibbard, P.L., Fan, J.X. 2013. The ICS International Chronostratigraphic Chart. Episodes, 36(3): 199-204.

Du, Y.S., Song H.J., Tong, J.N., Algeo, T.J., Li, Z., Song, H.J., Huang, J.D. 2021. Changes in productivity associated with algal-microbial shifts during the Early Triassic recovery of marine ecosystems. GSA Bulletin, 133(1-2): 362-378.

Flügel, E., Stanley, G.D. Jr. 1984. Reorganization, Development and Evolution of Post Permian Reefs and Reef Organisms. Paleontographica Americana, 54: 177-186.

Gaetani, M. 1994. Working group on the Anisian, Ladinian and Carnian stage boundaries: Annual Report. Albertiana, 14: 51-53.

Galfetti, T., Bucher, H., Martini, R., Hochuli, P.A., Weissert, H., Crasquin-Soleau, S., Brayard, A., Goudemand, N., Brühwiler, T., Kuang, G.D. 2008. Evolution of Early Triassic outer platform paleoenvironments in the Nanpanjiang Basin (South China) and their significance for the biotic recovery. Sedimentary Geology, 204 (1-2): 36-60.

Galbrun, B., Boulila, S., Krystyn, L., Richoz, S., Gardin, S., Bartolini, A., Maslo, M. 2020. "Short" or "long" Rhaetian? Astronomical calibration of Austrian key sections. Global and Planetary Change, 192: 103-253.

Germani, D. 1997. New data on ammonoids and biostratigraphy of the classical Spathian Kçira sections (Lower Triassic, Albania). Rivista Italiana di Paleontologia e Stratigrafia, 103(3): 267-292.

Giordano, N., Rigo, M., Ciarapica, G., Bertinelli, A. 2010. New biostratigraphical constraints for the Norian/ Rhactian boundary: data from Lagonegro Basin,Southern Apennines, Italy. Lethaia, 43(4): 573-586.

Grădinaru, E. 1995. Mesozoic rocks in North Dobrogea: an overview //Field Guidebook, Central and North Dobrogea, Romania, October 1-4, 1995. IGCP Project No. 369, Comparative Evolution of PeriTethyan Rift Basins: 17-28.

Grădinaru, E. 2000. Workshop on the Lower-Middle Triassic (Olenekian-Anisian), 7-10 June 2000, Tulcea, Romania, Conference and Field Trip - Field Trip Guide, Bucharest: 37.

Grădinaru, E., Sobolev, E.S. 2006. Ammonoid and nautiloid biostratigraphy around the Olenekian-Anisian boundary in the Tethyan Triassic of North Dobrogea (Romania): correlation with the Boreal Triassic//Nakrem, H.A., Mørk, A. (eds.). Boreal Triassic 2006. NGF Abstracts and Proceedings of the Geological Society of Norway, 3: 56-58.

Grădinaru, E., Orchard, M.J., Nicora, A., Gallet, Y., Besse, J., Krystyn, L., Sobolev, E.S., Atudorei, N., Ivanova, D. 2007. The Global Boundary Stratotype Section and Point (GSSP) for the base of the Anisian Stage: Deşli Caira Hill, North Dobrogea, Romania. Albertiana, 36: 54-71.

Gradstein, F.M., Ogg, J.G., Schmitz, M.D., Ogg, G.M. 2020. Geologic Time Scale 2020. Amsterdan Elsevier BV.

Grice, K., Cao, C.Q., Love, G.D., Böttcher, M.E., Twitchett, R.J., Grosjean, E., Summons, R.E.,Turgeon, S.C., Dunning, W., Jin, Y.G. 2005. Photic zone euxinia during the Permian-Triassic superanoxic event. Science, 307(5710): 706-709.

Goudemand, N., Orchard, M.J., Bucher, H., Jenks, J. 2012. The elusive origin of *Chiosella timorensis* (Conodont Triassic). Geobios, 45(2): 199-207.

Goudemand, N. 2014. Note on the conodonts from the Induan-Olenekian boundary. Albertiana, 42,49-51.

Hallam, A. 1981. The end-Triassic bivalve extinction event. Palaeogeography, Palaeoclimatology, Palaeoecology, 35: 1-44.

Hallam, A., Wignall, P.B. 2000. Facies changes across the Triassic-Jurassic boundary in Nevada, USA. Journal of the Geological Society, 157(1): 49- 54.

Haq, B. 2018. Triassic eustatic variations reexamined. GSA Today, 28(12): 4-9.

Hardenbol, J., Thierry, J., Farley, M.B., Jacquin, T., de Graciansky, P.C., Vail, P.R. 1998. Mesozoic and Cenozoic sequence chronostratigraphic framework of European basins//de Graciansky, P.C., Hardenbol, J., Jacquin, T., Vail, P.R., Ulmer-Scholle, D. (eds.). Mesozoic and Cenozoic sequence stratigraphy of European basins. SEPM Special Publication, 60: 3-13.

Hermann, E., Hochuli, P. A., Méhay, S., Bucher, H., Brühwiler, T., Ware, D., Hautmann, M., Roohi, G., Ur-Rehman, K., Yaseen, A. 2011. Organic matter and palaeoenvironmental signals during the Early Triassic biotic recovery: The Salt Range and Surghar Range records. Sedimentary Geology, 234(1-4): 19-41.

Hu, S.X., Zhang, Q.Y., Chen, Z.Q., Zhou, C.Y., Lü, T., Tao, X., Wen, W., Huang, J.Y., Benton, M.J. 2011. The Luoping biota: exceptional preservation, and new evidence on the Triassic recovery from end-Permian mass extinction. Proceedings of the Royal Society B, 278(1716): 2274-2282.

Jenks, J.F., Monnet, C., Balini, M., Brayard, A., Meier, M. 2015. Biostratigraphy of Triassic ammonoids//Klug, C., Korn, D., De Baets, K., Kruta, I., Mapes, R.H. (eds). Ammonoid Paleobiology: From Macroevolution to Paleogeography,Topics in Geobiology. Springer Publication, 44: 329-371

Jiang, D.Y., Motani, R., Tintori, A., Rieppel, O., Ji, C., Zhou, M., Wang, X., Lu, H., Li, Z.G. 2020. Evidence Supporting Predation of 4-m Marine Reptile by Triassic Megapredator. iScience, 23(9): 101347.

Jin, Y.G., Shen, S.Z., Zhu, Z.L., Mei, S.L., Wang, W. 1996. The Selong section,candidate of the Global Stratotype Section and Point of the Permian-Triassic boundary//Yin H.F. (ed.). The PalaeozoicMesozoic boundary, candidates of Global Stratotype Section and Point of the Permian-Triassic Boundary. Wuhan: China University of Geosciences Press, 130-137.

Jin, Y.G., Wang, Y., Wang, W., Shang, Q.H., Cao C.Q., Erwin, D.H. 2000. Pattern of marine mass extinction near the Permian-Triassic boundary in South China. Science, 289(5478): 432-436.

Joachimski, M.M. Lai, X.L., Shen, S.Z., Jiang, H.S., Luo, G.m., Chen, B., Chen, J., Sun, Y. D. 2012. Climate warming in the latest Permian and the Permian-Triassic mass extinction. Geology, 40(3): 195-198.

Kiparisova, L.D., Popov, Y.N. 1956. Subdivision of the Lower series of the Triassic system into stages. Doklady Akademiya Nauk USSR, 109: 842-845.

Krystyn, L. 1980. Stratigraphy of the Hallstatt region. Guidebook, Abstracts,Second European Conodont Symposium-ECOS II. Abhandlungen der Geologischen Bundesanstalt, 35: 69-98

Krystyn, L. 2010. Decision report on the defining event for the base of the Rhaetian stage. Albertiana, 38: 11-12.

Krystyn, L. 2011. Long distance marine biotic correlation events around the Carnian-Norian boundary: choice of *Halobia austriaca* as the defining boundary marker. Albertiana, 39: 75-76.

Krystyn, L., Balini, M., Nicora, A. 2004. Lower and Middle Triassic stage and substage boundaries in Spiti. Albertiana, supplement, 30: 39-52.

Krystyn, L., Bhargava, O.N., Bhatt, K.D. 2005. Muth (Spiti, Indian Himalaya) - a Candidate Global Stratigraphic Section and Point (GSSP) for the base of the Olenekian stage. Albertiana, 33: 51-53.

Krystyn, L., Bhargava, O.N., Richoz, S. 2007a. A candidate GSSP for the base of the Olenekian Stage: Mud at Pin Valley; district Lahul & Spiti, Himachal Pradesh (Western Himalaya), India. Albertiana, 35: 5-29.

Krystyn, L., Richoz, S., Gallet, Y., Bouquerel H., Spötl, C. 2007b. Updated bio- and magnetostratigraphy from Steinbergkogel (Austria), candidate GSSP for the base of the Rhaetian stage. Albertiana, 36: 164-173.

Krystyn, L., Bouquerel, H., Kuerschner, W., Richoz, S., Gallet, Y. 2007c. Proposal for a candidate GSSP for the base of the Rhaetian stage//Lucas, S.G., Spielmann, J.A. (eds.). The Global Triassic. New Mexico Museum of Natural History and Science Bulletin, 41: 189-199.

Lehrmann, D.J., Stepchinski, L., Altiner, D., Orchard, M.J., Montgomery, P., Enos, P., Ellwood, B.B., Bowring, S.A., Ramezani, J., Wang, H.M., Wei,J.Y., Yu, M.Y., Griffiths, J.D., Minzoni, M., Schaal, E.K., Li, X.W., Meyer, K.M., Payne, J.L. 2015. An integrated biostratigraphy (conodonts and foraminifers) and chronostratigraphy (paleomagnetic reversals,magnetic susceptibility, elemental chemistry, carbon isotopes and geochronology) for the Permian-Upper Triassic strata of Guandao section, Nanpanjiang Basin, South China. Journal of Asian Earth Sciences, 108: 117-135.

Lai, X.L., Yang, F.Q., Hallam, A., Wignall, P.B. 1996. The Shangsi section candidate of the Global Stratotype section and point of the Permian-Triassic boundary//Yin, H.F. (ed.). The Paleozoic-Mesozoic Boundary Candidates of Global Stratotype Section and Point of the Permian-Triassic Boundary. Wuhan: China University of Geosciences Press, 113-124.

Lei, J.Z.X., Husson, J.M., Golding, M.L., Orchard, M.J., Zonneveld, J. 2021. Stable carbon isotope record of carbonate across the Carnian-Norian boundary at the prospective gssp section at Black Bear Ridge, British Columbia,Canada. Albertiana, 46: 1-10.

Li, C., Wu, X.C., Rieppel, O., Wang, L.T., Zhao, L.J. 2008. An ancestral turtle from the Late Triassic of southwestern China. Nature,

456(7221): 497-501.

Li, C., Fraser, N.C., Rieppel, O., Wu, X.C. 2018. A Triassic stem turtle with an edentulous beak. Nature, 560(7719): 476-479.

Li, L.Q., Wang, Y.D., Kürschner, W.M., Ruhl, M., Vajda, V. 2020. Palaeovegetation and palaeoclimate changes across the Triassic-Jurassic transition in the Sichuan Basin, China. Palaeogeography, Palaeoclimatology, Palaeoecology, 556: 109891.

Li, M.S., Ogg, J., Zhang, Y., Huang, C.J., Hinnov, L., Chen, Z.Q., Zou, Z.Y. 2016. Astronomical tuning of the end-Permian extinction and the Early Triassic Epoch of South China and Germany. Earth and Planetary Science Letters, 441: 10-25.

Li, M.S., Huang, C.J., Hinnov, L., Chen, W.Z., Ogg, J., Tian, W. 2018. Astrochronology of the Anisian stage (Middle Triassic) at the Guandao reference section, South China. Earth and Planetary Science Letters, 482: 591-606.

Lucas, S. 2010. The Triassic time scale. Geological Society of London Special Publication, 334.

Luo, G.M., Kump, L.R., Wang, Y.B., Tong, J.N., Arthur, M.A., Yang, H., Huang, J.H., Yin, H.F., Xie, S.C. 2010. Isotopic evidence for an anomalously low oceanic sulfate concentration following end-Permian mass extinction. Earth and Planetary Science Letters, 300(1-2): 101-111.

Maron, M., Rigo, M., Bertinelli, A., Katz, M.E., Godfrey, L., Zaffani, M., Muttoni, G. 2015. Magnetostratigraphy, biostratigraphy,and chemostratigraphy of the Pignola-Abriola section: New constraints for the Norian-Rhaetian boundary. GSA Bulletin, 127 (7-8): 962-974.

Maron, M., Muttoni, G., Rigo, M., Gianolla, P., Kent, D.V. 2019. New magnetobiostratigraphic results from the Ladinian of the Dolomites and implications for the Triassic geomagnetic polarity timescale. Palaeogeography, Palaeoclimatology, Palaeoecology, 517: 52-73.

Matsuda, T. 1985. Late Permian to Early Triassic conodont Paleobiogegraphy in the 'Tethyan Realm'//Nakazawa, K., Dickins, J.M. (eds.). The Tethys: Her Paleogeography and Paleobiogeography from Paleozoic to Mesozoic. Tokai University Press, 157-170.

Mazza, M., Furin, S., Spötl, C., Rigo, M. 2010. Generic turnovers of Carnian/Norian conodonts: climatic control or competition? Palaeogeography, Palaeoclimatology, Palaeoecology, 290(1-4): 120-137.

Mazza, M., Nicora, A., Rigo, M. 2018. *Metapolygnathus parvus* Kozur, 1972 (Conodonta): a potential primary marker for the Norian GSSP (Upper Triassic). Bollettino della Società Paleontologica Italiana, 57 (2): 81-101.

McRoberts, C.A., Krystyn, L. 2011. The FOD of *Halobia austriaca* at the Black Bear Ridge (north-eastern British Columbia) as the potential base-Norian GSSP//Haggart, J.W., Smith, P.L. (eds.). Canadian Paleontology Conference, Proceedings, 9: 38-39

Mietto, P., Manfrin, S. 1995a. A high resolution Middle Triassic ammonoid standard scale in the Tethys Realm. A preliminary report: Bulletin de la Société Géologique de. France, 166(5): 539-563.

Mietto, P., Manfrin, S. 1995b. La successione delle faune ad ammonoidi al limite Ladinico-Carnico (Sudalpino,Italia). Annali dell' Universita di Ferrara Scienze. Terra, 5(supplement): 13-35.

Mietto, P., Andreetta, R., Broglio Loriga, C., Buratti, N., Cirilli, S., De Zanche, V., Furin, S., Gianolla, P., Manfrin, S., Muttoni, G., Neri, C., Nicora A., Posenato, R., Preto, N., Rigo M., Roghi, G., Spötl,

C. 2007. A Candidate of The Global Boundary Stratotype Section and Point for the base of the Carnian Stage (Upper Triassic): GSSP at the base of the *canadensis* Subzone (FAD of *Daxatina*) in the Prati di Stuores/Stuores Wiesen section (Southern Alps, NE Italy). Albertiana, 36: 78-97.

Mietto, P., Manfrin, S., Preto, N., Rigo, M., Roghi, G., Furin, S., Gianolla, P., Posenato, R., Muttoni, G., Nicora, A., Buratti, N., Cirilli, S., Spötl, C., Ramezani, J., Bowring, S.A. 2012. The Global Boundary Stratotype Section and Point (GSSP) of the Carnian Stage (Late Triassic) at Prati Di Stuores/Stuores Wiesen Section (Southern Alps, NE Italy). Episodes, 35(3): 414-430.

Mojsisovics, E.V. 1869. Über die Gliederung der öberen Triasbildungen der ostlichen Alpen. Jahrbuch Geologischen Reichsanstalt,19: 91-150.

Mojsisovics, E.V., Waagen, W., Diener, C. 1895. Entwurf einer Gliederung der pelagischen Sedimente der Trias-System. Sitzunberichte Konickles Akademie der Wissenschaften, Mathem-Naturwissenschaften Klasse, 104: 1271-1302.

Motani, R., Jiang, D.Y., Tintori, A., Rieppel, O., Chen, G.B. 2014. Terrestrial Origin of Viviparity in Mesozoic Marine Reptiles Indicated by Early Triassic Embryonic Fossils. Plos One, 9(2): e88640.

Motani, R., Jiang, D.Y., Chen, G.B., Tintori, A., Rieppel, O., Ji, C., Huang, J.D. 2015. A basal ichthyosauriform with a short snout from the Lower Triassic of China. Nature, 517(7535): 485-488.

Muttoni, G., Kent, D.V., Meço, S., Nicora, A., Gaetani, M., Balini, M., Germani, D., Rettori, R. 1996. Magnetobiostratigraphy of the Spathian to Anisian (Lower to Middle Triassic) Kçira section, Albania. Geophysical Journal International, 127(2): 503-514.

Muttoni, G., Nicora, A., Brack, P., Kent, D.V. 2004a. Integrated Anisian/Ladinian boundary chronology. Palaeogeography, Palaeoclimatology, Palaeoecology, 208(1-2): 85-102.

Muttoni, G., Kent, D.V., Olsen, P.E., Di Stefano, P., Lowrie, W., Bernasconi, S.M., Hernández, F.M. 2004b. Tethyan magnetostratigraphy from Pizzo Mondello (Sicily) and correlation to the Late Triassic Newark astrochronological polarity time scale. Geological Society of America Bulletin, 116(9): 1043-1058.

Muttoni, G., Nicora, A., Balini, M., Katz, M., Schaller, M., Kent, D.V., Maron, M., Meço,S., Rettori, R., Doda, V., Nazaj, S. 2019. A candidate GSSP for the base of the Anisian from Kçira, Albania. Albertiana, 45: 39-49.

Nicora, A., Balini, M., Bellanca, A., Bertinelli, A., Bowring, S.A., Di Stefano, P., Dumitrica, P., Guaiumi, C., Gullo, M., Hungerbuehler, A., Levera, M., Mazza, M., McRoberts, C.A., Muttoni, G., Preto, N., Rigo, M. 2007. The Carnian/Norian boundary interval at Pizzo Mondello (Sicani Mountains, Sicily) and its bearing for the definition of the GSSP of the Norian Stage. Albertiana, 36: 102-129.

Orchard, M.J. 2010. Triassic conodonts and their role in stage boundary definitions//Lucas, S.G. (ed.). The Triassic Timescale. The Geological Society of London Special Publications, 334(1): 139-161.

Orchard, M.J. 2014. Conodonts from the Carnian-Norian Boundary (Upper Triassic) of Black Bear Ridge, Northeastern British Columbia, Canada. New Mexico Museum of Natural History and Science Bulletin, 64: 1-139.

Orchard, M.J. 2019. The Carnian-Norian Boundary GSSP Candidate at Black Bear Ridge, British Columbia, Canada: Update, Correlation, and Conodont Taxonomy. Albertiana, 45: 50-68.

Orchard, M.J., Krystyn, L. 2007. Conodonts from the Induan-Olenekian boundary interval at Mud, Spiti. Albertiana, 35: 30-34.

Orchard, M.J., Tozer, E.T. 1997. Triassic conodont biochronology,its calibration with the ammonoid zonation standard, and a biostratigraphic summary for the western Canada sedimentary basin. Bulletin of Canadian Petroleum Geology, 45(4): 675-692

Orchard, M.J., Nassichuk,W.W., Rui, L. 1994. Conodonts from the Lower Griesbachian *Otoceras latilobatum* Bed of Selong, Tibet and the position of the Permian-Triassic boundary. Canadian Society of Petrolium Geologists, Mem., 17: 823-843

Orchard, M.J., Zonneveld, J.P., Johns, M.J., McRoberts, C.A., Sandy, M.R., Tozer, E.T., Carrelli, G.G. 2001. Fossil succession and sequence stratigraphy of the Upper Triassic and Black Bear Ridge, northeast, British Columbia, and a GSSP prospect for the Carnian-Norian boundary. Albertiana, 25: 10-22.

Orchard, M.J., Grădinaru, E., Nicora, A. 2007a. A summary of the conodont succession around the Olenekian-Anisian boundary at Deşli Caira, North Dobrogea, Romania//Lucas, S.G., Spielmann, J.A. (eds.). The Global Triassic. New Mexico Museum of Natural History and Science Bulletin, 41: 341-346.

Orchard, M.J., Lehrmann, D.J., Wei, J.Y., Wang, H.M., Taylor, H. 2007b. Conodonts from the Olenekian-Anisian boundary beds, Guandao, Guizhou Province, China//Lucas, S.G., Spielmann, J.A. (eds.). The Global Triassic. New Mexico Museum of Natural History and Science Bulletin, 41: 347-354.

Payne, J.L., Lehrmann, D.J., Wei, J.Y., Orchard, M.J., Schrag, D.P., Knoll, A.H. 2004. Large perturbations of the Carbon cycle during recovery from the End-Permian Extinction. Science, 305(5683): 506-509.

Payne, J.L., Turchyn, A.V., Paytan, A., DePaolo, D.J., Lehrmann, D.J., Yu, M.Y., Wei, J.Y., Knoll, A.H. 2010. Calcium isotope constraints on the end-Permian mass extinction. Proceedings of the National Academy of Sciences of the United States of America, 107(19): 8543-8548.

Preto, N., Spötl, C., Guaiumi, C. 2009. Evaluation of bulk carbonate δ^{13}C data from Triassic hemipelagites and the initial composition of carbonate mud. Sedimentology, 56(5): 1329-1345.

Retallack, G.J. 2001. A 300-million-year record of atmospheric carbon dioxide from fossil plant cuticles. Nature, 411(6835): 287-290.

Richoz, S., Krystyn, L., Spötl, C. 2007. First detailed carbon isotope curve through the Ladinian-Carnian boundary: The Weissenbach section (Austria). Albertiana, 36: 98-101.

Rigo, M., Bertinelli, A., Concheri, G., Gattolin, G., Godfrey, L., Katz, M., Maron, M.E., Mietto, P., Muttoni, G., Sprovieri, M., Stellin, F., Zaffani, M. 2016. The Pignola-Abriola section (southern Apennines, Italy): a new GSSP candidate for the base of the Rhaetian Stage. Lethaia, 49(3): 287-306

Silberling, N.J., Tozer, E.T. 1968. Biostratigraphic Classification of the Marine Triassic in North America. Geological Society of America, Special Paper, 110: 1-63.

Scotese, C.R. 2014. Atlas of Middle & Late Permian and Triassic Paleogeographic Maps, maps 43-48 from Volume 3 of the PALEOMAP Atlas for ArcGIS (Jurassic and Triassic) and maps 49

-52 from Volume 4 of the PALEOMAP PaleoAtlas for ArcGIS (Late Paleozoic), Mollweide Projection, PALEOMAP Project, Evanston, IL.

Shen, S.Z., James, L., Crowley, J.L., Wang, Y., Bowring, S.A., Erwin, D.H., Sadler, P.M., Cao, C.Q., Rothman, D.H., Henderson, C.M., Ramezani, J., Zhang, H., Shen, Y.N., Wang, X.D., Wang, W., Mu, L., Li, W.Z., Tang, Y.G., Liu, X.L., Liu, L.J., Zeng, Y., Jiang, Y.F., Jin, Y.G. 2011. Calibrating the end-Permian mass extinction. Science, 334(6061): 1367-1372.

Sheng, J.Z., Chen, C.Z., Wang, Y.G., Rui, L., Liao, Z.T., Bando, Y., Ishii, K., Nakazawa, K., Nakamura, K. 1984. PermianTriassic boundary in middle and eastern Tethys. Journal of Faculty of Sciences, Hokkaido University, Ser. IV, 21(1): 133-181.

Shepherd, B., Pinheiro, H.T., Rocha, L.A. 2018. Ephemeral aggregation of the benthic ctenophore *Lyrocteis imperatoris* on a mesophotic coral ecosystem in the Philippines. Bulletin of Marine Science, 94(1): 101-102.

Song, H.J., Wignall, P.B., Chen, Z.Q., Tong, J.N., Bond, D.P.G., Lai, X.L., Zhao, X.M., Jiang, H.S., Yan, C.B., Niu, Z.J., Chen, J., Yang, H., Wang, Y.B. 2011. Recovery tempo and pattern of marine ecosystems after the end-Permian mass extinction. Geology,39(8): 739-742.

Song, H.J., Wignall, P.B., Tong, J.N., Bond, D.P.G., Song, H.Y., Lai, X.L., Zhang, K.X., Wang, H.M., Chen, Y.L. 2012. Geochemical evidence from bio-apatite for multiple oceanic anoxic events during Permian-Triassic transition and the link with end-Permian extinction and recovery. Earth and Planetary Science Letters, 353-354(1): 12-21.

Song, H.Y., Du, Y., Algeo, T.J., Tong, J.N., Owens, J.D., Song, H.J., Tian, L., Qiu, H.O., Zhu, Y.Y., Lyons, T.W. 2019. Cooling-driven oceanic anoxia across the Smithian/Spathian boundary (mid-Early Triassic). Earth-Science Reviews, 195:133-146.

Stanley, S.M. 2009. Evidence from ammonoids and conodonts for multiple Early Triassic mass extinctions. Proceedings of the National Academy of Sciences, 106: 15264-15267.

Stanley, G.D., Shepherd, H.M.E., Robinson, A.J. 2018. Paleoecological Response of Corals to the End-Triassic Mass Extinction: An Integrational Analysis. Journal of Earth Science, 29(4): 879-885.

Sun, Y.D., Joachimski, M.M., Wignall, P.B., Yan, C.B., Chen, Y.L., Jiang, H.S., Wang, L.N., Lai,X.L. 2012. Lethally hot temperatures during the Early Triassic greenhouse. Science, 338(6105): 366-370.

Sun, Z.M., Hounslow, M.W., Pei, J.L., Zhao, L.S., Tong, J.N., Ogg, J.G. 2009. Magnetostratigraphy of the Lower Triassic beds from Chaohu (China) and its implications for the Induan-Olenekian stage boundary. Earth and Planetary Science Letters, 279(3-4): 350-361.

Tintori, A., Sun, Z.Y., Lombardo, C., Jiang, D.Y., Ji, C., Motani, R. 2012. A new "Flying" fish from The Upper Ladinian (Middle Triassic) of Wusha (Guizhou Province,Southern China). Gortania. Geologia, Paleontologia, Paletnologia, 33: 39-50.

Todaro, S., Rigo, M., Randazzo, V., Di Stefano, P. 2018. The end-Triassic mass extinction: A new correlation between extinction events and δ^{13}C fluctuations from a Triassic-Jurassic peritidal succession in western Sicily. Sedimentary Geology, 368: 105-113.

Tong, J.N., Zakharov, Y.D., Orchard, M.J., Yin, H.F., Hansen, H.J. 2003. A candidate of the Induan-Olenekian boundary stratotype in the Tethyan region. Science in China Series D: Earth Sciences,

46(11): 1182-1200.

Tong, J.N., Zuo, J.X., Chen, Z.Q. 2007. Early Triassic carbon isotope excursions from south China: Proxies for devastation and restoration of marine ecosystems following the end-Permian mass extinction. Geological Journal, 42(3-4): 371-389.

Tozer, E.T. 1967. A standard for Triassic Time. Geological Survey of Canada Bulletin, 156: 1-103.

Tozer, E.T. 1984. The Trias and its ammonoids: The evolution of a time scale. Geological Survey of Canada, Miscellaneous Report, 35: 1-171.

Tozer, E.T. 1994. Canadian Triassic Ammonoid Faunas. Geological Survey of Canada Bulletin, 467: 1-663.

von Alberti, F. 1834. Beitrag zu einer Monographie des Bunten Sandsteins, Muschelkalks und Keupers, und die Verbindung dieser Gebilde zu einer Formation. Verlag der J.G. Cotta'sschen Buchhandlung, Stuttgart und Tübingen [Facsimile reprinted in 1998 by the Friedrich von Alberti-Stiftung der Hohenloher Muschelkalkwerke, Ingelfingen, Germany].

von Gümbel, C.W. 1861. Geognostische Beschreibung des bayerischen Alpengebirges und seines Vorlands. Perthes: Gotha: 950.

Waagen, W., Diener, C. 1895. Untere Trias//Mojsisovics, E., von Waagen,W., Diener, C. (eds.). Entwurf einer Gliederung der pelagischen Sedimente des Trias-Systems, Sitzungberichte Akademie Wissenschaften Wien, 104: 1271-1302.

Ware, D., Bucher, B., Goudemand, N., Orchard, M., Hermann, E., Hochuli, P.A., Brühwiler, T., Krystyn, L., Roohi, G. 2011. Nammal Nala (Salt Range, Pakistan),a potential GSSP candidate for the Induan/Olenekian Boundary (Early Triassic): detailed biostratigraphy and comparison with other GSSP candidates. Swiss Geoscience Meeting, Symposium, 14: 320.

Wegener, A. 1915. Die Entstehung der Kontinente und Ozeane. Braunschweig, Vieweg, 1-144.

Wotzlaw, J.-F., Guex, J., Bartolini, A., Gallet, Y., Krystyn, L., McRoberts, C.A., Taylor, D., Schoene, B., Schaltegger, U. 2014. Towards accurate numerical calibration of the Late Triassic: High-precision U-Pb geochronology constraints on the duration of the Rhaetian. Geology, 42(7): 571-574.

Wotzlaw, J.-F., Brack, P., Storck, J.C. 2018. High-resolution stratigraphy and zircon U/Pb geochronology of the Middle Triassic Buchenstein Formation (Dolomites, northern Italy): precession-forcing of hemipelagic carbonate sedimentation and calibration of the Anisian-Ladinian boundary interval. Journal of the Geological Society, 175(1): 71-85.

Yin, H.F., Yang, F.Q., Zhang, K.X., Yang, W.P. 1986. A proposal to the biostratigraphic criterion of Permian/Triassic boundary. Memorie della Società Geologica Italiana, 34: 329-344.

Yin, H.F., Huang, S.J., Zhang, K.X., Yang, F.Q., Ding, M.H., Bi, X.M., Zhang, S.X. 1989. Volcanism at the Permian-Triassic Boundary in South China and the Effects on Mass Extinction. Acta Geologica Sinica, 2(4): 417-431.

Yin, H.F., Sweet, W.C., Glenister, B.F., Kotlyar, G., Kozur, H., Newell, N.D., Sheng, J.Z.,Yang, Z.Y., Zakharov, Y.D. 1996. Recommendation of the Meishan section as Global Stratotype Section and Point for basal boundary of Triassic System. Newsletters on Stratigraphy, 34(2): 81-108.

Yin, H.F., Zhang, K.X., Tong, J.N., Yang, Z.Y., Wu, S.B. 2001. The Global Stratotype Section and Point (GSSP) of the Permian-Triassic Boundary. Episodes, 24(2): 102-114.

Zakharov, Y.D. 1994. Proposals on revision of the Siberian standard for the Lower Triassic and candidate stratotype section and point for the Induan-Olenekian boundary. Albertiana, 14: 44-51.

Zakharov, Y.D., Shigata, Y., Popov, A.M., Sokarev, A.N., Buryi, G.I., Golozubov, V.V., Panasenko, E.S., Dorukhovskaya, E.A. 2000. The candidates of global stratotype of the boundary of the Induan and Olenekian stages of the Lower Triassic in Southern Primorye. Albertiana, 24: 12-26.

Zhang, F.F., Romaniello, S.J., Algeo, T.J., Lau, K.V., Clapham, M.E., Richoz, S., Herrmann, A.D., Smith, H., Horacek, M., Anbar, A.D. 2018. Multiple episodes of extensive marine anoxia linked to global warming and continental weathering following the latest Permian mass extinction. Science Advances, 4(4): e1602921.

Zhao, L.S., Orchard, M.J., Tong, J.N. 2004. Lower Triassic conodont biostratigraphy and speciation of Neospathodus waageni around the Induan-Olenekian boundary of Chaohu,Anhui Province,China. Albertiana, 29: 41-43

Zhao, L.S., Orchard, M.J., Tong, J.N., Sun, Z.M., Zuo, J.X., Zhang, S.X., Yun, A.L. 2007. Lower Triassic conodont sequence in Chaohu, Anhui Province, China and its global correlation. Palaeogeography, Palaeoclimatology, Palaeoecology, 25(1-2): 24-38.

Zou, X.X., Balini, M., Jiang, D.Y., Tintori, A., Sun, Z.Y., Sun,Y. L. 2015. Ammonoids from the Zhuganpo Member of the Falang Formation at Nimaigu and their relevance for dating the Xingyi fossil-lagerstatte (Late Ladinian, Guizhou, China). Rivista Italiana di Paleontologia e Stratigrafia, 121(2): 135-161.

第八章著者名单

季　承　现代古生物学和地层学国家重点实验室（中国科学院南京地质古生物研究所）；
中国科学院生物演化与环境卓越创新中心。
chengji@nigpas.ac.cn

第九章
侏罗系"金钉子"

侏罗纪是地球历史上典型的温室气候期，距今 201—145 Ma。该时期是全球古地理格局变化、构造运动、海平面变化以及古气候波动十分活跃的时期。海相侏罗系在欧洲西北部地区发育最为连续，根据其所含菊石和其他化石组合序列，将侏罗系划分为 3 个统 11 个阶。目前已在欧洲西北部的英国、法国、奥地利、德国、西班牙和葡萄牙地区确立了 8 个阶的底界的"金钉子"，尚有 3 个阶未确立"金钉子"。我国除西藏等局部地区发育海相侏罗系以外，其余地区主要发育陆相侏罗系。

本章编写人员 王永栋 / 鲁　宁 / 李丽琴 / 安鹏程 / 张　立 / 许媛媛 / 朱衍宾 / 黄转丽

篇章页图 辛涅缪尔阶底界"金钉子"——英国东昆托斯黑德剖面（王永栋提供）

第一节
侏罗纪的地球

一、海陆分布格局

侏罗纪（201—145 Ma）全球古地理格局主要以盘古超级大陆的持续裂解为特征，并对侏罗纪中、后期的古地理、古气候与古生态演化产生了深远影响。早侏罗世（201—175 Ma），盘古大陆、泛大洋和特提斯洋共同构成了大致倾斜的"C"形全球古地理海陆格局。早侏罗世盘古超级大陆开始初始裂解，中—晚侏罗世（175—145 Ma），该大陆的裂解进程持续。在南半球，印度板块从冈瓦纳大陆分离并开始了北漂进程；南极板块和澳大利亚板块等也先后开始分离。在北半球，北美和格陵兰板块与西欧和南美板块分离开来。在东亚地区，羌塘板块和中缅地块等持续向亚洲大陆汇聚（图9-1-1）。中—晚侏罗世这一超级大陆的裂解和亚洲大陆的汇聚过程一直持续至白垩纪。

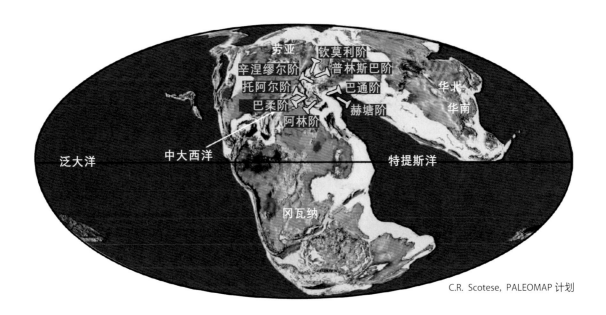

C.R. Scotese, PALEOMAP 计划

图9-1-1 侏罗纪晚期（158.4 Ma）的全球古地理格局及已确立的侏罗系"金钉子"的分布（据 Hesselbo et al., 2020 修改）

二、气候与环境

侏罗纪是地球历史上典型的温室气候期，全球平均温度比现代要高出 5~10℃，在高纬度地区，海水的温度要比现代海水温度高，且全年全球无冰。不同的气候指标，包括植物化石、岩相等，均表明侏罗纪古气候呈现出以古赤道为轴、南北对称分布的特征，且季节性特征十分显著。尽管如此，在温室气候大背景下，侏罗纪时期也存在几次降温事件，包括晚普林斯巴期、晚卡洛夫期和中牛津期等（Iqbal，2021）。

早侏罗世气候主要呈现湿热特征，彼时的大气二氧化碳浓度要远高于现代。但在普林斯巴晚期的地层中，氧同位素记录了侏罗纪的第一次降温事件，而后在托阿尔期温度迅速回升，这次事件的温度波动幅度高达 10~13℃（Dera et al.，2011；Iqbal，2021）。中侏罗世的古气候总体上以季节性干旱为主要特征，温度依然炎热；在中侏罗世早期，亚洲东部（中国）局部由于气候温暖湿润，形成了丰富的煤炭资源。但在晚卡洛夫期，发生了一次长达 260 万年的降温事件，称为"卡洛夫冰期"（Dera et al.，2011）（图 9-1-2）。晚侏罗世温度显著下降，特别是钦莫利期，在两极区域（如西伯利亚和东南冈瓦纳地区）的冬季，全球年平均气温已经降到零点以下；这一时期的北美地区依然干旱，而欧洲南部则表现为周期性干旱（Iqbal，2021）。

三、生物地质事件

1. 早侏罗世生物复苏与侏罗纪生物多样性危机

早侏罗世早期，全球生态系统与生物多样性迅速从三叠纪末生物大灭绝事件中复苏（图 9-1-2）。但是，在侏罗纪出现多次不同程度的生物危机，如普林斯巴期 – 托阿尔期、卡洛夫期 – 牛津期部分放射虫类群的灭绝，早侏罗世末期部分植物类群的灭绝等。这些生物多样性危机事件的影响均较为局限，主要影响一些特定的区域，并未对全球生态系统造成太大的压力。

2. 托阿尔期大洋缺氧事件

在英国早侏罗世的托阿尔期，发现有黑色页岩沉积及碳同位素负偏现象，代表了一次典型的大洋缺氧事件，被称为托阿尔期大洋缺氧事件（Toarcian oceanic anoxic event，简称 T-OAE）（Jenkyns，1985）（图 9-1-2）。其后，在欧洲、非洲、北美洲、南美洲和亚洲等多个地区的下侏罗统地层中，也相继发现了 T-OAE 事件的沉积学、古生物学和地球化学证据，进一步揭示了该事件的全球性影响及成因机制（Hesselbo et al.，2000a；van de Schootbrugge et al.，2020）。

T-OAE 事件的主要地质记录包括：① 全球广布富有机质黑色页岩沉积；②地球化学指标具有明显的异常，包括碳同位素的负偏及部分同位素指标的升高和波动等；③ 部分海洋生物类群

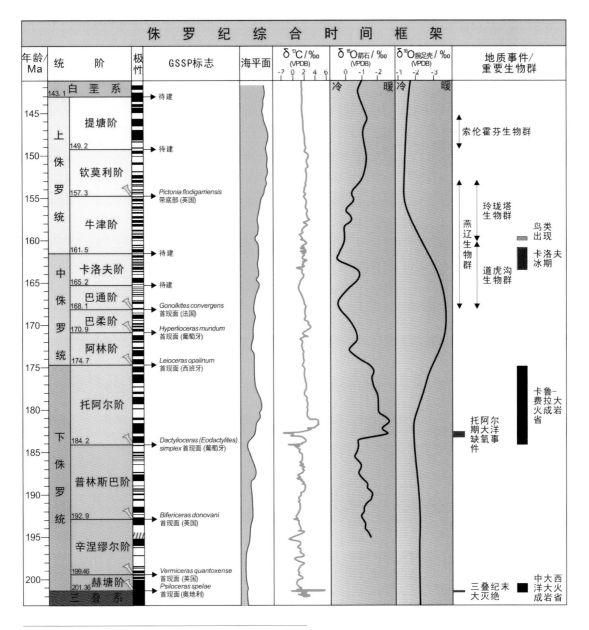

图 9-1-2　侏罗纪综合地层框架（据 Hesselbo et al., 2020 修改）

的灭绝事件，包括特提斯生物地理区的菊石、双壳类等类群的灭绝；④ 海洋生态环境恶化，包括海水温度升高、海平面上升、海水缺氧以及表层海水富营养化等。

　　T–OAE 事件的成因机制较为复杂，主要观点包括：① 冈瓦纳大陆卡鲁—费拉大火成岩省的活跃引发温室效应并导致海洋生态危机（Dera et al., 2010）；② 海平面的大幅下降诱发海水缺氧，进而导致生态系统危机（Krencker et al., 2019）；③ 天文周期诱导的太阳光辐射强度变化，引起了地球表层系统的响应（Kemp et al., 2011）。

3. 大火成岩省

侏罗纪时期的火成岩省主要包括中大西洋火成岩省（Central Atlantic Magnetic Province）和卡鲁—费拉大火成岩省（Karoo–Ferrar Large Igneous Province；Karoo 是南非的地名，Ferrar 是南极洲的地名，两个地区当时是相连的）（图 9-1-2）。前者对应于三叠纪－侏罗纪之交盘古超级大陆的初始裂解，为下侏罗统赫塘阶"金钉子"的绝对年龄提供了物质记录；后者则对应于冈瓦纳大陆的印度、南极和澳大利亚等板块的裂解过程，也被认为是早侏罗世托阿尔期大洋缺氧事件的诱因（Dera et al.，2011）。

第二节
侏罗纪的地质记录

一、地层记录

侏罗纪的名称源自 von Humboldt（1799）提出的"侏罗石灰岩"，指瑞士最北部侏罗山的一系列碳酸盐岩陆棚沉积。侏罗系的划分主要以欧洲西北部盆地（英国至德国西南部）浅海沉积为参考，岩性具有明显的三分性。

下侏罗统：早侏罗世期间，由于海侵作用，劳亚海道（今欧洲和北大西洋周边地区）广泛沉积了粘土钙质沉积物，在德国西南部这套地层被称为"黑侏罗统"，而在英国南部被称为"里阿斯统"。根据侏罗纪菊石和其他化石组合，下侏罗统被进一步细分为四个阶：赫塘阶、辛涅缪尔阶、普林斯巴阶和托阿尔阶，该划分方案沿用至今（Hesselbo et al.，2020）。

中侏罗统：德国"黑侏罗统"之上发育有泥质砂岩和棕色风化铁质鲕粒岩，这套棕色侏罗系被作为中侏罗统的底部（阿林阶底部）。英格兰南部中侏罗统的下鲕粒群浅海相碳酸盐岩为广义的巴通阶；随后，其下部被进一步划分出巴柔阶和阿林阶。在英国，中侏罗统又称"道格统"，其顶界置于卡洛夫阶底部，后卡洛夫阶被移至中侏罗统（Hesselbo et al.，2020）。

上侏罗统：德国西南部上侏罗统为钙质粘土岩和灰岩，被称为"白色侏罗系"，其层位大致相当于英格兰鲕粒群的中—上段粘土鲕粒灰岩，又被称为"麻姆统"。根据英格兰南部的剖面，并结合地中海地区的侏罗系，国际侏罗系地层委员会自下而上确定了三个阶：牛津阶、钦莫利阶和提塘阶。

中国的侏罗系以陆相沉积为主，主要分布在华北东部、华南等地区，以准噶尔盆地、塔里木盆地、吐鲁番盆地、柴达木盆地、鄂尔多斯盆地和四川盆地为典型代表，仅在青藏地区、新疆西部、云南西部、广东和黑龙江东部局部地区有海相或海陆交互相地层分布（全国地层委员会，2014；黄迪颖，2019）。

二、化石类群

侏罗纪时期，海洋和陆地动植物十分繁盛。海洋动物以菊石、双壳类和箭石为重要成员，还包括珊瑚、棘皮动物海胆等。恐龙成为陆地的统治者，鸟类出现，哺乳动物开始发展，裸子植物发展到极盛期。淡水无脊椎动物的双壳类、腹足类、叶肢介、介形虫及昆虫迅速发展（Page，

2014）。主要化石门类特征简述如下。

1. 藻类

包括底栖藻类和浮游藻类。其中，底栖藻类主要包括绿藻、轮藻和红藻等。在特提斯周围浅水碳酸盐岩台地沉积中，绿藻非常普遍，可作为区域生物地层划分对比的标志。红藻有时在侏罗纪的生物礁中扮演重要角色。在淡水碳酸盐沉积中，轮藻在侏罗纪中晚期地层对比中具有重要作用。

浮游藻类主要包括钙质超微的草藻、球藻和甲藻等，它们在区域上非常丰富。在侏罗纪海相和准海相地层中，甲藻含量普遍较高，可以作为钻孔研究的良好地层指示化石。从中侏罗世开始，甲藻多样性丰富，具有重要的地层对比潜力，在区域上可实现几乎相当于菊石带的分辨率。

2. 原生生物

主要包括底栖有孔虫、浮游有孔虫和放射虫等化石类型。其中，底栖有孔虫化石在侏罗纪海洋沉积物中十分常见。三叠纪末期生物大灭绝后，早侏罗世有孔虫多样性相对较低，中侏罗世多样性显著增加。浮游有孔虫最早出现在早—中侏罗世，到晚侏罗世早期，在某些沉积序列中大量存在。侏罗纪放射虫是深水相地层的关键对比工具。

3. 海绵和珊瑚

在侏罗系碳酸盐岩中，海绵化石很常见，通常与钙质藻类、苔藓虫和海绵一起构成重要的造礁生物，为珊瑚礁发展奠定了基础。中、晚侏罗世温暖浅水环境发育，特别适合珊瑚礁的发展。

4. 腕足动物

侏罗纪海洋中，腕足动物群在局部的浅海碳酸盐沉积物中占据主导成分，其数量甚至超过双壳类，因此具有重要的生物地层学意义，可以达到与菊石分带相当的分辨率。舌形贝类主要见于浅海环境中，偶尔也会出现在局部深水环境中。

5. 软体动物

主要包括双壳类、腹足类、菊石和箭石等类型。侏罗纪双壳类通常在水下沉积物（从海洋到半咸水，再到淡水）中极为丰富。在侏罗纪晚期靠近北极地区（加拿大和俄罗斯），薄壳的伪浮游双壳类是生物地层分带的主要分子。侏罗纪的腹足类以古腹足类和中腹足类为主，个别类群在某些局部海洋环境中可能非常丰富，因此具有区域生物地层对比价值。

菊石（图 9-2-1）是侏罗系最重要的高精度地层对比工具。在经历了三叠纪末的生物大灭绝之后，菊石只有两个类群延续至侏罗纪早期，即早期的裂叶菊石（*Rhacophyllites*）和它的直系后代——裸菊石（*Psiloceras*）。但之后菊石动物开始大规模爆发式发展，到中侏罗世已经有五个菊石亚目，侏罗纪末期出现第六个菊石亚目。

图9-2-1　德国侏罗纪的菊石（左图：早侏罗世；右图：晚侏罗世），标本保存在德国慕尼黑自然历史博物馆（王永栋提供）

相比之下，箭石的多样性远不如菊石，但它们仍然可以显示出生物地理分区，具有明显的北方和特提斯组合特征，也具有一定的地层指示意义。另外，还可以利用箭石的氧、碳和锶同位素，来评估海洋水化学性质（特别是温度和气候变化）。

6. 甲壳纲及昆虫

侏罗纪甲壳类以介形虫为代表。介形虫的钙质甲壳是非常重要的环境指标，可以指示海洋或微咸水沉积物的特征。甲虫和蜻蜓是侏罗纪昆虫群的特征组成分子，尽管它们在侏罗纪的化石记录较少。

7. 棘皮动物

侏罗纪时期局部浅海中常见棘皮动物海百合。在某些海洋环境中底栖棘皮动物丰富，包括蛇尾目和海参目的代表。富氧的海洋沉积物中，掘穴和底栖的海胆较为常见。

8. 脊椎动物

侏罗纪鱼类动物群中，硬骨鱼占优势，特别是以辐鳍鱼类的繁盛为特征。与晚古生代相比，软骨鱼类（包括鲨鱼和鳐鱼）多样性有所降低，但仍然相对常见，新软骨鲨鱼占据主导地位。

海生爬行动物逐渐壮大，包括鱼龙、长颈蛇颈龙和短颈上龙等。海洋鳄鱼包括高度适应环境的地蜥鳄类，它们的四肢被改造成桨状。其他陆生爬行动物包括真蜥蜴（有鳞动物）。翼龙在侏罗纪时期得到发展，尽管它们还没有达到白垩纪那么高的形态多样性。

恐龙在侏罗纪迅速发展成陆生脊椎动物的主宰。从中侏罗世开始，许多著名的恐龙类群开始活跃起来，包括大型食草类蜥脚类，如马门溪龙（图9-2-2）、大型的食肉兽脚类、有甲剑龙和甲龙（图9-2-3）。到了晚侏罗世，一些小型恐龙已经长出了羽毛；而到了钦莫利期，著名的始祖鸟（近年来研究表明它是一种小型兽脚类恐龙）向鸟类进化的过程顺利完成。尽管三叠纪最晚期已出现哺乳动物，但在侏罗纪时期它们仍然是陆地动物中较少且相对不重要的成员。

9. 陆地植物

侏罗纪时期气候温暖，植被发育。裸子植物相当多样，包括苏铁类、本内苏铁类、种子蕨类开通目、银杏类和松柏类植物等，蕨类植物和木贼类植物也很丰富（图9-2-4）。侏罗纪植物也出现地理分区现象，比如在加拿大西北部和西伯利亚北部具有以"温带"植物为代表的植物区系，欧洲、北美、中亚和中国早、中侏罗世具有"热带"植物区系。不同植物区系间的差异主要表现在北部地区植物的多样性略有下降，以银杏植物为主，而松柏类掌鳞杉科较少。相比之下，南部"温带"植物区系银杏中含量较低，以松柏类掌鳞杉科为主。这些南部的"温带"植物一直延伸到南极洲的高纬度地带，这表明当时地球处于两极无冰的状态。

图9-2-3 侏罗纪的陆地生态景观复原（陈瑜、邢立达提供）

图 9-2-2　四川盆地侏罗纪的马门溪龙化石（李奎提供；据王永栋等，2010）。A. 合川马门溪龙；B. 安岳马门溪龙

图 9-2-4　侏罗纪的部分代表性植物化石（王永栋提供）。A. 毛羽叶（*Ptilophyllum*），产于英格兰；B. 楔拜拉（*Sphenobaiera*），产于中国湖北；C. 似托第蕨（*Todites*），产于中国江苏；D. 荷叶蕨蕨（*Hausmannia*），产于中国湖北；E. 似银杏（*Ginkgoites*），产于中国河南；F. 异脉蕨（*Phlebopteris*），产于中国湖北；G. 短叶杉（*Brachyphyllum*），产于德国；H. 南洋杉球果（*Araucaria*），产于阿根廷

三、侏罗纪重要化石库

全球侏罗纪化石库颇为多样，这里以我国燕辽地区中—晚侏罗世地层中所产的燕辽生物群、德国南部上侏罗统的索伦霍芬灰岩中所产的索伦霍芬生物群为代表（图9-1-2），做简要介绍。

1. 燕辽生物群（中—晚侏罗世）

燕辽生物群指中国东部燕辽地区中侏罗统巴通阶至上侏罗统钦莫利阶所含的一个生物群（图9-1-2），其分布范围向西达鄂霍茨克海以西、以北的中亚、北亚地区。该生物群可分为以中侏罗世道虎沟生物群为代表的早期组合和以晚侏罗世玲珑塔生物群为代表的晚期组合（黄迪颖，2015、2019）。当时该地区发生频繁的火山活动，产生大量火山灰沉积，是生物群得以精美保存的关键因素（黄迪颖，2019）。

道虎沟生物群主要包括内蒙古、辽宁、河北三省交界的宁城盆地中侏罗统海房沟组中的生物群，包含大量保存精美的无脊椎动物、脊椎动物和植物化石（黄迪颖，2015）。无脊椎动物主要包括节肢动物，其中以昆虫化石的多样性最高（图9-2-5）；叶肢介丰富，还有鳃足纲和蛛形纲

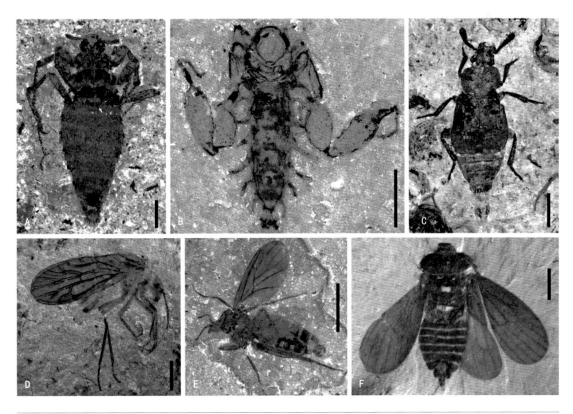

图9-2-5 道虎沟生物群中的昆虫化石（据黄迪颖，2015）。A. 巨型跳蚤；B. 恐怖虫；C. 葬甲；D. 古啮虫；E. 双翅目；F. 鞘喙蜡。A~E 图的比例尺为 2 mm，F 图的比例尺为 1 mm

等；双壳类多样性相对单一。脊椎动物以蝾螈为代表，还发现有蜥蜴、翼龙、最早的带毛恐龙、早期哺乳动物和鱼等化石。植物化石丰富，以裸子植物（本内苏铁类、苏铁类、松柏类、银杏类、茨康类等）和真蕨类为主，还有少量有节类和开通类，以及可能的早期被子植物。道虎沟生物群还包括孢粉化石，并发现有真菌等（黄迪颖，2015）。

玲珑塔生物群（图9-2-6）指在冀北、辽西地区中–上侏罗统髫髻山组中发现的生物群，主要见于辽宁省建昌县玲珑塔镇大西山村一带，包含大量无脊椎动物，如昆虫、叶肢介、介形虫、双壳类和腹足类等；多门类植物和轮藻；脊椎动物，如鱼类、蝾螈、翼龙、带毛恐龙（图9-2-7）及早期哺乳动物等（黄迪颖，2015）。

燕辽生物群对于哺乳动物的早期演化、最早的带毛恐龙、鸟类起源和被子植物起源等重大科学问题具有重要意义（黄迪颖，2015、2019）。

图9-2-6 玲珑塔生物群的代表化石（据黄迪颖，2015）。A.柴达木叶肢介；B.额尔古纳蚌；C.古鳕。A~B图的比例尺为2 mm，C图的比例尺为2 cm

　　　　　　　　　　　　　　　　　　　　　　地层"金钉子"：地球演化历史的关键节点

图 9-2-7 产自辽西建昌玲珑塔生物群的代表化石——赫氏近鸟龙（胡东宇提供）

2. 索伦霍芬生物群（晚侏罗世）

索伦霍芬生物群指德国南部巴伐利亚州的索伦霍芬镇上侏罗统提塘阶的索伦霍芬灰岩（图 9-2-8）中所含的一个生物群。索伦霍芬灰岩沉积于缺氧高盐度的潟湖环境，保存了大量的具有生物结构细节的精美动植物化石（图 9-2-9），甚至发现有通常情况下难以保存为化石的生物软体结构。

索伦霍芬灰岩中已发现 600 多种动植物化石，以海洋生物为主，也有陆生生物记录，包括鱼类、甲壳类、水母、有孔虫、海绵、鲨、海百合、海星、蛇尾类、海胆、昆虫、腹足类、双壳类、鹦鹉螺类、菊石、箭石、腕足动物、介形类、环节动物、鳄、蜥蜴、龟、兽脚类、翼龙、蜥脚类、鱼石鳞、裸子植物、浮游藻类以及最著名的保存有羽毛的始祖鸟化石等（Hess，1999；Viohl，2000）。索伦霍芬生物群为研究中生代生物的发展和演化提供了一个重要窗口。

图 9-2-8 德国南部索伦霍芬生物群产地及地层剖面（王永栋提供）

地层"金钉子"：地球演化历史的关键节点

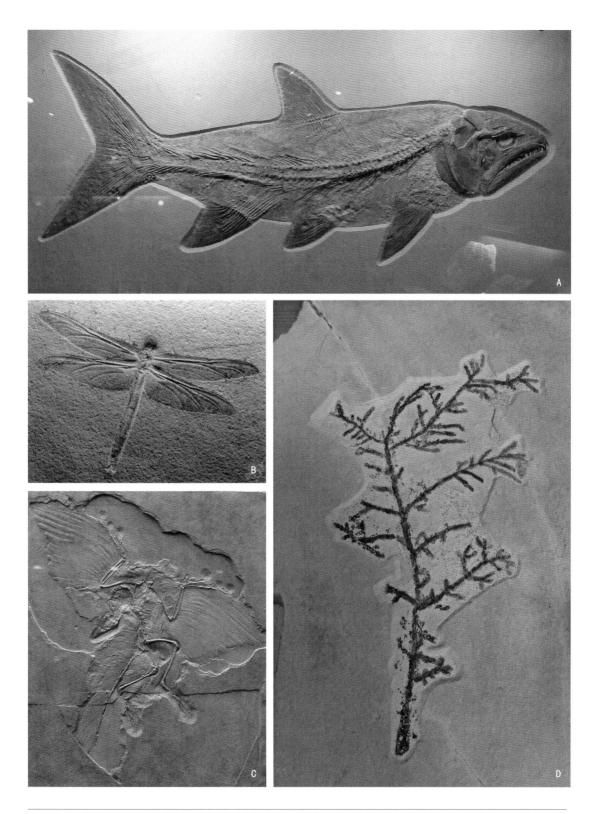

图 9-2-9 索伦霍芬生物群中的动植物化石（王永栋提供），化石保存在索伦霍芬自然博物馆。A. 鱼类化石；B. 昆虫化石；C. 始祖鸟化石；D. 植物化石

第三节

侏罗系"金钉子"

海相侏罗系在西欧地区的法国、英国、德国、奥地利、葡萄牙和西班牙等地发育相对完整。通过对其中所含菊石和其他生物化石组合的研究，结合区域地层对比框架，可将欧洲海相侏罗系划分为 11 个阶。在此基础上，最新的国际年代地层表把侏罗系分为三统十一阶。目前，下侏罗统赫塘阶等 4 个阶、中侏罗统阿林阶等 3 个阶以及上侏罗统钦莫利阶 1 个阶的"金钉子"已经通过国际地质科学联合会的批准，这些剖面都位于欧洲西北部地区。上侏罗统牛津阶、提塘阶和中侏罗统卡洛夫阶 3 个阶的"金钉子"尚待确立。

在地质年代学方面，目前只有下侏罗统赫塘阶和普林斯巴阶的"金钉子"具有确切的火山灰锆石年龄。

一、赫塘阶底界"金钉子"

1. 定义

赫塘阶（Hettangian Stage）是下侏罗统的第一个阶，底界以菊石 *Psiloceras spelae tirolicum*、有孔虫 *Praegubkinella turgescens* 的首现为标志，年龄约为 201.36 Ma。全球界线层型剖面和点位（"金钉子"）位于奥地利因斯布鲁克提洛尔地区的库约赫（Kuhjoch）（图 9-3-1），于 2010 年 4 月由国际地质科学联合会正式批准（Hillebrandt et al.，2013）。

2. 研究历程

侏罗系底界，即赫塘阶底界，长期以来广受地质学界关注，其具体的界线位置也几经变迁。Oppel（1856）通过对德国和英国侏罗系的研究，提出将 *Psiloceras planorbis* 菊石组合带底界作为侏罗系底部辛涅缪尔阶的底界。Renevier（1864）则进一步提出以 *Psiloceras planorbis* 和 *Schlotheimia angulatus* 菊石组合带作为新划分的赫塘阶的底界，也就是侏罗系底界。此后，这一侏罗系底界定义一直被沿用下来（Maubeuge，1964）。

1984 年，国际地层委员会侏罗系地层分会决定成立侏罗系底界（赫塘阶）的国际工作组。经过多年研究和考察，工作组选定了 4 个"金钉子"候选剖面：英国萨默塞特郡圣安德烈湾、加拿大不列颠哥伦比亚省肯特角、美国内华达州新约克峡谷和秘鲁乌卡班巴山谷。2007 年，北爱尔兰滑铁卢剖面和奥地利库约赫剖面也被列入候选名单。2008 年 4 月，经过工作组投票，库约

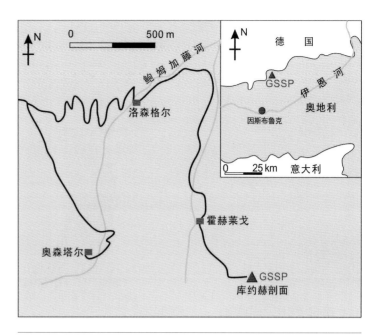

图 9-3-1 赫塘阶底界"金钉子"——奥地利库约赫剖面地理位置（据 Hillebrandt et al.，2013 修改）

赫剖面被选为赫塘阶"金钉子"剖面，内华达的新约克峡谷剖面则被选作全球辅助层型剖面。2008 年 7 月，国际侏罗系地层分会投票通过了工作组的方案。2009 年 5 月，国际地层委员会投票通过这一方案；2010 年 4 月该提案获得国际地质科学联合会正式批准。至此，侏罗系底界暨赫塘阶底界"金钉子"被正式确定在奥地利库约赫剖面（Hillebrandt et al.，2013）。

3. 地理和地质概况

赫塘阶的"金钉子"剖面位于奥地利提洛尔地区卡尔德文山脉的库约赫山口（北纬 47° 29′ 02″，东经 11° 31′ 50″），在因斯布鲁克市东北方向 25 km 处。由德国巴伐利亚州德奥边境上的瀑布村向南也有道路可以到达，距离瀑布村约 16 km。科学家对库约赫山口的东、西两翼的地层均进行了发掘与研究，因西翼山坡陡峭而东翼平缓，故全球层型剖面"金钉子"被定在东翼，且该地属于奥地利卡尔德文自然公园的一部分，容易保护。同时，为了可持续研究，库约赫东翼的"金钉子"露头被保护起来，而西翼露头则保留了足够的空间以供科研之需（Hillebrandt et al.，2013）（图 9-3-2）。

库约赫山脉所处的艾伯戈盆地，三叠纪 – 侏罗纪之交是一个台内凹陷，其东南是一片宽广的碳酸盐台地，北部则是为受陆源碎屑物质影响的碳酸盐缓坡，其周缘尚有部分类似台内凹陷沉积。东西向的卡尔德文向斜保存并出露了连续的三叠系 – 侏罗系界线地层和化石序列（Hillebrandt et al.，2013）。

图 9-3-2 赫塘阶底界"金钉子"。A. 奥地利库约赫剖面概貌；B. "金钉子"点位（Micha Ruhl 提供）

艾伯戈盆地的三叠系－侏罗系界线在岩性上具有明显的变化，瑞替阶克森组（Kössen Fm）以白云岩为主，而赫塘阶肯德巴赫组（Kendlbach Fm）则以泥灰岩和粘土岩为主，这一变化被认为是中大西洋火山活动所导致的三叠纪末海平面下降的结果（Hillebrandt et al.，2013）。同时，这一岩性变化与三叠系－侏罗系界线上下的物种演变也可对应起来（Kürschner et al.，2007）。艾伯戈盆地内不同的三叠系－侏罗系剖面均表现出同样的碳酸盐岩向碎屑岩的转变。卡尔德文向斜是全球海相三叠系－侏罗系界线地层序列中最完整的，且研究者对其邻近地区的地层也有较为深入的研究，故而该地最终成为"金钉子"剖面所在地（Hillebrandt et al.，2013）。

4. 地层序列

在库约赫山脊，上三叠统－下侏罗统地层呈南北向连续出露。早期研究主要集中在库约赫西翼剖面，但西翼剖面的下侏罗统底部沙特瓦尔德层（Schattwald Bed）存在局部小断层，表明有短暂的沉积间断，同时有机碳同位素曲线出现急剧波动，且缺失孢粉数据（Bonis et al.，2009；Ruhl et al.，2009）。2010 年后，研究人员通过挖掘机对库约赫东翼剖面进行挖掘并开展研究。现将东西两翼剖面地层序列简述如下（图 9-3-3）。

库约赫西翼剖面：剖面地层包括下部的克森组和上部的肯德巴赫组。

克森组底部是一套厚度为 5 m 的黑色泥灰岩，可见黄铁矿结核，局部夹薄层灰质泥岩；其上艾伯戈段（Eiberg Mb）是一套 3.8 m 厚的灰色厚层状生物碎屑粒泥灰岩，不等厚互层，成层性良好，顶部为一层 20 cm 厚的深色薄层状泥灰岩，该层顶部因富含沥青而呈现黑色，并含双壳和鱼类化石。

肯德巴赫组包括 22 m 厚的陆源碎屑沉积提丰卡本段（Tiefengraben Mb）和 3 m 厚的钙质的布赖滕贝格段（Breitenberg）。提丰卡本段底部是一层 13 cm 厚的灰色、灰褐色泥灰岩，含黄铁矿结核与虫迹，上覆约 30 cm 厚的淡黄色泥灰岩风化层。之上，沙特瓦尔德层是一套 2 m 厚的红色粉砂质泥岩层，向上过渡为 19.5 m 厚的灰色提丰卡本段主体。布赖滕贝格段主要为一套灰色薄层泥岩，夹薄层黑色泥灰岩，该段中、上层富含菊石等动物化石——*Calliphyllum* 动物群。之上依次为 8 cm 厚的灰色灰岩层、10 cm 厚的褐色微晶灰岩层、8 cm 厚的灰褐色含灰屑泥晶灰岩、15 cm 厚的褐色亮晶灰岩，顶部则是一层褐铁矿壳。

库约赫东翼剖面：克森组地层出露不如西翼剖面，仅有最上层出露，该层层理发育、厚度不一，是一套灰色生物扰动灰岩，可见菊石化石 *Choristoceras*。东翼剖面最大的优势在于，艾伯戈段局部保存了连续的向提丰卡本段过渡的沉积记录；在沙特瓦尔德层之上 3.2 m 处发现了菊石 *Psiloceras spelae tirolicum*，3.6~3.7 m 处发现了保存较差的化石碎片；4.7 m 处发现了一个带有 *Psiloceras tilmanni* 早期旋环点状瘤结构的化石碎片；6.2 m 和 8.4 m 处发现了带有 ?*Psiloceras* 缝合线结构的化石碎片。东翼剖面提丰卡本段泥灰岩相对于西翼剖面风化更为严重，上部一些样品中有孔虫化石 *Reinholdella* 常见。露头结束于提丰卡本段向布赖滕贝格段过渡的一套 1 m 厚的冰碛岩。

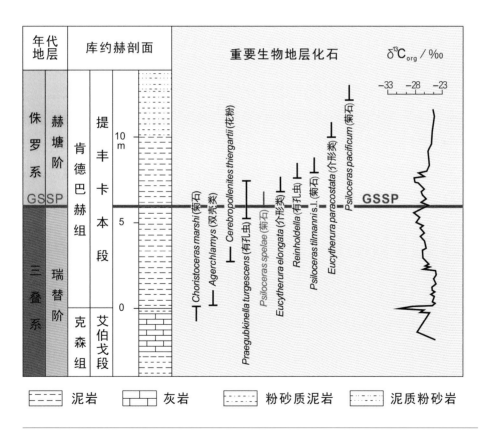

图 9-3-3 赫塘阶底界"金钉子"——奥地利库约赫剖面综合地层柱状图（据 Hesselbo et al., 2020 修改）

5. 剖面化石记录

库约赫剖面的古生物化石记录，正好反映了三叠纪末生物大灭绝与克森组顶部在层位上的吻合（Kürschner et al., 2007；McRoberts et al., 2012）。提丰卡本段底部又被称作初始灭绝阶段（McRoberts et al., 2012），这一层位记录了双壳类种一级的选择性灭绝和有孔虫及介形类的灭绝；向上，沙特瓦尔德层几乎没有任何微体或宏体化石记录，代表了灭绝的高峰期（McRoberts et al., 2012）。中大西洋火成岩省的火山喷发被认为是这次生物灭绝事件的主要诱因（Schoene et al., 2010；Ruhl et al., 2011），之后较长时间的全球温室效应则导致了进一步的物种灭绝（McElwain et al., 1999）。随后则是一个缓慢的生物复苏阶段，主要表现为新生的特提斯动物群物种向艾伯戈盆地的迁移，并在地层中记录下来。

库约赫剖面侏罗系底界"金钉子"的层位正是基于菊石 *Psiloceras spelae tirolicum* 的首现进行定义的。该剖面自克森组向上过渡至肯德巴赫组，共划分出 7 个菊石带：*Choristoceras marshi* 带、*Psiloceras spelae tirolicum* 带、*Psiloceras* ex gr. *tilmanni* 带、*Psiloceras* cf. *pacificum* 带、*Psiloceras calliphyllum* 带、*Alsatites* cf. *liasicus* 带和 *Alpinoceras haueri* 带（图 9-3-3）。

其他宏体化石门类主要包括双壳类、腹足类等。双壳类化石在库约赫地区较为常见，西翼剖面的艾伯戈段顶部产出典型三叠纪双壳类分子 *Cassianella* sp. 和 *Lyriochlamys valoniensis*。具有地层意义的腹足类化石产出较少。在艾伯戈段出现一种三叠纪腕足动物，但在上部的提丰卡本段腕足动物化石较为少见。此外还有一些棘皮动物化石在库约赫剖面产出，可以与北爱尔兰的滑铁卢剖面进行对比。

微体化石主要包括放射虫、介形类等。自艾伯戈段向上，放射虫的多样性和代表性属种均表现出显著差别（Hillebrandt & Kment, 2011）；介形类从艾伯戈段顶部至提丰卡本段划分为三个不同的组合类群；典型的三叠纪末牙形刺 *Misikella ultima* 带的化石在库约赫剖面克森组还可以找到，但在克森组顶部，牙形刺化石已十分少见。无论属种多样性、绝对数量和产出层位，库约赫剖面的钙质微生物化石产出均较少。

克森组的孢粉化石组合以 *Classopollis meyeriana* 和 *C. torosus* 为主，顶部则以青绿藻，特别是 *Cymatiosphaera polypartita* 的多样性峰值为特征，而孢子多样性较为单调；在之上肯德巴赫组的沙特瓦尔德层中，*Polypodiisporites polymicroforatus*、*Deltoidospora* spp. 和 *Calamospora tener* 增加，而 *C. meyeriana* 减少。

6. 其他研究

高精度的有机碳同位素分析表明，库约赫剖面三叠系 – 侏罗系界线上下有机碳同位素的负偏移幅度高达 8‰，并与生物地层具有良好的对应关系。热解分析实验表明，HI 值（氢指数，热解烃与总有机碳比值）的升高对应于碳同位素负漂。陆源有机质的输入和绿藻残体的大量增加可能是沉积物碳同位素组成变化的原因，也是艾伯戈盆地碳同位素负漂的影响因素之一（Ruhl et al.，2009）。总有机碳的正值高峰（最高达 10%），则与有机碳同位素的初始负漂具有较好的对应关系。

克森组地层的古地磁数据可以与北阿尔卑斯地区的相关研究对应（Pueyo et al.，2007）。库约赫剖面缺乏绝对年龄研究，三叠系 – 侏罗系界线的年龄值均参照北美地区相关地层剖面。

7. 我国该界线的情况

中国的侏罗系除了在西南、中南和华东局部地区，以及黑龙江东部地区发育海相、海陆交互相沉积外，广大地域主要以陆相沉积为主（全国地层委员会，2014；Sha et al.，2016；Huang，2019）。全国地层委员会于 2014 年修订了建立于 2002 年的中国中生界陆相阶，其中侏罗系自下而上包括：下统永丰阶、硫磺沟阶，中统石河子阶、玛纳斯阶；上统未建阶，尚待研究。

中国海相侏罗系底界的研究主要以西藏藏南地区为主，阴家润等重建了该地区的菊石生物带和碳同位素曲线（阴家润，2005；阴家润等，2006；阴家润和 Fürsich，2009）。

我国对陆相侏罗系底界的研究，近十年来取得了新的进展，研究涵盖了高纬度地区的准噶尔盆地和低纬度地区的四川盆地。对准噶尔盆地南缘郝家沟剖面的深入研究表明，借助于裸子植物花粉化石 *Lunatisporites rhaeticusis* 的末现面层位可大致确立三叠系 – 侏罗系陆相地层界线，同时三叠纪 – 侏罗纪之交大化石植物群与孢粉植物群的群落多样性和优势属种更替与碳同位素偏移事件层位相呼应，而该时期高纬度地区的气候变化则显示出与天文旋回的强相关性（邓胜徽等，2010；Sha et al.，2011、2015；Sha，2019；Fang et al.，2021）。王永栋等（2010）对低纬度的四川盆地三叠纪 – 侏罗纪之交地层和生物群与环境背景等开展了多学科综合分析研究，在植物群落演替与古气候波动方面有了新的认识。这些研究包括植物化石形态及其解剖结构分析（Wang et al.，2015）、木化石及其气候波动事件（Tian et al.，2016）、孢粉植物群及其古生态环境响应（Lu et al.，2019；Li et al.，2020）、天文年代学（Li et al.，2017）和有机生标与古火灾事件等（Song et al.，2020），为推动国际陆相三叠系 – 侏罗系界线的对比提供了重要依据。

二、辛涅缪尔阶底界"金钉子"

1. 定义

辛涅缪尔阶（Sinemurian Stage）是下侏罗统的第二个阶，时代为 199.3—190.8 Ma。辛涅缪尔阶底部的"金钉子"（GSSP）位于英国西南部的西萨默塞特行政区（West Somerset）东昆托斯黑德村（East Quantoxhead）（北纬 51°11′28″，西经 3°14′12″）（图 9–3–4）。

辛涅缪尔阶底界"金钉子"点位位于岩层 145 底部以上 0.9 m 处，界线以剖面上菊石 *Vermiceras*（*V. quantoxense*，*V. palmeri*）和 *Metophioceras* sp. indet. A 的首次出现层位作为标志。

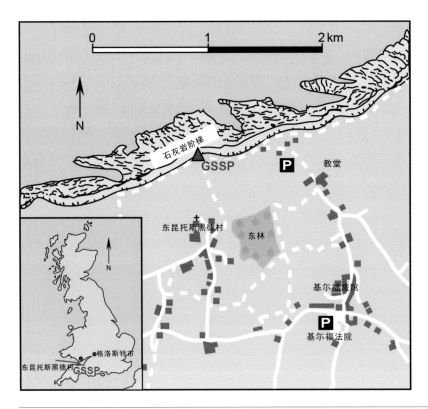

图 9-3-4 辛涅缪尔阶底界"金钉子"——英国东昆托斯黑德剖面的地理位置图（据 Hesselbo et al., 2020 修改）

该"金钉子"于 2000 年被国际地质科学联合会正式批准建立。东昆托斯黑德剖面的辛涅缪尔阶底界"金钉子"的菊石组合带早于欧洲其他地区出现的菊石组合带，这是因为在欧洲，辛涅缪尔阶与下伏的赫塘阶之间普遍存在地层间断。通常将 *Metophioceras* sp. indet. A 的首现作为与其他区系进行地层对比的标志。

2. 研究历程

辛涅缪尔阶一名源于法国东部科特多尔省 Semur-en-Auxois 地点的罗马名称——Sinemurum Briennense castrum。该命名地虽然产出了大量辛涅缪尔阶早期的化石类型，但由于剖面不连续，无法满足建立"金钉子"的要求（Remane et al.，1996）。

直至 20 世纪 60 年代，Dean 等（1961）提出辛涅缪尔阶最底部菊石亚带的标准区域位于英国西南部莱姆里吉斯（Lyme Regis）以西的 Devon–Dorset 海岸，并建议将该地出露的剖面作为辛涅缪尔阶的层型剖面（Morton，1971）。此后的研究发现，在沃切特港和斯托福德市（Stolford）之间的西萨默塞特海岸出露一条赫塘阶——辛涅缪尔阶的连续剖面——东昆托斯黑德剖面，其厚度大约是 Devon–Dorset 海岸出露厚度的五倍之多，且所含的菊石演化序列比欧洲任何其他剖面上的都更加完整（Bloos & Page，2000）。

根据剖面上保存异常完整的菊石演化序列，英国西南部的东昆托斯黑德剖面在 2000 年被确定为辛涅缪尔阶底部的"金钉子"剖面，界线点位处于东昆托斯黑德剖面的石灰岩与页岩互层的地层序列中（Page et al.，2000）。

3. 地质地理概况

　　东昆托斯黑德剖面位于英国英格兰西南部沃切特（Watchet）以东约 6 km 处，属于西萨默塞特行政区管辖。剖面位于海岸悬崖边，在前滩有很好的出露，有道路相通，易于抵达（图 9-3-5）。该剖面所在的海岸长期处于对外开放的状态，因此可以为各地学者开展采样、研究等提供十分便利的条件。该剖面自 1986 年以来一直受到英国自然保护法的保护（Page et al.，2000）。

　　尽管沿西萨默塞特海岸存在大量的断层，但是该"金钉子"剖面地层的连续性、延展性都很好，几乎没有受到后期构造运动的影响。剖面主体部分厚度约为 27 m，包括 *angulata* 带的上部和 *bucklandi* 带的下部。

　　该地层序列具有典型的旋回沉积特征，岩性主要包括沥青页岩、泥岩、灰岩和泥岩。在这些沉积旋回之间，沥青页岩底部的界线十分清晰，向上部逐渐过渡为泥岩。灰岩中发现的菊石化石较为破碎。底部薄层状沥青页岩指示缺氧环境，逐渐向上在含氧环境中形成泥质沉积物。这些泥质沉积物中部分含钙质较高的层位可能通过后期的胶结作用形成了最终的石灰岩。该剖面沉积厚度较大，指示更深的水体以及更快的沉积速率。

图 9-3-5 辛涅缪尔阶底界"金钉子"——英国东昆托斯黑德剖面概貌和"金钉子"点位（王永栋、Micha Ruhl 提供）

4. 地层序列

该剖面的地层总厚度为 27 m，包括了赫塘阶上部和辛涅缪尔阶下部（图 9-3-6）。赫塘阶上部由一部分菊石 *complanata* 亚带（7.8 m 厚）和完整的 *depressa* 亚带（5.6 m 厚）组成；辛涅缪尔阶下部由完整的 *conybeari* 亚带（9.85 m 厚）以及其上的部分 *rotiforme* 亚带（3.8 m 厚）组成。

欧洲西北部的 *complanata* 亚带以包含 *Schlotheimia*（施勒海姆菊石）等为特征。在 *conybeari* 亚带中，arietitid 菊石动物群的组成特征发生了显著变化，该亚带具备 9 个可识别的生物组合，其中有 4 个生物组合同时也存在于欧洲西北部的其他地区。其中，*Metophioceras conybeari* 作为 *conybeari* 亚带中的标志性属种，是出现于该亚带最顶部的生物组合。自底而上的第三个生物带（图 9-3-6，第 149 层）一般被认为是欧洲西北部地区辛涅缪尔阶的最底部界线；在东昆托斯黑德村以外的地区，处于该界线之下的动物群通常是缺失的。

5. 界线层型

辛涅缪尔阶底界"金钉子"确定在菊石组合发生显著变化的位置，该界线之下是赫塘阶顶部以 *Schlotheimia*（以 *S. pseudomoreana* 为代表）为主的菊石动物群组合，界线之上是辛涅缪尔阶底部以 *Vermiceras*（*V. quantoxense*，*V. palmeri*）和 *Metophioceras* 为代表的菊石动物群组合。自

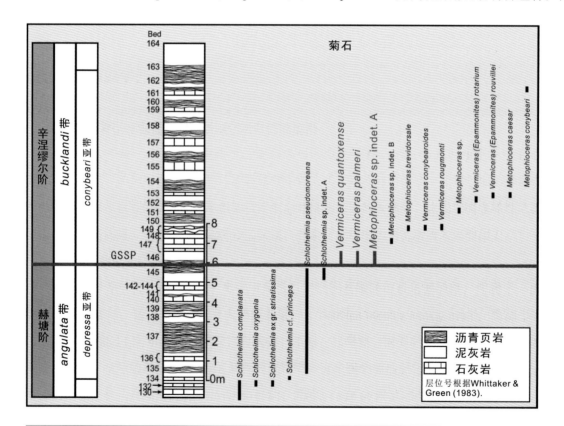

图 9-3-6　辛涅缪尔阶底界"金钉子"——英国东昆托斯黑德剖面综合地层柱状图（"*angulata*"指菊石 *Schlotheimia angulata*；"*bucklandi*"指菊石 *Arietites bucklandi*）（据 Hesselbo *et al.*，2020 修改）

1864 年 Renevier 提出建立赫塘阶以来，该动物群组成变化已然成为识别欧洲西北部地区赫塘阶 – 辛涅缪尔阶界线的主要特征。

在几乎整个欧洲西北部地区，赫塘阶和辛涅缪尔阶之间普遍存在一个沉积间断（Bloos & Page，2000）。只有在英国西部地区因沉积速率较快，在英格兰西南部的西萨默塞特海岸形成了出露良好的连续剖面。因此，在欧洲西北部地区，位于英格兰的西萨默塞特东昆托斯黑德剖面是唯一出露完整、且可以满足建立辛涅缪尔阶"金钉子"要求的连续剖面。

6. 其他研究

专家们除了对东昆托斯黑德剖面的菊石展开了非常充分的研究外，对该剖面的介形类、有孔虫、孢粉、磁性地层学、伽马射线测录也进行了研究。

介形类的多样性较低，主要以 *Ogmoconchella aspinata* 为代表（Page et al.，2000）。相比于介形类，有孔虫的多样性较高，一般将 *Planularia inaequistriata* 和 *Frondicularia terquemi* 的出现作为指示辛涅缪尔阶的底界。孢粉化石的保存状况较差，不能作为识别界线的标志分子（Page et al.，2000）。东昆托斯黑德剖面的其他化石类型，如双壳类、腕足动物和棘皮动物等，尚未开展充分研究。

对东昆托斯黑德剖面的伽马射线研究显示，在沥青页岩中的辛涅缪尔阶界线之上观测到铀（U）浓度的明显峰值（Page et al.，2000）。

7. 我国该界线的情况

在我国，下侏罗统永丰阶或八道湾阶对应的八道湾组常见于西北地区，其底部相当于三叠系 – 侏罗系界线或十分接近该界线（邓胜徽等，2003；卢远征和邓胜徽，2005；Sha et al.，2011，2015）。永丰阶至少相当于赫塘阶和辛涅缪尔阶（邓胜徽等，2003；Sha et al.，2016），其上部也可能包含部分的普林斯巴阶。永丰阶在全国大部分地区均是缺失的，仅在准噶尔盆地、柴达木盆地、四川盆地等地区发育。

在八道湾阶层型剖面——新疆准噶尔盆地的郝家沟剖面，八道湾组生物组合特征主要包括（姜宝玉等，2008）：双壳类和叶肢介主要分布在中上部，其中双壳类 *Ferganoconcha* 和 *Waagenoperna* 较为丰富，含少量 *Kija*、*Margaritifera*、*Unio*、*Cuneopsis* 和 *Sibireconcha*；叶肢介属于 *Palaeolimnadia baitianbaensis* 群。植物分为上、下两个组合，下组合出现了早侏罗世重要分子 *Todites princeps* 和许多侏罗纪繁盛的类型，如 *Ginkgoites*、*Baiera*、*Sphenobaiera* 和 *Czekanowskia*，但没有出现 *Coniopteris*，代表了早侏罗世早期组合，上组合以 *Coniopteris* 和 *Cladophlebis* 的繁盛为特征，代表了早侏罗世中期的特征。八道湾组的孢粉为 *Osmundacidites–Cerebropollenites–Protoconiferus* 组合（邓胜徽等，2003）。

永丰阶的火成岩并不发育，同位素年代学研究较少。准噶尔盆地西北缘克拉玛依地区发育早侏罗世玄武岩，呈夹层状产出于八道湾组下部，与底部的砂岩整合接触，其 Ar–Ar 年龄为 192.7 ± 1.3 Ma，为辛涅缪尔阶的上部（徐新等，2008）。因此，八道湾组上部应对应至普林斯巴阶。

我国西藏地区海相侏罗系发育，专家对菊石生物地层曾进行过系统研究，将该地区的辛涅缪尔阶自下而上分为 4 个菊石带：*Bucklandi* 带、*Semicostatum* 带、*Turneri–Obtusum* 带和 *Oxynotum–Raricostatum* 带（孙东立等，2000）。

三、普林斯巴阶底界"金钉子"

1. 定义

普林斯巴阶（Pliensbachian Stage）是下侏罗统的第三个阶，时代为 190.8—182.7 Ma，"金钉子"位于英国约克郡罗宾汉湾的 Wine Haven 剖面（北纬 54° 24′ 25″，西经 0° 29′ 51″）（图 9-3-7），点位定在该剖面的 73b 层之底，以菊石 *Uptonia jamesoni* 带的 *Phricodoceras taylori* 亚带的首现层位（taylori 亚带的底界）为标志。该"金钉子"于 2005 年由国际地质科学联合会正式批准建立。

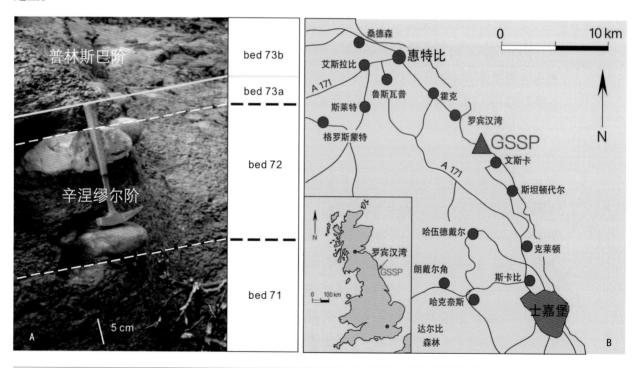

图 9-3-7　普林斯巴阶底界"金钉子"——英国约克郡 Wine Haven 剖面地理位置与概貌（据 Hesselbo et al., 2020 修改）

2. 研究历程

普林斯巴阶由 Oppel（1856—1858）首次提出，以德国巴登—符腾堡州普林斯巴村（位于斯图加特东南 35 km 的格平根）附近普林斯巴河岸的地层露头来命名。该套地层中最底部的菊石亚带（*Uptonia jamesoni* 带的 *Phricodoceras taylori* 亚带）被用作普林斯巴阶的底部（Dean et al.，1961）。在普林斯巴阶底界之上，赫塘期和辛涅缪尔期占主导地位的裸菊石超科消失，而始颈菊石超科出现多样化（Meister et al.，2003）。这一动物演替事件在全球范围内可以对比。普林斯巴阶界线工作组考虑的 27 个地区中，只有英格兰北部约克郡是理想的"金钉子"候选地（Meister et al.，2003、2006）。

英国约克郡罗宾汉湾的 Wine Haven 经典剖面是欧洲最重要且最完整的中辛涅缪尔至普林斯巴阶地层序列之一。该剖面最早由 Young 和 Bird（1822）在研究约克郡海岸时进行描述。之后，又开展了一系列细致的地层学和沉积学等多学科研究，确认辛涅缪尔阶和普林斯巴阶的地层界线在该剖面的雷德卡组中（Powell，1984）。根据 Hesselbo 和 Jenkyns（1995）研究，赫塘阶至中普林斯巴阶地层以泥岩为主（局部含砂岩和菱铁矿结核），被称为雷德卡泥岩，并被进一步细分为若干地层单元。辛涅缪尔阶上部为硅质页岩段，而普林斯巴阶则以含黄铁矿页岩为特征。研究表明，Wine Haven 剖面的辛涅缪尔阶–普林斯巴阶界线，展示了欧洲已知的最完整的菊石动物区系，因此凸显了其作为普林斯巴阶底界"金钉子"的潜力（Dommergues & Meister，1992）。

鉴于以上理由，普林斯巴阶国际工作组推举 Wine Haven 剖面为普林斯巴阶全球界线层型剖面和点位候选，该提案于 2003 年被国际侏罗系分会接受，于 2004 年获得国际地层委员会一致通过，最终于 2005 年 3 月被国际地质科学联合会批准。

3. 地质地理概况

辛涅缪尔阶–普林斯巴阶界线剖面在英国约克郡的罗宾汉海湾发育良好，并包含完整且保存完好的菊石组合序列。辛涅缪尔阶–普林斯巴阶界线位于含黄铁矿页岩段内，包括浅灰色和浅黄色的砂质泥岩，向上变为粉砂质深灰色页岩（Sellwood，1970；Hesselbo & Jenkins，1995）（图 9-3-8）。

在该剖面上菊石带 *raricostatum* 带和 *jamesoni* 带的岩性相当均匀，几乎每一层中都有菊石产出，浅灰色页岩向上逐渐过渡为深灰色页岩。在野外，此层位最明显的特征是发育有 10 cm 厚的菱铁矿结核层（图 9-3-8，72 层）。在结核层之上，化石丰富，集中在几个介壳层中。整个演替过程都以浅海沉积环境为主，但是从辛涅缪尔阶（*aplanatum* 亚带）上部到普林斯巴阶（*taylori* 亚带）下部的沉积旋回表明，至少在区域范围内（也可能是全球范围）长期处于海平面上升阶段（Hesselbo et al.，2000b）。菊石演替的更高层位出现在 *taylori* 亚带上方的含黄铁矿页岩中，这

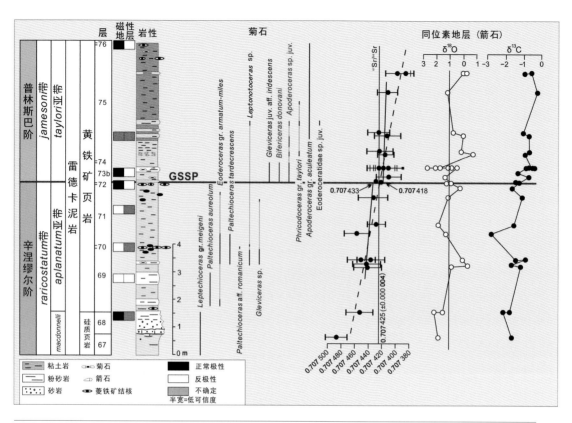

图 9-3-8 普林斯巴阶底界"金钉子"——英国约克郡 Wine Haven 剖面综合地层柱状图（据 Hesselbo et al., 2020 修改）

一演替也与岩性旋回相一致，被认为是对米兰科维奇气候旋回的显著响应（Weedon & Jenkyns，1999）。

4. 化石记录

在约克郡 Wine Haven 剖面上，菊石化石物种丰富、易于采集且组合连续，有助于识别和描述辛涅缪尔阶的 *raricostatum* 带和普林斯巴阶的 *jamesoni* 带内的亚带和层位。通常，将 *jamesoni* 带的底界（*taylori* 亚带的底界）作为确定普林斯巴阶的底界。普林斯巴阶的第一个生物亚带（*taylori* 亚带）的底界在多塞特海岸剖面上易于识别，以 *Phricodoceras taylori*（Sowerby）与 *Apoderoceras* 组合为代表，被认为是 *taylori* 亚带的第一层（Hesselbo & Jenkyns，1995）。该定义有助于在欧洲西北部的其他大部分地区识别 *taylori* 亚带（Dommergues & Meister，1992）。普林斯巴期裸菊石超科消失，始颈菊石超科全面发展（Meister & Stampfli，2000）。

在 Wine Haven 剖面上，除菊石外，其他化石相对较少。有孔虫化石仅在辛涅缪尔阶顶部被发现；辛涅缪尔阶–普林斯巴阶界线上下孢粉组合未发现显著差异。

四、托阿尔阶底界"金钉子"

1. 定义

托阿尔阶（Toarcian Stage）是下侏罗统最顶部的一个阶，时代约为 182.7—174.1 Ma，名称来自于法国中西部 Deux–Sèvres 地区 Thouars 村（拉丁语 Toarcium）（图 9-3-9）。托阿尔阶底界的"金钉子"位于葡萄牙西部佩尼切（Peniche）地区的 Ponto do Trovão 剖面（北纬 39° 22′ 15″，西经 9° 23′ 07″），界线点位定于该剖面 15e 层的底界，以菊石 Dactylioceras（Eodactylioceras）simplex 的最低出现层位作为标志（Rocha et al.，2016）。该"金钉子"于 2014 年由国际地质科学联合会正式批准建立。

2. 研究历程

葡萄牙佩尼切地区的 Ponto do Trovão 剖面是建立欧洲普林斯巴阶和托阿尔阶菊石序列最重要的地点之一（Rocha et al.，2016）。在该剖面上，薄层蓝灰色泥灰岩和粘土质灰岩的地层层序跨越整个托阿尔阶，将 27 个含菊石化石的地层划分为 8 个菊石带。"金钉子"层位对应于菊石 Dactylioceras（Eodactylioceras）simplex 的首现位置。

Oppel（1856—1858）根据菊石组合将托阿尔阶进一步划分 2 个亚阶，并将亚阶的界线位置确定在 Haugia variabilis 菊石带的底部，在该处的菊石属于 Phymatoceratinae 类群，且以 Haugia

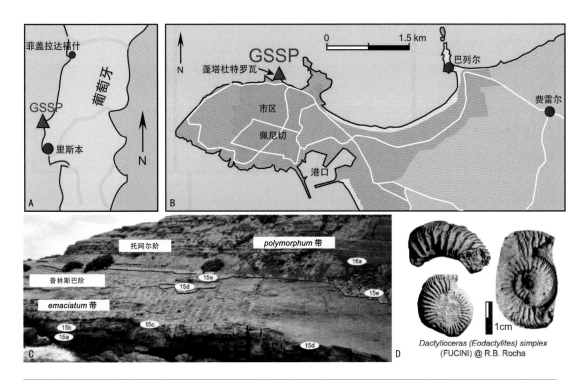

图 9-3-9 托阿尔阶底界"金钉子"——葡萄牙佩尼切半岛的 Ponta do Trovão 剖面地理位置（A、B）、剖面概貌（C）和标志化石（D）[据 Hesselbo 等修改（2020）]

属特别丰富为特征（Krymholts et al.，1982）。另一种划分方法是将托阿尔阶分为 3 个亚阶，将 *Haugia variabilis* 带和下层的 *Hildoceras bifrons* 带划分为中托阿尔阶，并将上托阿尔阶的界线置于 *Grammoceras thouarsense* 带的底部。

托阿尔阶国际工作组于 1984 年在德国埃尔兰根举行的第一届国际侏罗系研讨会上成立，致力于对普林斯巴阶 – 托阿尔阶界线的研究工作。在后续的 15 年中，托阿尔阶工作组对几个选定的剖面进行了实地考察或举行学术研讨，并于 2005 年 6 月选择葡萄牙佩尼切的 Ponto do Trovão 剖面作为托阿尔阶"金钉子"的正式候选剖面。该"金钉子"提案于 2012 年 6 月由托阿尔阶工作组投票表决，2012 年 9 月由国际侏罗系分会表决通过，2014 年 11 月获得国际地层委员会通过，最终于 2014 年 12 月获得国际地质科学联合会批准。

3. 地质地理概况

下侏罗统托阿尔阶底部的"金钉子"位于葡萄牙卢西塔尼亚（Lusitanian）盆地的佩尼切地区 Ponta do Trovão 剖面，在里斯本以北 80 km 处。

卢西塔尼亚盆地的下侏罗统分布广泛，以厚层碳酸盐岩系列为代表，由浅海白云岩、深海灰岩和泥质灰岩组成（Rocha et al.，2016）。普林斯巴阶和托阿尔阶的岩性主要由近海的泥灰岩和灰岩交互组成，富含菊石和箭石，以及底栖无脊椎动物群（包括双壳类、腕足动物、海百合和硅质海绵等）。菊石生物地层学研究精度较高，为全球地层对比提供了良好的标志（图 9-3-10）。

碳酸盐光谱分析表明，托阿尔阶 *polymorphum* 带下部沉积主要受偏心率和岁差控制，仅在上部受偏心率控制，而在 *levisoni* 带的大部分地层都是受偏心率和倾斜度控制（Suan et al.，2008a）。从普林斯巴阶到托阿尔阶，控制短期沉积的主导因素由岁差变为偏心率，表明普林斯巴阶的形成速度与岁差的频率相一致。泥灰岩—石灰岩互层沉积的平均厚度与 *polymorphum* 带中记录的岁差有关的碳酸盐含量波动相当（Suan et al.，2008a）。

4. 化石组合

菊石：佩尼切地区 Ponta do Trovão 剖面是欧洲普林斯巴阶和托阿尔阶的菊石序列最重要的地点之一。从底部到顶部，该剖面包括一系列菊石化石组合带（图 9-3-10）：*emaciatum* 带 *elisa* 亚带、*polymorphum* 带 *mirabile* 亚带、*polymorphum* 带 *semicelatum* 亚带。

腕足动物：在 *polymorphum–levisoni* 带，腕足动物发生了一次重大灭绝事件，无窗贝目和石燕目完全消失，许多小嘴贝目的化石发生了更替，并对穿孔贝目产生了消极影响。随后，腕足动物以广泛分布的 *Soaresirhynchia bouchardi* 为标志。

钙质微型浮游生物化石：普林斯巴阶 – 托阿尔阶界线之上，颗石藻物种丰富度和绝对丰度显著增加（Suan et al.，2008b）。

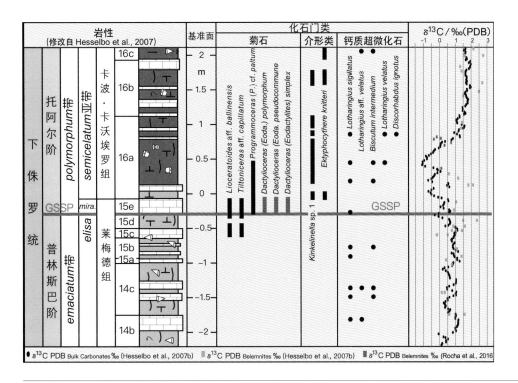

图 9-3-10 托阿尔阶底界"金钉子"——葡萄牙佩尼切半岛的Ponta do Trovão剖面综合地层柱状图（据Hesselbo et al.，2020修改）

介形类：介形类化石 *Kinkelinella* sp.1 和 *Ektypocythere knitteri* 的首现标志着普林斯巴阶 – 托阿尔阶界线。在 *polymorphum* 带顶部，介形类的多样性和丰度明显降低，并且 *Ogmoconcha*、*Ogmoconchella* 以及 *Ledahia* 消失，在全球范围内也观察到这三个属的消失。

底栖有孔虫：在剖面 16a 层和 16b 层（托阿尔阶最底部）的有孔虫主要以 *Lenticulina*、*Planularia* 或 *Marginulinopsis* 为主。从 16c 层向上，*Marginulina prima* 个体数量明显减少，而 *Dentalina terquemi*、*D. obstra* 和 *D. arbuscula* 丰富。16c 层的化石形态与法国、西班牙和摩洛哥所描述的托阿尔阶底部的种类形态相近。16d 产出 *Lenticulina praeobonensis*，该种通常出现在托阿尔阶下部（*polymorphum* 带）。

孢粉：孢子和花粉化石丰富但保存较差（Barrón et al.，2013），双气囊和单沟花粉较少。最常见的孢子为 *Dictyophyllidites* 和 *Deltoidospora*，花粉主要包括 *Corollina torosa*、*Spheripollenites scabratus*、*Exesipollenites scabratus* 等。沟鞭藻囊孢常见于上普林斯巴阶，主要以 *Mancodinium* 和 *Nannoceratopsis* 为代表。其他海洋微型浮游生物化石也很常见。

五、阿林阶底界"金钉子"

1. 定义

阿林阶（Aalenian Stage）是中侏罗统的第一个阶，时代为174.1—170.3 Ma。"金钉子"位于西班牙伊比利亚山脉（Iberian Range）卡斯蒂利亚山（Castilian Branch）中北部地区，具体点位定于Nuévalos市Fuentelsaz（丰特尔萨斯）剖面FZ107层的底界（北纬41°10′15″，西经1°49′60″），以菊石化石 *Lerioceras opalinum* 以及 *Leioceras lineatum* 的首次出现层位（*L. opalinum* 带的底界）为标志（图9-3-11）。该"金钉子"于2000年由国际地质科学联合会正式批准建立，是在西班牙境内建立的首个地层"金钉子"。目前该地区已被列为自然遗迹，当地还建立了博物馆和地质公园，对剖面进行有效的保护。

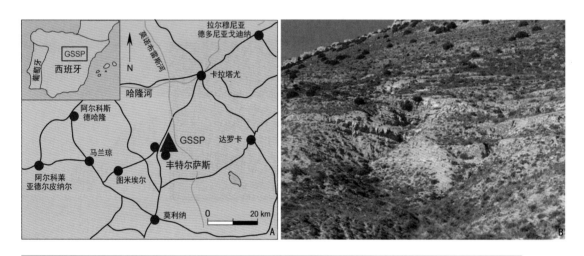

图9-3-11 阿林阶底界"金钉子"——西班牙（丰特尔萨斯）剖面地理位置和概貌（据 Hesselbo et al., 2020 修改）

2. 研究历程

阿林阶的名称源于德国斯图加特市近郊 Aalen 地区的地层剖面。该剖面由瑞士地质学家 Karl Mayer-Eymar 于1874年首次进行描述（Cresta et al., 2001）。

根据国际地层委员会的要求，阿林阶界线国际工作组于1991—1996年先后三次召开会议，讨论阿林阶"金钉子"的建立工作。在首次会议中，工作组确定了西班牙 Nuévalos 地区的 Fuentelsaz 剖面和德国南部弗莱堡地区的 Wittnau 剖面，作为阿林阶"金钉子"的两个候选剖面。

这两个候选剖面保存有阿林期的主要菊石组合，均完整记录了在托阿尔阶向阿林阶过渡时期，菊石类动物由 *Pleydellia* 向 *Leioceras* 变化的标志性演变。在磁性地层学证据方面，西班牙 Fuentelsaz 剖面从 FZ22 层至 FZ163 层记录了一个反向极性带（R1）以及两个正向极性带（N1，N2），能够与欧洲其他地区的下—中侏罗统剖面对比；而相比之下，德国 Wittnau 剖面的古地磁数据不能很好地反映其地层的磁极性变化（Ohmert, 1996）。

在经过一系列实地考察和研究之后，阿林阶界线工作组于 1997 年推荐 Fuentelsaz 剖面为阿林阶"金钉子"的候选，并于 1998 年提交国际地层委员会侏罗系分会讨论。最终，在 2000 年巴西举行的第 31 届国际地质大会上，西班牙的 Fuentelsaz 剖面方案被国际地质科学联合会正式批准，阿林阶底界的"金钉子"由此建立（Cresta et al., 2001）。

3. 地质地理概况

阿林阶底界"金钉子"位于西班牙东北部 Nuévalos 市的芬特萨茨（Fuentelsaz）剖面，该剖面位于伊比利亚山脉的卡斯蒂利亚山的中部地区，Fuentelsaz 村向北 0.5 km 处的山地陡坡上（图 9-3-11），交通便利，地层出露较好。

Fuentelsaz 剖面主要以泥灰岩沉积为主，并与灰岩夹层形成不规则韵律层。地层发育少量的生物扰动构造和生物碎屑层，沉积构造稳定，呈连续沉积，为浅海相沉积环境。

托阿尔阶 – 阿林阶界线附近在岩相上存在差异（图 9-3-12）。托阿尔阶顶部的 *Pleydellia aalensis* 带以含化石的灰质泥岩为主，在该带的顶部（FZ105—FZ106 层）逐步转变为灰质泥岩与泥灰岩；而至阿林阶底部 *Leioceras opalinum* 带（FZ107—FZ108 层），岩相以含化石灰质泥岩—颗粒质泥岩以及泥灰岩为主。

托阿尔阶顶部的 *Pleydellia aalensis* 带有三个亚带（自上而下）：*P. mactra* 亚带、*P. aalensis* 带和 *P. buckmani* 亚带（Cresta et al., 2001）。*P. aalensis* 亚带顶部发育向上变浅的层序；而 *P. buckmani* 亚带底部发育向上变深的层序，同时有较高的 γ 测井值。在托阿尔阶 – 阿林阶界线附近（FZ105—FZ110 层），发育向上变浅的沉积层序；至 FZ111 层出现向上变深的层序，此处 γ 值也较高。

Fuentelsaz 剖面从 FZ22 层到 FZ163 层，包括三个主要阶段：FZ22 层到 FZ54 层为地磁正向极性阶段（N1），接着从 FZ56 层到 FZ76–86 层出现了一次极性倒转，为一反向极性阶段（R1），最后自 FZ88 至 FZ163 层再次为一正向极性阶段（N2）。反向极性阶段（R1）贯穿了整个菊石类化石 *P. mactra* 以及 *P. aalensis* 两个亚带，这一极性倒转阶段可与早 – 中侏罗世磁性地层剖面对比（Gradstein et al., 1994）。

4. 化石类群

根据欧洲海相地层的分阶，阿林阶被划分为 4 个菊石带，每个菊石带又包含两个亚带，自下而上依次包括：*Leioceras opalinum* 带（*Leioceras opalinum* 亚带与 *Leioceras comptum* 亚带）、*Ludwigia murchisonae* 带（*Ludwigia haugi* 亚带与 *Ludwigia murchisonae* 亚带）、*Brasilia bradfordensis* 带（*Brasilia bradfordensis* 亚带与 *Brasilia gigantea* 亚带）、*Graphoceras concavum* 带（*Graphoceras concavum* 亚带与 *Graphoceras limitatum* 亚带）。在托阿尔阶 – 阿林阶界线上下，

菊石类群发生明显变化，由 *Pleydellia* 向 *Leioceras* 转变，因此把菊石 *Leioceras* 的首次出现层位（FZ107 层）确定为阿林阶的底界（图 9-3-12）。

在托阿尔阶顶部 *Pleydellia* 带中占优势的双壳类组合，在阿林阶底部 *Leioceras* 带中已很少见，仅 Veneroida 类的 *Coelopis lunulata* 在界线上下两个菊石带都有分布。阿林阶的介形类化石记录与托阿尔阶也有明显区别，在托阿尔阶占优势的 12 种介形类化石至阿林阶消失，仅 8 种介形类从托阿尔阶顶部 *Pleydellia aalensis* 菊石带延续到阿林阶底部 *Leioceras opalinum* 菊石带（Cresta et al., 2001）。钙质超微化石记录从下而上在数量与多样性上总体呈现下降趋势。此外，腕足动物、有孔虫、孢粉化石组合类型在界线上下没有明显区别。

5. 国内外对比

在与国际地层表中阶的对比中，我国全国地层委员会提出的陆相阶－石河子阶大致可以与阿林阶、巴柔阶对应（全国地层委员会，2014）。随后，Huang（2019）对北方地区发育岩浆岩层的海房沟组、龙门组、万宝组等层位进行了精确定年，并建议以此界定石河子阶的年龄。根据锆石 U-Pb 测年数据（张渝金等，2018；Huang，2019），石河子阶底界被界定为 168 Ma，表明

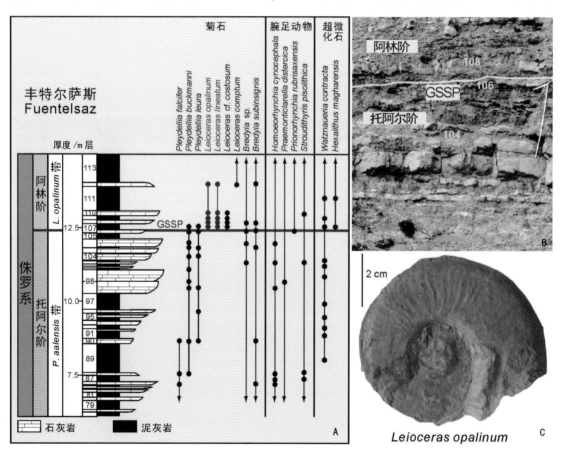

图 9-3-12 阿林阶底界 "金钉子"。A. 西班牙 Fuentelsaz 剖面综合地层柱状图；B. "金钉子" 层位；C. 标志化石（据 Hesselbo et al., 2020 修改）

石河子阶的底界应与国际地层表中的巴通阶的底界（168.3 ± 1.3 Ma）对应，而非先前建议的与阿林阶、巴柔阶对应（全国地层委员会，2014）。同时，辽西地区北票组、冀北地区窑坡组底界年龄为 174 ± 2 Ma（Yang et al.，2006；Huang，2019），这表明在国际地层表中，阿林阶和巴柔阶应与石河子阶下伏的硫磺沟阶上段对应（Huang，2019）。硫磺沟阶与其下伏永丰阶的界线尚待研究，但其底部可与普林斯巴阶顶部对应。同样对应于阿林阶至巴柔阶的地层包括：准噶尔盆地三工河组顶部、柴达木盆地大煤沟组底部、鄂尔多斯盆地富县组、四川盆地新田沟组等。此外，青藏高原地区的生物群属于特提斯生物地理区，国际上已建立和使用的阶完全适用于该研究区。阿林阶与巴柔阶在喜马拉雅地区对应于聂聂雄拉组（全国地层委员会，2014）。

六、巴柔阶底界"金钉子"

1. 定义

巴柔阶（Bajocian Stage）界面的地质时代为 170.3 Ma，"金钉子"确立在葡萄牙大西洋沿岸 Cabo Mondego 地区的 Murtinheira 剖面（北纬 40° 11′ 57″，西经 8° 54′ 15″），界线点位定于 AB11 层之底，以菊石类化石 *Hyperlioceras* 的首次出现层位为标志（图 9-3-13）。该"金钉子"于 1996 年由国际地质科学联合会正式批准。另外，苏格兰西部斯凯岛 Bearreraig Bay 剖面被国际侏罗系地层分会选定为巴柔阶的全球辅助层型（ASSP）。

图 9-3-13 巴柔阶底界"金钉子"。A. 葡萄牙 Murtinheira 剖面地理位置；B. 剖面概貌；C. "金钉子"标志牌（据 Hesselbo et al.，2020 修改）

2. 研究历程

"巴柔阶"一名来源于法国 Bayeux 地区的拉丁名"Bajocae"。巴柔阶底界"金钉子"的创建工作始于 1988 年，此后国际地层委员会组织巴柔阶界线工作组先后三次召开会议讨论建阶工作。

工作组对众多被提名的剖面进行了评估，最终选择葡萄牙 Cabo Mondego 的 Murtinheira 剖面与苏格兰的 Bearreraig Bay 剖面为巴柔阶底界"金钉子"的两个主要候选剖面。

苏格兰 Bearreraig Bay 剖面保存有较好的菊石类化石，能够清楚地反映菊石从 *Graphoceras* 到 *Hyperlioceras* 的演变序列；相比之下，葡萄牙的 Murtinheira 剖面中保存的菊石种类更多一些，更易与全球其他地层进行对比。因此在巴柔阶工作组的首次投票中，葡萄牙的 Murtinheira 剖面获得多数选票，并于 1994 年提交国际地层委员会侏罗系分会会议讨论（阿根廷）。经过两年的论证和表决，1996 年国际地质科学联合会正式确定葡萄牙 Cabo Mondego 地区的 Murtinheira 剖面为巴柔阶"金钉子"剖面，界线点位定于该剖面 AB11 层之底，以菊石 *Hyperlioceras mundum* 以及相关化石的首次出现层位作为标志。

巴柔阶底界同时还拥有一个全球辅助层型，即"银钉子"，位于苏格兰西部斯凯岛（the Isle of Skye），点位位于 Bearreraig Bay 剖面 U10 层的底界。因该剖面包含重要的菊石类 *Graphoceras* → *Hyperhoceras* 的演化序列，被确立为巴柔阶底界"金钉子"的重要补充。

3. 地质地理概况

巴柔阶底界"金钉子"——Murtinheira（莫廷海拉）剖面位于葡萄牙大西洋海岸 Figueira da Foz 市向北 7 km 的 Murtinheira 村附近，地层剖面位于 Mondego 海蚀崖底部（图 9-3-13）。剖面层位出露完好，受构造运动影响较小。该地区目前已被列为葡萄牙的国家自然遗迹，当地在 2016 年设立了永久标志牌并对其进行保护（Rocha，2016）。

Murtinheira 剖面发育海相沉积，厚度大于 400 m，由底至顶包含托阿尔阶顶部至卡洛夫阶中部。界线上下地层以灰色石灰岩与泥灰岩互层为特征，富含菊石、腕足动物等古生物化石，成层明显，可见生物扰动构造、煤屑、浸染状黄铁矿以及天青石结核。

根据欧洲侏罗系的海相地层分阶，巴柔阶自下至上共包含 7 个菊石带：下部包括 *Hyperlioceras discites* 带、*Witchellia laeviuscula* 带、*Otoites sauzei* 带和 *Stephanoceras humphriesianum* 带；上部包括 *Strenoceras niortense* 带、*Garantiana garantiana* 带和 *Parkinsonia parkinsoni* 带。

Murtinheira 剖面 AB11 层的底界被划定为阿林阶与巴柔阶的"金钉子"界线，依据菊石 *Hyperlioceras mundum*，以及相关的 *H. furcatum*、*Braunsina aspera* 和 *B. elegantula* 等在地层中的首现为标准（图 9-3-14）。此外，该层位的 *H. mundum* 菊石组合中还包括 *Hyperlioceras* 中的其他类型，*Graphoceras* 与 *Haplopleuroceras* 的晚期代表，以及较为常见的 *Zurcheria*、*Parazurcheria* 和 *Fontannesia* 等菊石类型。

钙质超微化石在 Murtinheira 剖面中保存较好，化石组合连续并表现出渐变特征。在阿林阶 - 巴柔阶界线上下，*Lotharingius* 逐步被 *Watznaueria* 和 *Cyclagelosphaera* 所替代。部分超微化石

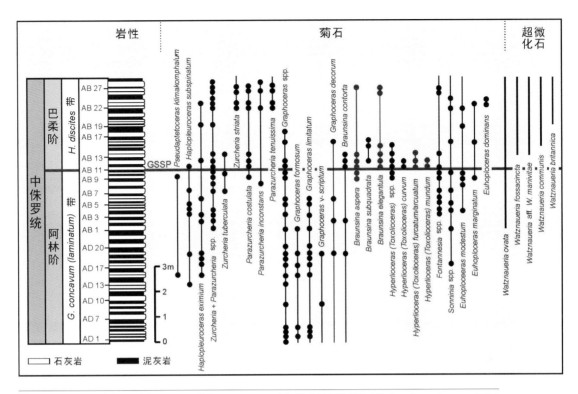

图 9-3-14 巴柔阶底界"金钉子"——葡萄牙 Murtinheira 剖面综合地层柱状图（据 Hesselbo et al., 2020 修改）

的出现可作为层位的判断依据：*Watznaueria ovata* 的首现可作为 AB1 层的底界标志，此外，*W.* aff. *communis* 可对应 AB3 层，*W. fossacincta* 与 *W.* aff. *manivitae* 对应 AB13 层，*W. communis* 对应 AB14 层，*W. britannica* 对应 AB17 层，*W. manivitae* 对应 AB34 层（Pavia & Enay，1997）。

在阿林阶 – 巴柔阶界线附近，对应一段地层正向磁极性阶段，向上直至 AB23 层倒转为反向磁极性阶段。这一结果可与侏罗系磁性地层表对比（Steiner et al.，1987；Ogg，1995）。

七、巴通阶底界"金钉子"

1. 定义

巴通阶（Bathonian Stage）是中侏罗统四个阶中的第三阶，位于柔阶之上，卡洛夫阶之下。巴通阶底界的"金钉子"确定在法国南部巴斯—奥兰（Bas-Auran）地区的拉文杜贝斯（Ravin du Bès）剖面（北纬 43°57′38″，东经 6°18′55″）（图 9-3-15）。"金钉子"点位在 Ravin du Bès 组灰岩 RB071 的底部，以菊石 *Gonolkite convergens* 和 *Morphoceras parvum* 的首现为标志。界线时代为 167.7—166.1 Ma。该"金钉子"于 2008 年 7 月由国际地质科学联合会批准建立。

图 9-3-15 巴通阶底界 "金钉子" ——法国 Bas-Auran 地区的 Ravin du Bès 剖面地理位置示意（上左图）、剖面概貌（上右图）和标志化石—— *Gonolkites convergens*（A、B）和 *Morphoceras parvum*（C、D）（下图）（据 Hesselbo et al., 2020 修改）

2. 研究历程

"巴通阶" 名字来源于英格兰西南部的地点巴斯（Bath）, d'Orbigny（1850）首次用其作阶名。在 1962 年和 1967 年, 卢森堡举行的两次国际侏罗系研讨会上, 将巴柔阶 – 巴通阶的界线建立于菊石 *zigzag* 带和 *parkinsoni* 带之间（Rioult, 1964；Torrens, 1974）。

Zigzagiceras zigzag 和 *Gonolkites convergens* 分别是巴通阶底部带和亚带的标准化石。通过对巴斯—奥兰地区 Ravin du Bès（拉文杜贝斯）剖面的岩石和生物地层研究, Sturani（1967）认为

其中富含菊石 *Gonolkites convergens*、*Parkinsonia pachypleura* 和 *Morphoceras parvum*，它们在剖面的第 23 层首现，被定为巴通阶底部 *zigzag* 带的标准分子，并作为巴通阶底界的标志（Morton，1974；Torrens，1974）。该剖面在第二届国际侏罗系大会（1987）上被正式推荐作为巴通阶底界的"金钉子"候选层型。

2007 年 12 月，巴通阶界线国际工作组投票通过将巴通阶底界"金钉子"定在 Ravin du Bès 剖面 *zigzag* 带底部的提案。2008 年 3 月国际侏罗系分会投票通过巴通阶底界"金钉子"方案，该方案 2008 年 6 月由国际地层委员会通过，2008 年 7 月最终由国际地质科学联合会批准。

3. 地质地理概况

巴通阶底界的"金钉子"确立于法国东南部上普罗旺斯阿尔卑斯省巴斯—奥兰地区的 Ravin du Bès 剖面。

在巴斯—奥兰地区，巴通阶下部沉积物由黑色或灰色灰岩和泥灰岩交替组成，沉积物以相对均匀的泥岩和砂岩为主，菊石化石常见，但海绵较少、鹦鹉螺、腕足动物、双壳类、箭石、海胆、海百合、腹足类非常稀少。微体古生物包含有孔虫（*Lenticulina*、*Dentalina*），还有介形类和软体动物（头足类、双壳类和腹足类）（Corbin et al.，2000）。

巴柔阶 – 巴通阶界线上没有垂向沉积相的变化，也未见地层间断或缺失。*bomfordi* 亚带和 *convergens* 亚带的沉积厚度超过 10 m，为半深海灰岩和泥灰岩交互沉积，最大程度保存了巴柔阶 – 巴通阶过渡带的生物地层完整性（图 9-3-16）。在巴柔阶 – 巴通阶界线处，伽马射线测录值相对较低，变化不大，但在下巴通阶的顶部有一个正的峰值。

4. 化石序列

在法国拉文杜贝斯剖面的巴柔阶 – 巴通阶界线上下，有保存完好且丰富多样的化石记录，以及作为区分巴通阶最下部和巴柔阶最上部的关键标志，即菊石和微体化石（图 9-3-16）。

该剖面显示了晚巴柔期至早巴通期的菊石的快速演替和分化现象。主要标志化石是从晚巴柔期的帕金森菊石 *Parkinsonia* 进化而来且首次出现的 *Gonolkite convergens* 和 *Morphoceras parvum*。最先出现的化石包括帕金森菊石和棱菊石，它们出现在拉文杜贝斯组灰岩 RB071 层位。巴柔阶 – 巴通阶过渡阶段的菊石化石表现出以下特征：菊石壳体具有较高的地层连续性；菊石壳内模均为结核状，完全充满沉积物；没有被生物侵蚀或致密结壳的迹象。

另外，在拉文杜贝斯剖面上有 52 个连续的、厚度达 5 m 的化石组合，最大程度显示了生物地层和生物年代地层的完整性。*Parkinsonia bomfordi* 亚带有最少 5 m 厚的地层中包含 42 个连续的菊石化石组合。这段过渡区保存有世界范围内菊石演化最大的生物地层完整性。

其他可用来界定巴柔阶 – 巴通阶界线、且具有生物地层意义的化石标志，还有大型无脊椎动物，如腕足动物、箭石、头足类、双壳类、棘皮动物、珊瑚等；微体化石如有孔虫、介形类、

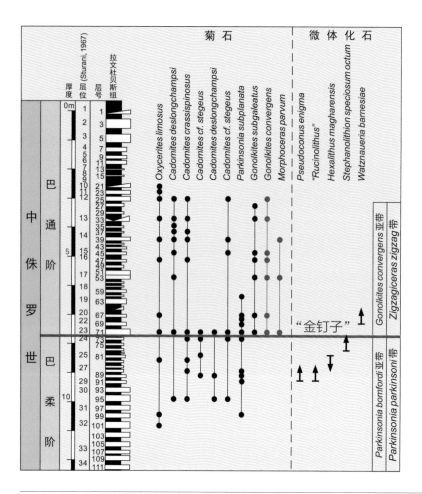

图9-3-16　巴通阶底界"金钉子"——法国 Bas-Auran 地区的 Ravin du Bès 剖面综合地层柱状图（据 Hesselbo et al., 2020 修改）

鞭毛藻类、放射虫和钙质微体化石等。其中，钙质超微化石在剖面分布较广，作为界定界线的辅助标志——*Hexalithus magharensis* 的末现大致指示了巴柔阶的顶界，*Watznaueria barnesiae* 的首现指示了巴通阶的底界（Mattioli & Erba，1999）。

5. 辅助层型

葡萄牙 Coimbra 以西 40 km 的 Cabo Mondego 剖面是巴通阶底界"金钉子"的辅助层型（北纬 40°11′18″，西经 8°54′30″）。该辅助层型为菊石演替和生物年代地层划分提供补充资料。2007 年，Cabo Mondego 剖面被列为葡萄牙的国家自然遗迹。

八、钦莫利阶底界"金钉子"

1. 定义

钦莫利阶（Kimmeridgian Stage）是上侏罗统的第二个阶，时代为 157.3—152.1 Ma，"金钉子"位于英国苏格兰北部斯塔芬湾的弗洛蒂加里（Flodigarry）剖面（北纬 57°39′39″，西经 6°14′44″）（图 9-3-17），点位定在该剖面的 36 层之底，以菊石 *Pictonia baylei* 带的 *Pictonia flodigarriensis* 亚带的底界为标志。该"金钉子"于 2021 年 2 月由国际地质科学联合会正式批准建立（Coe & Wierzbowski，2021）。

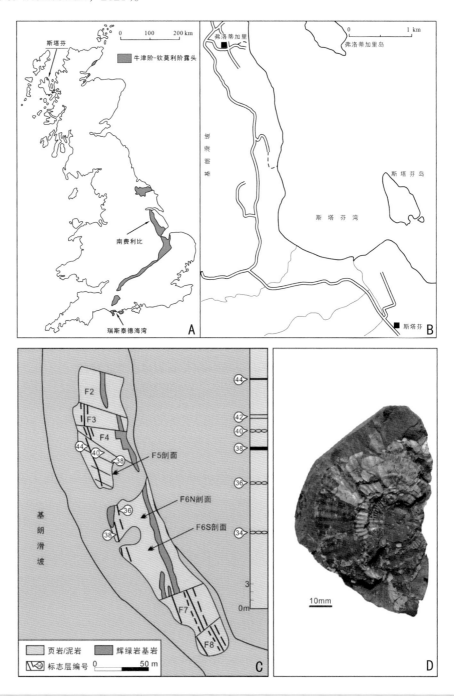

图 9-3-17 钦莫利阶底界"金钉子"——英国斯塔芬湾 Flodigarry 剖面地理位置（A、B）、地层简图（C）和"金钉子"标志化石——菊石 *Pictonia flodigarriensis*（D）（据 Wierzbowski et al., 2018；Coe & Wierzbowski, 2021 修改）

2. 研究历程

钦莫利阶是 d'Orbigny（1852）根据英国南部侏罗纪海岸地区多塞特沿海的小村庄——钦莫利村的剖面命名建立，该地区属于联合国教科文组织的世界遗产地，发育有良好且较为连续的黑色钦莫利粘土地层。但是，由于多塞特海岸的地层界线沉积序列有间断，因此不适合作为"金钉子"剖面的候选地。

最初，Oppel 认为钦莫利阶向上可以延伸至白垩纪底部的普贝克阶（Purbeck）底部；之后，Oppel 建立提塘阶并将其作为侏罗纪最上部的阶，但是没有准确界定钦莫利阶的底界位置。

Salfeld（1914）研究了牛津阶 – 钦莫利阶界线层位附近的旋菊石科（Perisphinctidae）及其演替特征，确定了牛津阶 – 钦莫利阶的具体界线，并提出将 *Ringsteadia anglica* 化石带（现在称作 *Ringsteadia pseudocordata* 带）作为牛津阶的顶部，同时对应于钦莫利阶底部 *Pictonia* 的首现。

1962 年，在卢森堡举行的国际侏罗系讨论会修正了钦莫利阶的底界，将亚北方区 *Pictonia baylei* 的首现作为钦莫利阶底界（Maubeuge，1964）。这一化石带（即 *Pictonia baylei* 带）在北方区对应于 *Amoeboceras bauhini* 带。1962 年的国际侏罗系讨论会提议，将亚地中海区（Sub-Mediterranean）的 *Sutneria platynota* 带视为钦莫利阶的底界，但是在亚北方区（Sub-Boreal）和亚地中海区域之间，钦莫利阶底部存在潜在的、不确定的穿时性。此后，诸多学者通过对甲藻孢囊组合（dinoflagellate cyst assemblages）的比较，否定了之前关于不同地区生物带的对应关系（Melendez & Atrops，1999），同时发现，在波兰和施瓦布阿尔卑斯山（Swabian Alps），北方区的菊石罕见地出现在亚地中海区的菊石沉积序列中（Matyja et al.，2005）。

2006—2018 年，国际侏罗系地层分会钦莫利阶工作组组织欧洲多国地质古生物学者，开展了持续不断的多学科深入研究。经过波兰华沙大学 Andrzej Wierzbowski 领衔的国际钦莫利阶工作组的多年研究和努力，最终将英国苏格兰北部斯塔芬湾的 Flodigarry 剖面确立为上侏罗统钦莫利阶的候选"金钉子"剖面，并提交国际地层委员会表决通过。该"金钉子"于 2021 年 2 月由国际地质科学联合会批准建立。

3. 地质地理概况

钦莫利阶底界的"金钉子"确立于英国苏格兰北部斯塔芬湾的弗洛蒂加里（Flodigarry）剖面（图 9-3-17）。该剖面位于公共海滩旁，从 Flodigarry 乡村社区有专门的道路连接，交通便利。该地点被纳入苏格兰政府的特殊科学普及遗产，并受到法律保护。

该"金钉子"界线的确认，得到了诸多地层证据的支持，包括古生物学、地球化学和古地磁学。"金钉子"界线地层形成在开阔的海洋古环境，在弗洛蒂加里地区的潮间带海岸剖面中，深灰色粘土岩中发现有详细的亚北方和北方区菊石序列和磁性地层证据（Matyja et al.，2005；Przybylski et al.，2010；Wierzbowski et al.，2018）。"金钉子"界线位于斯达芬页岩组 35 层上部和 36 层下部的 1.25 m 处，其点位位于反极性磁区 F3r 之下 0.15 m，可能部分对应于较老的海洋磁异常 M26r 带（Przybylski et al.，2010）。界线层位的铼 – 锇放射性同位素年龄为 154.1 ± 2.2 Ma（Selby，2007）。

该界线可以和其他地区的钦莫利阶地层进行对比，比如亚北方区和北方区的剖面，包括英格兰南部、波兰波美拉尼亚、波罗的海沿岸、俄罗斯地台、西伯利亚中北部、Franz-Josef 群岛、巴伦支海和挪威海，可以清楚地识别出界线。该界线也可以在欧洲和亚洲的亚地中海—地中海地区识别。

牛津期和钦莫利期之交的气候和环境研究表明，在牛津末期，非常不稳定的环境随后被更稳定的环境条件所取代。在钦莫利早期，气候出现普遍变暖的趋势。

4. 化石组合

钦莫利阶底界"金钉子"剖面的一个显著特点是同时发现有丰富且保存完好的两个动物区系的菊石化石。在较短的界线层位中出现了若干新的菊石类群。钦莫利阶"金钉子"的标志层为亚北方区的 *Pictonia baylei* 菊石带和由 *flodigarriensis* 层（*Pictonia flodigarriensis* 首现）标记的 *Densicostata* 亚带，以及北方区 *Am. bauhini* 菊石带（图 9–3–18）。

斯塔芬的 Flodigarry 剖面展示了亚北方区牛津阶 – 钦莫利阶界线上下的连续的菊石演化序列，并出现一个以 *Pictonia flodigarriensis* 为代表的菊石组合。另外，该剖面上还发现了新的菊石演化序列，即包含 Cardioceratidae 科的 *Amoeboceras* 以及 *Plasmatites* 亚属（包含 *P. praebauhini*、*P. bauhini* 和 *P. lineatum*），以及首次出现了 *Amoebites*（*A. bayi*）。基于以上新的化石证据和认识，Flodigarry 剖面的牛津阶 – 钦莫利阶界线被确定为位于菊石 *Pictonia flodigarriensis* 带的底界。

菊石生物群在牛津阶 – 钦莫利阶界线的变化主要是 Aspidoceratidae 科和 Oppeliidae 科的变化，这些变化也可以在特提斯洋和印度太平洋地区进行对比和识别，比如美洲中部（古巴、墨西哥），以及南美和亚洲南部地区。

此外，钦莫利阶底界"金钉子"剖面泥岩中含有丰富的有机质、沟鞭藻类化石、钙质超微化石和双壳类化石。

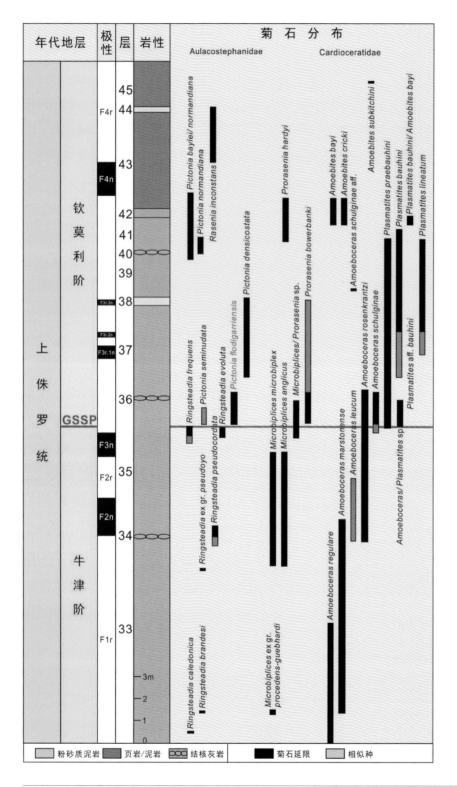

图9-3-18 钦莫利阶底界"金钉子"——英国苏格兰斯塔芬湾 Flodigarry 剖面综合柱状图（据 Matyja et al., 2005 修改）

地层"金钉子"：地球演化历史的关键节点

第四节
侏罗系内待定界线层型研究

除了前文已经介绍的"金钉子"以外，中侏罗统卡洛夫阶、上侏罗统牛津阶和提塘阶等 3 个阶的"金钉子"尚未确立。本节对这三个阶的候选层型剖面进行简要介绍。

一、卡洛夫阶底界

1. 定义

卡洛夫阶（Callovian Stage）由 d'Orbigny（1852）根据英格兰威尔特郡的 Kellaways 地点来命名。这里发育有"Kelloways Stone"岩石，保存有丰富的头足类化石，如 *Ammonites calloviensis*，故使用种名"*calloviensis*"代表卡洛夫阶名称。

德国南部施瓦布地区（Swabian）的菲弗林根（Pfeffingen）剖面富含菊石，2000 年法国古生物学家 Collomon 建议将其作为卡洛夫阶底界的候选层型剖面。2006 年 9 月在波兰克拉科夫召开的第七届国际侏罗系大会上，俄罗斯的普罗塞克（Prosek）剖面由于化石丰富，地层连续性好以及其他特征，也被推荐为巴通阶 – 卡洛夫阶底界"金钉子"的候选剖面。

2. 候选剖面简介

（1）俄罗斯普罗塞克（Prosek）剖面。

该剖面（北纬 56° 06′ 07″，东经 45° 09′ 06″）位于俄罗斯 Lyskovo 地区西南伏尔加河右岸的采石场附近（图 9-4-1）。

在该剖面中，卡洛夫阶的底界以菊石 *Macrocephalites jacquoti* 的首次出现为标志，这是西欧地区卡洛夫阶生物地层的标志种。该剖面的地层具有典型的韵律结构，地层连续，化石多样，具有多个海侵和海退的沉积旋回阶段（Kiselev & Rogov，2007）。

（2）德国菲弗林根（Pfeffingen）剖面。

德国南部的 Pfeffingen 剖面位于施瓦布地区（图 9-4-2、图 9-4-3），其研究历史悠久，包括晚巴通阶的 *discus* 带和早卡洛夫阶的 *herveyi* 带和 *koenigi* 带，*herveyi* 带的 *Kepplerites keppleri* 亚带作为卡洛夫阶的底部被纳入标准地层序列。该剖面有丰富的海相有孔虫组合，共计 130 多种。在 Pfeffingen 剖面，*orbis* 带最顶部——7a 层（巴通 – 卡洛夫界线下方 10 cm 处）的有孔虫 *Lenticulina clictyodes* 等的末现，以及在 *herveyi* 带 *keppleri* 亚带对应的第 5

层（卡洛夫阶最底部上方 15 cm 处）的有孔虫 *Lenticulina* cf. *virgata* 首现，可以作为定义界线的化石记录（Franz & Knott，2012）。

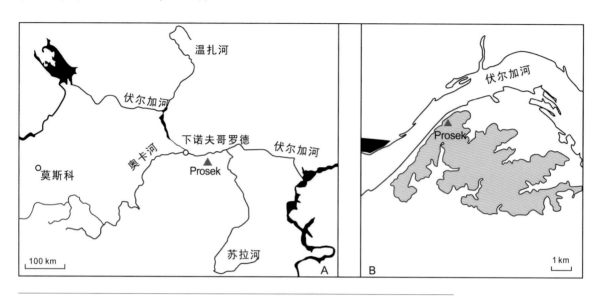

图 9-4-1 卡洛夫阶底界候选剖面——俄罗斯 Prosek 剖面地理位置（据 Kiselev & Rogov，2007 修改）

图 9-4-2 卡洛夫阶底界候选剖面——德国 Pfeffingen 剖面地理位置图（据 Franz & Knott，2012 修改）

图 9-4-3 本章作者之一王永栋研究员踏勘德国 Pfeffingen 剖面（A，右二）和地层出露情况（B）（王永栋提供）

二、牛津阶底界

1. 定义

牛津阶（Oxfordian Stage）是上侏罗统的第一个阶。牛津阶这一概念由 d'Orbigny 于 1952 年提出，并根据英国牛津地区出露的"牛津粘土层"命名。上侏罗统牛津阶底部的全球界线层型剖面和点位尚未确定。目前国际地层委员会认可度最高的三个候选剖面分别是：英国南部多塞特郡以南的 Redcliff 剖面，俄罗斯的杜布基（Dubki）剖面，以及法国的 Thuoux 剖面。

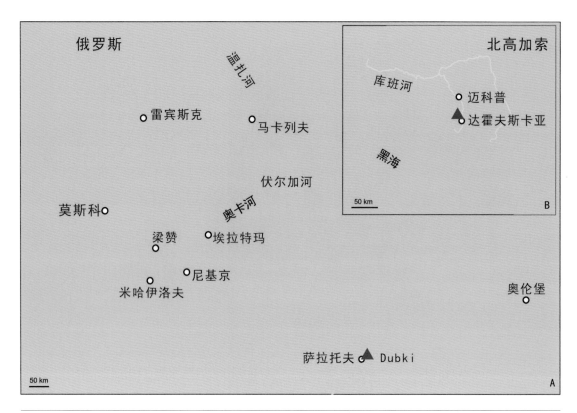

图 9-4-4 牛津阶底界候选层型剖面——俄罗斯 Dubki 剖面（A）及相关的俄罗斯 Dachovskaya 剖面（B）地理位置（据 Kiselev et al.，2013 修改）

2. 候选剖面简介

（1）俄罗斯 Dubki 剖面。

俄罗斯欧洲部分以及北高加索地区的卡洛夫阶 – 牛津阶地层的研究较为深入，其中 Dubki（杜布基）剖面最符合建立全球界线层型剖面和点位的各项要求。杜布基剖面位于萨拉托夫（Saratov）东北部（图 9-4-4），该剖面很好地展现了牛津阶底部的层序特征，卡洛夫阶 – 牛津阶的界线大约位于水面之上 4 m 处，但是卡洛夫阶顶部的出露情况较差（Kiselev et al.，2013）。

2008 年开始，该地区已被萨拉托夫区政府列为地质遗产，并且禁止未经政府允许的化石开采。诸多学者对该地区的地层序列和菊石演化序列进行了详细的研究和描述。2004 年，该剖面被提议作为牛津阶底界的候选"金钉子"剖面（Kiselev et al.，2013）。

（2）英国 Redcliff 剖面。

这是牛津阶的第一候选剖面，位于英国南部多塞特郡韦茅斯（Weymouth）港口以南的 Redcliff 附近海滩（图 9-4-5）（Melendez & Page，2015；Page，2017）。该剖面岩性以泥岩为

图 9-4-5　英国南部多塞特郡韦茅斯港口以南的 Redcliff Point 剖面（王永栋提供，拍摄于 2007 年）

主，化石保存好，多样性高，剖面厚度大，岩层序列完整（Chapman，1999；Cox & Sumbler，2002）。候选"金钉子"界线置于 *Quenstedtoceras mariae* 生物带之 *Cardioceras scarburgense* 亚带底界的位置。但是对于该菊石生物带，仍然有一些学者持有不同意见——认为对该剖面上微体化石群的研究十分薄弱，尽管有学者认为该地区有孔虫、海参化石十分丰富，但至今并未展开充分研究。

（3）法国 Thuoux 剖面。

法国东南部 Subalpine 盆地发育有十分连续的早巴通期到中牛津期的连续沉积，其中的 Thuoux 剖面被选择作为牛津阶底界的候选剖面。Thuoux 剖面位于 Aspres–sur–Buëch 和普罗旺斯锡斯特龙（Sisteron）之间的 Buëch 山谷。在该剖面中，Terres Noires 组泥岩发育良好，沉积连续，没有任何断层或沉积间断；泥岩中含有十分丰富的菊石化石，并且分布广泛。该地区共有两个剖面的研究较为深入，分别是 Thuoux 剖面和 Saint-Pierre 剖面，其中 Thuoux 剖面被提议作为牛津阶底界的候选剖面，而 Saint-Pierre 剖面因与 Thuoux 剖面的岩石学以及化石序列均十分相似，被提议作为辅助剖面（Fortwengler et al.，2012）。

三、提塘阶底界

1. 定义

提塘阶（Tithonian Stage）是侏罗系最后一个阶，其名称来源于神话中的光明之神——Tithon，意指提塘阶为白垩纪的黎明。该阶以菊石带 *Gravesia* 属的 *Hybonoticeras hybonotum* 首次出现为底，与磁性地层的 M22n 底部（年龄为 149.2 Ma）对应。目前提塘阶的"金钉子"剖面尚未确定。

国际地层委员会认可度较高的提塘阶底界候选"金钉子"剖面有两处，分别为法国东南部的克鲁索尔山或坎珠尔山剖面（Mt. Crussol or Canjuers section），以及意大利的福尔纳佐剖面（Contrada Fornazzo section）。

2. 候选剖面简介

（1）法国克鲁索尔山或坎侏尔山剖面。

法国东南部的克鲁索尔山或坎侏尔山（Mt. Crussol or Canjuers）的提塘阶候选剖面发育了巨厚的深海沉积。在克鲁索尔山剖面上，*H. hybonotum* 菊石带底部位于正常磁性带的 M22An；坎侏尔山剖面没有磁性地层，但此地区菊石序列演替更好一些（Ogg et al.，2010）。

（2）意大利福尔纳佐剖面。

在意大利西西里岛西部的蒙蒂尼奇地区，发育较好的 Contrada Fornazzo 剖面被推荐作为提塘阶底界候选"金钉子"剖面。该剖面含有丰富的菊石组合，包括钦莫利阶-提塘阶界线的重要标准化石——菊石属 *Hybonoticeras*。从该剖面中识别出四个菊石带，其中提塘阶底界是以菊石 *Hybonoticeras hybonotum* 带之底来定义的，以 *Hybonoticeras* gr. *hybonotum* 的首现为标志。

综合 Contrada Fornazzo 剖面的多学科地层信息，可以明确 *H. hybonotum* 菊石带的底界位于 110 层的底部，加之有其他附加的年代地层信息，可见该剖面具有较大潜力成为提塘阶底界"金钉子"剖面。

四、中国的上侏罗统

  中国的海相上侏罗统以陆相沉积为主，仅在青藏地区、华南南部、东北局部发育了海相和海陆交互相沉积。陆相侏罗系地层划分与对比分歧较大，生物地层学和同位素年代学结论很不一致，重要原因在于陆相生物的分布和演化具有区域性特征，难以和欧洲海相阶的标准化石进行对比（黄迪颖，2019）。菊石是划分侏罗系各阶底界的标准化石，中国西藏地区海相侏罗系发育，菊石生物地层也进行过系统研究。

  中国海相上侏罗统的菊石生物地层中，钦莫利阶分为 *Rasenia–Proresania* 组合和 *Katraliceras–Metagravisia* 组合；提塘阶自下而上可分为 *Aulacosphinctoides–Gymnodiscoceras* 组合、*Aulacosphinctes–Virgatosphinctes* 组合和 *Berriasella jacobi – Blanfordiceras acuticosta–Himalayites* 组合（孙东立等，2000；黄迪颖，2019）。

致谢：

  爱尔兰都柏林大学地球科学系 Micha Ruhl 博士、中国地质大学（北京）邢立达副教授、沈阳师范大学胡东宇教授提供部分图片资料，中国科学院南京地质古生物研究所沙金庚研究员提出宝贵的审阅意见，在此一并致谢！本项工作得到国家自然科学基金项目（NSFC 41790454，42072009，41688103），中国科学院战略性先导项目 B 类子课题（XDB26000000），现代古生物学和地层学国家重点实验室自主项目（20191103）的联合资助。

参考文献

邓胜徽，姚益民，叶得泉，陈丕基，金帆，张义杰，许坤，赵应成，袁效奇，张师本．2003．中国北方侏罗系（I）：地层总述．北京：石油工业出版社，1-399．

邓胜徽，卢远征，樊茹，泮燕红，程显胜，付国斌，王启飞，潘华璋，沈炎彬，王亚琼，张海春，曹承凯，段文哲，方琳浩．2010．新疆北部的侏罗系．合肥：中国科技大学出版社，1-219．

黄迪颖．2015．燕辽生物群和燕山运动．古生物学报，54(4)：501-546．

黄迪颖．2019．中国侏罗纪综合地层和时间框架．中国科学：地球科学，49(1)：227-256．

姜宝玉，程显圣，邓胜徽，沙金庚．2008．中国陆相下侏罗统八道湾阶综合研究报告 // 全国地层委员会（ed.）．中国主要断代地层建阶研究报告（2001-2005）．北京：地质出版社，131-137．

卢远征，邓胜徽．2005．新疆准噶尔盆地南缘郝家沟组和八道湾组底部孢粉组合及三叠系 - 侏罗系界线．地质学报，79(1)：15-27．

全国地层委员会．2014．中国地层表（2014）说明书．北京：地质出版社．

孙东立，沙金庚，何国雄，杨群，何承全，章炳高，潘华璋．2000．海相侏罗系 // 中国科学院南京地质古生物研究所（ed.）．中国地层研究二十年（1979-1999）．合肥：中国科学技术大学出版社，283-308．

王永栋，付碧宏，谢小平，黄其胜，李奎，李罡，刘兆生，喻建新，泮燕红，田宁，蒋子堃．2010．四川盆地陆相三叠系与侏罗系．合肥：中国科学技术大学出版社．1-178．

徐新，陈川，丁天府，刘兴义，李华芹．2008．准噶尔西北缘早侏罗世玄武岩的发现及其地质意义．新疆地质，26(1)：9-16．

阴家润．2005．西藏喜马拉雅瑞替阶和赫塘阶菊石组合及其生物年代学对比．地质学报，79(5)：577-586．

阴家润，Fürsich，F.T. 2009．西藏喜马拉雅地区三叠系—侏罗系界线动物群扩散事件及古环境．中国科学 D 辑：地球科学，39(9)：1232-1238．

阴家润，蔡华伟，周志广，张翼翼，段翔，谢尧武．2006．西藏海相三叠系 / 侏罗系界线及晚三叠世生物绝灭事件研究．地学前缘，13(4)：244-254．

张渝金，吴新伟，张超，郭威，杨雅军，孙革．2018．黑龙江龙江盆地中侏罗统万宝组时代确定新证据及其地质意义．地学前缘，25(1)：182-196．

Barrón, E., Comas-Rengifo, M.J., Duarte, L.V. 2013. Palynomorph succession of the Upper Pliensbachian-Lower Toarcian of the Peniche section (Portugal). Comunicações Geológicas, 100: 55-61.

Bloos, G., Page, K.N. 2000. The proposed GSSP for the base of the Sinemurian stage near East Quantoxhead/West Somerset (SW England) — the ammonite sequence. GeoResearch Forum, 6: 13-25.

Bonis, N.R., Kürschner, W.M., Krystyn, L. 2009. A detailed palynological study of the Triassic—Jurassic transition in key sections of the Eiberg Basin (Northern Calcareous Alps, Austria). Review of Palaeobotany and Palynology, 156(3-4): 376-400.

Chapman, N.D. 1999. Ammonite assemblages of the Upper Oxford Clay (Mariae Zone) near Weymouth, Dorset. Proceedings of the Dorset Natural History and Archaeological Society, 121: 77-100.

Coe, A., Wierzbowski, A. 2021. Report on: The Kimmeridgian (Upper Jurassic) Global Stratotype Section and Point in Scotland, UK. Volumina Jurassica, 19: 1-3.

Corbin, J.C., Person, A., Iatzoura, A., Ferré, B., Renard, M. 2000. Manganese in pelagic carbonates: indication of major tectonic events during the geodynamic evolution of a passive continental margin (the Jurassic European Margin of the Tethys-Ligurian Sea). Palaeogeography, Palaeoclimatology, Palaeoecology, 156(1-2): 123-138.

Cox, B.M., Sumbler, M.G. 2002. British Middle Jurassic Stratigraphy. Geological Conservation Review Series, 26: 508.

Cresta, S., Goy, A., Ureta, S, Arias, C., Barrón, E., Bernad, J., Canales, M.L., García-Joral, F., García-Romero, E., Gialanella, P.R., Gómez, J.J., González, J.A., Herrero, C., Martínez, G., Osete, M.L., Perilli, N., Villalaín, J.J. 2001. The Global Boundary Stratotype Section and Point (GSSP) of the Toarcian-Aalenian Boundary (Lower-Middle Jurassic). Episodes, 24(3): 166-175.

d'Orbigny, A. 1849-1852. Cours élémentaire de paléontologie et de géologie stratigraphiques. Paris, Masson Edion, 1145.

d'Orbigny, A. 1852. Cours élémentaire de paléontologie et de géologie stratigraphique, 2: 383-847.

Dean, W.T., Donovan, D.T., Howarth, M.K. 1961. The Liassic ammonite zones and subzones of the North West European province. Bulletin of the British Museum of Natural History. Geology, 4(10): 435-505.

Dera, G., Neige, P., Dommergues, J.L., Fara, E., Laffont, R., Pellenard, P. 2010. High-resolution dynamics of Early Jurassic marine extinctions: the case of Pliensbachian-Toarcian ammonites (Cephalopoda). Journal of the Geological Society, 167(1): 21-33.

Dera, G., Brigaud, B., Monna, F., Laffont, R., Pucéat, E., Deconinck, J.F., Pellenard, P., Joachimski, M.M., Durlet, C. 2011. Climatic ups and downs in a disturbed Jurassic world. Geology, 39(3): 215-218.

Dommergues, J.L., Meister, C. 1992. Late Sinemurian and Early Carixian ammonites in Europe with cladistic analysis of sutural characters. Neues Jahrbuch für Geologie und Paläontologie -Abhandlungen, 185: 211-237.

Fang, Y.N., Fang, L.H., Deng, S.H., Lu, Y.Z., Wang, B., Zhao, X.D., Wang, Y.Z., Zhang, H.C., Zhang, X.Z., Sha, J.G. 2021. Carbon isotope stratigraphy across the Triassic-Jurassic boundary in the high-latitude terrestrial Junggar Basin, NW China. Palaeogeography, Palaeoclimatology, Palaeoecology, 577: 110559.

Fortwengler, D., Maechand, D., Bonnot, A., Jardat, R., Raynaud, D. 2012. Proposal for the Thuoux section as a candidate for the GSSP of the base of the Oxfordian stage. Carnets de Géologie (Notebooks on Geology), Brest, CG2012A06: 117-136.

Franz, M., Knott, S.D. 2012. Foraminifera from the Callovian GSSP candidate section of Albstadt Pfeffingen (Middle Jurassic, Southern Germany). Neues Jahrbuch Für Geologie und Paläontologie - Abhandlungen, 264(3): 263-282.

Gradstein, F.M., Agterberg, F.P., Ogg, J.G., Hardenbol, J., van Veen, P., Thierry, J., Huang, Z. H. 1994. A Mesozoic time scale. Journal of Geophysical Research Solid Earth, 99: 24051-24074.

Hess, H. 1999. Upper Jurassic Solnhofen Plattenkalk of Bavaria, Germany//Hess, H., Ausich, W.I., Brett, C.E., Simms, M.J. (eds.). Fossil crinoids. Cambridge University Press, 216-224.

Hesselbo, S.P., Jenkyns, H.C. 1995. A comparison of the Hettangian to

Bajocian successions of Dorset and Yorkshire // Taylor, P.D. (ed.). Field Geology of the British Jurassic: The Geological Society, 105-150.

Hesselbo, S.P., Grocke, D.R., Jenkyns, H.C. Bjerrum, C.J., Farrimond, P., Bell, H.S.M., Green, O.R. 2000a. Massive dissociation of gas hydrate during a Jurassic oceanic anoxic event. Nature, 406(6794): 392-395.

Hesselbo, S.P., Meister, C., Gröcke, D.R. 2000b. A potential global stratotype for the Sinemurian-Pliensbachian boundary (Lower Jurassic), Robin Hood's Bay, UK: ammonite faunas and isotope stratigraphy. Geological Magazine, 137: 601-607.

Hesselbo, S.P., Ogg, J.G., Ruhl, M., Hinnov, L.A., Huang, C.J. 2020. Chapter 26 - The Jurassic Period. Geologic Time Scale 2020, 2: 955-1021.

Hillebrandt, A.V., Kment, K. 2011. Lithologie und Biostratigraphie des Hettangium im Karwendelgebirge//Gruber, A. (ed.). Arbeitstagung 2011 der Geologischen Bundesanstalt Blatt Achenkirch, 17-38.

Hillebrandt, A.V., Krystyn, L., Kürschner, W.M., Bonis, N.R., Ruhl, M., Richoz, S., Schobben, M.A.N., Urlichs, M., Bown, P.R., Kment, K., McRoberts, C.A., Simms, M., Tomasovych, A. 2013. The Global Stratotype Sections and Point (GSSP) for the base of the Jurassic System at Kuhjoch (Karwendel Mountains, Northern Calcareous Alps, Tyrol, Austria). Episodes, 36(3): 162-198.

Huang, D.Y. 2019. Jurassic integrative stratigraphy and timescale of China. Science China Earth Sciences, 62: 227-259.

Iqbal, S. 2021. The Jurassic climates//Alderton, D., Elias S.A. (eds). Encyclopedia of Geology (second edition) (vol. 5). Online edition: Academic Press: 504-513.

Jenkyns, H.C. 1985. The early Toarcian and Cenomanian-Turonian anoxic events in Europe: comparisons and contrasts. Geologische Rundschau, 74(3): 505-518.

Kemp, D.B., Coe, A.L., Cohen, A.S., Weedon, G.P. 2011. Astronomical forcing and chronology of the early Toarcian (Early Jurassic) oceanic anoxic event in Yorkshire, UK. Paleoceanography and Paleoclimatology, 26(4): PA4210.

Kiselev, D., Rogov, M. 2007. Stratigraphy of the Bathonian-Callovian Boundary Deposits in the Prosek Section (Middle Volga Region). Article 1. Ammonites and Infrazonal Biostratigraphy. Stratigrafiya. Geologicheskaya Korrelyatsiya, 15(5): 42-73.

Kiselev, D., Rogov, M., Glinskikh, L., Guzhikov, A., Pimenov, M., Mikhailov, A., Dzyuba, O., Matveev, A., Tesakova, E. 2013. Integrated stratigraphy of the reference sections for the Callovian-Oxfordian boundary in European Russia. Volumina Jurassica, 11: 59-96.

Krencker, F.N., Lindström, S., Bodin, S. 2019. A major sea-level drop briefly precedes the Toarcian oceanic anoxic event: implication for Early Jurassic climate and carbon cycle. Scientific Reports, 9(1): 12518.

Krymholts, G.Ya., Mesezhnikov, M.S., Westermann, G.E.G. 1982. Zony iurskoi sistemy v SSSR. Interdepartmental Stratigraphic Committee of the USSR Transactions, 10. (In Russian). English translation by Vassiljeva, T.I. 1988. The Jurassic Ammonite Zones of the Soviet Union. Geological Society of America, Special Paper, 223: 116.

Kürschner, W.M., Bonis, N.R., Krystyn, L. 2007. Carbon-isotope stratigraphy and palynostratigraphy of the Triassic—Jurassic transition in the Tiefengraben section–Northern Calcareous Alps (Austria). Palaeogeography, Palaeoclimatology, Palaeoecology, 244(1): 257-280.

Li, L.Q., Wang, Y.D., Kürschner, W.M., Ruhl, M., Vajda, V. 2020. Palaeovegetation and palaeoclimate changes across the Triassic–Jurassic transition in the Sichuan Basin, China. Palaeogeography, Palaeoclimatology, Palaeoecology, 556: 109891.

Li, M.S., Zhang, Y., Huang, C.J., Ogg, J., Hinnov, L., Wang, Y.D., Zou, Z.Y., Li, L.Q. 2017. Astronomical tuning and magnetostratigraphy of the Upper Triassic Xujiahe Formation of South China and Newark Supergroup of North America: Implications for the Late Triassic time scale. Earth and Planetary Science Letters, 475: 207-223.

Lu, N., Wang, Y.D., Popa, M.E., Xie, X.P., Li, L.Q., Xi, S.N., Xin, C.L., Deng, C.T. 2019. Sedimentological and paleoecological aspects of the Norian–Rhaetian transition (Late Triassic) in the Xuanhan area of the Sichuan Basin, Southwest China. Palaeoworld, 28: 334-345.

Mattioli, E., Erba, E. 1999. Synthesis of calcareous nannofossil events in the Tethyan Lower and Middle Jurassic. Rivista Italiana di Paleontologia e Stratigrafia, 105: 343-376.

Matyja, B.A., Wierzbowski, A., Wright, J. 2005. The Sub-Boreal/Boreal ammonite succession at the Oxfordian/Kimmeridgian boundary at Flodigarry, Stafin Bay (Isle of Skye), Scotland. Earth and Environmental Science Transactions of The Royal Society of Edinburgh, 96: 387-405.

Maubeuge, P.L. 1964. Colloque du Jurassique à Luxembourg 1962. Publication de l'Institut Grand-Ducal, Section des Sciences Naturelles, Physiques et Mathèmatiques. Luxembourg.

McElwain, J.C., Beerling, D.J., Woodward, F.I. 1999. Fossil plants and global warming at the Triassic-Jurassic boundary. Science, 285: 1386-1390.

McRoberts, C.A., Krystyn, L., Hautmann, M. 2012. Macrofossil response to the end-Triassic mass extinction in the West-Tethyan Kössen Basin, Austria. Palaios, 27: 607-616.

Melendez, G., Atrops, F. 1999. Report of the Oxfordian-Kimmeridgian Boundary Working Group. International Subcommission on Jurassic Stratigraphy Newsletter, 26: 67-74.

Melendez, G., Page, K.N. 2015. Report of the Oxfordian Task Group (OTG) Meeting: the section of Ham Cliff, Redcliff Point, Weymouth, UK (11-14th June 2014). Volumina Jurassica, 13: 159-164.

Meister, C., Stampfli, G. 2000. Les ammonites du Lias moyen (Pliensbachien) de la Néotéthys et de ses confins; compositions fauniques, affinités paléogéographiques et biodiversité. Revue de Paléobiologie, 19: 227-292.

Meister, C., Blau, J., Dommergues, J.L., Feist-Burkhardt, S., Hart, M., Hesselbo, S.P., Hylton, M, Page, K., Price, G. 2003. A proposal for the Global Boundary Stratotype Section and Point (GSSP) for the base of the Pliensbachian Stage (Lower Jurassic). Eclogae Geolologicae Helvetiae, 96: 275-297.

Meister, C., Aberhan, M., Blau, J., Dommergues, J.L., Feist-Burkhardt, S., Hailwood, E.A., Hart, M., Hesselbo, S.P., Hounslow, M.W., Hylton, M., Morton, N., Page, K., Prive, G.D. 2006. The Global Boundary Stratotype Section and Point (GSSP) for the base of the Pliensbachian Stage (Lower Jurassic), Wine Haven, Yorkshire, UK. Episodes, 29: 93-106.

Morton, N. 1974. The definition of standard Jurassic Stages. Colloque du Jurassique à Luxembourg 1967; Generalities, methods. Mémoires du Bureau de Recherches Géologiques et Minières, 75: 83-93.

Ogg, J.G. 1995. Magnetic Polarity Time Scale of the Phanerozoic. // Ahrens, T.J. (ed), Global Earth Physics: A Handbook of Physics Constants. American Geophysical Union Reference Shelf, Vol. 1, p. 240270.

Ogg, J.G., Hinnov, L.A., Huang, C., Przybylski, P.A. 2010. Late Jurassic time scale: integration of ammonite zones, magnetostratigraphy, astronomical tuning and sequence interpretation for Tethyan, Sub-boreal and Boreal realms. Earth Science Frontiers, 17: 81-82.

Ohmert, W. 1996. Die Grenzziehung Unter-/Mitteljura (Toarcium/Aalenium) bei Wittnau und Fuentelsaz. Beispiele interdisziplinarer geowissenschaftlicher Zusammenarbeit. Informationen Geologisches Landesamt Baden-Wurttemberg. Geologisches Landesamt Baden-Wurttemberg, Informationen, 8: 1-53.

Oppel, A. 1856. Die Juraformation Englands, Frankreichs und des Südwestlichen Deutschlands. Württemberger Naturforschende Jahreshefte, 12-14: 857.

Oppel, A. 1856-1858. Die Juraformation Englands, Frankreichs und des südwestlichen Deutschlands, nach ihren einzelnen Gliedern eingeteilt und verglichen. Stuttgart, Ebner and Seubert, 857.

Page, K.N. 2014. Overview of the Jurassic Period. Elsevier Reference Collection in Earth Systems and Environmental Sciences.

Page, K.N. 2017. From Oppel to Callomon (and beyond): building a high-resolution ammonite-based biochronology for the Jurassic System. Lethaia, 50: 336-355.

Page, K.N., Bloos, G., Bessa, J. L., Fitzpatrick, M., Hesselbo, S., Hylton, M., Morris, A., Randall, D. E. 2000. East Quantoxhead, Somerset: a candidate Global Stratotype Section and Point for the base of the Sinemurian Stage (Lower Jurassic). GeoResearch Forum, 6: 163-171.

Pavia, G., Enay, R. 1997. Definition of the Aalenian-Bajocian Stage boundary. Episodes, 20: 16-22.

Powell, J.H. 1984. Lithostratigraphical nomenclature of the Lias Group of the Yorkshire Basin. Proceedings of the Yorkshire Geological Society of London, 45: 51-57.

Przybylski, P.A., Ogg, J.G., Wierzbowski, A., Coe, A.L., Hounslow, M. W., Wright, J.K., Atrops, F., Settles, E. 2010. Magnetostratigraphic correlation of the Oxfordian- Kimmeridgian Boundary. Earth and Planetary Science Letters, 289: 256-272.

Pueyo, E.L., Mauritsch, H.J., Gawlick, H.J., Scholger, R., Frisch, W. 2007. New evidence for block and thrust sheet rotations in the central northern Calcareous Alps deduced from two pervasive remagnetization events. Tectonics, 26(5): TC5011.

Remane, J., Basset, M.G., Cowie, J.W., Gohrbrandt, K.H., Lane, R.H., Michelsen, O., Wang, N.W. 1996. Revised guidelines for the establishment of global chronostratigraphic standards by the International Commission on Stratigraphy (ICS). Episodes, 19: 77-81.

Renevier, E. 1864. Notices géologique et paléontologiques sur les Alpes Vaudoises, et les régions environnantes. I. Infralias et Zone à Avicula contorta (Ét. Rhaetien) des Alpes Vaudoises. Bulletin de la Société Vaudoise des Sciences Naturelles, 8: 39-97.

Rioult, M. 1964. Le stratotype du Bajocien: Colloque du Jurassique Luxembourg 1962. Comptes Rendus et Mémoires, 239-258.

Rocha, J. 2016. New golden spikes. ProGeo NEWs, 2-3: 1-8.

Rocha, R.B., da, Mattioli, E., Duarte, L.V., Pittet, B., Elmi, S., Mouterde, R., Cabral, M.C., Comas-Rengifo, M.J., Gómez, J.J., Goy, A., Hesselbo, S.P., Jenkyns, H.C., Littler, K., Mailliot, S., Veiga de Oliveira, L.C., Osete, M.L., Perilli, N., Pinto, S., Ruget, C., Suan, G. 2016. Base of the Toarcian Stage of the Lower Jurassic defined by the Global Boundary Stratotype Section and Point (GSSP) at the Peniche section (Portugal). Episodes, 39: 460-481.

Ruhl, M., Kürschner, W.M. 2011. Multiple phases of carbon cycle disturbance from large igneous province formation at the Triassic-Jurassic transition. Geology, 39(5): 431-434.

Ruhl, M., Kürschner, W.M., Krystyn, L. 2009. Triassic–Jurassic organic carbon isotope stratigraphy of key sections in the western Tethys realm (Austria). Earth and Planetary Science Letters, 281(3-4): 169-187.

Salfeld, H. 1914. Die Gliederung des Oberen Jura in Nordwest Europa. Neues Jahrbuch für Mineralogie, Geologie und Palaeontologie, 32: 125-246.

Schoene, B., Guex, J., Bartolini, A., Schaltegger, U., Blackburn, T.J. 2010. Correlating the end-Triassic mass extinction and flood basalt volcanism at the 100 ka level. Geology, 38(5): 387-390.

Selby, D. 2007. Direct rhenium-osmium age of the Oxfordian-Kimmeridgian boundary, Staffin Bay, Isle of Skye, UK and the Late Jurassic geologic timescale. Norwegian Journal of Geology, 87: 291-299.

Sellwood, B.W. 1970. The relation of trace fossils to small-scale sedimentary cycles in the British Lias//Crimes, T.P., Harper, J.C. (eds.). Trace Fossils. Geological Journal, Special Issue (3): 489-504.

Sha, J.G. 2019. Terrestrial End-Triassic Mass Extinction and the Triassic/Jurassic Boundary of the Junggar Basin, NW China: A Brief Review. Acta Geologica Sinica (English Edition), 93: 138-139.

Sha, J.G., Vajda, V., Pan, Y.H., Larsson, L., Yao, X.G., Zhang, X.L., Wang, Y.Q., Cheng, X.S., Jiang, B.Y., Deng, S.H., Chen, S.W., Peng, B. 2011. Stratigraphy of the Triassic-Jurassic boundary successions of the Southern Margin of the Junggar Basin, Northwestern China. Acta Geologica Sinica (English Edition), 85: 421-436.

Sha, J.G., Olsen, P.E., Pan, Y.H., Xu, D.Y., Wang, Y.N., Zhang, X.L., Yao, X.G., Vajda, V. 2015. Triassic-Jurassic climate in continental high-latitude Asia was dominated by obliquity-paced variations (Junggar Basin, Ürümqi, China). Proceedings of National Acaddemy of Sciences, 112: 3624-3629.

Sha, J.G., Wang, Y.Q., Pan, Y.H., Yao, X.G., Rao, X., Cai, H.W., Zhang, X.L. 2016. Temporal and spatial distribution patterns of the marine-brackish-water bivalve Waagenoperna in China and its implications for climate and palaeogeography through the Triassic-Jurassic transition. Palaeogeography, Palaeoclimatology, Palaeoecology, 464: 43-50.

Song, Y., Algeo, T.J., Wu, W.J., Luo, G.M., Li, L.Q., Wang, Y.D., Xie, S.C. 2020. Distribution of pyrolytic PAHs across the Triassic-Jurassic boundary in the Sichuan Basin, southwestern China: Evidence of wildfire outside the Central Atlantic Magmatic Province. Earth-Science Reviews, 201: 102970.

Steiner, M., Ogg, J., Sandoval, J. 1987. Jurassic magnetostratigraphy,

3. Bathonian-Bajocian of Carcabuey, Sierra Harana and Campillo de Arenas (Subbetic Cordillera, southern Spain). Earth and Planetary Science Letters, 82: 357-372.

Sturani, C. 1967. Ammonites and stratigraphy of the Bathonian in the Digne-Barrême area (South Eastern France). Bolletino della Società Paleontologica Italiana, 5: 3-57.

Suan, G., Pittet, B., Bour, I., Mattioli, E., Duarte L. V., Mailliot, S. 2008a. Duration of the Early Toarcian carbon isotope excursion deduced from spectral analysis: Consequence for its possible causes. Earth and Planetary Science Letters, 267: 666-679.

Suan, G., Mattioli, E., Pittet, B., Mailliot, S., Lécuyer, C. 2008b, Evidence for major environmental perturbation prior to and during the Toarcian (Early Jurassic) Oceanic Anoxic Event from the Lusitanian Basin, Portugal. Paleoceanography, 23: PA1202.

Tian, N., Wang, Y.D., Philippe, M., Li, L.Q., Xie, X.P., Jiang, Z.K. 2016. New record of fossil wood Xenoxylon from the Late Triassic in the Sichuan Basin, southern China and its paleoclimatic implications. Palaeogeography, Palaeoclimatology, Palaeoecology, 464: 65-75.

Torrens, H. 1974. Standard zones of the Bathonian. Memoires du Bureau des Recherches Geologiques-Minieres (Paris), 75: 581-604.

van de Schootbrugge, B., Houben, A.J.P., Ercan, F.E.Z., Verreussel, R., Kerstholt, S., Janssen, N.M.M., Nikitenko, B., Suan, G. 2020. Enhanced Arctic-Tethys connectivity ended the Toarcian Oceanic Anoxic Event in NW Europe. Geological Magazine, 157: 1593-1611.

von Humboldt, F.W.H.A. 1799. Über die Unterirdischen Gasarten und die Mittel ihren Nachtheil zu Vermindern. Wiewag: Ein Beitrag zur Physik der Praktischen Bergbaukunde. Braunschweig, 384.

Viohl, G. 2000. Die Solnhofener Plattenkalke, oberer Jura//Meischner, D. (ed.). Europäische Fossillagerstätten. Springer, Berlin, Heidelberg. 143-150.

Wang, Y.D., Li, L.Q., Guignard, G., Dilcher, D.L., Xie, X.P., Tian, N., Zhou, N., Wang, Y. 2015. Fertile structures with in situ spores of a dipterid fern from the Triassic in southern China. Journal of Plant Research, 128(3): 445-457.

Weedon, G.P., Jenkyns, H.C. 1999. Cyclostratigraphy and the Early Jurassic time scale: data from the Belemnite Marls. Bulletin of the Geological Society of America, 43: 361-382.

Wierzbowski, A., Matyja, B.A., Wright, J.K. 2018. Notes on the evolution of the ammonite families Aulacostephanidae and Cardioceratidae and the stratigraphy of the uppermost Oxfordian and lowermost Kimmerdigian in the Staffin Bay sections (Isle of Skye, northern Scotland). Volumina Jurassica, 16: 27-50.

Yang, J.H., Wu, F.Y., Shao, J.A., Wilde, S.A., Xie, L.W., Liu, X.M. 2006. Constraints on the timing of uplift of the Yanshan Fold and Thrust Belt, North China. Earth and Planetary Science Letters, 246: 336-352.

Young, G.M., Bird, J. 1822. A geological survey of the Yorkshire Coast: describing the strata and fossils occurring between the Humber and the Tees, from the German Ocean to the Plain of York. Whitby, 366.

第九章著者名单

王永栋　现代古生物学和地层学国家重点实验室（中国科学院南京地质古生物研究所）；
中国科学院生物演化与环境卓越创新中心。

ydwang@nigpas.ac.cn

鲁　宁　现代古生物学和地层学国家重点实验室（中国科学院南京地质古生物研究所）；
中国科学院生物演化与环境卓越创新中心。

ninglu@nigpas.ac.cn

李丽琴　现代古生物学和地层学国家重点实验室（中国科学院南京地质古生物研究所）；
中国科学院生物演化与环境卓越创新中心。

lqli@nigpas.ac.cn

安鹏程　中国科学院南京地质古生物研究所；中国科学院大学。

pcan@nigpas.ac.cn

张　立　南京大学地球科学与工程学院；中国科学院南京地质古生物研究所。

zhangli19@smail.nju.edu.cn

许媛媛　中国科学院南京地质古生物研究所；中国科学院大学。

yyxu@nigpas.ac.cn

朱衍宾　中国科学院南京地质古生物研究所；中国科学院大学。

ybzhu@nigpas.ac.cn

黄转丽　中国科学院南京地质古生物研究所；中国科学院大学。

zlhuang@nigpas.ac.cn

第十章
白垩系"金钉子"

白垩纪是中生代最后一个纪，也是显生宙延续时间最长的一个纪，大约 7 900 万年，期间形成的地质记录就是白垩系，它的名字来源上白垩统中洁白的白垩沉积。白垩纪时期全球海、陆构造格局发生重要变化，如泛大陆继续裂解、大西洋张开、印度板块北漂和特提斯洋闭合。白垩纪代表了距今最近的深时地球温室气候时期，其间重大地质事件频繁发生，包括白垩纪中期超静磁带的出现、大火成岩省的活动、大洋缺氧事件、大洋红层和富氧作用、以及白垩纪末的生物大灭绝。白垩系分为 2 个统、12 个阶，目前确立 7 个阶底界的"金钉子"：下白垩统欧特里夫阶（法国）、阿尔布阶（法国），上白垩统塞诺曼阶（法国）、土伦阶（美国）、康尼亚克阶（德国）、圣通阶（西班牙）和马斯特里赫特阶（法国）。这些阶的"金钉子"的确立为白垩系地层的国际对比提供了精确的时间标尺。

本章编写人员 李 罡／滕 晓／Stéphane Reboulet／程金辉／李 鑫／牟 林／李 莎／房亚男／Clementine Peggy Anne-Marie Colpaert／李 婷／罗慈航

篇章页图 英国多塞特郡斯沃尼奇（Swanage）海岸的白垩沉积，晚白垩世，远处是伯恩茅斯市

第一节
白垩纪的地球

1822 年，比利时地质学家德·哈洛伊（d'Halloy）在法国北部的巴黎盆地开展地质调查，他根据白垩沉积建立了白垩系。这样一来，地球距今 1.45 亿—0.66 亿年的断代就有了名字，即白垩纪，它是显生宙延续时限最漫长的一个纪，长达 79 Myr，也是中生代最后一个纪。在白垩纪末期发生的大灭绝事件将它与新生代的古近纪分开。白垩纪全球古地理格局与现今具有巨大差别。在白垩纪初期，先前的泛大陆（Pangea）分裂成两个超大陆，既南方的冈瓦纳大陆（Gondwana）和北方的劳亚大陆（Laurasia），它们之间被特提斯洋（Tethys Ocean）所隔。到白垩纪中期，随着南美洲与非洲的裂解，南大西洋与不断加宽的北大西洋相连（图 10-1-1）。在印度洋地区，印度与澳大利亚分离，开始了长距离北漂的旅程，直到新生代初期与欧亚大陆碰撞拼合，造就了世界屋脊——青藏高原的形成。

从古气候上讲，白垩纪代表了离现在最近的深时温室气候时期。白垩纪时期的古大气具有高浓度的 CO_2 温室气体（Wang et al.，2014），并且两极大部分时间无冰盖。但是，白垩纪地球也经历了温度的宽幅波动（Pucéat et al.，2003）（图 10-1-2）。比如较温冷的早白垩世巴雷姆和阿普特时期，北纬 25° 表层海水出现了高达 18 ℃的显著季节温差（Steuber et al.，2005），这被解释

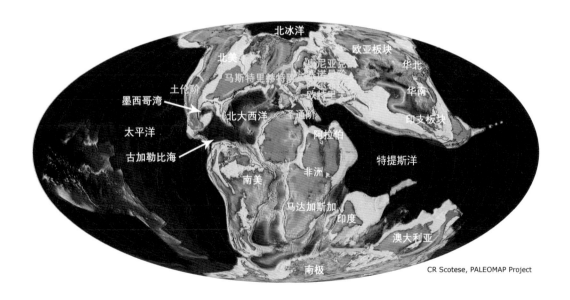

CR Scotese, PALEOMAP Project

图 10-1-1 白垩纪中期（距今 9 600 万年）古地理图

成短暂极地冰盖的存在（Price，1999）。之后，地球逐渐开始增温，在阿尔布晚期至塞诺曼早期，赤道地区上层海水温度可达 35 ℃，虽然在塞诺曼后期有 3 ℃的短暂降温，但是在土伦中、晚期发生了 7 ℃的巨大增温事件，使得上层海水温度达到极值 42 ℃，同时估算的古大气 CO_2 浓度高达 600~2 400 ppmv（Bice et al.，2006）。此时估算的赤道—极区温度梯度在 25~30 ℃，仅为现今赤道—极区温度梯度的一半，当时中纬度地区表现出每纬度 0.4 ℃的温度梯度（Upchurch et al.，2015）。虽然在随后的晚白垩世地球再次经历了逐渐降温的过程，但是在白垩纪末期的马斯特里赫特期，热带海洋表层水体温度也可超过 30 ℃（Pearson et al.，2001）。因此，白垩纪总体上是一个极其温暖、纬度温差小、两极无冰盖的特殊时期。

上述白垩纪古气候变化与地球各个圈层相互作用且与重大地质事件相关联（图 10-1-2）。如白垩纪中期超静磁带的出现（Cretaceous Normal Supperchron，CNS）、大火成岩省的活动（Large Igneous Province，LIP）、洋壳生产力的提高、海平面快速升高、大洋缺氧事件（Oceanic Anoxic Events，OAEs）、大洋红层和富氧作用（Cretacous Oceanic Red Beds，CORBs）、生物群的重大辐射和更替、白垩纪末生物大灭绝等。白垩纪超净磁期，也就是从阿普特期开始到圣通期结束，地球磁场在长达 38 Ma 的时间里表现为正极性，没有发生极性倒转（Larson & Erba，1999；

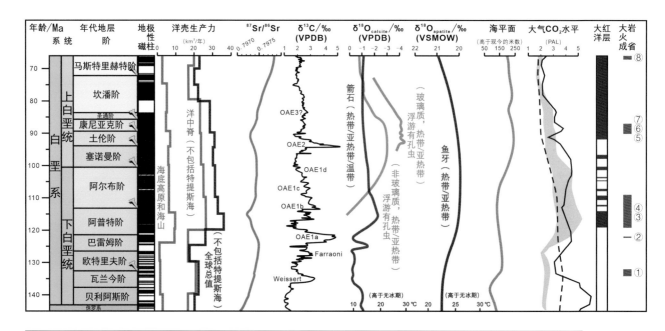

图 10-1-2 白垩纪年代地层系统和重大地质事件（年代地层和地磁极性柱引自 Gale et al.，2020；年代地层单元中文名沿用自中文版国际年代地层表 v2018/08；洋壳生产力引自王成善，2009；锶同位素曲线引自 McArthur 等（2020）；碳同位素曲线引自 Steuber 等（2016）；OAEs 数据引自 Jenkyns（2010）；氧同位素曲线引自 Grossman 和 Joachimski（2020）；海平面曲线和大洋红层数据引自 Wang 等（2009）；大气 CO_2 水平（pCO$_2$ level）曲线引自 Robinson 等（2002）；大火成岩省数据引自 Bond 和 Wignall（2014）。① Paraná & Etendeka Traps；② Ontong Java Plateau（phase 1）；③ Rajmahal Traps；④ Kerguelen Plateau；⑤ Madagascar；⑥ Caribbean-Columbia；⑦ Ontong Java Plateau（phase 2）；⑧ Deccan Traps（德干玄武岩））

He et al., 2008）。白垩纪大火成岩省包括：① 南美东南和非洲西南部历时 5 Myr 的 Paraná–Etendeka 大陆溢流玄武岩（129—134 Ma）（Peate，1997）；② 西赤道太平洋的翁通—爪哇洋底高原（Ontong–Java Plateau）和马尼希基洋底高原（Manihiki Plateau），代表了地球现存最大的洋底高原，在距今 123 Ma 开始喷发（Larson，1999），形成了平均 39 km 厚的火成岩序列，它的活动延续到距今 90 Ma（Coffin & Eldholm，1994）；③ 随后，在南印度洋发育了凯尔盖伦洋底高原（Kerguelen Plateau），在距今 115 Ma 开始喷发（Larson & Kincaid，1996）；④ 白垩纪末期，印度西部德干高原发育的德干溢流玄武岩，可能是导致白垩纪末期生物大灭绝的元凶之一。

　　白垩纪地球古海洋发生了多次缺氧事件（OAEs）（Schlanger & Jenkeyns，1976）（图 10-1-2）。如瓦兰今晚期的 Weissert OAE（Erba et al., 2004），阿普特期 – 阿尔布期的 OAE1（可分四期：1a，1b，1c，1d），塞诺曼期 – 土伦期界线的 OAE2（Leckie et al., 2002），康尼亚克期 – 圣通期大洋缺氧事件 3（Wagreich, 2009）。这些大洋缺氧事件一般对应海相碳酸盐岩的碳同位素正偏、海洋生物的快速更替，同时伴随着全球黑色页岩的沉积，这些富含有机质的黑色页岩常常是大型油田的烃源岩。虽然历次大洋缺氧事件的诱因各有不同，但是一般认为它们与海底大火成岩省的活动有关（Weissert & Erba，2004；黄永建等，2008）。

　　与缺氧事件相伴，白垩纪的地球发生了富氧作用，"白垩纪大洋红层"频繁出现（王成善和胡修棉，2005；图 10-1-2）。"白垩纪大洋红层"是高溶解氧水体环境下的远洋深水红色沉积。它在 OAE2 之前与黑色页岩高频交替，而在 OAE2 之后广泛出现，在圣通晚期至坎潘期达到发育的高峰。它广泛发育在西特提斯地区，对研究和重建古大洋环流具有重要意义（Hu et al., 2012）。

　　最后，在白垩纪末期，地球生命经历了大灭绝事件，一个直径 10 km 的小行星撞击在墨西哥尤卡坦半岛，形成希克苏鲁伯陨石坑（Chixulub Crater），引发巨大海啸，造成长期浓烟蔽日，同时伴随着印度德干溢流玄武岩喷发和环境恶化，76% 的生命物种灭绝，包括统治中生代长达 1.6 亿年之久的恐龙（Schulte et al., 2010）。

第二节
白垩纪的地质记录

在白垩纪时期，地球生命得到了进一步发展。在植物界，被子植物在晚白垩世取代了裸子植物的统治地位。在动物界，著名的长毛兽脚类恐龙（中华龙鸟等）、原始有胎盘和有袋类哺乳动物在早白垩世热河生物群出现。剑龙类、禽龙类等在早白垩世末期灭绝。霸王龙、鸭嘴龙和角龙类大繁盛，鸟类中的反鸟类得到空前发展。海洋无脊椎动物中的菊石、箭石继续繁荣，双壳类的厚壳蛤空前繁盛，在特提斯地区形成了礁灰岩，享有碳酸盐工厂的盛名。微体化石颗石藻和有孔虫的爆发，形成了白垩沉积和英国高耸的多佛白崖美丽景观。上述丰富多彩的化石记录是开展白垩纪年代地层划分的基础。

早在 1840 年，法国地质学家 Alcide d'Orbigny 根据化石面貌的不同将法国白垩系划分成 5 个阶：尼欧克姆阶（Neocomian）、阿普特阶（Aptian）、阿尔布阶（Albian）、土伦阶（Turonian）和森诺阶（Senonian）。后来，他在尼欧克姆阶和阿普特阶之间增加了奥戈尼阶（Urgonian），在阿尔布阶和土伦阶之间增加了塞诺曼阶（Cenomanian）。20 世纪中期，在国际下白垩统讨论会上，专家建议将尼欧克姆阶细分为贝里阿斯阶（Berriasian）、瓦兰今阶（Valanginian）、欧特里夫阶（Hauterivian）（Barbier & Thieuloy，1965）。后来，奥戈尼阶被巴雷姆阶（Barremian）取代。森诺阶被细分为 4 个阶：康尼亚克阶（Coniacian）、圣通阶（Santonian）、坎潘阶（Campanian）和马斯特里赫特阶（Maastrichtian）。至此，白垩系被划分成 2 个统 12 个阶（图 10-1-2）。

全球白垩系年代地层系统划分是在国际地层委员会白垩系分会领导下进行的，该分会共设置了 13 个工作组，包括一个下白垩统菊石工作组（或称 the Kilian Group）和 12 个阶的工作组。1983 年在丹麦哥本哈根召开的第一届白垩系各阶界线国际研讨会上，与会学者深入探讨了白垩系年代地层划分和界线定义（Birklund et al.，1984）。1995 年，在比利时布鲁塞尔召开的第二届白垩系各阶界线国际研讨会上，每个阶的界线工作组纷纷提出阶的底界全球标准层型剖面和点位（GSSP）定义。经过二十多年的努力，迄今为止已经确定了白垩系 7 个阶的 GSSP，即"金钉子"。自上而下分别是马斯特里赫特阶、圣通阶、康尼亚克阶、土伦阶、塞诺曼阶、阿尔布阶和欧特里夫阶。

图 10-2-1 西藏古错剖面

第三节
白垩系"金钉子"

一、欧特里夫阶底界"金钉子"

1. 研究历程

在第一届白垩系"阶"的界线国际研讨会上，La Charce 剖面被保留为潜在的欧特里夫阶全球"金钉子"剖面（Birkelund et al.，1984）。在第二届白垩系"阶"的界线国际研讨会上，由于没有提出替代的典型剖面，欧特里夫阶工作组（Mutterlose et al.，1996）沿用了 Thieuloy（1977）的提案。1996 年至 2010 年，为了获取新的生物地层学、化学地层学和沉积学数据，L. Bulot（法国艾克斯 – 马赛大学）和 S. Reboulet（法国里昂大学）重新测量了 La Charce 剖面，并对其重新采样。结合 J. Mutterlose（法国波鸿鲁尔大学）和 P. Rawson（英国伦敦大学学院）的贡献，他们合作开展了一项关于候选剖面的综合科学研究，旨在制订一份正式提案报告（Bulot et al.，2019）。

2019 年 4 月，这份提案报告在欧特里夫阶工作组中获得了广泛的认可。然后这份报告即被提交给白垩系分会。9 月初，该提案被分会里 20 个具有投票表决权成员中的大多数所接受。11 月末，La Charce 剖面在国际地层委员会的表决中获得全票通过。2019 年的 12 月初，国际地质科学联合会执行委员会一致批准欧特里夫阶"金钉子"在 La Charce 确立，并以 *Acanthodiscus*（棘碟菊石属）的首现（第 189 层）定义该年代地层单元（Mutterlose et al.，2021）。

欧特里夫阶的底界由 Renevier（1874）提出，该界线被置于法国德龙 La Charce 剖面 189 层的底。在古地理上，La Charce 剖面位于 Vocontian 盆地。该界线以棘碟菊石属的首现，即菊石 *Acanthodiscus radiatus* 带的底为标志（Mutterlose et al.，2021）。这样处理基于以下理由：① 该定义与传统上的定义非常接近；② 该界线以一个属而非一个种来进行对比，从而可以规避棘碟菊石属在分类学鉴定上的问题；③ 该属在特提斯和北大西洋亚域都有分布。辅助标志和补充数据包括菊石和超微化石事件标志、锶和碳同位素标志以及磁性地层学标志。

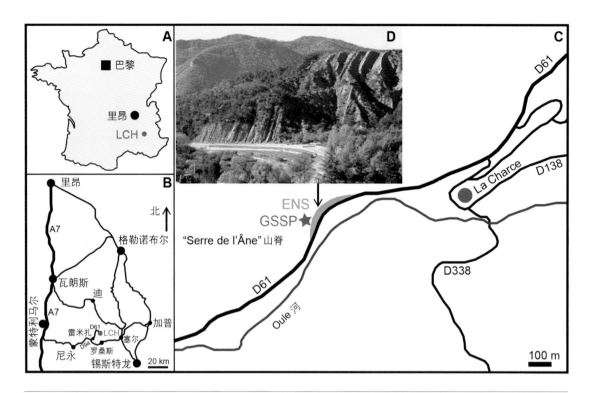

图10-3-1 欧特里夫阶"金钉子"剖面地理位置图。LCH 全称为 La Charce，ENS 全称为 Espace Naturel Sensible of the Drôme Department（德龙省 ENS 自然保护区，以绿色标识），GSSP 全称为欧特里夫阶"金钉子"（以红星标识，北纬 44°28′10″，东经 5°26′03″，高程 612 m）。D. 剖面远景照片（S. Reboulet 拍摄，细节见图 7）。从 La Charce 村庄里拍摄的"Serre de l'Âne"。欧特里夫阶的地层以钙质互层为主，被丛林覆盖，沿 D61 公路出露

2. 地质背景

欧特里夫阶的"金钉子"剖面位于法国德龙省的 La Charce 市镇附近（图 10-3-1A），迪镇南约 35 km、瓦朗斯东南约 70 km（图 10-3-1B）。最容易前往考察的剖面被当地人以山脊命名为"Serre de l'Âne"（图 10-3-1C），在村庄东边出露约 600 m（图 10-3-1D）。

在早白垩世，Vocontian 盆地位于利古里亚特提斯洋边缘海（约北纬 30°）。沉积环境深至数百米，为半远洋沉积，由西向东分别是西部的迪瓦—巴罗涅（Diois—Baronnies）区和东部迪涅—卡斯特拉讷（Digne—Castellane）的构造弧（Ferry，2017；图 10-3-2A）。该盆地为斜坡（过渡带）和台地（碳酸盐岩、韦科尔、维瓦赖以及普罗旺斯等区域）所环绕。

La Charce 的地岩沉积（灰岩—泥灰岩互层）在 Vocontian 盆地东部。瓦兰今阶以泥灰岩互层为主，其分布区目前一般是荒地；而欧特里夫阶分布区则时常被丛林所覆盖，地层岩性以钙质互层为主。这使得两个阶间的界线在野外清晰可见（Luc-en-Diois 幅地质图，比例尺为 1/50 000；图 10-3-2B）。

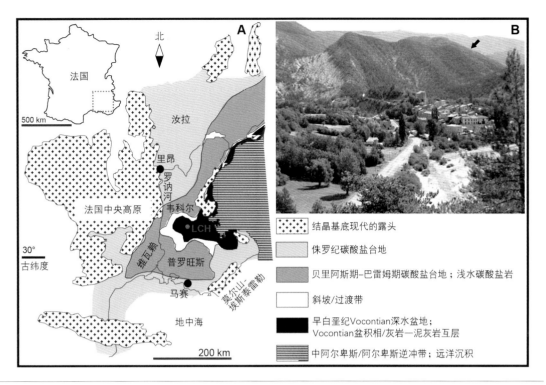

图 10-3-2 A. 晚侏罗世 — 早白垩世古地理图［法国索引图中虚线方框所示区域；修改自 Reboulet（1996）以及 Ferry（2017）］。
LCH 全称为 La Charce。B. La Charce 的位置照片（S. Reboulet 拍摄）。照片左侧，村庄后面的荒地（图中箭头所示）
即是瓦兰今阶的层序，被丛林覆盖的则是欧特里夫阶的层序

3. La Charce 剖面特征

（1）概述。

La Charce 剖面有详细的研究记录（Mutterlose et al., 2021），特别是菊石的研究数据，据此得以精确建带（Reboulet & Atrops, 1999）。该剖面由菊石 *Saynoceras verrucosum* 带最顶部（瓦兰今阶）延伸至菊石 *Plesiospitidiscus ligatus* 带（欧特里夫阶上部），沉积较为连续。在远高于欧特里夫阶底界之上的地方，欧特里夫阶下部的灰岩—泥灰岩互层受到两次滑塌的干扰。

欧特里夫阶底界下方的地层是不等厚的中层灰色泥质灰岩与灰色泥灰岩互层，厚 30 m，为菊石 *Criosarasinella furcillata* 带（图 10-3-3：164—188 层；Mutterlose et al., 2021；本文分层皆沿用 Reboulet et al., 1992 的方案）。泥质灰岩层厚 0.10~0.50 m，泥灰岩层厚 0.10~0.50 m，极少数有厚 1.20 m。界线上方 30 m 岩性为淡灰色灰岩与深灰色泥灰岩互层（189—218 层），其中灰岩层厚 0.20~0.50 m，极少超过 1.0 m，相当于菊石 *A. radiatus* 带。菊石 *A. radiatus* 带的最顶以一个约 3.50 m 厚的小型滑塌（215 层）为标志。182—214 层的估算沉积速率约为 5 cm/ka。

La Charce 剖面中的细粒灰岩相当于灰泥岩，泥晶的主体由钙质超微构成，泥灰岩富含颗石粒，此外还含有浮游有孔虫（Darmedru et al., 1982）。放射虫主要出现在灰岩层，而在泥灰岩夹

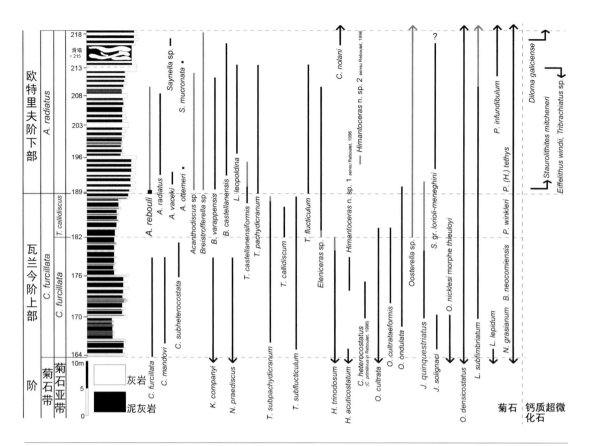

图 10-3-3　La Charce 剖面的岩性柱以及菊石的延限、菊石带和主要的钙质超微化石类群的首现和末现事件。岩性柱分层方案沿用自 Reboulet 等（1992），菊石延限（黑色线条）和菊石带修改自 Reboulet（1996）、Reboulet 和 Atrops（1999）；有些菊石类群的分布依据 Mutterlose 等（2021）完善（灰色线条）。这里采用 Reboulet 等（2018）提供的标准化石带。钙质超微化石数据引自 Mutterlose 等（2021）

层中则很少有或不含有放射虫。灰岩（> 80% CaCO₃）中的碎屑物主要是蒙脱石，而泥灰岩则富含高岭石、伊利石、绿泥石以及粉砂大小的石英颗粒（Cotillon et al.，1980）。在 205 层的泥灰质层里可见 1 cm 厚的赭色层。灰岩和泥灰岩都受到过强烈的生物扰动，灰岩中常见有 *Chondrites*（丛藻迹）和 *Zoophycos*（动藻迹）等摄食潜穴（Olivero，1996）。

（2）生物地层学。

在 La Charce 剖面，菊石具有高分辨率的产出记录。这类化石是欧特里夫阶底界的生物地层学对比研究的主要工具。在地中海—高加索地区的绝大多数连续的地层序列中都含有丰富且保存精美的菊石。1977 年，Thieuloy 发表了最早的包含瓦兰今阶 – 欧特里夫阶界线地层的详细古生物学与生物地层学研究成果，Reboulet 等（1992）、Reboulet 和 Atrops（1999）后来又做了大规模的采样和研究工作，积累了大量的菊石动物群和类群延限数据。本章所说的菊石（亚）带是指间隔（亚）带，相当于特提斯域地中海 — 高加索亚域地中海区的标准化石带（Reboulet et al.，

2018）。

Thieuloy（1977）最早建议将 La Charce 剖面选作欧特里夫阶的层型，并把欧特里夫阶的底界置于菊石 *A. radiatus* 带的底，该菊石带的底以棘碟菊石属的首现来定义。这一生物地层学事件也被建议用来定义欧特里夫阶的底界（Birkelund et al.，1984；Mutterlose et al.，1996）。Reboulet（1996）也赞成这一方案，因为他认为棘碟菊石可能代表了一个单一的生物学种，它以巨大的形态差异为特征，这体现在模式种之间出现的那些中间型上。在 La Charce 剖面，出现的第一种棘碟菊石属是 *Acanthodiscus rebouli*，产于 189 层（图 10-3-3、10-3-4A）。191 层和 193 层分别产 *Acanthodiscus vaceki* 和 *A. radiatus*（图 10-3-4B、C）。在特提斯北缘的许多区域（从法国一直到高加索地区）都报道有棘碟菊石属，在特提斯南缘的摩洛哥也有该属的记录。棘碟菊石属在瑞士汝拉和普罗旺斯台地北部的凝缩段很常见，但在 Vocontian 盆地的半远洋层序中则相对稀少（Bulot，1995；Reboulet，1996；Mutterlose et al.，2021）。

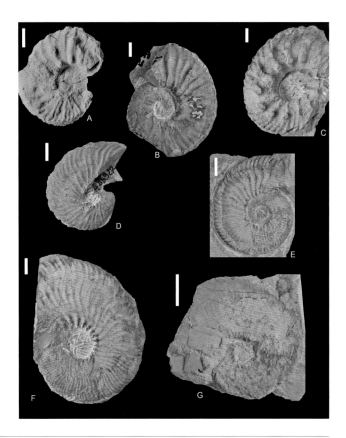

图 10-3-4　La Charce 剖面的菊石（S. Reboulet 摄）。A~F. 采自 *Acanthodiscus radiatus* 菊石带；G. 采自 *Criosarasinella furcillata* 菊石带。标本均由 Reboulet 采集，保存于法国里昂大学，编号均以 UCBL-FSL 为前缀；比例尺为 1 cm；分层沿用 Reboulet 等（1992）的方案。A. *Acanthodiscus rebouli*，189 层，FSL488870；B. *Acanthodiscus vaceki*，191 层，FSL488875；C. *Acanthodiscus radiatus*，208 层，FSL488929；D. *Breistrofferella castellanensis*，205 层，FSL488927；E. *Tescheniceras pachydicranum*，189 层，FSL488864；F. *Tescheniceras flucticulum*，193 层，FSL488889；G. *Tescheniceras callidiscum*，184 层，FSL488854

当棘碟菊石属罕见或者缺失时，*Breistrofferella*（小布氏菊石属）可以用来表征菊石 *A. radiatus* 带的底，因为该属在半远洋层序中有很好的保存。在 La Charce 剖面，菊石 *Breistrofferella varappensis* 和 *Breistrofferella castellanensis*（图 10-3-4D）的首现分别在 190 层和 193 层。在地中海地区，小布氏菊石属的古地理分布要广于棘碟菊石属，包括在西班牙、突尼斯以及克里米亚也是如此（Mutterlose et al.，2021）。菊石 *Tescheniceras pachydicranum*（图 10-3-4E）和 *Tescheniceras flucticulum*（图 10-3-4F）在 189 层的首现可以表征 La Charce 的欧特里夫阶的底界。然而，在"金钉子"所在的 Vocontian 盆地以外，除了西喀尔巴阡山脉有 *Tescheniceras* 记录（Vašiček，2020），其他地方几乎没有任何菊石 *Tescheniceras* 层序的记录可以用来检验这两个生物地层学事件具有更广泛的意义。在棘碟菊石属或小布氏菊石属缺失时，*Spitidiscus*（螺旋菊石属）的首现可以用来指示欧特里夫阶的底界（Mutterlose et al.，2021）。此外，菊石 *Tescheniceras callidiscum*（186 层；图 10-3-4G）、*Oosterella ondulata*（190 层）和 *Jeanthieuloyites quinquestriatus*（191 层）的末现面可以卡住瓦兰今阶 – 欧特里夫阶的界线。

在其他大化石里，箭石稀少，鹦鹉螺类、双壳类、腹足类以及腕足动物化石寥寥无几，也没有人在该剖面中对这些类群做过详细的研究。

欧特里夫阶底界位于超微化石 CC4a 带内（Applegate & Bergen，1989）。该超微化石带的底由瓦兰今期晚期 *Eiffellithus striatus* 的首现确定，而其顶由欧特里夫期早期 *Lithraphidites bollii* 的首现确定。钙质超微化石在 La Charce 剖面的地层分布中（Mutterlose et al.，2021），最接近欧特里夫阶底界的生物地层学事件是 213 层 *Eiffelithus windii* 的末现，出现在菊石 *A. radiatus* 带上部（图 10-3-3）。该种虽然稀少，但延限很稳定。在该层中还记录有 *Tribrachiatus* sp. 的末现。*Staurolithithes mitcheneri* 的首现见于 190 层，靠近菊石 *A. radiatus* 带的底，但这个类型在北方大区极其稀少。*Diloma galiciense* 的首现在 217 层。这些是其他当地的超微化石事件，但有些种很罕见，零星地散布在瓦兰今阶 – 欧特里夫阶界线上下的地层中（Mutterlose et al.，2020）。

沟鞭藻往往可以提供有价值的信息，然而 La Charce 剖面的沟鞭藻还没有被研究过。La Charce 剖面中的放射虫和有孔虫都不多，并且它们的延限图都十分破碎，因而无法用来识别任何重要的地层学生物组合或生物带（详见 Mutterlose et al.，2021）。

（3）化学地层学、磁性地层学和旋回地层学。

Vocontian 盆地有基于箭石的锶同位素（$^{87}Sr/^{86}Sr$）曲线可供参考（McArthur et al.，2007；Bodin et al.，2015）。瓦兰今期晚期至欧特里夫期早期地层的特征是锶同位素的值由 0.707 361（菊石 *S. verrucosum* 带）上升到 0.707 428（菊石 *Lyticoceras nodosoplicatum* 带）。从 Angles 和 Vergol 采集的材料中测得瓦兰今阶中部（菊石 *C. furcillata* 带）的锶同位素值为 0.707 376，欧特里夫阶底的锶同位素值为 0.707383 ± 0.000 005。

La Charce 剖面及其南边约 30 km 的 Vergol 剖面（法国德龙 Montbrun-les-Bains 镇）有可供参考的碳酸盐全岩样的碳同位素（$\delta^{13}C_{carb}$）数据（Gréselle et al.，2011）。中瓦兰今期 Weissert 缺氧事件被记录在该综合剖面里：$\delta^{13}C_{carb}$ 值的正偏由 *Karakaschiceras inostranzewi* 菊石带开始，在菊石 *Saynoceras verrucosum* 亚带出现第一个峰值（约 0.24%），在菊石 *Neocomites peregrinus* 亚带出现第二个峰值（约 0.23%）。整个瓦兰今阶的上部（菊石 *Olcostephanus nicklesi* 亚带和菊石 *C. furcillata* 亚带）和欧特里夫阶最底部（菊石 *A. radiatus* 带）的 $\delta^{13}C_{carb}$ 值逐渐减小。

研究者在 La Charce 互层的灰岩层（182—222 层）采集并分析了总碳酸盐里的痕量元素 Mn 和 Sr（Mutterlose et al.，2021），识别出 4 个地球化学层序。第一个地球化学层序界线位于 188 层，特征是 Mn 和 Sr 曲线出现比较重要的负漂移。

关于有机地球化学，在 182—221 层的泥灰岩里共采集了 37 个样品，分析了它们的碳酸盐和有机碳含量（Mutterlose et al.，2021）。碳酸盐含量的范围在 43% ~ 77.5%，平均值约为 60%。有机碳含量在 0.2% ~ 1.2% 波动，平均值为 0.5%。184 层、210 层以及 211 层的深色的泥灰质层是例外，它们的 TOC（总有机碳）含量在 1% 以上。

在 La Charce，一套 50 m 的贯穿瓦兰今阶 – 欧特里夫阶界线的取心井段（Ferry et al.，1989）有弱磁信号，对应于 M10 磁异常。Sprovieri 等（2006）认为欧特里夫阶的底界与意大利中部 Maiolica 组的磁极性带 M10Nn.3n 的顶界一致。

La Charce 剖面是建立瓦兰今阶上部 — 欧特里夫阶下部天文年代标尺较好的参考剖面（Martinez et al.，2015）。Martinez 等（2015）在超过 239.25 m 长的剖面中测量了 1 193 个原位伽马能谱（GRS），对测量结果的阐释清晰地呈现了地球轨道参数的变化。在放射性同位素年代学的基础上，天文年代学也被应用于阿根廷内乌肯（Neuquen）盆地 El Portón 剖面（Aguirre-Urreta et al.，2019）。结合这两个区域在两个半球间的对比研究，可以计算出欧特里夫阶底界的年龄，其数值年龄为 131.29 Ma。

（4）欧特里夫阶的对比。

菊石生物地层学和锶同位素（$^{87}Sr/^{86}Sr$）地球化学对于确定沉积层序及其全球对比研究是非常实用的工具。Reboulet 等（2014）更新了西地中海标准区、北方大区的北大西洋亚域及南方区的阿根廷内乌肯盆地间瓦兰今期和欧特里夫期菊石带的对比方案。McArthur 等（2007）和 Meissner 等（2015）则提供了锶同位素数据。结合菊石和锶同位素证据，可以揭示北大西洋亚域的欧特里夫阶底界位于菊石 *Endemoceras amblygonium* 带的下部而非其底（Mutterlose et al.，2021）。

4. La Charce 剖面的永久性纪念碑和交通

为了欧特里夫阶底界的"金钉子"剖面——La Charce 剖面的发展、永久性保护和自由访问，2012 年，德龙省在与 La Charce 市镇和科学界的合作下创办了一个名为 "Espace Naturel Sensible"（ENS）的自然保护区，并由法国里昂大学的 S. Reboulet 负责将地质学内容通俗化。

该保护区归属于德龙省，因此获得了大量的公共支持。为了避免给紧邻公路的崖壁（即 "金钉子" 剖面）安装防护网来防止路面落石，政府共投资 120 万欧元改造了 D61 公路。此外，在地质学展示区里还开发了接待区，花费了 32 万欧元。

接待区包括一个停车场和一片野餐区。地质学展示区共包括三个区域（图 10-3-5）：① 得益于大型观景台（Great Landscape Terrace）较高的位置，可以一览 La Charce 剖面的全景。露台的设计让游客可以在那里很轻松地浏览景观。② 在化石园里，第一个桌子展示了一些精选的菊石，它们都是产自瓦兰今阶上部和欧特里夫阶下部的标准化石；第二个桌子陈列了几种不同类型的菊石，用来展示该类群具有的不同形态。③ 地质年代环路沿着剖面，由一道低矮的石墙隔开。矮石墙被用作信息面板的基底，并且还可以在保证游客活动范围的同时限制其进入可能会有落石的崖壁下边。在环路上，有金属条带象征标志着瓦兰今阶 - 欧特里夫阶的界线，上面刻着这一界线的绝对年龄。

图 10-3-5　La Charce 剖面照片（S. Reboulet 拍摄）。A. Espace Naturel Sensible（ENS）自然保护区和大观景露台（1）、化石园（2）以及地质年代环路的石墙（3），在剖面（崖壁）的坡脚标注了欧特里夫阶底界附近的菊石带；B. "金钉子" 界线位于 189 层的底，分层沿用 Reboulet 等（1992）的方案

由于 La Charce 剖面被归类为自然保护区，因此它得以受到保护而免受破坏。2014 年以后，La Charce 市镇以及德龙省和上阿尔卑斯省的其余 85 个市镇被整合到 "Baronnies provençales"（RNP–BP）区域自然公园。这些都确保了欧特里夫阶 "金钉子" 能受到长期保护，并易于到达。

二、阿尔布阶底界 "金钉子"

1. 研究历程

阿尔布阶底界 "金钉子" 剖面是位于法国东南部沃康蒂安盆地（Vocontian Basin）的普雷吉塔德山口（Col de Pré-Guittard）剖面（北纬 44°29′ 48″，东经 5°18′ 42″）（图 10-3-6），以浮游有孔虫 *Microhedbergella renilaevis*（光滑肾形微赫氏虫）的首现面（FAD）为标志。

阿尔布阶得名于其层型剖面所在的法国东北部奥布（Aube）地区的罗马名称 Alba（Gale et al., 2020）。

在 1947 年之前，阿尔布阶底界都是定在 *Nolaniceras nolani* 菊石带底界。Breistroffer（1947）将这个带和上覆的 *Hypacanthoplites jacobi* 菊石带归入了下伏的阿普特阶（Aptian），从此阿尔布

图 10-3-6 普雷吉塔德山口 "金钉子" 剖面地理位置（Kennedy et al., 2017 绘制）

阶底界在北方大区的欧洲西北动物区系被定在了 *Leymeriella tardefurcata* 菊石带底部，其中以产出 *L. schrammeni* 为特征。

阿尔布阶底界"金钉子"的研究工作主要集中在两条剖面，即阿尔布阶工作组在 1995 年第二届白垩系阶的界线国际研讨会确定的两条候选剖面。其中一条是德国北部汉诺威（Hanover）附近的沃尔胡姆（Vörhum）剖面，这条剖面在 1983 年哥本哈根会议上就讨论过，菊石 *Leymeriella schrammeni* 的首现面在这里被当作阿尔布阶底界。然而，作为 *Leymeriella* 出现最早的种，该种仅限在德国北部地区产出（Mutterlose et al., 2003）。这个界线附近的层位还对应一个广泛分布的沉积间断，造成 *Leymeriella tardefurcata* 菊石带只出现在少数地区（如德国北部和格陵兰北部）。这样确定的阿尔布阶界底不能用于全球范围，因此必须确定一个替代的生物地层学或非生物地层学的标志（Mutterlose et al., 2003）。

1995 年布鲁塞尔会议确定的另一条候选剖面是法国东南部的沃康蒂安盆地（Vocontian Basin）普雷吉塔德山口（Col de Pré-Guittard）剖面。这条剖面能够提供较多的标志，如菊石 *Leymeriella tardefurcata* 的首现、菊石 *Douvilleiceras* ex gr. *mammillatum* 的首现、颗石藻 *Prediscosphaera columnata* 的首现、菊石 *Hypacanthoplites jacobi* 的末现、Paquier 层顶或底界（OAE 1b）、Kilian 层最顶部的富含有机质层等（Hart et al., 1996）。

在 2000 年前后，一批有关阿尔布阶底界的提议相继发表，提出了多种根据不同菊石的首现来确定阿尔布阶底界的方案（图 10-3-7）。

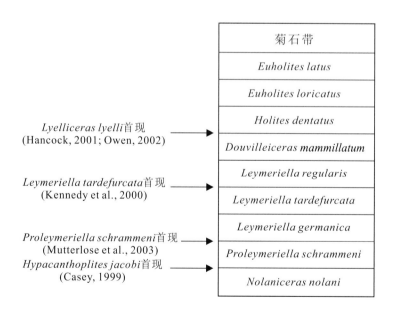

图 10-3-7 几种确定阿尔布阶底界的方案（Kennedy et al., 2014）

Casey（1999）提议把阿尔布阶的底界下移到 *Hypacanthoplites rubricosus* 菊石亚带的底界，因为 *Hypacanthoplites* 的分布范围比较广。但是他没有提出并描述能够推荐作为全球界线层型的剖面。

Kennedy 等（2000a）运用了多门类生物地层学和同位素地层学的方法对法国东南部的两条剖面即普雷吉塔德山口和托尔托内（Tortonne）剖面进行了详细的研究。他们否定了普雷吉塔德山口剖面作为"金钉子"候选剖面的可行性，因为 *Leymeriella tardefurcata* 首现面所在的 Paquier 层底部有一个小间断。同时建议把托尔托内剖面中 *L. tardefurcata* 的首现的位置作为界线。

Hancock（2001）和 Owen（2002）都提议重新选择一个新的位置作为阿尔布阶底界，并建议把阿尔布阶的底界置于 *Lyelliceras lyelli* 菊石亚带的底界，他们认为根据这一菊石亚带能在全球范围内识别出阿尔布阶底界。

Mutterlose 等（2003）提议把界线移至菊石 *L.（P.）schrammeni anterior* 首现面，因为这个层位在德国沃尔胡姆剖面有一层凝灰岩，有可能获得准确的绝对年龄。但他们也承认这个方案存在该菊石种分布局限在德国西北部的缺陷。

Petrizzo 等（2012、2013）详细研究了普雷吉塔德山口剖面的浮游有孔虫化石，并获得了一条新的稳定同位素曲线。在 Kilian 层识别出了重要事件。Kilian 层之下的有孔虫组合中的优势种，包括长延限的 *Hedbergella* 和大个体的 *Paraticinella*，在接近 Kilian 层底界时消失了。在 Kilian 层底界之上，浮游有孔虫组合变成由个体小而光滑的种 *Microhedbergella miniglobularis* 和 *M. renilaevis* 组成。这一系列生物事件在有孔虫的演化史上非常重要，并可以全球识别。*M. renilaevis* 的首现被提出作为阿尔布阶底界的候选标准，该标准从法国南部到大西洋和印度洋均可用来对比，满足"金钉子"的许多要求（Huber & Leckie，2011）。

Kennedy 等（2014）回顾了前人对阿尔布阶底界"金钉子"研究历程，总结了普雷吉塔德山口剖面作为"金钉子"剖面的各种优势，提出将该剖面作为阿尔布阶底界"金钉子"候选剖面，并以浮游有孔虫 *M. renilaevis* 的首现作为阿尔布阶底界标志。

2016 年 4 月 8 日，经过国际地质科学联合会执行委员会一致同意，阿尔布阶底界的"金钉子"确定在法国南部德龙省普雷吉塔德山口剖面，以浮游有孔虫 *M. renilaevis* 首现面为标志。该层位在蓝色泥灰岩组底界之上 37.4 m 处，在标志层——Kilian 层底界之上 40 cm。浮游有孔虫在这里发生了演替，个体较大的 *Hedbergella* 和 *Paraticinella* 灭绝，被较小的、表面光滑的 *Microhedbergella* 取代。同样的演替在大西洋和印度洋中也有记录（Petrizzo et al.，2011）。"金钉子"在颗石藻 *Praediscosphaera columnata* 首现面之上几米，与一次 $\delta^{13}C$ 的微弱负漂移对应，也在 *Hypacanthoplites jacobi* 菊石带内，年龄值是 113.2 Ma（Gale et al.，2020）。

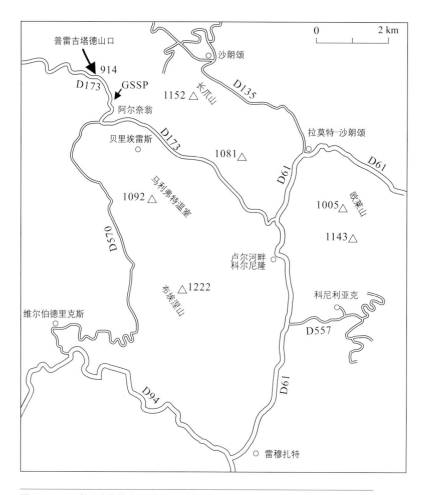

图10-3-8 普雷吉塔德山口"金钉子"剖面交通图（根据Kennedy et al., 2017 绘制）

2. 科学内涵

普雷吉塔德山口剖面位于法国德龙省（Drôme），雷穆扎特（Rémuzat）西北 11 km，罗桑（Rosans）西北 19 km，可由 D173 公路到达（图 10-3-8）。

剖面出露在 D173 公路两侧数百米范围内。这段地层的岩石地层单位名称是"蓝色泥灰岩组"（Marnes Bleues Formation），正如其名，泥灰岩是主要成分，中间有一些变化，但总体上碳酸盐岩只占很小一部分。剖面底部为高度胶结的"奶酪棒"灰岩（Faisceau Fromaget），以此为起点，自下而上有一系列区域范围内都存在的标志层（Kennedy et al., 2017）（图 10-3-9、图 10-3-10）：

Jacob 层：位于 2.5~4.0 m 处；具富含有机质纹层，含被压破的菊石化石。

Kilian 层：底界在 37 m 处；厚 1 m，一定程度上富含有机质，有一些纹层。

Paquier 层：底界在 68 m 处；厚 1.5 m，黑色纹层状富含有机质页岩；岩层中含菊石化石，其上有原始文石壳质的粉状残留物。

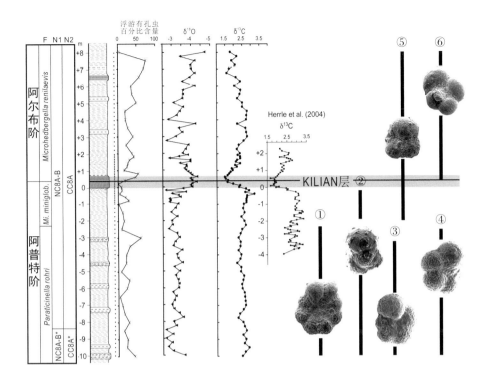

图 10-3-9　普雷吉塔德山口剖面地层序列及关键标志（Kennedy et al.，2017）。左边的浮游有孔虫百分含量变化曲线和氧、碳同位素变化曲线引自 Petrizzo 等（2012，2013），F.浮游有孔虫（Petrizzo et al.，2013），N1.颗石藻，NC= Roth（1978 方案）；N2. 颗石藻，CC = Sissingh（1977 方案）；右边的碳同位素变化曲线引自 Herrle 等（2004）。右侧有孔虫延限包括种类：① *Paraticinella rohri*；② *Pseudoguembelitria blakenosensis*；③ *Hedbergella infracretacea*；④ *Hedbergella aptiana*；⑤ *Microhedbergella miniglobularis*；⑥ *Microhedbergella renilaevis*。地层柱状图右侧小方块代表 Petrizzo 等（2012）的取样位置

图 10-3-10　普雷吉塔德山口剖面露头（引自 Kennedy et al.，2017）。DC 全称为"délits calcaires"（Bréhérét，1997）

Leenhardt 层：底界在 101.5 m 处；纹层状富含有机质页岩，含鱼化石碎片、菊石和叠瓦蛤类（inoceramid 属于双壳类）。

普雷吉塔德山口剖面中，除了以 Kilian 层底界之上 40 cm 处（即蓝色泥灰岩组底界之上 37.4 m 处）的浮游有孔虫 *Microhedbergella renilaevis* 首现为阿尔布阶底界的"金钉子"点位的主要标志，还有一些辅助标志（Kennedy et al., 2017），其中包括前文所述的 5 个标志层。其他在阿尔布阶底界附近的标志可归纳如下：

① 浮游有孔虫：*Hedbergella infracretacea* 在 33.5 m 处末现（该种在陆架之外的海相环境中广泛分布）。*H. aptiana* 和 *Paraticinella rohri*（即 *Ticinella bejaouensis* 和 *P. eubejaouensis*）在 34.75 m 处末现，这两个种在中陆架和更深的海相环境中广泛分布。*Microhedbergella miniglobularis* 在 35 m 处首现，该种见于北部亚热带的布雷克深海高原（北大西洋）、南半球高纬度的福克兰深海高原（南大西洋南部）、埃克斯茅斯深海高原（亚热带的印度洋东—南部）和西特提斯区（包括沃康蒂安盆地）。*Pseudoguembelitria blakenosensis* 在 36.8 m 处末现，该种曾记录于北大西洋西部和西特提斯地区，包括法国南部的沃康蒂安盆地。

② 颗石藻：一些广泛分布在北方区和特提斯区及大洋钻探计划（ODP）、深海钻探项目（DSDP）和国际大洋发现计划（IODP）钻探点的分子出现在该剖面，包括 *Prediscosphaera columnata*、*Helicolithus trabeculatus*、*Gartnerago stenostaurion*、*Laguncula dorotheae* 和 *Seribiscutum primitivum* 等。其中 *Prediscosphaera columnata* 是全球性的标准化石。*P. columnata*（亚环形）在 6 m 处首现。在 29.5 m 处 *P. columnata*（环形）首现（该分子在 66.6 m 处首次连续出现），这也是 *Helicolithus trabeculatus* 的已知最低层位。*Gartnerago stenostaurion* 在 36 m 处首现。*L. dorotheae* 在 63.3 m 处首现。*S. primitivum* 在 95 m 处首现。最初见于北方区如英格兰南部的 *Broinsonia viriosa* 在 60 m 处首现，70 m 处末现。

③ 沟鞭藻：*Hapsocysta peridictya* 在 46 m 处丰度达到顶峰（该种广泛分布于 ODP 钻孔，也出现在北方区和特提斯区）。

④ 菊石：Paquier 层中几个属种的首现或末现是阿尔布阶底界附近生物地层学的重要标志，其中 *Leymeriella*（*L.*）*tardefurcata* 在 Paquier 层底部首现（该种已知分布于欧洲、亚洲中西部等地区）。这个基面对应一次主要由古细菌造成的独特的地球化学（Kuypers et al., 2001）。当没有颗石藻时，该种对于识别阿尔布阶底界非常有用（Seyed-Emami & Wilmsen, 2016）。Paquier 层还有两个广于欧洲、亚洲、美洲和非洲很多地区的属 *Douvilleiceras* 和 *Oxytropidoceras* 首现。Paquier 层上部 *Hypacanthoplites anglicus* 末现（该种已知分布于欧洲和中亚）。

⑤ 双壳类：在 Paquier 层底 *Actinoceramus salomoni coptensis* 首现，该亚种已知分布于英格

兰南部、法国东南部和哈萨克斯坦等地区。*A. salomoni* sensu stricto（狭义种）已知分布于欧洲至中亚、西亚地区。*Actinoceramus* 是世界广布类型。

⑥ 碳稳定同位素：37.4 m 处对应于 δ^{13}C 负漂最小值（全球现象）。在沃康蒂安盆地 Paquier 层底之上独特的稳定碳同位素负漂是大洋缺氧事件（OAE 1b）的一个证据。在 Paquier 层顶部，碳稳定同位素负漂（对应 OAE 1b）终止。

相比其他剖面，普雷吉塔德山口剖面具有以下优势（Kennedy et al., 2014, 2017）：界线附近的层位最连续；是研究程度最高的剖面之一；出露好，永久性可靠；容易到达；化石丰富。作为确定阿尔布界底界的层型剖面和点，除了浮游有孔虫 *Microhedbergella renilaevis* 的首现之外，该剖面还有很多辅助性标志。

辅助性标志：界线点位于一个广泛识别的灾难层中，其中 NC8/CC8 颗石藻生物带最下部全球广布的浮游有孔虫受到了灾难的影响；界线点对应一个可追至大西洋地区的碳酸盐 δ^{13}C 负漂（大约 1‰）的最小值（Alexandre et al., 2011）；界线点处在 Pacquier 层中一次稳定碳同位素负漂的起始点之下一定距离，这次负漂记录了一次全球可识别的大洋缺氧事件（OAE 1b）（Herrle et al., 2004）；沃康蒂安盆地中包含阿尔布底界的地层序列呈韵律层状，因此有潜力通过研究得到一个天文轨道年代表。

3. 我国该界线的情况

中国海相阿尔布阶分布主要限于西藏南部的喜马拉雅地区，与阿尔布阶相应的沉积称为察且拉组，专家们对其中浮游有孔虫和菊石化石研究较为深入，建立了完整的生物地层序列。

岗巴东山剖面察且拉组下部含有浮游有孔虫化石 *Ticinella roberti* 带，产有孔虫 *Globigerinelloides algeriana*、*Rotalipora evoluta* 和 *Hedbergella trocoieda* 等（Wan et al., 2007）。岗巴东山剖面和聂拉木普普嘎剖面的察且拉组下部产菊石化石 *Lemuroceras xizangense*（阴家润，2016）。通过有孔虫和菊石化石，察且拉组底部大致可与阿尔布阶底界对比。

彭博等（2014）对岗巴察且拉剖面的察且拉组菊石研究后认为，该剖面有阿尔布阶底界存在，但由于界线附近缺少菊石化石，无法精确划分。

李建国等（2016）通过对岗巴察且拉剖面的孢粉研究认为，察且拉组地层时代应为晚白垩世，下伏地层——东山组上部产孢粉 *Crybelosporites striatus* 亚带，对应的才是阿尔布阶。

针对岗巴地区的同一个岩石地层单位，不同的研究者根据不同门类的古生物化石得出不同的结论，可见青藏高原的特殊和复杂。该地区的阿尔布阶古生物学与地层学研究还很欠缺，将来需要开展进一步的工作。

三、塞诺曼阶底界"金钉子"

1. 塞诺曼阶"金钉子"由来

上白垩统塞诺曼阶"金钉子"的确立可追溯至塞诺曼阶工作组在 1995 年布鲁塞尔举行的"第二次国际白垩系'阶'的界线会议"上的提案，该提案提交至白垩系地层委员会，以 18 票赞成、2 票弃权通过。改进后的提案提交至国际地层委员会，进行投票，全票通过。2001 年 12 月 10 日，国际地质科学联合会执委会批准了国际地层委员会关于在法国上阿尔卑斯省里苏山（Mont Risou）建立塞诺曼阶"金钉子"的申请报告（Kennedy et al.，2004）。

2. 地理概况

（1）地理位置。

塞诺曼阶底界的"金钉子"位于法国上阿尔卑斯省罗桑县中心以东 3.15 km 的沟壑中，即里苏山的西侧（北纬 44° 23′ 33″，东经 5° 30′ 43″；图 10-3-11）。

（2）到达方式。

通过罗桑县东侧 D994 公路，后向南转至 D949 公路，即可到达塞诺曼阶的"金钉子"（路标：圣安德烈·德·罗桑县）。

3. "金钉子"剖面描述

在里苏山剖面，蓝色泥灰岩组（Marnes Bleues Formation）的岩性主要为泥灰岩。其中，碳

图 10-3-11 塞诺曼阶"金钉子"地理位置图

酸盐含量高的泥灰岩抵抗风化作用的能力强；有机碳含量高的泥灰岩成层状发育，也有较高的抵抗风化作用的能力，因此这些岩层可作为标志层（图 10-3-12）。剖面下部的布雷斯特罗夫标志层（Niveau Breistroffer，–135～–124 m），由灰色含生物扰动构造的泥灰岩与五层相对富含有机质的深灰色纹层状泥灰岩互层组成。其中，第二层纹层状泥灰岩层的厚度为 0.5 m，包含高分异度的菊石动物群和稀少的双壳类化石。第三和第四层纹层状泥灰岩中发现了类似但更低丰度的菊石动物群。在布雷斯特罗夫标志层之上的 –123～–92 m 层段为米级韵律层，大化石较少。在层位 –80 m 处菊石丰富多样。

塞诺曼阶"金钉子"位于蓝色泥灰岩组近顶部的 –36 m 处，对应 *Rotalipora globotruncanoides*（球形轮孔虫）的首现位置（图 10-3-13）。

4. 生物地层标记

塞诺曼阶"金钉子"以浮游有孔虫、菊石和超微化石作为主要的生物地层标志，以双壳类化石作为次级生物标志。里苏山剖面的蓝色泥灰岩组发生的动、植物演替事件如下：

浮游有孔虫：*Rotalipora subticinensis* 消失于层位 –132 m 处；*Rotalipora tehamaensis* 首现于层位 –48 m 处；*Rotalipora ticinensis* 消失于层位 –40 m 处；*Rotalipora gandolfii* 首现于层位 –40 m

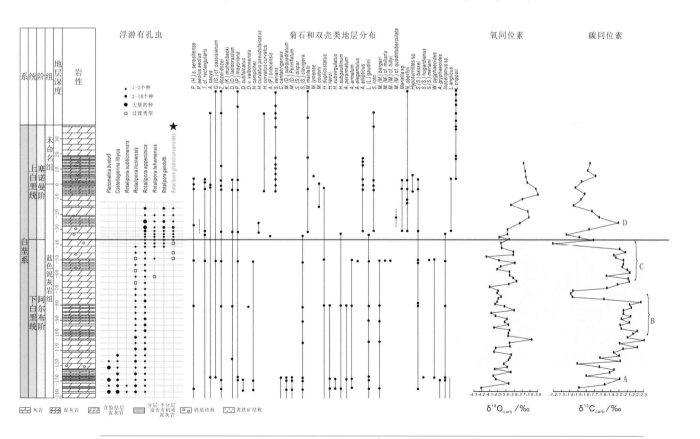

图 10-3-12 法国里苏山剖面蓝色泥灰岩组浮游有孔虫 *Rotalipora globotruncanoides*（球形轮孔虫）的首现和其他化石地层分布及稳定同位素地层学对比（数据来自 Kennedy et al., 2004，岩性柱有修改）

图 10-3-13　塞诺曼阶"金钉子"的生物标志：球形轮孔虫（*Rotalipora globotruncanoides*），比例尺为 100 μm

处；球形轮孔虫首现于层位 –36 m 处，即塞诺曼阶底界；*Rotalipora globotruncanoides* 常见于层位 –27 m 处。

菊石：*Mortoniceras*（*Durnovarites*）和 *Cantabrigites* 消失于层位 –132 m 处；阿尔布期菊石典型分子 *Lechites gaudini*、*Stoliczkaia clavigera*、*Mariella* cf. *ilia* 以及 *Hemiptychoceras subgaultinum* 首现于层位 –32 m 处；塞诺曼期菊石典型分子 *Neostlingoceras oberlini*、*Mantelliceras mantelli*、*Hyphoplites curvatus* 以及 *Sciponoceras roto* 首现于层位 –30 m 处。

超微化石：*Arkhangelskiella antecessor* 首现于层位 –128 m 处；*Gartnerago chiasta* 和 *Crucicribrium anglicum* 首现于层位 –124 m 处（区域性事件）；*Arkhangelskiella antecessor* 消失于层位 –80 m 处；*Calculites anfractus* 首现于层位 –40 m 处；*Staurolithites glaber* 消失于层位 –12 m 处；*Gartnerago theta* 首现于层位 –8 m 处；*Gartnerago praeobliquum* 和 *Prediscosphaera cretacea* sensu stricto 首现于层位 +16 m 处（区域性事件）；*Corollithion kennedyi* 首现于层位 +20 m 处。

通过对轮孔虫类群进行谱系分析，表明该类群出现渐进式的演化序列：*Ticinella praeticinensis*→*Rotalipora subticinensis*→*R. ticinensis*→*R. globotruncanoides*→*R. greenhornensis*，为选择球状轮孔虫作为塞诺曼阶底界的关键生物地层标志提供了条件。在阿尔布阶 – 塞诺曼阶界线处，菊石发生了重大转变，其中一些变化可能由其他地方的类群迁移到该地区（*Stoliczkaia clavigera* → *Mantelliceras mantelli*；*Lechites gaudini* → *Sciponoceras roto*）。

5. 稳定同位素地层学研究

（1）氧同位素。

里苏山剖面的氧同位素曲线表明，阿尔布期的氧同位素数值变化幅度较小，约为 0.3 ‰，大

部分同位素值落在 –3.8 ‰ ~ –4.1 ‰ 之间；而在塞诺曼期以后氧同位素数值呈上升趋势，最大值为 –3.5 ‰。该区域蓝色泥灰岩组埋藏深度达几千米，氧同位素组成可能因埋藏成岩过程中增加轻氧同位素而发生改变。因此，我们从以下四个方面判断氧同位素值的可信性：① 通过扫描电镜观察岩性的破裂表面，并未发现胶结物；② 使用 Anderson 和 Arthur（1983 SMOW 1.2‰）的方程换算得出的海水表面温度为 26 ~ 27 ℃，符合该纬度区域在阿尔布晚期 – 塞诺曼早期的温度情况；③ 岩性和氧同位素值之间没有相关性；④ 低方差。进而，通过该段的氧同位素数据，发现海水从塞诺曼早期开始，下降 1 ℃ 左右，进入轻微寒冷期。

（2）碳同位素。

与氧同位素值相比，碳酸盐岩中的碳同位素值相对稳定，并且不易受成岩作用影响。有机物的细菌降解可能导致轻碳同位素富集（Scholle & Arthur，1980；Marshall，1992），这种胶结物在富含有机质的深水泥岩中较为常见（Marshall，1992）。里苏山剖面的岩性与碳同位素值之间缺乏相关性，说明细菌降解带来的影响极其微小。因此，该剖面的碳同位素值的可信度高。根据变化区间，可以将里苏山剖面的碳同位素曲线分为四段：A、B、C 和 D 段。其中，在塞诺曼阶底部，$\delta^{13}C$ 急剧下降了 0.8 ‰。B 段的峰值最高，之后逐渐下降到 C 段和 D 段的数值。里苏山剖面碳同位素曲线可与意大利翁布里亚马尔凯古比奥剖面（Jenkyns et al.，1994）和英格兰约克郡的斯佩顿（Speeton）剖面（Mitchell & Paul，1994）进行对比，后二者同样由四段波和谷组成。里苏山剖面的曲线与斯佩顿剖面的曲线在整体形状和变化范围等方面更为相似。里苏山剖面的阿尔布 – 塞诺曼阶界线与斯佩顿剖面的界线位置相同，均位于第四个较小的 $\delta^{13}C$ 峰值的下方。上述研究与对比表明，法国里苏山剖面的塞诺曼阶底界位于碳同位素曲线的 C 峰和 D 峰之间。

6. 我国该界线的情况

据推测，东北陆相延吉盆地的塞诺曼阶底界位于龙井组内部，因为该组的下覆地层——大拉子组顶部凝灰岩的测年结果为 105.14 ± 0.37 Ma（Zhong et al.，2021）。松辽盆地孢粉地层学研究认为，塞诺曼阶底界位于登楼库组和泉头组之间（黎文本，2001）。西藏海相塞诺曼阶底界可能位于冷青热组和察且拉组之间（席党鹏等，2019）。

四、土伦阶底界"金钉子"

1. 研究历程

法国自然学家德·奥比格尼（d' Orbigny）1834 年在划分上白垩统的时候，只识别出两个阶，即下面的土伦阶（Turonian）和上面的森诺阶（Senonian）。不久，他意识到存在两种独特的动物群，即菊石与厚壳蛤，于是将土伦阶定义为与厚壳蛤第三个带相对应的层位，产有

Ammonites lewesiensis、*Vielbancii*、*Woollgari*、*Fleuriausianus* 和 *Deverianus*（d'Orbigny，1851）。在 Prodrome（1850）的第二版中，d'Orbigny 列举了 809 个塞诺曼阶（Cenomanian）的典型种及 366 个土伦阶（Turonian）的典型属种。在 *Cours Elementaire* 一书中，d'Orbigny（1852）第一次完整地描述了塞诺曼阶及土伦阶。他解释了名称的起源、动物群特点，最为重要的是他认为 Saumur 与 Montrichard 之间的区域为典型地区。为了尽可能符合 d'Orbigny 的观点，Wright 和 Kennedy（1981）采用 d'Orbigny 的观点，重新评估了相关证据，自下而上建立了以下菊石序列（图 10-3-14）：

阶	带化石
Lower Turonian 下土伦阶	*Mammites nodosoides* 带 *Watinoceras coloradoense* 带
Upper Cenomanian 上塞诺曼阶	*Neocardioceras juddii* 带 *Metoicoceras geslinianum* 带

图 10-3-14 塞诺曼阶和土伦阶的菊石序列（据 Wright & Kennedy，1981）

在 1983 年的哥本哈根会议上，Birkelund 等在包含 *geslinianum* 至 *nodosoides* 带这一时段中提出了众多的识别标志（Birkelund et al.，1984），包括：① *Metoicoceras geslinianum* 菊石带的底，或者稍晚的菊石 *Euomphaloceras septemseriatum* 的出现；② *Pseudaspidoceras flexuosum* 菊石带的底界，或者菊石 *Vascoceras proprium* 的首现；③ *Watinoceras coloradoense* 菊石带在菊石研究者中被广泛使用，该带与 *Pseudaspidoceras flexuosum* 菊石带位置接近，但是 *Watinoceras coloradoense* 在欧洲很少见，其下部可能与 *Pseudaspidoceras flexuosum* 对比；④ 叠瓦蛤 *Mytiloides* 谱系的首现位置；⑤ *Mytiloides* 的繁盛出现于 *Mammites nodosoides* 带的底部；⑥ 颗石藻 *Quadrum gartneri* 的首现，位于 *Neocardioceras juddii* 菊石带中；⑦ 浮游有孔虫 *Rotalipora* 绝灭于 *Metoicoceras geslinianum* 菊石带中；⑧ 浮游有孔虫 *Whiteinella archaeocretacea* 的首现；⑨ 典型的土伦期浮游有孔虫 *Praeglobotruncana helvetica* 的首现（图 10-3-15）。

Schlanger 和 Jenkyns（1976）发现在界线附近发生了明显的缺氧事件，Hart 和 Bigg（1981）认为该事件发生于有孔虫带 *W. archaeocretacea* 内。1984 年的哥本哈根会议极大地促进了塞诺曼阶–土伦阶界线划分工作。在该界线前后，海洋中发生了缺氧事件，同时伴随生物的绝灭。这一时段，在美国西部内陆（Western Interior）的菊石及叠瓦蛤生物带工作取得了巨大进展，同时生物地层、同位素、地球化学、放射性测年等工作纷纷开展，促成了美国科罗拉多州 Pueblo 剖面土伦阶"金钉子"于 2005 年的建立（Kennedy et al.，2005）。

	菊石	叠瓦蛤	有孔虫	钙质超微
土伦阶	*Mammites nodosoides*	*Mytiloides mytiloides*	*Helvetoglobotruncana helvetica*	
	Vascoceras birchbyi	*Mytiloides plicatus*		*Quadrum gartneri*
	Pseudaspidoceras flexuosum		*Whiteinella archaeocretacea*	
塞诺曼阶	*Neocardioceras juddii*	*Inoceramus heinzi*	*Rotalipora cushmani*	
	Vascoceras gomai			
	Sciponoceras gracile	*Inoceramus pictus*		
	Metoicoceras mosbyense	*Inoceramus ginterensis*		

图 10-3-15 塞诺曼阶和土伦阶不同门类化石带的对比图（据 Birkelund et al., 1984）

2. 科学内涵

土伦阶"金钉子"位于美国科罗拉多州 Pueblo 湖州立公园及野生动物保护区北部边缘地带，该保护区包含 97 km 长的水岸线，40 km² 的陆地，公园内可以钓鱼、徒步、游泳等。Pueblo 湖（又称 Pueblo 水库）水深可达 41 m（图 10-3-16）。公园内生活了多种动物，如蜥蜴、箱龟等。建立州立公园后，"金钉子"得到了保护，同时也便于开展面向大众的科普工作。

大坝的建设及州立公园的发展使得公众可以便利地到达剖面（图 10-3-16）。土伦阶"金钉子"界线位于 Greenhorn 灰岩 Bridge Creek 段的 86 层底部（北纬 38° 16′ 45″，西经 104° 43′ 39″）。

图 10-3-16 美国科罗拉多州 Pueblo 湖州立公园及野生动物保护区。上面图片显示湖区野生动物保护区标志；中部图片显示游人可以在湖区乘坐快艇和游泳；左下图片显示可以野外露营；右下图片显示可以垂钓

阿肯色河在此流淌穿过 Rock Canyon 背斜。周边的丹佛市和 Rio Grande Western 铁路搬迁又暴露出了 Greenhorn 灰岩 Bridge Creek 段的新鲜剖面。当地为半干旱气候，植被覆盖较少，一系列露头形成了一个弓形带。游客可以从 Pueblo 中心向西出发，经过 96 号州立高速公路，再经过一条柏油路就可以到达剖面。在进入州立保护区后，先要与公园总部的护林员取得联系，经过同意后才能取样。

Pueblo 剖面由 Stanton（1894）发现。详细的地层学研究工作从 20 世纪 60 年代陆续展开（Kennedy et al.，2000b）。Bridge Creek 段以灰岩与页岩互层为主（Cobban，1985），互层韵律遵循米兰科维奇旋回。大部分岩层中有生物扰动构造，从岩相学观点来看，该段地层主要是含有化石的生物微晶灰岩。Bridge Creek 段内以含有火山灰为特征。"金钉子"界线层位在第 86 层底部（图 10-3-18），在其上 50.4 cm 之上的第 88 层可见明显的、风化呈黄色的火山灰。第 86 层底部对应于界线标志化石——菊石 *Watinoceras devonense* 的首现面（Wright & Kennedy，1981）。除了在 Pueblo，*Watinoceras devonense* 还出现于科罗拉多州其他地方及英国南部。

在 Pueblo 剖面还有其他辅助性的生物地层标志：① 菊石 *Metoicoceras geslinianum* 在 63 层底部首现，在 67 层末现；② 菊石 *Euomphaloceras septemseriatum* 在 67 层首现，在 77 层末现。③ 新心菊石 *Neocardioceras juddii* 在 79 层首现，在 84 层末现；④ 双壳类 *Mytiloides hattini* 在 84 层最顶部首现，在 99 层最底部末现；⑤ 浮游有孔虫 *Helvetoglobatruncana helvetica* 在 89 层首现。

塞诺曼阶 – 土伦阶界线附近可见明显的快速有机碳埋藏，导致了在海相碳酸盐岩中碳同位素值的正漂，对应于现在熟知的大洋缺氧事件（OAE2）。Keller 等（2004）基于浮游有孔虫 *Hedbergella planispira* 完成了 Pueblo 剖面的高分辨率碳同位素分析。而剖面有机碳数据也显示在 86 层底部稍上位置有一个正漂（Gale et al.，2005）。

Pueblo 剖面含有火山灰，但火山灰层较薄，风化严重，未得到满意的年龄数据。幸运的是，在美国西部内陆的土伦阶底界附近发现了至少 4 层火山灰及一些火山灰微层。通过对亚利桑那州及内布拉斯加州同时代的火山灰层的详细年龄分析，Obradovich（1993）将塞诺曼阶 – 土伦阶界线年龄确定为 93.4 ± 0.2 Ma；不久，Kowallis 等（1995）将这一时间修订为 93.1 ± 0.3 Ma。最近，Meyers 等（2012）将该年龄校正为 93.90 ± 0.15 Ma，目前这一数据为国际地层委员会所接受。

3. 我国该界线的情况

我国的塞诺曼阶 – 土伦阶界线地层主要发育于藏南岗巴地区及聂拉木地区。钟石兰等（2000）研究了藏南岗巴地区两个剖面的阿尔布阶—圣通阶的钙质超微化石，自下而上建立了 6 个化石带：前盘球藻 *Prediscophaera cretacea* 带、艾菲尔石藻 *Eiffellithus turriseiffeli* 带、尖似石针藻 *Lithraphidites acutum* 带、斜加特内藻 *Gartnerago obliquum* 带、钙质超微化石 *Quadrum gartner* 带、卡耶新月棒藻 *Lucianorhabdus cayeuxii* 带。其中，*Gartnerago obliquum* 带时代为土伦期，而

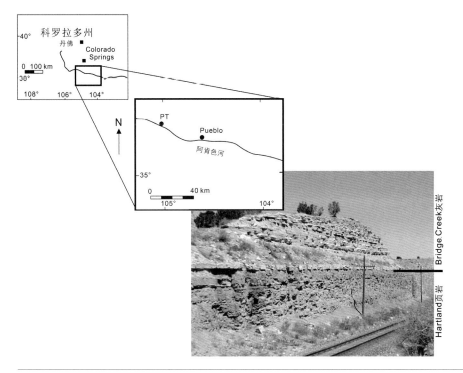

图 10-3-17 土伦阶底界"金钉子"——美国科罗拉多州 Pueblo 剖面交通位置图及剖面简图（Ellwood et al., 2006）

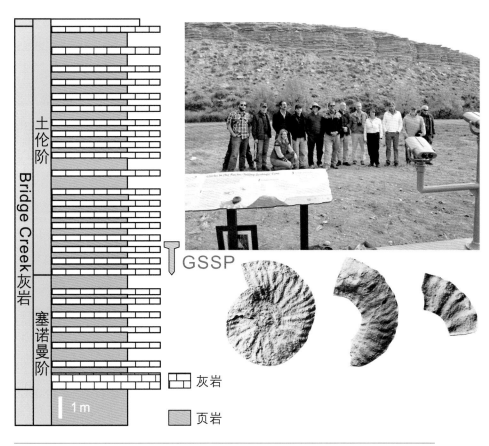

图 10-3-18 土伦阶"金钉子"剖面柱状图、揭牌仪式及标志化石——菊石 *Watinoceras devonense*

Lithraphidites acutum 为塞诺曼期。菊石方面，张启华（1985）描述了岗巴县城北宗山北坡的宗山组"第一峭壁灰岩"中产的坎潘期菊石。Immel 和 He（2002）研究了岗巴地区若干剖面的菊石动物群，识别出阿普特阶（Aptian）、阿尔布阶（Albian）、塞诺曼阶（Cenomanian）和坎潘阶（Campanian）。从他们的地层柱状图来看，塞诺曼阶—坎潘阶层段并无沉积间断或构造影响，该地区塞诺曼阶 – 土伦阶界线研究还有待深入。另外，阴家润（2016）也记述了在岗巴地区发现了塞诺曼期及坎潘期菊石，在聂拉木县普普嘎剖面也产有塞诺曼期及坎潘期菊石。总的来说，这两个地区有望建立连续的塞诺曼阶 – 土伦阶生物地层序列。

五、康尼亚克阶底界"金钉子"

1. 研究历程

最早在 1995 年布鲁塞尔第二届白垩系国际会议上，德国萨尔茨吉特 – 萨尔德（Salzgitter-Salder）剖面就被提出作为康尼亚克阶"金钉子"主要候选剖面。但是当时以 16 票赞成、3 票反对的投票结果被否决，主要原因是认为界线附近有地层缺失。后来，在 2008 年挪威奥斯陆第 33 届国际地质大会和 2009 年英国普利茅斯第 8 届国际白垩系大会上，康尼亚克阶底界界线工作组提出，将德国萨尔茨吉特 – 萨尔德剖面和波兰的 Słupia Nadbrzeżna 剖面作为康尼亚克阶"金钉子"综合候选剖面（Walaszczyk et al.，2010）。后来康尼亚克阶界线工作组经过 10 年的努力，在 2020 年再次提交了修正过的康尼亚克阶"金钉子"——萨尔茨吉特 – 萨尔德剖面的新提案。这个新提案于 2021 年 5 月获得国际地质科学联合会执委会的批准。

2. 地理概况

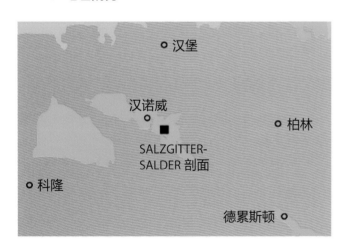

康尼亚克阶"金钉子"位于德国下萨克森州汉诺威东南部的萨尔茨吉特 – 萨尔德采石场（北纬 52° 07′ 27″，东经 10° 19′ 46″；图 10-3-19），位于高速 A39 南面，在萨尔茨吉特 – 萨尔德村高速出口附近。采石场位于高角度倾斜（倾角约 70°）不对称的 Lesse 向斜南翼，毗邻 Lichtenberg 构造。萨尔茨吉特 – 萨尔德剖面出露了

图 10-3-19 德国康尼亚克阶"金钉子"——萨尔茨吉特 – 萨尔德（Salzgitter-Salder）剖面地质区位图，绿色部分为白垩系分布区

大约 220 m 厚的中土伦阶 – 下康尼亚克阶的层状碳酸盐层序，分别属于 Söhlde、Salder 和 Erwitte 组。Erwitte 组由灰色和白色互层段组成，其上为上灰岩段。土伦阶 – 康尼亚克阶界线层位位于灰色和白色互层段的上部和上灰岩段的下部。

3. 康尼亚克阶"金钉子"的定义

康尼亚克阶"金钉子"的主要划分标志是叠瓦蛤类双壳类 *Cremnoceramus deformis erectus*（Meek，1877）（图 10-3-20）的首现面，即萨尔茨吉特 – 萨尔德采石场层序第 46 层之底。该"金钉子"剖面的主要生物与化学事件包括：① 35b—36 层的两个碳稳定同位素正向峰值，被统一编号为"i5"事件；② 39b—45b 层：碳稳定同位素事件选项 2；③ 39b 层：双壳类 *Didymotis* 极盛事件 I；④ 41 层：菊石 *Forresteria petrocoriensis* 的最低层位；⑤ 42 层：浮游有孔虫 *Dicarinella concavata* 最低层位；⑥ 42a—45b 层：碳稳定同位素事件选项 1；⑦ 44 层：叠瓦蛤类双壳类 *Mytiloides herbichi* 和 *Mytiloides scupini* 的最高层位；⑧ 45a 层：叠瓦蛤类双壳类 *Cremnoceramus waltersdorfensis waltersdorfensis* 的最低层位和双壳类 *Didymotis* 事件 II；⑨ 46 层：*Cremnoceramus deformis erectus* 的首现面——康尼亚克阶的底界；⑩ 47a 层：叠瓦蛤类双壳类 *Cremnoceramus deformis erectus* 极盛事件 I；⑪ 49a 层：叠瓦蛤类双壳类 *Cremnoceramus deformis erectus* 极盛事件 II，和碳稳定同位素正偏事件"i6"；⑫ 52b 层：叠瓦蛤类双壳类 *Cremnoceramus waltersdorfensis hannovrensis* 的首现面；⑬ 53a 层：叠瓦蛤类双壳类 *Cremnoceramus deformis erectus* 极盛事件 III；⑭ 55—58 层：碳稳定同位素正偏事件"i7"；⑮ 62 层：钙质超微化石 *Helicolithus turonicus* 的末现面；⑯ 69—70 层：碳稳定同位素正偏事件"i8"；⑰ 73 层：叠瓦蛤类双壳类 *Cremnoceramus crassus inconstans* 的首现面。

图 10-3-20 *Cremnoceramus deformis erectus*（Meek，1877），波兰 Kolonka 2 剖面 *erectus* 带（Walaszczyk & Wood，1998），比例尺为 1 cm

4. 康尼亚克阶底界年龄

根据美国蒙大拿州 Kevin-Sunburst Dome 地区测年数据锚点的 Niobrara 组的天文年代学框架，推定康尼亚克阶底界年龄为 89.75 ± 0.38 Ma（Sageman et al.，2014）。

5. 康尼亚克阶底界的全球辅助层型剖面

（1）波兰中部的 Słupia Nadbrzeżna 剖面。

波兰中部的 Słupia Nadbrzeżna 剖面（北纬 50°57′01″，东经 21°48′25″）。该剖面不但提供了土伦阶－康尼亚克阶界线最完整的叠瓦蛤双壳类化石记录，还产出重要菊石 *Forresteria petrocoriensis*。

（2）捷克共和国波西米亚地区 Střeleč 铁路剖面。

捷克共和国波西米亚地区 Střeleč 铁路剖面（北纬 50°29′48″，东经 15°15′18″）。该剖面提供了与 Słupia Nadbrzeżna 剖面基本相同的生物地层学记录，但是它的层序受到陆源碎屑输入的强烈影响（Čech & Uličný，2021）。

（3）墨西哥科约拉 Sierra del Carmen 国家公园 El Rosario 剖面。

墨西哥科约拉 Sierra del Carmen 国家公园 El Rosario 剖面（北纬 29°01′45″，西经 102°27′42″）。该剖面提供了从北美西部内陆海岸靠近南部入口地区的界线记录的细节，它证实了整个欧美生物地理区的叠瓦蛤化石记录的同时性，并且产出丰富的菊石动物群化石序列，这是任何土伦阶－康尼亚克阶界线地层无法比拟的（Ifrim et al.，2019）。

六、圣通阶底界"金钉子"

1. 圣通阶"金钉子"的由来

上白垩统圣通阶由 Coquand 在 1857 年提出，是以法国西南部的小镇 Saintes（Cognac）命名的。有三个剖面曾作为圣通阶"金钉子"的候选剖面：西班牙纳瓦拉的 Cantera de Margas 采石场，英国苏塞克斯郡的 Seaford Head 剖面和美国得克萨斯州达拉斯市的 Ten Mile Creek 剖面。圣通阶界线工作组在 2007 年 11 月选择西班牙奥拉扎古提亚的 Cantera de Margas 剖面为"金钉子"剖面，国际白垩系地层分会在 2010 年 9 月表决通过此提案。2012 年 4 月，国际地层委员会（ICS）通过此决定；2013 年 1 月，国际地质科学联合会（IUGS）批准了此决定。

2. 地理概况

（1）地理位置。

圣通阶"金钉子"位于西班牙纳瓦拉地区的奥拉扎古提亚县（Olazagutia）南部的一个仍在运行中的 Cantera de Margas 采石场（北纬 42°52′05″，西经 2°11′40″；图 10-3-21）。这个采石

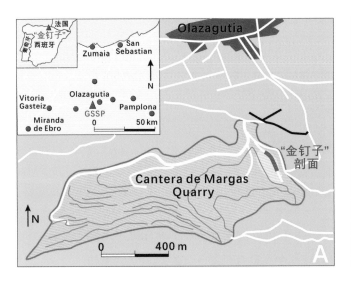
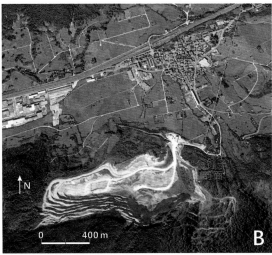

图 10-3-21 A. 西班牙北部 Cantera de Margas 采石场剖面的地理位置（依据 Lamolda & Paul, 2007），CM 为 Cantera de Margas；B. 谷歌地图显示 Cantera de Margas 剖面和许可通道

场之前属于 Cementos Portland Valderrivas 水泥公司，后经过协商，该公司将含有"金钉子"的那部分采石场移交给纳瓦拉政府（IUGS E-Bulletion No. 114）。

（2）永久性标志碑。

圣通阶"金钉子"的落成典礼由国际地层学委员会和国际地质科学联合会于 2015 年 11 月 27 日在西班牙的奥拉扎古提亚举行。纳瓦拉政府在含圣通阶"金钉子"的采石场围墙外面设置了栅栏，建立了永久性标志碑和教育展板（图 10-3-22）。

图 10-3-22 圣通阶"金钉子"永久性标志碑和教育展板，左上角照片中为 José Calvo 和 Stan Finney，右侧照片为纳瓦拉政府、水泥厂人员和 ICS、IUGS 委员于 2015 年揭碑典礼（据 IUGS E-Bulletion No. 114）

3. "金钉子"层型剖面描述

康尼亚克阶 – 圣通阶界线位于 Cantera de 剖面 Margas 碳酸盐岩岩相序列中，界线地层主要包括两部分略有差异的岩性：下部含泥灰质更多，上部含钙质更多。在底部有一段厚 20 m 的泥灰岩夹灰岩结核（Lamolda & Paul，2007）。

4. 生物地层标记

圣通阶"金钉子"以双壳类作为主要的生物地层标志，以浮游有孔虫作为次级标志。双壳类的叠瓦蛤类化石从 *Magadiceramus* 突然转变到广泛地理分布的 *Platyceramus undulatoplicatus*，后者的首现层位已经被选作圣通阶底界的标志（Lamolda & Hancock，1996）（图 10-3-23、图 10-3-24）。从大西洋到藏南的浮游有孔虫广布种 *Sigalia carpatica* 的首现面位于康尼亚克阶 – 圣通阶界线附近，可作为圣通阶"金钉子"的次级标志。另外一个浮游有孔虫广布种 *Costellagerina pilula* 的首现面位于康尼亚克阶 – 圣通阶界线之下，也是重要的生物标志。康尼亚克阶上部地层以底栖有孔虫 *Stensioeina granulata* 的末现和 *S. polonica*、*S. granulata incondita*、*Cibicides eriksdalensis* 和 *Neoflabellina gibbera* 等的首现为标志特征。在圣通阶下部，底栖有孔虫 *S. granulata incondita*、*Cibicides eriksdalensis* 和 *Neoflabellina gibbera* 的丰度增加，*Neoflabellina praecursor* 和 *N. santonica* 首现。在康尼亚克阶 – 圣通阶界线附近出现的大多数菊石属种都存在明显的区域性而难以作为界线的标志。康尼亚克阶 – 圣通阶的界线位于钙质超微化石 *Lucianorhabdus cayeuxii* 的首现面和 *Lithastrinus septenarius* 的末现面之间，也在 Sissingh（1977）的钙质超微化石带 CC16 中和 Burnett（1998）的钙质超微化石带 UC11c 亚带中。

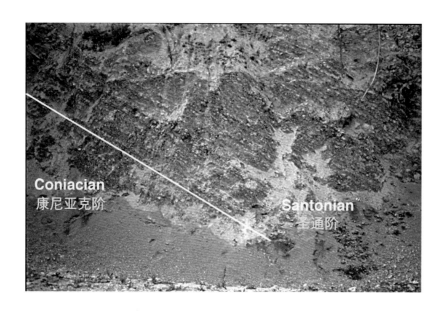

图 10-3-23 Cantera de Margas 剖面的康尼亚克阶 – 圣通阶界线。白色线指示双壳类 *P. undulatoplicatus* 的首现面，即"金钉子"界线（Lamolda et al.，2014）

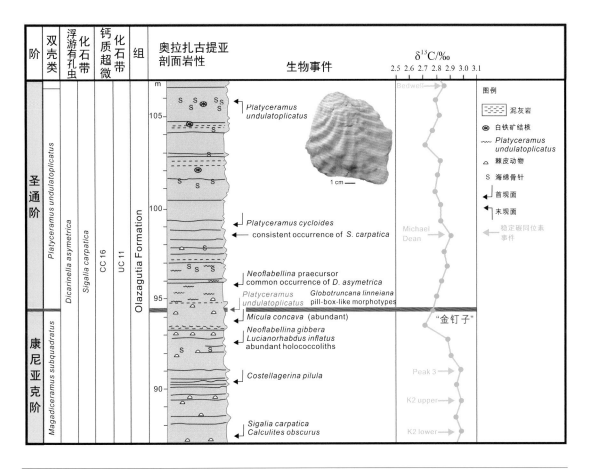

图10-3-24 圣通阶的"金钉子"——西班牙奥拉扎古提亚 Cantera de Margas 剖面的综合地层柱状图。"金钉子"界线位于双壳类化石 *Platyceramus undulatoplicatus* 的首现面（Gradstein et al.，2020）

5. 碳同位素研究

在 Cantera de Margas 采石场剖面，康尼亚克阶 – 圣通阶界线前后的 δ¹³C 只有0.37‰的变化，并没有出现像跨过塞诺曼阶 – 土伦阶界线的那样显著的漂移。但是从 +3.05‰到 +2.68‰，δ¹³C 值呈现持续下降，中间伴随一些波动。在双壳类化石 *P. undulatoplicatus* 的首现面之下，δ¹³C 从2.98‰降到2.71‰。在这个层位之上，δ¹³C 又重新增加到2.91‰（Lamolda & Paul，2007）。

奥拉扎古提亚 Cantera de Margas 采石场、英国肯特郡东部和英国南部都记录有双壳类化石 *P. undulatoplicatus* 的首现面和末现面。通过对比奥拉扎古提亚 Cantera de Margas 采石场、英国肯特郡东部（Jenkyns et al.，1994；Paul & Lamolda，2009）和英国南部（Jarvis et al.，2006）的稳定碳同位素曲线，可以发现在康尼亚克阶 – 圣通阶界线附近的稳定碳同位素曲线都没有发生显著漂移，但在西班牙和英国这两个地区有一些相似之处——都可以识别出三个 δ¹³C 最低值（分别在早康尼亚克期、圣通阶底界和早圣通期）。

6. 旋回地层学和地质年代

在奥拉扎古提亚 Cantera de Margas 采石场剖面，康尼亚克阶 - 圣通阶界线附近可以识别出五个 10 m 厚的沉积旋回。但是这些沉积旋回是否可以与其他地区，例如美国西部内陆的尼欧伯若拉组（Locklair & Sageman，2008）对比，仍然需要进一步研究。虽然美国西部内陆只含有区域性大化石，尤其是菊石，但研究者们提出的 400 ka 的旋回序列可以很好地用来指示区域的康尼亚克阶 - 圣通阶界线。根据 Gradstein 等（2012），康尼亚克阶 - 圣通阶界线的时代为 86.26 ± 0.12/0.49 Ma。

7. 奥拉扎古提亚的康尼亚克阶 - 圣通阶界线的事件序列

根据以上讨论的结果，我们可以识别出在奥拉扎古提亚县跨过康尼亚克阶 - 圣通阶界线的一系列的地质事件。由上而下共有 22 个事件：

钙质超微化石：在 112.4 m 处，钙质超微化石 *Lithastrinus septenarius* 的末现面；在 93.8 m 处，钙质超微化石 *Micula concava* 的丰度首现面；在 92.6 m 处，钙质超微化石 *Lucianorhabdus inflatus* 的首现面；在 87.4 m 处，钙质超微化石 *Calculites obscurus* 的首现面；在 81.9 m 处，钙质超微化石 *Lucianorhabdus cayeuxii* 的首现面；在 79.9 m 处，钙质超微化石 *Lithastrinus grillii* 的首现面。

双壳类化石：在 105.9 m 处，双壳类 *Platyceramus undulatoplicatus* 的末现面；在 99.1 m 处，双壳类 *Platyceramus cycloides* 的首现面；在 94.4 m 处，双壳类 *Platyceramus undulatoplicatus* 的首现面；在 64.6 m 处，双壳类 *Magadiceramus subquadratus* 的首现面。

有孔虫化石：在 95.8 m 处，底栖有孔虫 *Neoflabellina praecursor* 的首现面和浮游有孔虫 *Dicarinella asymetrica* 的常见始现面；在 94.5 m 处，浮游有孔虫礁堡型的 *Globotruncana linneiana* 的始现面；在 92.6 m 处，底栖有孔虫 *Neoflabellina gibbera* 的首现面；在 90.4 m 处，浮游有孔虫 *Costellagerina pilula* 的首现面；在 87.4 m 处，浮游有孔虫 *Sigalia carpatica* 的首现面。

稳定碳同位素：在 106.75 m 处，稳定碳同位素贝德韦尔（Bedwell）事件；在 98.6 m 处，稳定碳同位素米歇尔事件和 *Sigalia carpatica* 的连续出现；在 90.85 处，稳定碳同位素峰 3；在 89.45 m 处，稳定碳同位素 K2 峰的上部；在 87.45 m 处，稳定碳同位素 K2 峰的下部；在 81.6 m 处，稳定碳同位素 K1 峰；在 77.2 m 处，稳定碳同位素金斯当（Kingsdown）事件。

七、马斯特里赫特阶底界"金钉子"

1. 研究历程

上白垩统马斯特里赫特阶"金钉子"的定义可追溯至 1995 年 9 月第二次"国际白垩系'阶'的界线会议",会上法国地质学家 Gilles S. Odin 提议,将位于法国西南部朗德省 Dax 地区泰西斯莱班(Tercis les Bains)的大卡里采石场 Tercis 剖面作为"金钉子"候选剖面,通过对菊石和沟鞭藻等 12 个属种发生事件的厚度位置计算平均值,将界线置于该剖面的 d'Avezac 单元底界之上115.2 m 处(Odin,1995)。该马斯特里赫特阶"金钉子"剖面提案于 1999 年在马斯特里赫特阶工作组内部以超过 62% 的赞成票通过,2000 年国际地层委员会白垩系分会以 13 票赞成、2 票弃权、3 票反对获得通过,2000 年 12 月国际地层学委员会以 76% 的支持率通过,并最终于 2001年 2 月由国际地质科学联合会执委会正式批准(Odin,2001;Odin & Lamaurelle,2001)。

2. 地理概况

(1)地理位置。

马斯特里赫特阶的"金钉子"位于法国西南部朗德省(Landes)Dax 地区泰西斯莱班(Tercis les Bains)的 Tercis 剖面(北纬 43° 40′ 46″,西经 1° 06′ 48″),位于阿杜尔河(Adour River)岸边,是特西—昂古姆(Tercis-Angoumé)东西向背斜的一部分(图 10-3-25)。

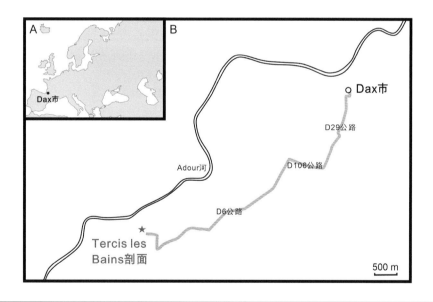

图 10-3-25 马斯特里赫特阶"金钉子"地理位置图及路线图。A. Tercis 剖面在欧洲的地理位置图;B. 从 Dax 市到 Tercis 剖面的路线图

（2）到达方式。

从达克斯市（Dax）出发向南沿 D29 公路前进，之后向西沿 D106 公路直行，再继续向南沿 D6 公路直行即可到达；或者可从从达克斯市出发向南沿 D6 公路直行，即可到达斯特里赫特阶的"金钉子"（图 10-3-25），路程约 7.5 km，车程一般 15 min 以内，交通便利。

3. 内涵和界线定义

（1）剖面基本情况。

马斯特里赫特阶"金钉子"剖面为特西—昂古姆（Tercis-Angoumé）东西向背斜的一部分。中生代地层垂直出露于背斜北翼，部分为底辟成因；背斜中部为上三叠统日耳曼相（Germanic facies，欧洲海陆交互相的三叠系类型的通称）沉积。该采石场由之前采矿作业形成的五个"平台"组成，每个平台高 5~7 m，相距约 100 m（图 10-3-26）。采石场的地层包括坎潘阶的上半部分、整个马斯特里赫特阶和古近系最底部。没有断层影响采石场的东部地层。

剖面地层总厚大约 310 m，从下到上被分成 Lacave、Hontarède、d'Avezac、Les Vignes 和 Bédat，共 5 个地层单元。Lacave 单元主要为含厚壳蛤的浅海相沉积，由其中的海胆和腕足动物化石可知地层年代主要为土伦期至康尼亚克期，但由海星残骸可知该单元顶部 2 m 为坎潘期的沉积。Hontarède 单元缺少化石，但是与 Lacave 单元间没有沉积间断。d'Avezac 单元主要的岩性为含海绿石灰岩，可根据海绿石的有无分为 5 个亚单元，厚约 100 m。Les Vignes 单元可被分为两个亚单元：下部为灰白色含燧石灰岩，厚约 31 m，马斯特里赫特阶底界就位于该亚单元内，界

图 10-3-26 Tercis 采石场东端鸟瞰图，可见垂直岩层，左下角可见一挖掘机（据 Odin & Lamaurelle，2001）

地层"金钉子"：地球演化历史的关键节点

线附近含一层明显富集细齿蛎属（*Pycnodonte*）（一种生活在深水环境中的牡蛎）的标志层；上部为灰黑色含燧石灰岩。通过岩相分析可知坎潘阶和马斯特里赫特阶过渡带为开放大洋沉积，沉积深度可能在 50～200 m，主要的岩性变化与海绿石的数量和燧石（浅色或深色燧石）的发育程度有关。通过生物带和阶持续时间进行沉积速率估算，该地区沉积速率恒定为 25 m/Ma，即沉积 1 m 需要 4 万年。据此推算，该采石场的剖面共经过 7 Ma 沉积而成，其中在"金钉子"界线下为 5 Ma，界线之上为 2 Ma。磁性地层学资料显示，坎潘阶的 d'Avezac 单元的磁性地层带为 33 N 的上半部分，而 Les Vignes 单元的灰黑色亚单元的磁性地层带为 31R 的底部。

采石场在 1993 年已经停工。只要在当地法律允许、确保不破坏剖面的情况下就可以进入采石场（Odin & Lamaurelle，2001）。

（2）生物地层学。

在该"金钉子"正式确定之前，坎潘阶和马斯特里赫特阶过渡带有 9 个主要的生物事件面已得到研究，但是这 9 个生物事件面的时间顺序在不同地点之间略有不同，而且它们从来没有在一个单独的剖面中被全部发现，所以在正式确定"金钉子"之前，地层年代的对比都是间接的。但是在 Tercis 剖面，可以找到 9 个生物事件面中的 8 个（Odin & Lamaurelle，2001）。这 9 个生物事件面由上到下依次为：

① 钙质超微化石 *Aspidolithus parcus constrictus* 的末次出现，约晚于"金钉子"界线 1.8 Myr；

② 钙质超微化石 *Quadrum trifidum* 的末现；

③ 菊石 *Hoploscaphites constrictus* 的首现；

④ 菊石 *Pachydiscus neubergicus* 的首现；

⑤ 箭石 *Belemnella lanceolata* 的首现；

⑥ 菊石 *Nostoceras hyatti* 的末现；

⑦ 有孔虫 *Globotruncana falsostuarti* 的首现；

⑧ 菊石 *Nostoceras hyatti* 的首现；

⑨ 有孔虫 *Radotruncana calcarata* 的末现，约早于"金钉子"界线 2 Myr。

（3）"金钉子"的定义。

在前述的 9 个主要的生物事件面的基础上，专家们根据钙质超微化石、沟鞭藻囊孢、底栖有孔虫、浮游有孔虫、菊石和叠瓦蛤的分布情况，提出了坎潘阶和马斯特里赫特阶过渡带共有 12 个生物事件面，并考虑 12 个生物事件面在层型剖面上出现的层位，即距离层型剖面上 d'Avezac 单元底界之上的地层厚度（自下而上计算），如菊石 *Pachydiscus neubergicus* 的首现面出现在 d'Avezac 单元底界之上 116.1 m 处，沟鞭藻 *Corradinisphaeridium horridum* 的末现面出现在 112.4 m 处等（Odin & Lamaurelle，2001）。之后对这些 12 个数值计算平均值，最终将"金钉子"

置于 Tercis 剖面上距离 d'Avezac 单元底界之上 115.2 m 处（图 10-3-27）。根据该"金钉子"定义，界线（115.2 m）之上最近发生的生物事件为菊石 *Pachydiscus neubergicus* 的首现（116.1 m）（图 10-3-28、图 10-3-29）（Christensen et al.，2000；王启飞和陈丕基，2005）。随后的研究发现，叠瓦蛤类的生物带间的界线（"*Inoceramus*" *redbirdensis* 带顶界与 *Endocostea typica* 带底界）也可作为识别"金钉子"的有效标志（Walaszczyk et al.，2002）。

图 10-3-27 Tercis 剖面露头。岩层倾向近乎垂直，左侧为马斯特里赫特阶，右侧为坎潘阶，最右上箭头为 d'Avezac 单元底界之上 114 m 处，"金钉子"界线在图中用"*"号标出，离最右上箭头所示层位相差 1.2 m（115.2 m）

图 10-3-28 菊石 *Pachydiscus neubergicus* 照片，比例尺为 1 cm

　　　　　　　　　　　　　　　　地层"金钉子"：地球演化历史的关键节点

化石门类		生物事件		生物事件在层型剖面上发生的位置 /m	生物事件与"金钉子"的时间间隔 /ka
菊石	1	*Pachydiscus neubergicus*	首现面	≤ 116.1	≈ 35
	2	*Nostoceras hyatti* 及近缘类群	末现面	≥ 114.1	≈ 45
	3	*Diplomoceras cylindraceum*	首现面	≤ 111±3	≈ 165
沟鞭藻	4	*Corradinisphaeridium horridum*	末现面	112.4±2.4	≈ 110
	5	*Raetiaedinium truncigerum*（部分学者命名为 *R. evittigratium*）	末现面	118.6±3.8	≈ 135
	6	*Samlandia mayii* 及 *S. carnarvonensis*	末现面	> 122.4	≈ 300
浮游有孔虫	7	*Contusotruncana contusa*	首现面	116.5±0.3	≈ 50
	8	*Rugoglobegerina scotti*	首现面	116.2±0.5	≈ 40
底栖有孔虫	9	*Bolivinoides*（5 lobes > 4 on last chamber）	首现面	107.4±7.4	≈ 310
	10	*Gavelinella clementiana*	末现面	115.5±0.7	≈ 12
叠瓦蛤类	11	*Trochoceramus*	首现面	≤ 97.7	≈ 700
钙质超微化石	12	*Quadrum trifidum*	末现面	134.2±2.7	≈ 750
生物事件发生位置的平均值				115.2	

图 10-3-29 确定马斯特里赫特阶底界"金钉子"的生物变化综合标准（引自 Odin & Lamaurelle, 2001；王启飞和陈丕基, 2005，生物事件发生与"金钉子"的时间间隔根据沉积厚度估算）

通过与大洋钻探计划 762C 井的碳同位素曲线对比，并参照 762C 井的旋回地层学研究，将马斯特里赫特阶底界"金钉子"的时间限定在 72.15 ± 0.05 Ma，这样整个马斯特里赫特阶的持续时间为 6.15 ± 0.05 Myr（Thibault et al., 2012a）。随后，也有学者在波兰东南地区罗兹托切山（Roztocze Hills）的坎潘期中期的的地层中发现了菊石 *Diplomoceras cylindraceum*，使该菊石的首现面大为提前，表明该菊石种具有明显的穿时性，大大降低了它对马斯特里赫特阶底界"金钉子"的定义价值（Remin et al., 2015）。

（4）马斯特里赫特阶"金钉子"剖面与其他剖面的对比。

Tercis 剖面在古地理格局上位于特提斯区的最北端，沉积物中同时包含典型的特提斯生物群与全球性的生物群，这降低了进行全球对比的难度。古地理格局上位于北方区的德国北部的克龙斯莫尔剖面（Kronsmoor）是另一研究较深入的剖面，该剖面的箭石是重要的地方性化石。Tercis 剖面可以通过分别位于波兰维斯瓦河谷（又译"维斯杜拉河谷"，Vistula Valley）和英格兰诺福克郡（Norfolk）的剖面与克龙斯莫尔剖面进行间接对比。Tercis 剖面与波兰维斯瓦河谷剖面可通过菊石 *Nostoceras hyatti* 的末现进行对比。而通过海胆类的延限带与英格兰诺福克郡的剖面进行对比，显示 Tercis 剖面菊石 *Pachydiscus neubergicus* 的首现几乎与诺福克郡剖面箭石 *Belemnella lanceolata* 的首现等时（±0.1 Ma）。因此，箭石 *Belemnella lanceolata* 的首现可作为北方区的马斯特里赫特阶底界的标志。

在特提斯区内部，Tercis 剖面可与西班牙北部或意大利中部亚平宁山脉的地层剖面对比。在亚平宁山脉的剖面，通过钙质超微化石、浮游有孔虫及磁性地层学划分，可与 Tercis 剖面实现高精度对比。亚平宁山脉的剖面具有更高分辨率的磁性地层学记录，可辅助 Tercis 剖面的研究。同样在特提斯区的内部，位于突尼斯的几个剖面也可通过菊石、叠瓦蛤类以及浮游微生物群与 Tercis 剖面对比。

在北美，位于西部内陆省份具斑脱岩的该段地层可通过浮游有孔虫、菊石、叠瓦蛤类或磁性地层学与 Tercis 剖面对比。地质年代学的校正显示，北美菊石 *Nostoceras hyatti* 的末现年龄介于 72.5—71.0 Ma 之间（Odin & Lamaurelle，2001）。

（5）碳同位素曲线。

Tercis 剖面可见数次 δ^{13}C 负漂事件，可能由于气候变冷导致（Linnert et al.，2017）。在靠近坎潘阶 – 马斯特里赫特阶界线的地方可见一总共两期次、幅度为 0.6‰ 的负漂（CMB a 和 CMB c），这两次负漂被其中的一次微小正漂（在约 110.5 m 处）所打断。在 Tercis 剖面，"金钉子"界线几乎正好位于 CMB 负漂的中部。CMB 负漂跨越了多个生物事件面：超微化石 *Eiffelithus eximius* 的末现面（在界线下方 25 m），以及超微化石 *Uniplanarius gothicus* 的末现面（在界线上方 14 m）、*U. trifidus* 的末现面（在界线上方 19 m）、*Amphizygus brooksi* 的末现面（在界线上方 37 m）和 *Broinsonia parca constricta* 的末现面（在界线上方 45 m）。另外，CMB 负漂也对应于沟鞭藻 *Corradinisphaeridium horridum* 的末现面（在界线下方 2.8 m）、*Raetiaedinium evittigratium* 的末现面（在界线上方 3.4 m）。这次负漂正好在 *Samlandia mayii* 的末现面（在界线上方 7 m）下方结束（Thibault et al.，2012b）。

4. 我国该界线的情况

我国坎潘期 – 马斯特里赫特期主要发育陆相地层，仅在台湾、西藏和新疆喀什地区有海相沉积（Chen，1987）。对于陆相地层而言，我国西南地区、西北地区、中南地区、松辽盆地以及苏北—南黄海盆地接受了较完整沉积；东北地区（除松辽盆地）地层分布局限，东南地区（赣州—杭州断裂带以东）及华北地台区缺失本期地层（曹珂，2013；席党鹏等，2019）。在我国，松辽盆地该界线附近地层研究较为完善。

在松辽盆地所在的东北地层大区，坎潘阶 – 马斯特里赫特阶的界线位于绥化阶底部，主要地层为四方台组和明水组，发育明水生物群（又名嘉荫生物群）（席党鹏等，2019）。四方台组岩性为一套红色粗碎屑岩，下部为砖红色含细砾的砂泥岩夹棕灰色、灰绿色砂岩和泥质粉砂岩；中部为灰白色、灰色细砂岩、粉砂岩、泥质粉砂岩与砖红色、紫红色泥岩互层；上部以砖红色、紫红色泥岩为主。四方台组沉积相为曲流河亚相和浅湖亚相。明水组一段由灰绿色砂岩、泥质砂岩与两层灰黑色泥岩组成，夹少量棕红色泥岩，两层灰黑色泥岩为全盆地区域地层划分对比的标志层，顶部黑色泥岩为明水组一段与二段的分界标志层。一段厚度一般为 120~160 m。明水组二段下部为灰、灰绿色、杂色砂岩及灰绿色泥岩组成，上部为灰、灰绿、杂色砂岩、泥岩与棕红色泥岩互层，顶部有一层砖红色块状泥岩；二段厚度一般为 200 m 左右，最大厚度可超过 380 m，多数地区该段顶部遭受风华侵蚀，保存不全。明水组主要发育曲流河亚相、浅湖亚相和滨湖亚相的沉积（屈海英，2014）。在明水组内，坎潘阶 – 马斯特里赫特阶界线可通过 Chenopodipollis 孢粉带 –Toroisporis 孢粉带的界线来识别（Yoshino et al.，2017）。另外，介形类与轮藻对该时期的地层对比，及对坎潘阶 – 马斯特里赫特阶界线的识别也有一定意义（Wang et al.，2019；Li et al.，2020）。

明水生物群是以微体古生物为主体的综合性动植物群，包括叶肢介、介形类、双壳类、腹足类、藻类、轮藻、孢粉等。明水生物群发育于盆地萎缩期——地势抬升，湖盆变小变浅。这一时期的地层露头剖面很少，松辽盆地该生物群的研究多依据钻井材料，因此除微体化石外，其他化石发现率低，影响对这一生物群全貌的认识（黄清华，2007）。在黑龙江省伊春市的嘉荫盆地，该时期地层中还发现了大量的恐龙残骸（万晓樵等，2017）。

第四节
白垩系内待定界线层型研究

白垩系目前还有 5 个阶没有确定"金钉子"，下面将分别来介绍。

一、贝里阿斯阶底界

贝里阿斯阶（Berriasian）是 Coquand 在 1871 年建立的，典型剖面在法国瓦尔省贝里阿斯（Berrias）村地区。该阶是白垩系最底部的一个阶，它的底界也就是白垩系的底界，是显生宇最后一个没有确定"金钉子"的系级界线（图 10-4-1）。侏罗纪 - 白垩纪之交，由于海退发生，使得地球南、北方区与特提斯区的交流被打破，发育的地方性生物群给地层对比带来困难（Wimbledon et al.，2011）。贝里阿斯阶工作组通过磁性地层学方法将特提斯区和北方区进行精

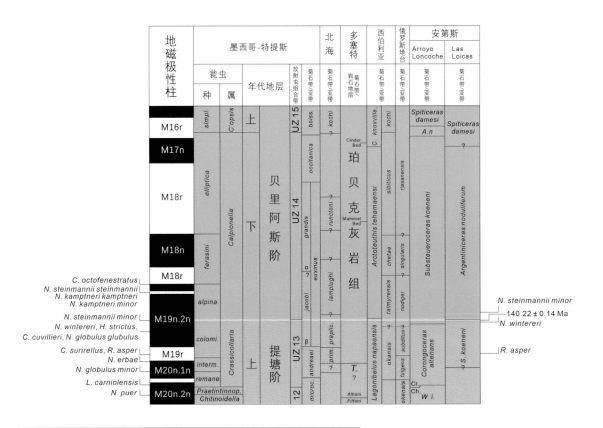

图 10-4-1 贝里阿斯阶底界附近地质事件（修改于 Wimbledon et al.，2020b）

确对比。2016 年工作组全体正式投票表决，76% 投票人赞同将翁虫 *Calpionella alpina*（阿尔卑斯翁虫）亚带的底界作为界线划分的主要标志（图 10-4-2A），再结合其他次要标志，如菊石、钙质超微化石、磁性地层标志等。2019 年 5 月，工作组全体成员再次投票表决，以 73% 的多数票赞同法国东南部 Vocontian 盆地 Tré Maroua 剖面作为"金钉子"候选剖面。工作组最终决定把翁虫 *alpina* 亚带底界作为贝利阿斯阶底界的主要标志（图 10-4-1）。该亚带以小型 *Calpionella alpina*（阿尔卑斯瓮虫）占优势，伴有罕见的 *Crassicollaria parvula* 和 *Tintinopsella carpathica*。围绕界线的次要标志是界线下面的钙质超微化石 *Nannoconus wintereri* 种的首现面和界线上面的 *Nannoconus steinmannii minor* 亚种的首现面。该界线处在 M19n.1r（Brodno）反极性亚带之下的 M19n.2n 正极性亚带内（Wimbledon et al., 2020a, c）。目前该界线对比标志向东可以延伸到阿拉伯半岛和伊朗，向西穿过大西洋中部到达加勒比海、墨西哥，向南可到南美的安第斯山脉（图 10-4-1）。遗憾的是上述"金钉子"提案已经被国际地层委员会白垩系分会否决了。虽然界线标志还无法应用到我国藏南地区，因为无法找到翁虫，但是界线附近 141 Ma 精确的测年结果可能指示了侏罗系 – 白垩系界线年龄（Lena et al., 2019）。这个年龄数据可以应用到我国陆相地层白垩系底界地层的划分上。目前的努力方向是我国北方的土城子组（或后城组）（Li & Matsuoka, 2015；万晓樵等，2020）。

二、瓦兰今阶底界

瑞士地质学家 Desor 在 1854 年首次提出瓦兰今阶（Valanginian），命名地点在瑞士纳沙泰尔（Neuchâtel）地区瓦兰今（Valangin）附近的 Seyon 山谷。由于该剖面是浅水灰岩层序，缺乏菊石，后来研究者选取法国参考剖面将瓦兰今阶底界划在 "*Thurmanniceras*" *otopeta* 的最低层位（Birkelund et al., 1984）。但是由于菊石分类和对比问题（Hoedemaeker et al., 2003），工作组建议该阶的"金钉子"定义提升到翁虫 *Calpionellites darderi*（兜甲纤毛虫）的首现面，即翁虫 E 带之底（Aguado et al., 2000）。该层位的对比可以从法国追踪到墨西哥（López-Martínez et al., 2017）。虽然西班牙南部 Caravaca 附近潜在的"金钉子"剖面具有综合的菊石、钙质超微和磁性地层资料，但是翁虫保存较差（Gale et al., 2020）。最近，工作组又在讨论选取菊石 "*Thurmanniceras*" *pertransiens* 的首现面作为瓦兰今阶的底界（图 10-4-2），候选"金钉子"剖面在法国南部 Vocontian 盆地 Vergol 剖面（Kenjo et al., 2021）。

三、巴雷姆阶底界

巴雷姆阶（Barremian）是 Coquand 在 1861 年提出的，以法国东南部上普罗旺斯阿尔卑斯省 Barrême 附近的海相地层为基础。它的原始定义包括了现代意义的欧特里夫阶的上部层位。阶的含义后来被 Busnardo（1965）重新定义，标准层序选在法国东南部 Angles 路边剖面。目前在特提斯地区以菊石 *Taveraidiscus hugii*（Ooster，1860）的首现面作为阶的底界（图 10-4-2C）。推荐的"金钉子"候选剖面在西班牙东南部穆尔西亚（Murcia）省卡拉瓦卡（Caravaca）地区的 Río Argos 剖面（Rawson et al.，1996）。

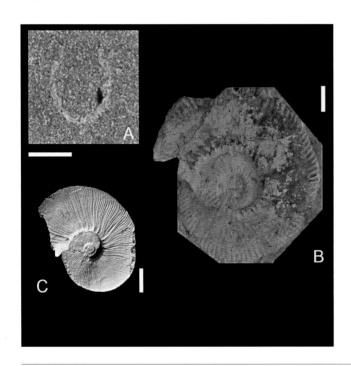

图 10-4-2 A. 钙质有孔虫——翁虫 *Calpionella alpina*（Lorenz，1902），法国加普 Tré Maroua 下部剖面第 14 层（左岸剖面）（Wimbledon et al.，2020c）；B. 菊石 *"Thurmanniceras" pertransiens*（Sayn，1907），Vergol 剖面 V16 层（Kenjo et al.，2021）；C. *Taveraidiscus hugii*（Ooster，1860），西班牙 Río Argos X.Ag4 剖面 *T. hugii* 带（Company et al.，2003）。A 的比例尺为 50 μm，B 和 C 的比例尺为 1 cm

四、阿普特阶底界

D'Orbigny（1840）以法国东南部沃克卢兹省（Vaucluse）阿普特（Apt）地区地层命名了阿普特阶（Aptian）（Rawson，1983），但当时并没有指定层型剖面，后来阶的含义和下伏地层几经变更。在国际地球科学计划（原国际地质对比计划）项目 IGCP 262 和 362 的推荐下，阿普特阶底界的划分标准确定为 *Martelites* 菊石层以上的 *Deshayesites* 菊石属的首现面（Delanoy et al.，1997）。这一划分标准是在法国东南部 Angles 和 Cassis-Roquefort-la-Bédoule 巴雷姆 – 阿普特阶经典层型地区建立，并且扩展到地中海 — 高加索等特提斯地层区。但是，Moullade 等（2011）提出完全不同的划分方案：将现今阿普特阶底部三个菊石带单独划归到重新启用的贝杜尔阶（Bedoulian），而把阿普特阶的底界上提到 *Dufrenoyia* 菊石属的首现面。但是这一提议遭到 Reboulet 等专家的反对（Reboulet et al.，2011）。

目前国际地层表上的阿普特阶的底界定义为磁性地层反极性 M0r 带的底界，候选层型剖面位于意大利中部翁布里亚—马尔凯地区（Umbria–Marche）Piobbico 以东 3 km 的 Gorgo a Cerbara 剖面。这是一套菊石稀少的远洋灰岩层序，但是具有详细的磁性地层学、生物地层学（包括钙质超微、浮游有孔虫、放射虫、沟鞭藻）、碳同位素地层学和旋回地层学综合资料（Jenkyns，2018）。近年来，Frau 等（2018）对产自 Gorgo a Cerbara 剖面和意大利北部 Cesana Brianza 剖面的菊石进行了重新修订，发现这套地层属于巴雷姆阶顶部的 *Martelites sararini* 菊石带下部的 *M. sarasini* 菊石亚带。这些菊石分别产出在 M0r 带的顶部和 C34n 带的底部。这样一来 M0r 就确切落在了巴雷姆阶内部。在 2019 年 7 月，在意大利米兰召开的第三届国际地层学大会上，阿普特阶工作组讨论并考虑了其他界线划分的可能标志，包括大洋缺氧事件 OAE1a 的 C3 段、δ^{13}C 负漂移峰值点位等（Menegatti et al.，1998）。

五、坎潘阶底界

坎潘阶（Campanian）最早由 Coquand 在 1857 年提出，典型剖面在法国阿基坦（Aquitaine）省北部 Aubeterresur–Dronne 附近的大香槟剖面（Grande Champagne），但是这里大部分地层现在已经划归马斯特里赫特阶。虽然该阶的底界曾经用菊石 *Placenticeras bidorsatum* 的首现面来定义，但是由于化石太少而使该定义不实用（Hancock & Gale，1996）。后来工作组曾一度提出用海百合 *Marsupites testudinarius* 的绝灭来定义该阶的底界，但是这个种的分布受到环境的限制。目前工作组主张采用磁极性带 C33r 的底界作为定义该阶底界"金钉子"的主要标志，界线年龄大约是 83 Ma（Maron & Muttoni，2021）。

致谢

中国科学院南京地质古生物研究所王博研究员审阅文稿，主编张元动、詹仁斌研究员提出宝贵修改意见，特此感谢。

参考文献

曹珂. 2013. 中国陆相白垩系地层对比. 地质论评, 59(1): 24-40.

黄清华. 2007. 松辽盆地晚白垩世地层及微体古生物群. 中国地质科学院.

黄永建, 王成善, 顾健. 2008. 白垩纪大洋缺氧事件: 研究进展与未来展望. 地质学报, 81(1): 21-30.

李建国, 彭俊刚, 张前旗. 2016. 西藏岗巴察且拉剖面白垩系孢粉组合. 古生物学报, 55(3): 346-366.

黎文本. 2001. 从孢粉组合论证松辽盆地泉头组的地质时代及上、下白垩统界线. 古生物学报, 40: 153-176.

彭博, 沙金庚, 蔡华伟, 李建国, 张晓林, 王亚琼, 饶馨. 2014. 西藏岗巴察且拉剖面阿普特阶—阿尔布阶界线附近的菊石生物地层. 地层学杂志, 38(3): 268-276.

席党鹏, 万晓樵, 李国彪, 李罡. 2019. 中国白垩纪综合地层和时间框架. 中国科学, 49(1): 257-288.

万晓樵, 吴怀春, 席党鹏, 刘美羽, 覃祚焕. 2017. 中国东北地区白垩纪温室时期陆相生物群与气候环境演化. 地学前缘, 24(1): 18-31.

王成善, 胡修棉. 2005. 白垩纪世界与大洋红层. 地学前缘, 12(2): 11-21.

王成善, 曹珂, 黄永建. 2009. 沉积记录与白垩纪地球表层系统变化. 地学前缘, 16: 1-14.

王启飞, 陈丕基. 2005. 白垩纪年代地层学研究简述. 地层学杂志, 29(2): 114-123.

万晓樵, 孙立新, 李玮. 2020. 燕辽地区土城子组古生物组合与陆相侏罗系-白垩系界线年代地层. 古生物学报, 59(1): 1-12.

阴家润, 2016. 西藏喜马拉雅晚侏罗世—早白垩世菊石. 北京: 地质出版社, 1-308.

张启华, 1985. 西藏岗巴地区晚白垩世坎潘期 (Campanian) 菊石. 青藏高原地质文集, 9: 69-83.

钟石兰, 周志澄, Willems, H., 章炳高, 祝幼华. 2000. 西藏南部岗巴地区白垩纪中期钙质超微化石带和 Cenomanian-Turonian 界线. 古生物学报, 39(3): 313-325.

Aguado, R., Company, M., Tavera, J.M. 2000. The Berriasian/Valanginian boundary in the Mediterranean region: new data from the Caravaca and Cehegin sections, SE Spain. Cretaceous Research, 21: 1-21.

Aguirre-Urreta, B., Martinez, M., Schmitz., M., Lescano, M., Omarini, J., Tunik, M., Kuhnert, H., Concheyro, A., Rawson, P.F., Ramos, V.A., Reboulet, S., Noclin, N., Frederichs, T., Nickl, A.L., Pälike, H. 2019. Interhemispheric radio-astrochronological calibration of the time scales from the Andean and the Tethyan areas in the Valanginian-Hauterivian (Early Cretaceous). Gondwana Research, 70: 104-132.

Alexander, J.T., Van Gilst, R.Z., Rodríguez-López, J.P., De Boer, P.L. 2011. The sedimentary expression of oceanic anoxic event 1b in the North Atlantic. Sedimentology, 58(5): 1217-1246.

Anderson, T.F., Arthur, M.A. 1983. Stable isotopes of oxygen and carbon and their application to sedimentologic and environmental interpretation//Arthur, M.A., Anderson, T.F. (eds.). Society of Economic Paleontologists and Mineralogists Short Course, 10: I1-I151.

Applegate, J.L., Bergen, J.A. 1989. Cretaceous calcareous nannofossil biostratigraphy of sediments recovered from the Galicia Margin of Leg 103//Boillot, G., Winterer, E. L., Meyer, A. W. (eds). Galicia Margin, Sites 637-641, Proceedings of the Ocean Drilling Project, Scientific Results, 103: 293-348.

Barbier, R., Thieuloy, J.P. 1965. Étage Valanginien. Mémoires du Bureau de Recherches Géologiques et Minières, 34: 79-84.

Bice, K.L., Bice, K.L., Birgel, D., Meyers, P.A., Dahl, K., Hinrichs, K.U., Norris, R.D. 2006. A multiple proxy and model study of Cretaceous upper ocean temperatures and atmospheric CO_2 concentrations. Paleoceanography, 21: PA2002.

Birkelund, T., Hancock, J.M., Hart, M.B., Rawson, P.E., Remane, J., Robaszynski, F., Schmid, F., Surlyk, F. 1984. Cretaceous Stage Boundaries - Proposals. Bulletin of the Geological Society of Denmark, 33: 3-20.

Bodin, S., Meissner, P., Janssen, N.M.M., Steuber, T., Mutterlose, J. 2015. Large igneous provinces and organic carbon burial: Controls on global temperature and continental weathering during the Early Cretaceous. Global and Planetary Change, 133: 238-253.

Bond, D.P.G., Wignall, P.B. 2014. Large igneous provinces and mass extinctions: an update//Keller, G., Kerr, A.C. (eds.). Volcanism, Impacts, and Mass Extinctions: Causes and Effects. Geological Society of America, Special Papers, 505: 29-55.

Bréhérét, J.G. 1997. L'Aptien et l'Albien de la Fosse Vocontienne (des bordures au bassin). Evolution de la sédimentation et enseignements sur les événements anoxiques. Société Géologique du Nord, Publication, 25: xi + 644.

Breistroffer, M. 1947. Sur les zones d'ammonites dans l'Albien de France et d'Angleterre. Travaux du Laboratoire de Géologie de la Faculté des Sciences de l'Université de Grenoble, 26: 17-104.

Bulot, L.G. 1995. Les formations à ammonites du Crétacé inférieur dans le Sud-Est de la France (Berriasien à Hauterivien): biostratigraphie, paléontologie et cycles sédimentaires. Unpublished PhD Thesis, Museum National d'Histoire Naturelle, Paris, 375.

Bulot, L., Mutterlose, J., Rawson, P.F., Reboulet, S., with contributions by Aguirre-Urreta, B., Baudin, F., Emmanuel, L., Gardin, S., Martinez, M., O'Dogherti, L., Premoli-Silva, S., Renard, M. 2019. Formal proposal for the Global Boundary Stratotype Section 1 and Point (GSSP) of the Hauterivian Stage at La Charce (southeast France), 61 (unpublished report for the Executive Committee of the International Union of Geological Sciences).

Burnett, J.A. 1998. Upper Cretaceous//Bown, P.R. (ed.). Calcareous Nannofossil Biostratigraphy. London, British Micropalaeontological Society Publications Series (Chapman and Hall Ltd/Kluwer Academic Press), 132-199.

Busnardo, R. 1965. Le Stratotype du Barrémien. 1.—Lithologie et Macrofaune, and Rapport sur l'Étage Barrémien. Mémoires du Bureau de Recherches Géologiques et Minières, 34: 101-11.

Casey, R. 1999. The age of the Argiles à Bucaillella of Normandy, the systematic position of the Cretaceous ammonite genera Bucaillella and Arcthoplites, and the delimitation of the Aptian/Albian boundary. Cretaceous Research, 20: 609-628.

Chen, P.J. 1987. Cretaceous paleogeography in China. Palaeogeography, Palaeoclimatology, Palaeoecology, 59: 49-56.

Christensen, W.K., Hancock, J.M., Peake, N.B., Kennedy, W.J. 2000. The base of the Maastrichtian. Bulletin of the Geological Society of Denmark, 47(8): 81-85.

Cobban, W.A. 1985. Ammonite record from Bridge Creek Member of Greenhorn Limestone at Pueblo Reservoir State Recreation Area, Colorado. Society of Economic Paleontologists and Mineralogists Field Trip Guidebook 4, Midyear Meeting. Golden, Colorado, 135-138.

Coffin, M.F., Eldholm, O. 1994. Large igneous provinces: crustal structure, dimensions, and external consequences. Reviews of Geophysics, 32: 1-36.

Company, M., Sandoval, J., Tavera, J.M. 2003. Ammonite biostratigraphy of the uppermost Hauterivian in the Betic Cordillera (SE Spain). Geobios, 36: 685-694.

Coquand, H. 1857. Position des Ostrea columba et biauriculata dans le groupe de la craie inférieure. Bulletin de la Société géologique de France, Série 2, 14: 745-766.

Coquand, H. 1861. Sur la convenance d'établir dans le groupe inférieur de la formation crétacée un nouvel étage entre le Néocomien proprement dit (couches à Toxaster complanatus et à Ostrea couloni) et le Néocomien supérieur (étage Urgonien de d'Orbigny). Mémoires de la Société d'Emulation de Provence, 1: 127-139.

Cotillon, P., Ferry, S., Gaillard, C., Jautee, E., Latreille, G., Rio, M. 1980. Fluctuations des paramètres du milieu marin dans le domaine vocontien (France Sud-Est) au Crétacé inférieur. Mise en évidence par l'étude des formations marno-calcaires alternantes. Bulletin de la Société géologique de France, 7(22): 735-744.

Darmedru, C., Cotillon, P., Rio, M. 1982. Rythmes climatiques et biologiques en milieu marin pélagique. Leurs relations dans les dépôts crétacés alternants du bassin vocontien (S-E France). Bulletin de la Société géologique de France, 7(24): 627-640.

Delanoy, G., Busnardo, R., Ropolo, P., Gonnet, R., Conte, G., Moullade, M., Masse, J.P. 1997. The "*Pseudocrioceras* beds" at La Bédoule (SE France) and the position of the Barremian/Aptian boundary in the historical lower Aptian stratotype. Comptes Rendus de l'Academie des Sciences de Paris, 325: 593-599.

Desor, E. 1854. Quelques mots sur l'étage inférieur du groupe néocomien (étage Valanginien). Bulletin de la Société des Sciences Naturelles de Neuchâtel, 3: 172-180.

Dhondt, A.V. Lamolda, M.A., and Pons, J.M. 2007. Stratigraphy of the Coniacian-Santonian transition. Cretaceous Research, 28: 1-4.

d'Orbigny, A. 1848-1851. Paléontologie Française; Terrains Crétacés. 4. Brachiopodes. Masson, Paris, 1-390.

Erba, E., Bartolini, A., Larson, R.L. 2004. Valanginian Weissert oceanic anoxic event. Geology, 32(2): 149-152.

Ferry, S. 2017. Summary on Mesozoic carbonate deposits of the Vocontian Trough (Subalpine Chains, SE France)//Granier, B. (ed.). Some key Lower Cretaceous sites in Drôme (SE France). Carnets de Géologie, Madrid, 9-42.

Ferry, S., Pocachard, J., Rubino, J.L., Gautier, J. 1989. Inversions magnétiques et cycles sédimentaires: un premier résultat dans le Crétacé de la fosse vocontienne (SE de la France). Comptes Rendus de l'Académie des Sciences, 308: 773-780.

Frau, C., Bulot, L.G., Delanoy, G., Moreno-Bedmar, J.A., Masse, J.P., Tendil, A.J.-B., Lanteaume, C. 2018. The Aptian GSSP candidate at Gorgo a Cerbara (central Italy): an alternative explanation of the bio-, litho- and chemostratigraphic markers. Newsletters on Stratigraphy, 51: 311-326.

Gale, A.S., Kennedy, W.J., Voigt, S. 2005. Stratigraphy of the Upper Cenomanian-Lower Turonian Chalk succession at Eastbourne, Sussex, UK: ammonites, inoceramid bivalves and stable carbon isotopes. Cretaceous Research, 26(3): 460-487.

Gale, A.S., Mutterlose, J., Batenburg, S. 2020. The Cretaceous Period// Gradstein, F.M., Ogg, J.G., Schmitz, M.D., Ogg., G.M. (eds.). Geologic Time Scale 2020. Elsevier, 1023-1086.

Gradstein, F.M., Ogg, J.G., Schmitz, M., Ogg, G. 2012. The Geological Time Scale 2012. New York: Elsevier, 2 volumes.

Gradstein, F.M., Ogg, J.G., Schmitz, M., Ogg, G. 2020. The Geological Time Scale 2020. New York: Elsevier, 2 volumes.

Grossman, E.L., Joachimski, M.M. 2020. Oxygen Isotope Stratigraphy//Gradstein, F.M., Ogg, J.G., Schmitz, M.B., Ogg, G.M. (eds.). Geologic Time Scale 2020. Elsevier, 279-307.

Hancock, J.M. 2001. A proposal for a position for the Aptian/Albian boundary. Cretaceous Research, 22: 677-683.

Hancock, J.M., Gale, A.S. 1996. The Campanian Stage. Bulletin de l'Institut Royal des Sciences Naturelles de Belgique, Sciences de la Terre, 66: 103-109.

Hart, M.B., Bigg, P.J. 1981. Anoxic events in the late Cretaceous shelf seas of northwest Europe//Neale, J.W. and Brasier, M.D. (eds.). Microfossils from Recent and fossil shelf seas, Ellis Horwood Limited, Chichester, 117-185.

Hart, M.B., Amedro, F., Owen, H.G. 1996. The Albian Stage and Substage boundaries. Bulletin de l'Institut Royal des Sciences Naturelles de Belgique, Sciences de la Terre, 66 (Supplement): 45-56.

He, H.Y., Pan, Y.X., Tauxe, L., Qin, H.F., Zhu, R.X. 2008. Toward age determination of the M0r (Barremian-Aptian boundary) of the Early Cretaceous. Physics of The Earth and Planetary Interiors, 169(1-4): 41-48.

Herrle, J.O., Kößlere, P., Friedrich, O., Erlenkeuser, H., Hemleben, C. 2004. High resolution carbon isotope records of the Aptian to Lower Albian from SE France and the Mazagan Plateau (DSDP site 545): a stratigraphic tool for paleoceanographic and paleobiologic reconstruction. Earth and Planetary Science Letters, 218: 149-161.

Hoedemaeker, P.J., Reboulet, S., Aguirre-Urreta, M.B., Alsen, P., Aoutem, M., Atrops, F., Barragán, R., Company, M., González-Arreola, C., Klein, J., Lukeneder, A., Ploch, I., Raisossadat, N., Rawson, P.F., Ropolo, P., Vašíček, Z., Vermeulen, J., Wippich, M.G.E. 2003. Report on the 1st International Workshop of the IUGS Lower Cretaceous Ammonite Working Group, the "Kilian Group" (Lyon, 11 July 2002). Cretaceous Research, 24: 89-94, 805.

Hu, X.M., Scott, R.W., Cai, Y.F., Wang, C.S., Melinte-Dobrinescu, M.C. 2012. Cretaceous oceanic red beds (CORBs): Different time scales and models of origin. Earth-Science Reviews, 115(4): 217-248.

Huber, B.T., Leckie, R.M. 2011. Planktic foraminiferal turnover across deep-sea Aptian/Albian boundary sections. Journal of Foraminiferal Research, 41: 53-95.

Jarvis, I., Gale, A.S., Jenkyns, H.C., Pearce, A. 2006. Secular variation in Late Cretaceous carbon isotopes: a new δ^{13}C carbonate reference curve for the Cenomanian-Campanian (99.6-70.6 Ma). Geological Magazine, 143: 561-608.

Jenkyns, H.C. 2010. Geochemistry of oceanic anoxic events. Geochemistry, Geophysics, Geosystems, 11: 1-30.

Jenkyns, H.C. 2018. Transient cooling episodes during Cretaceous Oceanic Anoxic Events with special reference to OAE1a (Early Aptian). Philosophical Transactions of the Royal Society, A376: 20170073.

Jenkyns, H.C., Gale, A.S., Corfield, R.M. 1994. Carbon- and oxygen-isotope stratigraphy of the English chalk and Italian scaglia and its palaeoclimatic significance. Geological Magazine, 131: 1-34.

Keller, G., Berner, Z., Adatte, T, Stueben, D. 2004. Cenomanian-Turonian and $\delta^{13}C$, and $\delta^{18}O$, sea level and salinity variations at Pueblo, Colorado. Palaeogeography, Palaeoclimatology, Palaeoecology, 211(1-2): 19-43.

Kenjo, S., Reboulet, S., Mattioli, E., Ma'louleh, K. 2020. The Berriasian-Valanginian boundary in the Mediterranean Province of the Tethyan Realm: ammonite and calcareous nannofossil biostratigraphy of the Vergol section (Montbrun-les-Bains, SE France), candidate for the Valanginian GSSP. Cretaceous Research, 121: 104-738.

Kennedy, W.J., Gale, A.S., Bown, P.R., Caron, M., Davey, R.J., Gröcke, D., Wray, D.J. 2000a. Integrated stratigraphy across the Aptian-Albian boundary in the Marnes Bleues, at the Col de Pré-Guittard, Arnayon (Drôme), and at Tartonne (Alpes-de-Haute-Provence), France, a candidate Global Boundary Stratotype Section and Point for the base of the Albian Stage. Cretaceous Research, 21: 591-720.

Kennedy, W.J., Walaszczyk, I., Cobban, W.A. 2000b. Pueblo, Colorado, USA, Candidate Global Boundary Stratotype Section and Point for the base of the Turonian Stage of the Cretaceous and for the Middle Turonian substage, with a revision of the Inoceramidae (Bivalvia). Acta Geologica Polonica, 50: 295-334.

Kennedy, W.J., Gale, A.S., Lees, J.A., Caron, M. 2004. The Global Boundary Stratotype Section and Point (GSSP) for the base of the Cenomanian Stage, Mont Risou, Hautes-Alpes, France. Episodes, 27: 21-32.

Kennedy, W.J., Walaszczyk, I., Cobban, W.A. 2005. The Global Boundary Stratotype Section and Point for the base of the Turonian Stage of the Cretaceous: Pueblo, Colorado, U.S.A. Episodes, 28(2): 93-104.

Kennedy, W.J., Gale, A.S., Huber, B.T., Petrizzo, M.R., Bown, P., Jenkyns, H.C. 2017. The Global Boundary Stratotype Section and Point (GSSP) for the base of the Albian Stage, of the Cretaceous, the Col de Pré-Guittard section, Arnayon, Drôme, France. Episodes, 40: 177-188.

Kowallis, B.J., Christiansen, E.H., Deino, A.L., Kunk, M.J., Heaman, L.M. 1995. Age of the Cenomanian-Turonian boundary in the Western Interior of the United States. Cretaceous Research, 16(1):

Kuypers, M.M.M., Blokker, P., Erbacher, J., Kinkel, H., Pancost, R.D., Schouten, S., Sinninghe Damste, J.S. 2001. Massive Expansion of Marine Archaea During a Mid-Cretaceous Oceanic Anoxic Event. Science, 93(5527): 92-95.

Lamolda, M.A., Hancock, J.M. 1996. The Santonian Stage and substages//Rawson, P.F., Dhondt, A.V., Hancock, J.M., Kennedy, W.J. (eds.). Proceedings "Second International Symposium on Cretaceous Stage Boundaries" Brussels 8-16 September, 1995. Bulletin de l'Institut Royal des Sciences Naturelles de Belgique, Sciences de la Terre, 66-suppl.: 5-102.

Lamolda, M.A., Paul, C.R.C. 2007. Carbon and Oxygen Stable Isotopes across the Coniacian-Santonian boundary at Olazagutia, N. Spain. Cretaceous Research, 28: 7-45.

Lamolda, M.A., Paul, C.R.C., Peryt, D. 2014. The Global Boundary Stratotype Section and Point for the base of the Santonian Stage, "Cantera de Margas", Olazagutia, northern Spain. Episodes, 37: 2-13.

Larson, R., Erba, E. 1999. Onset of the mid-Cretaceous greenhouse in the Barremian-Aptian: Igneous events and the biological, sedimentary, and geochemical responses. Paleoceanography, 14(6): 663-678.

Larson, R.L., Kincaid, C. 1996. Onset of mid-Cretaceous volcanism by elevation of the 670 km thermal boundary layer. Geology, 24(6): 551-554.

Leckie, R.M., Bralower, T.J., Cashman, R.C. 2002. Oceanic anoxic events and plankton evolution: biotic response to tectonic forcing during the mid-Cretaceous. Paleoceanography, 17(3): 13.

Lena, L., López-Martínez, R., Lescano, M., Aguire-Urreta, B., Concheyro, A., Vennari, V., Naipauer, M., Samankassou, E., Pimentel, M., Ramos, V.A. 2019. High-precision U-Pb ages in the early Tithonian to early Berriasian and implications for the numerical age of the Jurassic-Cretaceous boundary. Solid Earth, 10(1): 1-14.

Lescano, M., Aguire-Urreta, B., Concheyro, A., Vennari, V., Naipauer, M., Samankassou, E., Pimentel, M., Ramos, V.A. 2019. High-precision U-Pb ages in the early Tithonian to early Berriasian and implications for the numerical age of the Jurassic-Cretaceous boundary. Solid Earth, 10(1): 1-14.

Li, G., Matsuoka, A. 2015. Searching for a non-marine Jurassic/Cretaceous boundary in northeastern China. Journal of Geological Society of Japan, 121(3): 109-122.

Li, S., Wang, Q.F., Zhang, H.C., Wang, H., Wan, X.Q. 2020. Latest Campanian to Maastrichtian charophytes in the Jiaolai Basin (Eastern China). Cretaceous Research, 106: 104266.

Locklair, R.E., Sageman, B.B. 2008. Cyclostratigraphy of the Upper Cretaceous Niobrara Formation, Western Interior, U.S.A.: A Coniacian-Santonian orbital timescale. Earth and Planetary Science Letters, 69: 40-553.

López-Martínez, R., Aguirre-Urreta, B., Lescano, M., Concheyro, A., Vennari, V., Ramos, V.A. 2017. Tethyan calpionellids in the Neuquén Basin (Argentine Andes), their significance in defining the Jurassic/Cretaceous boundary and pathways for Tethyan-Eastern Pacific connections. Journal of South American Earth Sciences, 78: 116-125.

Lorenz, T. 1902. Geologische Studien im Grenzgebiet zwischen helvetischer und ostalpiner Fazies. II. Der südliche Rhatikon. Berichte der Naturforschenden Gesellschaft zu Freiburg, 12: S. 35.

Maron, M., Muttoni, G.A. 2021. A detailed record of the C34n/C33r magnetozone boundary for the definition of the base of the Campanian Stage at the Bottaccione section (Gubbio, Italy). Newsletters on Stratigraphy, 54(1): 107-122.

Marshall, J.D. 1992. Climatic and oceanographic isotopic signals from the carbonate rock record and their preservation. Geological Magazine, 129: 143-160.

Martinez, M., Deconinck, J.F., Pellenard, P., Riquier, L., Company, M., Reboulet, S., Moiroud, M. 2015. Astrochronology of the Valanginian-Hauterivian stages (Early Cretaceous): chronological relationships between the Parana-Etendeka large igneous province and the Weissert and the Faraoni events. Global and Planetary Change, 131: 158-173.

McArthur, J.M., Janssen, N.M.M., Reboulet, S., Leng, M.J., Thirlwall, M.F., van de Schootbrugge, B. 2007. Palaeotemperatures, polar ice-volume, and isotope stratigraphy (Mg/Ca, δ^{18}O, δ^{13}C, ^{87}Sr/^{86}Sr): The Early Cretaceous (Berriasian, Valanginian, Hauterivian). Palaeogeography, Palaeoclimatology, Palaeoecology, 248: 391-430.

McArthur, J.M., Howarth, R.J., Shields, G.A., Zhou, Y. 2020. Strontium isotope stratigraphy// Gradstein, F.M., Ogg, J.G., Schmitz, M.B., Ogg, G.M. (eds.). Geologic Time Scale 2020. Elsevier, 211-238.

Meek, F.B. 1877. Paleontology. Report of the geological exploration of the 40th parallel. Professional Paper of the Engineer Department of the United States Army, 184: 142-148.

Meissner, P., Mutterlose, J., Bodin, S. 2015. Latitudinal temperature trends in the northern hemisphere during the Early Cretaceous (Valanginian-Hauterivian). Palaeogeography, Palaeoclimatology, Palaeoecology, 424: 17-39.

Menegatti, A.P., Weissert, H., Brown, R.S., Tyson, R.V., Farrimond, P., Strasser, A., Caron, M. 1998. High-resolution δ^{13}C stratigraphy through the early Aptian "Livello Selli" of the Alpine Tethys. Paleoceanography, 13: 530-545.

Meyers, S.R., Siewert, S.E., Singer, B.S., Sageman, B.B., Condon, D.J., Obradovich, J.D., Jicha, B.R., Sawyer, D.A. 2012. Intercalibration of radioisotopic and astrochronologic time scales for the Cenomanian-Turonian boundary interval, Western Interior Basin, USA. Geology, 40(1): 7-10.

Mitchell, S.F., Paul C.R.C. 1994. Carbon isotopes and sequence stratigraphy//Johnson, S.D. (ed.). High resolution sequence stratigraphy: Innovations and applications. Abstracts. Department of Earth Sciences, Liverpool University, Liverpool, 20-23.

Moullade, M., Granier, B., Tronchetti, G. 2011. The Aptian Stage: Back to fundamentals. Episodes, 34(3): 148-156.

Mutterlose, J. (reporter), Autran, G., Baraboschkin, E.J., Cecca, F., Erba, E., Gardin, S., Herngreen, W., Hoedemaeker, P., Kakabadze, M., Klein, J., Leereveld, H., Rawson, P.F., Ropolo, P., Vašiček, Z., von Salis, K. 1996. The Hauterivian stage//Rawson, P. F., Dhondt, A. V., Hancock, J. M., Kennedy, W. J. (eds.). Proceedings Second International Symposium on Cretaceous Stage Boundaries, Brussels 8-16 September 1995, Bulletin de l'Institut Royal des Sciences Naturelles de Belgique, Sciences de la Terre, 66: 19-24.

Mutterlose, J., Bornemann, A., Luppold, F.W., Owen, H.G., Ruffel, A., Weiss, W., Wray, D. 2003. The Vöhrum section (northwest Germany) and the Aptian/Albian boundary. Cretaceous Research, 24: 203-252.

Mutterlose, J., Rawson, P.F., Reboulet, S., with the contribution by Baudin, F., Bulot, L., Emmanuel, L., Gardin, S., Martinez, M., Renard, M. 2021. The Global Boundary Stratotype Section and Point (GSSP) for the base of the Hauterivian Stage (Lower Cretaceous), La Charce, southeast France. Episodes, 44(2): 129-150.

Obradovich, J. 1993. A Cretaceous time scale//Caldwell, W.G.E., Kauffman, E.G. (eds.). Evolution of the Western Interior Basin: Geological Society of Canada Special Paper, 39: 379-396.

Odin, G.S. 2001. The Campanian-Maastrichtian stage boundary: characterisation at Tercis les Bains (France) and correlation with Europe and other continents. Academic Press, Elsevier.

Odin, G.S., Lamaurelle, M.A. 2001. The global Campanian-Maastrichtian stage boundary. Episodes, 24(4): 229-238.

Ooster, W.A. 1860. Catalogue des Céphalopodes fossiles des Alpes suisses, avec la description et les figures des espèces remarquables. Couches Crétacées. Nouveaux Mémoires de la Société Helvétique des Sciences Naturelles, V: 1-100, 33 pls.

Owen, H.G. 2002. The base of the Albian Stage. Comments on recent proposals. Cretaceous Research, 23: 1-13.

Paul, C.R.C., Lamolda, M.A. 2009. Testing the precision of bioevents. Geological Magazine, 146: 625-637.

Pearson, P., Ditchfield, P.W., Singano, J., Harcourt-Brown, K.G., Nicholas, C.J., Olsson, R.K., Shackleton, N.J., Hall, M.A. 2001. Warm tropical sea surface temperatures in the Late Cretaceous and Eocene epochs. Nature, 413: 481-487.

Peate, D.W. 1997. The Paraná-Etendeka Province//Mahoney, J.J., Coffin, M.F. (eds.). Large Igneous Provinces: Continental, Oceanic, and Planetary Flood Volcanism. Geophysical Monograph Series, 100: 217-245.

Petrizzo, M.R., Falzoni, F., Premoli Silva, I. 2011. Identification of the base of the lower-to-middle Campanian *Globotruncana ventricosa* Zone: comments on reliability and global correlations. Cretaceous Research, 32: 387-405.

Petrizzo, M.R., Huber, B.T., Gale, A.S., Barchetta, A., Jenkyns, H.C. 2012. Abrupt planktic foraminiferal turnover across the Niveau Kilian at Col de Pré-Guittard (Vocontian Basin, southeast France): new criteria for defining the Aptian/Albian boundary. Newsletters on Stratigraphy, 45: 55-74.

Petrizzo, M.R., Huber, B.T., Gale, A.S., Barchetta, A., Jenkyns, H.C. 2013. Erratum: Abrupt planktic foraminiferal turnover across the Niveau Kilian at Col de Pré-Guittard (Vocontian Basin, southeast France): new criteria for defining the Aptian/Albian boundary. Newsletters on Stratigraphy, 46: 93.

Price, G.D. 1999. The evidence and implications of polar ice during the Mesozoic. Earth-Science Reviews, 48: 183-210.

Pucéat, E., Lécuyer, C., Sheppard, S.M.F., Dromart, G., Reboulet, S., Grandjean, P. 2003. Thermal evolution of Cretaceous Tethyan marine waters inferred from oxygen isotope composition of fish tooth enamels. Paleoceanography, 18(2): 1029.

Rawson, P. 1983. The Valanginian to Aptian stages—current definitions and outstanding problems. Zitteliana, 10: 493-500.

Rawson, P.F., Avram, E., Baraboschkin, E.J., Cecca, F., Vasicek, Z. 1996. The Barremian stage. Bulletin de l'Institut Royal des Sciences Naturelles de Belqique, Sciences de la Terre, 66: 25-30.

Reboulet, S. 1996. L'évolution des ammonites du Valanginien-Hauterivien inférieur du bassin vocontien et de la plate-forme provencale (Sud-Est de la France): relations avec la stratigraphie séquentielle et implications biostratigraphiques. Documents des Laboratoires de Géologie de Lyon, 137: 1-371.

Reboulet, S., Atrops, F. 1999. Comments and proposals about the Valanginian-Lower Hauterivian ammonite zonation of south-eastern France. Eclogae Geologicae Helvetiae, 92: 183-197.

Reboulet, S., Atrops, F., Ferry, S., Schaaf, A. 1992. Renouvellement des ammonites en fosse vocontienne à la limite Valanginien-Hauterivien. Geobios, 25: 469-476.

Reboulet, S., Rawson, P.F., Moreno-Bedmar, J.A., Aguirre-Urreta,

M.B., Barragán, R., Bogomolov, Y., Company, M., González-Arreola, C., Stoyanova, V.I., Lukeneder, A., Matrion, B., Mitta, V., Randrianaly, H., Vašiček, Z., Baraboshkin, E.J., Bert, D., Stéphane, B., Bogdanova, T.N., Bulot, L.G., Latil, J.-L., Mikhailova, I.A., Ropolo, P., Szives, O. 2011. Report on the 4th International Meeting of the IUGS Lower Cretaceous Ammonite Working Group, the "Kilian Group" (Dijon, France, 30th August 2010). Cretaceous Research, 32(6): 786-793.

Reboulet, S., Szives, O. (reporters), Aguirre-Urreta, B., Barragan, R., Company, M., Idakieva, V., Ivanov, M., Kakabadze, M.V., Moreno-Bedmar, J.A., Sandoval, J. Baraboshkin, E.J., Cağlar, M.K., Fozy, I., Gonzalez-Arreola, C., Kenjo, S., Lukeneder, A., Raisossadat, S.N., Rawson, P.F., Tavera, J.M. 2014. Report on the 5th International Meeting of the IUGS Lower Cretaceous Ammonite Working Group, the Kilian Group (Ankara, Turkey, 31st August 2013). Cretaceous Research, 50: 126-137.

Reboulet, S., Szives, O. (reporters), Aguirre-Urreta, B., Barragan, R., Company, M., Frau, C., Kakabadze, M.V., Klein, J., Moreno-Bedmar, J.A., Lukeneder, A., Pictet, P., Ploch, I., Raisossadat, S.N., Vašiček, Z., Baraboshkin, E.J., Mitta, V.V. 2018. Report on the 6th International Meeting of the IUGS Lower Cretaceous Ammonite Working Group, the Kilian Group (Vienna, Austria, 20th August 2017). Cretaceous Research, 91: 100-110.

Remane, J., Bassett, M.G., Cowie, J.W., Gohrbandt, K.H., Lane, H.R., Michelsen, O., Wang, N.W. 1996. Revised guidelines for the establishment of global chronostratigraphic boundarys by the International Commission on Stratigraphy (ICS). Episodes, 19: 77-80.

Remin, Z., Machalski, M., Jagt, J.W.M. 2015. The stratigraphically earliest record of Diplomoceras cylindraceum (heteromorph ammonite) - implications for Campanian/ Maastrichtian boundary definition. Geological Quarterly, 59(4): 843-848.

Renevier, E. 1874. Tableau des terrains sédimentaires formés pendant les époques de la phase organique du globe terrestre avec leurs représentants en Suisse et dans les régions classiques, leurs synonymes et les principaux fossiles de chaque étage. Bulletin de la Société Vaudoise des Sciences naturelles, 13: 218-252.

Robinson, S.A., Andrews, J.E., Hesselbo, S.P., Radley, J.D., Dennis, P.F., Harding, I.C., Allen, P. 2002. Atmospheric pCO2 and depositional environment from stable-isotope geochemistry of calcrete nodules (Barremian, Lower Cretaceous, Wealden Beds, England). Journal of the Geological Society, 159: 215-224.

Sayn, G. 1907. Les ammonites pyriteuses des marnes valangiennes du Sud-Est de la France. Mémoires Société Géologique de France, série Paléontologie, 23: 1-66.

Schlanger, S.O., Jenkyns, H.C. 1976. Cretaceous oceanic anoxic events: causes and consequences. Geolgie en Mijnbouw, 55 (3-4): 79-184.

Scholle, P.A., Arthur, M.A. 1980. Carbon isotope fluctuations in Cretaceous pelagic limestones: potential stratigraphic and petroleum exploration tool. American Association of Petroleum Geologists Bulletin, 64: 67-87.

Schulte, P., Alegret, L., Arenillas, I., Arz, J.A., Barton, P.J., Bown, P.R., Bralower, T.J., Christeson, G.L., Claeys, P., Cockell, C.S., Collins, G.S., Deutsch, A., Goldin, T.J., Goto, K., Grajales-Nishimura, J.M.,

Grieve, R.A.F., Gulick, S.P.S., Johnson, K.R., Kiessling, W., Koeberl, C., Kring, D.A., MacLeod, K.G., Matsui, T., Melosh, J., Montanari, A., Morgan, J.V., Neal, C.R., Nichols, D.J., Norris, R.D., Pierazzo, E., Ravizza, G., Rebolledo-Vieyra, M., Reimold, W.U., Robin, E., Salge, T., Speijer, R.P., Sweet, A.R., Urrutia-Fucugauchi, J., Vajda, V., Whalen, M.T., Willumsen, P.S. 2010. The Chicxulub Asteroid Impact and Mass Extinction at the Cretaceous-Paleogene Boundary. Science, 327(5970): 1214-1218.

Seyed-Emami, K., Wilmsen, M. 2016. Leymeriellidae (Cretaceous ammonites) from the lower Albian of Esfahan and Khur (Central Iran). Cretaceous Research, 60: 78-90.

Sprovieri, M., Coccioni, R., Lirer, F., Pelosi, N., Lozar, F. 2006. Orbital tuning of a lower Cretaceous composite record (Maiolica Formation, central Italy). Paleoceanography, 21: PA4212.

Stanton, T.W. 1894. The Colorado Formation and its invertebrate fauna. United States Geological Survey Bulletin, 106: 1-288.

Steuber, T., Rauch, M., Masse, J.P., Graaf, J., Malkoč, M. 2005. Low-latitude seasonality of Cretaceous temperatures in warm and cold episodes. Nature, 437: 1341-1344.

Steuber, T., Scott, R.W., Mitchell, S.F., Skelton, P.W. 2016. Part N, Revised, Volume 1, Chapter 26C: Stratigraphy and diversity dynamics of Jurassic-Cretaceous Hippuritida (rudist bivalves). Treatise Online, 81: 1-17.

Thibault, N., Husson, D., Harlou, R., Gardin, S., Galbrun, B., Huret, E., Minoletti, F. 2012a. Astronomical calibration of upper Campanian-Maastrichtian carbon isotope events and calcareous plankton biostratigraphy in the Indian Ocean (ODP Hole 762C): Implication for the age of the Campanian-Maastrichtian boundary. Palaeogeography, Palaeoclimatology, Palaeoecology, 337-338: 52-71.

Thibault, N., Harlou, R., Schovsbo, N., Schiøler, P., Minoletti, F., Galbrun, B., Lauridsen, B.W., Sheldon, E., Stemmerik, L., Surlyk, F. 2012b. Upper Campanian-Maastrichtian nannofossil biostratigraphy and high-resolution carbon-isotope stratigraphy of the Danish Basin: Towards a standard δ^{13}C curve for the Boreal Realm. Cretaceous Research, 33(1): 72-90.

Thieuloy, J.P. 1977. La zone à Callidiscus du Valanginien supérieur vocontien (Sud-Est de la France). Lithostratigraphie, ammonitofaune, limite Valanginien-Hauterivien, corrélations. Géologie Alpine, 53: 83-143.

Upchurch Jr, G.R., Kiehl, J., Shields, C., Scherer, J., Scotese, C. 2015. Latitudinal temperature gradients and high-latitude temperatures during the latest Cretaceous: Congruence of geologic data and climate models. Geology, 43: 683-686.

Vašiček, Z. 2020. Teschceniceras gen. nov. (Ammonoidea) and the definition of the Valanginian/Hauterivian boundary in Butkov Quarry (Central Western Carpathians, Slovakia). Acta Geologica Polonica, 70: 569-584.

Wagreich, M. 2009. Coniacian-Santonian Oceanic Red Beds and Their Link to Oceanic Anoxic Event 3. SEPM special publication, (91): 235-242.

Walaszczyk, I., Wood, C.J. 1998. Inoceramids and biostratigraphy at the Turonian/Coniacian boundary; based on the Salzgitter-Salder Quarry, Lower Saxony, Germany, and the Słupia Nadbrzeżna section, Central Poland. Acta Geologica Polonica, 48(4): 395-434.

Walaszczyk, I., Wood, C.J., Lees, J.A., Peryt, D., Voigt, S., Wiese, F. 2010. The Salzgitter-Salder Quarry (Lower Saxony, Germany) and Slupia Nadbrzezna river cliff section (central Poland): a proposed candidate composite Global Boundary Stratotype Section and Point for the Coniacian Stage (Upper Cretaceous). Acta Geologica Polonica, 60(4): 445-477.

Wan, X.Q., Chen, P.J., Wei, M.J. 2007. The Cretaceous system in China. Acta Geologica Sinica (English Edition), 81(6): 957-983.

Wang, C.S., Hu, X.M., Huang, Y.J., Scott, R.W., Wagreich, M. 2009. Overview of Cretaceous Oceanic Red Beds (CORBs): a window on global oceanic and climate change. Cretaceous Oceanic Red Beds: Stratigraphy, Composition, Origins and Paleoceanographic and Paleoclimatic Significance. SEPM Special Publication, 91: 13-33.

Wang H., Li S., Zhang H.C., Cao M.Z., Horne, D.J. 2019. Biostratigraphic and palaeoenvironmental significance of Campanian-early Maastrichtian (Late Cretaceous) ostracods from the Jiaozhou Formation of Zhucheng, Shandong, China. Cretaceous Research, 93: 4-21.

Wang, Y. D., Huang, C.M., Sun, B.N., Quan, C., Wu, J.Y., Lin, Z.C. 2014. Paleo-CO_2 variation trends and the Cretaceous greenhouse climate. Earth-Science Reviews, 129: 136-147.

Weissert, H., Erba, E. 2004. Volcanism, CO_2 and palaeoclimate: a Late Jurassic-Early Cretaceous carbon and oxygen isotope record. Geological Society, 161: 695-702.

Wimbledon, W.A.P., Casellato, C.E., Reháková, D., Bulot, L.G., Erba, E., Gardin, S., Verreussel, R., Munsterman, D.K., Hunt, C.O. 2011. Fixing a basal Berriasian and Jurassic/Cretaceous (J/k) boundary—is there perhaps some light at the end of the tunnel? Rivista Italiana di Paleontologia e Stratigrafia, 117(2): 295-307.

Wimbledon, W.A.P., Reháková, D., Schnyder, J., Svobodová, A., Schnabl, P., Pruner, P., Elbra, T., Šifnerová, K., Kdýr, Š., Frau, C., Galbrun, B. 2020a. Fixing a J/K boundary: A comparative account of key Tithonian-Berriasian profiles in the departments of Drôme and Hautes-Alpes, France. Geologica Carpathica, 71(1): 24-46.

Wimbledon, W.A.P., Reháková, D., Svobodová, A., Elbra, T., Schnabl, P., Pruner, P., Šifnerová, K., Kdýr, Š., Dzyuba, O., Schnyder, J., Galbrun, B., Košťák, M., Vaňková, L., Copestake, P., Hunt, C.O., Riccardi, A., Poulton, T.P., Bulot, L., Frau, C., De Lena, L.F. 2020b. The proposal of a GSSP for the Berriasian Stage (Cretaceous System): Part 1. Volumina Jurassica, 18: 53-106.

Wimbledon, W.A.P., Reháková, D., Svobodová, A., Elbra, T., Schnabl, P., Pruner, P., Šifnerová, K., Kdýr, Š., Frau, C., Schnyders, J., Galbrun, B., Vaňková, L., Dzyba, O., Copestake, P., Hunt, C.O., Riccardi, A., Poulton, T.P., Bulot, L.G., De Lena, L. 2020c. The proposal of a GSSP for the Berriasian Stage (Cretaceous System): Part 2. Volumina Jurassica, 18(2): 119-158.

Wright, C.W., Kennedy, W.J. 1981. The Ammonoidea of the Plenus Marls and the Middle Chalk. Palaeontographical Society Monographs, 1-148.

Yoshino, K., Wan, X.Q., Xi, D.P., Li, W., Matsuoka, A. 2017. Campanian-Maastrichtian palynomorph from the Sifangtai and Mingshui formations, Songliao Basin, Northeast China: Biostratigraphy and paleoflora. Palaeoworld, 26(2): 352-368.

Zhong, Y.T., Wang, Y.Q., Jia, B.Y., Wang, M., Hu, L., Pan, Y.H. 2021. A potential terrestrial Albian-Cenomanian boundary in the Yanji Basin, Northeast China. Palaeogeography, Palaeoclimatology, Palaeoecology, 562.

第十章著者名单

李 罡 现代古生物学和地层学国家重点实验室（中国科学院南京地质古生物研究所）；中国科学院生物演化与环境卓越创新中心；中国科学院大学地球与行星科学学院。gangli@nigpas.ac.cn

滕 晓 现代古生物学和地层学国家重点实验室（中国科学院南京地质古生物研究所）。xteng@nigpas.ac.cn

Stéphane Reboulet　Université de Lyon, UCBL, ENSL, CNRS, LGL TPE, Bâtiment Géode, 2 rue Dubois, 69622 Villeurbanne, France. stephane.reboulet@univ-lyon1.fr

程金辉 中国科学院南京地质古生物研究所。jhcheng@nigpas.ac.cn

李 鑫 现代古生物学和地层学国家重点实验室（中国科学院南京地质古生物研究所）；中国科学院生物演化与环境卓越创新中心。xinli@nigpas.ac.cn

牟 林 中国科学院南京地质古生物研究所。mulin@nigpas.ac.cn

李 莎 现代古生物学和地层学国家重点实验室（中国科学院南京地质古生物研究所）。shali@nigpas.ac.cn

房亚男 现代古生物学和地层学国家重点实验室（中国科学院南京地质古生物研究所）；中国科学院生物演化与环境卓越创新中心。ynfang@nigpas.ac.cn

Clementine Peggy Anne-Marie Colpaert　现代古生物学和地层学国家重点实验室（中国科学院南京地质古生物研究所）。clementinecolpaert@gmail.com

李 婷 现代古生物学和地层学国家重点实验室（中国科学院南京地质古生物研究所）；中国科学院生物演化与环境卓越创新中心；中国科学院大学。tingli@nigpas.ac.cn

罗慈航 现代古生物学和地层学国家重点实验室（中国科学院南京地质古生物研究所）；中国科学院生物演化与环境卓越创新中心；中国科学院大学。chluo@nigpas.ac.cn

第十一章
古近系"金钉子"

古近纪是新生代的第一个纪，延续了大约 43 Myr（66—23.03 Ma），代表了现代地理格局和生物群面貌形成的早期阶段。古近纪时期，全球已经基本形成了现代海陆分布的面貌，生物界也形成了以哺乳动物和被子植物为主导的陆地生态系统。古近纪是新生代气候最温暖的时期，气温远比现在要高。古近系被划分为三统九阶，其中古新统 3 个阶、始新统 4 个阶、渐新统 2 个阶。目前，已有 8 个阶的"金钉子"获得批准，仅有始新统的巴顿阶尚未确立"金钉子"。中国古近系以陆相沉积为主，构成了东亚地区区域年代地层框架的基础。

本章编写人员　王元青／李　茜

篇章页图　古新世的安徽模鼠兔（兔形类祖先类型，左）和东方晓鼠（啮齿类祖先类型，右）复原图（陈瑜绘制）

第一节
古近纪的地球

　　古生代末期形成的泛大陆的解体开始于三叠纪末期，这一进程在新生代得以延续。从南部开始裂开的大西洋继续向北扩张，使北美洲、格陵兰岛与欧洲分开，北冰洋就此与大西洋连通。古近纪的大部分时间，白令陆桥都是位于海面之上的，只是到了古近纪晚期，白令陆桥被海水淹没，北冰洋才与太平洋连通。

　　随着印度板块、非洲大陆向北漂移，与欧亚板块在古近纪早期的碰撞、拼合，特提斯洋在古近纪中期完全封闭，奠定了现代海洋与大陆基本格局（图11-1-1），也造就了从西班牙向东经阿尔卑斯和喜马拉雅，一直延伸到东南亚的阿尔卑斯—喜马拉雅造山带。这一区域目前火山、地震活动仍很活跃。

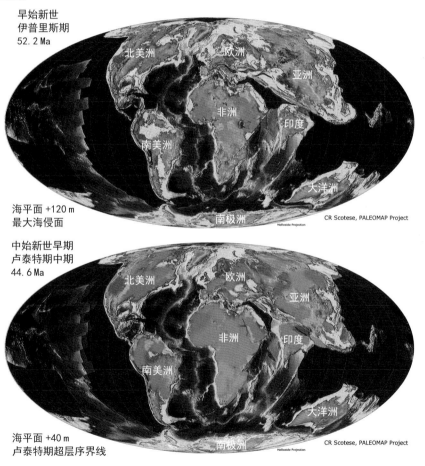

图 11-1-1　早始新世（上）和中始新世（下）全球古地理格局（底图据 Scotese，2021）

另一个重要的火山、地震频繁活动的区域就是环太平洋构造—岩浆活动带。它由南美洲、中美洲和北美洲西部边缘，以及亚洲东部边缘、澳大利亚和新西兰北部岛屿组成，在太平洋西部、北部和东北，以大洋岩石圈俯冲为特征。

在始新世末期（大约 35 Ma），亚洲大陆以东的古太平洋板块运动方向发生了重要转折，由北北西向转变为北西西向，最终于新近纪在古亚洲大陆东缘形成了现代的海沟—岛弧—弧后盆地（沟—弧—盆）体系，大陆内部出现活跃的弧后或陆内裂谷作用。上述宏观构造格局控制了中国新生代地史演化的基本型式。

与白垩纪相比，古近纪的海侵范围大大缩小，但非洲、印度等地块边缘仍然被海水淹没。古近纪是大陆内部的最后一次海侵期，欧亚大陆北部遭受北极海的向南侵漫，在东欧、西亚地区直接与特提斯海沟通。到渐新世时，海槽转化为山系，大陆内部的海水也随之消退。

古近纪是新生代中比较温暖的时期（图 11-1-2）。从古新世到早始新世，地球的气温持续上升。在古新世 – 始新世之交（56 Ma），有过一次短暂而强烈的升温过程，之后又快速恢复到正常状态。这一过程被称为"古新世 – 始新世极热事件"（Paleocene–Eocene Thermal Maximum，

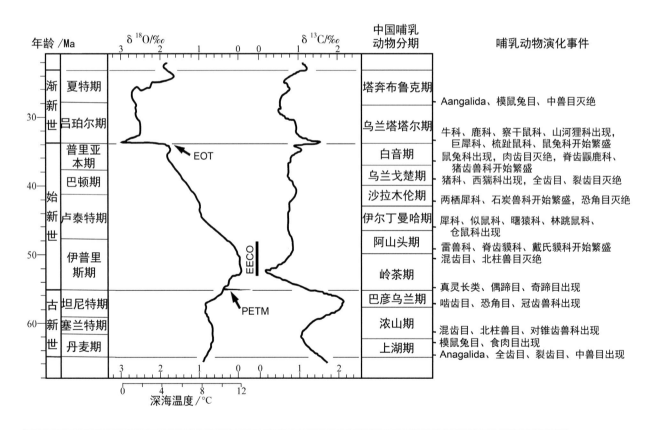

图 11-1-2 中国古近纪哺乳动物分期及演化事件（据王元青等，2006 修改）。PETM——古新世 – 始新世极热事件（Paleocene–Eocene Thermal Maximum）；EECO——早始新世气候适宜期（Early Eocene Climate Optimum）；EOT——始新世 – 渐新世气候变冷事件（Eocene–Oligocene Transition）

缩写为 PETM）。持续的气温上升，在早始新世时达到了新生代的最高值，虽然有所波动，但持续了较长一段时间。这一时期被称为"早始新世气候适宜期"（Early Eocene Climate Optimum，缩写为 EECO）。那时，英格兰被热带丛林覆盖，位于北极地区的加拿大埃尔斯米尔岛也处于亚热带环境中。

在始新世的大部分时间里，地球都处于相当温暖的气候条件下。早始新世气候适宜期之后，全球开始了一个漫长的降温过程。这一过程一直延续到始新世末期。在始新世末期，发生了一次快速的降温过程，南极出现冰盖，而且一直没有被完全融化，称为"始新世 – 渐新世气候变冷事件"（Eocene–Oligocene Transition，简称 EOT 事件）。即使在这次降温事件达到温度最低值的时候，气温仍然比现在要高出不少。这次降温事件之后，虽然气温有所回升，但渐新世的大部分时间，地球表面的温度都是古近纪最低的，只是到了晚渐新世晚期，才重新回升到晚始新世的水平（图 11–1–2）。

白垩纪末的生物大灭绝事件，重创了中生代的地球生态系统。在陆地上，恐龙等大型陆生爬行动物消失。在海洋中，沧龙、蛇颈龙等海生爬行动物灭绝，菊石退出了历史舞台，钙质超微浮游生物和浮游有孔虫大约 90% 的种灭绝了。这次大灭绝事件之后，地球生态系统经历了重建，形成了现代的生态系统。虽然古近纪时期，在生物群的组成上与现代存在一定的差异，但它代表了现代生物群面貌形成的早期阶段。与当今的地球一样，哺乳动物和被子植物已经在陆地上占据了主导地位图（图 11–1–3）。

图 11-1-3　安徽潜山古新世动物群生态复原图，陈瑜绘制

第二节
古近纪的地质记录

　　广泛分布于地表的各类沉积物记录了地球历史上各个时代的生物演化和环境变化信息。由于古近纪的海陆分布已经接近现代格局，故古近纪的海相沉积主要分布于现今的大陆架和大洋海底中。另外，在一些大陆的边缘地区也普遍存在古近纪的海相沉积，如地中海沿岸、欧洲西部。在古近纪早中期，由于特提斯洋尚未完全封闭，我国西藏南部和新疆塔里木盆地的西南部还沉积了部分海相地层。

　　在陆地上，有不同大小、不同类型的沉积盆地，发育了陆相地层，如北美西部就存在一系列大型的陆相沉积盆地。当时，我国绝大部分地区已经是陆地，古近纪陆相沉积也有着广泛的分布，代表了不同环境条件下的河湖沉积，以泥岩、粉砂岩、砂岩、含砾砂岩为主（图 11-2-1）。

　　各类不同的沉积物中保存有丰富的化石，反映了中生代末的生物大灭绝之后，新生代早期的生物演化历史。钙质超微化石、浮游有孔虫、沟鞭藻类、放射虫和硅藻化石是开阔大洋沉积中常

图 11-2-1　内蒙古二连盆地的古近纪地层

见的生物类群，而在碳酸盐台地沉积中，大型的底栖有孔虫则是生物地层划分对比的关键种类。陆地上，哺乳动物也迎来了恐龙灭绝之后的快速分化辐射阶段。

白垩纪末大灭绝之后浮游有孔虫几近消亡，古新世时在不同的支系上强势分化，使得详细的生物化石带的划分成为可能。依据化石记录，古近系共划分出 28 个浮游有孔虫化石带，其中古新世 5 个、始新世 16 个、渐新世 7 个。在碳酸盐台地，大型底栖有孔虫非常繁盛，在古近纪地层中共划分出 23 个大型底栖有孔虫化石带（Speijer et al., 2020）。在地中海周边地区，始新世海相地层中有一类叫作货币虫（*Nummulites*）的大型底栖有孔虫异常丰富，含有货币虫的灰岩也因此被称为"货币虫灰岩"（图 11-2-2）。

在开阔大洋沉积中，钙质超微化石、放射虫和沟鞭藻类也在生物地层划分对比中发挥着重要作用。根据相关的深海钻探资料，古近系共划分出 38 个钙质超微化石带（古新世 11 个、始新世 21 个、渐新世 6 个）、22 个放射虫带和 32 个沟鞭藻囊孢化石带（Speijer et al., 2020）。

哺乳动物在新生代的辐射、演化，使之在陆地生态系统中占据了主导地位。其化石在非海相地层的划分对比和时代确定方面发挥着重要的作用。哺乳动物在古近纪经历了 3 个主要演化阶段：古新世古老类群的繁盛、始新世现代类群的出现与发展，以及渐新世动物群的重组（王元青

图 11-2-2 地中海周边地区的始新世"货币虫灰岩"（据 Racey et al., 2001；Racey，2001）。A、C. 突尼斯的下始新统加里亚组（El Garia Fm），A 的比例尺为 14.6mm，C 的比例尺为 2 mm；B. 阿曼的中始新世赛博灰岩组（Seeb Limestone Fm），比例尺为 2 mm

等，2006）。由于哺乳动物的分布受到地理障碍和气候条件的影响，利用哺乳动物化石进行洲际对比时仍然存在着一些不确定性。但依据不同时代的哺乳动物化石群建立的各大洲的哺乳动物分期，仍然是区域性地层划分对比的可靠依据。结合古地磁研究和同位素测年，可以与国际标准进行很好的对比。即使在与标准年代地层的对比关系不能确定时，也可以作为区域性标准独立使用。我国古近纪被划分为 11 个哺乳动物期，包括古新世的上湖期、浓山期和巴彦乌兰期，始新世的岭茶期、阿山头期、伊尔丁曼哈期、沙拉木伦期、乌兰戈楚期和白音期，以及渐新世的乌兰塔塔尔期和塔奔布鲁克期（图 11-1-2），并以此为基础，建立了用于区域地层对比的年代地层框架（王元青等，2019）。

古近纪历经大约 43 Myr，其间经历了多次地磁极的反转，跨越了磁极性年代的 C6c 至 C29r 中上部约 23 个极性周期。综合深海底栖有孔虫壳体碳氧稳定同位素分析结果得到的氧碳同位素组成的变化曲线，也很好地反映了古近纪气候演化的历史，可以识别出古新世 – 始新世极热事件、早始新世气候适宜期、始新世末降温事件等众多环境变化事件（Zacho et al., 2001）。

第三节
古近系"金钉子"

一、古近纪年代地层研究概述

古近系（Paleogene）一词由德国地质学家瑙曼（C. F. Naumann）于 1866 提出，当时仅包含了 1833 年莱伊尔（Charles Lyell）提出的始新统（Eocene）和 1854 年拜里希（E. Beyrich）提出的渐新统（Oligocene）。1874 年，法国古植物学家申佩尔（W. P. Schimper）根据巴黎盆地发现的植物化石，认为含这些化石的层位早于始新统，提出古新统（Paleocene）一名。经过长时间的争论，古新统终于被广泛接受（参见 Speijer et al., 2020）。至此，古近系划分为古新统、始新统和渐新统的框架确立。

在 1989 年华盛顿第 28 届国际地质大会上，国际古近纪地层分委员会确定了现行的将古近系划分为三统九阶的方案（图 11-3-1）：分别是古新统的丹麦阶（Danian）、塞兰特阶（Selandian）和坦尼特阶（Thanetian）、始新统的伊普里斯阶（Ypresian）、卢泰特阶（Lutetian）、巴顿阶（Bartonian）和普里亚本阶（Priabonian），以及渐新统的吕珀尔阶（Rupelian）和夏特阶（Chattian）（Jenkins & Luterbacher，1992）。所有各阶的层型都是 19 世纪中期至 20 世纪早期在北海盆地和巴黎盆地定义的（Vandenberghe et al.，2012；Speijer et al.，2020）。

过去几十年里，古近纪海相生物地层学的实践主要是基于磁极性年表与钙质微体化石资料的整合。随着 20 世纪 80 年代"金钉子"概念的引入，以及研究的不断深入，人们发现这些"阶"的层型所在地区缺少连续的地层剖面来定义它们的界线，因而转向在更广的区域寻找各地层单位的界线层型（Gradstein & Ogg，2020）。到目前为止，除了始新统巴顿阶之外，古近系其余各阶的"金钉子"都已经确定。它们分别是（图 11-3-1）：

①古新统的丹麦阶：突尼斯卡夫（El Kef）以西瓦迪杰尔凡（Oued Djerfane）剖面，1991 年批准（Molina et al.，2006a）。

②古新统的塞兰特阶和坦尼特阶：西班牙巴斯克地区苏马亚（Zumaia）剖面，2008 年批准（Schmitz et al.，2011），这两个"金钉子"位于同一条地层剖面上。

③始新统的伊普里斯阶：埃及卢克索（Luxor）以南达巴比亚（Dababiya）剖面，2003 年批准（Aubry et al.，2007）。

④始新统的卢泰特阶：西班牙巴斯克地区毕尔巴鄂市西北戈龙达克瑟（Gorrondatxe）剖面，2011 年批准（Molina et al.，2011）。

⑤始新统的普里亚本阶：意大利东北部威尼托（Veneto）地区阿拉诺（Alano）剖面，2020年批准（Agnini et al.，2021）。

⑥渐新统的吕珀尔阶：意大利安科纳（Ancona）地区马西尼亚诺（Massignano）剖面，1992年批准（Premoli Silva & Jenkins，1993）。

⑦渐新统的夏特阶：意大利中部乌尔巴尼亚－马尔什地区蒙特卡涅罗（Monte Cagnero）剖面，2016年批准（Coccioni et al.，2018）。

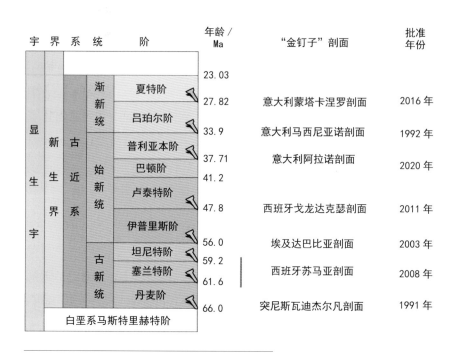

图 11-3-1 古近系划分及各阶底界"金钉子"的确立情况

二、丹麦阶底界"金钉子"

1. 研究历程

丹麦阶（Danian Stage）是古近系的第一个阶。根据国际地层指南（Salvador，1994），丹麦阶的底界也是古新统暨古近系、新生界的底界，同时还对应于白垩系－古近系（即中生界－新生界）界线。因而它的确定受到了广泛的关注（Molina et al.，2006a）。

丹麦阶是德索尔（F. Desor）于1847年根据丹麦西兰岛（Zealand）的地层提出的，对应于白垩系马斯特里赫特阶顶部与古近系塞兰特阶底部之间的地层。丹麦阶涵盖钙质超微浮游生物带NP1—NP4、浮游有孔虫带P0—P2以及沟鞭藻 Virborg 1 带（Speijer et al.，2020）。最初，德索尔认为丹麦阶是白垩系最上部的阶。因此，德瓦尔克（G. Dewalque）于1868年根据比利时蒙斯

（Mons）的地层提出了蒙特阶（Montian），作为古新统底部的阶。后来研究证明，蒙特阶与丹麦阶中上部相当。1982年，国际白垩系－古近系界线工作组投票表决，将该界线置于马斯特里赫特阶与丹麦阶之间（Molina et al.，2006a），蒙特阶被弃用（De Geyter et al.，2006）。

最初有多个剖面被考虑作为丹麦阶"金钉子"的候选，到1988年缩减为4个，包括突尼斯的卡夫（El Kef）、西班牙的苏马亚（Zumaya）、美国的布拉索斯（Brazos）和丹麦的斯泰温斯崖（Stevns Klint）。1989年，卡夫剖面在最终的通讯投票中获得古近系分会通过。关于界线的具体定义和点位，古近系分会选举委员表决结果如下：11人支持将其定在界线粘土的底部，3人支持用沟鞭藻 Danea californica 的首现来定义，3人支持根据最大铱异常，1人支持以海啸层的底来定义。据此，白垩系－古近系界线工作组向国际地层委员会提交了建议书，将白垩系－古近系界线的"金钉子"确定在突尼斯卡夫附近的瓦迪杰尔凡剖面（也有专家称之为卡夫剖面）的界线粘土层的底部。这一建议1990年在国际地层委员会获得通过，并于1991年获得国际地质科学联合会批准。虽然丹麦阶的"金钉子"1991年就获得批准，但研究报告直到2006年才在 Episodes 上正式发表（Molina et al.，2006a）。

2. 科学内涵

丹麦阶底界"金钉子"确立于突尼斯西北部的瓦迪杰尔凡剖面，该剖面位于卡夫以西8 km处的瓦迪杰尔凡（Oued Djerfane）（北纬36°09′13″，东经8°38′55″）。"金钉子"点位以剖面上深色界线粘土层（厚50 cm）底部的锈褐色层（厚1~3 mm）为标志（图11-3-2）。在世界各地的许多白垩系－古近系界线剖面中，深色粘土层底部都有一层类似的棕色薄层，它记录了当时天体撞击导致的铱元素异常，其中还有微晶石、富镍尖晶石晶体等，在墨西哥湾周围的棕色薄层

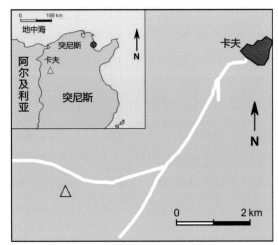

图11-3-2 突尼斯西北部的瓦迪杰尔凡剖面——丹麦阶底界"金钉子"的地理位置及界线地层露头（据 Gradstein et al.，2020，原图由 Gabi M.Ogg 提供）

中还有冲击石英。与铱元素异常相伴的还有浮游有孔虫和钙质超微化石的大规模灭绝。该"金钉子"界线与白垩纪末的天体撞击和生物大灭绝事件在年代上是一致的，因此是该地质事件的精确标尺。

在"金钉子"上，丹麦阶底界界线附近的岩性可以分为5个单元（Molina et al.，2006a），"金钉子"位置位于第2层的底部（图11-3-3）。

丹麦阶（古近系）：

5. 超过10 m厚的灰白色粘土质泥灰岩，在界线上方2.5~3.0 m之间，碳酸钙含量增加到20%~25%。

4. 大约1 m厚灰色、富含粘土的页岩，碳酸钙平均含量为14%。

3. 0.5 m厚的深灰色粘土，碳酸钙含量6%~10%。

2. 0.5 m黑色粘土层，即"界线粘土层"，碳酸钙平均含量为5%。在其底部，有一层1~3 mm厚的铁锈层标记了界线事件。该层所含的碳酸钙少于1%，并且有机碳总量（TOC）最大。在该铁锈层中铱和铼元素富集，而镧、钕、镱和镥元素则大幅减少。铱的最大含量为十亿分之16.25，仅限于界线粘土层底部的铁锈层。

马斯特里赫特阶（白垩系）

1. 4.5 m灰白色泥灰岩，碳酸钙平均含量为40%。最上层有较暗色的、充填了丹麦阶沉积物的潜穴。这些潜穴中的沉积物的 $\delta^{18}O$ 值为 −4.93‰，并且还富含铱、铼和金元素。

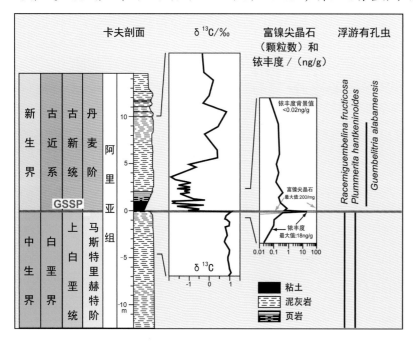

图 11-3-3 突尼斯丹麦阶底界"金钉子"剖面的地质记录（据 Speijer et al.，2020，原图由 Gabi M. Ogg 提供）

瓦迪杰尔凡剖面（也常被称为卡夫剖面）交通比较方便，同时与人口稠密区有足够的距离。该剖面与界线有关的地层较厚（约 50 m），而且连续，没有明显的间断，沉积物中记录了相关的跨越界线的事件，包括界线粘土、铱异常、总有机碳最大值、稳定同位素漂移、碳酸钙含量降低等。其界线粘土比其他几个剖面都厚。剖面上化石也很丰富，为进行广泛的生物地层对比提供了有利条件，可以通过浮游有孔虫、钙质超微化石、沟鞭藻类以及介形类等化石与其他地区进行对比。

在瓦迪杰尔凡剖面上确立丹麦阶底界"金钉子"的建议获得批准后，科学家持续在该剖面上开展工作，包括地球化学和矿物学、浮游有孔虫、小型底栖有孔虫、钙质超微化石、介形类、菊石等方面的研究。然而，人们也发现瓦迪杰尔凡剖面因剖面保存不佳，存在"金钉子"确切点位难以识别的问题。尽管如此，工作组认为最好的解决方案是在瓦迪杰尔凡剖面保留"金钉子"，但同时指定辅助剖面（Molina et al., 2006a）。为了在剖面上准确标志"金钉子"的位置，2006年 4 月，扎格比布 – 图尔基（Zaghbib–Turki）带领研究团队成员挖掘了一条探槽，发现了富含铱的锈色层和深色界线粘土层，在瓦迪杰尔凡剖面界线粘土层底部放置了一个 1 m 长的铁杆作为人工标记。

随着瓦迪杰尔凡剖面出露状况的恶化，科学家开始在全球范围内寻找"金钉子"辅助剖面，以更好地揭示界线的特点和解决对比问题。使用的对比标准是陨石撞击证据（铱异常、富镍尖晶石等）以及浮游微体和超微化石的大规模灭绝。这些候选的辅助剖面位于三个不同的区域，包括"金钉子"所在地突尼斯卡夫周围的艾因赛塔拉（Aïn Settara）剖面和埃勒（Ellès）剖面，西班牙的卡拉瓦卡（Caravaca）剖面和苏马亚（Zumaya）剖面、法国的比达尔（Bidart）剖面，以及墨西哥湾周围的、靠近希克苏鲁伯（Chicxulub）陨石撞击坑的博奇尔（Bochil）剖面和穆拉托（El Mulato）剖面。这些剖面都是在希克苏鲁伯陨石撞击点附近或远离撞击点的、最连续和最具代表性的海洋沉积剖面，经过详尽研究可以对天体撞击事件或丹麦阶底界进行全球对比。来自这些辅助剖面的详细的地磁学和古生物学数据，提供了有关白垩系 – 古近系界线的年代地层学标尺（Molina et al., 2009）。

突尼斯艾因赛塔拉剖面：位于突尼斯中部，卡夫"金钉子"以南 50 km（北纬 35° 80′ 00″，东经 9° 50′ 00″）。白垩系 – 古近系界线位于该剖面阿利亚组的中部，暴露在一个深切沟壑的峭壁上，水平方向可以追踪 200 m 以上。在剖面上发现了完整的浮游有孔虫带，并且确认了灾难性生物大灭绝事件。该剖面界线地层中的铱异常和富镍尖晶石表明，白垩纪 – 古近纪界线处的宇宙印记在艾因赛塔拉剖面中也有记录（Molina et al., 2009）。

突尼斯埃勒剖面：位于突尼斯中部，卡夫"金钉子"东南 56 km，埃勒村以东 3 km（北纬 35° 56′ 40″，东经 9° 04′ 50″）。古近系底界位于阿利亚组中，在 1.4 m 厚的界线粘土层底部的铁锈色层中发现有铱异常和富镍尖晶石晶体，同时还有灾难性的生物大规模灭绝、δ^{13}C 变化、总有机碳增加和碳酸钙百分比下降等记录（Molina et al.，2009）。

西班牙卡拉瓦卡剖面：位于西班牙南部穆尔西亚地区卡拉瓦卡镇以南约 3 km（北纬 39°05′19″，西经 1°52′26″）。白垩系－古近系界线位于由灰色泥灰岩和粘土岩组成的霍尔克拉组（Jorquera Fm）中，剖面上存在 2~3 mm 厚的锈红色层以及铱异常记录。矿物学和地球化学分析也提供了很强的陨石撞击证据。科学家还在这个剖面上识别出了马斯特里赫特阶最上部和丹麦阶最下部的浮游有孔虫化石带，以及灾难性的生物大灭绝记录（Molina et al.，2009）。

西班牙苏马亚剖面：位于西班牙北部巴斯克地区的苏马亚村（北纬 43°17′56″，西经 2°16′04″）。该剖面曾经是白垩系－古近系"金钉子"候选剖面之一，在投票过程中得票数仅次于突尼斯的瓦迪杰尔凡剖面，排名第二。与界线相关的地层由马斯特里赫特阶上部的紫色泥灰岩、白垩系－古近系界线的深灰色粘土层和丹麦阶红色泥灰质石灰岩组成。通过高精度采样，浮游有孔虫的生物地层学、定量分析和埋藏学研究证实了白垩系－古近系界线处发生了大规模灾难性的生物灭绝，包括菊石的灭绝（Molina et al.，2009）。

法国比达尔剖面：位于法国西南部，在昂代（Hendaye）和比亚里茨（Biarritz）之间的比达尔海滩上（北纬 43°26′54″，西经 1°35′16″）。该剖面被认为是欧洲西南部最完整的白垩系－古近系界线剖面之一，界线以 2 mm 厚的红色铁质薄层和 6 cm 厚的深红色粘土层为标志（Molina et al.，2009）。

墨西哥博奇尔剖面：位于墨西哥东南部恰帕斯州博奇尔镇东北约 9 km（北纬 17°00′36″，西经 92°56′44″）。由于其与希克苏鲁伯陨石坑的位置距离较近，因此包含了具有厚撞击钙质角砾岩的碎屑沉积。白垩系－古近系界线地层之下是马斯特里赫特阶上部的深水相的霍帕布奇尔组（Jolpabuchil Fm）（Molina et al.，2009）。

墨西哥湾穆拉托剖面：位于墨西哥东北部塔毛利帕斯州穆拉托村以北 500 m（北纬 24°54′00″，西经 98°57′00″）。该剖面是墨西哥湾最具代表性的白垩系－古近系界线剖面之一。在上白垩统门德斯组（Méndez Fm）和古近系韦拉斯科组（Velasco Fm）之间，有一层近 2 m 厚的碎屑岩，被认为是撞击产生的海啸流造成的，指示了界线位置（Molina et al.，2009）。

在瓦迪杰尔凡"金钉子"剖面上定义丹麦阶底界的界线粘土层底部的毫米级锈色层，存在富镍尖晶石、铱异常等证据。这些证据在艾因赛塔拉剖面、埃勒剖面、卡拉瓦卡剖面、苏马亚剖面和比达尔剖面上同样存在。在墨西哥湾地区，撞击的证据是一套厚度不等的碎屑沉积（Molina et al.，2009）。

3. 我国该界线的情况

我国古近纪地层以陆相地层为主，海相地层仅分布于西藏南部、新疆塔里木盆地、东海大陆边缘和台湾北部。在这些海相地层中，也进行了比较深入的地层工作，尤其是在藏南地区。虽然根据化石可以确定相应地层的时代，但由于相关化石带不连续，且缺失作为丹麦阶底界标志的界线粘土层和铱异常等，要准确划定丹麦阶底界的位置，仍然存在一定难度。比如在西藏南部地区，可以将白垩系－古近系界线放在基堵拉组的底部，却无法确定这一界线的准确位置。实际上，古近系其他各阶底界的准确位置也都没有很好地确定。

由于"金钉子"都建立在海相地层中，陆相地层与国际标准的对比更加困难，只能依靠综合手段。我国陆相地层白垩系－古近系界线（丹麦阶底界）对应的是我国区域性的年代地层单位上湖阶的底界。关于这一界线研究在不少地区都有开展，其中以广东南雄盆地的研究最有影响。

南雄盆地的白垩系－古近系界线研究始于1973年（图11-3-4）。中国科学院古脊椎动物与古人类研究所的科学家将界线置于大塘剖面发现恐龙蛋与哺乳动物化石的地层之间，以发现哺乳动物化石的黄灰色厚层粘土砾岩为其底界。近年来的古地磁、稳定同位素分析和同位素测年结果证明，这条界线位于磁极性年代的C29r的上部，与金钉子的位置比较吻合（童永生等，2013）。目前已知的上湖阶最低层位的哺乳动物化石是产于广东南雄盆地的古亚洲裂齿兽（*Carnilestes palaeoasiaticus*），以及安徽潜山盆地的安徽丽狉（*Astigale wanensis*）和潜水本爱兽（*Benaius qianshuiensis*）（图11-3-5），可以作为上湖阶（对应于丹麦阶）底界的标志（王元青等，2019）。

在后续的研究中，有不同研究者分别建议将这条界线置于上述界线之上93.5 m、约51 m、之下1.5 m或80~100 m的位置。然而这些观点并没有得到丹麦阶"金钉子"界线标志及其他相关地球化学证据的支持。目前看来，根据脊椎动物化石结合古地磁、稳定同位素以及测年数据给出的界线最接近丹麦阶底界，且比较易于识别（赵梦婷等，2021）。

图11-3-4　广东南雄盆地上湖阶底界剖面

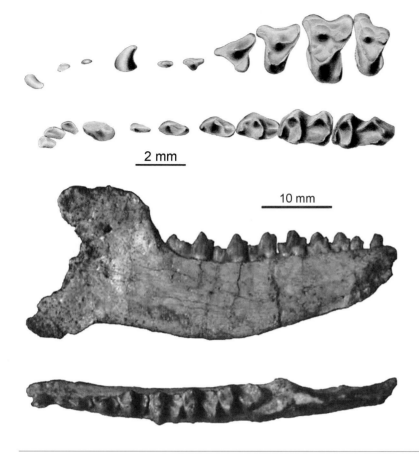

2 mm

10 mm

图 11-3-5　我国古近纪丹麦期的古亚洲裂齿兽（上，据 Wang & Zhai，1995）和潜水本爱兽（下，据 Wang & Jin，2004）

三、塞兰特阶底界"金钉子"

1. 研究历程

塞兰特阶（Selandian Stage）最初是由罗森克兰茨（A. Rosenkrantz）1924 年根据丹麦西兰岛（Sjælland）极为发育的由砾岩（局部）、含海绿石和化石的砂岩及泥灰岩，以及不含化石的粘土岩组成的层序提出的，代表丹麦阶石灰岩之上、上古新统至下始新统含灰的钼粘土之下的地层（Speijer et al.，2020）。1993 年，国际古近系地层分会委托古新统工作组为塞兰特阶和坦尼特阶确定"金钉子"。

在工作的早期阶段，尽管人们普遍认为西班牙的苏马亚剖面将是"金钉子"的主要候选剖面，但仍然对地中海周边国家的大量剖面进行了详细或初步研究，包括埃及东部沙漠中的阿维纳山（Gebel Aweina）、杜威山（Gebel Duwi）和格雷亚山（Gebel Qreiya）剖面，以色列的本古里安（Ben Gurion）剖面，突尼斯的卡拉特塞南（Kalaat Senan）附近的西迪纳瑟（Sidi Nasseur）

和艾因赛塔拉剖面，意大利的博塔乔内峡（Bottaccione Gorge）和孔泰萨（Contessa）公路剖面，以及西班牙的卡拉瓦卡剖面。在最后阶段，"金钉子"的候选剖面缩减到两个：西班牙的苏马亚剖面和埃及东部沙漠地带的格雷亚山剖面。两个剖面都进行过详细的采样研究。

经过十四年的研究和讨论，在 2007 年 6 月的古新统工作组会议上，全体成员一致认为苏马亚剖面是确定塞兰特阶和坦尼特阶两个底界"金钉子"的最合适的剖面，同意提交议案。在国际古近系分会和国际地层委员会分别于 2008 年通过该提案之后，国际地质科学联合会于 2008 年 9 月 23 日正式批准了这两个"金钉子"（Schmitz et al., 2011）。

2. 科学内涵

塞兰特阶"金钉子"位于西班牙北部巴斯克地区的苏马亚伊楚伦海滩的苏马亚剖面（北纬 43° 18′ 02″，西经 2° 15′ 34″）（图 11-3-6）。"金钉子"界线位于伊楚伦组红色泥灰岩的底部，覆盖在艾茨戈里灰岩组之上，两个组均为深海相沉积。对整个盆地的逐层对比表明，跨越丹麦阶 – 塞兰特阶界线的地层是连续的。

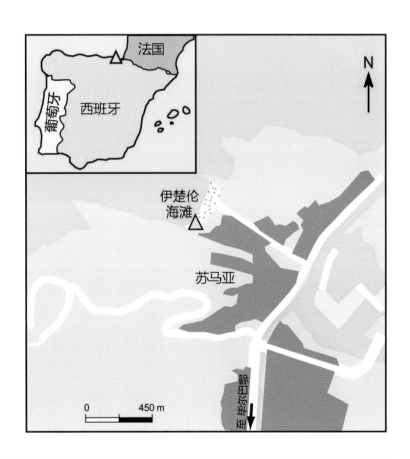

图 11-3-6　古近系塞兰特阶、坦尼特阶两个阶底界的"金钉子"剖面位置。（据 Speijer et al., 2020，原图由 Gabi M. Ogg 提供）
这是全世界为数不多的一条剖面上建立两个"金钉子"的地层剖面

在苏马亚剖面上（图 11-3-7），艾茨戈里灰岩组主要由红色灰岩构成，而伊楚伦组下部则以灰色泥灰岩为主，底部厚 2.85 m 泥灰岩则以红色为特征。塞兰特阶的底界就定义在两组之间岩性的突然改变界面上。该底界的最佳生物对比标准是钙质超微化石束石藻类的第二次辐射，*Fasciculithus ulii*、*F. billii*、*F. janii*、*F. involutus*、*F. pileatus* 和 *F. tympaniformis* 等物种首次出现在塞兰特阶底界以下几分米至底界之上 1.1 m 的区间内。塞兰特阶底界位于磁极性年代 C26r 的下三分之一处，与 C26r 之底相差约 615 ka（Speijer et al., 2020）。

苏马亚剖面的一个主要优势是它位于塞兰特阶和坦尼特阶原始层型剖面所在的北海地区与更靠南的特提斯地区之间的中间位置。剖面含有代表两个区域特征的动植物群，有利于北海与世界其他地区之间的对比。苏马亚剖面另一个重要优势就是存在高精度旋回地层学和良好的磁性地层学记录（图 11-3-8），而埃及的格雷亚剖面却缺乏类似的记录。同时，苏马亚剖面的通达性要好

图 11-3-7 塞兰特阶和坦尼特阶"金钉子"——西班牙苏马亚剖面的地层露头及界线点位。A. 苏马亚剖面全景（据 Speifer et al., 2020 修改，原图由 Gabi M. Ogg 提供）；B. 塞兰特阶"金钉子"界线（照片由 Victoriano Pujalte 提供）；C. 塞兰特"金钉子"（照片由 Victoriano Pujalte 提供）

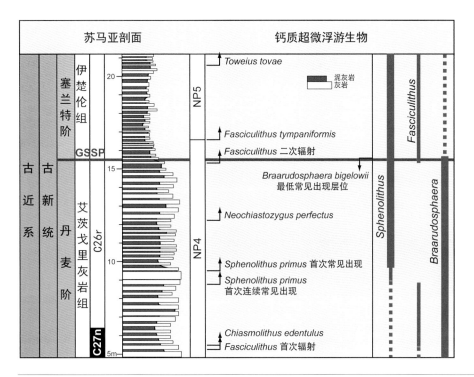

图11-3-8 塞兰特阶底界"金钉子"的地质记录（据 Speijer et al., 2020，原图由 Gabi M. Ogg 提供）。NP——Nanoplankton Paleogene，古近纪超微浮游生物

得多。虽然格雷亚剖面的有孔虫和钙质超微化石比苏马亚剖面保存得更好，但苏马亚剖面上保存的化石仍然足以建立高精度的生物地层学序列。在苏马亚，可以对附近代表各种相和环境的同期沉积剖面进行对比和比较研究（Schmitz et al., 2011）。

3. 我国该界线的情况

在以陆相沉积为主的我国古近系中，要准确划定塞兰特阶的底界是非常困难的。相关标志中唯一可以参考的是塞兰特阶的底界位于磁极性年代 C26r 的下三分之一处。根据最近的年代地层学研究成果，我国区域性年代地层单位浓山阶整体处于磁极性年代 C26r 中（图11-3-9，王元青等，2019）。因此，塞兰特阶的底界应该对比到浓山阶的下部。根据各盆地哺乳动物化石的产出层位，竹桂坑双脊兽（*Dilambda zhuguikengensis*）、华美翼齿兽（*Harpyodus decorus*）、古井曙狸（*Eosigale gujingensis*）、余氏棋盘兽（*Qipania yui*）和余井高脊兽（*Altilambda yujingensis*）等几种是浓山阶中产出层位最低的哺乳动物，接近浓山阶底部，可以用作定义浓山阶底界的标志（王元青等，2019）。

图 11-3-9　广东南雄盆地大塘剖面古近系浓山阶下部地层露头

四、坦尼特阶底界"金钉子"

1. 研究历程

坦尼特阶是古新统最上部的阶，是勒内维耶（H. Renevier）1874 年依据英格兰东南部坦尼特（Thanet）岛上的地层提出的。最初包括了含有沫丽蛤（*Cyprina morris*）的坦尼特砂岩和含有女神蚬（*Cyrena cuneiformis*）的伍尔威奇和雷丁层（Woolwich and Reading Beds）。多尔菲斯（G. F. Dollfus）1880 年将坦尼特阶含义缩小，仅限于坦尼特砂岩。坦尼特阶涵盖了钙质超微化石 NP6—NP9 带、磁极性年代 C26n–C24r 以及沟鞭藻 Viborg 4—5 带。坦尼特阶的底界在历史上被认为位于 NP6 带的上部，接近磁极性年代 C26n 的底部（Schmitz et al.，2011）。沟鞭藻类 *Alisocysta gippingensis* 丰度的显著增加可以用于识别北海盆地内坦尼特阶的底界，而古多甲藻 *Palaeoperidinium pyrophrum* 和古囊甲藻 *Palaeocystodinium bulliforme* 的最晚出现则发生在塞兰特期，可以用来进行区域间的对比。坦尼特阶的延续时间为 3.24 Myr（59.24—56 Ma）（Speijer et al.，2020）。

坦尼特阶底界与塞兰特阶底界的两个"金钉子"都位于西班牙的苏马亚剖面（图 11-3-6、图 11-3-7、图 11-3-10），两者的遴选过程完全一致，不再赘述。

图 11-3-10 西班牙苏马亚剖面的坦尼特阶底界地层（左）"金钉子"标志（右）（Victoriano Pujalte 提供）

2. 科学内涵

坦尼特阶和塞兰特阶"金钉子"位于同一条剖面上，即西班牙北部巴斯克地区苏马亚伊楚伦海滩的苏马亚剖面（北纬 43°18′02″，西经 2°15′34″）。"金钉子"被确定在伊楚伦组中，位于与"古新世中期生物事件"（MPBE）相关的粘土层底部之上 2.8 m 处，对应于磁极性年代 C26n 的底部（图 11-3-11）。

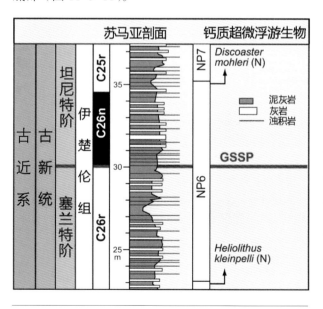

图 11-3-11 坦尼特阶底界"金钉子"剖面的综合柱状图（据 Speijer et al., 2020 修改，原图由 Gabi M. Ogg 提供）

伊楚伦组下部分为上、下两段。下段（A 段）厚约 24 m，以泥灰岩为主，而上段（B 段，约 52 m）则包含了相当大比例的硬质石灰岩，以灰岩中碳酸钙含量达到并保持在 60% 以上的点为两段的界线。在两段之间的界线之上大约 3 m 处，有一个厚约 1 m 的明显的暗色层段，其碳酸钙含量急剧减少，而且有相对较高的磁化率。这一粘土层被解释成"古新世中期生物事件"的表现（Schmitz et al., 2011）。

坦尼特阶底界附近的钙质超微化石

和浮游有孔虫都是连续演化的，没有发现显著的突变。在伊楚伦组的下段上部和上段下部，记录了钙质超微化石冠环藻 *Coronocyclus nitescens*、轭盘藻 *Zygodiscus bramlettei*、托氏藻 *Toweius eminens*、日石藻 *Heliolithus cantabriae*、楔形石藻 *Sphenolithus anarropus*、克氏日石藻（*Heliolithus kleinpelli*）和盘星石藻 *Discoaster bramlettei* 等的首次出现。以克氏日石藻的首现为标志的 NP6 带的底界位于磁极性年代 C26n 和坦尼特阶底界之下大约 6.5 m。浮游有孔虫 P4 带以球异常虫 *Globanomalina pseudomenardii* 的首现为标志，其下部浮游有孔虫多样性增加。它的底界大约位于伊楚伦组底界之上 16 m，接近苏马亚剖面的 C26r–C26n 界线（Schmitz et al.，2011）。

3. 我国该界线的情况

虽然坦尼特阶底界"金钉子"界线上下的生物群变化并不显著，但将坦尼特阶底界置于磁极性年代 C26r–C26n 的界线上，为在陆相沉积中确定坦尼特阶底界提供了很好的参考依据。

最新的研究显示，我国巴彦乌兰期下化石层的产出层位在磁极性年代 C25r 内，接近 C26n–C25r 极性转换界面。我国区域年代地层单位巴彦乌兰阶的底界也被建议置于 C26r–C26n 转换界面上。巴彦乌兰期下化石层产出的化石则可以用作确定这一界线的古生物学参考标志。

内蒙古二连盆地脑木根组底部是巴彦乌兰期下化石层的产出层位（图 11-3-12），产出的哺乳动物化石包括断代小锯齿兽（*Prionessus lucifer*）、鼓泡斜剪齿兽（*Lambdopsalis bulla*）（图 11-3-13）、伟楔齿兽（*Sphenopsalis nobilis*）、棱脊假古猬（*Pseudictops lophiodon*）、北方始臼

图 11-3-12　内蒙古二连盆地巴彦乌兰阶脑木根组底部化石地点

图 11-3-13 鼓泡斜剪齿兽，产于内蒙古二连盆地古新统脑木根组的巴彦乌兰阶下化石层，比例尺为 1 cm

齿兽（*Eomylus borealis*）、锯齿双尖中兽（*Dissacus serratus*）、大格沙头柱兽（*Gashatostylops macrodon*）、小古柱兽（*Palaeostylops iturus*）、湖牧兽（*Pastoralodon lacustris*）、吐鲁番原恐角兽（*Prodinoceras turfanensis*）、小肉齿兽（*Sarcodon minor*）、袖珍巴彦乌兰鼩（*Bayanulanius tenuis*）、小磨楔鼠（*Tribosphenomys minutus*）。化石层的岩性存在一定的横向变化，从细砂岩至粉砂质泥岩，为一套红色为主的碎屑沉积。二连盆地的努和廷勃尔和剖面的磁性地层学研究表明，C26r–C26n 转换界面位于该化石层之下大约 3 m 的位置（王元青等，2019）。

五、伊普利斯阶底界"金钉子"

1. 研究历程

　　伊普里斯阶（Ypresian Stage）是始新统的第一个阶，因此，伊普里斯阶的底界也是始新统的底界。伊普里斯阶是由迪蒙（A. Dumont）1849 年首次使用的，用以代表比利时陆相—边缘海相兰登层和海相布鲁塞尔层之间的海相粘土层到细砂层。"伊普里斯阶"一词源自当地一个名叫伊珀尔（Ieper，法语译名 Ypres）的小镇（Speijer et al., 2020）。莫尔肯斯（T. Moorkens）1968 年将位于伊珀尔附近的一个砖场采石场指定为伊普鲁斯阶的典型地点和层型。由于典型地区的伊普里斯阶是一个由不整合界定的地层单元，因而其作为层型剖面或"金钉子"点位不符合国际地层指南的要求。

长期以来，古新统－始新统界线的确定在不同研究领域存在多种互不相关的标志，相互之间的差距甚至多达 1.5 Myr。磁极性年代 C24r 中许多密切相关的全球事件可以为古新统－始新统界线确定提供稳定的依据。通过将地磁－生物地层研究与稳定同位素地层学相结合，并在可行的情况下与来自世界各地尽可能多的不同环境（深海、浅海、陆地，低纬度、中纬度、高纬度）剖面的层序地层学相结合，已经构建了详细的磁极性年代 C24r 事件的相对年表（Aubry et al.，2007）。

1997 年，古新统－始新统界线工作组在磁极性年代 C24r 事件中，确定了七个可能适合定义和对比古新统－始新统界线"金钉子"的事件，并梳理了它们的优势和劣势。其中，三个生物事件被确定为在开放海洋环境中进行"金钉子"对比的最佳标志：① 钙质超微化石三臂藻 *Tribrachiatus digitalis* 的首现；② 浮游有孔虫 *Morozovella velascoensis* 的末现；③ 底栖有孔虫 *Stensioeina beccariiformis* 的末现。两个非古生物学标准——磁极性年代 C25n–C24r 转换界面和 C24r 中显著的碳同位素负漂移，也被考虑用于跨相区的全球对比。最终，碳同位素负漂移作为一种全球可识别且明确的特征，被认为最适合表征全球年代地层层位，并被选定为古新统－始新统界线"金钉子"的主要标准。此次碳同位素负漂移同时存在于海相和陆相地层中，其漂移幅度达 2.5‰~4‰，是一个明显的信号，而且它与其他几个同样独特的事件相关，可以确保它得到准确识别。这是全球相关标准中首例采用碳同位素负漂移作为"金钉子"主要标准的案例（Aubry et al.，2007）。

最初工作组调查了全球 23 个剖面，并从中选出 9 个作为古新统－始新统界线"金钉子"的潜在候选剖面进行详细研究。最终，西班牙北部的苏马亚剖面和埃及上尼罗河谷的达巴比亚剖面获得了最多的支持。2002 年 2 月，乌达教授（K. Ouda）、迪皮伊教授（C. Dupuis）以及工作组主席奥布里教授（M.–P. Aubry）倡议，组织界线工作组在埃及卢克索召开会议。会议专门审查了达巴比亚剖面和尼罗河上游的对比剖面，随后进行了投票。工作组成员一致投票赞成将始新统底界"金钉子"置于达巴比亚剖面。之后，将始新统底界"金钉子"建议提交给国际古近纪地层分会，于 2003 年 5 月获得通过。2003 年 8 月，该提案获得国际地层委员会通过。2004 年 8 月，国际地质科学联合会正式批准建立该"金钉子"（Aubry et al.，2007）。

2. 科学内涵

伊普里斯阶底界"金钉子"位于埃及尼罗河上游东岸卢克索以南 23 km 的达巴比亚剖面（DBH 剖面，北纬 25° 30′ 00″，东经 32° 31′ 52″）（图 11-3-14）。"金钉子"点位定于该剖面达巴比亚采石场段底部的 63 cm 厚的深灰色粘土层（达巴比亚采石场第 1 层）之底界（Aubry et al.，

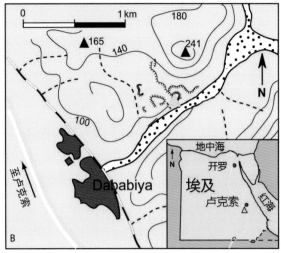

图 11-3-14 伊普利斯阶"金钉子"剖面（A）及位置（B）（据 Speijer et al.，2020，原图由 Gabi M. Ogg 提供）

2007；Speijer et al.，2020）。

达巴比亚剖面的达巴比亚采石场段由 5 个特征明显的岩层组成，自上而下为：

5. 泥灰质钙质石灰岩，形成明显的浅灰色层；厚 1 m；

4. 灰色钙质页岩；厚 0.71 m；

3. 米色、层状磷酸盐页岩，具有稀疏的圆柱形粪化石和丰富的透镜状浅粉色磷酸盐包裹体，直径 1 cm 至几厘米（压扁的粪化石？）；厚 0.84 m；

2. 磷酸盐棕色层状页岩，带有许多圆柱形粪化石；厚 0.50 m；

1. 深灰色非钙质层状页岩，偶尔有圆柱形磷酸盐粪石；厚 0.63 m。

各层之间的接触是正常的，也没有任何生物扰动的痕迹。达巴比亚采石场段与其下伏地层——哈纳迪段（El Hanadi Mb）的浅灰色生物扰动浅海页岩界线清晰。在达巴比亚采石场段之上为马哈米亚段（El Mahmiya Mb）的泥灰质钙质灰岩、灰色页岩，两者之间为过渡接触。

达巴比亚剖面通达性很好，具有良好的生物地层和同位素地球化学记录。有机碳同位素记录清楚地显示了作为界线标志的碳同位素负漂移，其起始位置与达巴比亚采石场段底界（即达巴比亚采石场第 1 层底界）一致，峰值位于整个剖面底部上方 1.58 m 处。底栖有孔虫灭绝事件（BFE）、浮游有孔虫短时延类群（PFET）的短暂出现，以及钙质超微化石 *Rhomboaster* spp.—*Discoaster araneus*（RD）组合的短暂出现，都与碳同位素负漂移相关。这次显著的碳同位素负漂移可能与"古新世 – 始新世之交极热事件"（即 PETM）有关，伊普里斯阶"金钉子"的确立为该地质事件的全球记录提供了一根精确标尺（图 11-3-15）。

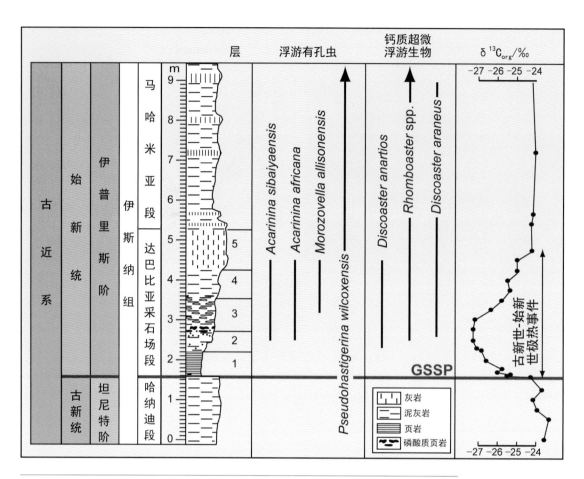

图 11-3-15 伊普里斯阶 "金钉子" 的地质记录（据 Speijer et al.，2020，原图由 Gabi M. Ogg 提供）

3. 我国该界线的情况

我国始新统最下部的区域性年代地层单位称为岭茶阶。其底界与始新统底界相同，因而也可以与伊普里斯阶的底界进行对比。生物地层学研究结果显示，应以哺乳动物演化事件作为该界线的识别标志，代表性的剖面是湖南衡东岭茶剖面和内蒙古二连盆地的努和廷勃尔和剖面。岭茶期早期的哺乳动物化石，可以用于识别古新统 – 始新统界线。这些化石包括杨氏湘掠兽（*Hsiangolestes youngi*）、河塘软食中兽（*Hapalodectes hetangensis*）、闪烁晨光兽（*Matutinia nitidulus*）、艾力克马高莫兔（*Gomphos elkema*）、翟氏东方柱兽（*Anatolostylops zhaii*）、岭茶钟键鼠（*Cocomys lingchaensis*）、亚洲德氏猴（*Teilhardina asiatica*）、二连明镇貘（*Minchenoletes erlianensis*）和蹄齿犀类的 *Pataecops parvus* 等（图 11-3-16）。

以碳同位素负漂移作为伊普里斯阶 "金钉子" 的主要标志也为我国进行陆相地层与海相标准的准确对比提供了条件。我国已有多条陆相剖面报道了古新统 – 始新统界线的碳同位素负漂。

图 11-3-16 岭茶钟键鼠（左）和蹄齿犀类 *Pataecops parvus*（右）

这样，在相关剖面上就可以准确标定界线的位置。多数剖面的工作是为了研究古新世 – 始新世之交的极热事件（即 PETM 事件），其成果暂时还无法运用于年代地层框架的构建中。

　　湖南衡阳盆地是我国最早识别出古新统 – 始新统界线碳同位素负漂的地点。在盆地内岭茶组中发现的哺乳动物被认为是我国早始新世早期的典型代表。研究显示，化石层位与碳同位素负漂相关，时代为始新世最早期。在内蒙古二连盆地的努和廷勃尔和剖面上（图 11-3-17），始新世最早期的哺乳动物化石的层位也落入碳同位素负漂范围内。在两条剖面上都可以标定古新统 – 始新统界线的准确位置（王元青等，2019）。

图 11-3-17 内蒙古二连盆地的努和廷勃尔和剖面

六、卢泰特阶底界"金钉子"

1. 研究历程

早在 1883 年拉帕朗（De Lapparent）就在巴黎盆地定义了卢泰特阶（Lutetian Stage），"卢泰特"在罗马语中便是"巴黎"的意思。当时，拉帕朗仅指出卢泰特阶的地层是巴黎盆地的一套粗砾灰岩，并没有指定具体的剖面。直到 1981 年，布隆多（Blondeau）才在巴黎以北约 50 km、靠近克雷伊（Creil）的地方选定了该阶的层型剖面。该层型剖面上包含有大型的底栖有孔虫 *Nummulites laevigatus*、*Orbitolites complanatus*，以及钙质超微化石等。随后，有人指出该剖面上发现的钙质超微化石组合保存得并不理想。因此，研究者们开始致力于从其他可对比的剖面上寻找保存更好的化石，并开展相关研究。其中最重要的进展之一是，在开阔海相的沉积中，用浮游有孔虫 *Hantkenina nuttalli* 的首现定义卢泰特阶的底界（Luterbacher et al., 2004）。尽管在卢泰特阶的层型剖面上没有可靠的古地磁数据，但是通过与英国厄涅利组（Earnely Fm）的对比，将卢泰特阶的底部对比到磁极性带 C21r 的底部（Molina et al., 2011）。

2. 科学内涵

1992 年，国际地层委员会古近系分会（ISPS）决定成立卢泰特阶底界工作组，选取并建立卢泰特阶底界的"金钉子"。由于位于巴黎盆地的卢泰特阶层型剖面是两个沉积间断之间的一段沉积序列，不符合国际上有关"金钉子"剖面的要求标准；此外由于卢泰特阶的底界与一次重要的海平面变化事件相关联，因而在深海沉积中寻找和定义这一界线更为合适。根据以上两个原因，工作组走出巴黎盆地，在意大利、以色列、突尼斯、摩洛哥、墨西哥和阿根廷等地试图寻找更为合适的地点和剖面。但很遗憾，以上这些地方并没有合适的备选剖面。最终，工作组在西班牙的诸多剖面中将目光聚焦于两个剖面：阿戈斯特（Agost）和戈龙达克瑟（Gorrondatxe）剖面（Molina et al., 2006b）。2009 年，工作组中 17 位成员参加在西班牙格乔（Getxo）召开的会议，会上总结了近 20 年来有关卢泰特阶与伊普利斯阶界线研究的各项进展，也在本次会议上推荐卢泰特阶"金钉子"的候选剖面，并确定主要和次要的全球对比标准（Molina et al., 2011）。通过对比阿戈斯特和戈龙达克瑟剖面各自的优劣，工作组投票通过将戈龙达克瑟剖面作为卢泰特阶的"金钉子"剖面。同时确定"金钉子"点位位于该剖面厚度值 167.85 m 处（图 11-3-18），该处也是钙质超微化石 *Blackites inflatus* 首现的位置，年龄大致相当于距今 47.61 Ma（Payros et al., 2011）。

图 11-3-18 位于西班牙北部毕尔巴鄂市附近的卢泰特阶"金钉子"剖面露头（Gabi M. Ogg 提供）

其他的对比事件（图 11-3-19）：

（1）根据旋回地层学，卢泰特阶底部位于磁极性带 C21r 上第 39 个旋回，相当于 C21r.6。也就是说，该底界的年龄比 C22n–C21r 的界线年龄晚 819 ka；比 C21r–C21n 的年龄早 507 ka。

（2）钙质超微化石 *Discoaster sublodoensis* 的极盛期和浮游有孔虫 *Turborotalia frontosa* 的首现比卢泰特阶底界早 546 ka（26 个岁差）。钙质超微化石 *Blackites piriformis* 的首现比卢泰特阶底界晚 105 ka（5 个岁差），其末现层位与 *Nannotetrina cristata* 的首现层位一致，比界线年龄晚 115 ka。

（3）浮游有孔虫 *Morozovella gorrondatxensis* 和 *Globigerinatheka micra* 的首现位置比界线晚 1.25 Ma。浅海相的大有孔虫 SBZ12–SBZ13 的界线接近"金钉子"位置。

（4）卢泰特阶底界还可能与一次全球性海侵的最大海泛面一致，本次海侵的上、下界线分别对应于氧同位素的 Ei6 和 Ei5 事件（Pekar et al.，2005）。

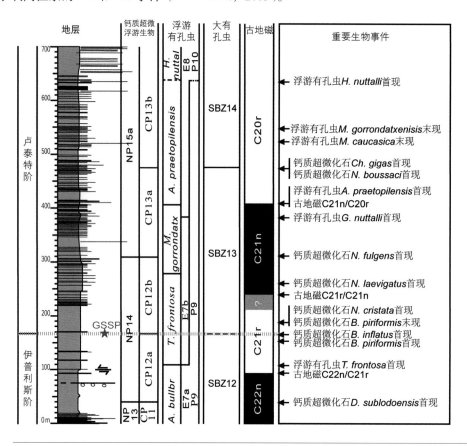

图 11-3-19 古近系卢泰特阶底界"金钉子"剖面的综合地层序列及生物事件（据 Molina et al.，2011 修改）

3. 我国该界线的情况

根据第三届全国地层会议通过的《中国区域年代地层（地质年代）表》中关于建立各系中国阶序列的要求，我国学者提出过卢氏阶和垣曲阶（全国地层委员会，2002）。根据当时的研究，卢氏阶和垣曲阶的下部相当于卢泰特阶。童永生等曾指出，卢氏阶内存在两个不同的哺乳动物群组合（全国地层委员会，2012）。近年来，随着综合地层学工作的开展，很大程度上厘清了内蒙古二连盆地内阿山头组和伊尔丁曼哈组的层位关系，以此为基础，阿山头组与伊尔丁曼哈组的动物群组成也得到了重新认识（Meng et al.，2007；王元青等，2010）。鉴于以这两个动物群形成的分期——阿山头期和伊尔丁曼哈期已被广泛地应用于国际地层对比中（Vandenberghe et al.，2012；Speijer et al.，2020），因此在编制中国地层表时重新启用了阿山头阶和伊尔丁曼哈阶，替代了卢氏阶（全国地层委员会和中国地质调查局，2014）。《中国地层表（2014）》中对我国陆相古近系部分阶名进行了调整，其中用沙拉木伦阶替代了垣曲阶（图 11-1-2）。

我国陆相地层中建立的阶很难与卢泰特阶底界的海相标准直接对比，但可以通过古地磁研究建立间接的对比关系。卢泰特阶底界年龄约 47.61 Ma，上部的巴顿阶底界年龄大致相当于41.2 Ma。根据我国陆相阶古地磁的初步研究，我国的沙拉木伦阶对应于磁极性带 C19r 下部至C17r 中，年龄 42—38.4 Ma；伊尔丁曼哈阶对应于 C20r 下部至 C19r 下部，年龄 45—42 Ma；阿山头阶对应于 C23r 下部至 C20r 下部，年龄 52—45 Ma（王元青等，2019）。综上所述，我国陆相阿山头阶上部、伊尔丁曼哈阶及沙拉木伦阶下部相当于卢泰特阶（图 11–1–2）。

七、普利亚本阶底界"金钉子"

1. 研究历程

普利亚本阶（Priabonian Stage）最初是由米尼耶 – 沙尔马（Munier–Chalmas）和拉帕朗（de Lapparent）提出的。1968 年，哈登博尔（Hardenbol）提出，将位于意大利东北部莱西尼山（Mt. Lessini）东部的普里亚博纳（Priabona）剖面作为普利亚本阶的层型剖面。同年，在巴黎召开的始新世学术讨论会上这一提议被接受，同时还提出了 5 个辅助层型剖面：意大利莱西尼山的格拉内拉（Granella）、根德勒（Ghenderle）剖面，布里奇山（Mt. Berici）的布伦多拉（Brendola）、莫萨诺（Mossano）剖面，以及威尼斯阿尔卑斯山脉的波萨诺（Possagno）剖面（Agnini et al.，2011）。其中，普里亚博纳层型剖面及两个辅助层型——格拉内拉剖面和根德勒剖面都位于浅海台地，在这些地区钙质超微化石很少富集，所以选择以底栖有孔虫法氏货币虫（*Nummulites fabianii*）的出现，也就是有孔虫序列 SB19 的底作为普利亚本阶底界的识别标志。在深水环境中，以浮游有孔虫 *Morozovelloides* 的最后出现——相当于 E14 带的底部，或者是钙质超微化石 *Chiasmolithus oamaruensis* 的底部——相当于 NP18 带的底部，作为普利亚本阶底部的识别标志。以上两种不同沉积环境下的识别标志在相当长的时间内是被普遍接受的（Agnini et al.，2011）。

随着研究的不断深入，一些专家指出法氏货币虫的首现要高于 *C. oamaruensis* 首现的位置（Cotton et al.，2017；Rodelli et al.，2018；Luciani et al.，2020）。美国有孔虫专家伯格伦（Berggren）等在全面回顾有关巴顿阶 – 普利亚本阶界线的研究后，认为对于普利亚本阶底界而言，用钙质超微化石 *C. oamaruensis* 的首现是一个更好的全球识别标志。这些研究进展和不同的意见表明，普利亚本阶"金钉子"需要重新定义。普利亚本阶层型剖面及 5 个辅助层型剖面中的大多数都是浅海相沉积，只有波萨诺剖面是深水相沉积，但是在波萨诺剖面上有关巴顿阶 – 普利亚本阶界线附近的地层出露并不理想，因而也很难作为该阶"金钉子"的合适备选（Agnini et al.，2011）。

国际地层委员对于"金钉子"剖面的选取有如下要求：所选取的露头必须有足够的沉积厚度；连续沉积；无沉积变动和构造扰动；关键层段具备丰富多样、保存完好的化石；界线附近没有纵向相变；有利于远距离生物地层对比的沉积相；具有放射性同位素测年、磁性地层学、层序地层学、旋回地层学和包括稳定同位素分析在内的化学地层学资料（Remane et al.，1996）。位于普利亚本阶层型剖面东北约 50 km 的阿拉诺（Alano）剖面，似乎能满足以上要求，可以成为普利亚本阶的"金钉子"剖面。

2. 科学内涵

阿拉诺剖面位于意大利东北部贝卢诺省的皮亚韦河畔阿拉诺（Alano di Piave）（图 11-3-20）。相关学者对该剖面进行详细的描述和研究后提出，将该剖面上称为"提齐亚诺层"（Tiziano Bed）的一套火山凝灰岩层之底作为普利亚本阶底界（Agnini et al.，2011）。2012 年 6 月，在皮亚韦河畔阿拉诺召开的普利亚本阶工作组会议上，就阿拉诺剖面是否是普利亚本阶底界"金钉子"的最佳候选剖面及"提齐亚诺层"是否是最佳的界线标志进行投票，结果是 24 位专家中 23 人赞成，因此阿拉诺剖面正式成为该阶"金钉子"的候选剖面。该提案于 2019 年 8 月 28 日、

图 11-3-20 普利亚本阶"金钉子"——意大利阿拉诺剖面（照片由 Claudia Agnini 提供）

2020年1月17日分别得到国际古近系地层分会和国际地层委员会通过，于2020年2月17日由国际地质科学联合会（IUGS）正式批准（Agnini et al.，2021）。

阿拉诺剖面（北纬45°54′51″，东经11°55′04″）位于普利亚本阶原层型剖面——普里亚博纳剖面东北约50 km处，位于深水相的辅助层型——波萨诺剖面东北约8 km。阿拉诺剖面主要由半深海相的灰色泥灰岩组成，中间夹有数层薄层的泥质粉砂岩，它们是非常好的横向对比的标志层。"金钉子"界线位于该剖面63.57 m处的"提齐亚诺层"底部，它主要是一套晶屑凝灰岩。据U–Pb放射性同位素测年结果，普利亚本阶"金钉子"年龄为37.762 ± 0.077 Ma，天文旋回提供的年龄为37.710 ± 0.01 Ma（Galeotti et al.，2019）。阿拉诺剖面有从巴顿阶到普利亚本阶连续的动物群和古地磁记录。

通过不同的地质事件，可以在海相和陆相地层中进行普利亚本阶底界的全球对比（图11-3-21），方法有：①古地磁研究表明，C17n.2n的底部（位于阿拉诺剖面的62.48 m）比"提齐亚

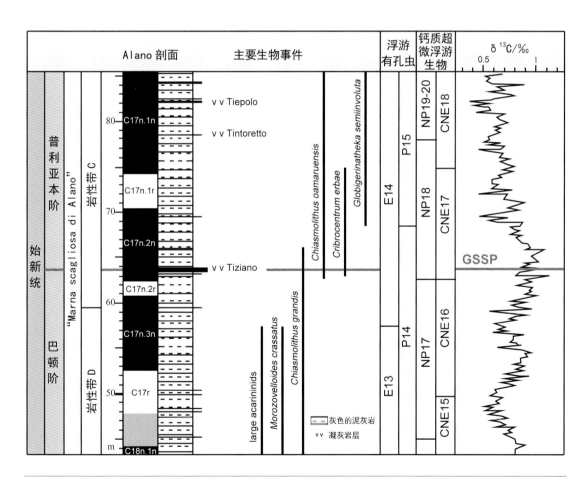

图11-3-21　阿拉诺"金钉子"剖面的综合地层及各类生物事件对比（据 Speijer et al.，2020 修改）。"Marna Scagliosa di Alano"为岩石地层单位

诺层"低 1.09 m；②钙质超微化石 *Cribrocentrum erbae* 和 *Chiassmolithus oamaruensis* 延限的底部相当于 CNE17 带底部，比"提齐亚诺层"低 0.61 m；但有专家指出，由于 *C. oamaruensis* 在中低纬度分布稀少，其在地层横向对比中作用有限（Fornaciari et al., 2010）；③钙质超微化石 *Chiassmolithus grandis* 延限的顶（位于阿拉诺剖面的 66.47 m 处）也接近"提齐亚诺层"；④"提齐亚诺层"比全球同时灭绝的浮游有孔虫 *Morozovelloides*（位于阿拉诺剖面的 57.52 m 处）和大有孔虫 acarininids（57.32 m 处）的末现位置高大约 6 m（Fornaciari et al., 2010；Agnini et al., 2011；Galeotti et al., 2019）。

3. 我国该界线的情况

我国晚始新世地层仍然以陆相沉积为主，按照最新通过的普利亚本阶"金钉子"的定义，我们可以通过古地磁的研究与这一国际标准建立对比关系。乌兰戈楚期是中国晚始新世最晚的一个哺乳动物分期，依据这一动物群建立了蔡家冲阶（全国地层委员会，2002；全国地层委员会和中国地质调查局，2014）。近年来，对我国内蒙古二连盆地哺乳动物化石研究发现，在含典型的乌兰戈楚期哺乳动物群与早渐新世动物群的地层之间，还存在有一套沉积，其所包含的哺乳动物化石可以与蒙古额吉尔期（Ergilian）动物群进行对比。乌兰戈楚期和额吉尔期均被列入亚洲哺乳动物分期中，其中额吉尔期是亚洲哺乳动物分期始新世最晚的一个期，时代上大致可以与普利亚本阶进行对比（Luterbacher et al., 2004；Vandenberghe et al., 2012；Speijer et al., 2020）。这就导致了乌兰戈楚期在我国哺乳动物分期与亚洲哺乳动物分期中含义不一致的问题，因而王元青等（2019）建议，将中国与蒙古额吉尔期动物群相当的哺乳动物群单独划分出来，并依此建立了白音期，同时在我国古近系中建立白音阶（图 11-1-2）。

根据我国二连盆地磁性地层学研究的初步结果，白音阶的底界对比到 C17n.1n 近顶部，推测年龄约为 37.2 Ma（王元青等，2019），比普利亚本阶的底界略高。目前可用于限定白音阶底界的哺乳动物化石有：戈壁原始猪（*Entelodon gobiensis*）、安氏锤鼻雷兽（*Embolotheri andrewsi*）、包氏斋桑两栖犀（*Zaisanamynodon borisovi*）、巨型两栖犀（*Gigantamynodon giganteus*）、中间额尔登巨犀（*Urtinotherium intermedium*）、戈壁副雷兽（*Parabrontops gobiensis*）、曙光阿尔丁犀（*Ardynia praecox*）和邱氏原紧齿犀（*Proeggysodon qiui*）等。

我国东海平湖组中上部有钙质超微化石 NP18 带的 *Chiasmolithus oamaruensis* 与 NP19 带–NP20 带的 *Isthmolithus recurves*，表明其相当普利亚本阶 P15—P17 的地层。

八、吕珀尔阶底界"金钉子"

1. 研究历程

1849年，迪蒙（A. Dumont）依据比利时吕珀尔（Rupel）和斯海尔特（Scheldt）河沿岸一系列砖厂内出露的一套细密的粘土沉积地层提出了吕珀尔阶（Rupelian Stage）。渐新统最初是采用"三分"方案，吕珀尔阶被考虑作为中渐新统，另外两个单位是下渐新统的拉特多夫阶（Latdorfian）和上渐新统的夏特阶（Chattian）。后来，部分专家提出渐新统"二分"方案，指出在欧洲西北部渐新世包含有两个易于区分的岩石地层单位：下层为开阔海相粘土沉积，包括了吕珀尔阶典型地区的沉积地层；上层为浅海砂岩，以夏特阶的典型剖面为代表（Hardenbol & Berggren，1978）。在"二分"方案中，上渐新统的夏特阶保持不变，而下渐新统吕珀尔阶则包括拉特多夫阶和吕珀尔阶（Vandenberghe et al.，2012）。1989年，在美国华盛顿召开的国际地质大会上通过了渐新统的"二分"方案。吕珀尔阶是渐新统下部的阶，因此吕珀尔阶的底界也是渐新统的底界。

国际地质对比计划（IGCP）174号项目（1980—1985），首次在全球范围内开展有关始新统-渐新统界线的合作研究。1985年，在法国巴黎举行的IGCP174号项目的最后一次会议上，根据之前初步的工作结果，国际古近系分会决议：将继续寻找合适的界线层型，同时建立始新统-渐新统界线国际工作组。1987年，在意大利安科纳（Ancona）召开的古近系会议上，就有关始新统-渐新统界线"金钉子"问题展开了讨论，与会代表提出意大利安科纳东南约10 km处的马西尼亚诺（Massignano）剖面是始新统-渐新统界线的最佳地点。随后，始新统-渐新统界线工作组在比较了巴巴多斯的巴斯（Bath）剖面和意大利的马西尼亚诺剖面的详细资料后，也认为马西尼亚诺剖面是始新统-渐新统界线"金钉子"研究的最佳选择。1989年，在美国华盛顿国际地质大会召开前夕，古近系分会的20个投票委员对马西尼亚诺剖面是否满足始新统-渐新统界线"金钉子"的要求进行投票，获得通过。1992年，国际地层委员会通过了马西尼亚诺剖面作为吕珀尔阶"金钉子"的议案；同年，在京都召开的第29届国际地质大会上，该议案也得到了国际地质科学联合会的批准确认（Premoli Silva & Jenkins，1993）。

2. 科学内涵

吕珀尔阶"金钉子"——马西尼亚诺剖面位于意大利北部安科纳（Ancona）东南10 km处（北纬43° 32′ 58″，东经13° 36′ 03″）（图11-3-22）。马西尼亚诺剖面出露晚始新世至早渐新世的连续海相沉积，为一套厚度为23 m的红色、灰绿色泥灰岩和钙质泥灰岩。吕珀尔阶底界"金钉子"位于该剖面19 m处，在一套厚度为0.5 m的灰绿色泥灰岩底部。界线以浮游有孔虫的汉特肯虫（*Hantkenina*）的末现面为标志，即浮游有孔虫P18带与P17带的分界处。同时该界线位

"金钉子"位置

图 11-3-22 吕珀尔阶"金钉子"意大利马西尼亚诺剖面（A）和定义吕珀尔阶底界的浮游有孔虫——阿拉巴马汉肯特虫
（*Hantkenina alabamensis*）（B）（据 Speijer et al., 2020 修改，原图由 Gabi M. Ogg 提供）

于钙质超微化石 NP21 和 CP16a 带内，位于磁极性 C13r 的上部。通过 K-Ar 和 Ar-Ar 法对该界线下 4.3 m 处的黑云母测得年龄为 34.6 ± 0.3 Ma，因此推断吕珀尔阶底界年龄为 34 Ma（Premoli Silva & Jenkins，1993）。

确定吕珀尔阶底界"金钉子"后，有关区域内古生物学、沉积学及地球化学等方面的研究便成为热点问题。在微体化石方面，对沟鞭藻类、钙质超微化石、浮游和底栖有孔虫等都进行了详尽的研究，微体化石的生物带也相继得到识别（图 11-3-23）。大型化石研究主要集中在对双壳类、十足动物和鱼类的研究。Vandenberghe 等（1997）进行了米兰科维奇旋回以及旋回地层方面的研究。地球化学和磁性地层学的工作也都分别展开。

始新统 – 渐新统界线与两个重要地质事件紧密相连。其一是渐新世初期的全球降温事件，也称为"全球大冰期事件"：在此期间全球气温显著下降，地球由两极无冰的"温室地球"转为南极有冰的"冰室地球"；全球海水氧同位素的变化清晰地记录了这一事件（Zachos et al.，2001；De Man et al.，2004）。另一个重要事件是陆生生物在全球气候变化背景下发生了重大演替，尤其是陆生哺乳动物在各大陆呈现出各种不同的变化，如欧洲出现生物大间断，欧洲本土的哺乳动物群被渐新世初期从亚洲迁徙过去的哺乳动物所取代（Costa et al.，2011）；而在亚洲始新世以奇蹄

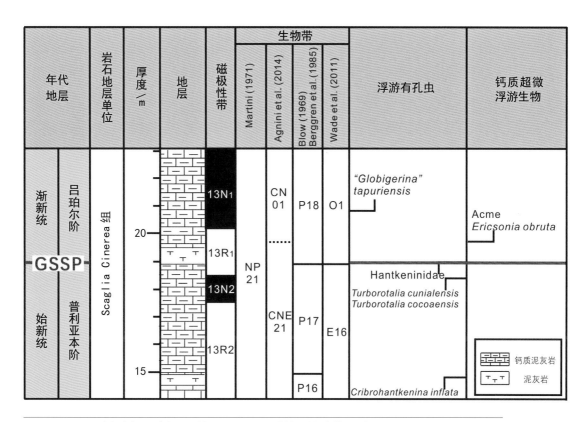

图 11-3-23 吕珀尔阶底界"金钉子"剖面——马西尼亚诺剖面的综合地层对比（据 Speijer et al.，2020 修改）

类为主导的动物群到渐新世时被啮齿类和兔形类为主的动物群所替代，呈现出"蒙古重建"的现象（Meng & McKenna，1998；Kraatz & Geisler，2010）。

3. 我国该界线的情况

我国渐新统主要以陆相沉积为主，海相地层仅见于台湾省。很显然，陆相地层中与吕珀尔阶海相国际标准的对比存在很大的困难。随着研究的深入，国际地层委员会也注意到，不同大陆哺乳动物的快速演替在非海相地层的对比中有很好的应用。北美、欧洲、亚洲和南美哺乳动物分期等一系列生物年代学单位陆续建立，近年来也被收入到国际地质年表中，作为地层对比的依据之一（Luterbacher et al.，2004；Vandenberghe et al.，2012；Speijer et al.，2020）。

亚洲有关渐新世地层和动物群的研究，长期以来依据研究程度较高的蒙古中部湖泊之谷的三达河（Hsands Gol）动物群，另外该地区还有沉积岩与玄武岩共存的地层，能够提供一些绝对年龄的参考（Daxner-Höck et al.，2010）。在这种情况下，亚洲哺乳动物分期中的早渐新世三达河期得以建立和应用，与之相对应的我国哺乳动物分期为乌兰塔塔尔期，依据该分期还建立了中国陆相古近系乌兰塔塔尔阶（张一勇和李建国，2000；章森桂等，2015；王元青等，2019）（图 11-1-2）。

乌兰塔塔尔阶的底界大致相当于渐新统的底界，也就是国际上吕珀尔阶的底界，但识别乌兰塔塔尔阶底界的确切位置仍然是较为困难的事情。有关该底界的识别，一方面有赖于对晚始新世和早渐新世哺乳动物群的高精度认识，另一方面也要借助磁性地层学、化学地层学（包括氧碳同位素）、旋回地层学等一系列综合研究的推进。近年来，在我国多个地区的研究工作，如内蒙古二连盆地、阿拉善左旗乌兰塔塔尔和杭锦旗巴拉贡地区，以及云南曲靖，都显示出在确定始新统 – 渐新统界线方面的巨大潜力。这些地区开展的生物地层学研究已证明始新统 – 渐新统的生物界线在以上地点是存在的，另外也发现蒙古三达河动物群中缺失最早的渐新世哺乳动物化石。乌兰塔塔尔地区的最新工作还提供了晚始新世—晚渐新世的古地磁年代框架，为进一步认识哺乳动物群的更替提供了相对精确的年代约束（Joonas et al.，2020）。

当然，随着研究的进展，新的科学问题也不断出现，比如过去认为，古近系重要的哺乳动物群演化事件之一——"蒙古重建"事件与始新统 – 渐新统界线一致，但现在有不同的观点。不论怎样，随着研究的不断深入，我国在解决亚洲陆相地层的始新统 – 渐新统界线的问题上越来越彰显其重要地位，通过深刻认识始新统 – 渐新统之交全球降温事件下哺乳动物群的更替，同时结合古地磁、同位素地球化学等研究的进展，将会更加准确地识别乌兰塔塔尔阶底界的位置。

目前可以用于界定乌兰塔塔阶底界的、并仅限于该阶的哺乳动物化石有：原鹿（*Eumeryx culminus*）、微型䶄兔（*Desmatolagus pusillus*）、杨氏䶄兔（*D. youngi*）、内蒙古鬣齿兽（*Hyaenodon neimongoliensis*）、小峰古駒鼹（*Palaeoscaptor acridens*）、东方始鼠（*Eomys orientalis*）、拟新月齿鼠（*Selenomys mimicus*）、亚洲真古仓鼠（*Eucricetodon asiaticus*）、南方真古仓鼠（*E. meridionalis*）、童氏小古仓鼠（*Bagacricetodon tongi*）、洛异鼠（*Anomoemys lohiculus*）、亚洲腔齿鼠（*Coelodontomys asiaticus*）、洛圆柱鼠（*Cyclomylus lohensis*）、阿尔泰查干鼠（*Tsaganomys altaicus*）、内蒙孤鼠（*Ageitonomys neimongolensis*）、退隐卡拉鼠（*Karakoromys decessus*）、睡似仓鼠（*Cricetops dormitor*）和小布林蹶鼠（*Bohlinosminthus parvulus*）。

九、夏特阶底界"金钉子"

1. 研究历程

上渐新统夏特阶（Chattian Stage）由福克斯（Fuchs）于 1894 年提出。1957 年，戈尔斯（Görges）选择德国威斯特伐利亚的多贝格剖面（Doberg）作为夏特阶的层型剖面，事实上在北海盆地广泛分布着从吕珀尔阶到夏特阶的沉积（Van Simaeys et al.，2004；Śliwińska et al.，2012）。在北海盆地，夏特阶底界最为明显的识别标志是底栖有孔虫 *Asterigerina guerichi* 的繁盛，

也就是 *Asterigerina* 带。虽然 *Asterigerina* 带在北海盆地广泛存在，是一个稳定的区域对比标志，但是研究者也逐渐发现，不管是在北海盆地内建立夏特阶的"金钉子"，还是在层型剖面上，都有着无法避免的缺陷。比如，北海盆地内夏特阶与其下伏的吕珀尔阶地层之间是不整合接触关系，用于对比的底栖有孔虫 *Asterigerina* 带在边缘海相沉积环境中并不常见，沉积物中古地磁信号弱，以及缺少能够提供绝对年龄的火山灰夹层，等等（Coccioni et al.，2008；2018）。鉴于以上问题，专家们积极寻找其他更为合适的地点和剖面来建立夏特阶的"金钉子"。走出北海盆地，渐新世综合地层工作小组注意到了意大利中部的翁布里亚 – 马尔凯（Umbria–Marche）区域内的 Scaglia Cinerea 组，该组从晚始新世跨到整个渐新世，且连续出露。研究者在这一地区选择了三条剖面展开研究和区域对比工作：古比奥（Gubbio）的孔泰萨巴贝蒂剖面（Contessa Barbetti），皮奥比科（Piobbico）的皮耶韦—达克西内利剖面（Pieve d'Accinelli），以及翁布里亚的蒙特卡涅罗剖面（Monte Cagnero）（Coccioni et al.，2008；Pross et al.，2010）。最终选择了蒙特卡涅罗剖面作为夏特阶底界"金钉子"（图 11-3-24）。

图 11-3-24 渐新统夏特阶底界"金钉子"——意大利蒙特卡涅罗剖面（Rodolfo Coccioni 提供）

2. 科学内涵

2016 年 10 月，在南非开普敦召开的国际地质大会上，古近系渐新统夏特阶的"金钉子"被国际地质科学联合会正式批准（Coccioni et al.，2018）。该"金钉子"位于意大利中部翁布里亚的蒙特卡涅罗剖面（北纬 43°38′47″，东经 12°28′03″）。蒙特卡涅罗剖面是一套 86 m 厚的海相沉积，主要由层理发育的蓝灰色泥灰岩、钙质泥灰岩和泥灰质灰岩组成。"金钉子"的点位

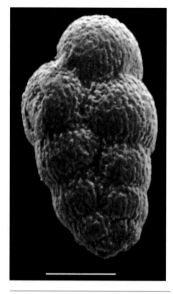

图 11-3-25 定义夏特阶底界的浮游有孔虫 *Chiloguembelina cubensis*，比例尺为 50 μm（Rodolfo Coccioni 提供）

在该剖面的 197 m 处，与浮游有孔虫 *Chiloguembelina cubensis*（图 11-3-25）的最高常见出现面（HCO：Highest common occurrence；LCO：last common occurrence）一致，界线对应的地质年龄为 27.82 Ma（Coccioni et al.，2018）。

蒙特卡涅罗剖面上有丰富的钙质超微化石和浮游有孔虫化石，也常见底栖有孔虫和少量介形虫化石（图 11-3-26）。其中浮游有孔虫 *Chiloguembelina cubensis* 与界线的关系最为紧密，传统上是将 *C. cubensis* 的末现（HO：Highest occurrence）作为夏特阶（暨上渐新统）的底界标志（Berggren et al.，1995；Luterbacher et al.，2004）。但是，后来不断有研究发现，有少量 *C. cubensis* 出现在上渐新统的地层中，也就是说这类浮游有孔虫穿过了界线，该类化石的出现可能受到古纬度或古生物地理的影响（Leckie et al.，1993；Van Simaeys et al.，2004）。为了解决以上问题，最终使用该化石的最高常见出现面来标定夏特阶的底界，该界线也对应于浮游有孔虫带 O5 的底部，并对比到钙质超微化石带 NP24 的上部、略高于渐新世钙质超微化石 CNO5 带的底部；该界线相当于磁极性带 C9n 的下部；在"金钉子"之上 13 m 处有两个火山碎屑黑云母层，提供绝对年龄为距今 27.0 ± 0.2 Ma 和 27.5 ± 0.2 Ma；依据两种不同的旋回地层的天文谐调模型，夏特阶底界的年龄被分别界定为距今 27.82 Ma 和 27.41 Ma（Speijer et al.，2020）。在蒙特卡

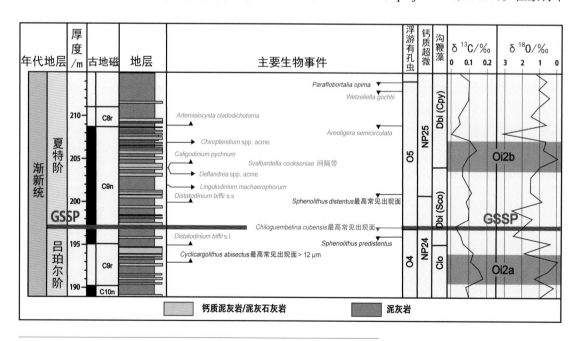

图 11-3-26 蒙特卡涅罗剖面的夏特阶综合地层对比（据 Speijer et al.，2020 修改）

涅罗剖面夏特阶底界 $^{87}Sr/^{86}Sr$ 同位素的比值为 0.708 105 ± 0.000 01。根据剖面上氧碳同位素的研究（Coccioni et al.，2008），夏特阶的底界早于渐新世的氧同位素 Oi2b 事件，也就是早于渐新世最大冰期大约 0.5 Ma（Coccioni et al.，2008）。

3. 我国该界线的情况

我国上渐新统仍然以陆相沉积为主。1931—1932 年间，瑞典古脊椎动物学家步林（B. Bohlin）在我国甘肃省肃北和阿克塞蒙古自治县以西的燕丹图河谷内的塔本布鲁克（现称五个泉子）发现丰富的新生代化石，指出燕丹图动物群为晚渐新世。1983 年，李传夔和丁素因在总结我国古近纪哺乳动物时提出了塔本布鲁克期。1997 年，根据国际渐新统底界研究的进展，及北美陆相地层和海相标准对比的结果，王伴月重新厘定了渐新统哺乳动物分期，明确塔本布鲁克期的哺乳动物群为我国晚渐新世的代表。这一分期也作为亚洲古近纪哺乳动物分期收入地质年表中（Luterbacher et al.，2004；Vandenberghe et al.，2012；Speijer et al.，2020）。2000 年，在北京召开的第三届全国地层大会上，公布了主要依据哺乳动物的演替建立起的中国陆相古近系各阶，其中包括上渐新统的塔本布鲁克阶（张一勇和李建国，2000；章森桂等，2015；王元青等，2019）。

至今，有关塔本布鲁克阶的研究在整个陆相的古近系各阶中是相对薄弱的，其底界的确定还很困难。对塔本布鲁克动物群的产出地层长期存在分歧，这也给在命名地点识别和准确界定塔本布鲁克阶底界带来困难。参考蒙古湖泊之谷地区的相关工作，塔本布鲁克期的哺乳动物群与相当的三达河期动物群的界线位于磁极性带 C8n.2n 中部，年龄为 25.5 Ma，这一年龄暂时可以作为中国渐新统塔本布鲁克阶的底界年龄使用。根据这一界线年龄，塔本布鲁克阶相当于夏特阶上部。根据已有研究，哺乳动物化石大中华兔（*Sinolagomys major*）、甘肃中华兔（*S. kansuensis*）、格氏燕丹图鼠（*Yindirtemys granger*）、疑惑燕丹图鼠（*Y. ambiguous*）、孙氏燕丹图鼠（*Y. suni*）、中亚副鼢鼠（*Parasminthus asiaecentralis*）、小副鼢鼠（*P. parvulus*）、党河副鼢鼠（*P. tangingoli*）、微小塔塔鼠（*Tataromys parvus*）、褶齿塔塔鼠（*T. plicidens*）和千里山双柱鼠（*Distylomys qianlishanensis*）等分布比较广泛，可以用以界定塔本布鲁克阶的底界。

近年来，在内蒙古阿拉善左旗乌兰塔塔尔地区和杭锦旗巴拉贡地区进行的相关工作，为更准确地界定塔本布鲁克阶的底界带来了希望。这些地区出露有完整的渐新世沉积物，在多个层位上产出丰富的哺乳动物化石，乌兰塔塔尔地区的古地磁研究也已完成。另外，邱占祥等在兰州盆地咸水河组下部发现了早渐新世的南坡坪动物群和晚渐新世的峡沟动物群，虽然缺乏准确的古地磁年龄，但这一地点也可以作为寻找塔本布鲁克阶底界的一个备选。以上区域内哺乳动物群的高精度深入研究，将会极大促进塔本布鲁克阶底界的确定，及其与夏特阶的对比。

第四节
古近系内待定界线层型研究

1. 巴顿阶研究现状

巴顿阶（Bartonian Stage）源自英国南部汉普郡盆地的一套海相粘土岩和砂岩，现被称为巴顿粘土组（Barton）和贝克顿砂岩组（Becton）。在巴顿粘土组中含有丰富的、分异度很高的沟鞭藻和钙质超微化石，主要对应于 NP16 带 –NP17 带（CNE14 带上部 –CNE15 带）（Martini，1971；Pomerol，1981；Hooker & King，2019）。在层型地区——汉普郡盆地，有关巴顿阶的底界有两种不同的看法：定在"巴顿层"之底，或巴顿粘土组之底。一种观点提议以"巴顿层"的底界来定义巴顿阶的底界。最初研究者认为，大型底栖有孔虫 *Nummulites prestwichianus* 的富集带接近"巴顿层"的底部，建议将其作为底界的标识。在该地区的部分剖面上，该有孔虫带位于巴顿粘土组底部 3 m 以上，但是在汉普郡盆地东部，*N. prestwichianus* 富集带则距巴顿粘土组底界之上约有 26 m 的厚度距离（Dawber et al.，2011；Hooker & King，2019）。由此来看，*N. prestwichianus* 带似乎还不能成为一个广泛对比的标准。另一种观点是建议将巴顿粘土组的底界作为巴顿阶的底，这种做法是为了将岩石地层和年代地层单位统一起来，但这种划分方法并没有被广泛接受（Speijer et al.，2020）。

2. 巴顿阶备选"金钉子"剖面

巴顿阶底界的"金钉子"至今尚未确定，暂时使用的是国际地层表中有关巴顿阶底界的定义（Hardenbol & Berggren，1978；Luterbacher et al.，2004；Fluegeman，2007；Vandenberghe et al.，2012；Speijer et al.，2020），也就是将其底界放在古地磁 C19n–C18r 的界线处，巴顿阶持续的时间为 3.32 Ma（41.03—37.71 Ma）。

有关巴顿阶研究的几个备选剖面如下：

（1）英国汉普郡盆地：研究人员对英国汉普郡盆地的若干地层剖面进行了生物地层学和磁性地层学综合研究，建立了该盆地内不同剖面间地层的对比，验证了生物地层对比的可靠性（Dawber et al.，2011；Hooker & King，2019）。综合钙质浮游生物、沟鞭藻化石以及古地磁的研究结果，专家认为巴顿阶的底界位于磁性带 C18r 内，但同时也指出，对应这一"推断的底界"在该剖面上缺乏可靠、明确的生物标识。由此有学者建议，对该盆地内关键地点加强生物化石和古地磁的采样和研究。

（2）意大利孔泰萨（Contessa）高速公路剖面：该剖面（北纬 43°22′47″，东经 13°33′49″）位于意大利中部翁布里亚地区，在该剖面上古近纪的地层由约 82 m 厚、明显分层的红色至粉红色的灰岩和泥质灰岩组成的。该剖面上出露卢泰特阶 – 巴顿阶的地层（Jovane et al.，2007；Jovane et al.，2010；Dinarès–Turell，2019），地层中几个明显的标志层以及在古地磁 C18r 极性带附近的微体化石事件为横向对比提供了多种手段，在该剖面上浮游有孔虫、钙质超微化石也有多次动物群转变的记录。

稳定同位素的记录也可以用于巴顿阶底部的约束和对比。在该剖面上，氧同位素值（$\delta^{18}O$）明显升高的层位在古地磁 C18r 极性带以上 6 m 处，落在了 C18n.2n 这个亚带中，同时伴随着浮游有孔虫一次明显的转变。这一氧同位素的正向漂移事件与在南大洋的印度洋 – 大西洋地区记录的中始新世气候适宜期（MECO；the Middle Eocene Climatic Optimum）一致，在英国汉普郡盆地的巴顿粘土组中也有记录（Dawber et al.，2011；Hooker & King，2019）。学者们还对该剖面进行了旋回地层学分析，提供了中始新世天文轨道变化，并对生物古地磁进行了天文较正，在该剖面上识别出 C18r–C19n 界线，同时认为该界线是最佳、最有用的候选"金钉子"界线，这一界线的天文校准年龄为 41.23 Ma。

该剖面的不足在于其地理位置不方便，难以到达。

（3）西班牙北部的奥扬布雷剖面（Oyambre）也有出露良好、连续的深海沉积地层，这些地层中也有丰富的生物事件标志。该剖面已有详细的生物地层学、磁性地层学研究，明确了主要生物事件，从而提升了该剖面作为巴顿阶"金钉子"候选剖面的可能性。几个比较遗憾地方是，该剖面暴露充分的是下部地层，而从卢泰特阶向巴顿阶过渡的地层部分覆盖严重，使得巴顿阶底部不易识别，也继而产生了对该剖面进行旋回地层学研究和准确识别巴顿阶底界（即 C18r–C19n 的界线）的困难。

3. 我国该界线的情况

依据现在对巴顿阶的认识，其底界在古地磁 C19n–C18r 的界线处，年龄大致相当于 41.2 Ma。根据我国陆相阶的古地磁初步研究，我国的乌兰戈楚阶对应于磁极性带 C17r 中部至 C17n.1n 近顶部，延续时间为 38.4—37.2 Ma；沙拉木伦阶对应于 C19r 下部至 C17r 中，延续时间为 42—38.4 Ma（王元青等，2019）。因此，我国陆相沙拉木伦阶顶部及乌兰戈楚阶的大部分相当于巴顿阶。

致谢：

相关研究得到中国科学院战略性先导科技专项（B 类）（编号：XDB 26000000）和国家自然科学基金（批准号：42072023，41572021）资助。特别感谢地质年代表基金会（Geologic TimeScale Foundation）Gabi M. Ogg 博士、西班牙巴斯克地区大学（University of the Basque Country）Victoriano Pujalte 教授、意大利帕多瓦大学（Università di Padova）Claudia Agnini 教授以及意大利乌尔比诺卡洛·博大学（Università degli Studi di Urbino Carlo Bo）Rodolfo Coccioni 教授提供相关图片。

参考文献

全国地层委员会. 2002. 中国区域年代地层（地质年代）表说明书. 北京：地质出版社, 1–72.

全国地层委员会. 2012. 中国主要断代地层建阶研究项目(2001~2009)进展与成果. 北京：地质出版社, 1–295.

全国地层委员会, 中国地质调查局. 2014. 中国地层表(2014). 北京：地质出版社.

童永生, 李茜, 王元青. 2013. 中国下古近系陆相地层划分框架研究. 地层学杂志, 37(4): 428–440.

王元青, 孟津, 倪喜军, 李传夔. 2006. 中国古近纪哺乳动物的辐射 // 戎嘉余等（主编）. 生物的起源、辐射与多样性演变——华夏化石记录的启示. 北京：科学出版社, 735–755, 948–950.

王元青, 孟津, Beard, K.C., 李茜, 倪喜军, Gebo, D.L., 白滨, 金迅, 李萍. 2010. 内蒙古二连地区古近纪早期地层序列、哺乳动物演化及其环境响应. 中国科学：地球科学, 40(9): 1277–1286.

王元青, 李茜, 白滨, 金迅, 毛方园, 孟津. 2019. 中国古近纪综合地层和时间框架. 中国科学：地球科学, 49(1): 289–314.

张一勇, 李建国. 2000. 第三纪年代地层研究和中国第三纪年代地层表. 地层学杂志, 24(2): 120–125.

章森桂, 张允白, 严惠君. 2015.《中国地层表》(2014) 正式使用. 地层学杂志, 39(4): 359–366.

赵梦婷, 马明明, 何梅, 邱煜丹, 刘秀铭. 2021. 南雄盆地白垩纪-古近纪 (K-Pg) 界线位置探讨——来自火山活动及古气候演化的证据. 中国科学：地球科学, 51(5): 741–752.

Agnini, C., Fornaciari, E., Giusberti, L., Grandesso, P., Lanci, L., Luciani, V., Muttoni, G., Pälike, H., Rio, D., Spofforth, D.J.A., Stefani, C. 2011. Integrated biomagnetostratigraphy of the Alano section (NE Italy): A proposal for defining the middle-late Eocene boundary. Geological Society of America Bulletin, 123(5-6): 841–872.

Agnini, C., Backman, J., Boscolo-Galazzo, F., Condon, D.J., Fornaciari, E., Galeotti, S., Giusberti, L., Grandesso, P., Lanci, L., Luciani, V., Monechi, S., Muttoni, G., Pälike, H., Pampaloni, M.L., Papazzoni, C.A., Pearson, P.N., Pignatti, J., Premoli Silva, I., Raffi, I., Rio, D., Rook, L., Sahy, D., Spofforth, D.J.A., Stefani, C., Wade, B.S. 2021. Proposal for the Global Boundary Stratotype Section and Point (GSSP) for the Priabonian Stage (Eocene) at the Alano section (Italy). Episodes, 44(2): 151–173.

Aubry, M.P., Ouda, K., Dupuis, C., Berggren, W.A., VanCouvering, J.A., Ali, J.R., Brinkhuis, H., Gingerich, P.D., Heilmann-Clausen, C., Hooker, J.J., Kent, D.V., King, C., Knox, R.W.O.B., Laga, P., Molina, E., Schmitz, B., Steurbaut, E., Ward, D.R. 2007. The Global Standard Stratotype-section and Point (GSSP) for the base of the Eocene Series in the Dababiya section (Egypt). Episodes, 30(4): 271–286.

Berggren, W.A., Kent, D.V., Swisher, C.C., III, Aubry, M.P. 1995. A revised Cenozoic geochronology and chronostratigraphy. Geochronology, Time Scales, and Global Stratigraphic Correlation. SEPM Special Publication, 54: 129–212.

Coccioni, R., Marsili, A., Montanari, A., Bellanca, A., Neri, R., Bice, D.M., Brinkhuis, H., Church, N., Macalady, A., McDaniel, A., Deino, A.L., Lirer, F., Sprovieri, M., Maiorano, P., Monechi, S.,

Nini, C., Nocchi, M., Pross, J., Rochette, P., Sagnotti, L., Tateo, F., Touchard, Y., Van Simaeys, S., Williams, G.L. 2008. Integrated stratigraphy of the Oligocene pelagic sequence in the Umbria-Marche basin (northeastern Apennines, Italy): A potential Global Stratotype Section and Point (GSSP) for the Rupelian/Chattian boundary. Geological Society of America Bulletin, 120(3–4): 487–511.

Coccioni, R., Montanari, A., Bice, D.M., Brinkhuis, H., Deino, A.L., Frontalini, F., Lirer, F., Maiorano, P., Monechi, S., Pross, J., Rochette, P., Sagnotti, L., Sideri, M., Sprovieri, M., Tateo, F., Touchard, Y., Van Simaeys, S., Williams, G.L. 2018. The Global Stratotype Section and Point (GSSP) for the base of the Chattian Stage (Paleogene System, Oligocene Series) at Monte Cagnero, Italy. Episodes, 41(1): 17–32.

Costa, E., Garcés, M., Sáez, A., Cabrera, L., López-Blanco, M. 2011. The age of the "Grande Coupure" mammal turnover: New constraints from the Eocene-Oligocene record of the Eastern Ebro Basin (NE Spain). Palaeogeography, Palaeoclimatology, Palaeoecology, 301(1-4): 97–107.

Cotton, L.J., Zakrevskaya, E.Y., van der Boon, A., Asatryan, G., Hayrapetyan, F., Israyelyan, A., Krijgsman, W., Less, G., Monechi, S., Papazzoni, C.A., Pearson, P.N., Razumovskiy, A., Renema, W., Shcherbinina, E., Wade, B.S. 2017. Integrated stratigraphy of the Priabonian (upper Eocene) Urtsadzor section, Armenia. Newsletters on Stratigraphy, 50(3): 269–295.

Dawber, C.F., Tripati, A.K., Gale, A.S., MacNiocaill, C., Hesselbo, S.P. 2011. Glacioeustasy during the middle Eocene? Insights from the stratigraphy of the Hampshire Basin, UK. Palaeogeography, Palaeoclimatology, Palaeoecology, 300(1): 84–100.

Daxner-Höck, G., Badamgarav, D., Erbajeva, M.A. 2010. Oligocene stratigraphy based on a sediment-basalt association in central Mongolia (Taatsiin Gol and Taatsiin Tsagaan Nuur area, Valley of Lakes): review of a Mongolian-Austrian project. Vertebrata PalAsiatica, 48(4): 348–366.

De Geyter, G., De Man, E., Herman, J., Jacobs, P., Moorkens, T., Steurbaut, E., Vandenberghe, N. 2006. Disused Paleogene regional stages from Belgium: Montian, Heersian, Landenian, Paniselian, Bruxellian, Laekenian, Ledian, Wemmelian and Tongrian // Dejonghe, L. (ed.). Current status of chronostratigraphic units named from Belgium and adjacent areas. Geologica Belgica, 9(1-2): 203–213.

De Man, E., Ivany, L., Vandenberghe, N. 2004. Stable oxygen isotope record of the Eocene-Oligocene transition in the southern North Sea Basin: positioning the Oi-1 event // Vandenberghe, N. (ed.). Symposium on the Paleogene Preparing for Modern Life and Climate. Netherlands Journal of Geosciences, 83(3): 193–197.

Dinarès-Turell, J. 2019. Coherent new orbital tuning of the middle Eocene Contessa section (Umbrian Apennines, Italy) and significance for the Bartonian Stage GSSP. STRATI 2019, Third International Congress on Stratigraphy, 2-5 July, 2019, Milano, Italy.

Fluegeman, R. 2007. Unresolved issues in Cenozoic chronostratigraphy. Stratigraphy 4: 109–116.

Fornaciari, E., Agnini, C., Catanzariti, R., Rio, D., Bolla, E., Valvasoni, E. 2010. Mid-Latitude calcareous nannofossil biostratigraphy and biochronology across the middle to late Eocene transition. Stratigraphy, 7: 229–264.

Galeotti, S., Sahy, D., Agnini, C., Condon, D., Fornaciari, E.,

Francescone, F., Giusberti, L., Pälike, H., Spofforth, D.J.A., Rio, D. 2019. Astrochronology and radio-isotopic dating of the Alano di Piave section (NE Italy), candidate GSSP for the Priabonian Stage (late Eocene). Earth and Planetary Science Letters, 525: 1–10.

Gradstein, F.M., Ogg, J.G. 2020. The chronostratigraphic scale// Gradstein, F.M., Ogg, J.G., Schmitz, M.D., Ogg, G.M. (eds.). Geologic Time Scale 2020. Elsevier, 21–32.

Gradstein, F.M., Ogg, J.G., Schmitz, M.D., Ogg, G.M. 2020. Geologic Time Scale 2020. Elsevier, 1–1257.

Hardenbol, J., Berggren, W.A. 1978. A new Paleogene numerical time scale//Cohee, G.V., Glaessner M.F., Hedberg, H.D. (eds.). Contributions to the Geologic Time Scale. American Association of Petroleum Geologists, 6: 213–234.

Hooker, J.J., King, C. 2019. The Bartonian unit stratotype (S. England): Assessment of its correlation problems and potential. Proceedings of the Geologists' Association, 130(2): 157–169.

Jenkins, D.G., Luterbacher, H.P. 1992. Paleogene stages and their boundaries (introductory remarks). Neues Jahrbuch für Geologie und Paläontologie, Abhandlungen, 186(1-2): 1–5.

Jovane, L., Florindo, F., Coccioni, R., Dinarès-Turell, J., Marsili, A., Monechi, S., Roberts, A.P., Sprovieri, M. 2007. The middle Eocene climatic optimum event in the Contessa Highway section, Umbrian Apennines, Italy. Geological Society of America, Bulletin, 119(3–4): 413–427.

Jovane, L., Sprovieri, M., Coccioni, R., Florindo, F., Marsili, A., Laskar, J. 2010. Astronomical calibration of the middle Eocene Contessa Highway section (Gubbio, Italy). Earth and Planetary Science Letters, 298(1): 77–88.

Kraatz, B.P., Geisler, J.H. 2010. Eocene-Oligocene transition in central Asia and its effects on mammalian evolution. Geology, 38(2): 111–114.

Leckie, M., Farnham, C., Schmidt, M. 1993. Oligocene planktonic foraminifer biostratigraphy of Hole 803D (Ontong Java Plateau) and Hole 628A (Little Bahama Bank), and comparison with the southern high latitudes// Berger, W.H., Kroenke, L.W., Mayer, L.A., et al. (eds.). Proceedings of the Ocean Drilling Program, Scientific Results, 130: 113–136.

Luciani, V., Fornaciari, E., Papazzoni, C.A., Dallanave, E., Giusberti, L., Stefani, C., Amante, E. 2020. Integrated stratigraphy at the Bartonian–Priabonian transition: Correlation between shallow benthic and calcareous plankton zones (Varignano section, northern Italy). Geological Society of America Bulletin, 132(3-4): 495–520.

Luterbacher, H.P., Ali, J.R., Brinkhuis, H., Gradstein, F.M., Hooker, J.J., Monechi, S., Ogg, J.G., Powell, J., Röhl, U., Sanfilippo, A., Schmitz, B. 2004. The Paleogene Period//Gradstein, F.M., Ogg, J.G., Smith, A. (eds.). A Geological Time Scale 2004. Cambridge: Cambridge University Press, 384–408.

Martini, E. 1971. Standard Tertiary and Quaternary calcareous nannoplankton zonation//Farinacci, A. (ed.). Proceeding of the Second Planktonic Conference, vol. 2. 739–785.

Meng, J., McKenna, M.C. 1998. Faunal turnovers of Palaeogene mammals from the Mongolian Plateau. Nature, 394: 364–367.

Meng, J., Wang, Y.Q., Ni, X.J., Beard, K.C., Sun, C.K., Li, Q., Jin, X., Bai, B. 2007. New stratigraphic data from the Erlian Basin: Implications for the division, correlation, and definition of Paleogene

lithological units in Nei Mongol (Inner Mongolia). American Museum Novitates, 3570: 1–31.

Molina, E., Alegret, L., Arenillas, I., Arz, J.A., Gallala, N., Hardenbol, J., von Salis, K., Steurbaut, E., Vandenberghe, N., Zaghbib-Turki, D. 2006a. The Global Boundary Stratotype Section and Point for the base of the Danian Stage (Paleocene, Paleogene, "Tertiary", Cenozoic) at El Kef, Tunisia-Original definition and revision. Episodes, 29(4): 263–273.

Molina, E., Gonzalvo, C., Mancheño, M.A., Ortiz, S., Schmitz, B., Thomas, E., von Salis, K. 2006b. Integrated stratigraphy and chronostratigraphy across the Ypresian-Lutetian transition in the Fortuna Section (Betic Cordillera, Spain). Newsletters on Stratigraphy, 42(1): 1–19.

Molina, E., Alegret, L., Arenillas, I., Arz, J., Gallala, N., Grajales-Nishimura, J., Murillo-Muñeton, G., Turki, D. 2009. The Global Boundary Stratotype Section and Point for the base of the Danian Stage (Paleocene, Paleogene, "Tertiary", Cenozoic): auxiliary sections and correlation. Episodes, 32(2): 84–95.

Molina, E., Alegret, L., Apellaniz, E., Bernaola, G., Caballero, F., Dinarès-Turell, J., Hardenbol, J., Heilmann-Clausen, C., Larrasoaña, J.C., Luterbacher, H.P., Monechi, S., Ortiz, S., Orue-Etxebarria, X., Payros, A., Pujalte, V., Rodríguez-Tovar, F.J., Tori, F., Tosquella, J., Uchman, A. 2011. The Global Stratotype Section and Point (GSSP) for the base of the Lutetian Stage at the Gorrondatxe section, Spain. Episodes, 34(2): 86–108.

Payros, A., Dinarès-Turell, J., Bernaola, G., Orue-Etxebarria, X., Apellaniz, E., Tosquella, J. 2011. On the age of the Early/Middle Eocene boundary and other related events: Cyclostratigraphic refinements from the Pyrenean Otsakar section and the Lutetian GSSP. Geological Magazine, 148: 442–460.

Pekar, S.F., Hucks, A., Fuller, M., Li, S. 2005. Glacioeustatic changes in the early and middle Eocene (51–42 Ma): Shallow-water stratigraphy from ODP Leg 189 Site 1171 (South Tasman Rise) and deep-sea $\delta^{18}O$ records. GSA Bulletin, 117(7-8): 1081–1093.

Pomerol, C. (ed.) 1981. Stratotypes of Paleogene Stages, Bulletin d'information des géologues du Bassin de Paris, Mémoire Hors Série, 2: 1–301.

Premoli Silva, I., Jenkins, G.D. 1993. Decision on the Eocene-Oligocene boundary stratotype. Episodes, 16(3): 379–382.

Pross, J., Houben, A.J.P., van Simaeys, S., Williams, G.L., Kotthoff, U., Coccioni, R., Wilpshaar, M., Brinkhuis, H. 2010. Umbria–Marche revisited: A refined magnetostratigraphic calibration of dinoflagellate cyst events for the Oligocene of the western Tethys. Review of Palaeobotany and Palynology, 158(3): 213–235.

Racey, A. 2001. A review of Eocene nummulite accumulations: structure, formation and reservoir potential. Journal of Petroleum Geology, 24(1): 79–100.

Racey, A., Bailey, H.W., Beckett, D., Gallagher, L.T., Hampton, M.J., McQuilken, J. 2001. The petroleum geology of the early Eocene El Garia Formation, Hasdrubal field, offshore Tunisia. Journal of Petroleum Geology, 24(1): 29–53.

Remane, J., Bassett, M.G., Cowie, J.W., Gohrbandt, K.H., Lane, H.R., Michelsen, O., Wang, N.W., 1996. Revised guidelines for the establishment of global chronostratigraphic standards by the International Commission on Stratigraphy (ICS). Episodes, 19(3):

77–81.

Rodelli, D., Jovane, L., Özcan, E., Giorgioni, M., Coccioni, R., Frontalini, F., Rego, E.S., Brogi, A., Catanzariti, R., Less, G., Rostami, M.A. 2018. High-resolution integrated magnetobiostratigraphy of a new middle Eocene section from the Neotethys (Elazığ Basin, eastern Turkey). Geological Society of America Bulletin, 130(1-2): 193–207.

Salvador, A. (ed.)1994. International stratigraphic guide, a guide to stratigraphic classification, terminology, and procedure. Boulder: International Union of Geological Sciences and Geological Society of America, 1–214.

Schmitz, B., Pujalte, V., Molina, E., Monechi, S., Orue-Etxebarria, X., Speijer, R.P., Alegret, L., Apellaniz, E., Arenillas, I., Aubry, M.P., Baceta, J.I., Berggren, W.A., Bernaola, G., Caballero, F., Clemmensen, A., Dinarès-Turell, J., Dupuis, C., Heilmann-Clausen, C., Orús, A.H., Knox, R., Martín-Rubio, M., Ortiz, S., Payros, A., Petrizzo, M.R., von Salis, K., Sprong, J., Steurbaut, E., Thomsen, E. 2011. The Global Stratotype Sections and Points for the bases of the Selandian (Middle Paleocene) and Thanetian (Upper Paleocene) stages at Zumaia, Spain. Episodes, 34(4): 220–243.

Scotese, C.R. 2021. An Atlas of Phanerozoc Paleogeographic Maps: The Seas Come in and the Seas Go Out. Annual Reviews of Earth and Planetary Sciences, 49: 669 -718.

Śliwińska, K.K., Abrahamsen, N., Beyer, C., Brünings-Hansen, T., Thomsen, E., Ulleberg, K., Heilmann-Clausen, C. 2012. Bio- and magnetostratigraphy of Rupelian–mid Chattian deposits from the Danish land area. Review of Palaeobotany and Palynology, 172:

48–69.

Speijer, R.P., Pälike, H., Hollis, C.J., Hooker, J.J., Ogg, J.G. 2020. The Paleogene Period//Gradstein, F.M., Ogg, J.G., Schmitz, M.D., Ogg G.M. (eds.). Geologic Time Scale 2020. Elsevier, 1087–1140.

Van Simaeys, S., Man, E.D., Vandenberghe, N., Brinkhuis, H., Steurbaut, E. 2004. Stratigraphic and palaeoenvironmental analysis of the Rupelian–Chattian transition in the type region: evidence from dinoflagellate cysts, foraminifera and calcareous nannofossils. Palaeogeography, Palaeoclimatology, Palaeoecology, 208(1): 31–58.

Vandenberghe, N., Laenen, B., Van Echelpoel, E., Lagrou, D. 1997. Cyclostratigraphy and climatic eustasy. Example of the Rupelian stratotype. Comptes Rendus de l'Académie des Sciences - Series IIA - Earth and Planetary Science, 325(5): 305–315.

Vandenberghe, N., Hilgen, F.J., Speijer, R.P. 2012. The Paleogene Period//Gradstein, F.M., Ogg, J.G., Schmitz, M.D., Ogg, G.M. (eds.). The Geologic Time Scale 2012. Oxford: Elsevier BV, 855–922.

Wang, X.M., Zhai, R.J. 1995. *Carnilestes*, a new primitive lipotyphlan (Insectivora: Mammalia) from the early and middle Paleocene, Nanxiong Basin, China. Journal of Vertebrate Paleontology, 15(1): 131–145.

Wang, Y.Q., Jin, X. 2004. A new Paleocene tillodont (Tillodontia, Mammalia) from Qianshan, Anhui, with a review of Paleocene tillodonts from China. Vertebrata PalAsiatica, 42(1): 13–26.

Zachos, J.C., Pagani, M., Sloan, L.C., Thomas, E., Billups, K. 2001. Trends, rhythms, and aberrations in global climate 65 Ma to present. Science, 292(5517): 686–693.

第十一章著者名单

王元青 中国科学院古脊椎动物与古人类研究所；中国科学院脊椎动物演化与人类起源重点实验室；中国科学院生物演化与环境卓越创新中心；中国科学院大学地球科学学院。

wangyuanqing@ivpp.ac.cn

李 茜 中国科学院古脊椎动物与古人类研究所；中国科学院脊椎动物演化与人类起源重点实验室；中国科学院生物演化与环境卓越创新中心。

liqian@ivpp.ac.cn

第十二章
新近系"金钉子"

新近纪是新生代的第二个纪，延续了大约 20 Myr（23.03—2.58 Ma），是哺乳动物和被子植物高度发展的时期，生物界的总体面貌已与现代相接近。新近纪全球气候开始逐渐变冷，并伴随有一定规模的波动。新近系共有 8 个阶，含中新统 6 个阶和上新统 2 个阶。其中除中新统有 2 个阶的"金钉子"尚未确立外，其余 6 个阶的"金钉子"都已获得批准。

本章编写人员 王伟铭／舒军武／陈　炜／李　亚

篇章页图 西藏披毛犀复原图（Julie Naylor 绘制）。西藏披毛犀（*Coelodonta thibetana*），发现于札达盆地，时代为上新世中期，距今约 370 万年前

第一节
新近纪的地球

一、构造运动与海陆变迁

新近纪以来，地球上一系列大陆间的碰撞延续了新生代前期的进程，印度与亚洲的碰撞使特提斯洋（Tethys Ocean）完全闭合、喜马拉雅山脉（Himalayas）隆起（图 12-1-1、图 12-1-2），进而导致亚洲季风模式的改变，并影响到了北半球的冰川作用（An et al., 2001）。其他碰撞事件还包括西班牙与法国碰撞形成比利牛斯山脉（Pyrenees）、意大利与法国和瑞士碰撞形成阿尔卑斯山（Alps）、希腊和土耳其与巴尔干国家碰撞形成希腊山脉（Hellenides）和迪纳里德山脉

图 12-1-1 喜马拉雅山脉的分布

图 12-1-2 喜马拉雅山脉景观图

（Dinarides）、阿拉伯与伊朗碰撞形成扎格罗斯山（Zagros），以及距今更近的澳大利亚和印度尼西亚的碰撞，引起婆罗洲（Borneo）和爪哇岛（Java island）的旋转。与碰撞伴生的是张裂，一些 20 Ma 前发生的地壳张裂活动一直持续至今，如：红海（Red Sea）的张裂，使阿拉伯半岛自非洲漂移开来，形成东非张裂系统；日本海（Sea of Japan）的张裂，使日本东移，形成日本列岛；加利福尼亚湾（California Bay）的开启，使得墨西哥北部及加州一起往北运动。上新世时大陆板块继续向它们今天的位置移动，南美洲与北美洲通过巴拿马地峡（Isthmus of Panama）连接到了一起；非洲板块与欧洲板块的碰撞使地中海（Mediterranean Sea）开始形成，并使特提斯海（Tethys）最终消失；海平面的降低使亚洲和阿拉斯加之间形成了一条地峡（Scotese et al.，1988；李江海等，2019）（图 12-1-3）。所有这些变化奠定了今日世界海陆分布的轮廓。

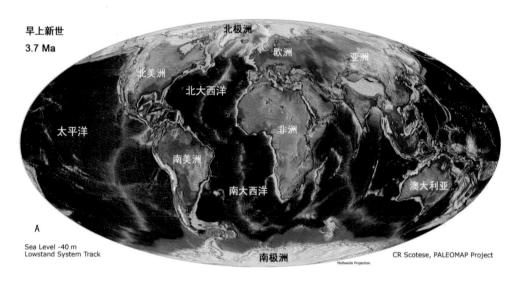

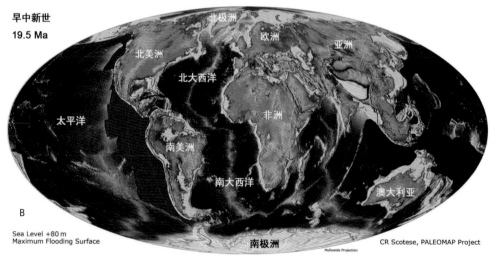

图 12-1-3 新近纪全球海陆分布和两极冰盖形成概要（底图据 Scotese 团队）。A. 早上新世低海平面期；B. 早中新世高海平面期

二、气候变化

　　新近纪全球气候开始逐渐变冷，同时还伴有一些大小不等的波动。其中，中新世的气候比今天更加温暖；气候在上新世开始明显变冷变干，四季也变得越加分明（Frakes，1979）。南极洲在 20 Ma 前整个被冰雪所覆盖，北方的大陆也开始迅速冷却。上新世时，南极洲冰盖再度扩大，直到上新世末终年被冰雪所覆盖；北冰洋的冰层也已形成，中纬度的冰川则开始逐步发展（图 12-1-3；Barrett，2003；Lear et al.，2000；Zachos et al.，2001）（图 12-1-3）。

　　一般情况下，陆地倾向于将太阳光能反射回太空，而海洋则吸收太阳能。地球的气候变冷多半可肇因于陆地的聚集，使得永冻冰层的分布范围扩大，反射更多的能量回太空。与此同时，随着大陆冰原的形成，海平面越发降低，导致陆地面积更加扩大，地球变得更冷，更多的冰在陆地上形成，从而形成单向循环。

三、生物迁移与演化

　　新近纪在低海平面和大陆碰撞聚合的同时，陆生植物开启了大陆间的迁徙，清晰的气候带从两极延伸到赤道。中新世时，北半球的气候还相对温暖，澳大利亚也没有现在那么干旱。长鼻目自非洲、安琪马（*Anchitherium*）自北美迁入欧亚大陆后，在中中新世形成了全新的动物群。晚中新世至早上新世时，三趾马（*Hipparion*）从北美迁入以后，草原型动物大量出现，成为三趾马动物群时期（图 12-1-4）（邓涛，1995）。上新世时的气候变化对植物造成了很大的影响，全世界热带种类开始减少，热带森林只有在赤道地区还有分布；落叶森林扩展，北方被松柏林和冻土地带覆盖；草原在除南极洲外的所有大陆上扩张，在亚洲和非洲出现稀树草原和沙漠（Frakes，1979）。上新世时的动物，不论是海生动物还是陆地动物，都已经相当现代化了。

　　在其他动物方面，啮齿动物在欧亚大陆繁荣，剑齿象在亚洲繁盛，鬣齿兽只剩孑遗，蹄兔从非洲进入亚洲，而有蹄类动物在非洲最多。爪兽、犀牛、牛和羚羊也很繁盛，鬣狗和早期的剑齿虎也已出现。灵长目动物继续它们的进化，南方古猿在上新世的末期出现。早期的长颈鹿开始出现，骆驼从北美洲经过亚洲进入非洲。食肉动物还有熊、犬科动物、鼬、猫科动物和灵猫等。在北美洲，啮齿目动物、乳齿象、铲齿象类，以及负鼠依然昌盛；有蹄动物骆驼、鹿和马的数量降低；而犀牛、貘和爪兽在后期灭绝。树懒、雕齿兽和犰狳等沿巴拿马地峡从南美洲进入北美洲。有袋类动物依然是澳大利亚最主要的哺乳动物，包括食草的袋熊和双门齿目动物、肉食的有袋动物如袋狼和袋狮。此外，啮齿动物开始进入澳洲，单孔目鸭嘴兽也已出现。海洋中除了水生哺乳

图 12-1-4　甘肃和政中新世动物群生态复原图（陈瑜绘制）

动物鲸外，还有海牛、海豹和海狮（Berggren & Van Couvering，1974；邓涛，1995；罗增智等，2007）。

地球在新近纪的演进过程中，地层的边界并不是依靠单个地理事件来划分的，而是由多个不同区域的事件组成的。中新世的动植物在一定程度上已经现代化了，其中，哺乳动物和鸟类的地位已经确立了下来，鲸、鳍脚类和海藻的分布也开始扩张。上新世时，南美洲与北美洲通过巴拿马地峡相连接，导致南美洲的有袋类动物几乎灭绝。巴拿马地峡的形成对地球的气候和生物分布有很大影响，原来沿赤道的大洋暖流被切断，大西洋开始变冷，大西洋和北冰洋的水温降低。北冰洋的冰盖形成后使气候变得干燥，北大西洋上的浅寒流加剧（Zachos et al.，2001；Benton，2005）。

第二节
新近纪的地质记录

一、地层分布

新近纪的地质记录与当时的海陆分布直接相关联，当时的全球海、陆轮廓已接近现代。现地中海沿岸，如北非阿特拉斯山区（Atlas Mountains）、意大利、法国和西班牙的地中海沿岸都曾为特提斯海区，法国的西海岸、北欧地区被大西洋所占，北美西海岸南部、墨西哥湾（Gulf of Mexico）滨海区被海洋所占。副特提斯海（Paratethys）是特提斯海在阿尔卑斯山脉从水下升起后，残留在山脉以北部分的水体。水体最大时东西长约 5 000 km，面积为现地中海的 1.5 倍，海域从法国罗讷河谷（Rhone Valley）开始，沿阿尔卑斯北麓向东延伸，至少延伸至咸海（Aral Sea）一带。副特提斯海在不同时期，曾通过南斯拉夫的萨格勒布低地（Zagreb Lowlands）、希腊和伊朗西北部，分别与亚得里亚海（Adriatic Sea）、爱琴海（Aegean Sea）、波斯湾（Persian Gulf）以及印度洋相连通。因此，主要接受海相沉积。副特提斯海约在 13 Ma 年前，与其他海洋隔绝成内陆海，几经分隔，剩下现今的咸海、里海（Caspian Sea）、黑海（Black Sea）和巴拉顿湖（Lake Balaton）（Hilgen et al.，2012）。

在地中海地区，新近系的阶主要为特提斯海周围的海相地层，含中新统 6 个阶、上新统 2 个阶。而中欧和东欧的新近系，主要以副特提斯海的海相、半咸水封闭内陆海和陆相互层为代表。尽管副特提斯海地区新近纪的地质演变史十分复杂，不同地区间的地层对比长期存在争议。经过大量长期的多学科研究工作，大家对中副特提斯海和东副特提斯海两个区域的地层对比与划分方案已基本达成共识（Hilgen et al.，2012）。在欧洲，陆相新近系发育，富含哺乳动物化石。由于陆相地层相变大、连续的沉积少，化石多富集在少数层位和地点，层序关系不易建立，对海、陆相地层之间的对比构成困难。在相当长的一段时期内，欧洲的陆相新近系没有单独的阶。之后，一些古哺乳动物学家把新近纪的哺乳动物分成 17 个带，称作 MN 带，每一个带都列出了代表性动物群名称、特征属种，以及首次和末次出现的分子等，成为陆相地层的全球性对比标准（Steininger，1999）。北美的新近系同样以陆相地层为主，从一开始就是以哺乳动物的演化为基础进行划分。其中，在 1941 年确立的一个含 6 个哺乳动物期的北美新近系的划分方案，一直沿用至今。随着研究的不断深入，这些期的内涵、界线，以及与欧洲同期地层的对比，也已越发明确（Hilgen et al.，2012）。

中国新近系以陆相地层为主，东海岸在新近纪向东扩展，渤海、黄海大部还是陆地。陆相新近系与下伏岩层一般呈假整合或角度不整合接触，但在少数地区如新疆吐鲁番盆地新近系中新统与古近系渐新统为连续沉积。陆相新近系根据当时沉积环境的不同主要有：湖泊沉积，以杂色粘土页岩为主，富含哺乳动物和昆虫化石为其主要特征，如山东的山旺组（图 12-2-1）、内蒙古的通古尔组等；土状堆积，如华北的三趾马红土（图 12-2-2）。另外，在华北、华南及东北地区等都发生过玄武岩喷发。在中国区域年代地层（地质年代）表中，新近系含 6 个阶，包括中新统的谢家阶、山旺阶、通古尔阶和保德阶，以及上新统的麻则沟阶和高庄阶（全国地层委员会，2001a、2001b、2002），之后又增加了中新世晚期的灞河阶（邓涛等，2019）。

上图　**图12-2-1**　山东临朐山旺组湖泊沉积

下图　**图12-2-2**　山西保德三趾马红土堆积

　　　　　　　　　　　　　　　　　　地层"金钉子"：地球演化历史的关键节点

二、生物地层

新近系海相化石以浮游或漂浮生物为代表，包括浮游有孔虫、钙质超微化石、硅藻、放射虫、硅鞭藻和沟鞭藻等。其中浮游有孔虫和钙质超微化石是主导门类，也是分带的基础。中新统浮游有孔虫有 N4 至 N17 共 14 个化石带，钙质超微化石有 NN1 至 NN11 共 11 个带；上新统浮游有孔虫有 N18 至 N21 共 4 个化石带，钙质超微化石有 NN12 至 NN17 共 6 个化石带。海相化石带是以深海钻探资料为基础完善起来的，化石带的连续性高（Berggren & Van Couvering，1974）。由于全球地层界线层型剖面和点位选的大多是陆上露头剖面，化石带的连续性和完整性都相对逊色。

根据哺乳动物的演化情况，新近纪可分为 3 个时期：早中新世是残存和高度特化的古近纪分子和少量新近纪分子的时期；中中新世是安琪马动物群时期，当时安琪马自北美、长鼻目自非洲迁入欧亚形成一个全新的动物群；晚中新世至上新世为三趾马动物群时期，三趾马（图 12-2-3）从北美迁入，大批草原型动物开始出现。非洲的动物群和欧亚大陆的很接近，只是某些类别的祖先类型如长鼻类和蹄兔类等出现得更早，而有些门类如肉齿类等则延续时间更长。北美和欧亚大陆只是间断连接，动物群差别较大，属于不同的动物区系。至于南美洲和大洋洲，差别就更大了（张兆群等，2006；邓涛等，2015）。植物界的地理分区，从中新世开始也变得越来越明显，草本植物也得到发展，并在一些内陆地区出现草原和荒漠等植被（王伟铭等，2006）。

图 12-2-3 西藏聂拉木达涕盆地晚中新世福氏三趾马（*Hipparion forstenae*）的上颌化石（据邓涛等，2015）及福氏三趾马复原图（陈瑜绘制），比例尺为 2 cm

第三节
新近系"金钉子"

一、新近系年代地层研究概述

1. 新近系的定义和由来

新近系是新生界的第二个系，其前为古近系，后为第四系。新近系过去一直被作为第三系的一个亚系，译为"上第三系"，曾被长期使用。根据 2008 年国际地层委员会授权出版的国际地层表中的规定，取消原来第三系的分类方案，把第三系拆分为古近系和新近系两个系。1993 年，中国国家自然科学名词审定委员会公布的地质学名词，已将上第三系改译为"新近系"，使其与国际标准相一致。新近系约开始于距今 23.03 Ma，止于距今 2.58 Ma。

奥地利地质学家赫奈斯在 1853 年提出的上第三系，其主体主要是根据英国莱伊尔在 1833 年提出的中新统和上新统，但当时的上第三系实际上还包括了上面的更新统和全新统。自从法国地质学家吉努在 1950 年把中新统和上新统作为全部上第三系之后，国际地质界大多都沿用了这一概念。20 世纪六七十年代，曾有学者提议恢复赫奈斯原意的上第三系，即包含中新统、上新统、更新统和全新统的意见，但没有得到国际地层委员会的认可。

赫奈斯最初提出的上第三系，用以代表维也纳盆地时代比古近纪晚的一组海陆交互相沉积，根据现在的概念，它的时代大约是从晚渐新世至晚中新世。1860—1868 年，德国地质学家瑙曼将它与莱伊尔 1833 年提出的中新统和上新统的概念合在一起，才产生了现今的新近系。新近系分为中新统和上新统，是根据地中海周围海相双壳类化石组合中现生种的含量来确定的：中新统含现生种 18%，上新统含现生种 49%。莱伊尔当时在定名时，没有指定典型层位和地点，也没有明确界线，更没有考虑它们是否能在全球适用，从而造成后来的长期争议和混乱。尽管如此，绝大多数地质学家都同意，新近系内统的划分应以研究历史最久的地中海周围海相地层为准。

中新统（Miocene Series）是新近系的第一个统，始于距今 23.03 Ma，终于距今 5.333 Ma，介于渐新统与上新统之间。中新统最早由莱伊尔在 1833 年提出，名称来自希腊语"meiōn"，意为"略新"，即"略早于现代"。上新统（Pliocene Series）是新近系的第二个统，始于距今 5.333 Ma，终于距今 2.58 Ma，也是由莱伊尔在 1833 年命名的。

2. 新近系"金钉子"研究现状

根据国际地层委员会网站最新公布的数据，新近系共有 8 个阶，自下而上分别为：中新统的阿基坦阶（Aquitanian Stage）、波尔多阶（Burdigalian Stage）、兰盖阶（Langhian Stage）、塞拉瓦莱阶（Serravallian Stage）、托尔托纳阶（Tortonian Stage）和墨西拿阶（Messinian Stage），上新统的赞克勒阶（Zanclean）和皮亚琴察阶（Piacenzian）。其中，除中新统波尔多阶和兰盖阶的全球地层界线层型剖面和点位（GSSPs）没有确立外，其他6个阶的"金钉子"都已获得批准（图12-3-1）。

统	阶	年龄/Ma	"金钉子"地理位置	经纬度	界线层位	事件对比	确立年份
上新统	皮亚琴察阶	3.6	意大利西西里岛皮克拉角剖面	北纬37°17'20"东经13°29'36"	第77个小规模碳酸盐旋回的米黄色泥灰岩底部（岁差347）	紧靠GSSP界线上的地磁极性年代高斯-吉尔伯特(C2An/C2Ar)倒转	1997年
	赞克勒阶	5.333	意大利西西里岛埃拉克莱米诺瓦剖面	北纬37°23'30"东经13°16'50"	特鲁比组底部，相当于第510个太阳辐射周期	特拜拉正极性C3n.4n事件底部，GSSP上部约9.6万年处（5个岁差周期）	2000年
中新统	墨西拿阶	7.246	摩洛哥拉巴特阿克瑞奇河剖面	北纬33°56'13"西经6°48'45"	第15个沉积旋回红层的底部	浮游有孔虫中新膨胀圆辐虫(*Globorotalia miotumida*)首次正常出现面，钙质超微化石娇柔暗石藻(*Amaurolithus delicatus*)首次出现面	2000年
	托尔托纳阶	11.63	意大利安科纳乌鸦山海滩剖面	北纬43°35'12"东经13°34'10"	第76层腐泥层底部中间点	钙质超微化石库格勒盘星石藻(*Discoaster kugleri*)最后普遍出现面	2003年
	塞拉瓦莱阶	13.82	马耳他西海岸爱尔里赫福姆湾拉斯伊尔佩莱格林剖面	北纬35°54'50"东经14°20'10"	抱球虫石灰岩与蓝粘土地层之间	全球降温期氧同位素Mi-3b事件，钙质超微化石异形楔石藻(*Sphenolithus heteromorphus*)末次出现面	2007年
	兰盖阶	15.97	潜在剖面为大洋钻探计划ODP154航次岩芯天文调谐旋回的地层或意大利拉维多瓦海滩剖面	—	—	地磁极性年代C5Cn.1n带的顶部，接近于浮游有孔虫球囊前球虫(*Praeorbulina glomerosa*)的首次出现面	—
	波尔多阶	20.44	潜在剖面为大洋钻探计划ODP天文调谐旋回地层	—	—	接近浮游有孔虫斜孔拟抱球虫(*Globigerinoides altiaperturus*)首次出现面，或靠近地磁极性年代C6An带的顶部	—
	阿基坦阶	23.03	意大利亚山大省勒梅-卡若西奥剖面	北纬44°39'32"东经8°50'11"	剖面顶部35 m处	地磁极性年代C6Cn.2n带的底部，浮游有孔虫库格勒拟辐虫(*Paragloborotalia kugleri*)的首次出现面；接近于钙质超微化石德尔菲克斯楔石藻(*Sphenolithus delphix*)的末次出现面(NN1带底部)；氧同位素Mi-1事件	1996年

图12-3-1 新近系"金钉子"信息汇总。注：国际地科联于2021年10月批准了新近系在"统"和"阶"之间设立"亚统"的方案，即阿基坦阶和波尔多阶代表下中新亚统，兰盖阶和塞拉瓦莱阶代表中中新亚统，托尔托纳阶和墨西拿阶代表上中新亚统；赞克勒阶和皮亚琴察阶分别代表上新统的下亚统和上亚统

3. 中国新近纪地层的划分与对比

在中国，新近系广布全国，但绝大部分属陆相沉积，海相沉积仅分布在台湾岛、海南岛和东南沿海地区等极个别的地段。中国新近系的出露相对海相沉积连续性较差，但哺乳动物化石群多有报道。长期以来，哺乳动物一直是我国陆相地层对比的一个重要标准。随着各盆地生物地层工作对化石描述的积累，Chiu等（1979）在总结我国新近纪哺乳动物群研究的基础上，首次提出中国新近纪哺乳动物群的年代排序方案，为中国新近纪地层建立了一个初步的时间框架。继后，李传夔等（1984）、Qiu（1989）、邱占祥和邱铸鼎（1990）、童永生等（1995）和Qiu等（1999）

开展了大量的研究工作，使中国新近纪地层的排序不断得到补充和完善。但过去的报道更多是将一个地区的哺乳动物化石群与当地特定的地层组相联系，而不是具体的产出层位，因此，对动物群在时间尺度上具体变化的了解，以及不同地区动物群之间的详细区域对比，构成一定的困难。随着近年来学科间交叉研究的开展，以及新的测年手段的应用，哺乳动物群的研究已逐渐从以往作为确定地层时代手段的重任中摆脱出来，从而得以在已有的时间框架下来讨论动物群的变化过程。

全国地层委员会在中国区域年代地层（地质年代）表说明书中，对中国新近系 6 个阶的命名及层型剖面、生物标志、层型剖面岩性特征、同期岩石地层单位、与国际地层表中阶的对比，以及部分底界年龄，都做了较详细的定义。之后又增加了中新世晚期的灞河阶，从而提出国内新近系各阶与国际地层表的对应关系（邓涛等，2019）（图 12-3-2）。从图 12-3-2 可以看出，中国陆相地层分阶，除通古尔阶涵盖兰盖阶和塞拉瓦莱阶 2 个阶外，其他阶都可以与国际标准地层一一对应。中国新近系分阶全部基于陆相地层，与国际海相标准地层的对比，主要参照底部的测年数据来确定，不存在直接的生物地层学对比关系。

统	国际新近系阶名	中国新近系分阶
上新统	皮亚琴察阶	麻则沟阶
	赞克勒阶	高庄阶
中新统	墨西拿阶	保德阶
	托尔托纳阶	灞河阶
	塞拉瓦莱阶	通古尔阶
	兰盖阶	
	波尔多阶	山旺阶
	阿基坦阶	谢家阶

图 12-3-2 中国新近系地层分阶和国际地层对比

二、新近系底界（暨阿基坦阶底界）"金钉子"

1. 研究历程

阿基坦阶是新近系中新统底部的一个阶，位于渐新统夏特阶（Chattian Stage）之上、中新统波尔多阶之下。因此，阿基坦阶的"金钉子"同为中新统底界和古近系 – 新近系界线的全球界线层型。"金钉子"剖面位于意大利亚历山德里亚省的勒梅—卡若西奥地区（Lemme-Carrosio）（北纬 44° 39′ 32″，东经 8° 50′ 11″,）为一套半深海相沉积（图 12-3-3）。界线层型点位在距离剖面顶部 35 m 处，以地磁极性年代 C6Cn.2n 带的底部和 Mi–1 氧同位素事件为标志。在生物地层学方面，接近于浮游有孔虫之库格勒拟圆辐虫（*Paragloborotalia kugleri*）的首次出现基准面（FAD，First Appearance Datum）、钙质超微化石之德尔菲克斯楔石藻（*Sphenolithus delphix*）的末次出现基准面（LAD，Last Appearance Datum），并以钙质超微化石 NN1 化石带之底为特征。年龄值为距今 23.03 Ma（Steininger et al.，1997）。

阿基坦阶最初在 1858 年建立于法国西南部的阿基坦盆地（Aquitanian Basin），20 世纪五六十年代曾一度被国际学术界所承认。鉴于该剖面地层主要是潟湖相沉积，上下分界面不是很清楚，因此，无法在此建立阿基坦阶的"金钉子"。后来改由意大利亚历山德里亚省的勒梅—卡若西奥地区的半深海相沉积剖面来替代。经过后期连续的深入研究工作，这套地层最终成为定义新近系底界（阿基坦阶）的"金钉子"剖面，并在 1996 年悉尼举办的第 25 届国际地质学大会上，获得国际地质科学联合会的批准。

Berggren（1969）曾给出一个 22.5 Ma 的渐新世 – 中新世界线年龄，以浮游有孔虫之拟抱球虫属（*Globigerinoides*）在全球范围内的首次出现作为标志，并与古地磁极性年表中的 C6An 可大致关联。Berggren 等（1995a）评述了该界线的对比标准，根据钙质超微化石等分网窗藻（*Reticulofenestra bisecta*）、二分网窗藻（*R. abisectus*）和斯克里网窗藻（*R. scrippsae*）在深海钻探计划 522 站点 C6Cn 中部的首次出现，以及与地磁极性年代 C6Cn 关联的有孔虫事件，给出一个 23.7 Ma 的渐新世 – 中新世界线年龄。该年龄数值是根据海底的扩张模型，由海底扩张磁异常带的线性插值法计算出来的（Berggren et al.，1985）。Cande 和 Kent（1992、1995）重

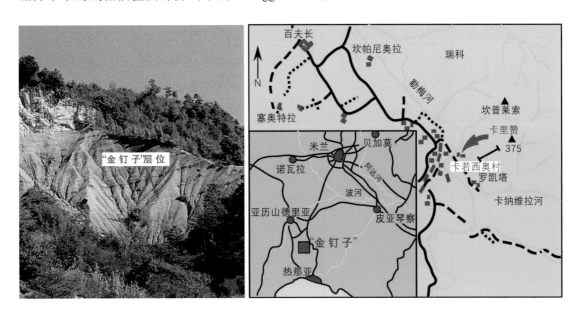

图 12-3-3 意大利勒梅—卡若西奥地区阿基坦阶"金钉子"剖面外观和地理位置图（据 Steininger et al.，1997 和 Raffi et al.，2020 修改）

新评估了海底的扩张年表，在渐新世 – 中新世边界插入一个年龄控制点，并假设该界线正好位于 C6Cn.2n（o）的底部，年龄值为 23.8 Ma。在 2004 年新近纪天文调谐的年代标尺（ATNTS，Astronomically Tuned Neogene Time Scale）的最终方案中，阿基坦阶底界的天文学年龄为 23.03 Ma，比 Berggren 等（1995b）时间表中的界线年龄年轻 0.77 Ma。

2. 科学内涵

勒梅—卡若西奥剖面为一套半深海相、含多个结核层的块状和纹层状粉砂岩。微体化石分析发现浮游有孔虫之库格勒拟圆辐虫（*Paragloborotalia kugleri*）首次出现基准面在阿基坦阶底界面之上 2 m 处，拟抱球虫属（*Globigerinoides*）高峰带位于分界面之下；钙质超微化石的羊角楔石藻（*Sphenolithus capricornutus*）和德尔菲克斯楔石藻（*Sphenolithus delphix*）两个种的末次出现基准面分别位于该分界面之上 1 m 和 4 m 处，而德尔菲克斯楔石藻（*Sphenolithus delphix*）的首次出现基准面位于该分界面之下 12 m 的地方（Steininger et al.，1997）（图 12-3-4）。这些事件的识别和同步性，已在南大西洋大洋钻探计划（ODP，Ocean Drilling Program）522 站点的高精度生物地层对比中得到证实（Raffi，1999；Shackleton et al.，2000）。阿基坦阶的底界落入标准的低纬度钙质超微化石带 NN1，该界线还和氧同位素 Mi-1 事件，以及 Haq 等（1987）所发现的海平面超旋回中的 TB1.4 高水位期完全一致。

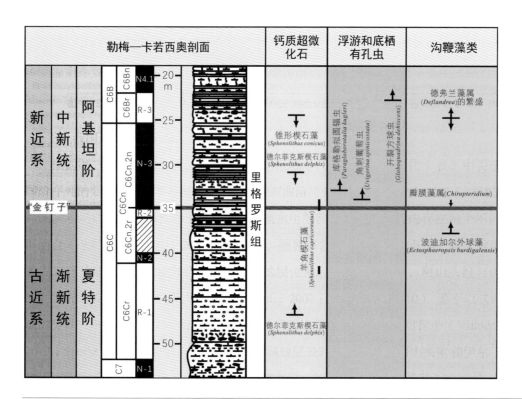

图 12-3-4　勒梅—卡若西奥地区阿基坦阶"金钉子"剖面的综合柱状图（据 Steininger et al.，1997 和 Raffi et al.，2020 修改）

3. 我国该界线的情况

中国的新近纪陆相地层出露广泛，演化迅速的哺乳动物是划分对比新近纪陆相地层的有效手段（邓涛等，2019）。谢家阶是中国新近系下中新统的第一个阶，与国际地层年表中的阿基坦阶相对比。谢家阶的命名地位于青海省湟中县田家寨乡谢家村，候选层型剖面位于谢家村北的车头沟内，从坡脚到山顶依次发育马哈拉沟组、谢家组、车头沟组和咸水河组。谢家组与马哈拉沟组和车头沟组均为整合接触。谢家动物群以小哺乳动物化石为主，包括兔形目、啮齿目、奇蹄目和偶蹄目（Qiu et al.，2013）。阿基坦阶底界的古地磁标志为 C6Cn.2n 的底部，年龄为 23.03 Ma（Steininger et al.，1997）。然而 C6Cn.2n 在谢家剖面未能清楚呈现，这条界线可能位于谢家组下部的棕红色块状泥岩连续沉积中，距谢家组底部 14 m（图 12-3-5）。尽管青海西宁盆地的谢家

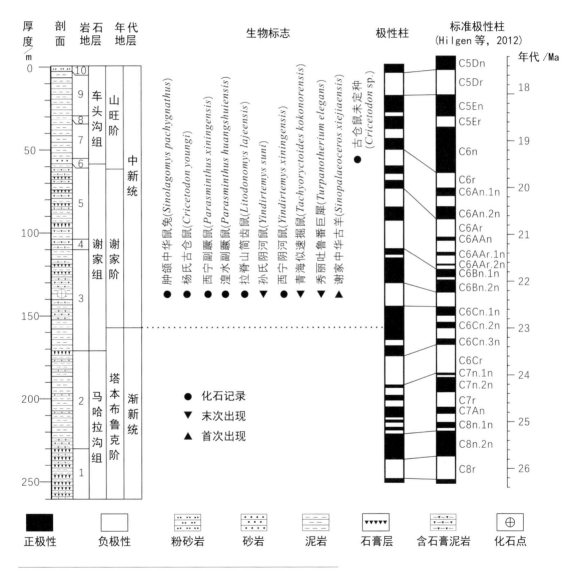

图 12-3-5 青海西宁盆地谢家地点地层综合剖面（据邓涛等，2019 修改）

剖面是谢家阶的命名地点，且可能包含谢家阶底界的古地磁标志，却缺乏底界的哺乳动物化石标志，谢家动物群与底界之间尚有 20 m 的垂直距离。

准噶尔盆地北缘的铁尔斯哈巴合剖面，是谢家阶底界的候选层型剖面。剖面构造简单并含有丰富的晚渐新世及早中新世哺乳动物化石，以兔形类、啮齿类和食虫类等小哺乳动物为主。该地区的铁尔斯哈巴合组含两个化石带（铁-Ⅰ，Ⅱ带），索索泉组下部含 3 个化石带（索-Ⅰ，Ⅱ，Ⅲ带），其中索-Ⅰ带为渐新世末期，索-Ⅱ带为中新世初期（孟津等，2006）。铁尔斯哈巴合剖面包含地磁极性表中相当于 C7n–C5E 段的完整磁极带，即穿越了渐新世－中新世界线。C6Cn.2n 底部位于索索泉组的底部向上 7.25 m 处，处在索-Ⅰ带之上。啮齿动物苏氏众古仓鼠（*Democricetodon sui*）的首次出现被作为谢家阶的底界的生物标志，但包含这一化石的索-Ⅱ带并不产于铁尔斯哈巴合剖面，而是在约 10 km 之外的另一个化石地点（Meng et al.，2013）。因此，这一剖面作为候选层型剖面仍存在着一定的缺陷。

三、塞拉瓦莱阶底界"金钉子"

1. 研究历程

塞拉瓦莱阶位于兰盖阶之上、托尔托纳阶之下，其底界的"金钉子"位于马耳他西海岸爱尔里赫福姆湾（Fomm Ir–Rih Bay）的拉斯伊尔佩莱格林（Ras il Pellegrin）剖面（北纬 35°54′50″，东经 14°20′10″）（图 12-3-6）。界线位于抱球虫石灰岩和蓝粘土地层组之间、mi-3b 氧同位素事件（全球变冷期）处。在生物地层上，接近于钙质超微化石异形楔石藻（*Sphenolithus heteromorphus*）的末次出现基准面。天文年代学年龄为距今 13.82 Ma（Abels et al.，2005；Holbourn et al.，2005；Hilgen et al.，2009）。

塞拉瓦莱阶的阶名源于意大利北部城塞拉瓦莱斯克里维亚镇（Serravalle Scrivia），由于塞拉瓦莱阶的历史层型剖面由浅海沉积物组成，并不适合用于定义全球层型剖面和点位（Vervloet，1966）。之后，位于马耳他西海岸的拉斯伊尔佩莱格林剖面，因拥有连续的深海沉积层序，并涵盖有临界的时间间隔，适合于开展综合地层学研究，被选为定义塞拉瓦莱阶"金钉子"的最佳地点。2006 年关于拉斯伊尔佩莱格林剖面塞拉瓦莱阶"金钉子"的正式提案（Hilgen et al.，2006），获得新近纪地层专业委员会（SNS）的通过（86% 法定人数，全部 18 票赞成，1 票反对）。被国际地层委员会（ICS）正式接受的修订版提案，获得 15 票或 88% 赞成票，1 票弃权，1 票反对。该提案在 2007 年，获得国际联盟执行委员会的最后批准。

图 12-3-6 马耳他西海岸爱尔里赫福姆湾"金钉子"剖面外观和地理位置图（据 Hilgen et al.，2009，2012 修改）

2. 科学内涵

拉斯伊尔佩莱格林剖面位于瓦莱塔镇（Valettatown）以西约 20 km，出露在马耳他西海岸爱尔里赫福姆湾的沿岸悬崖上。整个剖面出露条件优异，包含中部的球状石灰岩和上部的珊瑚礁石，沉积旋回明显。剖面中钙质超微化石含量非常丰富，其中异形楔石藻末次出现基准面一直被认为是定义塞拉瓦莱阶"金钉子"的主要标准（Lourens et al.，2004）。所代表的气候事件与中新世气候转换的结束（Flower & kennett，1993）相一致，并以 mi-3b 的氧同位素漂移事件（Miller et al.，1991、1996）或 e3 碳同位素漂移事件（Woodruf & Savin，1991）为标志（图 12-3-7）。由于同位素漂移事件可以在世界范围内追踪，因此具有很大的对比优势。另外，一些初级和次一级的钙质浮游生物事件，如瓦尔伯斯多夫螺旋球虫（*Helicosphaera walbersdorfensis*）的首次普遍出现面（First Common Occurrence），在地中海地区中中新世是一个重要的生物地层标志；而一些浮游有孔虫事件在南太平洋海域都具有明显的连续性，有利于向地中海等其他海域输出界线边界（Fornaciari et al.，1996；Rio et al.，1997；Raffi et al.，2003）。

西班牙陆相剖面的磁性生物地层学记录表明，塞拉瓦莱阶的"金钉子"与始于 14.1 Ma 的欧洲大型哺乳动物的转折事件（Van der Meulen et al.，2005；Van Dam et al.，2006）相对应。虽然拉斯伊尔佩莱格林剖面的沉积旋回模式，尚不足以进行简单的天文调谐，但可以通过高分辨率的石灰质浮游生物相关生物事件，用天文时间年龄进行弥补。上述工作主要是通过位于特雷米蒂群岛（Tremiti Islands）天文调谐良好的乌鸦山（Monte dei Corvi）剖面来完成的（Hilgen et al.，2003）。

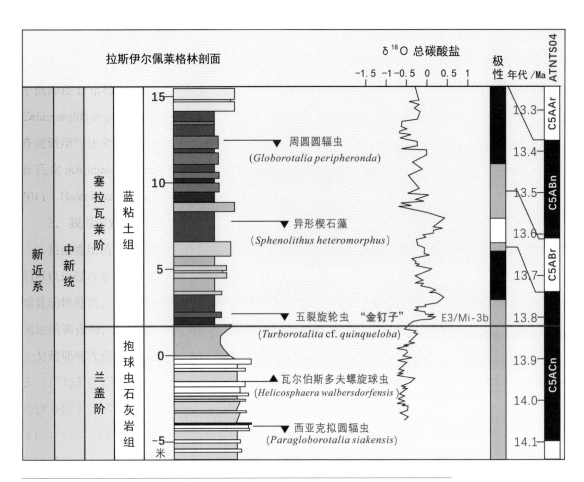

图 12-3-7 拉斯伊尔佩莱格林塞拉瓦莱阶"金钉子"剖面综合柱状图（据 Hilgen et al., 2012 修改）

3. 我国该界线的情况

中国的通古尔阶涵盖了兰盖阶和塞拉瓦莱阶两个阶，因此不存在与塞拉瓦莱阶相对应的下界识别问题。通古尔期哺乳动物的进化具有如下特点：长鼻目开始大规模辐射，反刍类开始分异。时间间隔由跳鼠科（Dipodidae）和鬣狗科（Hyaenidae）的首次出现来确定。出现的新属包括啮齿类的中华花鼠属（Sinotamias）和戈壁古仓鼠属（Gobicricetodon），食肉类的原鼬鬣狗属（Protictitherium）和后猫属（Metailuru），偶蹄类的古长颈鹿属（Palaeotragus）、真角鹿属（Euprox）、小古麝属（Micromeryx）和西班牙古麝属（Hispanomeryx）等。此外，兔形目的跳兔属（Alloptox），啮齿目的梳齿鼠科（Ctenodactylidae）和拟速掘鼠科（Tachyoryctoididae），灵长目的上猿属（Pliopithecus），食肉目的半熊属（Hemicyon），长鼻目的铲齿象属（Platybelodon），奇蹄目的爪兽属（Chalicotherium）、近无角犀属（Plesiaceratherium）和西班牙犀属（Hispanotherium），以及偶蹄目的卢瓦鹿属（Ligeromeryx）、皇冠鹿属（Stephanocemas）和土耳其羚属（Turcocerus）等在本期末次出现（童永生等，1995；Qiu 等，2013）。

四、托尔托纳阶底界"金钉子"

1. 研究历程

托尔托纳阶位于塞拉瓦莱阶之上、墨西拿阶之下，其底界的全球层型剖面和点位定在意大利安科纳（Ancona）附近的乌鸦山海滩剖面（北纬43°35′12″，东经13°34′10″）（图12-3-8）。界线位于剖面第76层腐泥层的中间点，以钙质超微化石库格勒盘星石藻（*Discoaster kugleri*）和浮游有孔虫亚方形拟抱球虫（*Globigerinoides subquadratus*）两者的末次普遍出现面（Last Common Occurrence）为标志，对应于古地磁C5r.2n阶段。天文年代学年龄为距今11.63 Ma（Hilgen et al.，2005、2012）。

托尔托纳阶的阶名源于意大利托尔托纳市（Tortona），最早由Mayer–Eymar（1858）引入，并指定托尔托纳市以南10 km处马扎皮德河（Rio Mazzapiedi）和卡斯特拉尼亚河（Rio Castellania）之间的一套海相泥灰岩地层为层型剖面（Gianotti，1953；Gino，1953）。阶的底界主要以浮游有孔虫阿科斯塔新方球虫（*Neogloboquadrina acostaeneis*）的首次出现为标志（Hilgen et al.，2005）。剖面的下部厚180 m，由生物扰动细砂岩和泥质粉砂岩组成，偶见微弱的水平层理，指示外陆架沉积环境；上部厚80 m，由蓝灰色粉砂质泥灰岩组成，其上部见有薄层扰动层，指示大陆坡的沉积环境。后来的研究表明，阿科斯塔新方球虫在剖面下覆地层的顶部就已出现。因此，托尔托纳阶底界在这一剖面上的判别和年代都存在很大的不确定性，需要寻找更好的"金

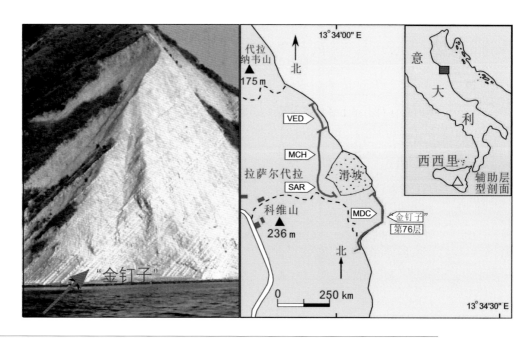

图12-3-8 意大利安科纳乌鸦山沙滩"金钉子"剖面外观和地理位置图（据Hilgen et al.，2012修改）

钉子"剖面来替代。鉴于天文调谐定年工作的开展，后来在众多候选剖面中，位于意大利北部安科纳附近的乌鸦山海滩剖面被选为唯一的托尔托纳阶层型剖面，并在 2003 年获得国际地质科学联合会的批准（Hilgen et al., 2005）。

2. 科学内涵

乌鸦山沙滩剖面处于亚平宁活动构造带的外缘，中新世绝大部分时间处于海相环境，沉积连续，地层保存完整，几无构造干扰，剖面出露良好且容易到达，加上界线层位的天文调谐等显著优势，因此被作为定义托尔托纳阶的唯一候选剖面。但这一剖面也有不足之处，就是钙质超微化石保存比较一般，一定程度上限制了稳定同位素记录的可靠性（Hilgen et al., 2005）。地层古生物定量分析显示，"金钉子"界线与库格勒盘星石藻的末次普遍出现面相一致，相当于地中海地区标准的钙质超微化石 MNN7b–c 带（Raffi et al., 2003），以及低纬地区的 NN7 带（Martini, 1971）。浮游有孔虫以亚方形拟抱球虫的末次普遍出现面（11.593 Ma），作为"金钉子"的位置标志（Hilgen et al., 2005）（图 12-3-9）。

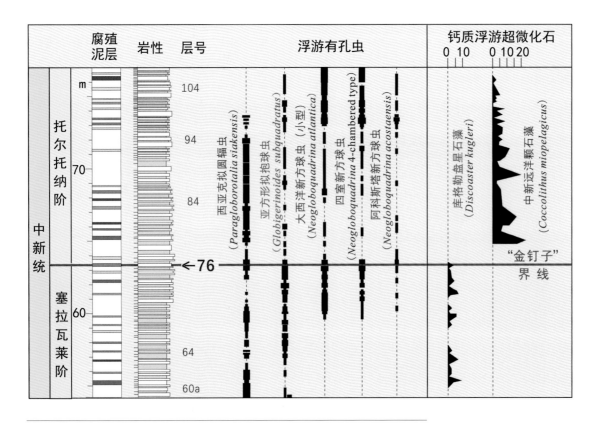

图 12-3-9 乌鸦山沙滩托尔托纳阶"金钉子"剖面综合柱状图（据 Hilgen et al., 2012 修改）

高分辨率的古地磁数据，显示托尔托纳阶的"金钉子"对应于正极 C5r2n 阶段。乌鸦山沙滩剖面岩性上具有旋回性，即泥灰质石灰岩和有机质岩呈规律性互层（Montanari et al.，1997），为天文年龄调谐提供了很好的条件。研究结果表明：整个剖面年龄为 13.4—8.5 Ma，托尔托纳阶"金钉子"的最终的天文调谐年龄为 11.63 Ma（Hilgen et al.，2005）。火山灰 Ar-Ar 年龄测试结果为 11.68 ± 0.02 Ma，与天文年龄相近（Kuper，2003；Kuiper et al.，2005）。

3. 辅助层型剖面

由于乌鸦山沙滩托尔托纳阶"金钉子"剖面的钙质超微化石和浮游有孔虫化石保存欠佳，意大利南部西西里岛吉布利塞米山（Monte Gibliscemi）南坡剖面被指定为该阶的辅助层型剖面。吉布利塞米山剖面上的微体化石保存良好（Hilgen et al.，2000），在层位上可与乌鸦山沙滩剖面一一对应。在该剖面上，塞拉瓦莱阶 – 托尔托纳阶界线位于灰色泥灰岩 75 层中点（深 24.67 m）（Hilgen et al.，2000）。浮游和底栖有孔虫的 $\delta^{18}O$ 同位素值显示有两次增加，分别对应于天文年龄 11.4 Ma 和 10.4 Ma（Miller et al.，1991）。

4. 我国该界线的情况

中国地层表中的灞河阶与国际地层表中托尔托纳阶相当。"灞河"一名源自同名岩石地层单位灞河组。灞河阶对应于海相的托尔托纳阶，其共同的底界定义为古地磁 Chron C5r.2n 的底部，年龄为 11.62 Ma。甘肃省东乡县的郭泥沟剖面是灞河阶底界层型最有利的候选剖面。郭泥沟剖面总厚度近 200 m，未见顶和底，实测剖面在山脚起点的地理坐标为北纬 35°32′52″，东经 103°26′19″，海拔高度为 2 130 m；在山腰终点的地理坐标为北纬 35°33′03″，东经 103°26′16″，海拔高度为 2 230 m。该剖面地层水平发育。中中新统下部东乡组为具水平层理的紫红色粉砂质泥岩（35.5 m 厚，下同）、灰绿色泥灰岩（3.4 m）、含灰黑色团块的紫红色泥岩（19.1 m），以及灰绿色泥灰岩（3.9 m）（邓涛等，2015）（图 12-3-10）。

Deng 等（2013）发表了一个临夏盆地灞河阶下部郭泥沟动物群的详细名单，包含了产自整个临夏盆地不同剖面的柳树组底部的化石。郭泥沟动物群代表了灞河沟阶最底部的动物群（图 12-3-10），包括不少首次出现的化石属，如巨鬣狗属（*Dinocrocuta*）、短剑虎属（*Machairodus*）、四棱齿象属（*Tetralophodon*）、三趾马属（*Hipparion*）和奈王爪兽属（*Nestoritherium*）等，对灞河阶的底界有重要的指示意义。在郭泥沟剖面的动物群中，三趾马化石具有重要地层指示意义，其中在中国首次出现的东乡三趾马（*Hipparion dongxiangense*），通常被作为灞河阶和上中新统底界的生物标志，其层位在 C5r.2n 之底，年龄为 11.63 Ma，是欧亚陆最早的三趾马化石，而且这一界线年龄恰好与海相的托尔托纳阶底界相一致（邓涛等，2015、2019）。

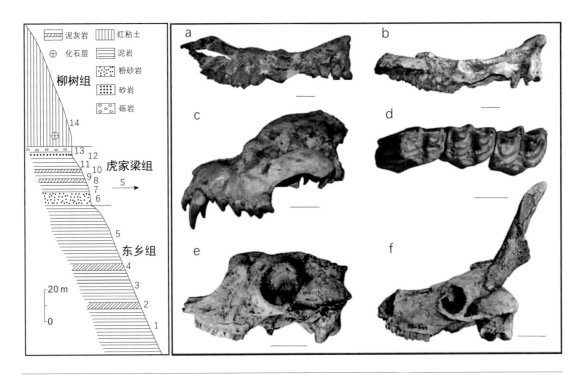

图 12-3-10 临夏盆地灞河阶郭泥沟地层剖面和代表性哺乳动物化石（据邓涛等，2015）。a. 临夏副板齿犀（*Parelasmotherium linxiaense*），比例尺为 10 cm；b. 阔鼻宁夏犀（*Ningxiatherium euryrhinus*），比例尺为 10 cm；c. 巨鬣狗（*Dinocrocuta gigantea*），比例尺为 5 cm；d. 东乡三趾马（*Hipparion dongxiangense*），比例尺为 1 cm；e. 短吻柴达木兽（*Tsaidamotherium brevirostrum*），比例尺为 5 cm；f. 临夏陕西旋角羚（*Shaanxispira linxiaensis*），比例尺为 5 cm

五、墨西拿阶底界"金钉子"

1. 研究历程

墨西拿阶位于托尔托纳阶之上、赞克勒阶之下，其底界的全球层型剖面和点位定在摩洛哥的奎德阿克瑞奇（Oued Akrech）剖面（北纬 33°56′13″，西经 6°48′45″）（图 12-3-11）。界线位于第 15 碳酸盐旋回红层的底部，以浮游有孔虫中新膨胀圆辐虫（*Globorotalia miotumida*）的首次正常出现面（First Regular Occurrence），以及钙质超微化石娇柔暗石藻（*Amaurolithus delicatus*）的首次出现基准面作为生物标志，对应于地磁极性年代 C3Br.1r 阶段。天文年代学年龄为距今 7.246 Ma（Hilgen et al.，2000）。

墨西拿阶的阶名源于意大利西西里岛城市墨西拿（Messina），最早由 Mayer-Eymar（1867）创建。墨西拿阶的地层概念最初并不完整，西西里岛中部的帕斯奎亚 - 卡波达索（Pasquasia-Capodarso）剖面曾一度被选为层型剖面，主要是一套石膏、石灰岩和海退后的陆相沉积，难以适用于地中海以外的地区（Selli，1960）。另有候选的法尔科纳拉（Falconara）剖面，也因构造运动引起的滑坡，导致剖面被覆盖（Colalongo et al.，1979）。最后在众多候选剖面中，位于摩洛哥

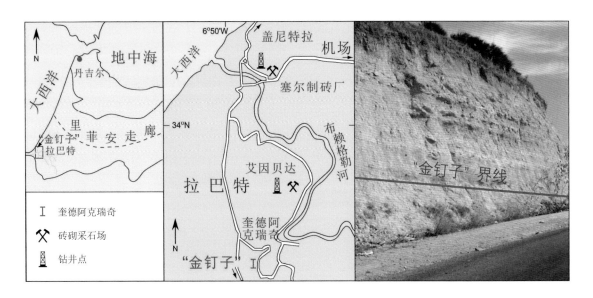

图 12-3-11　摩洛哥奎德阿克瑞奇剖面地理位置和剖面外观图（据 Hilgen et al., 2000, 2012 修改）

大西洋侧的奎德阿克瑞奇剖面，被指定为唯一的墨西拿阶"金钉子"候选剖面，该剖面具有良好的古地磁学、钙质浮游超微化石和旋回年代地质学研究基础。在 2000 年，奎德阿克瑞奇剖面的"金钉子"获得国际地质科学联合会的批准（Hilgen et al., 2000）。

2. 科学内涵

奎德阿克瑞奇剖面位于摩洛哥拉巴特市（Rabat）东南方向 7 km、沿奎德阿克瑞奇山峭壁处的公路边上。剖面底部为 5 m 厚的托尔托纳阶浅海相海绿石质黄色砂岩，其上为沉积速率较低的硬质磷酸岩层，上盖有海绿石砂质泥灰岩和 2 m 厚的深海砂质泥灰岩。其上的"金钉子"层位，为深海沉积的"蓝色泥灰岩"标志层，在野外由于风化呈黄褐色，含有红色条带（图 12-3-11）。

奎德阿克瑞奇剖面含丰富的浮游有孔虫，通过对其标志种进行定量分析，可以识别出以下四次事件：① 敏纳圆辐虫（*Globorotalia menardii*）的末次普遍出现；② 右旋型敏纳圆辐虫的首次普遍出现；③ 西图拉圆辐虫（*G. scitula*）明显地从左旋型变为右旋型；④ 中新膨胀圆辐虫（*G. miotumida*）和科诺米奥圆辐虫（*G. conomiozea*）的首次正常出现（Tjalsma, 1971；Sierro et al., 1993）。"金钉子"层位可分别对应于不同区域的有孔虫 M13b 带和 Mt9~Mt10 过渡带（Berggren et al., 1995a）。钙质超微化石记录有普里默斯暗石藻（*Amaurolithus primus*）和膨胀暗石藻（*A.* aff. *amplificus*）的首次出现，以及旋轮网窗藻（*Reticulofenestra rotaria*）和娇柔暗石藻（*Amaurolithus delicatus*）首次普遍出现（图 12-3-12）；"金钉子"界线层位可分别对应于 Martini（1971）的钙质超微化石 NN11b 带和 Okada & Bukry（1980）的颗石藻 CN9b 带。在海相地层对比中，钙质超微化石暗石藻属对界线位置的判别常常起着关键的作用（Raffi et al., 1995；

Backman & Raffi, 1997），而旋转网窗藻的首次普遍出现也是厘定该界线的另一个重要依据（Negri et al., 1999）。

与地中海地区古地磁和生物地层对比表明，奎德阿克瑞奇剖面的沉积旋回主要受岁差控制。黄褐色硬质泥灰岩和灰红色软质泥灰岩互层表现出的沉积旋回，可与天文轨道北纬65°夏季辐射曲线对比，因此为生物事件及古地磁极性事件提供了准确的年龄标定。古地磁研究显示奎德阿克瑞奇剖面记录了两次正极和一次倒转事件，即C3Br.ln、C3Br.1r和C3Bn，与地中海地区的古地磁记录可以很好地对应（Hilgen et al., 2000）。

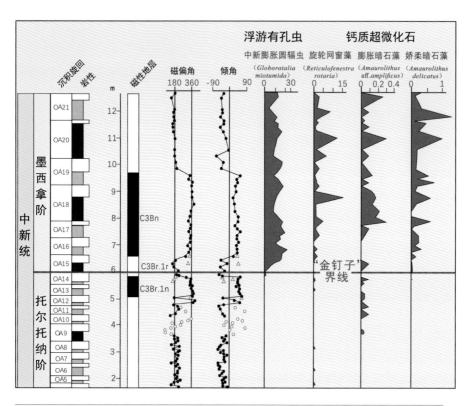

图 12-3-12　奎德阿克瑞奇剖面墨西拿阶"金钉子"剖面综合地层图（据 Hilgen et al., 2012 修改）

3. 我国该界线的情况

中国地层表中的保德阶与国际地层表中墨西拿阶相对应。保德阶为中国中新统的最后一个阶，命名于山西省保德县。保德阶的层型剖面位于保德县腰庄乡冀家村南主沟南侧支沟中，剖面出露良好哺乳动物化石丰富（图 12-3-13）。三趾马红土共分 13 层，总厚约 60 m。保德阶底界被确定为与海相墨西拿阶底界一致，即在古地磁 Chron C3Br.1r 之内，年龄为 7.246 Ma（Hilgen et al., 2000）。这条界线位于冀家沟剖面第 9 层之内，恰好在化石层之下，首次出现的福氏三趾马（*Hipparion forstenae*）可以作为保德阶底界的生物标志。福氏三趾马的分布广泛，在山西保德和霍县、甘肃秦安和临夏、西藏吉隆和聂拉木都有发现，且都只存在于晚中新世晚期（邓涛等，2004、2019）。

保德期盛产三趾马动物群化石，主要为大、中型哺乳动物，以鼬鬣狗类、大唇犀类和中等体型三趾马为典型代表。主要有副鬣狗属（*Adcrocuta*）、鼬鬣狗类、后猫属（*Metailurus*）、中型三趾马、大唇犀属（*Chilotherium*）和弓颌猪属（*Chleuastochoerus*）等（邓涛等，2019）。首次出现的属包括食虫目的猬属（*Erinaceus*）、副长尾鼩属（*Parasoriculus*）和异鼩属（*Paenelimnoecus*），兔形目的翼兔属（*Alilepus*），啮齿目的假河狸属（*Dipoides*）、鼠尾睡鼠属（*Myominus*）、副脊仓跳鼠属（*Paralophocricetus*）、姬鼠属（*Apodemus*）、巢鼠属（*Micromys*）、华夏鼠属（*Huaxiamys*）和东方鼠属（*Orientalomys*），食肉目的近狼獾属（*Plesiogulo*）和大水獭属（*Enhydriodon*），长鼻目的互棱齿象属（*Anancus*）、中华乳齿象属（*Sinomastodon*）、玛姆象属（*Mammut*）和剑齿象属（*Stegodon*），奇蹄目的额鼻角犀属（*Dihoplus*）。末现的属包括啮齿目的中新睡鼠属（*Miodyromys*）、

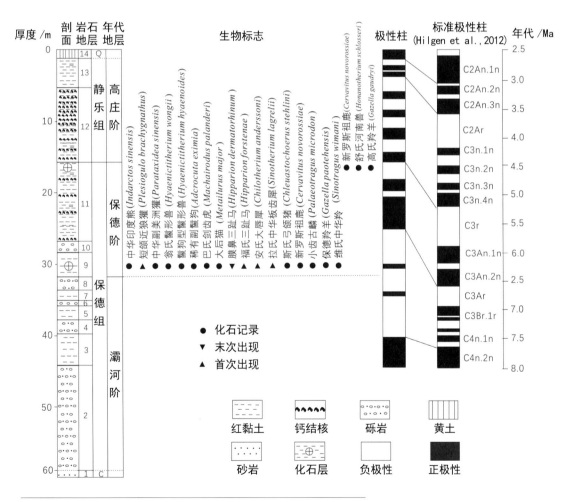

图 12-3-13　山西保德地区冀家沟地点地层综合剖面图（据邓涛等，2019 修改）

小林睡鼠属（*Microdyromys*）、小齿鼠属（*Leptodontomys*）、仿田鼠属（*Microtoscoptes*）、阿布扎比鼠属（*Abudhabia*）和原鼢鼠属（*Prosiphneus*），食肉目的印度熊属（*Indarctos*）、副美洲獾属（*Parataxidea*）、蜜齿獾属（*Melodon*）、始蜜獾属（*Eomellivora*）、副鬣狗（*Adcrocuta*）和剑齿虎属（*Machairodus*），奇蹄目的中华马属（*Sinohippus*），偶蹄目的祖鹿属（*Cervavitus*）、近旋角羊属（*Plesiaddax*）和中华羚属（*Sinotragus*）（Qiu 等，2013；邓涛等，2019）。

六、赞克勒阶底界"金钉子"

1. 研究历程

赞克勒阶位于墨西拿阶之上、皮亚琴察阶之下，是上新统的第一个阶，赞克勒阶的"金钉子"也是中新统–上新统的界线。赞克勒阶全球界线层型及点位位于意大利西西里岛南部海岸的埃拉克莱米诺瓦（Eraclea Minoa）剖面（北纬 37°23′30″，东经 13°16′50″）（图 12-3-14）。赞克勒阶底界在特鲁比组（Trubi Formation）的底部，接近于钙质超微化石皱三棱棒石藻（*Triquetrorhabdulus rugosus*）的灭绝面（CN10b 之底），以及短尖弯角石藻（*Ceratolithus acutus*）的最低分布层位，位于 C3r 地磁极性年代带之顶，距离特拜拉（Thvera）正极性年代亚带（C3n.4n）前约 96 ka 处。天文年代学年龄值为距今 5.333 Ma（Van Couvering et al.，2000）。

赞克勒阶的阶名源于前罗马对意大利西西里岛墨西拿市的称呼赞克勒（Zancle）。1868 年赞克勒阶被 Seguenza 定义为上新统的下段（Vai，1997），命名剖面在距离市中心 4 km 处的格拉维利谷（Gravitelli valley）。由于该地赞克勒阶的地层出露不好，Cita 和 Gartner（1973）重新指定并描述了一套新的赞克勒阶地层，位于西西里岛南部海岸，阿格里根托（Agrigento）以西卡波

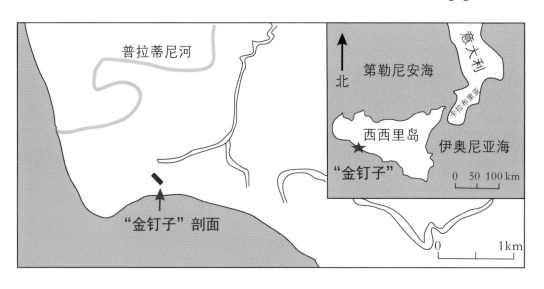

图 12-3-14 意大利埃拉克莱米诺瓦赞克勒阶"金钉子"剖面地理位置图（据 Van Couvering et al.，2000 修改）

　　　　　　　　　　　　　　　　　　地层"金钉子"：地球演化历史的关键节点

罗塞洛（Capo Rossello）的海崖上，但该套地层因化石缺乏而难以进行全球对比。之后在卡波罗塞洛海岸地区的工作表明，当地的赞克勒阶泥灰岩和碳酸盐岩旋回，与全球气候变化的轨道参数变化的数学预测相一致，可为底界的全球对比提供精确可靠的依据（Zijderveld et al.，1991；Hilgen，1991a、b）。最后他们在埃拉克莱米诺瓦找到了一个剖面，可以完整地揭示赞克勒阶和墨西拿阶的接触关系。有鉴于此，埃拉克莱米诺瓦剖面成为赞克勒阶及上新世底界"金钉子"的首选（Hilgen & Langereis，1993）。Van Couvering 等（1998）就此提出一项正式的提案，并以压倒性多数获得国际地层委员会新近系分会的通过（24 票赞成，3 票反对，2 票弃权）。1999 年 3 月，国际地层委员会受理这一提案，并将其转交至国际地质科学联合会执行委员会，于 2000 年获得批准（Van Couvering et al.，2000）。

2. 科学内涵

意大利西西里岛南部海岸的埃拉克莱米诺瓦剖面，隶属于罗赛洛复合剖面（Rossello Composite Section）的底部，这个复合剖面包含天文极性时间尺度中的上新世下部和中部地层（Hilgen，1991a、b）。剖面发育在一个陡峭的悬崖上，约 30 m 高，500 m 长，易于抵达。"金钉子"位于剖面的底部，界线十分清楚，上部为白色特鲁比组泥灰岩，下部为阿雷纳佐洛组（Arenazzolo Formation）深褐色砂岩和泥灰岩。这一界线标志着地中海地区在中新世末期墨西拿盐度危机之后，上新统底部的洪水，以及位于下第维拉（Lower Thvera）磁反转边界之下五个与岁差相关的旋回（Hilgen et al.，2012）（图 12-3-15）。

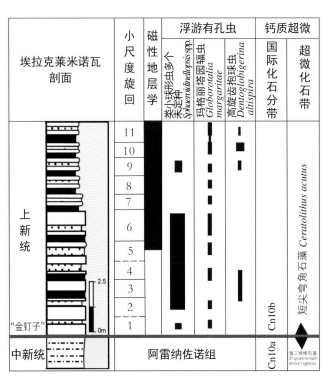

图 12-3-15 埃拉克莱米诺瓦赞克勒阶"金钉子"剖面外观和综合柱状图（据 Van Couvering et al.，2000 和 Raffi et al.，2020 修改）

3. 我国该界线的情况

高庄阶是中国上新统的第一个阶，与国际地层年表中的赞克勒阶相对应。高庄阶得名于山西省榆社县云簇镇高庄村。德日进和杨钟健发表了有关榆社的第一个地质报告，发现华北地区的三趾马化石除在红土中有丰富的赋存外，也产于河湖相沉积中（Teilhard de Chardin & Young，1933）。邱占祥等（1987）在研究榆社盆地的三趾马时，建议将榆社群划分为 4 个组，自下而上为马会组、高庄组、麻则沟组和海眼组，其时代分别为晚中新世、早上新世、晚上新世和早更新世，并首次提出了高庄期（阶）的概念，用以代表中国的早上新世（下上新统）。1999 年第二届全国地层委员会正式建议建立中国上新统的年代地层单位高庄阶，其时限对应于中国陆生哺乳动物分期的高庄期（全国地层委员会，2001a）。高庄期与欧洲陆生哺乳动物分期的鲁西尼期（Ruscinian）相当，包含 1 个哺乳动物群单位，即 NMU 12，可与欧洲的 MN 14—15 带对比。鲁西尼阶的底界在古地磁的 Chron C3r 上部（Steininger et al.，1996）。因此，高庄阶的底界与赞克勒阶和鲁西尼阶的一致，位于 Chron C3r 上部，年龄为 5.333 Ma。

高庄阶的层型剖面位于榆社盆地桃阳—高庄—赵庄一带，总厚 340 m。由于第四系覆盖的原因，不能直接观察到高庄组与下伏的马会组和上覆的麻则沟组的接触关系，但在区域上高庄组与上、下两组间均为轻微的角度不整合（Tedford et al.，2013）。高庄阶底界的年龄与赞克勒阶底界的年龄一致，这条界线的精确位置在榆社桃阳剖面高庄组桃阳段第 5 层的土黄色块状砂岩近底部（邓涛等，2010）。在大型哺乳动物中，原始长鼻三趾马（*Hipparion pater*）在榆社盆地高庄组有较为广泛的分布，发现的地点包括白海、泥河、大马岚、高庄、银郊、桑家沟、沤泥凹等地，其首次出现的位置最接近高庄阶底界，因此是重要的生物标志。

在众多其他化石中，小哺乳动物有首次出现的梅氏假河狸（*Dipoides majori*）、峭枕日进鼢鼠（*Chardina truncatus*）和榆社日进鼠（*Chardinomysy yusheensis*），末次出现的联合翼兔（*Alilepus annectens*）、二登图花鼠（*Eutamias ertemtensis*）和祖巢鼠（*Micromys chalceus*），这些任意种的共生成为识别高庄阶底界的最好标志。同样，大哺乳动物中首次出现的泥河羚羊（*Gazella niheensis*）、原始长鼻三趾马（*Hipparion pater*）、甘氏豹鬣狗（*Chasmaporthetes kani*）和比利牛斯硕鬣狗（*Pachycrocuta pyrenaica*），末次出现的高庄羚羊（*Gazella gaozhuangensis*）和平齿三趾马（*Hipparion platyodus*），这些任意种在同一层位的组合也是判断高庄阶底界的重要参考标志（Deng et al.，2007；邓涛等，2010）（图 12-3-16）。

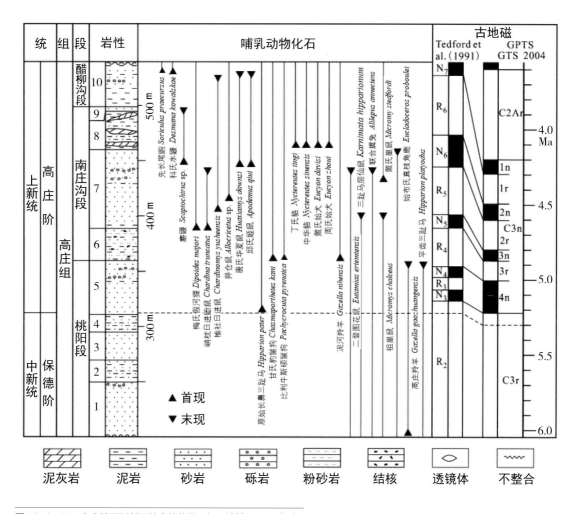

图 12-3-16 高庄阶层型剖面综合柱状图（据邓涛等，2010 修改）

七、皮亚琴察阶底界"金钉子"

1. 研究历程

皮亚琴察阶（Piacenzian Stage）是上新统的第二个阶，底界的全球层型剖面和点位位于意大利西西里岛的皮科拉角（Punta Piccola）剖面（北纬 37°17′20″，东经 13°29′36″）（图 12-3-17）。"金钉子"界线在第 77 个小规模碳酸盐旋回的米黄色泥灰岩底部（岁差 MPRS 347），等同于浮游有孔虫玛格丽塔圆辐虫（*Globorotalia margaritae*）（PL3 带之底）和初始普林虫（*Pulleniatina primalis*）的灭绝面，以及地磁极性年代 C2An（高斯，Gauss）地磁极性年代带之底。天文年代学年龄为距今 3.6 Ma（Castradori et al.，1998）。

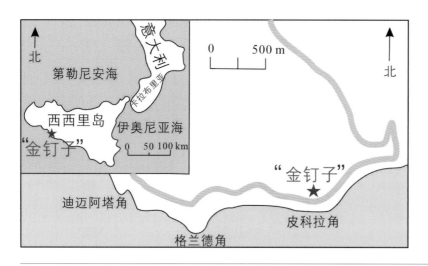

图12-3-17 意大利西西里岛皮科拉角皮亚琴察阶"金钉子"剖面地理位置图（据 Raffi et al.，2020 修改）

皮亚琴察阶的阶名源于意大利城市皮亚琴察（Piacenza），由 Mayer–Eymar 在 1858 年提出。Pareto（1865）将出露在阿夸托城堡（Castell' Arquato）和亚平宁北部卢加纳诺（Lugagnano）之间含化石的"蓝色粘土"作为该阶的典型沉积。Barbieri（1967）在阿夸托城堡指定层型剖面的工作是皮亚琴察阶建阶的重要一步，其底界被定义为斜坡盆地向陆架外沉积相的转变，与浮游有孔虫玛格丽塔圆辐虫的消失相一致。Rio 等（1988）和 Raffi 等（1989）通过综合生物地层研究发现，在该剖面皮亚琴察阶的底部存在间断，玛格丽塔圆辐虫的消失并不对应于它的灭绝基准面。因此，需要在其他地方寻找一个连续的剖面来替代。之后，大家把研究重心集中到了皮科拉角剖面，使之最后成为皮亚琴察阶的"金钉子"剖面（Hilgen，1991a；Langereis & Hilgen，1991；Berggren et al.，1995a）。皮亚琴察阶的"金钉子"在 1997 年得到国际地质科学联合会的批准。

2. 科学内涵

皮科拉角剖面位于意大利西西里岛波尔图恩佩托尔（Porto Empedocle）到瑞尔蒙特（Realmonte）的公路沿线，距卡波罗塞洛（Capo Rossello）东部 4 km、波尔图恩佩托尔（Porto Empedocle）西北偏西 3 km 处。皮科拉角剖面主要发育特鲁比组和纳博纳山组（Monte Narbone Formation）地层，沉积环境为开阔的海相斜坡盆地，水深达 800~1 000 m（Brolsma，1978；Sprovieri & Barone，1982）。在皮科拉角剖面，许多学者开展了大量的生物地层研究工作，涉及钙质超微化石（Rio et al.，1984；Driever，1988）和浮游有孔虫（Brolsma，1978；Rio et al.，1984；Lourens et al.，1996）等。皮科拉角剖面同时还具备良好的磁性地层学框架，加上连续的天文年代学年龄，使不同地区间的对比成为可能（Zachariasse et al.，1989、1990）（图 12-3-18）。

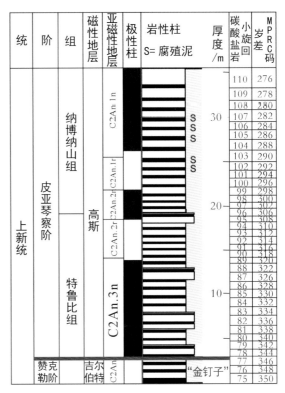

图 12-3-18 皮克拉角皮亚琴察阶"金钉子"剖面外观和综合柱状图（据 Raffi et al.，2020 修改）

3. 我国该界线的情况

麻则沟阶是中国上新统的两个阶之一，代表陆相上上新统，1999 年由第二届全国地层委员会正式命名，对应于国际地层表中的皮亚琴察阶（全国地层委员会，2001a）。其共同的底界定义为古地磁 Chron C2An.3n 之底，即高斯正极性带的底部，绝对年龄为 3.6 Ma。麻则沟阶得名于山西省榆社县云簇镇赵庄村和白海村之间的麻则沟。邱占祥等（1987）在研究榆社盆地的三趾马时，建议将晚新生代的榆社群划分为 4 个组，自下而上为马会组、高庄组、麻则沟组和海眼组，时代分别为晚中新世、早上新世、晚上新世和早更新世。这是"麻则沟组"一名首次作为地层单位出现，此后被广泛采用。1999 年第二届全国地层委员会正式建议建立中国上新统的年代地层单位麻则沟阶，其时限对应于中国陆生哺乳动物分期的麻则沟期（全国地层委员会，2001b）。麻则沟期与欧洲陆生哺乳动物分期的维兰尼期（Villanyian）早期或维拉弗朗期（Villafranchian）早期相当，包含 1 个哺乳动物群单位，即 NMU 13，可与欧洲的 MN 16 对比（邓涛和侯素宽，2011）。

麻则沟阶的层型剖面位于山西榆社盆地赵庄 – 大马岚剖面，总厚度约 95 m，麻则沟组下部出露较好；位于大马岚西北约 7 km 的西周村北剖面出露麻则沟组上部地层。整个麻则沟组是一套以黄砂和紫红色粘土互层并逐步过渡到以粘土为主的沉积。在榆社盆地麻则沟组中发现了丰富的动物化石，即麻则沟动物群（Qiu & Qiu，1995）。此后，又增加了一些新描述的种类及相关的修订（如 Flynn et al.，1997；Deng，2005；Qiu et al.，2013 等）。除丰富的哺乳动物化石外，麻则沟组中还含有腹足类、双壳类、介形类和轮藻等化石（郑家坚等，1999）。麻则沟阶的底界，即古地磁高斯期 3.6 Ma 的底界位于第 6 层麻则沟组下部紫红色粘土层中部（图 12-3-19；邓涛和侯素宽，2011），麻则沟动物群产于这条界线之上，在榆社盆地有精确层位的小哺乳动物化石中，恰好有对应于距今 3.6 Ma 前的张洼沟姬鼠（*Apodemus zhangwagouensis*），以及更为原始的邱氏姬鼠（*A. qiui*）（Flynn et al.，1997）。因此，张洼沟姬鼠的首次出现可以作为麻则沟阶底界的生物标志。其他首次出现位置比较接近于麻则沟阶底界的小哺乳动物化石，还有复齿拟鼠兔（*Ochotonoides complicidens*）、施氏次兔（*Hypolagus schreuderi*）和副丁氏中鼢鼠（*Mesosiphneus praetingi*）等；大哺乳动物化石有白海狐（*Vulpes beihaiensis*）、佩氏硕鬣狗（*Pachycrocuta perrieri*）、小型中国山羊（*Sinocapra minor*）和桑氏旋角羚（*Antilospira licenti*）等，它们都可以作为麻则沟阶底界的参考生物标志（邓涛等，2011）。

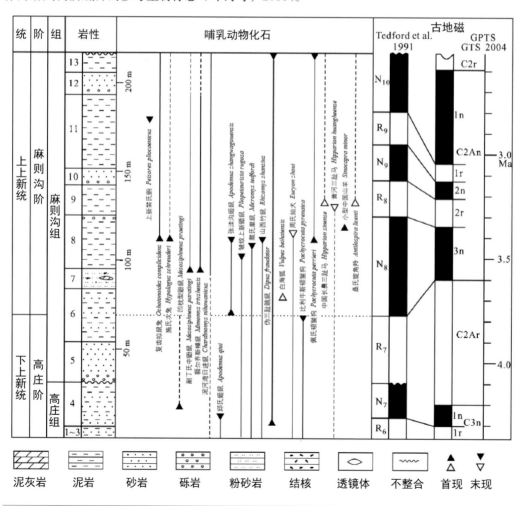

图 12-3-19　山西榆社盆地麻则沟阶层型综合柱状图（据邓涛等，2011 修改）

地层"金钉子"：地球演化历史的关键节点

第四节
新近系内待定界线层型研究

一、波尔多阶底界

1. 研究现状

波尔多阶的阶名源于法国地名波尔多（Bordeaux）的古称"Burdigala"。长期以来，对波尔多阶底界的确立标准和年龄一直存在分歧，一些常见的划分建议分别选择浮游有孔虫库格列里副鳃轮虫（*Paragloborotalia kugleri*）在距今 21.12 Ma 的末次出现基准面（N4—N5 过渡带）（Berggren et al., 1995）、钙质超微化石扩大螺旋石藻（*Helicosphaera ampliaperta*）在距今 20.43 Ma 首次出现基准面（MNN2a—MNN2b 过渡带）（Fornaciari & Rio, 1996）、位于地磁极性年代 C6An 带顶部年龄 20.04 Ma（Berggren et al., 1995a），以及钙质超微化石贝莱蒙斯楔形石藻（*Sphenolithus belemnos*）在距今 19.03 Ma 的首次出现基准面（NN3—NN4 过渡带）（Haq et al., 1987）作为确立波尔多阶底界的标准与年龄。

适合用于定义波尔多阶底界"金钉子"的剖面，至今还没有找到，但在大洋钻探计划的岩芯中，发现存在含有天文调谐旋回的潜在剖面，如位于南大西洋亚北极的 ODP 1090 站点（Billups et al., 2004），以及位于南大西洋沃尔维斯海脊（Walvis Ridge）综合大洋钻探计划（IODP, Integrated Ocean Drilling Program）1264/1265 站点（Pälike et al., 2008）。波尔多阶的底界接近于浮游有孔虫拟抱球虫（*Globigerinoides altiaperturus*）的最低分布层位，或靠近地磁极性年代 C6An 带的顶部，磁异常校正年龄为 20.44 Ma。

2. 我国该界线的情况

中国的山旺阶与波尔多阶相对应。山旺期最初被定义为与欧洲的奥尔良期（Orleanian）相当。奥尔良期的下限与国际地层年表中的波尔多阶的底界一致（Steininger, 1999），而后者的候选"金钉子"的定义是靠近磁性地层学 Chron C6An 的顶部，年龄为 20.44 Ma（Hilgen et al., 2012），因此山旺阶的底界年龄也应为 20.44 Ma。过去对山旺期的定义中都没有明确指出其下限的生物标志，而只是笼统地叙述了整个期内的哺乳动物演化特征。欧洲奥尔良期的下限是以安琪马（*Anchitherium*）的首次出现事件为标志的，与此类比，中国山旺期的下限或山旺阶的底界也以安琪马的首次出现为生物标志。由于地层缺失，山旺组的底部年龄为 18 Ma（He 等，2011），与其下伏的牛山组之间存在沉积间断。因此，在山旺剖面上并不存在山旺阶的底界（邓涛等，

2003）。甘肃临夏盆地和内蒙古中部地区有下中新统沉积出露，并有山旺阶最底部的化石和适合于古地磁分析的沉积物，因此，是有可能建立山旺阶底界界线层型的有利地点（Wang et al,2009；Deng et al.，2013）。

临夏盆地的广河大浪沟剖面产有豕脊齿象（*Choerolophodon guangheensis*）化石，其古地磁年龄约为 20 Ma，可能是中国最早出现的长鼻类化石，可以作为山旺阶的底界生物标志（Wang & Deng，2011）。内蒙古苏尼特左旗敖尔班剖面的下敖尔班动物群，其古地磁年龄为 20—20.3 Ma，非常接近定义的山旺阶底界。动物群中首次出现的啮齿类阿特拉旱松鼠属（*Atlantoxerus*）、中新睡鼠属（*Miodyromys*）、凯拉鼠属（*Keramidomys*）和卢瓦鼠属（*Ligerimys*）（Qiu et al，2013），也可以作为底界的生物标志。

山旺阶的哺乳动物演化特征表现为：从渐新世残留下来的大部分科已经或几乎绝迹，现生的科或亚科开始出现，如鼯鼠亚科（Petauristinae）、熊科（Ursidae）、长颈鹿科（Giraffidae）和鹿科（Cervidae）等。大量新属出现于山旺期，如食虫目的中新猬属（*Mioechinus*），兔形目的跳兔属（*Alloptox*），啮齿目的半圆鼠属（*Ansomys*）、原双柱鼠属（*Prodistylomys*）、双柱鼠属（*Distylomys*）、中新睡鼠属（*Miodyromys*）、凯拉鼠属（*Keramidomys*）、硅藻鼠属（*Diatomys*）、别齿始鼠属（*Apeomys*）、小齿鼠属（*Leptodontomys*）、原跳鼠属（*Protalactaga*）和巨尖古仓鼠属（*Megacricetodon*），食肉目的犬熊属（*Amphicyon*）、毛半熊属（*Phoberocyon*）、安卢熊属（*Ballusia*）、半獴属（*Semigenetta*）和假猫属（*Pseudaelurus*），长鼻目的铲齿象属（*Platybelodon*）和脊棱齿象属（*Stegolophodon*），奇蹄目的安琪马属（*Anchitherium*）和近无角犀属（*Plesiaceratherium*），偶蹄目的猪兽属（*Hyotherium*）、卢瓦鹿属（*Ligeromeryx*）、古鼷鹿属（*Dorcatherium*）、中华鼷鹿属（*Sinomeryx*）和土耳其羚属（*Turcocerus*）等。另有一些属在山旺期末次出现，如食虫目的双猬属（*Amphechinus*）和后短面猬属（*Metexallerix*），啮齿目的原双柱鼠属（*Prodistylomys*）、卢瓦鼠属（*Ligerimys*）、亚洲始鼠属（*Asianeomys*）、近蹶鼠属（*Plesiosminthus*）、简齿鼠属（*Litodonomys*）和古仓鼠属（*Cricetodon*），奇蹄目的对鼻角犀属（*Diaceratherium*）（Qiu et al.，2013）。因此，山旺期哺乳动物在演化上已经进入了的一个崭新时期。然而，这一时期的哺乳动物几乎所有的属都未能延续至今，可以认为山旺期仅仅是哺乳动物现代化的一个开启时期（童永生等，1995）。

二、兰盖阶底界

1. 研究现状

兰盖阶的阶名源于意大利北部地名兰盖（Langhe），其底界的"金钉子"目前尚未最后确定。

潜在的剖面包括大洋钻探计划 154 航次中含有天文调谐旋回的岩芯剖面，以及意大利北部拉维多瓦（La Vedova）海滩剖面和马耳他圣彼得海湾（St. Peter's Pool）剖面。兰盖阶的底界倾向于位于地磁极性年代 C5Cn.1n 带的顶部，接近于浮游有孔虫球状前球虫（*Praeorbulina glomerosa*）的首次出现层位，磁异常校正年龄为 15.97 Ma（Lourens et al.，2004）。

兰盖阶最早是由 Pareto（1865）提出，主要根据出露于意大利兰盖地区中部皮德蒙特盆地（Piedmont Basin）波米达山谷（Bormida valley）的一套泥灰岩—砂质沉积序列。Mayer–Eymar（1868）将上述兰盖阶地层局限于上部的泥灰岩，即含翼足类泥灰岩。浮游有孔虫研究表明，球状前球虫和缝线球虫（*Orbulina suturalis*）分别首次出现于兰盖统的底部和上部（Blow，1969）。鉴于该剖面下部存在陆相和浊积沉积物，因此不适合用于确定兰盖阶的"金钉子"（Hilgen et al.，2012）。

在意大利拉维多瓦海滩剖面和马耳他圣彼得海湾剖面，曾分别开展了高分辨率的磁性地层学和浮游钙质生物地层学研究（Foresi et al.，2011；Turco et al.，2011a）。研究表明，拉维多瓦剖面地磁极性 C5Cn.1n 带顶部的反转边界位于 Montanari 等（1997）标记的巨型层中，然而浮游有孔虫球状前球虫的首次出现层位要高得多，接近于地磁极性 C5Bn.2n/C5 界线附件（Turco et al.，2011b）。因此，他们认为地磁极性年代 C5Cn.1n 带的顶部是确定兰盖阶的底界最佳标准，与其相近的生物事件为钙质超微化石——扩大螺旋石藻的末次普遍出现，但这只在地中海地区有效，并不适用于低纬度的开阔海域（Turco et al.，2011a）。另外，该剖面还拥有详细的旋回地层学和天文调谐年龄（Hüsing et al.，2009）。

位于马耳他东海岸的圣彼得海湾剖面，是另一个可用于定义兰盖阶底界的候选剖面（Foresi et al. 2011）。这一深海沉积包含很好的钙质浮游生物地层序列，可以与拉维多瓦剖面直接对比（Iaccarino et al.，2011）。一个初步的天文调谐和天体生物学年代学也已建立（Lirer et al.，2009）。此外，该剖面易于抵达，见有浮游有孔虫球状前球虫的首次出现（Rio et al.，1997）、地磁极性 C5Cn.1n 带的顶部（Lourens et al.，2004），且建立有详细的旋回地层学和天文调谐年龄（Hüsing et al.，2009）。唯一遗憾的是磁性地层学的质量较差（Mazzei et al.，2009；Foresi et al.，2011；Iaccarino et al.，2011）。

根据上述研究结果，具体选择哪个剖面，以及哪些标准最为适合定义兰盖阶的"金钉子"，还有待商定。两个备选剖面各有所长，可以相互补充，其中拉维多瓦剖面具有更高质量的磁层地层学数据，而圣彼得海湾剖面则拥有保存完整的钙质浮游生物，在生物地层学和稳定同位素研究方面具有优势。

2. 我国该界线的情况

中国的通古尔阶涵盖了兰盖阶和塞拉瓦莱阶，因此通古尔阶的下界与兰盖阶的相对应。李传夒等（1984）以通古尔动物群为代表建立了中中新世的通古尔期，大致相当于欧洲陆生哺乳动物分期的阿斯塔拉期（Astaracian）（Steininger，1999）。1999 年第二届全国地层委员会正式提出建立"通古尔阶"的年代地层单位，其时限与中国陆生哺乳动物分期的通古尔期对应。但是，通古尔阶的底界与国际地层表中的阶并不一致，因此，Qiu 等（2013）认为通古尔阶的底界应该下移，可以宁夏同心地区的丁家二沟动物群或甘肃临夏盆地的石那奴动物群为依据，从而与海相的兰盖阶底界一致，即古地磁 C5Cn.1n 的年龄为 15.97 Ma。

通古尔阶的层型剖面位于通古尔台地东南缘的推饶木，该地点只有通古尔组出露，未见下伏地层，其上被第四纪的黄色砂砾掩盖，剖面厚 35.6 m。推饶木剖面的沉积序列清楚，岩性由上部的红色泥岩、中部的河道砂岩和下部的红色泥岩组成。上红泥岩颜色较浅，偏向橘黄色，含有较多由古土壤形成的彩色条带；下红泥岩颜色较深，岩性均一，缺乏水平条带。通古尔阶底界的定义，若以古地磁反向极性带 C5Bn.1r 的底部为标志，其年龄为 15.0 Ma，以戈壁跳兔（*Alloptox gobiensis*）和葛氏铲齿象（*Platybelodon grangeri*）的首次出现为其生物标志。这条界线位于剖面下部泥岩的连续沉积中，距中部砂岩的底面 7.6 m 处（图 12-4-1）。

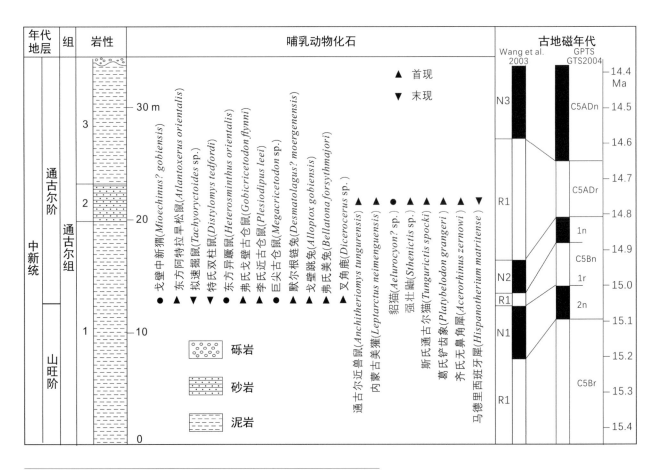

图 12-4-1 内蒙古通古尔推饶木剖面综合地层柱状图（据 Deng et al.，2007 修改）

在国内，与通古尔阶大致同期的岩石地层单位有：内蒙古东、中部的通古尔组，甘肃永登、青海西宁地区的咸水河组，河北燕山地区的九龙口组，秦岭—渭河地区的寇家村组和冷水沟组，滇东地区的小龙潭组，湖北房县地区的沙坪组，江苏六合地区的六合组，甘肃临夏盆地的虎家梁组，甘肃党河地区的铁匠沟组，宁夏同心地区的彰恩堡组，新疆准噶尔盆地北缘的可可买登组和哈拉玛盖组等（Deng et al., 2007）。

致谢：

感谢邓涛研究员和张元动研究员对全文的审核，提出修改意见，并提供相关图件。本章节工作得到中国科学战略性先导科技专项（B 类）（任务编号：XDB26000000）和国家自然科学基金（No. 41771219）的共同资助。

参考文献

邓涛. 1995. 新生代陆桥的动物迁移与气候变化. 大自然探索, 14: 76-80.

邓涛, 侯素宽. 2011. 中国陆相上新统麻则沟阶. 地层学杂志, 35: 237-249.

邓涛, 王伟铭, 岳乐平. 2003. 中国新近系山旺阶建阶研究新进展. 古脊椎动物学报, 41(4): 314-323.

邓涛, 王伟铭, 岳乐平, 张云翔. 2004. 新近系保德阶建阶研究新进展. 地层学杂志, 28(1): 41-47.

邓涛, 侯素宽, 王宁, 卢小康, 李刈昆, 李雨. 2015a. 西藏聂拉木达涕盆地晚中新世的三趾马化石及其古生态和古高度意义. 第四纪研究, 35: 493-501.

邓涛, 侯素宽, 史勤勤. 2015b. 中国陆相上中新统灞河阶底界层型的选择. 地球学报, 36(5): 523-532.

邓涛, 侯素宽, 王世骐. 2019. 中国新近纪综合地层和时间框架. 中国科学 (地球科学), 49(1): 315-329.

邓涛, 侯素宽, 王太明, 穆永清. 2010. 中国陆相上新统高庄阶. 地层学杂志, 34: 225-240.

李传夔, 吴文裕, 邱铸鼎. 1984. 中国陆相新第三系的初步划分与对比. 古脊椎动物学报, 22(3): 163-178.

李江海, 刘持恒, 陶崇智. 2019. 全球中、新生代大地构造特征及其演化框架—《全球中、新生代大地构造图》编图研究进展. 地质论评, 65(4): 782-793.

罗增智, 肖松, 王立新. 2007. 古生物地史学. 北京: 地质出版社, 1-187.

孟津, 叶捷, 吴文裕, 岳乐平, 倪喜军. 2006. 准噶尔盆地北缘谢家阶底界—推荐界线层型及其生物年代地层和环境演变意义. 古脊椎动物学报, 44(3): 205-236.

全国地层委员会. 2001. 中国地层指南及中国地层指南说明书 (修订版). 北京: 地质出版社, 1-59.

全国地层委员会. 2001. 中国区域年代地层 (地质年代) 表 (I, II). 地层学杂志, 25 (增刊): 359.

全国地层委员会. 2002. 中国区域年代地层 (地质年代) 表说明书. 北京: 地质出版社, 12-15.

邱占祥, 邱铸鼎. 1990. 中国晚第三纪地方哺乳动物的排序及其分期. 地层学杂志, 14(4): 241-260.

邱占祥, 黄为龙, 郭志慧. 1987. 中国的三趾马化石. 中国古生物志, 新丙种, 25: 1-250.

童永生, 郑绍华, 邱铸鼎. 1995. 中国新生代哺乳动物分期. 古脊椎动物学报, 33(4): 290-314.

王伟铭, 陈炜, 舒军武. 2006. 中国新生代典型旱生被子植物的演化与发展 // 戎嘉余 (主编). 生物的起源、辐射与多样性演变——华夏化石记录的启示. 北京: 科学出版社, 769-781

张兆群, 邓涛, 邱铸鼎. 2006. 中国新近纪哺乳动物的演化规律 // 戎嘉余 (主编). 生物的起源、辐射与多样性演变—华夏化石记录的启示. 北京: 科学出版社, 757-768.

郑家坚, 何希贤, 刘淑文, 李芝君, 黄学诗, 陈冠芳, 邱铸鼎. 1999. 中国地层典 第三系. 北京: 地质出版社, 1-163.

An, Z.S., John, E.K., Warren, L.P., Stephen, C.P. 2001. Evolution of Asian monsoons and phased uplift of the Himalaya Tibetan plateau since Late Miocene times. Nature, 411 (6833): 62-66.

Abels, H.A., Hilgen, F.J., Krijgsman, W., Kruk, R.W., Raffi, I., Turco, E., Zachariasse, W.J. 2005. Long-period orbital control on middle Miocene global cooling: Integrated stratigraphy and astronomical tuning of the Blue Clay Formation on Malta. Paleoceanography, 20: PA4012.

Backman, J., Raffi, I. 1997. Calibration of Miocene nannofossil events to orbitally-tuned cyclostratigraphies from Ceara Rise. Proceedings of the Ocean Drilling Program, Scientific Results, 154: 83-99.

Barbieri, F. 1967. The Foraminifera in the Pliocene section Vernasca-Castell'Arquato including the "Piacenzian Stratotype". Soc. It. Sc. Nat. Mus. Civ. Sc. Nat. Milano, Mem., 15: 145-163.

Barrett, P. 2003. Cooling a continent. Nature, 431: 221-223.

Benton, M.J. 2005. Vertebrate palaeontology. Oxford: Blackwell Publishing, 288-362.

Berggren, W.A., Van Couvering, J.A. 1974. The late neogene: Biostratigraphy, geochronology and paleoclimatology of the last 15 million years in marine and continental sequences. Palaeogeography, Palaeoclimatology, Palaeoecology, 16: 1-216.

Berggren, W.A., Kent, D.V., Van Couvering, J.A. 1985. The Neogene, Part 2. Neogene geochronology and chronostratigraphy. Geological Society of London Memoir, 10: 211-260.

Berggren, W.A., Hilgen, F.J., Langereis, C.G., Kent, D.V., Obradovich, J.D., Raffi, I., Raymo, M.E., Shackleton, N.J. 1995a. Late Neogene chronology: new perspectives in high resolution stratigraphy. Geological Society of America Bulletin, 107: 1272-1287.

Berggren, W.A., Kent, D.V., Swisher III, C.C., Aubry, M.P. 1995b. A revised Cenozoic geochronology and chronostratigraphy. SEPM Special Publication, 54: 129-212.

Billups, K., Pälike, H., Channell, J.E.T., Zachos, J.C., Shackleton, N.J. 2004. Astronomic calibration of the late Oligocene through early Miocene geomagnetic polarity time scale. Earth and Planetary Science Letters, 224: 33-44.

Blow, W.H. 1969. Late middle Eocene to Recent planktonic foraminiferal biostratigraphy//Bronniman, P., Renz, H.H. (eds.). Proceedings of the First International Conference on Planktonic Microfossils, Brill Archive, 1: 199-422.

Brolsma, M.J. 1978. Quantitative foraminiferal analysis and environmental interpretation of the Pliocene and topmost Miocene on the South coast of Sicily. Utrecht Micropaleont. Bull., 18: 1-159.

Cande, S.C., Kent, D.V. 1992. A new geomagnetic polarity time scale for the late Cretaceous and Cenozoic. Journal of Geophysical Research, 97: 13917-13951.

Cande, S.C., Kent, D.V. 1995. Revised calibration of the Geomagnetic Polarity Time Scale for the Late Cretaceous and Cenozoic. Journal of Geophysical Research, 100: 6093-6095.

Castradori, D., Rio, D. Hilgen, F.J., Lourens, L.J. 1998. The Global Standard tratotype-section and Point (GSSP) of the Piacenzian Stage (Middle Pliocene). Episodes, 21: 88-93.

Chiu, C.S., Li, C.K., Chiu, C.T. 1979. The Chinese Neogene: a preliminary review of the mammalian localities and faunas. Annalles Géologie des Pays Helleniques, Tome hors series, 1: 263-272.

Cita, M.B., Gartner, S. 1973. Studi sul Pliocene e gli strati di passagio dal Miocene al Pliocene, IV. The stratotype Zanclean foraminiferal and nannofossil biostratigraphy. Rivista Italiana di Paleontologia e Stratigraphia, 79: 503-558.

Colalongo, M.L., di Grande, A., D'Onofrio, S., Giannelli, L., Iaccarino, S., Mazzei, R., Poppi Brigatti, M.F., Romeo, M., Rossi,

A., Salvatorini, G. 1979. A proposal for the Tortonian/Messinian boundary. Ann. Géol. Pays Hellén, Tome hors série, 1: 285-294.

Deng, T. 2005. New cranial material of *Shansirhinus* (Rhinocerotidae, Perissodactyla) from the Lower Pliocene of the Linxia Basin in Gansu, China. Geobios, 38: 301-313.

Deng, T., Hou, S.K., Wang, H.J. 2007. The Tunggurian Stage of the continental Miocene in China. Acta Geologica Sinica, 81(5): 709-721.

Deng, T., Qiu, Z.X., Wang, B.Y., Wang, X.M., Hou, S.K. 2013. Late Cenozoic biostratigraphy of the Linxia Basin, northwestern China// Wang, X.M., Flynn, L.J., Fortelius M. (eds.). Fossil Mammals of Asia: Neogene Biostratigraphy and Chronology. New York: Columbia University Press, 243-273.

Driever, B.W.M. 1988. Calcareous nannofossil biostratigraphy and paleoenvironmental interpretation of the Mediterranean Pliocene. Utrecht Micropaleontal. Bull., 36: 1-245.

Flower, B.P., Kennett, J.P. 1993. Middle Miocene ocean-climate transition: High-resolution oxygen and carbon isotopic records from Deep Sea Drilling Project Site 588A, southwest Pacific. Paleoceanography, 8: 811-843.

Flynn, L.J., Wu, W., Downs III, W. R. 1997. Dating vertebrate microfaunas in the late Neogene record of Northern China. Palaeogeography, Palaeoclimatology, Palaeoecology, 133: 227-242.

Foresi, L.M., Verducci, M., Baldassini, N., Lirer, F., Mazzei, R., Salvatorini, G., Ferraro, L., Da Prato, S. 2011. Integrated stratigraphy of St. Peter's Pool section (Malta): New age for the Upper Globigerina limestone Member and progress towards the Langhian GSSP. Stratigraphy, 8: 125-143.

Fornaciari, E., Rio, D. 1996. Latest Oligocene to early Middle Miocene quantitative calcareous nannofossil biostratigraphy in the Mediterranean region. Micropaleontology, 42: 1-36.

Frakes, L.A. 1979. Climates Throughout Geologic Time. Amsterdam, Oxford, New York: Elsevier Scientific Publishing Company, 1–310.

Gianotti, A. 1953. Microfaune della serie tortoniana del Rio Mazzapiedi-Catellania (Tortona - Alessandria). Rivista Italiana di Paleontologia e Stratigrafia, Memoir, 6: 167-308.

Gino, G.F. 1953. Osservazioni geologiche sui dintorni di S. Agata Fossili. Rivista Italiana di Paleontologia e Stratigrafia, Memoir, 6: 1-23.

Haq, B.U., Hardenbol, J., Vail, P.R. 1987. Chronology of fluctuating sea levels since the Triassic. Science, 235: 1156-1167.

Hilgen, F.J. 1991a. Astronomical calibration of Gauss to Matuyama sapropels in the Mediterranean and implication for the Geomagnetic Polarity Time Scale. Earth and Planetary Science Letters, 104: 226-244.

Hilgen, F.J. 1991b. Extension of the astronomically calibrated (polarity) time scale to the Miocene/Pliocene boundary. Earth and Planetary Science Letters, 107: 349-368.

Hilgen, F.J., Langereis, C.G. 1993. A critical evaluation of the Miocene/Pliocene boundary as defined in the Mediterranean. Earth and Planetary Science Letters, 118: 167-179.

Hilgen, F.J., Iaccarino, S., Krijgsman, W., Villa, G., Langereis, C.G., Zachariasse, W.J. 2000. The Global Boundary Stratotype Section and Point (GSSP) of the Messinian Stage (uppermost Miocene). Episodes, 23: 172-178.

Hilgen, F.J., Abdul Aziz, H., Krijgsman, W., Raffi, I., Turco, E. 2003. Integrated stratigraphy and astronomical tuning of the Serravallian and lower Tortonian at Monte dei Corvi (Middle-Upper Miocene, northern Italy). Palaeogeography, Palaeoclimatology, Palaeoecology, 199: 229-264.

Hilgen, F.J., Aziz, H. A., Bice, D. 2005. The Global boundary Stratotype Section and Point (GSSP) of the Tortonian Stage (Upper Miocene) at Monte Dei Corvi. Episodes, 28(1): 6-17.

Hilgen, F.J., Abdul, Aziz, H., Bice, D., Iaccarino, S., Krijgsman, W., Kuiper, K., Montanari, A., Raffi, I., Turco, E., Zachariasse, W.J. 2005. The Global Boundary Stratotype Section and Point (GSSP) of the Tortonian Stage (Upper Miocene) at Monte dei Corvi. Episodes, 28: 6-17.

Hilgen, F.J., Abels, H., Iaccarino, S., Krijgsman, W., Raffi, I., Sprovieri, R., Turco, E., Zachariasse, W.J. 2006. The Global Stratotype Section and Point (GSSP) of the Serravallian Stage (Middle Miocene): a proposal.

Hilgen, F.J., Abels, H.A., Iaccarino, S. 2009. The Global Stratotype Section and Point (GSSP) of the Serravallian Stage (Middle Miocene). Episodes, 32(3): 152-166.

Hilgen, F.J., Lourens, L.J., Van Dam, J.A. 2012. The Neogene Period. In: The Geological Time Scale 2012. Amsterdam, Oxford, New York: Elsevier Scientific Publishing Company, 923-978.

Holbourn, A., Kuhnt, W., Schulz, M., Erlenkeuser, H. 2005. Impacts of orbital forcing and atmospheric carbon dioxide on Miocene ice-sheet expansion. Nature, 438: 483-487.

Hüsing, S.K., Kuiper, K.F., Link, W., Hilgen, F.J., Krijgsman, W. 2009. The upper Tortonian-lower Messinian at Monte dei Corvi (northern Apennines, Italy): Completing a Mediterranean reference section for the Tortonian Stage. Earth and Planetary Science Letters, 282: 140-157.

Iaccarino, S.M., Di Stefano, A., Foresi, L.M., Turco, E., Baldassini, N., Cascella, A., Da Prato, S., Ferraro, L., Gennari, R., Hilgen, F.J., Lirer, F., Maniscaldo, R., Mazzei, R., Riforgiato, F., Russo, B., Sagnotti, L., Salvatorini, G., Speranza, F., Verducci, M. 2011. High-resolution integrated stratigraphy of the Mediterranean early-middle Miocene: comparison with the Langhian historical stratotype and new perspectives for the GSSP. Stratigraphy, 8: 199-215.

Kuiper, K. 2003. Direct intercalibration of radioisotopic and astronomical time in the Mediterranean Neogene. Geologica Ultraiectina, 235: 1-223.

Kuiper, K., Hilgen, F.J., Wijbrans, J.R. 2005. Radioisotopic dating of the Tortonian GSSP: implications for intercalibration of ^{40}Ar/^{39}Ar and astronomical dating methods. Terra Nova, 17: 385-398.

Langereis, C.G., and Hilgen, F.J. 1991. The Rossello composite: a Mediterranean and global reference section for the early to early late Pliocene. Earth and Planetary Science Letters, 104: 211-225.

Lear, C.H., Elderfield, H., Wilson, P.A. 2000. Cenozoic deep-sea temperature and global ice volumes from mg/ka in benthic foraminiferal calcite. Science, 287: 269-272

Lirer, F., Di Stefano, A., Foresi, L.M., Turco, E., Iaccarino, S.M., Mazzei, R., Salvatorini, G., Baldassini, N., Da Prato, S., Verducci, M., Sprovieri, M., Pelosi, N., Vallefuoco, M., Angelino, A., Ferraro, L. 2009. Towards the Langhian astro-biochronology of Mediterranean deep marine records. 13th RCMNS conference Naples, Abstract volume, 20-21.

Lourens, L.J., Hilgen, F.J., Raffi, I., Vergnaud-Grazzini, C. 1996. Early Pliocene chronology of the Vrica section (Calabria, Italy). Paleoceanography, 11: 797-812.

Lourens, L.J., Hilgen, F.J., Laskar, J., Shackleton, N.J., Wilson, D. 2004. The Neogene Period//Gradstein, F.M., Ogg, J.G., Smith, A.G. (eds). A Geologic Time Scale 2004. Cambridge: Cambridge University Press, 409-440.

Martini, E. 1971. Standard Tertiary and Quaternary calcareous nannoplankton zonation. Proceedings of II Planktonic Conference, Roma 1970, 2: 739-785.

Mayer-Eymar, K. 1858. Versuch einer neuen Klassification der Tertiär gebilde Europa's, Verhandl. der Allgemeinen Schweiz. Ges. f. gesammt. Naturwissensch., Trogen, 165-199.

Mayer-Eymar, K. 1867. Catalogue systématique et descriptif des fossiles des terrains tertiaires qui se trouvent du Musée fédéral de Zürich, Zürich.

Mayer-Eymar, K. 1868. Tableau Synchronistique des Terrains Tertiaires Supe´rieurs, fourth ed. Autographie H. Manz, Zürich.

Mazzei, R., Baldassini, N., Da Prato, S., Foresi, L.M., Lirer, F., Salvatorini, G., Verducci, M., Sprovieri, M. 2009. The St. Peter's Pool section in the Malta Island. Work in progress on the Langhian GSSP. 13th RCMNS conference Naples, Abstract volume, 22-23.

Miller, K.G., Mountain, G.S. 1996. the Leg 150 Shipboard Party Members of the New Jersey Coastal Plain Drilling Project,. Drilling and dating New Jersey Oligocene-Miocene sequences: Ice volume, global sea level, and Exxon records. Science, 271: 1092-1095.

Miller, K.G., Wright, J.D., Fairbanks, R.G. 1991. Unlocking the Ice House: Oligocene-Miocene oxygen isotopes, eustacy and marginal erosion. Journal of Geophysical Research, 96: 6829-6848.

Montanari, A., Beaudoin, B., Chan, L.S., Coccioni, R., Deino, A., De Paolo, D.J., Emmanuel, L., Fornaciari, E., Kruge, M., Lundblad, S., Mozzato, C., Portier, E., Renard, M., Rio, D., Sandroni, P., Stankiewicz, A. 1997. Integrated stratigraphy of the Middle and Upper Miocene pelagic sequence of the Co`nero Riviera (Marche region, Italy). Developments in Palaeontology and Stratigraphy, 15: 409-450.

Meng, J., Ye, J., Wu, W. Y., Ni, X. J., Bi, S.D. 2013. A single-point base definition of the Xiejian Age as an exemplar for refining Chinese land mammal ages//Wang, X.M., Flynn, L.J., Fortelius, M. (eds). Fossil Mammals of Asia: Neogene Biostratigraphy and Chronology. New York: Columbia University Press, 124-141.

Negri, A., Giunta, S., Hilgen, F., Krijgsman W., Vai, G.B. 1999. Calcareous nannofossil biostratigraphy of the Monte del Casino section (northern Apennines, Italy) and paleoceanographic consideration on the origin of the late Miocene sapropels. Marine Micropaleonttology, 36: 13-30.

Okada, H. and Bukry, D. 1980. Supplementary modification and introduction of code numbers to the low-latitude coccolith biostratigraphic zonation (Bukry, 1973; 1975). Marine Micropaleonttology, 51: 321-325.

Pälike, H., Lyle, M.W., Ahagon, N., Raffi, I., Gamage, K., Zarikian, C.A. 2008. Pacific equatorial age transect. Integrated Ocean Drilling Program Scientific Prospectus, 320-321.

Pareto, M. 1965. Sur les subdivisions que l'on pourrait établir dand les terraines Tertiaires de l'Apennin septentrional. Bulletin de la Société Géologique de France, 22: 210-277.

Qiu, Z.X. 1989. The Chinese Neogene mammalian biochronology: its correlation with the European Neogene mammalian zonation. NATO ASI Series A, 180: 527-556.

Qiu, Z.X., Qiu, Z.D. 1995. Chronological sequence and subdivision of Chinese Neogene mammalian faunas. Palaeogeography, Palaeoclimatology, Palaeoecology, 116: 41-70.

Qiu, Z.X., Wu, W.Y., Qiu, Z.D. 1999. Miocene mammal faunal sequence of China: palaeozoogeography and Eurasian relationships// Rossner, G. E., Heissig, K. (eds). The Miocene Land Mammals of Europe. Munchen: Verlag Dr. Friedrich Pfeil, 443-455.

Qiu, Z.X., Qiu, Z.D., Deng, T., Li, C.K., Zhang, Z.Q., Wang, B.Y., Wang, X.M. 2013. Neogene land mammal stages/ages of China: Toward the goal to establish an Asian land mammal stage/age scheme//Wang, X.M., Flynn L.J., Fortelius, M. (eds.). Fossil Mammals of Asia: Neogene Biostratigraphy and Chronology. New York: Columbia University Press, 29-90

Raffi, I. 1999. Precision and accuracy of nannofossil biostratigraphic correlation. Philosophical Transactions of the Royal Society, 357: 1975-1993.

Raffi, S., Rio, D., Sprovieri, R., Valleri, G., Monegatti, P., Raffi, I., Barrier, P. 1989. New stratigraphic data on the Piacenzian stratotype. Bollettino della Società Paleontologica Italiana, 108: 183-196.

Raffi, I., Rio, D., d'Atri, A., Fornaciari, E., Rocchetti, S. 1995. Quantitative distribution patterns and biomagnetostratigraphy of Middle to Late Miocene calcareous nannofossils from equatorial Indian and Pacific Oceans (Legs 115, 130, and 138). Proceedings ODP, Science Results, 138: 479-502.

Raffi, I., Mozzato, C.A., Fornaciari, E., Hilgen, F.J., Rio, D. 2003. Late Miocene calcareous nannofossil biostratigraphy and astrobiochronology for the Mediterranean region. Micropaleontology, 49: 1-26.

Raffi, I., Wade, B.S., Pälike, H. 2020. The Neogene Period//Gradstein, F.M., Ogg, J.G., Schmitz, M.D., Ogg G.M. (eds.). Geologic Time Scale 2020. Amsterdam: Elsevier, 1141-1215.

Rio, D., Sprovieri R., Raffi, I. 1984. Calcareous plankton biostratigraphy and biochronology of the Pliocene-Lower Pleistocene succession of the Capo Rossello area, Sicily. Marine Micropaleontology, 9: 135-180.

Rio, D., Sprovieri R., Raffi, I., Valleri, G. 1988. Biostratigrafia e paleoecologia della sezione stratotipica del Piacenziano. Bollettino della Società Paleontologica Italiana, 27: 213-238.

Rio, D., Cita, M.B., Iaccarino, S., Gelati, R., and Gnaccolini, M. 1997. Langhian, Serravallian, and Tortonian historical stratotypes. Developments in Palaeontology and Stratigraphy, 15: 57-87.

Scotese, C.R., Gahagan, L.M., Larson, R.L. 1988. Plate tectonic reconstructions of the Cretaceous and Cenozoic ocean basins. Tectonophysics, 155: 261-283.

Selli, R. 1960. Il Messiniano Mayer-Eymar 1867. Proposta di un neostratotipo. Giorn. Geol., 28: 1-34.

Shackleton, N.J., Hall, M.A., Raffi, I., Tauxe, L., Zachos, J.C. 2000. Astronomical calibration age for the Oligocene-Miocene boundary. Geology, 28: 447-450.

Sierro, F.J., Flores, J.A., Civis, J., Gonzalez Delgado, J.A., Frances,

G. 1993. Late Miocene globorotaliid event-stratigraphy and biogeography in the NE-Atlantic and Mediterranean. Marine Micropaleontology, 21: 143-168.

Sprovieri, R., Barone, G. 1982. I foraminiferi bentonici della sezione pliocenica di Punta Piccola (Agrigento). Geologica Romana, 1: 677-686.

Steininger, F.F. 1999. Chronostratigraphy, geochronology and biochronology of the Miocene"European Land Mammal Mega-Zones" (ELMMZ) and the Miocene "Mammal-Zones (MN-Zones)"// Rössner, G.E., Heissig, K. (eds.). The Miocene Land Mammals of Europe. München: Verlag Dr. Friedrich Pfeil, 9-24.

Steininger, F.F., Berggren, W.A., Kent, D.V., Bernor, R.L., Sen, S., Agusti, J. 1996. Circum-Mediterranean Neogene (Miocene and Pliocene) marine-continental chronologic correlation of European mammal units//Bernor, R.L., Fahlbusch, V., Mittmamm, H.W. (eds). The Evolution of Western Eurasian Neogene Mammal Faunas. New York: Columbia University Press, 7-46.

Steininger, F.F., Aubry, M.P., Berggren, W.A., Biolzi, M., Borsetti, A.M., Cartlidge, J.E., Cati, F., Corfield, R., Gelati, R., Iaccarino, S., Napoleone, C., Ottner, F., Rögl, F., Roetzel R., Spezzaferri, S., Tateo, F., Villa, G., Zevenboom, D. 1997. The Global Stratotype Section and Point (GSSP) for the base of the Neogene. Episodes, 20(1): 23-28.

Tedford, R.H., Qiu, Z.X., Flynn, L.J. 2013. Late Cenozoic Yushe Basin, Shanxi Province, China: Geology and Fossil Mammals. Dordrecht: Springer, 1-109.

Teilhard de Chardin, P., Young, C.C. 1933. The Late Cenozoic formations of S.E. Shansi. Bulletin of the Geological Society of China, 12: 207-248.

Tjalsma, R.C. 1971. Stratigraphy and foraminifera of the Neogene of the Eastern Quadalquivir basin, S. Spain. Utrecht Micropaleontological Bulletins, 5: 1- 109.

Turco, E., Cascella, A., Gennari, R., Hilgen, F.J., Iaccarino, S.M., Sagnotti, L. 2011a. Integrated stratigraphy of the La Vedova section (Conero Riviera, Italy) and implications for the Langhian GSSP. Stratigraphy, 8: 89-110.

Turco, E., Iaccarino, S.M., Foresi, L., Salvatorini, G., Riforgiato, F., Verducci, M. 2011b. Revisiting the taxonomy of the intermediate stages in the Globigerinoides —Praeorbulina lineage. Stratigraphy, 8: 163-187

Vai, G.B. 1997. Twisting or stable Quaternary boundary? A perspective on the glacial Late Pliocene concepts. Quaternary International, 40: 11-22.

Van Couvering, J.A., Castradori, D., Cita, M.B., Hilgen, F.J., Rio, D. 1998. Global Standard Stratotype-section and Point (GSSP) for the Zanclean Stage and Pliocene Series. Neogene Newsletter, 5: 22-54.

Van Couvering, J.A., Castradori, D., Cita, M.B., Hilgen, F.J., Rio, D. 2000. The base of the Zanclean Stage and of the Pliocene Series. Episodes, 23: 179-186.

Van der Meulen, A.J., Peláez-Campomanes, P., Levin, S.A. 2005. Age structure, residents, and transients of Miocene rodent communities. The American Naturalist, 165: E108-E125.

Van Dam, J.A., Abdul Aziz, H., Álvarez Sierra, M.A., Hilgen, F.J., van den Hoek Ostende, L.W., Lourens, L., Mein, P., van der Meulen, A.J., Pelaez-Campomanes, P. 2006. Long-period astronomical forcing of mammal turnover. Nature, 443, 687-691.

Vervloet, C.C. 1966. Stratigraphical and micropaleontological data on the Tertiary of southern Piemont (northern Italy). Utrecht: Schotanus, 1- 88.

Wang, X.M., Qiu, Z.D., Li, Q., Tomida, Y., Kimura, Y., Tseng, Z.J., Wang, H.J. 2009. A new Early to Late Miocene fossiliferous region in central Nei Mongol: Lithostratigraphy and biostratigraphy in Aoerban strata. Vert PalAsiat, 47: 111-134.

Woodruff, F., Savin, S.M. 1991. Mid-Miocene isotope stratigraphy in the deep sea: High-resolution correlations, paleoclimatic cycles, and sediment preservation. Paleoceanography, 6: 755-806.

Zachos, J.C., Pagani, M., Sloan, L., Thoms, E., Billups, K. 2001. Trends, Rhythms and aberrations in global climate 65 ma to present. Science, 292: 686-693

Zachariasse, W.J., Zijderveld, J.D.A., Langereis, C.G., Hilgen, F.J., Verhallen, P.J.J.M. 1989. Early Late Pliocene biochronology and surface water temperature variations in the Mediterranean. Marine Micropaleontology, 14: 339-355.

Zachariasse, W.J., Gudjonsson, L., Hilgen, F.J., Langereis, C.G., Lourens, I.J., Verhallen, P.J.J.M., Zijderveld, J.D.A. 1990. Late Gausse to early Matuyama invasions of Neogloboquadrina atlantica in the Mediterranean and associated record of climatic change. Paleoceanography, 5: 239-252.

Zijderveld, J.D.A., Hilgen, F.J., Langereis, C.G., Verhallen, P.J.J.M., Zachariasse, W.J. 1991. Integrated magnetostratigraphy and biostratigraphy of the upper Pliocene-lower Pleistocene from the Monte Singa and Crotone areas in Calabria (Italy). Earth and Planetary Science Letters, 107: 697-714.

第十二章著者名单

王伟铭 现代古生物学和地层学国家重点实验室（中国科学院南京地质古生物研究所）。
wmwang@nigpas.ac.cn

舒军武 现代古生物学和地层学国家重点实验室（中国科学院南京地质古生物研究所）；
中国科学院生物演化与环境卓越创新中心。
jwshu@nigpas.ac.cn

陈　炜 中国科学院南京地质古生物研究所，地层古生物咨询中心。
weichen@nigpas.ac.cn

李　亚 现代古生物学和地层学国家重点实验室（中国科学院南京地质古生物研究所）。
yali@nigpas.ac.cn

第十三章

第四系"金钉子"

2008—2020 年，第四系共建立了 6 个"金钉子"。从老到新分别是更新统的杰拉阶、卡拉布里雅阶、千叶阶和全新统的格陵兰阶、诺斯格瑞比阶和梅加拉亚阶。其中，更新统的 3 个"金钉子"均以传统的海相沉积界线定义，而全新统的 3 个"金钉子"则以标志着全球性气候突变事件的冰芯或石笋同位素组成的显著变化来定义，是地层学历史上的重大突破。目前，上更新统底界的"金钉子"尚待确定。这些"金钉子"为研究第四纪不同区域的构造、气候、生物、人类演化事件等提供了全球统一的对比标准和时间标尺。

本章编写人员　唐自华／段武辉／郭利成／王永达／熊尚发／杨石岭

篇章页图　河北省阳原县泥河湾盆地小长梁遗址

第四纪（Quaternary Period）是显生宙和新生代的最后一个纪，也是地质时代中最新的一个纪，包括更新世和全新世，其持续时间为 2.58 Ma 至今。"第四纪"一词是 1759 年意大利采矿工程师乔万尼·阿尔杜伊诺（Giovanni Arduino）提出的。第四纪时期，大陆冰盖周期性生长和消退，同时现代生物区系形成，人类从非洲走出并逐渐扩散到世界各地。

第四纪形成的地层称为第四系（Quaternary System），由更新统和全新统组成。下更新统分为杰拉阶和卡拉布里雅阶，中更新统为千叶阶，上更新统暂无正式命名，称为上阶；全新统细分为格陵兰阶、诺斯格瑞比阶和梅加拉亚阶。迄今为止，第四系共建立了 6 个"金钉子"，从老到新分别是杰拉阶、卡拉布里雅阶、千叶阶、格陵兰阶、诺斯格瑞比阶和梅加拉亚阶，其中更新统的杰拉阶建立在意大利 Monte San Nicola 海相沉积剖面深度 62 m 处腐泥岩（Nicola 层）与其上覆泥灰岩界线处，卡拉布里雅阶建立在意大利 Vrica 海相沉积剖面腐泥岩层 "e" 与其上覆泥灰岩的交界处，千叶阶建立在日本本州岛东部房总半岛上的千叶县养老川（Yoro River）河谷东岸的千叶剖面火山灰层 Byk-E 的底部；全新统的格陵兰阶建立在格陵兰岛中部 NGRIP2 冰芯剖面的 1 492.45 m 处，诺斯格瑞比阶建立在格陵兰岛中部 NGRIP1 冰芯剖面的 1 228.67 m 处，梅加拉亚阶建立在印度东北部梅加拉亚邦乞拉朋齐村 Mawmluh 洞内石笋（KM-A）。此外，更新统上阶底界的候选"金钉子"塔兰托阶还在确定中（图 13-0-1）。

系	统	阶	δ¹⁸O/‰ 5.4 4.2 3.0	定义	地理坐标	批准时间
第四系	全新统	梅加拉亚阶 0.004 2 Ma	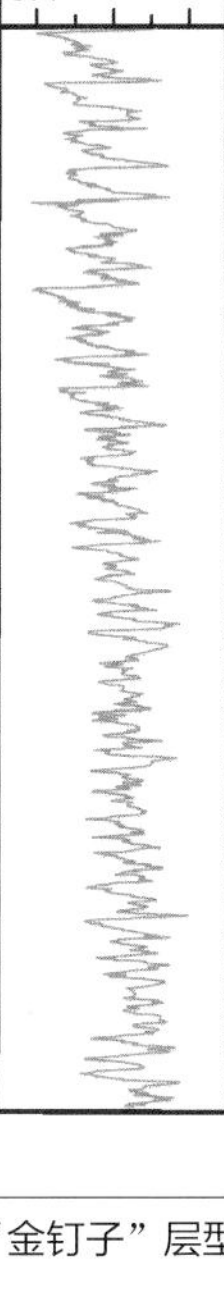	印度东北部梅加拉亚邦乞拉朋齐村 Mawmluh 洞内 KM-A 石笋 7.45 mm 处 /δ¹⁸O 值显著正偏	北纬 25°15'44" 东经 91°42'54"	2018 年
		诺斯格瑞比阶 0.008 2 Ma		格陵兰岛中部 NGRIP1 冰芯深度 1228.67 m 处 /δ¹⁸O 和 δD 值显著负偏	北纬 75°06' 西经 42°19'	2018 年
		格陵兰阶 0.011 7 Ma		格陵兰中部 NGRIP2 冰芯深度 1492.45 m 处 / 氘盈余迅速降低 2‰~3‰	北纬 75°06' 西经 42°19'	2008 年
	更新统	上阶 0.129 Ma		—	—	—
		千叶阶 0.781 Ma		日本千叶县养老川河谷东岸的千叶剖面火山灰层 Byk-E 的底部	北纬 35°17'40" 东经 140°08'47"	2020 年
		卡拉布里雅阶 1.80 Ma		意大利 Vrica 海相沉积剖面腐泥岩层 "e"（MPRS176）与上覆泥灰岩的界线处	北纬 39°02'19" 东经 17°08'06"	2011 年
		杰拉阶 2.58 Ma		意大利 Monte San Nicola 海相沉积剖面深度 62 m 处腐泥岩（MPRS250）与上覆泥灰岩界线处	北纬 37°08'46" 东经 14°12'15"	2009 年

图 13-0-1 第四纪年代地层划分与"金钉子"层型剖面和点位氧同位素曲线（据 Westerhold et al., 2020）

第一节
第四纪的地球

第四纪是新生代最新的一个纪（Raymo et al.，2013），位于新近纪之后，其持续时间为 2.58 Ma 至今（Rio et al.，1998；Head，2019），包括更新世（2.58 Ma—11.7 ka）和全新世（11.7 ka 至今）。第四纪最显著的特征是大陆冰盖周期性生长和消退，由此引发了一系列的全球气候和环境变化（图 13-1-1；Lowe & Walker，2015）。另一方面，第四纪期间现代生物区系形成，人类从非洲走出，逐渐扩散到世界各地。

第四纪海陆格局仅发生细微变化，主要发生在大陆冰盖发育时期。冰期全球海平面迅速下降，博斯普鲁斯海峡、斯卡格拉克海峡、英吉利海峡和白令海峡均露出海平面，成为相邻陆地间的陆桥，而在间冰期，陆桥重新被海水淹没（Hampton，1985；Gibbard & Lautridou，2003；England & Furze，2008）。如博斯普鲁斯海峡，其沉积学和古生物学证据显示，在晚更新世至早全

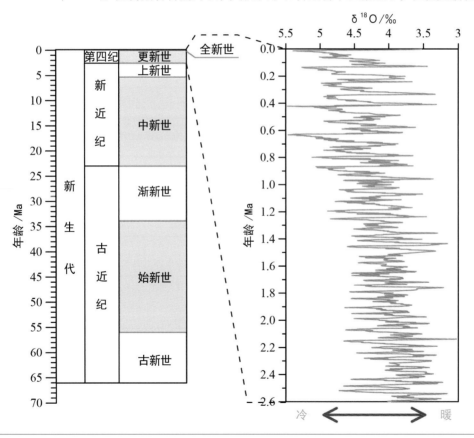

图 13-1-1 第四纪年代框架和深海氧同位素曲线（第四纪年代框架据 https://stratigraphy.org，深海氧同位素曲线据 Westerhold et al.，2020 修改）

新世时期，河口沉积发育，此时黑海和马尔马拉海中间存在陆桥，随后在中全新世（7.0—5.3 ka）再次被上升的海水淹没（Kerey et al., 2004）。

现今海陆格局在第四纪时期基本确定也就意味着全球板块分布和现在相当。现今全球板块大致分为太平洋板块、亚欧板块、非洲板块、美洲板块、印度洋板块（包括澳洲）和南极洲板块。除太平洋板块几乎全为海洋外，其余五个板块既包括大陆又包括海洋。此外还有至少 20 个小板块，如阿拉伯板块、科克斯板块及菲律宾板块等。第四纪期间，这些板块均以较小的幅度在水平方向上持续进行漂移，其速度受地震影响可能加快。2011 年，日本 Tohoku-Oki 发生 Mw9.0 级地震，太平洋板块向东漂移速度为 18.0 ± 4.5 cm/a，接近正常板块移动速度的两倍（Tomita et al., 2015）。同时，受板块水平移动的影响，第四纪时期造山运动更加强烈，全球整体物理剥蚀速度较高，尤其在喜马拉雅山、阿尔卑斯山和科迪勒拉山等地（Zhang et al., 2001）。第四纪板块移动还可能导致在板块边界和活动断裂带上发生地震（如环太平洋地震带、加利福尼亚断裂带、中国郯庐断裂带等），在板块边界或板块内部的活动断裂带上发生火山爆发。在我国境内，北起黑龙江，南到海南岛，沿着太平洋西岸有大量第四纪火山分布，尤其是东北地区最为典型，此外在昆仑山地区也有一些第四纪火山分布（刘嘉麒，1989）。

第四纪区别于新近纪的一个重要标志就是全球冰盖十分发育，同时受轨道尺度的太阳辐射驱动（Ruddiman，2014），大陆冰盖的生长和消退呈周期性变化。来自 Lambeck 等（2014）的集成工作显示，末次盛冰期（大约 21 ka），全球冰量比现今大约 52×10^6 km^3，末次冰消期（约 16.5—7.0 ka），全球冰量减少了约 45×10^6 km^3，中全新世以来，全球冰量减少值约为 1.2×10^6 km^3。从空间格局来看，末次盛冰期时全球陆地约 24% 被冰覆盖，而现代仅有 11%。尤其是北半球高纬地区，格陵兰岛冰盖覆盖了格陵兰岛和冰岛，劳伦大冰盖覆盖了整个加拿大，并向南延伸至纽约、辛辛那提一带；欧洲将近一半被斯堪的纳维亚冰盖覆盖；西伯利亚冰盖则占据了西伯利亚北部地区。与此同时，受全球降温的影响，在东亚地区，冻土向南扩张至北京附近。大量研究结果显示，北美冰盖厚度在末次盛冰期超过 1 000 m（Clark et al., 1996），而据研究估算，北美冰盖最大体积可达近 34×10^6 km^3（Marshall et al., 2002），超过了南极冰盖现在的体量。

尽管第四纪板块移动的影响不可忽视，但是海平面变化主要受冰盖的生长和消退控制，即冰期时海平面下降，间冰期时海平面上升（Jelgersma，1971）。同时冰盖生长和消退也会导致区域性地壳的"均衡调节"，当冰盖缓慢累积至最大厚度时，巨量的冰导致基岩逐渐下沉，而冰盖消退后，基岩缓慢回弹至冰期前的水平。20 世纪 50 年代末至 70 年代初期，随着测年技术的提升，尤其是 ^{14}C 测年技术在冰芯年代学中的应用，第四纪海平面变化（主要是末次盛冰期以来）的探讨由理论研究阶段快速转向定量研究阶段。基于冰芯 ^{14}C 年代框架与冰盖厚度的估算，末次盛冰期（大约 21 ka）全球海平面快速下降了大约 134 m（Denton & Hughes，1981；Lambeck et al.,

2014）。随后的末次冰消期内，大量冰盖消融，淡水进入海洋，导致海平面快速上升，幅度超过100 m。关于中全新世（6.0—7.0 ka）后全球海平面变化，目前还存在认识上的分歧。

第四纪构造运动一般称为新构造运动，在青藏高原及周边留下了诸多地质证据。尽管许多学者认为青藏高原在第四纪之前已抬升至现今高度，但进入第四纪后，青藏高原及其周边仍然发生了多次强烈构造变动（李吉均等，1979），尤其是 2.6 Ma、1.8—1.7 Ma、1.1—0.6 Ma 和 0.15 Ma 以来的一系列阶段性构造变形，在区域地质记录中都有明显表现。例如，约 1.0 Ma 时，青藏高原显著抬升造成了宁夏盆地玉门砾岩大范围堆积（Shi et al.，2015，2019），此时秦岭地区河流强烈下切侵蚀并导致天水古湖消亡（Shi et al.，2018）。高原抬升还为下风向区域提供了更多粉尘物源，我国黄土高原和太平洋粉尘沉积就记录了约 1.0 Ma 以来的构造变动事件（Rea et al.，1998；Ding et al.，2005）。

从构造尺度来看，中更新气候转型无疑是最受关注的第四纪气候事件。一般认为，中更新气候转型事件发生于 0.9 Ma（Pisias & Moore，1981；Clark et al.，2006），最为显著的特征就是，全球气候系统的主导周期由 40 ka 周期转变为高振幅的 100 ka 冰期—间冰期旋回（Pisias & Moore，1981；Raymo & Huybers，2008）。中更新世转型之后的冰期期间，全球冰量显著增加（Clark et al.，2006），海平面和海表温度均显著下降（Elderfield et al.，2012；McClymont et al.，2013）。此外，我国靖边黄土—古土壤粒度序列记录了一个阶段性变冷的过程，暗示了毛乌素沙地的阶段性扩张（Ding et al.，2005）。这些说明，第四纪全球气候系统在中更新世转型之后，整体朝着变冷变干的方向发展。中更新气候转型可能是响应轨道尺度偏心率驱动的太阳辐射变化的结果。但是，偏心率变化仅能够引起微弱的太阳辐射变化，无法解释 100 ka 周期占主导的气候旋回（Raymo & Huybers，2008）。最近的研究发现，中更新气候转型事件发生可能与大陆冰盖扩张、全球 CO_2 浓度变化、冰盖基底效应、构造隆升等因素有关（Berger et al.，1999；Ding et al.，2005；Clark et al.，2006）。

第四纪气候变化在轨道尺度上最明显特征是呈现冰期—间冰期旋回模式。早在 20 世纪早期，Penck 和 Brückner（1909）就发表了《冰期之阿尔卑斯》一文，从山岳冰川的遗迹和沉积学特征出发，运用冰期堆积而间冰期下切侵蚀的模式，建立具有相对年代学和沉积学证据支持的四次冰期体系（Penck & Brückner，1909）。四次冰期分别为玉木（Würm）、里斯（Riss）、民德（Mindel）和贡兹（Günz）冰期。显然，第四纪气候以冰期旋回变化为主旋律。随着测年技术的发展，特别是古地磁和 ^{14}C 测年技术的引入，黄土—古土壤、深海氧同位素和极地冰芯氧同位素证据均显示，第四纪全球气候出现过多次冷暖变化（EPICA Community Members，2004；Ding et al.，2005；Lisiecki & Raymo，2005）。我国黄土高原第四纪黄土–古土壤序列记录了指示间冰期的 34 层古土壤（记为 S0，S1，…，S33）和指示冰期的 34 层黄土（记为 L1，L2，…，L34）（刘东生，1985；Ding et al.，2005；Yang & Ding，2010）。第四纪深海氧同位素 LR04 集成曲线给出了 104 个周期性变化阶段，记为 MIS1，MIS2，…，MIS104（Lisiecki & Raymo，2005；Marine Isotope Stage，MIS）。过去 80 万年以来的极地冰芯氧同位素也记录了相类似的气候周期性旋回（EPICA Community Members，2004）。同时，研究表明，第四纪冰芯、黄土—古土壤和深海沉积物记录三者间具有很好的对应关系（Ding et al.，2002；Jin et al.，2019），从陆地到海洋的记录均显示了地球气候系统的冰期—间冰期旋回特征，特别是最近 40 万年中，10 万年周期十分突出，冰期—间冰期旋回主导了轨道尺度的气候变化。

从气候变化空间格局来看，整体上，冰期全球气候以干冷为主，因为温度降低，空气携带水汽能力减弱，而且海平面下降，海洋往内陆地区输送水汽的距离拉长，大陆内部地区干旱化程度显著增强，部分地区沙漠开始形成或进一步扩张。例如，在中更新世气候转型期，澳大利亚东南部湖泊开始萎缩（Mclaren & Wallace，2010），其中部地区盐湖和沙漠大范围出现（Fujioka & Chappell，2010）；非洲大部分地区干旱化加剧（deMenocal，2004；Trauth et al.，2005）；库布齐和毛乌素沙地范围显著扩张（Ding et al.，2005；Li et al.，2017），古尔班通古特、巴丹吉林和腾格里沙漠以及科尔沁和浑善达克沙地开始出现或扩张。同时，海洋粉尘通量也在中更新世转型期间显著增大（Rea et al.，1998；Martínez-Garcia et al.，2011），表明粉尘源区干旱化程度可能进一步增强。反观间冰期，随着太阳辐射增加，热带辐合带往北移动，西太平洋暖池增温，导致东亚夏季风边界向北推进（Huang et al.，2019），东亚地区季风增强且携带更多水汽至季风边缘区（Yang et al.，2015）。

第四纪气候变化在短时间尺度上存在一系列不稳定气候突变事件，如新仙女木（Younger Dryas，缩写为 YD）事件、Heinrich（H）事件、Dansgaard-Oeschger（D-O）旋回、Bond 旋回、全新世 4.2 ka 冷事件和小冰期冷事件等（Heinrich，1988；Bond et al.，1993，1997；Dansgaard et al.，1993；Lowe et al.，2008；Tan et al.，2020）。YD 事件是末次冰消期气候变暖过程中发生的大幅度降温事件，持续时间为 12.896—11.703 ka（Lowe et al.，2008）。对于 YD 事件驱动机制，传统观点认为，冰湖溃决使大量淡水一次性注入北大西洋，导致温盐环流中断（减弱），引发北半球大范围快速降温（Chiang & Bitz，2005）。

H 事件指的是末次冰期中的 6 次冷事件，D-O 旋回指的是末次冰期中的 25 次旋回波动，对 H 事件和 D-O 旋回的识别有赖于末次冰期高分辨率记录。Heinrich 等（1988）发现，在过去 70 ka 北大西洋的沉积中周期性出现快速堆积的石灰岩、白云岩碎屑（粗颗粒），有孔虫极少，可见特殊的极地种属——*Neogloboquadrina pachyderma*（厚壁新方球虫），且浮冰碎屑分布范围为北纬 45°~60°。因此，H 事件以北大西洋发生大规模海冰漂移事件为标志（Heinrich，1988；Bond et al.，1993，1997），6 次 H 冷事件发生时间为 66 ka、50 ka、35.9 ka、30.1 ka、24.1 ka 和

16.8 ka。H 事件在深海有孔虫和极地冰芯同位素、美国佛罗里达州的湖泊沉积物和我国黄土中均有记录，是一个全球性冷事件。过去 70 ka 格陵兰岛冰芯的氧同位素纪录出现 3‰~5‰ 的变化，其中一系列千年尺度的快速、大幅度冷暖事件被检出，共有 25 个旋回（冰阶—间冰阶），即 D-O 旋回（Dansgaard et al.，1993）。在这些旋回中，间冰阶气温快速上升，冰阶气温缓慢下降，年均温变幅可达 5~7℃，持续时间平均为 1.5 kyr。D-O 旋回在深海氧同位素和黄土中都有发现。D-O 旋回和 H 事件存在密切联系，H 事件发生在 D-O 旋回的最冷期。将 H 事件和 YD 事件综合来看，海洋变冷时，浮游有孔虫的通量减小，大量的浮冰碎屑堆积下来，很明显在一组包括几个 D-O 旋回的时段内，每一个 H 事件的结束都伴随着温度快速上升，也预示着下一组 D-O 旋回的开始，这种长周期的气候旋回即为 Bond 旋回（Bond et al.，1993）。

全新世以来，全球出现多个明显的气候突变事件，其中 4.2 ka 冷事件备受关注，它也被国际地层委员会于 2018 年 7 月新增为第四纪的一个"金钉子"，即梅加拉亚阶底界"金钉子"。4.2 ka 冷事件时期，全球海洋平均温度下降了 1~2℃（Bond et al.，1997；deMenocal et al.，2000），这可能是造成全球中低纬度地区多个农业文明快速走向衰落的重要原因（Weiss et al.，1993；Hsu，1998；Weiss & Bradley，2001）。全新世中期，强烈的干冷气候信号在黄土、湖泊、石笋和泥炭等沉积物记录中都有体现，意味着全新世适宜期就此结束（Perry & Hsu，2000），此后很多地区气候持续性变干。近年来，4.2 ka 冷事件越来越受到地质学者和考古学者的关注，因为它可能是新石器时代文化快速走向衰退的关键因素（Guo et al.，2018；Sun et al.，2019）。

小冰期是 Lamb 在 1972 年最早提出的，泛指公元 1550—1850 年间气候相对寒冷时期，在中国也称为"明清小冰期"。小冰期到来之前，欧洲气候相对温暖，进入小冰期后，整个欧洲生态环境发生了显著变化，冰川扩张，冰川补给河流经常出现灾害性洪水，并伴随滑坡和崩塌，对社会造成灾难性影响。寒冷气候还导致通航困难、粮食短缺、疾病和战争爆发，使得人口锐减。小冰期在中国的表现同样十分显著（张德二，1991），其间年均温下降约 0.6℃（王绍武等，1998），降温给农民带来巨大生产生活压力，可能直接引发社会动荡，甚至在明、清两朝更替中扮演着关键角色。目前，普遍的观点认为太阳活动和火山活动可能是小冰期气候形成的主要原因（王绍武，1995；Robock，2000）。

第四纪生态环境变化也非常显著。这方面土壤有机碳同位素和孢粉等研究提供了大量证据（Gu et al.，2003；Liu et al.，2005；Yang et al.，2015）。Rao 等（2012）从区域到全球尺度分析了土壤有机质碳同位素的空间差异，发现全新世碳同位素呈三极模态，其中高纬和低纬地区碳同位素相对中纬度地区偏负，以 C_3 植物为主，中纬度地区则以 C_4 植物为主。Yang 等（2015）对我国黄土高原全岩土壤有机质碳同位素记录研究显示，末次盛冰期到全新世适宜期，土壤有机碳同位素发生显著变化，表明区域植被（C_3/C_4）格局出现系统性变化，C_4 植被比占显著增加。

Leavitt 等（2007）对美国大平原土壤剖面的碳同位素研究则表明，从末次冰期到全新世，该地区植被从普遍以 C_3 植物为主，到 C_4 植物范围不断扩大，最终 C_4 植物成为主导，而在约 1 ka 之后，C_3 优势区域又重新扩张，这可能是对小冰期降温的一种响应。

从生物演化历史来看，第四纪部分动植物继承自新近纪，部分起源于第四纪。从新近纪到第四纪，新热带界（Neotropical realm）的 1400 个生物种属，主要包括鸟、珊瑚、鱼、龟、维管植物等，它们的生存方式几乎没有太大变化（Rull，2008）。而苏铁可能起源于石炭纪或二叠纪，但是现生种属绝大部分起源于中新世（约 10 Ma），尤其是最近 5 Ma 内，即上新世和第四纪。其中，现生泽米属 *Zamia*（苏铁）的约 70% 起源于第四纪（Nagalingum et al.，2011）。此外，遍布欧亚大陆和非洲大陆的石竹属 *Dianthus*（康乃馨）几乎全部起源于第四纪早中期（1.9—0.7 Ma）。相对于演化较为缓慢植物，动物对环境的响应更为灵敏，由此造成第四纪动物群丰富多样。

进入第四纪后，生物演化过程千差万别，主要受气候变化，尤其是冰期 – 间冰期旋回影响，有原地留存（适应气候变化或生存于避难场所）、随气候变化而迁移（迁徙或为适应新气候而变异）、灭绝（不能适应气候环境）等响应方式。原地留存的生物大部分位于热带地区，如热带安第斯山（哥伦比亚地区）。位于哥伦比亚的一些维管植物种属一直从更新世存活至今（Bennett，1997）。诸多证据显示，热带地区可能是生物的避难场所。第四纪大陆冰盖的生长和消退引发的气候变化会驱动动植物的迁移，甚至形成地理隔离。在一个地层剖面中，喜冷和喜暖动植物群的交替出现，可能暗示动植物随气候变化而迁移，比如 *Erinaceuss* spp.（欧洲刺猬）在上新世与更新世过渡期受到气候变化的影响而向北和向南迁移，导致基因发生突变，形成地理隔离（Hewitt，1999）。类似的情况还出现在中国，如 *Hippuris vulgaris*（杉叶藻）在 80 万年来向南扩张而形成新的谱系（Lu et al.，2016）。

总体来说，第四纪生物界的面貌已接近于现代。其中，第四纪哺乳动物的进化尤为显著，而人类的出现与进化则更是第四纪最重要的事件之一。更新世末期世巨型动物（哺乳动物）大灭绝是重要的生物事件，使一半以上哺乳物种消失。灭绝率最高的地区为美洲和澳洲（超过 70%），其次为欧洲（约 35%），最低的是非洲（Koch & Barnosky，2006）。得益于非洲的热带稀树草原环境，较多哺乳动物存活下来。北半球的灭绝哺乳动物有 *Mammuthus*（猛犸）、*Stegomastodon*（乳齿象）、*Coelodonta*（披毛犀）、*Procoptodon*（巨型袋鼠）和 *Smilodon*（剑齿虎）等，其他灭绝的动物还包括北美洲的马科、骆驼科。生物灭绝的可能原因包括气候变迁、人类捕杀和火灾等。

对于人类演化历史，现有研究显示，约在 2.3 Ma，能人（*Homo habilis*）在东非大裂谷出现（Wood，2014），而能人可能是后来直立人（*Homo erectus*）的祖先。直立人和现代人在解剖学上具有极大的相似性，他们从非洲扩散到中国和爪哇，最著名的代表是北京猿人（图 13–1–2）和爪哇猿人（Rosas，2016；Scardia et al.，2019）。到了 0.3 Ma 左右，智人（*Homo sapiens*）开始在非洲出现（Rosas，2016），并迁移到欧洲地区。晚期智人在 150—200 ka 左右出现在非洲，60 ka 左右分布在中东地区，45 ka 左右向西迁移至欧洲，向东迁移至我国东北地区和南亚地区，往南进入澳洲（约 40 ka），往北通过白令陆桥（28 ka 左右，冰期）进入北美（约 17 ka）和南美洲（约 15 ka）（Rosas，2016）。尽管这一演化过程还存在争论，但是灵长目动物完成了从猿到人的进化是不争的事实，人与猿的根本区别在于人习惯性直立行走，制造石器则标志着人类进入了一个新的时代。我国学者对泥河湾盆地的石器进行综合分析，发现气候变冷可能会刺激石器制造技术的进步，使得古人类获取更多的食物和资源（Yang et al.，2021），这可能是人类面对恶劣环境变化的直接响应（Yang et al.，2020）（图 13-1-3）。

图 13-1-2 北京人狩猎复原图（李荣山绘制）

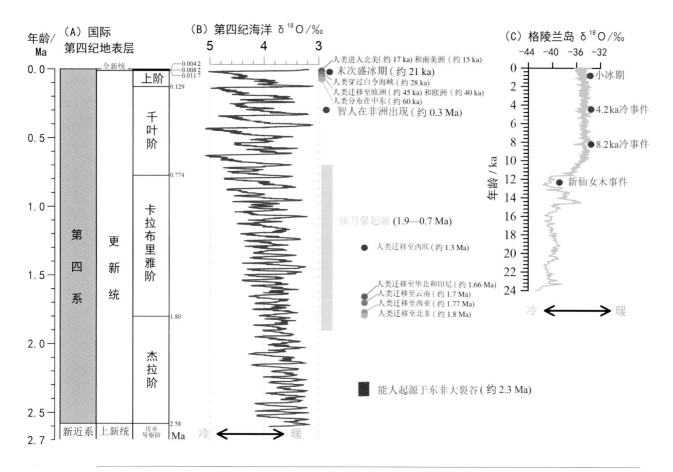

图 13-1-3 第四纪气候变化及重要的生物及气候事件。A. 国际第四纪地层年表（Cohen & Gibbard，2019）；B. 第四纪海洋有孔虫氧同位素曲线（据 Lisiecki & Raymo，2005）；C. 格陵兰岛冰芯 2.4 万年以来的氧同位素曲线（据 Grootes et al.，1993；主要的人类演化历史据 Rosas，2016）

第二节
第四纪的地质记录

第四纪持续时间相对短，陆相沉积物形成厚度相对较薄，整体以松散堆积为主（Börker et al.，2018），主要的沉积类型包括河湖相沉积、风成沉积、山麓沉积等，也含有以化学沉积物为主的洞穴、裂隙沉积，其中富含哺乳动物化石（尤其是古人类化石）。相比于陆相沉积记录，第四纪海洋沉积记录具有较好的连续性，分辨率较高且指标意义明确，在重建第四纪全球气候和环境方面有很强的优势。在国际地层年表中，第四纪地层分为更新统和全新统，由老到新再细分为更新统的杰拉阶、卡拉布里雅阶、千叶阶和上阶，以及全新统的格陵兰阶、诺斯格瑞比阶和梅加拉亚阶。受地形、气候和洋流影响，全球范围内，第四纪沉积与地层在"阶"这一级的划分差异较大。由于篇幅所限，本节主要依据南极冰芯、中国黄土和贝加尔湖沉积，辅以其他区域性沉积来简要介绍大陆第四纪沉积与地层，同时对海洋第四纪沉积与地层进行概述。

南极冰芯有两条广为引用的同位素曲线。第一条氧同位素（$\delta^{18}O$）曲线来自 Vostok 钻孔，全长 3 300 m，覆盖 420 ka 以来的时段（Petit et al.，1999），被用于冰量测量及分离冰量与温度对深海氧同位素影响计算。第二条氘同位素（δD）曲线来自全长 3 200 m 的 Dome 钻孔，沉积时段为 800 ka 以来（EPICA Community Members，2004）。这两条记录都来自冰芯样品，结合相关的替代性指标（如气溶胶颗粒、微量元素、孢粉、甲烷和二氧化碳浓度等）和精确的年代序列，有助于重建南极地表的古温度，同时也为全球对比提供了非常好的年代学框架。

与海洋沉积物记录相似，黄土沉积连续性好，能够记录区域的气候长期变化、周期变化和突变事件（刘东生，1985）。黄土地层主要包括两个基本单元——古土壤层和黄土层，代表不同的风化和堆积组合，有明确的气候指示意义。古土壤层沉积颗粒细，颜色偏红，磁化率相对较高，与黄土层有明显差异，在整个黄土高原上可以进行空间对比。我国黄土高原黄土—古土壤沉积序列完整，第四纪剖面丰富，典型的黄土剖面包括 30 多个黄土—古土壤组合（Ding et al.，2002，2005；Yang & Ding，2010），厚度多超过 150 m，磁性地层的高斯 – 松山分界线（G/B，约 2.58 Ma）落在 L33 黄土内（Rutter et al.，1991；Yang & Ding，2010）。黄土—古土壤序列标记，以全新世古土壤为 S0，更新世部分为 L1/S1 至 L33，上新世末期部分为 S33、L34。目前，中国第四纪地层已建立更新统泥河湾阶、中更新统周口店阶、上更新统萨拉乌苏阶和全新统，分别对应黄土—古土壤的 L33 至 L8—下部、L8 顶部至 L2、S1—L1 和 S0。黄土—古土壤序列底部的 S33、L34 对应于上新统麻则沟阶上部。

第四纪连续的湖泊沉积在各大陆都有发育，如欧亚大陆的贝加尔湖（Lake Baikal）、澳洲的乔治湖（Lake George）、非洲的马拉维湖（Lake Malawi）、日本的琵琶湖（Lake Biwa）、土耳其的凡湖（Lake Van）、美国的大盐湖（Great Salt Lake）等，它们提供了第四纪长序列的岩性、生物记录和地球化学记录，为重建区域和全球古气候、古环境提供了重要材料和年代学对比标尺。以欧亚大陆的贝加尔湖（Lake Baikal）为例，其湖泊沉积记录了第四纪湖泊生产力的演化历史，其中生物硅含量变化序列显示，生物硅含量相对高的阶段指示湖泊生产力较高的间冰期，此时湖泊硅藻生长旺盛（Prokopenko et al.，2006），而冰期对应的是湖泊生物硅含量低的阶段。除了湖泊沉积，石笋也是第四纪重要的陆地高分辨率沉积记录。由于高精度的 U/Th 定年技术的发展，过去 20 年来，石笋日益成为广受关注的第四纪古气候记录体。具有精确年代的石笋氧同位素序列在识别第四纪气候旋回及气候突变方面具有非常大的优势（Wang et al.，2001，2005；Cheng et al.，2006），成为区域和全球对比的关键材料之一。

海洋沉积记录在第四纪全球气候和环境变化研究中起了关键作用。海洋记录具有较好的连续性，分辨率较高且指标意义明确，尤其是氧同位素序列是全球冰量和温度的重要信号源，且气候旋回的周期分析和突变分析研究深入，是全球第四纪地层对比的重要参考（Lisiecki & Raymo，2005）。具体而言，第四纪海洋氧同位素序列记录了 52 个冷期及 52 个暖期，连续的沉积在一定程度上弥补了陆相沉积的不连续与空间异质性，是全球第四纪地层年代学对比的基础。其中，Heinrich（H）事件、Dansgaard–Oeschger（D–O）旋回、Bond 旋回和中更新世转型事件等，都是基于海洋氧同位素序列的研究而发现，并在大陆沉积中得到检验的。此外，氧同位素序列同样是第四纪海平面研究的重要依据。

第四纪陆相地层以松散沉积物为主，对于动植物化石的保存不利，而且植物演化缓慢，对于地层年代学的划分和对比贡献较小。尽管如此，第四纪动物化石在部分地区仍然十分丰富，如我国泥河湾地区，保存了早更新世的泥河湾动物化石群。通常以哺乳动物群成分特点和一些具有断代意义的种属化石来划分和对比第四纪地层，尤以第四纪哺乳动物群的演化和古人类的进化最为关键。从沉积学的特征入手，比较第四纪沉积物的颜色、岩性、结构、成因和风化程度等，可以划分具有特殊气候意义的第四纪地层。岩石地层学方法是重要的第四纪地层划分和对比方法，如依据冰川作用形成的山麓沉积地层（阿尔卑斯山第四纪冰期划分）和黄土—古土壤（划分出午城黄土、离石黄土、马兰黄土）进行地层划分。这两种方法都是具有相对年代学意义的地层划分方法，带有区域属性。

绝对年代学方法是目前国际上广泛应用的第四纪地层划分和对比的方法，可以直接划分地层，并与其他沉积地层进行对比。绝对年代学划分方法依赖于测年技术手段，如磁性地层年代和放射性同位素年代学法，前者的依据是海洋磁异常条带所建立的标准极性年表以及化石层或特殊沉积层，后者是第四纪堆（沉）积物中矿物岩石和化石所含的微量放射性同位素（U、Th、K、

Ra、^{14}C 等）的衰变年龄。此外，天文轨道调谐方法也在地层对比研究中发挥了重要作用，这一方法不仅弥补了陆相地层不连续和阶段性沉积的缺陷，同时也有利于陆相沉积和冰芯、深海氧同位素记录进行地层对比。最近，经过天文调谐定年的新生代海洋氧同位素曲线已经完成，发表在 Science（《科学》）杂志上（Westerhold et al.，2020）。而且，Cohen 和 Gibbard（2019）对全球不同地区的第四纪地层划分和对比进行总结，给出了系统的划分和对比方案，并向全球公开（图13-2-1）。

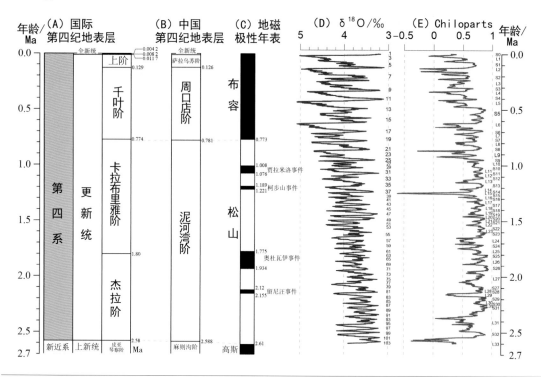

图 13-2-1 全球第四纪地层划分及其与中国区域对比（据邓成龙等，2019 修改）。氧同位素曲线右侧的系列数字代表 Marine Isotope Stage（MIS），Chiloparts 代表中国黄土—古土壤序列时间标尺，右侧的 L 和 S 分别代表黄土层和古土壤层

第四纪陆相化石群主要集中在更新世，例如：早更新世动物群，包括维拉弗朗动物群（欧洲）、泥河湾动物群（中国）和布朗克动物群（北美），以真马、真牛、真象出现为标志，以更新世特有属种为主，有少数新近纪残余属种；中更新世动物群，如克罗默尔动物群（欧洲）、周口店动物群（中国）和伊尔文顿动物群（北美），以更新世特有属种为主，大量出现现代属种，只有极少或没有新近纪残余属种；晚更新世动物群，主要是欧洲的极地动物、中国的萨拉乌苏动物群和北美的兰错伯累动物群，以现代属种为主，有少数更新世特有属种，没有新近纪属种。全新世后，哺乳动物的面貌已和现代基本一致，全部为现生属种。

第四纪海洋地层的划分主要依赖于浮游有孔虫和钙质微型浮游生物，二者具有重要的生物地层学意义，由此划分的微体古生物带是建立第四纪海洋地层年代框架的关键，也是重要的海相化石类群（Berggren et al.，1995）。浮游有孔虫微体古生物带编号为 N20–N22（PT1b、PT1a、PL6 和 PL5），分别对应于大西洋生物基准线 *Gt. truncatulinoides PRZ*、*Gd. fistulosus – Gt. tosaensis ISZ*、*D. altispira – Gd. fistulosus IZ* 和 *D. altispira – Gt. miocenica IZ*。钙质微型浮游生物微体古生物带编号为 NN17 至 NN21。此外，海洋地层年代学还提供了全球可对比的标准阶划分（Cohen & Gibbard，2019），尤其是更新统的杰拉阶（Gelasian，2.58—1.80 Ma）、卡拉布里雅阶（Calabrian，0.774—1.80 Ma）和千叶阶（Chibanian，0.774—0.129 Ma）。

　　丰富的动植物化石是第四纪化石库建立的前提。目前，主要的第四纪化石数据库可分为第四纪孢粉数据库和第四纪动物化石数据库。第四纪孢粉数据库建立的目的是满足第四纪孢粉学大尺度跨区域的研究需要，涵盖了不同地层和形态的孢粉。国际上最早的孢粉数据库由欧美国家建立，随后非洲、拉丁美洲等地开始建立区域孢粉数据库。直到 2009 年，Neotoma 古生态数据库的上线意味着国际孢粉数据库正式步入正轨（Grimm et al.，2013）。该数据库不仅包括孢粉数据，还包括动物、昆虫、硅藻、介形虫、大植物等化石类群，涵盖时间段为上新世和第四纪，可以说是一个非常重要的第四纪化石库（Williams et al.，2018）。Neotoma 古生态数据库还是包括北美孢粉数据库（NAPD）、欧洲孢粉数据库（EPD）、西伯利亚和俄罗斯远东孢粉数据库（PDSRFE）、拉丁美洲孢粉数据库（LAPD）、印度—大西洋孢粉数据库（IPPD）、日本孢粉数据库（JPD）、非洲孢粉数据库（APD）和中国孢粉数据库（CPD）等在内的集合体，拥有大约 17 000 个数据，数据点位超过 9 200 个，用户超过 400 万，尤其是可视化界面便于用户检索相关资料。我国第四纪孢粉数据库主要有中国孢粉数据库（CPD）、东亚表土孢粉数据库和中国西部花粉数据库，在我国第四纪地层划分和对比中发挥着重要作用。

　　在第四纪地层中，由于大部分沉积物松散，仅在部分地区哺乳动物化石丰富，埋藏条件好的情况下可以找到一定数量并且具有鉴定价值和意义的化石，可以作为第四纪地层划分和对比的标志物。前文提及的 Neotoma 古生态数据库就是一个重要的第四纪动物化石数据库。

第三节
第四系"金钉子"

一、第四纪年代地层研究概述

第四系由更新统和全新统组成（图13-3-1）。下更新统分为杰拉阶和卡拉布里雅阶，中更新统为千叶阶，上更新统暂无正式命名，称为上阶；全新统细分为格陵兰阶、诺斯格瑞比阶和梅加拉亚阶。迄今为止，第四系共建立了6个"金钉子"，从老到新分别是杰拉阶、卡拉布里雅阶、千叶阶、格陵兰阶、诺斯格瑞比阶和梅加拉亚阶底界，将在本节一一介绍。此外，我们还就更新统上阶（可能命名为塔兰托阶）底界的候选"金钉子"，以及国际上普遍关注的"人类世"作简要介绍。

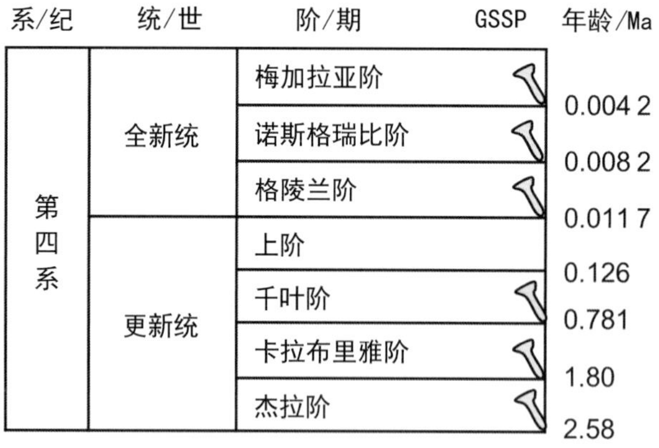

系/纪	统/世	阶/期	GSSP	年龄/Ma
第四系	全新统	梅加拉亚阶	⌐	0.004 2
		诺斯格瑞比阶	⌐	0.008 2
		格陵兰阶	⌐	0.011 7
	更新统	上阶		0.126
		千叶阶	⌐	0.781
		卡拉布里雅阶	⌐	1.80
		杰拉阶	⌐	2.58

图13-3-1 第四系年代地层单位划分

二、第四系底界（暨杰拉阶底界）"金钉子"

1. 研究历程

杰拉阶为第四系及更新统的第一阶，其底界"金钉子"，即新近系上新统和第四系的全球界线层型，位于意大利Monte San Nicola海相沉积剖面深度62 m处腐泥岩（Nicola层）与其上覆泥灰岩界线处（图13-3-2）。Nicola层厚度约20 cm（Rio et al.，1994），时代同第250地中海岁差周期腐泥层（Mediterranean Precession Related Cycle，MPRC 250）（Hilgen，1991），持续时长7—10 ka，中部年龄为2.588 Ma（Lourens et al.，1996，2005；Rio et al.，1998）。杰拉阶底界

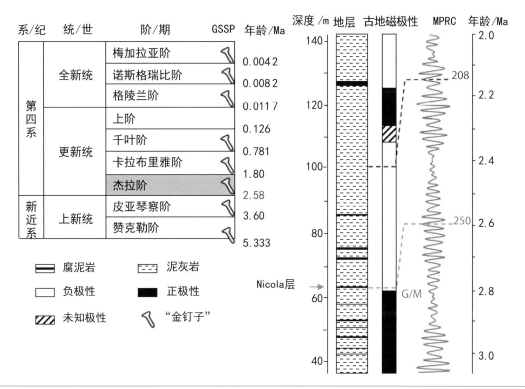

图 13-3-2 上新统及第四系年代地层单位划分，Monte San Nicola 剖面地层结构、古地磁极性序列及与地中海地区腐泥岩岁差周期序列对比（据 Rio et al.，1998 修改）

的年龄比 Nicola 层中部年龄年轻 3.5—5.0 ka，即约 2.58 Ma（图 13-3-2；Gibbard et al.，2010；Cohen et al.，2013；Head & Gibbard，2015）。

20 世纪 90 年代，多种上新统地层划分方案相继提出，但无一可以填补当时已建立的卡拉布里雅阶底部至皮亚琴察阶（Piacenzian）顶部之间的空缺，于是扩展皮亚琴察阶的顶界至卡拉布里雅阶底部的方案应运而生。但是，已建立的皮亚琴察阶以重要气候事件作为起始并可在全球范围内对比，所以扩展皮亚琴察阶的时间范围是不恰当的（Rio et al.，1991）。于是 Rio 等在 1994 年提出了建立一个新阶，即杰拉阶，并以意大利 Monte San Nicola 剖面作为杰拉阶底界"金钉子"的方案（Rio et al.，1994）。1995 年该提案获得了新近纪地层委员会约 80% 委员的支持。1996 年 3 月新近纪地层委员会向国际地层委员会提出了在意大利 Monte San Nicola 剖面建立杰拉阶底界"金钉子"的正式申请。1996 年 8 月，在北京举办的第 30 届国际地质大会上，该提案被国际地层委员会接受并正式得到国际地质科学联合会的批准，杰拉阶正式成为上新统最上部一个阶（Rio et al.，1998）。

杰拉阶"金钉子"的建立基于其年龄与北半球冰盖的加速扩张时间一致（Rio et al.，1998），也代表了受冰盖快速扩张控制的、与地轴斜率周期一致的海洋气候系统出现的关键期（Ruddiman et al., 1986；Lourens et al., 2005）。陆地上，指示全球气候变冷的、广泛的黄土堆积也开始于近似的时间（高斯－松山古地磁极性界线附近）（Liu et al., 1982；An, 1984；Ding et al., 1997）。海陆一致的重大气候转折，暗示杰拉阶"金钉子"更适合作为重要地层单元的分界，而非仅仅作为上新统顶部一个阶的底界。在杰拉阶"金钉子"申请及建立期间，学术界已展开将已建立的更新统底界（卡拉布里雅阶"金钉子"）下移至杰拉阶底界的讨论（Partridge, 1997；Vai, 1997；Lourens, 2008）。

1992年，刘东生先生在日本京都第29届国际地质大会上作的关于中国黄土的学术报告引起了古气候学者对下移更新统底界的讨论，并促使国际第四系联合会（INQUA）召开了讨论更新统底界问题的专门会议。1995年，在柏林召开的INQUA大会提议将上新统－更新统界线（P/P界线）从1.8 Ma下移到2.58 Ma。1996年，在国际地质科学联合会的协调下，国际地层委员会第四系地层分会（SQS）及新近系地层分会（SNS）各派出3人，加上1位仲裁人，成立了专门委员会，负责讨论改动P/P界线的可行性。但一年后，此项行动无果而终。1998年，SQS向国际地层委员会（ICS）正式提交了将P/P界线下移至2.58 Ma的提案。因为P/P界线下移涉及新近纪及第四纪起止时间和层型剖面的改变，国际地层委员会决定此事由SQS和SNS联合投票决定。1998年12月，投票结果揭晓，因海洋古气候领域学者的反对，P/P界线下移的赞成票仅占50.1%，未能达到国际地层委员会规定的60%赞成票的最低通过要求。随后，1999年1月国际地质科学联合会正式宣布P/P界线继续放在卡拉布里雅阶底界，并且10年之内不得变动。

雪上加霜的是，2004年，剑桥大学出版的由国际地层委员会主席Felix Gradstein主持编写的新地质年表 *A Geologic Time Scale 2004*（《2004年地质年表》）（Gradstein et al., 2004），取消了1998年版的国际地层表（Haq & van Eysinga, 1998）中第四纪作为一个系或纪的地位，将更新世和全新世并入了新近纪。此事在国际地质学界尤其在第四纪学术界引起了强烈的轰动。INQUA地层学和年代学委员会主席Brad Pillans提出将"Quaternary"（即传统意义上的第四系或第四纪）的底界下移至2.58 Ma，但将其作为新近纪的一个亚纪的妥协方案（Pillans, 2004）。这一方案一经提出就遭到大多数国际第四纪同行的强烈反对，许多专家纷纷撰文来捍卫第四纪的应有地位（刘东生，2004；Clague, 2005；Gibbard et al., 2005）。2004年8月，在佛罗伦萨召开第32届国际地质大会之后，INQUA和ICS成立专门工作组来解决"Quaternary"的定义和在地质年表中的地位问题。2005年，INQUA和ICS联合工作组向地层委员会提交方案：① 给予"Quaternary"正式的年代地层单位；② 将"Quaternary"底界下移至2.58 Ma，即杰拉阶的底部；③ 将"Quaternary"定义为系（纪），或者定义为亚界（亚代）。但该方案遭到ICS的拒绝。

2007年，在国际地质科学联合会的干预下，争论终于逐步得到解决。2007年2月5日，时任国际地质科学联合会主席的张宏仁先生严肃批评了ICS未经国际地质科学联合会批准，擅自改变第四纪在地层年表中的地位，并草率地在官方网站公布的错误做法，责成 ICS 迅速解决 "Quaternary" 的地位问题。ICS 很快于 2007 年 5 月正式通过了 INQUA 的申请。国际地质科学联合会迅速批准了 ICS 的决议，但同时强调 P/P 界线要到 2009 年 1 月以后才能改动。2009 年 6 月 29 日，国际地质科学联合会最终正式批准了将更新世底界下移至 2.58 Ma 的决议，同时 Monte San Nicola 剖面取代 Vrica 剖面成为上新统 – 更新统的界线层型剖面（Gibbard & Head，2009）。

2. 科学内涵

Monte San Nicola 剖面（北纬 37° 08′ 46″，东经 14° 12′ 15″，海拔 262 m）位于意大利西西里岛南部海岸（图 13-3-3a、b）。剖面露头为 Monte San Nicola 地区南部的一片山坡荒地，距离其南 — 南东向的 Caltanissetta 省 Gela 镇约 10 km（图 13-3-3c、d）。驾车沿 191 公路行驶至 19~20 km 处到达一个老旧农场后，短暂步行即可到达剖面顶部。由于剖面地层持续遭受严重风化作用，无法在界线处建立稳定的永久性标志物。

Monte San Nicola 剖面的地层厚 161 m，沉积于 Gela Nappe 地区的背驮盆地（piggy back basin）内（Argnani，1987）。该套地层之下为渐新统 — 下中新统 Numidian Flysch 组。地层以

图 13-3-3 Monte San Nicola 剖面地理位置（a、b）及照片（c、d）（剖面照片据 Head & Gibbard，2015 修改）

5°~10° 的倾角倾向东方，但界线层位未显示受到明显构造扰动。剖面由下部的 Trubi 组泥灰岩及石灰岩韵律沉积向上转变为 Monte Narbonne 组泥灰质 — 粉砂质棕红色纹层状腐泥岩和棕色非纹层含锰腐泥岩（图 13-3-4，Cita & Gartner，1973；Hilgen，1991a，b；Lourens et al.，1992）。该特征性地层结构是区域对比的重要标志。Monte Narbonne 组棕红色纹层腐泥岩可作为天文地层年代分析的良好材料（Hilgen，1991a，b）。

"金钉子"地层位于 Monte Narbone 组腐泥质沉积内，形成于水深 500~1000 m 的斜坡海盆环境（Rio et al.，1994）。界线处沉积速率约 6.1 cm/ka（Hilgen，1991）。剖面地层普遍受到深度风化，限制了同位素地层学分析（Herbert et al.，2015）。但通过剖面有孔虫组合（Sprovieri，1992，1993）及与已建立同位素地层序列的 Calabria 地区的 Singa 剖面对比（Lourens et al.，1992；Rio et al.，1994），确定 Nicola 层对应于地中海岁差腐泥 250 层（MPRC 250）及深海氧同位素 103 阶段（MIS 103）（图 13-3-2、图 13-3-4）。

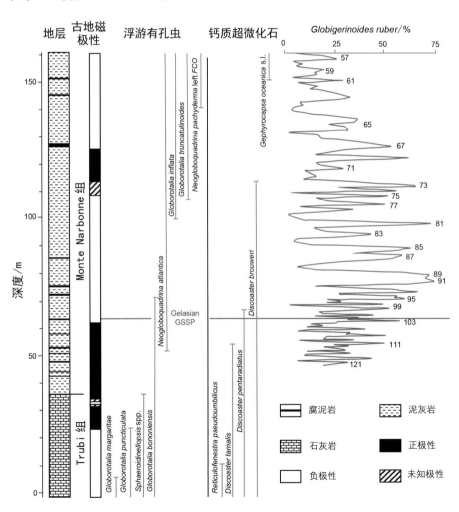

图 13-3-4 Monte San Nicola 剖面古地磁极性序列及微体生物组合变化（据 Rio et al.，1998 修改）。*Globigerinoides ruber* 所占比例反映了海水氧同位素组成

地层"金钉子"：地球演化历史的关键节点

Monte San Nicola 剖面完好地保存了丰富的钙质超微化石及浮游有孔虫化石（图 13-3-4）。生物化石组合层序可与地中海地区标准生物地层序列对比，且化石组合所处磁性地层及旋回地层层位与地中海地区剖面一致（Rio et al.，1994）。浮游有孔虫自下而上包括：末现于剖面下部的 *Globorotalia margaritae*、*Globorotalia puncticulata* 及 *Sphaeroidinellopsis* spp.，末现于杰拉阶底界之上的 *Globorotalia bononiensis*；首现于杰拉阶底界之下的 *Neogloboquadrina atlantica*、首现于杰拉阶底界之上的 *Globorotalia inflata*、*Globorotalia truncatulinoides* 及出现于剖面上部的 *Neogloboquadrina pachyderma* left FCO。钙质超微化石自下而上包括：末现于剖面下部的 *Reticulofenestra pseudoumbilicus*、末现于杰拉阶底界之下的 *Discoaster tamalis*、末现于杰拉阶底界之上的 *Discoaster pentaradiatus*、末现于剖面上部的 *Discoaster brouweri* 和首现于剖面顶部的 *Gephyrocapsa oceanica* s. l.。

“金钉子”所在层位由 6 个腐泥层或含锰腐泥层组成，可与同时期西西里地区的 Punta Piccola、卡拉布里亚地区的 Singa 及意大利北部地区的 Val Marecchia 等剖面对比（Rio et al.，1998）。单个腐泥层对应于一个地中海岁差腐泥层，即半个岁差周期。杰拉阶底界位于地中海岁差腐泥 250 层与其上覆泥灰岩层的交界处。

剖面磁性地层序列包括了由 Gilbert 极性时（C2Ar）晚期至 Matuyama 极性时中 Olduvai 极性亚时（C1r）上部的多个正负极性时段。高斯－松山（Gauss-Matuyama）地磁极性界线（C2r/C2An）位于杰拉阶底界之上 0~3 m（Head，2019），或位于杰拉阶底界之下约 1 m（Rio et al.，1994，1998）。

钙质超微化石 *Discoaster pentaradiatus* 及 *Discoaster surculus* 末现于界线之上约 80 kyr，接近 MIS 99（Rio et al.，1998）。有孔虫 *Globorotalia bononiensis* 在地中海及北大西洋地区末现于杰拉阶底界之上约 140 kyr，即 MIS 96。放射虫 *Stichocorys peregrina* 末现于高斯－松山界线附近（Sanfilippo et al.，1985）。硅藻 *Nitzschia joussaea* 在低纬地区的首现及 *Denticulopsis kamtschatica* 在北太平洋中—高纬度的末现发生于高斯－松山界线附近（Barron，1985）。

Monte San Nicola 剖面杰拉阶“金钉子”层位的选择基于以下两个主要原因：① Nicola 层在野外特征明显，在局地及区域上易于对比；② 高斯－松山界线紧邻该“金钉子”，可作为全球海、陆相地层对比的标志（Rio et al.，1994，1998）。

事实上，北半球冰川明显扩张期为 MIS 107—106 转换期，即约 2.74 Ma（Xiong et al.，2003；Naafs et al.，2012），但北大西洋洋流位置的变动发生于 MIS 104，即约 2.6 Ma，所以仍将北半球气候的主要调整期及第四纪的底界置于 2.58 Ma（Hennissen et al.，2014）。

3. 我国该界线的情况

中国分布着大面积、厚度不等的风成黄土及下伏新近纪风成红粘土（图 13-3-5）。古地磁研究表明，黄土的起始堆积时间（黄土层L33之底）与高斯－松山古地磁极性转换事件对应，即2.58 Ma（Liu，1985；Ding et al.，1997）。红粘土颜色整体呈红色，遭受到较强的风化作用，可视为一套巨厚的土壤组合，而其上的黄土沉积由强发育的古土壤层及弱发育的黄土层交替组成（Ding et al.，2001a，b）。黄土和红粘土虽然都是风成沉积，但颜色、风化程度等最直接的表观特征有显著差异，凸显出高斯－松山界线前后发生了重大的环境变化事件，支持了杰拉阶"金钉子"作为第四系底界（Ding et al.，1997）。

多个红粘土 — 黄土界线序列的精细对比研究发现，前人建立的红粘土 — 黄土界线之下仍有一个典型古土壤 — 黄土沉积的组合（S33–L34），所以红粘土与黄土的准确分界线应下移至黄土层L34的底部，对应古地磁年龄约2.8 Ma（图13-3-5；Yang & Ding，2010）。该界线年龄与北半球冰川明显扩张期（MIS 106—107转换期）接近，约2.74 Ma（Hennissen et al.，2014）。

图13-3-5 陕西蓝田剖面黄土—红粘土界线地层（据Yang & Ding，2010修改）

三、卡拉布里雅阶底界"金钉子"

1. 研究历程

卡拉布里雅阶（Calabrian）是第四系暨更新统的第二阶，其底界"金钉子"，即卡拉布里雅阶与下伏杰拉阶（Gelasian Stage）的界线，位于意大利Vrica海相沉积剖面腐泥层"e"与其上覆泥灰岩的交界处（图 13-3-6）。Vrica 剖面腐泥层 "e" 对应于第 176 地中海腐泥层（图 13-3-6），其中部的轨道调谐年龄为 1.806 Ma（Lourens et al.，1996，2005）。位于该腐泥层顶面的卡拉布里雅阶的底界年龄稍年轻，约 1.8 Ma（Cita et al.，2012）。

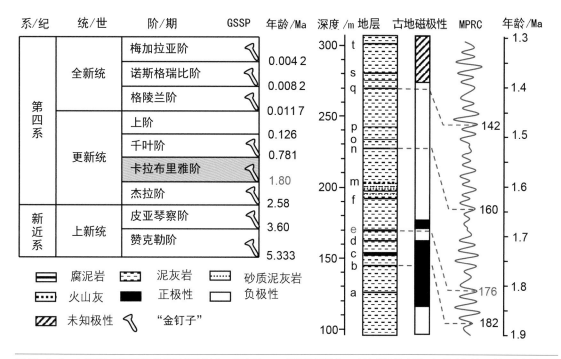

图 13-3-6　上新统及第四系年代地层单位划分、意大利 Vrica 剖面地层结构、古地磁极性序列及与地中海地区腐泥岩岁差周期序列（MPRC）对比（据 Pasini & Colalongo，1997；Cita et al.，2012 修改）

建立卡拉布里雅阶 "金钉子" 的目的是完成 1948 年在伦敦举办的第 18 届国际地质大会提出的确立上新统 – 更新统界线的目标（King & Oakley，1949）。经过多年考察、研究，自 1969 年的第 8 届国际第四纪大会开始，系列候选剖面陆续被提出，主要包括意大利 Calabria 地区的 Le Castella 剖面、Santa Maria di Catanzaro 剖面及 Vrica 剖面（Aguirre & Pasini，1985）。Vrica 剖面首次受到关注是在 1975 年举办的由国际地质对比计划（IGCP）项目 41、国际地层委员会（ICS）工作组及国际第四纪联合会（INQUA）专门委员会成员参加的意大利南部地区野外考察会期间（Aguirre & Pasini，1985）。随后，一系列对该剖面的研究工作使 Vrica 剖面脱颖而出（Colalongo et al.，1982）。1979 年在印度旁遮普邦及克什米尔地区举办的最后一次关于建立上新统 – 更新统界线的野外会议期间，与会人员建议 Vrica 剖面作为上新统 – 更新统界线 "金钉子"（Aguirre & Pasini，1985）。1980 年界线工作组成员的邮递投票中，Vrica 剖面以明显优势击败 Le Castella 及 Santa Maria di Catanzaro 剖面。同年在巴黎召开的界线工作组及 IGCP 41 联合会议决定将上新统 – 更新统界线 "金钉子" 建立在 Vrica 剖面（Aguirre & Pasini，1985）。

1980—1982 年间针对确定 Vrica 剖面"金钉子"确切点位的系列古生物学、地层学及古地磁学工作逐步开展。1982 年，在莫斯科召开的 INQUA 专门委员会及 IGCP 41 联合会议通过了以 Vrica 剖面上介形虫 *Cytheropteron testudo* 的首现作为"金钉子"位置的方案，并在 1983 年初提交至 ICS 工作组。但是邮递投票结果以，8 票赞成、8 票反对的平局收场。随后在 1983 年 5 月，在西班牙马德里召开的 ICS 工作组会议中重新制定了以腐泥层"e"作为"金钉子"标志的新方案。同年，以"e"腐泥层为界线标志的方案得到 ICS 通过。最终，1984 年在莫斯科举办的第 27 届国际地质大会通过并于 1985 年正式确立意大利的 Vrica 剖面定为上新统 – 更新统界线层型剖面，将卡拉布里雅阶的底界确定为上新统 – 更新统界线（Aguirre & Pasini，1985）。

将更新统的底界确定在 1.8 Ma 之后不久便引起了强烈的争议（Jenkins，1987；Ding et al.，1997；汪品先，2000）。该界线的确立主要依据标定地中海地区更新世底界的生物标志，冷水种双壳类 *Arctica islandica*、有孔虫 *Hyalinea baltica* 及介形虫 *Cytheropteron testudo* 在卡拉布里雅阶底界之上首次出现，即地中海地区气候自此时开始变冷（King & Oakley，1949；Pasini & Colalongo，1997）。但随后的研究表明，这些冷水种早已出现于意大利地区多处时代老于 2 Ma 的地层中（Herbert et al.，2015）。而且，近些年来对地中海地区的海水表层温度重建表明，大幅降温（约 5°C）出现于约 2.06 Ma（MIS 78）（Herbert et al.，2015），明显早于卡拉布里雅阶底界所对应的时代。最新对意大利地区软体动物壳体的氧同位素分析显示，在约 1.8 Ma 发生的气候季节性增强，冬季低温可能是造成所谓冷水种迁移的原因（Crippa et al.，2016）。但也有研究表明，在约 1.8 Ma 西伯利亚地区气候变冷，指示欧洲地区冰盖范围在该时期可能发生了扩张（Herbert et al.，2015）。所以，没有强有力的证据表明卡拉布里雅阶底界发生明显气候变冷，其不适合作为第四系与新近系的分界。第四纪学术界普遍呼吁将更新统底界下移至杰拉阶底界处。

如前（杰拉阶"金钉子"）所述，经历了国际第四纪联合会、国际地层委员会、国际地层委员会第四系分会、国际地层委员会新近系分会及各国科学家长达十几年的争论，在国际地质科学联合会的干预下，第四系的第一阶及第二阶底界的"金钉子"的位置得以最终确定。2009 年 6 月 29 日，IUGS 正式通过将第四系的底界下移至杰拉阶的底部，卡拉布里雅阶的时代回到早更新世内部的申请。2010 年 11 月 29 日，第四系地层分会向国际地层委员会申请，仍将 Vrica 剖面"金钉子"界线点位作为卡拉布里雅阶的底界，并且将卡拉布里雅阶作为第四系第二阶。2011 年 5 月 2 日，该申请得到国际地层委员会批准并提交至 IUGS。随后，在 2011 年 12 月 5 日，IUGS 批准了 ICS 的申请，卡拉布里雅阶正式成为第四系第二阶（Head & Gibbard，2015）。2012 年，在新的地质年表 *The Geologic Time Scale 2012*（《2012 年地质年表》）中，对第四系底和下部两个"金钉子"有关内容进行了相应的修订（Gradstein et al.，2012）。

2. 科学内涵

Vrica 剖面位于意大利卡拉布里亚大区 Marchesato 半岛 Crotone 镇以南 4 km（北纬 39°02′19″，东经 17°08′06″）（图 13-3-7A、B）。剖面露头位于一个风化严重的斜坡荒地上（图 13-3-7C、D）。斜坡荒地地貌及严重的风化作用阻碍了在剖面建立永久的"金钉子"标志。

Vrica 剖面厚约 300 m，为保存于晚新生代沉积盆地中上升海岸带的外海粉砂质泥灰岩沉积，主要由半深海暗灰色或蓝灰色泥灰质和粉砂质泥岩组成，夹多层颜色对比明显的白灰色及粉色腐泥岩标志层（图 13-3-6、图 13-3-7；Aguirre & Pasini，1985）。剖面含多层极薄砂质岩层和一层火山灰（图 13-3-6）。地层沉积速率介于 31 cm/ka 至 75 cm/ka，古水深最大可达 500 m（Pasini & Colalongo，1997）。

Vrica 剖面保存了丰富的钙质超微化石、浮游有孔虫、底栖有孔虫、介形虫及软体动物化石（Pasini & Colalongo，1997）。钙质超微化石由底至顶包括（图 13-3-8）：消失于杰拉阶的 *Discoaster brouweri* 及 *Discoaster brouweri* var. *triradiatus*，延续至卡拉布里雅阶的 *Calcidiscus macintyrei* 及 *Helicosphaera sellii* 和在卡拉布里雅阶首现的 *Gephyrocapsa caribbeanica*、*Gephyrocapsa oceanica* s.l. 及 *Gephyrocapsa* spp. >5.5 μm。浮游有孔虫由底至顶包括：贯穿杰拉阶并依次消失于卡拉布里雅阶的 *Neogloboquadrina atlantica*、*Globorotalia acostaensis*

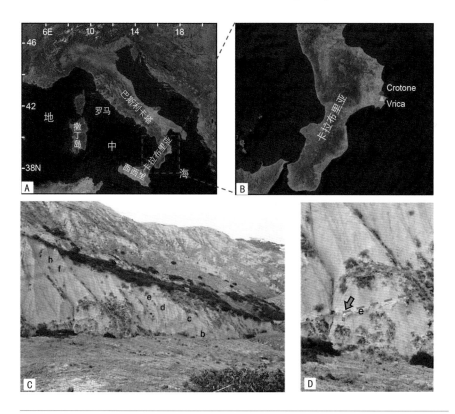

图 13-3-7　Vrica 剖面地理位置（a、b）及地层露头照片（c、d）（据 Head & Gibbard，2015 修改）

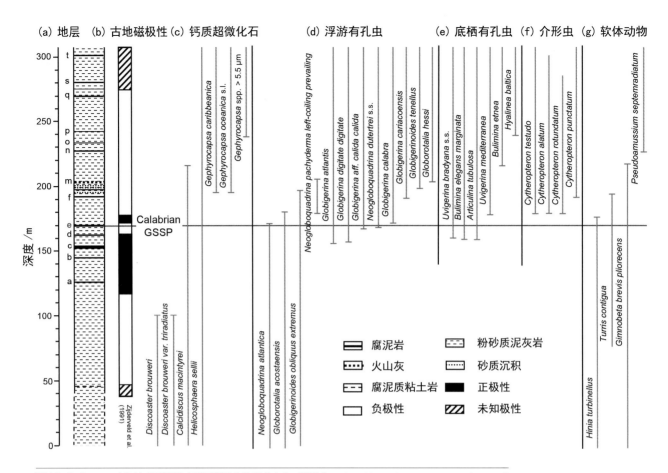

图13-3-8 Vrica 剖面古地磁极性序列及微体生物组合变化（修改自 Zijderveld et al.,1991；Cita et al.，2012）

及 *Globigerinoides obliquus extremus*，首现于卡拉布里雅阶底界之下的 *Globigerina atlantis*、*Globigerina digitate digitate*、*Globigerina* aff. *calida calida*、*Neogloboquadrina dutertrei* s.s.，首现于卡拉布里雅阶底界之上的 *Globigerina calabra*、*Globigerina cariacoensis*、*Globigerinoides tenellus* 及 *Globorotalia hessi* 和短暂出现于卡拉布里雅阶的 *Neogloboquadrina pachyderma* 高比例左旋型。底栖有孔虫由底至顶包括：出现于卡拉布里雅阶底界之下的 *Uvigerina bradyana* s.s.、*Bulimina elegans marginata*、*Articulina tubulosa*，首现于底界之上的 *Uvigerina mediterranea*、*Bulimina etnea*、*Hyalinea baltica*。介形虫均首现于卡拉布里雅阶底界之上，包括 *Cytheropteron testudo*、*Cytheropteron alatum*、*Cytheropteron rotundatum*、*Cytheropteron punctatum*。软体动物包括依次消失于卡拉布里雅阶下部的 *Hinia turbinellus*、*Turris contigua*、*Gimnobeta brevis pliorecens* 和首现于卡拉布里雅阶下部的 *Pseudoamussium septemradiatum*。

卡拉布里雅阶的底界为 Vrica 剖面海相腐泥岩层 "e" 层之顶。在 Vrica 剖面中，奥杜威（Olduvai）正极性亚时的顶界位于卡拉布里雅阶的底界之上约 8 m（Roberts et al.，2010；Head，2019）。卡拉布里雅阶底界年龄与 MIS 65—MIS 64 的界线一致。腐泥岩层 "e" 对应于 MPRC 176

地层"金钉子"：地球演化历史的关键节点

（Lourens et al.，1996，2005）。钙质超微化石 *Discoaster brouweri* 在卡拉布里雅阶的底界之下 70 m（约 210 ka）末现；*Geophyrocapsa oceanica* 在卡拉布里雅阶的底界之上 26 m（约 78 ka）首现（Pasini & Colalongo，1997）。浮游有孔虫 *Globigerinoides obliquus extremus* 和 *Cyclococcolithus macintyrei* 在卡拉布里雅阶的底界之上末现；*Neogloboquadrina pachyderma* 在卡拉布里雅阶的底界之上 3 m（约 9 ka）首现；*Globigerinoides tenellus* 在卡拉布里雅阶的底界之上 28 m（约 84 ka）首现（Pasini & Colalongo，1997）。

3. 我国该界线的情况

卡拉布里雅阶的底界对应于中国黄土沉积序列中 L25 黄土层，即奥杜威极性亚时的顶界附近（图 13-3-9）。野外观察表明，L25 上下黄土沉积无显著差异，仍然表现为黄土层和古土壤层的交替（图 13-3-9）。粒度、磁化率及沉积速率等在该界线上下无显著变化，表明该时期气候状态未发生明显改变（Yang & Ding，2010）。

图 13-3-9 黄土高原南部渭南黄土剖面照片（据 Yang & Ding，2010 修改）

四、千叶阶底界"金钉子"

1. 研究历程

千叶阶（Chibanian）是《国际年代地层表》（Gibbard & Head，2020）内更新统的第三个阶，时间跨度为 0.774—0.129 Ma。千叶阶层型剖面位于日本本州岛东部房总半岛上的千叶县养老川（Yoro River）河谷东岸的千叶剖面（Chiba section，北纬 35° 17′ 40″，东经 140° 08′ 47″），界线层型点位于该剖面上火山灰层 Byk-E 的底部（图 13-3-10），比古地磁松山—布容界线（Matuyama–Brunhes Boundary，MBB）低 1.1 m。Byk-E 火山灰层在剖面露头上非常醒目，区域上广泛分布，其锆石 U–Pb 年龄为 772.7 ± 7.2 ka。根据有孔虫氧同位素记录的天文调谐时标，"金钉子"界线年代为 774.1 ka，位于 MIS 19c 结束之前（Gradstein et al.，2020）。千叶阶"金钉子"于 2020 年 1 月得到国际地质科学联合会（IUGS）批准，是迄今建立在日本的第一个"金钉子"；同时，千叶阶也是迄今唯一以日本地名命名的国际年代地层单位。

2. 科学内涵

更新世中期地球气候系统发生了显著改变：气候波动幅度逐渐增大，周期由 41 ka 转变为 100 ka；全球平均冰量逐渐增加，南北半球冰量变化显著不对称。底栖有孔虫氧同位素的集成记

图 13-3-10　更新统千叶阶底界的"金钉子"界线点位（Kyodo News/Getty Images）

录显示，这种转变从约 1.4 Ma 开始，持续到 0.42 Ma，在 0.9 Ma 前后最为显著。之前，学界普遍称之为"中更新世转型"，现在由于更新世底界下移，"中"更新世不确切，学界建议称之为"早—中更新世过渡"（Head et al.，2008）。

从 1976 年《国际地层指南》出版开始，古地磁的松山—布容界线就一直是中更新统底界最重要的参考界线。国际第四纪地层分会于 2005 年正式提出：① 中更新统底界"金钉子"应建立在海相沉积序列中的松山—布容极性倒转界面附近（MIS19），上下不超过一个深海氧同位素阶段，即"金钉子"应位于 MIS20—18 中；② 层型剖面应是陆上露头，而非钻井。这标志着中更新统是首个不依赖于传统生物地层的"金钉子"。此时，候选剖面仅剩下意大利 Montalbano Jonico 剖面和 Valle di Manche 剖面，以及日本千叶剖面（Head et al.，2008）。

意大利的 Montalbano Jonico 剖面一度非常接近成为"金钉子"。该剖面的中更新统与下伏卡拉布里雅阶连续出露，生物地层研究非常充分；剖面地层沉积速率快，最高可达 2 m/ka；地层中包括火山灰 9 层。意大利的研究团队于 2006 年提交了 GSSP 建议书（Cita et al.，2006），将中更新世命名为"Ionian Stage"，并作为非正式地层名称进入了 GTS2012 版（Pillans & Gibbard，2012）。但是，该剖面受成岩作用影响强烈，迄今未能获得古地磁序列。同时，在意大利团队建议的另一条剖面——Valle di Manche 剖面中，松山—布容界线的位置低于氧同位素变化周期 MIS19 的峰值，原因不明（Head & Gibbard，2015）。

在日本中部的房总半岛，早更新世至中更新世快速堆积了一套厚层的海相砂岩、粉砂岩和砂质泥岩，称为上总层群（Kazusa Group）。该群总厚度超过 3 000 km，平均沉积速率约为 2 m/ka。目前研究者已经在其中识别出了约 50 层火山灰，其中 18 层在区域内可追索（Suganuma et al.，2018），通过火山灰绝对定年和多个门类的海洋微体化石（钙质超微化石、有孔虫、放射虫和硅藻），确定了上总层群的年代范围为 2.4—0.45 Ma。上总层群中部的国本组（Kokumoto Formation）主要由砂岩、砂质泥岩组成，厚度 350 ~ 400 m 不等，包括至少 7 层火山灰。从 20 世纪 60 年代末开始，利用交变退磁确定松山—布容极性倒转界线（MBB）位于火山灰层 Byk–E 以下 0.8 m 处。尽管该地区的前期工作大多以日文发表，但该剖面一直是中更新统底界全球界线层型的重要参考和有力竞争者。

2008 年以来，日本研究团队对房总半岛上的千叶县国本组松山—布容极性倒转界线附近的砂岩 – 砂质泥岩层进行了充分的古地磁学研究。跨过该倒转界线的剖面有四条，即 Yanagawa（Suganuma et al.，2015）、Yoro River（该剖面的下部即为千叶剖面）、Yoro–Tabuchi 和 Kobusabata（Okada et al.，2017；Simon et al.，2019），还有邻近海域的钻孔 TB-2（Haneda et al.，2020）。通过高分辨率样品的系统热退磁，松山—布容界线的平均位置被精确厘定：位于 Byk–E 层以上 1.1 ± 0.3 m 处，调谐年代为 772.9 ± 5.4 ka。新的松山—布容极性倒转界线位置很好地协调了生物地层和同位素地层的研究结果。同时，该地区的大量研究结果，包括孢粉重建植被序列和变化，纷纷以英文报道出来。最终，由日本国立极地研究所的菅沼悠介执笔，向国际地层委员会提交了中更新统千叶阶全球层型剖面的建议书。经过四轮审查后，2020年1月，国际地质科学联合会投票确认：千叶综合剖面成为更新统千叶阶（Chibanian Stage）的"金钉子"剖面（图13-3-11），界线位于剖面中的火山灰层Byk-E之上1.1 m。

千叶综合剖面成为"金钉子"过程中，最大的挑战来自日本国内。2017年6月，来自日本的一个地质公园研究团队致函国际地层委员会和意大利研究团队，称千叶剖面的松山—布容界线（MBB）数据来自相距约2 km的不同层位。他们认为，千叶阶的数据是伪造的，应该放弃"千叶阶"这个名称。意大利团队迅速响应，要求国际地层委员会中止审查千叶综合剖面的"金钉子"候选资格。作为回应，国际地层委员会要求日本地层学团队提交一份解释文件：如果解释没有得到认可，国际地层委员可能取消此前关于"千叶阶"的决定。

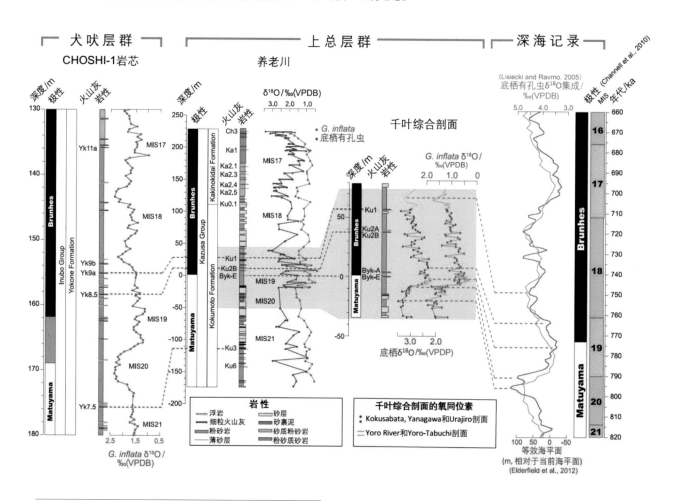

图13-3-11　千叶综合地层剖面（据 GSSP proposal group, 2019）

日本地层学研究团队解释说，在 2015 年发表松山—布容界线结果时，没有从千叶剖面收集足够的数据，的确使用了 2 km 外其他剖面的数据。但启动 GSSP 申请程序时，千叶剖面已经收集到了足够的数据。菅沼悠介称："这些数据绝对没有问题，捏造数据完全没有根据……他们只是在干扰审查。"此后，他的解释被国际地层委员会接受。国际地质科学联合会于 2020 年 1 月 17 日在韩国釜山投票表决，通过了千叶阶的第四轮审查，正式命名"千叶阶"。

中更新统千叶阶底界的确定，为研究地磁场倒转持续时间提供了重要参考。千叶阶"金钉子"附近以松山—布容界线（MBB）为参考，该界线是距今最近的一次地球磁场全面倒转，全面考察界线前后地磁场行为以及倒转持续的时间，对于认识地球内部过程和动力机制有重要参考价值。现有研究结果得到的地磁场倒转持续时间从数十年到 2 万多年不等（Sagnotti et al.，2014；Singer et al.，2019），千叶综合剖面 MBB 前后沉积速率约为 30 cm/ka 以上，有望为该问题提供新证据。

五、格陵兰阶底界"金钉子"

1. 研究历程

格陵兰阶"金钉子"界定了更新统（世）与全新统（世）的界线，位于格陵兰岛中部 NGRIP2 冰芯（北纬 75°06′00″，西经 42°19′00″）剖面的 1 492.45 m 处，以氘盈余在 1~3 年内迅速降低 2‰~3‰为标志，伴随着 $\delta^{18}O$ 值升高、粉尘含量降低、化学组分变化以及冰芯年纹层厚度的增加，预示着气候快速变暖，及更新世最后一个冷期（新仙女木冰阶 / 格陵兰冰阶 1）的结束。基于多参数年层计数获得的年代为 11.7 ± 0.099 ka。该"金钉子"由国际地质科学联合会（IUGS）于 2008 年 5 月批准（Walker et al.，2008，2009）。

第四纪地层记录细分的常规方法是采用可进行全球对比的气候事件来表征单个地层（地质—气候）单元（American Commission on Stratigraphic Nomenclature，1961，1970）。然而，正式的地层划分法则并不认同这种方案，因为流行的观点认为，对大部分地质记录来说，古气候的推断主观性太强，不适合作为正式地层单元的命名依据（North American Commission，1983）。不过，第四纪气候学家认为，与过去两百万年一样，气候变化同样也是第四纪地球历史演化的特征，坚持将基于气候代用指标定义的地质—气候单元作为第四纪地层细分的主要方法（Lowe & Walker，1997）。因此，专家提议，更新统（世）– 全新统（世）的界线就利用全球尺度气候变化的信号来进行界定，这样海洋沉积物、陆地沉积物以及冰川等都具有成为这颗"金钉子"的潜力。

在更新统（世）– 全新统（世）转换时段，海洋沉积物并不能满足作为"金钉子"所必须的诸如沉积层连续、足够厚、永久固定等基本条件，并且 ^{14}C 定年也会受到在空间上不稳定的海洋库效应（Waelbroek et al.，2001；Hughen et al.，2004）以及一个 600 年平台期的影响。末次冰消期时，大量淡水注入海洋，使海洋沉积物记录中标志着全新世开始的全球变暖的信号被局地或半球尺度海洋冷水的信号所掩盖（Clark et al.，2001；Teller et al.，2002）。此外，海洋大陆架沉积物也很难作为更新统（世）– 全新统（世）界线的"金钉子"，因为根据岩石地层学和生物地层学都很难明确标定这个界线位置，并且在缺失放射性年代的情况下，关于古地磁、古环境记录的解释也存在争议；此外，海洋大陆架通常并不稳定（Thompson & Berglund，1976）。

在陆地沉积物记录中，湖泊沉积是最有可能被选作更新统（世）– 全新统（世）界线"金钉子"的，但仍然存在着诸多不利因素，例如生物和非生物环境系统对气候变化的响应速度不同，会造成这些指标在时间和空间上存在滞后。因此，晚第四纪生物地层单位或生物事件的普遍穿时性问题，是湖泊记录不适合作为早全新统（世）底界的最主要因素（Watson & Wright，1980）。此外，受技术的限制（矿物碳误差、污染等），以及一个 600 年的 ^{14}C 年代平台期的影响，湖泊记录的年代也存在一定问题（Lowe & Walker，2000；Lowe et al.，2001）。

极地冰芯具有海洋和陆地沉积物无法比拟的优势，例如时间跨度长、沉积连续、气候代用指标多（包括稳定同位素、痕量气体、气溶胶、粉尘等）、分辨率高、相互独立的定年方法多（包括可见冰层计数、氧同位素和化学层型计数、冰流模式和火山灰年代学），等等（Hammer et al.，1997；Alley，2000；North Greenland Ice Core Project Members，2004）。这些特点使得格陵兰岛冰芯记录被最终用来定义全新统（世）底界的"金钉子"，并于 2008 年 5 月被国际地质科学联合会（IUGS）执行委员会批准（Walker et al.，2008，2009）。

2. 科学内涵

格陵兰阶底界"金钉子"位于格陵兰岛中部 NGRIP2 冰芯（北纬 75°06′00″，西经 42°19′00″）的 1 492.45 m 处（图 13-3-12、图 13-3-13），界线年代为距公元 2000 年 11 700 年前，误差为 99 年。该界线以氘盈余在 1~3 年内迅速降低 2‰ ~ 3‰为标志，伴随着 δ^{18}O 值的升高、粉尘含量的降低、化学组分变化以及冰芯年层厚度的增加，预示着气候快速变暖及更新世最后一个冷期（新仙女木冰阶 / 格陵兰冰阶 1）的结束（图 13-3-14；Johnsen et al.，2001；Masson–Delmotte et al.，2005；Steffensen et al.，2008）。NGRIP2 冰芯保管在哥本哈根大学，可以通过 NGRIP 指导委员会和 NGRIP 冰芯监管人获得访问权（Walker et al.，2008，2009）。

以冰芯记录来定义和代表格陵兰阶"金钉子"的优势主要体现在三个方面：首先，冰川沉积连续、分辨率高；其次，格陵兰岛位于高纬的北大西洋地区，对半球尺度气候变化非常敏感，尤其是在更新统（世）– 全新统（世）过渡时期，格陵兰岛冰川位于逐渐消退的欧亚大陆和劳伦泰德冰盖之间，对气候变化的响应更加敏感，格陵兰岛冰芯很多指标都能对气候变化作出快速响应；最后，格陵兰岛冰芯记录中的全新统（世）底界可以通过年层计数来进行非常精确的定年，同时还可以通过格陵兰岛多个独立的冰芯记录加以验证（Hammer et al.，1997；Alley，2000；North Greenland Ice Core Project Members，2004）。冰芯的这些优势可以使海洋和陆地气候代用指标都能很容易相互关联起来，是理想的气候层型参考点。

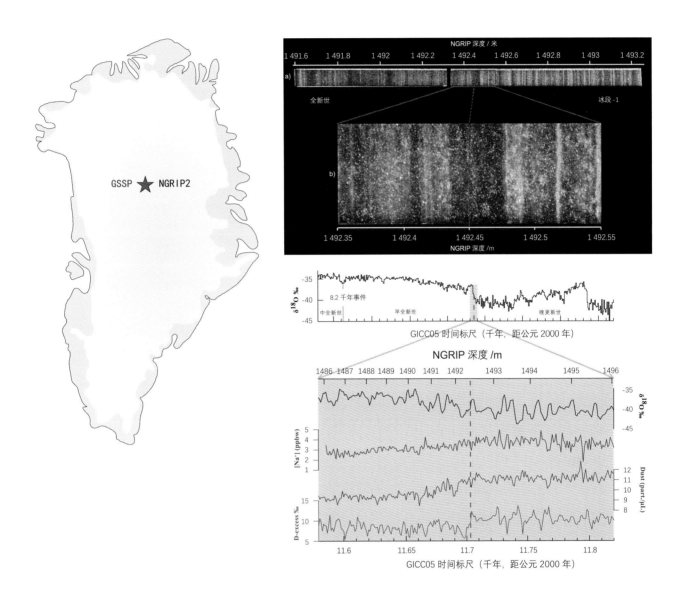

左上图 **图 13-3-12** 格陵兰阶底界"金钉子"所在的 NGRIP2 冰芯的地理位置（据 Gibbard & Head.，2020）

右上图 **图 13-3-13** NGRIP2 冰芯的剖面扫描图（红色虚线为格陵兰阶底界位置）（据 Walker et al.，2009）

右下图 **图 13-3-14** NGRIP2 冰芯气候代用指标时间序列（Gibbard & Head，2020）。红色虚线指示格陵兰阶底界位置（以氘盈余迅速降低为标志）

3. 我国该界线的情况

我国的黄土、湖泊、石笋等都记录了标志格陵兰阶底界的气候突变事件。在此，以北京苦栗树洞石笋 BW-1 的 $\delta^{18}O$ 记录为例加以说明。在 11.56 ± 0.04 ka，石笋 $\delta^{18}O$ 在 38 年内（由年层计数确认）迅速负偏了 2.23‰，说明东亚季风迅速增强，标志着新仙女木冰阶的结束，与 NGRIP2 记录基本一致（图 13-3-15）。

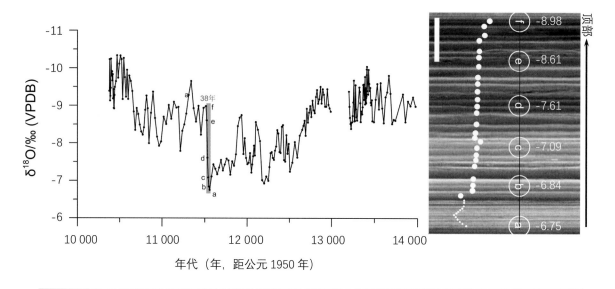

图 13-3-15 北京苦栗树洞石笋 BW-1 的 $\delta^{18}O$ 时间序列和纹层显微图片。左图中绿色条指示新仙女木冰阶的快速结束经历了 38 年，对应于 NGRIP2 记录的格陵兰阶底界，右图为该时段石笋年纹层计数结果（38 层），比例尺为 1 mm（据 Ma et al., 2012）

六、诺斯格瑞比阶底界"金钉子"

1. 研究历程

诺斯格瑞比阶（暨中全新统）底界"金钉子"位于格陵兰岛中部 NGRIP1 冰芯（北纬 75° 06′ 00″，西经 42° 19′ 00″）剖面的 1 228.67 m 处（图 13-3-16）。该界线以氧同位素和氘同位素的显著负偏为主要标志，同时冰芯年层厚度和氘盈余也显著降低，代表着早全新统（世）温度普遍升高一段时间后气候转冷，对应全球性气候变冷事件"8.2 ka"事件（图 13-3-17）。基于多参数年层计数获得的年代为 8.236 ka，最大计数误差为 47 年。该"金钉子"由国际地质科学联合会（IUGS）于 2018 年 7 月批准（Walker et al., 2018, 2019 a, b）。

全新统的正式细分是由 Mangerud 等在 1974 年提出的。他们提议，基于孢粉划分的生物带将北欧的 Flandrian 阶（相当于全新统）划分为三个子阶，由 ^{14}C 定年法来获得年代（Mangerud et al., 1974）。但是，由于植被对气候变化的响应存在穿时性，因此基于生物学证据来细分全新统（世）年代地层除了局部或区域范围外，都不适用（Björck et al.，1998；Wanner et al.，2008）。不过，全新统（世）三分法的概念显然是可行的，"早""中"和"晚"全新世的说法也经常在第四纪科学文献中使用（Marino et al.，2009），同时也被《国际地层学指南》所接受（Hedberg，1976；Salvador，1994），尽管它们的精确时限并没有正式确定，实际上也没有得到IUGS的官方认可。三分方案难以得到广泛认可的原因之一，是全新统（世）缺乏全球一致的长尺度气候或环境变化趋势，因此很难为气候地层单元的进一步细分提供清晰的可以全球对比的基础。

全球范围内众多地质记录显示，在8.2 ka左右出现了一个气候突然变冷的事件，即"8.2 ka"事件（Von Grafenstein et al.，1998；Cheng et al.，2009；Liu et al.，2013）。这个全球性的气候变冷事件，是一个理想的地层标志，可以基于此来定义下全新统的上界。而格陵兰岛冰芯 NGRIP1的物理、化学指标等都清晰地记录了"8.2 ka"事件（Hammer et al.，1986；Alley et al.，1997；Rasmussen et al., 2007）。通过多参数的季节性旋回可以获得冰芯的年层标志，进而通过年层计数可以为"8.2 ka"事件提供精确的年代标尺（Rohling & Pälike，2005；Rasmussen et al.，2006；Thomas et al.，2007）。此外，反映酸度的电导率在氧同位素最低值的部位出现了显著的峰值，这是一个清晰的火山信号，格陵兰岛冰芯的其他钻孔也记录了相同的信息（Meese et al.，1997；Rasmussen et al.，2006；Vinther et al.，2006），进一步确保了该"金钉子"在格陵兰冰芯 NGRIP1 中的准确位置（图 13–3–18）。

以上这些特性促使格陵兰岛冰芯记录被提议用来定义诺斯格瑞比阶（暨中全新统）底界的"金钉子"，并由国际地质科学联合会（IUGS）执行委员会于2018年7月批准（Walker et al.，2018，2019 a，b）。

2. 科学内涵

诺斯格瑞比阶底界"金钉子"位于格陵兰岛中部的 NGRIP1 冰芯（北纬 75°06′00″，西经 42°19′00″）剖面的 1 228.67 m 处，以氧同位素和氘同位素的显著负偏为主要标志，同时冰芯年层厚度和氘盈余也显著降低，代表着早全新世温度普遍升高一段时间后气候转冷，对应于全球性气候变冷事件"8.2 ka"事件。基于多参数年层计数获得的年代为8.236 ka，最大计数误差为47年

图13-3-16 保存了诺斯格瑞比阶底界"金钉子"的格陵兰岛 NGRIP1 冰芯的位置（据 Gibbard & Head，2020）

（Hammer et al.，1986；Alley et al.，1997；Rasmussen et al.，2007）。NGRIP1 冰芯保管在丹麦哥本哈根大学的尼尔斯 – 玻尔研究所，可以通过 NGRIP 指导委员会和 NGRIP 冰芯监管人获得访

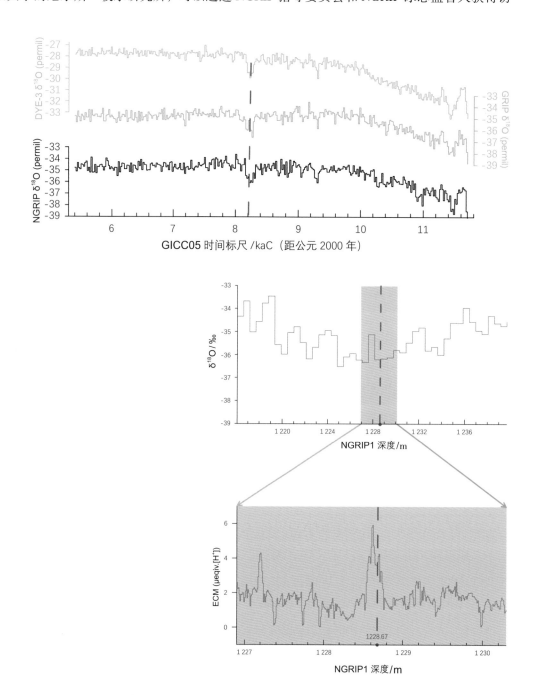

上图 图13-3-17 格陵兰岛不同冰芯 12ka 至 5ka 的氧同位素时间序列。红色虚线指示诺斯格瑞比阶底界位置

下图 图13-3-18 诺斯格瑞比阶底界"金钉子"在 NGRIP1 的深度（红色虚线所示）以及氧同位素和电导率变化（据 Walker et al.，2018）

问权（Walker et al., 2018, 2019 a, b）。

3. 我国该界线的情况

我国的湖泊、石笋等都记录了标志诺斯格瑞比阶底界的"8.2 ka"气候突变事件，在此，以贵州荔波县董哥洞石笋 DA 的 δ^{18}O 记录为例加以说明。在 8.2 ka，石笋 δ^{18}O 迅速正偏，说明东亚季风迅速减弱，对应于 NGRIP1 记录的气温迅速降低（图 13-3-19；Cheng et al., 2009）。

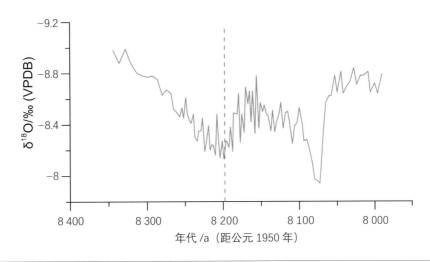

图 13-3-19 贵州董哥洞石笋 DA 的 δ^{18}O 时间序列。红色虚线指示 δ^{18}O 迅速正偏，对应于 NGRIP1 记录的诺斯格瑞比阶底界

七、梅加拉亚阶底界"金钉子"

1. 研究历程

梅加拉亚阶（暨上全新统）底界"金钉子"由印度东北部梅加拉亚邦乞拉朋齐村 Mawmluh 洞内（北纬 25° 15′ 44″，东经 91° 42′ 54″）的石笋（KM-A）记录来确定（图 13-3-20、图 13-3-21）。该界线以氧同位素显著正偏为标志，代表着由印度次大陆和东南亚区域夏季风减弱而引起的降水突然减少，对应于全球性或准全球性气候突变事件"4.2 ka"事件。界线年代由铀系定年和 Monte Carlo 内插法获得，为 4.25 ka。该"金钉子"由国际地质科学联合会执行委员会于 2018 年 7 月批准（Walker et al., 2018, 2019 a, b）。

在基于格陵兰岛冰芯 NGRIP1 记录的"8.2 ka"气候突变事件被用以界定中全新统底界的同时，上全新统的底界也被提议用类似的全球性气候突变事件来加以界定。全球七大洲多种地质记录（如洞穴石笋、湖泊沉积物、海洋沉积物、泥炭、黄土等）都显示，在 4.2 ka 左右发生了一个全球性的气候异常事件，即"4.2 ka"事件（Parker et al., 2006；Staubwasser & Weiss, 2006；

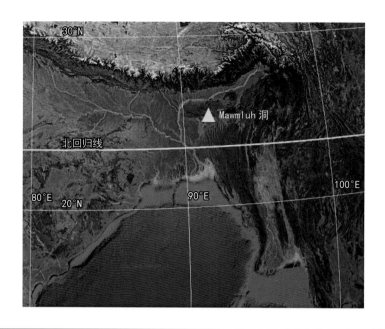

图13-3-20 印度 Mawmluh 洞地理位置图。梅加拉亚阶底界"金钉子"保存于 Mawmluh 洞中的石笋 KM-A 中

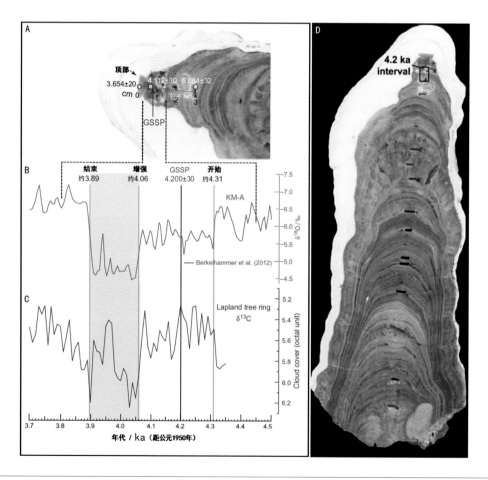

图13-3-21 保存有梅加拉亚阶底界"金钉子"的石笋 KM-A 剖面和 δ¹⁸O 时间序列(红色线指示梅加拉亚阶底界"金钉子"的位置,
(据 Gibbard & Head., 2020)

Xiao et al., 2019）。在中—低纬度，大多数记录表明该时段气候突然变得干旱（Zielhofer et al., 2017）。如在 4.2 ka 左右，东亚季风、印度—澳大利亚季风都出现了快速衰退（Quigley et al., 2010；McGowan et al., 2012；Kathayat et al., 2017）；北半球高纬度地区温度快速降低，冰川显著扩张（Menounos et al., 2008；Larsen et al., 2012；Balascio et al., 2015），南极海表温度降低，海冰快速增加（Peck et al., 2015）。

"4.2 ka" 气候突变事件也产生了显著的社会影响，引起了人类的迁徙，导致了我国长江流域、华北和青藏高原，以及西班牙、希腊、巴基斯坦、埃及、美索不达米亚、印度河流域等地区古人类文明的衰落（Stanley et al., 2003；Ponton et al., 2012；Weiss, 2017）。中非班图人扩张的第一阶段，以及美洲西南部和尤卡坦半岛农耕形式的显著改变，也都与 "4.2 ka" 事件相吻合（Merrill et al., 2009；Maley & Vernet, 2015；Torrescano-Valle & Islebe, 2015）。

由此可见，与 "8.2 ka" 事件类似，"4.2 ka" 事件是一个全球性或准全球性的气候突变事件，是理想的地层标志，可据此定义上全新统的底界。印度东北部梅加拉亚邦 Mawmluh 洞内石笋（KM-A）的氧同位素序列清晰记录了 "4.2 ka" 事件，并且具有年代精度高（优于 30 年）、氧同位素变化幅度大（正偏 1.5‰，预示着季风降水减少了 20%~30%）和分辨率高（优于 5 年）等优势（Berkelhammer et al., 2012），因此非常适合作为标记上全新统底界的 "金钉子"。

2. 科学内涵

梅加拉亚阶底界 "金钉子" 在印度东北部梅加拉亚邦乞拉朋齐村 Mawmluh 洞内（北纬 25°15′44″，东经 91°42′54″）石笋（KM-A）中（图 13-3-21），以氧同位素显著正偏为标志，对应于全球性或准全球性气候突变事件 "4.2 ka" 事件。可以通过印度国家洞穴研究和保护组织（依据《印度政府社团注册法案，1860》注册）获得进入 Mawmluh 洞内。梅加拉亚阶底界 "金钉子" 所在的石笋样品 KM-A 保存在印度北方邦勒克瑙的 Birbal Sahni 古科学研究所（Walker et al., 2018，2019 a，b）。

梅加拉亚阶底界 "金钉子" 的优势主要体现在两个方面：① Mawmluh 洞是印度次大陆最长和最深的洞穴之一，洞内相对湿度高（大于 90%），温度波动小（18.0~18.5℃），石笋样品 KM-A 采集于洞穴深部，补给水的滴率相对稳定，从而有助于方解石在同位素平衡分馏条件下沉积，石笋的氧同位素能够较真实地反映雨水氧同位素的雨量加权平均值；② 石笋样品 KM-A 氧同位素分辨率高（5 年），变化幅度大（正偏 1.5‰），年代精度高（优于 30 年），且生长速度稳定，从而使插值获得的 "4.2 ka" 事件的开始和持续时间更加可靠（Berkelhammer et al., 2012）。

3. 我国该界线的情况

我国的湖泊、石笋等都记录了标志梅加拉亚阶底界的"4.2 ka气候突变"事件，在此，以贵州荔波县董哥洞石笋DA的 δ¹⁸O 记录为例加以说明。在大约4.2 ka，石笋 δ¹⁸O 迅速正偏，说明东亚季风迅速减弱（Wang et al., 2005），与印度 Mawmluh 洞石笋 KM-A 记录基本一致（图13-3-22）。

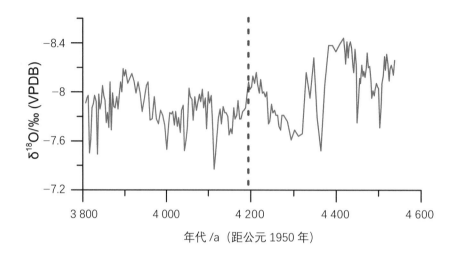

图13-3-22 贵州董哥洞石笋 DA 的 δ¹⁸O 时间序列（红色虚线指示 δ¹⁸O 迅速正偏，对应于印度 Mawmluh 洞石笋 KM-A 记录的梅加拉亚阶底界）（据 Wang et al., 2005）

第四节
第四系内待定界线层型研究

一、第四系上更新统底界

上更新统（暨更新统上阶）底界的"金钉子"问题由来已久，但长期悬而未决（Head & Gibbard，2015）。早在1928年的第2届国际第四纪大会就明确，末次间冰期的底界就是上更新统底界。1987年，在渥太华举行的第12届国际第四纪大会正式决定，将深海氧同位素第5阶段（MIS5）的底界作为上更新统底界，并着手进行"金钉子"剖面遴选工作（Anonymous，1988）。

不难发现，1928年和1987年的标准分别是依据陆相沉积末次间冰期和深海氧同位素记录。1987年的学界共识是，陆相的末次间冰期与深海氧同位素MIS5阶是对应的，但这种共识很快就被打破了。2003年，剑桥大学的Nick Shackleton团队在葡萄牙外海的海洋沉积物中发现，陆相记录的末次间冰期（欧洲称伊米间冰期，Eemian）底界比海洋同位素MIS5底部晚6000年，峰值晚2000年（Shackleton et al.，2003）。末次间冰期对应MIS5的默契被打破，第四纪地层学家不得不重新遴选上更新统底界的"金钉子"。

随后，剑桥大学教授Philip Gibbard等学者建议将上更新统"金钉子"重新选到伊米间冰期的命名地——荷兰阿姆斯特丹冰蚀盆地。他们选定了荷兰地质调查局在1997年完成的一个钻孔。这个钻孔的岩芯记录了该地区晚更新世从湖泊—沼泽—淡水池塘—浅海相沉积的整个变化历程。他们建议，"金钉子"位于钻孔的63.5 m处灰绿色硅藻土的底部，下伏薄砂层。该层位木本花粉激增，其中桦木属尤其明显。研究者认为，木本花粉的快速增加代表了间冰期来临时欧洲气候改善（Gibbard，2003）。

该提案赢得了第四纪地层分会全票支持，也得到了国际地层委员会的认可（71%支持）。但是，2008年被国际地质科学联合会执行委员会否决，主要理由包括该剖面垂直相变明显、大范围的精确对比潜力不明。另外，该剖面为淡水沉积，而"金钉子"通常要求是海相沉积。该提案被否决后，上更新统"金钉子"的确定事宜暂时搁浅。

意大利团队沿用了亚平宁半岛南部塔兰托地区的上更新统塔兰托阶（Tarentian）的名称，并提出将Fronte综合剖面作为"金钉子"候选剖面的建议（Negri et al.，2015）。Fronte综合剖面由两个剖面组成（图13-4-1）。首先是Fronte剖面，该剖面的1~5层，与氧同位素MIS5e相当，下伏地层是中更新世的蓝色泥岩。距离Fronte剖面大于20 m处的是Garitta剖面，后者很好地记录了123 ka前的古地磁极性漂移——布莱克事件（图13-4-1）。研究者建议，上更新统的"金钉子"应位于最大洪水层的底部，即第 4 层底界之上 70 cm 处。在这个层位以上，浮游和底栖有孔虫比值增加，底栖有孔虫组合突然发生改变。

目前而言，意大利团队的 Fronte 综合剖面提案是最有竞争力的。但 Fronte 综合剖面弱点同样明显：剖面有垂直相变；不同地点的有孔虫组合可能有穿时现象，难以对比；Fronte 剖面仅有第四层有氧同位素记录，且缺少变化；在 Garitta 剖面中，上更新统底界对应着氧同位素 MIS5e 阶段的峰值（Head & Gibbard，2015）。

近年，随着研究的深入，冰芯以及石笋记录也被纳入上更新统"金钉子"的考察范围。第四纪地层专门委员会主席 Martin J. Head 在 35 届国际地质大会上提出，南极冰芯中第二冰期终止期的甲烷激增可以作为上更新统"金钉子"的第二个候选者（Head，2019）。在南极 EPICA Dome C 冰芯记录中，甲烷记录的轨道调谐年代结果显示，第二冰期终止期的中点年代为 132.4 ka，甲烷快速增长发生在 128.51 ± 1.72 ka。这一甲烷增长年代与 Dome C 冰芯 CO_2 最大值（128 ± 1.8 ka）、全球最高海平面的年代（129.0 ± 1.0 ka）、欧洲石笋 $\delta^{18}O$ 最小值（128.0–128.5 ± 0.9 ka）、亚洲石笋 $\delta^{18}O$ 最小值（128.2 ± 0.5 ka），以及希腊硬叶林孢粉含量峰值年代（127.5 ± 2.3 ka）接近。这一候选建议提供了"金钉子"在南、北半球间对比的可能，而且契合 1932 年 INQUA 大会提议的"金钉子"方案。

图 13-4-1 意大利亚平宁半岛 Fronte 综合剖面。A. Fronte 剖面；B. Garitta 剖面（据 Negri et al.，2015）

尽管全新世已经有 2 个"金钉子"来自冰芯记录，但都是来自格陵兰岛冰芯。南极 EPICA Dome C 冰芯作为晚更新世"金钉子"的主要不足在于沉积速率低。总之，上更新统"金钉子"问题迄今悬而未决，希望在不久的将来能够取得突破。

二、人类世

1. 研究现状

1990 年代末，资深湖泊硅藻专家、密歇根大学 Eugene F. Stoermer 教授发现，湖泊的污染水平会显著影响湖泊硅藻的格局（Stoermer & Smol，1999）。2000 年，在墨西哥举行的国际地圈—生物圈计划（IGBP）会议上，诺贝尔化学奖得主、大气化学家 Paul Crutzen 与 Eugene F. Stoermer 共同提出，需要一个新的术语——"人类世"（Anthropocene）来强调人类在地质和生态中的中心地位，正式宣告"人类世"的出现（Crutzen & Stoermer，2000）。

2002 年，Crutzen 在 Nature（《自然》）发表了一篇独立署名的短文。文中提出，人类排放二氧化碳已经使得全球气候偏离了全新世以来的正常发展轨道，提议全新世已经终结；蒸汽机的发明开辟了一个新的地质时代——"人类世"（Crutzen，2002）。此后，"人类世"这一名词被地球系统学者广泛使用，同时，其时间范围、内涵及外延迅速泛化。到 2006 年，世界上最古老的地质协会——伦敦地质学会，其下属的地层委员会专门讨论了"人类世"成为正式地层单位的可能。会后，地层分会的 21 位委员联合署名发表了一篇文章，支持将工业革命作为"人类世"的底界，并建议国际第四纪地层委员会讨论"人类世"作为正式地层单位的可能（Zalasiewicz et al.，2008）。

随后，国际地层委员第四纪专业委员会 2009 年设立了"人类世工作组"，主要目的是按照严谨的地层学规范，确立"人类世"作为年代地层和地质年代单位。该工作组成员来自多个专业领域，不仅有地层学家，还包括地球系统科学家、海洋学家、历史学家、考古学家、地理学家、国际法学者。我国的安芷生院士也是该工作组成员之一。

此后，"人类世"论文迎来井喷式增长。到 2016 年，在南非开普敦举办的国际地质大会上，"人类世工作组"提出，在全新世终结后，"人类世"具有地质现实意义，建议作为一个新的年代地层单位；推荐的"人类世"底界是 20 世纪中叶，大致对应于第二次世界大战后人口、能源消费、工业化以及全球化的爆发性增长；核爆峰值最有可能成为确立人类世"金钉子"的标志（Zalasiewicz et al.，2017）。

2. 地层标志

尽管 Crutzen 最初认为，人类活动使气候偏离了自然轨道，但学界普遍认为，过去数十年中，人类排放二氧化碳产生的气候影响，尚未在气候系统中达到平衡。因此，气候变化并没有成为"人类世"的显著标志。但是，人类活动已经在岩石地层、化学地层和生物地层中留下了显著印记。

"人类世"的岩石地层标准主要包括人为矿物的出现。目前已经识别出了200多种由于人类活动新形成的矿物（Hazen et al.，2017），还包括金属元素的提炼和合金的形成，比如，铝在自然条件中很少，但现在人类已经累计生产5亿吨以上。类似的情况还包括人为产生的类矿物复合体，如碳化钨和塑料（Geyer et al.，2017）。

矿物的多样化还包括许多人为形成的岩石，比如说陶、瓷以及混凝土。混凝土堪称是"人类世"的显著标志。现在全球每年约生产270亿吨，累计已超过5 000亿吨，相当于地球表面每平方米都有1kg混凝土（Waters & Zalasiewicz，2018）。

森林砍伐、农业和城市化进程产生了大量的人为沉积和侵蚀，在第二次世界大战后明显加速。据估计，2015年全球人为沉积达3 160亿吨，是全球河流向海洋输送沉积物的24倍。人为改造过的地表物质总量达到了30万亿吨，平均每平方米地球表面有50 kg。最新估计表明，2020年，人类制造的物质总重量已经超过总生物量（Elhacham et al.，2020）。

人类对化学循环的扰动普遍存在。有研究显示，采矿、工业化石燃料和森林砍伐等人类活动已经导致了62种元素的通量超过了自然循环（Sen & Peucker-Ehrenbrink，2012）。碳循环首当其冲。目前，每年约有6 000亿吨的碳排放进入地球表层系统，大部分来自化石燃料燃烧、森林砍伐、土壤碳库变化及水泥工业。大量碳排放的直接后果是，工业革命前大气二氧化碳浓度约为280 mg/L，现在已经超过410 mg/L。这种增速是更新世–全新世自然变化的100倍以上（图13-4-2A）。同样，大气甲烷浓度变化也非常明显，全新世自然波动在590~760 μg/L之间，但现在已经超过了1850 μg/L（图13-4-2B）。另外，自20世纪初用哈伯法（Haber–Bosch process）生产氮肥以来，人类对氮循环的扰动几乎是自然背景的两倍以上。相应地，硫循环、磷循环都产生了显著改变（IPCC，2014）。

20世纪中叶以来无可争议的化学标志包括有机污染物POPs（持久性有机污染物）、DDT（一种杀虫剂）以及PCB（印制电路板）。最鲜明的变化都与人类形成的放射性核素有关，比如^{210}Pu、^{137}Cs、^{241}Am以及^{14}C。苏联切尔诺贝利核电站爆炸和日本福岛核电站泄漏事件之后出现的核素峰值，成为全球标准地层年代的有力竞争者。

人类对生物圈的影响主要包括数千种物种的驯化和迁移，比如狗、猫、猪、鼠以及其他动物。人为干预确实可以导致区域生物种群发生明显变化，从而具有了生物地层的潜力。这些变化已经在人类迁徙进入北美的研究中作为地层标志使用。过去一个半世纪以来，美国旧金山湾地区入侵物种的变化也证实了这种可能性（图13-4-3；Williams et al.，2019）。

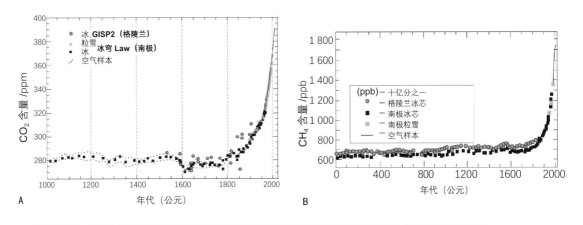

图 13-4-2 格陵兰岛 GISP2 和南极 LAW 冰穹冰芯中记录的大气 CO$_2$（A）、甲烷（B）含量变化（GTS 2020）

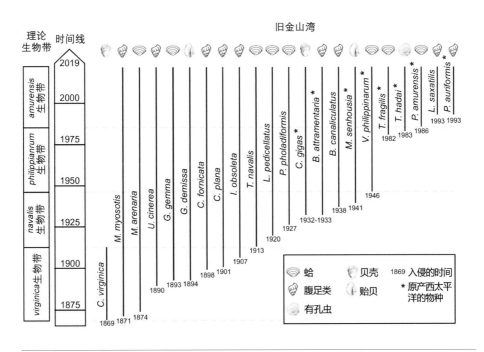

图 13-4-3 过去 150 年旧金山湾区外来软体动物和有孔虫组合，以及划分的生物带（GTS 2020 Fig31.11）

3. 人类世"金钉子"

"人类世工作组"提议，人类世底界应该是一个清晰的全球同步信号，表明人类开始在行星尺度上影响了关键的物理、化学和生物过程。这与全新世以来不同地点受人类影响有先后差异迥然不同。因此，人类世"金钉子"需要广泛存在的、可以严格对比的高分辨率信号。目前，最明确的是人为放射性核素在全球的扩散，主要标志是全球核爆峰值（图 13-4-4；Zalasiewicz et al.，2017）。

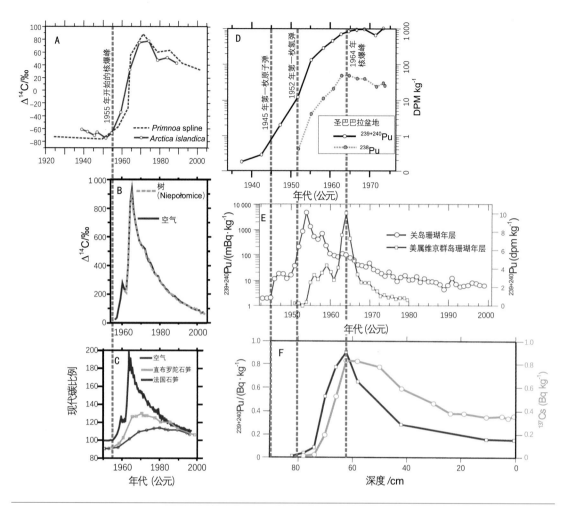

图 13-4-4 不同环境中的核爆峰记录（据 Gradstein et al.，2020）。A. 珊瑚和双壳类的样条曲线；B. 波兰树轮中的 Δ^{14}C 记录；C. 欧洲西南部石笋的 Δ^{14}C 记录；D. 圣巴巴拉盆地海洋沉积物的 $^{239+240}$Pu 和 ^{238}Pu 信号；E. 关岛和美属维尔京群岛的珊瑚的 $^{239+240}$Pu 和 ^{238}Pu 信号；F. 澳大利亚维多利亚湖沉积物的放射成因信号

　　"人类世工作组"建议，人类世除"金钉子"外还应包括若干个辅助剖面。它们可能会出现在湖泊沉积、缺氧海盆、近海和三角洲、石笋、冰川、珊瑚和树轮记录中。

　　在大多数环境中可用的依据是人工核素的突然增加，比如 ^{239}Pu 和 ^{14}C，这种变化提供了一个稳定可对比的层位。缺氧的湖泊和海盆、三角洲和海湾中的沉积纹层，珊瑚、树轮、冰川冰，以及海洋双壳类等逐年增长的环境载体，成为寻找人类世"金钉子"的优选材料。"连续保存"和"没有间断"对于确定该"金钉子"至关重要，信号产生和记录封存之间的时间间隔决定了人类世"金钉子"质量。

　　根据"人类世工作组"公布的流程，他们首先将向国际地层委员会第四纪地层专门委员会提交正式的建议书，然后提请国际地层委员会全体投票表决，通过后再提交国际地质科学联合会执行委员会批准。

4. 主要争议

在 2016 年国际地质大会前，"人类世工作组"以投票结果支持了"人类世"作为"世（Epoch）"进入地层表，与更新世、全新世并列。但是，不同意见认为，第四纪的 258 万年历史经历了多次冰期旋回，把最近一次间冰期称为全新世，正是考虑到了人类活动的特殊性。因此，有科学家认为，全新世就是"人类世"；在地层表中强行加入不足百年的"人类世"，可能动摇整个地层标准；在地层表中增加"人类世"，固然可以进一步强调全球变化的严重性，但不应以牺牲科学标准作为代价。

无论最终"人类世"能否成为正式的地层单位，这一概念已经对地球科学产生了深远影响。"人类世"的价值并不在于又多了条地层界线，而在于冲破了地球科学里"古"和"今"的隔墙（汪品先，2019）。地球系统科学的大发展，要求突破两堵墙：一堵是空间的墙，主要是各大圈层之间的隔阂；另一堵是时间的墙，尤其是学术界古、今研究长期分家的墙。突破古今隔墙，这就是人类世的意义所在。

致谢：

感谢中国科学院战略性先导科技专项（A 类）（XDA19050104）的资助以及邓涛、张师豪在成文过程中的帮助。

参考文献

李吉均，文世宣，张青松，王富葆，郑本兴，李炳元．1979．青藏高原隆起的时代、幅度和形式的探讨．中国科学，22(6): 608-616.

刘东生．1985．黄土与环境．北京：海洋出版社．

刘东生．2004．关于是否在地层系统中取消"第四纪"（Quaternary）一名词的讨论和危机．第四纪研究，24(5): 481-485.

刘嘉麒．1989．中国的第四纪火山．第四纪研究，8(1): 180-184.

王绍武．1995．小冰期气候的研究．第四纪研究，15(3): 202-212.

王绍武，叶瑾琳，龚道溢．1998．中国小冰期的气候．第四纪研究，18(1): 54-64.

汪品先．2000．更新统下界的半世纪之争．第四纪研究，20(2): 178-181.

汪品先．2019．人类世：在古今之间拆墙．世界科学，37-39.

张德二．1991．中国的小冰期气候及其与全球变化的关系．第四纪研究，11(2): 104-112.

Aguirre, E., Pasini, G. 1985. The pliocene-pleistocene boundary. Episodes, 8(2): 116-120.

Alley, R.B. 2000. The Two-Mile Time Machine. Princeton: Princeton University Press.

Alley, R.B., Mayewski, P., Sowers, T., Stuiver, M., Taylor, K.C., Clark, P.U. 1997. Holocene climatic instability: a prominent widespread event 8200 yr ago. Geology, 25: 483-486.

American Commission On Stratigraphic Nomenclature. 1961. Code of Stratigraphic Nomenclature. American Association of Petroleum Geologists' Bulletin, 45: 645-665.

American Commission On Stratigraphic Nomenclature. 1970. Code of Stratigraphic Nomenclature (Second Edition). American Association of Petroleum Geologists' Bulletin, 60: 1-45.

An, Z.S.1984. A study on the lower boundary of Quaternary in North China— Stratigraphic significance of the Matuyama/Gauss Boundary//Academia, S. (ed.). Developments in Geoscience— Contribution to 27th International Geological Congress, 1984, Moscow. Beijing: Science Press, 149-l57.

Anonymous. 1988. Biostratigraphy rejected for Pleistocene subdivisions. Episodes, 11: 228.

Balascio, N.L., D'Andrea, W.J., Bradley, R.S. 2015. Glacier response to North Atlantic climate variability during the Holocene. Climate of the Past, 11: 1587-1598.

Barron, J.A. 1985. Miocene to Holocene planktic diatoms//Bolli, H.M., Saunders, J.B.S., Perch-Nielsen, K. (eds.). Plankton Stratigraphy. Cambridge: Cambridge University Press, 763-809.

Bennett, K.D. 1997. Evolution and Ecology: The Pace of Life. Cambridge: Cambridge University Press.

Berggren, W.S., Hilgen, F.J., Langereis, C.G., Kent, D.V., Obradovich, J.D., Raffi, I., Raymo, M.E., Shackleton, N.J. 1995. Late Neogene chronology: new perspectives in high-resolution stratigraphy. Geological Society of America Bulletin, 107: 1272-1287.

Berggren, A., Li, X.S., Loutre, M.F. 1999. Modelling northern hemisphere ice volume over the last 3 Ma. Quaternary Science Reviews, 18: 1-11.

Berkelhammer, M.B., Sinha, A., Stott, L., Cheng, H., Pausata, F.S.R., Yoshimura, K. 2012. An abrupt shift in the Indian Monsoon 4000 years ago. Geophysical Monographs Series, 198: 75-87.

Björck, S., Walker, M.J.C., Cwynar, L.C., Johnsen, S. Knudsen, K.L., Lowe, J.J., Wohlfarth, B, Intimate Members. 1998. An event stratigraphy for the Last Termination in the North Atlantic region based on the Greenland ice-core record: a proposal from the intimate group. Journal of Quaternary Science, 13: 283-292.

Bond, G., Broecker, W., Johnsen, S., Mcmanus, J., Labeyrie, L., Jouzel, J., Bonani, G. 1993. Correlations between climate records from North Atlantic sediments and Greenland ice. Nature, 365: 143-147.

Bond, G., Showers, W., Cheseby, M., Lotti, R., Almasi, P., demenocal, P., Priore, P., Cullen, H., Hajdas, I., Bonani, G. 1997. A pervasive millennial-scale cycle in North Atlantic Holocene and glacial climates. Science, 278: 1257-1266.

Cheng, H., Edwards, R.L., Wang, Y.J., Kong, X.G., Ming, Y.F., Kelly, M.J., Wang, X.F., Gallup, C.D., Liu, W.G. 2006. A penultimate glacial monsoon record from Hulu Cave and two-phase glacial terminations. Geology, 34: 217-220.

Cheng, H., Fleitmann, D., Edwards, R.L., Wang, X.F., Cruz, F.W., Auler, A.S., Mangini, A., Wang, Y.J., Kong, X.G., Burns, S.J., Matter, A. 2009. Timing and structure of the 8.2 kyr B.P. event inferred from $\delta^{18}O$ records of stalagmites from China, Oman, and Brazil. Geology, 37: 1007-1010.

Cheng, H., Edwards, R. L., Sinha, A., Spötl, C., Yi, L., Chen, S.T., Kelly, M., Kathayat, G., Wang, X.F., Li, X.L., Kong, X.G., Wang, Y.J., Ning, Y.F., Zhang, H.W. 2016. The Asian monsoon over the past 640,000 years and ice age terminations. Nature, 534: 640-646.

Chiang, J.C.H., Bitz, C.M. 2005. Influence of high latitude ice cover on the marine Intertropical Convergence Zone. Climate Dynamics, 25(5): 477-496.

Cita, M.B., Gartner, S. 1973. Studi sul Pliocene e sugli strati di passaggio dal Miocene al Pliocene; IV, The stratotype Zanclean: foraminiferal and nannofossil biostratigraphy. Rivista Italiana di Paleontologia e Stratigrafia, 79(4): 503-558.

Cita, M.B., Capraro, L., Ciaranfi, N., Di Stefano, E., Marino, M., Rio, D., Sprovieri, R., Vai, G.B. 2006. Calabrian and Ionian: A proposal for the definition of Mediterranean stages for the Lower and Middle Pleistocene. Episodes, 29: 107.

Cita, M.B., Gibbard, P.L., Head, M.J. 2012. Formal ratification of the GSSP for the base of the Calabrian Stage (second stage of the Pleistocene Series, Quaternary System). Episodes, 35(3): 388.

Clague, J. 2005. Status of the Quaternary. Quaternary Science Reviews, 24: 2424-2425.

Clark, P.U., Licciardi, J.M., Macayeal, D.R., Jenson, J.W. 1996. Numerical reconstruction of a soft-bedded Laurentide Ice Sheet during the last glacial maximum. Geology, 24: 679-682.

Clark, P.U., Marshall, S.J., Clarke, G.K.C., Hostetler, S.W., Licciardi, J.M., Teller, J.T. 2001. Freshwater forcing of abrupt climatic change during the last glaciation. Science, 293: 283-287.

Clark, P.U., Archer, D., Pollard, D., Blum, J.D., Rial, J.A., Brovkin, V., Mix, A.C., Pisias, N.G., Roy, M. 2006. The middle Pleistocene transition: characteristics, mechanisms, and implications for long-term changes in atmospheric pCO_2. Quaternary Science Reviews, 25: 3150-3184.

Cohen, K.M., Finney, S.C., Gibbard, P.L., Fan, J.X. 2013. The ICS International Chronostratigraphic Chart. Episodes, 36: 199-204.

Cohen, K.M., Gibbard, P.L. 2019. Global chronostratigraphical correlation table for the last 2.7 million years, version 2019 QI-500. Quaternary International, 500: 20-31.

Colalongo, M.L., Pasini, G., Pelosio, G., Raffi, S., Rio, D., Ruggieri, G., Sartoni, S., Selli, R., Sprovieri, R. 1982. The Neogene/Quaternary Boundary definition: a review and proposal. Geografia Fisica e Dinamica Quaternaria, 5: 59-68.

Crippa, G., Angiolini, L., Bottini, C., Erba, E., Felletti, F., Frigerio, C., Hennissen, J.A.I., Leng, M.J., Petrizzo, M.R., Raffi, I., Raineri, G., Stephenson, M.H. 2016. Seasonality fluctuations recorded in fossil bivalves during the early Pleistocene: implications for climate change. Palaeogeography, Palaeoclimatology, Palaeoecology, 446: 234-251.

Crutzen, P.J. 2002. Geology of mankind. Nature, 415: 23-23.

Crutzen, P.J., Stoermer, E.F. 2000. The 'Anthropocene'. IGBP Newsletter, 41: 17-18.

Dansgaard, W., Johnsen, S.J., Clausen, H.B., Dahl-jensen, D., Gundestrup, N.S., Hammer, C.U., Hvidberg, C.S., Steffensen, J.P., Sveinbjörnsdottir, A.E., Jouzel, J., Bond, G. 1993. Evidence for general instability of past climate from a 250-kyr ice-core record. Nature, 364: 218-220.

deMenocal, P.B. 2004. African climate change and faunal evolution during the Pliocene-Pleistocene. Earth and Planetary Science Letters, 220: 3-24.

deMenocal, P.B., Ortiz, J., Guilderson, T., Sarnthein, M. 2000. Coherent high- and low-latitude climate variability during the Holocene warm period. Science, 288: 2198-2202.

Denton, G.H., Hughes, T.J. 1981. The Last Great Ice Sheets. New York: John Wiley.

Ding, Z.L., Rutter, N.W., Liu, T.S. 1997. The onset of extensive loess deposition around the G/M boundary in China and its palaeoclimatic implications. Quaternary International, 40: 53-60.

Ding, Z.L., Yang, S.L., Sun, J.M., Liu, T.S. 2001a. Iron geochemistry of loess and red clay deposits in the Chinese Loess Plateau and implications for long-term Asian monsoon evolution in the last 7.0 Ma. Earth and Planetary Science Letters, 185: 99-109.

Ding, Z.L., Yang, S.L., Hou, S.S., Wang, X., Chen, Z., Liu, T.S. 2001b. Magnetostratigraphy and sedimentology of the Jingchuan red clay section and correlation of the Tertiary eolian red clay sediments of the Chinese Loess Plateau. Journal of Geophysical Research, 106: 6399-6407.

Ding, Z. L., Derbyshire, E., Yang, S. L., Yu, Z. W., Xiong, S. F., Liu T. S. 2002. Stacked 2.6-Ma grain size record from the Chinese loess based on five sections and correlation with the deep-sea δ18O record. Paleoceanography, 17(3): 1033.

Ding, Z.L., Derbyshire, E., Yang, S.L., Sun, J.M., Liu, T.S. 2005. Stepwise expansion of desert environment across northern China in the past 3.5 Ma and implications for monsoon evolution. Earth and Planetary Science Letters, 237: 45-55.

Elderfield, H., Ferretti, P., Greaves, M., Crowhurst, S., McCave, I.N., Hodell, D., Piotrowski, A.M. 2012. Evolution of ocean temperature and ice volume through the Mid-Pleistocene climate transition. Science, 337: 704-709.

Elhacham, E., Benuri, L., Grozovski, J., Baron, Y. M., Milo, R. 2020. Global human-made mass exceeds all living biomass. Nature, 558:

442-444.

England, J.H., Furze, M.F.A. 2008. New evidence from the western Canadian Arctic Archipelago for the resubmergence of Bering Strait. Quaternary Research, 70: 60-67.

Epica Community Members. 2004. Eight glacial cycles from an Antarctic ice core. Nature, 429: 623-628.

Fujioka, T., Chappell, J. 2010. History of Australian aridity: chronology in the evolution of arid landscapes. Geological Society, London, Special Publications, 346: 121-139.

Geyer, R., Jambeck, J. R., Law, K. L. 2017. Production, use, and fate of all plastics ever made. Science advances, 3: e1700782.

Gibbard, P. L.2003. Definition of the Middle-Upper Pleistocene boundary. Global and Planetary change, 36: 201-208.

Gibbard, P.L., Head, M.J. 2009. IUGS ratifcation of the Quaternary System/Period and the Pleistocene Series/Epoch with a base at 2.58 Ma. Quaternaire, 20(4): 411-412.

Gibbard, P.L., Head, M.J. 2020. The Quaternary Period//Gradstein, F.M., Ogg, J.G., Schmitz, M.D., Ogg, G.M. (eds.). Geologic Time Scale 2020. Oxford: Elsevier, 1217-1255.

Gibbard, P.L., Lautridou, J.P. 2003. The Quaternary history of the English Channel. Journal of Quaternary Science, 18: 195-199.

Gibbard, P.L., Smith, A.G., Zalasiewicz, J.A., Barry, T., Cantrill, D., Coe, A., Cope, J.C.W., Gale, A.S., Gregory, F.J., Powell, J.H., Rawson, P.F., Stone, P., Waters, C.N. 2005. What status for the Quaternary? Boreas, 34: 1-6.

Gibbard, P.L., Head, M.J., Walker, M.J.C., The Subcommission on Quaternary Stratigraphy. 2010. Formal ratifcation of the Quaternary System/Period and the Pleistocene Series/Epoch with a base at 2.58 Ma. Journal of Quaternary Science, 25(2): 96-102.

Gradstein, F.M., Ogg, J.G., Smith, A.G. 2004. A Geologic Time Scale 2004. Cambridge: Cambridge University Press, 409-440.

Gradstein, F.M., Ogg, J.G., Schmitz, M.D., Ogg, G.M. 2012. The Geologic Time Scale 2012, Oxford: Elsevier.

Gradstein, F.M., Ogg, J.G., Schmitz, M.D., Ogg, G.M. 2020. The Geologic Time Scale 2020, Oxford: Elsevier.

Grimm, E.C., Bradshaw, R.H.W., Brewer, S., Flantua, S., Giesecke, T., Lézine, A.M., Takahara, H., Williams, J.W. 2013. Pollen methods and studies—databases and their application//Elias, S.A. (ed.). Encyclopedia of Quaternary Science, Second Edition, Amsterdam: Elsevier, 831-838.

Grootes, P.M., Stuiver, M., White, J.W.C., Johnsen, S.J. Jouzel, J. 1993. Comparison of oxygen isotope records from the GISP2 and GRIP Greenland ice cores. Nature, 366: 552-554.

GSSP Proposal Group. 2019. A summary of the Chiba Section, Japan: a proposal of Global Boundary Stratotype Section and Point (GSSP) for the base of the Middel Pleistocene Subseris. Journal of Geological Society, 125: 5-22.

Gu, Z.Y., Liu, Q., Xu, B., Han, J.M., Yang, S.L., Ding, Z.L., Liu, T.S. 2003. Climate as the dominant control on C3 and C4 plant abundance in the Loess Plateau: organic carbon isotope evidence from the last glacial-interglacial loess-soil sequences. Chinese Science Bulletin, 48: 1271-1276.

Guo, L.C., Xiong, S.F., Ding, Z.L., Jin, G.Y., Wu, J.B., Ye, W. 2018. Role of the mid-Holocene environmental transition in the decline of late Neolithic cultures in the deserts of NE China. Quaternary

Science Reviews, 190: 98-113.

Hammer, C.U., Clausen, H.B., Tauber, H. 1986. Ice-core dating of the Pleistocene/Holocene boundary applied to a calibration of the 14C time scale. Radiocarbon, 28: 284-291.

Hammer, C.U., Mayewski, P.A., Peel, D., Stuiver, M. 1997. Greenland Summit Ice Cores. Greenland Ice Sheet Project 2/Greenland Ice Core Project. Journal of Geophysical Research, 102: 26315-26886.

Hampton, M.A. 1985. Quaternary sedimentation in Shelikof Strait, Alaska. Marine Geology, 62: 213-253.

Haneda, Y., Okada, M., Suganuma, Y., Kitamura, T. 2020. A full sequence of the Matuyama-Brunhes geomagnetic reversal in the Chiba composite section, Central Japan. Progress in Earth and Planetary Science, 7: 44.

Haq, B.U., Van Eysinga, F.W. 1998. Geological time table. Elsevier Science.

Hazen, R.M., Grew, E.S., Origlieri, M.J., Downs, R.T. 2017. On the mineralogy of the "Anthropocene Epoch". American Mineralogist, 102: 595-611.

Head, M.J. 2019. Formal subdivision of the Quaternary System/Period: Present status and future directions. Quaternary International, 500: 32-51.

Head, M.J., Gibbard, P.L. 2015. Formal subdivision of the Quaternary System/Period: past, present, and future. Quaternary International, 383: 4-35.

Head, M.J., Pillans, B., Farquhar, S. A. 2008. The Early-Middle Pleistocene transition: characterization and proposed guide for the defining boundary. Episodes, 31: 255.

Hedberg, H.D. 1976. International Stratigraphic Guide. New York: Wiley.

Heinrich, H. 1988. Origin and consequences of cyclic ice rafting in the Northeast Atlantic Ocean during the past 130,000 years. Quaternary Research, 29: 142-152.

Hennissen, J.A.I., Head, M.J., De Schepper, S., Groeneveld, J. 2014. Palynological evidence for a southward shift of the North Atlantic Current at ~2.6 Ma during the intensification of late Cenozoic Northern Hemisphere glaciation. Paleoceanography, 29(6): 564-580.

Herbert, T.D., Ng, G., Peterson, L.C. 2015. Evolution of Mediterranean sea surface temperatures 3.5-1.5 Ma: Regional and hemispheric influences. Earth and Planetary Science Letters, 409: 307-318.

Hewitt, G.M. 1999. Post-glacial re-colonization of European biota. Biological Journal of the Linnean Society, 68: 87-112.

Hilgen, F.J. 1991a. Astronomical calibration of Gauss to Matuyama sapropels in the Mediterranean and implication for the Geomagnetic Polarity Time Scale. Earth and Planetary Science Letters, 104: 226-244.

Hilgen, F.J. 1991b. Extension of the astronomically calibrated (polarity) time scale to the Miocene/Pliocene boundary. Earth and Planetary Science Letters, 107: 349-368.

Hsu, K.J. 1998. Sun, climate, hunger, and mass migration. Science China-Earth Sciences, 41: 449-472.

Huang, X.F., Jiang, D.B., Dong, X.X., Yang, S.L., Su, B.H., Li, X.Y., Tang, Z.H., Wang, Y.D. 2019. Northwestward migration of the northern edge of the East Asian summer monsoon during the mid-Pliocene warm period: Simulations and reconstructions. Journal of Geophysical Research: Atmospheres, 124: 1392-1404.

Hughen, K.A., Eglinton, T.I., Xu, L., Makou, M. 2004. Abrupt tropical vegetation response to rapid climate changes. Science, 304: 1955-1959.

IPCC. 2014. Climate Change 2014: Synthesis Report. Contribution of Working Groups I, II and III to the Fifth Assessment Report of the Intergovernmental Panel on Climate Change, Geneva, Switzerland.

Jelgersma, S. 1971. Sea-level changes during the last 10,000 Years// Steers, J.A. (ed.). Introduction to Coastline Development. London: Palgrave Macmillan, 25-48.

Jenkins, D.G. 1987. Was the Pliocene-Pleistocene boundary placed at the wrong stratigraphic level? Quaternary Science Reviews, 6: 41-42.

Jin, C.S., Liu, Q.S., Xu, D.K., Sun, J.M., Li, C.G., Zhang, Y., Han, P. 2019. A new correlation between Chinese loess and deep-sea $\delta^{18}O$ records since the middle Pleistocene. Earth and Planetary Science Letters, 506: 441-454.

Johnsen, S., Dahl-Jensen, D., Gundestrup, N., Steffensen, J.P., Clausen, H.B., Miller, H., Masson-Delmotte, V., Sveinbjornsdottir, A.E., White, J. 2001. Oxygen isotope and palaeotemperature records from six Greenland ice-core stations: Camp Century, Dye-3, GRIP, GISP2, Renland and NorthGRIP. Journal of Quaternary Science, 16: 299-308.

Kathayat, G., Cheng, H., Sinha, A., Yi, L., Li, X., Zhang, H., Li, H., Ning, Y., Edwards, R.L. 2017, The Indian monsoon variability and civilisation changes in the Indian subcontinent. Science Advances, 3(12): e1701296.

Kerey, I.E., Meric, E., Tunoğlu, C., Kelling, G., Brenner, R.L., Doğan, A.U. 2004. Black Sea-Marmara Sea Quaternary connections: new data from the Bosphorus, Istanbul, Turkey. Palaeogeography Palaeoclimatology Palaeoecology, 204: 277-295.

King, W.B.R., Oakley, K.P. 1949. Report of the temporary commission on the Plio-Pleistocene boundary, appointed 16th August 1948// Butler, A.J. (ed.). International Geological Congress, 18th Session, Great Britain, 1948. Part I. General Proceedings. London: The Geological Society, 213-228.

Koch, P.L., Barnosky, A.D. 2006. Late Quaternary extinctions: state of the debate. Annual Review of Ecology Evolution and Systematics, 37: 215-250.

Lambeck, K., Rouby, H., Purcell, A., Sun, Y.Y., Sambridge, M. 2014. Sea level and global ice volumes from the Last Glacial Maximum to the Holocene. Proceedings of the National Academy of Sciences of the United States of America, 111: 15296-15303.

Larsen, D.J., Miller, G.H., Geirsdóttir, Á., Ólafsdóttir, S. 2012. Nonlinear Holocene climate evolution in the North Atlantic: a high-resolution, multiproxy record of glacier activity and environmental change from Hvítárvatn, central Iceland. Quaternary Science Reviews, 39: 125-145.

Leavitt, S.W., Follett, R.F., Kimble, J.M., Pruessner, E.G. 2007. Radiocarbon and $\delta^{13}C$ depth profiles of soil organic carbon in the U.S. Great Plains: A possible spatial record of paleoenvironment and paleovegetation. Quaternary International, 162-163: 21-34.

Li, B.F., Sun, D.H., Xu, W.H., Wang, F., Liang, B.Q., Ma, Z.W., Wang, X., Li, Z.J., Chen, F.H. 2017. Paleomagnetic chronology and paleoenvironmental records from drill cores from the Hetao Basin and their implications for the formation of the Hobq Desert and the

Yellow River. Quaternary Science Reviews, 156: 69-89.

Lisiecki, L.E., Raymo, M.E. 2005. A Pliocene-Pleistocene stack of 57 globally distributed benthic $\delta^{18}O$ records. Paleoceanography, 20: PA1003.

Liu, F., Feng, Z. 2012. A dramatic climatic transition at ~4000 cal. yr BP and its cultural responses in Chinese cultural domains. The Holocene, 22: 1181-1197.

Liu, T.S. 1985. Loess and the Environment. Beijing: China Ocean Press.

Liu, T.S., Ding, M.L. 1982. Pleistocene stratigraphy and Plio-Pleistocene boundary in China//Quaternary Research Association of China (ed.). Quaternary geology and environment of China. Beijing: China Ocean Press, 1-6.

Liu, W.G., Feng, X.H., Ning, Y.F., Zhang, Q.L., Cao, Y.N., An, Z.S. 2005. $\delta^{13}C$ variation of C_3 and C_4 plants across an Asian monsoon rainfall gradient in arid northwestern China. Global Change Biology, 11: 1094-1100.

Liu, Y.H., Henderson, G.M., Hu, C.Y., Mason, A.J., Charnley, N., Johnson, K.R., Xie, S.C. 2013. Links between the East Asian monsoon and North Atlantic climate during the 8,200 year event. Nature Geoscience, 6: 117-120.

Lourens, L.J. 2008. On the Neogene-Quaternary debate. Episodes, 31(2): 239-242.

Lourens, L.J., Hilgen, F.J., Gudjonsson, L., Zachariasse, W.J. 1992. Late Pliocene to early Pleistocene astronomically forced sea surface productivity and temperature variations in the Mediterranean. Marine Micropaleontology, 19(1-2): 49-78.

Lourens, L.J., Antonarakou, A., Hilgen, F.J., Van Hoof, A.A.M., Vergnaud Grazzini, C., Zachariasse, W.J. 1996. Evaluation of the Plio-Pleistocene atronomical timescale. Paleoceanography, 11: 391-413.

Lourens, L.J, Hilgen, F., Shackleton, N.J., Laskar, J., Wilson, D. 2005. The Neogene Period//Gradstein, F.M., Ogg, J.G., Smith, A.G. (eds.). A Geologic Time Scale 2004. Cambridge: Cambridge University Press, 409-440.

Lowe, J.J., Walker, M.J.C. 1997. Reconstructing Quaternary Environments, (Second Edition). London: Addison-Wesley-Longman.

Lowe, J.J., Walker, M.J.C. 2000. Radiocarbon dating the Last Glacial-Interglacial Transition (ca14-914 C ka BP) in terrestrial and marine records: the need for new quality assurance protocols. Radiocarbon, 42: 53-68.

Lowe, J.J., Walker, M.J.C. 2015. Reconstructing Quaternary Environments (Third Edition). London and New York: Routledge.

Lowe, J.J., Hoek, W., Intimate Group. 2001. Inter-regional correlation of palaeoclimatic records for the Last Glacial-Interglacial Transition: a protocol for improved precision recommended by the INTIMATE project group. Quaternary Science Reviews, 20: 1175-1188.

Lu, Q.X., Zhu, J.N., Yu, D., Xu, X.W. 2016. Genetic and geographical structure of boreal plants in their southern range: phylogeography of Hippuris vulgaris in China. BMC Evolutionary Biology, 16: 34.

Ma, Z.B., Cheng, H., Tan, M., Edwards, R.L., Li, H.C., You, C.F., Duan, W.H., Wang, X., Kelly, M.J. 2012. Timing and structure of the Younger Dryas event in northern China. Quaternary Science Reviews, 41: 83-93.

Maley, J., Vernet, R. 2015. Populations and climatic evolution in North Tropical Africa from the end of the Neolithic to the dawn of the Modern Era. African Archaeological Review, 32: 179-232.

Mangerud, J., Anderson, S.T., Berglund, B.E., Donner, J.J. 1974. Quaternary stratigraphy of Norden: a proposal for terminology and classification. Boreas, 3: 109-126.

Marino, G., Rohling, E., Sangiorgi, F., Hayes, A., Casford, J.L., Lotter, A.F., Kucera, M., Brinkhuis, H. 2009. Early and middle Holocene in the Aegean Sea: interplay between high and low latitude climatic variability. Quaternary Science Reviews, 28: 3246-3262.

Martínez-Garcia, A., Rosell-Mclé, A., Jaccard, S.L., Geibert, W., Sigman, D.M., Haug, G.H. 2011. Southern Ocean dust-climate coupling over the past four million years. Nature, 476: 312-315.

Marshall, S.J., James, T.S., Clarke, G.K.C. 2002. North American ice sheet reconstruction at the Last Glacial Maximum. Quaternary Science Reviews, 21: 175-92.

Maslin, M.A., Shultz, S., Trauth, M.H. 2015. A synthesis of the theories and concepts of early human evolution. Philosophical Transactions of the Royal Society B: Biological Sciences, 370: 20140064.

Masson-Delmotte, V., Landais, A., Stievenard, M., Cattani, O., Falourd, S., Jouzel, J., Johnsen, S.J., Dahl-Jensen, D., Sveinsbjornsdottir, A., White, J.W.C., Popp, T., Fischer, H. 2005. Holocene climatic changes in Greenland: different deuterium excess signals at Greenland Ice Core Project (GRIP) and NorthGRIP. Journal of Geophysical Research, 110: D14102.

McClymont, E.L., Sosdian, S.M., Rosell-Melé, A., Rosenthal, Y. 2013. Pleistocene sea-surface temperature evolution: Early cooling, delayed glacial intensification, and implications for the mid-Pleistocene climate transition. Earth-Science Reviews, 123: 173-193.

Mclaren, S., Wallace, M.W. 2010. Plio-Pleistocene climate change and the onset of aridity in southeastern Australia. Global and Planetary Change, 71: 55-72.

Mcgowan, H., Marx, S., Moss, P., Hammond, A. 2012. Evidence of ENSO mega-drought triggered collapse of prehistory Aboriginal society in northwest Australia. Geophysical Research Letters, 39: L22702.

Meese. D.A., Gow, A.J., Alley, R.B., Zielinski, G.A. Grootes, P.M., Ram, M., Taylor, K.C., Mayewski, P.A. Bolzan, J.F. 1997. The Greenland Ice Sheet Project 2 depth-age scale: methods and results. Journal of Geophysical Research, 102: 26411-26423.

Menounos, B., Clague, J.J., Osborn, G., Luckman, B.H., Lakeman, T.R., Minkus, R. 2008. Western Canadian glaciers advance in concert with climate change circa 4.2 ka. Geophysical Research Letters, 35: L07501.

Merrill, W.L., Hard, R.J., Mabry, J.B., Fritz, G.J., Adams, K.R., Roney, J.R., Macwilliams, A.C. 2009. The diffusion of maize to the southwestern United States and its impact. Proceedings of the National Academy of Sciences, 106: 21019-21026.

Naafs, B.D.A., Hefter, J., Acton, G., Haug, G.H., Martínez-Garcia, A., Pancost, R., Stein, R. 2012. Strengthening of North American dust sources during the late Pliocene (2.7 Ma). Earth and Planetary Science Letters, 317: 8-19.

Nagalingum, N.S., Marshall, C.R., Quental, T.B., Rai, H.S., Little, D.P., Mathews, S. 2011. Recent synchronous radiation of a living fossil. Science, 334: 796-799.

Negri, A., Amorosi, A., Antonioli, F., Bertini, A., Florindo, F., Lurcock, P. C., Marabini, S., Mastronuzzi, G., Regattieri, E., Rossi, V. 2015. A potential global boundary stratotype section and point (GSSP) for the Tarentian Stage, Upper Pleistocene, from the Taranto area (Italy): Results and future perspectives. Quaternary International, 383: 145-157.

North American Commission On Stratigraphical Nomenclature. 1983. North American Stratigraphic Code. American Association of Petroleum Geologists Bulletin, 67: 841-875.

North Greenland Ice Core Project Members. 2004. High-resolution record of Northern Hemisphere climate extending into the last interglacial period. Nature, 431:147-151.

Okada, M., Suganuma, Y., Haneda, Y., Kazaoka, O. 2017. Paleomagnetic direction and paleointensity variations during the Matuyama-Brunhes polarity transition from a marine succession in the Chiba composite section of the Boso Peninsula, central Japan. Earth, Planets and Space, 69: 45.

Parker, A.G., Goudie, A.S., Stokes, S., Kennett, D. 2006. A record of Holocene climate change from lake geochemical analyses in southeastern Arabia. Quaternary Research, 66: 465-476.

Partridge, T.C. 1997. Reassessment of the position of the Plio-Pleistocene boundary: Is there a case for lowering it to the Gauss-Matuyama palaeomagnetic reversal? Quaternary International, 40: 5-10.

Peck, V.L., Allen, C.S., Kender, S., McClymont, E.L., Hodgson, D.A. 2015. Oceanographic variability on the West Antarctic Peninsula during the Holocene and the influence of upper circumpolar deep water. Quaternary Science Reviews, 119: 54-65.

Penck, A., Brückner, E. 1909. Die Alpen im Eimzeitalter. Leipzig: Tauchnitz.

Perry, C.A., Hsu, K.J. 2000. Geophysical, archaeological, and historical evidence support a solar-output model for climate change. Proceedings of the National Academy of Sciences of the United States of America, 97: 12433-12438.

Pillans, B. 2004. Proposal to redefine the Quaternary. Episodes, 27(2): 127-127.

Pillans, B., Gibbard, P. 2012. The Quaternary Period//Gradstein, F., Ogg, J., Schmitz, M., Ogg, G. (eds.). The Geologic Time Scale. Oxford: Elsevier.

Pisias, N.G., Moore, T.C.J. 1981. The evolution of Pleistocene climate: A time series approach. Earth and Planetary Science Letters, 52: 450-458.

Ponton, C., Giosan, L., Eglinton, T.I., Fuller, D.Q., Johnson, J.E., Kumar, P., Collett, T.S. 2012. Holocene aridification of India. Geophysical Research Letters, 39: L03704.

Prokopenko, A.A., Hinnov, L.A., Williams, D.F., Kuzmin, M.I. 2006. Orbital forcing of continental climate during the Pleistocene: a complete astronomically-tuned climatic record from Lake Baikal, SE Siberia. Quaternary Science Reviews, 25: 3431-3457.

Quigley, M.C., Horton, T., Hellstrom, J.C., Cupper, M.L., Sandford, M. 2010. Holocene climate change in arid Australia from speleothem and alluvial records. The Holocene, 20: 1093-1104.

Rao, Z.G., Chen, F.H., Zhang, X., Xu, Y.B., Xue, Q., Zhang, P.Y. 2012. Spatial and temporal variations of C_3/C_4 relative abundance in global terrestrial ecosystem since the Last Glacial and its possible driving mechanisms. Chinese Science Bulletin, 57: 4024-4035.

Rasmussen, S.O., Andersen, K.K., Svensson, A.M., Steffensen, J.P., Vinther, B.M., Clausen, H.B., Siggaard-Andersen, M.L., Johnsen, S.J., Larsen, L.B., Dahl-Jensen, D., Bigler, M., Röthlisberger, R., Fischer, H., Goto-Azuma, K., Hansson, M.E., Ruth, U. 2006. A new Greenland ice core chronology for the last glacial termination. Journal of Geophysical Research, 111: D06102.

Rasmussen, S.O., Vinther, B.M., Clausen, H.B., Andersen, K.K. 2007. Early Holocene climate oscillations recorded in three Greenland ice cores. Quaternary Science Reviews, 26: 1907-1914.

Raymo, M.E., Huybers, P. 2008. Unlocking the mysteries of the ice ages. Nature, 451: 284-285.

Rea, D.K., Snoeckx, H., Joseph, L.H. 1998. Late Cenozoic Eolian deposition in the North Pacific: Asian drying, Tibetan uplift, and cooling of the northern hemisphere. Paleoceanography, 13: 215-224.

Rio, D., Sprovieri, R., Thunell, R. 1991. Pliocene-lower Pleistocene chronostratigraphy: A re-evaluation of Mediterranean type sections. Geological Society of America Bulletin, 103: 1049-1058.

Rio, D., Sprovieri, R., Di Stefano, E. 1994. The Gelasian Stage: a proposal of a new chronostratigraphic unit of the Pliocene Series. Rivista italiana di Paleontologia e Stratigrafia, 100: 103-124.

Rio, D., Sprovieri, R., Castradori, D., Di Stefano, E. 1998. The Gelasian Stage (Upper Pliocene): a new unit of the global standard chronostratigraphic scale. Episodes, 21: 82-87.

Roberts, A.P., Florindo, F., Larrasoana, J.C., O'regan, M.A., Zhao, X. 2010. Complex polarity pattern at the former PlioePleistocene global stratotype section at Vrica (Italy): remagnetization by magnetic iron sulphides. Earth and Planetary Science Letters, 292: 98-111.

Robock, A. 2000. Volcanic eruptions and climate. Reviews of Geophysics, 38: 191-219.

Rohling, E, Pälike, H. 2005. Centennial-scale climate cooling with a sudden cold event around 8,200 years ago. Nature, 434: 975-979.

Rosas, A. 2016. La Evolución del Género Homo. Madrid: CSIC-La Catarata.

Ruddiman, W.F. 2014. Earth's Climate Past and Future (Third Edition). New York: W. H. Freeman and Company.

Ruddiman, W.F., Raymo, M., Mcintyre, A. 1986. Matuyama 41,000-year cycles: North Atlantic Ocean and northern hemisphere ice sheets. Earth and Planetary Science Letters, 80: 117-129.

Rull, V. 2008. Speciation timing and neotropical biodiversity: the Tertiary-Quaternary debate in the light of molecular phylogenetic evidence. Molecular Ecology, 17: 2722-2729.

Rutter, N., Ding, Z.L., Evans, M.E., Liu, T.S. 1991. Baoji-type pedostratigraphic section, Loess Plateau, north-central China. Quaternary International, 10: 1-22.

Sagnotti, L., Scardia, G., Giiccio, B., Liddicoit, J.C., Nomide, S., Renne, P.R., Spriin, C.J. 2014. Extremely rapid directional change during Matuyama-Brunhes geomagnetic polarity reversal. Geophysical Journal International, 199: 1110-1124.

Salvador, A. 1994. International stratigraphic guide: a guide to stratigraphic classification, terminology, and procedure (Second Edition). Trondheim: The International Union of Geological Sciences and Colorado: The Geological Society of America.

Sanfilippo, A., Westberg-Smith, M.J., Riedel, W.R. 1985. Cenozoic radiolaria//Bolli, H.M., Saunders, J.B., Perch-Nielsen, K. (eds.).

地层"金钉子"：地球演化历史的关键节点

Plankton Stratigraphy. Cambridge: Cambridge University Press, 631-712.

Scardia, G., Parenti, F., Miggins, D.P., Gerdes, A., Araujo, A.G.M., Neves, W.A. 2019. Chronologic constraints on hominin dispersal outside Africa since 2.48 Ma from the Zarqa Valley, Jordan. Quaternary Science Reviews, 219: 1-19.

Sen, I.S., Peucker-Ehrenbrink, B. 2012. Anthropogenic disturbance of element cycles at the Eart's surface. Environmental Science & Technology, 46: 8601-8609.

Shi, W., Dong, S.W., Yuan, L., Hu, J.M., Chen, X.H., Chen, P. 2015. Cenozoic tectonic evolution of the South Ningxia region, northeastern Tibetan Plateau inferred from new structural investigations and fault kinematic analyses. Tectonophysics, 649: 139-164.

Shi, W., Hu, J.M., Chen, P., Chen, H., Wang, Y.C., Qin, X., Zhang, Y., Yang, Y. 2019. Yumen conglomerate ages in the South Ningxia Basin, north-eastern Tibetan Plateau, as constrained by cosmogenic dating. Geological Journal, 55(11): 7138-7147.

Shi, X.H., Yang, Z., Dong, Y.P., Wang, S.D., He, D.F., Zhou, B. 2018. Longitudinal profile of the Upper Weihe River: Evidence for the late Cenozoic uplift of the northeastern Tibetan Plateau. Geological Journal, 53(S1): 364-378.

Shackleton, N.J., Sánchez-Goñi, M.F., Pailler, D., Lancelot, Y. 2003. Marine isotope substage 5e and the Eemian interglacial. Global and Planetary change, 36: 151-155.

Shultz, S., Nelson, E., Dunbar, R.I.M. 2012. Hominin cognitive evolution: identifying patterns and processes in the fossil and archaeological record. Philosophical Transactions of the Royal Society of London Series B-Biologic, 367: 2130-2140.

Simon, Q., Suganuma, Y., Okada, M., Haneda, Y., Team, A. 2019. High-resolution 10Be and paleomagnetic recording of the last polarity reversal in the Chiba composite section: Age and dynamics of the Matuyama-Brunhes transition. Earth and Planetary Science Letters, 519: 92-100.

Singer, B.S., Jicha, B.R., Mochizuki, N., Coe, R.S. 2019. Synchronizing volcanic, sedimentary, and ice core records of Earth's last magnetic polarity reversal. Science Advances, 5: eaaw4621.

Sprovieri, R. 1992. Mediterranean Pliocene biochronology: an high resolution record based on quantitative planktonic foraminifera distribution. Rivista italiana di Paleontologia e Stratigrafia, 98(1): 61-100.

Sprovieri, R. 1993. Pliocene-Early Pleistocene astronomically forced planktonic foraminifera abundance fluctuations and chronology of Mediterranean calcareous plankton bio-events. Rivista italiana di Paleontologia e Stratigrafia, 99(3): 371-414.

Stanley, J.D., Krom, M.D., Cliff, R.A., Woodward, J.C. 2003. Nile flow failure at the end of the Old Kingdom, Egypt: strontium isotope and petrologic evidence. Geoarchaeology, 18: 395-402.

Staubwasser, M., Weiss, H. 2006. Holocene climate and cultural evolution in late prehistoric-early historic West Asia. Quaternary Research, 66: 372-387.

Steffensen, J.P., Andersen, K.K., Bigler, M., Clausen, H.B., Dahl-Jensen, D., Fischer, H., Goto-Azuma, K., Hansson, M., Johnsen, S.J., Jouzel, J., Masson-Delmotte, V., Popp, T., Rasmussen, S.O., Rothlisberger, R., Ruth, U., Stauffer, B., Siggard-Andersen, M.L.,

Sveinbjornsdottir, A.E., White, J.W.C. 2008. High-resolution Greenland ice core data show abrupt climate change happens in few years. Science, 321: 680-684.

Stoermer, E., Smol, J. 1999. The Diatoms: Applications for the Environmental and Earth Sciences. Cambridge: Cambridge University Press.

Suganuma, Y., Okada, M., Horie, K., Kaiden, H., Takehara, M., Senda, R., Kimura, J.I., Kawamura, K., Haneda, Y., Kazaoka, O. 2015. Age of Matuyama-Brunhes boundary constrained by U-Pb zircon dating of a widespread tephra. Geology, 43: 491-494.

Suganuma, Y., Haneda, Y., Kameo, K., Kubota, Y., Hayashi, H., Itaki, T., Okuda, M., Head, M. J., Sugaya, M., Nakazato, H., Igarashi, A., Shikoku, K., Hongo, M., Watanabe, M., Satoguchi, Y., Takeshita, Y., Nishida, N., Izumi, K., Kawamura, K., Kawamata, M., Okuno, J.I., Yoshida, T., Ogitsu, I., Yabusaki, H., Okada, M. 2018. Paleoclimatic and paleoceanographic records through Marine Isotope Stage 19 at the Chiba composite section, central Japan: A key reference for the Early-Middle Pleistocene Subseries boundary. Quaternary Science Reviews, 191: 406-430.

Sun, Q.L., Liu, Y., Wünnemann, B., Peng, Y.J., Jiang, X.Z., Deng, L.J., Chen, J., Li, M.T., Chen, Z.Y. 2019. Climate as a factor for Neolithic cultural collapses approximately 4000 years BP in China. Earth-Science Reviews, 197: 102915.

Tan, L.C., Li, Y.Z., Wang, X.Q., Cai, Y.J., Lin, F.Y., Cheng, H., Ma, L., Sinha, A., Edwards, R.L. 2020. Holocene monsoon change and abrupt events on the western Chinese Loess Plateau as revealed by accurately-dated stalagmites. Geophysical Research Letters, 47: e2020GL090273.

Teller, J.T., Leverington, D.W., Mann, J.D. 2002. Freshwater outbursts to the oceans from glacial Lake Agassiz and their role in climate change during the last deglaciation. Quaternary Science Reviews, 21: 879-887.

Thomas, E.R., Wolff, E.R., Mulvaney, R., Steffensen, J.P., Johnsen, S.J., Arrowsmith, C., White, J.W.C., Vaughn, B., Popp, T. 2007. The 8.2 ka event from Greenland ice cores. Quaternary Science Reviews, 26: 70-81.

Thompson, R., Berglund, B. 1976. Late Weichselian geomagnetic 'reversal' as a possible example of the reinforcement syndrome. Nature, 263: 490-491.

Tomita, F., Kido, M., Osada, Y., Hino, R., Ohta, Y., Iinuma, T. 2016. First measurement of the displacement rate of the Pacific Plate near the Japan Trench after the 2011 Tohoku-Oki earthquake using GPS/acoustic technique. Geophysical Research Letters, 42: 8391-8397.

Torrescano-Valle, N., Islebe, G.A. 2015. Holocene paleoecology, climate history and human influence in the southwestern Yucatan Peninsula. Review of Palaeobotany and Palynology, 217: 1-8.

Trauth, M.H., Maslin, M.A., Deino, A., Strecker, M.R. 2005. Late Cenozoic moisture history of East Africa. Science, 309: 2051-2053.

Vai, G.B. 1997. Twisting or stable Quaternary boundary? A perspective on the glacial late Pliocene concept. Quaternary International, 40: 11-22.

Vinther, B., Clausen, H.B., Johnsen, S.J., Rasmussen, S.O., Andersen, K.K., Buchardt, S. L., Dahl-Jensen, D., Seierstad, I.K., Siggaard-Andersen, M.L., Steffensen, J.P., Svensson, A., Olsen, J., Heinemeier, J. 2006. A synchronised dating of three Greenland ice cores throughout the Holocene. Journal of Geophysical Research, 111: D13102.

Von Grafenstein, U., Erlenkeuser, H., Muller, J., Jouzel, J., Johnsen, S. 1998. The cold event 8200 years ago documented in oxygen isotope records of precipitation in Europe and Greenland. Climate Dynamics, 14: 73-81.

Waelbroeck, C, Duplessy, J.C., Michel, E., Labeyrie, L., Paillard, D.S., Duprat, J. 2001. The timing of the last deglaciation in North Atlantic climate records. Nature, 412: 724-727.

Walker, M., Johnsen, S., Rasmussen, S.O., Steffensen, J.P., Popp, T., Gibbard, P., Hoek, W., Lowe, J., Björck, S., Cwynar, L.C., Hughen, K., Kershaw, P., Kromer, B., Litt, T., Lowe, D.J., Nakagawa, T., Newnham, R., Schwander, J. 2008. The Global Stratotype Section and Point (GSSP) for the base of the Holocene Series/Epoch (Quaternary System/ Period) in the NGRIP ice core. Episodes, 31: 264-267.

Walker, M., Johnsen, S., Rasmussen, S.O., Steffensen, J.P., Popp, T., Gibbard, P., Hoek, W., Andrews, J., Björck, S., Cwynar, L.C., Hughen, K., Kershaw, P., Kromer, B., Litt, T., Lowe, D.J., Nakagawa, T., Newnham, R., Schwander, J. 2009. Formal definition and dating of the GSSP (Global Stratotype Section and Point) for the base of the Holocene using the Greenland NGRIP ice core, and selected auxiliary records. Journal of Quaternary Science, 24: 3-17.

Walker, M., Head, M.J., Berkelhammer, M., Björck, S., Cheng, H., Cwynar, L., Fisher, D., Gkinis, V., Long, A., Lowe, J., Newnham, R., Rasmussen, S.O., Weiss, H. 2018. Formal ratification of the subdivision of the Holocene Series/Epoch (Quaternary System/ Period): two new Global Boundary Stratotype Sections and Points (GSSPs) and three new stages/subseries. Episodes, 41(4): 213-223.

Walker, M., Gibbard, P., Head, M.J., Berkelhammer, M., Björck, S., Cheng, H., Cwynar, L.C., Fisher, D., Gkinis, V., Long, A., Lowe, J., Newnham, R., Rasmussen, S.O., Weiss, H. 2019a. Formal subdivision of the Holocene Series/Epoch: a summary. Journal of the Geological Society of India, 93: 135-141.

Walker, M., Head, M.J., Berkelhammer, M., Björck, S., Cheng, H., Cwynar, L., Fisher, D., Gkinis, V., Long, A., Newnham, R., Rasmussen, S.O., Weiss, H. 2019b. Subdividing the Holocene Series/Epoch: formalisation of stages/ages and subseries/subepochs, and designation of GSSPs and auxiliary stratotypes. Journal of Quaternary Science, 34(3): 173-186.

Wang, Y.J., Cheng, H., Edwards, R.L., An, Z.S., Wu, J.Y., Shen, C.C., Dorale, J.A. 2001. A high-resolution absolute-dated late Pleistocene monsoon record from Hulu Cave, China. Science, 294: 2345-2348.

Wang, Y.J., Cheng, H., Edwards, R.L., He, Y.Q., Kong, X.K., An, Z.S., Wu, J.Y., Kelly, M.J., Dykoski, C.A., Li, X.D. 2005. The Holocene Asian monsoon: Links to solar changes and North Atlantic climate. Science, 308: 854-857.

Wanner, H., Beer, J., Bütikofer, J., Crowley, T.J., Cubasch, U., Flückiger, J., Goosse, H., Grosjean, M., Joos, F., Kaplan, J.O. Küttel, M., Müller, S.A. Prentice, I.C., Solomina, O., Stocker, T.F. Tarasov, P., Wagner, M., Widmann, M. 2008. Mid- to Late Holocene climate change: an overview. Quaternary Science Reviews, 27: 1791-1828.

Waters, C., Zalasiewicz, J. 2018. Concrete: the most abundant novel rock type of the Anthropocene//Dellasala, D.A., Goldstein, M.I. (eds.). Encyclopedia of the Anthropocene. Oxford: Elsevier.

Watson, R.A., Wright, H.E.J.R. 1980. The end of the Pleistocene: a general critique of chronostratigraphic classification. Boreas, 9: 153-163.

Weiss, H. 2017. 4.2 ka BP Megadrought and the Akkadian Collapse// Weiss, H. (ed.). Megadrought and Collapse. From Early Agriculture to Angkor. Oxford: Oxford University Press, 93-160.

Weiss, H., Bradley, R.S. 2001. What drives societal collapse? Science, 291: 609-610.

Weiss, H., Courtney, M.A., Wetterstrom, W., Guichard, F., Senior, L., Meadow, R., Curnow, A. 1993. The genesis and collapse of third millennium north Mesopotamian civilization. Science, 261: 995-1004.

Westerhold, T., Marwan, N., Drury, A. J., Liebrand, D., Agnini, C., Anagnostou, E., Barnet, J.S.K., Bohaty, S.M., Vleeschouwer, D.D., Florindo, F., Frederichs, T., Hodell, D.A., Holbourn, A.E., Kroon, D., Lauretano, W., littler, K., Lourens, L.J., Lyle, M., Plike, H., Rhl, U., Tian, J., Wilkens, R.H., Wilson, P.A., Zachos, J.C. 2020. An astronomically dated record of Earth's climate and its predictability over the last 66 million years. Science, 369: 1383-1387.

Williams, J.W., Grimm, E.C., Blois, J.L., Charles, D.F., Davis, E.B., Goring, S.J., Graham, R.W., Smith, A.J., Anderson, M., Arroyo-Cabrales, J., Ashworth, A.C., Betancourt, J.L., Bills, B.W., Booth, R.K., Buckland, P.I., Curry, B.B., Giesecke, T., Jackson, S.T., Latorre, C., Nichols, J., Purdum, T., Roth, R.E., Stryker, M., Takahara, H. 2018. The Neotoma Paleoecology Database, a multiproxy, international, community-curated data resource. Quaternary Research, 89: 156-177.

Williams, M., Zalasiewicz, J., Aldridge, D., Waters, C., Bault, V., Head, M., Barnosky, A. 2019. The biostratigraphic signal of the neobiota//Zalasiewicz, J., Waters, C.N., Williams, M., Summerhayes, C. (eds.). The Anthropocene as a Geological Time Unit. Cambridge: Cambridge University Press.

Wood, B. 2014. Fifty years after Homo habilis. Nature, 508: 31-33.

Xiao, J., Zhang, S., Fan, J., Wen, R., Xu, Q., Inouchi, Y., Nakamura,T. 2019. The 4.2 ka event and its resulting cultural interruption in the Daihai Lake basin at the East Asian summer monsoon margin, Quaternary International, 527: 87-93.

Xiong, S.F., Ding, Z.L., Jiang, W.Y., Yang, S.L., Liu, T.S. 2003. Initial intensification of East Asian winter monsoon at about 2.75 Ma as seen in the Chinese eolian loess-red clay deposit. Geophysical Research Letters, 30(10): 1524.

Yang, S.L, Ding, Z. 2010. Drastic climatic shift at ~2.8 Ma as recorded in eolian deposits of China and its implications for redefining the Pliocene-Pleistocene boundary. Quaternary International, 219(1-2): 37-44.

Yang, S.L., Ding, Z.L., Li, Y.Y., Wang, X., Jiang, W.Y., Huang, X.F. 2015. Warming-induced northwestward migration of the East Asian monsoon rain belt from the Last Glacial Maximum to the mid-Holocene. Proceedings of the National Academy of Sciences of the United States of America, 112: 13178-13183.

Yang, S.X., Yue, J.P., Zhou, X.Y., Storozum, M., Huan, F.X., Deng, C.L., Petraglia, M.D. 2020. Hominin site distributions and behaviours across the Mid-Pleistocene climate transition in China. Quaternary Science Reviews, 248: 106614.

Yang, S.X., Wang, F.G., Xie, F., Yue, J.P., Deng, C.L., Zhu, R.X.,

Petraglia, M.D. 2021. Technological innovations at the onset of the mid-pleistocene climate transition in high-latitude East Asia. National Science Review, 8(1): nwaa053.

Zalasiewicz, J., Williams, M., Smith, A., Barry, T. L., Coe, A. L., Bown, P. R., Brenchley, P., Cantrill, D., Gale, A., Gibbard, P. 2008. Are we now living in the Anthropocene? GSA Today, 18(2): 4-8.

Zalasiewicz, J., Waters, C.N., Summerhayes, C.P., Wolfe, A.P., Barnosky, A.D., Cearreta, A., Crutzen, P., Ellis, E., Fairchild, I.J., Gałuszka, A. 2017. The Working Group on the Anthropocene: Summary of evidence and interim recommendations. Anthropocene, 19: 55-60.

Zhang, P.Z., Molnar, P., Downs, W.R. 2001. Increase sedimentation rates and grain sizes 2-4 Myr ago due to the influence of climate change on erosion rates. Nature, 410: 891-897.

Zielhofer, C., Von Suchodoletz, H., Fletcher, W.J., Schneider, B., Dietze, E., Schlegel, M., Schepanski, K., Weninger, B., Mischke, S., Mikdad, A. 2017. Millennial-scale fluctuations in Saharan dust supply across the decline of the African Humid Period. Quaternary Science Reviews, 171: 119-135.

Zijderveld, J.D.A, Hilgen, F.J., Langereis, C.G., Verhallen, P.J.J.M., Zachariasse, W.J. 1991. Integrated magnetostratigraphy and biostratigraphy of the Upper Pliocene-Lower Pleistocene from the Monte Singa and Crotone areas in Calabria (Italy). Earth and Planetary Science Letters, 107: 697-714.

第十三章著者名单

唐自华　中国科学院地质与地球物理研究所；中国科学院生物演化与环境卓越创新中心。
tangzihua@mail.iggcas.ac.cn

段武辉　中国科学院地质与地球物理研究所；中国科学院生物演化与环境卓越创新中心。
duanwuhui@mail.iggcas.ac.cn

郭利成　中国科学院地质与地球物理研究所。
guolicheng05@mail.iggcas.ac.cn

王永达　中国科学院地质与地球物理研究所；中国科学院大学地球与行星科学学院。
wangyongda@mail.iggcas.ac.cn

熊尚发　中国科学院地质与地球物理研究所；中国科学院大学地球与行星科学学院。
xiongsf@mail.iggcas.ac.cn

杨石岭　中国科学院地质与地球物理研究所；中国科学院生物演化与环境卓越创新中心；
中国科学院大学地球与行星科学学院。
yangsl@mail.iggcas.ac.cn

与主要地质-生物事件一览表

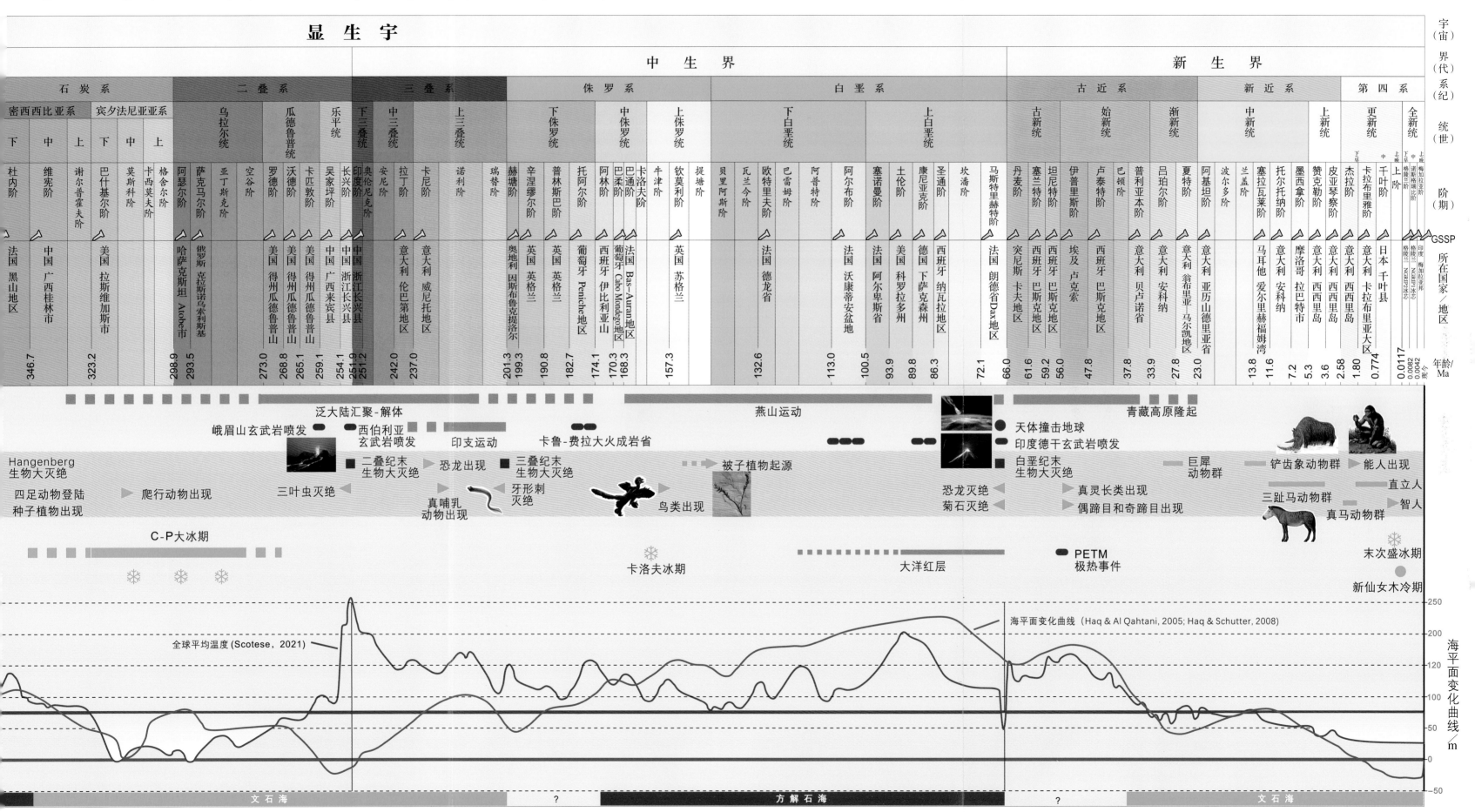

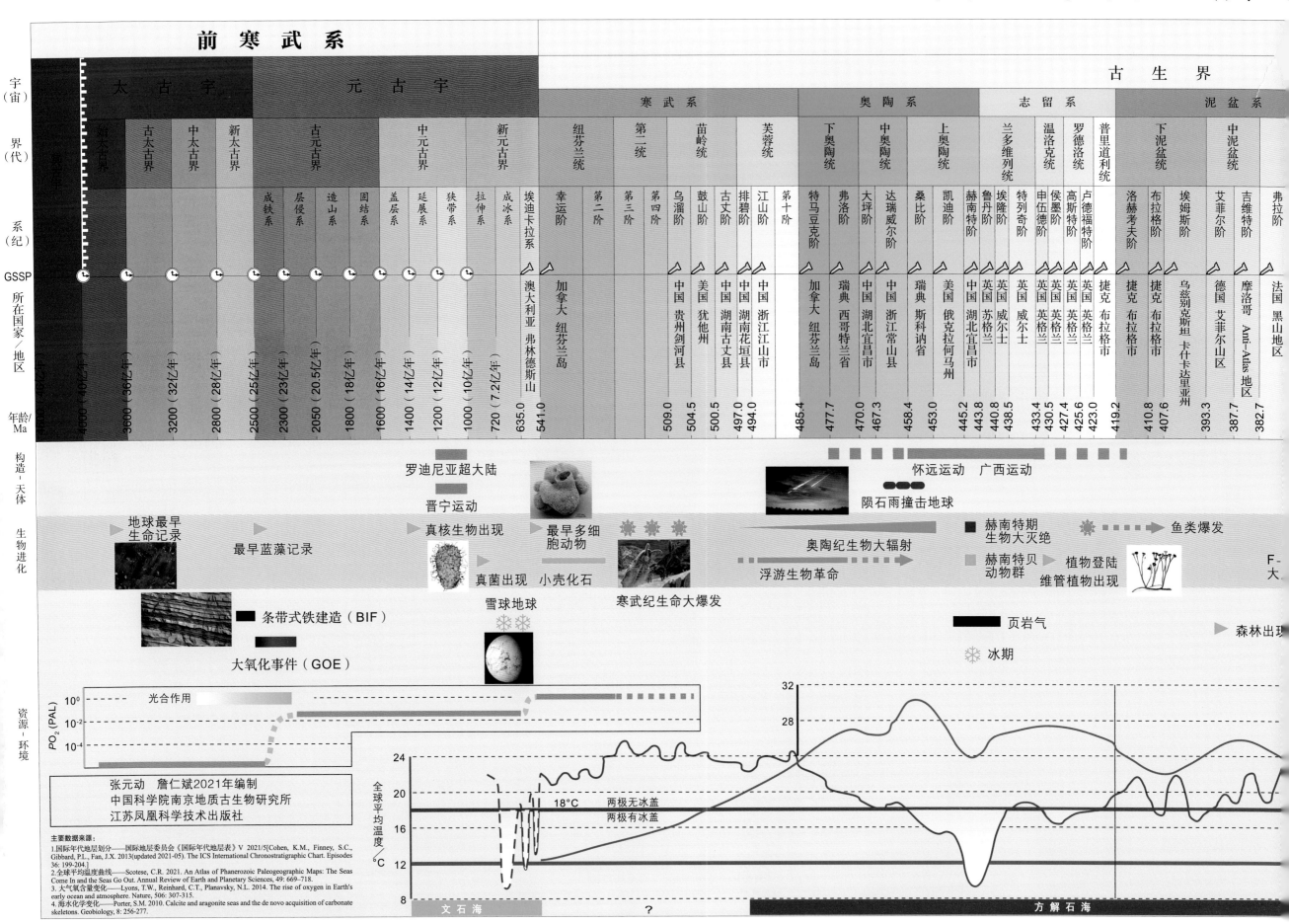